Engineer Vehicles Maintenance
자동차 정비 산업기사

이철승 장창현 조성철 한성철 共著

미전사이언스

머 리 말

　최근의 자동차 산업은 기계분야 뿐만 아니라 전기·전자·화학 및 금속분야가 총망라된 기계 산업이며, 점차 자동차의 안전성·편리성과 편리성이 강조된 첨단기술의 개발 도입되고 있다.

　국내외적으로 자동차 산업은 규모면에서도 가장 활발한 성장을 하는 유망산업일 뿐만 아니라 기술개발과 그 적용속도가 매우 빠르다. 이제 우리생활의 필수품으로 자리 잡은 자동차의 그 구조와 기능을 알고 적합하게 이용할 때 문명과 산업발달에 의한 매우 편리한 기구이지만 무리하고 그 기능과 목적이 부적합하게 이용될 때에는 큰 재앙과 손실을 초래한다. 이러한 규모적 성장과 기술발전에 부응하기 위하여 기술자들에게는 많은 노력과 훈련이 필요하다고 본다.

　이런 점을 감안하여 본 문제집은 자동차정비 산업기사 자격시험을 준비하는 수험생들에게 학습효과를 극대화시키기 위해 한국산업인력공단에서 출제된 문제들을 철저히 분석·정리하였으며, 각 문제마다 해설을 두어 수검준비에 큰 도움이 되도록 하였다.

　문제의 선정과 해설, 그리고 편집에 정성을 기울였으나 간혹 오류가 있으면 아낌없는 지도편달을 바라며, 앞으로 새로운 문제가 출제되면 계속하여 수정·보완할 것이다.

　끝으로 이 책이 출간되기까지 애써주신 도서출판 **미전사이언스** 박필만사장님과 편집부직원 여러분께 고마움을 전한다.

자동차 정비 산업기사 출제기준

2019.1.1.부터 시행

필기과목명	문제수	주요항목	세부항목	세세항목
일반기계 공학	20	기계재료	철과 강	•주철 •탄소강 •합금강 •공구강
			비철금속 및 합금	•구리 및 합금 •알루미늄 및 합금 •마그네슘 및 합금 •기타 비철금속재료
			비금속재료	•보온재료 •패킹 및 벨트용 재료
			표면처리 및 열처리	•표면강화 •담금질, 풀림, 뜨임, 불림
		기계요소	결합용 기계요소	•나사 •키, 핀, 코터 •리벳 및 용접
			축 관계 기계요소	•축 및 축이음 •베어링
		전동용 기계요소	전동용 기계요소	•기어 •벨트, 체인, 로프 •마찰차 및 캠
		제어용 기계요소	제어용 기계요소	•스프링 •브레이크
		기계공작법	주조	•주조공정 •원형의 종류 •주형 및 조형법
			측정 및 손 다듬질	•측정기 종류 및 측정법 •손 다듬질 공구 및 특징
			소성가공법	•소성가공의 개요, 종류 및 특징 •판금가공 종류 및 특징
			공작기계의 종류 및 특징	•선반 및 밀링 •드릴링 및 연삭
			용접	•전기용접 •가스용접, 절단 및 가공 •특수용접 종류 및 특성
		유공압기계	유공압기계 기초이론	•유공압 기초 및 일반사항 •유공압장치의 구성
			유공압기기	•유공압펌프 및 모터 •유공압밸브 •유공압 실린더와 부속기기
			유공압회로	•유공압회로의 기호 •유공압회로의 구성 •유공압회로 및 응용(전자제어장치 포함)
		재료역학	응력과 변형 및 안전율	•응력과 변형 및 안전율, 탄성계수 •신축에 따른 열응력
			보의 응력과 처짐	•보의 종류 및 반력 •보의 응력과 처짐
			비틀림	•단면계수와 비틀림 모멘트

필기과목명	문제수	주요항목	세부항목	세세항목
자동차 엔진	20	엔진성능	엔진의 성능 및 효율	•엔진의 정의 및 분류 •엔진의 성능　•엔진의 효율 •엔진의 연료　•연소 및 배출가스 •엔진의 주요부 설계 및 계산
		엔진정비	엔진본체	•실린더헤드, 실린더블록, 밸브 및 캠축 구동장치　•피스톤 및 크랭크축
			윤활 및 냉각장치	•윤활장치　　　　•냉각장치
			연료장치	•가솔린 연료장치　•디젤 연료장치 •LPG 연료장치　•CNG장치
			흡·배기장치	•흡기 및 배기장치　•과급장치 •배출가스 저감장치
			전자제어장치	•엔진 제어장치　•센서 •액추에이터 등　•친환경 제어장치
		진단, 검사	고장분석	•고장진단　　　•원인분석과 대책
			시험장비 사용	•시험장비 사용법 •검사기기 사용법 •검사기기에 따른 검사
자동차 섀시	20	섀시 성능	주행 및 제동	•주행성능　　　•제동성능
		섀시정비	동력전달장치	•클러치　　　　•수동변속기 •자동변속기 유압 및 제어장치 •무단변속기 유압 및 제어장치 •드라이브라인 및 동력배분장치 •기타 동력전달장치
			현가 및 조향장치	•일반 현가장치 •전자제어 현가장치 •일반 조향장치 •전자제어 조향장치 •휠 얼라인먼트
			제동장치	•유압식 제동장치 •기계식 및 공압식 제동장치 •전자제어 제동장치　•기타 제동장치
			주행 및 구동장치	•휠 및 타이어　•구동력 제어장치
		진단, 검사	고장분석	•고장진단　　•원인분석과 대책
			시험장비 사용	•시험장비 사용법 •검사기기 사용법 •검사기기에 따른 검사
자동차 전기	20	전기·전자 정비	전기·전자	•전기전자 일반　•자동차 제어장치 •통신장치
			시동, 점화 및 충전장치	•배터리　•시동장치　•점화장치 •충전장치 •하이브리드장치
			고전원 전기장치	•구동 축전지 •전력 변환장치 •구동 전동기 •연료전지 •고전압 위험성 인지 및 안전장비
			계기 및 보안장치	•계기 및 보안장치　•등화장치 •전기회로(각종 전기장치)
			안전 및 편의장치	•주행안전 보조장치 •편의장치
		진단, 검사	고장분석	•고장진단　•원인분석과 대책
			시험장비 사용	•시험장비 사용법 •검사기기 사용법 •검사기기에 따른 검사

차 례

CHAPTER 01 자동차 기관
Automotive Engine

1. 자동차 기관 성능 ———————————— 15
   - 1.1. 기관의 성능 및 효율 ·················· 15
   - 1.2. 기관의 성능 ························· 20
   - 1.3. 기관의 효율 ························· 22

2. 자동차 기관 정비 ———————————— 24
   - 2.1. 기관본체 ··························· 24
   - 2.2. 윤활장치 ··························· 37
   - 2.3. 냉각장치 ··························· 40
   - 2.4. 연료장치 ··························· 43
   - 2.5. 가솔린기관 연료장치 ·················· 46
   - 2.6. LPG기관의 연료장치 ·················· 52
   - 2.7. 디젤기관 연료장치 ···················· 55
   - 2.8. 전자제어 디젤기관 연료장치 ············ 60
   - 2.9. CNG기관 연료장치 ···················· 63
   - 2.10. 흡·배기장치 ························ 65
   - 2.11. 전자제어장치 ······················· 70
   - 2.12. 친환경 제어시스템 ··················· 76

3. 자동차 기관의 진단 및 검사 ——————— 77
   - 3.1. 고장진단 및 원인분석 ·················· 77
   - 3.2. 시험장비 사용 ························ 83
   - ◎ 출제예상문제 ————————————— 89

CHAPTER 02 자동차 전기·전자
Automotive Electric · Electron

1. 전기·전자 일반 — 143
   - 1.1. 전기의 본질 — 143
   - 1.2. 전류, 전압 및 저항 — 144
   - 1.3. 옴의 법칙 — 149
   - 1.4. 키르히호프의 법칙 — 149
   - 1.5. 전력 — 149
   - 1.6. 회로 보호장치 — 150
   - 1.7. 콘덴서(condenser, 축전기) — 151
   - 1.8. 코일(coil) — 152
   - 1.9. 반도체(semi conductor) — 153
   - 1.19. 논리회로 — 161

2. 자동차 제어장치(ECU) — 163
   - 2.1. 제어장치의 종류 — 163
   - 2.2. 자동차 제어장치의 작동 — 164
   - 2.3. 인터페이스의 입출력신호 — 166
   - 2.4. PWM 파형과 듀티 — 170

3. 자동차 통신장치 — 171
   - 3.1. 자동차 통신장치의 필요성 — 171
   - 3.2. 자동차 통신장치의 분류 — 172
   - 3.3. 자동차에서 사용하는 통신방식 — 173
   - 3.4. CAN 통신방식 — 174

4. 시동·점화 및 충전장치 — 177
   - 4.1. 축전지(battery) — 177
   - 4.2. 기동장치(starting system) — 183
   - 4.3. 점화장치(ignition system) — 190
   - 4.4. 충전장치 — 195

5. 하이브리드 전기자동차 — 204

5.1. 친환경자동차의 개요 ·· 204
5.2. 하이브리드전기자동차의 장점 및 단점 ············· 204
5.3. 하이브리드 전기자동차의 분류 ························ 205

6. 계기 및 보안장치 ─────────── 212
6.1. 계기장치 ·· 212
6.2. 보안장치 ·· 215
6.3. 전기회로 ·· 216
6.4. 등화장치 ·· 217

7. 안전 및 편의장치 ─────────── 220
7.1. 에어백(air bag) ·· 220
7.2. 편의장치 ·· 221

8. 난·냉방장치 ─────────────── 224
8.1. 난방장치 ·· 224
8.2. 냉방장치(에어컨디셔너) ·································· 224

9. 자동차 전기·전자 진단 및 검사 ──── 226
9.1. 고장진단 및 원인분석 ······································ 226
9.2. 시험장비 사용 ··· 227
　　◎ 출제예상문제 ─────────── 231

CHAPTER 03 자동차 섀시
Automotive Chassis

1. 자동차 섀시성능 ─────────── 263
1.1. 주행성능 ·· 263
1.2. 제동성능 ·· 266

2. 동력전달장치 ─────────────── 267
2.1. 클러치(clutch) ··· 268
2.2. 수동변속기(manual transmission) ················ 272

- 2.3. 자동변속기(automatic transmission) ······················ 274
- 2.4. 무단변속기(CVT) ··· 284
- 2.5. 드라이브 라인(drive line) ·· 285
- 2.6. 동력배분장치(종감속 기어와 차동기어장치) ········ 288
- 2.7. 4WD(4륜 구동) ··· 291
- 2.8. 친환경 동력전달장치(액티브 에코 드라이브시스템의 변속기제어) ·· 291

3. 현가 및 조향장치 ─────────────── 291
- 3.1. 일반 현가장치 ·· 291
- 3.2. 전자제어 현가장치(ECS) ··· 298
- 3.3. 일반 조향장치 ·· 301
- 3.4. 전자제어 조향장치 ·· 306
- 3.5. 휠 얼라인먼트(wheel alignment) ··························· 311

4. 제동장치 ───────────────────── 313
- 4.1. 유압 제동장치 ·· 313
- 4.2. 기계방식 및 공기 제동장치 ···································· 320
- 4.3. 전자제어 제동장치(ABS) ··· 322
- 4.4. 친환경 제동장치 ·· 324

5. 주행 및 구동장치 ───────────────── 325
- 5.1. 휠 ·· 325
- 5.2. 타이어 ·· 325
- 5.3. 구동력 제어장치(TCS) ·· 330

6. 자동차 섀시 진단 및 검사 ──────────── 331
- 6.1. 고장분석 및 원인분석 ··· 331
- 6.2. 시험장비 사용 ·· 333
- ◎ 출제예상문제 ─────────────── 337

CHAPTER 04 일반기계공학
General Mechanical Engineering

1. 기계재료 — 389
   - 1.1. 기계재료의 개요 … 389
   - 1.2. 철과 강 … 391
   - 1.3. 비철금속 및 합금 … 396
   - 1.4. 표면처리 및 열처리 … 401
   - 1.5. 금속재료 시험방법 … 404

2. 기계요소 — 405
   - 2.1. 결합용 기계요소 … 405
   - 2.2. 축(shaft)관계 기계요소 … 413
   - 2.3. 전동용 기계요소 … 419
   - 2.4. 제어용 기계요소 … 426

3. 기계공작법 — 427
   - 3.1. 주조 … 427
   - 3.2. 측정 및 손 다듬질 … 431
   - 3.3. 소성가공법 … 434
   - 3.4. 공작기계의 종류 및 특성 … 436
   - 3.5. 용접(welding) … 445

4. 유·공압기계 — 448
   - 4.1. 유체기계 기초이론 … 448
   - 4.2. 수력기계 … 449
   - 4.3. 유압기계 … 466
   - 4.4. 공압기계 … 469

5. 재료역학 — 472
   - 5.1. 응력과 변형 및 안전율 … 472
   - 5.2. 보의 응력과 처짐 … 476
   - ◎ 출제예상문제 — 478

CHAPTER 05 과년도 출제문제
Examination

■ 과년도 출제문제 ──────────── 549
- 자동차 정비 산업기사(18.03.04) ············ 549
- 자동차 정비 산업기사(18.04.28) ············ 560
- 자동차 정비 산업기사(18.08.19) ············ 570
- 자동차 정비 산업기사(19.03.03) ············ 580
- 자동차 정비 산업기사(19.04.27) ············ 590
- 자동차 정비 산업기사(19.08.04) ············ 601
- 자동차 정비 산업기사(20.06.21) ············ 611
- 자동차 정비 산업기사(20.08.22) ············ 621

자동차 기관

1 자동차 기관 성능

1.1. 기관의 성능 및 효율

1.1.1. 기관의 정의

연료를 연소시키거나 또는 다른 어떤 열원에 의하여 받은 열에너지(heat energy)을 기계적 에너지(mechanical energy)로 변화시켜 동력을 발생시키는 원동기를 총칭하여 열기관(heat engine)이라고 한다.

[1] 내연기관

내연기관은 실린더 내에서 공기와 혼합된 연료를 폭발적으로 연소시켜 피스톤의 왕복 운동으로 동력을 발생하는 열기관을 말한다.

[2] 외연기관

외연기관은 내연기관과 반대로 연료의 연소가 기관 실린더 밖에서 이루어지며 증기 기관이 그 실 예이다.

1.1.2. 기관의 분류

[1] 기계학적 사이클에 의한 분류

(1) 4행정 사이클 기관(4stroke cycle engine)

4행정 사이클 기관은 크랭크축이 2회전하고, 피스톤은 흡입·압축·폭발 및 배기의 4행정(4stroke)을 하여 1사이클(1cycle)을 완성한다. 작동과정은 다음과 같다.

1) 흡입행정(intake stroke)

크랭크축의 회전에 의해 피스톤이 상사점(TDC)에서 하사점(BDC)으로 내려감에 따라 연소실 체적이 늘어나고 연소실 내부가 부압으로 되어 혼합기나 공기가 실린더 내로 유입된다.

2) 압축행정(compression stroke)

크랭크축이 반회전해서 피스톤이 가장 낮은 위치인 하사점부근에 도달하면 흡기밸브와 배기밸브는 닫히고, 피스톤은 상승하여 흡기된 혼합기나 공기를 단열적으로 압축한다. 혼합기나 공기는 이 압축작용으로 인하여 온도와 압력이 올라간다.

3) 폭발(동력)행정(power stroke)

실린더 내의 압력을 상승시켜 피스톤에 내려 미는 힘을 가하여 커넥팅로드를 거쳐 크랭크축을 회전운동을 시키므로 동력을 얻는다. 피스톤은 상사점에서 하사점으로 내려가고, 흡입과 배기밸브는 모두 닫혀 있고 크랭크축은 540°회전한다.

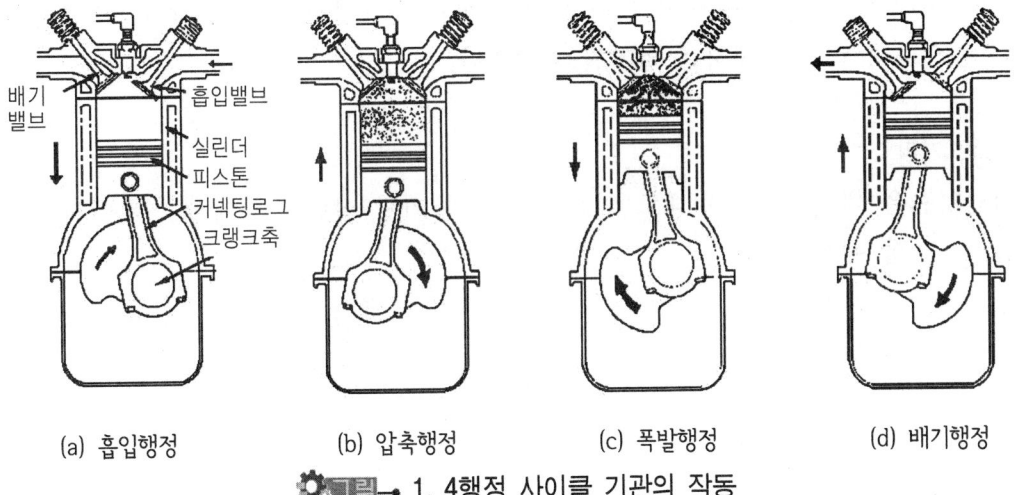

그림 1. 4행정 사이클 기관의 작동

4) 배기행정(exhaust stroke)

폭발행정의 말기, 피스톤이 하사점에 왔을 때 실린더 내의 가스는 아직 상당한 온도, 압력을 가지고 있으나 더 이상 이것을 이용할 수 없기 때문에 실린더 내에 압력이 남아있는 상태로 배기밸브를 열어 연소가스를 실린더 밖으로 배출시킨다.

(2) 2행정 사이클 기관(2stroke cycle engine)

2행정 사이클 기관은 크랭크축 1회전으로 1사이클을 완료하는 것으로 흡입과 배기를 위한 독립된 행정이 없다. 또 피스톤 상하운동 중에 흡입과 배기구멍을 피스톤으로 개폐하여 흡입과 배기행정을 실행한다.

[2] 점화방식에 의한 분류
(1) 전기 점화방식 기관

이 기관은 압축된 혼합가스에 점화플러그에서 높은 압력의 전기불꽃을 방전시켜 점화 연소시키는 방식이며, 가솔린기관·LPG기관의 점화방식이다.

(2) 압축 착화방식 기관(자기 착화방식 기관)

이 기관은 공기만을 흡입하고 고온·고압으로 압축한 후 고압의 연료(경유)를 미세한 안개 모양으로 분사시켜 자기 착화시키는 방식이며, 디젤기관의 점화방식이다.

[3] 열역학적 사이클에 의한 분류
(1) 가솔린기관의 사이클을 공기표준 사이클로 간주하기 위한 가정

① 동작유체는 이상기체이다.
② 비열은 온도에 따라 변화하지 않는 것으로 본다.
③ 압축행정과 팽창행정의 단열지수는 같다.
④ 사이클 과정을 하는 동작물질의 양은 일정하다.
⑤ 각 과정은 가역사이클이다.
⑥ 압축 및 팽창 과정은 등 엔트로피(단열)과정이다.
⑦ 높은 열원에서 열을 받아 낮은 열원으로 방출한다.
⑧ 연소 중 열해리 현상은 일어나지 않는다.

(2) 오토사이클(정적 사이클)

가솔린기관의 기본 사이클이며, 일정한 체적에서 연소가 이루어지므로 정적 사이클이라고도 부른다. 이 사이클의 이론 열효율은 다음과 같다.

$$\eta_o = 1 - \left(\frac{1}{\varepsilon}\right)^{k-1}$$

η_o : 오토 사이클의 이론 열효율
ε : 압축비
k : 비열비(정압비열/정적비열)

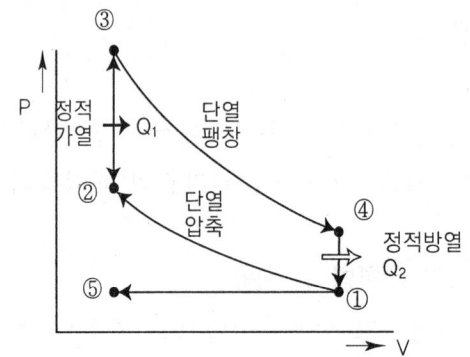

그림 ▶ 2. 오토 사이클의 지압(P-V)선도

(3) 디젤사이클(정압 사이클)

저속·중속 디젤기관의 기본 사이클이며, 일정한 압력에서 연소가 이루어지므로 정압 사이클이라고도 부른다. 이 사이클의 이론 열효율은 다음과 같다.

$$\eta_d = 1 - \left(\frac{1}{\varepsilon}\right)^{k-1} \frac{\rho^k - 1}{k(\rho - 1)}$$

ρ : 단절비(정압 팽창비)

(4) 사바테 사이클(복합 사이클)

고속 디젤기관의 기본 사이클이며, 열 공급은 정적과 정압에서 이루어지므로 복합 또는 혼합 사이클이라고도 부른다. 이 사이클의 이론 열효율은 다음과 같다.

$$\eta_s = 1 - \left(\frac{1}{\epsilon}\right)^{k-1} \frac{\alpha\delta^k - 1}{(\alpha - 1) + k\alpha(\delta - 1)}$$

α : 폭발비(압력비)

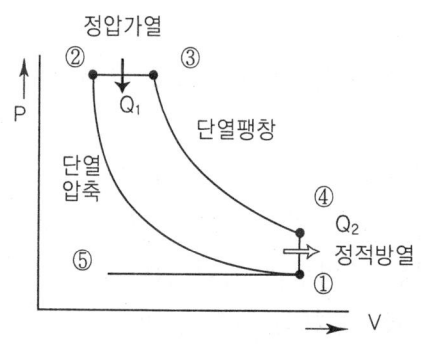
3. 디젤 사이클의 지압(P-V)선도

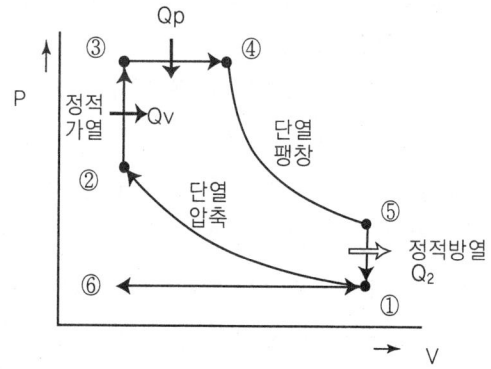
4. 사바테 사이클의 지압(P-V)선도

> **알아두기**
> 공급열량(가열량)과 압축비가 같을 경우 이들 이론 열효율의 관계는 오토 사이클 〉 사바테 사이클 〉 디젤 사이클 순서이다.

[4] 실린더 안지름과 행정비율에 의한 분류

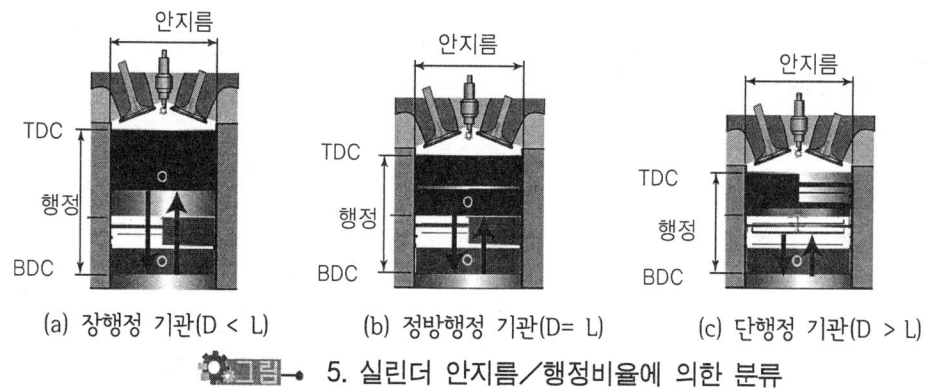
5. 실린더 안지름/행정비율에 의한 분류

1) 장행정 기관(under square engine)

장행정 기관은 실린더 안지름(D)보다 피스톤 행정(L)이 큰 형식이다.

2) 정방형 기관(square engine)

정방형 기관은 실린더 안지름(D)과 피스톤 행정(L)의 크기가 똑같은 형식이다.

3) 단행정 기관(over square engine)

단행정 기관은 실린더 안지름(D)이 피스톤 행정(L)보다 큰 형식이며, 다음과 같은 특징이 있다.
① 피스톤 평균속도를 올리지 않고도 회전속도를 높일 수 있으므로 단위 실린더 체적 당 출력을 높일 수 있다.
② 흡·배기 밸브지름을 크게 할 수 있어 체적효율을 높일 수 있다.
③ 직렬형에서는 기관의 높이가 낮아지고, V형에서는 기관의 폭이 좁아진다.
④ 피스톤이 과열하기 쉽고, 폭발압력이 커 기관 베어링의 폭이 넓어야 한다.
⑤ 회전속도가 증가하면 관성력의 불평형으로 회전부분의 진동이 커진다.
⑥ 실린더 안지름이 커 기관의 길이가 길어진다.

[5] 실린더 배열에 의한 분류

기관의 실린더 배열에는 모든 실린더를 일렬 수직으로 설치한 직렬형, 직렬형 실린더 2조를 V형으로 배열시킨 V형, V형 기관을 펴서 양쪽 실린더블록이 수평면 상에 있는 수평 대향형, 실린더가 공통의 중심선에서 방사선 모양으로 배열된 성형(또는 방사형) 등이 있다.

1.2. 기관의 성능

1.2.1. 이론평균 유효압력

피스톤 행정 중 실제의 압력을 그림 6에서 면적 BCDE를 이와 같은 면적 ABFGA로 그린 압력을 평균유효 압력이라 하며, 다음과 같이 나타낸다.

$$P_m = \frac{W_{th}}{V_B - V_A}$$

P_m : 이론평균 유효압력
W_{th} : 이론적 일량
$V_B - V_A$: 실린더의 행정체적

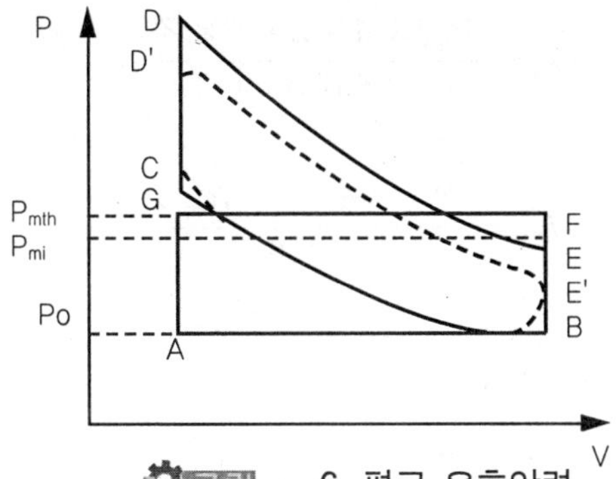

그림 6. 평균 유효압력

1.2.2. 평균유효 압력

[1] 4행정 사이클 기관의 경우

- 지시평균 유효압력 : $P_{mi} = \dfrac{75 \times 60 \times 2 \times I_{PS}}{A \times L \times R \times Z}$

- 제동평균 유효압력 : $P_{mb} = \dfrac{4\pi T}{V}$

I_{PS} : 지시마력, A : 실린더의 단면적(cm^2)
L : 피스톤 행정(m), R : 기관의 회전속도(rpm)
Z : 실린더 수, V : 총배기량(cc)

[2] 2행정 사이클 기관의 경우

- 지시평균 유효압력 : $P_{mi} = \dfrac{75 \times 60 \times I_{PS}}{A \times L \times R \times Z}$

- 제동평균 유효압력 : $P_{mb} = \dfrac{2\pi T}{10 V}$

1.2.3. 지시마력(indicated horse power)

지시마력은 도시마력이라고도 부르며, 실린더 내의 폭발압력으로부터 직접 측정한 마력이다.

- 4행정 사이클 기관 : $I_{PS} = \dfrac{P_{mi} \times A \times L \times R \times Z}{2 \times 75 \times 60}$

- 2행정 사이클 기관 : $I_{PS} = \dfrac{P_{mi} \times A \times L \times R \times Z}{75 \times 60}$

1.2.4. 제동마력(축마력, 정미마력)

제동마력은 크랭크축에서 발생한 마력을 동력계로 측정한 것이며, 실제 기관의 출력으로 이용할 수 있다.

- 마력(PS)인 경우 : $B_{PS} = \dfrac{TR}{716}$

- 전력(kW)인 경우 : $B_{kW} = \dfrac{TR}{974}$

1.3. 기관의 효율

1.3.1. 열효율

열효율은 기관에 공급된 연료가 연소하여 얻어진 열량과 이것이 실제의 동력으로 변한 열량과의 비율을 말하며, 열효율이 높은 기관 일수록 연료를 유효하게 이용한 결과가 되며, 그만큼 출력도 크다. 기관에서 발생한 열량은 냉각, 배기, 기계마찰 등으로 빼앗겨 실제의 출력은 25~35% 정도이다. 즉 냉각에 의한 손실 30~35%, 배기에 의한 손실 30~35, 기계마찰에 의한 손실 6~10% 정도이다.

[1] 연료의 저위발열량 단위가 [kcal/kgf]일 때

$$\eta_B = \dfrac{632.3}{H_l \times fe} \times 100$$

η_B : 제동열효율
H_l : 연료의 저위발열량(kcal/kgf)
fe : 연료소비율(g/PS·h)

[2] 연료의 저위발열량 단위가 [kJ/kgf]일 때

$$\eta_B = \frac{3600}{H_l \times fe} \times 100$$

η_B : 제동열효율
H_l : 연료의 저위발열량(kJ/kgf)
fe : 연료소비율(g/kW·h)

1.3.2. 기계효율

기계효율(η_m)은 제동마력과 지시마력과의 비율로 정의한 것이다.

$$\eta_m = \frac{W_b}{W_i} = \frac{B_{PS}}{I_{PS}} = \frac{P_{mb}}{P_{mi}}$$

B_{PS} : 제동마력(또는 축 마력), I_{PS} : 지시(도시)마력
P_{mb} : 제동평균 유효압력, P_{mi} : 지시평균 유효압력

1.3.3. 체적효율

체적효율이란 실제로 실린더로 흡입된 공기의 양을 그 때의 대기상태의 체적으로 환산하여 행정체적으로 나눈 값이다. 기관에서 실린더내로 흡입된 새로운 공기의 체적은 바로 앞의 사이클에서 완전히 배출되지 못한 잔류가스의 압력이나 온도, 가열된 연소실에 의해 온도가 올라가므로 일반적으로 행정체적 보다 작은 값이 된다.

따라서 체적효율은 흡입능력의 척도로 사용되며, 실제 기관의 흡기다기관의 절대압력, 온도를 각각 P, T로 나타내면

$$체적효율(\eta_v) = \frac{(P,T)하에서\ 흡입된\ 새로운\ 공기}{행정\ 체적} \times 100$$

$$= \frac{(P,T)하에서\ 흡입된\ 새로운\ 공기의\ 무게}{(P,T)하에서\ 행정\ 체적을\ 차지하는\ 새로운\ 공기의\ 무게} \times 100$$

2. 자동차 기관 정비

2.1. 기관본체

2.1.1. 실린더헤드(cylinder head)

[1] 실린더헤드의 구조

실린더헤드는 헤드개스킷(head gasket)을 사이에 두고 실린더블록에 볼트로 설치되며, 피스톤, 실린더와 함께 연소실을 형성한다. 실린더블록과 같이 고온고압의 연소가스에 직접 접촉되어 높은 가스압력과 열 부하를 받고 열에 의한 온도변화가 크기 때문에 내부에는 냉각수 통로와 윤활유 통로가 있다. 재질로는 열전도가 좋고 냉각성이 좋은 알루미늄 합금재가 주로 사용된다.

[2] 실린더헤드 재질의 구비조건
 ① 기계적 강도가 높을 것
 ② 열팽창률이 작을 것
 ③ 열전도성이 클 것
 ④ 열 변형에 대한 안정성이 클 것

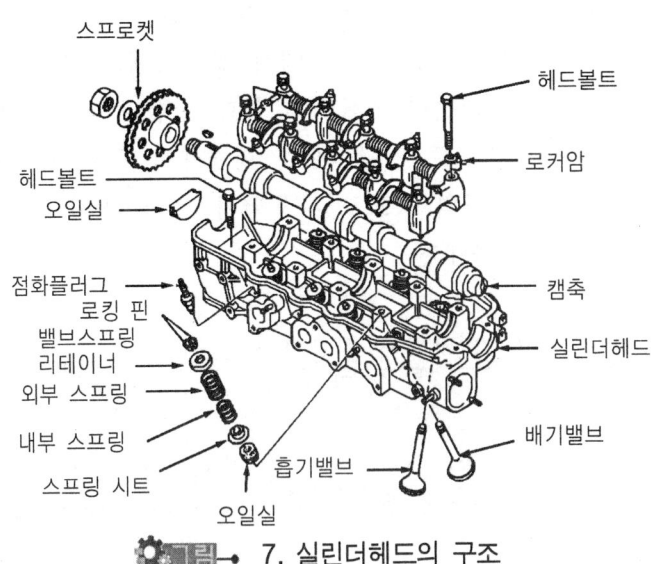

그림 7. 실린더헤드의 구조

[3] 연소실 설계상의 주의할 사항
 ① 화염전파에 요하는 시간을 가능한 한 짧게 한다.

② 가열되기 쉬운 돌출부를 두지 않는다.
③ 연소실의 표면적이 최소가 되게 한다.
④ 압축행정에서 혼합기에 와류를 일으키게 한다.

2.1.2. 실린더블록(cylinder block)

실린더블록은 기관의 기초 구조물이며, 위쪽에는 실린더헤드가 설치되어 있고, 아래 중앙부분에는 평면 베어링을 사이에 두고 크랭크축이 설치된다. 실린더블록 내부에는 피스톤이 왕복운동을 하는 실린더(cylinder)가 마련되어 있으며, 실린더 냉각을 위한 물 재킷이 실린더를 둘러싸고 있다. 실린더 아래쪽에는 개스킷을 사이에 두고 오일 팬이 설치되어 기관오일이 담겨진다.

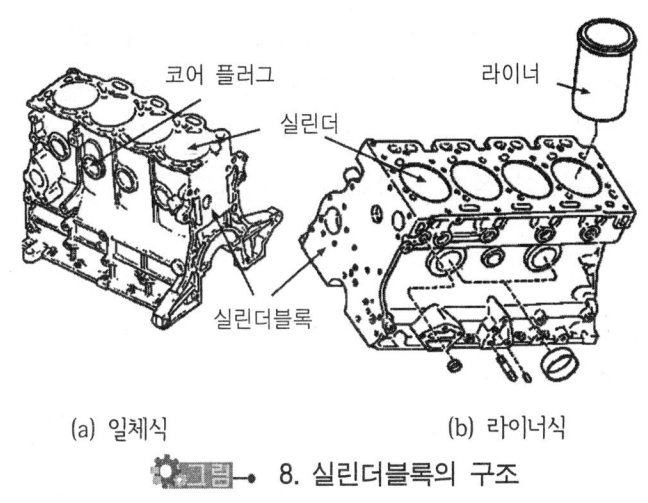

(a) 일체식   (b) 라이너식

그림 8. 실린더블록의 구조

[1] 실린더(cylinder)

실린더는 피스톤이 기밀을 유지하면서 왕복운동을 하여 열에너지를 기계적 에너지로 변환하여 동력을 발생시키는 부분이다. 실린더는 진원통형으로 그 길이는 피스톤 행정의 약 2배 정도이며 실린더의 재질은 폭발 열 및 높은 압력에 견딜 수 있도록 높은 기계적 강도를 가져야 하며, 열의 방출이 좋아야 한다.

실린더 재료로는 니켈-크롬 주철이며, 실린더 내면을 정밀가공하고 크롬 도금을 하여 마모를 최소로 한다. 실린더는 일체형과 라이너 방식이 있다.

[2] 실린더 라이너방식

라이너방식은 실린더블록과 실린더를 별도로 제작한 후 실린더블록에 끼우는 형식으로, 일반적으로 보통주철의 실린더블록에 특수주철의 라이너를 끼우는 경우와 알루미늄합금 실린더블록에 주철로 만든 라이너를 끼우는 형식이 있다. 그리고 라이너에는 습식과 건식이 있다. 라이너방식 실린더의 장점은 다음과 같다.
① 마멸되면 라이너만 교환하므로 정비성능이 좋다.
② 원심주조 방법으로 제작할 수 있다.
③ 실린더 벽에 도금하기가 쉽다.

2.1.3. 피스톤(piston)

피스톤은 3~4개의 피스톤링이 장착되며 헤드가 1500~2000℃의 연소가스에 노출되고 40kg/cm^{2}압력을 충격적으로 받으며 왕복운동을 하기 때문에 실린더 벽과 큰 마찰을 일으킨다. 따라서 피스톤은 어떤 온도에서도 가스가 누출되지 않는 구조, 마찰이 적고 기계적 손실이 최소화 되도록 윤활하기 위한 적당한 간극, 고온고압에 견디고, 관성에 위한 동력손실이 적게 가벼워야 하는 조건 등을 만족시켜야 한다.

[1] 피스톤의 기능

피스톤은 실린더 내를 직선 왕복운동을 하여 폭발행정에서의 고온·고압가스로부터 받은 동력을 커넥팅로드를 통하여 크랭크축에 회전력을 발생시키고 흡입·압축 및 배기행정에서 크랭크축으로부터 힘을 받아서 각각 작용을 한다.

[2] 피스톤의 구비조건
① 고온 고압가스에 충분히 견딜 수 있을 것
② 연소실에 오일이 들어가지 않도록 할 것
③ 열전도율이 좋을 것
④ 열 팽창율이 적고 무게가 가벼울 것
⑤ 가스 블로우-바이(gas blow-by)가 없을 것
⑥ 다기통 기관에서는 피스톤 상호간의 중량차이가 적을 것

알아두기
블로바이란 혼합가스가 실린더와 피스톤 사이에서 미 연소가스가 크랭크 케이스로 누출되는 현상을 말한다.

[3] 피스톤의 구조

피스톤은 헤드, 링 지대, 스커트, 보스로 구성되어 있다.

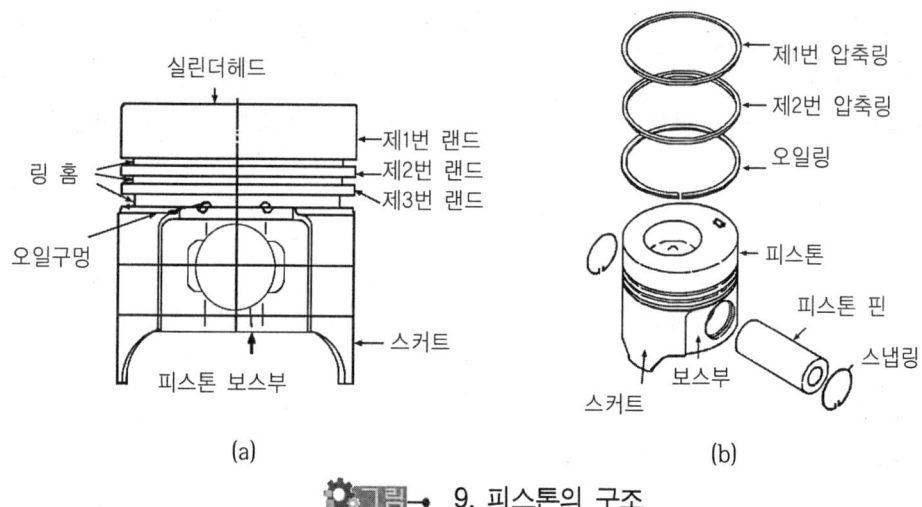

그림 9. 피스톤의 구조

[4] 피스톤의 재질

피스톤의 재질은 특수주철과 알루미늄 합금이 있으며, 피스톤용 알루미늄 합금에는 구리계열의 Y-합금과 규소계열의 로엑스(LO-EX)가 있다.

[5] 피스톤 간극
(1) 피스톤 간극이 작으면

기관 작동 중 열팽창으로 인해 실린더와 피스톤 사이에서 고착(소결)이 발생한다.

(2) 피스톤 간극이 크면

압축압력의 저하, 블로바이 발생, 연소실에 기관오일 상승, 피스톤 슬랩 발생, 연료가 기관오일에 떨어져 희석되고, 기관 시동성능 저하, 기관 출력이 감소하는 원인이 된다.

2.1.4. 피스톤 링(piston ring)

피스톤 링은 압축 및 폭발행정에서 기밀을 유지하기 위하여 링 일부를 절단하여 적당한 탄성을 주어 피스톤 링 홈에 3~5개 정도 설치한 금속제 링이며 압축 링과 오일 링이 있다.

[1] 피스톤 링의 3가지 작용
(1) 기밀유지 작용
　실린더 내에서의 가스누설 방지작용, 즉 압축가스와 연소가스에 대한 기밀유지 작용이다.

(2) 오일제어 작용
　실린더 벽에 뿌려진 오일을 긁어내려 여분의 오일이 연소실에 들어가지 못하게 하는 작용이다.

(3) 열전도 작용
　피스톤 헤드가 받은 열을 실린더 벽으로 전달하여 피스톤을 냉각시켜주는 작용이다.

[2] 피스톤 링의 구비조건
　① 고온에서도 탄성을 유지할 수 있을 것
　② 열팽창률이 적을 것
　③ 장시간 사용하여도 링 자체의 마모나 실린더 벽의 마모를 적게 할 것
　④ 실린더 벽에 균일한 압력을 가할 것

[3] 피스톤 링의 재질
　피스톤 링의 재질은 조직이 치밀한 특수주철이며, 원심주조 방법으로 제작한다.

> **알아두기**
> 피스톤의 피스톤 스커트부분 또는 오일 링 홈에 슬롯(slot)을 두는 이유는 헤드부분의 높은 열이 스커트로 가는 것을 차단하기 위함이며, 이외에 피스톤 제1번 랜드에 가는 홈을 여러 개 파는 히트 댐을 두거나, 스플릿 피스톤을 사용하기도 한다.

[4] 피스톤 링의 종류
(1) 압축 링
　압축 링은 피스톤과 실린더벽 사이의 압축누설을 방지하고 피스톤이 받는 열을 실린더로 전도하는 기능을 하는 것으로 제1 압축 링, 제2 압축 링이 있다.

(2) 오일 링

오일 링은 실린더 벽에 뿌려진 과잉의 윤활유를 긁어내려 연소실로 들어가지 못하게 하는 작용을 한다.

2.1.5. 피스톤 핀(piston pin)

피스톤 핀은 피스톤 보스에 끼워져 피스톤과 커넥팅로드 소단부를 연결해주는 핀이며, 피스톤이 받은 폭발력을 커넥팅로드로 전달한다.

[1] 피스톤 핀의 재질과 가공

피스톤 핀의 재질은 저탄소 침탄강, 니켈-크롬강이며, 내마멸성을 높이기 위하여 표면은 경화시키고, 내부는 그대로 두어 인성을 유지한다.

[2] 피스톤 핀의 고정방법

(1) 고정식

피스톤 핀을 피스톤 보스부분에 고정하는 방법이며, 커넥팅로드 소단부에 구리합금의 부싱(bushing)이 들어간다.

(2) 반부동식(요동식)

피스톤 핀을 커넥팅로드 소단부에 고정시키는 방법이다.

(3) 전부동식

피스톤 핀을 피스톤 보스, 커넥팅로드 소단부 등 어느 부분에도 고정시키지 않는 방법이다.

2.1.6. 커넥팅로드(connecting rod)

피스톤과 크랭크축을 연결하는 막대로서 소단부(small end)는 피스톤 핀에 연결되고, 대단 부(big end)는 평면 베어링을 통하여 크랭크 핀에 결합된다. 그리고 소단부와 대단 부를 연결하는 생크(shank)가 있다. 커넥팅로드는 특수강을 단조로 제작하며, 그 무게를 가볍게 하고 충분한 기계적 강도를 얻기 위하여 단면을 I형으로 주로 만든다.

2.1.7. 크랭크축(crank shaft)

크랭크축은 피스톤의 직선 왕복운동을 회전운동으로 변환하여 기관 출력으로 외부에 전달하는 중요한 회전축이다. 크랭크축 회전수는 기관 회전수로 기관 작동의 기본이 되기 때문에 밸브기구(valve train)계, 점화계, 윤활계 등을 기계적이고 규칙적으로 정확하게 작동시키는 동력원이 된다.

[1] 크랭크축의 구조
메인저널(main journal), 크랭크 핀(crank pin), 크랭크 암(crank arm), 평형추(balance weight)로 구성되어 있다.

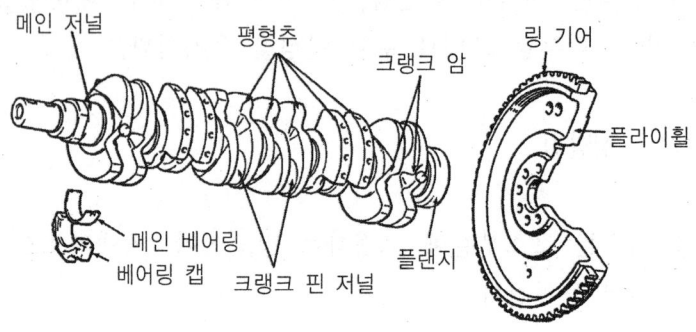

그림 10. 크랭크축의 구조

[2] 크랭크축의 재질
크랭크축은 기관 실린더의 폭발력을 받아 고속 회전하므로, 이것을 견딜 수 있는 충분한 강도를 가져야 한다. 재질은 탄소가 또는 니켈-크롬강, 크롬-몰리브덴강, 니켈강, 크롬-몰리브덴강 등의 특수강이 쓰인다. 크랭크축은 이와 같은 재료를 형단조 또는 주조하여 크랭크축의 소재를 만들고, 이를 기계 가공하여 축의 표면인 크랭크 저널부와 크랭크 핀을 담금질 한 다음 정밀하게 연마하여 완성시킨다.

[3] 크랭크축의 형식
(1) 직렬 4실린더형

제1번과 제4번, 제2번과 제3번 크랭크 핀이 동일 평면 위에 있으며, 또 각각의 크랭크 핀은 180°의 위상 차이를 두고 있다. 점화순서는 1-3-4-2와 1-2-4-3 두 가지가 있다.

(2) 직렬 6실린더형

제1번과 제6번, 제2번과 제5번, 제3번과 제4번의 각 크랭크 핀이 동일 평면 위에 있으며, 각각은 120°의 위상 차이를 지니고 있다. 크랭크축을 마주보고 제1번과 제6번 크랭크 핀을 상사점으로 하였을 때 제3번과 제4번 크랭크 핀이 오른쪽에 있는 우수식(점화순서 1-5-3-6-2-4)과 제3번과 제4번 크랭크 핀이 왼쪽에 있는 좌수식(점화순서 1-4-2-6-3-5)이 있다.

(3) 점화순서 정할 때 고려할 사항

1) 점화순서 정할 때 고려하여야 할 사항
① 폭발은 같은 간격으로 일어나게 한다.
② 크랭크축에 비틀림 진동이 일어나지 않게 한다.
③ 인접한 실린더에 연이어서 폭발이 발생하지 않도록 한다.
④ 혼합가스 또는 공기가 각 실린더에 동일하게 분배되게 한다.

2) 직렬 4실린더 기관의 점화순서

직렬 4실린더 기관은 위상차이가 180°이며, 제1번과 제4번, 제2번과 제3번 크랭크 핀이 동일 평면 위에 있으므로 제1번 피스톤이 하강행정을 하면 제4번 피스톤도 하강행정을 하며, 제2번과 제3번 피스톤은 상승행정을 한다. 따라서 제1번 피스톤이 흡입행정을 하면 제4번 피스톤은 폭발행정을 한다. 이때 제2번 피스톤이 압축행정을 하게 되면 제3번 피스톤은 배기행정을 한다. 이에 따라 4개 실린더가 크랭크축 720°(2회전)에 1사이클을 완성한다.

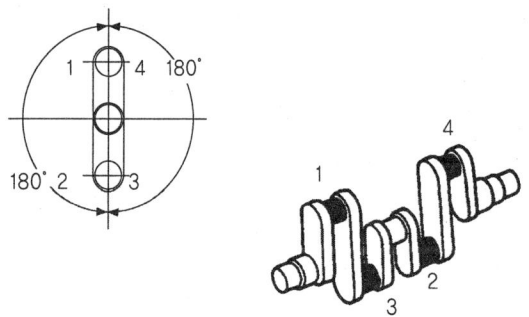

그림 11. 4실린더 기관의 크랭크축

3) 직렬 6실린더 기관의 점화순서

6실린더 기관의 크랭크축은 위상차이가 120°이므로 120°회전할 때마다 1회의 폭발행정을 하므로 크랭크축 2회전(720°)하는 동안에 각 실린더가 1번씩 폭발행정을 하고, 각 실린더는 각각의 4행정을 하여 1사이클을 완성한다.

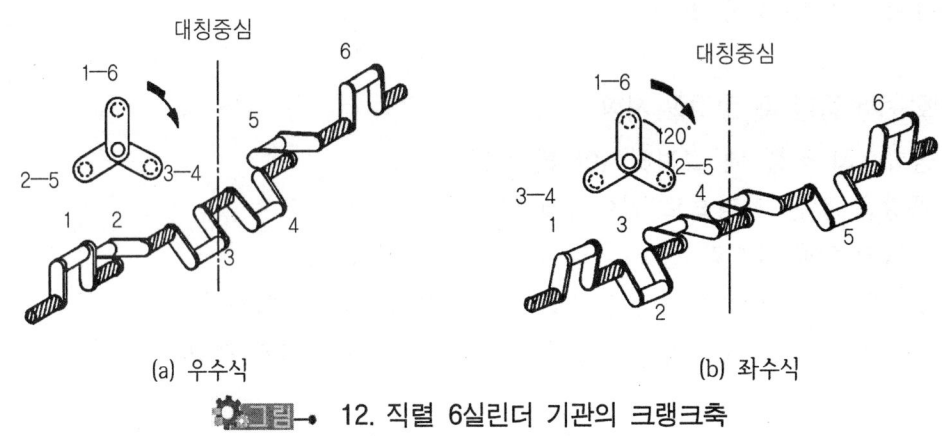

(a) 우수식　　　　　　　　　　　　(b) 좌수식

그림 12. 직렬 6실린더 기관의 크랭크축

2.1.8. 플라이휠(fly wheel)

플라이휠은 크랭크축의 맥동적인 출력을 원활히 하는 일을 한다. 재질은 주철이나 강철이며 뒷면은 클러치의 마찰 면으로 사용된다. 바깥둘레에는 기관을 시동할 때 기동전동기의 피니언과 물려 회전력을 받는 링 기어(ring gear)가 열 박음으로 고정되어 있다. 플라이휠의 무게는 회전속도와 실린더 수에 관계한다.

2.1.9. 크랭크축 베어링(crank shaft bearing : 기관 베어링)

크랭크축에서 사용하는 베어링은 평면 베어링(plain bearing)을 사용한다. 평면 베어링을 분류하면 분할형(split type bearing)과 부시형(bush or busing)이 있으며, 분할형은 커넥팅로드 대단부, 메인저널 베어링 등에 사용되고 부시형은 커넥팅로드 소단부, 캠축 저널 베어링으로 사용된다.

[1] 크랭크축 베어링 재료
(1) 배빗메탈(babbit metal)

배빗메탈은 주석(Sn) 80~90%, 안티몬(Sb) 3~12%, 구리(Cu) 3~7%가 표준 조성이다.

(2) 켈밋합금(kelmet Alloy)

켈밋합금은 구리(Cu) 60~70%, 납(Pb) 30~40%가 표준 조성이다.

[2] 크랭크축 베어링의 구조
(1) 베어링 크러시(bearing crush)

베어링이 하우징 내에서 움직이지 않게 하기 위하여 베어링의 바깥둘레를 하우징의 둘레보다 조금 크게 하여 압착되도록 하는데 베어링 바깥둘레와 하우징 둘레와의 차이를 크러시라 한다.

(2) 베어링 스프레드(bearing spread)

베어링 하우징의 지름과 베어링을 끼우지 않았을 때 베어링 바깥지름과의 차이를 말한다(0.125~0.50mm). 이는 적은 힘으로 베어링을 제자리에 밀착되게 하며 작업하기 편리하고 조립시 찌그러짐 방지하는 역할을 한다.

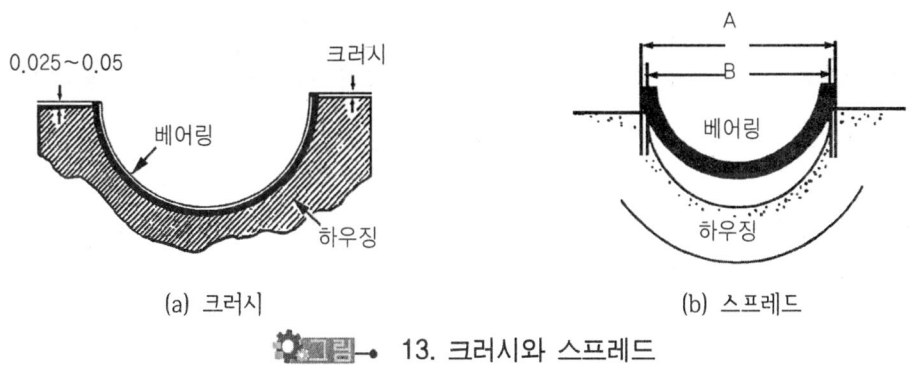

13. 크러시와 스프레드

2.1.10. 밸브기구와 밸브(valve train & valve)
[1] 밸브기구

4사이클 기관에는 캠축의 수와 위치에 따라 사이드밸브, 오버헤드 밸브, 오버헤드 캠축, 더블 오버헤드 캠축식 등으로 분류된다.

(1) 사이드밸브(side valve : SV)

초기 기관의 주류로 밸브가 실린더 옆에 붙어있는 구조로 연소실의 용적이 크고 넓어 고압축비로 하기에도 어렵고 밸브가 실린더 옆에 붙어있어 혼합기가 아래에서 위로 향해 흡입되기 때문에 흡입효율이 나쁘다.

배기측도 동일 구조여서 연소가스가 연소실내에 일부 잔류하기 때문에 열효율이 나쁘다.

(2) 오버헤드식 밸브(overhead valve : OHV)

밸브가 실린더 위에 있기 때문에 붙여진 것이다. 연소실 형상도 여러 가지로 가능하며 고압축비도 가능하다. 크랭크축의 회전으로 캠축이 구동되면 캠 위에 있는 밸브 리프터가 상하운동하면서 푸시로드에 연결된 로커 암을 작동시키고 있다. 밸브를 개폐시키는 구조가 확실하고 정비도 간단하다. 그러나 밸브를 구성하고 있는 부품이 많아 고속회전에서의 밸브 개폐 추종성이 나쁘다.

(3) 오버헤드 캠축 밸브기구(over head cam shaft valve train : OHC)

오버헤드 밸브기구의 캠축을 실린더헤드 위에 설치하고 캠이 직접 로커 암을 구동하는 방식이다. 이 형식은 캠축을 구동하는 체인이나 벨트장치와 실린더헤드의 구조는 복잡해지나 밸브기구의 왕복운동 부분의 관성력이 작아져 밸브의 가속도를 높일 수 있다. 따라서 고속에서도 밸브 개폐가 안정되어 고속성능이 향상되고 또 저속에서 고속까지 신속하게 기관의 회전속도를 높일 수 있어 최근의 고성능 기관에서 많이 사용되고 있다.

오버 헤드 캠축형식에는 한 개의 캠축으로 모든 밸브를 개폐시키는 싱글 오버헤드 캠축 형식(SOHC type)과 두 개의 캠축으로 각각의 흡기밸브와 배기밸브를 구동시키는 더블 오버헤드 캠축 형식(DOHC type)이 있다.

[2] 밸브기구의 구성부품과 그 기능

(1) 캠축과 캠(cam shaft & cam)

캠축은 기관의 밸브 수와 같은 수의 캠이 배열된 축으로 기능은 흡·배기밸브 개폐이다. 캠축의 구동방식에는 기어 구동방식, 체인 구동방식, 벨트 구동방식 등 3가지가 사용된다.

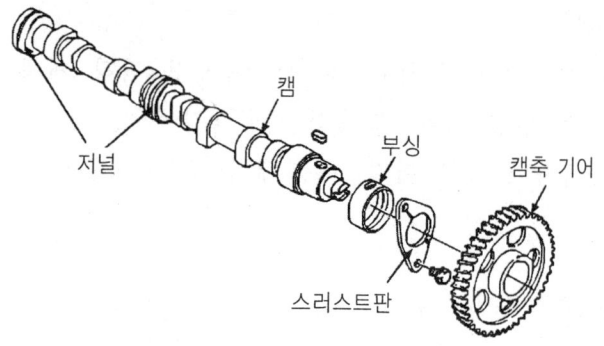

그림 14. 캠축의 구조

(2) 밸브 리프터(밸브 태핏 : valve lifter or valve tappet)

밸브 리프터는 캠축의 회전운동을 상하운동으로 변환시켜 푸시로드로 전달하는 것이며, 기계식과 유압식이 있다. 유압식 밸브 리프터의 특징은 다음과 같다.

① 밸브간극을 점검·조정하지 않아도 된다.
② 밸브 개폐시기가 정확하고 작동이 조용하다.
③ 오일이 완충작용을 하므로 밸브개폐 기구의 내구성이 향상된다.
④ 밸브기구의 구조가 복잡하다.
⑤ 윤활장치가 고장이 나면 기관 작동이 정지된다.

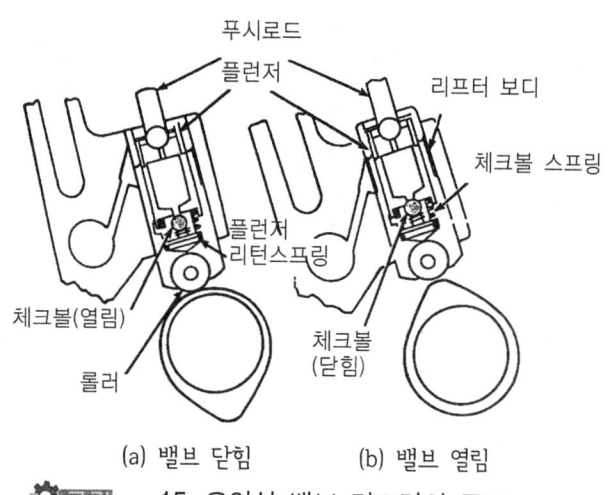

그림 15. 유압식 밸브 리프터의 구조

(3) 흡·배기밸브(valve)

흡·배기밸브는 연소실에 설치된 흡·배기구멍을 각각 개폐하고 공기를 흡입하고, 연소가스를 내보내는 일을 하며, 압축과 폭발행정에서는 밸브시트에 밀착되어 연소실 내의 가스가 누출되지 않도록 한다. 흡·배기밸브는 포핏밸브(poppet valve)가 사용된다.

> **알아두기** 밸브 스프링 서징(valve spring surging)현상
> 고속에서 밸브 스프링의 신축이 심하여 밸브 스프링의 고유 진동수와 캠축 회전속도 공명에 의하여 스프링이 튕기는 현상이다. 서징현상이 발생하면 밸브개폐가 불량하여 흡·배기작용이 불충분해진다. 서징현상 방지방법은 다음과 같다.
> ① 고유 진동수가 서로 다른 2중 스프링을 사용한다.
> ② 정해진 양정 내에서 충분한 스프링 정수를 얻도록 한다.
> ③ 부등 피치스프링을 사용한다.
> ④ 밸브스프링의 고유 진동수를 높인다.
> ⑤ 원뿔형 스프링(conical spring)을 사용한다.

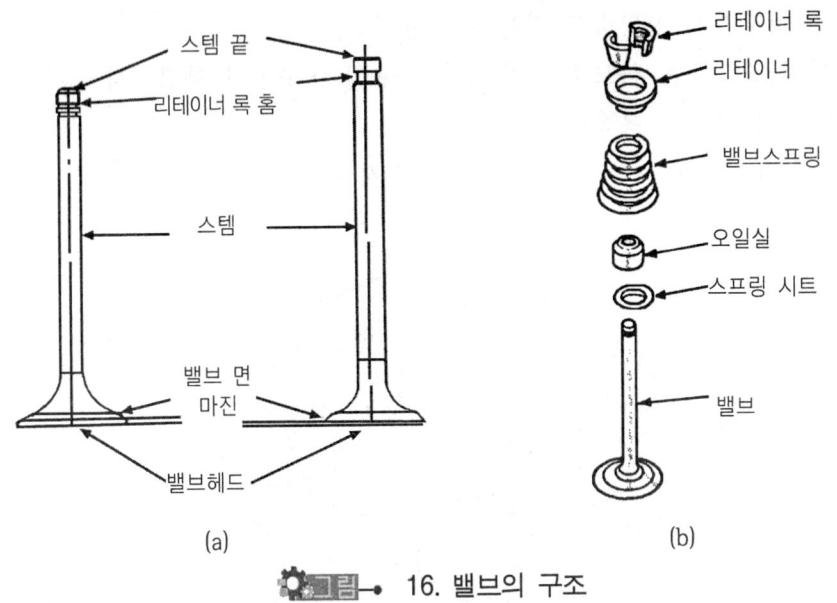

그림 16. 밸브의 구조

2.1.11. DOHC기관

[1] DOHC(double over cam shaft)기관의 특징
 ① 실린더헤드에 캠축이 2개 설치되어 있어 SOHC기관보다 흡입효율이 좋다.
 ② 1개의 실린더에 흡기밸브가 2개, 배기밸브가 2개 설치되어 있다.

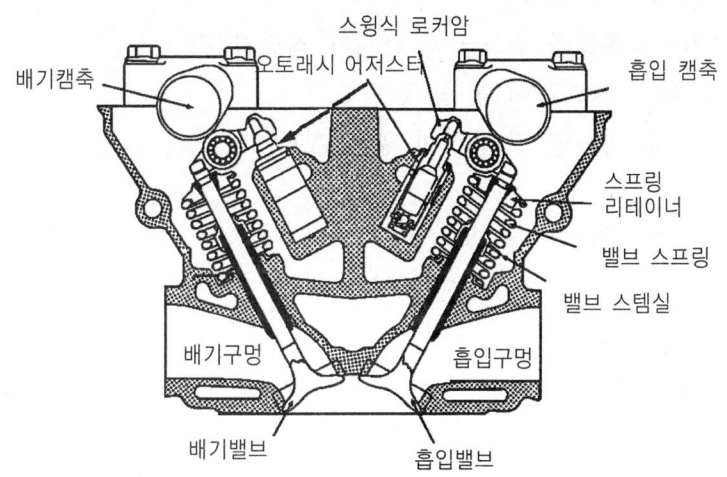

그림 17. DOHC기관의 밸브개폐 기구

[2] DOHC기관의 장점
① 흡입효율이 향상된다.
② 허용 최고 회전속도가 향상된다.
③ 응답성이 향상된다.
④ 연소효율이 향상된다.

2.1.12. 가변흡기장치(variable Induction control system)

가변 흡기장치의 설치목적은 각 실린더마다 흡입포트를 1차와 2차 포트로 분할하고 제어밸브를 기관의 회전속도에 따라서 개폐시키는 흡입제어 방식으로 저속 영역에서는 가늘고 긴 1차 포트를 이용함으로써 흡입공기의 유속을 빠르게 하여 관성과급의 효과를 이용하고 고속영역에서는 굵고 짧은 2차 포트를 이용함으로써 흡입저항을 작게 하여 흡입효율을 증가시켜 고출력을 얻는 장치이다.

2.2. 윤활장치
2.2.1. 기관오일의 작용

① 마찰감소 및 마멸방지 작용을 한다.
② 밀봉(밀유지)작용을 한다.
③ 열전도(냉각)작용을 한다.
④ 세척(청정)작용을 한다.
⑤ 응력분산(충격 완화)작용을 한다.
⑥ 부식방지(방청)작용을 한다.

2.2.2. 기관오일의 구비조건

① 점도지수가 커 온도와 점도와의 관계가 적당할 것
② 인화점 및 자연 발화점이 높을 것
③ 강인한 유막을 형성할 것(유성이 좋을 것)
④ 응고점이 낮을 것
⑤ 비중과 점도가 적당할 것
⑥ 기포발생 및 카본 생성에 대한 저항력이 클 것

2.2.3. 기관오일의 분류

[1] SAE 분류

SAE번호로 그 점도를 표시하며, 번호가 클수록 점도가 높은 오일이다.

[2] API 분류

가솔린기관용(ML, MM, MS)과 디젤기관용(DG, DM, DS)으로 구분되어 있다.

[3] SAE 신분류

SAE가 ASTM, API 등과 협력하여 새로 제정한 기관오일이며, 가솔린기관용은 S(service), 디젤기관용은 C(commercial)로 하여 다시 A, B, C, D …알파벳순으로 그 등급을 정하고 있다.

2.2.4. 기관오일 공급장치

[1] 오일 팬(oil pan)

오일 팬(아래 크랭크케이스)은 기관오일이 담겨지는 용기이며, 오일의 냉각작용도 한다.

[2] 오일 스트레이너(oil strainer)

오일 스트레이너는 오일 팬 섬프 내의 오일을 펌프로 유도해주는 것이며, 오일 속에 포함된 비교적 큰 불순물을 여과하는 스크린이 있다.

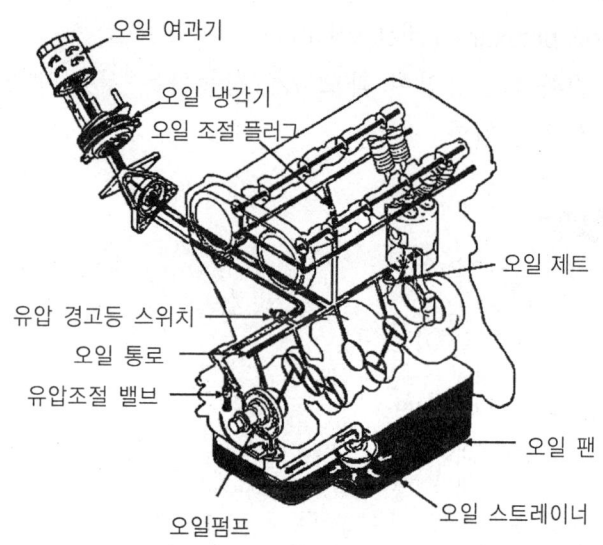

그림 18. 기관오일 공급장치

[3] 오일펌프(oil pump)

오일펌프는 스트레이너를 거쳐 흡입한 후 압력을 가하여 각 윤활부분으로 압송하는 기구이며, 종류에는 기어펌프, 로터리펌프, 플런저펌프, 베인펌프 등이 있다.

[4] 오일여과기(oil filter)

(1) 오일여과기의 기능

오일여과기는 기관이 작동 중 윤활유 속의 먼지, 카본 및 기관 마찰에 의하여 생기는 금속 분말의 작은 입자 등의 불순물을 여과 청정하는 장치로서 기관 외부에 점검이 용이한 위치에 설치된다.

(2) 여과방식

① 전류식(full-flow filter) : 오일펌프에서 나온 오일의 모두를 여과기를 거쳐서 여과된 후 윤활부분으로 가는 방식이다.
② 분류식(by-pass filter) : 오일펌프에 나온 오일의 일부만 여과하여 오일 팬으로 보내고, 나머지는 그대로 윤활부분으로 보내는 방식이다.
③ 샨트식(shunt flow filter) : 오일펌프에서 나온 오일의 일부만 여과하게 한 방식이다. 그러나 이 방식은 여과된 오일이 오일 팬으로 되돌아오지 않고, 나머지 여과되지 않은 오일도 윤활부분에서 합쳐져 공급된다.

[5] 유압조절밸브(oil pressure relief valve)
　윤활회로 내를 순환하는 유압이 과도하게 상승하는 것을 방지하여 유압이 일정하게 유지되도록 하는 작용을 한다.

> **알아두기**
>
> 1. 유압이 높아지는 원인
>   ① 기관의 온도가 낮아 오일의 점도가 높다.
>   ② 윤활회로의 일부가 막혔다.
>   ③ 유압조절 밸브 스프링의 장력이 과다하다.
> 2. 유압이 낮아지는 원인
>   ① 크랭크축 베어링의 과다 마멸로 오일간극이 커졌다.
>   ② 오일펌프의 마멸 또는 윤활 회로에서 오일이 누출된다.
>   ③ 오일 팬의 오일 양이 부족하다.
>   ④ 유압조절 밸브스프링 장력이 약하거나 파손되었다.
>   ⑤ 기관오일이 연료 등으로 현저하게 희석되었다.
>   ⑥ 기관오일의 점도가 낮다.

2.3. 냉각장치

　실린더 내의 연료가 연소하여 생기는 온도는 1400℃~2000℃에 달하는 고온이므로, 기관을 적당한 온도로 냉각시켜 주지 않는다면 기관의 과열, 조기점화 기관 각부의 윤활유의 연소 등에 의하여 기관이 소결, 융착이 된다. 또한 기관이 지나치게 냉각되면 열효율이 나빠지므로 알맞는 기관의 온도를 유지하는 것이 필요하다. 경부하의 운전 상태에서 냉각수의 온도는 75~85℃ 정도이고, 윤활유의 온도는 70℃~80℃가 알맞다.

2.3.1. 기관의 냉각방법

[1] 공랭식(air cooling type)
　공랭식은 기관을 대기와 직접 접촉시켜서 냉각시키는 방법으로, 냉각효과를 증대시키기 위해 실린더헤드와 블록에 방열 핀(냉각 핀)을 한다.

[2] 수랭식(water cooling type)
　수랭식은 냉각수를 순환시키는 방식에 따라 자연 순환방식, 강제순환 방식, 압력순환 방식, 밀봉압력 방식 등이 있다.

2.3.2. 수랭식의 주요 구조와 그 기능

[1] 물 재킷(water jacket)
실린더헤드 및 블록에 일체구조로 된 냉각수가 순환하는 물 통로이다.

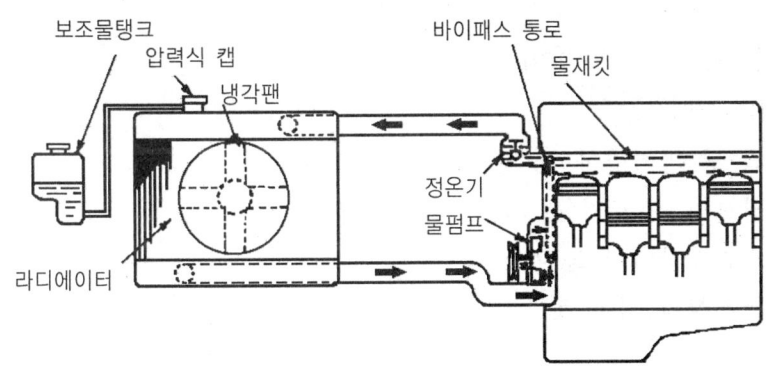

그림 19. 수랭식의 주요 구조

[2] 물 펌프(water pump)
구동벨트를 통하여 크랭크축에 의해 구동되며, 실린더헤드 및 블록의 물 재킷 내로 냉각수를 순환시키는 원심력펌프이다.

[3] 냉각 팬(cooling fan)
냉각 팬은 라디에이터를 통하여 공기를 흡입하여 라디에이터 통풍을 도와준다.

(1) 유체커플링 방식(fluid coupling type)
냉각 팬과 물펌프사이에 실리콘 오일을 봉입한 유체 커플링을 둔 것이며, 동력전달은 오일의 저항을 이용한다.

(2) 전동식 냉각 팬(motor type fan)
전동기로 냉각 팬을 구동시키는 것이며, 축전지 전원으로 작동한다. 작동은 수온센서로 냉각수 온도를 감지하여 어떤 온도에 도달하면 ON(냉각 팬 회전)되고, 어떤 온도 이하가 되면 OFF(냉각 팬 회전정지)된다. 전동식 냉각 팬의 장점은 서행 또는 정차할 때의 냉각성능이 향상되며, 정상온도에 도달하는 시간이 단축되고, 작동온도가 항상 균일하게 유지된다.

[4] 구동벨트(drive belt or fan belt)

이음새가 없는 고무제 V벨트를 사용하며 크랭크축 풀리, 발전기 풀리, 물 펌프 풀리 등을 연결 구동한다.

[5] 라디에이터(radiator : 방열기)

(1) 라디에이터의 구비조건
① 단위 면적 당 방열량이 클 것
② 가볍고 작으며, 강도가 클 것
③ 냉각수 흐름저항이 적을 것
④ 공기 흐름저항이 적을 것

(2) 라디에이터 캡(radiator cap)
라디에이터 캡은 냉각수 주입구 뚜껑이며, 냉각장치 내의 비등점(비점)을 높이고, 냉각 범위를 넓히기 위하여 압력식 캡을 사용한다.

(3) 라디에이터 코어막힘 점검

$$코어\ 막힘율 = \frac{신품\ 용량 - 사용품\ 용량}{신품\ 용량} \times 100$$

[6] 수온조절기(정온기 : thermostat)

수온조절기는 실린더헤드 물 재킷 출구 부분에 설치되어 냉각수 온도에 따라 냉각수 통로를 개폐하여 기관의 온도를 알맞게 유지하는 기구이다. 종류에는 바이메탈형, 벨로즈형, 펠릿형 등이 있으며, 현재는 펠릿형만 사용한다. 펠릿형(pellet type)은 왁스 케이스 내에 왁스와 합성고무를 봉입하고 냉각수 온도가 상승하면 왁스가 합성 고무 막을 압축하여 왁스 케이스가 스프링을 누르고 내려가므로 밸브가 열려 냉각수 통로를 열어 준다.

(1) 입구 제어방식과 출구 제어방식
① 입구 제어방식은 물 펌프 앞쪽에 수온 조절기를 설치하여 실린더블록으로 유입되는 냉각수를 제어하는 것이다.

② 출구 제어방식은 실린더헤드에서 배출되는 부분에 수온 조절기를 설치하여 냉각수 온도를 제어하는 방식이며 특징은 수온센서의 출력변동은 적으나 수온조절기에 걸리는 부하가 증대되고, 과냉현상이 발생할 수 있다.

(2) 지글밸브(jiggle valve)
수온조절기에 통기 구멍을 두고 냉각장치에 압력이 형성되면 닫히는 방식의 밸브이다.

2.3.3. 부동액
냉각수가 동결되는 것을 방지하기 위하여 냉각수와 혼합하여 사용하는 액체이며, 그 종류에는 에틸렌글리콜, 메탄올, 글리세린 등이 있으며 현재는 에틸렌글리콜이 주로 사용된다. 에틸렌글리콜의 특징은 비점이 높고 불연성이며, 응고점이 낮은 장점이 있으나, 누출되면 교질 상태의 물질을 만들고, 금속을 부식시키며, 팽창계수가 큰 결점이 있다.

2.4. 연료장치
2.4.1. 기관의 연료
[1] 가솔린기관의 연료
(1) 가솔린 연료의 개요

가솔린은 탄소(C)와 수소(H)의 유기화합물의 혼합체이며, 연료와 산소가 혼합하여 완전 연소할 때 발생하는 열량을 발열량이라 한다. 발열량에는 열량계 속에서 단위 질량의 연료를 연소시켰을 때 발생되는 고위발열량과 연소에 의해 발생된 수분의 증발열을 뺀 열량인 저위발열량이 있다. 일반적으로 액체나 가스의 발열량은 저위발열량으로 나타낸다.

(2) 가솔린의 구비조건
 ① 체적 및 무게가 적고 발열량이 클 것
 ② 연소 후 유해 화합물을 남기지 말 것
 ③ 옥탄가가 높을 것
 ④ 온도에 관계없이 유동성이 좋을 것
 ⑤ 연소속도가 빠를 것

(3) 옥탄가

옥탄가란 가솔린의 노크방지 성능(내폭성 ; anti knocking property)을 표시하는 수치이며, 이소옥탄(iso-octance)을 옥탄가 100으로 하고, 노멀헵탄(정헵탄 ; normal heptane)을 옥탄가 0으로 하여 이소옥탄의 함량비율에 따라 정해진다.

기관에 사용되는 연료는 옥탄가가 높은 것일수록 노크가 일어나기 어렵고 낮은 것일수록 노크가 일어나기 쉽다. 기관의 열효율을 높여서 출력과 성능을 향상시키기 위해서는 압축비를 높이고 노크를 발생시키지 않는 가솔린을 사용하여야 한다. 따라서 노크의 발생은 적게 하기 위해서는 옥탄가가 높은 연료인 것이 요구된다.

$$옥탄가 = \frac{이소옥탄}{이소옥탄 + 노멀헵탄} \times 100$$

[2] 디젤기관의 연료

(1) 연소과정에 영향을 주는 요소

연소과정에 영향을 주는 요소는 연료분사 시기, 연료분사량, 분사지속 시간과 분사율, 분사방향 등이 있으며, 고압 분사펌프를 사용하는 디젤기관의 실린더 내에서 이루어지는 연소는 열에너지, 기계적 에너지, 화학적 에너지 등이다.

(2) 경유의 구비조건

① 자연발화점이 낮을 것. 즉 착화성이 좋을 것
② 황(S)의 함유량이 적을 것
③ 세탄가가 높고, 발열량이 크며, 연소속도가 빠를 것
④ 적당한 점도를 지니며, 온도변화에 따른 점도변화가 적을 것
⑤ 고형미립물이나 유해성분을 함유하지 않을 것

(3) 세탄가

디젤기관 연료의 착화성은 세탄가로 표시하며, 착화성이 우수한 세탄($C_{16}H_{34}$)과 착화성이 불량한 α-메틸나프탈렌(α-methyl naphthalene, $C_{10}H_7-\alpha-CH_3$)을 적당한 비율로 혼합하여 임의의 착화성을 가지는 참고용의 표준연료(reference fuel)로 하고 이것과 시험연료와의 착화성을 비교한 것으로 세탄의 함량비율로 표시한다.

$$\text{세탄가} = \frac{\text{세탄}}{\text{세탄} + \alpha\text{메틸나프탈린}} \times 100$$

2.4.2. 연료의 연소
[1] 가솔린기관의 연소
(1) 가솔린기관의 연소과정
실린더 내에서 연료의 연소는 매우 짧은 시간에 이루어지나 그 과정은 점화 → 화염전파 → 후연소의 3단계로 나누어진다.

(2) 정상연소와 이상연소
정상연소는 과도한 압력상승에 의해 기관의 운전 장애가 발생하지 않는 범위 내에서 기관의 성능이 최대로 될 때의 연소를 말한다.
이상연소란 급격한 압력파장에 의해 충격적으로 연소가 이루어져 운전 장애와 출력 저하를 발생하는 연소를 말한다. 열효율 측면에서는 연소속도가 빠를수록 유리하나 노크 때문에 제한을 받는다.

(3) 가솔린기관의 노크
가솔린기관의 노크는 화염 면이 정상에 도달하기 이전에 말단가스(end gas)가 부분적으로 자기착화에 의하여 급격히 연소가 진행되는 경우 비정상적인 연소에 의해 발생하는 급격한 압력상승으로 실린더 내의 가스가 진동하여 충격적인 타격소음이 발생하는데 이를 노크(knock) 또는 노킹(knocking)이라 한다.
가솔린기관에서 노크발생을 검출하는 방법에는 실린더 내의 압력측정, 실린더블록의 진동측정, 폭발의 연속음 측정 등이 있다.

(4) 노크가 기관에 미치는 영향
① 기관의 회전속도가 낮아진다.
② 기관의 출력이 저하한다.
③ 연소실 온도가 상승하므로 기관이 과열한다.
④ 흡입효율이 저하한다.
⑤ 기관에 손상이 발생할 수 있다.

(5) 가솔린기관의 노크 방지방법
　① 혼합가스를 진하게 하거나 화염전파거리를 짧게 한다.
　② 옥탄가가 높은 연료를 사용한다.
　③ 압축행정 중 와류를 발생시키고, 압축비, 혼합가스 및 냉각수 온도를 낮춘다.
　④ 연료의 착화지연을 길게 한다.
　⑤ 점화시기를 알맞게 조정한다.
　⑥ 미 연소가스의 온도와 압력을 저하시킨다.

[2] 디젤기관의 연소
　　디젤기관의 연소과정은 착화지연 기간 → 화염전파 기간 → 직접연소 기간 → 후연소기간의 4단계로 연소한다.

(1) 디젤기관의 노크
　　착화지연기간 중에 분사된 많은 양의 연료가 화염전파기간 중에 일시적으로 연소되어 실린더 내의 압력이 급격히 상승하므로 실린더 벽에 피스톤이 충격을 가하여 소음이 발생하는 현상이다.
　　디젤기관의 노크는 주로 연소초기에 발생하나 가솔린기관의 노크는 연소후기에 발생한다. 노크가 발생하면 실린더 내의 압력이 급상승하여 소음과 이상 진동을 동반하며, 노크가 심하면 기관과열, 피스톤 및 실린더 벽의 손상, 기관의 출력이 저하된다.

(2) 디젤기관 노크 방지방법
　① 착화 지연기간 중에 연료분사량을 적게 한다. 즉 분사초기에 연료분사량을 감소시킨다.
　② 압축비, 실린더 벽의 온도, 흡기온도 및 압력을 높게 한다.
　③ 착화 지연기간이 짧은 연료를 사용한다. 즉 세탄가가 높은 연료를 사용한다.
　④ 연료의 분사시기를 알맞게 조절한다.

2.5. 가솔린기관 연료장치
2.5.1. 전자제어 연료분사장치의 특징
　① 공기흐름에 따른 관성 질량이 작아 응답성이 향상된다.
　② 기관 출력이 증대되고, 연료소비율이 감소한다.

③ 유해 배출가스 감소로 인한 유해물질 감소효과가 크다.
④ 각 실린더에 동일한 양의 연료공급이 가능하다.
⑤ 전자부품의 사용으로 구조가 복잡하고 값이 비싸다.
⑥ 흡입계통의 공기누설이 기관에 큰 영향을 준다.

2.5.2. 전자제어 연료분사장치의 분류

[1] 제어방식에 따른 분류

제어방식에 따른 분류에는 K-제트로닉(기계제어 방식), D-제트로닉(흡기압력 검출방식), L-제트로닉(흡입공기량 검출방식) 등이 있다.

[2] 분사방식에 따른 분류

(1) 연속적으로 분사하는 방식

기계-유압방식으로 작동되는 연료분사 장치이며, 기관이 가동되는 동안 계속하여 연속적으로 연료를 분사하는 방식이다. K-Jetronic이 여기에 속한다.

(2) SPI(single point injection)방식

TBI(throttle body injection)라고도 부르며, 스로틀밸브 위의 한 중심점에 위치한 인젝터(1~2를 둠)를 통하여 간헐적으로 연료를 분사하므로 흡기다기관을 통하여 실린더로 유입된다.

(3) MPI(multi point injection)방식

실린더의 흡입포트에 인젝터를 각각 1개씩 설치하여 연료를 분사하는 방식이다. 연료는 흡입밸브 바로 앞에서 분사되므로 흡기다기관에서의 연료 응축(wall wetting)의 문제가 없으며, 기관의 가동온도에 관계없이 최적의 성능이 보장된다.

(4) GDI(gasoline direct injection)방식

실린더 내에 가솔린을 직접 분사하는 것으로 약 35~40 : 1의 초희박 공연비로도 연소가 가능하다. 연료 공급압력은 일반 전자제어 연료분사방식의 경우 약 3~6kgf/cm^{2}인데 비해, 약 50~100kgf/cm^{2}로 매우 높으며, 실린더 내의 유동을 제어하는 직립형 흡입포트, 연소를 제어하는 바울형 피스톤, 고압연료펌프, 스월 인젝터(swirl injector) 등이 사용된다.

[3] 흡입공기량 계측방식에 의한 분류

(1) 매스플로 방식(mass flow type)

　공기유량 센서가 직접 흡입공기량을 계측하고 이것을 전기적 신호로 변화시켜 컴퓨터로 보내 연료분사량을 결정하는 방식이다.

(2) 스피드 덴시티 방식(speed density type)

　흡기다기관 내의 절대압력(대기압력+진공압력), 스로틀밸브의 열림 정도, 기관의 회전속도로부터 흡입공기량을 간접 계측하는 것이며, D-Jetronic이 여기에 속한다.

형 식	제어방식	분사방법	연료조절방식
K-Jetronic	기계식	연속분사	mass flow(흡입공기량 측정)
D-Jetronic	전자식	정기(간헐) 분　　사	speed density(속도-밀도방식)
L-Jetronic			mass flow(흡입공기량 측정)

2.5.3. 전자제어 연료장치의 구조와 그 기능

[1] 연료펌프(fuel pump)

　연료펌프는 전자력으로 구동되는 전동방식이며, 연료탱크 내에 들어 있다. 연료펌프에는 연료계통의 압력이 일정압력 이상 되지 않도록 하는 릴리프밸브(relief valve)와 기관의 작동이 정지되었을 때 곧바로 닫혀 연료계통 내의 잔압을 유지시켜 고온에서 베이퍼 록(vapor lock)을 방지하고, 재 시동성능을 높이기 위해 체크밸브를 두고 있다.

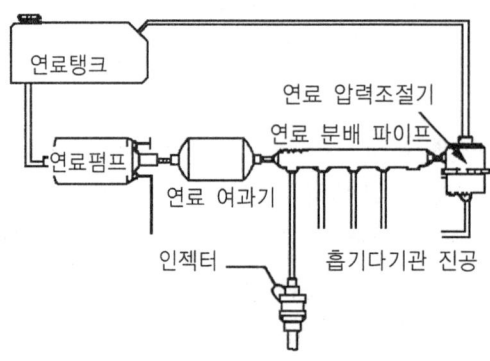

그림 20. 연료계통의 구성도

> **알아두기**
> 연료펌프는 점화스위치가 ON에 있더라도 기관의 작동이 정지된 상태(흡입 공기량이 감지되지 않는 상태)에서는 작동되지 않는다.

[2] 연료 압력조절기(fuel pressure regulator)

연료 압력조절기는 흡기다기관 부압을 이용하여 연료압력을 일정하게 조절한다. 즉 연료압력 흡기다기관과의 압력차이가 대략 $2.5 kgf/cm^2$ 정도가 되도록 조정한다. 그리고 복귀되는 연료 압력감소 정도는 연료 압력조절기 스프링장력-고압파이프 내 연료 압력이다.

[3] 인젝터(injector)

인젝터는 흡기다기관에 연료를 분사하는 부품이며, 연료분사량은 인젝터 솔레노이드 코일의 통전시간에 의해 결정된다. 즉 ECU의 펄스신호에 의해 연료를 분사한다.

① 인젝터의 총 분사시간(ti)=tp(기본 분사시간)+tm(보정 분사시간)+ts(전원전압 보정 분사시간)으로 나타낸다.
② 인젝터의 연료분사 시간이 ECU 트랜지스터의 작동시간과 일치하지 않는 것을 무효분사시간이라 한다.
③ 인젝터에 저항을 붙여 응답성 향상과 코일의 발열을 방지하는 방식을 전압제어 방식이라 한다.
④ 인젝터를 제어하는 ECU의 트랜지스터는 일반적으로 (-)제어방식을 사용한다.
⑤ 인젝터 회로를 점검할 때에는 전류파형, 서지파형 및 축전지에서 ECU까지의 총 저항을 측정한다.
⑥ 인젝터 전류파형을 측정하면 인젝터 회로와 인젝터 코일 자체저항의 불량 여부까지 한꺼번에 점검할 수 있다.

2.5.4. GDI(gasoline direct injection)방식

GDI기관은 연료를 연소실내 직접분사하는 방식으로 공연비를 정확히 제어할 수 있고 응답성이 좋으며 연료분사시기를 정밀 제어할 수 있다. 혼합기의 확산을 제어하여 적은 연료로서 고효율의 연소가 가능하며 과도 운전시 응답성이 뛰어나며 냉간 시동성이 향상되었고 일부 배기가스 저감에 효과가 큰 장점이 있다.

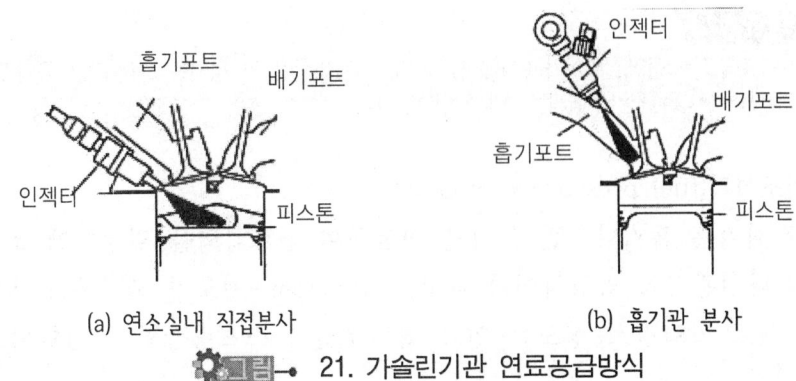

그림 21. 가솔린기관 연료공급방식

그러나 고부하시 과다 질소산화물(NOx)의 배출과 저부하시 연소 불안정으로 인한 탄화수소의 발생 그리고 연료분무 특성 및 혼합기의 층상화, 점화계의 제어, 실린더 마모 증대 등의 단점도 있다.

GDI기관은 초희박 공연비를 실현하기 위하여 스월 인젝터, 고압 연료펌프, 고압 레귤레이터 및 연료 압력센서 등을 장착하여 압축된 실린더에 고압 연료를 분사하는 방식이다.

[1] 직립 흡기포트

흡기행정 중 흡기가 실린더 라이너를 따라 강한 하강류로 발전되면서 종래의 전자제어기관과는 반대로 향하는 실린더 내에서 역방향의 선회류(텀블)를 발생시킨다.

[2] 피스톤

압축행정 분사때 인젝터로부터 분사되는 연료는 피스톤 헤드 면에 만들어진 소형의 캐비티를 향하여 분사된다. 분사된 연료가 연소실 전체에 확산이 되지 않도록 소형 캐비티는 분사종료로부터 점화까지의 사이의 주변의 공기를 모아들이면서 기화된 연료가 확산되지 않도록 점화플러그 근방으로 가져오고 이로써 초희박 연소를 실현시키는 중요한 역할을 한다.

[3] 고압 연료펌프(high pressure pump)

고압 연료펌프는 기관 실린더헤드에 설치되어 캠축에 의해 구동되어 고압의 연료를 연료레일에 공급한다.

[4] 고압 연료펌프 레귤레이터(high pressure pump regulator)

GDI기관에 설치된 고압펌프는 캠축에 설치되어 기관 회전시 함께 작동된다. 그러므로 기관 회전수가 증가할 경우 고압 연료펌프의 작동 또한 빨라지게 되어 압력이 상승하게 된다. 이러한 현상을 방지하기 위하여 고압 연료펌프 레귤레이터가 설치된다.

고압 연료펌프 레귤레이터 내부에는 체크밸브가 설치되어 있어 기관 정지시 연료압력이 떨어지는 것을 방지하게 되어있으나 일정시간 이상 정지시 압력이 떨어지게 되어 기관 시동 후 연료압력이 정상적으로 상승하기 까지는 일정시간이 소모된다.

[5] 연료 압력센서(pressure sensor)

연료 압력센서는 연료 레일내의 압력변화 감지하는 장치로서 연료레일 상에 설치되어 있다. 연료 압력센서로부터 입력된 신호를 근거로 ECU는 연료압력 제어밸브를 이용하여 클로즈 컨트롤(close control)이 제어를 실시한다.

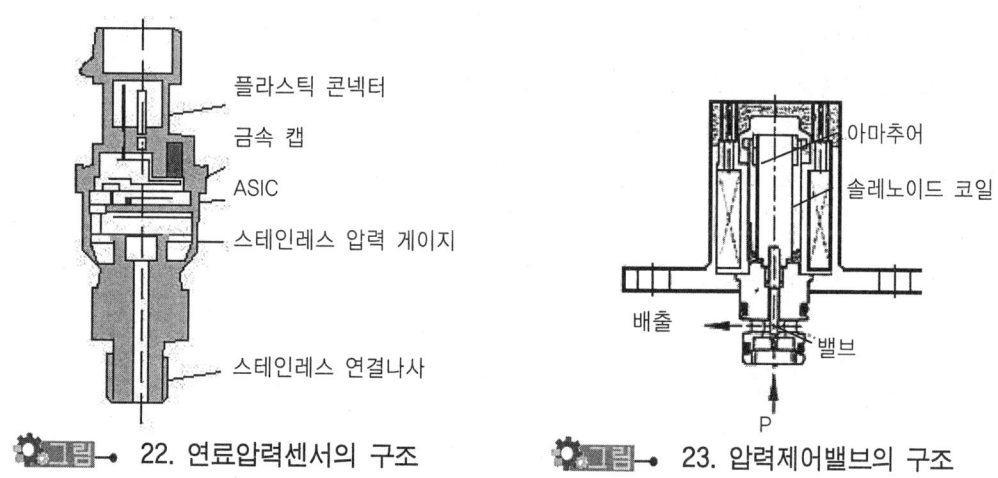

그림 22. 연료압력센서의 구조   그림 23. 압력제어밸브의 구조

[6] 압력 제어밸브(pressure control valve)

기관 회전수에 의해 작동되는 고압펌프의 연료압력이 기관 회전수에 상관없이 일정한 압력을 유지할 수 있도록 연료 라인내의 압력을 조절하는 장치이다.

[7] 스월 인젝터(swirl injector, high pressure injection valve)

GDI기관에서 연료분사는 점화시기와 동일하게 분사되며 기관의 부하에 따라 흡입 또는 압축행정시 분사된다. 기관 부분 부하시에는 연료는 압축 행정 후기에 분사가 된다.

압축행정 분사시에는 실린더내의 공기밀도가 높기 때문에 공기저항에 의하여 분무의 관통력이 억제되어 컴팩트한 분무구조로 되어야 한다. 기관 고부하시에는 흡입 행정시 연료가 분사된다.

[8] 연료 레일(fuel rail)

연료 레일은 나사로 실린더헤드 부위에 설치되어 연료 펌프로부터 공급된 연료를 각 인젝터로 배분하는 역할을 한다. 연료 레일은 높은 압력과 온도의 변화 그리고 기계적 부하에 견디어야 하며 연료 어큐뮬레이터가 설치되어 연료 라인내 발생하는 맥동을 줄인다. 연료레일에는 연료압력 제어밸브와 연료 압력 센서가 설치되어 있다.

2.6. LPG기관의 연료장치
2.6.1. LPG기관의 특징
① LPG는 기화하기 쉬워 연소가 균일하다.
② 베이퍼록(vapor lock)이나 퍼컬레이션(percolation)이 잘 일어나지 않는다.
③ 배기가스에 의한 배기관, 소음기 부식이 적다.
④ 탱크(bombe)는 밀폐방식을 사용한다.
⑤ 배기량이 같은 경우 가솔린기관에 비해 출력이 낮다.
⑥ 일반적으로 NOx는 가솔린기관에 비해 많이 배출된다.
⑦ 겨울철 시동이 어렵다.

2.6.2. LPG기관의 연료계통
[1] LPG봄베(bombe : 가스탱크)
① 봄베는 LPG를 충전하기 위한 고압용기이며 기상밸브, 액상밸브, 충전밸브 등 3가지 기본 밸브와 체적 표시계, 액면 표시계, 용적 표시계 등의 지시장치가 부착되어 있다.
② 안전밸브는 봄베 바깥쪽에 충전밸브와 일체로 조립되어 있으며 스프링 장력에 의하여 닫혀 있으나 봄베 내의 압력이 규정 값 이상 상승하면 밸브가 열려 LPG가 봄베에 연결된 호스를 거쳐 대기 중으로 배출된다.
③ 과류방지 밸브는 봄베 안쪽에 배출밸브와 일체로 설치되어 있으며, 파이프의 연결부(피팅) 등이 파손되어 LPG가 비정상적으로 배출되면 체크 판이 시트부분에 밀착되어 LPG 배출을 차단한다.

④ 컨테이너 케이스의 종류에는 봄베 전체를 컨테이너로 밀봉시키고 공기배출 호스를 대기 중으로 개방시킨 풀 컨테이너 형식과 액상·기상밸브, 충전밸브 보스 및 게이지 보스부분을 부분적으로 밀봉시키고 공기배출 호스를 대기 중으로 개방시킨 세미 컨테이너 형식이 있으며, 국내의 경우 대부분 세미 컨테이너 형식을 사용한다.

[2] 솔레노이드밸브(전자밸브 : solenoid valve)

운전석에서 조작할 수 있는 LPG 공급차단 밸브이며 기관을 시동할 때에는 기체 LPG를 공급하고 시동후에는 양호한 주행성능을 얻기 위해 액체 LPG를 공급해 준다.

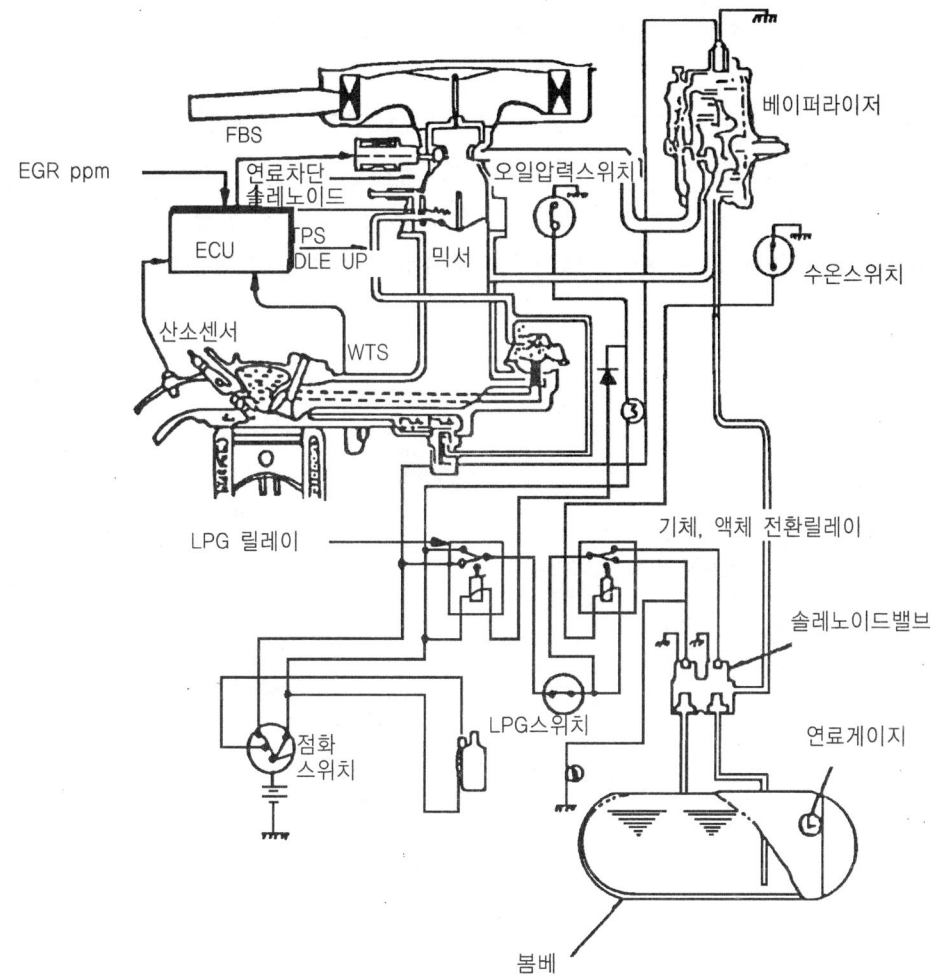

그림 24. LPG기관의 연료계통

[3] 베이퍼라이저(vaporizer : 감압 기화장치, 증발기)

봄베로부터 여과기와 솔레노이드밸브를 거쳐 공급된 액체 LPG를 기화시켜 줌과 동시에 적당한 압력으로 낮추어 준다.

[4] 믹서(LPG mixer)

베이퍼라이저에서 기화된 LPG를 공기와 혼합하여 연소에 가장 적합한 혼합기를 연소실에 공급하는 일을 하며 2배럴 1벤투리 하향방식이 사용된다.

2.6.3. LPI(liquid petroleum injection)기관의 특징

LPI시스템은 연료탱크 내에 펌프를 설치하여 연료펌프에 의해 고압으로 송출되는 액상연료를 인젝터를 통해 분사하여 구조로 가솔린기관과는 연료장치만 다를 뿐 대부분의 장치는 유사하다.

LPG시스템은 베이퍼라이저와 믹서 등을 통해 연료탱크의 연료를 연소실에 공급하는 자연흡기방식의 의존한 연료공급 시스템으로 냉시동성 불량, 타르생성, 공연비제어 곤란 및 역화발생 등의 문제점을 개선하여 겨울철 시동성 향상, 배기가스 저감, 액압으로 액상시스템으로 타르 및 역화 문제 개선과 동력성능 향상 등의 장점을 지니고 있다.

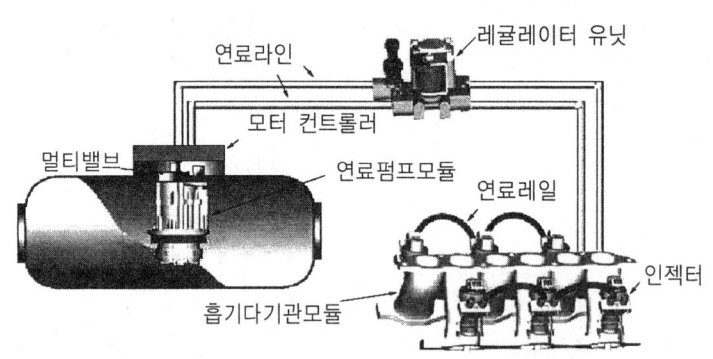

그림 25. LPI연료계통도

[1] 흡기다기관 모듈

흡기다기관 모듈에는 LPG 전용 인젝터와 아이싱 팁으로 구성되어 고압 연료라인을 통해 연료를 분배 액상상태로 연료분사 하는 기능을 한다.

[2] 레귤레이터 유닛

레귤레이터 유닛은 연료의 입·출입 통로로 사용되고 연료탱크에서 공급되는 연료를 연료탱크의 압력보다 항상 5bar 높은 정도로 유지하는 기능을 한다. 또한 연료량 제어에 사용하는 연료 온도센서와 연료압력을 측정하는 압력센서 그리고 연료 공급을 차단하는 솔레노이드밸브 등으로 구성된다.

[3] 연료펌프 모듈

연료펌프는 연료탱크 내에 장착되며 있으며 연료탱크내의 액상 LP연료를 인젝터로 압송하는 역할을 한다. 연료펌프는 모터 및 펌프로 구성된 연료펌프 유닛과 연료차단 솔레노이드밸브, 수동밸브, 릴리프밸브 및 과류방지밸브로 구성된 멀티밸브 유닛로 구성된다. 멀티밸브 유닛의 구성품은 연료차단 솔레노이드밸브는 연료 출구에 설치되어 있고 연료 펌프에서 기관내로 공급되는 연료를 솔레노이드에 의해 개폐된다.

매뉴얼밸브는 적색으로 장시간 차량 정지시 수동으로 연료 토출을 차단하는 수동밸브이고 개폐방법은 일반 밸브와 동일하다.

릴리프밸브는 연료 공급라인의 압력이 일정 압력이상 상승시 연료를 탱크로 리턴하는 기능을 하며 열간 재시동시 시동 성능을 개선하는 기계식 밸브이다. 과류방지밸브는 사고에 의해 기관으로 공급되는 연료 라인이 파손되었을 경우 연료탱크내의 연료가 급격히 방출되는 것을 방지하는 밸브이며 연료리턴라인에 설치되어있는 리턴 밸브는 리턴되는 연료를 제어하는 기계식 밸브이다.

2.7. 디젤기관 연료장치

디젤기관은 고압으로 압축된 고온 고압의 공기에 연료를 분사하여 동력을 얻는 기관이므로 압축 착화기관(compression ignition engine)이라고도 한다. 디젤기관은 공기만을 실린더 내에 흡입하여 높은 압축비로 압축하면, 공기는 고온 고압으로 압축된다.

이와 같이 고온 고압으로 압축된 공기에 연료를 실린더로 분사시켜 자연 착화하여 연소된 공기의 열팽창으로 동력을 얻는 기관이다. 압축된 고온 고압의 공기에 의하여 분사된 연료의 자연 착화를 위해서는 가솔린기관보다 높은 압축비가 필요로 하며, 따라서 연료 소비율이 적어진다. 기관 본체는 가솔린과 거의 같으나 높은 압력에 견디기 위하여 견고하다.

2.7.1. 디젤기관의 특징
① 부분부하 영역에서 연료소비율이 낮다.
② 넓은 회전속도 범위에 걸쳐 회전력이 크고 균일하다.
③ 실린더지름 크기에 제한이 적다.
④ 열효율이 높다.
⑤ 일산화탄소와 탄화수소 배출물이 작다.

2.7.2. 디젤기관의 시동 보조기구
[1] 감압장치(de-compression device)
실린더 내의 압축압력을 낮추기 위해 흡입 또는 배기밸브에 작용하여 감압시켜, 겨울철 기관 오일의 점도가 높을 때 시동에서 이용한다. 또 기관 점검·조정에도 이용한다.

[2] 예열장치
예열장치에는 흡기다기관으로 유입되는 공기를 가열하는 히트레인지와 연소실 내의 공기를 예열하는 예열플러그가 있다.

2.7.3. 디젤기관의 연소실
디젤기관의 연소실의 종류에는 단실식인 직접 분사실식과 복실식인 예연소실식, 와류실식, 공기실식 등으로 나누어진다.

[1] 직접분사실식 연소실의 장점
① 실린더헤드의 구조가 간단해 열효율이 높고, 연료소비율이 적다.
② 연소실 체적에 대한 표면적 비율이 적어 냉각손실이 적다.
③ 기관 시동이 쉽다.

[2] 예연소실식 연소실의 장점
① 공기과잉률이 낮아 평균유효 압력이 높다.
② 운전상태가 조용하고 노크가 잘 일어나지 않는다.
③ 공기와 연료의 혼합이 잘되고 기관에 유연성이 있다.
④ 주 연소실 내의 압력이 비교적 낮아 작동이 정숙하다.

⑤ 연료 분사압력이 낮아 연료장치의 고장이 적다.
⑥ 분사시기 변화에 대해 민감하게 반응하지 않는다.
⑦ 연료의 변화에 둔감하므로 사용연료의 선택범위가 넓다.

[3] 와류실식 연소실의 장점
① 압축행정에서 발생하는 강한 와류를 이용하므로 회전속도 및 평균유효압력이 높다.
② 분사압력이 낮아도 된다.
③ 기관 회전속도 범위가 넓고, 운전이 원활하다.
④ 연료소비율이 예연소실식에 비해 낮다.
⑤ 핀틀 노즐을 사용하므로 고장빈도가 낮다.
⑥ 고속에서의 특성이 우수하다.

2.7.4. 디젤기관의 연료장치(기계방식의 분사펌프 사용)

디젤기관의 연료계통은 연료탱크, 연료 공급펌프, 연료필터, 연료 분사펌프, 송유관, 분사노즐, 조속기 등으로 구성된다.

[1] 공급펌프(feed pump)

연료탱크 내의 연료를 일정한 압력($2\sim3kgf/cm^2$)으로 가압하여 분사펌프로 공급하는 장치이며, 분사펌프 옆에 설치되어 분사펌프 캠축에 의하여 구동된다.

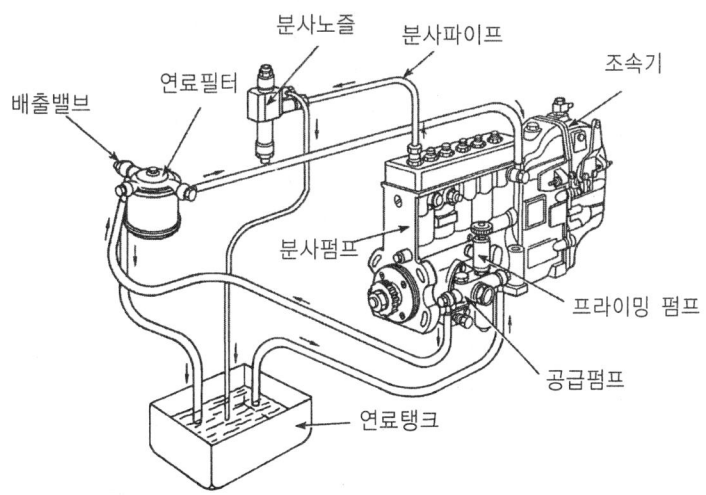

그림 26. 디젤기관의 연료장치(분사펌프 사용)

[2] 연료여과기(fuel filter)

연료여과기는 연료 속에 포함된 불순물이나 수분을 제거하는 부품이며, 여과기에 설치된 오버플로 밸브는 다음과 같은 작용을 한다.

① 연료 여과기내의 압력이 규정 값 이상으로 상승되는 것을 방지한다.
② 연료의 송출압력이 규정 이상으로 상승하면 압송이 중지되어 소음이 발생되는 것을 방지한다.
③ 연료탱크 내에서 발생된 기포를 자동적으로 배출시키는 작용을 한다.

[3] 연료 분사펌프(injection pump)

연료 분사펌프는 연료 공급펌프와 여과기로부터 일정 압력으로 여과된 연료를 다시 고압의 압력을 가해 분사순서에 따라 배관된 고압 파이프를 통해서 각 연소실에 설치된 분사노즐로 압송하는 일을 한다. 연료 분사펌프에는 분사량이나 분사시기를 조정하기 위한 조속기와 분사시기 조정기가 조립되어 있다.

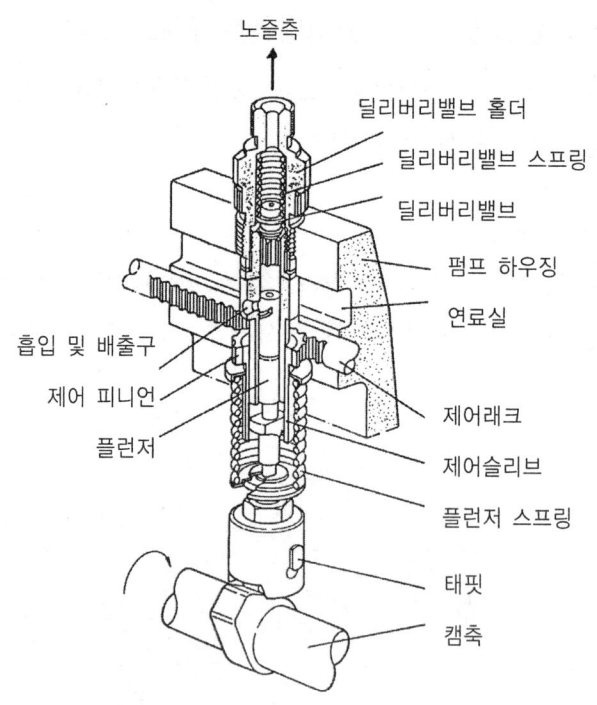

그림 27. 분사펌프의 구성

(1) 캠축(cam shaft)

분사펌프 캠축은 크랭크축 기어로 구동되며 4행정 사이클 기관은 크랭크축의 1/2로 회전하고, 2행정 사이클 기관은 크랭크축 회전수와 같다. 캠축에는 태핏을 통해 플런저를 작용시키는 캠과 공급 펌프 구동용 편심륜이 마련되어 있다.

(2) 태핏(tappet)

태핏은 펌프 하우징 태핏구멍에 설치되어 캠에 의해 상하운동을 하여 플런저를 작동시킨다.

(3) 플런저 배럴과 플런저

플런저 배럴은 실린더 역할을 하며, 플런저는 배럴 속을 상하 왕복운동을 하여 고압의 연료를 형성하는 일을 하는 부품이다.

1) 플런저 유효행정(plunger available stroke)

플런저가 연료를 압송하는 기간이며, 연료의 분사량(토출량 또는 송출량)은 플런저의 유효행정으로 결정된다. 따라서 유효행정을 크게 하면 분사량이 증가한다.

2) 리드파는 방식과 분사시기와의 관계

① 정 리드형 : 분사개시 때의 분사시기가 일정하다.
② 역 리드형 : 분사개시 때의 분사시기가 변화한다.
③ 양 리드형 : 분사개시와 말기의 분사시기가 모두 변화한다.

(4) 딜리버리밸브(delivery valve ; 송출밸브)

연료의 역류(분사노즐에서 펌프로의 흐름)를 방지, 분사노즐의 후적방지, 분사파이프 내에 잔압을 유지한다.

(5) 조속기(governor)

기관의 회전속도나 부하의 변동에 따라서 자동적으로 제어래크를 움직여 연료분사량을 가감하는 장치이다. 그리고 조속기 내에 설치된 앵글라이히장치(angleichen device)는 기관의 모든 속도 범위에서 공기와 연료의 비율이 알맞게 유지되도록 하는 기구이다.

(6) 타이머(timer)

연료가 연소실에 분사되어 착화 연소하고 피스톤에 유효한 일을 시킬 때까지는 어느 정도의 시간이 필요하다. 이에 따라 기관 회전속도 및 부하에 따라 분사시기를 변화시켜야 하는데 이 작용을 하는 장치가 타이머이다.

[4] 분사노즐(injection nozzle)

디젤기관은 연소실내에 압축된 고온고압의 공기 중에 연료를 분사하여 착화 연소시키므로 분사된 연료가 빠른 속도로 착화하여 연소하지 않으면 고속회전이 어렵고 노크가 발생한다.

(1) 분사노즐의 구비조건
① 연료의 입자를 미세한 안개 모양으로 하여 쉽게 착화되도록 할 것
② 연소실 전체에 분무가 균일하게 분포되도록 분사할 것
③ 가혹한 조건에서도 장기간 사용할 수 있도록 내구성일 것
④ 분사 끝에서 연료를 완전히 차단하여 후적이 발생되지 않을 것

(2) 분사노즐의 종류
분사노즐의 종류에는 개방형과 밀폐형(또는 폐지형) 노즐이 있으며, 밀폐형에는 구멍형, 핀틀형 및 스로틀형 노즐이 있으며, 구멍형 노즐의 특징은 연료 소비율이 적고, 연료의 무화가 좋아 기관의 시동이 쉬우며, 연료 분사개시 압력이 비교적 높다.

(3) 연료분무의 3대 요건
① 무화가 좋을 것　　　　　　　　　② 관통력이 클 것
③ 분포(분산)가 골고루 이루어질 것

2.8. 전자제어 디젤기관 연료장치
2.8.1. 전자제어 디젤기관 연료장치의 장점
① 유해배출 가스를 감소시킬 수 있다.　② 연료소비율을 향상시킬 수 있다.
③ 기관의 성능을 향상시킬 수 있다.　　④ 운전성능을 향상시킬 수 있다.
⑤ 밀집된(compact) 설계 및 경량화를 이룰 수 있다.
⑥ 모듈(module)화 장치가 가능하다.

2.8.2. 전자제어 디젤기관의 연소과정

[1] 파일럿 분사(pilot injection, 착화분사)

주 분사가 이루어지기 전에 연료를 분사하여 연소가 원활히 되도록 하기 위한 것이며, 파일럿 분사실시 여부에 따라 기관의 소음과 진동을 줄일 수 있다.

[2] 주 분사(main injection)

파일럿 분사가 실행되었는지 여부를 고려하여 연료분사량을 계산한다. 주 분사의 기본 값으로 사용되는 것은 기관 회전력의 양(가속페달 센서 값), 회전속도, 냉각수 온도, 흡입공기 온도, 대기압력 등이다.

[3] 사후분사(post Injection)

사후분사는 유해배출 가스 감소를 위해 사용하는 것이므로 배출가스에 영향을 미칠 경우에는 사후분사를 하지 않으며, ECU에서 판단하여 필요할 때마다 실행시킨다. 그리고 공기유량 센서 및 배기가스 재순환(EGR)장치 관계계통에 고장이 있으면 사후분사는 중단된다.

2.8.3. ECU의 입·출력요소

[1] ECU 입력요소

① 연료압력 센서(RPS) : 커먼레일 내의 연료압력을 검출하여 컴퓨터로 입력시킨다.

② 공기유량 센서(AFS) & 흡기온도 센서(ATS) : 공기유량 센서는 열막방식을 이용하며, 주요 기능은 배기가스 재순환 피드백 제어이다. 흡기온도 센서는 부특성 서미스터를 사용하며, 각종 제어(연료분사량, 분사시기, 시동할 때 연료분사량 제어 등)의 보정신호로 사용된다.

③ 가속페달 위치센서 1 & 2 : 가속페달 위치센서는 전자제어 가솔린기관에서 사용하고 있는 스로틀 위치센서와 같은 원리를 사용하며, 가속페달 위치센서 1에 의해 연료분사량과 분사시기가 결정된다. 센서 2는 센서 1을 감시하는 센서로 자동차의 급출발을 방지하기 위한 것이다.

④ 수온센서(WTS) : 냉간 시동에서는 연료 분사량을 증가시켜 원활한 시동이 될 수 있도록 기관의 냉각수 온도를 검출하여 냉각수 온도의 변화를 전압으로 변화시켜 ECU로 입력시킨다.

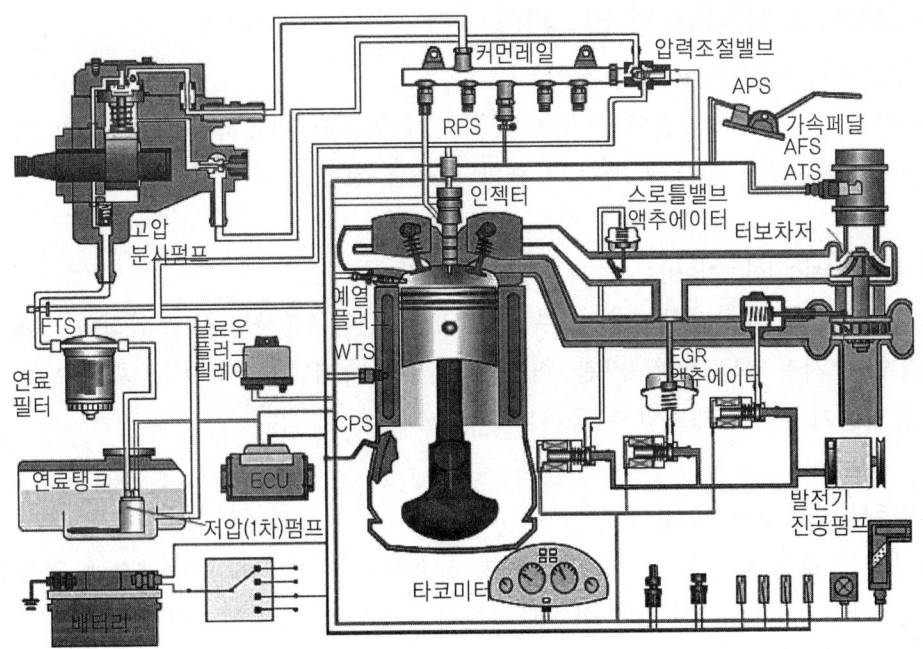

그림 28. 전자제어 디젤기관의 구성

⑤ 연료온도 센서(FTS) : 수온센서와 같은 부특성 서미스터이며, 연료온도에 따른 연료분사량 보정신호로 사용된다.

⑥ 크랭크축 위치센서(CPS, CKP) : 크랭크축과 일체로 되어 있는 센서 휠의 돌기를 검출하여 크랭크축의 각도 및 피스톤의 위치, 기관 회전속도 등을 검출한다. 크랭크축과 연동되는 피스톤의 위치는 연료 분사시기를 결정하는데 중요한 역할을 한다.

⑦ 캠축 위치센서(CMP) : 상사점 센서라고도 부르며, 홀 센서방식(hall sensor type)을 사용한다. 캠축에 설치되어 캠축 1회전(크랭크축 2회전)당 1개의 펄스 신호를 발생시켜 컴퓨터로 입력시킨다.

⑧ 부스터(booster 압력센서 : 가변용량 과급기(VGT)가 설치된 기관에서 사용하는 센서이며, 실제 흡기다기관의 압력(부스터 압력 ; 과급기 작동압력)을 계측하여 목표로 하는 부스터 압력으로 맞추도록 피드백 제어를 하기 위한 센서이다.

[2] ECU의 출력요소

① 인젝터(Injector) : 고압연료 펌프로부터 송출된 연료가 커먼레일을 통하여 인젝터로 공급되며, 연료를 연소실에 직접 분사한다.

② 연료압력 제어밸브 : 커먼레일 내의 연료압력을 조정하는 밸브이며, 냉각수 온도, 축전지 전압 및 흡입공기 온도에 따라 보정을 한다. 또 연료온도가 높은 경우에는 연료온도를 제어하기 위해 압력을 특정 작동지점 수준으로 낮추는 경우도 있다.
③ 배기가스 재순환(EGR)밸브 : 기관에서 배출되는 가스 중 질소산화물(NOx) 배출을 억제하기 위한 밸브이다.

2.8.4. 전자제어 디젤기관의 연료장치

① 저압연료 펌프 : 연료펌프 릴레이로부터 전원을 공급받아 고압연료 펌프로 연료를 압송한다.
② 연료여과기 : 연료 속의 수분 및 이물질을 여과하는 역할을 하며, 연료 가열장치가 설치되어 있어 겨울철에 냉각된 기관을 시동할 때 연료를 가열한다.
③ 오버플로 밸브(over flow valve) : 저압연료 펌프에서 압송된 연료압력을 2.8~10.2bar을 유지하도록 제어하며, 과잉압력의 연료는 연료탱크로 복귀시킨다.
④ 연료온도 센서 : 고압연료 펌프로 공급되는 연료온도를 검출하며, 연료온도가 상승되는 것을 방지한다.
⑤ 고압연료 펌프 : 저압연료 펌프에서 공급된 연료를 약 1,350bar의 높은 압력으로 압축하여 커먼레일로 공급한다.
⑥ 커먼레일(common rail) : 고압연료 펌프에서 공급된 연료를 각 실린더의 인젝터로 분배해주며, 연료 압력센서와 연료 압력제어밸브가 설치되어 있다.
⑦ 연료압력 조절밸브 : 고압연료 펌프에서 커먼레일에 압송된 연료의 복귀량을 제어하여 기관 작동상태에 알맞은 연료압력으로 제어한다.
⑧ 고압 파이프 : 커먼레일에 공급된 높은 압력의 연료를 각 인젝터로 공급한다.
⑨ 인젝터 : 높은 압력의 연료를 ECU의 전류제어를 통하여 연소실에 미립형태로 분사한다.

2.9. CNG기관 연료장치
2.9.1. CNG기관의 분류

연료를 저장하는 방법에 따라 압축 천연가스(CNG)자동차, 액화 천연가스(LNG)자동차, 흡착 천연가스(ANG) 자동차 등으로 분류된다. 천연가스는 현재 가정용 연료로 사용되고 있는 도시가스(주성분 ; 메탄)이다.

2.9.2. CNG기관의 장점

① 디젤기관과 비교하였을 때 매연이 100% 감소된다.
② 가솔린기관과 비교하였을 때 이산화탄소 20~30%, 일산화탄소가 30~50% 감소한다.
③ 저온에서의 시동성능이 좋으며, 옥탄가가 130으로 가솔린의 100보다 높다.
④ 질소산화물 등 오존영향 물질을 70% 이상 감소시킬 수 있다.
⑤ 기관의 작동소음을 낮출 수 있다.

2.9.3. CNG기관 연료장치의 주요부품

[1] 연료 미터링 밸브(fuel metering valve)

연료 미터링 밸브는 8개의 작은 인젝터로 구성되어 있으며, ECU로부터 구동신호를 받아 기관에서 요구하는 연료량을 정확하게 흡기다기관에 분사한다.

[2] 가스 압력센서(gas pressure sensor)

가스 압력센서는 압력 변환기구이며, 연료 미터링 밸브에 설치되어 있어 분사직전의 조정된 가스압력을 검출한다.

[3] 가스 온도센서(gas temperature sensor)

가스 온도센서는 부특성 서미스터를 사용하며, 연료 미터링 밸브 내에 위치한다. 천연가스 온도를 측정하여 가스 온도센서의 압력을 함께 사용하여 인젝터의 연료농도를 계산한다.

[4] 고압차단 밸브

고압차단 밸브는 CNG탱크와 압력조절 기구 사이에 설치되어 있으며, 기관의 가동을 정지시켰을 때 고압 연료라인을 차단한다.

[5] CNG탱크 압력센서

CNG탱크 압력센서는 조정 전의 가스압력을 측정하는 압력조절 기구에 설치된 압력 변환기구이다. 이 센서는 CNG탱크에 있는 연료밀도를 산출하기 위해 CNG탱크 온도센서와 함께 사용된다.

[6] CNG탱크 온도센서

CNG탱크 온도센서는 탱크 속의 연료온도를 측정하기 위해 사용하는 부특성 서미스터이며, 탱크 위에 설치되어 있다.

[7] 열 교환기구

열 교환기구는 압력 조절기구와 연료 미터링 밸브사이에 설치되며, 감압할 때 냉각된 가스를 기관의 냉각수로 난기 시킨다.

[8] 연료온도 조절기구

연료온도 조절기구는 열 교환기구와 연료 미터링 밸브사이에 설치되며, 가스의 난기온도를 조절하기 위해 냉각수 흐름을 ON, OFF시킨다.

[9] 압력조절 기구

압력조절 기구는 고압차단 밸브와 열 교환기구 사이에 설치되며, CNG탱크 내의 200bar의 높은 압력의 천연가스를 기관에 필요한 8bar로 감압 조절한다.

2.10. 흡·배기장치
2.10.1. 흡기 및 배기장치
[1] 공기청정기(air cleaner)

공기청정기는 실린더 내로 흡입되는 공기와 함께 들어오는 먼지 등은 실린더 벽·피스톤 링·피스톤 및 흡·배기밸브 등에 마멸을 촉진시키며, 또 기관오일에 유입되어 각 윤활부분의 마멸을 촉진시킨다. 공기청정기는 흡입공기의 먼지 등을 여과하는 작용 이외에 흡기소음을 감소시킨다.

[2] 흡기다기관(intake manifold)

흡기다기관은 공기를 실린더 내로 안내하는 통로이며, 실린더헤드 측면에 설치되어 있다. 흡기다기관은 각 실린더에 공기가 균일하게 분배되도록 하여야 하고, 공기 충돌을 방지하여 흡입효율이 떨어지지 않도록 굴곡이 있어서는 안 되며, 연소가 촉진되도록 공기에 와류를 일으키도록 해야 한다.

[3] 배기다기관(exhaust manifold)

배기다기관은 고온·고압가스가 끊임없이 통과하므로 내열성이 큰 주철 등을 사용하며, 실린더에서 배출되는 배기가스를 모아서 소음기로 보내는 곳이다.

[4] 소음기(muffler)

배기가스는 매우 고온(600~900℃)이고, 흐름 속도가 거의 음속(340m/sec)에 달하므로 이것을 그대로 대기 중에 방출시키면 급격히 팽창하여 격렬한 폭음을 낸다. 이 폭음을 막아주는 장치가 소음기이며, 음압과 음파를 억제시키는 구조로 되어 있다.

2.10.2. 과급장치

과급기는 기관의 흡입효율(체적효율)을 높이기 위하여 흡입공기에 압력을 가해주는 일종의 공기펌프이며, 디젤기관에서 주로 사용된다. 터보 과급장치의 구조는 공기를 압축하는 콤프레셔부와 배기의 압력을 이용해서 콤프레셔를 구동하는 터빈부에서 이루어져 있다.

[1] 과급기를 설치하였을 때의 장점

① 기관의 출력이 35~45% 증가된다. 단, 기관의 무게는 10~15% 증가된다.
② 체적효율이 향상되기 때문에 평균유효 압력과 기관의 회전력이 증대된다.

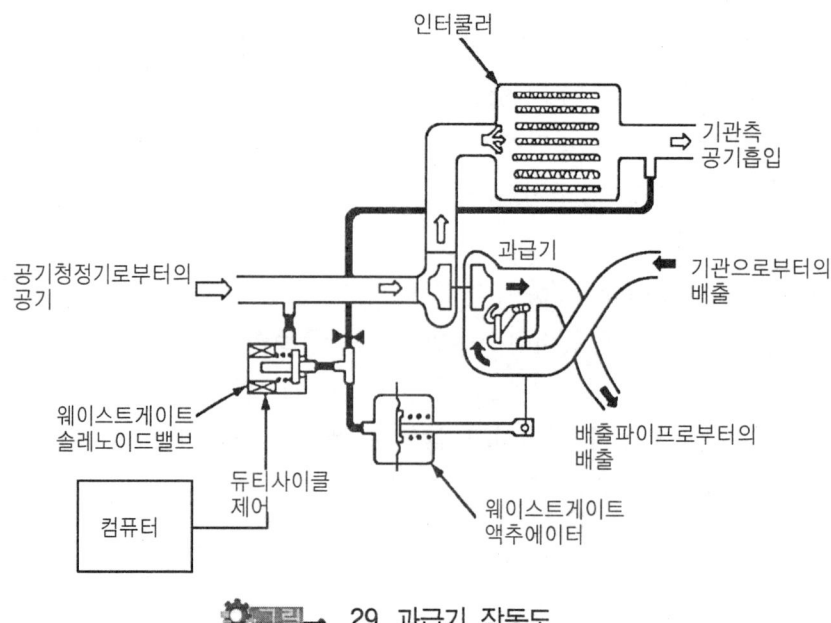

그림 29. 과급기 작동도

③ 높은 지대에서도 기관의 출력 감소가 적다.
④ 압축온도의 상승으로 착화지연 기간이 짧다.
⑤ 연소상태가 양호하기 때문에 세탄가(cetane number)가 낮은 연료의 사용이 가능하다.
⑥ 냉각손실이 적고, 연료소비율이 3~5% 정도 향상된다.

[2] 과급기의 분류

4행정 사이클 디젤기관에서는 배기가스로 구동되는 터보차저(원심형)가 사용되며, 2행정 사이클 디젤기관은 크랭크축으로 구동되는 루트 블로워(roots blower)가 소기 펌프로 사용된다. 그리고 과급기의 윤활은 기관 윤활장치에서 보내준 오일로 직접 급유된다.

2.10.3. 배출가스 및 유해 배출가스 저감장치

[1] 자동차에서 배출되는 가스

자동차에서 배출되는 가스에는 배기 파이프로부터의 배기가스, 기관 크랭크 케이스로부터의 블로바이 가스(blow-by gas) 및 연료계통으로부터의 증발가스 등 3가지가 있다.

(1) 배기가스(exhaust gas)

배기가스의 주성분은 수증기(H_2O)와 이산화탄소(CO_2)이며, 이외에 일산화탄소(CO), 탄화수소(HC), 질소산화물, 탄소입자 등이 있다. 이들 중에서 일산화탄소, 질소산화물, 탄화수소 등이 유해물질이다.

(2) 연료증발 가스

연료증발 가스는 연료장치에서 연료가 증발하여 대기 중으로 방출되는 가스이며, 주성분은 탄화수소이다.

(3) 블로바이 가스(blow-by gas)

블로바이 가스란 실린더와 피스톤 간극에서 크랭크 케이스(crank case)로 빠져 나오는 가스를 말하며, 조성은 70~95% 정도가 미연소가스인 탄화수소이고 나머지가 연소가스 및 부분 산화된 혼합가스이다.

(4) 배기가스 의 유독성 및 발생원인

1) 일산화탄소(CO)
① 일산화탄소가 인체에 미치는 영향 : 일산화탄소는 연료가 불완전 연소하였을 때 발생되는 무색·무취의 가스이다. 일산화탄소를 인체에 유입되면 헤모글로빈과 결합하여 신체 각부분에 산소의 공급이 부족하게 되며, 어느 한계에 도달하면 중독 증상을 일으킨다.

② 일산화탄소의 발생원인 : 실린더 내에 산소공급이 부족한 상태로 연소하면 불완전 연소를 일으켜 일산화탄소가 발생한다.

2) 탄화수소(HC)
① 탄화수소가 인체에 미치는 영향 : 농도가 낮은 탄화수소는 호흡기 계통에 자극을 줄 정도이지만 심하면 점막이나 눈을 자극하게 된다.

② 탄화수소 발생원인
- 농후한 연료로 인한 불완전 연소
- 화염전파 후 연소실내의 냉각작용으로 타다 남은 혼합기
- 희박한 혼합기에서 점화 실화로 인한 원인
- 밸브 오버랩으로 인하여 혼합가스 누출

3) 질소산화물(NOx)
① 질소산화물이 인체에 미치는 영향 : 배기가스에 들어있는 질소화합물의 95%가 NO_2이고 NO는 3~4% 정도이다. 광화학 스모그(smog)는 대기 중에서 강한 태양광선(자외선)을 받아 광화학반응을 반복하여 일어나며 눈이나 호흡기계통에 자극을 주는 물질이 2차적으로 형성되어 스모그가 된다.

광화학반응으로 발생하는 물질은 오존, PAN(peroxyacyl-nitrate), 알데히드(aldehyde) 등의 산화성 물질이며, 이것을 총칭하여 옥시던트(oxidant)라 한다.

② 질소산화물의 발생원인 : 질소는 잘 산화하지 않으나 고온·고압 및 전기불꽃 등이 존재하는 곳에서는 산화하여 질소산화물을 발생시킨다. 특히 연소온도가 2,000℃ 이상인 고온연소에서는 급격히 증가한다. 또 질소산화물은 이론 공연비 부근에서 최댓값을 나타내며, 이론 공연비보다 농후해지거나 희박해지면 발생률이 낮아지며, 배기가스를 적당히 혼합가스에 혼합하여 연소온도를 낮추는 등의 대책이 필요하다.

[2] 유해 배출가스 저감장치

(1) 블로바이 가스 제어장치

블로바이 가스는 PCV(positive crank case ventilation)밸브의 열림 정도에 따라서 유량이 조절되어 흡기다기관을 통해 연소실에서 재연소가 되어 대기중으로 방출될 탄화수소의 발생을 저감시킨다.

(2) 연료 증발가스 제어장치

연료계통에서 발생한 증발가스를 챠콜 캐시스터에 포집한 후 PCSV(purge control solenoid valve)의 조절에 의하여 흡기다기관을 통하여 연소실로 보내어 연소시킴으로서 대기중으로 방출된 증발가스(탄화수소)를 방지하는 장치이다.

(3) 배기가스 제어장치

1) 배기가스 재순환장치(EGR : exhaust gas recirculation)

EGR장치는 연소과정 중에서 발생하는 질소산화물(NO_x)의 배출을 저감시키기 위하여 흡기다기관의 진공에 의하여 열려 배기가스 중의 일부(혼합가스의 약 15%)를 배기다기관에서 빼내어 연소실로 다시 유입시킴으로서 연소실내 온도를 낮춰 연소과정 중에서 발생하는 질소산화물의 발생을 저감시키는 장치이다. EGR율은 다음과 같이 산출한다.

$$EGR율 = \frac{EGR가스량}{EGR가스량 + 흡입공기량}$$

2) 촉매컨버터

촉매컨버터는 배기가스 중의 일산화탄소(CO)와 탄화수소(HC)를 이산화탄소(CO_2)와 물(H_2O)로 만드는 산화촉매, 질소산화물(NO_x)를 환원하여 질소와 이산화탄소로 만드는 환원촉매, 그리고 일산화탄소, 탄화수소, 질소산화물을 동시에 1개의 촉매로 처리하는 삼원촉매 등이 있다. 촉매컨버터가 부착된 차량의 주의사항은 다음과 같다.

① 반드시 무연가솔린을 사용할 것
② 기관의 파워 밸런스(power balance)시험은 실린더 당 10초 이내로 할 것
③ 자동차를 밀거나 끌어서 시동하지 말 것
④ 잔디, 낙엽, 카펫 등 가연물질 위에 주차시키지 말 것

2.11. 전자제어장치

2.11.1. 기관 제어시스템

[1] ECU(engine control relay)

(1) 연료분사량 제어

① 기본 연료분사량 제어 : 기본 연료분사량과 분사시간은 흡입공기량(공기유량 센서의 신호)과 기관 회전속도(크랭크 각 센서의 신호)로 결정한다.
② 크랭킹할 때 연료분사량 제어 : 시동성능을 향상시키기 위해 크랭킹 신호와 수온센서의 신호에 의해 연료분사량을 증량시킨다.
③ 냉각수 온도에 따른 제어 : 80℃ 이하에서는 증량시키고, 80℃ 이상에서는 기본 연료분사량으로 제어한다.
④ 흡기온도에 따른 제어 : 20℃ 이하에서는 증량시키고, 20℃ 이상에서는 기본 연료분사량으로 제어한다.
⑤ 축전지 전압에 따른 제어 : 축전지 전압이 낮아질 경우에는 ECU는 분사신호 시간을 연장한다.

(2) 노크제어

노크제어는 실린더블록의 고주파 진동을 전기적 신호로 바꾸어 ECU로 입력하면, ECU는 노크라고 판정되면 점화시기를 지각시키고, 노크발생이 없어지면 진각시킨다.

(3) 피드백 제어(feed back control)

피드백 제어는 산소센서로 배기가스 중의 산소농도를 검출하고 이것을 ECU로 피드백 시켜 연료분사량을 증감시켜 항상 이론 혼합비가 되도록 제어한다. 피드백 보정은 다음과 같은 경우에는 제어를 정지한다.

① 냉각수 온도가 낮을 때
② 기관을 시동할 때
③ 기관 시동 후 연료분사량을 증량할 때
④ 기관 출력을 증대시킬 때
⑤ 연료공급을 차단할 때

2.11.2. 센서(sensor)

[1] 공기유량 센서(AFS : air flow sensor)

공기유량 센서는 실린더 내로 유입되는 공기량을 계측하여 ECU로 보내주며, ECU는 공기유량 센서에서 보내준 신호를 연산하여 기본연료량을 결정하고, 분사신호를 인젝터로 보낸다. 종류에는 베인센서, 칼만와류센서, 핫 와이어(핫 필름)센서, MAP센서 등이 있다.

(1) 베인(mass flow meter type)센서

기관 내 흡입되는 공기를 베인의 열림 정도를 포텐쇼미터(potentio meter)에 의하여 전압비율로 검출하며 ECU로 보내 기관 내 흡입되는 공기량을 직접 검출하는 기계식 센서이다.

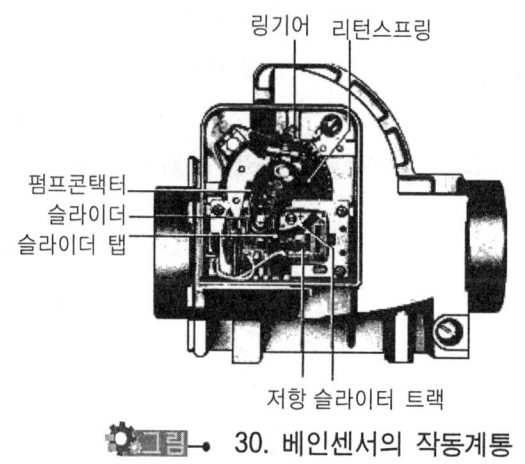

30. 베인센서의 작동계통

(2) 칼만 와류(karman vortex type)센서

흡입공기량을 칼만 와류현상을 이용하여 측정한 후 흡입공기량을 디지털신호로 바꾸어 ECU로 보내면 ECU는 흡입공기량의 신호와 기관 회전속도 신호를 이용하여 기본연료 분사시간을 계측한다. 이 방식은 체적유량 검출방식이다.

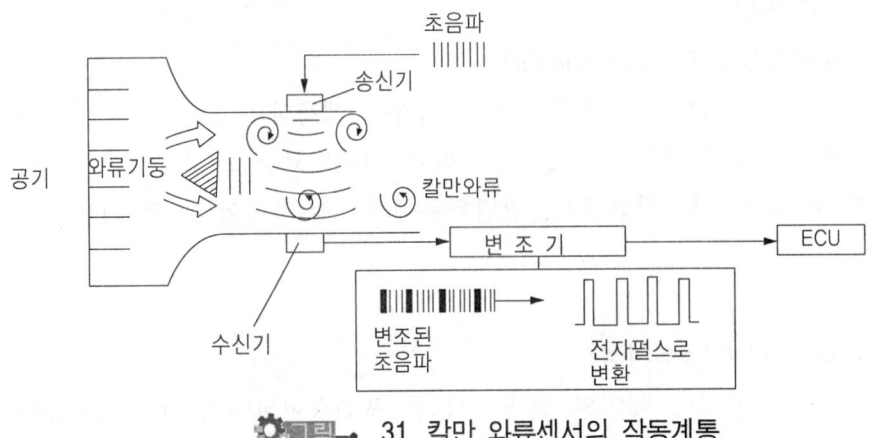

그림 31. 칼만 와류센서의 작동계통

(3) 핫 와이어(hot wire type)과 핫 필름(hot film type)센서

핫 와이어센서와 핫 필름센서는 브릿지회로에 의해 작동되는 원리는 동일하나 가열부가 핫와이어 센서에서는 백금 선이며 핫 필름센서는 충저항막을 가열하는 부분에서 차이가 있다. 기관내 공기가 흡입되며 일정 온도로 가열된 백금선이나 필름부가 냉각되면 센서내 CU(control unit)는 다시 가열부를 가열하기 위하여 전류를 증가시키는 방식이다.

그림 32. 핫 와이어 센서의 구조

1) 특징
① 칼만 와류방식에 비해 회로가 단순하다.
② 흡입되는 공기질량을 직접 정확하게 계측할 수 있다.
③ 흡입공기 온도가 변화해도 측정상의 오차는 거의 없다.

④ 기관 작동상태에 적용하는 능력이 개선된다.
⑤ 핫 와이어 방식은 오염되기 쉬워 크린 버닝(clean burning)장치를 두어야 한다.

(4) MAP센서

MAP(manifold absolute pressure sensor)방식 센서는 흡기다기관의 진공도(부압)로 흡입공기량을 간접 검출하는 방식이다.

[2] 대기압센서(BPS : barometric pressure sensor)

대기압센서는 외기 압력이 높을수록 출력전압이 높아진다. 그리고 고지대에서는 산소가 희박하기 때문에 대기압센서의 신호를 받아 ECU는 기본 연료분사량에서 대기압 보정을 실시한다.

[3] 흡기온도센서(ATS : air temperature sensor)

흡기온도센서는 부특성 서미스터로 구성되어 흡기 공기의 온도가 상승하면 저항 값이 감소하여 출력전압이 증가한다. ECU는 흡기온센서로부터 받은 신호를 근거로 기본 연료분사량에서 흡기온 보정을 실시한다.

[4] 스로틀 위치센서(TPS : throttle position sensor)

스로틀 위치센서는 가변저항기로 스로틀밸브의 회전에 따라 출력전압이 변화함으로써 ECU는 스로틀밸브의 열림 정도를 감지한다. 스로틀 위치센서(TPS)가 고장 나면 다음과 같은 증상이 발생한다.
① 공회전할 때 기관에 부조현상이 있거나 주행 가속력이 떨어진다.
② 공회전 또는 주행 중 갑자기 시동이 꺼진다.
③ 자동변속기의 변속점이 틀려진다.
④ 연료소모가 증가한다.

[5] 수온센서(WTS : water temperature sensor)

수온센서는 기관의 냉각수 온도를 검출하여 전기적 신호 변환시켜 ECU에 입력시키면 ECU는 흡입공기량과 기관의 회전수에 의해 결정된 기본 연료분사량에서 냉각수온 보정을 통해 연료분사량을 결정하는 신호로 이용되며, ECU는 기관의 냉각수 온도가 80℃ 이하일 경우 연료분사량을 증량시킨다. 그리고 수온센서는 부특성 서미스터를 사용하므로 온도가 올라가면 저항 값이 낮아진다.

[6] 노크센서(knock sensor)

노크센서는 실린더블록의 고주파 진동을 전기적신호로 바꾸어 ECU 검출회로에서 노크발생 여부를 판정하며, 노크라고 판정되면 점화시기를 지각시키고, 노크발생이 없어지면 진각 시킨다. 노크센서는 실린더블록에 장착되어 있으며, 압전소자(피에조 소자)를 이용하여 실린더 내의 압력변화 및 연소온도의 급격한 증가, 내부염화 등의 이상 원인으로 발생한 이상 진동을 감지하여 이를 전기신호로 바꾸어 점화시기를 조정하는 센서이다.

[7] 산소센서

산소센서는 배기가스 중의 산소농도와 대기 중의 산소농도 차이에 따라 출력전압이 급격히 변화하는 성질을 이용하여 피드백(feed back) 기준신호를 ECU로 입력시킨다. 이때 출력전압은 혼합비가 희박할 때는 약 0.1V, 혼합비가 농후하면 약 0.9V의 전압을 발생시킨다.

(1) 산소센서의 종류
① 지르코니아 형식 : 지르코니아 소자(ZrO_2)는 고온에서 양쪽의 산소농도 차이가 커지면 기전력을 발생하는 성질이 있는데 이 성질을 이용한다.
② 티타니아 형식 : 세라믹 절연체의 끝에 티타니아 소자가 설치되어 있고, 전자 전도체인 티타니아가 주위의 산소 분압에 대응하여 산화 또는 환원되어 그 결과 전기저항이 변화하는 성질을 이용한 것이다.

(2) 산소센서 사용상 주의사항
① 출력전압을 측정할 때에는 디지털형 멀티테스터를 사용한다(아날로그 멀티테스터를 사용하면 파손되기 쉽다).
② 내부저항은 절대로 측정해서는 안 된다.
③ 무연(4에틸 납이 포함되지 않음)가솔린을 사용할 것
④ 출력전압을 단락시켜서는 안 된다.
⑤ 산소센서의 온도가 정상작동 온도가 된 후 측정하여야 한다.

(3) 전영역 산소센서(wide band oxygen sensor)

전영역 산소센서는 지르코니아(ZrO_2)고체 전해질에 (+)의 전류를 흐르도록 하여 확산실 내의 산소를 펌핑 셀(pumping shell)내로 받아들이고 이때 산소는 외부 전극에서 일산화탄소 및 이산화탄소를 환원하여 얻는다.

[8] 크랭크앵글센서(crank angle sensor)

크랭크 포지션센서(CKPS : crank position sensor)라고도 하며 연료분사 시기와 점화시기를 결정하기 위하여 크랭크축의 회전각도를 검출하여 입력시키면 ECU는 기관의 회전수와 회전속도를 연산하여 점화시기와 연료분사시기, 공회전속도를 보정한다. No.1 TDC 및 크랭크앵글 센서는 감지하는 방식에 따라 광학방식(optical type), 전자유도 방식(induction type), 홀방식(hall type) 등이 있다.

[9] 1번 TDC센서

1번 실린더 상사점 센서라고도 한다. 1번 실린더의 압축행정 상사점과 기관의 회전수를 감지하여 각 실린더 별로 연료분사 및 점화시기를 결정하는데 사용된다. 4실린더 기관에서는 1번 실린더의 상사점을 디지털신호로 바꾸어 ECU에 입력시키고, 6실린더 기관에서는 1번, 3번, 5번 실린더의 상사점을 디지털신호로 바꾸어 ECU에 입력시키는 역할을 한다.

2.11.3. 공전속도 조절기(idle speed controller)

기관 공회전상태에서 기관에 부하가 인가되면 기관회전수가 저하되어 기관 부조현상이 발생한다. 이를 방지하기 위하여 기관 공회전상태에 기관에 부하가 인가되면 부하로 인해 저하된 기관내 흡입되는 공기량을 증가시켜 감소된 기관 회전수만큼을 높여주는 장치이다.

일반적으로 스텝모터나 서보모터를 이용하여 기관 내 흡입되는 공기량을 조절하였으나 최근에는 ETC(electronic throttle valve control)장치가 스로틀밸브에 장착되어 기관에 인가되는 부하와 기관의 회전수를 비교하여 ECU가 스로틀 액추에이터를 작동하여 스로틀밸브를 직업 여닫는 방식으로 기관의 공회전 속도를 조절하고 있다.

2.11.4. ETC(electronic throttle valve control) 장치

ETC장치는 공회전속도 조절, 스로틀밸브제어, TCS제어, 크루즈 컨트롤시스템 등의 여러가지 기능을 하나의 모터로 제어하는 장치이다. ETC 액추에이터, ETC 가속페달 모듈, 스로틀 위치센서, 가속페달 위치센서, ETC ECU 유닛 등으로 구성된다. 초기에는 ETC ECU는 기관 ECU와 별도로 설치되었으나 최근에는 ETC ECU는 기관 ECU 내에 설치되어 있다.

[1] ETC 액추에이터

ETC에서 사용되는 스로틀바디는 기존의 스로틀바디의 링키지와 가속페달 케이블은 전기적 배선으로 대체되며 ETC 액추에이터에 의해 스로틀 밸브를 직접 개폐한다.

[2] 가속페달 위치센서(APS)

APS는 가속페달의 개도량을 검출하는 센서로써 2개가 설치되며 APS 2는 메인 신호로서 ECU로 입력되며 ETC 목표 개도량을 결정한다. 또한 APS 1센서의 고장유무 판정의 기본 신호가 된다. APS 1은 보조 센서로서 ETS ECU로 신호를 입력시킴으로서 기관 ECU로부터 목표 스로틀 개도 신호입력 불가시 APS 1 신호를 이용하여 ETS 개도량을 결정하게 된다. 또한 APS 2 고장시 보정신호로 사용된다.

[3] 스로틀 위치센서(TPS)

스로틀 위치센서는 스로틀밸브의 개도량을 검출하는 센서로서 가속페달 위치센서와 같이 2개가 설치된다.

TPS 1은 메인 센서로서 스로틀 개도 신호를 ETS ECU로 입력한다. 이 신호를 근거로 ETS ECU는 목표 스로틀개도 피드백제어를 하며 ETS모터의 구동보정을 하며 TPS 1의 고장판정의 근거가 된다. TPS 2는 서보 센서로서 기관 ECU로 신호를 입력시켜 TPS1 센서의 고장시 보정신호로 사용된다.

2.12. 친환경 제어시스템

2.12.1. 액티브 에코 드라이브시스템(active economic drive system)

액티브 에코 드라이브시스템은 기관, 변속기, 에어컨 제어 등을 통하여 연료소비율을 향상시키기 때문에 동일한 운전습관으로 주행할 경우 연료소비율을 향상시킨다.

운전자가 액티브 에코 스위치를 작동하면 계기판에 녹색등이 점등되며, 연비모드(에코 드라이브)상태로 주행할 수 있다. 제어방법은 다음과 같다.
① 운전자의 액티브 에코 버튼 작동을 통해 주행모드 선택이 가능하다(일반모드는 "Fun to drive"를, 액티브 에코는 연료소비율을 향상시키도록 구성되어 있다).
② 액티브 에코를 선택할 경우 기관과 변속기를 우선적으로 제어하여, 기존 시스템에 대비 추가적인 연료소비율 향상효과를 제공한다(에어컨 작동조건에서도 연료소비율을 우선 제어하여 추가적인 연료소비율 개선을 제공한다).
③ 기관의 난기운전 이전, 등판주행 등에서는 액티브 에코가 작동하지 않는다.

2.12.2. ISG시스템

ISG(idle stop & go)시스템은 연료절감을 위하여 자동차가 정차할 때 자동적으로 기관의 작동을 정지하는 기능이며, 연료소비율 향상 효과는 약 5~29%, 이산화탄소 절감효과는 약 6% 정도이다. ISG시스템은 브레이크 페달을 밟아 자동차가 정지하면 기관의 가동도 정지하고, 출발을 하면 다시 시동이 된다. 하이브리드 자동차(hybrid vehicle)와 동일한 Auto Stop기능이지만 하이브리드자동차의 경우에는 전동기로 구동을 하지만, ISG는 기동전동기로 기관을 시동을 한다.

3. 자동차 기관의 진단 및 검사

3.1. 고장진단 및 원인분석

3.1.1. 실린더헤드

[1] 실린더헤드 탈착방법
① 실린더헤드 볼트를 풀 때에는 변형을 방지하기 위하여 대각선의 바깥쪽에서 중앙을 향하여 풀어야 한다.
② 헤드볼트를 푼 후 실린더헤드가 잘 탈착되지 않으면 다음과 같이 작업한다.
  ㉮ 연질해머로 두드려 뗀다.
  ㉯ 기관의 압축압력을 이용한다.
  ㉰ 기관의 무게를 이용, 헤드만을 걸어 올린다.
③ 스크루드라이버나 정 등을 사용하여 실린더헤드와 블록의 접합면 사이에 넣고 지렛대 질을 하여 떼어내서는 절대로 안 된다.

[2] 실린더헤드의 점검·정비
(1) 실린더헤드 균열점검
　　실린더헤드 및 블록의 균열점검 방법에는 육안검사, 염색탐상(레드 체크)법, 자기탐상법 등이 있다.

(2) 실린더헤드의 균열원인
　　실린더헤드 및 블록의 균열원인은 과격한 열 부하(기관이 과열하였을 때 급랭시킴)를 들 수 있지만 겨울철 냉각수 동결에도 원인이 있다.

(3) 실린더헤드 변형 점검방법
　　실린더헤드 블록의 변형 점검은 곧은 자(또는 직각자)와 필러 게이지를 이용한다.

(4) 실린더헤드의 변형원인
　　① 헤드 개스킷 불량
　　② 실린더헤드 볼트의 불균일한 조임
　　③ 기관의 과열 또는 냉각수 동결

[3] 실린더헤드 설치방법
　　① 실린더블록에 접착제를 바른 후 개스킷을 설치하고, 개스킷 윗면에 접착제를 바른 후 실린더헤드를 설치한다.
　　② 헤드볼트는 중앙에서부터 대각선으로 바깥쪽을 향하여 조인다.
　　③ 헤드볼트는 2~3회 나누어 조이며, 최종적으로 토크렌치로 조여야 한다.

3.1.2. 실린더블록

[1] 실린더 벽 마멸 경향
　　① 실린더 벽의 마멸은 실린더 윗부분(상사점 부근)이 가장 크다.
　　② 하사점 부근에서도 피스톤이 운동방향을 바꿀 때 일시 정지하므로 이때 유막이 차단되어 그 마멸이 현저하다.
　　③ 하사점 아랫부분은 거의 마멸되지 않는다.

④ 상사점 부근의 마멸원인
㉮ 폭발행정 때 상사점에서 더해지는 폭발압력으로 피스톤 링이 실린더 벽에 강력하게 밀착되기 때문이다.
㉯ 기관의 어떤 회전속도에서도 피스톤이 상사점에서 일단 정지하고, 이때 피스톤 링의 호흡작용으로 인한 유막이 끊어지기 쉽기 때문이다.

[2] 실린더 마멸량 점검방법
(1) 실린더 벽 마멸량 점검기구
① 실린더 보어 게이지
② 내측 마이크로미터
③ 텔리스코핑 게이지와 외측 마이크로미터

(2) 실린더 벽 마멸량 측정부위
실린더의 상부·중앙 및 하부의 위치에서 크랭크축 방향과 그 직각방향의 6곳을 측정하여 가장 큰 측정값을 마멸량 값으로 한다.

3.1.3. 피스톤 링

① 링 이음부 간극은 기관작동 중 열팽창을 고려하여 두며 피스톤 바깥지름에 관계된다.
② 링 이음부 간극은 제1번 압축 링을 가장 크게 한다.
③ 실린더에 링을 끼우고 피스톤 헤드로 밀어 넣어 수평 상태로 한 후 필러게이지(디크니스 게이지)로 측정한다.
④ 마멸된 실린더의 경우에는 가장 마멸이 적은 부분(최소 실린더 지름을 표시하는 부분)에서 측정하여 0.2~0.4mm(한계 1.0mm)이면 정상이다.

3.1.4. 크랭크축

[1] 크랭크축 휨 점검
크랭크축 앞·뒤 메인저널을 V블록 위에 올려놓고 다이얼게이지의 스핀들을 중앙 메인저널에 설치한 후 천천히 크랭크축을 회전시키면서 다이얼게이지의 눈금을 읽는다.

[2] 크랭크축 저널 지름 측정방법
① 메인저널 및 크랭크 핀의 마멸측정은 외측 마이크로미터로 측정하며 진원도, 편마멸 등을 측정하고 수정한계 값 이상인 경우에는 수정하거나 크랭크축을 교환한다.
② 메인저널 지름이 50mm 이상인 크랭크축은 1.5mm 이상, 50mm 이하인 경우에는 1.0mm 이상 수정할 경우에는 크랭크축을 교환하여야 한다.

[3] 크랭크축 엔드 플레이(end play)측정
① 엔드 플레이 측정은 플라이 바로 크랭크축을 한쪽으로 밀고 다이얼 게이지(또는 필러 게이지)로 점검한다.
② 한계값은 0.25mm이며, 한계값 이상인 경우에는 스러스트 베어링(thrust bearing)을 교환한다.

[4] 크랭크축 오일간극 측정
크랭크축과 베어링사이의 간극, 저널의 편 마멸 등은 필러스톡, 심 조정법 및 플라스틱 게이지 등으로 점검하는데 이 중 플라스틱게이지에 의한 방법이 가장 편리하고 정확하다.

3.1.5. 밸브기구
밸브간극은 기관작동 중 열팽창을 고려하여 로커 암과 밸브 스템 엔드사이에 둔다.

[1] 밸브간극이 너무 크면
① 운전온도에서 밸브가 완전하게 열리지 못한다(늦게 열리고 일찍 닫힌다).
② 심한 소음이 나고 밸브기구에 충격을 준다.

[2] 밸브간극이 작으면
① 일찍 열리고 늦게 닫혀 밸브 열림기간이 길어진다.
② 블로바이로 인해 기관 출력이 감소한다.

3.1.6. 윤활장치

[1] 윤활유 소비증대의 원인
① 기관 연소실 내에서의 연소된다.
② 기관 열에 의한 증발로 외부에 방출된다.
③ 크랭크케이스 혹은 크랭크축과 오일 리테이너에서 누설된다.

[2] 윤활장치의 릴리프밸브가 고장 나면
① 밸브 노이즈(noise)가 증대된다.
② 오일경고등이 간헐적으로 점등된다.
③ 크랭크축 및 캠축 베어링이 고착(소착)된다.

3.1.7. 냉각장치

[1] 기관의 냉각회로에 공기가 차 있으면
① 냉각수의 순환이 불량해 진다.
② 냉각수 순환불량으로 인하여 기관이 과열한다.
③ 히터의 성능이 저하한다.
④ 냉각장치 구성부품에 손상을 초래한다.

[2] 온도게이지가 "HOT"위치에 있을 때 점검사항
① 냉각 전동 팬 작동상태 점검　　② 라디에이터의 막힘 상태 점검
③ 냉각수량 점검　　　　　　　　④ 수온센서 혹은 수온스위치의 작동상태
⑤ 물 펌프 작동상태 점검　　　　⑥ 냉각수 누출여부 점검

[3] 기관이 과열하는 원인
① 구동벨트의 장력이 적거나 파손되었다.
② 냉각 팬이 파손되었다.
③ 라디에이터 코어가 20% 이상 막혔다.
④ 라디에이터 코어가 파손되었거나 오손되었다.
⑤ 물 펌프의 작동이 불량하거나 라디에이터 호스가 파손되었다.
⑥ 수온조절기가 닫힌 채 고장이 났다.
⑦ 수온조절기가 열리는 온도가 너무 높다.
⑧ 물 재킷 내에 스케일이 많이 쌓여 있다.

3.1.8. 각종 센서의 고장증상

[1] 공기유량센서
① 크랭킹은 가능하지만 기관 시동성능이 불량하다.
② 공전할 때 기관의 상태가 불안전하다.
③ 공전 중 또는 주행 중에 기관 시동이 꺼진다.
④ 주행 중 가속력이 저하한다.
⑤ 센서의 출력 값이 부정확할 때 자동변속기 차량에서는 변속할 때 충격이 발생할 수 있으며, 완전히 고장이 나면, 변속지연 현상이 발생할 수 있다.

[2] MAP센서
① 기관의 출력이 저하한다.
② 기관에서 부조가 발생한다.
③ 기관 가동정지가 발생한다.
④ 배출가스가 과다하게 배출된다.

[3] 스로틀 위치센서
① 공전상태 불량
② 주행할 때 가속력 저하
③ 연료소모 증대
④ 공전 또는 주행 중 갑자기 기관 가동정지
⑤ CO, HC 등 배기가스 다량배출

[4] 크랭크 앵글 센서
① 기관 시동이 불가능하다.
② 연료소모가 많아진다.
③ 배기가스 상태가 불량해 진다.

[5] 수온센서
① 공전속도가 불안정하며, 기관의 부조현상이 발생할 수 있다.
② 워밍업을 할 때 검은 연기가 배출된다.
③ CO 및 HC의 발생이 증가한다.
④ 공회전 및 주행 중 시동이 꺼질 수 있다.
⑤ 냉간 시동성이 저하될 수 있다.

[6] 산소센서
① 공연비 제어가 불량해진다.

② 급가속을 할 때의 성능저하 및 주행할 때 가속력이 저하하거나 갑자기 기관 가동이 정지한다.
③ 연료 소모가 많아진다.
④ CO, HC 배출량이 증가한다.

[7] 스텝모터
① 기관의 시동성능이 저하한다. ② 공전상태가 불안정하다.
③ 기관 작동정지 현상이 발생한다. ④ 가속성능이 떨어진다.

3.2. 시험장비 사용

3.2.1. 압축압력 측정

[1] 측정 준비작업
① 축전지의 충전상태를 점검한다.
② 기관을 시동하여 난기운전(웜업)시킨 후 정지한다.
③ 점화플러그를 모두 뺀다.
④ 연료공급 차단 및 점화 1차 회로를 분리한다.
⑤ 공기청정기 및 구동벨트(팬벨트)를 떼어낸다.

[2] 측정방법
① 스로틀 보디의 스로틀 밸브를 완전히 연다.
② 점화플러그 구멍에 압축압력계를 압착시킨다.
③ 기관을 크랭킹(cranking)시켜 4~6회 압축시킨다. 이때 회전속도는 200~300 rpm이다.
④ 첫 압축압력과 맨 나중 압축압력을 기록한다.

[3] 측정 결과분석
① 정상 압축압력 : 규정 값의 90% 이상, 각 실린더와의 차이가 10% 이내인 경우
② 압축압력이 규정 값 이상인 경우 : 규정 값의 10% 이상이면 실린더헤드를 분해한 후 카본을 제거한다.

③ 밸브가 불량한 경우 : 규정 값보다 낮고, 습식 압축압력 시험을 하여도 압력이 상승하지 않는다.
④ 실린더 벽, 피스톤 링이 마모된 경우 : 계속되는 행정에서 약간씩 상승하며, 습식 압축 압력시험을 하면 뚜렷하게 상승한다.
⑤ 헤드개스킷 불량 또는 실린더헤드가 변형된 경우 : 인접한 실린더의 압축압력이 비슷하게 낮으며, 습식 압축압력시험을 하여도 압력이 상승하지 않는다.

> **알아두기**
> 습식 압축압력 시험이란 밸브 불량, 실린더 벽, 피스톤 링, 헤드 개스킷 불량 등의 상태를 판정하기 위하여 점화플러그 구멍으로 기관오일을 10cc 정도 넣고 1분 후에 다시 압축압력을 시험하는 것을 말한다. 그리고 기관의 해체 정비시기 기준은 다음과 같다.
> ① 압축압력 : 규정 값의 70% 이하인 경우
> ② 연료소비율 : 규정 값의 60% 이상인 경우
> ③ 오일소비율 : 규정 값의 50% 이상인 경우

3.2.2. 흡기다기관 진공도 측정

[1] 진공계로 알아낼 수 있는 시험
　① 점화시기 틀림　　　　　　② 밸브작동 불량
　③ 실린더 압축압력 저하　　　④ 배기장치 막힘

[2] 진공을 측정할 수 있는 부위
　기관의 진공을 측정할 수 있는 부분은 흡기다기관, 서지탱크, 스로틀 바디 등이며, 흡기다기관이나 서지탱크에 있는 진공구멍에 진공계를 설치하고 측정한다.

[3] 결과 분석
　① 기관이 정상일 때 : 공회전상태에서 진공계 바늘이 45~50cmHg사이에 정지하거나 조금씩 움직인다.
　② 실린더 벽이나 피스톤링이 마모되었을 때 : 진공계 바늘이 30~40cmHg사이에 있다.
　③ 밸브가 손상되었을 때 : 진공계 바늘이 정상보다 5~10cmHg 정도 낮으며, 규칙적으로 움직인다.
　④ 밸브 타이밍(개폐시기)이 틀릴 때 : 진공계 바늘이 20~40cmHg사이에 정지한다.

⑤ 밸브 면과 시트의 접촉이 불량할 때 : 진공계 바늘이 정상보다 5~8cmHg 정도 낮다.
⑥ 밸브가이드가 마모되었을 때 : 진공계바늘이 35~50cmHg사이를 빠르게 움직인다.
⑦ 밸브 스템이 고착되어 밸브가 완전히 닫히지 않을 때 : 진공계 바늘이 35~40cmHg 사이에서 흔들린다.
⑧ 밸브스프링의 장력이 약할 때 : 진공계 바늘이 25~55cmHg사이에서 흔들린다.
⑨ 흡기다기관에서 누출이 있을 때 : 진공계 바늘이 8~15cmHg사이에서 정지한다.
⑩ 헤드개스킷이 파손되었을 때 : 진공계 바늘이 13~45cmHg의 낮은 위치와 높은 위치 사이를 규칙적으로 흔들린다.
⑪ 점화플러그 간극이 불량할 때 : 조금 높은 공전에서는 바늘이 흔들리지 않으나, 낮은 공전에서는 매우 작은 범위로 흔들린다.
⑫ 점화시기가 늦을 때 : 진공계 바늘이 정상보다 5~8cmHg 낮다.
⑬ 배기장치가 막혔을 때 : 처음에는 정상을 나타내다가 일단 0까지 내려갔다가 다시 상승하여 40~43cmHg사이에 정지한다.

3.2.3. 일산화탄소 및 탄소수소 측정

[1] 측정대상 자동차의 상태

① 기관은 시험 전에 적당히 예열되어 있어야 한다. 특히 주차상태에 있거나 장시간 운행하지 않은 상태의 자동차는 충분히 예열이 된 후 측정되도록 주의하여야 한다.
② 주행 중 또는 가동 중인 상태의 자동차로서 기관이 과열되었을 경우(정상작동 온도를 초과한 경우)에는 정지 가동상태로 기관을 가동시켜 보닛을 열고 5분 이상 경과한 후 정상상태가 되었을 때 측정한다. 다만, 정상작동(수랭식 기관의 경우 계기판 온도가 40℃ 이상에 있는 것을 말함)인 경우에는 그러하지 아니하다.
③ 변속기가 수동인 자동차의 경우에는 기어는 중립에 클러치 페달은 밟지 않은 상태(연결된 상태)에 두고, 자동변속기를 사용하는 자동차의 경우에는 중립(N)위치에 둔다.
④ 기관은 냉방장치 등 부속장치는 작동시키지 않은 상태에서 가동시키고, 배기관은 바람이 부는 경우 바람의 영향을 받지 않는 방향으로 하여야 하며, 배기관의 파손 및 훼손 등으로 배출가스가 새어나오거나 외부공기가 유입되는지의 여부를 필히 확인하여야 한다.

[2] 측정기의 측정 전 준비사항
① 아날로그형 측정기는 예열 전에 전원스위치를 끊고 기계적 영점을 확인하여 필요시 영점을 맞춘다.
② 1주일 이상 계속 사용하지 않았다가 사용하고자 하는 경우 스팬 조정을 실시해야 한다.
③ 스팬 조정은 1개월에 1회 이상 실시해야 한다.
④ 배출가스 분석기는 형식승인 된 기기로 최근 1년 이내에 정도검사를 필한 것이어야 한다.

[3] 측정절차
① 시험대상 자동차의 상태가 정상으로 확인되면 정지 가동상태(기관이 가동되어 공회전 되고 있으며 가속페달을 밟지 않은 상태)에서 배기가스 채취관을 배기관 내에 30cm 이상 삽입하고 시료채취 펌프를 작동시킨다. 배기관이 30cm 이하일 경우는 연장관을 사용한다.
② 시험기 지시계의 지시가 안정(채취관 삽입 후 10초 이상 경과)되면 배출가스 농도를 읽어 기록한다.
③ 배기관이 2개 이상일 경우에는 임의로 배기관 1개를 선정하여 측정을 한 후 측정값을 산출한다. 다만, 자동차용 기관 배기관과 냉·난방용 기관 배기관이 별도로 있을 경우에는 자동차용 기관 배기관에서만 측정한다.
④ 시험완료 후 배기관에서 시료 채취관을 빼고 그대로 약 3분 이상 펌프를 공회전 시켜 공기로 충분히 세척한 후에 다음 측정을 실시한다.
⑤ 시료채취관은 시험을 할 경우에만 삽입하고 장시간 배기관에 삽입하여 두어서는 아니 된다. 또 측정 도중 외부 공기가 새어 들어오지 않도록 배기관, 시료채취관 등의 파손 및 누설 여부를 수시로 확인하여야 한다.

3.2.4. 매연측정

매연측정기는 디젤기관에서 배출되는 배기가스 중의 흑연의 농도를 측정하는 것이며 일정량의 배기가스 중의 흑연에 의하여 오염된 여과지에 빛을 비추어 그 반사량을 광전소자로 받아서 전류로 바꾼 후 이것을 계기판에 표시하는 것이다. 기관을 무부하 상태에서 급가속시켜 매연을 측정하므로 풋스위치를 시험 자동차의 가속페달 위에 올려놓고 빨리 밟으면 흡입펌프가 작동하여 다음의 순서로 일정량의 매연을 채취한다.

[1] 매연측정기 사용방법
  ① 시험대상 자동차의 기관을 변속기가 중립인 상태(정지가동 상태)에서 급가속하며, 최고 회전속도 도달 후 2초 동안 공회전 시키고 정지가동(공회전)상태로 5~6초 동안 둔다. 이와 같은 과정을 3회 반복 실시한다. 이는 기관을 정상상태로 할뿐만 아니라 배기관 내에 축적되어 있는 매연을 배출시키기 위함이다.
  ② 측정기의 시료채취관을 배기관 중앙에 오도록 하고 20cm 정도의 깊이로 삽입한다.
  ③ 급가속 공회전 후 5~6초 동안 정지가동 할 때 규정된 여과지(여지)를 시험기의 시료 채취구에 삽입하거나 이와 상응하는 여과지가 준비되도록 한다.
  ④ 가속페달에 발을 올려놓고 기관의 최고 회전속도에 도달할 때까지 급속히 밟으면서 동시에 시료채취 펌프를 작동시킨다. 이때 가속페달을 밟을 때부터 놓을 때까지의 소요시간은 4초 이내로 하고 이 시간 내에 시료를 채취하여야 한다.
  ⑤ 매연채취가 끝난 다음 시료 채취구에서 여과지를 뽑아내어 여과지의 매연농도를 측정하고 시료 채취관은 압축공기로 청소한다. 여과지의 매연농도 측정이 자동으로 될 경우에는 별도의 매연농도 측정절차를 거치지 아니한다.
  ⑥ 기관의 급가속에서부터 시료 채취관의 압축공기 청소까지에 소요되는 시간은 15초 정도로 한다.
  ⑦ 새로운 여과지를 삽입하여 측정을 시작하며, 이상의 방법으로 매연농도를 3회 연속 측정한다.

[2] 매연측정 방법
  ① 에어버튼을 눌러 청소시킨다.
  ② 흡입펌프를 아래쪽으로 눌러 내린다.
  ③ 여과지 레버를 아래쪽으로 누르고, 여과지 장착구에 깨끗한 여과지 1매를 넣는다.
  ④ 측정 자동차를 급 가속하여 배기관에 잔류하는 매연을 배출시킨다.
  ⑤ 풋 스위치를 가속페달 위에 올려놓고 빠른 속도로 밟아 4정 정도 지속시켰다가 놓는다. 이때 흡입펌프가 상승하며 매연이 여과지에 채취된다.
  ⑥ 채취된 여과지를 깨끗한 여과지 10매 정도 위에 올려서 검출대에 넣고 검출 버튼을 눌러 계기판의 지침을 읽어 기록한다.
  ⑦ ⑤~⑥의 과정을 3회 반복하여 평균값을 측정값으로 한다.

[3] 매연 측정값의 산출
① 3회 연속 측정한 매연농도를 산술 평균하여 소수점 이하는 반올림한 값을 최종 측정값으로 한다.
② 이때 3회 측정한 매연농도의 최댓값과 최솟값의 차이가 5%를 초과하는 경우에는 2회를 다시 측정하여 총 5회 중 최댓값과 최솟값을 제외한 나머지 3회의 측정값을 산술 평균한 값을 최종 측정값으로 한다.

3.2.5. 배출가스 정밀검사 검사모드

[1] ASM2525모드
휘발유·가스 및 알코올 자동차를 섀시 동력계에서 측정대상 자동차의 도로부하 마력의 25%에 해당하는 부하마력을 설정하고 40km/h(25mile)의 속도로 주행하면서 배출가스를 측정하는 방법이다.

[2] 무부하 정지가동 검사모드
자동차가 정지한 상태에서 기관을 공회전 상태로 가동하여 배출가스(일산화탄소, 탄화수소, 수소, 공기과잉율 : 휘발유 사용 자동차에 해당)를 측정하는 것이다.

[3] Lug-down 3모드
경유를 연료 사용하는 자동차를 섀시 동력계에서 가속페달을 최대로 밟은 상태로 주행하면서 기관 정격 회전속도에서 1모드, 기관 정격 회전속도의 90%에서 2모드, 기관 정격 회전속도의 80%에서 3모드로 각각 구성하여 기관의 출력, 기관의 회전속도, 매연농도를 측정하는 방법이다.

[4] 무부하 급가속 검사모드
자동차가 정지한 상태에서 기관을 최대 회전속도까지 급가속시킨 때 매연 배출량을 측정하는 것이다.

01. 엔진에서 압축시 가스의 온도와 체적은 변화한다. 틀린 것은?
① 체적이 감소함에 따라 압력은 압축비에 근사적으로 비례하여 상승한다.
② 압축시 발생하는 압축열에 의해 추가로 압력상승이 이루어진다.
③ 체적이 감소하면 압력이 감소한다.
④ 체적이 감소함에 따라 온도가 상승한다.

[풀이] 압축에서의 가스의 온도와 체적변화의 관계는 체적이 감소함에 따라 압력은 압축비에 근사적으로 비례하여 상승하며, 압축에서 발생하는 압축열에 의해 추가로 압력상승이 이루어진다. 그리고 체적이 감소함에 따라 온도가 상승한다.

02. 연소실의 벽면 온도가 일정하고, 혼합가스가 이상기체라고 가정하면, 이 엔진이 압축행정일 때 연소실 내의 열과 내부에너지의 변화는?
① 열= 방열, 내부에너지= 증가
② 열= 흡열, 내부에너지= 불변
③ 열= 흡열, 내부에너지= 증가
④ 열= 방열, 내부에너지= 불변

[풀이] 연소실의 벽면 온도가 일정하고, 혼합가스가 이상기체라고 가정하면, 이 엔진이 압축행정일 때 연소실 내의 열과 내부에너지의 변화는 열은 방열, 내부에너지는 불변이다.

03. 이상기체가 T_1v_1에서 T_2v_2로 정압변화 할 때 1kgf당 내부에너지의 변화를 나타낸 식으로 맞는 것은?
① $\int_{T_1}^{T_2} CpdT$
② $\int_{T_1}^{T_2} CvdT$
③ $\int_{T_1}^{T_2} pdv$
④ $\int_{T_1}^{T_2} vdp$

04. 이상기체의 정의에 속하지 않는 것은?
① 이상기체 상태방정식을 만족한다.
② 보일 샤를의 법칙을 만족한다.
③ 완전가스라고도 부른다.
④ 분자간 충돌시 에너지가 변화한다.

[풀이] 열기관의 작동유체가 되는 기체는 기관 내에서 여러 가지 상태변화를 하면서 외부에 대하여 일을 하여 동력을 얻는다. 실제로 기관에 사용되는 작동유체와 달리 이상기체는 분자 상호간에 작용력이나 분자의 크기를 고려하지 않은 기체로서, 이상기체 상태방정식을 만족하며, 보일-샤를법칙에 따르는 기체를 이상기체(ideal gas) 또는 완전가스(perfect gas)라 한다.

05. 자연계에서 엔트로피 현상을 바르게 설명한 것은?
① $\oint \frac{\delta Q}{T} \leq 0$
② $\oint \frac{\delta Q}{T} < 0$
③ $\oint \frac{\delta Q}{T} > 0$
④ $\oint \frac{\delta Q}{T} \geq 0$

[풀이] 자연계에서 엔트로피의 현상은 $\oint \frac{\delta Q}{T} \geq 0$으로 나타낸다.

Answer ▶▶▶ 1. ③ 2. ④ 3. ② 4. ④ 5. ④

06. 열역학 제2법칙을 설명한 것으로 맞는 것은?

① 일은 쉽게 모두 열로 변화하나, 열을 일로 바꾸는 것은 용이하지 않다.
② 열은 쉽게 모두 일로 변화하나, 일을 열로 바꾸는 것은 용이하지 않다.
③ 일은 쉽게 모두 열로 변화하며, 열도 쉽게 모두 일로 변화한다.
④ 일은 열로 바꾸는 것이 용이하지 않으며, 열도 일로 바꾸는 것이 용이하지 않다.

풀이 열역학 제2법칙은 "일은 쉽게 모두 열로 변화하나, 열을 일로 바꾸는 것은 용이하지 않다."는 법칙이다. 즉 열과 기계적 일 사이의 방향(方向) 관계를 명시한 법칙이다.

07. 가솔린엔진의 사이클을 공기 표준 사이클로 간주하기 위한 가정에 속하지 않는 것은?

① 급열은 실린더 내부에서 연소에 의해 행하여진다.
② 동작유체는 이상기체이다.
③ 비열은 온도에 따라 변화하지 않는 것으로 보며, 압축행정과 팽창행정의 단열지수는 같다.
④ 사이클 과정을 하는 동작물질의 양은 일정하다.

08. 왕복 피스톤형 내연기관의 기본 사이클에 속하지 않는 것은?

① 정적 사이클   ② 정압 사이클
③ 정온 사이클   ④ 합성 사이클

09. 오토사이클의 압축비가 8.5일 경우 이론 열효율은?(단, 공기의 비열비는 1.4이다)

① 57.5   ② 49.6%
③ 52.4%   ④ 54.6%

풀이 $\eta o = 1 - \left(\dfrac{1}{\varepsilon}\right)^{k-1} = 1 - \left(\dfrac{1}{8.5}\right)^{0.4} = 57.5\%$

ηo : 오토사이클의 이론 열효율
ε : 압축비, k : 비열비

10. 디젤 사이클의 P-V선도를 설명한 것 중 틀린 것은?

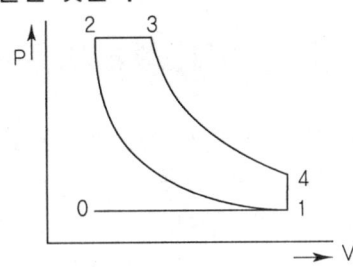

① 1→2 : 단열 압축과정
② 2→3 : 정압 방열과정
③ 3→4 : 단열 팽창과정
④ 4→1 : 정적 방열과정

풀이 디젤 사이클의 P-V 선도과정
① 1→2 : 단열 압축과정
② 2→3 : 정압 가열과정[연료 분사과정(정압)]
③ 3→4 : 단열 팽창과정
④ 4→1 : 정적 방열과정
⑤ 4→1 : 배기시작
⑥ 1→0 : 배기행정
⑦ 0→1 : 흡입과정

11. 어떤 오토사이클 기관의 실린더 간극체적이 행정체적의 15%일 때, 이 기관의 이론열효율은 몇 %인가?(단, 비열비= 1.4)

① 39.23%   ② 46.23%
③ 51.73%   ④ 55.73%

풀이 ① $\varepsilon = 1 + \dfrac{Vs}{Vc} = 1 + \dfrac{100}{15} = 7.67$

ε: 압축비
Vs: 배기량(행정체적)
Vc: 간극체적

② $\eta o = 1 - \left(\dfrac{1}{7.67}\right)^{0.4} = 55.73\%$

12. 등온, 정압, 정적, 단열과정을 P-V선도에 아래와 같이 도시하였다. 이 중에서 단열과정의 곡선은?

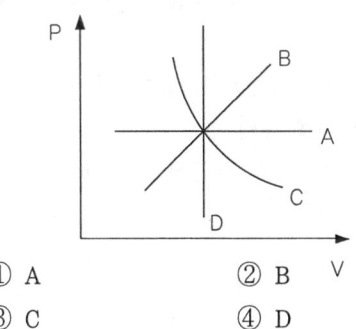

① A ② B
③ C ④ D

13. 직경 75mm, 행정 80mm인 4행정 사이클 디젤기관의 간극체적이 20cc, 체절비가 2.3이다. 이 기관을 이론적인 디젤 사이클로 가정하면, 이 기관의 열효율은 얼마인가?(단, κ = 1.3이다)

① 42.3% ② 45.2%
③ 48.3% ④ 51.2%

풀이 ① $\varepsilon = 1 + \dfrac{Vs}{Vc} = 1 + \dfrac{0.785 \times 7.5^2 \times 8}{20} = 18.67$

  ε : 압축비, Vs : 배기량(행정체적)
  Vc : 간극체적

② $\eta d = 1 - \left[\left(\dfrac{1}{\varepsilon}\right)^{k-1} \times \dfrac{\sigma^k - 1}{k(\sigma - 1)}\right]$

  $= 1 - \left[\left(\dfrac{1}{18.67}\right)^{0.3} \times \dfrac{2.3^{1.3} - 1}{1.3 \times (2.3 - 1)}\right] = 51.2\%$

  σ : 체절비

14. 내연기관의 열역학적 사이클에 의한 분류 중 고속 디젤엔진에 사용되는 사이클은?
① 정적 사이클 ② 복합 사이클
③ 정압 사이클 ④ 카르노 사이클

15. 다음은 열기관의 이론 사이클에 관한 설명이다. 틀린 것은?
① 카르노사이클은 등온팽창(열량공급)→등엔트로피 팽창→등온압축(열량방출)→등엔트로피 압축의 과정을 거쳐 완성된다.
② 복합사이클은 등엔트로피 압축→정압급열→정적급열→정적방열→등엔트로피 팽창의 과정을 거쳐 완성된다.
③ 정압사이클은 등엔트로피 압축→정압급열→등엔트로피 팽창→정적방열의 과정을 거쳐 완성된다.
④ 브레이튼 사이클은 등엔트로피 압축→정압급열→등엔트로피 팽창→정압방열 과정을 거쳐 완성된다.

풀이 복합 사이클은 단열압축→등적가열(연소)→등압가열(연소)→단열팽창→등적방열을 거쳐 완성한다.

16. 오토, 디젤, 사바테 사이클에서 가열량과 압축비가 같을 경우 이들 사이클에 대한 이론 열효율의 관계를 나타낸 것은?
① 오토 사이클 > 사바테 사이클 > 디젤 사이클
② 오토 사이클 > 디젤 사이클 > 사바테 사이클
③ 사바테 사이클 > 오토 사이클 > 디젤 사이클
④ 사바테 사이클 > 디젤 사이클 > 오토 사이클

17. 이상적인 열기관인 카르노 사이클 기관에 대한 설명으로 틀린 것은?
① 다른 기관에 비해 열효율이 높기 때문에 상대 비교에 많이 이용된다.
② 동작가스와 실린더 벽 사이에 열 교환이 있다.
③ 실린더 내에는 잔류가스가 전혀 없고 새로운 가스로만 충전된다.
④ 이상 사이클로서 실제로는 외부에 일을 할 수 있는 기관으로 제작할 수 없다.

18. 고온 327℃, 저온 27℃의 온도범위에서 작동되는 카르노사이클의 열효율은?

① 30%   ② 40%
③ 50%   ④ 60%

풀이 $\eta c = 1 - \dfrac{T_1}{T_2} = 1 - \dfrac{273+27}{273+327} = 0.5 = 50\%$

ηc: 카르노사이클의 열효율, T_1: 저온, T_2: 고온

19. 피스톤 평균속도를 증가시키지 않고, 기관의 회전속도를 높이려고 할 때의 설명으로 옳은 것은?

① 실린더 내경을 작게, 행정을 크게 해야 한다.
② 실린더 내경을 크게, 행정을 작게 해야 한다.
③ 실린더 내경과 행정을 동일하게 해야 한다.
④ 실린더 내경과 행정을 모두 작게 해야 한다.

20. 장 행정기관과 비교할 경우 단행정기관의 장점이 아닌 것은?

① 피스톤의 평균속도를 올리지 않고 회전속도를 높일 수 있다.
② 흡·배기밸브의 지름을 크게 할 수 있어 흡입효율을 높일 수 있다.
③ 직렬형 엔진인 경우 길이가 짧아진다.
④ 직렬형 엔진인 경우 엔진의 높이를 낮게 할 수 있다.

풀이 단행정기관은 피스톤 행정이 실린더 안지름보다 작은 형식으로 장점은 ①, ②, ④항이며, 직렬형인 경우 기관의 길이가 길어지는 단점이 있다.

21. 실린더 배열형식에 따른 기관의 분류에 속하지 않는 것은?

① 직렬형 기관   ② 성형 기관
③ T형 기관   ④ V형 기관

22. 기관에서 도시평균 유효압력은?

① 이론 PV선도로부터 구한 평균유효압력
② 기관의 기계적 손실로부터 구한 평균유효압력
③ 기관의 크랭크축 출력으로부터 계산한 평균유효압력
④ 기관의 실제 지압선도로부터 구한 평균유효압력

풀이 기관에서 도시평균 유효압력이란 기관의 실제 지압선도로부터 구한 평균유효 압력을 말한다.

23. 이론 사이클에서 이론 지압선도를 작성하기 위한 여러 가정 중에 포함되지 않는 것은?

① 밸브개폐는 정확히 사점에서 이루어진다.
② 급열과정은 정확히 사점에서 시작된다.
③ 압축과 팽창은 단열 과정이다.
④ 기관 각 부에는 마찰손실이 존재한다.

24. 실린더 내에서 실제로 발생된 마력은?

① 제동마력   ② 정격마력
③ 도시마력   ④ 마찰마력

풀이 도시마력은 엔진의 실린더 내에서 실제로 발생한 마력이다.

25. 총배기량 1400cc인 4행정 기관이 2000rpm으로 회전하고 있다. 이때의 도시평균 유효압력이 10kgf/cm²이면 도시마력은 몇 PS인가?

① 31.1   ② 62.2
③ 131.4   ④ 1866

풀이 $I_{PS} = \dfrac{PALRN}{75 \times 60} = \dfrac{10 \times 1400 \times 2000}{75 \times 60 \times 100 \times 2} = 31.11\text{PS}$

I_{PS}: 도시마력(지시마력), P: 도시평균 유효압력,
A: 단면적(cm²), L: 피스톤 행정(m)
R: 기관 회전속도(4행정 사이클= R/2, 2행정 사이클= R), N: 실린더 수

Answer ▶ 18. ③ 19. ② 20. ③ 21. ③ 22. ④ 23. ④ 24. ③ 25. ①

26. 4행정 사이클 기관의 실린더 내경과 행정이 100mm×100mm이고, 회전수가 1800rpm이다. 축 출력은 몇 PS인가? (단, 기계효율은 80%이며, 도시평균 유효압력은 9.5kgf/cm²이고, 4기통 기관이다)

① 35.2ps ② 39.6ps
③ 43.2ps ④ 47.8ps

풀이 ① $I_{PS} = \dfrac{P \times A \times L \times R \times N}{75 \times 60}$

$= \dfrac{9.5 \times 0.785 \times 10^2 \times 10 \times 1800 \times 4}{75 \times 60 \times 2 \times 100} = 59.66\text{PS}$

② $B_{PS} = I_{PS} \times \eta m = 59.66\text{PS} \times 0.8 = 47.8\text{PS}$

η_m : 기계효율

27. 기관의 각속도를 ω(rad/s), 축 토크를 T(kgf·m)라 할 때 축출력 P(PS)를 구하는 식은?

① $P = \dfrac{T\omega}{75}PS$

② $P = \dfrac{T\omega}{60 \times 75}PS$

③ $P = \dfrac{T\omega}{75 \times 102}PS$

④ $P = \dfrac{2\pi T\omega}{60 \times 75}PS$

풀이 $\omega = \dfrac{2\pi N}{60}$, $P = \dfrac{2\pi TN}{75 \times 60}$ 이므로

$P = \dfrac{T\omega}{75}PS$

28. 기관 출력시험에서 크랭크축에 밴드 브레이크를 감고 3m의 거리에서 끝의 힘을 측정하였더니 4.5kgf, 기관속도계가 2800rpm을 지시하였다면 이 기관의 제동마력은?

① 약 84.1PS ② 약 65.3PS
③ 약 52.8PS ④ 약 48.2PS

풀이 $B_{PS} = \dfrac{TR}{716} = \dfrac{4.5 \times 3 \times 2800}{716} = 52.8\text{PS}$

B_{PS} : 축(제동)마력, T : 회전력(토크)
R : 회전속도

29. 프로니 브레이크를 사용하여 디젤기관을 시험하였더니 기관의 속도가 1200rpm에서 처음의 계량이 250kgf이었다. 이 기관의 제동마력은 얼마인가?(단, 불평형 하중은 26kgf이고 암의 길이는 0.6m이다)

① 272.35ps ② 254.63ps
③ 225.07ps ④ 200.45ps

풀이 $B_{PS} = \dfrac{TR}{716} = \dfrac{(250-26) \times 0.6 \times 1200}{716}$
$= 225.25\text{PS}$

30. 4행정 6기통 기관이 1kgf·m의 토크로 1000rpm으로 회전할 때 기관의 축출력은 약 얼마인가?

① 0.2kw ② 1kw
③ 2kw   ④ 3kw

풀이 $H_{kW} = \dfrac{TR}{974} = \dfrac{1 \times 1000}{974} = 1\text{kW}$

31. 화물자동차에서 기관의 회전속도가 2500min⁻¹일 때, 기관의 회전토크는 808 N·m이였다. 이때 기관의 제동출력은?

① 약 561.1kW ② 약 269.3kW
③ 약 7.48kW   ④ 약 211.5kW

풀이 ① 1kgf=9.8N

② $H_{kW} = \dfrac{TR}{974} = \dfrac{2500 \times 808}{974 \times 9.8} = 211.6\text{kW}$

H_{kW} : 축(제동)마력, T : 회전력(토크)
R : 회전속도

32. 3000rpm으로 회전하는 4행정 사이클 기관이 150PS의 출력을 내려면 회전축의 토크는 몇 N·m인가?

① 35.8   ② 88.7
③ 351.1   ④ 869.3

풀이 ① 1kgf= 9.8N

② $B_{PS} = \dfrac{TR}{716}$ 에서

$T = \dfrac{716 \times B_{PS}}{R} = \dfrac{716 \times 150 \times 9.8}{3000}$
$= 351\text{N·m}$

Answer ▶ 26. ④ 27. ① 28. ③ 29. ③ 30. ② 31. ④ 32. ③

33. 내경 87mm, 행정 70mm인 6기통 기관의 출력은 회전속도 5600rpm에서 90kW이다. 이 기관의 비체적 출력 즉, 리터 출력(kW/L)은?

① 6kW/L ② 9kW/L
③ 15kW/L ④ 36kW/L

[풀이] ① $H_{kWh} = \dfrac{H_{kW}}{V}$

H_{kWh} : 리터출력, H_{kW} : 출력
V : 총배기량

② $V = 0.785D^2 LN = \dfrac{90kW \times 1000}{0.785 \times 8.7^2 \times 7 \times 6}$
   $= 36kWh$
   D : 실린더 내경(cm), L : 피스톤 행정(cm)
   N : 실린더 수

34. 제동열효율을 설명한 것으로 옳지 못한 것은?

① 제동일로 변환된 열량과 총 공급된 열량의 비이다.
② 작동가스가 피스톤에 한 일로서 열효율을 나타낸다.
③ 정미열효율이라고도 한다.
④ 도시열효율에서 기관 마찰부분의 마력을 뺀 열효율을 말한다.

[풀이] 제동열효율은 정미열효율이라고도 부르며, 제동일로 변환된 열량과 총 공급된 열량의 비율이다. 즉, 도시열효율에서 기관 마찰부분의 마력을 뺀 열효율을 말한다.

35. 내연기관의 열효율에 대한 설명 중 틀린 것은?

① 열효율이 높은 기관일수록 연료를 유효하게 쓴 결과가 되며, 그만큼 출력도 크다.
② 기관에 발생한 열량을 빼앗는 원인 중 기계적 마찰로 인한 손실이 제일 크다.
③ 기관에서 발생한 열량은 냉각, 배기, 기계마찰 등으로 빼앗겨 실제의 출력은 1/4 정도이다.
④ 열효율은 기관에 공급된 연료가 연소하여 얻어진 열량과 이것이 실제의 동력으로 변한 열량과의 비를 열효율이라 한다.

[풀이] 열효율에 대한 설명은 ①, ③, ④항 이외에 냉각에 의한 손실 30~35%, 배기에 의한 손실 30~35%, 기계마찰에 의한 손실 6~10% 정도이다.

36. 연료의 저위발열량을 H_l(kcal/kgf), 연료소비량을 F(kgf/h), 도시출력을 Pi(PS), 연료소비시간을 t(s)라 할 때 도시열효율 ηi를 구하는 식은?

① $\eta i = \dfrac{632 \times Pi}{F \times H_l}$

② $\eta i = \dfrac{632 \times H_l}{F \times t}$

③ $\eta i = \dfrac{632 \times t \times H_l}{F \times Pi}$

④ $\eta i = \dfrac{632 \times t \times Pi}{F \times H_l}$

[풀이] 도시열효율 $\eta i = \dfrac{632 \times Pi}{F \times H_l}$

37. 연료 저위발열량이 10500kcal/kg 인 연료를 사용하는 가솔린기관의 연료소비율이 180g/PS·h 이라면 이 기관의 열효율은 약 얼마인가?

① 16.3% ② 21.9%
③ 26.2% ④ 33.5%

[풀이] $\eta_B = \dfrac{632.3}{H_l \times fe} \times 100 = \dfrac{632.3}{10500 \times 0.18} \times 100$

   $= 33.5\%$

η_B : 제동열효율
H_l : 연료의 저위발열량(kcal/kgf)
fe : 연료소비율(g/PS·h)

Answer ▶ 33. ④ 34. ② 35. ② 36. ① 37. ④

38. 기관의 제동마력이 380PS, 시간당 연료소비량이 80kgf, 연료 1kgf당 저위발열량이 10000kcal일 때 제동열효율은 얼마인가?

① 13.3%   ② 30%
③ 35%   ④ 60%

풀이 $\eta_B = \dfrac{632.3 \times PS}{H_l \times F} \times 100$

$= \dfrac{632.3 \times 380}{10000 \times 80} \times 100 = 30\%$

η_B : 제동열효율, PS : 기관 출력
F : 연료소비량, H_l : 가솔린 저위발열량

39. 어떤 기관의 제동 연료소비율은 300g/kW·h이다. 연료의 저위발열량이 42000 kJ/kgf일 경우, 이 기관의 제동열효율은?

① 약 23.3%   ② 약 71.4%
③ 약 28.6%   ④ 약 1.4%

풀이 $\eta_B = \dfrac{3600}{H_l \times fe} \times 100 = \dfrac{3600}{42000 \times 0.3} \times 100$

$= 28.57\%$

η_B : 제동열효율
H_l : 연료의 저위발열량(kJ/kgf)
fe : 연료소비율(g/kW·h)

40. 저위발열량이 44,800KJ/kgf인 연료를 시간당 20kgf을 소비하는 기관의 제동출력이 90kW이다. 이 기관의 제동열효율은?

① 28%   ② 32%
③ 36%   ④ 41%

풀이 $\eta_B = \dfrac{3600 \times B_{PS}}{H_l \times F} \times 100$

$= \dfrac{3600 \times 90}{44800 \times 20} \times 100 = 36\%$

η_B : 제동열효율, H_l : 연료의 저위발열량
F : 연료소비량

41. 어떤 기관의 회전수가 2800rpm 이고 축 출력은 35PS, 한 시간당 연료소비량은 6L이다. 이 기관의 연료소비율은? (단, 연료의 비중은 0.75이다)

① 약 36g/ps-h   ② 약 128g/ps-h
③ 약 180g/ps-h ④ 약 220g/ps-h

풀이 $fe = \dfrac{F \times \gamma}{B_{PS}} = \dfrac{6 \times 0.75}{35} = 128.6\text{g/PS-h}$

fe : 연료소비율, F : 연료소비량
γ : 연료의 비중, B_{PS} : 축 출력

42. 제동마력이 120PS인 디젤기관이 24시간에 720L를 소비하였다. 이 기관의 연료 소비율은 얼마인가?(단, 비중은 0.9이다)

① 18g/ps-h   ② 120g/ps-h
③ 225g/ps-h   ④ 285g/ps-h

풀이 $fe = \dfrac{F \times \gamma}{B_{PS} \times t} = \dfrac{720\ell \times 0.9 \times 1000}{120PS \times 24H}$

$= 225\text{g/PS-h}$

fe : 연료소비율, F : 연료소비량
γ : 연료의 비중, B_{PS} : 제동마력
t : 기관 가동시간

43. 4행정 기관이 25마력으로 10분 동안 한 일을 열량으로 표시하면 몇 kcal인가?

① 2543.29   ② 2634.67
③ 2968.45   ④ 3272.53

풀이 $Q = \dfrac{632.3 \times B_{PS} \times t}{60} = \dfrac{632.3 \times 25 \times 10}{60}$

$= 2634.67\text{kcal}$

Q : 열량, B_{PS} : 제동마력, t : 기관 가동시간

44. 가솔린기관의 열 손실을 측정한 결과 냉각수에 의한 손실이 25%, 배기 및 복사에 의한 열 손실이 35%이었다. 기계효율이 90%라면 정미효율은 몇 %인가?

① 54%   ② 36%
③ 32%   ④ 20%

풀이 ① 지시효율= 1-(0.25+0.35)= 0.4= 40%
② 정미효율= 지시효율×기계효율
= (0.4×0.9)×100 = 36%

Answer ▶ 38. ② 39. ③ 40. ③ 41. ② 42. ③ 43. ② 44. ②

45. 내연기관에서 기계효율을 구하는 공식으로 맞는 것은?

① $\dfrac{\text{마찰마력}}{\text{제동마력}} \times 100$

② $\dfrac{\text{도시마력}}{\text{이론마력}} \times 100$

③ $\dfrac{\text{제동마력}}{\text{도시마력}} \times 100$

④ $\dfrac{\text{마찰마력}}{\text{도시마력}} \times 100$

풀이 기계효율 = $\dfrac{\text{제동마력}}{\text{도시마력}} \times 100$

46. 제동마력 : BPS, 도시마력 : IPS, 기계효율 : η_m 이라고 할 때 상호 관계식을 올바르게 표현한 것은?

① η_m = IPS ÷ BPS
② BPS = η_m ÷ IPS
③ η_m = BPS ÷ IPS
④ IPS = η_m ÷ BPS

47. 단위환산을 나타낸 것으로 맞는 것은?

① 1[J] = 1[N·m] = 1[W·s]
② 1[J] = 1[W] = 1[PS·h]
③ 1[J] = 1[N/s] = 1[W·s]
④ 1[J] = 1[cal] = 1[W·s]

48. 9000J은 몇 Wh인가?

① 1500Wh   ② 150Wh
③ 250Wh   ④ 2.5Wh

풀이 $\dfrac{9000J}{3600}$ = 2.5Wh

49. 1.2kJ을 W·s 단위로 환산한 값은?

① 120W·s   ② 1200W·s
③ 4320W·s ④ 72W·s

풀이 1W란 매초 1J의 비율로서 에너지를 내는 일이며, 1W = 1J·s이다. 따라서 1.2kJ = 1200W·s이다.

50. 화씨 200°F는 절대온도로 약 몇 도인가?

① 93K   ② 366K
③ 384K ④ 392K

풀이 $T_k = \left[\dfrac{5}{9}(200-32)\right] + 273$ = 366K

51. 어떤 오토기관의 배기가스온도를 측정한 결과 전부하 운전시에는 850℃, 공전시에는 350℃이다. 이온도를 각각 kelvin 온도(k)로 환산한 것으로 맞는 것은?

① 1850, 1350   ② 850, 350
③ 1123, 623   ④ 577, 77

풀이 ① 850℃+273 = 1123K
     ② 350℃+273 = 623K

52. 2ton의 자동차가 1,000m를 이동하는데 1분 40초 걸렸을 때 동력은?

① 20(kgf·m/s)
② 200(kgf·m/s)
③ 2,000(kgf·m/s)
④ 20,000(kgf·m/s)

풀이 $H_{PS} = \dfrac{W \times L}{t} = \dfrac{2000\text{kgf} \times 1000\text{m}}{60s + 40s}$
= 20000kgf·m/s
H_{PS} : 동력, W : 힘, L : 거리
t : 시간(sec)

53. 질량 1000kgf인 자동차를 리프트로 1.8m 올릴 때, 리프트의 상승속도는 0.3 m/s였다. 리프트가 한 일과 출력은?

① 2943Nm, 17658W
② 17,658Nm, 29.43kW
③ 17,658Ws, 2.944kW
④ 2943Ws, 176.58kW

풀이 1kgf은 9.8W, 1PS= 0.736kW
① 일 = 1000kgf×1.8m×9.8 = 17640Ws
② 출력 = $\dfrac{1000\text{kgf} \times 1.8\text{m} \times 0.736}{75 \times 6}$ = 2.944kW

Answer ▶ 45. ③ 46. ③ 47. ① 48. ④ 49. ② 50. ② 51. ③ 52. ④ 53. ③

54. 리프트 위에 중량 13500N인 자동차가 정차해 있다. 이 자동차를 3초 만에 높이 1.8m로 상승시켰을 경우, 리프트의 출력은?

① 24.3kW   ② 8.1kW
③ 22.5kW   ④ 10.8kW

풀이) 1kgf= 9.8N, 1PS= 0.736kW

① 리프트의 중량(kgf)= $\frac{13500N}{9.8}$ = 1377.6kgf

② 리프트 출력(kW)
= $\frac{1377.6\text{kgf} \times 1.8\text{m} \times 0.736}{75 \times 3}$ = 8.1kW

55. 어떤 화물자동차가 평탄한 도로를 정속도로 2km주행하였다. 이때 바퀴에서의 구동력의 합은 2.9kN이였다. 2km 주행하는 동안 이 자동차가 한 일을 Nm, kWh로 구하면?

① 5,800,000Nm, 16.11kWh
② 5,800,000Nm, 1.611kWh
③ 580,000Nm, 16.11kWh
④ 58,000Nm, 16.11kWh

풀이) ① (Nm)= 2.9×1000×2000= 5,800,000Nm

② kWh= $\frac{2.9 \times 2000}{3600}$ = 1.611kWh

56. 실린더 내경이 72mm인 6기통 엔진의 SAE마력은 약 얼마인가?

① 12.9PS   ② 129PS
③ 193PS   ④ 19.3PS

풀이) SAE마력= $\frac{D^2N}{1613}$ = $\frac{72^2 \times 6}{1613}$ = 19.3PS
D : 실린더 내경, N : 실린더 수

57. SAE 마력을 산출하는 방식이 맞는 것은? (단, D는 실린더 지름, N은 실린더 수를 나타내며, 단위는 inch 임)

① $\frac{D^2N}{2.5}$ ② $\frac{TR}{716}$
③ $\frac{DN}{1613}$ ④ $\frac{DN}{2.5}$

풀이) ① 실린더 안지름의 단위가 inch일 때 : $\frac{D^2N}{2.5}$

② 실린더 안지름의 단위가 mm일 때 : $\frac{D^2N}{1613}$

58. 실린더 안지름 60mm, 행정 60mm인 4실린더 기관의 총배기량은?

① 750.4cc   ② 678.6cc
③ 339.2cc   ④ 169.7cc

풀이) V= 0.785D²LN= 0.785×6²×6×4
= 678.2cc
D : 실린더 내경(cm), L : 피스톤 행정(cm)
N : 실린더 수

59. 연소실 체적이 75cm³, 행정체적이 1500cm³인 디젤기관의 압축비는?

① 15 : 1   ② 18 : 1
③ 21 : 1   ④ 25 : 1

풀이) ε = $\frac{Vc+Vs}{Vc}$ = $\frac{75+1500}{75}$ = 21
ε: 압축비, Vs : 실린더 배기량(행정체적)
Vc : 간극체적

60. 간극체적이 70cm³이고, 압축비가 9인 기관의 배기량은?

① 560cm³   ② 610cm³
③ 650cm³   ④ 670cm³

풀이) Vs = (ε−1)× Vc= (9-1)× 70= 560cm³
Vs : 배기량(행정체적), ε : 압축비
Vc : 간극체적

61. 실린더의 지름×행정이 100mm×100mm일 때 압축비가 17 : 1이라면 연소실 체적은?

① 29cc   ② 49cc
③ 79cc   ④ 109cc

풀이) Vc = $\frac{Vs}{(ε-1)}$ = $\frac{0.785 \times 10^2 \times 10}{(17-1)}$
= 49cc
Vs : 배기량(행정체적), ε : 압축비
Vc : 연소실체적

62. 압축비 8.5, 행정체적 225cm³인 기관에서 피스톤이 하사점에 있을 때의 실린더 체적(cc)은?
① 30
② 255
③ 300
④ 435

풀이 $V = Vc + \dfrac{Vs}{\varepsilon - 1} = 225 + \dfrac{225}{8.5 - 1} = 255cc$

Vs : 배기량(행정체적)
ε : 압축비
Vc : 연소실 체적

63. 압축비(compression ratio)에 대한 설명 중 틀린 것은?
① 혼합기를 연소 전에 얼마만큼 압축하는가의 정도를 나타낸다.
② 내연기관의 이론 사이클에서 압축비가 증가하면 이론 열효율은 증가한다.
③ 가솔린기관에서 이상적인 연소를 위해서는 압축비가 높을수록 좋다.
④ 일반적으로 디젤기관의 압축비가 가솔린 기관에 비하여 큰 값을 가진다.

풀이 가솔린기관에서 압축비를 높이면 출력이 증가하나 너무 높이면 노크가 발생하여 악영향을 주므로 9 : 1 정도로 한다.

64. 노크한계 이하에서 엔진의 압축비를 증가시키면 어떤 결과가 나타나는가?
① 출력 증가, 연료소비량 증가
② 출력 감소, 연료소비량 감소
③ 출력 감소, 연료소비량 증가
④ 출력 증가, 연료소비량 감소

풀이 노크한계 이하에서 엔진의 압축비를 증가시키면 엔진의 출력이 증가하고 연료 소비량은 감소한다.

65. 착화 지연기간이 1/1000초, 착화 후 최고압력에 달할 때까지의 시간이 1/1000초일 때, 2000rpm으로 운전되는 기관의 착화 시기는?(단, 최고 폭발압력은 상사점 후 12°이다)
① 상사점 전 32°
② 상사점 전 36°
③ 상사점 전 12°
④ 상사점 전 24°

풀이 $lt = 6Rt = 6 \times 2000 \times \dfrac{1}{1000} = 12°$

lt : 크랭크축 회전각도
R : 기관 회전속도
t : 착화지연 시간

66. 어떤 디젤기관의 회전수가 2400rpm, 분사지연과 착화지연시간은 모두 합쳐 1/600초라면 크랭크 각도로 보아 상사점 몇도 전에 연료를 분사하여야 하는가? (단, 최대폭발 압력은 상사점에서 한다)
① 6°
② 12°
③ 18°
④ 24°

풀이 $lt = 6Rt = 6 \times 2400 \times \dfrac{1}{600} = 24°$

67. 기관의 회전속도가 1800rpm일 때 20°의 착화지연은 몇 초에 해당하는가?
① $\dfrac{1}{360}$초
② $\dfrac{1}{100}$초
③ $\dfrac{1}{15}$초
④ $\dfrac{1}{540}$초

풀이 $lt = 6Rt$에서
$t = \dfrac{lt}{6R} = \dfrac{20}{6 \times 1800} = \dfrac{1}{540}$초

68. 디젤기관의 회전속도가 1800rpm일 때 20°의 착화지연 시간은 얼마인가?
① 2.77ms
② 0.10ms
③ 66.66ms
④ 1.85ms

풀이 $lt = 6Rt$에서
$t = \dfrac{lt}{6R} = \dfrac{20 \times 1000}{6 \times 1800} = 1.85ms$

Answer ▶▶ 62. ② 63. ③ 64. ④ 65. ③ 66. ④ 67. ④ 68. ④

69. 자동차로 15km의 거리를 왕복하는데 40분이 걸렸다. 이때 연료소비는 1830cc 이였다. 왕복할 때의 평균속도와 연료소비율은 약 얼마인가?

① 22.5km/h, 12km/L
② 45km/h, 16km/L
③ 50km/h, 20km/L
④ 60km/h, 25km/L

풀이 ① 왕복 평균속도: $\dfrac{15 \times 2 \times 60}{40}$ = 45km/h

② 왕복할 때의 연료소비율: $\dfrac{15 \times 2}{1.83}$ =16.3km/ℓ

70. 연료 3L로 100km를 주행하는 자동차가 있다. 연료의 저위발열량은 42000kJ/kgf이고, 밀도는 0.78kgf/L이다. 100km 주행할 때 소비하는 총열량은?

① 126000kJ
② 98280kJ
③ 14000kJ
④ 1260 kJ

풀이 $T_{cal} = Fv \times H_l \times H\rho$
= 3ℓ ×42000kJ/kgf× 0.78kgf/ℓ
= 98280kJ
T_{cal} : 총열량, Fv : 연료의 체적
H_l : 연료의 저위발열량, $H\rho$: 연료의 밀도

71. 다음 그림에서 크랭크축 벨트 풀리의 회전속도가 2600rpm일 때 발전기 벨트 풀리의 회전속도는? (단, 벨트와 풀리는 미끄러지지 않는 것으로 가정한다.)

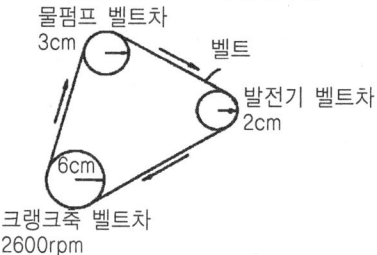

① 867rpm
② 3900rpm
③ 5200rpm
④ 7800rpm

풀이 $\dfrac{CP_n}{GP_n} = \dfrac{CP_r}{GP_r}$ 에서

$GP_n = \dfrac{CP_n \times CP_r}{GP_r} = \dfrac{2600 \times 6}{2}$ = 7800rpm

CP_n : 크랭크축 풀리 회전속도
GP_n : 발전기 풀리 회전속도
CP_r : 크랭크축 풀리 반지름
GP_r : 발전기 풀리 반지름

72. 체적이 5m³일 때 1기압인 공기의 압력이 수은주 450mmHg이라면 체적은 얼마인가? (단, 온도의 변화는 없는 것으로 한다.)

① 8.4m³
② 6.5m³
③ 8.05m³
④ 9.5m³

풀이 $P_1 V_1 = P_2 V_2$에서
$V_2 = \dfrac{P_1 V_1}{P_2} = \dfrac{760 \times 5}{450}$ = 8.4m³

엔진본체

01. 실린더와 실린더헤드의 재질로서 필요한 특성이다. 틀린 것은?

① 기계적 강도가 높아야 한다.
② 열팽창성은 좋은 반면에 열전도성은 낮아야 한다.
③ 열변형에 대한 안정성이 있어야 한다.
④ 실린더의 재질은 특히 내마모성과 길들임 성이 좋아야한다.

02. 실린더헤드의 재료로 경합금을 사용할 경우 주철에 비해 갖는 특징이 아닌 것은?

① 경량화 할 수 있다.
② 연소실 온도를 낮추어 열점(hot spot)을 방지할 수 있다.
③ 열전도 특성이 좋다.
④ 변형이 거의 생기지 않는다.

풀이 경합금 실린더헤드의 특징 경량화 할 수 있고, 열전도 특성이 좋아 연소실 온도를 낮추어 열점(hot spot)을 방지할 수 있다. 그러나 변형이 발생하기 쉬운 결점이 있다.

Answer ▶▶ 69. ② 70. ② 71. ④ 72. ① 1. ② 2. ④

03. 다음 중 연소실의 구비조건이 아닌 것은?
① 가열되기 쉬운 돌출부를 두지 말 것
② 압축행정 끝에 와류를 일으키게 할 것
③ 연소실내의 표면적은 최대로 할 것
④ 밸브 면적을 크게 하여 흡·배기작용을 원활히 할 것

04. 가솔린기관에서 실린더 내의 폭발압력으로 가장 적절한 것은?
① $3000\sim5000 kgf/cm^2$
② $3\sim5 kgf/cm^2$
③ $30\sim50 kgf/cm^2$
④ $300\sim500 kgf/cm^2$

05. 압축 및 폭발행정에서 실린더 벽과 피스톤 사이로 연소가스가 새어 나오는 것을 무엇이라 하는가?
① 블로다운 현상
② 블로바이 현상
③ 베이퍼록 현상
④ 피스톤슬랩 현상

[풀이] 블로바이 : 압축행정 시 피스톤과 실린더 사이에서 공기가 누출되는 현상

06. 기관에서 블로다운(blow down)현상의 설명으로 옳은 것은?
① 밸브와 밸브시트 사이에서의 가스의 누출현상
② 배기행정 초기에 배기밸브가 열려 배기가스 자체의 압력에 의하여 가스가 배출되는 현상
③ 압축행정 시 피스톤과 실린더 사이에서 공기가 누출되는 현상
④ 피스톤이 상사점 근방에서 흡·배기밸브가 동시에 열려 배기류의 잔류가스를 배출시키는 현상

07. 실린더헤드 볼트를 풀었는데도 실린더 헤드가 떨어지지 않을 때 떼어내는 방법 중 틀린 것은?
① 나무해머로 두드려 뗀다.
② 기관의 압축압력을 이용한다.
③ 기관의 무게를 이용, 헤드만을 걸어 올린다.
④ 드라이버를 정 대신에 이용하고, 해머로 약간 두드리면서 떼어낸다.

08. 실린더헤드 개스킷에 대한 설명으로 틀린 것은?
① 실린더헤드를 탈거하였을 때는 새 헤드 가스 킷으로 교환해야 한다.
② 압축압력 게이지를 이용하여 헤드 개스킷이 파손된 것을 알 수 있다.
③ 기밀유지를 위해 고르게 연마하고 헤드 개스킷의 접촉면에 강력한 접착제를 바른다.
④ 라디에이터 캡을 열고 점검하였을 때 기포가 발생되거나 오일방울이 보이면 헤드 개스킷이 파손되었을 가능성이 있다.

[풀이] 실린더헤드 개스킷에 대한 설명은 ①, ②, ④항 이외에 기밀유지를 위해 실린더 헤드 면을 연마하고 해서는 안 된다.

09. 표준내경이 78mm인 실린더에서 사용 중인 실린더의 내경을 측정한 결과 0.32mm가 마모되었을 때 보링한 후 치수로 가장 적당한 것은?
① 78.25mm
② 78.50mm
③ 78.75mm
④ 79.00mm

[풀이] 보링 값 = 78.32 + 0.2 = 78.52
∴ 수정 값은 78.75mm

Answer ▶ 3. ③ 4. ③ 5. ② 6. ② 7. ④ 8. ③ 9. ③

10. 가솔린기관의 실린더 벽 두께를 4mm로 만들고자 한다. 이 때 실린더 직경은 ? (단, 폭발압력은 40kgf/cm²이고, 실린더 벽의 허용응력이 360kgf/cm²이다)
   ① 62mm   ② 72mm
   ③ 82mm   ④ 92mm

   풀이 $t = \dfrac{PD}{2\sigma a}$ 에서
   $D = \dfrac{2\sigma a \times t}{P} = \dfrac{2 \times 360 \times 0.4}{40}$
   = 7.2cm= 72mm
   t : 실린더 벽의 두께, P : 폭발압력
   D : 실린더 안지름
   σa : 실린더 벽의 허용응력

11. 자동차 기관에서 피스톤 구비조건이 아닌 것은 ?
   ① 무게가 가벼워야 한다.
   ② 내마모성이 좋아야 한다.
   ③ 열의 보온성이 좋아야 한다.
   ④ 고온에서 강도가 높아야 한다.

12. 자동차 피스톤의 재질로서 가장 거리가 먼 것은 ?
   ① 로엑스 합금
   ② 켈밋합금
   ③ 특수주철
   ④ 인바 강

   풀이 켈밋합금은 크랭크축 베어링의 재료로 사용된다.

13. 피스톤 스커트부에 슬롯을 두는 이유로 가장 적절한 것은 ?
   ① 연료 공급효율을 높이기 위해
   ② 블로바이 가스를 저감하기 위해
   ③ 폭발압력에 견디게 하기 위해
   ④ 헤드부의 높은 열이 스커트로 가는 것을 차단하기 위해

14. AL합금으로 저팽창, 내식성, 내마멸성, 경량, 내압성, 내열성이 우수하여 고속용 가솔린기관에 많이 사용되는 피스톤 재료는 ?
   ① 주철(cast iron)
   ② 니켈-구리합금
   ③ 로엑스(Lo-Ex)
   ④ 켈밋합금(Kelmet Alloy)

   풀이 로엑스의 표준조직은 구리(Cu) 1%, 니켈(Ni) 1.0~2.5%, 규소(Si) 12~25%, 마그네슘(Mg) 1%, 철(Fe) 0.7% 나머지가 알루미늄이다.

15. 다음 중 피스톤 슬랩(piston slap)이 가장 현저하게 나타나는 때는 ?
   ① 기관의 정상적인 작동 중에서 현저하다.
   ② 고온의 열을 받았을 때 현저하다.
   ③ 저온에서 현저하다.
   ④ 기밀이 유지될 때 현저하다.

   풀이 피스톤 슬랩이란 피스톤 간극이 너무 크면 피스톤이 상·하사점에서 운동방향을 바꿀 때 실린더 벽에 충격을 주는 현상이다. 낮은 온도에서 현저하게 발생하며 오프셋 피스톤을 사용하여 방지한다.

16. 피스톤(piston)과 커넥팅로드(connecting rod)는 피스톤 핀(piston pin)에 의하여 연결된다. 피스톤 핀의 설치방법이 아닌 것은 ?
   ① 고정식(fixed type)
   ② 반부동식(semi-floating type)
   ③ 전부동식(full-floating type)
   ④ 혼합식(mixed type)

17. 크랭크축의 재질로 사용되지 않는 것은?
   ① 니켈-크롬강
   ② 구리-마그네슘합금
   ③ 크롬-몰리브덴강
   ④ 고탄소강

Answer ▶ 10. ② 11. ③ 12. ② 13. ④ 14. ③ 15. ③ 16. ④ 17. ②

18. 점화시기를 정하는데 있어 고려할 사항으로 틀린 것은?
① 연소가 일정한 간격으로 일어나게 한다.
② 크랭크축에 비틀림 진동이 일어나지 않게 한다.
③ 혼합기가 각 실린더에 균일하게 분배되게 한다.
④ 인접한 실린더가 연이어 점화되게 한다.

풀이 점화시기를 정하는데 있어 고려할 사항은 ①, ②, ③항 이외에 인접한 실린더에서 연이어 점화되지 않게 한다.

19. 점화순서가 1-3-4-2인 기관에서 2번 실린더가 배기행정을 한다면 1번 실린더는 어떤 행정을 하는가?
① 흡입   ② 압축
③ 폭발   ④ 배기

풀이 1-3-4-2인 기관에서 2번 실린더가 배기행정을 하면 4번 실린더는 흡입행정, 3번 실린더는 압축행정, 1번 실린더는 폭발행정을 각각 한다.

20. 점화순서가 1-3-4-2인 4행정 4실린더 기관에서 1번 실린더가 폭발(팽창)시 4번 실린더의 행정은?
① 압축   ② 폭발
③ 흡입   ④ 배기

21. 6기통 우수식 기관에서 2번 실린더가 흡입행정 초일 때 5번 실린더는 어떤 행정을 하는가?
① 압축행정 말   ② 폭발행정 초
③ 배기행정 초   ④ 압축행정 초

풀이 1-5-3-6-2-4에서 2번 실린더가 흡입행정 초이면 6번 실린더는 흡입행정 말, 3번 실린더는 압축 중, 5번 실린더는 폭발행정 초, 1번 실린더는 폭발행정 말, 4번 실린더는 배기 중이다.

22. 크랭크축의 진동댐퍼(vibration damper)가 하는 일 중 맞는 것은?

① 저속회전을 유지한다.
② 고속회전을 유지한다.
③ 회전 중의 진동을 방지한다.
④ 동적·정적진동을 유지한다.

23. 엔진의 크랭크축 휨을 측정할 때 사용되는 기기 중 없어도 되는 것은?
① 블록게이지   ② 정반
③ V블록   ④ 다이얼게이지

24. 다음 중 플라이휠과 관계없는 것은?
① 회전력을 균일하게 한다.
② 링 기어를 설치하여 기관의 시동을 걸 수 있게 한다.
③ 동력을 전달한다.
④ 무부하 상태로 만든다.

25. 자동차 기관에서 베어링으로 사용되고 있는 켈밋합금(Kelmet alloy)에 대한 설명으로 옳은 것은?
① 주석, 안티몬, 구리를 주성분으로 하는 합금이다.
② 구리와 납을 주성분으로 하는 합금이다.
③ 알루미늄과 주석을 주성분으로 하는 합금이다.
④ 구리, 아연, 주석을 주성분으로 하는 합금이다.

26. 다음 중 유압 태핏의 장점에 해당하는 것은?
① 냉각시에만 밸브간극 조정을 한다.
② 오일펌프와 관계가 없다.
③ 밸브간극 조정이 필요 없다.
④ 구조가 간단하다.

Answer ▶▶▶ 18.④ 19.③ 20.③ 21.② 22.③ 23.① 24.④ 25.② 26.③

27. 고속회전을 목적으로 하는 가솔린 기관에서 흡기밸브와 배기밸브의 크기를 비교한 설명으로 옳은 것은?
① 양 밸브의 크기는 동일하다.
② 흡기밸브가 더 크다.
③ 배기밸브가 더 크다.
④ 1, 4번 배기밸브만 더 크다.

28. 엔진 온도가 상승함에 따라 흡·배기밸브의 길이는 늘어난다. 밸브길이의 팽창 요인과 관계가 가장 먼 것은?
① 밸브 스템의 길이 ② 밸브시트의 강도
③ 밸브의 재질   ④ 밸브의 온도상승

29. 실린더 안지름이 73mm, 행정이 74mm인 4행정 사이클 4실린더 기관이 6,300 rpm으로 회전하고 있을 때 밸브 구멍을 통과하는 가스의 속도는 몇 m/sec인가?(단, 밸브 면의 평균 지름은 30mm이고, 밸브 스템의 굵기는 무시한다)
① 62m/sec   ② 72m/sec
③ 82m/sec   ④ 92m/sec

풀이 ① $S = \dfrac{2NL}{60} = \dfrac{2 \times 6300 \times 74}{60 \times 1000} = 15.54$ m/s
N : 기관 회전속도, L : 피스톤 행정
② $d = D\sqrt{\dfrac{S}{V}}$
d : 밸브지름, D : 실린더 안지름
S : 피스톤 평균속도, V : 가스 흐름속도
$V = \dfrac{D^2 \times S}{d^2} = \dfrac{73^2 \times 15.54}{30^2} = 92.01$ m/s

30. 밸브 스템이 가열되는 것을 고려하여 설정하는 것은?
① 타이밍 기어   ② 사이드 밸브
③ 밸브 개폐시기 ④ 밸브간극

31. 밸브서징 현상의 설명으로 가장 적합한 것은?

① 흡·배기밸브가 동시에 열리는 현상
② 밸브가 닫힐 때 천천히 닫히는 현상
③ 밸브가 고속회전에서 저속으로 변화할 때 스프링의 장력 차가 생기는 현상
④ 고속에서 밸브의 고유진동수와 캠의 회전수 공명에 의해 스프링이 튕기는 현상

32. 밸브스프링에서 공진현상을 방지하는 방법이 아닌 것은?
① 원뿔형 스프링을 사용한다.
② 부등 피치 스프링을 사용한다.
③ 스프링의 고유진동을 같게 하거나 정수비로 한다.
④ 2중 스프링을 사용한다.

33. DOHC기관의 장점이 아닌 것은?
① 구조가 간단하다.
② 연소효율이 좋다.
③ 최고 회전속도를 높일 수 있다.
④ 흡입효율의 향상으로 응답성이 좋다.

풀이 DOHC기관이란 실린더 헤드에 흡입밸브 구동용 캠축과 배기밸브 구동용 캠축을 각각 1개씩 설치하며, 1개의 연소실에 흡입밸브 2개, 배기밸브 2개를 둔 형식이다.

34. 최근 전자제어 엔진에서 관성과급을 이용하여 흡입관의 길이를 가변 하여 엔진의 회전력을 높이기 위한 것은?
① VICS(Variable induction control system)
② ISCS(idle speed control system)
③ VCVS(vacuum control valve system)
④ TPSS(throttle position sensor system)

풀이 VICS(Variable induction control system)는 전자제어 엔진에서 관성 과급을 이용하여 흡입관의 길이를 가변하여 엔진의 회전력을 높이기 위한 것이다.

Answer 27. ② 28. ② 29. ④ 30. ④ 31. ④ 32. ③ 33. ① 34. ①

윤활 및 냉각장치

01. 다음 중 윤활작용의 본질이 아닌 것은?
① 타 붙음이 일어나지 않을 것
② 마찰에 의한 동력손실이 적을 것
③ 부식성이 있을 것
④ 마모가 적을 것

02. 윤활유가 갖추어야 할 주요기능으로 틀린 것은?
① 냉각작용　　② 응력집중작용
③ 방청작용　　④ 밀봉작용

03. 윤활유의 구비조건으로 틀린 것은?
① 응고점이 높고, 유동성 있는 유막을 형성할 것
② 적당한 점도를 가질 것
③ 카본형성에 대한 저항력이 있을 것
④ 인화점이 높을 것

04. 윤활유가 갖추어야 할 조건으로 틀린 것은?
① 카본 생성이 적을 것
② 비중이 적당할 것
③ 열과 산에 대하여 안전성이 있을 것
④ 인화점이 낮을 것

05. 윤활유를 분류할 때 다음 중 어디에 기준을 두는가?(SAE기준)
① 점도　　② 기후
③ 열량　　④ 비중

06. 기관의 윤활방식 중 윤활유가 모두 여과기를 통과하는 방식은?
① 전류식　　② 분류식
③ 중력식　　④ 샨트식

07. 엔진오일 상태와 오일량 점검방법으로 틀린 것은?
① 오일의 변색과 수분의 유입여부를 점검한다.
② 엔진오일의 질이 불량한 경우 보충한다.
③ 엔진 웜업 후 정지 상태에서 오일량을 점검한다.
④ 오일량 게이지 F와 L사이에 위치하는지 확인한다.

08. 수냉식과 비교한 공랭식 엔진의 장점이 아닌 것은?
① 구조가 간단하다.
② 마력 당 중량이 가볍다.
③ 정상온도에 도달하는 시간이 짧다.
④ 기관을 균일하게 냉각시킬 수 있다.
　풀이　공랭식 엔진의 장점은 구조가 간단하고, 마력 당 중량이 가벼우며, 정상온도에 도달하는 시간이 짧고, 냉각수의 동결 및 누출에 대한 우려가 없다. 그러나 기후·운전상태 등에 따라 기관의 온도가 변화하기 쉽고 냉각이 균일하지 못한 단점이 있다.

09. 압력식 캡을 밀봉하고 냉각수 팽창과 동일한 크기의 보조 물탱크를 설치하여 냉각수를 순환시키는 방식은?
① 밀봉 압력방식　　② 압력 순환방식
③ 자연 순환방식　　④ 강제 순환방식

10. 냉각수 온도를 감지하여 규정온도에 도달하면 냉각 팬을 회전시키고 규정온도 이하에서는 작동시키지 않으며, 소음과 연비저감과 함께 난기 운전에 요하는 시간을 단축하는 냉각 팬 방식은?
① V벨트식　　② 유체 커플링식
③ 기어식　　　④ 전동식

Answer ▶ 1. ③ 2. ② 3. ① 4. ④ 5. ① 6. ① 7. ② 8. ④ 9. ① 10. ④

11. 냉각장치에 사용되고 있는 전동 팬(fan)의 특성에 대한 설명으로 적합한 것은?
① 번잡한 시가지 주행에 부적당하다.
② 방열기의 설치가 용이하지 못하다.
③ 일정한 풍량을 확보할 수 있어 냉각효율이 좋다.
④ 릴레이 형식에 따라 압송형과 토출형의 2종류가 있다.

[풀이] 전동 팬의 특징은 라디에이터(방열기) 설치위치가 자유롭고, 난방이 빨라지며, 일정한 바람의 양을 확보할 수 있어 기관이 공전하거나 복잡한 시내를 주행할 때에도 충분한 냉각효과를 얻을 수 있는 장점이 있다. 그러나 값이 비싸고 냉각 팬을 구동하는 소비전력과 소음이 큰 단점이 있다.

12. 냉각장치의 냉각 팬을 작동하기 위한 입력신호가 아닌 것은?
① 냉각수온 센서   ② 에어컨 스위치
③ 수온스위치   ④ 엔진회전수 신호

13. 자동차 엔진에 사용되는 워터 서모센서(water thermo sensor)는 주로 어떤 특성을 갖는 센서가 쓰이고 있는가?
① 정특성 thermistor
② 부특성 thermistor
③ 반특성 thermistor
④ 발광 다이오드형 thermistor

[풀이] 엔진에서 사용되는 워터 서모센서는 주로 부특성 서미스터(thermistor)를 사용한다.

14. 라디에이터에 부은 물의 양은 1.96L이고, 동형의 신품 라디에이터에 2.8L의 물이 들어갈 수 있다면, 이 때 라디에이터 코어의 막힘은 몇 %인가?
① 15   ② 20
③ 25   ④ 30

[풀이] 라디에이터 코어 막힘율
$$= \frac{신품용량 - 사용품용량}{신품용량} \times 100$$
$$= \frac{2.8 - 1.96}{2.8} \times 100 = 30\%$$

15. 신품 라디에이터 주수량이 25L이다. 사용 중(신품과 동일형)인 라디에이터 막힘이 22%였다면 이때 이 라디에이터의 주수량은 얼마인가?
① 17.5L   ② 19.5L
③ 21.5L   ④ 23.5L

[풀이] ① 라디에이터 막힘량= 25ℓ×0.22 = 5.5ℓ
② 사용 중인 라디에이터 주수량= 25ℓ-5.5ℓ = 19.5ℓ

16. 부동액의 종류로 맞는 것은?
① 메탄올과 에틸렌글리콜
② 에틸렌글리콜과 윤활유
③ 글리세린과 그리스
④ 알코올과 소금물

[풀이] 부동액의 종류에는 메탄올, 에틸렌글리콜, 글리세린 등이 있다.

17. 자동차용 부동액으로 사용되고 있는 에틸렌글리콜의 특징으로 틀린 것은?
① 비점이 높다.
② 불연성이다.
③ 응고점이 높다.
④ 금속을 부식한다.

18. 냉각수 용량 10L인 기관에서 냉각수 온도를 20℃에서 100℃로 상승시키는데 필요한 열량은?(단 냉각수 밀도 ρ= 1.1kg/L, 비열 C= 3.96kJ/kgf이고, 열손실은 무시한다)
① 약 396kJ   ② 약 87kJ
③ 약 3485kJ   ④ 약 436kJ

[풀이] $Hq = (t_2 - t_1) \times \rho \times C \times V$
$= (100-20) \times 1.1 \times 3.96 \times 10 = 3485KJ$
t_2 : 나중온도, t_1 : 처음온도, C : 비열
ρ : 냉각수 밀도, V : 냉각수 용량

Answer ▶ 11. ③ 12. ④ 13. ② 14. ④ 15. ② 16. ① 17. ③ 18. ③

연료장치

01. 가솔린기관에 사용되는 연료의 발열량 설명으로 가장 적합한 것은?
① 연료와 산소가 혼합하여 완전 연소할 때 발생하는 열량을 말한다.
② 연료와 물을 혼합하여 완전 연소할 때 발생하는 열량을 말한다.
③ 연료와 수소가 혼합하여 완전 연소할 때 발생하는 열량을 말한다.
④ 연료와 질소가 혼합하여 완전 연소할 때 발생하는 열량을 말한다.

02. 가솔린기관의 공연비에 관한 설명이다. 옳은 것은?
① 혼합기가 기관에 흡입되는 속도이다.
② 배기관 속 공기에 대한 가솔린의 비율이다.
③ 흡입공기와 연료의 속도비이다.
④ 실린더 내에 흡입된 점화전 공기와 연료의 질량이다.
[풀이] 가솔린기관의 공연비란 실린더 내에 흡입된 점화전 공기와 연료의 질량이다.

03. 전자제어 연료분사장치에서 연료가 완전 연소하기 위한 이론 공연비와 가장 밀접한 관계가 있는 것은?
① 공기와 연료의 산소비
② 공기와 연료의 중량비
③ 공기와 연료의 부피비
④ 공기와 연료의 원소비

04. 가솔린 300cc를 연소시키기 위하여 몇 kgf의 공기가 필요한가?(단, 혼합비는 15, 가솔린의 비중은 0.75로 취한다)
① 2.19kgf   ② 3.42kgf
③ 3.37kgf   ④ 39.2kgf

[풀이] $Ag = Gv \times \rho \times AFr = 0.3\ell \times 0.75 \times 15$
$= 3.37kgf$
Ag: 필요한 공기량, Gv: 가솔린의 체적,
ρ: 가솔린의 비중, AFr: 혼합비

05. 연료 7.2kgf을 연소시키는데 밀도 1.29 kgf/m³인 공기 91.5m³를 소비한 엔진이 있다. 이 기관의 공연비는?
① 약 12.7   ② 약 16.4
③ 약 16.9   ④ 약 14.8

[풀이] $AFr = \dfrac{A\rho \times Av}{Gg} = \dfrac{1.29 \times 91.5}{7.2} = 16.4$

AFr: 공연비, $A\rho$: 공기의 밀도
Av: 공기의 체적, Gg: 연료의 무게

06. 급가속시 혼합기가 농후해지는 이유로 올바른 것은?
① 연비를 증가하기 위해
② 배기가스 중의 유해가스를 감소하기 위해
③ 최저의 연료 경제성을 얻기 위해
④ 최대 토크를 얻기 위해
[풀이] 급가속 할 때에는 최대 토크를 얻기 위해 혼합기를 농후하게 공급한다.

07. 기관에서 가장 농후한 혼합비로 연료를 공급하여야 할 시기는?
① 가속할 때
② 고출력으로 운전할 때
③ 저속으로 주행할 때
④ 기관을 시동할 때
[풀이] 기관에서 시동을 할 때 연료를 가장 농후한 혼합비로 공급하여야 한다.

Answer ▶ 1.① 2.④ 3.② 4.③ 5.② 6.④ 7.④

08. 혼합비가 희박할 때 발생되는 현상으로 맞는 것은?
① 점화 2차 스파크라인의 불꽃 지속시간이 짧아진다.
② 산소센서(+) 듀티 값이 커진다.
③ 점화 2차 전압의 높이가 낮아진다.
④ 배기가스의 CO 값이 증가한다.
[풀이] 혼합비가 희박하면 점화 2차 스파크라인의 불꽃 지속시간이 짧아진다.

09. 연소실이 단열상태라 가정하면, 흡입된 혼합가스를 압축하여 혼합가스의 온도가 25℃에서 200℃까지 상승하였다. 이때 혼합가스 1kgf당의 압축일(kJ/kgf)은? (단, 혼합가스의 정적비열은 0.8213kJ/kgf·K로 일정하다.)
① 143.7   ② -143.7
③ 367.9   ④ -367.9
[풀이] $Cw = (t_1 - t_2) \times Cv$ = (25-200)×0.8213
     = -143.7kJ/kgf
Cw : 혼합가스 1kgf당 압축일
t_1 : 처음 온도, t_2 : 나중 온도
Cv : 정적비열

10. 가솔린엔진에서 노크발생을 감지하는 방법이 아닌 것은?
① 실린더 내의 압력측정
② 배기가스 중의 산소농도 측정
③ 실린더 블록의 진동 측정
④ 폭발의 연속음 측정

11. 가솔린기관의 노크 방지방법으로 가장 거리가 먼 것은?
① 미연소가스의 온도와 압력을 저하시킨다.
② 연료의 착화지연을 길게 한다.
③ 압축행정 중 와류를 발생시킨다.
④ 화염 전파거리를 길게 한다.
[풀이] 가솔린기관의 노크 방지방법은 ①, ②, ③항 이외에

① 화염 전파거리를 짧게 한다.
② 옥탄가가 높은 연료를 사용한다.
③ 혼합가스를 진하게 한다.
④ 압축비, 혼합가스 및 냉각수 온도를 낮춘다.
⑤ 점화시기를 늦추어 준다.

12. 다음 중 노크(Combustion knock)에 의하여 발생하는 현상이 아닌 것은?
① 배기 온도의 상승
② 출력의 감소
③ 실린더의 과열
④ 배기밸브나 피스톤 등의 소손(燒損)

13. 조기점화에 대한 설명 중 틀린 것은?
① 조기점화가 일어나면 연료소비량이 적어진다.
② 점화플러그 전극에 카본이 부착되어도 일어난다.
③ 과열된 배기밸브에 의해서도 일어난다.
④ 조기점화가 일어나면 출력이 저하된다.
[풀이] 조기점화는 점화플러그 전극에 카본이 부착, 과열된 배기밸브에 의해서도 일어나며, 조기점화가 일어나면 출력감소, 열손실 증대, 기계효율 및 흡입효율이 저하한다.

14. 자동차용 연료인 LPG에 대한 설명으로 틀린 것은?
① 기체 가스는 공기보다 무겁다.
② 연료의 저장은 가스 상태로 한다.
③ 연료는 탱크용량의 약 85% 정도 충전한다.
④ 탱크 내 온도상승에 의해 압력상승이 일어난다.

15. 자동차에서 사용하는 LPG의 특성 중 잘못 설명한 것은?
① 연소효율이 좋고 엔진 운전이 정숙하다.
② 증기폐쇄(Vapor Lock)가 잘 일어난다.
③ 엔진의 윤활유가 잘 더러워지지 않으므로 엔진의 수명이 길다.
④ 대기오염이 적으며, 위생적이고 경제적이다.
[풀이] LPG의 특성은 ①, ③, ④항 이외에 증기폐쇄(Vapor Lock) 및 퍼컬레이션 발생이 잘 일어나지 않는다.

16. 경유의 착화점으로 가장 알맞은 것은?
① -42.8℃ ② 65~80℃
③ 350~450℃ ④ 550~660℃
[풀이] 경유의 착화점은 350~450℃ 정도이다.

17. 디젤기관용 연료의 발화성 척도를 나타내는 세탄가에 관계되는 성분들은 어느 것인가?
① 노말헵탄과 이소옥탄
② α메틸 나프탈린과 세탄
③ 세탄과 이소옥탄
④ α메틸 나프탈린과 헵탄

18. 착화지연 기간에 대한 설명으로 맞는 것은?
① 연료가 연소실에 분사되기 전부터 자기 착화 되기까지 일정한 시간이 소요되는 것을 말한다.
② 연료가 연소실 내로 분사된 후부터 자기착화 되기까지 일정한 시간이 소요되는 것을 말한다.
③ 연료가 연소실에 분사되기 전부터 후 연소기간까지 일정한 시간이 소요되는 것을 말한다.
④ 연료가 연소실 내로 분사된 후부터 후 연소기간까지 일정한 시간이 소요되는 것을 말한다.

19. 디젤노크에 대한 설명으로 가장 적합한 것은?
① 연료가 실린더 내 고온·고압의 공기 중에 분사하여 착화할 때 착화지연기간이 길어지면 실린더 내에 분사하여 누적된 연료량이 일시에 급격히 착화 연소 팽창하게 되어 고열과 함께 심한 충격이 가해지게 된다.
② 연료가 실린더 내 고온·고압의 공기 중에 분사하여 점화될 때 점화지연시간이 길어지면 실린더 내에 분사하여 누적된 연료량이 일시에 급격히 점화 연소 팽창을 하게 되어 고열과 심한 충격이 가해지게 된다.
③ 연료가 실린더 내 저온·저압의 공기 중에 분사하여 착화할 때 착화지연기간이 짧아지면 실린더 내에 분사하여 누적된 연료량이 서서히 증가하고 착화 연소 팽창하게 되어 고열과 함께 심한 충격이 가해지게 된다.
④ 연료가 실린더 내 저온·저압의 공기 중에 분사하여 점화될 때 점화지연기간이 짧아면 실린더 내에 분사하여 누적된 연료량이 서서히 증가하고 점화 연소 팽창하게 되어 고열과 함께 심한 충격이 가해지게 된다.

20. 디젤엔진 노크에 가장 크게 영향을 미치는 요소가 아닌 것은?
① 흡입되는 공기량 ② 연료의 종류
③ 압축비 ④ 연소실의 모양
[풀이] 디젤엔진 노크에 큰 영향을 미치는 요소는 흡입 공기 온도, 연료의 종류, 압축비, 압축 온도, 연소실의 모양 등이다.

Answer ▶ 15. ② 16. ③ 17. ② 18. ② 19. ① 20. ①

21. 디젤 노크를 일으키는 원인과 직접적인 관계가 없는 것은 ?
① 압축비   ② 회전속도
③ 연료의 발열량   ④ 엔진의 부하

22. 디젤기관의 노킹 발생을 줄일 수 있는 방법은 ?
① 압축압력을 낮춘다.
② 기관의 온도를 낮춘다.
③ 흡기압력을 낮춘다.
④ 착화지연을 짧게 한다.

23. 디젤 노크의 방지책으로 맞는 것은 ?
① 회전수를 높인다.
② 압축비를 낮춘다.
③ 착화지연기간 중 분사량을 많게 한다.
④ 흡기압력을 높인다.

24. 디젤엔진의 노크 방지책으로 틀린 것은?
① 압축비를 높게 한다.
② 흡입공기 온도를 높게 한다.
③ 연료의 착화성을 좋게 한다.
④ 착화지연기간을 길게 한다.

25. 전자제어 가솔린 분사장치 엔진의 특징을 가장 바르게 설명한 것은 ?
① 연료를 분사하므로 가속 응답성이 좋아진다.
② 부품 단순화로 제조 원가가 저렴하다.
③ 고장 발생시 수리가 용이하다.
④ 연료 과다분사로 연료소비가 크다.
> 풀이 전자제어 가솔린분사장치 엔진의 장점
> ① 유해 배기가스를 저감시킬 수 있다.
> ② 공연비가 향상된다.
> ③ 가속 응답성이 빠르다.
> ④ 저온 시동성능이 향상된다.

⑤ 엔진의 효율이 향상된다.
⑥ 연료 공급시기와 연료량을 정확히 제어할 수 있다.

26. 전자제어 연료분사 장치를 사용하면 기화기식 보다 좋은 점은 ?
① 소음이 적다.
② 대시포트기능이 가능하다.
③ 연료 공급시기와 연료량을 정확히 제어할 수 있다.
④ 제작비가 싸다.

27. 전자제어 연료분사 엔진은 기화기방식 엔진에 비해 어떤 단점을 갖고 있는가 ?
① 흡입공기량 검출이 부정확할 때 엔진부조 가능성
② 저온 시동성 불량
③ 가·감속을 할 때 응답 지연
④ 흡입저항 증가
> 풀이 전자제어 연료분사 엔진은 기화기방식 엔진에 비해 흡입공기량 검출이 부정확할 때 엔진부조 가능성이 있으며, 구조가 복잡하고, 가격이 비싼 단점이 있다.

28. 전자제어 가솔린 엔진에 대한 설명으로 틀린 것은 ?
① 흡기 온도센서는 공기밀도 보정시 사용된다.
② 공회전 속도 제어는 스텝 모터를 사용하기도 한다.
③ 산소센서 신호는 이론공연비 제어신호로 사용된다.
④ 점화시기는 점화 2차 코일의 전류를 크랭크 각 센서가 제어한다.
> 풀이 전자제어 가솔린 엔진에 대한 설명은 ①, ②, ③ 항 이외에 점화 시기는 크랭크 각 센서의 신호를 받아 ECU가 제어한다.

Answer ≫ 21. ③ 22. ④ 23. ④ 24. ④ 25. ① 26. ③ 27. ① 28. ④

29. 전자제어 기관의 연료계통 구성부품에 직접 관련이 없는 것은?
① 연료압력 조정기 ② 인젝터
③ 연료필터 ④ 스로틀밸브

30. 전자제어 가솔린기관의 연료장치에 해당되지 않는 부품은?
① 오리피스(orifice)
② 연료압력 조정기(pressure regulator)
③ 맥동 댐퍼(pulsation damper)
④ 분사기(injector)

31. 전자제어 엔진의 연료펌프 작용에 대한 설명으로 틀린 것은?
① 평상 운전시 ST위치로 하면 연료펌프가 작동한다.
② 엔진 회전시 IG스위치가 ON되면 연료펌프는 작동한다.
③ IG스위치를 ON상태로 두면 항상 펌프는 작동한다.
④ 연료펌프 구동단자에 전원을 공급하면 펌프는 작동한다.

32. 전자제어 연료분사장치 L제트로닉 형식에 사용되는 전기식 연료펌프가 작동되지 않는 경우는?
① 엔진을 크랭킹할 때
② 엔진의 회전속도 최고 속도 범위를 초과시
③ 엔진을 정지하고 점화 S/W ON 상태
④ 엔진이 부조상태로 지속될 때

33. 전자제어 가솔린 연료분사장치 차량에서 연료펌프 구동과 관련이 없는 것은?
① 크랭크 각 센서
② 수온센서
③ 연료펌프 릴레이
④ 엔진 컴퓨터(ECU)

34. 전자제어 가솔린기관의 연료펌프에서 릴리프밸브의 역할은 무엇인가?
① 밸브를 닫아 연료의 리턴을 방지한다.
② 연료의 압력이 낮을 때 밸브가 열려 연료의 압력을 높여준다.
③ 베이퍼 록을 방지한다.
④ 과대한 연료의 압력이 걸릴 때 밸브를 열어 압력상승을 방지한다.

35. 연료탱크 내의 연료펌프에 설치된 릴리프밸브가 하는 역할이 아닌 것은?
① 연료압력의 과다 상승을 방지한다.
② 모터의 과부하를 방지한다.
③ 과압의 연료를 연료탱크로 보내준다.
④ 첵밸브의 기능을 보조해준다.

36. 전자제어 가솔린 분사장치의 연료펌프에서 연료라인에 고압이 작용하는 경우 연료누출 혹은 호스의 파손을 방지하는 밸브는?
① 릴리프밸브 ② 첵밸브
③ 분사밸브 ④ 팽창밸브

37. 탱크 내장형 연료펌프의 구성부품 중 체크밸브의 역할로 맞지 않는 것은?
① 잔압을 유지시켜 준다.
② 압력이 상승할 때 연료가 누설되는 것을 방지한다.
③ 고온일 때 베이퍼록 현상을 방지한다.
④ 재시동 성능을 향상시킨다.

> 풀이 체크밸브는 연료계통에 잔압을 유지시켜 엔진의 재시동 성능을 향상시키고, 고온일 때 베이퍼록 현상을 방지한다.

38. 전자제어 가솔린엔진에서 연료펌프 내부에 있는 체크(check)밸브가 하는 역할은?
① 차량의 전복시 화재발생을 막기 위해 휘발유 유출을 방지한다.
② 연료라인의 과도한 연료압 상승을 방지한다.
③ 엔진정지 시 연료라인 내의 연료압을 일정하게 유지시켜 베이퍼 록(vapor lock)현상을 방지한다.
④ 연료라인에 적정압력이 상승될 때까지 시간을 지연시킨다.

39. 전자제어 가솔린기관의 연료압력 조정기에 대한 설명 중 맞는 것은?
① 기관의 진공을 이용한 부스터로 연료의 압력을 높이는 구조이다.
② 스프링의 장력과 흡기 매니폴드의 진공압으로 연료압력을 조절하는 구조이다.
③ 공기압에 의하여 압력을 조절하는 구조이다.
④ 유압밸브로 연료압을 조절하는 구조이다.
  풀이 연료압력 조정기는 스프링의 장력과 흡기 매니폴드의 진공압(부압)을 이용하여 연료압력을 조절하는 구조이다.

40. 전자제어 가솔린기관의 압력조정기는 연료의 압력을 일정하게 유지시킨다. 연료의 압력은 어떤 압력과 비교하여 일정하게 유지한다는 뜻인가?
① 대기압
② 연료의 분사압력
③ 흡기다기관의 부압
④ 연료의 리턴압력

41. 전자제어 연료분사장치 중 인젝터 설명으로 틀린 것은?
① 인젝터의 연료분사 시간이 ECU 트랜지스터의 작동시간과 일치하지 않는 것을 무효분사시간이라 한다.
② 인젝터에 저항을 붙여 응답성 향상과 코일의 발열을 방지하는 방식을 전압 제어식 인젝터라 한다.
③ 저온 시동성을 양호하게 하는 방식을 콜드스타트 인젝터(cold start injector)라 한다.
④ 인젝터를 제어하는 ECU의 트랜지스터는 일반적으로 (+)제어방식을 쓰고 있다.
  풀이 인젝터 제어는 ①, ②, ③항 이외에 인젝터를 제어하는 ECU의 트랜지스터는 일반적으로 (-)제어방식을 사용한다.

42. 전자제어 연료분사장치의 연료 인젝터는 무엇에 의해서 연료분사량을 조절하는가?
① 플런저의 하강속도
② 로커 암의 작동속도
③ 연료의 압력조절
④ 컴퓨터(ECU)의 통전시간
  풀이 전자제어 기관에서 연료 분사량은 ECU에서 출력하는 인젝터의 통전시간 즉 ECU의 펄스신호에 의해 조정된다.

43. 가솔린 연료분사 장치의 인젝터는 무엇에 의해 연료를 분사하는가?
① ECU의 펄스신호
② 연료압력 조정기
③ 다이어프램의 상하운동
④ 연료펌프의 연료압력

44. 전자제어 가솔린 연료 분사장치의 인젝터에서 분사되는 연료의 양은 무엇으로 조정하는가?
① 인젝터 개방시간
② 연료압력
③ 인젝터의 유량계수와 분구의 면적
④ 니들밸브의 양정

Answer ▶ 38. ③ 39. ② 40. ③ 41. ④ 42. ④ 43. ① 44. ①

45. 전자제어 분사차량의 분사량 제어에 대한 설명으로 틀린 것은?
① 엔진 냉간시 공전시 보다 많은 양의 연료를 분사한다.
② 급감속시 연료를 일시적으로 차단한다.
③ 축전지 전압이 낮으면 무효분사 시간을 길게 한다.
④ 산소센서의 출력 값이 높으면 연료 분사량은 증가한다.
[풀이] 전자제어 분사차량의 연료분사량 제어는 ①, ②, ③항 이외에 산소센서의 출력 값이 높으면 공연비가 농후한 상태이므로 연료분사량은 감소한다.

46. 연료분사밸브는 엔진회전수 신호 및 각종 센서의 정보신호에 의해 제어된다. 분사량과 직접적으로 관련이 되지 않는 것은?
① 밸브 분사공의 직경
② 분사밸브의 연료레일
③ 연료라인의 압력
④ 분사밸브의 통전시간
[풀이] 인젝터(injector)의 연료분사량 결정에 영향을 미치는 요소에는 인젝터 니들밸브의 행정, 솔레노이드 코일의 통전시간, 분사구멍의 면적, 연료라인의 압력 등이다.

47. 전자제어 연료분사 계통에서 인젝터의 분사시간 조절에 관한 설명 중 틀린 것은?
① 엔진을 급가속 할 경우에는 순간적으로 분사시간이 길어진다.
② 산소센서의 전압이 높아지면 분사시간이 길어진다.
③ 엔진을 급 감속할 때에는 경우에 따라서 가솔린의 공급이 차단되기도 한다.
④ 전지전압이 낮으면 무효 분사시간이 길어지게 된다.
[풀이] 산소센서의 전압이 높아지면 혼합비가 농후한 상태이므로 인젝터의 분사시간이 짧아진다.

48. 전자제어 연료분사 차량의 설명이다. 가장 옳지 않은 것은?
① 인젝터의 기본 구동시간은 공기유량 센서, 크랭크 각 센서, 산소센서의 정보에 의해 결정된다.
② 최적의 주행상태를 위하여 인젝터 구동시간은 각종 센서에 의해 보정된다.
③ 인젝터의 기본 구동시간은 수온센서, 모터 포지션센서(MPS)에 의해 결정된다.
④ 인젝터의 연료 분사량은 니들밸브의 개방시간(솔레노이드의 통전시간)에 비례한다.

49. 인젝터의 분사펄스 폭은 엔진 rpm센서와 매니폴드 압력센서(MAP)의 정보에 의해 ECU가 인젝터 분사시간을 제어하게 되어 있다. 이때 연관되는 센서 중 가장 거리가 먼 것은?
① Air temperature sensor
② Water temperature sensor
③ Throttle position sensor
④ Fuel pump check sensor

50. 전자제어 가솔린 연료 분사장치에 대한 설명 중 틀린 것은?
① 연료 분사량은 인젝터 개방시간에 의해 결정된다.
② 연료분사 시기는 ECU에 의해 제어된다.
③ 각 기통에 설치된 인젝터는 동시에 개방되어야 한다.
④ 연료의 기본 분사량은 흡입 공기량과 엔진 회전수에 따라 결정된다.
[풀이] 전자제어 가솔린 연료분사 장치에 대한 설명은 ①, ②, ④항 이외에 각 실린더에 설치된 인젝터는 분사순서에 따라 개방되어야 한다.

Answer ▶▶▶ 45. ④ 46. ② 47. ② 48. ③ 49. ④ 50. ③

51. 인젝터에서 통전시간을 A, 비통전 시간을 B로 나타낼 때 듀티비(Duty Ratio)의 공식으로 알맞은 것은 ?

① 듀티비 $= \dfrac{A}{A+B} \times 100$

② 듀티비 $= \dfrac{A+B}{A} \times 100$

③ 듀티비 $= \dfrac{A+B}{B} \times 100$

④ 듀티비 $= \dfrac{B}{A+B} \times 100$

풀이 인젝터에서 통전시간을 A, 비통전 시간을 B로 나타낼 때 듀티비(Duty Ratio) 공식은 듀티비$= \dfrac{A}{A+B} \times 100$으로 나타낸다.

52. 인젝터 회로연결 중 직렬로 저항체를 넣어 전압을 낮추어 제어하는 특징을 가진 것은 ?

① 전압제어식   ② 전류제어식
③ 저저항식   ④ 고저항식

풀이 ① 전압제어 방식 : 직렬로 저항체를 넣어 전압을 낮추어 제어하는 것이다.
② 전류제어 방식 : 저항을 사용하지 아니하고 인젝터에 직접 축전지 전압을 가해 인젝터의 응답성능을 향상시키는 것으로 통전시간은 전압제어 방식과 마찬가지로 기관 컴퓨터에서 제어한다.

53. 전자제어 인젝터의 총 분사시간(ti)을 나타낸 식은 ?(단, tp : 기본 분사시간, ts : 전원전압 보정 분사시간, tm: 보정 분사시간)

① $ti = tp \times tm \times ts$
② $ti = tp \times tm + ts$
③ $ti = tp + tm + ts$
④ $ti = tp + tm/ts$

풀이 전자제어 기관 인젝터의 ti(총 분사시간)$= tp$(기본 분사시간) $+ tm$(보정 분사시간) $+ ts$(전원전압 보정 분사시간)이다.

54. 전자제어 기관(MPI)의 연료 분사방식에 해당되지 않는 것은 ?

① 동시분사 방식   ② 그룹분사 방식
③ 독립분사 방식   ④ 예분사 방식

풀이 전자제어 기관(MPI)의 연료 분사방식
① 동기분사(독립분사, 순차분사) : 1사이클에 1실린더만 1회 점화시기에 동기하여 배기행정 끝 무렵에 분사한다. 즉 크랭크 각 센서의 신호에 동기하여 구동된다.
② 그룹분사 : 각 실린더에 그룹(제1번과 제3번 실린더, 제2번과 제4번 실린더)을 지어 1회 분사할 때 2실린더씩 짝을 지어 분사한다.
③ 동시분사(비동기 분사) : 전체 실린더에 동시에 1사이클(크랭크축 1회전에 1회 분사) 당 2회 분사한다.

55. 순차 분사방식의 인젝터 회로에 대한 설명으로 옳은 것은 ?

① 전원측 릴레이의 접속불량은 인젝터 구동시간 부위의 전압에 틱이 생기게 한다.
② 인젝터 4개 각각의 서지전압은 인젝터에서 ECU까지의 접속불량과 무관하다.
③ 인젝터 분사시간의 최소 단위는 1ms이다.
④ 인젝터 1개의 접속불량은 해당 인젝터 구동 전류에만 영향을 줄뿐 다른 인젝터와는 상관이 없다.

56. LPG 자동차에 대한 설명으로 틀린 것은 ?

① 배기량이 같은 경우 가솔린 엔진에 비해 출력이 낮다.
② 일반적으로 NOx는 가솔린 엔진에 비해 많이 배출된다.
③ LPG는 영하의 온도에서는 기화되지 않는다.
④ 탱크는 밀폐방식으로 되어 있다.

57. LPG엔진의 특징을 옳게 설명한 것은?
① 기화하기 쉬워 연소가 균일하다.
② 겨울철 시동이 쉽다.
③ 베이퍼록이나 퍼컬레이션이 일어나기 쉽다.
④ 배기가스에 의한 배기관, 소음기 부식이 쉽다.

풀이 LPG엔진의 특징
① 옥탄가가 높아 노킹발생이 적고 기화하기 쉬워 연소가 균일하다.
② 베이퍼록이나 퍼컬레이션이 잘 일어나지 않는다.
③ 카본퇴적이 적어 배기가스에 의한 배기관, 소음기 부식이 적다.
④ 겨울철 시동이 어렵다.

58. LP가스를 사용하는 기관의 설명으로 틀린 것은?(단, LPI시스템 제외)
① 옥탄가가 높아 노킹발생이 적다.
② 연소실에 카본퇴적이 적다.
③ 연료펌프의 수명이 길다.
④ 겨울철 시동성이 나쁘다.

59. LPG기관의 장점이 아닌 것은?
① 공기와 혼합이 잘 되고 완전연소가 가능하다.
② 배기색이 깨끗하고 유해 배기가스가 비교적 적다.
③ 베이퍼라이저가 장착된 LPG기관은 연료펌프가 필요 없다.
④ 베이퍼라이저가 장착된 LPG기관은 가스를 연료로 사용하므로 저온 시동성이 좋다.

풀이 베이퍼라이저가 장착된 LPG기관은 가스를 연료로 사용하므로 저온 시동성이 좋지 못하다.

60. LPG기관의 주요 구성부품에 속하지 않는 것은?
① 베이퍼라이저
② 긴급차단 솔레노이드밸브
③ 퍼지 솔레노이드밸브
④ 액상·기상 솔레노이드밸브

61. LP가스 자동차에 사용하는 가스용기의 종류가 아닌 것은?
① 세미 컨테이너방식 용식
② 풀 컨테이너방식 용기
③ 가변 컨테이너방식 용기
④ 일반용기

62. LP가스를 사용하는 소형 승용차 및 소형 트럭 자동차에서 주로 사용되는 컨테이너 케이스 방식은?
① 세미 컨테이너
② 풀 컨테이너
③ 풀 컨테이너 및 세미 컨테이너
④ 상단 컨테이너

63. LPG자동차에서 연료탱크의 최고 충전은 85%만 채우도록 되어 있는데 그 이유로 가장 타당한 것은?
① 충돌시 봄베 출구밸브의 안전을 고려하여
② 봄베 출구에서의 LPG 압력을 조정하기 위하여
③ 온도상승에 따른 팽창을 고려하여
④ 베이퍼라이저에 과다한 압력이 걸리지 않도록 하기 위하여

64. LP가스를 사용하는 자동차의 봄베에 부착되지 않는 것은?
① 충전밸브
② 송출밸브
③ 안전밸브
④ 메인 듀티 솔레노이드밸브

Answer ▶▶▶ 57. ① 58. ③ 59. ④ 60. ③ 61. ③ 62. ① 63. ③ 64. ④

65. LPG자동차에서 기체 또는 액체의 연료를 차단 및 공급하는 역할을 하는 것은?
① 영구자석　② 솔레노이드밸브
③ 첵밸브　　④ 감압밸브

66. 액상 LPG의 압력을 낮추어 기체상태로 변환시켜 공급하는 역할을 하는 장치는?
① 베이퍼라이저(vaporizer)
② 믹서(mixer)
③ 대시포트(dash pot)
④ 봄베(bombe)
[풀이] 베이퍼라이저(vaporizer, 감압 기화장치)는 액상 LPG의 압력을 낮추어 기체 상태로 변환시켜 공급하는 역할을 하는 장치이다.

67. LPG연료장치에서 LPG를 감압, 기화시켜 일정압력으로 기화량을 조절하는 것은?
① LPG 연료탱크　② LPG 필터
③ 솔레노이드밸브　④ 베이퍼라이저
[풀이] 베이퍼라이저는 LPG연료장치에서 LPG를 감압, 기화시켜 일정 압력으로 기화량을 조절하는 장치이다.

68. LPG 차량에서 베이퍼라이저의 주요기능이 아닌 것은?
① 감압　　　　② 기화
③ 기화량 조절　④ 분사
[풀이] 베이퍼라이저의 주요기능은 감압, 기화, 기화량 조절이다.

69. LPG 자동차에서 베이퍼라이저의 1차실 구성이 아닌 것은?
① 압력 조정기구
② 압력 밸런스 기구
③ 다이어프램
④ 공연비 제어기구

70. LPG엔진에서 기화된 연료를 공기와 혼합하여 연소에 가장 적합한 혼합기를 연소실에 공급하는 장치는?
① 베이퍼라이저(vaporizer)
② 믹서(mixer)
③ LPG봄베
④ 어큐뮬레이터(accumulator)

71. LPG엔진에서 공전회전수의 안정성을 확보하기 위해 혼합된 연료를 믹서의 스로틀 바이패스 통로를 통하여 혼합기를 추가로 보상하는 것은?
① 아이들업 솔레노이드 밸브
② 대시포트
③ 공전속도 조절밸브
④ 스로틀 위치 센서

72. LPI 엔진의 연료장치에서 장시간 차량 정지시 수동으로 조작하여 연료 토출 통로를 차단하는 밸브는?
① 과류방지밸브　② 매뉴얼밸브
③ 리턴밸브　　　④ 릴리프밸브
[풀이] ① 과류방지밸브 : 자동차 사고 등으로 인하여 LPG 공급라인이 파손되었을 때 봄베로부터 LPG 송출을 차단하여 LPG 방출로 인한 위험을 방지하는 작용을 한다.
② 매뉴얼밸브 : 장기간 동안 자동차를 운행하지 않을 경우 수동으로 LPG 공급라인을 차단할 수 있도록 한다.
③ 리턴밸브 : LPG가 봄베로 복귀할 때 열리는 밸브이다.
④ 릴리프밸브 : LPG 공급라인의 압력을 액체 상태로 유지시켜, 기관이 뜨거운 상태에서 재시동을 할 때 시동성능을 향상시키는 작용을 한다.

73. 디젤엔진의 구성품에 속하지 않는 것은?
① 유닛인젝터　　② 점화장치
③ 연료분사장치　④ 냉시동 보조장치
[풀이] 디젤엔진은 압축착화 방식으로 점화장치가 없다.

Answer ▶ 65. ②　66. ①　67. ④　68. ④　69. ④　70. ②　71. ③　72. ②　73. ②

74. 디젤기관의 압축비로 적당한 것은?
① 3~8 : 1   ② 8~13 : 1
③ 15~22 : 1   ④ 35~50 : 1
[풀이] 디젤기관의 압축비는 15~22 : 1이다.

75. 디젤기관에서 연소실 공기온도가 20℃에서 400℃로 상승할 때 압력이 45ata 되려면 압축비는 얼마로 하여야 하는가?
① 17.8 : 1   ② 18.3 : 1
③ 19.6 : 1   ④ 21.3 : 1
[풀이] $P = \varepsilon \times \dfrac{T_2}{T_1}$ 에서 $\varepsilon = P \times \dfrac{T_1}{T_2}$
$\varepsilon = \dfrac{45 \times (273+20)}{(273+400)} = 19.6$
P : T_2에서의 압력, T_1 : 압축 전의 온도,
T_2 : 압축 후의 온도, ε : 압축비

76. 가솔린기관에 비하여 디젤기관의 장점으로 맞는 것은?
① 압축비를 크게 할 수 있다.
② 매연발생이 적다.
③ 기관의 최고속도가 높다.
④ 마력 당 기관의 중량이 가볍다.

77. 디젤기관이 가솔린기관에 비하여 좋은 점은?
① 시동이 쉽다.
② 제동열효율이 높다.
③ 마력 당 기관의 무게가 가볍다.
④ 소음·진동이 적다.

78. 디젤기관에서 감압장치의 설명 중 틀린 것은?
① 흡입효율을 높여 압축압력을 크게 하기 위해서이다.
② 겨울철 기관오일의 점도가 높을 때 시동시 이용한다.
③ 기관 점검·조정에 이용한다.
④ 흡입 또는 배기밸브에 작용하여 감압한다.

79. 다음에서 단실식 기관의 것은?
① 직접분사식   ② 예연소실식
③ 와류실식   ④ 공기실식
[풀이] 디젤기관 연소실서 단실식에 속하는 것은 직접분사실식이며, 복실식에는 예연소실식, 와류실식, 공기실식 등이 있다.

80. 디젤기관의 직접분사식 연소실의 장점이 아닌 것은?
① 연소실 표면적이 작기 때문에 열 손실이 적고, 교축손실과 와류손실이 적다.
② 연소가 완만히 진행되므로 기관의 작동 상태가 부드럽다.
③ 실린더헤드의 구조가 간단하므로 열 변형이 적다.
④ 연소실의 냉각손실이 작기 때문에 한랭지를 제외하고는 냉 시동에도 별도의 보조장치를 필요로 하지 않는다.

81. 직접분사실식 디젤기관에 비해 예연소실식 디젤기관의 장점으로 맞는 것은?
① 사용연료의 변화에 민감하지 않다.
② 시동시 예열이 필요 없다.
③ 출력이 큰 엔진에 적합하다.
④ 연료소비율이 높다.

82. 디젤기관의 예연소실의 장점 설명으로 틀린 것은?
① 사용연료의 변화에 민감하지 않다.
② 운전상태가 조용하고 디젤기관의 노크가 잘 일어나지 않는다.
③ 출력이 큰 엔진에 적합하다.
④ 공기와 연료의 혼합이 잘되고 엔진에 유연성이 있다.

Answer ▶ 74. ③ 75. ③ 76. ① 77. ② 78. ① 79. ① 80. ② 81. ① 82. ③

83. 디젤기관의 연소실 형식 중 와류실식의 장점이 아닌 것은?
① 연료소비율이 예연소실식에 비해 낮다.
② 핀틀노즐을 사용하므로 고장빈도가 낮다.
③ 직접 분사식에 비해 연료소비율이 높다.
④ 고속에서의 특성이 우수하다.

84. 기존의 고압 분사펌프를 사용하는 디젤기관의 실린더 내에서 이루어지는 연소와 관계가 없는 에너지는?
① 열에너지   ② 기계적 에너지
③ 화학적 에너지   ④ 전기적 에너지
풀이 고압 분사펌프를 사용하는 디젤기관의 실린더 내에서 이루어지는 연소와 관계가 있는 에너지는 열에너지, 기계적 에너지, 화학적 에너지 등이다.

85. 자동차용 디젤기관의 분사펌프에서 분사초기의 분사시기를 변경시키고 분사말기를 일정하게 하는 리드의 형상은?
① 역 리드   ② 양 리드
③ 정 리드   ④ 각 리드

86. 디젤기관에 사용되는 연료 분사펌프에서 정(+)리드 플런저에 대한 설명으로 옳은 것은?
① 예행정이 필요 없다.
② 연료송출은 시작이 변한다.
③ 연료송출은 시작이 일정하고, 종료시기가 변한다.
④ 연료송출과 종료시기가 전부 변한다.

87. 디젤기관에서 기관의 회전속도나 부하의 변동에 따라 자동으로 분사량을 조절해 주는 장치는?
① 조속기(speed governor)
② 딜리버리밸브(delivery valve)
③ 타이머(timer)
④ 첵밸브(check valve)

88. 디젤기관의 조속기에서 헌팅(hunting) 상태가 되면 어떠한 현상이 일어나는가?
① 공전운전 불안정   ② 공전속도 정상
③ 중속 불안정   ④ 고속 불안정
풀이 헌팅이란 기관의 회전속도가 파상적으로 변동되는 현상이며, 회전속도가 주기적인 변화가 유발되어 그 상태가 지속되는 것으로 조속기 각 부분의 작동이 둔하거나 작동에 시간적인 지연이 있으면 발생하여 공전운전이 불안정하게 된다.

89. 디젤엔진의 제어래크가 동일한 위치에 있어도 일정속도 범위에서 기관이 필요로 하는 공기와 연료의 비율을 균일하게 유지하는 장치는?
① 프라이밍장치
② 원심장치
③ 앵글라이히장치
④ 딜리버리밸브 장치
풀이 앵글라이히 장치는 디젤엔진의 분사펌프 제어래크가 동일한 위치에 있어도 일정속도 범위에서 기관이 필요로 하는 공기와 연료의 비율을 균일하게 유지하는 작용을 한다.

90. 니들밸브가 없어 분사압력을 조정할 수 없고 후적을 일으키기 쉬운 노즐은?
① 핀틀형   ② 스로틀형
③ 구멍형   ④ 개방형
풀이 개방형 노즐은 니들밸브가 없어 분사압력을 조정할 수 없고 후적을 일으키기 쉽다.

91. 다공노즐을 사용하는 직접분사식 디젤엔진에서 분사노즐의 구비조건이 아닌 것은?
① 연료를 미세한 안개 모양으로 하여 쉽게 착화되게 할 것
② 저온·저압의 가혹한 조건에서 장기간 사용할 수 있을 것
③ 분무가 연소실의 구석구석까지 뿌려지게 할 것
④ 후적이 일어나지 않을 것

Answer 83. ③ 84. ④ 85. ① 86. ③ 87. ① 88. ① 89. ③ 90. ④ 91. ②

92. 다음 중 디젤기관에서 분사노즐의 조건이 아닌 것은?
① 폭발력　　② 관통도
③ 무화　　　④ 분산도

풀이 분사노즐의 조건은 관통도, 무화, 분산도이다.

93. 핀틀(Pintle)형 노즐의 직경이 1mm이고 니들 압력스프링 장력이 0.8kgf이면 노즐의 압력은?
① 약 72kgf/cm^2　② 약 82kgf/cm^2
③ 약 92kgf/cm^2　④ 약 102kgf/cm^2

풀이 $P = \dfrac{W}{A} = \dfrac{0.8}{0.785 \times 0.1^2} = 102\text{kgf/cm}^2$
P : 노즐의 압력(kgf/cm²)
W : 압력스프링의 장력(kgf)
A : 노즐의 단면적(cm²)

94. 디젤기관의 독립형 연료분사 장치에서 연료분사 개시압력을 조정하는 것은?
① 공급펌프
② 분사펌프의 딜리버리 밸브 스프링
③ 연료필터의 오버플로 밸브 스프링
④ 분사노즐의 스프링

95. 2행정 디젤기관의 소기방식이 아닌 것은?
① 가변벤투리 소기식　② 단류 소기식
③ 루프 소기식　　　　④ 횡단 소기식

풀이 소기란 2행정 사이클 기관에서 잔류 배기가스를 실린더 밖으로 내보내고, 새로운 공기를 공급하는 과정을 말하며 2행정 사이클 디젤기관의 소기방식에는 단류 소기식, 루프 소기식, 횡단 소기식 등이 있다.

96. 전자제어 디젤기관 분사장치의 장점에 속하지 않는 것은?
① 분사펌프 설치 공간 유리
② 자동차의 다른 전자제어 시스템과 연결하여 사용가능
③ 자동차의 주행성능 향상
④ 연료 분사펌프의 생산비 절감

풀이 전자제어 디젤기관 분사펌프에는 전자제어 시스템이 설치되어야 하기 때문에 기계식 연료 분사펌프보다는 생산비가 더 많이 소요된다.

97. 종래의 디젤엔진 기계식 분배형 인젝션 펌프에서 발전되어 최근에는 연료 분사시기와 연료량을 전자 제어하는 분배형 인젝션펌프가 개발되었다. 이 전자제어 인젝션 펌프의 특징을 올바르게 설명한 것은?
① 매연은 저감되고 동력성능은 저하된다.
② 타이밍 보정을 위해 각종 부가장치가 부착된다.
③ 기계식 거버너를 전자 거버너로 바꾼 것이다.
④ 기계식 거버너를 삭제한 것이다.

풀이 전자제어 인젝션 펌프의 특징은 기계식 거버너를 전자 거버너로 바꾼 것이다.

98. 전자제어 디젤연료 분사장치 중 하나인 유닛 인젝터의 특징을 바르게 설명한 것은?
① 분사펌프와 인젝터의 거리가 가까워 분사 정밀도가 좋다.
② 크랭크 케이스 내에 직접 장착된다.
③ 노즐과 펌프는 각각 독립되어 장착된다.
④ 소음이 증가한다.

풀이 유닛 인젝터의 특징은 분사펌프와 인젝터의 거리가 가까워 분사 정밀도가 좋다.

99. 전자제어 디젤기관에서 전자제어유닛(ECU)으로 입력되는 사항이 아닌 것은?
① 가속페달의 개도　② 차속
③ 연료분사량　　　④ 흡기 온도

풀이 전자제어 디젤기관 연료 분사장치의 입력요소에는 엔진 회전수, 가속페달의 개도, 분사시기, 주행속도, 흡기다기관 압력, 흡기온도, 냉각수 온도, 연료온도, 레일압력 등이다.

Answer ▶▶▶ 92. ① 93. ④ 94. ④ 95. ① 96. ④ 97. ③ 98. ① 99. ③

100. 디젤 연료분사 중 파일럿분사에 대한 설명으로 옳은 것은?
① 출력은 향상되나 디젤노크가 생기기 쉽다.
② 주분사 직후에 소량의 연료를 분사하는 것이다.
③ 주분사의 연소를 확실하게 이루어지게 한다.
④ 배기초기에 급격히 실린더 압력을 상승하도록 한다.

풀이 파일럿 분사란 주 분사가 이루어지기 전에 연료를 분사하여 주분사를 할 때 연소가 확실하게 이루어지도록 한다.

흡 · 배기장치

01. 배기다기관의 기능으로 틀린 것은?
① 각 실린더에서 배출된 연소가스를 모은다.
② 배기간섭을 최소화한다.
③ 열용량을 최대화한다.
④ 배압을 최소화한다.

풀이 배기다기관은 각 실린더에서 배출된 연소가스를 모아 실린더 밖으로 내보내는 것이며, 배기간섭 및 배압을 최소화 하여야 한다.

02. 다음 중 배압이 기관에 미치는 영향이 아닌 것은?
① 출력저하
② 기관과열
③ 피스톤운동 방해
④ 냉각수 온도 저하

풀이 배압이란 배기행정에서 배출되는 배기가스의 압력이며, 배압이 기관에 미치는 영향은 출력저하, 기관 과열, 피스톤운동 방해 등이다.

03. 배기가스가 직경 5cm의 배기관을 통과하고 있다. 유속이 50m/s일 때 통과하는 배기가스의 양은? (단, 배기가스의 밀도는 15kgf /m³이다.)
① 1.471kgf/s   ② 1.634kgf/s
③ 1.875kgf/s   ④ 2.121kgf/s

풀이 $Eq = A \times V \times Ep = 0.785 \times 0.05^2 \times 50 \times 15$
 $= 1.471$ kg/s
Eq : 배기 가스량, A : 배기관 단면적
V : 배기가스 유속, Ep : 배기가스 밀도

04. 디젤기관에 과급기를 설치했을 때 얻는 장점 중 잘못 설명한 것은?
① 동일 배기량에서 출력이 증가한다.
② 연료소비율이 향상된다.
③ 잔류 배기가스를 완전히 배출시킬 수 있다.
④ 연소상태가 좋아지므로 착화지연이 길어진다.

풀이 과급기를 설치하였을 때의 장점은 ①, ②, ③항 이외에 연소상태가 양호하기 때문에 착화지연이 짧아져 세탄가가 낮은 연료의 사용이 가능하다.

05. 과급기의 종류 중 다른 3개와 흡기 압축방식이 전혀 다른 것은?
① 베인식 과급기   ② 루트 과급기
③ 원심식 과급기   ④ 압력파 과급기

06. 가솔린을 완전 연소시켰을 때 발생되는 것은?
① 이산화탄소, 물
② 아황산가스, 질소
③ 수소, 일산화탄소
④ 이산화탄소, 납

07. 차량에서 발생되는 배출가스 중 지구온난화를 유발하는 주요원인은?
① CO   ② CO_2
③ HC   ④ O_2

Answer ▶▶▶ 100. ③ 1. ③ 2. ④ 3. ① 4. ④ 5. ④ 6. ① 7. ②

08. 공해방지를 위한 감소 대상물질이 아닌 것은?
① CO　　　　② CO_2
③ HC　　　　④ NOx

09. 다음의 배기가스 중에서 인체의 혈액 속에 있는 헤모글로빈과의 결합성이 크기 때문에 수족마비, 정신분열 등을 일으키는 것은?
① CO　　　　② NOx
③ HC　　　　④ H_2

10. 가솔린기관의 배출가스 중 CO의 배출량이 규정보다 많을 경우 가장 적합한 조치방법은?
① 이론공연비와 근접하게 맞춘다.
② 공연비를 농후하게 한다.
③ 이론공연비(λ) 값을 1 이하로 한다.
④ 배기관을 청소한다.

11. 자동차로부터 배출되는 유해 물질의 발생장소와 배출가스를 짝지은 것 중 틀린 것은?
① 블로바이 가스-HC
② 로커 암 커버-NOx
③ 배기가스-CO, HC, NOx
④ 연료탱크-HC

12. 크랭크 케이스에서 발생되어 나오는 가스를 가장 적절하게 표현한 가스는?
① 블로바이 가스　② 배기가스
③ 질소산화물가스　④ 연료 증발가스

13. 엔진에서 발생되는 유해가스 중 블로바이 가스의 성분은 주로 무엇인가?
① CO　　　　② HC
③ NO　　　　④ SOx

14. 전자제어 연료분사장치의 System 중에서 유해 배기가스를 감소시킬 수 있는 기능과 가장 거리가 먼 것은?
① 혼합기의 이론공연비 설정이 가능하다.
② 감속할 때 연료차단을 할 수 있다.
③ 운전조건에 따른 연료공급이 가능하다.
④ 연료의 분배가 균일하다.

15. 자동차 배출가스 중 유해가스 저감을 위해 사용되는 부품이 아닌 것은?
① EGR장치　　　② 차콜 캐니스터
③ 삼원 촉매장치　④ 토크컨버터

16. PCV(positive crankcase ventilation) 밸브를 통하여 흡입관에 강제로 흡수되어 혼합기와 함께 주로 연소되는 가스는?
① HC가스　　　② CO가스
③ N_2가스　　　④ NOx가스

> **풀이** 블로바이에 의해 발생한 HC(탄화수소)가스는 경부하 및 중부하 영역에서는 PCV밸브의 열림 정도에 따라서 유량이 조절되어 서지탱크(흡기다기관)로 들어간다.

17. 연료증기를 활성탄에 흡착 저장 후 증발가스와 함께 흡기매니폴드에 흡입시키는 부품은?
① 차콜 캐니스터　② 플로트 챔버
③ PCV장치　　　④ 삼원촉매장치

18. 가솔린기관의 유해 배출물 저감에 사용되는 차콜 캐니스터(charcoal canister)의 주 기능은?
① 연료 증발가스의 흡착과 저장
② 질소산화물의 정화
③ 탄화수소의 정화
④ PM(입자상 물질)의 정화

Answer ▶▶▶ 8. ② 9. ① 10. ① 11. ② 12. ① 13. ② 14. ④ 15. ④ 16. ① 17. ① 18. ①

19. 다음 중 캐니스터에서 포집한 연료 증발가스를 흡기다기관으로 보내 주는 장치는?
① PCV
② EGR 솔레노이드밸브
③ PCSV
④ 서모밸브

풀이 PCSV는 캐니스터에 포집된 연료증발 가스를 조절하는 장치이며, 기관 ECU에 의하여 작동되며, 기관이 정상온도에 도달하면 PCSV가 열려 저장되었던 연료증발 가스를 흡기다기관으로 보낸다.

20. 엔진에서 나오는 유해가스 중 질소산화물(NOx)은 주로 NO이고, 이것이 대기 중에 NO_2로 변화하여 대기를 오염시키는데 NOx는 약 몇 ℃ 이상부터 반응이 활발해지는가?
① 150℃   ② 800℃
③ 1500℃   ④ 3000℃

풀이 NOx는 약 1500℃ 이상부터 반응이 활발해 진다.

21. 전자제어 엔진에서 주로 질소산화물을 감소시키기 위해 설치한 장치는?
① EGR장치   ② PCV장치
③ PCSV장치   ④ ECS장치

풀이 질소산화물을 감소시키기 위해 설치한 장치는 EGR(배기가스 재순환) 장치이다. 그리고 PCV는 블로바이 가스 제어장치이며, PCSV는 연료 증발가스 제어장치이다.

22. 배기가스 재순환(EGR)밸브가 열려 있을 경우 발생하는 현상으로 맞는 것은?
① 질소산화물(NOx)의 배출량이 증가한다.
② 기관의 출력이 감소한다.
③ 연소실의 온도가 상승한다.
④ 신기의 흡입량이 증가한다.

풀이 EGR밸브가 열려 있는 경우에는 연소실 내의 온도가 낮아져 질소산화물 배출량과 기관의 출력이 감소한다.

23. EGR 제어량 지표를 나타내는 EGR율에 대하여 바르게 나타낸 것은?
① EGR율 $= \dfrac{\text{EGR 가스유량}}{\text{흡입공기량} + \text{EGR 가스유량}} \times 100$
② EGR율 $= \dfrac{\text{EGR 가스유량}}{\text{흡입공기량}} \times 100$
③ EGR율 $= \dfrac{\text{흡입공기량}}{\text{EGR 가스유량}} \times 100$
④ EGR율 $= \dfrac{\text{흡입공기량} + \text{EGR 가스유량}}{\text{EGR 가스유량}} \times 100$

24. CO, HC, NOx를 줄이기 위한 목적으로 사용되는 장치는?
① 블로바이 가스 재순환 장치
② 삼원 촉매장치
③ 보조 흡기밸브
④ 연료 증발가스 제어장치

25. 가솔린 전자제어 엔진에서 삼원촉매(catalytic converter rhodium)가 산화반응하는 필요조건에 해당하지 않는 것은?
① 반응에 필요한 산소가 충분해야 할 것
② 촉매작용이 충분히 발휘될 수 있어야 할 것
③ 촉매작용이 원활하도록 혼합기 유입이 충분할 것
④ 반응에 필요한 체류시간이 충분히 있어야 할 것

26. 다음 배출가스 중 삼원 촉매장치에서 저감되는 요소가 아닌 것은?
① 질소(N_2)
② 일산화탄소(CO)
③ 탄화수소(HC)
④ 질소산화물(NOx)

Answer ▶ 19. ③ 20. ③ 21. ① 22. ② 23. ① 24. ② 25. ③ 26. ①

27. 삼원 촉매장치에서 정화되는 과정을 보인 것 중 틀리는 것은 ?

① $CO + O_2 \rightarrow CO_2$
② $HC + O_2 \rightarrow CO_2 + H_2O$
③ $NOx \rightarrow H_2O, CO_2 + N_2$
④ $NOx \rightarrow CO_2 + H_2O$

[풀이] 삼원 촉매장치의 기능
 ① 일산화탄소(CO)를 이산화탄소(CO_2)로 변환시킨다.
 ② 탄화수소(HC)를 물(H_2O)과 이산화탄소(CO_2)로 변환시킨다.
 ③ 질소산화물(NOx)은 질소(N_2)와 이산화탄소(CO_2)로 변환시킨다.

28. 자동차 배출가스 저감장치로 삼원 촉매장치는 어떤 물질로 주로 구성되어 있는가 ?

① Pt, Rh   ② Fe, Sn
③ As, Sn   ④ Al, Sn

29. 삼원촉매의 정화율은 약 몇 ℃ 이상의 온도로부터 정상적으로 나타나기 시작하는가 ?

① 20℃   ② 95℃
③ 320℃   ④ 900℃

[풀이] 삼원촉매는 배기가스 온도가 320℃ 이상일 때 높은 정화비율을 나타낸다.

30. 삼원촉매의 정화율을 나타낸 그래프이다. 각 선의 (1), (2), (3)을 바르게 표현한 것은?

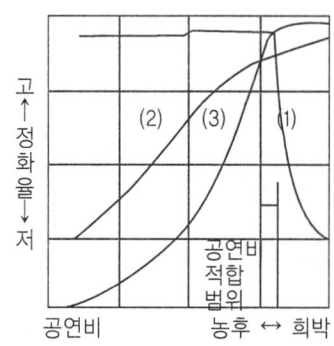

(1) (2) (3)   (1) (2) (3)
① NOx, CO, HC   ② NOx, HC, CO
③ CO, NOx, HC   ④ HC, CO, NOx

31. 혼합비에 따른 촉매장치의 정화효율을 나타낸 그래프에서 질소산화물의 특성을 나타낸 것은 ?

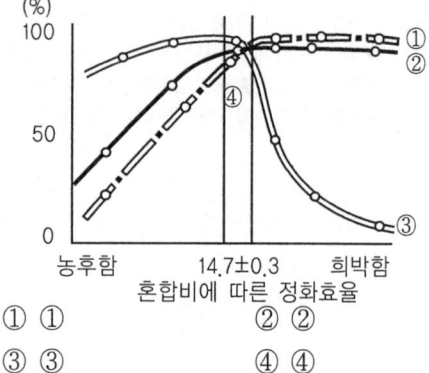

① ①   ② ②
③ ③   ④ ④

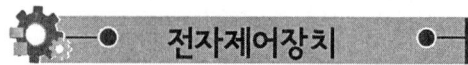

전자제어장치

01. 흡기다기관의 부압으로 기본 분사량을 제어하는 방식은 ?

① K-Jetronic 방식
② L-Jetronic 방식
③ D-Jetronic 방식
④ Mono-Jetronic 방식

[풀이] 전자제어 연료 분사장치의 종류
 ① K-제트로닉 : 흡입공기량을 기계-유압방식
 ② L-제트로닉 : 흡입공기량을 직접 검출방식
 ③ D-제트로닉 : 흡입공기량을 흡기다기관의 부압으로 간접 검출방식.
 ④ 모노-제트로닉 : 간헐적으로 연료분사가 이루어지는 것으로 SPI(TBI)방식이 이에 속한다.

02. 보쉬(Bosch) 방식의 전자제어 가솔린 분사장치 중 흡입공기량을 간접 계측하는 방식은?

① K-Jetronic   ② D-Jetronic
③ KE-Jetronic   ④ L-Jetronic

Answer 27. ④ 28. ① 29. ③ 30. ② 31. ③ 1. ③ 2. ②

03. 가솔린엔진 연료 분사장치에서 기본 분사량을 결정하는 것으로 맞는 것은?
① 흡기온 센서와 냉각수온 센서
② 에어플로 센서와 스로틀 보디
③ 크랭크 각 센서와 에어플로 센서
④ 냉각수온 센서와 크랭크 각 센서

풀이 전자제어 기관의 기본 분사량 결정요소는 흡입공기량(공기유량 센서의 신호)과 기관 회전속도(크랭크 각 센서 신호)이다.

04. 전자제어 가솔린 분사장치에서 운전조건에 따른 연료 보정량을 결정하는데 가장 관계가 적은 장치는?
① 크랭크 각 센서
② 흡기온센서
③ 수온센서
④ 스로틀포지션 센서

05. 전자제어 기관에서 연료 분사량은 기본 분사량에 대하여 운동성 및 배출가스 대책 등의 면에서 증량수정을 하고 있는데 연료증량 수정에 속하지 않는 것은?
① 흡기온 증량 수정
② 수온 증량 수정
③ 시동 증량 수정
④ 쵸크 증량 수정

06. 전자제어 엔진에서 각종 센서들이 엔진의 작동상태를 감지하여 컴퓨터가 분사량을 보정함으로써 최적의 상태로 연료를 공급한다. 여기에서 컴퓨터(ECU)가 분사량을 보정하지 못하는 인자는?
① 시동증량   ② 연료압력 보정
③ 냉각수온 보정   ④ 흡기온 보정

07. 기관의 각기 다른 운전상태에 적합한 혼합기는 전자제어 연료 분사장치의 기본 시스템 외에 특별한 보상장치를 필요로 할 때가 있다. 다음중 이와 거리가 먼 것은?
① 기관의 출력증대
② 배기가스 유해물질 저감
③ 냉시동시의 운전특성 개선
④ 고속 주행성능의 향상

08. 전자제어 연료분사 엔진에서 흡입공기 온도는 35℃, 냉각수 온도가 60℃라면 연료 분사량은 각각 어떻게 보정되는가? (단, 분사량 보정기준은 흡입공기 온도는 20℃, 냉각수온 온도는 80℃이다.)
① 흡기온 보정-증량, 냉각수온 보정-증량
② 흡기온 보정-증량, 냉각수온 보정-감량
③ 흡기온 보정-감량, 냉각수온 보정-증량
④ 흡기온 보정-감량, 냉각수온 보정-감량

09. 전자제어 연료분사 장치에서 연료분사 시간에 해당되지 않는 것은?
① 기본분사시간
② 보정계수
③ 무효분사시간
④ 임의분사시간

10. 전자제어 가솔린 분사장치의 기본 분사 시간을 결정하는데 필요한 변수는?
① 냉각수 온도와 흡입공기 온도
② 흡입공기량과 엔진 회전속도
③ 크랭크각과 스로틀밸브의 열림 각
④ 흡입공기의 온도와 대기압

Answer ▶▶▶ 3. ③ 4. ① 5. ④ 6. ② 7. ① 8. ③ 9. ④ 10. ②

11. 전자제어 연료 분사차량 센서 중에서 기관을 시동할 때 기본 연료분사 시간과 관계가 없는 것은?
① 수온센서(W.T.S)
② 스로틀 위치 센서(Throttle position Sensor)
③ 에어 플로워 센서(A.F.S)
④ 산소센서(O_2 Sensor)

> 풀이 산소센서는 배기가스 중의 산소농도에 따라 기전력이 변화되는 피드 백 센서이다.

12. 전자제어 연료분사 방식 가솔린엔진에서 일정 회전수 이상으로 상승하면 엔진이 파손될 염려가 있다. 이러한 엔진의 과도한 회전을 방지하기 위한 제어는?
① 출력증량 보정제어   ② 연료차단 제어
③ 희박연소 제어   ④ 가속보정 제어

13. 2000rpm 이상 운전 중 스로틀밸브를 완전히 닫을 때 연료 분사량은?
① 분사량 증가   ② 분사량 감소
③ 분사일시 중단 ④ 변함없다.

14. 전자제어 엔진에서의 연료 컷(fuel cut)에 대한 내용으로 틀린 것은?
① 인젝터 분사신호의 정지이다.
② 연비를 개선하기 위함이다.
③ 배출가스를 정화하기 위함이다.
④ 기관(engine)의 고속회전이 가능하도록 하기 위함이다.

> 풀이 연료차단(fuel cut)기능은 ①, ②, ③항 이외에 기관의 고속회전을 방지하기 위함이다.

15. 전자제어 연료분사 방식에서 연료 컷(Fuel cut)영역을 잘 나타낸 것은?
① 과충전시 연료 컷, 감속시 연료 컷
② 고회전시 연료 컷, 브레이크시 연료 컷
③ 브레이크시 연료 컷, 과충전시 연료 컷
④ 감속시 연료 컷, 고회전시 연료 컷

16. 전자제어식 연료분사 장치에는 연료차단 기능이 있는데 그 기능을 수행할 때가 아닌 것은?
① 엔진 브레이크시
② 고 회전시
③ 차속이 일정속도 이상인 경우
④ 워밍업시

> 풀이 연료공급 차단조건은 관성운전을 할 경우, 엔진 브레이크를 사용할 경우, 주행속도가 일정속도 이상일 경우, 엔진 회전수가 레드 존(고속 회전)일 경우 등이다.

17. 전자제어 엔진에서 사용하는 흡입공기 검출방식은?
① 직접계측 방식   ② 수온계측 방식
③ 회전감지 방식   ④ 유온계측 방식

> 풀이 전자제어 엔진의 흡입공기량 검출 방법에는 직접 검출방식(공기유량 센서 사용)과 간접검출 방식(MAP 센서 사용)이 있다.

18. 전자제어 엔진에서 흡입하는 공기량 측정방법으로 가장 거리가 먼 것은?
① 스로틀밸브 열림각
② 피스톤 직경
③ 흡기다기관 부압
④ 칼만 와류의 수

19. 전자제어 연료 분사장치에서 AFS(air flow sensor)의 공기량 계측방식이 아닌 것은?
① 베인(Vane)식
② 칼만(Karman) 와류식
③ 핫 와이어(Hot wire)방식
④ 베르누이 방식

Answer >>> 11. ④ 12. ② 13. ③ 14. ④ 15. ④ 16. ④ 17. ① 18. ② 19. ④

20. 에어 플로센서(AFS)의 기능을 설명한 것이다. 알맞은 것은?
① 엔진에 공급되는 흡입공기량을 계측하여 컴퓨터(ECU)에 보낸다.
② 엔진에 공급되는 흡입 공기온도를 계측하여 컴퓨터(ECU)에 보낸다.
③ 엔진에 공급되는 흡입 공기압력을 계측하여 컴퓨터(ECU)에 보낸다.
④ 엔진에 공급되는 흡입공기의 절대압력과 절대온도를 계측하여 컴퓨터(ECU)에 보낸다.

21. 전자제어 연료 분사방식에서 공기량을 측정할 때 질량유량에 의해 측정하는 방식은?
① 핫 와이어식(hot wire)
② 칼만 와류식(karmann vortex)
③ 맵 센서식(Map sensor)
④ 에어 밸브식(Air valve)

22. 전자제어 연료분사식 가솔린엔진의 공기량 측정에 사용되는 핫 필름 또는 핫 와이어식 흡입공기량 센서에 대한 설명 중 옳은 것은?
① 흡입되는 공기의 부피를 측정한다.
② 고도 보상장치가 필요하다.
③ 칼만 볼텍스방식에 비해 회로가 단순하다.
④ 오염에 강하다.
풀이 핫 필름 또는 핫 와이어식의 특징은 칼만 와류방식에 비해 회로가 단순하며, 핫 와이어식의 경우에는 오염되기 쉬워 크린버닝장치를 두어야 한다.

23. 기계식 공기량 계량기에 비해 열선식 공기질량 계량기의 장점을 열거한 것 중 틀린 것은?
① 맥동 오차를 ECU가 제어한다.
② 흡입공기 온도가 변화해도 측정상의 오차는 거의 없다.
③ 공기질량을 직접 정확하게 계측할 수 있다.
④ 기관 작동상태에 적용하는 능력이 개선되었다.

24. 가솔린 연료분사장치에서 공기량 계측센서 형식 중 직접 계측방식이 아닌 것은?
① 플레이트식   ② MAP 센서식
③ 칼만 와류식   ④ 핫 와이어식

25. 흡기다기관의 절대압력을 검출하여 흡입 공기량을 간접적으로 측정하는 센서는?
① TPS(throttle position sensor)
② MPS(motor position sensor)
③ MAP센서
④ ATS(air temperature sensor)
풀이 MAP센서는 흡기다기관 내의 절대압력(진공)을 검출하여 그 압력변화를 피에죠(Piezo)저항에 의해 흡입공기량을 검출한다.

26. 흡입 매니폴드 압력변화를 피에죠(Piezo)저항에 의해 감지하는 센서는?
① 차량속도센서
② MAP센서
③ 수온센서
④ 크랭크포지션센서

27. 전자제어장치 기관에서 대기압을 측정하여 고도조정에 따른 제어에 필요한 입력신호(센서 출력신호)를 발생하는 것은?
① 스로틀 포지션센서(TPS)
② 흡입공기 온도센서(ATS)
③ 흡입매니폴드 압력센서(MAP)
④ 크랭크 각 센서(CAS)
풀이 흡입매니폴드 압력센서(MAP)는 흡입공기량의 간접 계측 및 대기압을 측정하여 고도 조정에 따른 제어에 필요한 입력신호를 ECU로 입력시킨다.

Answer ▶ 20. ① 21. ① 22. ③ 23. ① 24. ② 25. ③ 26. ② 27. ③

28. MAP센서에서 ECU(Electronic Control Unit)로 입력되는 전압이 가장 높은 때는?
① 감속시　② 기관 공전시
③ 저속 저부하시　④ 고속 주행시
[풀이] MAP센서에서 ECU로 입력되는 전압이 가장 높은 때는 고속으로 주행할 경우이다.

29. 칼만 와류(kalman vortex)식 흡입공기량 센서를 사용하는 전자제어 가솔린엔진에서 대기압 센서를 사용하는 이유는 ?
① 고지에서의 산소 희박 보정
② 고지에서의 습도 희박 보정
③ 고지에서의 연료량 압력 보정
④ 고지에서의 점화시기 보정

30. 다음 설명 중 대기압 센서에 대하여 올바르게 말한 것은 ?
① 습도에 따라 전압이 변동되는 반도체 소자이다.
② 압력을 저항으로 변환시키는 반도체 피에조 저항형 센서이다.
③ 온도에 따라 전압이 변화되는 저항형 센서이다.
④ 압력의 변화에 따라 저항이 변하는 슬라이드 저항체이다.
[풀이] 대기압센서는 압력을 저항으로 변환시키는 반도체 피에조 저항형 센서이다.

31. 피에조 저항을 이용하여 절대압력을 전압 값으로 변화시키는 센서는 ?
① 흡기온도 센서
② 스로틀포지션 센서
③ 에어플로 센서(열선식)
④ 대기압 센서

32. 대기압 센서의 출력파형은 압력과 전압에 대해 어떤 관계가 있는가 ?
① 지수감소 관계　② 정비례 관계
③ 스텝 응답 관계　④ 임펄스 응답관계
[풀이] 대기압 센서의 출력파형은 압력과 전압에 대해 정비례 관계가 있다.

33. 전자제어 연료분사 장치에서 고지에서의 연료량 제어방법으로 맞는 것은 ?
① 대기압센서 신호로서 기본 분사량을 증량시킨다.
② 대기압센서 신호로서 기본 분사량을 감량시킨다.
③ 대기압센서 신호로서 연료 보정량을 증량시킨다.
④ 대기압센서 신호로서 연료 보정량을 감량시킨다.
[풀이] 고지대에서는 산소가 희박하기 때문에 대기압센서의 신호를 받아 기본 연료분사량을 감량시킨다.

34. 흡기 온도센서가 장착되어 있는 곳으로 가장 적합한 위치는 ?
① 라디에이터 호스 부근
② 에어클리너 공기유입 부근
③ 운전석 부근
④ 오일센서 부근

35. 다음은 스로틀밸브(Throttle Valve)의 구성에 대한 설명이다. 틀린 것은 ?
① 스로틀밸브는 엔진 공회전시 전폐(全閉) 위치에 있다.
② 스로틀밸브의 크기는 엔진 출력과는 무관하다.
③ 스로틀밸브 개도(開度) 특성과 액셀러레이터 조작량과의 관계는 운전성을 고려하여 결정하도록 한다.
④ 스로틀밸브는 리턴스프링 힘에 의해 전폐(全閉)상태로 되돌아온다.

Answer ▶ 28. ④　29. ①　30. ②　31. ④　32. ②　33. ②　34. ②　35. ②

36. 전자제어 가솔린 기관에서 전부하 및 공전의 운전 특성 값과 가장 관련이 있는 것은?
① 배전기　　　② 시동스위치
③ 스로틀밸브 스위치　④ 공기비 센서

37. 전자제어 기관에서 대시포트 역할로 가장 적절한 표현은?
① 엔진을 가속시킬 때 공기를 많이 유입시키기 위하여
② 가속방지를 위하여
③ 가속페달을 놓았을 때 공기가 갑자기 차단되는 것을 방지하기 위하여
④ 감속시 공기유입을 차단하기 위하여

38. 스로틀 포지션 센서(TPS)의 기본구조 및 출력특성과 가장 유사한 것은?
① 차속센서
② 인히비터 스위치
③ 노킹 센서
④ 액셀러레이터 포지션 센서

39. 엔진 냉각수 온도를 감지하여 수온에 따르는 연료증량 보정신호를 ECU로 보내는 부품은?
① 수온 스위치　　② 수온조절기
③ 수온센서　　　④ 수온 게이지

풀이 수온센서는 엔진의 냉각수 온도를 검출하여 ECU에 입력시켜 연료를 보정하는 신호로 이용되며, ECU는 엔진의 냉각수 온도가 80℃ 이하일 경우 연료 분사량을 증량시킨다.

40. 수온센서의 역할이 아닌 것은?
① 냉각수 온도 계측
② 점화시기 보정에 이용
③ 연료 분사량 보정에 이용
④ 기본 연료 분사량 결정

풀이 수온센서가 냉각수 온도를 계측하여 ECU로 입력시키면 ECU는 점화시기 보정, 연료 분사량을 보정한다.

41. 자동차에 쓰이는 일반적인 수온센서 특징으로 알맞은 것은?
① 온도가 올라가면 저항 값은 떨어진다.
② 온도상승과 비례하여 저항값은 올라간다.
③ 온도와 저항과의 관계는 관련 없다.
④ 온도가 상승하면 물 재킷 부근의 온도는 내려갈 수 있다.

42. 전자제어 연료분사 엔진에서 수온센서 계통의 이상으로 인해 ECU로 정상적인 냉각수온 값이 입력되지 않으면 연료분사는?
① 엔진오일 온도를 기준으로 분사
② 흡기온도를 기준으로 분사
③ 연료분사를 중단
④ ECU에 의한 페일세이프 값을 근거로 분사

43. 가솔린 전자제어 엔진의 노크 컨트롤 시스템에 대한 설명 중 올바른 것은?
① 노크발생시 실린더헤드가 고온이 되면 서모센서로 온도를 측정하여 감지한다.
② 실린더블록의 고주파 진동을 전기적 신호로 바꾸어 ECU 검출회로에서 노킹 발생 여부를 판정한다.
③ 노크라고 판정되면 점화시기를 진각 시키고, 노크발생이 없어지면 지각시킨다.
④ 노크라고 판정되면 공연비를 희박하게 하고, 노크발생이 없어지면 농후하게 한다.

풀이 노크 컨트롤 시스템은 실린더블록의 고주파 진동을 전기적 신호로 바꾸어 ECU 검출회로에서 노킹발생 여부를 판정하며, 노크라고 판정되면 점화시기를 지각시키고, 노크발생이 없어지면 진각 시킨다.

Answer ▶ 36. ③ 37. ③ 38. ④ 39. ③ 40. ④ 41. ① 42. ④ 43. ②

44. 실린더블록에 장착되어 있으며 압전 소자를 이용하여 실린더 내의 압력변화 및 연소온도의 급격한 증가, 내부염화 등의 이상 원인으로 발생한 이상 진동을 감지하여 이를 전기 신호로 바꾸어 점화시기를 조정하는 센서는?
① 노크센서
② 크랭크포지션 센서
③ 캠 샤프트 포지션 센서
④ 에어컨 압력센서

45. 노크센서(knock sensor)에 이용되는 기본적인 원리는?
① 홀효과　　② 피에조 효과
③ 자계시드 효과　④ 펠티어 효과
풀이 노크센서는 피에조 효과(압전효과)를 이용한다.

46. 노크센서(knock sensor)에 대한 내용으로 관계가 없는 것은?
① 실린더블록에 부착한다.
② 사용온도 범위는 130℃ 정도이다.
③ 주로 은으로 코팅하여 사용한다.
④ 특정 주파수의 진동을 감지한다.

47. 엔진의 노크센서에 대한 설명 중 틀린 것은?
① 노크센서는 주로 실린더블록에 설치된다.
② 노크센서 장착 시에는 반드시 스프링 와셔를 조립해야 한다.
③ ECU는 노크센서의 신호에 따라 점화시기를 제어한다.
④ 노크센서는 엔진의 진동을 검출하여 전기적인 신호로 변환시킨다.

48. 전자제어 가솔린엔진에서 엔진의 점화시기가 지각되는 이유는?
① 노크센서의 시그널이 입력되었다.

② 크랭크 각 센서의 간극이 너무 크다.
③ 점화코일에 과전압이 걸려 있다.
④ 인젝터의 분사시기가 늦어졌다.

49. 산소센서를 설치하는 목적은?
① 인젝터의 작동을 정확히 하기 위해서
② 컨트롤 릴레이를 제어하기 위해서
③ 정확한 공연비 제어를 위해서
④ 연료펌프의 작동을 위해서

50. 배기가스와 관련되어 피드백 제어에 필요한 주 센서는?
① 수온센서　　② 흡기온도 센서
③ 대기압 센서　④ 산소센서

51. 산소센서의 주된 재료로 쓰이는 것은?
① 실리콘　　② 니켈
③ 피에조　　④ 질코니아
풀이 산소센서의 주재료에는 질코니아와 티타니아가 있다.

52. 질코니아 소자의 산소(O_2)센서 기능 중 맞지 않는 것은?
① 연료혼합비(A/F)가 희박할 때는 약 0.1V의 전압이 나온다.
② 산소의 농도차이에 따라 출력전압이 변화한다.
③ 연료혼합비(A/F)가 농후할 때는 약 0.9V 정도가 된다.
④ 연료혼합의 피드백 보정은 할 수 없다.

53. 산소센서 출력전압에 영향을 주는 요소로 틀린 것은?
① 연료온도
② 혼합비
③ 산소센서의 온도
④ 배출가스 중의 산소농도

54. 희박상태일 때 질코니아 고체 전해질에 정(+)의 전류를 흐르게 하여 산소를 펌핑 셀 내로 받아들이고, 그 산소는 외측전극에서 일산화탄소(CO) 및 이산화탄소(CO_2)를 환원하는 특징을 가진 것은?
① 티타니아 산소센서
② 질코니아 산소센서
③ 압력 산소센서
④ 전영역 산소센서

55. 다음 센서 중 난기운전 및 기관에 가해지는 부하가 증가됨에 따라서 공전속도를 증가시키는 역할을 하는 센서는 무엇인가?
① 대기압센서
② 흡기온도 센서
③ 공전조절 서보
④ 수온센서

풀이 공전조절 서보는 난기 운전 및 기관에 가해지는 부하가 증가됨에 따라서 공전속도를 증가시키는 역할을 한다.

56. 전자제어 엔진의 공회전 속도를 적절히 유지해주는 부품은?
① 스텝 모터
② 분사밸브
③ 스로틀 포지션 센서
④ 스로틀밸브 스위치

풀이 스텝모터는 전자제어 엔진의 공회전 속도를 적절히 유지해주는 부품이다.

57. 전자제어 가솔린 분사기관에서 공전속도를 제어하는 부품이 아닌 것은?
① ISC 액추에이터
② 컨트롤 릴레이
③ 에어 바이패스 솔레노이드밸브
④ ISC밸브

풀이 공전속도를 제어하는 부품에는 ISC 액추에이터, 에어 바이패스 솔레노이드밸브, ISC 밸브, 스텝 모터 등이 있다.

58. 공전(idle)스위치는 공전상태를 판단하는 스위치로서 주로 어디에 부착되어 있는가?
① TPS부근
② 에어클리너 부근
③ AFS부근
④ ATS부근

풀이 공전스위치는 스로틀 보디에 설치되어 있다.

59. 전자제어 분사장치에서 공전 스텝모터의 기능으로 적합하지 않은 것은?
① 냉간시 rpm 보상
② 결합코드 확인시 rpm 보상
③ 에어컨 작동시 rpm 보상
④ 전기 부하시 rpm 보상

풀이 공전속도 조절서보는 엔진 냉각상태, 에어컨을 작동시킬 때, 전기부하가 증가할 때, 동력조향 장치의 조향핸들을 조작할 때 엔진의 공전속도를 높여주는 역할을 한다.

60. 엔진에서 패스트 아이들 기능(Fast Idle Function)의 역할을 바르게 설명한 것은?
① 고속주행 후 급 감속시 연료의 비등을 방지한다.
② 기관이 워밍업 되기 전에 급가속하면 기관이 정지되는 현상을 방지하기 위한 기능이다.
③ 연료 계통 내의 빙결을 방지한다.
④ 기관을 신속히 워밍업하기 위해 공전속도를 높이는 기능을 말한다.

풀이 패스트 아이들 기능이란 기관을 신속히 워밍업하기 위해 공전속도를 높이는 것을 말한다.

Answer ▶▶▶ 54. ④ 55. ③ 56. ① 57. ② 58. ① 59. ② 60. ④

고장진단 및 원인분석

01. 피스톤 링의 장력 감소와 관계없는 사항은?
① 블로바이 현상을 일으킬 수 있다.
② 열전도성이 높아진다.
③ 압축압력이 감소한다.
④ 오일의 소비가 많아진다.
   풀이 피스톤 링의 장력이 감소하면 블로바이 현상이 일어나 압축압력이 감소하며, 기관오일의 소비가 많아지고 열전도성이 낮아져 피스톤이 과열하기 쉽다.

02. 피스톤 링 이음 간극으로 인하여 기관에 미치는 영향과 관계없는 것은?
① 소결의 원인
② 압축가스의 누출 원인
③ 연소실에 오일유입의 원인
④ 실린더와 피스톤과의 충격음 발생원인
   풀이 피스톤 링 이음 간극이 작으면 소결이 발생하며, 너무 크면 압축가스의 누출, 연소실에 오일유입의 원인이 된다.

03. 가솔린기관에서 밸브 개폐시기의 불량 원인으로 거리가 먼 것은?
① 타이밍벨트의 장력감소
② 타이밍벨트 텐셔너의 불량
③ 크랭크축과 캠축 타이밍마크 틀림
④ 밸브 면의 불량

04. 어느 자동차의 사용자가 보기와 같이 하자를 제기했다면, 그 원인으로 적합한 것은?
   [보기]
   서행 또는 정차 상태에서는 실내 히터에 뜨거운 바람이 나오지만, 고속도로와 같이 속도가 증가되면 엔진 온도도 하강하고, 실내 히터에 뜨겁지 않은 공기가 나온다.

① 엔진 냉각수 량이 적다.
② 방열기 내부의 막힘이 있다.
③ 서모스탯이 열린 채로 고착되었다.
④ 히터 및 열 교환기 내부에 기포가 혼입되었다.
   풀이 서모스탯이 열린 채로 고착되면 엔진이 과냉하는 원인이 된다.

05. 겨울철 기관의 냉각수 순환이 정상적으로 작동되고 있는데, 히터를 작동시켜도 온도가 올라가지 않을 때의 주원인이 되는 것은?
① 워터펌프의 고장이다.
② 서모스탯의 고장이다.
③ 온도미터의 고장이다.
④ 라디에이터 코어가 막혔다.

06. 기관의 과열원인이 아닌 것은?
① 수온조절기가 열린 채로 고장
② 라디에이터의 코어가 30% 이상 막힘
③ 물 펌프 작동 불량
④ 물 재킷 내에 스케일 과다

07. 자동차 엔진 작동 중 과열의 원인이 아닌 것은?
① 전동 팬이 고장일 때
② 수온조절기가 닫힌 상태로 고장일 때
③ 냉각수가 부족할 때
④ 구동벨트의 장력이 팽팽할 때

08. 가솔린엔진에서 온도 게이지가 "HOT" 위치에 있을 경우 점검해야 하는 사항 중 틀린 것은?
① 냉각 전동 팬 작동상태
② 라디에이터의 막힘 상태
③ 수온센서 혹은 수온스위치의 작동상태
④ 부동액의 농도상태

Answer ▶▶▶ 1.② 2.④ 3.④ 4.③ 5.② 6.① 7.④ 8.④

09. 기관의 냉각회로에 공기가 차 있을 경우 나타날 수 있는 현상과 관련 없는 것은?
① 냉각수 순환 불량
② 기관 과냉
③ 히터 성능불량
④ 냉각장치 구성부품의 손상

풀이 기관의 냉각계통에 공기가 차 있으면 냉각수의 순환이 불량해지며, 냉각수 순환 불량으로 인하여 기관이 과열하고, 히터의 성능이 저하하며, 냉각장치 구성부품에 손상을 초래한다.

10. 엔진 윤활장치에서 릴리프 밸브가 고장일 때 나타날 수 있는 현상이 아닌 것은?(단, 유압식 밸브 리프터 사용차량)
① 밸브 노이즈(noise) 증대
② 오일 경고등 간헐 점등
③ 오일소모 과다
④ 캠 샤프트 베어링 소착

풀이 윤활장치의 릴리프 밸브가 고장나면 흡배기 밸브의 노이즈(Noise) 증대, 오일 경고등 간헐 점등, 크랭크축 및 캠축 베어링 소착 등이 발생한다.

11. 엔진오일 압력시험을 하고자 할 때 오일압력 시험기의 설치위치로 가장 적합한 곳은?
① 엔진오일 레벨게이지
② 엔진오일 드레인 플러그
③ 엔진오일 압력스위치
④ 엔진오일 필터

풀이 엔진오일 압력을 측정할 때에는 오일압력 스위치를 분리하고 여기에 오일압력 시험기를 설치하여 점검한다.

12. 기관에서 유압이 높을 때의 원인과 관계없는 것은?
① 윤활유의 점도가 높을 때
② 유압 조정밸브 스프링의 장력이 강할 때
③ 오일파이프의 일부가 막혔을 때
④ 베어링과 축의 간격이 클 때

13. 윤활유의 유압계통에서 유압이 저하되는 원인이 아닌 것은?
① 윤활유 저장량의 부족
② 윤활유 통로의 파손
③ 윤활부분의 마멸량 과대
④ 윤활유의 송출량 과대

14. 윤활유 소비증대의 원인이 아닌 것은?
① 베어링과 핀 저널의 마멸에 의한 간극의 증대
② 기관 연소실 내에서의 연소
③ 기관 열에 의한 증발로 외부에 방출
④ 크랭크케이스 혹은 크랭크축과 오일 리테이너에서의 누설

풀이 베어링과 핀 저널의 마멸에 의해 간극이 증대되면 유압이 낮아진다.

15. 기관의 윤활유 소비증대와 가장 관계가 큰 것은?
① 새 여과기의 사용
② 기관의 장시간 운전
③ 실린더와 피스톤 링의 마멸
④ 오일펌프의 고장

풀이 실린더와 피스톤 링이 마멸되면 실린더 벽을 윤활유를 긁어내리지 못해 연소실에서 연소되므로 윤활유 소비가 증대된다.

16. 가솔린 연료분사장치 엔진에서 연료압력 조절기가 고장 났을 경우, 가장 현저하게 나타날 수 있는 현상은?
① 유해 배기가스가 많이 배출된다.
② 가속이 어렵고 공회전이 불안정해 진다.
③ 엔진의 회전이 빨라진다.
④ 엔진이 과열된다.

Answer ▶ 9. ② 10. ③ 11. ③ 12. ④ 13. ④ 14. ① 15. ③ 16. ①

17. 전자제어 연료분사장치를 장착한 기관에서 압력조절기(pressure regulator)의 고장으로 발생하는 현상은?
① 분사시간이 일정해도 연료 분사량이 달라진다.
② 인젝터에서의 연료 분사시간이 다르다
③ 흡기관의 압력이 높아진다.
④ 연료펌프의 압력이 상승한다.

18. 전자제어 엔진에서 연료압력 점검시 연료압력 조절기 진공호스를 연결하였을 때 연료압력은 대략 얼마인가?
① $1.55 kgf/cm^2$ ② $2.55 kgf/cm^2$
③ $3.55 kgf/cm^2$ ④ $4.55 kgf/cm^2$

〔풀이〕 연료압력조절기는 연료의 압력이 흡기다기관의 진공도에 대하여 2.2~2.6kgf/cm²의 차이를 유지시켜 연료의 분사압력을 항상 일정하게 유지시킨다.

19. 기관의 연료압력을 측정하기 위하여 시동을 켠 상태에서 연료압력계를 연료필터에 설치하였다. 인젝터 분사압력이 약 $2.75kgf/cm^2$, 연료펌프 구동압력이 약 $3.25kgf/cm^2$이 규정값이라면 연료펌프와 필터가 정상일 때 연료압력계의 수치는?
① $2.75kgf/cm^2$보다 높다.
② 약 $2.75kgf/cm^2$이다.
③ $3.25kgf/cm^2$보다 낮다.
④ 약 $3.25kgf/cm^2$이다.

20. MPI기관의 인 탱크형(in tank type) 연료펌프를 점검하기 위해 리턴호스를 손으로 잡아보니 연료의 흐름이 느껴지지 않는다. 그 원인과 관계가 없는 것은?
① 점화스위치의 고장
② 컨트롤 릴레이의 고장
③ 연료펌프의 고장
④ 인젝터의 접촉 불량

21. 전자제어 가솔린기관에서 연료압력 및 잔압을 점검하여 판정하는 내용으로 틀린 것은?
① 연료라인 압력이 규정 값 이상 상승 시 릴리프밸브가 고장이다.
② 엔진 가동을 정지시킨 후 연료압력이 0kgf/cm²로 바로 떨어지면 세이프티 밸브 불량이다.
③ 연료압력조정기의 진공호스 분리 시 압력상승이 없으면 연료압력조정기가 고장이다.
④ 연료압력이 규정보다 낮으면 연료펌프의 최대압력, 연료필터의 막힘 등을 점검해야 한다.

〔풀이〕 엔진 가동을 정지한 후 연료압력이 급격히 떨어지면 연료펌프 내의 체크밸브가 열려 있거나 연료압력조정기가 불량한 경우이다.

22. 전자제어 연료분사장치에서 인젝터 펄스(pulse)의 단위는 무엇인가?
① 드웰(Dwell) ② 분(Minute)
③ 초(Sec) ④ 밀리 세컨드(ms)

23. 시험기를 사용하여 듀티 시간을 점검한 결과 아래와 같은 파형이 나왔다면 주파수는 얼마인가?

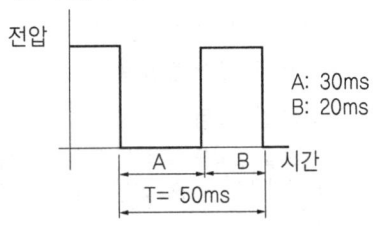

① 20Hz ② 25Hz
③ 30Hz ④ 50Hz

〔풀이〕 $Hz = \dfrac{1}{T} = \dfrac{1 \times 1000}{50 m/s} = 20Hz$
(단, 1sec=1/1000mS이다)

Answer ▶ 17. ① 18. ② 19. ② 20. ④ 21. ② 22. ④ 23. ①

24. 전자제어 연료분사장치 차량의 인젝터 분사량을 측정하기 위해 Scanner를 이용하고 있었다. 60km/h로 주행 중 급가속을 하였다. 이때 분사시간을 나타내는 값 중 가장 가까운 것은?
① 0.0ms   ② 2.0~3.0ms
③ 10.0~11.0ms   ④ 18.0~20.0ms

25. 다음 중 전자제어 엔진의 인젝터 점검 사항에 해당되지 않는 것은?
① 내부저항을 측정한다.
② 내부 진공도를 측정한다.
③ 분사량을 측정한다.
④ 작동음을 들어본다.

26. 다음과 같은 인젝터회로를 점검하는 방법으로 비합리적인 것은?

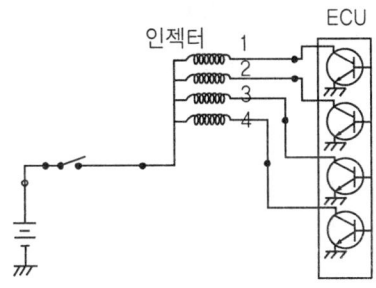

① 각 인젝터에 흐르는 전류파형을 측정한다.
② 각 인젝터의 개별저항을 측정한다.
③ 각 인젝터의 서지 파형을 측정한다.
④ 배터리에서 ECU까지의 총 저항을 측정한다.

풀이 인젝터회로 점검방법
① 각 인젝터에 흐르는 전류 파형을 측정한다.
② 각 인젝터의 서지 파형을 측정한다.
③ 배터리에서 ECU까지의 총 저항을 측정한다.

27. 다음 회로에서 측정하는 점검 내용으로 바른 것은?

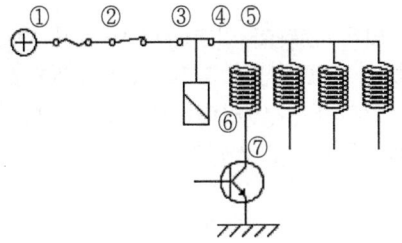

① ⑥번과 접지사이에서 전압 파형을 측정할 때 인젝터와 ECU사이의 접속을 알 수 있다.
② 릴레이 접점의 최적 측정장소는 ③과 ④사이의 전류 측정이다.
③ 인젝터 서지 전압 측정은 ⑥번과 접지 사이에서 행하는 것이 가장 좋다.
④ 스위치 ON 후 TR이 OFF일 때 ⑦번과 ⑤번 사이의 전압은 0V이어야 한다.

28. 전자제어 엔진의 인젝터 회로와 인젝터 코일 저항의 양부상태를 동시에 확인할 수 있는 방법으로 가장 적합한 것은?
① 인젝터 전류 파형의 측정
② 분사시간의 측정
③ 인젝터 저항의 측정
④ 인젝터 분사량 측정

풀이 인젝터의 전류파형을 측정하면 인젝터 회로와 인젝터 코일저항의 양부상태를 동시에 확인할 수 있다.

29. 디젤기관에서 연료분사량이 부족한 원인의 예를 든 것이다. 적합하지 않은 것은?
① 딜리버리 밸브의 접촉이 불량하다.
② 분사펌프 플런저가 마멸되어 있다.
③ 딜리버리 밸브시트가 손상되어 있다.
④ 기관의 회전속도가 낮다.

30. 다음 그림의 회로에서 인젝터 1개의 저항은 16Ω이고, 구동 TR(트랜지스터)의 전압강하가 1V라면, 인젝터 4개의 소모 전력은 총 몇 W인가?

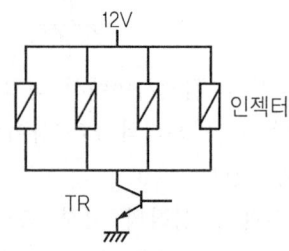

① 42 ② 64
③ 12 ④ 36

풀이 $P = \dfrac{E^2}{R} = \dfrac{12^2}{16} \times 4 = 36W$
P : 소모 전력, E : 전압, R : 저항

31. "인젝터 클리너"를 사용하여 인젝터를 청소하는 경우, 인젝터 팁(tip)부분이 강한 약품에 의하여 손상되었을 때, 발생할 수 있는 문제점으로 가장 옳은 것은?

① 연료소비량 및 유해 배기가스가 증가한다.
② NOx가 더 많이 배출된다.
③ 시동성이 나빠진다.
④ 엔진의 회전력이 감소된다.

풀이 인젝터 팁 부분이 손상되면 연료가 누출되기 때문에 연료소비량 및 유해 배기가스가 증가한다.

32. 디젤기관의 매연발생과 관계없는 것은?

① 앵글라이히 장치
② 분사노즐
③ 딜리버리 밸브
④ 가열 플러그

풀이 가열(예열)플러그는 한랭한 상태에서 디젤기관의 시동을 보조해 주는 부품이다.

33. 디젤기관의 연료공급 장치에서 연료 공급펌프로부터 연료가 공급되나 분사펌프로부터 연료가 송출되지 않거나 불량한 원인으로 틀린 것은?

① 연료여과기의 여과망 막힘
② 플런저와 플런저 배럴의 간극과다
③ 조속기 스프링의 장력약화
④ 연료여과기 및 분사펌프에 공기흡입

34. ECU내에 제너다이오드가 없는 인젝터 회로에서 다음 그림과 같은 접촉불량 요인이 발생했을 때 정상파형과 다르게 나타날 수 있는 것은?

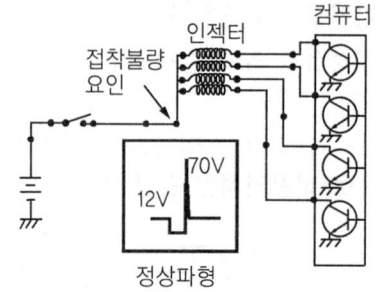

① 90V ② 50V

③ 70V  ④ 50V

35. 디젤엔진에서 매연이 과다하게 발생할 때 기본적으로 가장 먼저 점검해야 할 내용은?

① 에어 엘리먼트 점검
② 연료필터 점검
③ 노즐의 분사압력
④ 밸브간극 점검

36. 디젤기관 연소과정 중 흰색연기가 나올 때의 원인에 해당되는 것은?
① 흡입호스 불량
② 엔진오일이 유입되어 연소
③ 공기청정기 여과 망 막힘
④ 연료 분사시기가 너무 빠름

[풀이] 엔진오일이 연소실에 유입되어 연소하면 흰색연기가 배출된다.

37. LPG엔진 베이퍼라이저 1차실 압력측정에 대한 설명으로 틀린 것은?
① 베이퍼라이저 1차실의 압력은 약 0.3 kgf/cm² 정도이다.
② 압력게이지를 설치하여 압력이 규정치가 되는지 측정한다.
③ 압력 측정시에는 반드시 시동을 끈다.
④ 1차실의 압력조정은 압력조절 스크루를 돌려 조정한다.

38. 터보차저(Turbo charger)가 장착된 엔진에서 출력부족 및 매연이 발생한다면 원인으로 알맞지 않은 것은?
① 에어클리너가 오염되었다.
② 흡기 매니폴드에서 누설이 되고 있다.
③ 발전기의 충전전류가 발생하지 않는다.
④ 터보차저 마운팅 플랜지에서 누설이 있다.

39. 자동차 기관에서 고장이 발생되면 고장신호를 운전자에게 알려준다. 고장발생 신호에 해당되지 않는 것은?
① 냉각수온센서
② 스로틀 포지션 센서
③ 흡기온 센서
④ 피스톤 위치센서

40. MPI차량의 시동과 관계된 장치 중 거리가 먼 것은?
① No 1. TDC
② 흡입공기량 센서
③ 연료펌프
④ 산소센서

41. 전자제어 가솔린기관에서 크랭킹은 가능하나 시동이 되지 않는 현상과 거리가 먼 것은?
① 엔진 컴퓨터에 이상이 있다.
② 연료펌프 릴레이에 이상이 있다.
③ 크랭크 각 및 1번 상사점 센서의 불량이다.
④ TPS의 불량이다.

[풀이] 엔진을 크랭킹할 때 연료분사가 되지 않는 원인은 엔진 컴퓨터, 컨트롤 릴레이, 연료펌프 릴레이, 크랭크 각 및 1번 상사점 센서의 불량이다.

42. 전자제어 가솔린엔진에서 크랭크축은 회전하나 기관이 시동되지 않는 원인으로 틀린 것은?
① No.1 TDC와 크랭크 각 센서의 불량
② 냉각수의 부족
③ 점화장치 불량
④ 연료펌프의 작동불량

43. 전자제어 엔진의 공전속도를 조정할 때 조정 전 확인할 조건이다. 잘못 설명된 것은?
① 등화류, 전동 냉각 팬, 전기장치 등 OFF
② 엔진 냉각수 온도 85~90℃ 유지
③ 변속기 레버는 N 또는 P 위치
④ 타이어는 표준 공기압력 상태

[풀이] 전자제어 엔진의 공전속도를 조정할 때 조정 전 확인할 조건
① 등화류, 전동 냉각 팬, 전기 장치 등 OFF
② 엔진 냉각수 온도 85~90℃ 유지
③ 변속레버는 N 또는 P위치
④ 조향핸들은 직진 위치

Answer ▶▶▶ 36. ② 37. ③ 38. ③ 39. ④ 40. ④ 41. ④ 42. ② 43. ④

44. 전자제어 엔진에서 초기시동을 할 때 웅-웅 거리며 엔진회전수가 오르락내리락한다. 예상되는 고장원인과 가장 관련이 없는 것은 ?(단, 공전조정 가능 차량)
① 공전 회전수 조정불량
② 냉각수온센서 불량
③ 크랭크 각 센서 불량
④ 공전스위치 불량

풀이 전자제어 엔진에서 초기시동을 할 때 웅-웅 거리며 엔진 회전수가 오르락내리락 할 때 예상되는 고장 원인은 공전 회전수 조정불량, 냉각수온센서 불량, 공전스위치 불량 등이다.

45. 자동차에서 배기가스가 검게 나오며 연비가 떨어지고, 엔진 부조현상과 함께 시동성이 떨어진다면 예상되는 고장부위의 부품은 ?
① 공기량 센서
② 인히비터 스위치
③ 에어컨 압력센서
④ 점화스위치

풀이 공기량 센서가 고장 나면 배기가스가 검게 나오며 연비가 떨어지고, 엔진 부조현상과 함께 시동성이 떨어진다.

46. 전자제어 연료 분사장치 차량에서 급가속할 때 역화현상이 발생했다면, 그 원인으로 다음 중 가장 적합한 것은 ?
① 연료 분사량이 농후하다.
② 연료압력이 지나치게 높다.
③ 인젝터의 막힘
④ 냉각수온 센서의 고장

풀이 인젝터가 막히면 전자제어 연료분사장치 차량에서 급가속할 때 역화현상이 발생할 수 있다.

47. 가솔린엔진에서 불규칙한 진동이 일어날 경우의 정비사항 중 틀린 것은 ?
① 마운팅 인슐레이터 손상 유·무 점검
② 점화플러그 손상 유·무 점검
③ 진공의 누설여부 점검
④ 연료펌프의 압력 불규칙 점검

풀이 가솔린엔진에서 불규칙한 진동이 일어날 경우의 정비사항
① 마운팅 인슐레이터 손상 유·무 점검
② 진공의 누설여부 점검
③ 연료펌프의 압력 불규칙 점검

48. 엔진의 공회전이 불규칙하거나 엔진이 갑자기 정지했다. 그 원인이 아닌 것은 ?
① 흡기온도 센서 불량
② ISC계통 불량
③ TPS 불량
④ 자기진단 커넥터 불량

49. 전자제어 연료분사 차량을 점검할 때 주의할 사항 중 옳은 것은 ?
① 일부 어떤 배선은 쇼트나 어스 되어도 무방하다.
② 엔진의 시동 중에 배터리 케이블을 분리하면 시동만 불가능할 뿐이다.
③ 시동키 ON상태나 전기부하가 걸린 상태에서 배터리 케이블을 탈거하지 말 것
④ 점프 케이블 연결시 12V 이상 용량의 배터리를 사용한다.

풀이 연료분사 차량을 점검할 때 주의할 사항
① 배선은 쇼트(단락)나 어스(접지) 되어서는 안 된다.
② 엔진의 시동 중에 배터리 케이블을 분리하면 ECU가 손상된다.
③ 시동키 ON상태나 전기부하가 걸린 상태에서 배터리 케이블을 탈거하지 않는다.
④ 점프 케이블을 연결할 때에는 12V의 배터리를 사용한다.

50. 냉각수온 센서가 고장판단 시 나타나는 현상으로 가장 거리가 먼 것은 ?
① 엔진이 정지
② 공전속도가 불안정
③ 웜업 후 검은 연기 배출
④ CO 및 HC 증가

Answer ▶▶ 44. ③ 45. ① 46. ③ 47. ② 48. ④ 49. ③ 50. ①

51. 맵 센서(MAP sensor) 출력특성으로 알맞은 것은?

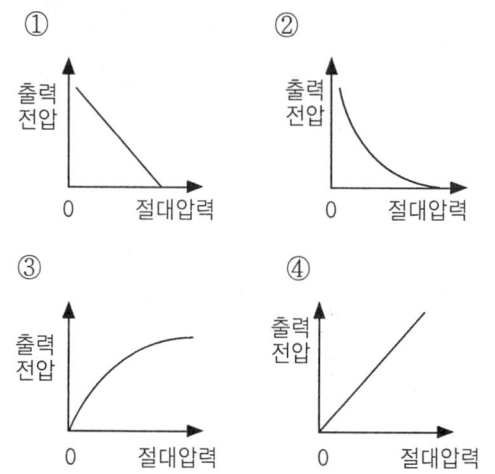

52. 다음 그림은 스로틀 포지션센서(T.P.S)의 내부회로이다. 스로틀밸브가 그림과 같이 닫혀 있는 현재상태의 출력전압은 약 몇 V인가?

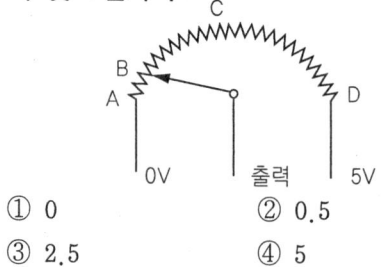

① 0　　② 0.5
③ 2.5　④ 5

53. 다음 그림은 전자제어 연료분사 차량의 흡기다기관 압력센서(MAP 센서)의 전압변동 파형을 이차 트리거(1번 실린더 점화시점)하여 나타낸 것이다. 설명이 틀린 것은?

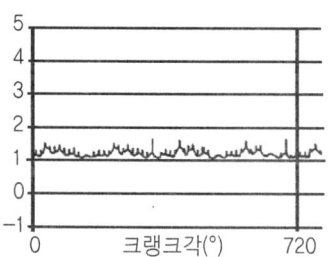

① 급 가속하면 파형이 내려간다.
② 그림의 상태는 공회전 상태이다.
③ 키 스위치만 ON한 상태에서는 파형이 올라간다.
④ 가속을 계속하고 있는 상태에서도 유사한 높이에서 파형이 나온다.

54. A, B 두 정비사가 5V 전원을 사용하는 TPS를 점검하고자 한다.

• 정비사 A : TPS의 전원은 약하므로 테스트램프를 이용하여 점등여부를 확인하는 게 옳다.
• 정비사 B : TPS는 가변저항방식의 디지털신호이므로 테스트램프를 이용하여 측정하는 건 말도 안 된다.

어느 것이 옳은가?
① A가 옳다.
② B가 옳다.
③ A, B 둘 다 맞다.
④ A, B 둘 다 틀린다.

55. 수온센서 고장시 엔진에서 예상되는 증상으로 잘못 표현한 것은?
① 연료소모가 많고 CO 및 HC의 발생이 감소한다.
② 냉간 시동성이 저하될 수 있다.
③ 공회전시 엔진의 부조현상이 발생할 수 있다.
④ 공회전 및 주행 중 시동이 꺼질 수 있다.

56. 배기가스 중에 산소량이 많이 함유되어 있을 때 산소센서의 상태는 어떻게 나타나는가?
① 희박하다.
② 농후하다.
③ 농후하기도 하고 희박하기도 하다.
④ 아무런 변화도 일어나지 않는다.

Answer ▶ 51. ④　52. ②　53. ①　54. ①　55. ①　56. ①

57. 지르코니아 O₂센서의 출력전압이 1V에 가깝게 나타난다면 공연비가 어떤 상태인가?
① 희박하다.
② 농후하다.
③ 14.7 : 1(공기 : 연료)을 나타낸다.
④ 농후하다가 희박한 상태로 되는 경우이다.
[풀이] O₂센서의 출력전압이 1V에 가깝게 나타난다면 공연비가 농후한 상태이다.

58. 산소센서의 기전력은 희박한 상태일 때 몇 볼트를 나타내는가? (단, 산소센서는 질코니아 센서이다)
① 0.1~0.4V ② 0.4~0.6V
③ 0.6~0.8V ④ 0.8~1.0
[풀이] 산소센서의 기전력은 희박한 상태일 때 0.1~0.4V를 나타낸다.

59. 전자제어 엔진에서 혼합비의 농후가 주원인 때 지르코니아 산소센서 방식의 O₂센서 파형으로 가장 적절한 것은?

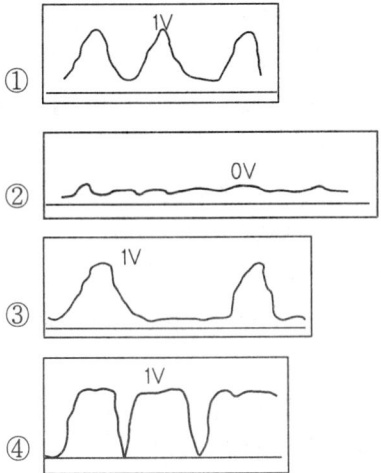

60. 산소센서의 튜브에 카본이 많이 끼었을 때 현상으로 맞는 것은?
① 출력전압이 높아진다.
② 피드백 제어로 공연비를 정확하게 제어한다.
③ 출력신호를 듀티 제어하므로 기관에 미치는 악영향은 없다.
④ ECU는 혼합기가 희박한 것으로 판단한다.

61. O₂센서의 사용상 주의사항을 설명한 것으로 틀린 것은?
① 무연 가솔린을 사용할 것
② O₂센서의 내부저항을 자주 측정하여 이상 유무를 확인할 것
③ 전압을 측정할 경우에는 디지털 멀티미터를 사용할 것
④ 출력전압을 쇼트시키지 말 것

62. 다음은 ISA(Idle speed actuator) 회로에 대한 설명이다. 각 점에서 측정한 코일 A와 B의 작동전압 파형으로 옳은 것은?

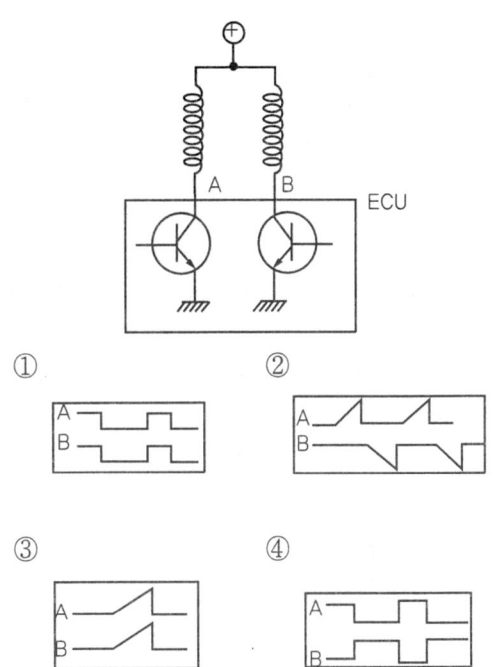

63. 산소센서 출력 값을 측정하는 방법 중 틀린 것은?
① 디지털 볼트미터로 측정한다.
② 아날로그스코프로 측정한다.
③ 오실로스코프로 측정한다.
④ 자기진단 장비로 측정한다.

64. MPI기관에서 산소센서를 점검하니 출력전압이 항상 높게나온다. 그 원인으로 가장 알맞은 것은?
① 공기의 유입이 많다.
② 인젝터에서 연료가 샌다.
③ ISC밸브의 고장이다.
④ 퍼지 컨트롤밸브의 고장이다.

시험장비 사용

01. 기관 압축압력 시험기로 점검할 수 있는 사항이 아닌 것은?
① 노즐의 분사상태
② 실린더 마멸상태
③ 헤드 개스킷 불량
④ 연소실의 카본퇴적
> 풀이 기관 압축압력 시험기로 점검할 수 있는 사항은 실린더 및 피스톤과 피스톤 링 마멸상태, 헤드 개스킷 불량, 연소실의 카본퇴적, 밸브불량, 등이다.

02. 기관의 압축압력 점검결과 압력이 인접한 실린더에서 동일하게 낮은 경우 원인으로 가장 옳은 것은?
① 흡기다기관의 누설
② 점화시기 불균일
③ 실린더헤드 개스킷 소손
④ 실린더 벽이나 피스톤 링의 마멸

03. 실린더 압축시험에 대한 설명 중 틀린 것은?
① 습식시험은 건식시험에서 실린더 압축 압력이 규정 값 보다 낮게 측정될 때 측정하는 시험이다.
② 압축압력시험은 엔진을 크랭킹 속도에서 측정한다.
③ 습식시험은 실린더에 엔진오일을 넣은 후 측정한다.
④ 습식시험을 통해 압축압력이 변화가 없으면 실린더 벽 및 피스톤 링의 마멸로 판정할 수 있다.
> 풀이 습식 압축압력 시험에서 압축압력이 변화가 없으면 밸브 불량, 실린더헤드 개스킷 파손, 실린더헤드 변형 등으로 판정한다.

04. 흡기다기관의 진공시험으로 그 결함을 알아내기 어려운 것은?
① 점화시기의 틀림
② 밸브스프링의 장력
③ 실린더 마모
④ 흡기계통의 개스킷 누설
> 풀이 흡기다기관의 진공시험으로 알 수 있는 결함은 점화시기의 틀림, 실린더 마모, 흡기계통의 개스킷 누설, 밸브작동의 불량 등이다.

05. 기관에서 진공이 누설될 경우 나타나는 현상과 거리가 먼 것은?
① 엔진부조
② 엔진출력 부족
③ 유해가스 과다
④ 연료 증발가스 발생

06. 크랭크축 오일간극을 측정하는 게이지는?
① 보어 게이지
② 틈새 게이지
③ 플라스틱 게이지
④ 내경 마이크로미터

Answer ▶ 63. ② 64. ② 1. ① 2. ③ 3. ④ 4. ② 5. ④ 6. ③

07. 아래 사항에서 기관의 분해시기를 모두 고른 것은?

> A. 압축압력 70% 이하 일 때
> B. 압축압력 80% 이하일 때
> C. 연료소비율 60% 이상일 때
> D. 연료소비율 50% 이상일 때
> E. 오일소비량 50% 이상일 때
> F. 오일소비량 50% 이하일 때

① A, C, F　　② A, C, E
③ B, C, F　　④ B, D, F

풀이 기관의 분해시기 결정요소
① 압축압력 70% 이하 일 때
② 연료소비율 60% 이상일 때
③ 오일소비량 50% 이상일 때

08. 라디에이터 캡 시험기로 점검할 수 없는 것은?
① 라디에이터 코어 막힘 여부
② 라디에이터 코어손상으로 인한 누수 여부
③ 냉각수 호스 및 파이프와 연결부에서의 누수 여부
④ 라디에이터 캡의 불량

풀이 라디에이터 코어 막힘은 신품용량과 비교하여 점검한다.

09. 다음 중 디젤 인젝션 펌프의 시험 항목이 아닌 것은?
① 누설시험　　② 송출압력 시험
③ 공급압력 시험　　④ 충전량 시험

10. 연료분사펌프 시험기로 각 실린더의 분사량을 측정하였더니 최대 분사량이 33cc이고, 최소 분사량이 29cc이며, 각 실린더의 평균 분사량이 30cc였다. (+)불균율은?
① 10%　　② 20%
③ 30%　　④ 35%

풀이 (+)불균율 = $\dfrac{\text{최대분사량} - \text{평균분사량}}{\text{평균분사량}} \times 100$

= $\dfrac{33-30}{30} \times 100 = 10\%$

11. 4행정 사이클 디젤기관의 분사펌프 제어래크를 전부하 상태로 하고, 최대 회전수를 2000rpm으로 하여 분사량을 시험하였더니 1실린더 107cc, 2실린더 115cc, 3실린더 105cc, 4실린더 93cc일 때 수정할 실린더의 수정치 범위는 얼마인가? (단, 전부하시 불균율 4%로 계산한다.)
① 100.8~109.2cc　　② 100.1~100.5cc
③ 96.3~103.6cc　　④ 89.7~95.8cc

풀이 ① 평균 연료분사량 = $\dfrac{107+115+105+93}{4}$
= 105cc
② 불균율이 4%이므로 105cc×0.04 = 4.2cc
③ (-) 불균율 = 105cc-4.2 = 100.8cc
④ (+) 불균율 = 105cc+4.2 = 109.2cc

12. 가솔린 배기가스 분석기로 점검할 수 없는 것은?
① CO가스　　② HC가스
③ NOx가스　　④ P.M(입자상물질)

풀이 P.M(입자상 물질)은 디젤기관에서 배출되는 물질이다.

13. 운행자동차의 정기검사 배출가스측정방법 중 일산화탄소 및 탄화수소 측정방법으로 맞지 않는 것은?
① 배출가스 채취관을 배기관 내에 30cm 이상 삽입하고 측정한다.
② 채취관 삽입 후 10초 이내로 측정한 배출가스 농도를 읽어 기록한다.
③ 배기관이 2개 이상일 때에는 임의로 배기관 1개를 선정하여 측정을 한 후 측정치를 삽입한다.
④ 자동차용 원동기 배기관과 냉·난방용 원동기 배기관이 별도로 있을 경우에는 자동차용 배기관에서만 측정한다.

Answer 7. ②　8. ①　9. ④　10. ①　11. ①　12. ④　13. ②

14. 정밀검사 시행요령 중 배출가스 분석기의 사용에 관한 내용으로 틀린 것은?

① 배출가스 분석기는 형식 승인된 기기로 최근 1년 이내에 정도검사를 필한 것이어야 한다.
② 배출가스 분석기는 충분히 예열하여 안정화시킨 후 분석기 사용방법에 따라 조작한다.
③ 일산화탄소, 탄화수소, 이산화탄소, 산소 및 질소산화물 분석기의 영점 및 스팬(span)을 조정한다.
④ 배출가스 측정시 외부공기가 충분히 들어갈 수 있도록 시료채취관에 압축공기를 불어넣는다.

풀이 배출가스 분석기의 사용할 때 주의사항은 ①, ②, ③항 이외에 측정 도중 외부 공기가 새어 들어오지 않도록 배기관, 시료 채취관 등의 파손 및 누설 여부를 수시로 확인하여야 한다.

15. 일산화탄소 및 탄화수소 측정기의 측정 전 준비사항으로 틀린 것은?

① 아날로그형 측정기는 예열 전에 전원스위치를 끊고 기계적 영점을 확인하여 필요시 영점을 맞춘다.
② 1주일 이상 계속 사용하지 않았다가 사용하고자 하는 경우 스팬 조정을 실시해야 한다.
③ 스팬 조정은 1개월에 1회 이상 실시해야 한다.
④ 측정기는 동작 확인된 기기로서 최근 2년 이내에 정도검사를 필한 것이어야 한다.

풀이 일산화탄소 및 탄화수소 측정기의 측정 전 준비사항은 ①, ②, ③항 이외에 배출가스 분석기는 형식 승인된 기기로 최근 1년 이내에 정도검사를 필한 것이어야 한다.

16. 어떤 자동차를 섀시 다이나모에서 LA4 모드(CVS-75) 시험법으로 일산화탄소를 측정하였더니 다음과 같은 값을 얻었다. 평균배기 농도는 얼마인가?

조건	배기농도(%)	배기농도계수
아이들링	5.0	0.22
가속	3.0	0.43
정속	2.0	0.58
감속	4.0	0.13

① 4.70% ② 4.07%
③ 4.27% ④ 4.17%

풀이 평균 배기농도 = (5.0×0.22) + (3.0×0.43) + (2.0×0.58) + (4.0×0.13) = 4.07%

17. NDIR(비분산 적외선) 분석방법을 채택한 배기가스 측정기로 측정하는 것은?

① HC   ② NOx
③ O_2 ④ H_2O

18. 휘발유 및 가스사용 운행 차의 배출가스 분석방식으로 적합한 것은?

① 비분산 적외선식 ② 여지투과식
③ 10모드식   ④ 6모드식

풀이 비분산 적외선 방식(NDIR, Non-dispersive infrared absorption) : 일산화탄소, 이산화탄소 및 탄화수소 등 가스 상 물질 들이 적외선(Infrared light)에 대해 특정한 흡수스펙트럼을 갖는 것을 이용하여 특정성분의 농도를 구하는 방법으로 대기 및 굴뚝가스 중의 오염물질을 연속적으로 측정하는 비분산 정필터형 적외선 가스 분석계에 대해 적용한다. 휘발유 및 가스사용 운행 자동차의 배출가스 분석에 주로 사용한다.

19. 배출가스 정밀검사에서 경유자동차 매연측정기의 매연분석 방법은?

① 광반사식
② 여지반사식
③ 전유량방식 광투과식
④ 부분유량채취방식 광투과식

풀이 매연측정기의 매연분석 방법은 부분유량채취방식 광투과식이다.

Answer ▶ 14. ④ 15. ④ 16. ② 17. ① 18. ① 19. ④

20. 디젤엔진의 매연 측정시 올바른 것은?
① 매연 측정시마다 표준 색지로 세팅한다.
② 검출지는 3회까지 사용이 가능하다.
③ 매연 채취관은 20cm 이상 배기구에 삽입한다.
④ 매연 측정시 엔진은 공회전 상태가 되어야 한다.

21. 매연측정기 사용법 중 해당되지 않는 항목은?
① 에어버튼을 누른다.
② 표준가스를 주입한다.
③ 여과지 레버를 아래로 누른 후 여과지 장착부에 깨끗한 여과지 1매를 넣는다.
④ 가속 스위치를 가속페달 위에 올려놓고 힘껏 밟는다.
[풀이] 표준가스를 주입하는 테스터는 CO, HC 테스터이다.

22. 자동차의 매연을 3회 측정하고 다시 2회를 측정하여 총 5회를 측정한 값이 다음과 같다, 산출한 최종 측정치는?(1회 ; 44%, 2회 : 38%, 3회 : 28%, 4회 : 40%, 5회 : 36%)
① 34.3% ② 35%
③ 36%   ④ 38%
[풀이] 최종 측정치= $\frac{40+36}{2}$ = 38%

23. 매연 측정치 산술시 3회 연속 측정한 매연농도의 최대치와 최소치의 차이가 몇 %를 초과할 때 2회를 다시 측정하여야 하는가?
① 3%   ② 5%
③ 10% ④ 20%
[풀이] 매연 측정치 산술시 3회 연속 측정한 매연농도의 최대치와 최소치의 차이가 5%를 초과할 때 2회를 다시 측정하여야 한다.

24. 매연 측정기의 지시정도는 교정용 표준지로 교정한 후 1분 뒤 지시치가 최대눈금의 몇 % 이내이어야 하는가?
① 10% 이내 ② 2% 이내
③ 7% 이내   ④ 3% 이내
[풀이] 매연 측정기의 지시정도는 교정용 표준지로 교정한 후 1분 뒤 지시치가 최대눈금의 2%이내여야 한다.

25. 운행차 배출가스 정기검사대행자가 갖추어야 할 장비 중 여지 반사식 매연측정기의 교정용 표준지 규격(농도)에 해당되는 것은?
① 20%, 30%, 40%, 50%
② 20%, 30%, 40%, 60%
③ 20%, 40%, 60%, 80%
④ 20%, 30%, 50%, 60%

26. 운행차 배출가스 정밀검사의 검사모드에 관한 설명으로 틀린 것은?
① 휘발유사용 자동차 부하검사 방법은 ASM2525모드이다.
② 경유사용 자동차 무부하 검사방법은 무부하 정지가동 검사모드이다.
③ 경유사용 자동차 부하검사방법은 Lug-down 3모드이다.
④ 휘발유사용 자동차 무부하 검사방법은 무부하 정지가동 검사모드이다.

27. 배출가스 정밀검사에서 Lug-Down3 모드의 검사항목이 아닌 것은?
① 매연 농도
② 엔진출력
③ 엔진 회전수
④ 질소산화물(NOx)

Answer 20. ③ 21. ② 22. ④ 23. ② 24. ② 25. ① 26. ② 27. ④

CHAPTER 02 자동차 전기·전자

1 전기·전자 일반

1.1. 전기의 본질

1.1.1. 전기와 물질

일반적으로 자유전자가 흐를 때 전기가 흐른다라고 하며, 물질 내부에서 자유전자가 자유롭게 이동하는(전기가 잘 통하는) 물질을 도체, 자유전자가 잘 흐르지 못하는(전기가 통하지 않는) 물질을 부도체, 도체와 부도체의 중간특성을 가진 물질을 반도체라고 한다.

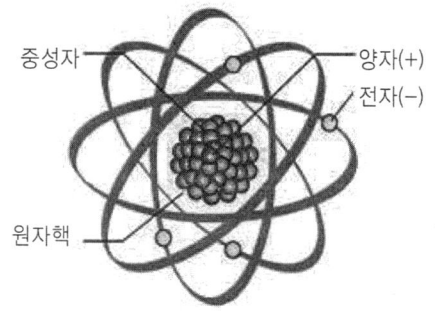

그림 1. 원자의 구조

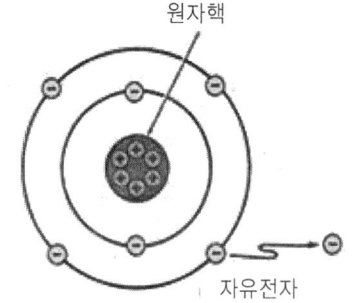

그림 2. 가전자와 자유전자

1.1.2. 전하와 전류

전하는 물체가 가진 속성 중 전기적인 현상을 일으키는 원인으로서, 전하와 전하사이에 일어나는 전기력(서로 같은 극성은 척력, 서로 다른 극성은 인력) 때문에 전하를 띤 입자의 이동현상이 일어난다.

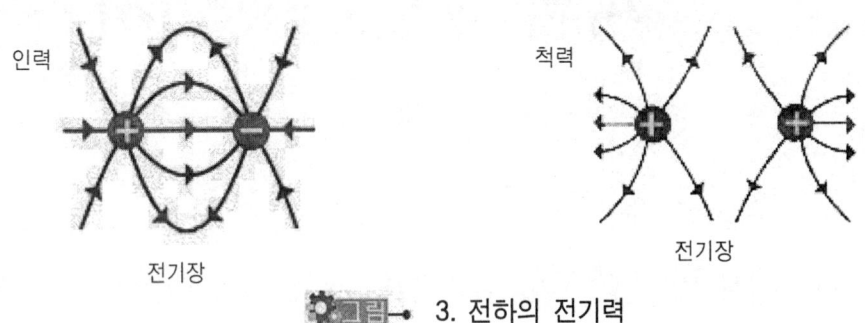

그림 3. 전하의 전기력

전하를 띤 입자에는 태생적으로 (+)극성의 전하를 띤 양자와 (-)극성의 전자, 그리고 전기적으로 균형이 깨져 생긴 양이온(+극성), 음이온(-극성)이 있다. 전기적으로 중성인 원자가 균형이 깨져 전자를 잃게 되면 양이온이 되며, 전자를 얻게 되면 음이온으로 변한다.

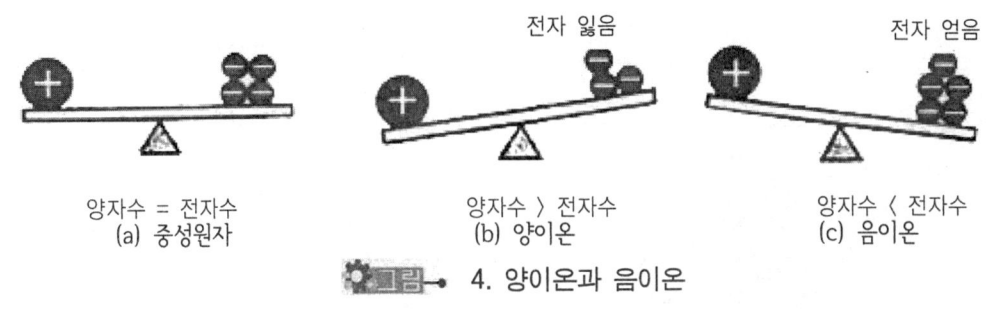

그림 4. 양이온과 음이온

1.2. 전류, 전압 및 저항

1.2.1. 전류

일반적으로 도선을 따라 흐르는 전류는 (-)전하를 띤 전자의 흐름으로서 전류의 세기는 어떤 도체의 단면을 1초간에 통과하는 전하량으로 정의되며 기호는 I, 단위는 A(암페어)를 사용한다.

$$I = Q / t \ [A]$$

여기서 Q는 전하량이며 단위는 C(쿨롱)이다.

전류는 전류계로 측정하며, 전류계는 회로내 직렬(series)로 연결하여 사용한다.
전기는 형태에 따라 직류와 교류로 구분한다.
① 직류 : 크기와 방향이 일정한 전기(예 : 축전지, 건전지)
② 교류 : 크기와 방향이 주기적으로 변화하는 전기(예 : 교류발전기, 가정용전기)
도체나 물질속에 전류가 흐를 때 발생하는 전류의 3대 작용은 다음과 같다.

[1] 전류의 3대 작용
① 발열작용 : 도체에 전류가 흐를 때 도체의 저항으로 인해 발열되는 작용, 즉 전기에너지가 열에너지로 변환된다(예 : 시거라이터, 전구, 전열기).
② 화학작용 : 전류가 물질속을 흐를 때 화학작용(화학반응, 전기분해반응)에 의해 기전력이 발생하는 작용, 즉 화학에너지가 전기에너지로 상호 변환된다(예 : 축전지, 전기도금).
③ 자기작용 : 도체에 전류가 흐르면 자계가 형성되는 작용, 즉 전기적 에너지를 기계적 에너지로 바꾸는 것을 말한다(예 : 전동기, 솔레노이드, 릴레이, 발전기).

1.2.2. 저항

저항이란 전자가 도체 내에서 이동할 때 전자의 흐름을 방해하는 성질을 말한다. 저항의 기호는 R, 단위는 Ω(옴)을 사용한다. 전기저항은 자유전자가 도체 내를 이동시에 원자들과 충돌하여 방해를 받으며, 전자가 저항을 지날 때 전압손실이 생긴다.

[1] 도체의 저항
도체의 저항은 재료의 종류, 형상(길이, 직경), 온도 및 물리적상태에 영향을 받는다.

(1) 고유저항(비저항)
20℃ 일정형상 도체의 재료에 따른 저항(기호 ρ, 단위 $\mu\Omega.cm$)

재료명	고유저항(μΩcm)	재료명	고유저항(μΩcm)
은	1.62	니켈	6.9
구리	1.69	철	10.0
금	2.40	강	20.6
알루미늄	2.62	주철	57 ~ 114
황동	5.7	니켈-크롬	100 ~ 110

(2) 형상에 따른 저항

도체의 단면적에 반비례하고 길이에 비례

$$R = \rho \frac{L}{A} \ [\Omega]$$

A : 단면적[cm²]   L : 길이[cm]   ρ : 고유저항[μΩ.cm]

(3) 온도에 따른 저항

① 온도상승시 저항증가(대부분의 금속) : 정온도 특성(PTC)

$$R_t = R_{20}(1 + \alpha \triangle T)$$

R_{20} : 20℃에서의 저항(Ω)   α : 온도계수   ΔT : 온도차

② 온도상승시 저항감소(대부분의 반도체) : 부온도 특성(NTC)

(4) 물리적 조건
① 절연저항 : 절연체의 저항(절연체를 통해 흐르는 미소전류를 누설전류)
② 접촉저항 : 도체와 도체 연결 접촉부위의 형상 및 특성에 따라 발생하는 저항

[2] 저항의 직렬연결

직렬연결은 저항값을 크게 조정하기 위해 몇 개의 저항을 한 줄로 연결한 것으로, 합성저항은 각 저항을 합한 것과 같으며, 합성저항은 회로내의 가장 큰 저항값보다 커진다. 각 저항을 통과하는 전류의 크기는 같으며, 각 저항에 의해 분배된 전압의 총합은 전원전압과 같다

$$R = R_1 + R_2 + R_3 + \cdots + R_n$$

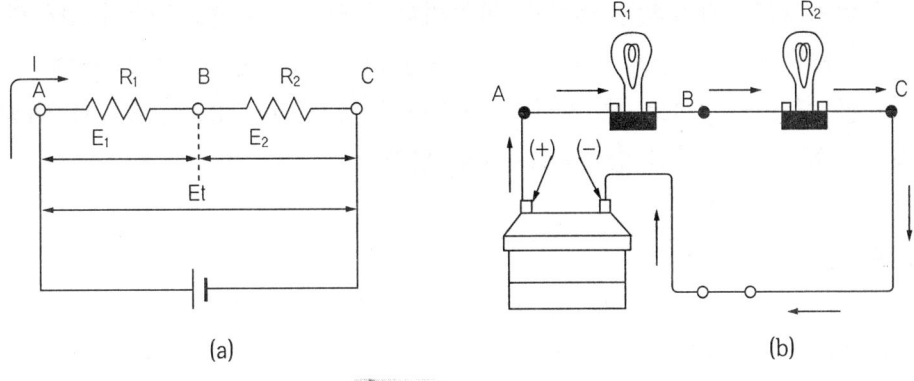

그림 5. 직렬연결

[3] 저항의 병렬연결

병렬연결은 저항값을 적게 조정하기위해 몇 개의 저항을 나누어 연결한 것이며, 합성저항은 회로내의 가장 작은 저항값 보다도 작아진다.

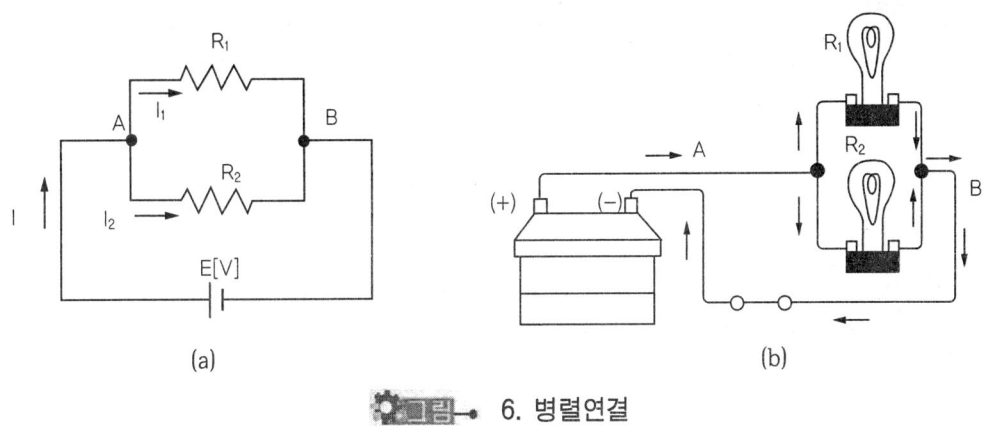

그림 6. 병렬연결

합성저항은 각 저항의 역수를 합한 값의 역수와 같아지며, 어느 저항에서나 전원전압과 동일한 전압이 걸리지만, 전류가 나누어져 흐르며, 각 저항을 통해 흐르는 전류의 합은 전원에서 흐르는 전류와 같다.

$$\frac{1}{R} = \frac{1}{R_1} + \frac{1}{R_2} + \frac{1}{R_3} + \cdots + \frac{1}{R_n}$$

1.2.3. 전압

전류를 흐르게 하는 전기적인 압력을 전압이라고 하며, 두 점(위치)의 전하량(전위)의 차이로 나타낸다. 전압의 기호는 E(또는 V), 단위는 V(볼트)이며, 전압계(Voltmeter)를 사용하여 회로 내 병렬로 연결하여 측정한다. 1Ω의 도체에 1A의 전류를 흐르게 할 수 있는 전기의 압력을 1V라고 한다.

[1] 전기회로 내의 전원

전기회로는 전원, 전선, 스위치, 부하 등을 연결해 놓은 전기적 통로로 전원부, 제어부, 작동부로 구성되어있다.

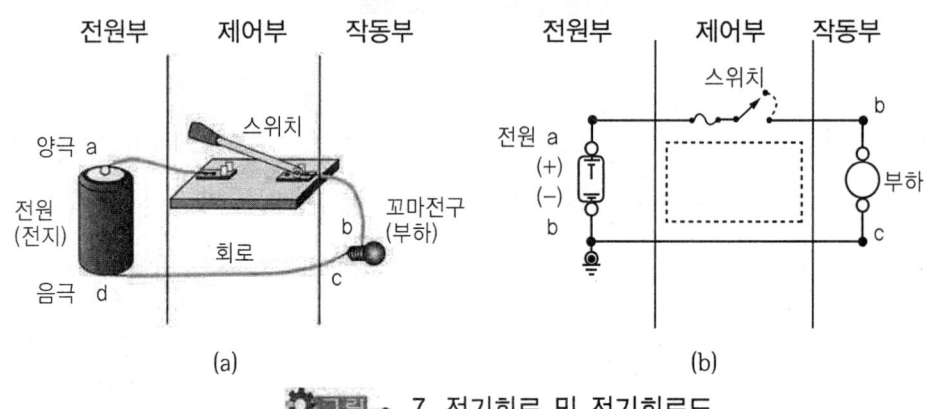

그림 7. 전기회로 및 전기회로도

[2] 인가전압과 전압강하
(1) 인가전압

부하(load)를 작동시키는데 유효한 회로 내 인가된 전압으로, 공급전압(에너지) 중 측정위치에서 얼마나 에너지가 남아있는지 측정한다.

(2) 전압강하

회로 내 대부분의 부품(부하)은 저항을 가지고 있으며, 저항을 갖는 모든 요소는 전압강하를 발생시킨다. 저항을 지나면서 얼마나 에너지를 소비했는지 측정한다.

[3] 전지(전원)의 직병렬 연결
(1) 직렬연결

전지의 (+)와 (-)를 연결한 것으로 전압은 개수배로 상승, 전류는 1개의 양과 같다.

(2) 병렬연결

전지의 (+)와 (+)를, (-)와 (-)를 같은 극성끼리 연결 한 것으로 전압은 1개의 전압과 같고, 전류는 개수배로 상승한다.

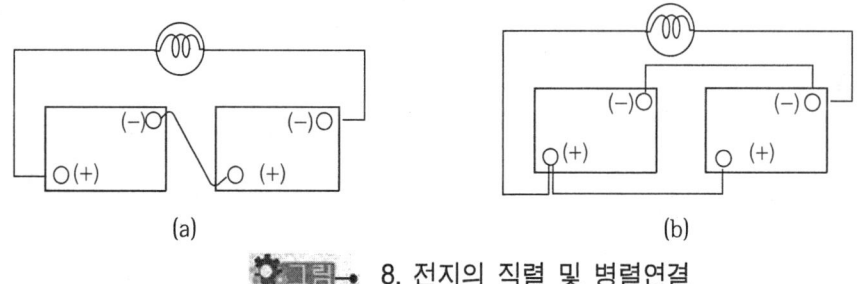

그림 8. 전지의 직렬 및 병렬연결

1.3. 옴의 법칙

도체에 흐르는 전류의 크기(I)는 전압(E)에 비례하고, 그 도체의 저항(R)에는 반비례한다는 법칙이다.

$$I = \frac{E}{R}, \quad E = IR, \quad R = \frac{E}{I}$$

1.4. 키르히호프의 법칙(Kirchhoff´s Law)

[1] 제1법칙

전류법칙으로 회로 내의 어떤 접속점에서도 유입하는 전류의 총합과 유출하는 전류의 총합은 같다.

[2] 제2법칙

전압법칙으로 임의의 폐회로에 있어서 기전력의 총합과 저항에서 발생하는 전압강하의 총합은 서로 같다.

1.5. 전력

전력이란 전기가 도체속을 흐르면서 단위시간 동안에 한 일의 양의 크기이며, 기호는 P 단위는 W(와트)로 나타낸다. 전등, 전동기 등에 전압을 가하여 전류를 공급하면 열이 나고 기계적 에너지를 발생시켜 일을 할 수 있도록 하는 것을 말한다.

$$P = EI, \quad P = I^2 R, \quad P = \frac{E^2}{R}$$

P : 전력, E : 전압
I : 전류, R : 저항

1.6. 회로 보호장치

전기회로에서 절연이 파괴되어 단락이 되면, 회로 내 저항이 감소되어 과도한 전류가 흘러 전선은 물론 화재의 원인이 된다. 이것을 방지하기위한 장치를 회로 보호장치라 한다.

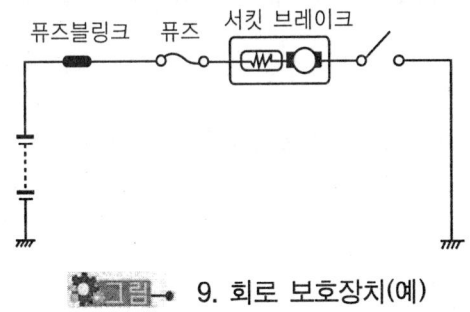

9. 회로 보호장치(예)

[1] 퓨즈

퓨즈는 단락 및 누전에 의해 과대전류가 흐르면 차단되어 전류의 흐름을 방지하는 부품이며, 전기회로에 직렬로 설치된다. 재질은 납과 주석의 합금이고, 회로에 합선이 발생하면 퓨즈가 단선되어 전류의 흐름을 차단한다.

[2] 퓨즈 블링크

퓨즈 블링크는 차량사고나 화재시에 퓨즈 이전의 소손 발생시에 회로를 보호하기 위해 적용되는 것으로 축전지로부터 가까운 쪽에 설치되어 있다.

[3] 서킷브레이크

퓨즈나 퓨즈블링크와 함께 회로를 보호하는 장치이다. 회로에 과도한 전류가 흐를 때 퓨즈처럼 융단되는 것이 아니라, 이장치는 열에 의해 회로가 차단된 후 시간이 경과되어 어느 정도 냉각되면 다시 연결되는 On/Off 형식의 열감지 스위치로 생각할 수 있다.

1.7. 콘덴서(condenser, 축전기)

콘덴서는 절연체를 사이에 두고 도체(금속)판을 평행하게 배치하여 만든 소자로서, 콘덴서에 직류전원을 가하면 양극판에는 (+)전하가, 음극판에는 (-)전하가 축적된다. 외부에서 전압을 인가하여 콘덴서에 전기에너지를 축적하는 것을 충전, 콘덴서에 축적된 전기에너지를 외부로 방출하는 것을 방전이라고 한다. 충방전 기능 외에도 직류를 차단하고 교류를 통과시키는 필터로서의 역할, 지연회로나 회로의 전기적인 노이즈를 방지하기위해 사용된다.

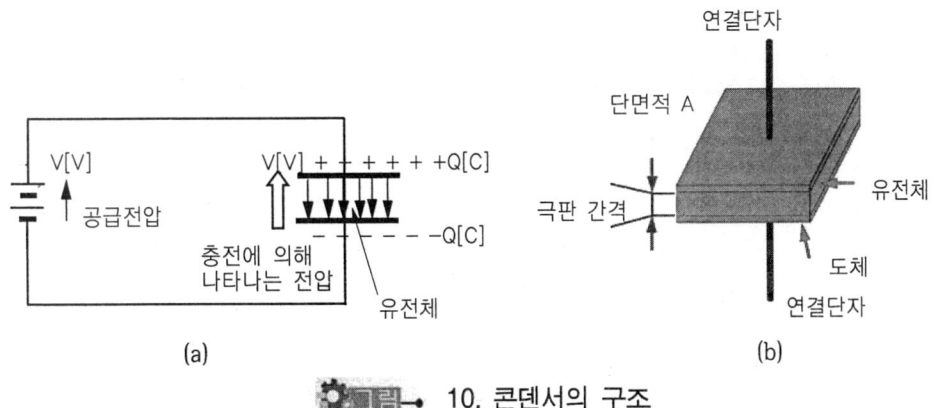

그림 10. 콘덴서의 구조

[1] 콘덴서의 정전용량

콘덴서에 축적되는 전하량(Q)은 인가하는 전압(V)에 비례한다.

$$Q = C * V, \quad C = \frac{Q}{V}$$

C는 콘덴서의 정전용량(충전능력)으로 형상 및 유전율에 따라 달라지며, 단위는 F(패럿)을 사용한다.

$$C = \epsilon \frac{A}{d}$$

ϵ : 유전율   A : 극판의 단면적   d : 극판사이의 거리

콘덴서(축전기)의 정전용량의 크기는 다음과 같다.
① 가해지는 전압에 반비례한다.

② 상대하는 금속판의 면적에 비례한다.
③ 금속판 사이의 절연체의 유전율에 비례한다.
④ 금속판 사이의 거리에 반비례한다.

[2] 콘덴서의 직병렬 연결시의 정전용량
① 직렬연결 : $1/C = 1/C_1 + 1/C_2 + \cdots\cdots + 1/C_n$
② 병렬연결 : $C = C_1 + C_2 + \cdots\cdots + C_n$

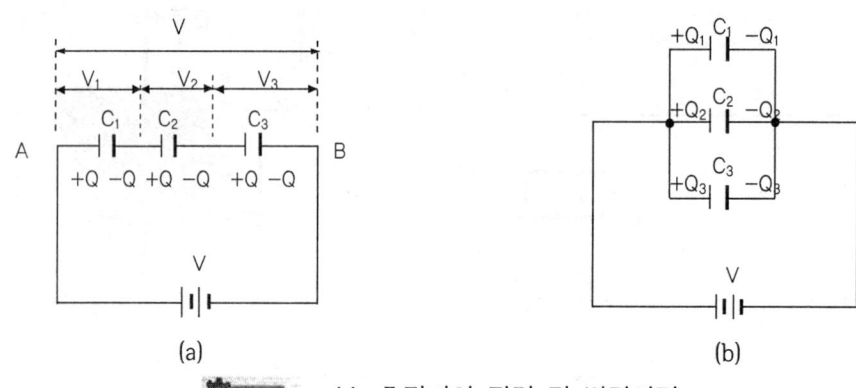

11. 축전기의 직렬 및 병렬연결

1.8. 코일(coil)

코일은 인덕터(inductor) 또는 인덕턴스(inductance)라고도 부르며, 도선을 원형의 모양이나 기타의 모양으로 감거나 두 도선을 동시에 감아 놓은 형태를 말한다. 코일의 기호는 L, 단위는 H(헨리)를 사용한다.

1.8.1. 자기성질

① 자성체란 자기유도에 의해 자화되는 물질이다.
② 자석은 자기를 가지고 있는 물체를 말한다.
③ 자석은 동종(같은 극)반발, 이종(다른 극)흡인의 성질이 있다.
④ 자성체에는 상자성체와 반자성체가 있다.
  ㉮ 자성체 : 철, 니켈, 코발트, 크롬
  ㉯ 반자성체 : 인, 구리, 안티몬
  ㉰ 비자성체 : 알루미늄, 아연, 황동, 백금

1.8.2. 릴레이

전류의 자기작용을 이용한 전기기기로 전자석(솔레노이드)에 직렬로 연결된 제어용 스위치를 ON하게 되면 코일에 전류가 흘러 전자석이 되며, 전자석 극부분에 위치한 가동철편은 흡착한다. 가동철편이 흡착되면 가동철편에 붙은 대전류 접점이 ON 되어 부하측에 전류를 흐르게 한다. 즉 전자석 작동을 위한 소전류로 대전류의 부하를 제어할 수 있는 것이 릴레이이다. 전체의 자속은 코일에 의한 자력선과 철심의 자화에 의한 자력선의 합이 된다.

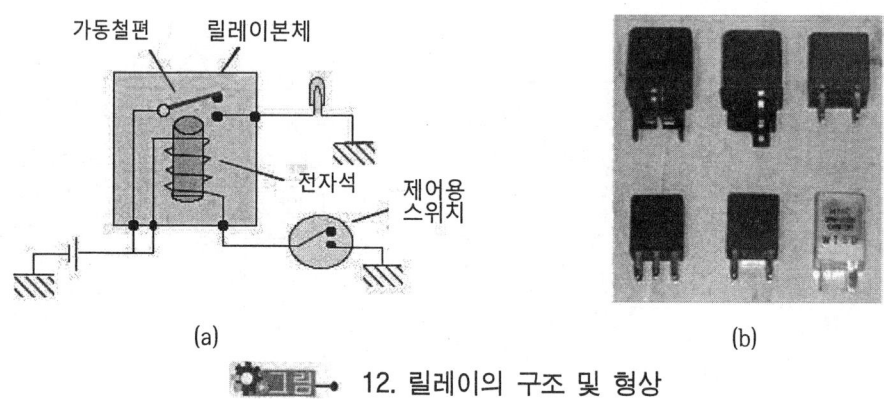

그림 12. 릴레이의 구조 및 형상

1.8.3. 자체인덕턴스와 상호인덕턴스

[1] 자체 인덕턴스

코일이 하나만 있는 경우에도 코일 자신에 유도 기전력이 유도되는 현상을 자체 유도라고 하며, 코일의 자체 유도 능력의 정도를 나타내는 것을 자체 인덕턴스라 한다.

[2] 상호 인덕턴스

두 개의 코일을 서로 가까이 하면 한쪽 코일의 전류가 변화할 때, 다른 쪽 코일에서 유도 기전력이 발생하는 현상을 상 유도라 하고, 그 상호 유도작용의 정도를 상호 인덕턴스라고 한다.

1.9. 반도체(semi conductor)

1.9.1. 반도체의 개요

게르마늄(Ge)이나 실리콘(Si) 등은 도체와 절연체의 중간인 고유저항을 지닌 것이다.

반도체의 성질은 불순물의 유입에 의해 저항을 바꿀 수 있고, 빛을 받으면 고유저항이 변화하는 광전효과가 있으며, 자력을 받으면 도전도가 변화하는 홀(hall)효과가 있다. 또 온도가 높아지면 저항 값이 감소하는 부(負) 온도계수의 물질이다.

1.9.2. 반도체의 종류와 그 작용

불순물을 포함하고 있지 않은 순수한 반도체를 진성 반도체라 하며 실리콘(Si), 게르마늄(Ge) 등과 같은 4족 원소이고 완전한 공유결합을 이룬다. 불순물을 포함하고 있는 반도체를 불순물 반도체라 하며 P형과 N형이 있다.

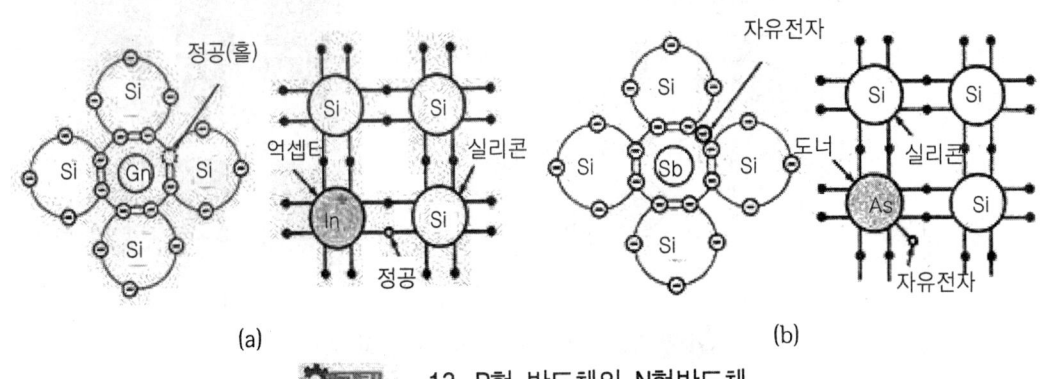

그림 13. P형 반도체와 N형반도체

[1] P(positive)형 반도체

진성반도체 실리콘(Si, 4가)속에 갈륨(Ga), 알루미늄(Al), 인듐(In)과 같은 3가의 원소를 첨가한 반도체이다. 가전자 1개가 부족하여 전자가 빈 곳이 생기는 자리를 정공 또는 홀(hole)이라 하며, 정공을 만들기 위한 3가의 불순물을 억셉터(acceptor)라 한다. 정공이 다수 캐리어이고, 자유 전자는 소수 캐리어이다.

[2] N(negative)형 반도체

진성 반도체(실리콘) 속에 5가의 비소(As), 안티몬(Sb), 인(P) 등의 불순물 원소를 첨가한 반도체이다. 불순물 원자가 실리콘 원자 1개를 밀어내고 그 자리에 들어가 실리콘 원자와 공유결합을 한다.

가전자 1개가 남는 전자를 과잉전자라 하며, 과잉전자를 만드는 불순물을 도너(donor)라고 한다. 자유 전자가 다수 캐리어이고 정공은 소수 캐리어가 된다.

1.9.3. 반도체 장·단점

[1] 반도체의 장점
① 매우 소형이고, 가볍다.
② 내부 전력 손실이 매우 적다.
③ 예열시간을 요하지 않고 곧 작동한다.
④ 기계적으로 강하고, 수명이 길다.

[2] 반도체의 단점
① 온도가 상승하면 그 특성이 매우 나빠진다(게르마늄은 85℃, 실리콘은 150℃ 이상 되면 파손되기 쉽다).
② 역내압(역 방향으로 전압을 가했을 때의 허용한계)이 매우 낮다.
③ 정격 값 이상 되면 파괴되기 쉽다

1.9.4. 반도체의 종류

반도체 소자는 접합방식에 따라 무접합, 단접합, 2중접합, 다중접합으로 구분된다.

[반도체 접합의 종류]

구 분	접합도	적용 반도체
무접합	─P─ ─N─	서미스터, CdS(광검출 소자), 외형 게이지
단접합	─PN─	다이오드, LED(발광다이오드), 제너다이오드
이중접합	─PNP─ ─NPN─	트랜지스터, 포토 트랜지스터
다중접합	─PNPN─	사이리스터(SCR), 트라이액

[1] 다이오드(diode)

P형 반도체와 N형 반도체를 마주 대고 접합한 것으로 PN정션(junction)이라고도 하며 순방향으로는 전류가 흐르고 역방향으로는 전류가 흐르지 않는 특성으로 교류발전기의 정류회로 등에 활용된다.

순방향 전류가 흐르도록 외부 직류전압을 인가하는 방법을 순방향 바이어스라 하며, 순방향으로 전류가 흐르기 시작하는 시점의 인가전압을 임계전압 또는 문턱전압 이라고 하며 보통 실리콘(Si)는 0.6~0.7V, 게르마늄(Ge)는 0.3~0.4V이다.

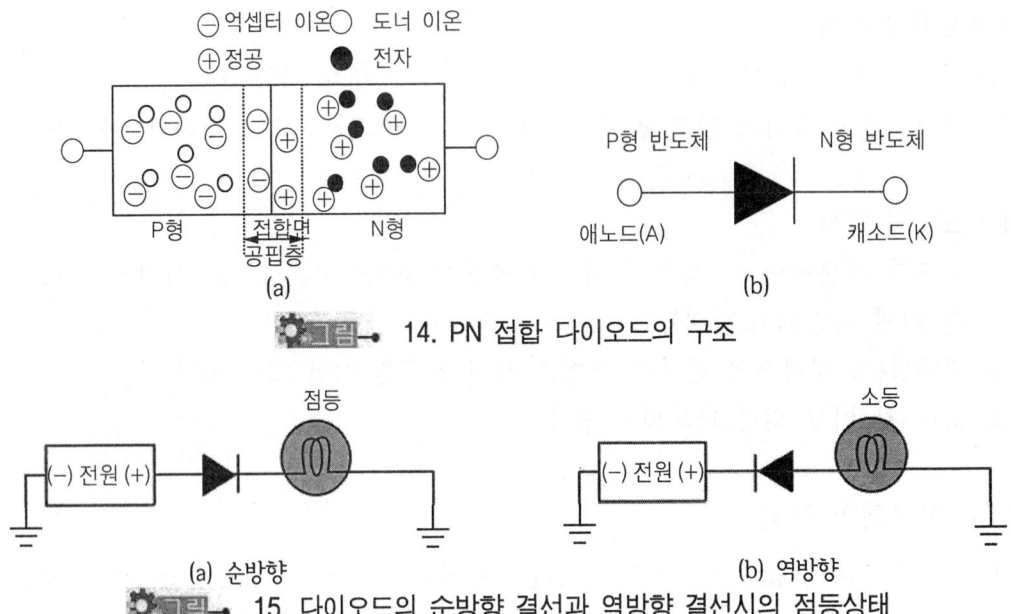

그림 14. PN 접합 다이오드의 구조

그림 15. 다이오드의 순방향 결선과 역방향 결선시의 점등상태

역방향으로 전압을 인가하면 전류가 거의 흐르지 않게 되지만, 전압이 계속 증가하게 되면 어떤 전압 이상에서는 급격히 큰 전류가 흘러 다이오드가 파괴되는데, 이때의 전압을 항복전압이라고 한다.

[2] 제너다이오드(zener diode)

순방향특성은 정류 다이오드와 같으나, 역방향 특성에서 일정이상의 전압이 가해지면 역 방향으로 전류가 통할 수 있도록 제작된 것으로 정전압 다이오드라고도 하며, 발전기의 전압 조정기에서 사용된다. 역방향으로 전류가 흐르는 현상을 제너현상, 제너전압(브레이크다운전압)이라고 한다.

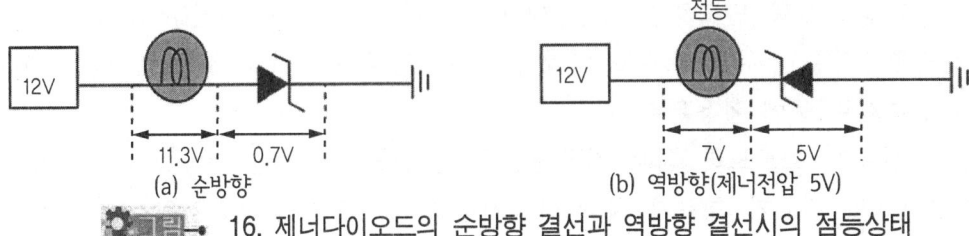

그림 16. 제너다이오드의 순방향 결선과 역방향 결선시의 점등상태

[3] 발광다이오드(LED : light emission diode)

PN 접합면에 순방향 전압을 걸어 전류를 공급하면 캐리어가 가지고 있는 에너지의 일부가 빛으로 되어 외부에 방사하는 다이오드이다. 자동차에서 발광다이오드를 사용하는 부품에는 배전기식 크랭크 앵글센서, 조향 휠 각속도 센서, 차고센서 등이 있다.

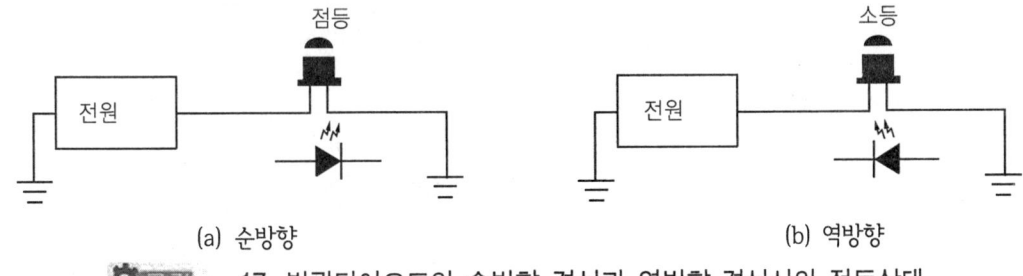

(a) 순방향   (b) 역방향

그림 17. 발광다이오드의 순방향 결선과 역방향 결선시의 점등상태

[4] 포토다이오드(photo diode)

포토다이오드는 입사광선을 접합부에 쪼이면 빛에 의해 전자가 궤도를 이탈하여 자유 전자가 되어 역방향으로 전류가 흐르며, 용도는 배전기 내의 크랭크각 센서, TDC 센서, 레인센서 등에서 사용한다.

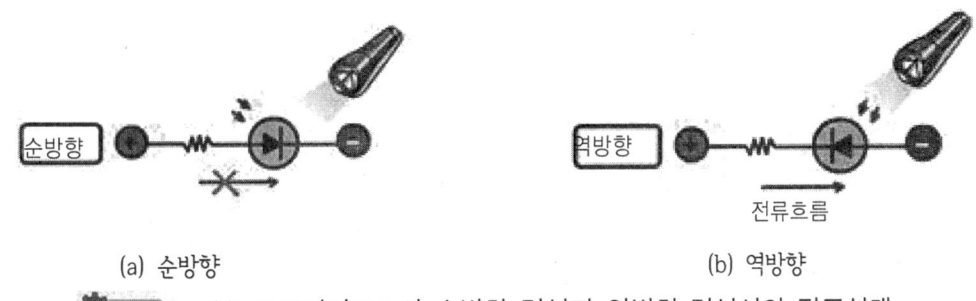

(a) 순방향   (b) 역방향

그림 18. 포토다이오드의 순방향 결선과 역방향 결선시의 점등상태

[5] 트랜지스터(transistor)

불순물반도체 3개를 접합한 것으로 PNP형과 NPN형이 있다. 3개의 단자 중 중앙부분을 베이스(B, base : 제어부분), 양쪽의 P형 또는 N형을 각각 이미터(E : emitter) 및 컬렉터(C : collector)라 하며, 스위칭 작용, 증폭작용 및 발진작용이 있다.

① PNP형 : 이미터에서 베이스로 전류가 흐르면 이미터에서 컬렉터로 전류가 흐름
② NPN형 : 베이스에서 이미터로 전류가 흐르면 컬렉터에서 이미터로 전류가 흐름
③ 스위칭작용 : 베이스에 흐르는 전류를 단속하면 이미터나 컬렉터에 전류가 단속

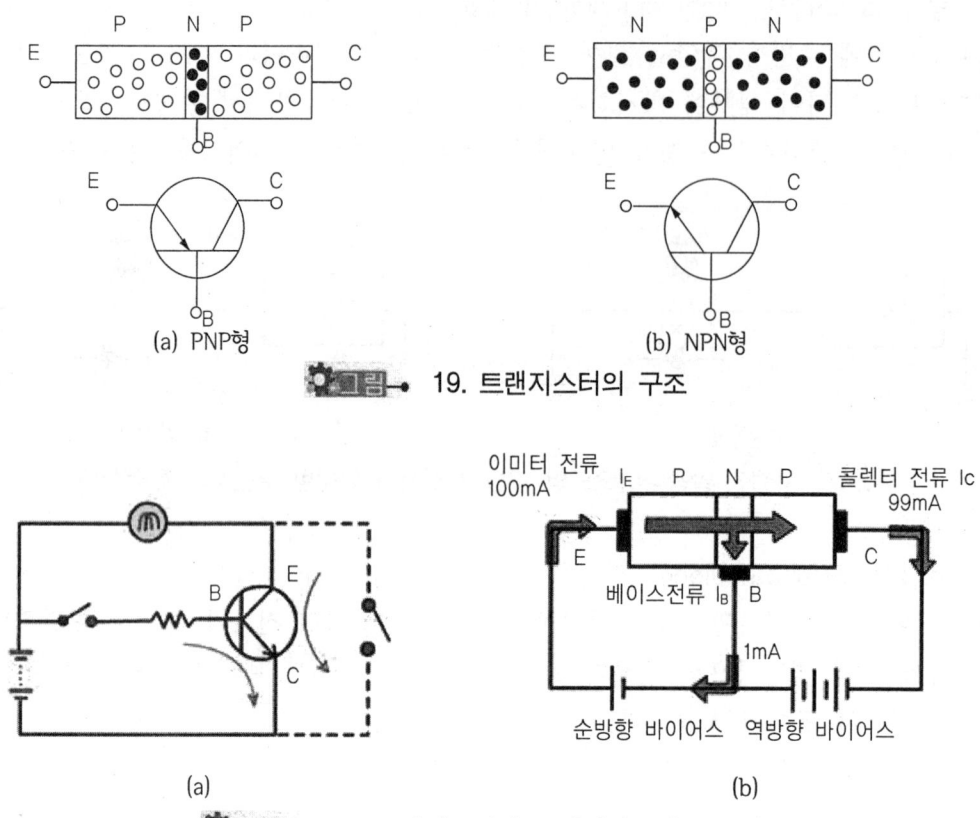

● 그림 19. 트랜지스터의 구조

● 그림 20. 트랜지스터의 스위칭작용과 증폭작용

④ 증폭작용 : 베이스에 흐르는 전류는 총 전류의 1%로 작동이 되며 나머지 99%가 컬렉터로 흐름(작은 전류로 큰 전류를 제어)

⑤ 포화영역(saturation region) : 트랜지스터에서 베이스-이미터(E-B) 접합, 컬렉터-베이스(C-B) 접합 모두 순방향으로 바이어스된 상태로서 펄스회로에서 이용된다.

⑥ 활성영역(active region) : 트랜지스터에서 베이스-이미터(E-B) 접합은 순 바이어스, 컬렉터-베이스(C-B) 접합은 역 바이어스된 상태로서 증폭기로 가장 많이 사용된다.

[6] 포토트랜지스터(photo transistor)

포토트랜지스터는 PN접합부분에 빛을 가하면 빛의 에너지에 의해 발생된 정공과 전자가 외부회로에 흐르게 되며, 입사광선에 의해 정공과 전자가 발생하면 역방향 전류가 증가하여 입사광선에 대응하는 출력전류가 얻어지는데 이를 광전류라 한다.

이 트랜지스터는 베이스 전극은 끌어냈으나 빛이 베이스 전류의 대용이므로 전극이 없다.

[7] 다링톤 트랜지스터(darlington TR)

다링톤 트랜지스터는 컬렉터에 많은 전류를 흐르게 하기 위해 2개의 트랜지스터를 1개의 반도체 결정에 집적하고 이를 1개의 하우징에 밀봉한 것이다. 1개의 트랜지스터로 2개 분량의 증폭효과를 발휘할 수 있다.

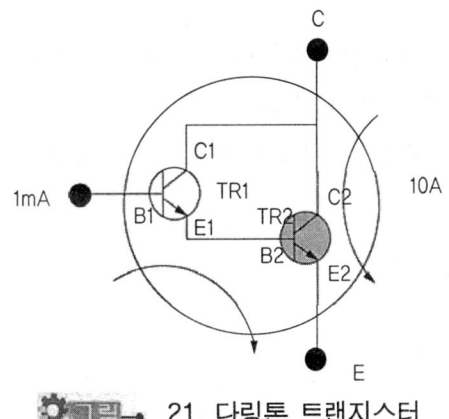

그림 21. 다링톤 트랜지스터

[8] 사이리스터(thyrister, SCR)

사이리스터는 SCR(silicon controlled rectifier)이라고도 부르며, PN정션의 다이오드 2개를 접합한 상태로 PNPN의 형태이다. PNP형 1개와 NPN형 1개의 트랜지스터 2개를 합친 것과 같은 작용을 하며 애노드, 캐소드, 게이트로 구성된다. 제어 단자인 게이트에는 P게이트형과 N게이트형이 있다.

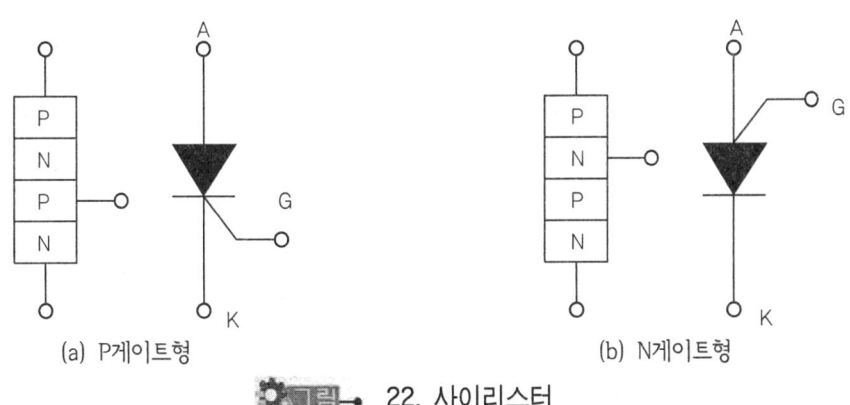

그림 22. 사이리스터

(1) 제어특성
① A(애노드)에서 K(캐소드)로 흐르는 전류가 순방향이다.
② G(게이트)에 (+), K(캐소드)에 (-)전류를 흘려보내면 A(애노드)와 K(캐소드)사이가 순간적으로 도통된다.
③ A(애노드)와 K사이가 도통된 것은 G(게이트)전류를 제거해도 계속 도통이 유지되며, A(애노드)전위를 0으로 만들어야 해제된다.

[9] 서미스터(thermistor)
온도가 상승하면 저항 값이 감소하는 부특성(NTC)서미스터와 온도가 상승하면 저항 값도 증가하는 정특성(PTC)서미스터가 있다. 일반적으로 서미스터라고 함은 부특성 서미스터를 의미하며, 용도는 전자회로의 온도 보상용, 수온센서, 흡기 온도센서 등에서 사용된다.

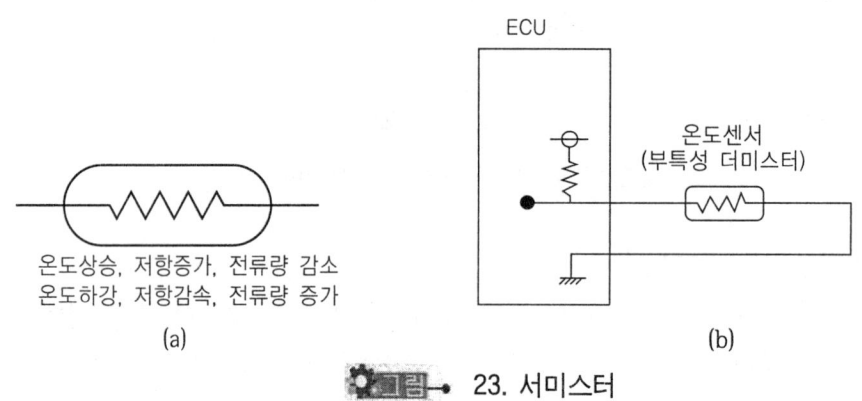

그림 23. 서미스터

[10] 광전도셀(CdS)
빛의 밝기에 따라 저항이 변하는 소자이며 빛이 밝아질수록 저항이 감소하고, 어두우면 저항이 증가하는 특징이 있다. 일사센서, 조도센서, 가로등제어 등에 사용된다.

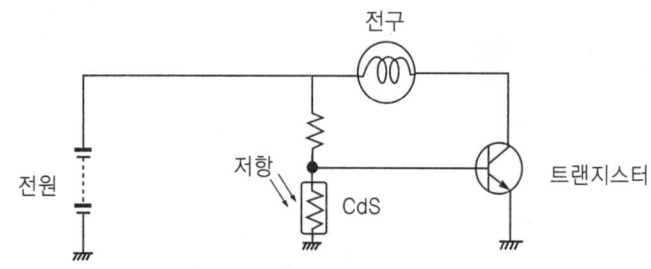

그림 24. 광전도셀의 적용(오토라이트 회로 예)

1.10. 논리회로

1.10.1. 논리합 회로(OR회로)

논리합 회로란 입력 A, B 중에서 어느 하나라도 1이면 출력 X도 1이 된다.

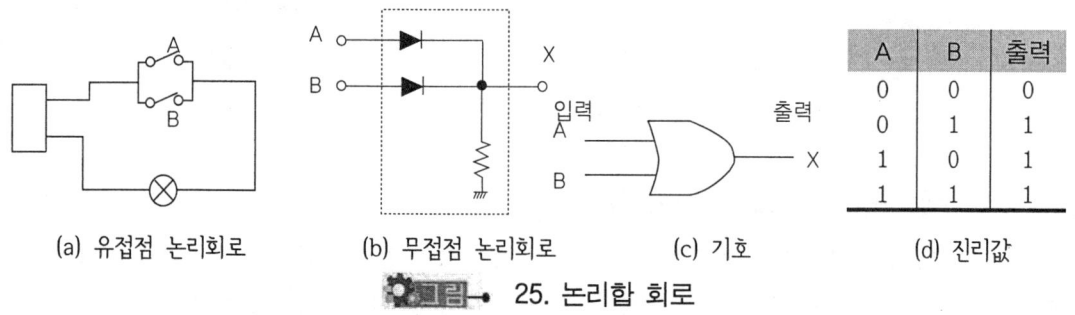

(a) 유접점 논리회로　　(b) 무접점 논리회로　　(c) 기호　　(d) 진리값

그림 25. 논리합 회로

1.10.2. 논리적 회로(AND 회로)

논리적 회로란 입력 A, B가 동시에 1이 되어야 출력 X도 1이 되며, 1개라도 0이면 출력 X는 0이 되는 회로이다.

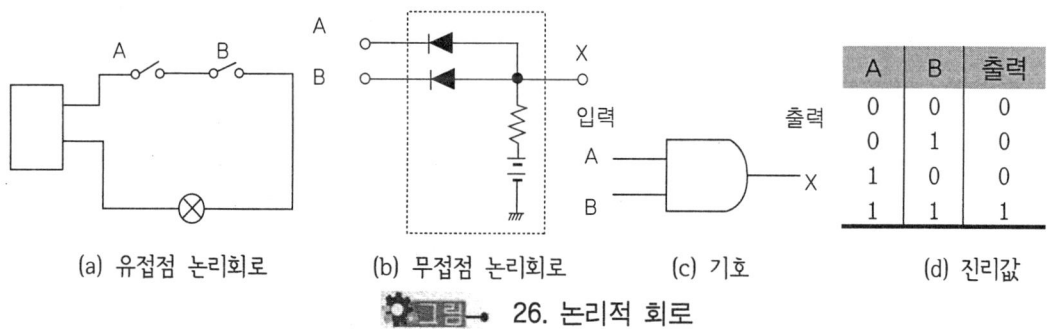

(a) 유접점 논리회로　　(b) 무접점 논리회로　　(c) 기호　　(d) 진리값

그림 26. 논리적 회로

1.10.3. 부정회로(NOT회로)

부정회로란 입력 A가 1이면 출력 X는 0이 되고 입력 A가 0일 때 출력 X는 1이 되는 회로이다.

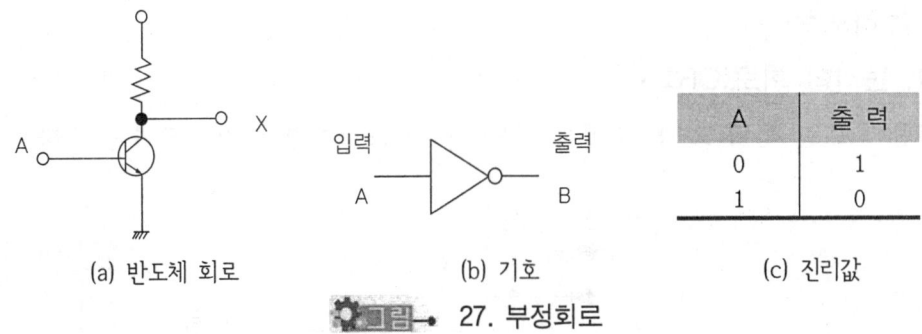

그림 27. 부정회로

1.10.4. 부정 논리합회로(NOR회로)

논리합 회로 뒤쪽에 부정회로를 접속한 것으로, 입력스위치 A와 입력스위치 B가 모두 OFF되어야 출력이 된다. 그러나 입력스위치 A 또는 입력스위치 B중에서 1개가 ON이 되거나 입력 스위치 A와 입력 스위치 B가 모두 0이 되면 출력은 없다.

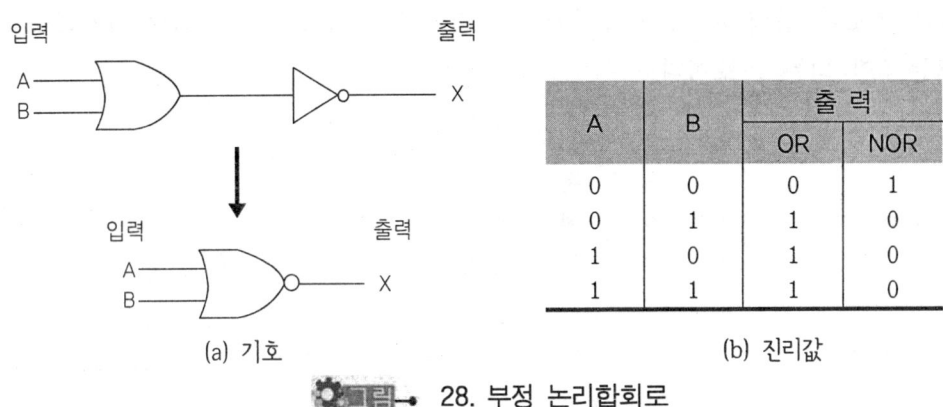

그림 28. 부정 논리합회로

1.10.5. 부정 논리적회로(NAND회로)

논리적회로 뒤쪽에 부정회로를 접속한 것이며, 입력스위치 A와 입력스위치 B가 모두 ON이 되면 출력은 없다.

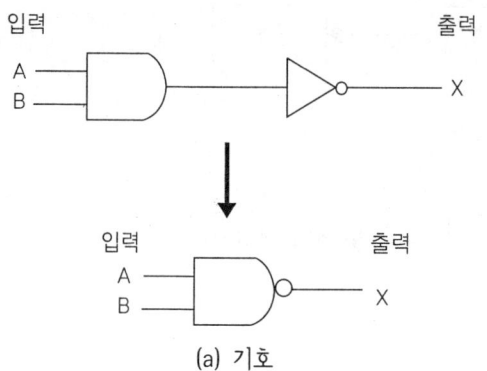

그림 29. 부정 논리적회로

1.10.6. XOR회로(Exclusive OR회로)

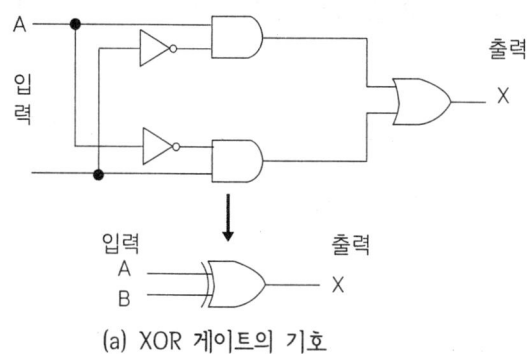

그림 30. XOR회로

2 자동차 제어장치(ECU)

2.1. 제어장치의 종류

제어장치에는 제어동작에 따라 크게 개루프 제어시스템과 폐루프 제어시스템으로 분류된다. 개루프 제어시스템(open-loop control system)은 시퀀스 제어시스템으로 가장 간단한 제어시스템이고, 폐루프 제어시스템(closed-loop control system)은 피드백 제어시스템으로 정밀하고 신뢰성이 높은 제어가 필요한 곳에 사용하는 제어시스템이다. 제어 방법에 따라 연속적인 제어와 불연속적인 제어로 분류할 수 있으며, 연속적인 제어를 아날로그 제어라고 하며, 불연속적인 제어를 디지털 제어라 한다.

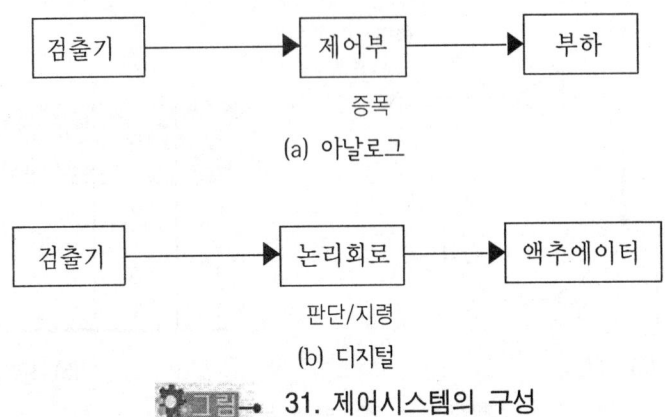

그림 31. 제어시스템의 구성

아날로그 제어는 증폭된 결과가 출력 되고, 디지털 제어는 2진수 연산에 의한 논리적 결과가 출력된다. 디지털 제어시스템에 사용되는 논리회로(또는 컴퓨터)는 센서로부터 입력되는 신호를 받아서 논리적인 연산에 의해 판단하여, 액추에이터가 명령을 수행하도록 출력값을 보낸다.

2.2. 자동차 제어장치의 작동

2.2.1. 디지털 제어장치의 기본 작동

자동차에서 사용하는 전자제어시스템은 디지털 제어시스템이며, 구성요소는 검출기, 논리회로(ECU) 및 액추에이터이다. 주요 부분은 인간의 두뇌에 해당하는 판단기능을 수행하는 ECU이며, ECU를 중심으로 입력신호를 보내오는 센서와 ECU의 논리적인 연산에 의해 판단결과인 명령을 받아 수행하는 액추에이터이다.

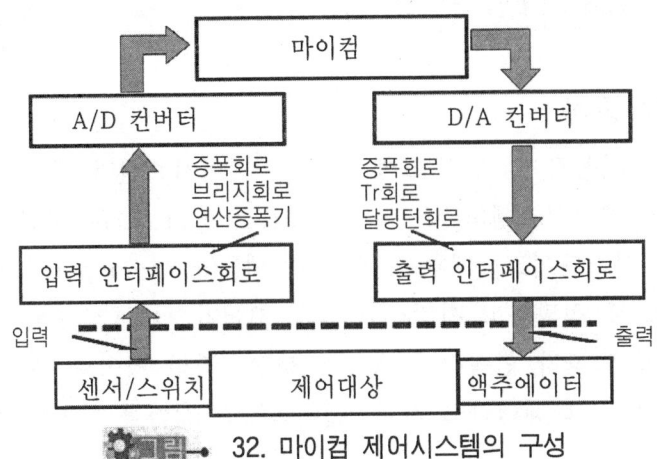

그림 32. 마이컴 제어시스템의 구성

[1] 센서(검출기)

입력측 구성요소이며, 인간의 감각기능을 실현하기 위한 검출소자로, 외부의 아날로그 또는 디지털정보를 전기신호로 변환하는 역할을 한다.

[2] 액추에이터

출력측 구성요소이며, 사람의 손발을 움직이는 근육에 해당한다. 주요 액추에이터의 종류는 다음과 같다.
① 전동기(전기)   ② 솔레노이드(전기)
③ 리니어모터(전기)   ④ 실린더(유압, 공기압)

2.2.2. 제어장치의 기능

[1] RAM(random access memory : 일시기억 장치)

RAM은 임의의 기억저장 장치에 기억되어 있는 데이터를 읽거나 기억시킬 수 있다. 그러나 RAM은 전원이 차단되면 기억된 데이터가 소멸되므로 처리도중에 나타나는 일시적인 데이터의 기억저장에 사용된다.

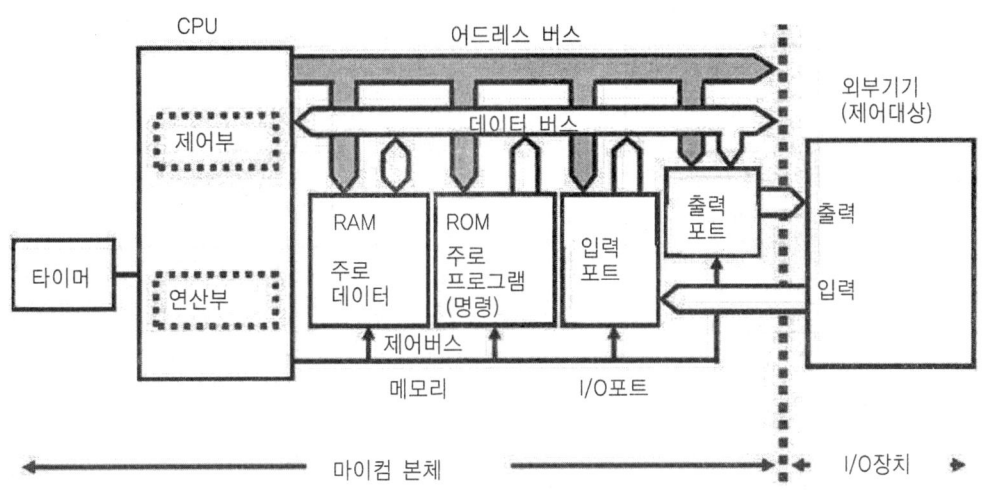

그림 33. 마이크로컴퓨터의 내부구성

[2] ROM(read only memory : 영구기억 장치)

ROM은 읽어내기 전문의 기억장치이며, 한번 기억시키면 내용을 변경시킬 수 없다. 또 전원이 차단되어도 기억이 소멸되지 않으므로 프로그램 또는 고정 데이터의 저장에 사용된다.

[3] I/O(In Put/Out Put : 입·출력장치)

입력과 출력을 조절하는 장치이며, 입·출력구멍이라고도 한다. 입·출력장치는 외부 센서들의 신호를 입력하고 중앙처리 장치(CPU)의 명령으로 액추에이터로 출력시킨다.

[4] 중앙처리 장치(CPU : central processing unit)

데이터의 산술연산이나 논리연산을 처리하는 연산부분, 기억을 일시 저장해두는 장소인 일시기억 부분, 프로그램 명령, 해독 등을 하는 제어부분으로 구성되어 있다.

2.3. 인터페이스의 입출력신호

2.3.1. 인터페이스의 입출력신호 조건

디지털 IC 중 TTL IC와 CMOS IC가 많이 사용하고 있고, TTL IC에 사용하는 전원 전압은 5[V]이며, CMOS IC에 사용하는 전원 전압은 3~16[V]사이이다. TTL IC인 경우 0.8[V] 이하이면 "0", 2.5~5[V]이면 "1"로 간주하며, CMOS IC는 12[V]의 1/3 (4[V]) 이하이면 "0", 2/3 (8[V]) 이상이면 "1"로 간주한다.

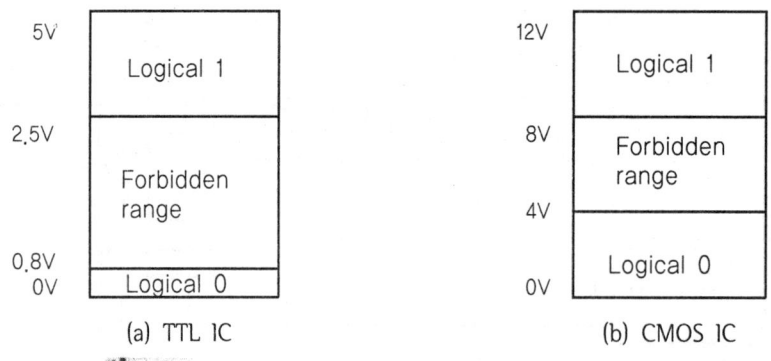

그림 34. TTL IC와 CMOS IC의 입·출력신호 레벨

2.3.2. Pull Up 저항과 Pull Down 저항

스위치 입력회로에서 스위치가 ON되었을 때는 회로의 종류에 관계없이 정확한 접지전압이나 전원전압이 나타나게 되나, 스위치가 OFF 되었을 때는 플로팅 신호 때문에 정확한 전압이 나타나는 것을 보증할 수 없게 된다. 따라서 스위치가 OFF 되었을 때 정확한 신호 전압을 나타나게 하기 위하여 Pull-Up 저항 또는 Pull-Down 저항을 사용한다.

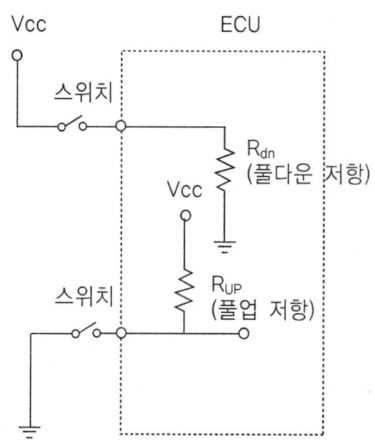

그림 35. Pull-Up 저항과 Pull-Down 저항의 역할

2.3.3. ECU 입력회로

입력요소에 따라 스위치 입력회로, 가변저항 입력회로, 브리지 입력회로 등이 많이 사용된다. 출력회로의 종류로는 Tr 출력회로가 많이 사용된다. 먼저 입력회로 중 스위치 입력회로는 다음과 같이 스위치의 ON/OFF에 따른 ECU 입력단 전압의 크기에 따라 두 종류가 있다.

[1] 스위치 입력회로

스위치 입력회로는 스위치의 상태에 따라 나타나는 전압에 의해 두 가지로 분류된다. 두 가지 모두 스위치를 사용하고 있지만, 스위치의 ON/OFF 상태에 따라 나타나는 ECU 입력단의 전압은 전혀 반대가 되므로 측정 시 주의해야 한다.

(1) 풀업저항 스위치 입력회로

풀업저항과 ECU 내부전원전압을 이용한 스위치 입력회로로, ECU의 입력단 전압이 스위치 OFF시에는 Hi(5[V]), 스위치 ON시에는 Lo(접지전압, 0[V])로 나타난다.

(2) 풀다운 저항 스위치 입력회로

그림 36(b)과 같이 풀다운 저항과 전원전압을 이용한 스위치 입력회로로, ECU의 입력단 전압이 스위치 OFF시에는 Lo(접지전압, 0[V]), 스위치 ON시에는 Hi(12[V])로 나타난다.

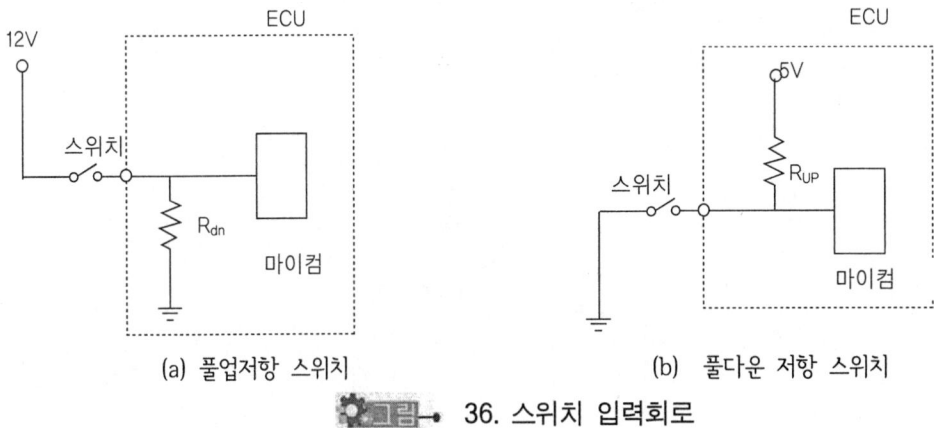

(a) 풀업저항 스위치　　　　(b) 풀다운 저항 스위치

그림 36. 스위치 입력회로

[2] 가변저항 입력회로

가변저항 입력회로는 저항이 변하는데 따라 전압이 변하는 원리를 이용한 것으로 발생된 전압이 ECU의 입력이 된다.

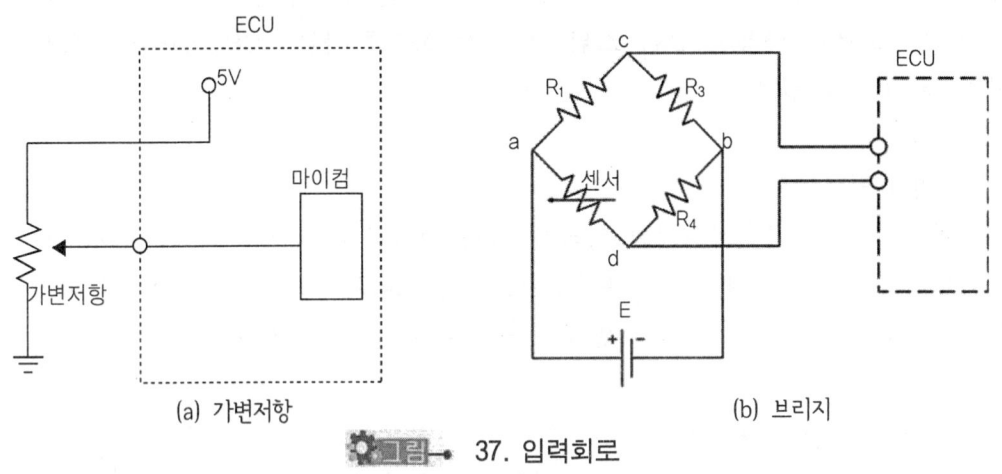

(a) 가변저항　　　　(b) 브리지

그림 37. 입력회로

[3] 브리지 입력회로

브리지 입력회로는 휘스톤 브리지 회로를 이용하여 신호 전압을 ECU에 입력하는 방식이다. 4개의 저항 중 하나는 그림과 같이 외부의 영향에 의해 저항이 변하는 센서를 사용한다. c점과 d점의 전위차가 ECU에 입력된다.

브리지회로의 평형조건은 $R_1 \cdot R_4 = R_2 \cdot R_3$가 된다.

2.3.4. ECU 출력회로

출력회로는 사용하는 Tr의 종류, 전원과 접지의 위치에 따라 두 종류가 있다. 출력측 Tr의 ON/OFF에 따라 ECU 출력단 전압의 크기가 다르게 나타난다.

[1] NPN Tr 출력회로

NPN타입 Tr과 ECU 외부전원 전압을 이용한 출력회로로, ECU 출력단의 전압이 Tr OFF시 Hi(12[V]), Tr ON시 Lo(접지전압, 0[V])로 나타난다.

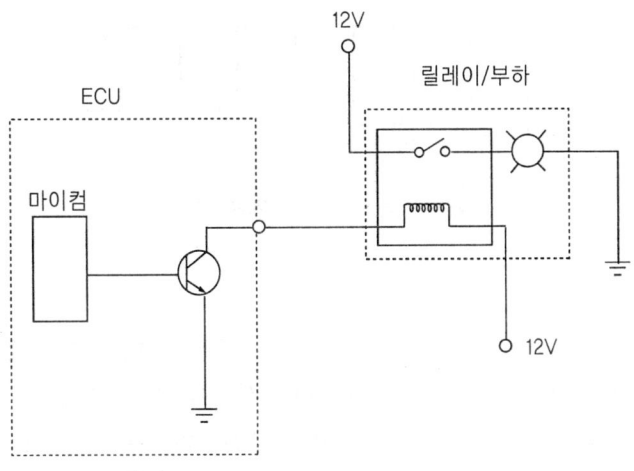

38. NPN타입 Tr 출력회로

[2] PNP Tr 출력회로

PNP타입 Tr과 전원전압을 이용한 출력회로로, ECU 출력단의 전압이 Tr OFF시 Lo (접지전압, 0[V]), Tr ON시 Hi(12[V])로 나타난다.

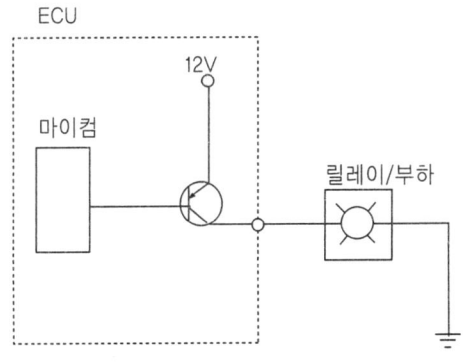

39. PNP타입 Tr 출력회로

2.4. PWM 파형과 듀티

2.4.1. 펄스

극히 짧은 시간만 계속하는 전압·전류파형을 임펄스라 하고, 이 임펄스의 반복을 펄스라고 한다. 구형파 펄스에서 펄스가 나타나는 시간 t_0를 펄스폭(펄스지속시간)이라 하고, 펄스와 펄스와의 사이의 시간 간격 T를 펄스주기(펄스간격)라고 하며, 1초당 펄스의 반복횟수를 펄스주파수라고 한다.

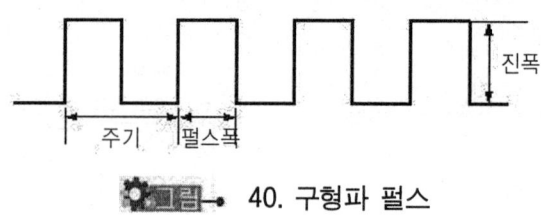

그림 40. 구형파 펄스

2.4.2. PWM파형

PWM(펄스폭 변조, pulse width modulation) 파형이란, 변조 신호의 크기에 따라서 펄스의 폭을 변화시켜 변조하는 방식이다. 신호파의 진폭이 클 때는 펄스의 폭이 넓어지고, 진폭이 작을 때는 펄스의 폭이 좁아진다. 단, 펄스의 위치나 진폭은 변하지 않는다.

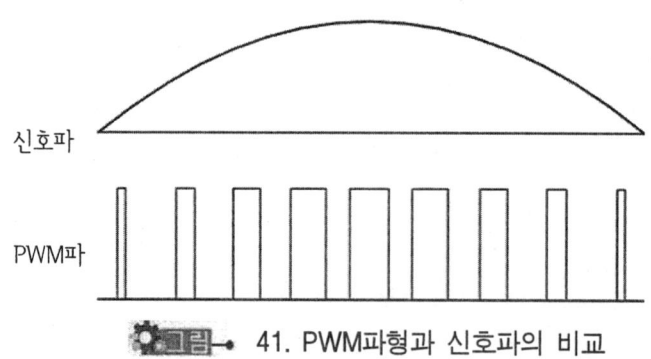

그림 41. PWM파형과 신호파의 비교

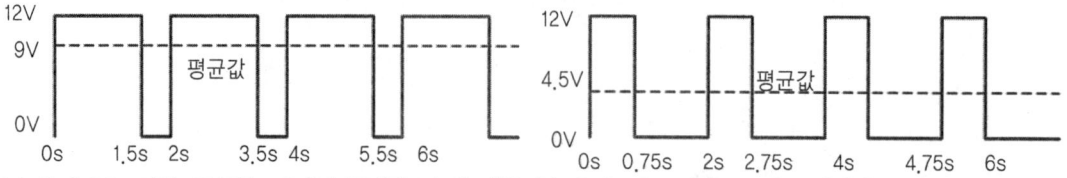

(a) 주기 2초, 전압 ON되는 기간이 주기의 3/4인 파형　(b) 주기 2초, 전압 ON되는 기간이 주기의 3/8인 파형

그림 42. 전압 ON시간이 다른 두 PWM파형의 비교

2.4.3. 듀티(duty)

듀티(duty)는 "한 주기에서 펄스가 나온 시간이 전체에서 차지하는 비율을 (+)듀티라 하고, 펄스가 나오지 않는 시간에 대한 비율을 (-)듀티"라고 정의한다. 다시 말하면 펄스신호 파형에 있어 펄스주기 T 에 대한 ON시간 t_{ON}의 비율을 듀티비라고 부른다. 듀티는 펄스주기와 펄스폭에 대한 정의이고 주파수와는 무관하다.

자동차에는 주로 (-)듀티를 이용하고 있고, (+)듀티를 사용하고 있는 것은 자동미션의 DCCSV(damper clutch control solenoid valve), PCSV(pressure control solenoid valve) 등이 있다.

$$T = t_{ON} + t_{OFF}, \quad (+)duty = \frac{t_{ON}}{T} , \quad (-)duty = \frac{t_{OFF}}{T}$$

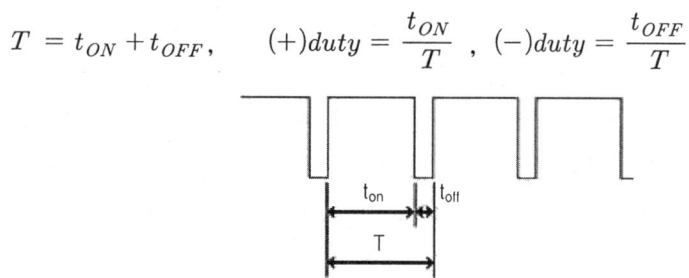

43. 펄스신호에 대한 듀티의 개념

3. 자동차 통신장치

3.1. 자동차 통신장치의 필요성

차량의 급속한 전기 전자화에 따라 편의장치를 위한 부품, 센서, 배선의 사용이 증가하고 있다. 수많은 전장 부품들이 각각의 독립적인 배선으로 연결되고 있는데 배선 및 부품의 증가에 따라 배선 시스템을 복잡하게 하고 전체적인 차량의 중량이 늘고, 접속부에서의 고장도 많이 나타나게 된다. 또한 배선장치는 스위치나 모터의 유무, 모델간의 기능변화에 따라 수많은 다양성을 발생시킴으로써 시스템의 설계와 변화에 큰 장애가 되고 있다.

자동차에 통신을 사용하면 배선의 경량화, 공간의 확보, 시스템 신뢰성의 향상, 설계변경의 용이, 전기부품의 진단화 등의 장점을 갖추게 된다.

① 사용 배선의 수를 줄일 수 있어 차체의 중량을 감소시킬 수 있고, 커넥터의 접속불량, 배선의 단선과 단락 등의 고장 등이 줄어들게 되어 시스템 신뢰성이 향상된다.

② 전기장치의 설치장소 확보가 수월하게 되고 소프트웨어의 변경이 용이하여 손쉬운 설계 변경이 가능하다.
③ 자동차 전용 진단기기를 사용하여 전자제어 센서와 모터 등의 상태를 점검하고 진단하여 정비성을 향상시킬 수 있다.

3.2. 자동차 통신장치의 분류

차량 네트워크는 기능적인 측면에서 파워트레인제어, 섀시제어, 차체제어뿐만 아니라 차량 내부 멀티미디어장치 제어부분까지 확대 적용되고 있고, 속도 측면에서는 저속 및 고속의 데이터 통신으로 구분할 수 있다.

[1] CAN(controller area network) 통신장치

CAN통신은 각종 제어장치들을 직렬 통신방식을 이용해 차량 네트워크로 연결하기 위해 개발되었으며, ECU(기관용 컴퓨터), TCU(자동변속기용 컴퓨터) 및 TCS(구동력 제어장치)등 컴퓨터들 사이에 신속한 정보교환 및 전달을 목적으로 한다.

CAN은 고장방지기능을 지원하는 Low Speed CAN과 High Speed CAN으로 두 가닥의 일반 꼬임 전선을 통하여 데이터를 다중통신을 한다. 최대 통신속도는 1Mbps이며 125Kbps를 기준으로 Low Speed CAN(차량 바디계)과 High Speed CAN(차량 제어계)로 나뉘어진다.

[2] LIN(local interconnect network)

LIN(local interconnect network)은 CAN이 적용되는 부분 중에서 데이터 전송량이 적은 바디의 서브 통신용으로 적용되고 있으며, 한 가닥의 일반 전선으로 최대 20Kbps의 전송속도와 최대 64개의 노드를 지원할 수 있다.

[3] MOST(media oriented systems transport)

MOST(media oriented systems transport)는 환경에 강하면서도 비용대비 효과가 높은통신 네트워크가 필요한 자동차 멀티미디어 네트워크용으로 광통신을 이용하여 25 Mbps의 전송속도와 64개의 노드를 지원하고, 현재 150Mbps까지 전송속도를 확대하기 위한 개발을 진행 중에 있다. 그리고 상대적으로 고가인 광케이블을 대체하기 위하여 일반 전선으로도 통신이 가능하도록 개발 중에 있다.

[4] FlexRay

FlexRay는 ESP, ABS, AT용 등의 Steer-by-Wire나 Brake-by-Wire 등 높은 신뢰성이 요구되는 차내 통신에 대해 주목을 끌고 있는 프로토콜로 MOST와 같이 고속의 Data를 전송할 수 있으면서도 실시간 전송이 보장되는 새로운 통신 방식이다.

[자동차 통신의 종류]

통신 방식	적용 분야	전송 속도	비 고
CAN	P/T제어기 및 보디전장 간의 데이터 전송	중저속	독립 ECM 통합 통신
KWP 2000	고장진단 장비(하이스캔 등)와의 통신	저속	
TTP/ Flex Ray	X-By-Wire시스템의 고속, 고신뢰성 통신	고속	고급 차종에 적용
LIN	윈도우스위치/액추에이터 등 서브통신	저속	소규모 지역 통신
MOST	AV시스템, 내비게이션 등의 멀티미디어 통신	초고속	광통신

3.3. 자동차에서 사용하는 통신방식

3.3.1. 통신 크기에 따른 분류

① 직렬통신 : 한번에 한 개의 데이터만 전송
② 병렬통신 : 한번에 여러 데이터를 동시에 전송

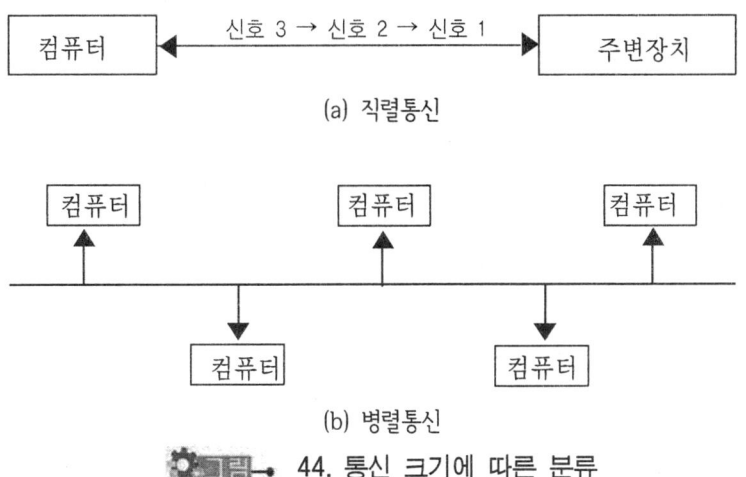

44. 통신 크기에 따른 분류

[직렬통신과 병렬통신의 비교]

	직렬통신	병렬통신
기능	한 번에 한 비트씩 전송	여러 개의 비트가 한 번에 전송
장점	가격이 저렴하고 거리의 제한이 적다.	직렬통신에 비해 속도가 빠르며 효과적이다.
단점	전송속도가 느리다.	거리의 제한이 있으며 전송 노선의 비용이 비싸다.
예	PWM, 시리얼통신	MUX통신, CAN통신, LAN통신

3.3.2. 통신방법에 따른 분류

① 단방향 통신 : 정보가 한 방향으로만 전달
② 양방향 통신 : 정보가 양 방향으로 동시에 전달

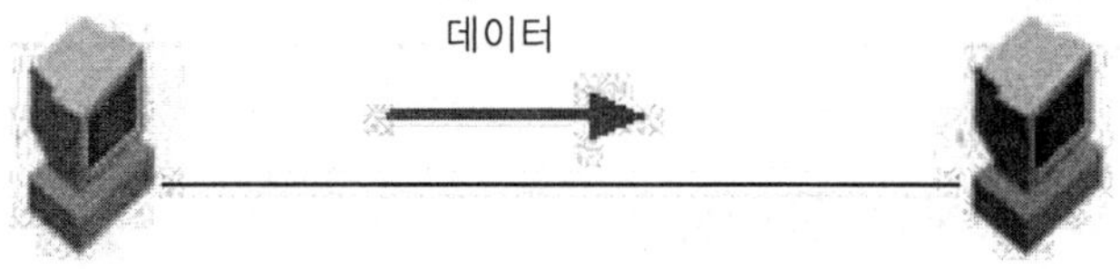

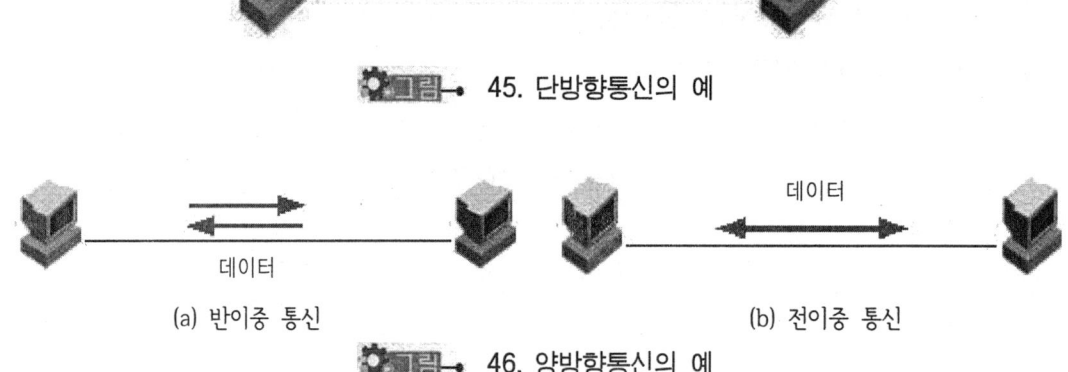

그림 45. 단방향통신의 예

(a) 반이중 통신 (b) 전이중 통신

그림 46. 양방향통신의 예

3.3.3. 통신형식에 따른 분류

① 비동기 통신 : 정보를 전달할 때 고정된 속도를 갖지 않고 약정된 신호를 기준으로 속도나 시기를 맞추는 통신방법
② 동기통신 : 송수신할 때 주파수와 위상을 맞추어서 송신하는 통신방법

3.4. CAN 통신방식

CAN(controller area network)통신은 ECU간의 디지털 직렬통신을 제공하기 위해 1988년 BOSCH와 INTEL에서 개발한 차량용 양방향 통신시스템이다.

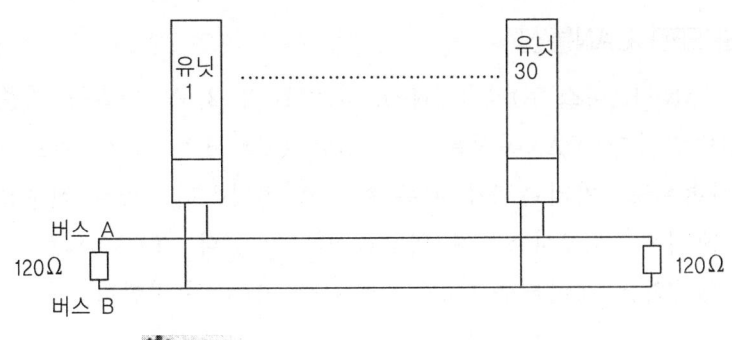

그림 47. CAN통신시스템의 기본구성

구성의 특징은 CAN버스와 유닛간의 거리는 0.3[m] 이내이고, 각 유닛(ECU)간 CAN버스의 길이는 1[m] 이내로 CAN버스의 전체 길이는 40[m] 이하로 한다. 또 CAN버스 양단에는 108~132[Ω] 크기의 저항을 설치하여 CAN 특성을 만족시킨다.

CAN통신은 고온, 충격, 진동, 노즈가 많은 환경. 즉, 열악한 환경에서도 잘 견디기 때문에 차량에 적용될 수 있다. CAN통신시스템에는 CAN 컨트롤러가 사용되는데, CAN컨트롤러는 입력 데이터를 필터링하여 수신하고자하는 데이터만 받아들이고, 입력 데이터에 대하여 수신확인 신호, 에러신호, 지연신호 등을 자동으로 전송하는 역할을 한다.

또한 CPU에 입력 메시지와 버스상태 및 CAN컨트롤러의 상태를 전달하며, CPU로부터 전송할 데이터를 받아 CAN버스에 전송하는 역할도 한다. 두 개의 통신라인(BUS-A, BUS-B)을 사용하여 서로의 정보를 전송하며 자신에게 필요한 정보만을 사용한다. CAN통신은 HIGH SPEED CAN(BUS-A)과 LOW SPEED CAN(BUS-B)이 있다.

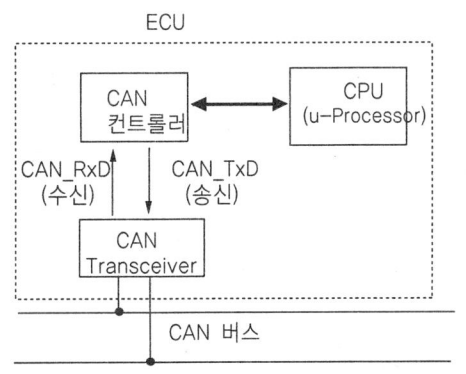

그림 48. CAN통신 시스템의 내부구성

3.4.1. HIGH SPEED CAN통신

전압 레벨은 CAN-H(버스 A)와 CAN-L(버스 B)가 2.5V 전압을 기준으로 상승 하강을 하는 통신방법이다. CAN통신은 BUS A와 BUS B의 전압차이로 데이터를 읽는다. 데이터의 전송속도, 처리속도가 매우 빠르고 정확하다. 빠른 전송으로 인래 노이즈발생이 있어 오디오, A/V시스템에 영향을 줄 수 있다. TX로 입력된 신호를 RX로 출력하고 이에 해당하는 데이터를 CAN-L과 CAN-H로 출력한다.

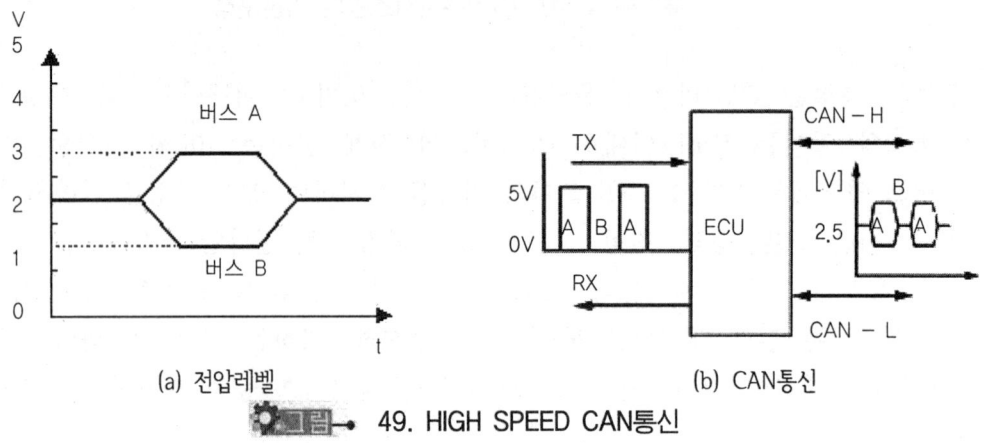

그림 49. HIGH SPEED CAN통신

3.4.2. LOW SPEED CAN통신

CAN L은 5V의 전압이 걸려 있다가 데이터가 출력되면 1.4V의 전압으로 하강된다. CAN-H는 약 0V의 전압이 걸려 있다가 데이터가 출력되면 3.5V로 상승한다. CAN-H와 CAN-L는 같은 시점에서 전압이 변환한다. 속도와 정보처리 속도가 조금 느리지만 잡음 발생이 적어 자동차 ECU의 통신방법으로 사용된다.

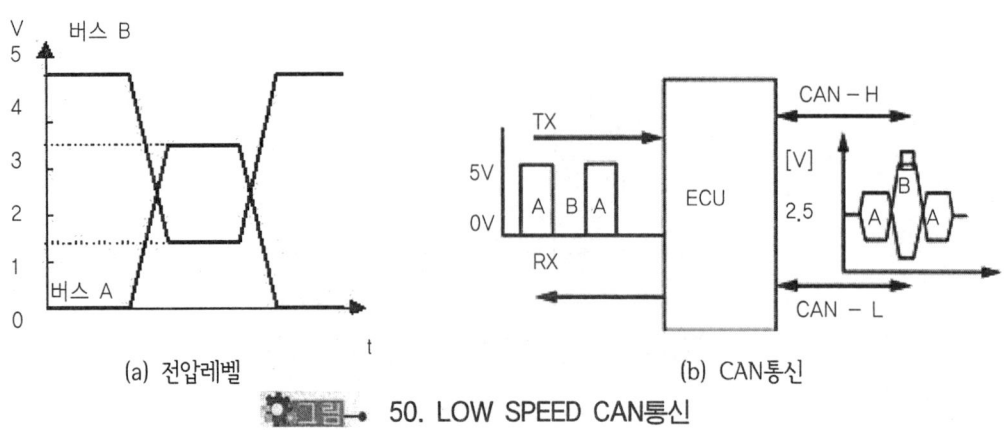

그림 50. LOW SPEED CAN통신

4 시동·점화 및 충전장치

4.1. 축전지(battery)
4.1.1. 축전지의 종류
[1] 납산축전지(lead-acid battery)

납산축전지는 양극판이 과산화납, 음극판은 해면상납, 전해액은 묽은 황산이며, 특징은 다음과 같다.
① 화학반응이 상온에서 발생하므로 위험성이 적다.
② 신뢰성이 크고, 비교적 가격이 싸다.
③ 충전시간이 길고, 수명이 짧다.
④ 에너지 밀도가 40Wh/kgf 정도로 비교적 적은 편이다.

[2] 알칼리 축전지

알칼리 축전지는 니켈(Ni)-철(Fe)축전지와 니켈(Ni)-카드뮴(Cd)축전지가 있다. 니켈-철 축전지는 수산화 제2니켈과 철을, 니켈-카드뮴 축전지는 양(+)극판이 수산화 제2니켈, 음(-)극판은 카드뮴, 전해액은 가성칼리 용액이 사용된다. 전해액은 전하를 이동시키는 작용만 하고 충·방전될 때 화학반응에는 관여를 하지 않아 비중 변화가 거의 없다. 특징은 다음과 같다.
① 과충전, 과방전 등 가혹한 조건에 잘 견딘다.
② 고율방전 성능이 매우 우수하고, 출력밀도(W/kg)가 크다.
③ 충전시간이 짧고, 수명이 매우 길다.
④ 자원 상 대량공급이 어렵고, 에너지 밀도가 낮다.
⑤ 전극으로 사용하는 금속의 값이 매우 비싸다.

4.1.2. 축전지의 원리

전류의 화학작용을 이용한 장치로서, 양극판 및 음극판 전극의 작용물질과 전해액이 가지는 화학적 에너지를 전기적 에너지로 변환시키고, 반대로 전기적 에너지를 공급하면 다시 화학적 에너지로 변환되는 장치이다. 자동차에서 축전지의 기능은 다음과 같다.
① 기관 시동전 및 시동시 : 축전지가 전원이 되어 전기부하에 에너지를 공급한다.

② 기관 시동후 : 발전기가 대부분의 전기에너지를 공급하며, 축전지는 발전기와 부하와의 전기적 평형을 조정하는 전압 안정기(voltage stabilizer)로서의 역할을 한다.
③ 발전기 고장시 최소한의 일시적인 주행을 확보하기 위한 전원으로서의 역할을 한다.

4.1.3. 납산축전지의 구조와 작용

12V 납산축전지의 경우에는 케이스 속에 6개의 셀(cell)이 있고, 이 셀 속에 양극판, 음극판 및 전해액이 들어 있으며, 이들이 화학적 반응을 하여 셀마다 약 2.1V의 기전력을 발생시킨다.

[1] 극판

납산축전지의 양극판은 과산화납(PbO_2), 음극판은 해면상납(Pb)이다.

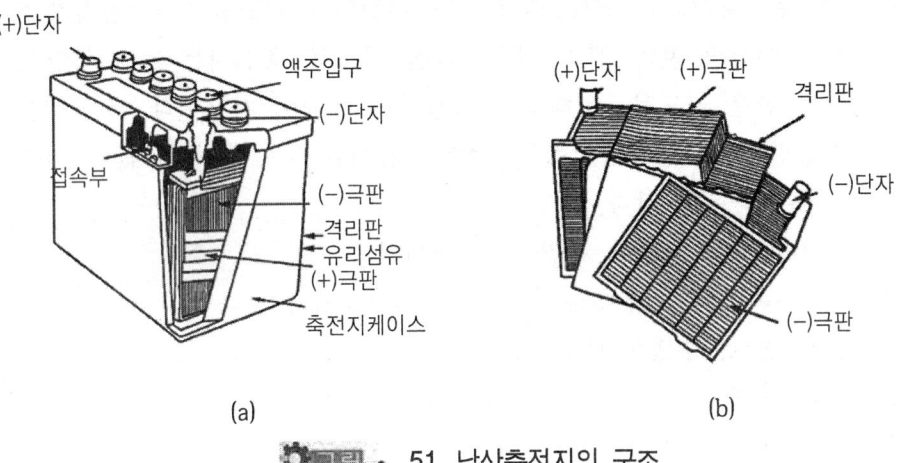

그림 51. 납산축전지의 구조

[2] 격리판

격리판은 양극판과 음극판 사이에 끼워져 양쪽 극판의 단락을 방지하는 것이며, 구비조건은 다음과 같다.
① 비전도성일 것이고 다공성일 것
② 전해액에 부식되지 않을 것
③ 전해액의 확산이 잘 될 것
④ 극판에 좋지 않은 물질을 내뿜지 않을 것

[3] 극판군

극판군은 몇 장의 극판을 조립하여 접속 편에 용접하여 1개의 단자(terminal post)와 일체가 되도록 한 것이다. 극판의 장수를 늘리면 축전지 용량이 증가한다.

[4] 전해액(electrolyte)

전해액은 묽은 황산(H_2SO_4)을 사용하며, 표준 비중은 20℃에서 완전 충전되었을 때 1.260(온대지역), 1.280(한대지역)이다. 전해액은 온도가 상승하면 비중이 작아지고, 온도가 낮아지면 비중은 커진다. 전해액 비중은 온도 1℃ 변화에 대하여 0.0007이 변화한다. 또, 전해액은 물(증류수)에 황산을 부어서 혼합하도록 한다.

$$S_{20} = St + 0.0007(t - 20)$$

S_{20} : 표준 온도 20℃ 로 환산한 비중
St : t℃에서 실제 측정한 비중
t : 측정할 때 전해액 온도

> **알아두기** 극판의 영구황산납(설페이션)
>
> 축전지를 방전상태로 장기간 방치하거나 극판이 공기 중에 노출되어 양(+), 음(-)의 극판이 단락되었을 때 나타나는 현상이다. 즉 축전지의 방전상태가 일정한도 이상 오랫동안 지속되어 결정화 되는 것이며, 그 원인은 다음과 같다.
> ① 축전지의 과방전
> ② 방전상태 장시간 방치
> ③ 전해액이 부족하여 극판이 노출되었을 때
> ④ 충전부족
> ⑤ 전해액 비중이 너무 높거나 낮을 때

4.1.4. 납산축전지의 화학작용

[1] 방전 중의 화학작용

```
 양극판      전해액     음극판      양극판      전해액     음극판
 PbO₂   +  2H₂SO₄  +  Pb    →  PbSO₄   +  2H₂O    +  PbSO₄
 과산화납   묽은 황산   해면상납    황산납       물        황산납
```

[2] 충전 중의 화학작용

```
 양극판      전해액     음극판      양극판      전해액     음극판
 PbSO₄  +   2H₂O   +  PbSO₄  →  PbO₂   +  2H₂SO₄   +  Pb
 황산납      물       황산납     과산화납    묽은 황산   해면상납
```

전해액중의 묽은황산(물 + 황산)은 황산액의 양에 따라 비중이 변한다(비중 : 물은 1, 순수황산은 1.835, 묽은황산은 1.4). 묽은황산(비중 1.4)에 물을 체적비로 65% : 35%로 혼합하면 1.26의 비중을 가진 황산액이 된다(계산하면 [(1.4×0.65)+(1×0.35)] = 1.26).

축전지가 방전되면 전해액중의 황산이 반응하여 물로 변환되므로 전해액비중이 감소하며. 반대로 충전하면 전해액중의 황산성분이 증가하므로 비중이 증가하게 된다. 충전이 완료 후에도 충전을 지속하면 전해액중의 물이 전기 분해되어 양극판 쪽에서는 산소를 음극판 쪽에서는 수소를 발생시키는 문제가 생긴다.

4.1.5. 납산축전지의 특성

[1] 방전종지전압

방전종지전압이란 축전지의 방전이 어느 한도에서 단자전압이 급격히 저하되어 그 후는 방전력이 없어지는 한계전압으로서, 축전지를 어떤 전압 이하로 방전해서는 안 되는 것을 말하며, 1셀 당 1.75V이고 단자간 방전종지전압은 10.5V이다.

전해액 비중	방전상태	셀 전압	단자 전압
1.260	0[%]	2.10[V]	12.6[V]
1.210	25[%]	2.00[V]	12.0[V]
1.160	50[%]	1.95[V]	11.7[V]
1.110	75[%]	1.85[V]	11.1[V]
1.060	100[%]	1.75[V]	10.5[V]

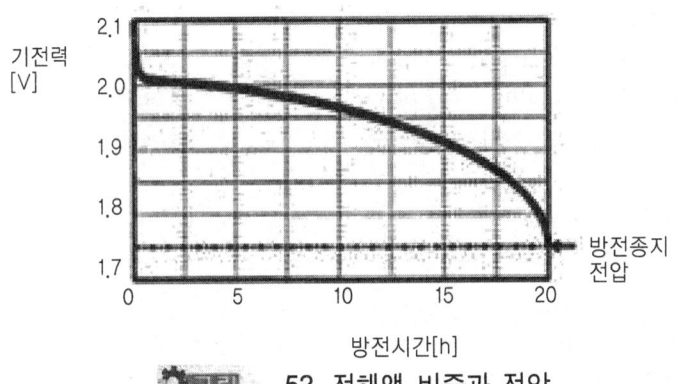

그림 52. 전해액 비중과 전압

[2] 축전지 용량표시법

(1) 암페어-시간용량(AH)

완전충전된 축전지가 방전종지전압에 이를 때까지 일정 전류로 방전할 때 얻어낼 수 있는 전기량으로 가장 오래된 표시방법이다.

$$축전지용량[Ah] = 방전전류(A) \times 방전시간(h)$$

① 20시간율 : 일정 방전전류로 방전종지전압까지 20시간 연속방전(저율방전)
② 5시간율 : 일정 방전전류로 방전종지전압까지 5시간 연속방전(고율방전)

방전전류가 커지면 전해액의 화학작용이 극판의 표면에서만 급격히 일어나 중심부의 작용물질까지 미치지 못하기 때문에 용량이 작아진다.

(2) 콜트 크랭킹 성능(CCA, CCP)

축전지의 저온 시동능력을 판정하는 능력으로, 완전 충전된 축전지가 -18℃에서 30초동안에 고전류 방전하여 7.2V될 때까지 방전할 수 있는 최대전류의 크기로 나타낸다.

① 냉간율 : 0°F에서 300A의 전류로 방전하여 셀당 기전력이 1V 전압강하하는데 소요되는 시간

(3) 보존 용량(RC)

충전장치가 작동하지 않을 때 점화장치, 조명장치 등 자동차를 구동하는데 필요한 비상동력을 제공하는 축전지의 능력으로, 완전 충전된 축전지가 셀전압이 1.75V 이하(단자전압 10.5V 이하)로 되기 전에 27℃에서 25A를 공급할 수 있는 시간(분)

① 25암페어율 : 80°F에서 25A로 연속적으로 방전하여 셀당 전압이 방전종지전압에 이를 때까지 방전하는데 걸리는 시간(분)

[3] 축전지 직·병렬연결에 따른 용량과 전압의 변화

① 직렬연결 : 전압은 연결한 개수만큼 증가되지만 용량은 1개일 때와 같다.
② 병렬연결 : 용량은 연결한 개수만큼 증가하지만 전압은 1개일 때와 같다.

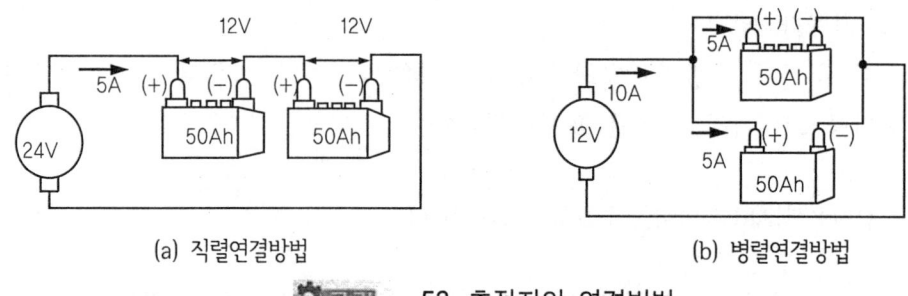

(a) 직렬연결방법　　　　　　　　(b) 병렬연결방법

53. 축전지의 연결방법

[4] 납산축전지의 자기방전
(1) 자기방전의 원인
  ① 음극판의 작용물질이 황산과의 화학작용으로 황산납이 되면서 자기방전된다.
  ② 불순물이 유입되어 국부전지가 형성되어 방전된다.
  ③ 탈락한 극판의 작용물질이 축전지 내부의 밑이나 옆에 퇴적되거나 격리판이 퇴적되어 양쪽 극판이 단락되어 방전된다.

(2) 자기방전량
  자기방전량은 전해액의 온도가 높고, 비중 및 용량이 클수록 크며, 날짜가 흐를수록 많아지나 그 비율은 충전 후의 시간 경과에 따라 점차 낮아진다.

[5] MF축전지(maintenance free battery)의 특징
  ① 자기 방전율이 낮다.
  ② 장시간 보관할 수 있다.
  ③ 증류수를 점검 및 보충하지 않아도 된다.
  ④ 충전 중에 발생하는 산소와 수소가스를 환원시키는 촉매마개를 두고 있다.

[6] 납산축전지 충전법
(1) 정전류 충전
  정전류 충전은 충전의 전체과정에서 전류를 일정하게 하고, 충전을 실시하는 방법이다.

(2) 정전압 충전

정전압 충전은 충전의 전체과정에서 일정한 전압으로 충전하는 방법이다. 충전초기 많은 전류가 흘러 축전지에 손상을 줄 우려가 있다.

(3) 급속충전

급속 충전기를 사용하여 시간적 여유가 없을 때 하는 충전이며, 충전전류는 축전지 용량의 50% 정도 한다.

4.2. 기동장치(starting system)
4.2.1. 기동장치의 개요

내연기관은 폭발행정에서 얻어진 에너지에 의해서 회전되며 다른 행정에서는 플라이휘일의 관성력에 의하여 회전이 지속된다. 시동시에는 기관 스스로 회전력을 발생시키지 못하므로 외부로부터의 회전력 공급이 필요하며, 이때 회전력을 제공하는 전동기를 기동전동기라고 한다.

기동장치는 기관의 압축, 피스톤과 베어링의 마찰등에 의한 저항을 극복하고, 기관을 시동 가능한 최저 회전속도(크랭킹 속도) 이상으로 회전시켜야 한다.

[1] 기동장치의 구성

기동전동기는 기관의 플라이휘일에 설치된 링기어와 맞물려있으며, 시동시 축전지로부터 전원을 공급받아 회전한다. 기관의 마찰저항을 이기고 회전하기 위해서 큰 회전력이 필요하므로 직류직권 전동기가 사용된다.

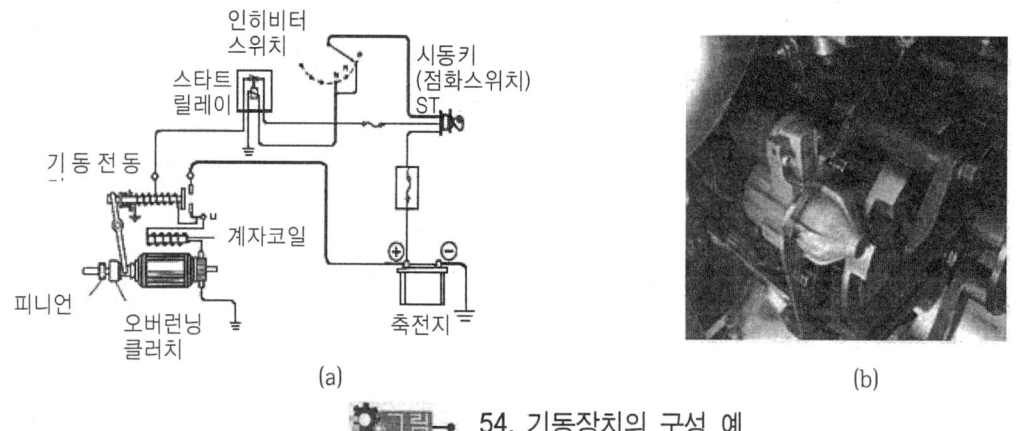

그림 54. 기동장치의 구성 예

기관은 전동기의 회전력만으로 회전되지 않으므로 크랭킹 회전력을 증가시키기 위해 피니언이 필요하다(링기어와 피니언의 기어비 10 ~20 : 1).

[2] 기동전동기의 원리

기동전동기의 원리는 계자철심 내에 설치된 전기자에 전류를 공급하면 전기자는 플레밍의 왼손법칙에 따르는 방향으로 전자력이 발생되는 것을 이용한다. 구성으로는 계자코일(자장을 형성), 전기자코일(전자력을 받아 회전), 브러시와 정류자(전기자에 전류를 공급)가 있다.

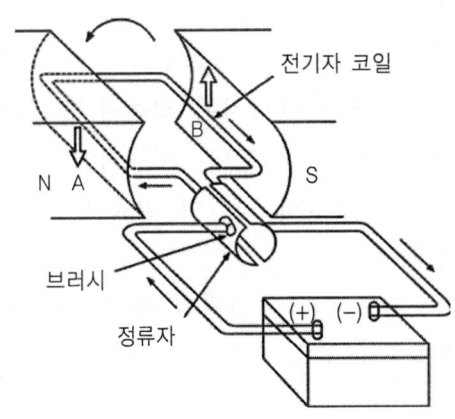

그림 55. 기동전동기의 원리

4.2.2. 기동전동기의 종류와 특징

자장을 만드는(여자) 방법에 따라 영구자석식과 전자석식이 있으며, 전자석식은 전기자와 계자코일의 접속방법에 따라 직권식, 분권식, 복권식으로 구분한다.

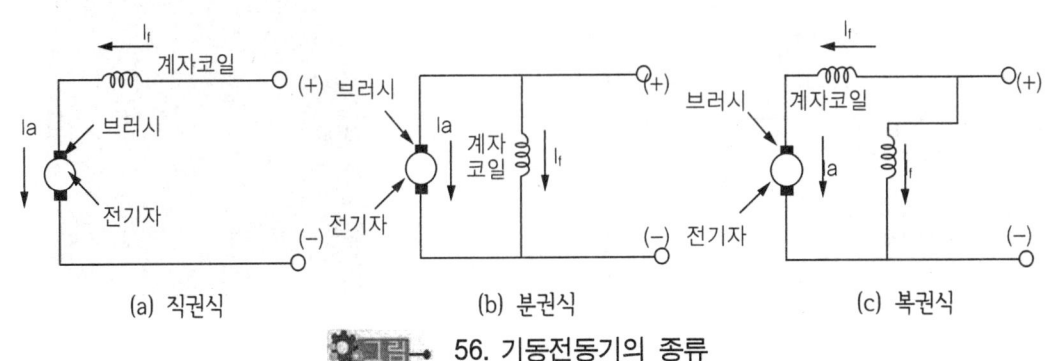

그림 56. 기동전동기의 종류

[1] 직권전동기
직권전동기는 전기자 코일과 계자코일이 직렬로 접속된 것이며, 특징은 다음과 같다.
① 기동회전력이 크기 때문에 기동전동기에 사용된다.
② 전동기의 회전력은 전기자의 전류에 비례한다.
③ 전기자 전류는 역기전력에 반비례하고 역기전력은 회전속도에 비례한다.
④ 부하를 크게 하면 회전속도가 작아지고, 부하가 커지면 회전력은 커진다.
⑤ 회전속도의 변화가 크다.
⑥ 축전지 용량이 적어지면 전동기의 출력은 감소된다.
⑦ 같은 용량의 축전지라 하더라도 기온이 낮으면 전동기 출력은 감소된다.
⑧ 기관오일의 점도가 높으면 요구되는 구동 회전력도 증가된다.
⑨ 직권전동기는 부하가 클 때 전기자 전류는 커져 큰 회전력을 낼 수 있다.

[2] 분권전동기
분권전동기는 전기자 코일과 계자코일이 병렬로 접속된 것이다.

[3] 복권전동기
복권전동기는 전기자 코일과 계자코일이 직·병렬로 접속된 것이다.

알아두기

기동전동기의 필요 회전력= 크랭크축 회전력 × $\dfrac{\text{피니언의 잇수}}{\text{링기어의 잇수}}$

[4] 기동전동기의 구비조건
① 기동 회전력이 클 것
② 소형·경량이고 출력이 클 것
③ 마력 당 중량이 작을 것
④ 기계적인 충격에 견딜만한 충분한 내구성이 있을 것
⑤ 전원 용량이 적어도 될 것

4.2.3. 기동전동기의 구조

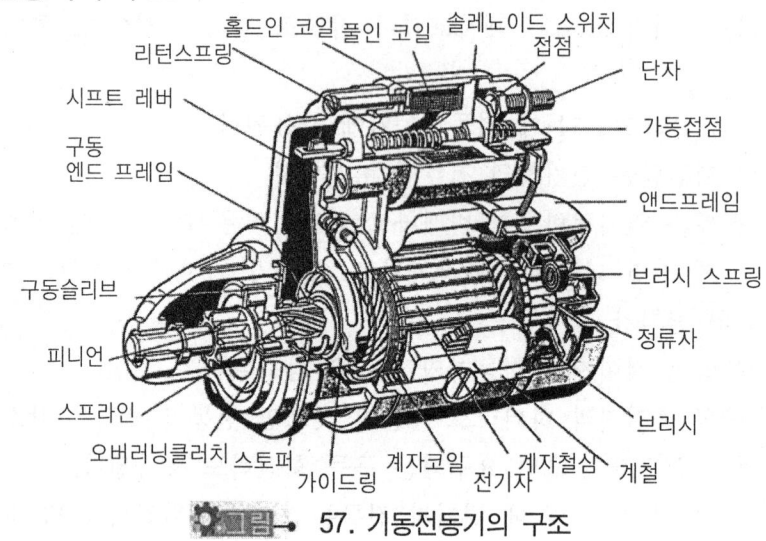

그림 57. 기동전동기의 구조

[1] 회전운동을 하는 부분

(1) 전기자(armature)

전기자는 축, 철심, 전기자 코일 등으로 구성되어 있으며, 전기자 코일의 전기적 점검은 그로울러 테스터로 하며, 전기자 코일의 단선, 단락 및 접지 등에 대하여 시험한다.

(2) 정류자(commutator)

정류자는 기동전동기의 전기자 코일에 항상 일정한 방향으로 전류가 흐르도록 하기 위해 설치한 것이다.

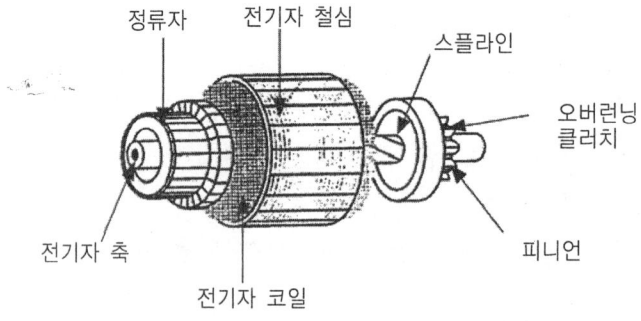

그림 58. 전기자의 구조

[2] 고정된 부분(자장을 형성)
(1) 계철과 계자철심(yoke & pole core)

계철은 자력선의 통로와 기동전동기의 틀이 되는 부분이며, 계자철심은 계자코일에 전기가 흐르면 전자석이 되며, 자속을 잘 통하게 하고, 계자코일을 유지한다.

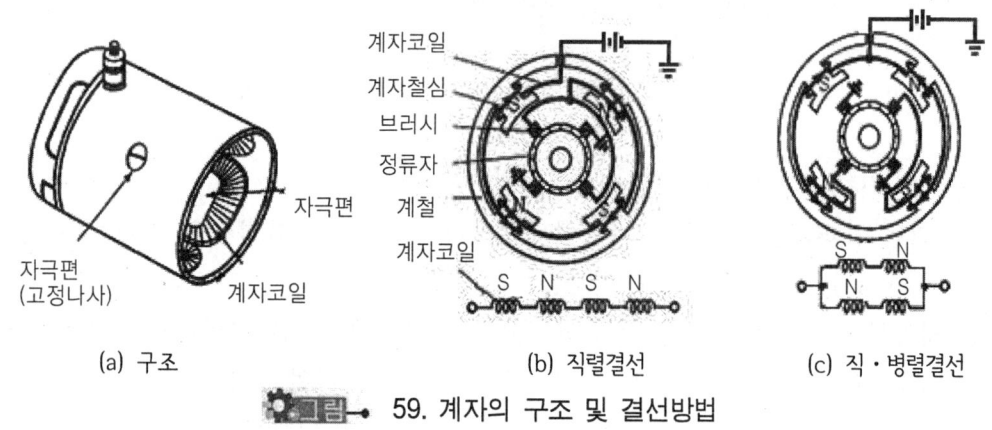

(a) 구조   (b) 직렬결선   (c) 직·병렬결선

59. 계자의 구조 및 결선방법

(2) 계자코일(field coil)

계자코일은 계자철심에 감겨져 자력(磁力)을 발생시키는 것이며, 계자코일에 흐르는 전류와 정류자 코일에 흐르는 전류의 크기는 같다. 감는 방향에 의해 계자철심을 N극과 S극의 전자석을 만든다.

(3) 브러시와 브러시 홀더(brush & brush holder)

브러시는 정류자를 통하여 전기자 코일에 전류를 출입시키는 일을 하며, 일반적으로 4개가 설치된다. 스프링 장력은 스프링 저울로 측정하며 $0.5 \sim 1.0 kgf/cm^2$이다.

[3] 동력전달부(마그네틱 스위치)

기동전동기 회로에 흐르는 전류를 단속(ON, OFF)하며 피니언과 링기어를 맞물리게 동력전달하는 역할을 한다. 풀인코일(플런저를 흡인), 홀드인 코일(흡인된 플런저 유지), 리턴스프링(플런저 복귀)으로 구성되어 있다.

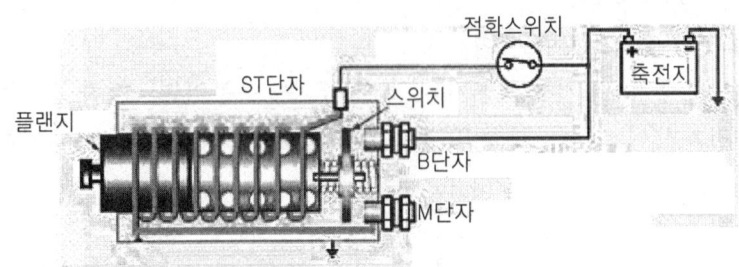

그림 60. 마그네틱스위치(솔레노이드)의 구조 및 결선방법

[4] 동력연결(차단)부(오버러닝 클러치)

오버러닝 클러치는 기동 후 기관에 의한 기동전동기의 과회전을 방지하는 장치로서 원웨이(one way) 클러치라고도 한다.

① 시동시 : 피니언속도 > 링기어 속도 : 이너 레이스(피니언) S < 아웃터 레이스 (모터) S 클러치 롤러는 좁은 쪽으로 이동 → 피니언 자전
② 시동후 : 피니언속도 < 링기어 속도 : 이너 레이스(피니언) S > 아웃터 레이스 (모터) S 클러치 롤러는 넓은 쪽으로 이동 → 피니언 공전

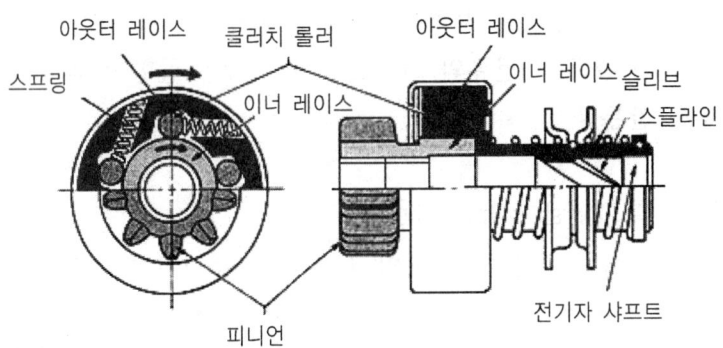

그림 61. 오버러닝클러치의 구조

4.2.4. 기동전동기의 측정 및 시험

[1] 무부하시험

무부하 시험은 기동 전동기를 차량에서 탈거한 상태에서 공회전 시키는 것으로서, 완전 충전된 축전지와 전류계, 전압계 및 가변 저항기를 연결(전동기에 시험 규정전압으로 조정)한 다음, B단자와 F(M)단자를 직접 연결할 점퍼리드를 사용하여 전동기를 기동시킨다.

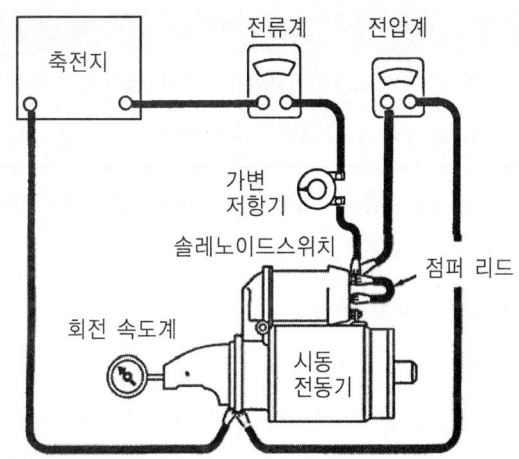

그림 62. 기동전동기의 무부하시험

[2] 기동전동기의 부하시험

부하시험은 기동전동기를 차량에서 장착한 상태에서 점검하는 것으로서, 차량(시뮬레이터)와 축전지, 전류계, 전압계를 준비한다.

(1) 크랭킹 전압시험(전압강하)
  ① 완전 충전된 축전지가 설치된 기관 상태에서 실시한다.
  ② 기관 시동이 되지 않도록 점화 1차 회로를 단선시킨다.
  ③ 전압계를 축전지 (+), (−)단자에 설치한다.
  ④ 기동전동기 A단자와 B단자를 점퍼 와이어로 접속하여 기관을 회전시킨다.
  ⑤ 10초 정도 크랭킹시키며 전압계의 눈금을 확인한다.

(2) 크랭킹 전류시험(전류 소모시험)
  ① 완전 충전된 축전지가 설치된 기관상태에서 실시한다.
  ② 기관 시동이 되지 않도록 점화 1차 회로를 단선 시킨다(점퍼 리드선으로 1차 전류 접지 혹은 코일 고압선 탈거).
  ③ 전류계(200A)를 직렬로 또는 클램프 미터를 설치(⇒표가 전류가 흐르는 방향)한다.
  ④ 시험기에서 선택 스위치를 측정전류보다 큰 위치로 선택하고 "0"점을 조정한다.
  ⑤ 점화스위치로 10초 정도 크랭킹시키며 눈금이 안정되면 전류최대 눈금 읽는다.

판 정	전 류	전 압	전압강하
무부하시험	축전지 용량의 ±10%이내	축전지 단자전압의 90% 이상	10% 이내
부하시험	축전지 용량의 3배 이하	축전지 단자전압의 80% 이상	20% 이내

예) 50Ah인 경우에 부하시험의 경우 150A 이하, 무부하시험의 경우 45~55Ah.

4.3. 점화장치(ignition system)
4.3.1. 점화장치의 개요

점화장치(ignition system)는 연소실 내의 압축된 혼합기에, 전기적 불꽃으로 적절한 시기에 점화하여 연소를 일으키게 하는 장치이다. 출력향상, 연비절감, 배기가스규제 대응책으로서 기관의 어떠한 운전조건하에서도 혼합기를 순간적으로 점화시키기에 충분한 점화 에너지, 적절한 시기에 강력하고 확실한 점화가 요구된다.

(1) 점화장치가 기관에 미치는 영향
  ① 출력 부족
  ② 연비 악화
  ③ 배출가스 증가
  ④ 노킹 발생

(2) 연소실 내의 연소 과정
  점화 → 지연 → 착화(화염핵 발생) → 성장 → 폭발(화염전파)

(3) 가솔린 기관이 갖추어야 할 조건
  ① 좋은 혼합비
  ② 좋은 압축
  ③ 좋은 불꽃

(4) 좋은 불꽃(스파크)을 만들어 주기 위한 조건
  ① 불꽃의 세기가 충분할 것(점화전압과 전류가 충분할 것)
  ② 불꽃이 쉽게 일어 날 수 있을 것(점화요구전압이 낮을 것)
  ③ 착화하기 쉬울 것
  ④ 착화시간이 충분할 것(즉 불꽃지속시간이 충분할 것)
  ⑤ 적절한 점화시기 : TDC 10° 전후에서 최대 연소압력 발생

[1] 점화장치의 종류
점화장치의 종류에는 축전지식, 트랜지스터식, HEI식, DLI식 점화방식 등이 있다.
① 기계식 : 접점 캠기구
② 전자식 : 트랜지스터식(semi, fuel), 콘덴서 방전식(CDI), 고강력 점화방식(HEI), 무배전기 점화방식(DLI ; distributor less ignition system)

[2] 점화장치의 구성
① 축전지 : 기관기동시 시동전동기 및 점화 1차 회로에 전원 공급
② 점화스위치 : 점화 1차회로의 전류를 운전석에서 ON/OFF 시키는 점화(Key) 스위치
  * 배터리 (+)단자와 점화코일 1차 단자사이에 접속
③ 점화코일 : 점화 전압 발생장치(1차 코일 단속 → 2차 코일에 고전압 발생)
  -12V의 축전지 전압을 약 20~40(KV)의 고전압을 발생시키는 승압기
  -1차코일의 자기유도작용과 2차코일의 상호유도작용 이용

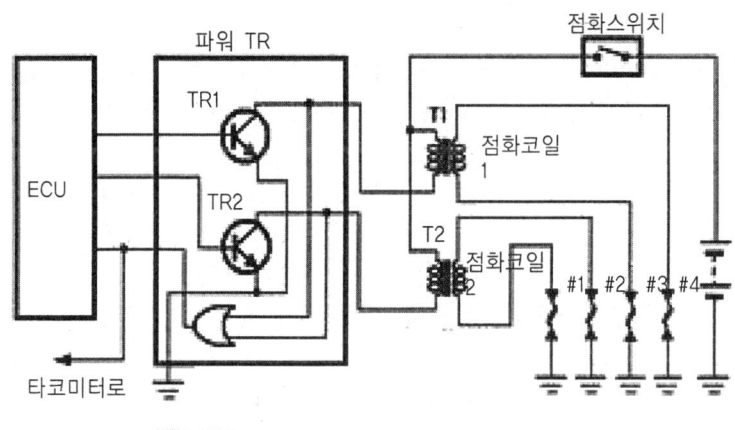

63. DLI 점화회로(4실린더)

알아두기 자기유도 작용과 상호 유도작용
자기유도 작용이란 1개의 코일에 흐르는 전류를 단속하면 코일에 유도전압이 발생하는 작용을 말한다. 상호유도 작용이란 하나의 전기회로에 자력선의 변화가 생겼을 때 그 변화를 방해하려고 다른 전기 회로에 기전력이 발생되는 현상을 말한다.

④ 단속기 : 1차 코일에 자장변화(전류변화)를 유도하여 자기유도작용 발생 장치
  -점점식 : 점화 1차 전류의 ON/OFF 스위치 역할(기계식 단속부)

　　　　-이그나이터, 파워 트랜지스터식: 점화 1차 전류의 ON/OFF 스위치 역할
　⑤ 배전기 : 고전압을 각 실린더에 분배, 점화진각작용(원심진각, 진공진각)
　⑥ 고압케이블 : 점화코일에서 유도된 2차 전압을 점화플러그로 보냄
　⑦ 점화플러그 : 고전압을 받아 실린더 내 압축된 혼합기를 점화시킴

4.3.2. 트랜지스터 점화장치의 특징

트랜지스터 점화장치는 트랜지스터의 스위칭 작용을 이용하여 점화 1차 전류를 단속한다. 장점은 다음과 같다.
　① 저속성능이 안정되고, 고속성능이 향상된다.
　② 점화장치의 신뢰성이 향상된다.
　③ 점화시기를 정확하게 조절할 수 있다.
　④ 안정된 고전압을 얻을 수 있다.
　⑤ 점화코일의 권수비를 적게 할 수 있다.

4.3.3. 컴퓨터 제어방식 점화장치

이 점화방식은 기관의 회전속도, 부하정도, 기관의 온도 등을 검출하여 ECU로 입력시키면 ECU는 점화시기를 연산하여 1차 전류를 차단하는 신호를 파워 트랜지스터(power TR)로 보내어 점화코일에서 2차 전압을 발생시키는 방식이다.

[1] HEI(고강력 점화 ; high energy ignition)방식

HEI방식은 원심 및 진공진각 기구를 사용하지 않아도 되며, 고속회전에서 채터링 현상으로 인한 부조발생이 없다. 또 노킹이 발생할 때 대응이 신속하며, 기관상태에 따른 적절한 점화시기 조절이 가능하다. HEI에서 점화계통의 작동순서는 각종 센서 → ECU → 파워 트랜지스터 → 점화코일이다.

(1) 점화코일(ignition coil)

폐자로형(몰드형) 철심을 사용하여 자기유도 작용에 의해 생성되는 자속이 외부로 방출되는 것을 방지하기 위해 철심을 통하여 자속이 흐르도록 한다. 개회로형 점화코일보다 1차 코일의 저항을 감소시키고, 1차 코일을 굵게 하여 더욱 큰 자속을 형성시킬 수 있어 2차 전압을 향상시킬 수 있다.

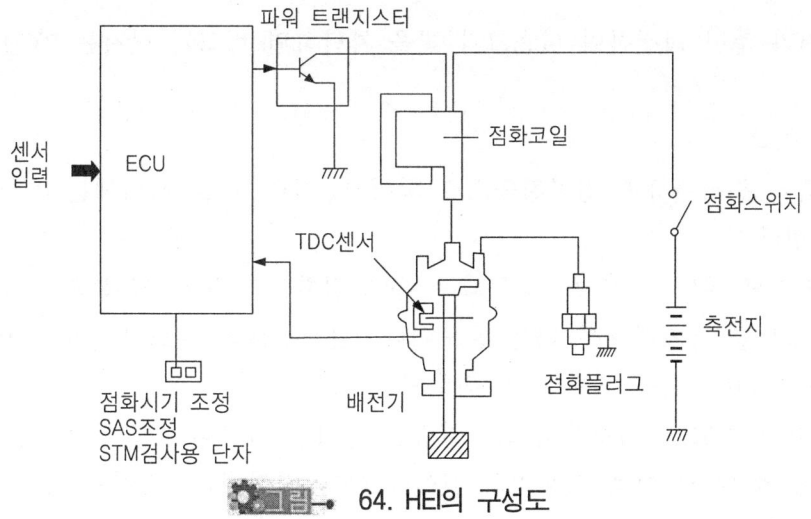

그림. 64. HEI의 구성도

(2) 파워 트랜지스터(power transistor)

ECU에서 신호를 받아 점화코일의 1차 전류를 단속하는 작용을 한다. 구조는 ECU에 의해 조절되는 베이스, 점화코일과 접속되는 컬렉터, 그리고 접지되는 이미터단자로 구성된 NPN형이다.

(3) 1번 실린더 TDC센서 및 크랭크 각 센서의 작용

① 크랭크 각 센서용 4개의 슬릿과 내측에 1번 실린더 TDC센서용 1개의 슬릿이 설치되어 있다.
② 2종류의 슬릿을 검출하기 때문에 발광다이오드 2개와 포트다이오드 2개가 내장되어 있다.
③ 발광다이오드에서 방출된 빛은 슬릿을 통하여 포토다이오드로 전달되며 전류는 포토다이오드의 역방향으로 흘러 비교기에 약 5V의 전압이 감지된다.

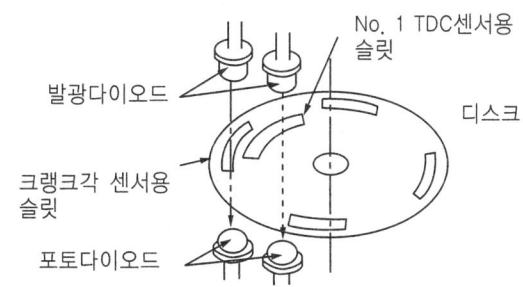

그림. 65. 1번 실린더 TDC센서 및 크랭크 각 센서의 구조

④ 배전기 축이 회전하여 디스크가 빛을 차단하면 비교기 단자는 0V가 된다.

(4) 점화플러그
① 전극은 중심전극과 접지전극으로 되어 있으며, 이들 사이에는 0.7~1.1mm 간극이 있다.
② 자기청정 온도 : 기관이 작동되는 동안 점화플러그 전극부분의 온도가 450~600℃ 정도를 유지하도록 하는 온도이다. 전극부분의 온도가 400℃ 이하이면 오손되고, 800℃ 이상 되면 조기 점화의 원인이 된다.
③ 열값(열 범위) : 점화플러그의 열방산 능력을 나타내는 값이며, 절연체 아랫부분의 끝에서부터 아래 실까지의 길이에 따라 결정된다. 길이가 짧고 열 방산이 잘 되는 형식을 냉형(cold type), 길이가 길고 열 방산이 늦은 형식을 열형(hot type)이라 한다. 냉형은 고압축비, 고속회전 기관용으로 사용된다.

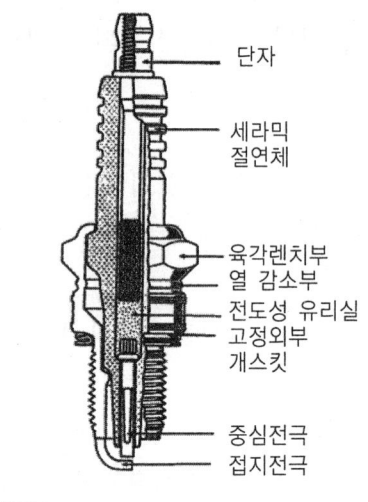

66. 점화플러그의 구조

[2] DLI(전자 배전 점화방식 ; distributor less Ignition)
(1) DLI의 종류
① DLI는 전자제어 방식에 따라 점화코일 분배 방식과 다이오드 분배방식이 있다.
② 점화코일 분배방식에는 1개의 점화코일로 2개의 실린더에 동시에 고전압을 분배하는 동시점화방식과 각 실린더마다 1개의 점화코일과 1개의 점화플러그가 결합되어 직접 점화시키는 독립점화방식이 있으나 주로 동시점화방식을 사용한다.

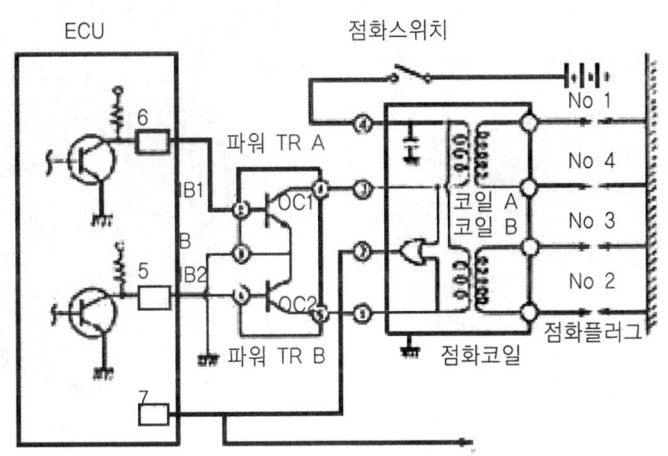

그림 67. DLI 점화장치 동시점화방식의 예

(2) DLI의 장점
① 배전기에서 누전이 없다.
② 로터와 배전기 캡 전극사이의 고전압 에너지 손실이 없다.
③ 배전기 캡에서 발생하는 전파 잡음이 없다.
④ 점화진각 폭의 제한이 없다.
⑤ 고전압 출력을 감소시켜도 방전 유효에너지 감소가 없다
⑥ 내구성이 크고, 전파방해가 없어 다른 전자제어 장치에도 유리하다.

4.4. 충전장치
4.4.1 충전장치의 개요
[1] 충전장치의 주요기능

충전장치는 기관 시동 후에 점화장치, 조명장치, 냉·난방장치 등의 전기장치를 구동하기 위한 전력을 공급하고 축전지를 재충전하기 위한 전기발생장치이다. 발전량이 전기부하량보다 큰 경우에는 발전기만으로 자동차 내 모든 전기장치에 전력을 공급할 수 있으나, 발전량이 전기부하량보다 적은 경우에는 축전지가 방전하여 전력을 보충한다. 충전장치는 발전기 및 전압조정기로 구분할 수 있다.

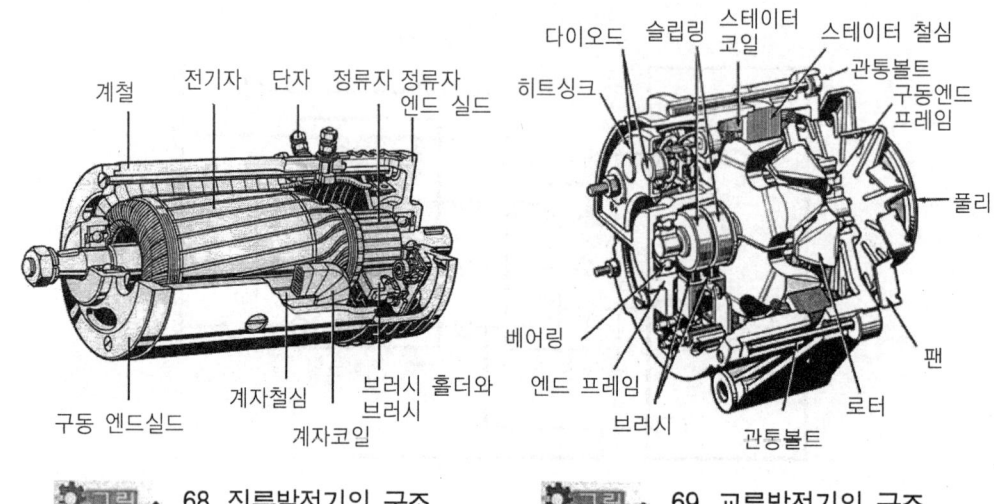

그림 68. 직류발전기의 구조   그림 69. 교류발전기의 구조

[2] 충전장치의 종류 및 특징

충전장치의 종류에는 직류발전기와 교류발전기가 있다.

직류발전기는 직류전동기와 유사한 구조로 간단하지만, 저속시에 발전전압이 낮아 축전지를 충전시킬 수가 없고 고속시에 정류자와 브러시 사이에 불꽃 발생하여 전파 장애를 일으키는 잡음이 발생될 뿐 아니라 브러시의 마모량이 증가되는 내구성 등에 문제점이 있다.

반면에 교류발전기는 저속에서의 충전성능이 우수하며, 출력에 비해 경량, 소형화가 가능하며 정류자가 없기 때문에 브러시의 수명이 길고, 정류기에 의해서 역류가 방지되기 때문에 컷아웃 릴레이가 필요 없고 또한 스테이터코일 자체가 전류제한작용을 수행하므로 별도의 전류제한기가 필요 없어 자동차용 충전장치로 주로 사용되고 있다.

4.4.2. 교류(AC) 발전기

[1] 3상 교류발전기

교류발전기는 기관의 실린더 블록에 고정, 크랭크축 풀리에 의해 벨트로 구동되며, 구성품의 주요기능은 다음과 같다.

① 스테이터(stator, 고정) : 출력전류를 발생(3상 교류)

② 로터(rotor, 회전) : 축전지의 전류로 여자

③ 브러시 : 로터에 여자전류를 공급(슬립링)

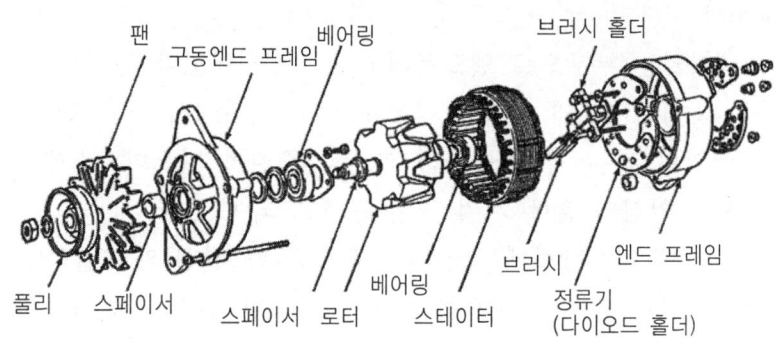

그림 70. 3상 교류발전기의 구성품

④ 다이오드 : 스테이터 코일에서 발생된 교류를 직류정류
⑤ 냉각팬 : 다이오드의 과열을 방지

(1) 로터(rotor)

① 로터는 자속을 형성하는 부분으로 크랭크축 풀리와 벨트에 의해 연결되어 회전한다.
② 로터의 자극편은 코일에 여자전류가 흐르면 N극과 S극이 형성되어 자화되며, 로터가 회전함에 따라 스테이터 코일의 자력선을 차단하므로 전압이 유기된다.
③ 브러시와 슬립 링은 로터코일에 전류를 공급하여 로터철심을 자화시킨다.
④ 시동시에 로터 코일은 축전지에서 전류를 공급받아 여자되는 타여자방식의 특성을 갖지만 발전기가 회전하기 시작하면 자체의 출력에 의하여 로터 코일을 여자시키는 자여자방식으로 변환된다.

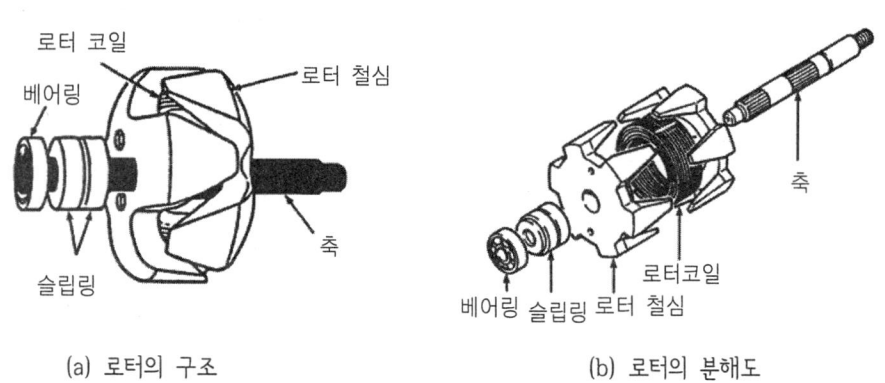

그림 71. 로터

(2) 스테이터(stator)

① 전류를 발생시키는 부분으로 엔드프레임에 고정되어있다.
② 스테이터는 독립된 3개의 코일이 감겨져 있고 여기에서 3상 교류가 유기 된다.
③ 스테이터 코일의 감는 방법에 따라 파권과 중권이 있으며, 스테이터 코일은 결선된 구리선을 철심의 홈에 끼워 넣은 구조로 되어 있다.
④ 스테이터 코일의 접속방법에는 삼각형 결선(델타 결선)과 Y결선(또는 스타결선)이 있으며, 삼각형 결선은 전류를 이용하기 위한 결선 방법이고, Y결선은 전압을 이용하기 위한 결선 방법이다.
⑤ Y결선이 삼각형 결선에 비하여 선간 전압이 각 상 전압의 $\sqrt{3}$ 배가 높아 기관이 공전할 때에도 충전 가능한 전압이 유기된다.

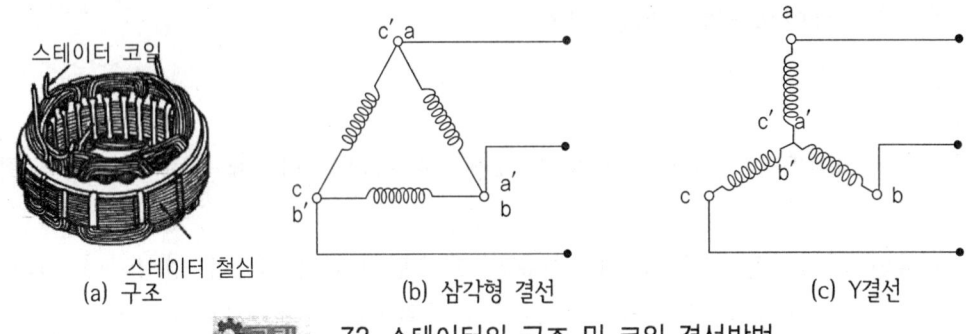

(a) 구조　　(b) 삼각형 결선　　(c) Y결선

그림 72. 스테이터의 구조 및 코일 결선방법

> **알아두기**
> 발전기 기전력은 로터코일을 통해 흐르는 여자 전류가 크면 기전력은 커지며, 로터 코일의 회전속도가 빠르면 빠를수록 기전력이 커진다. 그리고 코일의 권수가 많고, 도선의 길이가 길면 기전력은 커지며, 자극의 수가 많아지면 여자되는 시간이 짧아져 기전력도 커진다.

(3) 정류기(rectifier)

① 교류발전기에서는 실리콘 다이오드를 정류기로 사용한다. 다이오드의 기능은 스테이터 코일에서 발생한 교류를 직류로 정류하여, 외부로 공급하고, 또한 축전지에서 발전기로 전류가 역류되는 것을 방지하는 직류발전기의 컷아웃 릴레이 기능을 수행한다.
② 3개의 (+)측 다이오드와 3개의 (-)측 다이오드를 사용하며, (+)측 다이오드는 단자로부터 케이스쪽으로 전류가 흐르며 (-)측 다이오드는 케이스에서 단자쪽으로 전류가 흐른다.

③ 정방형 구조는 6개의 정류용 다이오드의 과열을 방지하기 위해 방열판이 부착되고. 충전경고등의 점멸과 로터코일로의 전원공급을 위한 3개의 보조 다이오드가 설치되어있다.

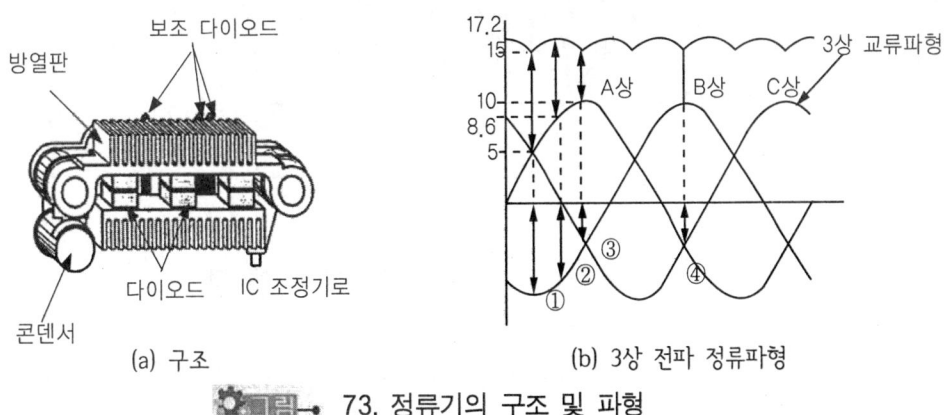

그림 73. 정류기의 구조 및 파형

알아두기
① 기관이 회전되면서 충전할 때 축전지 단자를 분리 또는 연결하면 발전기 조정기 (레귤레이터)의 손상을 가져올 수 있다.
② 축전지가 완전 충전된 상태에서도 발전기의 B단자에서 부하로 전류는 흐른다.
③ 발전기 조정기(레귤레이터)는 기관의 회전속도가 증가하면 로터(필드)전류를 감소시켜 출력전압을 일정하게 한다.
④ 교류발전기는 발전기 자체에서 전류 제한작용을 하기 때문에 전류 제한기가 필요 없다.

[2] 전압조정기(voltage regulator)
① 전자유도작용에 의하여 발생되는 유도전압의 크기는 자력의 세기와 도체의 길이 및 도체의 회전속도에 비례하여 변화한다.
② 전압을 제어하기 위해서는 도체의 길이를 변화시키는 것은 곤란하고 도체의 회전속도는 기관의 회전속도에 의해서 변화되기 때문에 자력의 세기를 변화시켜 발생전압을 조정하는 방법이 이용한다.
③ 발생전압의 조정 원리는 발전기의 회전수가 변화됨에 따라 로터코일을 흐르는 전류(여자전류)를 적절히 조정하여 유도전압의 크기를 일정하게 유지시킨다. 발전기의 회전수가 빨라지면 발생전압이 증가하므로 여자전류를 감소시켜 자속량을 줄임으로써 규정전압을 넘지 못하도록 제어한다.

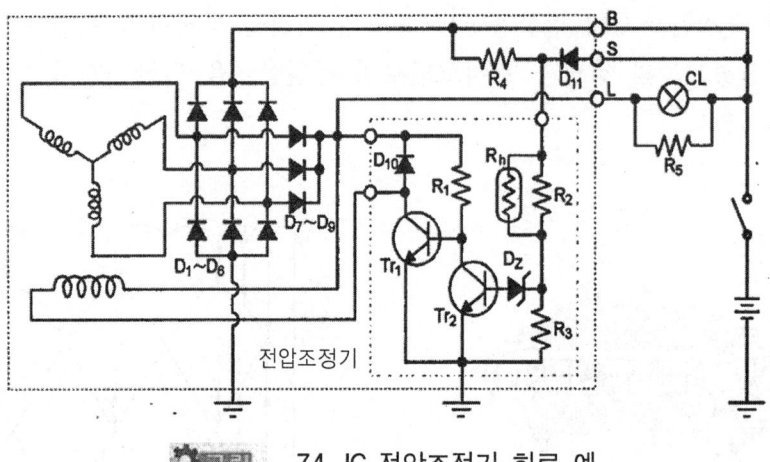

그림 74. IC 전압조정기 회로 예

④ 전압조정기의 분류는 여자전류의 제어방식에 따라 접점식, 트랜지스터식, IC식으로 분류된다.
⑤ 조정전압(14.0±0.5V) 이하 13.5V 이하일 때 : 제너 전류차단, Tr2의 베이스 전류차단, Tr1 ON, 로터 코일 자화
⑥ 조정전압(14.0 ± 0.5V) 이하 14.5V 이상 일 때 : 제너 전류흐름, Tr2의 베이스 전류흐름, Tr1 OFF, 로터 코일 비자화

4.4.3. 교류발전기의 출력파형

[1] 교류 발생의 원리
① 코일을 자기장 속에서 회전시키면 코일을 지나는 자속이 변하면서 코일에 주기적으로 크기와 방향이 바뀌는 전압이 발생한다. 따라서 전류도 주기적으로 크기와 방향이 바뀐다.
② 코일이 자기장에 수직으로 놓인 경우 코일을 통과하는 자속($\varnothing$)은

$$\varnothing = \varnothing_0 \cos\theta = \varnothing_0 \cos\omega t = BS\cos\omega t$$

③ 유도 기전력은 자속의 시간적 변화율에 비례하므로 다음과 같이 정리할 수 있다.

$$V = -\frac{\Delta \varnothing}{\Delta t} = \omega BS\sin\omega t = V_0 \sin\omega t$$

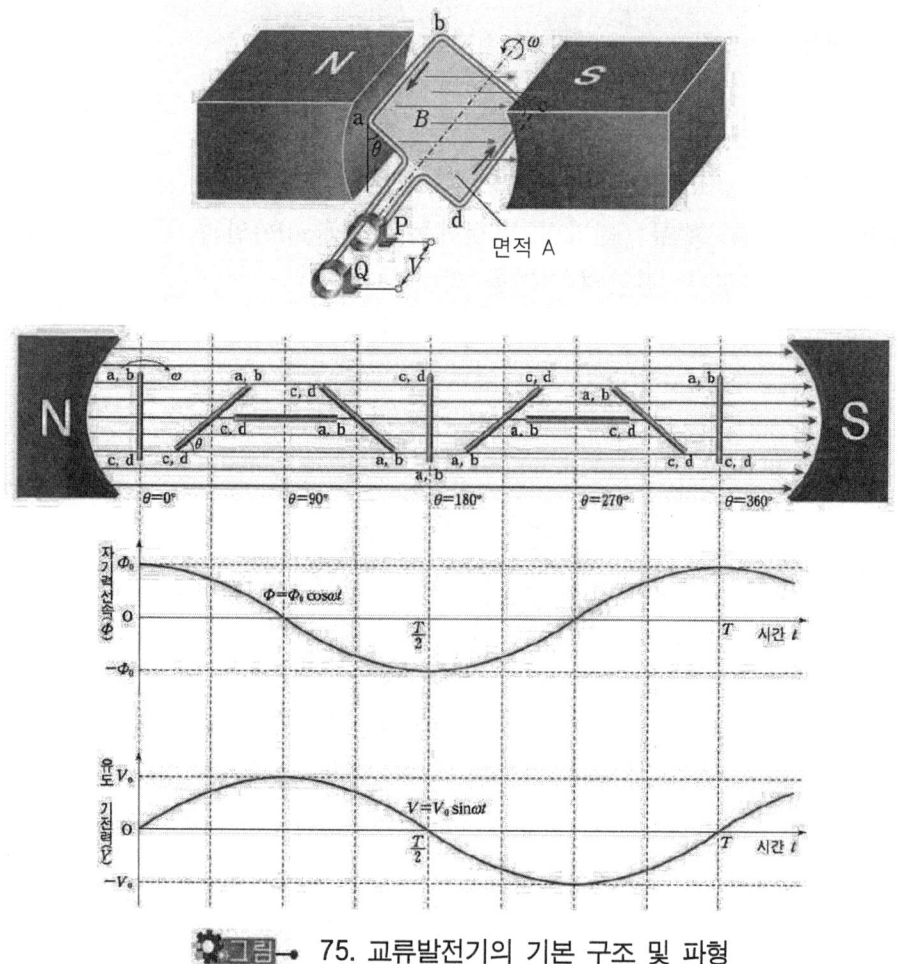

그림 75. 교류발전기의 기본 구조 및 파형

④ 자기력선속이 최대인 곳은 유도 기전력이 최소이다. 이것은 유도기전력의 크기가 자기력선속 그래프의 기울기에 관계하기 때문이다.

[2] 자동차용 교류발전기
① 자동차용 교류발전기는 3상 교류의 전압을 발생시키고 이를 정류기를 통해 전파 정류하여 직류로 공급된다. 맥동은 (회전수/60)×(6×극수)의 수만큼의 생기게 된다.
② 교류에서는 전압과 전류가 시간에 따라 변하기 때문에 값을 구하기가 쉽지 않다. 그래서 교류를 직류처럼 생각할 필요가 있다. 이때 '실효값'을 이용한다.

- 전류의 실효값 : $\dfrac{I_0}{\sqrt{2}}$ (전류의 최대값 I_0)

- 전압의 실효값 : $\dfrac{V_0}{\sqrt{2}}$ (전류의 최대값 V_0)

③ 실효값은 교류, 전류, 전압이 발생하는 주울(joule)열과 동일한 크기의 열량을 발생하는 직류전류, 전압의 크기를 의미한다.

파장 $\lambda = \dfrac{C}{f}$ [m]

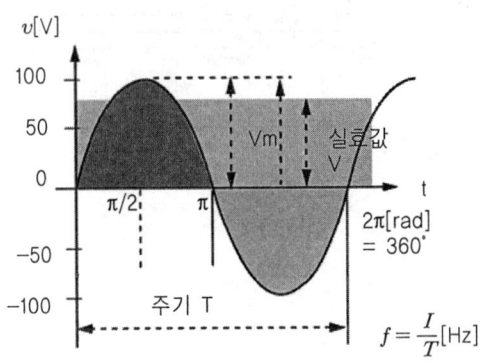

[3] 발전기 출력 파형측정
 ① 파형을 측정할 수 있는 스코프미터를 준비한다.
 ② 발전기 출력단자(B)와 접지에 스코프미터의 (+), (-)프로브를 연결한다.
 ③ 발전기 출력단자 케이블에 스코프미터의 전류측정 프로브를 연결한다.
 ④ 시동을 건다.
 ⑤ 기관 RPM을 변화시키면서 파형을 측정한다.
 ⑥ 측정된 파형을 분석한다.

(1) 발전기 정상파형
 발전기가 정상일 경우 출력 전압과 전류의 파형은 다음과 같다.
 ① 출력전압 : 시간의 변화(가로축)에 따라 전압의 변화(세로축)는 1V 이하에서 정상 사이클의 변화로 출력된다. ⇒ 전압조정기의 정전압 출력
 ② 출력전류 : 기관 회전수 800rpm 이상부터 전류값이 급격히 상승하고, 3000rpm 이상에서는 일정 전류값을 유지해야한다. ⇒ 코일의 전류 제한

76. 발전기 정상파형

(2) 발전기 비정상 파형
① 다이오드 1개 단선 : 출력전압이 주기적으로 떨어지고, 출력전류의 최고값이 정상파형보다 20% 정도 떨어진다.
② 다이오드 2개 단선 : 출력전압의 불균형 변화가 주기적으로 발생하고, 출력 전류의 최대값이 더욱 떨어진다.
③ 다이오드 1개 단락 : 출력전압의 불균형 변화가 찌그러져지며, 출력전류는 급격하게 떨어진다.
④ 스테이터코일 1상 단선 : 출력전압의 변화폭과 주기가 정상파형보다 매우 증가하고, 출력전류는 많이 감소한다(+, - 다이오드 1개씩 단선파형과 같다).

4.4.5. 유도기전력의 방향

[1] 플레밍의 오른손법칙(fleming's right hand rule)
플레밍의 오른손법칙은 오른손 엄지, 인지 및 중지를 서로 직각이 되게 펴고, 인지를 자력선의 방향에, 엄지를 도체의 운동방향에 일치시키면 중지에 유도 기전력의 방향이 표시된다.

[2] 렌츠의 법칙(lenz's law)
렌츠의 법칙이란 "유도 기전력은 코일 내의 자속 변화를 방해하는 방향으로 생긴다"는 것이다.

5. 하이브리드 전기자동차

5.1. 친환경자동차의 개요

친환경자동차는 화석연료를 사용치 않아 배출가스, CO_2 등이 발생하지 않는 무공해 동력 시스템의 활용 또는 장착, 이에 준하는 개선으로 기존 내연기관 대비 연비가 높고 배출가스나 CO_2 배출량도 적은차량을 말한다.

[친환경자동차의 분류]

구 분	특 징
하이브리드 전기자동차 (HEV)	내연기관과 전동기 두 종류의 동력을 조합·구동하여 기존 내연기관 자동차보다 고연비, 고효율 실현
플러그인 자동차 HEV(PHEV)	가정용 전기를 축전지에 충전해서 쓸 수 있는 하이브리드 자동차
연료 전기자동차 (FCEV)	수소탱크를 통해 수소와 산소를 반응시켜 전기를 생성하는 연료전지가 내연기관을 대체한 자동차
전기자동차(EV)	축전지와 전동기의 동력만으로 구동하는 자동차
클린 디젤자동차	일반 디젤기관 자동차보다 배출가스를 현저하게 줄이면서도 가솔린기관 자동차 대비 20~30% 효율이 높은 초고효율 디젤기관 시스템 장착

5.2. 하이브리드전기자동차의 장점 및 단점

[1] 장점
 ① 연비가 높다(연료소모 50% 감소).
 ② 환경 친화적이다.
 ③ HC, CO, NOx 배출량이 90% 정도 감소된다.
 ④ CO_2 배출량이 50% 정도 감소된다.

[2] 단점
 ① 구조가 복잡해 정비가 어렵고 수리비용이 비싸다.
 ② 가격이 비싸다.
 ③ 동력전달 계통이 복잡하고 무겁다.
 ④ 고전압 축전지의 수명이 짧고 비싸다.

5.3. 하이브리드 전기자동차의 분류

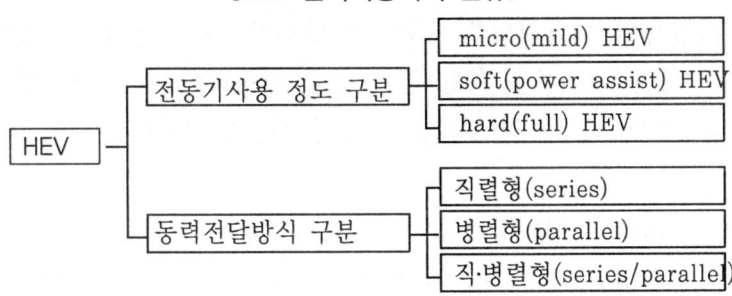

[HEV 전기자동차의 분류]

5.3.1. HEV의 모터 사용 정도에 의한 분류(기능상 분류)

[1] micro(mild) HEV
① micro(mild) HEV는 공회전시 시동이 자동으로 꺼지고 출발시 가속페달을 밟으면 시동이 켜지는 idle stop & go system을 장착한 차량으로 전동기는 이때 보조역할만 하는 단순한 시스템이다.
② 기존의 내연기관에 부착하거나 제약조건이 많은 소형 차량에 적합한 방식이다.

[2] soft HEV
① 기관이 주이고 전동기가 보조역할을 한다. micro(mild) HEV방식보다는 전동기의 보조역할이 더 크다.
② soft 하이브리드시스템은 전기적인 비중이 적어 가격이 저렴한 장점이 있지만 순수 전기모드 구현이 불가능하여 배기가스 저감 및 연비개선에서 상대적으로 불리하게 된다.

[3] hard(full) HEV
① hard(full) HEV은 전동기가 출발과 가속뿐만 아니라 주행에 주로 사용되는 방식이다. 직렬형과 혼합형(직·병렬형)이 이 방식에 속한다.
② hard 하이브리드는 저속구간인 약 60km/h까지 급가속을 하지 않으면 고전압 축전지의 전압을 이용 전동기로만 자동차를 구동하는 방식이다. 전동기가 주이고 기관이 보조역활을 한다.

5.3.2. HEV의 동력전달방식에 의한 분류(구조상 분류)

[1] 직렬형(series type)

직렬형에서 사용되는 기관은 바퀴를 구동하기 위한 것이 아니라 축전지를 충전하기 위한 것이다. 직렬형의 동력전달은 기관 → 발전기 → 축전지 → 전동기 → 변속기 → 구동바퀴의 직렬적인 구성을 지닌다. 기관을 가동하여 얻은 전기를 축전지에 저장하고, 차체는 순수하게 전동기의 힘만으로 구동하는 방식이다.

[2] 병렬형(parallel type) 하이브리드시스템

병렬형의 기관은 변속기에 직접 연결되어 바퀴를 구동하므로 동력전달은 축전지 → 전동기 → 변속기 → 바퀴로 이어지는 전기적 구성과 기관 → 변속기 → 바퀴의 구성이 변속기를 중심으로 병렬로 연결된다.

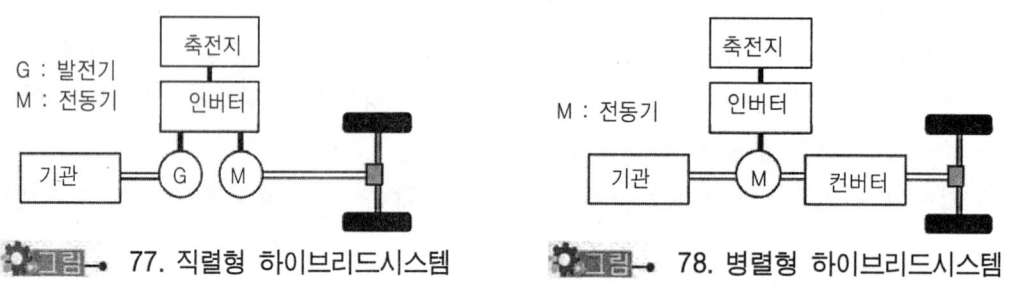

그림 77. 직렬형 하이브리드시스템   그림 78. 병렬형 하이브리드시스템

[3] 직·병렬형(series-parallel type) 하이브리드시스템

출발할 때와 경부하 영역에서는 축전지로부터의 전력으로 전동기를 구동하여 주행하고, 통상적인 주행에서는 기관의 직접구동과 전동기의 구동이 함께 사용된다. 그리고 가속, 앞지르기, 등판할 때 등 큰 동력이 필요한 경우, 통상주행에 추가하여 축전지로부터 전력을 공급하여 전동기의 구동력을 증가시킨다. 감속할 때에는 전동기를 발전기로 변환시켜 감속에너지로 발전하여 축전지에 충전하여 재생한다.

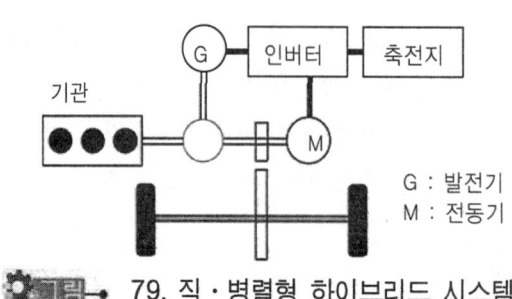

그림 79. 직·병렬형 하이브리드 시스템

5.3.3. 병렬형 HEV의 구성 및 주행 패턴

[병렬형 하이브리드시스템 형식: FMED, TMED]

HEV시스템	패러럴 타입(parallel type)	
	FMED(flywheel mounted electric device)	TMED(transmission mounted electric device)
EV모드	EV 모드 없음 mild(soft) type	EV 모드 있음 full hybrid(hard) type
구조	기관-전동기-클러치-TM-FD, 축전지, 바퀴	기관-전동기-클러치-TM-FD, 축전지, HSG, 바퀴

[1] 소프트 타입 HEV(FMED)
가격이 저렴함, 연비개선효과 적음(약 50% 수준)

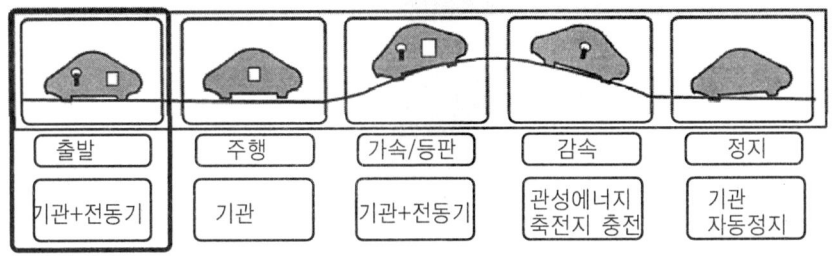

출발	주행	가속/등판	감속	정지
기관+전동기	기관	기관+전동기	관성에너지 축전지 충전	기관 자동정지

[2] 하드 타입 HEV(TMED)
가격이 비쌈, 연비개선효과 크다(약 100% 수준).

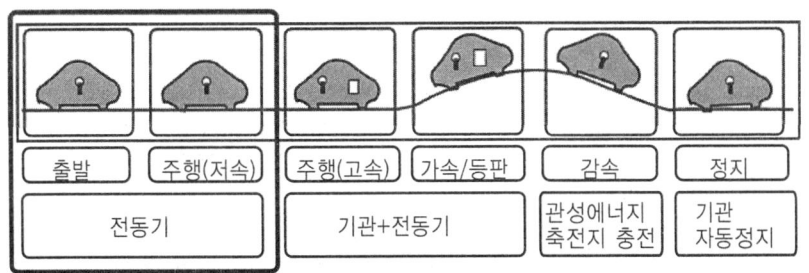

출발	주행(저속)	주행(고속)	가속/등판	감속	정지
전동기		기관+전동기		관성에너지 축전지 충전	기관 자동정지

5.3.4. 하이브리드시스템의 주요 구성부품

HEV 전기자동차의 주요부품은 축전지, 전동기, 인버터/컨버터, 회생제동장치, 축전지제어시스템(BMS) 등이다. HEV의 하드웨어 전체 구성은 크게 동력 전달장치부, 제어부, 그리고 CAN통신부로 나눌 수 있다.

① 동력 전달장치부 : 기관과 고전압 전동기를 작동하기 위한 전체 구성도로서 기관, 고전압 전동기와 전동기를 구동하기 위한 구동부, CVT로 구성되어 있다.

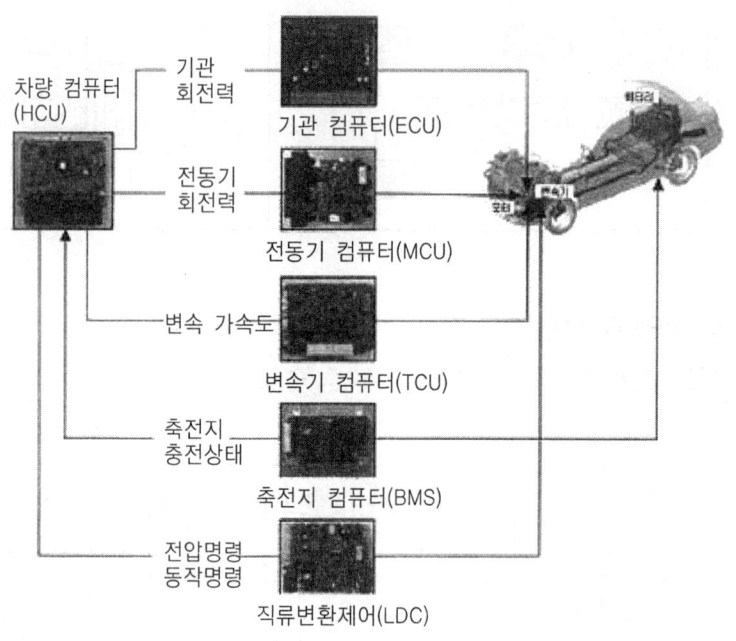

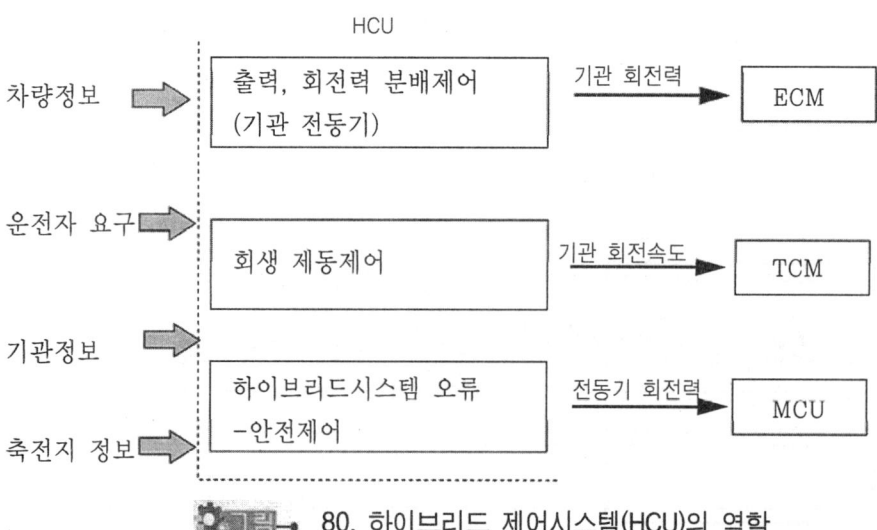

그림 80. 하이브리드 제어시스템(HCU)의 역할

② 제어부 : 전체를 제어하는 HCU, 그리고 고전압 전동기를 제어하는 MCU, 전동기가 감속시에 충전역할을 하는 LDC, 고전압 축전지를 제어하는 MCU로 나눌 수 있다.

③ 통신부 : 제어기 간의 통신을 통한 제어 명령을 전달하고, 각 종 센서를 통한 작동기의 상태를 공유하기 위한 CAN 통신방식의 시스템을 구축하였다.

[1] HCU(하이브리드 컨트롤 시스템)

HCU는 HEV의 주행과 관련된 여러 시스템이 최적의 성능을 유지할 수 있도록 역할을 수행하는 핵심기기이다. HEV의 메인컴퓨터로서 ECU MCU, TCU, BMS, LDC 등을 제어한다. HCU는 차량상태, 운전자의 요구, 기관정보, 고전압 축전지정보 등을 기초로 하여 기관과 전동기의 출력 및 회전력배분, 회생제동, 페일-세이프모드기능을 총체적으로 관리한다.

[2] 고전압 전동기

AC(교류) 전압으로 동작하는 고출력 영구자석형 동기 전동기(PMSM)로 기관 시동(점화스위치 & 공회전 정지 해제시 재시동) 제어와 발진 및 가속 시 기관의 동력을 보조하는 기능을 한다.

(a) 구동전동기   (b) 로터(회전자)

(c) 스테이터(고정자)

그림 81. 고전압 전동기의 구조

회전자의 위치 및 속도정보로 MCU가 가진 큰 회전력으로 전동기를 제어하기 위해서 회전자 위치센서인 레졸버가 전동기에 장착되어 있다.

[3] MCU(motor control unit)

전동기제어를 위한 컴퓨터이며, HCU(hybrid control unit)의 회전력 구동명령에 따라 모터로 공급되는 전류량을 제어한다. 또한 MCU는 고전압 축전지의 DC(직류)전원을 AC(교류)전원으로 변환시키는 인버터의 기능과 축전지 충전을 위해 전동기에서 발생된 AC(교류)전원을 DC(직류)로 변환시키는 컨버터의 기능도 동시에 수행한다.

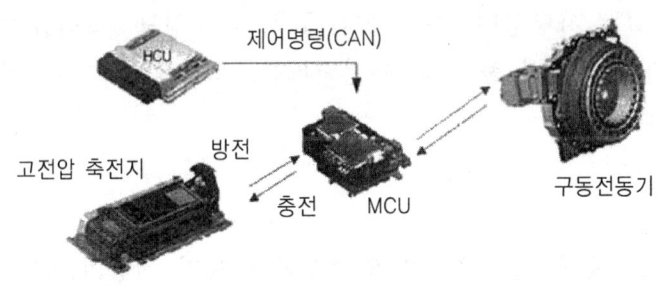

그림 82. 고전압 전동기 제어기(MCU)의 역할

[4] 고전압 축전지

고전압의 니켈수소(정격전압 DC 144V 이상) 또는 리튬이온 축전지(정격전압 DC 180V 이상)가 주로 사용되며, 전동기작동을 위한 전기 에너지를 공급하는 기능을 한다.

그림 83. 고전압 축전지의 구조

[5] BMS(battery management system)

고전압 축전지 제어를 위한 컴퓨터이며, 축전지와 축전지상태 예측, 입·출력 에너지 제한, 냉각 및 안전제어 그리고 에너지 잔존 용량 계산 등을 총괄 제어하고 종합적으로 연산된 축전지 에너지 상태정보를 HCU 또는 MCU로 송신하는 역할을 한다. 그 외에도 축전지 보호를 위한 트레이 부분과 축전지의 최적 동작환경 조성을 위한 냉각시스템, 전원공급 및 안전 제어를 위한 각종 릴레이와 퓨즈, 안전 플러그 및 센서 등으로 구성되어 있다.

(1) 에너지의 입·출력을 제어

에너지 잔량 정보표시(SOC), 가용 입·출력파워 제한한다. 그리고 고전압 축전지시스템에 이상이 있을 경우 방전 전류량제어를 통해 가용 에너지 입·출력을 제한한다.

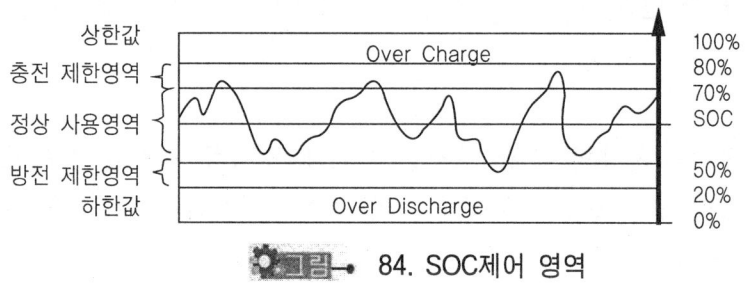

그림 84. SOC제어 영역

(2) 안전 제어

에너지 입·출력 과정에서 발생되는 수소가스에 의한 폭발방지를 위한 제어와 축전지 성능 또는 손상에 영향을 줄 수 있는 항목들을 모니터링 하여 안전사고를 방지한다(BMS ECU).

(3) 축전지의 최적 동작 환경조성

축전지 외부 온도상승과 화학적 열 발생을 제한하기 위해 냉각시스템을 제어하여 최적의 동작환경을 조성한다.

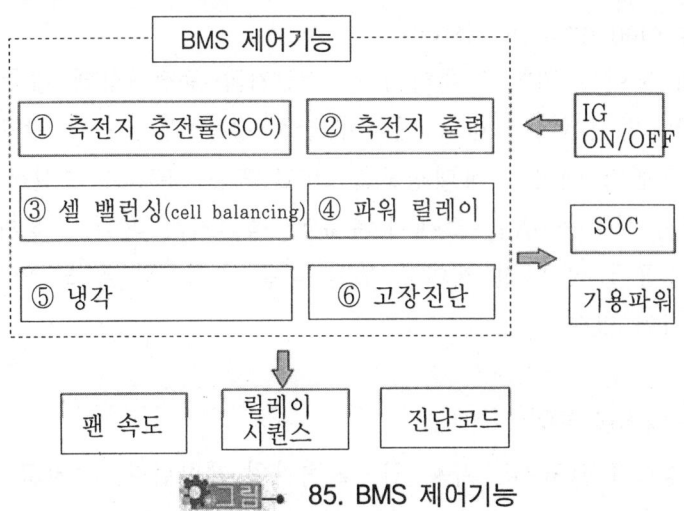

그림 85. BMS 제어기능

6 계기 및 보안장치

6.1. 계기장치

계기장치는 운전 중 차량의 주행 상태를 나타내는 각종 정보를 운전자에게 알려, 자동차의 운전상황을 쉽게 판단하여 교통의 안전을 도모하고 쾌적한 운전을 할 수 있도록 유도하는 장치로서 속도계, 수온계, 연료계, 유압계 등이 있다. 계기장치에 의한 정보표시방법으로는 아날로그방식과 디지털 방식이 있다.

6.1.1. 속도계

속도계에는 자동차의 주행속도를 1시간당의 주행거리(km/H)로 나타내는 속도 지시계와 전체 주행거리를 표시하는 적산계의 2부분으로 되어 있으며, 수시로 0으로 되돌릴 수 있는 구간거리계를 설치한 것도 있다. 그리고 속도계는 변속기 출력축에서 속도계 구동 케이블을 통하여 구동된다.

6.1.2. 회전속도계(tachometer)

[1] 발전식 회전속도계

점화신호를 검출하기 어려운 디젤기관 차량에 사용되며, 기관의 구동축에 의하여 로터가 회전하게 되면 스테이터코일에는 기관의 회전수에 비례하는 교류전압이 유도 → 출력된 교류전압을 전파 정류하여 가동코일형의 미터부에 보내면 기관의 회전수를 나타낼 수 있게 된다.

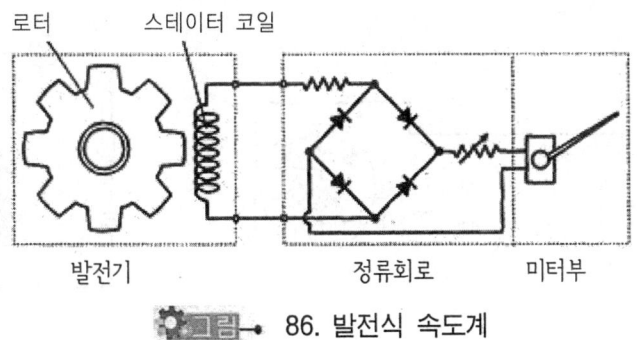

그림 86. 발전식 속도계

[2] 펄스식 회전속도계

점화신호를 펄스신호로 변환하여 기관의 회전수를 나타낸다. 구동케이블 등의 부속품을 필요로 하지 않아 전자제어 점화방식이 사용되고 있는 가솔린기관용 회전속도계로서 가장 널리 사용되고 있다.

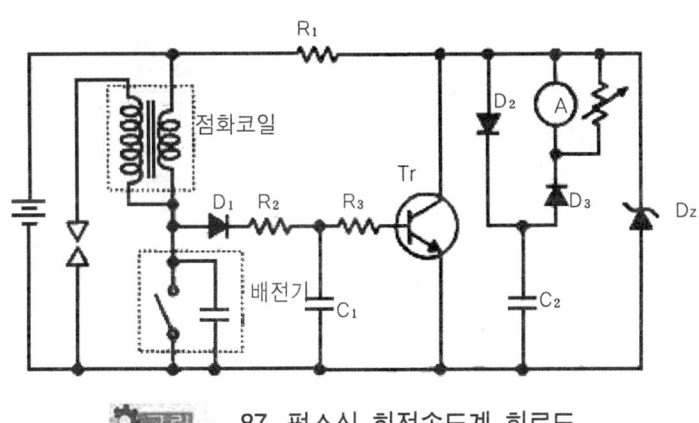

그림 87. 펄스식 회전속도계 회로도

6.1.3. 유압계 및 유압 경고등

유압계는 기관의 윤활회로 내의 유압을 측정하기 위한 계기이며, 유압경고등은 윤활회로에 이상이 있으면 경고등을 점등하는 방식이다. 유압계의 종류에는 부든튜브 방식(bourdon tube type), 평형코일 방식, 바이메탈 방식(bimetal type) 등이 있다.

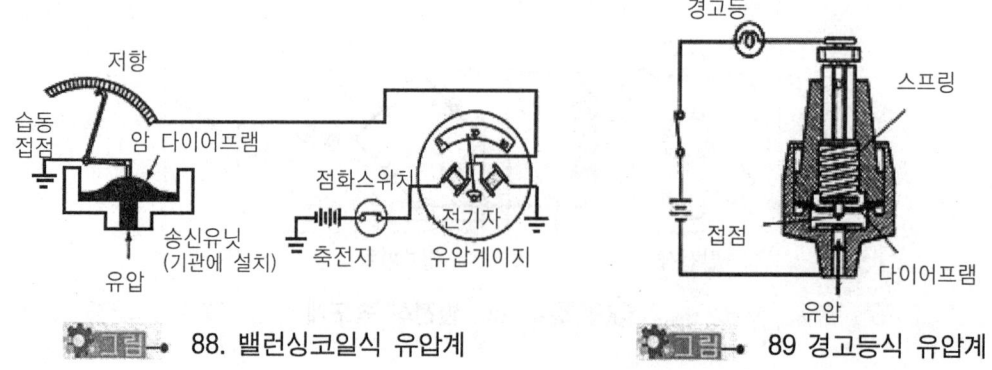

그림 88. 밸런싱코일식 유압계   그림 89 경고등식 유압계

6.1.4. 온도계(수온계)

온도계는 실린더헤드 물재킷 내의 냉각수 온도를 표시하는 것이며, 온도계의 종류에는 부든튜브 방식, 밸런싱(평형)코일 방식, 서모스탯 바이메탈 방식, 바이메탈 저항방식 등이 있다.

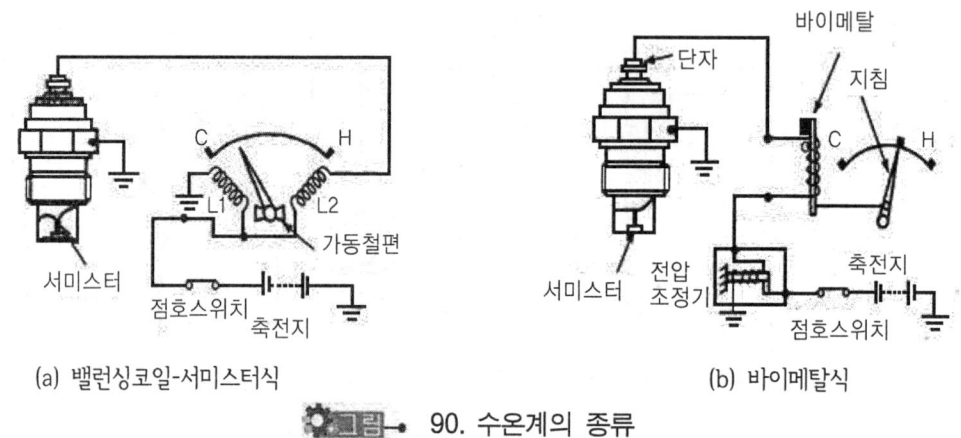

(a) 밸런싱코일-서미스터식   (b) 바이메탈식

그림 90. 수온계의 종류

6.1.5. 연료계

연료계는 연료탱크 내의 연료 보유량을 표시하는 계기이며, 일반적으로 전기방식을 사용한다. 연료계에는 계기방식인 평형코일 방식, 서모스탯 바이메탈 방식, 바이메탈 저항방식과 연료면 표시기 방식이 있다.

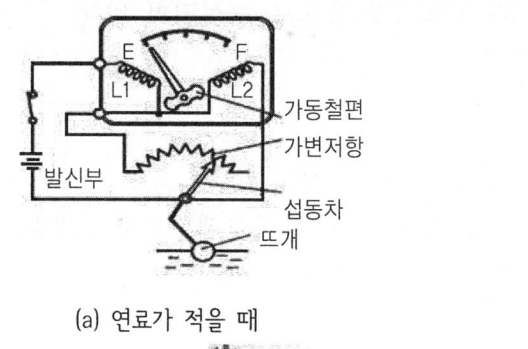 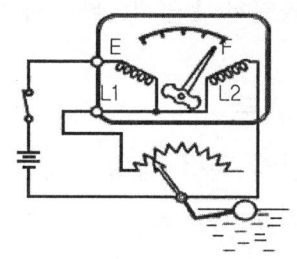

(a) 연료가 적을 때   (b) 연료가 많을 때

그림 91. 코일-가변저항식 연료계

6.1.6. 전류계와 충전경고등

전류계는 축전지의 충·방전상태와 크기를 알려주는 계기이며, 영구자석과 전자석으로 조립되어 있다. 충전경고등은 경고등의 점멸상태로 충·방전상태를 표시한다. 충전계통이 정상이면 소등되고, 이상이 발생하면 점등된다.

6.1.7. 전자 디스플레이방식의 계기판의 특징

① 음극선관(CRT)은 전자빔의 원리로 작동하며, 동작 전압은 수 kV이다.
② 플라스마(PD)는 충돌이온으로 가스 방전시키는 원리를 이용한 것으로 동작전압은 200V 정도이다.
③ 발광다이오드(LED)는 반도체의 PN접합의 순방향에서 전하의 재결합원리를 응용한 것으로, 동작전압은 2~3V로 낮으며 적, 황, 녹, 오렌지색 등 다양한 색깔을 나타낸다.

6.2. 보안장치

6.2.1. 경음기

경음기의 종류에는 전자석에 의해 진동판을 진동시키는 전기방식과 압축공기에 의하여 진동판을 진동시키는 공기방식이 있다. 전기방식 경음기는 다이어프램, 접점 및 조정너트, 진동판 등으로 구성되어 있다.

6.2.2. 윈드실드 와이퍼

윈드실드 와이퍼는 비나 눈이 올 때 운전자의 시야(視野)가 방해되는 것을 방지하기 위해 앞 창유리를 닦아내는 작용을 한다.

구조는 와이퍼 전동기, 와이퍼 암과 블레이드 등으로 구성되어 있다.

6.3. 전기회로

6.3.1. 전선의 피복 색깔표시

전선을 구분하기 위한 전선의 색깔은 전선 피복의 바탕색, 보조 줄무늬 색깔의 순서로 표시한다.

[예] AVX-0.6GR(Y)의 경우

AVX : 내열 자동차용 배선   0.6 : 전선 단면적($0.6mm^2$)
G : 바탕색(녹색)   R : 줄무늬 색(빨간색)
Y : 튜브 색(노란색)

6.3.2. 하니스

전선을 배선할 때 한선씩 처리하는 경우도 있지만 대부분 같은 방향으로 설치될 전선을 다발로 묶어 처리하는 경우가 많다. 이런 전선 묶음을 전선 하니스(wiring harness) 또는 간단히 하니스라 한다.

6.3.3. 전선의 배선방식

배선방법에는 단선방식과 복선방식이 있으며, 단선방식은 부하의 한끝을 자동차 차체에 접지하는 것이며, 접지 쪽에서 접촉 불량이 생기거나 큰 전류가 흐르면 전압강하가 발생하므로 작은 전류가 흐르는 부분에서 사용한다. 복선방식은 접지 쪽에도 전선을 사용하는 것으로 주로 전조등과 같이 큰 전류가 흐르는 회로에서 사용된다.

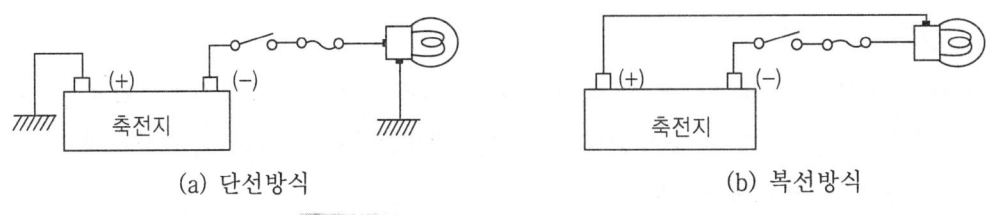

(a) 단선방식   (b) 복선방식

그림 92. 단선방식과 복선방식

6.4. 등화장치
6.4.1. 조명의 용어
[1] 광원(luminous source)

광원이란, 말 그대로 빛(light)의 근원이다(예: 태양, 전등, 형광등, 자동차의 전조등).

[2] 광속(luminous flux)

광속이란 광원에서 공간으로 발산되는 빛의 다발을 의미하며 기호로는 ϕ, 단위는 루멘(Lm)을 사용한다. 자석의 자속과 마찬가지로 광속을 많이 방사하는 광원이 더 밝다.

[3] 광도(luminous intensity)

광도는 일정방향에 대한 광원이 갖는 빛의 세기를 의미하며 기호로는 I, 단위는 칸델라(cd)를 사용한다. 점광원에서 어떤 방향으로 향하는 광속을 그 광원을 정점으로 하고 그 방향에 대한 단위면적당 광속으로 환산한 값을 광도로 정의한다. 따라서 1cd는 광원으로부터 1m 떨어진 $1m^2$의 면에 1Lm의 광속이 통과할 때의 빛의 세기를 의미한다.

[4] 조도

조도란 빛을 받는 면의 밝기를 말하며, 단위는 룩스(lux)이다. 빛을 받는 면의 조도는 광원의 광도에 비례하고, 광원의 거리의 2승에 반비례한다. 광원으로부터 r(m)떨어진 빛의 방향에 수직한 빛을 받는 면의 조도를 E(Lux), 그 방향의 광원의 광도를 I(cd)라고 하면 다음과 같이 표시한다. 따라서 1루멘(Lm)의 광속이 균일하게 $1m^2$의 면적을 비출 때 그 면의 조도는 1Lx이며, 또한 1cd의 광원으로부터 1m 떨어진 수직한 피조면의 조도 역시 1Lx이다.

$$E = \frac{\phi}{A} = \frac{I}{r^2}$$

A : 피조면의 면적[mm^2]
r : 광원과 피조면 사이의 수직거리[m]

6.4.2. 전조등(head light)과 그 회로

[1] 실드빔 방식

이 방식은 반사경, 렌즈 및 필라멘트가 일체로 제작된 것이다. 즉 반사경에 필라멘트를 붙이고 여기에 렌즈를 녹여 붙인 후 내부에 불활성 가스를 넣어 그 자체가 1개의 전구가 되도록 한 것이다.

(1) 특징

① 대기의 조건에 따라 반사경이 흐려지지 않는다.
② 사용에 따르는 광도의 변화가 적다.
③ 필라멘트가 끊어지면 렌즈나 반사경에 이상이 없어도 전조등 전체를 교환하여야 한다.

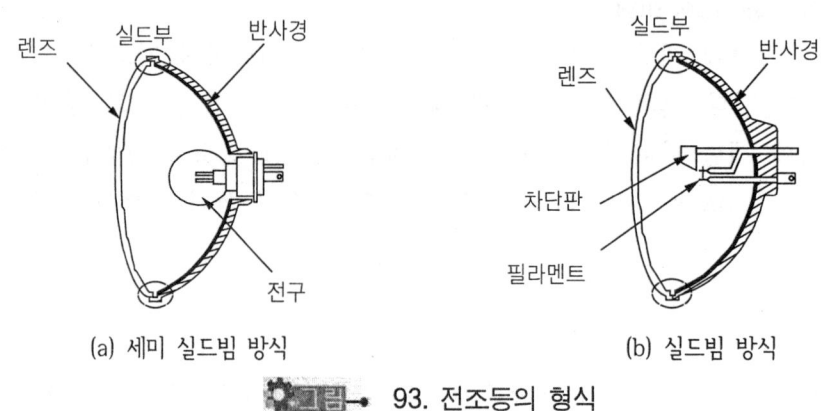

(a) 세미 실드빔 방식　　　(b) 실드빔 방식

그림 93. 전조등의 형식

[2] 세미 실드빔 방식

이 방식은 렌즈와 반사경은 녹여 붙였으나 전구는 별도로 설치한 것이다. 따라서 필라멘트가 끊어지면 전구만 교환하면 된다. 전구 설치부분으로 공기유통이 있어 반사경이 흐려지기 쉽다.

[3] 전조등회로

전조등회로는 퓨즈, 라이트 스위치, 디머 스위치(dimmer switch) 등으로 구성되어 있으며, 양쪽의 전조등은 하이 빔(high beam)과 로우 빔(low beam)별로 병렬로 접속되어 있다.

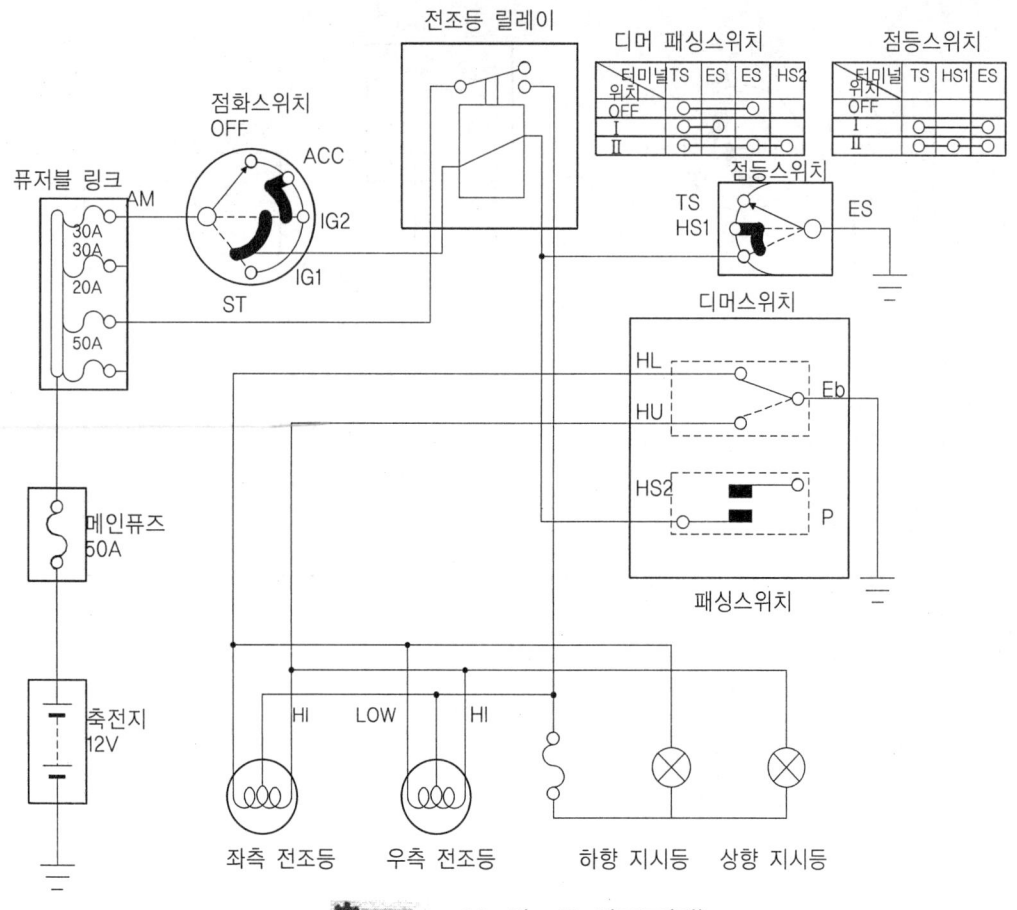

그림 94. 전조등 회로도(예)

6.4.2. 방향지시등

방향지시등은 자동차의 진행방향을 바꿀 때 사용하는 것이며, 플래셔 유닛(flasher unit)을 사용하여 전구에 흐르는 전류를 일정한 주기(자동차 안전 기준상 매분 당 60회 이상 120회 이하)로 단속하여 점멸시키거나 광도를 증감시킨다.

플래셔 유닛의 종류에는 전자 열선방식, 축전기방식, 수은방식, 스냅 열선방식, 바이메탈 방식, 열선방식 등이 있다.

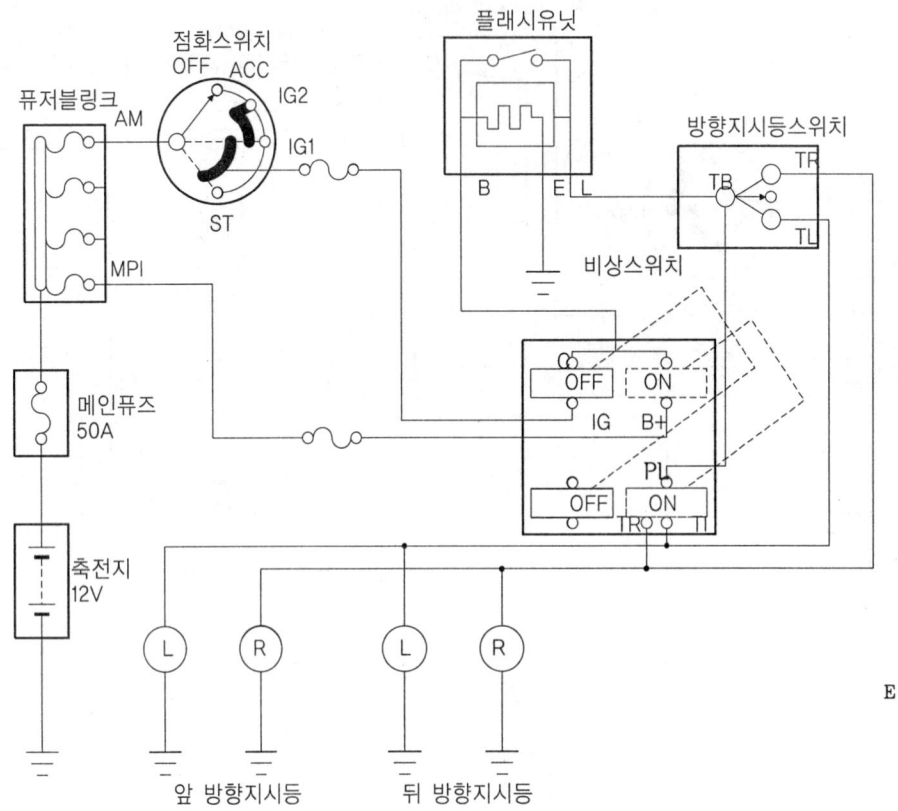

95. 방향지시등 및 비상등 회로도(예)

7 >>> 안전 및 편의장치

7.1. 에어백(air bag)

7.1.1. 에어백의 작동과정

① 자동차가 충돌할 때 에어백을 순간적으로 팽창시켜 승객의 부상을 줄여준다.
② 에어백의 컨트롤 모듈은 충격 에너지가 규정 값 이상 되면 전기신호를 인플레이터(inflater, 팽창기구)에 보낸다.
③ 인플레이터에서는 공급된 전기적 신호에 의해 가스 발생제가 연소되어 에어백을 팽창시킨다.
④ 질소가스가 백을 부풀리고 벤트 홀로 배출된다.

7.2. 편의장치

7.2.1 에탁스(ETACS ; electronic, time, alarm, control, system)

[1] 에탁스의 기능

　에탁스는 자동차 전기장치 중 시간에 의하여 작동되는 장치와 경보를 발생시켜 운전자에게 알려주는 장치 등을 종합한 장치라 할 수 있다. 제어되는 기능은 다음과 같다.

① 와셔연동 와이퍼 제어
② 간헐와이퍼 및 차속감응 와이퍼 제어
③ 점화스위치 키 구멍 조명제어
④ 파워윈도 타이머 제어
⑤ 안전벨트 경고등 타이어 제어
⑥ 열선 타이머 제어(사이드 미러 열선 포함)
⑦ 점화스위치 회수 제어
⑧ 미등 자동소등 제어
⑨ 감광방식 실내등 제어
⑩ 도어 잠금 해제 경고 제어
⑪ 자동 도어 잠금 제어
⑫ 중앙 집중방식 도어 잠금장치 제어
⑬ 점화스위치를 탈거할 때 도어 잠금(lock)/잠금 해제(un lock) 제어
⑭ 도난경계 경보제어
⑮ 충돌을 검출하였을 때 도어 잠금/잠금 해제 제어
⑯ 원격관련 제어
　　㉮ 원격시동 제어
　　㉯ 키 리스(keyless) 엔트리 제어
　　㉰ 트렁크 열림 제어
　　㉱ 리모컨에 의한 파워윈도 및 폴딩 미러 제어

[2] 에탁스 입·출력신호 종류

　전장제어 ECU 관련 기능의 작동불량 시 전장제어 ECU자체의 단품의 고장보다는 입·출력요소의 고장률이 훨씬 높다. 따라서 입력과 출력에 관여하는 스위치 및 액추에이터의 감지전압 및 작동 전압레벨, 액추에이터는 언제 구동되는지 등의 사전 지식을 가지고 있어야 한다. 회로도를 완벽하게 이해하며 회로도를 참고하여 고장을 추적하는 습관을 가져야 한다.

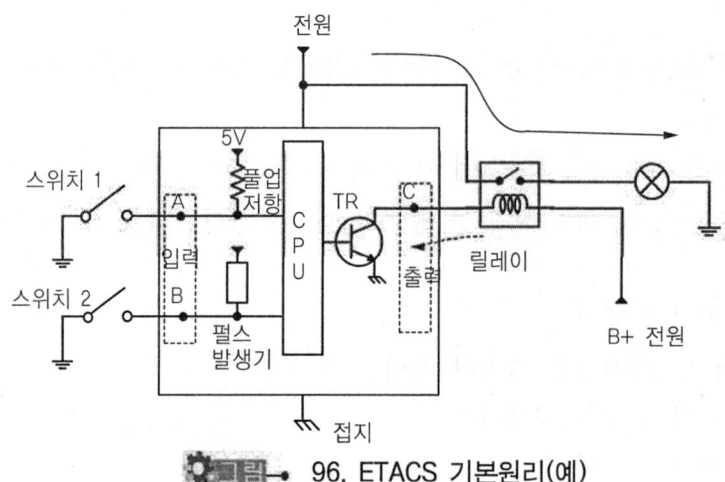

그림 96. ETACS 기본원리(예)

최근에는 전장제어 ECU의 입력스위치를 감지하기 위하여 출력하는 5V 신호가 정전압방식에서 스트로브방식으로 바뀌었다.

7.2.2. 편의장치 기능 및 특성 제어

[1] 점화 키홀 조명 제어
① 점화 키 OFF상태에서 운전석 도어를 열었을 때 키홀 조명은 점등된다(T1= ma).
② 키홀 조명이 점등된 상태로 운전서 도어를 닫을 경우 키홀 조명은 10초간 ON상태로 유지 후 소등된다.
③ 키홀 조명제어 중 점화키가 ON되면 키홀 조명을 즉각 OFF한다.

[2] 감광식 룸램프 제어
① 도어 열림시 실내등을 점등한다.
② 도어 닫힘시 즉시 75% 감광 후 서서히 5~6초 후에 완전히 소등한다.
③ 도어 스위치 ON 시간이 0.1초 이하인 경우에는 감광동작을 하지 않는다.
④ 감광 동작중 점화키 ON시 즉시 감광동작은 저지된다.

[3] 열선제어
① 발전기 L단자에서 12V 출력시 열선스위치를 누르면 열선 릴레이를 15분간 ON한다.

② 열선 작동 중 열선스위치를 누르면 열선 릴레이는 OFF된다.
③ 열선 작동 중 발전기 L단자의 출력이 없을 경우에도 열선 릴레이는 OFF된다.

[4] 파워윈도우 타이머 제어
① 점화스위치가 ON되면 파워 윈도우 릴레이를 즉시 ON하여 시스템에 전원을 공급한다.
② 점화스위치가 OFF되면 일정시간 동안(30s) 릴레이 출력을 유지하므로 점화스위치 OFF 상태에서도 파워 윈도우가 작동된다.
③ 타이머 제어 중 운전석 또는 조수석 도어가 열리면 출력은 즉시 OFF되나 차종에 따라 30초간 연장되는 차량도 있다(30초 연장 차량).

[5] 오토 도어록 제어
① 차속이 40km/h 이상의 상태를 2~3초 이상 계속 유지하고 전 도어 중 하나라도 UNLOCK 상태 일 경우 도어록 릴레이를 ON한다.
② 40km/h 이상에서 오토 도어록 제어 중 언록이 감지되면 2~3초 후 다시 도어록 릴레이를 ON한다.
③ 만역 계속해서 언록이 감지되면 0.5초 ON/OFF 주기로 3회 동안 도어록 릴레이를 ON하며 3회 작동 중 록신호가 감지되면 즉시 출력을 멈춘다.

[6] 중앙집중식 잠금 제어
① 운전석 도어모듈의 도어록/언록 스위치에 의한 작동은 모든 차종이 동일하다.
② 운전석/조수석 도어 노브에 의한 록/언록은 도난방지시스템 미 적용차량은 차종에 관계없이 모두 록/언록 된다. 도난방지 적용 차량은 록은 작동되나 언록은 작동되니 않는다.
③ 운전석/조수석 도어 키에 의한 록/언록은 차종에 관계없이 모두 록/언록된다. 아반떼 XD는 도어 키 스위치가 없으나 도어록/언록 신호에 의해 제어된다.

[7] 간헐와이퍼 제어
① 점화 키 ON시 인트스위치를 작동시키면 T1 후에 와이퍼 릴레이를 ON한다.
② 간헐와이퍼 작동중 와이퍼가 재작동하는 주기는 인트 볼륨 설정에 따라 T3 시간만큼 차이가 발생한다.

8. 난·냉방장치

8.1. 난방장치

자동차의 열 부하에는 환기부하, 관류부하, 복사부하, 승원(인원)부하 등이 있다.
① 관류부하 : 차실 벽, 바닥 또는 창면으로부터의 이동
② 복사부하 : 직사광선에 의한 열
③ 승원(인원)부하 : 승객에 의한 발열
④ 환기부하 : 자연 또는 강제 환기

8.2. 냉방장치(에어컨디셔너)

8.2.1. 냉방장치의 작동원리

냉동 사이클은 증발 → 압축 → 응축 → 팽창의 4가지 작용을 순환 반복한다.

8.2.2. 냉방장치의 주요 구성부품

[1] 냉매(refrigerant)

냉매란 냉동에서 냉동효과를 얻기 위해 사용하는 물질이며, 최근에는 R-134a를 사용한다. 구비조건은 다음과 같다.
① 무색, 무취, 무미일 것

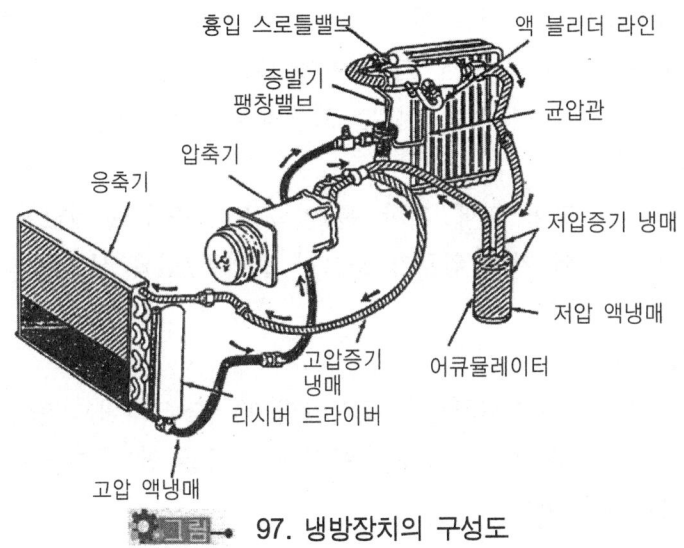

97. 냉방장치의 구성도

② 가연성, 폭발성 및 사람이나 가축에 무해할 것
③ 저온과 대기압 이상에서 증발하고 여름철 외부온도의 저압에서도 액화가 쉬울 것
④ 증발잠열이 크고, 비체적이 적을 것
⑤ 임계온도가 높고, 응고점이 낮을 것
⑥ 화학적으로 안정되고, 금속의 부식성이 없을 것
⑦ 사용온도 범위가 넓을 것
⑧ 냉매가스의 누출을 쉽게 발견할 수 있을 것

[2] 압축기(compressor)
압축기는 증발기에서 저압 기체로 된 냉매를 고압으로 압축하여 응축기로 보내는 작용을 한다. 압축기의 종류에는 크랭크 방식, 사판 방식, 베인 방식 등이 있다.

[3] 마그넷 클러치(magnetic clutch)
마그넷 클러치는 에어컨 스위치의 ON신호에 의해 압축기를 구동하는 기구이며, 고정형은 풀리 안쪽에 있는 슬립링과 접촉하는 브러시를 통해 전류를 코일에 전달하는 방식으로 최대한의 전자력을 얻기 위해 최소한의 에어 갭이 있어야 한다. 그리고 회전형 클러치는 몸체의 축(shaft)을 중심으로 마그넷 코일이 설치되어 있는 방식이다.

[4] 응축기(condenser)
응축기는 라디에이터 앞쪽에 설치되며, 압축기로부터 오는 고온의 기체 냉매의 열을 대기 중으로 방출시켜 액체 냉매로 변화시킨다.

[5] 건조기(리시버 드라이어 ; receiver-dryer)
① 액체 냉매 저장기능　　　　② 냉매 수분 제거기능
③ 압력 조정기능　　　　　　④ 냉매량 점검기능
⑤ 기포 분리기능

[6] 팽창밸브(expansion valve)
냉방장치가 정상적으로 작동하는 동안 냉매는 중간 정도의 온도와 고압의 액체 상태에서 팽창밸브로 유입되어 오리피스 밸브를 통과하여 저온·저압이 된다. 이 액체 상태의 냉매가 공기 중의 열을 흡수하여 기체 상태로 되어 증발기를 빠져나간다.

[7] 증발기(evaporator)

팽창밸브를 통과한 냉매가 증발하기 쉬운 저압으로 되어 안개 상태의 냉매가 증발기 튜브를 통과할 때 송풍기에 의해서 불어지는 공기에 의해 증발하여 기체로 된다.

[8] 자동 에어컨(auto air-con system)

일사센서, 내·외기센서, 수온센서 등이 컴퓨터에 정보를 입력시키며, 이것의 신호에 따라 차실 내의 온도조절 스위치의 세팅(setting)온도에 도달하도록 자동으로 풍량과 온도를 조절한다. 전자제어 오토 에어컨의 컨트롤 유닛에 입력되는 부품에는 외기센서, 수온스위치, 일사센서, 내기센서, 습도센서, AQS센서, 핀서모 센서, 모드선택 스위치 등이다.

9. 자동차 전기·전자 진단 및 검사

9.1. 고장진단 및 원인분석

9.1.1. 크랭킹속도가 느려지는 원인

① 기관오일의 점도가 너무 높다.
② 축전지 용량이 저하되었다.
③ 기온저하로 시동부하가 증가되었다.
④ 전기자 코일 및 계자코일이 단락되었다.
⑤ 축전지단자와 케이블의 접속이 불량하다.

9.1.2. 2차 점화파형의 점화전압이 높은 원인

① 배전기 캡 내 단자가 부식된 때 ② 점화플러그 간극이 클 때
③ 실린더 내의 압축압력이 높을 때 ④ 점화플러그 전극부분의 온도가 낮을 때
⑤ 공연비가 희박할 때 ⑥ 점화 2차회로의 저항 값이 높을 때

9.1.3. 방향지시등 고장진단 및 원인 분석

[1] 방향지시등의 점멸주기가 규정보다 어느 한쪽이 빨라지는 원인
  ① 한쪽 방향지시등 회로에 저항이 커졌을 경우
  ② 한쪽 전구 접지선이 단선된 경우

③ 한쪽 전구를 규정보다 어두운 것으로 장착하였을 경우

[2] 점멸 횟수가 너무 빠를 때 원인
① 램프의 필라멘트 단선되었다.
② 램프의 정격용량이 규정보다 크다.
③ 램프 용량에 맞지 않는 릴레이를 사용하였다.
④ 플래셔 유닛이 불량하다.

9.1.4. 에어백(air bag)작업시 주의사항
① 스티어링 휠 장착시 클럭 스프링의 중립을 확인할 것
② 에어백 관련 정비시 축전지 (-)단자를 떼어놓을 것
③ 보디 도장시 열처리를 요할 때는 인플레이터를 탈거 할 것
④ 인플레이터의 저항 값을 측정하지 말 것

9.1.5. 에어컨 라인압력 점검
① 시험기 게이지에는 저압, 고압, 충전 및 배출의 3개 호스가 있다.
② 에어컨 라인압력은 저압 및 고압이 있다.
③ 에어컨 라인의 압력을 점검하는 경우에는 매니폴드 게이지의 저압호스를 저압라인의 피팅에, 고압호스는 고압라인의 피팅에 연결하며, 저압과 고압의 핸들밸브는 잠근 상태에서 점검한다.
④ 기관 시동을 걸어 에어컨 압력을 점검한다.

9.2. 시험장비 사용
9.2.1. 타이밍라이트 사용방법
① 타이밍라이트의 적색클립을 축전지(+)단자에, 흑색클립은 축전지(-)단자에 연결다.
② 타이밍라이트의 픽업 클램프를 1번 점화플러그 고압케이블에 화살표방향이 점화플러그 쪽으로 향하도록 하여 연결한다.
③ 타이밍라이트의 흑색 또는 녹색 부트 리드 선을 점화코일 (-)단자에 연결한다.

9.2.2. 속도계시험기 사용방법

[1] 속도계 측정조건
① 자동차는 공차상태에서 운전자 1인이 승차한 상태로 한다.
② 속도계 시험기 지침의 진동은 ±3km/h 이하이어야 한다.
③ 타이어 공기압력은 표준 값으로 한다.
④ 자동차의 바퀴는 흙 등의 이 물질을 제거한 상태로 한다.

[2] 속도계 측정방법
① 자동차를 속도계 시험기에 정면으로 대칭이 되도록 한다.
② 구동바퀴를 시험기 위에 올려놓고 구동바퀴가 롤러 위에서 안정될 때까지 운전한다.
③ 자동차의 속도를 서서히 높여 자동차의 속도계가 40km/h에 안정되도록 한 후 속도계 시험기의 신고 버튼으로 시험기 제어부분에 신호를 보내어 속도계 오차를 측정한다.
④ 위 ③에서 구한 실제속도를 이용하여 자동차 속도계의 오차 값이 다음 산식에서 구한 값에 적합한지를 확인한다.

- 정의 오차 : $X(1+0.25) = 40km/h$

- 부의 오차 : $X(1-0.1) = 40km/h$

9.2.3. 경음기시험기 사용방법

[1] 측정장소의 선정
① 가능한 주위로부터 음의 반사와 흡수 및 암소음에 의한 영향을 받지 않는 개방된 장소로서 마이크로폰 설치 중심으로부터 반경 3m 이내에는 돌출 장애물이 없는 아스팔트 또는 콘크리트 등으로 평탄하게 포장되어 있어야 하며, 주위 암소음의 크기는 자동차로 인한 소음의 크기보다는 가능한 10dB 이하이어야 한다.
② 마이크로폰 설치의 높이에서 측정한 풍속(風速)이 2m/sec 이상일 때에는 마이크로폰에 방풍 망을 부착하여야 하고, 10m/sec 이상일 때에는 측정을 삼가야 한다.

[2] 소음시험기
  ① 소음시험기는 KSC-1502에서 정한 보통 소음계 또는 이와 동등한 성능 이상을 가진 것을 사용하고, 지시계의 동특성은 빠름(fast) 동특성을 사용하여 측정한다.
  ② 자동기록 장치는 소음측정기에 연결된 상태에서 정밀도 및 동특성 등의 성능이 보통(지시)소음시험기 이상의 성능을 가진 것이어야 하며, 동특성을 선택할 수 있는 경우에는 빠름(fast) 동특성에 준하는 상태에서 사용하여야 한다.
  ③ 소음시험기는 제작자 사용설명서에 준하여 조작하고 측정 전에 충분한 예열 및 교정을 실시하여야 한다.

(1) 경적소음 측정방법
  ① 자동차의 기관을 가동시키지 않은 정차 상태에서 경음기를 5초 동안 작동시켜 그 동안에 경음기로부터 배출되는 소음 크기의 최댓값을 측정하며, 2개의 경음기가 연동하여 음을 발하는 경우에는 연동하는 상태에서 측정하고, 축전지는 측정 개시 전에 완전 충전된 상태이어야 한다. 다만, 교류식 경음기를 장치한 경우에는 원동기 회전속도가 3,000±100rpm인 상태에서 측정하여야 한다.
  ② 마이크로폰 설치 : 마이크로폰 설치위치는 경음기가 설치된 위치에서 가장 소음도가 크다고 판단되는 자동차의 면에서 전방으로 2m 떨어진 지점을 지나는 연직선으로부터 수평 거리가 0.05m 이하인 동시에 지상 높이가 1.2±0.05m(이륜자동차, 측차부 이륜자동차 및 원동기부 자전거는 1±0.05m)인 위치로 하고 그 방향은 당해 자동차를 향하여 차량 중심선에 평행하여야 한다.

(2) 측정값 산출
  ① 측정항목 별로 자동차로 인한 소음의 크기는 소음시험기 지시 값(자동기록 장치를 사용한 경우에는 자동기록 장치의 기록 값)의 최댓값을 측정값으로 하며, 암소음의 크기는 소음시험기 지시 값의 평균값으로 한다.
  ② 자동차로 인한 소음 크기의 측정은 자동기록 장치를 사용하여 기록하는 것을 원칙으로 하고 측정항목 별로 2회 이상 실시하여야 하며, 각 측정값의 차이가 2dB를 초과할 때에는 각각의 측정값은 무효로 한다.
  ③ 암소음 크기의 측정은 각 측정항목 별로 측정실시의 직전 또는 직후에 연속하여 10초 동안 실시하며, 순간적인 충격음 등은 암소음으로 취급하지 아니한다.

④ 자동차로 인한 소음과 암소음의 측정값의 차이가 3dB 이상 10dB 미만인 경우에는 자동차로 인한 소음의 측정값으로부터 아래 표의 보정 값을 뺀 값을 최종 측정값으로 하고, 차이가 3dB 미만일 경우에는 측정값을 무효로 한다.

자동차 소음과 암소음의 측정값 차이	3	4~5	6~9
보정 값	3	2	1

⑤ 자동차로 인한 소음의 2회 이상 측정값(보정한 것을 포함한다.) 중 가장 큰 쪽의 값을 측정의 성적으로 한다.

9.2.4. 전조등시험기 사용방법

[1] 운행자동차 등화장치의 광도 및 광축 확인방법
　① 자동차는 적절히 예비운전 되어 있는 공차상태의 자동차에 운전자 1인이 승차한 상태로 한다.
　② 자동차의 축전지는 충전한 상태로 한다.
　③ 자동차 기관은 공회전 상태로 한다.
　④ 타이어 공기압력은 표준 값으로 한다.
　⑤ 4등식 전조등의 경우 측정하지 아니하는 등화에서 발산하는 빛을 차단한 상태로 한다.

전기 · 전자

01. 전류의 작용을 바르게 표시한 것은 ?
① 발열작용, 화학작용, 자기작용
② 발열작용, 물리작용, 자기작용
③ 발열작용, 유도작용, 자기작용
④ 발열작용, 저항작용, 자기작용

풀이 전류의 3대작용에는 발열작용, 화학작용, 자기작용이 있다.

02. 전류의 자기작용을 응용한 예를 설명한 것으로 틀린 것은 ?
① 스타터모터의 작용
② 릴레이의 작동
③ 시거라이터의 작동
④ 솔레노이드의 작동

풀이 시가라이터, 전구, 예열플러그 등에는 발열작용을 이용한다.

03. 다음 중 전기저항의 설명으로 틀린 것은?
① 전자가 이동시 물질 내의 원자와 충돌하여 발생한다.
② 원자핵의 구조, 물질의 형상, 온도에 따라 변한다.
③ 크기를 나타내는 단위는 옴(Ohm)을 사용한다.
④ 도체의 저항은 그 길이에 반비례하고 단면적에 비례한다.

풀이 도체의 저항은 그 길이에 비례하고 단면적에 반비례한다.

04. 물체의 전기저항 특성에 대한 설명 중 틀린 것은 ?
① 단면적이 증가하면 저항은 감소한다.
② 온도가 상승하면 전기저항이 감소하는 효과를 NTC라 한다.
③ 도체의 저항은 온도에 따라서 변한다.
④ 보통의 금속은 온도상승에 따라 저항이 감소된다.

풀이 물체의 전기저항의 특성은 ①, ②, ③항 이외에 보통의 금속은 온도상승에 따라 저항이 증가하나 반도체는 감소한다.

05. 다음 회로에서 저항을 통과하여 흐르는 전류는 A, B, C각 점에서 어떻게 나타나는가 ?

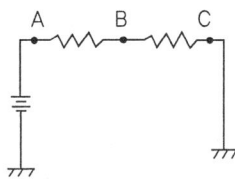

① A에서 가장 전류가 크고, B, C로 갈수록 전류가 작아진다.
② A, B, C의 전류는 모두 같다.
③ A에서 가장 전류가 작고 B, C로 갈수록 전류가 커진다.
④ B에서 가장 전류가 크고 A, C는 같다.

풀이 직렬접속 회로에서는 각 저항에 흐르는 전류가 일정하다.

Answer ▶ 1. ① 2. ③ 3. ④ 4. ④ 5. ②

06. 그림에서 24V의 축전지에 저항 $R_1= 2\Omega$, $R_2= 4\Omega$, $R_3= 6\Omega$을 직렬로 접속하였을 때 흐르는 A의 전류는 ?

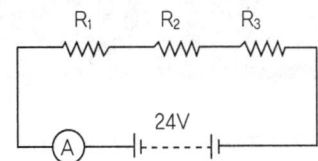

① 1[A] ② 2[A]
③ 3[A] ④ 4[A]

풀이 ① 직렬 합성저항
$R= R_1+R_2+R_3+\cdots+R_n$
$= 2\Omega+4\Omega+6\Omega= 12\Omega$
② $I= \dfrac{E}{R}= \dfrac{24V}{12\Omega}= 2A$
I : 전류, E : 전압, R : 저항

07. 회로의 합성저항은 몇 Ω 인가 ?

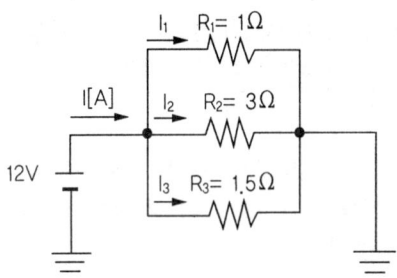

① 0.1Ω ② 1Ω
③ 0.5Ω ④ 5Ω

풀이 병렬 합성저항
$\dfrac{1}{R}= \dfrac{1}{R_1}+\dfrac{1}{R_2}+\dfrac{1}{R_3}+\cdots+\dfrac{1}{R_n}$ 에서
$= \dfrac{1}{1}+\dfrac{1}{3}+\dfrac{1}{1.5}= \dfrac{6}{3}$ ∴ R= $\dfrac{3}{6}$= 0.5Ω

08. "회로 내의 어떠한 점에 유입한 전류의 총합과 유출한 전류의 총합은 같다." 에 해당되는 법칙은 ?
① 뉴턴의 제1법칙
② 옴의 법칙
③ 키르히호프의 제1법칙
④ 줄의 법칙

09. 전력 P를 잘못 표시한 것은 ?(단, E : 전압, I : 전류, R : 저항)
① $P= E \cdot I$ ② $P= I^2 \cdot R$
③ $P= E^2/R$ ④ $P= R^2/E$

풀이 전력산출 공식에는 $P= E \cdot I$, $P= I^2 \cdot R$, $P= E^2/R$ 가 있다.

10. 전압 12V, 출력전류 50A인 자동차용 발전기의 출력(용량)은 ?
① 144W ② 288W
③ 450W ④ 600W

풀이 $P= EI=$ 12V×50A= 600W
P : 전력, E : 전압, I : 전류

11. 그림과 같이 12V-12W의 전구 2개를 병렬로 연결할 때 전류계 A에 흐르는 전류는 ?

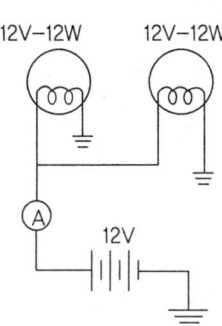

① 1A ② 2A
③ 3A ④ 4A

풀이 $P= EI$ 에서 $I= \dfrac{P}{E}= \dfrac{12W \times 2}{12V}= 2A$

12. 14V 축전지에 연결된 전구의 소비전력이 60W이다. 축전지의 전압이 떨어져 12V가 되었을 때 전구의 실제 전력은 약 몇 W 인가 ?
① 3.27W ② 25.5W
③ 30.2W ④ 44.1W

풀이 ① $R= \dfrac{E^2}{P}= \dfrac{14^2}{60}= 3.26\Omega$
② $P= \dfrac{E^2}{R}= \dfrac{12^2}{3.26}= 44.1W$

Answer ▶ 6. ② 7. ③ 8. ③ 9. ④ 10. ④ 11. ② 12. ④

13. 그림과 같은 회로에서 가장 적합한 퓨즈의 용량은?

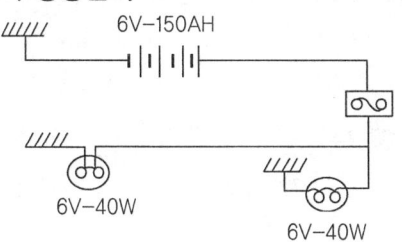

① 10A　　　　② 15A
③ 25A　　　　④ 30A

풀이 $I = \dfrac{P}{E} = \dfrac{40+40}{6} = 13.3A$ 따라서 15A의 퓨즈를 사용한다.

14. 그림의 회로에서 전압이 12V이고, 저항 R_1 및 R_2가 각각 3Ω이라면 A에 흐르는 전류는?

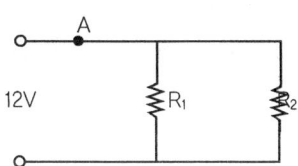

① 2A　　　　② 4A
③ 6A　　　　④ 8A

풀이 ① 병렬회로이므로 합성저항
$\dfrac{1}{R} = \dfrac{1}{R_1} + \dfrac{1}{R_2} = \dfrac{1}{3} + \dfrac{1}{3} = \dfrac{2}{3}$

따라서 $R = \dfrac{3}{2} = 1.5Ω$

② $I = \dfrac{E}{R} = \dfrac{12V}{1.5Ω} = 8A$

15. 가솔린기관에서 기동전동기의 전류소모 시험을 하였더니 90A이었다. 이때 축전지 전압이 12V 일 때 이 엔진에 사용하는 기동전동기의 마력은?

① 0.75ps　　　　② 1.26ps
③ 1.47ps　　　　④ 1.78ps

풀이 ① $P = EI = $ 12V×90A= 1080W= 1.08kW

② 1PS는 0.736kW이므로 $\dfrac{1.08}{0.736} = 1.47$마력

16. 다음 회로에서 전류(I)와 소비전력(P)은?

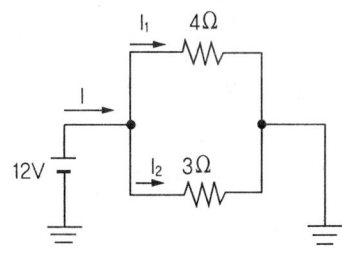

① I= 0.58[A], P= 5.8[W]
② I= 5.8[A], P= 58[W]
③ I= 7[A], P= 84[W]
④ I= 70[A], P= 840[W]

풀이 ① $\dfrac{1}{R} = \dfrac{1}{4} + \dfrac{1}{3} = \dfrac{7}{12}$ ∴ $R = \dfrac{12}{7}Ω$

② $I = \dfrac{E}{R} = \dfrac{12 \times 7}{12} = 7A$

③ P= EI= 12V×7A= 84W

17. 축전기에 12V의 전압을 인가하여 0.00003C의 전기량이 충전되었다면 축전기의 용량은?

① 2.0μF　　　　② 2.5μF
③ 3.0μF　　　　④ 3.5μF

풀이 $C = \dfrac{Q}{V} = \dfrac{0.00003C}{12V} = 0.0000025F = 2.5μF$

C : 축전기 용량, Q : 축적된 전하량
V : 가한 전압

18. 12V-0.3μF, 12V-0.6μF의 축전기를 병렬로 접속했다. 두 개의 축전기에는 얼마의 전기량이 축전되는가?

① 0.9μC　　　　② 10.8μC
③ 13.3μC　　　　④ 60μC

풀이 축전기 병렬접속의 전기량
$C = C_1 + C_2 + C_3 + \cdots + C_n$
= 0.3μF+0.6+F= 0.9μC

19. 다음 회로에서 전압계 V₁과 V₂를 연결하여 스위치를 ON, OFF하면서 측정결과로 맞는 것은?

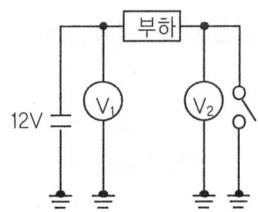

① V₁- 스위치 ON : 12V, 스위치 OFF : 12V, V₂- 스위치 ON : 12V, 스위치 OFF : 0V

② V₁- 스위치 ON : 12V, 스위치 OFF : 0V 이상, V₂- 스위치 ON : 0V, 스위치 OFF : 12V 이하

③ V₁- 스위치 ON : 12V, 스위치 OFF : 12V, V₂- 스위치 ON : 0V, 스위치 OFF : 12V 이하

④ V₁- 스위치 ON : 12V, 스위치 OFF : 12V, V₂ - 스위치 ON : 0V 이상, 스위치 OFF : 0V 이상

[풀이] 전압계 V₁과 V₂를 연결하여 스위치를 ON, OFF하면 V₁-스위치 ON : 12V, 스위치 OFF : 12V, V₂-스위치 ON : 0V, 스위치 OFF : 12V이하이다.

20. 기전력 2Volt 내부저항 0.2Ω의 전지 10개를 병렬로 접속했을 때 부하 4Ω에 흐르는 전류는?

① 0.333A   ② 0.498A
③ 0.664A   ④ 13.64A

[풀이] $I = \dfrac{E}{\dfrac{r}{N}+R} = \dfrac{2}{\dfrac{0.2}{10}+4} = 0.498A$

I : 저항에 흐르는 전류, E : 기전력
r : 내부저항, N : 전지의 개수
R : 부하의 저항

21. 기전력 2.8V, 내부저항이 0.15Ω인 전지 33개를 직렬로 접속할 때 1Ω의 저항에 흐르는 전류는 얼마인가?

① 12.1A   ② 13.2A
③ 15.5A   ④ 16.2A

[풀이] $I = \dfrac{NE}{R+Nr} = \dfrac{33 \times 2.8}{1+33 \times 0.15} = 15.5A$

I : 저항에 흐르는 전류, E : 기전력
r : 내부저항, N : 전지의 개수
R : 부하의 저항

22. 반도체의 접합이 이중 접합인 것은?

① 광도전 셀   ② 서미스터
③ 제너 다이오드   ④ 발광 다이오드

23. 제너다이오드에 대한 설명 중 틀린 것은?

① 순방향으로 가한 일정한 전압을 제너전압이라 한다.
② 어떤 전압 하에서는 역방향으로도 전류가 흐른다.
③ 정전압 다이오드라고도 한다.
④ 발전기의 전압조정기에 사용하기도 한다.

24. 제너다이오드에 대한 설명으로 틀린 것은?

① 실리콘 다이오드의 일종이다.
② 제너전압 이상에서는 역방향 전류가 "0"이 된다.
③ 트랜지스터식 발전기 전압 조정용으로 사용된다.
④ 자동차용 정전압 회로에 사용된다.

25. 다이오드에서 순방향으로 전류를 흐르게 하였을 때 빛이 발생되는 것은?

① 포토다이오드   ② 제너 다이오드
③ 발광다이오드   ④ PN접합 다이오드

26. 순방향으로 전류를 흐르게 하면 전류를 가시광선으로 변형시켜 빛을 발생하는 다이오드로 N형 반도체의 과잉 전자와 P형 반도체의 정공이 결합되어 있는 소자는?
① 제너 다이오드   ② 포토다이오드
③ 발광 다이오드   ④ 실리콘 다이오드

27. 자동차에서 발광 다이오드를 사용하지 않는 부품은 ?
① 배전기식 크랭크 앵글센서
② 조향 휠 각속도 센서
③ 전압조정기
④ 차고센서

28. 빛을 받으면 전류가 흐르지만 빛이 없으면 전류가 흐르지 않는 전기소자는 ?
① 제너 다이오드
② 발광 다이오드
③ PN접합 다이오드
④ 포토다이오드

29. 수광 다이오드(photo diode)의 기호는?

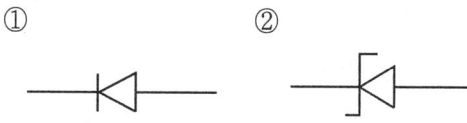

풀이 ① 항은 다이오드, ② 제너 다이오드, ④ 항은 발광다이오드

30. 회로에서 포토 TR에 빛이 인가될 때 점 A의 전압은 ?(단, 전원의 전압은 5V이다)

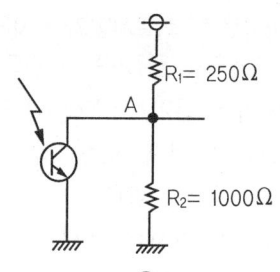

① 0V   ② 2.5V
③ 4V   ④ 5V

풀이 포토트랜지스터가 ON 상태이기 때문에 전압은 0V이다.

31. NPN형 트랜지스터에서 접지되는 단자는 ?
① 이미터   ② 베이스
③ 트랜지스터 몸체 ④ 컬렉터

32. 트랜지스터(TR)의 일종으로 베이스가 없이 빛을 받아서 콜렉터 전류가 제어되고 광량 측정, 광스위치, 각종 sensor에 사용되는 반도체는 ?
① 사이리스터   ② 서미스터
③ 다링톤 T.R   ④ 포토 T.R

33. 아래 회로를 보고 작동상태를 바르게 설명한 것은 ?

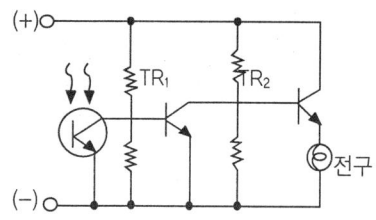

① 열을 가하면 전구가 작동한다.
② 어두워지면 전구가 점등한다.
③ 환해지면 전구가 점등한다.
④ 열을 가하면 전구가 소등한다.

풀이 포토트랜지스터를 이용한 회로이므로 포토트랜지스터가 빛을 받으면 TR₁과 TR₂가 통전되어 전구가 점등된다.

34. 아날로그 회로시험기를 이용하여 NPN형 트랜지스터를 점검하는 방법으로 옳은 것은?
① 베이스 단자에 흑색 리드 선을 이미터 단자에 적색 리드 선을 연결했을 때 도통이어야 한다.
② 베이스 단자에 흑색 리드 선을 TR 바디(body)에 적색 리드 선을 연결했을 때 도통이어야 한다.
③ 베이스 단자에 적색 리드 선을 이미터 단자에 흑색 리드 선을 연결했을 때 도통이어야 한다.
④ 베이스 단자에 적색 리드 선을 컬렉터에 흑색 리드 선을 연결했을 때 도통이어야 한다.

풀이 아날로그 회로시험기를 이용하여 NPN형 트랜지스터를 점검할 때 베이스단자에 흑색 리드 선을 이미터단자에 적색 리드 선을 연결했을 때 도통이어야 한다.

35. 다음 그림은 멀티시험기에 의한 파워 TR의 시험방법이다. 어떤 시험을 하고 있는 것인가?

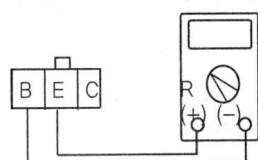

① B단자와 E단자간의 역방향 저항시험
② B단자와 E단자간의 역방향 전압시험
③ B단자와 E단자간의 순방향 저항시험
④ B단자와 E단자간의 순방향 전압시험

36. 단방향 3단자 사이리스터(SCR)는 애노드(A), 캐소드(K), 게이트(G)로 이루어지는데, 다음 중 전류의 흐름방향을 설명한 것으로 틀린 것은?
① A에서 K로 흐르는 전류가 순방향이다.
② 순방향은 언제나 전류가 흐른다.
③ G에 (+), K에 (-)전류를 흘려보내면 A와 K사이가 순간적으로 도통된다.
④ A와 K사이가 도통된 것은 G전류를 제거해도 계속 도통이 유지되며, A전위를 0으로 만들어야 해제된다.

37. 온도에 따라 전기저항이 변하는 반도체 소자로 온도센서, 연료잔량 경고등 회로에 쓰이는 것은?
① 피에조 압전소자 ② 다이오드
③ 트랜지스터 ④ 서미스터

38. 두 개의 영구자석 사이에 도체를 직각으로 설치하고 도체에 전류를 흘리면 도체의 한 면에는 전자가 과잉되고 다른 면에는 전자가 부족 되어 도체 양면을 가로질러 전압이 발생되는 현상을 무엇이라고 하는가?
① 홀 효과 ② 렌즈의 현상
③ 칼만 볼텍스 ④ 자기 유도

39. 반도체의 장점이 아닌 것은?
① 극히 소형이고 가볍다.
② 내부 전력손실이 적다.
③ 수명이 길다.
④ 온도상승 시 특성이 좋아진다.

40. 자동차 전자제어 유닛(ECU)의 구성에 있어서 각종 제어장치에 관한 고정 데이터나 자동차 정비제원 등을 장기적으로 저장하는데 이용되는 것은?
① RAM ② ROM
③ CPU ④ TPS

풀이 ① ROM(read only memory) : 전원이 차단되어도 메모리가 지워지지 않는다.
② RAM(random access memory) : 센서에서 입력되는 데이터를 일시로 저장하는 메모리며, 전원이 차단되면 데이터가 소멸된다.

41. 컴퓨터 논리에서 논리적(AND)에 해당되는 것은?

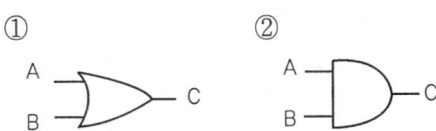

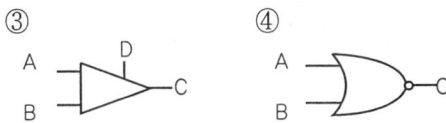

풀이 ①항은 논리합(OR), ③항은 논리 비교기, ④항은 논리합 부정(NAND)

42. 전자제어 엔진에서 입력신호에 해당되지 않는 것은?
① 냉각수온 센서 신호
② 흡기온도 센서 신호
③ 에어플로 센서 신호
④ 인젝터 신호
풀이 인젝터는 ECU의 출력신호이다.

43. 전자제어 연료분사 장치에서 ECU로 입력되는 신호가 아닌 것은?
① 엔진 회전수 신호
② P,N 스위치 신호(자동변속기 차량)
③ 스로틀밸브 위치신호
④ 공회전 스텝모터 작동신호
풀이 공회전 스텝모터 작동신호는 ECU의 출력신호이다.

44. 다음의 센서 중 ECU 내에 페일세이프 기능이 없는 것은?
① 대기압 센서
② 크랭크 각 센서
③ 흡기온 센서
④ 냉각수온 센서
풀이 크랭크 각 센서가 고장 나면 엔진의 가동이 정지된다.

45. ECU 내에서 아날로그신호를 디지털신호로 변환시키는 것은?
① A/D컨버터　　② CPU
③ ECM　　　　 ④ IU/O인터페이스
풀이 A/D(analog/digital)컨버터란 센서의 아날로그신호를 디지털신호로 변환시키는 것이다.

46. 다음 그림은 자기진단 출력단자에서의 전압의 변화를 시간대로 나타낸 것이다. 이 자기진단 출력이 10진법 2개 코드방식일 때 맞는 것은?

① 112　　　　② 22
③ 12　　　　 ④ 44

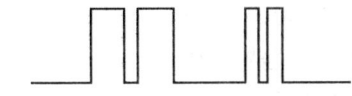

01. 알칼리 축전지의 설명으로 틀린 것은?
① 과충전, 과방전 등 가혹한 조건에 잘 견딘다.
② 고율방전 성능이 매우 우수하다.
③ 출력밀도(W/kg)가 크다.
④ 극판은 납과 칼슘합금으로 구성된다.

02. 연료전지의 장점에 해당되지 않는 것은?
① 상온에서 화학반응을 하므로 위험성이 적다.
② 에너지 밀도가 매우 크다.
③ 연료를 공급하여 연속적으로 전력을 얻을 수 있으므로 충전이 필요 없다.
④ 출력밀도가 크다.
풀이 연료전지의 장점은 ①, ②, ③항이며, 단점은 출력밀도가 낮고, 수명이 매우 짧으며(6개월~1년 정도), 가격이 비싸다.

03. 축전지 격리판의 필요조건이 아닌 것은?
① 전도성일 것
② 다공성일 것
③ 전해액에 부식되지 않을 것
④ 전해액의 확산이 잘 될 것

풀이 축전지 격리판의 필요조건은 ②, ③, ④항 이외에 비전도성일 것, 극판에 좋지 않은 물질을 내뿜지 않을 것

04. 축전지 셀에 극판의 면적을 크게 하면 다음 중 옳은 것은?
① 전압이 높게 된다.
② 이용전류가 증가한다.
③ 저항이 크게 된다.
④ 전해액의 비중이 높게 된다.

05. 축전지의 전해액 비중은 온도 1℃의 변화에 대해 얼마나 변화하는가?
① 0.0005
② 0.0007
③ 0.0010
④ 0.0015

06. 사용 중인 축전지 전해액을 비중계로 측정하니 1.280이고, 이때 전해액의 온도가 40℃라면 표준상태(20℃)에서의 비중은 얼마인가?
① 1.234
② 1.254
③ 1.274
④ 1.294

풀이 $S_{20} = St + 0.0007 \times (t-20)$
= 1.280+0.0007×(40-20)= 1.294
S_{20} : 20℃에서의 전해액 비중
St : 실제 측정한 전해액 비중
t : 측정할 때의 전해액 온도

07. 기준온도가 20℃에서 비중이 1.260인 배터리를 32°F에서 측정하면 비중은?
① 1.274
② 1.246
③ 1.426
④ 1.352

풀이 32°F(0℃)에서의 비중은
1.260= St+0.0007×(0-20) ∴ St = 1.274

08. 자동차용 배터리(Battery)에서 방전상태로 장기간 방치하거나 극판이 공기 중에 노출되어 양(+), 음(−)의 극판이 단락되었을 때 나타나는 현상을 무엇이라 하는가?
① 열화현상
② 다운서징 현상
③ 설페이션 현상
④ 물 때 현상

09. 납산축전지에서 설페이션(sulphation) 현상의 원인이 아닌 것은?
① 축전지의 과방전
② 방전상태 장시간 방치
③ 전해액 과다
④ 충전부족

10. 납산 축전지가 방전할 때 축전지 내의 변화 상태로 틀린 것은?
① 양극판은 과산화납에서 황산납으로 된다.
② 음극판은 납에서 황산납으로 된다.
③ 전해액은 황산에서 점차로 묽어져 물로 된다.
④ 전해액의 비중은 점차로 증가한다.

풀이 납산축전지가 방전할 때 축전지 내의 변화 상태는 ①, ②, ③항 이외에 전해액의 비중은 점차 낮아진다.

11. 25℃에서 양호한 상태인 100AH 축전지는 300A의 전기를 얼마동안 발생시킬 수 있는가?
① 5분
② 10분
③ 15분
④ 20분

풀이 $H = \dfrac{AH}{A} = \dfrac{100AH}{300A} = \dfrac{1}{3}$ = 20분
H : 전기를 발생시킬 수 있는 시간
AH : 축전지 용량
A : 방전전류

Answer 3.① 4.② 5.② 6.④ 7.① 8.③ 9.③ 10.④ 11.④

12. 완전 충전된 축전지를 방전종지 전압까지 방전하는데 20A로 5시간 걸렸고 이것을 다시 완전 충전하는데 10A로 12시간 걸렸다면 이 축전지의 AH효율은 약 몇 %인가?
① 90%   ② 83%
③ 80%   ④ 70%

풀이 축전지의 AH효율=$\frac{20A \times 5H}{10A \times 12H} \times 100 = 83\%$

13. 60Ah의 배터리가 매일 2%의 자기방전을 할 때 이것을 보충전하기 위하여 24시간 충전을 할 때 충전기의 충전전류는 몇 A로 조정하는가?
① 0.01A   ② 0.03A
③ 0.05A   ④ 0.07A

풀이 시간당 충전량=$\frac{1일 방전량}{24}=\frac{60Ah \times 0.02}{24h}$
= 0.05A

14. 축전지 용량에서 0°F에서 300A의 전류로 방전하여 셀 당 기전력이 1V 전압강하하는데 소요되는 시간으로 표시하는 것은?
① 20시간율   ② 25암페어율
③ 냉간율   ④ 20전압율

15. 납산축전지에 대한 설명으로 옳은 것은?
① 12V 배터리는 12개의 셀이 직렬로 연결되어 있다.
② 배터리 용량은 전압×방전시간으로 표시되어 있다.
③ 같은 전압, 같은 용량의 배터리를 직렬로 연결하면 용량이 배가된다.
④ 극판의 개수가 많을수록 축전지 용량이 커진다.

풀이 ① 12V 배터리는 6개의 셀이 직렬로 연결되어 있다.
② 배터리 용량은 전류×방전시간으로 표시한다.
③ 같은 전압, 같은 용량의 배터리를 직렬로 연결하면 전압이 배가되고, 병렬로 연결하면 용량이

배가 된다.

16. 다음 중 표현이 잘못된 것은?
① 축전지의 용량은 전해액 온도가 내려가면 증가한다.
② 충전 중 전해액의 온도는 45℃를 넘지 않도록 한다.
③ 전류계로 전류를 측정할 때에는 회로에 직렬로 연결한다.
④ 충전 때 발생하는 가스는 주로 수소가스이다.

풀이 축전지의 용량은 전해액온도가 내려가면 감소한다.

17. 축전지의 자기방전에 대한 설명으로 틀린 것은?
① 자기 방전량은 전해액의 온도가 높을수록 커진다.
② 자기 방전량은 전해액의 비중이 낮을수록 커진다.
③ 자기 방전량은 전해액 속의 불순물이 많을수록 커진다.
④ 자기방전은 전해액 속의 불순물과 내부 단락에 의해 발생한다.

18. 자동차용 축전지의 충전에 대한 설명으로 틀린 것은?
① 정전압 충전은 충전시간 동안 일정한 전압을 유지하며 충전한다.
② 정전류 충전은 충전초기 많은 전류가 흘러 축전지에 손상을 줄 수 있다.
③ 정전류 충전의 충전전류는 20시간율 용량의 10%로 선정한다.
④ 급속 충전의 충전전류는 20시간율 용량의 50%로 선정한다.

풀이 축전지 충전에 대한 설명은 ①, ③, ④항 이외에 정전압 충전은 충전초기 많은 전류가 흘러 축전지에 손상을 줄 우려가 있다.

Answer 12. ② 13. ③ 14. ③ 15. ④ 16. ① 17. ② 18. ②

19. 자동차용 MF축전지의 특성 중 틀린 것은?
① 인디케이터로 충전상태를 확인할 수 있다.
② 저온시동 능력이 좋다.
③ 충전회복이 빠르고 과충전시 수명이 길다.
④ 전기저항이 낮은 격리판을 사용한다.
[풀이] MF 축전지의 특징은 ①, ②, ④항 이외에 증류수를 점검 및 보충하지 않아도 되고, 자기방전 비율이 매우 낮아 장기간 보관이 가능하다.

20. 기동전동기의 작동원리는?
① 플레밍의 오른손법칙
② 렌쯔의 법칙
③ 플레밍의 왼손법칙
④ 앙페르의 법칙

21. 직권 기동전동기의 전기자 코일과 계자 코일의 연결은?
① 직렬과 병렬
② 병렬
③ 전기자 코일은 직렬, 계자코일은 병렬
④ 직렬
[풀이] 직권 기동전동기의 전기자 코일과 계자코일은 직렬로 연결되어 있다.

22. 자동차용 기동전동기의 특징을 열거한 것으로 틀린 것은?
① 일반적으로 직권 전동기를 사용한다.
② 부하가 커지면 회전토크는 작아진다.
③ 상시 작동보다는 순간적으로 큰 힘을 내는 장치에 적합하다.
④ 부하를 크게 하면 회전속도가 작아진다.
[풀이] 기동전동기의 특징은 ①, ③, ④항 이외에 부하가 커지면 회전력은 커진다.

23. 직권전동기에 대한 설명으로 맞는 것은?
① 전동기의 회전력은 전기자 전류의 제곱에 반비례한다.
② 직권전동기의 회전속도는 전압에 비례하고 계자의 세기에 반비례한다.
③ 직권전동기는 기동 회전력이 크며, 회전속도가 거의 일정하다.
④ 직권전동기는 부하가 클 때 전기자 전류는 커져 큰 회전력을 낼 수 있다.

24. 직류직권식 기동전동기의 계자코일과 전기자 코일에 흐르는 전류에 대한 설명으로 옳은 것은?
① 계자코일 전류가 전기자 코일 전류보다 크다.
② 전기자 코일 전류가 계자코일 전류보다 크다.
③ 계자코일 전류와 전기자 코일 전류가 같다.
④ 계자코일 전류와 전기자 코일 전류가 같을 때도 있고 다를 때도 있다.
[풀이] 기동전동기의 계자코일에 흐르는 전류와 전기자 코일에 흐르는 전류의 크기는 같다.

25. 다음 중 기동전동기가 갖추어야할 조건이 아닌 것은?
① 기동 회전력이 커야 된다.
② 전압조정기가 있어야 된다.
③ 마력 당 중량이 작아야 한다.
④ 기계적인 충격에 견딜만한 충분한 내구성이 있어야 한다.

26. 기동전동기의 전기자 코일에 항상 일정한 방향으로 전류가 흐르도록 하기 위해 설치한 것은?
① 슬립링   ② 정류자
③ 다이오드   ④ 로터
[풀이] 정류자는 브러시로부터 축전지의 전류를 공급받아 전기자코일에 항상 일정한 방향으로 전류를 공급한다.

Answer 19. ③ 20. ③ 21. ④ 22. ② 23. ④ 24. ③ 25. ② 26. ②

27. 기동전동기의 구성부품 중 단지 한쪽방향으로 토크를 전달하는 일명 일방향 클러치라고도 하는 것은 ?
① 솔레노이드
② 스타터 릴레이
③ 오버러닝 클러치
④ 시프트 레버

> 풀이 오버러닝 클러치는 기동전동기의 피니언과 엔진 플라이휠 링 기어가 물렸을 때 양 기어의 물림이 풀리는 것을 방지하는 키 역할을 하며, 종류에는 롤러형식, 다판클러치 형식, 스프래그 형식이 있다. 작동은 단지 한쪽방향으로 토크를 전달하는 것으로 일방향 클러치라고도 한다.

28. 기동전동기의 필요 회전력에 대한 수식은 ?
① 크랭크축 회전력 × $\dfrac{\text{링기어 잇수}}{\text{피니언의 잇수}}$
② 캠축 회전력 × $\dfrac{\text{피니언 잇수}}{\text{링기어의 잇수}}$
③ 크랭크축 회전력 × $\dfrac{\text{피니언 잇수}}{\text{링기어의 잇수}}$
④ 캠축 회전력 × $\dfrac{\text{링기어 잇수}}{\text{피니언의 잇수}}$

> 풀이 기동전동기의 필요 회전력= 크랭크축 회전력× $\dfrac{\text{피니언의 잇수}}{\text{링기어의 잇수}}$ 이다.

29. 링 기어 이의 수가 120, 피니언 이의 수가 120이고, 1500cc급 엔진의 회전저항이 6m-kgf일 때, 기동전동기의 필요한 최소 회전력은 몇 kgf·m인가 ?
① 0.6
② 6
③ 60
④ 600

> 풀이 $Tm = \dfrac{Pt \times Te}{Rt} = \dfrac{12 \times 6}{120} = 0.6 \text{kgf} \cdot \text{m}$
> Tm : 기동전동기의 필요한 최소 회전력,
> Pt : 피니언 이의 수
> Te : 엔진의 회전저항
> Rt : 링 기어 이의 수

30. 전자제어 연료 분사장치의 점화계통 회로와 거리가 먼 것은 ?
① 점화코일
② 파워 트랜지스터
③ 체크밸브
④ 크랭크 앵글센서

31. 트랜지스터 점화장치는 트랜지스터의 무슨 작용을 이용하여 2차 전압을 유기시키는가 ?
① 스위칭 작용
② 자기유도 작용
③ 충·방전 작용
④ 상호유도 작용

32. 현재 운행되는 자동차에서 점화코일 1차 전류단속을 트랜지스터로 하는 이유는?
① 포인트 방식에 비해 확실하고 고속제어가 가능하기 때문에
② 고 전류에서 저 전류로 출력할 수 있기 때문에
③ 극성을 바꾸어 연결하여도 무방하기 때문에
④ 점화 진각속도가 포인트 방식에 비하여 늦기 때문에

> 풀이 점화코일 1차 전류단속을 트랜지스터로 하면 단속이 확실하고 고속제어가 가능하다.

33. 전자제어 가솔린분사장치에서 일반적으로 사용되는 점화방식은 ?
① 자석식 점화방식
② 접점식 점화방식
③ 전자파 발전식
④ 고에너지 점화방식

> 풀이 전자제어 가솔린분사장치에서 일반적으로 사용되는 점화방식은 고에너지 점화방식(HEI)이나 전자배전방식(DLI)을 사용한다.

Answer ▶ 27. ③ 28. ③ 29. ① 30. ③ 31. ① 32. ① 33. ④

34. 고에너지 점화방식(HEI)에서 점화계통의 작동순서로 옳은 것은?

① 각종 센서→ECU→파워 트랜지스터→점화코일
② ECU→각종 센서→파워 트랜지스터→점화코일
③ 파워 트랜지스터→각종 센서→ECU→점화코일
④ 각종 센서→파워 트랜지스터→ECU→점화코일

풀이 고에너지 점화방식(HEI)에서 점화계통의 작동순서는 각종 센서 → ECU → 파워 트랜지스터 → 점화코일이다.

35. 전자제어 엔진에서 점화코일의 1차 전류를 단속하는 기능을 갖는 부품은 무엇인가?

① 발광 다이오드
② 포토다이오드
③ 파워 트랜지스터
④ 크랭크 각 센서

풀이 전자제어 엔진에서는 점화코일 1차 전류의 단속을 파워 트랜지스터를 이용 한다.

36. 점화장치에서 파워트랜지스터의 B(베이스)단자와 연결된 것은?

① 점화코일 (-)단자
② 점화코일 (+)단자
③ 접지
④ ECU

풀이 파워트랜지스터의 이미터는 접지단자이고, 컬렉터는 점화코일 (-)단자와 연결되며, 베이스는 ECU와 연결된다.

37. 자동차 점화장치에 사용되는 파워트랜지스터(NPN형)에서 접지되는 단자는?

① 이미터   ② 베이스
③ 트랜지스터 몸체   ④ 컬렉터

38. 자동차용 점화코일에서 1차 코일의 권수는 250회이고, 2차코일 권수는 30000회일 때 2차 코일에 유기되는 전압은 몇 V인가?(단, 1차코일 유기전압은 250V이고, 축전지는 12V이다)

① 25000   ② 30000
③ 35000   ④ 40000

풀이 $E_2 = \dfrac{N_2}{N_1} \times E_1 = \dfrac{30000}{250} \times 250 = 30000V$

E_2: 2차 전압, N_1: 1차 코일의 권수
N_2: 2차 코일의 권수, E_1: 1차 전압

39. 점화코일의 1차코일 유도전압이 250V, 2차코일의 유도전압이 25000V이고, 축전지가 12V인 1차코일의 권수가 250회일 경우 2차코일의 권수는 몇 회인가?

① 20000   ② 25000
③ 30000   ④ 35000

풀이 $N_2 = \dfrac{E_2}{E_1} \times N_1 = \dfrac{25000}{250} \times 250 = 25000$

N_2 : 2차코일의 권수, E_2 : 2차코일의 유도전압
E_1 : 1차코일 유도전압, N_1 : 1차코일의 권수

40. 2개의 코일간의 상호 인덕턴스가 0.8H일 때 한쪽코일의 전류가 0.01초간에 4A에서 1A로 동일하게 변화하면 다른 쪽 코일에는 얼마의 기전력이 유도되는가?

① 100V   ② 240V
③ 300V   ④ 320V

풀이 $V = H\dfrac{I}{t} = 0.8 \times \dfrac{(4-1)}{0.01} = 240V$

V : 기전력, H : 상호 인덕턴스
I : 전류, t : 시간(sec)

41. 기본 점화시기 및 연료 분사시기와 가장 밀접한 관계가 있는 센서는?

① 수온센서   ② 대기압 센서
③ 크랭크 각 센서   ④ 흡기온 센서

Answer ▶ 34. ① 35. ③ 36. ④ 37. ① 38. ② 39. ② 40. ② 41. ③

42. MPI기관에서 점화계통의 파워 트랜지스터가 작동하려면 ECU(컴퓨터)에서 점화순서에 의하여 전압이 나와야 한다. ECU(컴퓨터)는 어느 센서의 신호를 받아 파워 트랜지스터에 전압을 주는가?
① 크랭크 각 센서 ② 흡기온 센서
③ 냉각수온 센서 ④ 대기압 센서

[풀이] 크랭크 각 센서는 단위시간 당 기관 회전속도 검출하여 ECU로 입력시키면 ECU는 파워 트랜지스터에 전압을 공급하며, 기본 점화시기 및 연료 분사시기를 결정하도록 한다.

43. 전자제어식 엔진에서 크랭크 각 센서의 역할은?
① 단위시간 당 기관 회전속도 검출
② 단위시간 당 점화시기 검출
③ 매 사이클 당 흡입공기량 계산
④ 매 사이클 당 폭발횟수 검출

44. 최근 점화코일을 폐자로형 HEI(High Energy Ignition)형식을 쓰는 이유는?
① 기존코일보다 1차 코일의 저항을 증가시키기 위하여
② 코일의 굵기를 가늘게 해서 큰 전류를 통과할 수 있으므로
③ 자기유도 작용으로 생성되는 자속을 외부로 방출하는 것을 방지하기 위하여
④ 방열 효과가 좋아지기 때문에 HEI형식을 쓰지만 기존 코일보다 고전압이 발생하지 않는다.

45. 점화장치에서 점화시기를 결정하기 위한 가장 중요한 센서는?
① 크랭크 각 센서
② 스로틀 포지션 센서
③ 냉각수온도 센서
④ 흡기온도 센서

46. 고압축비 고속기관에 가장 많이 사용하는 점화플러그는?
① 냉형 ② 중간형
③ 열형 ④ 저속형

[풀이] 점화플러그 열 발산의 정도를 수치로 나타낸 것을 열가(heat value)라 하며, 고속·고압축비 기관에서는 냉형 점화플러그(열 발산이 좋음)를 사용하고, 저속·저압축비 기관에서는 열형 점화플러그(열 발산이 불량 함)를 사용한다.

47. 점화플러그의 열가에 대한 설명으로 틀린 것은?
① 전극소모가 심한 경우는 열형 점화플러그를 사용한다.
② 열형 점화플러그는 저속에서 자기 청정 온도에 쉽게 도달한다.
③ 점화플러그 열발산의 정도를 수치로 나타낸 것을 열가(heat value)라고 한다.
④ 열발산이 좋은 점화플러그를 냉형(cold type), 열 발산이 나쁜 것은 열형(hot type)이라 한다.

48. 저항 플러그가 보통 점화플러그와 다른 점은?
① 불꽃이 강하다.
② 플러그의 열 방출이 우수하다.
③ 라디오의 잡음을 방지한다.
④ 고속엔진에 적합하다.

[풀이] 저항플러그란 점화플러그 내에 10kΩ 정도의 저항이 들어 있어 라디오의 잡음을 방지한다.

49. 점화플러그에 BP6ES라고 적혀 있을 때 6의 의미는?
① 열가 ② 개조형
③ 나사경 ④ 나사부 길이

[풀이] BP6ES의 의미
B : 나사부분의 지름, P : 자기돌출형, 6 : 열가
E : 나사부분의 길이, S : 구리심이 든 중심전극

Answer ▶▶▶ 42. ① 43. ① 44. ③ 45. ① 46. ① 47. ① 48. ③ 49. ①

50. 연료의 과다한 분사로 점화플러그가 젖어 불꽃이 튀지 못하는 현상은 ?
① 노킹현상
② 서징현상
③ 플라딩 현상
④ 후크 현상

> 풀이 플라딩(flooding) 현상이란 실린더 내에 연료가 과다하게 공급되어 점화플러그가 젖어 점화불능이 되는 현상을 말한다.

51. DLI(distributor less ignition)시스템의 장점으로 틀린 것은 ?
① 점화에너지를 크게 할 수 있다.
② 고전압 에너지 손실이 적다.
③ 진각(advance)폭의 제한이 적다.
④ 스파크플러그 수명이 길어진다.

> 풀이 DLI(distributor less ignition) 장점은 ①, ②, ③항 이외에
> ① 고전압 출력을 감소시켜도 방전 유효에너지 감소가 없다.
> ② 배전기에서 누전이 없다.
> ③ 내구성이 크고, 전파 방해가 없어 다른 전자제어 장치에도 유리하다

52. 전자배전 점화장치(DLI)의 특징이 아닌 것은 ?
① 로터와 접지전극 사이의 고전압 에너지 손실이 없다.
② 배전기에 의한 배전상의 누전이 없다.
③ 고전압 출력을 작게 하면 방전 유효에너지는 감소한다.
④ 배전기를 거치지 않고 직접 고압케이블을 거쳐 점화플러그로 전달하는 방식이다.

53. DLI(distributor less ignition) 점화방식에서 점화시기를 결정하는데 기본이 되는 것은?
① 파워트랜지스터
② 크랭크 각 센서
③ 발광다이오드
④ 시그널로터

54. 무 배전기 점화(D.L.I)시스템에서 압축 상사점으로 되어 있는 실린더를 판별하는 전자적 검출방식의 신호는 ?
① AFS신호
② TPS신호
③ No.1 TDC신호
④ MAP신호

55. 무배전기식 점화장치의 드웰 시간(dwell time)에 관한 설명으로 맞는 것은?
① 드웰시간이 길면 점화시기가 빨라진다.
② 점화시기 변화는 드웰시간과 관계없다.
③ 드웰시간에는 파워 트랜지스터의 B(베이스)단자에 ECU를 통하여 전원이 공급된다.
④ 드웰시간은 C(컬렉터)단자에서 B(베이스)단자로 전류가 차단된다.

> 풀이 무배전기식 점화장치의 드웰시간(dwell time)이란 파워 트랜지스터의 B(베이스)단자에 ECU를 통하여 전원이 공급되는 것을 말한다.

56. 전자제어 가솔린기관에 대한 다음 설명 중 틀린 것은 ?
① 흡기 온도센서 신호는 연료 증량시 보정신호로 사용된다.
② 공회전 속도제어를 위해 스텝모터를 사용하기도 한다.
③ 산소센서의 출력전압은 혼합기 농도에 따라 변화하며, 희박할 때보다 농후할 때 전압이 높다.
④ 점화시기는 점화 2차코일의 전류를 크랭크 각 센서가 제어한다.

> 풀이 전자제어 가솔린기관 제어는 ①, ②, ③항 이외에 점화시기는 점화코일의 전류를 ECU가 파워 트랜지스터의 베이스 전류를 제어함으로서 이루어진다.

Answer ▶ 50. ③ 51. ④ 52. ③ 53. ② 54. ③ 55. ③ 56. ④

57. 기관의 점화진각에 대한 설명 중 가장 거리가 먼 것은 ?
① 엔진의 회전속도가 빠를수록 진각시킨다.
② 공회전시 연소를 원활히 하기 위하여 진각 시킨다.
③ 흡기다기관의 부압이 높을수록 진각 시킨다.
④ 노킹이 발생되면 지각시킨다.

58. 다음 중 분자자석설에 대한 설명은 ?
① 자석은 동종반발, 이종흡입의 성질이 있다.
② 자속은 자극 가까운 곳의 밀도는 크고, 방향은 모두 극 쪽으로 향한다.
③ 자력은 자속이 투과하는 매질의 투과율 및 자계강도에 비례한다.
④ 강자성체는 자화되어 있지 않은 경우에도 매우 작은 분자자석으로 되어있다.

> 풀이 분자자석설이란 강자성체는 자화되어 있지 않은 경우에도 매우 작은 분자자석으로 되어있는 설이다.

59. 자계와 자력선에 대한 설명으로 틀린 것은?
① 자계란 자력선이 존재하는 영역이다.
② 자속은 자력선 다발을 의미하며, 단위는 Wb/m²을 사용한다.
③ 자계강도는 단위 자기량을 가지는 물체에 작용하는 자기력의 크기를 나타낸다.
④ 자기유도는 자석이 아닌 물체가 자계 내에서 자기력의 영향을 받아 자석을 띠는 현상을 말한다.

> 풀이 자계와 자력선에 관한 내용은 ①, ③, ④항 이외에 자속이란 자력선의 방향과 직각이 되는 단위면적 1cm²에 통과하는 전체의 자력선을 말하며 단위로는 Wb를 사용한다.

60. 자화된 철편에서 외부 자력을 제거한 후에도 자기가 잔류하는 현상을 무엇이라 하는가?
① 자기포화 현상
② 자기 히스테리시스 현상
③ 자기유도 현상
④ 전자유도 현상

> 풀이 자기 히스테리시스 현상이란 자성을 지닌 금속에 자석을 가까이 하면 자성을 띠게 되고, 자석을 멀리하면 자성이 없어지는데 이를 몇 번 반복하면 자석을 금속에서 멀리한 후에도 자성을 지니게 되는 현상이다. 즉 자성에 대한 이력이 남게 되는 것을 말한다.

61. 코일에 전류를 인가했을 때 즉시 자력을 형성하지 못하고 지체되면서 전류의 일부가 열로 방출되는 현상을 무엇이라고 하는가 ?
① 자기이력 현상   ② 자기포화 현상
③ 자기유도 현상   ④ 자기과도 현상

62. 다음에서 플레밍의 오른손 법칙을 이용한 것은 ?
① 축전기   ② 발전기
③ 트랜지스터   ④ 전동기

> 풀이 ① 발전기 : 플레밍의 오른손 법칙 이용
> ② 전동기 : 플레밍의 왼손 법칙 이용

63. 전자석의 특징을 설명한 것으로 틀린 것은?
① 전자석은 전류의 방향을 바꾸면 자극도 반대가 된다.
② 전자석의 자력은 전류가 일정한 경우 코일의 권수에 비례한다.
③ 전자석의 자력은 공급전류에 비례하여 커진다.
④ 전자석의 자력은 영구자석의 세기에 비례하여 커진다.

Answer 57. ② 58. ④ 59. ② 60. ② 61. ① 62. ② 63. ④

64. 전자력에 대한 설명으로 틀린 것은?
① 전자력은 자계의 세기에 비례한다.
② 전자력은 자력에 의해 도체가 움직이는 힘이다.
③ 전자력은 도체의 길이, 전류의 크기에 비례한다.
④ 전자력은 자계방향과 전류의 방향이 평행일 때 가장 크다.
풀이 전자력에 대한 설명은 ①, ②, ③항 이외에 전자력은 자계방향과 전류의 방향이 직각일 때 가장 크다.

65. 전자유도에 의해 발생한 전압의 방향은 유도전류가 만든 자속이 증가 또는 감소를 방해하려는 방향으로 발생하는데 이 법칙은?
① 렌쯔의 법칙
② 플레밍의 오른손 법칙
③ 플레밍의 왼손 법칙
④ 자기 유도 법칙
풀이 렌쯔의 법칙은 전자유도에 의해 발생한 전압의 방향은 유도전류가 만든 자속이 증가 또는 감소를 방해하려는 방향으로 발생한다는 법칙이다.

66. 직류발전기보다 교류발전기를 많이 사용하는 이유가 아닌 것은?
① 크기가 작고 가볍다.
② 내구성이 있고 공회전이나 저속에도 충전이 가능하다.
③ 출력전류의 제어작용을 하고 조정기의 구조가 간단하다.
④ 정류자에서 불꽃 발생이 크다.
풀이 교류(AC)발전기의 특징은 ①, ②, ③항 이외에
① 소형·경량이고 출력이 크다.
② 속도변동에 대한 적응범위가 넓고, 브러시의 수명이 길다.
③ 풀리비를 크게 할 수 있다.
④ 정류특성이 우수하며, 출력전류의 제어작용을 한다.
⑤ 전압조정기만 있으면 되며, 잡음이 적다.

67. 교류발전기에 대한 설명으로 틀린 것은?
① 저속에서 충전성능이 우수하다.
② 브러시 수명이 길다.
③ 실리콘다이오드를 사용하여 정류특성이 우수하다.
④ 속도변동에 대한 적응범위가 좁다.

68. 자동차의 교류발전기에 대한 설명으로 틀린 것은?
① 엔진이 공전상태에서도 발전기는 약 60% 정도의 출력이 발생해야 정상이다.
② 엔진이 회전되면서 충전할 때 배터리 단자를 분리 또는 연결하면 레귤레이터의 손상을 가져올 수 있다.
③ 배터리가 완전충전된 상태에서도 발전기의 B단자에서 부하로 전류는 흐른다.
④ 레귤레이터는 엔진의 회전속도가 증가하면 필드전류를 감소시켜 출력전압을 일정하게 한다.

69. 교류 발전기의 스테이터에 대한 설명으로 가장 거리가 먼 것은?
① 스테이터 코일의 감는 방법에 따라 파권과 중권이 있다.
② 스테이터 코일은 Y결선 또는 △ 결선 방식으로 결선한다.
③ 스테이터 코일은 결선된 구리선을 철심의 홈에 끼워 넣은 구조로 되어 있다.
④ 스테이터 철심은 교류를 직류로 바꾸어 주는 역할을 한다.
풀이 교류발전기에서 교류를 직류로 바꾸어 주는 부품은 다이오드이다.

70. 자동차에 사용되는 3상 교류발전기에서 가장 많이 이용되는 결선방법은?
① Y결선
② 델타 결선
③ 이중 결선
④ 독립 결선

Answer ▶ 64. ④ 65. ① 66. ④ 67. ④ 68. ① 69. ④ 70. ①

71. Y결선과 Δ결선에 대한 설명으로 틀린 것은?
① Y결선의 선간전압은 상전압의 $\sqrt{3}$ 배이다.
② Δ결선의 선간전류는 상전류의 $\sqrt{3}$ 배이다.
③ 자동차용 교류발전기는 중성점의 전압을 이용할 수 있는 Y결선 방식을 많이 사용한다.
④ 발전기의 코일 권선수가 같으면 Δ결선 방식이 Y결선방식보다 높은 기전력을 얻을 수 있다.

[풀이] 발전기의 코일 권선수가 같으면 Y결선방식이 Δ결선방식보다 높은 기전력을 얻을 수 있다.

72. 발전기 기전력에 대한 설명으로 맞는 것은?
① 로터코일을 통해 흐르는 여자전류가 크면 기전력은 작아진다.
② 로터코일의 회전이 빠르면 빠를수록 기전력 또한 작아진다.
③ 코일의 권수가 많고, 도선의 길이가 길면 기전력은 커진다.
④ 자극의 수가 많아지면 여자 되는 시간이 짧아져 기전력이 작아진다.

[풀이] 발전기 기전력
① 로터코일을 통해 흐르는 여자전류가 크면 기전력은 커진다.
② 로터코일의 회전속도가 빠르면 빠를수록 기전력이 커진다.
③ 코일의 권수가 많고, 도선의 길이가 길면 기전력은 커진다.
④ 자극의 수가 많아지면 여자 되는 시간이 짧아져 기전력이 커진다.

73. 발전기에서 기전력 발생요소에 대한 다음 설명 중 틀린 것은?
① 로터코일의 회전이 빠를수록 많은 기전력을 얻을 수 있다.
② 로터코일에 흐르는 전류가 클수록 기전력이 커진다.
③ 자극 수가 많은 경우 자력은 크다.
④ 권수가 많고 도선(코일)의 길이가 짧을수록 자력이 크다.

74. 교류발전기 로터(rotor)코일의 저항 값을 측정하였더니 200Ω이었다. 이 경우의 설명으로 옳은 것은?
① 로터회로가 접지되었다.
② 정상이다.
③ 저항과대로 불량 코일이다.
④ 전기자 회로의 접지불량이다.

[풀이] 교류발전기 로터(rotor)코일의 저항 값은 4~5Ω이며, 200Ω이 측정된 경우는 저항 값이 너무 과대하다.

75. 자동차 충전장치에 대한 설명으로 틀린 것은?
① 다이오드는 교류를 직류로 변환시키는 역할을 한다.
② 배터리의 극성을 역으로 접속하면 다이오드가 손상되고 발전기 고장의 원인이 된다.
③ 발전기에서 발생하는 3상 교류를 전파 정류하면 교류에 가까운 전류를 얻을 수 있다.
④ 출력 전류를 제어하는 것은 제너다이오드이다.

[풀이] 충전장치에 대한 설명은 ①, ②, ④항 이외에 발전기에서 발생하는 3상 교류를 전파 정류하면 직류에 가까운 전류를 얻을 수 있다.

76. 교류 발전기에서 정류작용이 이루어지는 곳은?
① 아마추어
② 계자코일
③ 실리콘다이오드
④ 트랜지스터

Answer ▶ 71. ④ 72. ③ 73. ④ 74. ③ 75. ③ 76. ③

77. AC발전기의 다이오드가 하는 역할로 가장 적당한 것은?
① 교류를 정류하고 역류를 방지한다.
② 전류를 조정하고 교류를 정류한다.
③ 여자전류를 조정하고 역류를 촉진한다.
④ 전압을 조정하고 교류를 증폭 정류한다.

풀이 AC발전기의 다이오드는 스테이터 코일에서 발생한 교류를 직류로 바꾸어 외부로 공급하고, 축전지에서 발전기로 흐르는 역류를 방지한다.

78. 충전장치 중 IC전압조정기에서 전압을 일정하게 유지하도록 하는 제어 반도체소자는?
① 스테이터   ② 정류자
③ 브러시   ④ 제너다이오드

풀이 제너다이오드는 어떤 값에 도달하면 전류가 흐르는 성질을 이용한 반도체이며, IC전압조정기에서 전압을 일정하게 유지하도록 제어한다.

79. 발전기 트랜지스터식 전압조정기(regulator)의 제너 다이오드에 전류가 흐를 때는?
① 낮은 온도에서
② 브레이크 작동상태에서
③ 낮은 전압에서
④ 브레이크다운 전압에서

풀이 제너다이오드에 제너전압보다 높은 역방향의 전압을 가하면 급격히 큰 전류가 흐르기 시작하는데 이를 브레이크 다운전압이라 한다.

80. 외부 접지형 AC발전기에서(3개의 보조 다이오드 내장형) 로터코일 저항은 어느 단자 사이의 저항인가?
① A와 E단자   ② L과 E단자
③ F와 E단자   ④ L과 F단자

풀이 3개의 보조 다이오드 내장형 외부접지 AC발전기에서 로터코일 저항은 L과 F단자 사이의 저항이다.

81. IC조정기 부착형 교류발전기에서 로터코일 저항을 측정하는 단자는?

IG : ignition, F : field, L : lamp
B : battery, E : earth

① IG단자와 F단자   ② F단자와 E단자
③ B단자와 L단자   ④ L단자와 F단자

풀이 IC조정기 부착형 교류발전기에서 로터코일 저항을 측정하는 단자는 L단자와 F단자이다.

82. 직류 발전기가 전기자 총 도체수 48, 자극 수 2, 전기자 병렬회로 수 2, 각 극의 자속 0.018Wb이다. 매분 당 회전수 1,800일 때 유기되는 전압은? (단, 전기자 저항은 무시한다)
① 약 21V   ② 약 23.5V
③ 약 25.9V   ④ 약 28V

풀이 ① $kd = \dfrac{P \cdot e}{60a} = \dfrac{48 \times 2}{60 \times 2} = 0.8$
kd : 정수, P : 전기자 총 도체 수
a : 전기자 병렬회로 수, e : 자극 수
② $E = kd \times n \times \Phi = 0.8 \times 1800 \times 0.018$
   $= 25.9V$
E : 유기되는 전압, n : 매분 당 회전수
Φ : 각 극의 자속

계기 및 보안장치

01. 엔진 및 계기장치의 감지방식이 다른 회로는?
① 연료계
② 엔진오일 경고등
③ 냉각수 온도계
④ 연료부족 경고등

02. 계기 중에 전기식 계기에서 바이메탈을 사용하지 않고 영구자석과 전자석으로 조립되어 있는 계기는?
① 유압계   ② 전류계
③ 온도계   ④ 연료계

Answer ▶▶ 77. ① 78. ④ 79. ④ 80. ④ 81. ④ 82. ③ 1. ② 2. ②

03. 다음 계기장치 중 밸런싱 코일식을 사용하지 않는 계기장치는 ?
① 전류계　　② 온도계
③ 속도계　　④ 연료계

풀이 속도계는 회전축 붙이 영구자석, 지시 바늘이 붙은 로터, 회전력을 조정하는 헤어 스프링, 눈금판, 적산계 및 적산계를 구동하는 특수기어 등으로 구성되어 있다.

04. 전자식 디스플레이방식의 계기판에 대한 설명으로 틀린 것은 ?
① 음극선관(CRT)은 전자빔의 원리로 작동하며, 동작 전압은 수 kV이다.
② 플라스마(PD)는 충돌이온으로 가스 방전시키는 원리를 이용한 것으로 동작전압은 200V 정도이다.
③ 발광 다이오드(LED)는 반도체의 PN접합의 순방향에서 전하의 재결합원리를 응용한 것으로, 동작전압은 2~3V로 낮으며 적, 황, 녹, 오렌지 색 등 다양한 색깔을 나타낸다.
④ 액정(LCD)은 전계 내에서 액정을 이용하여 빛의 흡수와 전달을 제어하는 것으로 동작전압은 12~14V 정도이고, 색깔은 단색이지만 필터를 사용하면 여러가지색이 가능하다.

풀이 액정은 액정의 양 끝단에 걸리는 전압에 의해 구동된다. 그리고 액정자체가 발광하는 것이 아니라 LED 뒤에 별도의 back light라는 광원이 있어 빛을 주되 가해진 전압의 세기에 따라 액정의 뒤틀림 정도에 차이가 생기고 이에 따라 액정을 통과하는 빛의 양이 달라지는데 이때 액정 위의 RGB삼원색 각각을 통과하는 빛이 섞이면서 하나의 원하는 색을 구현한다.

05. 자동차의 회로부품 중에서 일반적으로 "ACC 회로"에 포함된 것은 ?
① 카스테레오
② 경음기
③ 와이퍼 모터
④ 전조등

풀이 "ACC회로"는 기본적으로는 자동차에 사용되는 액세서리 부품의 작동에 필요한 전원을 공급한다. 라디오, 카세트, 담배 라이터 등을 들 수 있으며, 최근에는 오디오 및 비디오 장치, 내비게이션 등에도 사용된다.

06. 다음 중 전조등의 성능을 유지하기 위한 방법으로 가장 좋은 방법인 것은 ?
① 가는 배선을 여러 가닥 엮어 연결한다.
② 단선식으로 한다.
③ 굵은 선으로 한다.
④ 복선식으로 한다.

07. 전기회로 정비 작업시의 설명으로 틀린 것은 ?
① 전기회로 배선 작업시 진동, 간섭 등에 주의하여 배선을 정리한다.
② 차량에 있는 전기장치를 장착할 때는 전원부에 반드시 퓨즈를 설치한다.
③ 배선 연결회로에서 접촉이 불량하면 열이 발생한다.
④ 연결 접촉부가 있는 회로에서 선간전압이 5V 이하시에는 문제가 되지 않는다.

08. 암 전류를 측정하는 방법을 설명한 것 중 틀린 것은 ?
① 점화스위치를 OFF한 상태에서 점검한다.
② 전류계를 배터리와 병렬로 연결한다.
③ 암 전류 규정치는 약 20~40mA이다.
④ 암 전류과다는 배터리와 발전기의 손상을 가져온다.

풀이 암 전류를 측정하는 방법은 ①, ③, ④항 이외에 전류계는 배터리와 직렬로 접속하여 측정한다.

Answer ▶▶▶ 3. ③　4. ④　5. ①　6. ④　7. ④　8. ②

09. 시동회로에서 전압강하와 관련된 현상을 설명한 것 중 틀린 것은?
① 배터리에서 기동전동기로 연결되는 배선이 굵은 것은 많은 전류가 흐르기 때문이다.
② 기동전동기에서 배터리로 연결되는 배선과 배터리(+)극과의 접촉이 좋지 않으면 전압강하가 커서 엔진이 기동되지 않을 수도 있다.
③ 배터리에서 기동전동기로 연결되는 배선과 기동 전동기 마그네트 스위치 (B) 단자와의 접촉이 좋지 않으면 엔진이 기동되지 않을 수도 있다.
④ 기동전동기의 무부하 시험시 작동이 양호하면 전압강하가 크다는 것을 의미한다.
[풀이] 기동전동기의 무부하 시험을 할 때 작동이 불량하면 전압강하가 크다는 것을 의미한다.

10. 충전회로에서 발전기 L단자에 대한 설명이다. 거리가 먼 것은?
① L단자는 충전경고등 작동 선이다.
② ECS 장착차량에서는 L단자신호를 사용한다.
③ 엔진 시동 후 L단자에서는 13.8~14.8V로 출력된다.
④ L단자회로가 단선되면 충전경고등이 점등한다.
[풀이] 발전기 L단자는 충전경고등의 작동 배선이며, 엔진 시동 후 13.8~14.8V로 출력된다. ECS 장착차량에서는 L단자신호를 사용하여 엔진 가동여부를 판단한다.

11. 등화장치에서 조명과 관련된 설명으로 틀린 것은?
① 일정한 방향의 빛의 세기를 광도라 한다.
② 광속의 단위는 루멘(lm)이라 한다.
③ 광도의 단위는 칸델라(cd)라 한다.
④ 피조면의 밝기를 조도라 하고 단위는 데시벨이라 한다.
[풀이] 피조면의 밝기를 조도라 하고 단위는 룩스(Lux)이다.

12. 전조등의 광도 측정단위는?
① cd   ② W
③ Lux   ④ lm
[풀이] cd-광도의 단위, Lux-조도의 단위, lm-광속의 단위

13. 일정방향에 대한 빛의 세기를 의미하며, 단위로 cd(칸델라)를 사용하는 용어는?
① 광원   ② 광속
③ 광도   ④ 조도

14. 자동차 전조등 조명과 관련된 설명 중 ( )안에 알맞은 것은?

> 광원에서 빛의 다발이 사방으로 방사된다. 운전자의 눈은 방사된 빛의 다발 일부를 빛으로 느끼는데, 이 빛의 다발을 ( )(이)라 한다. 따라서 ( )이(가) 많이 나오는 광원은 밝다고 할 수 있다. ( )의 단위는 Lm이며, 단위시간당에 통과하는 광량이다.

① 광속, 광속, 광속
② 광도, 광속, 조도
③ 광속, 광속, 조도
④ 광속, 조도, 광도
[풀이] 빛의 다발을 광속이라 하며, 광속이 많이 나오는 광원은 밝다. 광속의 단위는 루멘(Lm)이며, 단위시간당에 통과하는 광량이다.

15. 15000cd의 광원에서 10m 떨어진 위치의 조도는?
① 1500Lux   ② 1000Lux
③ 500Lux   ④ 150Lux
[풀이] $Lux = \dfrac{cd}{r^2} = \dfrac{15000}{10^2} = 150Lux$

Answer ▶ 9. ④ 10. ④ 11. ④ 12. ① 13. ③ 14. ① 15. ④

16. 헤드라이트를 작동하면 엔진 회전속도가 증가하는 이유는 무엇인가 ?(단, 공전 상태일 때)
① 전기부하를 받기 때문에 엔진 컴퓨터에서 전기신호를 받아 공연비를 조정한다.
② 가속페달의 액추에이터가 진공에 의해서 엔진 회전속도가 증가한다.
③ 진공스위치에 의해서 엔진 회전속도가 증가한다.
④ TPS값이 증가하면서 엔진 회전속도가 증가한다.

풀이 공전상태에서 헤드라이트를 작동하면 엔진 컴퓨터에서 전기신호를 받아 공연비를 조정하기 때문 엔진 회전속도가 증가한다.

17. 자동차의 자동전조등이 갖추어야 할 조건 설명으로 틀린 것은 ?
① 야간에 전장 100m 떨어져 있는 장애물을 확인할 수 있는 밝기를 가져야 한다.
② 승차인원이나 적재하중에 따라 광축의 변함이 없어야 한다.
③ 어느 정도 빛이 확산하여 주위의 상태를 파악할 수 있어야 한다.
④ 교행 할 때 맞은 편에서 오는 차를 눈부시게 하여 운전의 방해가 되어서는 안 된다.

18. 등화장치에서 방향지시등의 종류에 속하지 않는 것은 ?
① 전자열선식
② 축전기식
③ 기계식
④ 반도체식

풀이 방향지시등의 종류에는 전자 열선방식, 축전기방식, 수은방식, 스냅 열선방식, 바이메탈 방식, 열선방식, 반도체방식 등이 있다.

19. 전조등 장치에 관한 설명 중 바른 것은?
① 전조등 테스트를 실시코자 할 때 전조등과 시험기의 거리는 10m를 유지해야 한다.
② 실드빔 전조등은 렌즈를 교환할 수 있는 구조로 되어있다.
③ 실드빔 전조등 형식은 내부에 불활성 가스가 봉입되어 있다.
④ 전조등회로는 좌우로 직렬연결되어 있다.

풀이 전조등을 시험할 경우에는 집광식은 1m, 투영식은 3m이고, 전조등회로는 병렬로 연결되어 있다.

20. 좌측과 우측 중 방향지시등의 점멸주기가 규정보다 어느 한쪽이 빨라지는 원인이 아닌 것은 ?
① 양쪽 전구를 규정보다 밝은 것으로 장착하였을 경우
② 좌측 방향지시등 회로에 저항이 커졌을 경우
③ 뒤 좌측의 전구 접지선이 단선된 경우
④ 우측 전구를 규정보다 어두운 것으로 장착하였을 경우

풀이 방향지시등의 점멸주기가 규정보다 어느 한 쪽이 빨라지는 원인
① 한쪽 방향지시등 회로에 저항이 커졌을 경우
② 한쪽 전구 접지선이 단선된 경우
③ 한쪽 전구를 규정보다 어두운 것으로 장착하였을 경우

안전 및 편의장치

01. 다음 중 에어백의 재료로 가장 부적합한 것은 ?
① 나일론
② 폴리에스테르
③ 폴리우레탄
④ 비닐

Answer ▶ 16. ① 17. ② 18. ③ 19. ③ 20. ① 1. ④

02. 에어백시스템의 충돌할 때 시스템 작동에 관한 설명으로 틀린 것은?
① 에어백은 질소가스에 의해 부풀려 있는 상태를 지속시킨다.
② 충격에 의해 센서가 작동하여 인플레이터에 전기신호를 보낸다.
③ 인플레이터가 작동하면 질소가스가 발생한다.
④ 질소가스가 백을 부풀리고 벤트 홀로 배출된다.

03. 에어백 인플레이터(inflater)의 역할을 바르게 설명한 것은?
① 에어백의 작동을 위한 전기적인 충전을 하여 배터리가 없을 때에도 작동시키는 역할을 한다.
② 점화장치, 질소가스 등이 내장되어 에어백이 작동할 수 있도록 점화 역할을 한다.
③ 충돌할 때 충격을 감지하는 역할을 한다.
④ 고장이 발생하였을 때 경고등을 점등한다.

04. 차량의 정면에 설치된 에어백에 관한 내용으로서 틀린 것은?
① 차량의 전면에서 강한 충격력을 받으면 부풀어 오른다.
② 부풀어 오른 에어백은 즉시 수축되면 안 된다.
③ 차량의 측면, 후면 충돌 시에는 작동하지 않는다.
④ 운전자의 안면부 충격을 완화시킨다.
풀이 에어백에 관한 내용은 ①, ③, ④항 이외에 부풀어 오른 에어백은 즉시 수축되어야 한다.

05. 에어백 제어모듈의 주요기능 중 거리가 먼 것은?
① 충돌 시 축전지 고장에 대비한 비상 전원기능
② 발전기 고장에 대비한 전압상승 기능
③ 자기진단 기능
④ 충돌감지 및 충돌량 계산 기능

06. 에어백 장치에서 인플레이터는 에어백 컨트롤유닛으로부터 충돌신호를 받아 에어백 팽창을 위한 가스를 발생시키는 장치이다. 에어백 모듈을 제거한 상태일 때 인플레이터의 오작동이 발생되지 않도록 단자의 연결부에 설치된 것은?
① 단락바   ② 클램핑
③ 디퓨저   ④ 클릭킹

07. 자동차의 편의장치(일명 : ETACS) 장착차량에서 제외되는 항목은?
① 실내등 제어   ② 간헐와이퍼제어
③ 차고제어   ④ 시트벨트경보제어
풀이 편의장치(ETACS) 제어항목 : 실내등 제어, 간헐와이퍼제어, 안전띠 미착용 경보, 열선 스위치 제어, 각종 도어 스위치 제어, 파워윈도우 제어, 와셔 연동 와이퍼 제어 주차 브레이크 잠김 경보 등이 있다.

08. 일반적으로 종합제어장치(에탁스)에 포함된 기능이 아닌 것은?
① 에어백 제어기능
② 파워윈도우 제어기능
③ 안전띠 미착용 경보 기능
④ 뒷유리 열선 제어기능

09. 차량의 종합경보장치에서 입력요소로 거리가 먼 것은?
① 도어 열림
② 시트벨트 미착용
③ 주차 브레이크 잠김
④ 승객석 과부하 감지

Answer ▶▶ 2. ① 3. ② 4. ② 5. ② 6. ① 7. ③ 8. ① 9. ④

10. 도난방지 차량에서 경계상태가 되기 위한 입력요소가 아닌 것은?
① 후드 스위치 ② 트렁크 스위치
③ 도어 스위치 ④ 차속 스위치

11. 차량의 실내는 외부나 내부에서 여러 가지 열부하가 가해지는데 냉방장치의 능력에 영향을 주는 열부하와 거리가 먼 것은?
① 승차인원 부하 ② 증발부하
③ 환기부하 ④ 복사부하

풀이 차량의 열부하에는 승차인원 부하(승원부하), 복사부하, 관류부하, 환기부하가 있다.

12. 자차, 타차의 교통, 도로환경 등의 상황에서 위험정도가 증대될 때 운전자를 보호해 주는 첨단 안전기술 장치가 장착된 것으로 가장 적절한 것은?
① 고장진단(Diagnostics)
② LSD(Limited Slip Differential)
③ ASV(Advanced Safety Vehicle)
④ 페일 세이프

풀이 ASV(Advanced Safety Vehicle)란 자차, 타차의 교통, 도로환경 등의 상황에서 위험정도가 증대될 때 운전자를 보호해 주는 첨단 안전기술 장치가 장착된 것이다.

13. 자동차의 냉난방장치에 대한 열부하의 분류이다. 이에 대한 설명으로 잘못 짝지어진 것은?
① 관류부하-각종 관류의 열
② 복사부하-직사광선에 의한 열
③ 승원부하-승객에 의한 발열
④ 환기부하-자연 또는 강제 환기

풀이 관류부하 차실 벽, 바닥 또는 창면으로부터의 이동

14. 최근 자동차에 의한 환경문제가 심각하게 대두되고 있다. 그 중 에어컨의 냉매에 쓰이는 가스가 우리 인체에 영향을 미친다고 한다. 이것을 방지하기 위하여 최근 사용되고 있는 에어컨 냉매는?
① R-11 ② R-12
③ R-134a ④ R-13

풀이 최근에 사용하고 있는 에어컨 냉매는 R-134a이다.

15. 에어컨 가스가 지구 환경보호 차원에서 신 냉매 대체되었다. 이 신 냉매(R-134a)를 주입한 에어컨에서 주의할 정비 항목과 관계없는 것은?
① 냉매 취급
② 수리 정비시 사용될 호스와 실링
③ 냉매충전 및 수분문제
④ 에어컨 가스통

16. 자동차의 냉방회로에 사용되는 기본부품의 구성으로 옳은 것은?
① 압축기, 리시버, 히터, 증발기, 블로어 모터
② 압축기, 응축기, 리시버, 팽창밸브, 증발기
③ 압축기, 냉온기, 솔레노이드밸브, 응축기, 리시버
④ 압축기, 응축기, 리시버, 팽창밸브, 히터

17. 에어컨 압축기에서 마그넷(magnet) 클러치의 설명으로 맞는 것은?
① 고정형은 회전하는 풀리가 코일과 정확히 접촉하고 있어야 한다.
② 고정형은 최대한의 전자력을 얻기 위해 최소한의 에어 갭이 있어야 한다.
③ 회전형 클러치는 몸체의 샤프트를 중심으로 마그넷 코일이 설치되어 있다.
④ 고정형은 풀리 안쪽에 있는 슬립링과 접촉하는 브러시를 통해 전류를 코일에 전달하는 방법이다.

Answer ▶ 10. ④ 11. ② 12. ③ 13. ① 14. ③ 15. ④ 16. ② 17. ②

18. 압축기로부터 들어온 고온·고압의 기체냉매를 냉각시켜 액화시키는 기능을 하는 것은?
① 증발기
② 응축기
③ 리시버드라이어
④ 듀얼 프레셔 스위치

19. 에어컨 시스템에서 기화된 냉매를 액화하는 장치는?
① 컴프레서   ② 콘덴서
③ 리시버 드라이어 ④ 익스팬션 밸브

20. 전자동 에어 컨디셔닝시스템의 구성부품 중 응축기에서 보내온 냉매를 일시 저장하고 항상 액체상태의 냉매를 팽창밸브로 보내는 역할을 하는 것은?
① 익스팬션 밸브   ② 리시버드라이어
③ 컴프레서   ④ 에버포레이터

21. 에어컨의 냉방 사이클에서 고온·고압의 액냉매를 저온·저압의 무상 냉매로 변화시켜 주는 부품은?
① 컴프레서   ② 콘덴서
③ 팽창밸브   ④ 증발기

22. 자동차 에어컨에서 익스팬션 밸브(expansion valve)는 어떤 역할을 하는가?
① 냉매를 팽창시켜 고온·고압의 기체로 만들기 위한 밸브이다.
② 냉매를 급격히 팽창시켜 저온 저압의 에어플(무화) 상태의 냉매로 만든다.
③ 냉매를 압축하여 고압으로 만든다.
④ 팽창된 기체 상태의 냉매를 액화시키는 역할을 한다.

23. 전자제어 오토 에어컨의 컨트롤 유닛에 입력되는 부품이 아닌 것은?
① 콘덴서 센서(condenser sensor)
② 외기센서(ambient sensor)
③ 냉각수온스위치(water thermo switch)
④ 일사센서(sun load sensor)

[풀이] 전자제어 오토 에어컨의 컨트롤 유닛에 입력되는 부품에는 외기센서, 수온스위치, 일사센서, 내기센서, 습도센서, AQS 센서, 핀서모 센서, 모드선택 스위치 등이다.

24. 전자제어 에어컨장치에서 컨트롤 유닛에 입력되는 요소가 아닌 것은?
① 외기온도 센서   ② 일사량 센서
③ 습도센서   ④ 블로워 센서

25. 전자제어 자동 에어컨장치에서 전자제어 컨트롤 유닛에 의해 제어되지 않는 것은?
① 냉각수온 조절밸브
② 블로워 모터
③ 컴프레서 클러치
④ 내·외기 절환 댐퍼 모터

26. 전자제어 에어컨 장치에서 증발기를 통과하여 나오는 공기(Outlet Air)의 온도를 제어하기 위한 센서가 아닌 것은?
① 자동차 실내온도 센서
② 증발기(Evaporator)온도센서
③ 엔진 흡기온도 센서
④ 자동차 외부온도 센서

27. 전자제어 에어컨에서 자동차의 실내온도와 외부온도 그리고 증발기의 온도를 감지하기 위하여 쓰이는 센서의 종류는 무엇인가?
① 서미스터   ② 퍼텐쇼미터
③ 다이오드   ④ 솔레노이드

Answer ▶ 18. ② 19. ② 20. ② 21. ③ 22. ② 23. ① 24. ④ 25. ① 26. ③ 27. ①

28. 자동온도 조절장치(ATC)의 부품과 그 제어기능을 설명한 것으로 틀린 것은?
① 실내센서 : 저항치 변화
② 인테이크 액추에이터 : 스트로크 변화
③ 일사센서 : 광전류의 변화
④ 에어믹스 도어 : 저항치의 변화

29. 자동온도 조절장치(FATC)의 센서 중에서 포토다이오드를 이용하여 전류로 컨트롤하는 센서는?
① 일사센서
② 내기온도센서
③ 외기온도센서
④ 수온센서

풀이 일사센서는 광전도 특성을 지닌 포토다이오드를 이용하여 자동차 실내로 들어오는 햇빛의 양을 검출하여 컴퓨터로 입력시키는 작용을 한다.

30. 에어컨 시스템에 사용되는 에어컨 릴레이에 다이오드를 부착하는 이유로 가장 적절한 것은?
① ECU 신호에 오류를 없애기 위해
② 서지전압에 의한 ECU보호
③ 릴레이 소손을 방지하기 위해
④ 정밀한 제어를 위해

풀이 에어컨 릴레이에 다이오드를 부착하는 이유는 서지전압에 의한 ECU를 보호하기 위함이다.

31. 전자제어 오토 에어컨시스템의 난방 기동제어에서 히터코어의 온도가 몇 ℃(도) 이하이면 히터 팬을 작동시키지 않는가?
① 40   ② 30
③ 20   ④ 10

풀이 전자제어 오토 에어컨 시스템의 난방 기동제어에서 히터코어의 온도가 30℃ 이하이면 히터 팬을 작동시키지 않는다.

고장진단 및 원인분석

01. 차량 시동시 시동전동기는 작동되어도 크랭킹 속도가 느려 시동이 되지 않는 경우에 대한 이유로 가장 적합한 것은?
① 피니언 기어가 링 기어에 잘 물리지 않았을 때
② 솔레노이드 스위치의 작동 불량
③ 링 기어나 피니언 기어의 불량
④ 축전지 케이블 접속 불량

02. 기관 크랭킹시 축전지 (−)단자와 기동전동기 하우징사이에 전압 강하량이 0.2V 이상일 때의 현상은?
① 기동전동기 회전력이 커진다.
② 기동전동기 회전저항이 적어진다.
③ 기동전동기 회전속도가 느려진다.
④ 기동전동기 회전속도가 빨라진다.

03. 스파크 플러그의 그을림 오손의 원인과 거리가 먼 것은 어느 것인가?
① 점화시기 진각
② 장시간 저속운전
③ 플러그 열가 부적당
④ 에어클리너 막힘

풀이 스파크플러그의 그을림 오손의 원인은 점화시기 지각, 장시간 저속운전, 점화 플러그 열가 부적당, 에어 클리너 막힘 등이다.

04. 크랭크 각 센서가 고장이 나면 어떤 현상이 발생하는가?
① 시동은 되나 부조현상이 발생한다.
② 시동이 불가능하다.
③ 스타트에서만 시동이 가능하다.
④ 시동과 무관하다.

풀이 크랭크 각 센서가 고장이 나면 시동이 불가능하다.

Answer ▶ 28. ④ 29. ① 30. ② 31. ② 1. ④ 2. ③ 3. ① 4. ②

05. 크랭크축은 회전하나 기관이 시동되지 않는다. 원인으로 적합하지 않는 것은?
① No.1 TDC 센서의 불량
② 냉각수의 부족
③ 점화장치 불량
④ 연료펌프의 작동불량

풀이 크랭크축은 회전하나 기관이 시동되지 않는 원인은 No.1 TDC센서의 불량, 크랭크 각 센서 불량, 점화장치 불량, 연료펌프 작동불량 등이다.

06. 전자제어 가솔린엔진에서 크랭킹은 되나 시동이 안 되는 원인 중 맞지 않은 사항은?
① 파워 트랜지스터(Power TR)의 결함
② 발전기 다이오드의 결함
③ 점화 1차 코일의 단선
④ ECU의 결함

풀이 전자제어 가솔린 엔진에서 크랭킹은 되나 시동이 안 되는 원인은 파워 트랜지스터의 결함, 점화 1차 코일의 단선, ECU의 결함 등이다.

07. 다음 중 2차 점화파형의 점화전압이 높을 수 있는 원인은?
① 2차 점화 회로 내 저항이 감소한 경우
② 실린더 내 압축 압력이 감소하는 경우
③ 배전기 캡 내 단자가 부식되는 경우
④ 연소실내 혼합기가 농후한 경우

08. 점화플러그 부하시험을 할 때 2차 점화 파형에서 점화전압이 1개 이상 높을 때의 원인이 아닌 것은?
① 점화플러그 간극 과대
② 점화플러그 저항선 단선
③ 점화플러그 절연체 파손
④ 2차회로 불량

풀이 점화전압이 1개 이상 높은 원인은 점화플러그 간극 과대, 점화플러그 저항선 단선, 2차회로 불량 등이다.

09. 기관 시험 장비를 사용하여 점화코일의 1차 파형을 점검한 결과 그림과 같다면 파워 TR이 ON 되는 구간은?

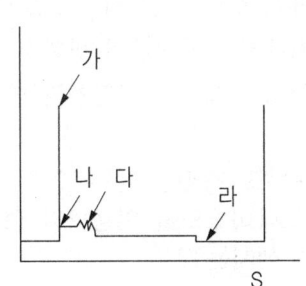

① 가
② 나
③ 다
④ 라

10. 점화 2차회로 절연상태를 파악하기 위해서는 스코프 파형의 어느 부분을 관찰하여야 하는가?
① 2차 파형의 1차 감쇄진동 부분
② 2차 파형의 2차 감쇄진동 부분
③ 코일 최대 출력파형의 상향부분
④ 코일 최대 출력파형의 하향부분

풀이 점화 2차회로 절연상태를 파악하기 위해서는 스코프 파형은 코일 최대 출력 파형의 하향부분을 관찰하여야 한다.

11. 다음 그림 중 그림 (가)는 정상적인 점화 이차 파형이다. 그림 (나)와 같은 파형이 나올 경우의 설명은?

그림 가

그림 나

① 점화플러그 선이 바뀌었음
② 점화코일 1차 극성이 바뀌었음
③ 점화플러그가 파손 됐음
④ 점화 2차코일 내부 절연이 파괴됐음

12. 점화 2차 파형의 그림이다. 그림 2는 정상이고, 그림 1은 비정상이다. 비정상 원인은 ?

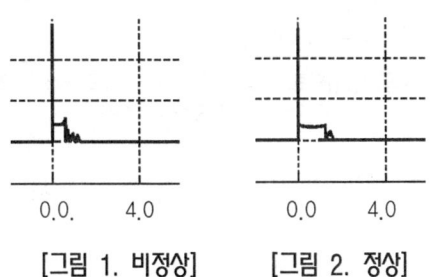

[그림 1. 비정상]   [그림 2. 정상]

① 압축압력이 규정보다 낮다.
② 점화시기가 늦다.
③ 점화 2차 라인에 저항이 과대하다.
④ 점화플러그 간극이 규정보다 작다.

13. 다음 그림의 점화 2차 파형 각 구간별 설명 중 틀린 것은 ?

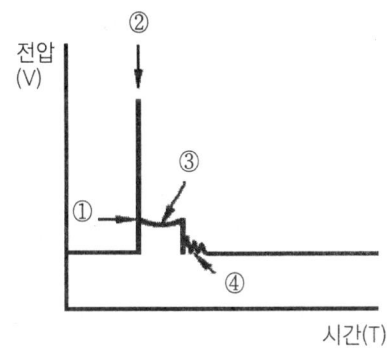

① 연소선 전압규정(2~3KV) 높으면 : 점화 2차라인 저항 과대
② 점화 서지전압 규정(6~12KV) 공전에서 높으면 : 점화 2차라인 저항 과대
③ 연소시간 규정(1ms 이상) 작을 때 : 점화 2차 라인의 저항감소 또는 공연비가 진할 경우
④ 점화코일 진동수(규정 1~2개) : 진동수가 거의 없다면 점화코일 결함이다.

14. 다음은 DOHC DLI 동시점화방식의 점화 2차 파형을 측정하기 위해 1번 고압케이블에만 스코프 프로브를 연결한 그림이다. 이에 대한 판단의 설명 중 맞는 것은?

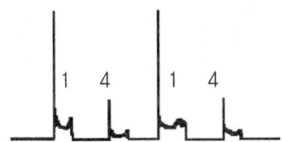

① 1, 4 순서이므로 4번이 불량이다.
② 1번은 역 극성이므로 높고, 낮은 것은 정 극성이기 때문이다.
③ 1번은 압축 상사점이고 4번은 배기 행정이기에 차이가 난 것이다.
④ 높은 것은 1번이므로 정 극성이고 낮은 4번은 역 극성이기 때문이다.

> **풀이** DLI 동시 점화방식의 제1번 실린더 파형은 실린더 내의 압력이 높은 압축 상사점이므로 점화전압이 높게 나오고, 제4번 실린더 파형은 배기 행정이므로 점화전압이 낮게 나온다.

15. 다음 그림과 같은 오실로스코프를 이용한 발전기 다이오드를 점검한 파형으로 설명으로 옳은 것은 ?

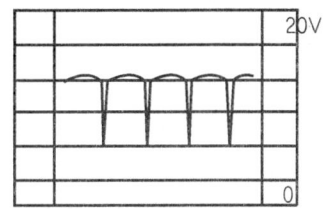

① 여자다이오드 단선 파형이다.
② 여자다이오드 단락 파형이다.
③ 마이너스 다이오드 단선 파형이다.
④ 마이너스 다이오드 단락 파형이다.

> **풀이** 그림의 발전기 파형은 다이오드 단선 파형이다.

Answer ▶ 12. ③   13. ③   14. ③   15. ③

16. 자동차 발전기의 출력신호를 측정한 결과이다. 이 발전기는 어떤 상태인가?

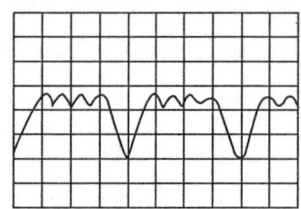

① 정상 다이오드 파형
② 다이오드 단선 파형
③ 스테이터 코일 단선 파형
④ 로터코일 단선 파형

17. 스코프를 통하여 발전기의 출력 파형 시험을 하였다. 다이오드 2개(같은 상)가 단락 된 경우는?

① 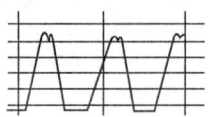   ②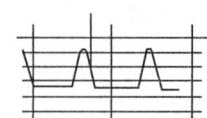

③ 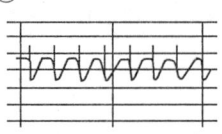   ④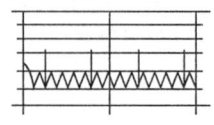

18. 발전기에서 소음이 발생되는 원인으로 가장 적합한 것은?
① 다이오드와 스테이터 코일 단선에 의한 접촉
② 퓨즈 또는 퓨즈블 링크 단선
③ 조정전압의 낮음
④ 전압조정기 전압설정 부적절

19. 윈드 실드 와셔의 전동기는 작동하나 액이 분출하지 않는 원인은?

① 와이퍼 스위치 불량
② 흡입펌프 불량
③ 퓨즈 단선
④ 브러시 마모

풀이 흡입펌프가 불량하면 윈드 실드 와셔의 전동기는 작동하나 액이 분출하지 않는다.

20. 방향지시등 한 개가 계속 꺼져있다. 가장 알맞은 것은?
① 발전기 충전전압이 너무 높게 걸려있는 상태이다.
② 한 개 이상의 램프 필라멘트가 끊어졌거나 접지 불량이다.
③ 전압이 낮거나 회로 내에 저항이 크다.
④ 퓨즈나 스위치 연결부위 불량이다.

풀이 한 개 이상의 램프 필라멘트가 끊어졌거나 접지가 불량하면 방향지시등 한 개가 계속 꺼져있게 된다.

21. 좌측과 우측 중 방향지시등의 점멸주기가 규정보다 어느 한쪽이 빨라지는 원인이 아닌 것은?
① 양쪽 전구를 규정보다 밝은 것으로 장착하였을 경우
② 좌측 방향지시등 회로에 저항이 커졌을 경우
③ 뒤 좌측의 전구 접지선이 단선된 경우
④ 우측 전구를 규정보다 어두운 것으로 장착하였을 경우

22. 비상등은 정상 작동되나 좌측 방향지시등이 작동하지 않을 때 관련 있는 부품은?
① 시그널 릴레이
② 비상등 스위치
③ 시그널 스위치
④ 시그널 전구

Answer ▶ 16. ② 17. ② 18. ① 19. ② 20. ② 21. ① 22. ③

23. 방향지시등 램프의 점멸 횟수가 너무 빠를 때의 원인이 아닌 것은?
① 램프의 단선 여부
② 램프의 정격용량 여부
③ 스위치의 작동여부
④ 램프 용량에 맞는 릴레이의 여부

24. 방향지시등이 깜박거리지 않고 점등된 채로 있다면 예상되는 고장원인으로 적당한 것은?
① 전구의 용량이 크다.
② 퓨즈 또는 배선의 접촉 불량
③ 플래셔 유닛의 접지불량
④ 전구의 접지불량

풀이 플래셔 유닛의 접지가 불량하면 방향지시등이 점등된 채로 있다.

25. 12V용 24W 방향지시등 전구의 저항을 단품 측정하였더니 약 0.5~1Ω 정도가 측정되었을 경우, 전구의 상태 판단으로 가장 적합한 것은?
① 일반적으로는 정상이라고 판단할 수 있다.
② 전구 내부에서 단락된 것이다.
③ 전구의 저항이 커진 것이다.
④ 전구의 필라멘트가 단선되었다.

26. 승객보호 장치 중 에어백 시스템에 관한 정비 작업시 주의할 점으로 옳은 것은?
① 축전지 전원과는 무관하다.
② 축전지 터미널 설치상태에서 작업한다.
③ 축전지 (-)터미널 분리 후 즉시 작업한다.
④ 축전지 (-)터미널 분리 후 일정시간이 지나면 작업한다.

풀이 에어백시스템을 정비 작업할 때에는 반드시 축전지 (-)터미널 분리 후 일정시간이 지난 다음 작업한다.

27. 에어백(air bag)작업시 주의사항으로 잘못된 것은?
① 스티어링 휠 장착시 클럭 스프링의 중립을 확인할 것
② 에어백 관련 정비시 배터리 (-)단자를 떼어놓을 것
③ 보디 도장시 열처리를 요할 때는 인플레이터를 탈거 할 것
④ 인플레이터의 저항은 멀티 테스터기로 측정할 것

풀이 에어백 정비작업을 할 때 주의할 사항은 ①, ②, ③항 이외에 인플레이터의 저항 값을 측정하여서는 안 된다.

28. 에어컨이나 히터에서 블로워 모터가 1단(저속)은 작동되는데 2단이 작동하지 않을 때 결함 가능성이 있는 부품은 어느 것인가?
① 블로워 스위치
② 블로워 저항
③ 블로워 모터
④ 퓨즈

풀이 블로워(송풍기) 저항이 불량하면 블로워 모터가 1단에서는 작동되는데 2단이 작동하지 않는다.

29. 전자동 에어컨(FATC) 시스템에서 블로워 모터가 4단까지는 작동이 되나 5단만 작동이 되지 않는다. 점검해야 할 부품은?
① 블로워 릴레이
② 블로워 하이 릴레이
③ 파워 TR
④ 에어믹스 도어 모터

풀이 블로워 모터가 4단까지는 작동이 되나 5단만 작동이 되지 않으면 블로워 하이 릴레이를 점검한다.

Answer ▶▶ 23. ③ 24. ③ 25. ① 26. ④ 27. ④ 28. ② 29. ②

30. 자동차의 공조장치에서 에어컨 냉매 충전법으로 올바른 것은?
① 양(무게) 충전법과 압력 충전법
② 진공 충전법과 고압 충전법
③ 진공 충전법과 저압 충전법
④ 저압 충전법과 고압 충전법

> 풀이 에어컨 냉매를 충전하는 방법에는 양(무게) 충전법과 압력 충전법이 있다.

31. 냉방장치에서 냉매가스 저압라인의 압력이 너무 높은 원인은?
① 리시버 탱크 막힘
② 팽창밸브 막힘
③ 팽창밸브 감온통 가스누출
④ 팽창밸브의 온도 감지밸브 밀착 불량

> 풀이 팽창밸브의 온도감지 밸브의 밀착이 불량하면 냉방장치에서 냉매가스 저압라인의 압력이 상승한다.

32. 에어컨 냉매회로의 점검 시에 저압측이 높고 고압측은 현저히 낮았을 때의 결함으로 적합한 것은?
① 냉매회로 내 수분혼입
② 팽창밸브가 닫힌 채 고장
③ 냉매회로 내 공기혼입
④ 압축기 내부결함

> 풀이 압축기 내부에 결함이 있으면 저압 쪽은 높고, 고압 쪽은 현저하게 낮다.

33. 에어컨 시스템에서 매니폴드 게이지를 연결하여 이상 유무를 판단한 것으로 맞는 것은?
① 컴프레서 불량 : 고압게이지-낮다, 저압게이지-높다.
② 냉매가스 부족 : 고압게이지-낮다, 저압게이지-높다.
③ 공기유입 : 고압게이지-낮다, 저압게이지-낮다.
④ 냉매가스 과다 : 고압게이지-높다, 저압게이지-낮다.

> 풀이 ① 냉매가스 부족 : 고압게이지-낮다, 저압게이지-낮다.
> ② 공기유입 : 고압게이지-높다, 저압게이지-높다.
> ③ 냉매가스 과다 : 고압게이지-높다, 저압게이지-높다.

34. 자동차의 에어컨에서 냉방효과가 저하되는 원인이 아닌 것은?
① 냉매량이 규정보다 부족할 때
② 압축기 작동시간이 짧을 때
③ 압축기의 작동시간이 길 때
④ 냉매주입 시 공기가 유입되었을 때

> 풀이 냉방효과가 저하되는 원인
> ① 냉매량이 규정보다 부족할 때
> ② 압축기 작동시간이 짧을 때
> ③ 냉매주입 시 공기가 유입되었을 때

35. 에어컨 라인압력 점검에 대한 설명으로 틀린 것은?
① 시험기 게이지에는 저압, 고압, 충전 및 배출의 3개 호스가 있다.
② 에어컨 라인압력은 저압 및 고압이 있다.
③ 에어컨 라인압력 측정시 시험기 게이지 저압과 고압핸들 밸브를 완전히 연다.
④ 엔진 시동을 걸어 에어컨압력을 점검한다.

> 풀이 에어컨 라인압력을 점검할 때에는 ①, ②, ④ 항 이외에 에어컨 라인의 압력을 점검하는 경우에는 매니폴드 게이지의 저압호스를 저압라인의 피팅, 고압호스는 고압라인의 피팅에 연결하며, 저압과 고압의 핸들밸브는 잠근 상태에서 점검한다.

시험장비 사용

01. 전기자를 시험하고자 한다. 어떤 시험기가 필요한가?
① 전류계
② 오실로스코프
③ 회로시험기
④ 그로울러 시험기

> 풀이 그로울러 시험기로 전기자 코일의 단선, 단락, 접지에 대해 시험한다.

Answer ▶▶▶ 30. ① 31. ④ 32. ④ 33. ① 34. ③ 35. ③ 1. ④

02. 가솔린기관에 사용되는 일반적인 타이밍라이트(Timing Light)를 사용하려고 한다. 다음 내용 중 틀린 것은?

① 타이밍라이트의 적색클립을 배터리 (+)단자에, 흑색 클립을 배터리 (−)단자에 물린다.
② 타이밍라이트의 픽업 클램프를 1번 점화플러그 고압케이블에 화살표방향이 점화플러그 쪽으로 향하게 하여 물린다.
③ 전류측정 픽업 클램프를 배터리 (+)단자에 물린다.
④ 타이밍라이트의 흑색 또는 녹색 부트리드 선을 점화코일 (−)단자에 물린다.

03. 오실로스코프의 점화 파형에 의해 판독 할 수 없는 것은?

① 드웰 각도 ② 점화전압
③ 점화전류 ④ 점화시간

풀이 점화전류는 오실로스코프의 점화파형으로 판독할 수 없다.

04. 운행자동차의 경적소음 측정시 마이크로폰 설치방법 중 틀린 것은?

① 마이크로폰 설치위치는 경음기가 설치된 위치에서 가장 소음도가 크다고 판단되는 자동차의 면에서 전방 2m 떨어진 지점에서 측정한다.
② 마이크로폰은 자동차의 면에서 전방으로 2m 떨어진 지점을 지나는 연직선으로부터의 수평거리가 0.05m 이하인 지점에 설치하여야 측정한다.
③ 마이크로폰은 지상 높이가 1±0.5m인 지점에 설치하여 측정한다.
④ 마이크로폰은 시험 자동차를 향하여 차량 중심선에 평행하여야 한다.

풀이 마이크로폰 설치방법은 ①, ②, ④항 이외에 마이크로폰 지상 높이가 1.2±0.5m인 지점에 설치하여 측정한다.

05. 1999년 이전 제작된 승용자동차 경음기에 대한 경적음 크기의 운행차 기준을 바르게 설명한 것은?

① 차체전방 2m 거리에서 지상높이 1.2±0.05m 높이가 되는 지점에서 측정한 값이 90dB 이상, 115dB 이하
② 차체전방 2m 거리에서 지상높이 1.2±0.05m 높이가 되는 지점에서 측정한 값이 112dB 이상, 115dB 이하
③ 차체전방 2m 거리에서 지상높이 1.2±0.05m 높이가 되는 지점에서 측정한 값이 95dB 이상, 120dB 이하
④ 차체전방 2m 거리에서 지상높이 1.2±0.05m 높이가 되는 지점에서 측정한 값이 112dB 이상, 125 dB 이하

풀이 경적음 크기는 차체전방 2m 거리에서 지상높이 1.2±0.05m 높이가 되는 지점에서 측정한 값이 90dB 이상, 115dB 이하이다.

06. 운행차 정기검사방법 중 소음도 측정에 관한 사항으로 옳은 것은?

① 경적소음은 자동차의 원동기를 가동시키지 아니한 정차 상태에서 자동차의 경음기를 3초 동안 작동시켜 최대 소음도를 측정한다.
② 2개 이상의 경음기가 장치된 자동차에 대하여는 경음기를 동시에 작동시킨 상태에서 측정한다.
③ 자동차 소음의 3회 이상 측정치(보정한 것을 포함한다)의 평균측정치로 한다.
④ 자동차의 소음과 암소음의 측정치 차이가 3dB일 때의 보정치는 2dB이다.

풀이 운행자동차 경적소음 시험방법은 ①, ③, ④항 이외에 2개 이상의 경음기가 연동하여 음을 발하는 경우에는 연동하는 상태에서 측정한다.

Answer ≫ 2. ③ 3. ③ 4. ③ 5. ① 6. ②

07. 운행차 정기검사시 경적소음 측정방법으로 맞는 것은?
① 자동차의 원동기가 공회전상태에서 측정
② 경음기를 3초 동안 작동시켜 최저 소음도 측정
③ 경음기를 5초 동안 작동시켜 최대 소음도 측정
④ 경음기가 2개 이상이 장치된 경우에는 1개만 작동시켜 측정

풀이 자동차의 기관을 가동시키지 않은 정차 상태에서 경음기를 5초 동안 작동시켜 그 동안에 경음기로부터 배출되는 소음 크기의 최댓값을 측정한다.

08. 암소음이 84dB을 나타내는 장소에서 경음기의 음량을 측정한 결과 측정 대상음과 암소음 차이가 1dB이 되었다. 측정음은?
① 80dB
② 83dB
③ 측정치 무효
④ 85dB

풀이 자동차 소음과 암소음의 측정치의 차이가 3dB이상 10dB 미만인 경우에는 자동차로 인한 소음의 측정치로부터 보정치를 뺀 값을 최종 측정치로 하고, 차이가 3dB 미만일 때에는 측정치를 무효로 한다.

09. 운행차의 소음측정기에 있어서 지시계는 어떤 특성을 가진 것을 사용하여 측정하여야 하는가?
① 빠른 동특성
② 느린 동특성
③ 측정 후 바늘이 정지되어 있는 특성
④ 4초 이내에 음량을 가리킬 수 있는 특성

풀이 소음시험기는 KSC-1502에서 정한 보통 소음계 또는 이와 동등한 성능 이상을 가진 것을 사용하고, 지시계의 동특성은 빠름(fast) 동특성을 사용하여 측정한다.

10. 전조등 4핀 릴레이를 단품 점검하고자 할 때 적합한 시험기는?
① 암페어 시험기
② 축전기 시험기
③ 회로시험기
④ 전조등 시험기

풀이 릴레이를 단품 점검할 때에는 회로시험기가 적합하다.

11. 전조등시험기 중에서 시험기와 전조등이 1m 거리로 특정되는 방식은?
① 스크린식   ② 집광식
③ 투영식   ④ 조도식

풀이 전조등시험기와 전조등 사이의 거리는 스크린식과 투영식은 3m, 집광식은 1m이다.

12. 전조등 시험기 측정시 관련사항으로 틀린 것은?
① 공차상태에서 서서히 진입하면서 측정한다.
② 타이어 공기압을 표준공기압으로 한다.
③ 4등식 전조등의 경우 측정하지 않는 등화는 발산하는 빛을 차단한 상태로 한다.
④ 엔진은 공회전상태로 한다.

풀이 전조등의 광도 및 광축 측정조건
① 엔진은 시동을 건 상태로 한다.
② 타이어 공기압을 표준공기압으로 한다.
③ 축전지는 완전충전 상태로 한다.
④ 운전자 1인이 승차 한 상태에서 측정한다.
⑤ 4등식의 전조등의 경우에는 측정하지 아니하는 등화에서 발산하는 빛을 차단한 상태로 한다.

Answer ▶ 7. ③ 8. ③ 9. ① 10. ③ 11. ② 12. ①

자동차 섀시

1. 자동차 섀시 성능

1.1. 주행성능

1.1.1. 구동력

구동력(tractive force)은 구동바퀴가 자동차를 미는 힘으로 정의 된다. 구동력 F [kgf]는 다음의 공식으로 표현된다.

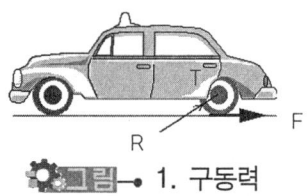

그림 1. 구동력

$$F = \frac{T}{R}$$

R : 구동바퀴 반지름[m]
T : 구동축 회전력[kgf·m]

1.1.2. 주행저항

자동차의 주행저항은 자동차 주행을 방해하는 쪽으로 작용하는 힘의 총칭으로 구름저항, 공기저항, 등판저항, 가속저항 등 4가지가 있다.

[1] 구름저항

구름저항은 바퀴가 수평 노면 위를 굴러갈 때 발생하는 것이며, 구름저항이 발생하는 원인은 다음과 같다.

① 도로와 타이어와의 변형저항
② 도로 위 노면의 요철에 의해 발생되는 충격저항
③ 타이어와 노면이 접촉시 미끄럼에 의해 발생되는 저항 등이다. 다음 공식으로 나타낸다.

$$Rr = \mu r \times W$$

Rr : 구름저항(kgf)
μr : 구름저항 계수
W : 차량 총중량(kgf)

[2] 공기저항

공기저항은 자동차가 주행할 때 진행방향에 방해하는 공기의 힘과 차체의 형상에 따라 기류의 와류에 의해 발생하는 저항을 의미한다. 다음 공식으로 표시한다.

$$Ra = \mu a \times A \times V^2$$

Ra : 공기저항(kgf)
μa : 공기저항 계수
A : 자동차 전면 투영면적(m^2)
V : 자동차의 공기에 대한 상대 속도(km/h)

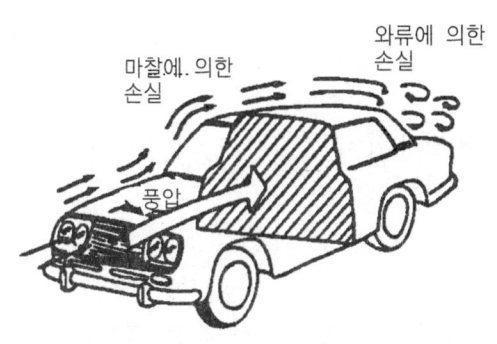

그림 2. 공기저항

[3] 구배(등판)저항

구배저항은 자동차가 경사면을 올라갈 때 차량중량에 의해 경사면에 평행하게 작용하는 방향의 분력($W \times \sin\theta$)이 저항과 같은 효과를 내므로 이것을 구배저항이라고 하며 다음 공식으로 표시된다.

$$Rg = W \times \sin\theta$$

Rg : 구배저항(kgf),   W : 차량 총중량(kgf)
sinθ : 도로면 경사각도

또는 $Rg = \dfrac{WG}{100}$

G : 구배(%)

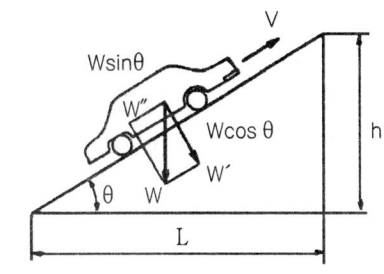

● 3. 구배(등판)저항

[4] 가속저항

자동차의 주행속도를 변화시키는데 필용한 힘을 관성저항이라고도 부른다. 다음 공식으로 나타낸다.

$$Ri = \dfrac{(1+a)W}{g} \times a$$

Ri : 가속저항,   a : 가속도(m/sec^2)
W : 차량총중량(kgf),   g : 중력가속도($9.8 m/sec^2$)

[5] 전 주행저항

① 평탄한 도로 주행시 : 구름저항(Rr) + 공기저항(Ra)

② 경사로 등속 주행시 : 구름저항(Rr)+공기저항(Ra)+등판저항(Rg)
③ 평탄한 도로 등 가속 주행시 : 구름저항(Rr)+공기저항(Ra)+가속저항(Ri)
④ 경사로 등 가속 주행시 : 구름저항(Rr)+공기저항(Ra)+등판저항(Rg)+가속저항(Ri)

1.2. 제동성능

1.2.1. 브레이크 드럼에 발생하는 제동토크

$$T_B = \mu P r$$

T_B : 드럼에 발생하는 제동토크 μ : 드럼과 라이닝의 마찰계수
r : 드럼의 반지름 P : 드럼에 가해지는 힘

1.2.2. 제동거리의 산출 공식

주요 제동에서는 브레이크 페달을 일전한 힘으로 밟고 있을 때에도 다소 변화한다. 즉, 중간에서는 브레이크 라이닝이나 드럼의 열 발생 때문에 제동력이 저하되고 정지 직전에서는 열 발생량이 감소하기 때문에 제동력이 회복된다. 다음 공식으로 나타낸다.

$$S = \frac{V^2}{254} \times \frac{W}{F}$$

S : 제동거리(m) V : 주행속도(km/h)
W : 차량총중량(kgf) F : 제동력(kgf)

1.2.3. 공주거리 산출 공식

장애물을 발견하여 브레이크 페달을 밟아서 제동 개시까지 걸리는 시간이 공주시간이며 이때 주행한 거리를 공주거리라 한다.(보통 공주시간은 0.1초 정도이다.) 다음 공식으로 나타낸다.

$$S_2 = \frac{V}{3.6} t$$

V : 속도(km/h) t : 공주시간(0.1초)

1.2.4. 정지거리 산출 공식

정지거리는 제동거리와 공주거리를 더한 것이다. 다음 공식으로 나타낸다.

$$S_3 = \frac{V^2}{254} \times \frac{W + W'}{F} + \frac{V}{3.6} \times t$$

V : 주행속도(km/h), W : 차량총중량(kgf)
F : 제동력(kgf), t : 공주시간(0.1초)
W' : 회전부분 상당 중량
　・승합자동차 : 차량중량의 5%(0.05W)
　・승합 및 화물자동차 : 차량중량의 7%(0.07W)

2. 동력전달장치

동력전달장치는 기관에서 발생한 동력을 구동바퀴에 전달하는 장치이다. 구성은 다음과 같다.
① 클러치(Clutch)
② 변속기(Transmission, or trans axle)
③ 추진축 및 유니버셜 조인트(Drive line)
④ 종감속 기어 및 차동장치(Final reduction gear & Differential)
⑤ 차축(Axle shaft)
⑥ Drive wheel(구동바퀴)

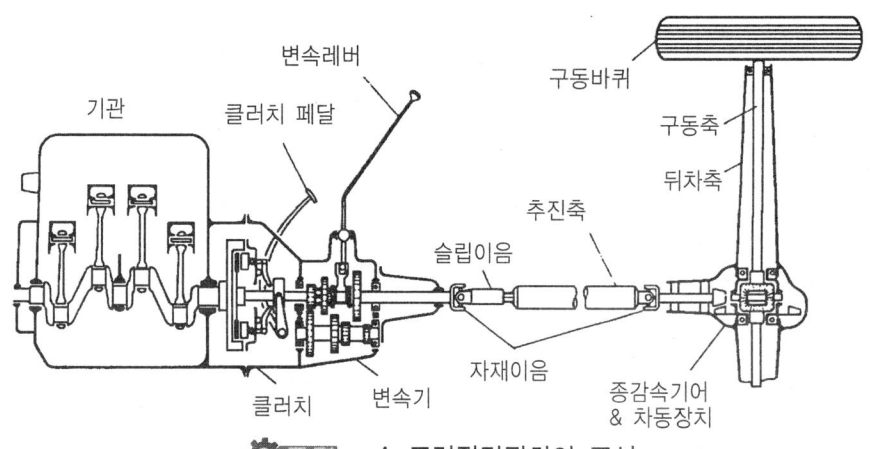

그림 4. 동력전달장치의 구성

동력전달방식으로는 앞 기관 뒷바퀴 구동방식(FR : front engine rear drive), 앞 기관 앞바퀴 구동방식(FF : front engine front drive), 뒤 기관 뒷바퀴 구동방식(RR : rear engine rear drive) 및 4WD(4wheel drive)방식이 있다.

2.1. 클러치(clutch)

클러치는 기관과 변속기 사이(기관 플라이 휠 뒷면에 부착)에 설치되어 기관의 동력을 변속기에 연결하거나 차단하는 장치이다.

[1] 클러치의 필요성
① 자기기동(self starting)이 불가능함 따라서 시동시 기관을 무부하상태로 하기 위해
② 변속할 때 기관의 회전력(동력)을 일시 차단하기 위해
③ 관성운전 시 기관과의 연결을 차단하기 위하여

[2] 클러치의 구비조건
① 클러치 작용이 원활하며, 조작이 쉽고 확실할 것
② 냉각이 잘 되어 과열하지 않을 것
③ 회전관성이 작을 것
④ 동력이 전달할 때 서서히 전달되고, 전달된 후에는 미끄러지지 않을 것
⑤ 회전부분의 평형이 좋을 것
⑥ 구조가 간단하고, 다루기 쉬우며 고장이 적을 것

2.1.1. 클러치의 구성

클러치는 클러치판, 변속기 입력축(클러치 축), 압력판, 릴리스 레버, 릴리스베어링 및 클러치 스프링으로 구성되어 있다.

[1] 클러치판(clutch plate or clutch disc)
플라이휠과 압력판사이에 끼워져 있으며 기관의 동력을 변속기 입력축을 통하여 변속기로 전달하는 마찰판이다. 허브와 클러치 강판사이에는 비틀림 코일스프링(torsion spring)이 설치되어 있는데 이것은 클러치판이 플라이휠에 접속될 때 회전충격을 흡수하는 일을 한다.

또 쿠션스프링(cushion spring)은 클러치판의 편마멸, 변형, 파손 등의 방지를 위해 둔다.

(1) 클러치 라이닝의 구비조건
① 마찰계수가 알맞을 것
② 내마멸성, 내열성이 클 것
③ 온도 변화에 따른 마찰계수 변화가 없을 것

[2] 변속기 입력축(클러치 축)
클러치판이 받은 기관의 동력을 변속기로 전달하며, 축의 스플라인 부분에 클러치판 허브의 스플라인이 끼워져 길이 방향으로 미끄럼운동을 한다.

[3] 압력판
클러치 스프링의 장력으로 클러치판을 플라이휠에 밀어 붙여, 그 마찰력으로 동력 전달 작용을 하는 것으로 클러치가 플라이휠에 접속할 때에는 클러치판과의 사이에 미끄럼이 생기므로 내열성, 내마모성이 양호하고 열전달이 잘되는 특수주철로 만든다.

[4] 릴리스 레버
릴리스 레버는 코일스프링 형식에서 릴리스 베어링의 힘을 받아 압력판을 움직이는 작용을 한다. 이 레버에는 굽힘력이 반복하여 작용하므로 충분한 강도와 강성을 주기 위하여 특수 주철을 사용한다.

[5] 릴리스 베어링
릴리스 베어링은 클러치 페달을 밟았을 때 릴리스 레버를 눌러주는 역할을 하며, 종류에는 앵귤러 접촉형, 카본형, 볼베어링형이 있다. 대부분 오일 리스 베어링(영구 주입식)으로 되어 있어 솔벤트로 세척해서는 안 된다.

[6] 클러치 스프링
클러치 스프링은 클러치 커버와 압력판 사이에 설치되어 있으며, 압력판에 압력을 발생시키는 작용을 한다.

(1) 코일스프링 형식

   몇 개의 코일 스프링을 클러치 압력판과 클러치 커버 사이에 설치한 것이다.

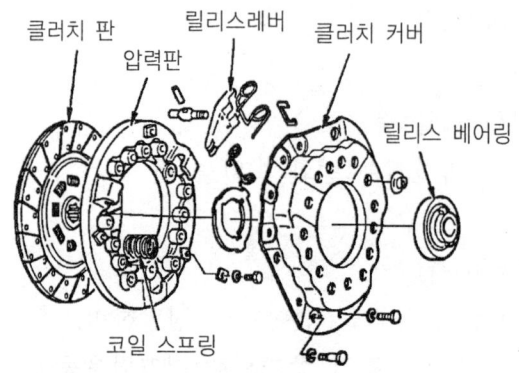

그림 5. 코일스프링형식 클러치

(2) 다이어프램 스프링

   코일스프링형식의 릴리스레버와 코일스프링 역할을 동시에 하는 접시모양의 다이어프램 스프링을 사용하는 방식이다. 구조 및 설치상태는 바깥쪽 끝에는 압력판과 접촉 피벗링에 의해 지지가 되며, 중앙핑거는 약간 볼록한 상태이며 바깥쪽은 피벗링을 사이에 두고 클러치커버 설치되어 이 피벗링을 지점으로 하여 압력판을 눌러주면서 작동을 한다.

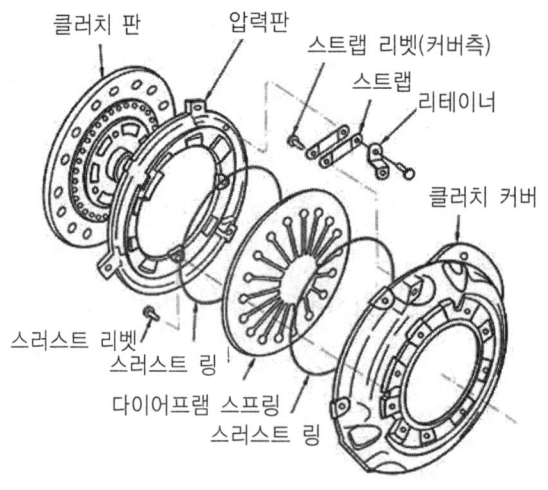

그림 6. 다이어프램식 클러치

[7] 클러치 페달의 유격(자유간극)

페달을 밟은 후부터 릴리스 베어링이 다이어프램 스프링(또는 릴리스 레버)에 닿을 때까지 페달이 이동한 거리를 말하며 간극이 적은경우는 클러치가 미끄러져 이 미끄럼으로 인하여 클러치 판이 과열되어 손상될 수 있다.

또한, 간극이 너무 큰 경우에는 클러치 차단이 불량하여 변속기의 기어를 변속할 때 소음이 발생하여 기어가 손상된다. 페달의 자유간극은 기계식의 경우 20~30mm, 유압식은 6~13mm 정도이며 간극조정은 클러치 링키지에서 한다.

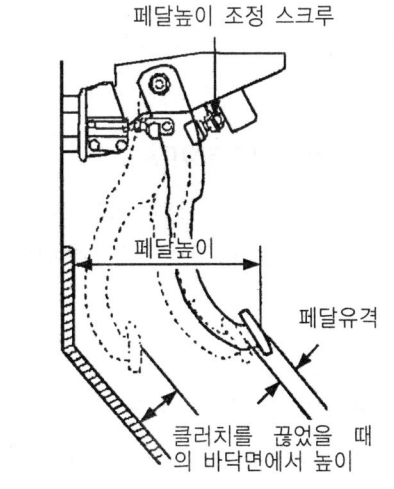

7. 클러치 페달의 자유간극

2.1.2. 클러치 용량 및 전달효율

[1] 클러치 용량

클러치 용량이란 클러치가 전달할 수 있는 회전력의 크기를 말하며 일반적으로 기관 회전력의 1.5~2.5배 정도이다. 클러치 용량이 너무 크면 클러치가 기관의 플라이휠에 접속될 때 작동이 정지되기 쉽고, 너무 작으면 클러치가 미끄러져 클러치판의 라이닝 마멸이 촉진된다.

$$Tfr \geq C$$

T : 클러치 스프링의 장력(kgf)
r : 클러치판과 압력판 사이의 마찰계수
f : 클러치판의 평균 반지름(m)
C : 기관의 회전력(kgf·m)

[2] 클러치 전달효율

$$전달효율 = \frac{클러치에서 나온 동력}{클러치로 들어간 동력} \times 100(\%)$$

$$\eta = \frac{T_2 \times N_2}{T_2 \times N_1}$$

T_1 : 기관의 발생 회전력(kgf·m) T_2 : 클러치의 출력 회전력(kgf·m)
N_1 : 기관의 회전수(rpm) N_2 : 클러치의 출력 회전수(rpm)

2.2. 수동변속기(manual transmission)

 기관과 추진축 사이 또는 기관과 차동기어 사이에 설치되어 기관의 동력을 자동차의 주행상태에 따라 회전력과 속도로 바꾸어 구동바퀴에 전달하는 장치이다.

2.2.1. 변속기의 필요성
 ① 기관과 차축사이에서 회전력 증대
 ② 기관을 시동할 때 무부하 상태로 하기 위해(변속레버 중립위치).
 ③ 자동차를 후진시키기 위해

2.2.2. 수동변속기의 구비조건
 ① 동력 전달효율이 좋을 것
 ② 단계가 없이 연속적으로 변속될 것
 ③ 조작이 쉽고, 신속, 확실, 정숙하게 행해 질 것
 ④ 소형·경량이고, 고장이 없으며 다루기 쉬울 것

2.2.3. 싱크로메시기구(동기물림장치)
 싱크로메시 기구는 수동변속기에서 기어가 물릴 때 입력 기어와 출력축의 회전속도를 동기시켜 기어의 물림이 부드럽게 이루어지도록 하는 기구이다. 클러치 슬리브, 클러치 허브, 싱크로나이저 키와 링으로 구성되어 있다. 싱크로메시 기구의 작동은 다음과 같다.

[1] 클러치허브(clutch burb)

안쪽에 있는 스플라인에 의해 변속기 주축의 스플라인에 고정되어 주축의 회전수와 동일하게 회전하며 그 외주에 싱크로나이저 키가 3개 설치되어 있다. 또한, 바깥둘레에는 스플라인을 통하여 클러치 슬리브가 설치되어 있다.

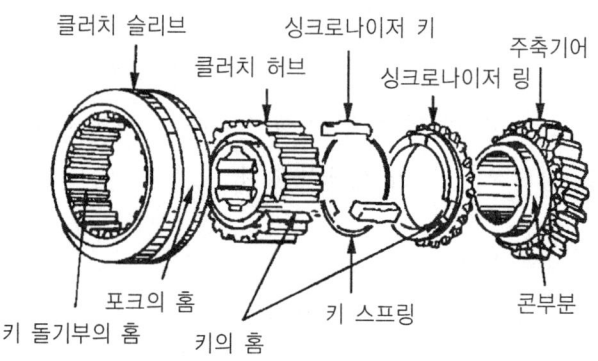

그림 8. 싱크로메시 기구

[2] 클러치 슬리브(clutch sleeve)

바깥둘레에는 시프트 포크가 끼워지는 홈이 파져 있고 안쪽의 스플라인에 의해 클러치 허브가 설치되어 변속기 레버의 작동에 의해서 앞, 뒤로 섭동하여 싱크로나이저 키를 싱크로나이저 링쪽으로 밀어주는 역할을 한다. 주축에 설치되어 있는 기어와 주축을 연결하거나 차단하는 클러치 작용을 한다.

[3] 싱크로나이저 링(synchronizer ring)

주축기어의 콘(원추형)에 끼워져 있다. 기어를 변속할 때 시프트 포크가 클러치 슬리브를 섭동시키면 콘과 마찰작용으로 클러치가 작동하며 클러치 작용이 유효하게 이루어지도록 안쪽면에 나사의 홈이 설치되어 있다.

[4] 싱크로나이저 키(synchronizer key)

키 뒷면에는 돌기가 설치되어 클러치 허브에 마련된 3개의 홈에 끼워져 싱크로나이저 스프링(키스프링)의 장력에 의해 항상 클러치 슬리브의 안쪽에 압착하는 역할을 한다. 양끝은 일정한 간극을 두고 싱크로나이저 링에 끼워져 있으며, 클러치 슬리브를 고정시켜 작동중 기어의 물림이 빠지지 않도록 한다.

2.2.4. 로킹 볼과 인터록

① 로킹 볼(lock ball) : 기어변속 후 기어의 물림이 빠지는 것을 방지한다.
② 인터록(inter lock) : 기어가 2중으로 물리는 것을 방지한다.

2.2.5. 변속비

① 변속기는 여러 개의 기어로 구성 조립
② 기어 물림에 따라 구동바퀴에 전달되는 구동력과 회전속도를 변화시킴
③ 변속레버를 저속으로 선택하면 바퀴의 회전속도는 느리지만 축의 회전력은 증가
④ 회전력의 증대를 가져오는 것이 변속비이다.

$$변속비 = \frac{기관의\ 회전속도}{변속기\ 주축의\ 회전속도}$$

$$또는 = \frac{부축기어의\ 잇수}{주축기어의\ 잇수} \times \frac{주축기어의\ 잇수}{부축기어의\ 잇수}$$

2.2.6. 총감속비

① 자동차의 경우 변속기 이외에 최종 감속기어로도 감속을 하고 있다.
② 기관과 구동바퀴 사이의 변속비를 의미한다.
③ 변속기의 변속비 × 종 감속기어의 감속비로 나타난다.

2.3. 자동변속기(automatic transmission)

자동변속기는 변속기의 조작을 자동화하고자 토크컨버터와 유성기어에 유압조절장치를 두어 기어가 연속적으로 변속되고 조작이 쉬우며, 신속, 정확하게 동력을 전달하는 변속기를 말한다.

2.3.1. 유체 클러치(fluids clutch)

① 펌프와 터빈으로 되어 있다.
② 펌프는 기관의 크랭크축에, 터빈은 변속기 입력축과 연결되어 있다.
③ 회전력 변환비율은 미끄럼 때문에 1 : 1이 되지 못한다. 미끄럼 값은 2~3%이며, 전달효율은 최대 98% 정도이다.

④ 유체클러치 내의 가이드 링의 역할은 오일의 와류를 방지하여 전달효율을 증가시킨다.
⑤ 유체클러치의 스톨 포인트(stall point)란 펌프와 터빈의 회전속도가 동일할 때 즉 속도비율이 "0"인 점이다. 스톨 포인트에서 회전력변환 비율(효율)이 최대가 된다.

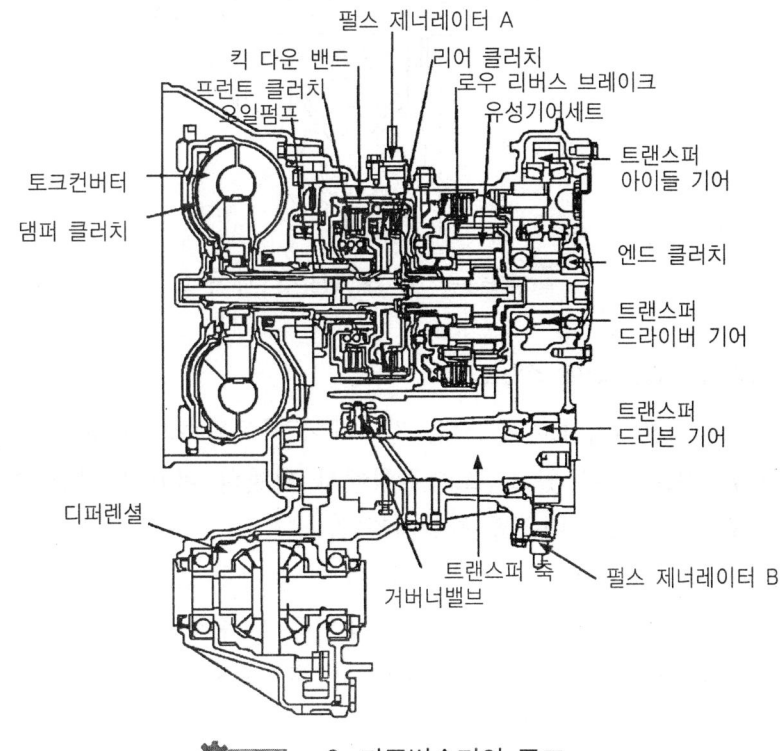

그림 9. 자동변속기의 구조

2.3.2. 토크컨버터(torque converter)

① 토크컨버터는 오일의 운동에너지를 이용하여 회전력을 전달시켜 주는 장치이며, 구성은 펌프(임펠러), 터빈(러너), 스테이터로 되어있다.
② 펌프는 기관과 직결되어 기관 회전속도와 동일한 속도로 회전하며, 터빈은 변속기 입력축 스플라인과 연결되어 있다.
③ 스테이터는 오일의 흐름방향을 바꾸어 회전력을 증대시킨다.
④ 토크컨버터가 유체클러치로 변환되는 점을 클러치 포인트(clutch point)라 한다.
⑤ 기관 회전속도가 일정할 경우 토크컨버터의 회전력이 가장 클 때는 터빈의 회전속도가 느릴 때이다.

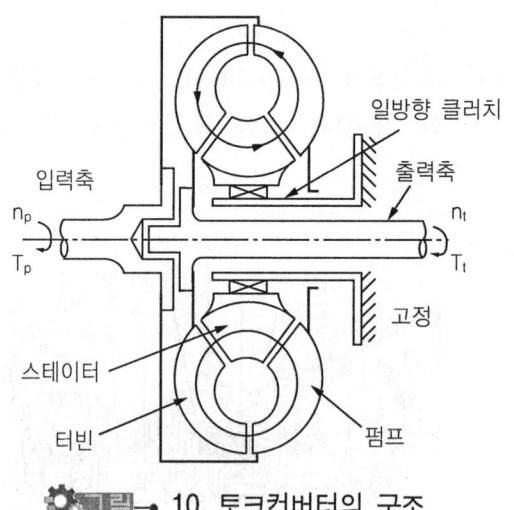

그림 10. 토크컨버터의 구조

2.3.3. 댐퍼클러치(damper clutch)

 로크 업(lock up)클러치라고 부르며, 전자제어 자동변속기에 주로 설치된다. 댐퍼클러치는 마찰클러치로 되어 있고, 고속주행에서 터빈의 미끄럼 의한 손실을 최소화시켜 동력전달 효율과 연료소비율을 향상시킨다.

 댐퍼클러치의 작동영역을 판정하기 위하여 변속단과 회전속도를 검출하기 위해 펄스 제너레이터를 이용한다. 작동하지 않는 영역은 다음과 같다.

① 제1속·후진 및 기관이 공회전할 때(기관 회전속도가 800rpm 이하일 때)

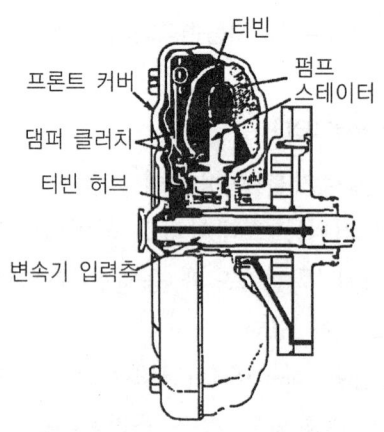

그림 11. 댐퍼클러치의 설치위치

② 기관 브레이크가 작동될 때
③ ATF(자동변속기 오일)의 유온이 65℃ 이하일 때
④ 기관 냉각수 온도가 50℃ 이하일 때
⑤ 3속에서 2속으로 시프트 다운될 때
⑥ 기관의 회전속도가 2000rpm 이하에서 스로틀밸브의 열림이 클 때
⑦ 주행 중 변속할 때
⑧ 스로틀밸브 개도가 급격히 감소할 때

2.3.4. 유성기어 장치(planetary gear unit)

[1] 유성기어식 자동변속기의 특성
① 솔레노이드밸브를 제어하여 변속시점과 과도특성을 제어한다.
② 록업 클러치를 설치하여 연료소비량을 줄일 수 있다.
③ 변속 단을 1단 증가시키기 위한 오버드라이브를 둘 수 있다.
④ 수동변속기에 비해 구동력이 크다.

[2] 유성기어 장치의 구조

링 기어(ring gear), 선 기어(sun gear), 유성기어(planetary gear, 유성 피니언), 유성기어 캐리어 등으로 구성되어 있다. 링 기어를 증속시키고자 할 경우에는 선 기어를 고정시키고, 유성기어 캐리어를 구동하면 증속되며, 링 기어의 증속은 다음 공식으로 산출된다.

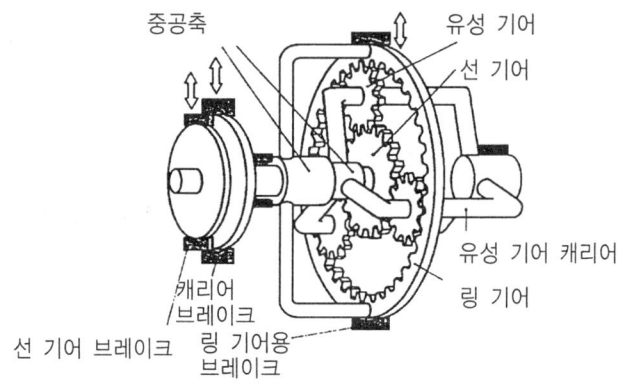

● 그림 → 12. 유성기어장치의 구조

$$N = \frac{A+D}{D} \times n$$

N : 링 기어의 회전속도, A : 선 기어 잇수
D : 링 기어 잇수. n : 유성기어 캐리어의 회전속도

[3] 유성기어의 작동과 출력

고정부분	회전부분	출 력	변속비
선 기어	유성기어 캐리어	링 기어(↑)	$\frac{A}{A+D}$
	링 기어	유성기어 캐리어(↓)	$\frac{A+D}{D}$
유성기어 캐리어	선 기어	링 기어 역전(↓)	$-\frac{D}{A}$
	링 기어	유성기어 캐리어 역전(↑)	$-\frac{A}{D}$
링 기어	선 기어	유성기어 캐리어(↓)	$\frac{A+D}{A}$
	유성기어 캐리어	선 기어(↑)	$\frac{A}{A+D}$

A : 선기어 잇수, C : 유성기어 캐리어 잇수, D : 링 기어 잇수
선기어, 유성기어 캐리어, 링 기어의 3요소 중 2개요소를 고정하면 기관의 회전수와 같다(즉 등속).

[4] 복합 유성기어 장치의 종류
(1) 심프슨 형식(simpson type)

2세트의 단일 유성기어의 각각에 선 기어를 결합시키고 다시 한쪽의 링 기어와 다른 한쪽의 유성기어 캐리어를 결합시킨 기어 트레인이다. 이 방식의 특징은 링 기어의 입력으로 인하여 강도 상 유리하고, 구성요소의 회전속도 낮고 동력 전달효율이 높다.

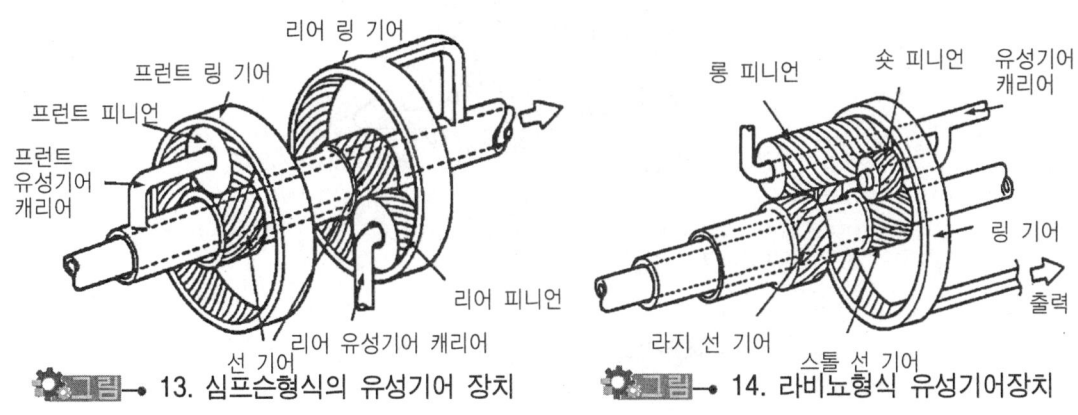

13. 심프슨형식의 유성기어 장치   14. 라비뇨형식 유성기어장치

(2) 라비뇨 형식(ravigneaux type)

서로 다른 2개의 선 기어를 1개의 유성 기어장치에 조합한 형식이며, 링 기어와 유성기어 캐리어를 각각 1개씩만 사용한다. 1차 선 기어는 숏 피니언과 물려있고 2차 선 기어는 롱 피니언과 물려있으며 숏 피니언은 1차 선 기어와 롱 피니언 사이에, 링 기어는 롱 피니언과 물려있다.

2.3.5. 유압 조절장치

[1] 오일펌프(oil pump)

오일펌프는 유압 조절 장치의 유압원으로 적당한 유압과 유량을 공급한다.

[2] 거버너 밸브(governor valve)

이 밸브는 유성기어 유닛의 변속이 그 때의 주행속도에 적응되도록 한다. 즉 거버너 밸브에 의하여 시프트 업(shift up)이나 시프트다운(shift down)이 자동적으로 이루어진다.

[3] 밸브보디(valve body)

밸브보디는 오일펌프에서 공급된 유압을 각 부분으로 공급하는 유압회로를 형성하며, 밸브보디 내에는 매뉴얼밸브, 스로틀밸브, 압력 조정밸브, 시프트밸브, 거버너밸브 등으로 구성되어 있다.

(1) 매뉴얼밸브(manual valve)

변속레버의 조작에 의해 작동되는 수동밸브이며, 변속레버와 링크로 연결되어 레버의 움직임에 따라 라인 압력을 앞·뒤의 서보기구나 클러치 등으로 이끌어 P, R, N, D, L의 각 레인지로 바꾸어준다.

(2) 스로틀밸브(throttle valve)

라인압력을 가속페달을 밟은 정도 즉, 스로틀밸브의 열림 정도에 비례하는 유압 또는 흡기다기관 내의 부압(진공도)에 반비례하는 유압을 변환시키는 것이다.

(3) 압력 조정밸브

오일펌프에서 발생한 유압의 최고값을 제어하고, 각 부분으로 보내지는 유압을 그 때의 주행속도와 기관에 알맞은 압력으로 조정하며, 기관이 정지되었을 때 토크컨버터에서의 오일이 역류하는 것을 방지한다.

(4) 시프트밸브(shift valve)

유성기어를 주행속도나 기관의 부하에 따라 자동적으로 변환하기 위한 것이다.

[4] 어큐뮬레이터

브레이크나 클러치가 작동할 때 변속충격을 흡수한다.

2.3.6. 전자제어 자동변속기용 센서

[1] 스로틀 위치센서(TPS)

스로틀 위치센서는 단선 또는 단락 되면 페일 세이프(fail safe)가 되지 않는다. 이에 따라 출력이 불량할 경우에는 변속점이 변화하며 출력이 80% 정도밖에 나오지 않으면 변속 선도상의 킥다운 구간이 없어지기 쉽다.

[2] 수온센서(WTS)

기관 냉각수 온도가 50℃ 미만에서는 OFF되고, 그 이상에서는 ON으로 되어 컴퓨터(TCU)로 입력시킨다.

[3] 가속 스위치(accelerator S/W)

가속페달을 밟으면 OFF, 놓으면 ON으로 되어 이 신호를 컴퓨터로 보내며 주행속도 7Km/h 이하, 스로틀밸브가 완전히 닫혔을 때 크리프(creep)량 이 적은 제2단으로 유도하기 위한 검출기이다.

[4] 킥다운 서보(kick down servo) 스위치

킥 다운할 때 충격을 완화하여 변속 감도를 좋게 하기 위한 것이며, 3속에서 2속으로 킥 다운할 때만 작동한다.

[5] 오버 드라이브(O/D ; over drive) 스위치

오버 드라이브 스위치는 변속레버 손잡이에 부착되며 ON, OFF에 따라 그 신호를 컴퓨터로 보내어 ON에서는 제4속까지, OFF에서는 제3속까지 변속된다.

[6] 차속센서

속도계에 내장되어 있으며 변속기 속도계 구동기어의 회전(주행속도)을 펄스 신호로 검출하여 펄스 제너레이터 B에 이상이 있을 때 페일 세이프 기능을 갖도록 한다.

[7] 펄스 제너레이터 A & B(pulse generator A & B)

펄스 제너레이터 A는 킥다운 드럼의 회전수(Na)를, 펄스 제너레이터 B는 변속기 피동 기어의 회전수(Nb)를 검출하여 Na/Nb를 컴퓨터에서 연산하여 자동적으로 변속 단수를 결정한다.

[8] 인히비터 스위치(Inhibitor S/W)

인히비터 스위치는 변속레버를 P(주차) 또는 N(중립) 레인지 위치에서만 기관 시동이 가능하도록 하고, 그 외의 위치에서는 시동이 불가능하게 하며 R(후진)레인지에서는 후퇴등(back up lamp)이 점등되게 한다.

[9] TCU(transmission control unit)

TCU는 각종 센서에서 보내 온 신호를 받아서 댐퍼 클러치 조절 솔레노이드밸브, 시프트 조절 솔레노이드밸브, 압력 조절 솔레노이드밸브 등을 구동하여 댐퍼 클러치의 작동과 변속 조절을 한다.

> **알아두기**
> ① 주행 중 가속페달에서 발을 떼면 리프트 풋 업(lift foot up)이라는 현상이 발생한다.
> ② 킥다운(kick down)이란 3속 또는 2속으로 주행을 하다가 급가속을 할 때 가속페달을 완전히 밟으면 변속시점을 넘어 다운 시프트(down shift)되어 필요한 구동력을 얻는 것을 말한다.
> ③ 시프트 업(shift up)이란 저속기어에서 고속기어로 변속되는 것을 말한다.
> ④ 히스테리시스(hysteresis)란 스로틀 밸브의 열림 정도가 같아도 시프트 업과 시프트다운 사이의 변속시점에서 7~15km/h 정도의 차이가 나는 현상을 말하며, 이것은 주행 중 변속시점 부근에서 빈번히 변속되어 주행이 불안정하게 되는 것을 방지하기 위해 둔다.
> ⑤ 페일세이프(fail safe)란 이상이 있을 때 사전에 설정된 조건하에서 작동하도록 제어하는 안전 기능을 말한다.

2.3.7. 자동변속기 성능시험

자동변속기 성능시험은 스톨 테스트, 유압테스트(라인 압력 시험), 타임래그 테스트 시험이 있다.

[1] 스톨테스트(stall test)

변속레버를 D 또는 R에 위치시키고 스로틀을 완전히 개방시켰을 때 최고 기관속도를 측정하여 기관성능, 자동변속기의 성능을 시험하기 위한 것이다. 기관의 구동력 시험, 토크컨버터의 동력전달 기능, 클러치의 미끄러짐, 브레이크밴드의 미끄러짐을 점검한다.

(1) 시험방법
　① 기관을 웜업시킨다.
　② 뒷바퀴 양쪽에 고임목을 받친다.
　③ 기관 타코미터를 연결한다.
　④ 주차 브레이크를 당기고, 브레이크 페달을 완전히 밟는다.
　⑤ 변속레버를 "D"에 위치시킨 다음 가속페달을 완전히 밟고 기관 rpm을 측정한다 (이 테스트를 5초 이상 하지 않는다).
　⑥ 상기 시험(D레인지 테스트)을 "R"레인지 에서도 동일하게 실시한다.
　⑦ 규정값 : 2,000~2,400rpm

(2) 판정
　① "D"레인지에서 규정값 이상일 때 : 뒤 클러치나 오버 런닝 클러치의 슬립
　② "R"레인지에서 규정값 이상일 때 : 앞 클러치나 로우 브레이크의 슬립
　③ "D"와 "R"에서 규정값 이하일 때 : 기관 출력 저하 및 토크컨버터 고장

[2] 유압테스트(라인압력 시험)

　① 자동변속기 유온이 정상작동 온도(80~90℃)가 되도록 충분히 웜업시킨다.
　② 잭으로 앞바퀴를 올려 차량 고정용 스탠드를 설치한다.
　③ 진단장비(scan tool)를 설치하여 기관회전수를 선택한다.
　④ 자동변속기 케이스에서 오일압력 테스트 플러그를 탈거하고 오일압력 게이지를 설치한다.

⑤ 기관을 시동하여 공회전 속도를 점검한다.
⑥ 다양한 레인지(N, D, R)와 조건에서 오일압력을 측정한다. 측정값이 규정범위 내에 있는가를 확인한다. 규정값을 벗어날 경우 유압 조정방법을 참고하여 수리한다.

[3] 타임래그 테스트(time lag test, 시간 지연시험)

기관 공회전 상태에서 변속레버를 변환할 때 충격을 느끼기 전에 약간의 시간이 소요된다. 변화된 순간부터 충격을 느끼는 순간까지의 시간을 측정함으로써 저단 클러치, 리버스 클러치와 저단과 후진브레이크 등의 작동상태를 점검하는 시험방법이다.

(1) 시험방법
① 차량을 평탄한 곳에 주차시킨 후 주차브레이크를 당긴다.
② 기관시동 후 공회전 속도가 규정치인지 확인한다.
③ 공전 rpm에서 N→D(0.6초 이하), N→R(0.9초 이하)로 변속한 순간부터 동력이 전달될 때까지의 시간을 측정하여 변속기 유압상태를 판정한다.
④ 테스트사이에는 1분 정도의 여유를 가지고 실시하며 3회 측정하여 평균치를 산출한다.
⑤ 지연시간이 길면 라인압력이 너무 낮은 것을 의미하고, 지연시간이 짧으면 라인압력이 너무 높거나, 브레이크 밴드의 조임 토크가 크거나, 클러치 디스크 틈새가 너무 좁은지를 점검한다.

2.3.8. 자동변속기 오일의 구비조건
① 고착 방지성 및 내모성이 있을 것.
② 점도지수가 클 것
③ 청정성이 있을 것.
④ 산화 안정성이 있을 것.
⑤ 실(seal) 및 냉각계통의 재질에 안정성이 있을 것.
⑥ 기포가 발생되지 않을 것.
⑦ 방청성이 있을 것

2.4. 무단변속기(CVT)

연속적으로 변속시키는 장치를 말한다. 무단변속기는 기관을 항상 최적 운전상태로 유지할 수 있어 효율이 10~20% 정도 높일 수 있다.

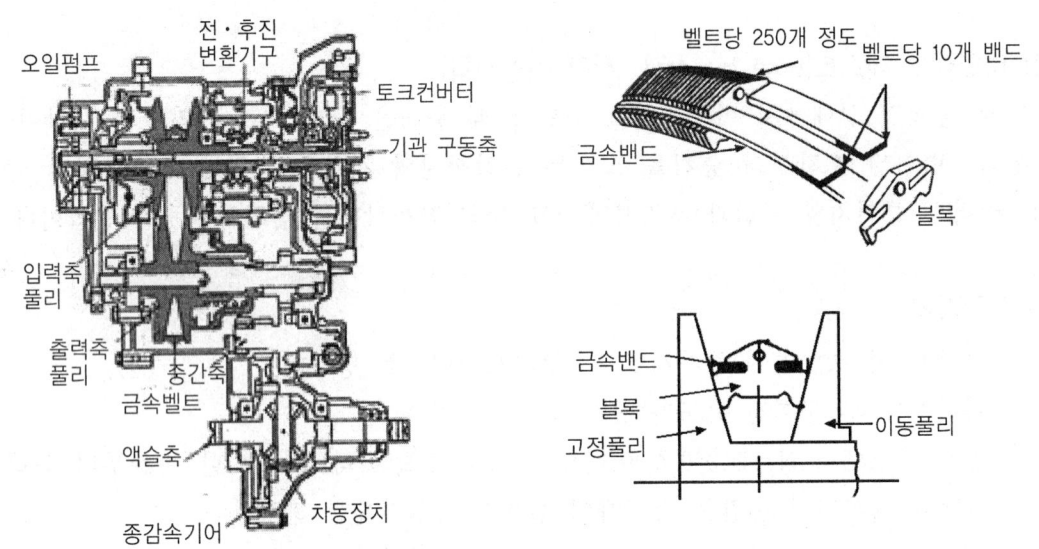

● 15. 무단변속기의 구조

2.4.1. 무단변속기의 특징

① 벨트를 이용해 변속이 이루어진다.
② 큰 동력을 전달할 수 없다.
③ 변속충격이 적다.
④ 운전 중 용이하게 감속비를 변화시킬 수 있다.

2.4.2. 무단변속기의 종류

[1] 동력전달방식에 따른 분류
　① 토크컨버터 방식
　② 전자분말 방식

[2] 변속방식에 따른 분류
　① 고무 벨트방식 : 경형 자동차에서 사용된다.
　② 금속벨트 또는 체인방식 : 승용 자동차용으로 사용된다.

③ 트랙션 구동방식 : 승용차용으로 사용된다.
④ 유압모터, 펌프의 조합형 : 농기계나 상업 장비에서 사용된다.

2.5. 드라이브 라인(drive line)

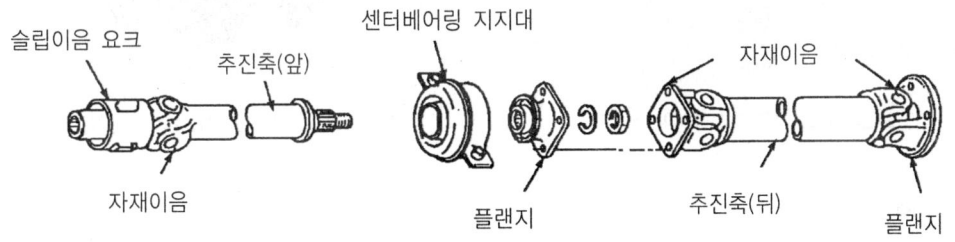

16. 드라이브 라인의 구조

2.5.1. 슬립이음(slip joint)
추진축의 길이변화를 가능하도록 하기 위해 슬립이음을 둔다.

2.5.2. 자재이음(universal joint)
변속기와 차동장치를 연결하며, 두 축사이의 충격의 완화와 각도변화를 융통성 있게 동력 전달하는 기구이다. 종류에는 십자형 자재이음, 플렉시블 이음, 볼 앤드 트러니언 자재이음, 등속도 자재이음 등이 있다.

[1] 훅 조인트(십자형 자재이음)
① 중심부의 십자축(spider)과 2개의 yoke로 구성
② 십자축과 요크는 needle roller bearing을 사이에 두고 연결
③ 십자축은 특수강의 단조품. 강도와 내마모성을 높이기 위해 저널부를 표면경화
④ 구조가 간단, 큰 동력 전달 가능. FR차량에 가장 많이 사용

[2] 플렉시블 조인트
① 세갈래 요크 사이에 경질고무로 만든 커플링을 끼우고 볼트로 조인 이음
② 마찰부분이 없어 주유를 하진 않아도 되고 회전도 정숙
③ 양축의 경사각이 3~5°이상이 되면 진동발생 효율저하.
④ 드라이브 라인의 각도 변화가 작은 소형차량에 사용

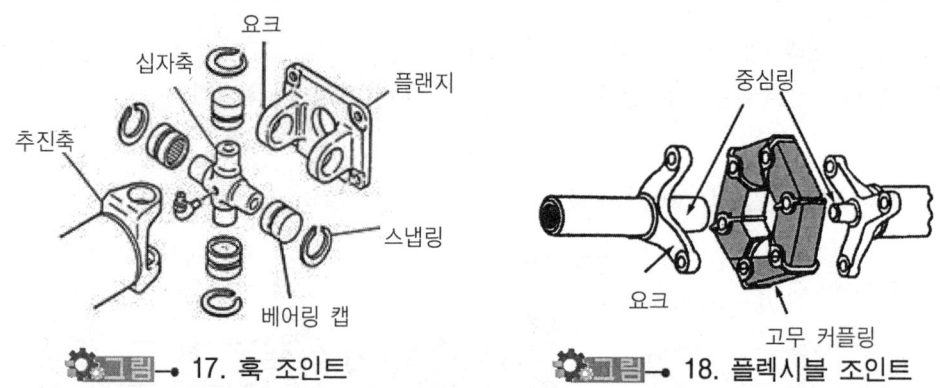

그림 17. 훅 조인트   그림 18. 플렉시블 조인트

[3] 트러니언 조인트
① 안쪽에 홈이 파져 있는 실린더형의 보디속에 추진축의 한끝을 끼우고 여기에 핀을 끼운 다음 핀의 양끝에 볼을 조립한 자재이음
② 마찰이 많이 발생하여 전달효율이 낮은 단점

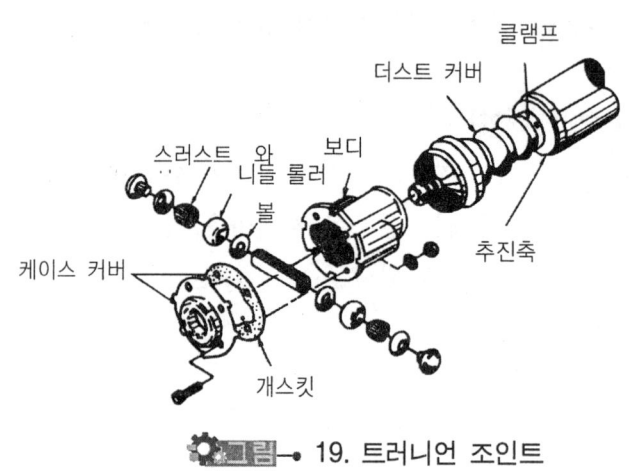

그림 19. 트러니언 조인트

[4] 등속도 자재이음
① 등속도 자재이음은 앞바퀴 구동 자동차에서 주로 사용하며, 등속원리는 구동축과 피동축의 접촉점이 축과 만나는 각의 2등분선상에 있다.
② 버필드 이음은 앞바퀴 구동방식 차량의 구동축의 바깥쪽 자재이음으로 사용되며, 자재이음 중 구동축과 회전축의 경사각이 30°이상에서도 동력전달이 가능하다.
③ 더블 오프셋 조인트는 앞바퀴 구동 승용차에서 변속기 쪽 구동축에서 사용하는 조인트이다.

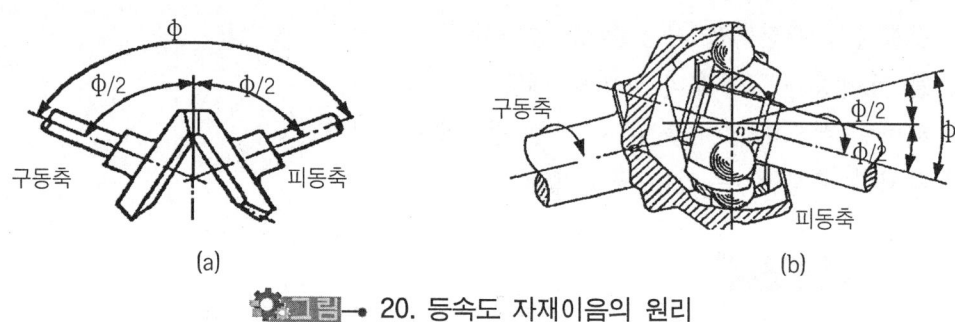

그림 20. 등속도 자재이음의 원리

2.5.3. 추진축(propeller shaft)

추진축은 강한 비틀림을 받으면서 고속회전하므로 이에 견딜 수 있도록 속이 빈 강관(steel pipe)을 사용한다. 회전평형을 유지하기 위해 평형추가 부착되어 있으며, 또 그 양쪽에는 자재이음의 요크가 있다.

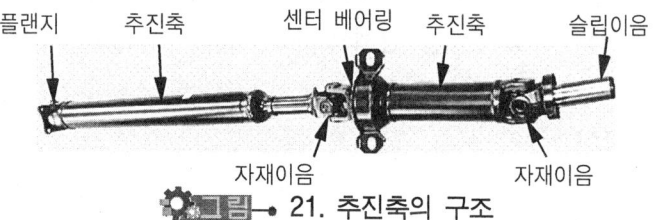

그림 21. 추진축의 구조

[1] 토션 댐퍼(torsion damper)

토션 댐퍼는 앞 추진축 끝 부분에 센터 베어링과 함께 설치되어 추진축의 비틀림 진동을 흡수하는 작용을 한다.

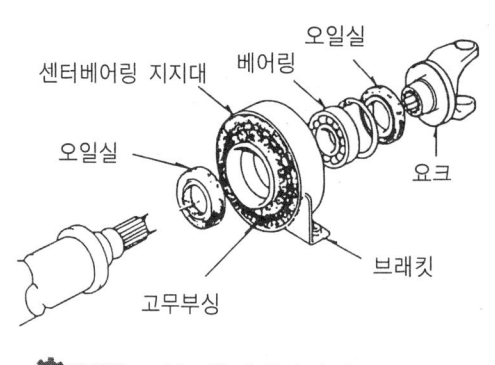

그림 22. 센터베어링의 구조

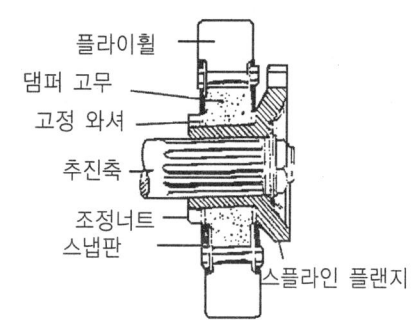

그림 23. 토션댐퍼의 구조

[2] 추진축의 센터 베어링
① 분할방식 추진축을 사용할 때 설치한다.
② 볼 베어링을 고무제의 베어링 베드에 설치한다.
③ 베어링 베드의 외주를 다시 원형 강판으로 감싼다.
④ 차체에 고정할 수 있는 구조이다.

> **알아두기**
> 추진축이 구부러져 기하학적인 중심과 질량 중심이 일치하지 않으면 휠링(whirling)이라는 굽음 진동을 일으킨다.

2.6. 동력배분 장치(종감속 기어와 차동장치)

2.6.1. 종감속 기어(final reduction gear)

종감속 기어는 기관의 회전속도를 감소시켜 회전력을 증가시켜 구동바퀴로 전달하는 장치이며, 필요에 따라 동력전달 방향을 변환시킨다. Drive pinion, ring gear로 구성되며 종감속기어와 차동기어를 일체로 rear axle housing 내에 조립한다.

[1] 종감속 기어의 형식
종감속 기어는 하이포이드 기어를 주로 사용하며, 이 기어의 특징은 다음과 같다.
① 구동 피니언이 링 기어 중심보다 10~20% 낮게 설치되어 있어 추진축의 높이를 낮게 할 수 있다.

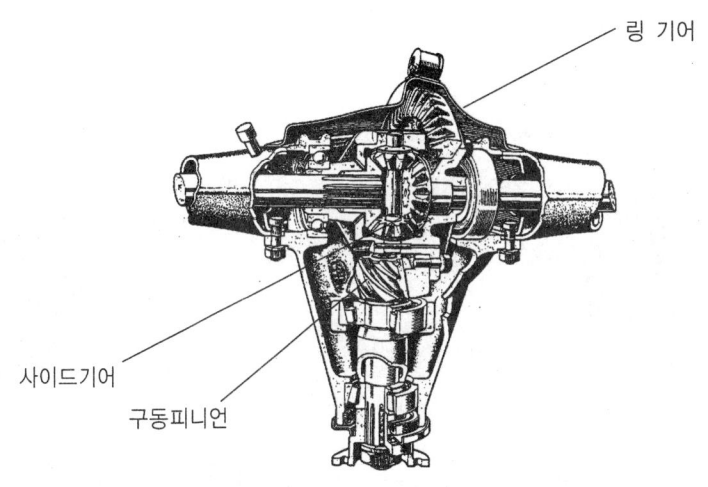

그림 24. 종감속 기어의 구조

② 스파이럴 베벨기어와 치형은 같지만 구동 피니언과 링 기어를 편심시켜 물리게 한 것으로 승용차 뿐만 아니라 대형차에도 사용할 수 있다.
③ 차실의 바닥이 낮게 되어 거주성이 향상된다.
④ 동일 감속비, 동일 치수의 링 기어인 경우 구동 피니언을 크게 할 수 있어 강도가 증가된다.
⑤ 기어의 물림율이 크기 때문에 회전이 정숙하다.

[2] 종감속비

종감속비는 링 기어의 잇수/구동 피니언의 잇수로 정의 되며 정수값으로 하지 않는다. 특정의 이가 항상 물리는 것을 방지하여 이의 마멸을 방지하기 위함이다. 승용차의 경우 4~6, 버스나 트럭은 5~8이며 기관의 출력, 차량중량, 가속성능, 등판능력에 따라 결정된다. 총감속비는 변속비 × 종감속비로 나타낸다.

2.6.2. 차동장치(differential gear system)

래크와 피니언의 원리를 이용한 것이며, 자동차가 선회할 때 양쪽 바퀴가 미끄러지지 않고 원활하게 선회하려면 바깥쪽 바퀴가 안쪽 바퀴보다 더 많이 회전하여야 한다. 차동 장치는 노면의 저항을 적게 받는 구동바퀴 쪽으로 동력이 더 많이 전달될 수 있도록 하며 차동 사이드 기어, 차동 피니언, 피니언 축 및 케이스로 구성되어 있다.

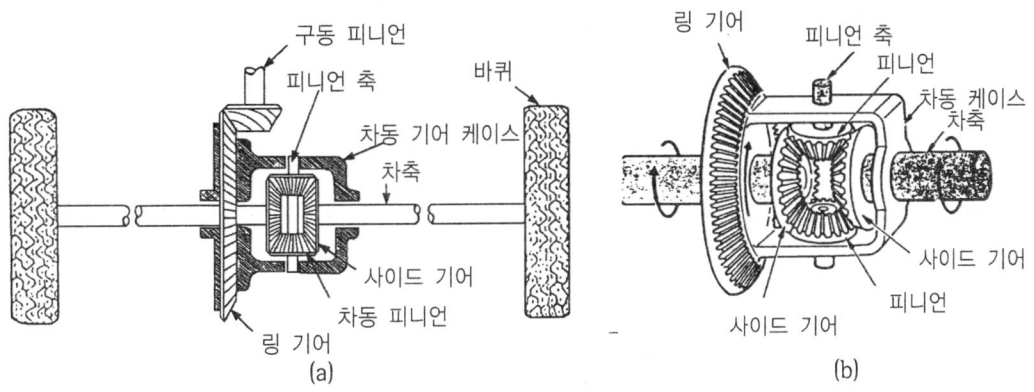

그림 25. 차동장치의 구성도

2.6.3. 자동 제한 차동장치(LSD; limited slip differential gear system)

차동장치를 설치한 자동차는 울퉁불퉁한 노면을 주행할 경우 양 구동바퀴에 작용하는 저항이 동일하지 않기 때문에 차동장치가 작동하여 주행중 꼬리 흔들림 운동(fish tail motion)이 발생하기 쉽고, 선회할 경우 바퀴가 공회전 하기 쉽다. 이러한 단점을 보완한 장치가 자동제한 차동장치이다.

자동 차동 제한장치의 종류에는 논 슬립(non-slip)형식과 논 스핀(non-spin)형식이 있으며, 특징은 다음과 같다.

① 미끄러운 노면에서 출발이 쉽다.
② 미끄럼이 방지되어 타이어 수명을 연장할 수 있다.
③ 고속으로 직진 주행을 할 때 안전성이 좋다.
④ 요철 노면을 주행할 때 뒷부분의 흔들림을 방지할 수 있다.

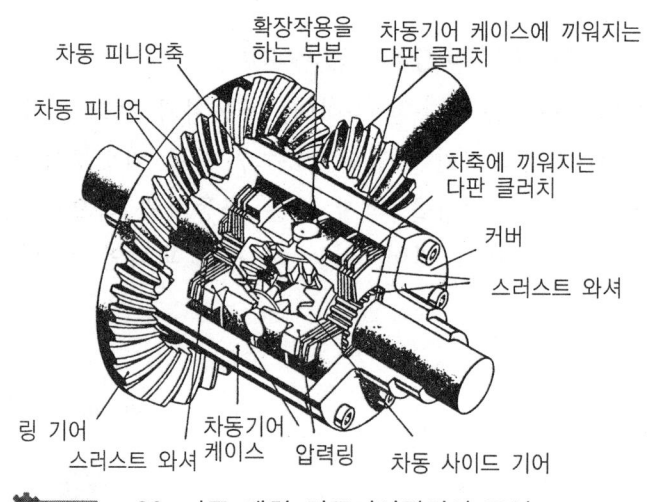

그림 26. 자동 제한 차동기어장치의 구성도

2.6.4. 뒷바퀴 구동방식의 뒤차축 지지방식

[1] 전부동식

안쪽은 차동 사이드기어와 스플라인으로 결합되고, 바깥쪽은 차축허브와 결합되어 차축허브에 브레이크 드럼과 바퀴가 설치된 형식으로 바퀴를 빼지 않고도 차축을 뺄 수 있다.

[2] 반부동식

구동바퀴가 직접 차축에 설치되며, 차축의 안쪽은 차동 사이드기어와 스플라인으로 결합되고, 바깥쪽은 리테이너로 고정시킨 허브 베어링으로 결합되므로 내부 고정 장치를 풀지 않고는 차축을 빼낼 수 없다.

[3] 3/4부동식

차축 바깥쪽 끝에 차축허브를 두며, 차축 하우징에 1개의 베어링을 두고 허브를 지지한다.

2.7. 4WD(4륜 구동)

기관의 회전력을 앞뒤 바퀴로 분배하는 transfer case에 의해서 앞뒤 바퀴를 동시에 구동하며 눈길, 빙판길, 급경사길, 모래 및 진흙탕길에서 큰 동력을 필요로 하는 곳에 구동력이 앞뒤 바퀴로 적절히 분배되어 구동바퀴와 노면과의 마찰이 작아져 주행안정성 확보 및 주파성이 향상되는 구동방식이다.

2.8. 친환경 동력전달장치(액티브 에코 드라이브 시스템의 변속기 제어)

액티브 에코 드라이브 시스템은 부분부하 운전영역에서 기관의 회전력 저하로 인한 업 시프트(up shift)변속으로 주행속도를 낮추며, 낮은 기관 회전속도로 주행할 수 있도록 업 시프트를 빠르게 하여 연료소비율을 개선한다. 또 불필요한 다운 시프트(down shift)를 방지하여 높은 기관의 회전속도로 주행하는 것을 제한한다. 그리고 가속이 필요한 영역에서는 킥 다운(kick down)을 허용하여 가속성능을 확보한다.

3. 현가 및 조향장치

3.1. 일반 현가장치

차축과 차체를 연결하여 주행중에 차축이 노면으로부터 받는 진동이나 충격을 차체에 직접 전달하지 않도록 하여 차체와 화물의 손상을 방지하고 승차감이 향상된다.

3.1.1. 현가장치의 구성

노면의 충격을 완화하는 섀시스프링, 섀시스프링의 자유진동을 제어 승차감 향상시키는 Shock absorber(충격 흡수기), 롤링을 방지하는 스태빌라이저(Stabilizer)와 고무부싱 등으로 구성된다.

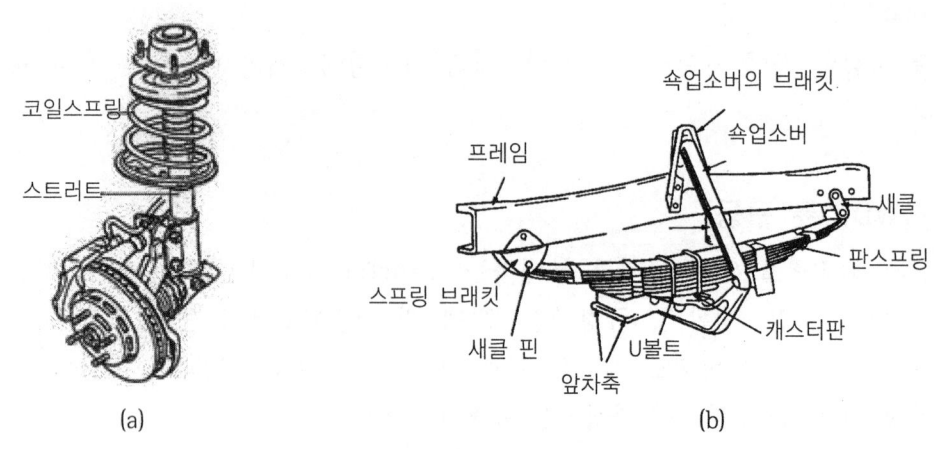

그림 → 27. 현가장치의 구성도

[1] 스프링(spring)

자동차에서 사용하는 스프링에는 판스프링, 코일스프링, 토션바 스프링 등의 금속제 스프링과 고무스프링, 공기스프링 등 비금속제 스프링이 있다.

[2] 토션바(torsion bar) 스프링

토션바 스프링은 비틀었을 때 탄성에 의해 원위치 하려는 성질을 이용한 스프링 강의 막대이며, 단위 중량당 에너지 흡수율이 가장 크기 때문에 가볍게 할 수 있고, 구조가 간단하다. 스프링의 힘은 바(bar)의 길이와 단면적에 따라 결정된다. 코일스프링과 같이 진동의 감쇠작용이 없어 쇽업소버를 병용해야 한다.

[3] 쇽업소버(shock absorbor)

쇽업소버는 도로면에서 발생한 스프링의 진동을 신속하게 흡수하여 승차감각을 향상시키고 동시에 스프링의 피로를 감소시키기 위해 설치하는 기구이다. 또 이것에 의해 고속주행 요건의 하나인 로드홀딩(road holding)도 현저히 향상된다.

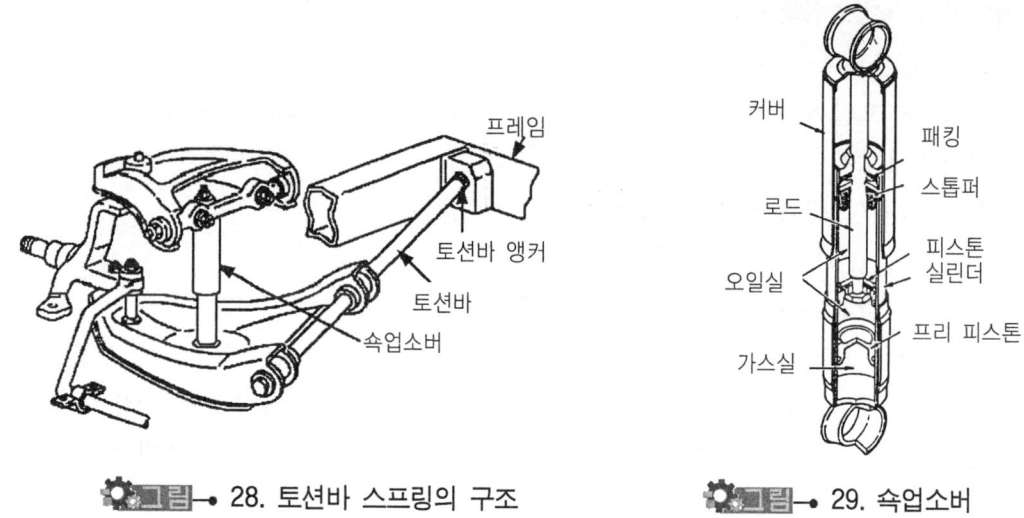

그림 28. 토션바 스프링의 구조   그림 29. 쇽업소버

[4] 드가르봉형 쇽업소버

(1) 드가르봉형 쇽업소버의 구조와 작동

드가르봉형 쇽업쇼버 유압식의 일종으로 프리 피스톤을 설치하고 위쪽에 오일이 내장되어 있고, 프리 피스톤 아래에는 30kgf/cm²의 고압 질소가스가 들어있다. 쇽업소버의 작동이 정지되면 프리 피스톤 아래쪽의 질소가스가 팽창하여 프리 피스톤을 압상시키므로 오일실의 오일이 가압(加壓)되며, 비포장도로에서 심한 충격을 받았을 때 캐비테이션에 의한 감쇠력의 차이가 적다.

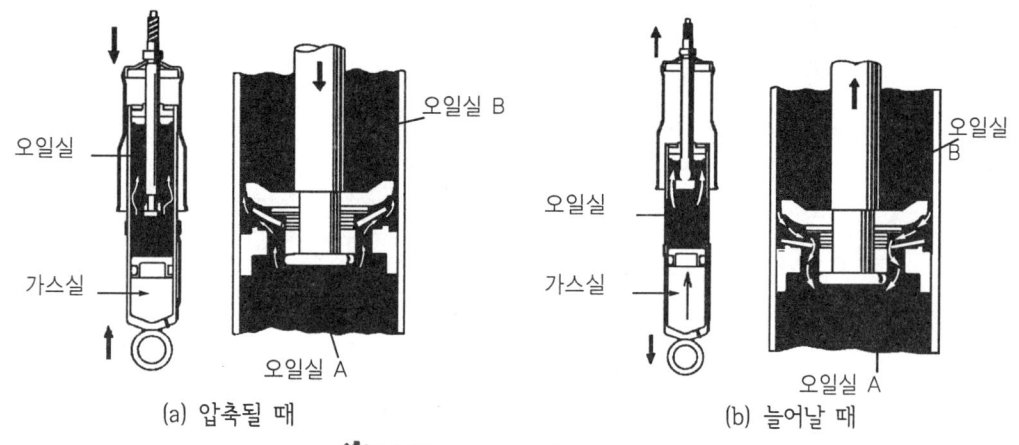

(a) 압축될 때   (b) 늘어날 때

그림 30. 드가르봉형의 작동

(2) 드가르봉형 쇽업소버의 특징
① 구조가 간단하다.
② 작동할 때 오일에 기포가 없어 장시간 작동하여도 감쇠효과의 감소가 적다.
③ 실린더가 1개이므로 냉각성능이 크다.
④ 내부에 압력이 걸려 있어 분해하는 것은 위험하다.

[5] 스태빌라이저(stabilizer)
  스태빌라이저는 토션바 스프링의 일종으로 양끝은 좌·우의 컨트롤 암에 연결되고, 중앙부분은 차체에 설치되어 커브 길을 선회할 때 차체가 롤링(rolling ; 좌우 진동)하는 것을 방지한다. 즉 차체의 기울기를 감소시켜 평형을 유지하는 기구이다.

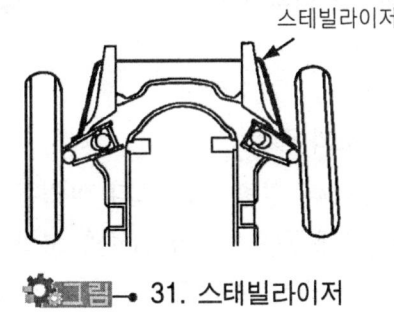

그림 31. 스태빌라이저

3.1.2. 현가장치의 분류

[1] 일체차축 현가장치의 특징
① 부품 수가 적어 구조가 간단하다.
② 선회할 때 차체의 기울기가 적다.
③ 스프링 밑 질량이 커 승차감이 불량하다.

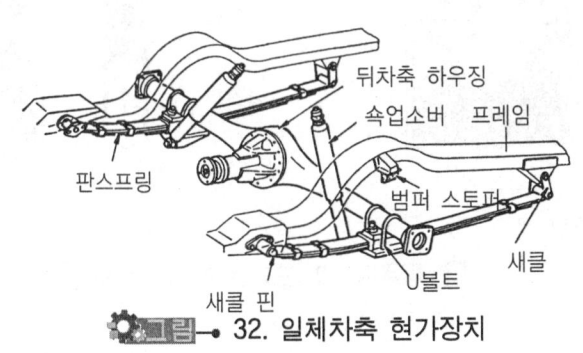

그림 32. 일체차축 현가장치

④ 앞바퀴에 시미(shimmy)가 발생하기 쉽다.
⑤ 평행 판스프링 형식에서는 스프링 정수가 너무 적은 것은 사용하기 어렵다.

[2] 독립현가장치

(1) 독립현가장치의 특징

① 스프링 밑 질량이 작아 승차감이 좋다.
② 바퀴의 시미(shimmy)현상이 적으며, 로드홀딩(road holding)이 우수하다.
③ 스프링 정수가 작은 것을 사용할 수 있다.
④ 구조가 복잡하므로 값이나 취급 및 정비 면에서 불리하다.
⑤ 볼 이음부분이 많아 그 마멸에 의한 휠 얼라인먼트(wheel alignment)가 틀려지기 쉽다.
⑥ 바퀴의 상하운동에 따라 윤거(tread)나 휠 얼라인먼트가 틀려지기 쉬워 타이어 마멸이 크다.

(2) 독립현가장치의 분류

1) 위시본형식

위·아래 컨트롤 암, 조향너클, 코일스프링 등으로 구성되어 있어 바퀴가 스프링에 의해 완충되면서 상하운동을 하도록 되어 있다. 이 형식은 위·아래 컨트롤 암의 길이에 따라 캠버나 윤거가 변화된다. 종류에는 위·아래 컨트롤 암의 길이에 따라 평행사변형 형식과 SLA형식이 있다. 위시본 형식은 스프링이 피로하거나 약해지면 바퀴의 윗부분이 안쪽으로 움직여 부의 캠버가 된다.

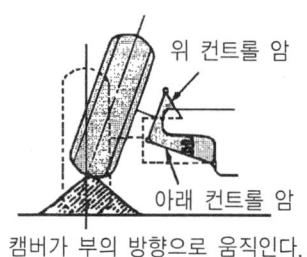
(a) SLA형식

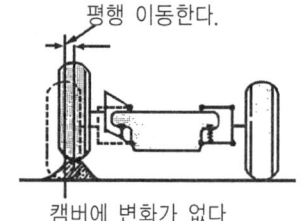
(b) 평행사변형 형식

그림 33. 위시본형식의 종류

2) 맥퍼슨형식

조향너클과 일체로 되어 있으며, 쇽업소버가 내부에 들어 있는 스트럿(strut ; 기둥) 및 볼 이음, 현가 암, 스프링으로 구성되어 있다. 스트럿 위쪽에는 현가 지지를 통하여 차체에 설치되며, 현가 지지에는 스러스트 베어링(thrust bearing)이 들어 있어 스트럿이 자유롭게 회전할 수 있다. 그리고 아래쪽에는 볼 이음을 통하여 현가 암에 설치되어 있다.

① 구조가 간단하고, 구성부품이 적어 마멸되거나 손상되는 부분이 적고 정비가 쉽다.
② 스프링 밑 질량이 적어 로드홀딩이 우수하다.
③ 기관 룸의 유효체적을 넓게 할 수 있고, 승차감이 향상된다.

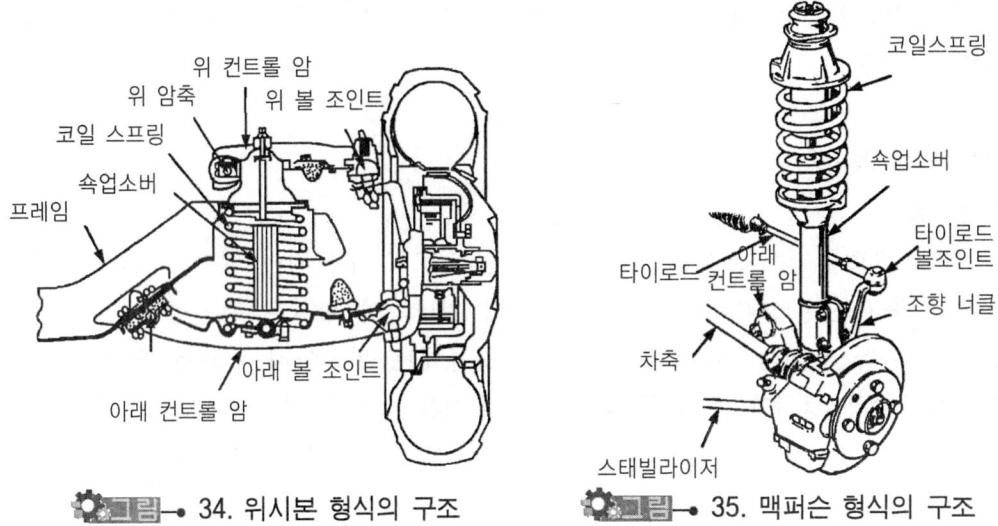

그림 34. 위시본 형식의 구조   그림 35. 맥퍼슨 형식의 구조

[3] 공기스프링의 특징

① 고유진동을 낮게 할 수 있다. 즉 스프링 효과를 유연하게 할 수 있다.
② 하중이 변해도 자동차 높이를 일정하게 유지할 수 있다.
③ 스프링 세기가 하중에 거의 비례해서 변화되므로 짐을 실을 때나 빈차일 때의 승차감은 별로 달라지지 않는다.
④ 공기스프링 그 자체에 감쇠성이 있어 작은 진동을 흡수하는 효과가 있다.

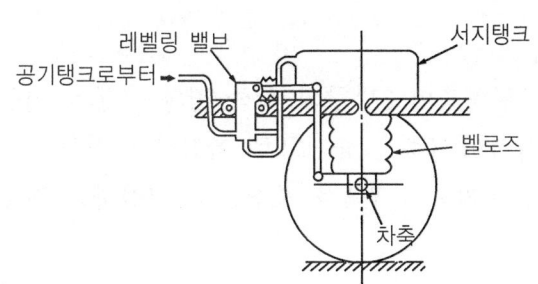

그림 36. 공기 현가장치의 구조

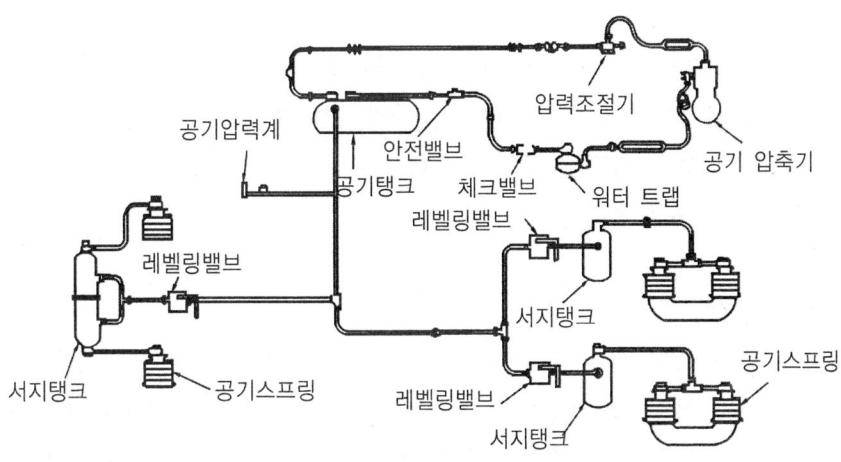

그림 37. 공기 현가장치의 구성도

3.1.3. 자동차 진동

[1] 스프링 위 질량의 진동

① 바운싱 : 차체가 축 방향과 평행하게 상하 방향으로 운동을 하는 고유진동이다.
② 피칭 : 차체가 Y축을 중심으로 앞뒤 방향으로 회전운동을 하는 고유진동이다.
③ 롤링 : 차체가 X축을 중심으로 좌우 방향으로 회전운동을 하는 고유진동이다.
④ 요잉 : 차체가 Z축을 중심으로 회전운동을 하는 고유진동이다.

(a) 위 질량의 진동   (b) 아래 질량 진동

그림 38. 스프링 질량의 진동

[2] 스프링 아래 질량 진동
  ① 휠 홉(wheel hop) : 뒤차축이 Z방향의 상하 평행 운동을 하는 진동
  ② 트램프(tramp) : 뒤차축이 X축을 중심으로 회전하는 진동
  ③ 와인드업(wind up) : 뒤차축이 Y축을 중심으로 회전하는 진동

3.1.4. 차체 진동수와 승차감

[1] 차체진동
  ① 스프링의 특성(딱딱하다, 부드럽다)을 나타낸다.
  ② 같은 스프링이라도 자동차의 질량에 따라 변화한다.
  ③ 진동수가 작을수록 딱딱한 스프링이다.
  ④ 분당 진동수로 표시한다.

[2] 진동수와 승차감
   멀미나 피로를 느끼는 것은 자동차의 이상진동이 사람의 뇌에 작용하여 자율신경에 영향을 미치기 때문이며 일반적으로 60~70cycle/min의 상하진동할 때 가장 좋은 승차감 120cycle/min을 넘으면 딱딱해지고, 45cycle/min 이하에서는 멀미가 나타난다.
  ① 걸어가는 경우 : 60~70cycle/min
  ② 뛰어가는 경우 : 120~160cycle/min
  ③ 양호한 승차감 : 60~120cycle/min
  ④ 멀미를 느끼는 경우 : 45cycle/min 이하
  ⑤ 딱딱한 느낌의 경우 : 120cycle/min 이상

3.2. 전자제어 현가장치(ECS : electronic control suspension)

  ECU, 센서, 액추에이터 등을 자동차에 설치 하고 노면의 상태, 주행조건, 운전자의 선택 등과 같은 요소에 따라서 자동차의 높이(차고)와 현가특성(스프링 상수 및 감쇠력)이 ECU에 의해 자동적으로 제어되는 현가장치이다.

3.2.1. 전자제어 현가장치의 장점
  ① 급제동할 때 노스다운(nose down)을 방지한다.
  ② 급선회할 때 원심력에 대한 차체의 기울어짐을 방지한다.
  ③ 도로면으로부터의 자동차 높이를 제어할 수 있다.

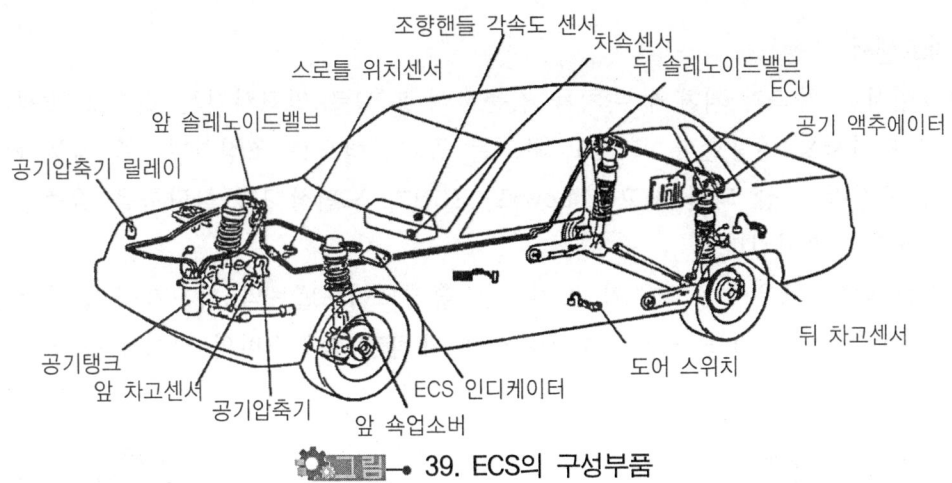
그림 39. ECS의 구성부품

④ 도로면의 상태에 따라 승차감각을 제어할 수 있다.

3.2.2. 전자제어 현가장치의 기능

① 차고(차량 높이) 조정
② 스프링 상수와 댐핑력의 선택(쇽업소버의 감쇠력 제어가 가능하다.)
③ 주행조건 및 노면상태 적응
④ 조종안정성과 승차감의 불균형 해소

3.2.3. 전자제어 현가장치의 주요 구성품

[1] ECU으로 입력되는 신호

ECU로 입력되는 신호에는 스로틀 위치 센서, 조향 휠 각속도 센서, 차속센서, 차고센서, 전조등 릴레이, 발전기 L 단자, 제동등 스위치, 도어 스위치 등이다.

[2] 차속 센서

스프링 정수 및 감쇠력 제어에 이용하기 위해 주행속도를 검출한다.

[3] 조향 휠 각속도 센서

조향휠 각속도 센서는 선회할 때 차체의 기울어짐을 방지 한다.

[4] 스로틀 위치 센서

스프링의 정수와 감쇠력 제어를 위해 급 가감속의 상태를 검출한다.

[5] 차고센서

차고센서는 차축과 차체의 위치를 검출하여 ECU로 입력시키는 것으로 발광 다이오드와 포토센서를 이용한다. 그리고 차고는 공기압력으로 조정한다. 즉 자동차의 주행속도가 규정값 이상 되면 차고는 Low로, ECU가 노면상태가 불량함을 검출한 경우에는 High로 변환시킨다.

차고를 높일 경우에는 ECU가 공기공급 솔레노이드밸브와 차고제어 공기밸브를 열어 공기실에 압축공기를 공급하여 공기실의 체적과 쇽업소버의 길이를 증가시킨다.

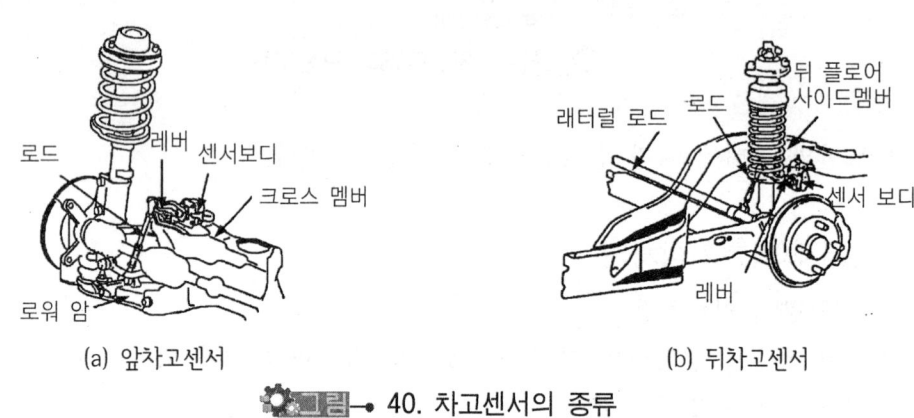

(a) 앞차고센서   (b) 뒤차고센서

그림 40. 차고센서의 종류

[6] G(gravity)센서

G센서는 차체의 바운싱에 대한 정보를 ECU로 입력시키는 일을 하며, 피에조 저항형 센서를 사용한다.

3.2.4. 전자제어 현가장치의 제어기능

[1] 앤티 쉐이크 제어(anti-shake control)

사람이 자동차에 승·하차할 때 하중의 변화에 따라 차체가 흔들리는 것을 쉐이크라 하며, 주행속도를 감속하여 규정 속도 이하가 되면 ECU는 승·하차에 대비하여 쇽업소버의 감쇠력을 Hard로 변환시킨다. 기준신호는 차속센서이다.

[2] 앤티 다이브 제어(Anti-dive control)

브레이크 액압 스위치와 차속센서를 기준신호로 주행 중에 급제동을 하면 차체의 앞쪽은 낮아지고, 뒤쪽이 높아지는 노스다운(nose down)현상을 제어한다.

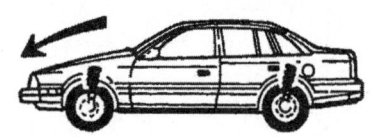
그림 41. 앤티 다이브 제어

그림 42. 앤티 스쿼트 제어

[3] 앤티 스쿼트 제어(Anti-squat control)

　차속센서와 스로틀 위치 센서를 기준신호로 급출발 또는 급가속을 할 때에 차체의 앞쪽은 들리고, 뒤쪽이 낮아지는 노스 업(nose-up)현상을 제어한다.

[4] 앤티 피칭 제어(Anti - Pitching control)

　요철노면을 주행할 때 차고의 변화와 주행속도를 고려하여 쇽업소버의 감쇠력을 증가시킨다.

[5] 앤티 바운싱 제어(Anti-bouncing control)

　차체의 바운싱은 G센서가 검출하며, 바운싱이 발생하면 쇽업소버의 감쇠력은 Soft에서 Medium이나 Hard로 변환된다.

[6] 앤티 롤링 제어(Anti-rolling control)

　선회할 때 자동차의 좌우방향으로 작용하는 횡가속도를 G센서로 검출하여 제어한다.

[7] 차속감응 제어(vehicle speed control)

　자동차가 고속으로 주행할 때에는 차체의 안정성이 결여되기 쉬운 상태이므로 쇽업소버의 감쇠력은 Soft에서 Medium이나 Hard로 변환된다.

3.3. 일반 조향장치

　애커먼 장토식의 원리를 이용한 것으로 조향각이 같은 바퀴의 knuckle arm과 tie rod를 개량하므로서 킹핀(바퀴가 회전하는 기본 중심축)의 중심과 타이로드 양끝을 잇는 연장선이 뒷차축의 중심에 마주치도록 링크 기구를 배치한 구조로 앞뒤바퀴는 어떤 선회상태에서도 중심이 일치되는 원 즉 동심원을 그리게 된다.

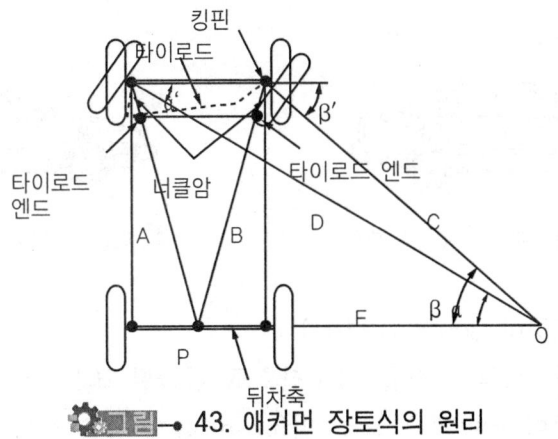

그림 43. 애커먼 장토식의 원리

3.3.1. 자동차의 조향특성

자동차 조향휠의 회전각도를 일정하게 유지한 상태에서 일정속도로 주행하면 자동차는 선회반경이 일정한 원운동을 하며 다음의 특성을 가지고 있다.

① 언더 스티어(under steer) : 가속시 처음의 궤적에서 이탈 바깥쪽으로 벌어짐
② 오버 스티어(over steer) : 안쪽으로 감겨 들어감
③ 정상(neutral steer) : 그대로 같은 궤적을 형성

일반적인 승용차는 완만한 언더 스티어 조향특성을 갖도록 설계되어 있다.

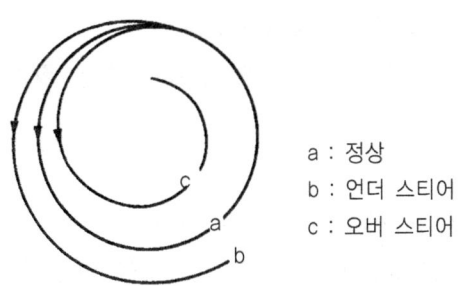

a : 정상
b : 언더 스티어
c : 오버 스티어

그림 44. 자동차의 조향특성

[1] 최소 회전반경 산출 공식

$$R = \frac{L}{\sin\alpha} + r$$

R : 최소회전반경(m), L : 축거(m)
$\sin\alpha$: 바깥쪽 앞바퀴의 조향각도, r : 킹핀과 바퀴 접지 면과의 거리(m)

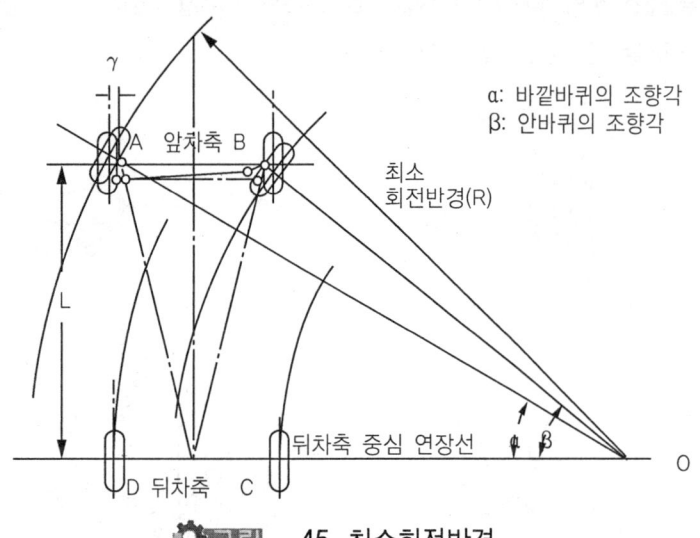

그림 45. 최소회전반경

3.3.2. 조향장치의 구비조건

① 조향조작이 주행 중의 충격에 영향을 받지 않을 것
② 조작이 쉽고, 방향변환이 원활하게 행해질 것
③ 회전 반지름이 작아서 좁은 곳에서도 방향변환을 할 수 있을 것
④ 진행방향을 바꿀 때 섀시 및 차체 각 부분에 무리한 힘이 작용되지 않을 것
⑤ 고속주행에서도 조향핸들이 안정 될 것
⑥ 조향핸들의 회전과 바퀴선회 차이가 크지 않을 것
⑦ 수명이 길고 다루기나 정비하기가 쉬울 것

3.3.3. 조향장치의 구조

[1] 조향핸들(steering wheel)

조향핸들은 조향축에 테이퍼(taper)나 세레이션(serration) 홈에 끼우고 너트로 고정시킨다.

[2] 조향 축의 종류

① 틸트 방식(tilt type) : 조향 축의 설치각도를 조정할 수 있는 방식이다.
② 텔레스코핑 방식(telescoping type) : 조향 축을 축 방향으로 이동시킬 수 있어 길이를 조정할 수 있는 방식이다.

③ 틸트와 텔레스코핑 방식(tilt type & telescoping type) : 조향 축의 설치각도와 길이를 조정할 수 있는 방식이다.

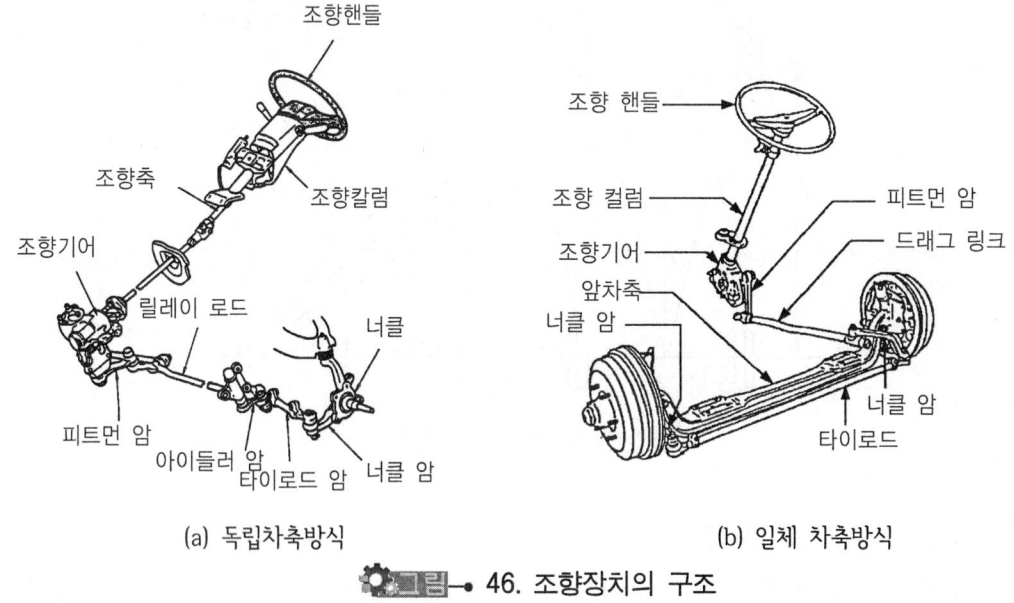

(a) 독립차축방식   (b) 일체 차축방식

그림 46. 조향장치의 구조

[3] 조향기어(steering gear)

조향기어의 종류에는 웜 섹터형식, 웜 섹터 롤러형식, 볼-너트형식, 웜-핀 형식, 스크루-너트형식, 스크루-볼 형식, 래크와 피니언 형식 등이 있다.

$$조향\ 기어비 = \frac{조향핸들이\ 움직인\ 각도}{피트먼암이\ 움직인\ 각도}$$

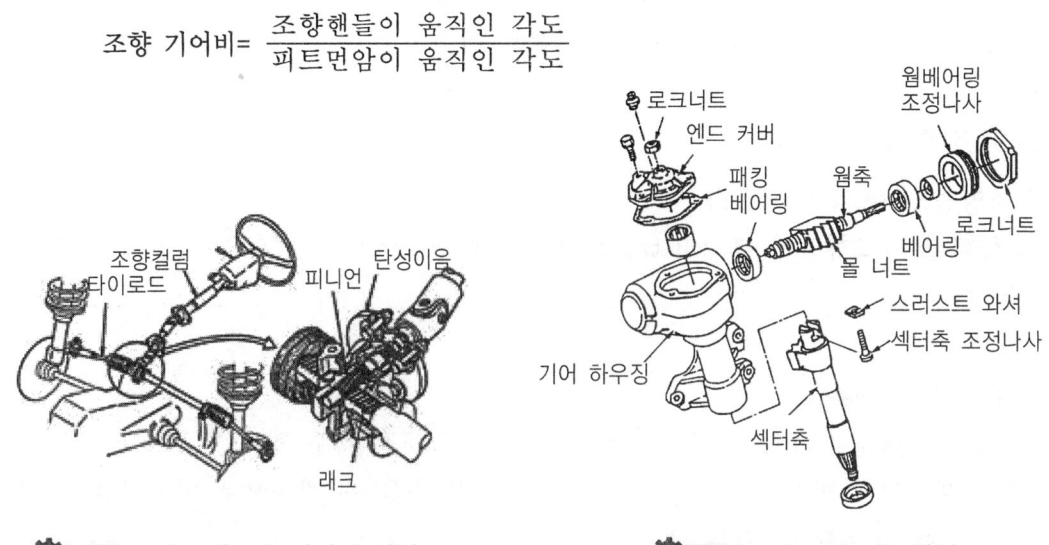

그림 47. 래크와 피니언 형식   그림 48. 볼-너트형식

(1) 조향기어의 방식
   ① 가역식 : 앞바퀴로도 조향핸들을 움직일 수 있는 방식
   ② 비가역식: 조향핸들로 앞바퀴를 움직일 수 있으나 그 역으로는 움직일 수 없는 방식
   ③ 반가역식 : 가역식과 비가역식의 중간 성질을 지니고 있는 방식

[4] 피트먼 암(pitman arm)
　　피트먼 암은 조향핸들의 움직임을 일체차축 방식 조향기구에서는 드래그링크로, 전달하는 것이다.

[5] 드래그링크(drag link)
　　드래그링크는 일체차축 방식 조향기구에서 피트먼 암과 조향너클 암(제3암)을 연결하는 로드이며, 드래그링크는 앞바퀴의 상하운동으로 피트먼 암을 중심으로 한 원호운동을 한다.

[6] 타이로드(tie-rod)
　　타이로드는 조향너클 암의 움직임을 반대쪽의 너클 암으로 전달하여 양쪽 바퀴의 관계를 바르게 유지시킨다. 또 타이로드의 길이를 조정하여 토인(toe-in)을 조정할 수 있다.

[7] 조향너클 암(knuckle arm ; 제3암)
　　조향너클 암은 일체차축 방식 조향기구에서 드래그링크의 운동을 조향너클로 전달하는 기구이다.

[8] 일체차축 방식의 앞차축
   ① 엘리옷형(elliot type) : 앞차축 양끝 부분이 요크(yoke)로 되어 있으며, 이 요크에 조향너클이 설치되고 킹핀은 조향 너클에 고정된다.
   ② 역 엘리옷형(revers elliot type) : 조향너클에 요크가 설치된 것이며, 킹핀은 앞차축에 고정되고 조향너클과는 부싱을 사이에 두고 설치된다.
   ③ 마몬형(marmon type) : 앞차축 윗부분에 조향너클이 설치되며, 킹핀이 아래쪽으로 돌출되어 있다.

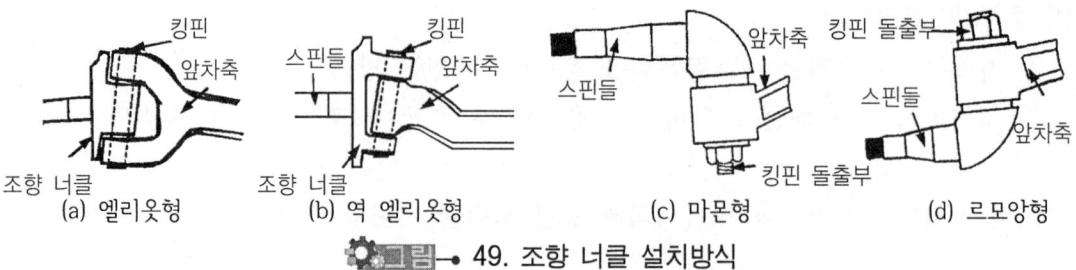

그림 49. 조향 너클 설치방식

④ 르모앙형(lemoine type) : 앞차축 아랫부분에 조향너클이 설치되며, 킹핀이 위쪽으로 돌출되어 있다.

3.4. 전자제어 조향장치

기존의 유압식 조향장치는 자동차의 저속주행 및 주차시에 운전자가 조향핸들에 가하는 조향력을 덜어 주기위해 유압에너지를 이용하는 방식을 사용하였다. 즉, 기존의 일반 조향장치에서 발생되었던 저속주행 및 주차시의 조향력 증가문제는 해결하였으나 고속주행 중 노면과의 접지력 저하에 따른 조향휠의 답력이 가벼워지는 문제는 해결할 수 없었다.

바로 이와 같은 고속주행 중 노면과의 접지력 저하로 인해 발생되는 조향핸들의 조향력 감소문제를 해결하고자 전자제어 조향장치(EPS ; electronic control power steering)가 개발되었다.

3.4.1. 동력조향장치

기관의 동력으로 유압펌프를 작동하여 유압펌프의 배력작용을 이용함으로서 운전자의 조향핸들 조작력을 감소시키는 장치이다.

[1] 동력 조향장치의 특징
① 작은 조작력으로 조향이 가능
② 조향기어비를 자유로이 선정
③ 노면으로 부터의 충격으로 인한 조향핸들의 Kick Back(툭치는 현상)을 방지
④ 앞바퀴의 시미(Shimmy;흔들림) 현상을 감소하는 효과

[2] 동력조향장치 분류
(1) 링키지형 : 승용차에 사용
동력 실린더를 조향 링키지 중간에 설치한 형식
① 조합형(combined type) : 동력실린더와 제어밸브가 일체
② 분리형(separate type) : 동력실린더와 제어밸브가 분리

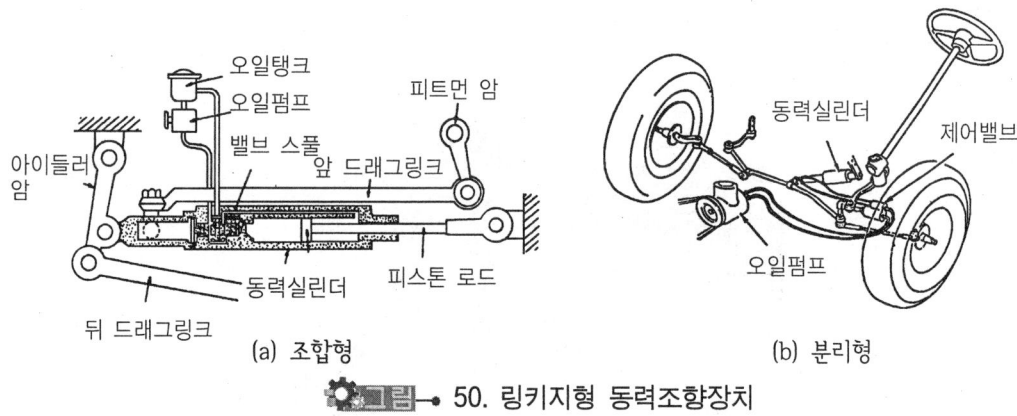

그림 50. 링키지형 동력조향장치

(2) 일체형(내장형) : 대형차량
동력실린더를 조향기어 박스 내에 설치한 형식
① 인라인형(in-line type) : 조향기어 박스 상부와 하부를 동력 실린더로 사용
② 오프셋형(off-set type) : 동력 발생기구를 별도로 설치

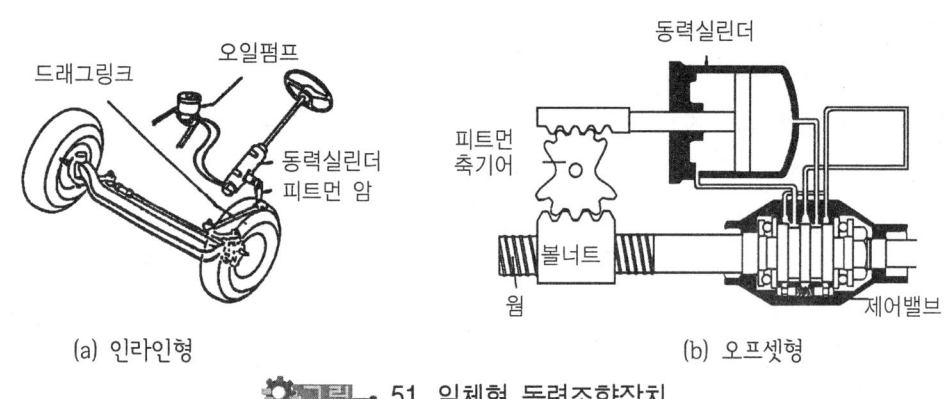

그림 51. 일체형 동력조향장치

[3] 동력조향장치 주요부
① 작동부(power cylinder) : 동력실린더에 해당하며, 보조력을 발생하는 부분이다.

② 제어부(control valve) : 제어밸브에 해당하며, 동력부와 작동부 사이의 오일통로를 제어한다.
  -안전체크 밸브 : 제어밸브 속에 내장되어 있으며 기관이 정지되었을 때, 오일펌프의 고장 및 회로에서의 오일 유출 등의 원인으로 유압이 발생되지 못할 때 조향핸들의 작동을 수동으로 해줄 수 있는 장치이다.
③ 동력부(power source) : 오일펌프에 해당하며, 벨트로 구동되며 유압을 발생한다.

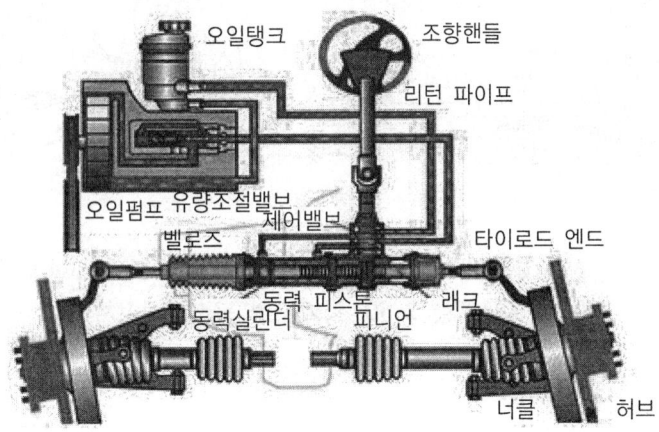

그림 52. 동력조향장치의 구조

3.4.2. 전자제어 조향장치(유압제어 방식)

[1] 전자제어 조향장치의 특성
① 공전과 저속에서 조향핸들 조작력이 가볍다.
② 중속 이상에서는 차량속도에 감응하여 조향핸들 조작력을 변화시킨다.
③ 급선회 조향에서 추종성을 향상시킨다.
④ 솔레노이드밸브로 스로틀 면적을 변화시켜 오일탱크로 복귀되는 오일량을 제어한다.
⑤ 차속감응 기능, 주차 및 저속주행에서 조향조작력 감소기능, 롤링 억제기능 등이 있다.

[2] 전자제어 조향장치의 종류
① 회전수 감응식 : 기관의 회전수에 따라 조향력을 변화시키는 형식이다.

② 차속 감응식 : 자동차의 차속에 따라 조향력을 변화시키는 방식이다.
③ 유량제어식 : 유량을 제어 또는 바이패스에 의해 동력 실린더로 가해지는 유압을 변화시키는 형식이다.
④ 반력 제어식 : 제어밸브의 열림을 직접 조절하여 동력 실린더에 가해지는 유압을 변화시키는 형식이다.

[3] 전자제어 조향장치의 구조
① ECU : 차속센서, 스로틀위치 센서, 조향핸들 각속도 센서로부터 정보를 입력받아 유량제어 솔레노이드밸브의 전류를 듀티 제어한다.
② 차속센서 : ECU가 주행속도에 따른 최적의 조향조작력으로 제어할 수 있도록 주행속도를 입력한다.
③ 스로틀위치 센서 : 가속페달을 밟은 양을 검출하여 컴퓨터에 입력시켜 차속센서의 고장을 검출하기 위해 사용된다.
④ 조향핸들 각속도 센서 : 조향각속도를 검출하여, 중속 이상 조건에서 급조향할 때 발생되는 순간적 조향핸들 걸림 현상인 캐치 업(catch up)을 방지하여 조향 불안감을 해소하는 역할을 한다.

> **알아두기**
> 동력조향장치의 오일압력 스위치의 배선이 단선되면 공회전에서 조향핸들을 작동시켰을 때 시동이 꺼지기 쉽다.

3.4.3. 전동방식 동력 조향장치

전동방식 동력조향 장치는 자동차의 주행속도에 따라 조향핸들의 조향조작력을 전자제어로 전동기를 구동시켜 주차 또는 저속으로 주행할 때에는 조향조작력을 가볍게 해주고, 고속으로 주행할 때에는 조향조작력을 무겁게 하여 고속주행 안정성을 운전자에게 제공한다.

[1] 전동방식 동력 조향장치의 장점
① 연료소비율이 향상되고, 에너지 소비가 적으며, 구조가 간단하다.
② 유압제어장치가 없어 환경 친화적이다.
③ 기관의 가동이 정지된 때에도 조향조작력 증대가 가능하다.
④ 조향특성 튜닝(tuning)이 쉽다.

⑤ 기관실 레이아웃(ray-out) 설정 및 모듈화가 쉽다.

[2] 전동방식 동력 조향장치의 단점
① 전동기의 작동소음이 크고, 설치 자유도가 적다.
② 유압방식에 비하여 조향핸들의 복원력 낮다.
③ 조향조작력의 한계 때문에 중·대형자동차에는 사용이 불가능하다.
④ 조향성능을 향상시키고 관성력이 낮은 전동기의 개발이 필요하다.

[3] 전동방식 동력 조향장치의 종류
① 칼럼 구동방식 : 전동기를 조향칼럼 축에 설치하고 클러치, 감속기구(웜과 웜기어) 및 조향조작력 센서 등을 통하여 조향조작력 증대를 수행한다.
② 피니언 구동방식 : 전동기를 조향기어의 피니언 축에 설치하여 클러치, 감속기구(웜과 웜기어) 및 조향조작력 센서 등을 통하여 조향조작력 증대를 수행한다.
③ 래크 구동방식 : 전동기를 조향기어의 래크 축에 설치하고 감속기구(볼 너트와 볼 스크루) 및 조향조작력 센서 등을 통하여 조향조작력 증대를 수행한다.

3.4.4. 4륜 조향장치(4WS)

[1] 목적
① 저속 주행시에 역위상 조향(앞바퀴의 조향방향과 뒷바퀴의 조향방향이 반대인 조향)을 하여 선회반경을 적게한다.
② 중고속시 동위상 조향(앞바퀴의 조향방향과 뒷바퀴의 조향방향이 동일방향인 조향)을 하여 고속에서의 차선변경과 선회시의 조향 안정성을 향상시킨다.

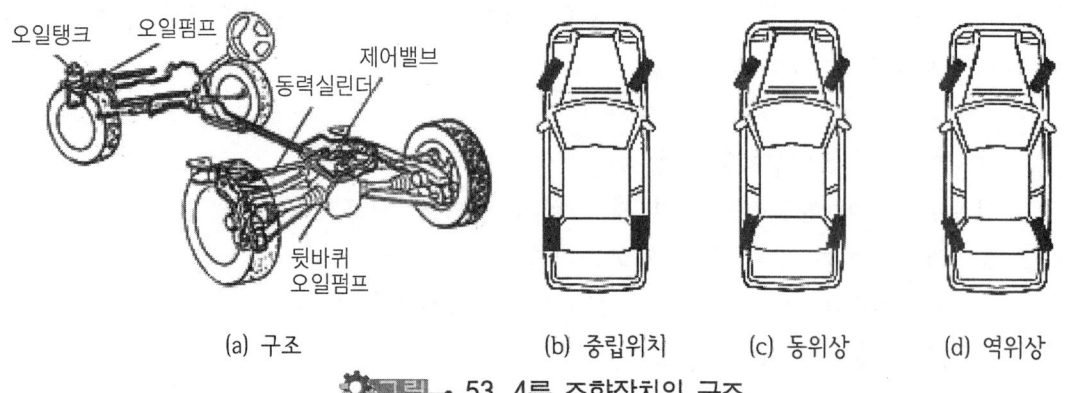

(a) 구조   (b) 중립위치   (c) 동위상   (d) 역위상

그림 53. 4륜 조향장치의 구조

[2] 적용효과
① 고속에서 직진성능이 향상된다.
② 차로(차선)변경이 용이하다
③ 경쾌한 고속선회가 가능하다.
④ 저속회전에서 최소회전 반지름이 감소한다.
⑤ 주차할 때 일렬 주차가 편리하다.
⑥ 미끄러운 도로를 주행할 때 안정성이 향상된다.

3.5. 휠 얼라인먼트(wheel alignment)
3.5.1. 휠 얼라인먼트의 요소

캠버, 캐스터, 토인, 킹핀 경사각, 선회할 때의 토 아웃 등이 있으며, 작용은 다음과 같다.
① 조향핸들의 조작을 확실하게 하고 안전성을 준다.
② 조향핸들에 복원성을 부여한다.
③ 조향핸들의 조작력을 가볍게 한다.
④ 타이어 마멸을 최소로 한다.

3.5.2. 캠버(camber)

자동차를 앞에서 보았을 때 수직선에 대하여 바퀴의 중심선이 경사되어 있는 것을 말한다. 캠버각은 보통 +0.5°~+1.5°이다.

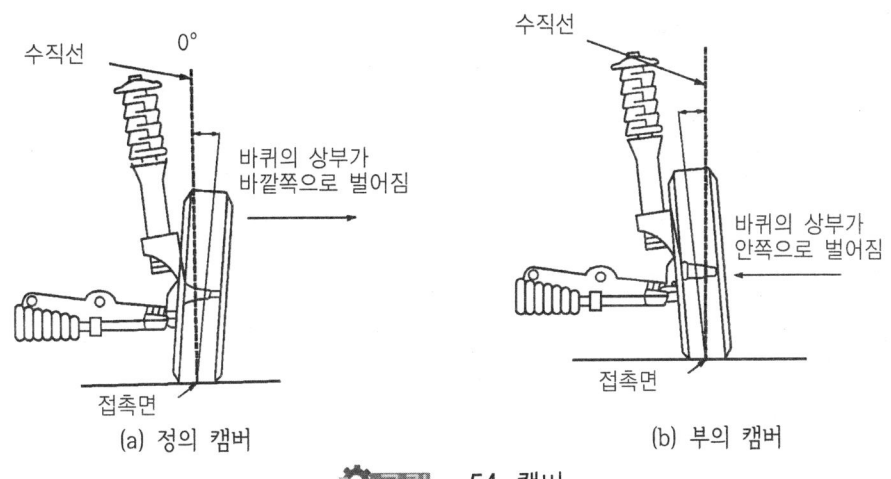

그림 54. 캠버

[1] 캠버의 필요성
① 수직방향의 하중에 의한 앞차축의 휨을 방지한다.
② 킹핀 경사각과 함께 조향핸들의 조작을 가볍게 한다.
③ 차량의 하중과 타이어의 접지부분의 반작용으로 타이어의 아래쪽(폭)이 바깥쪽으로 벌어지려 하므로 정의 캠버를 둔다.

2.5.3. 캐스터(caster)

자동차의 앞바퀴를 옆에서 보면 독립차축 방식에서는 위·아래 볼 이음을 연결하는 조향축(일체차축 방식에서는 조향너클과 앞차축을 고정하는 킹핀)이 수직선과 어떤 각도를 두고 설치되는데 이를 캐스터라 하며 보통 +1°~+3°이다.

[1] 캐스터의 필요성
① 주행 중 조향바퀴에 방향성을 부여한다.
② 조향하였을 때 직진방향으로의 복원력을 준다.

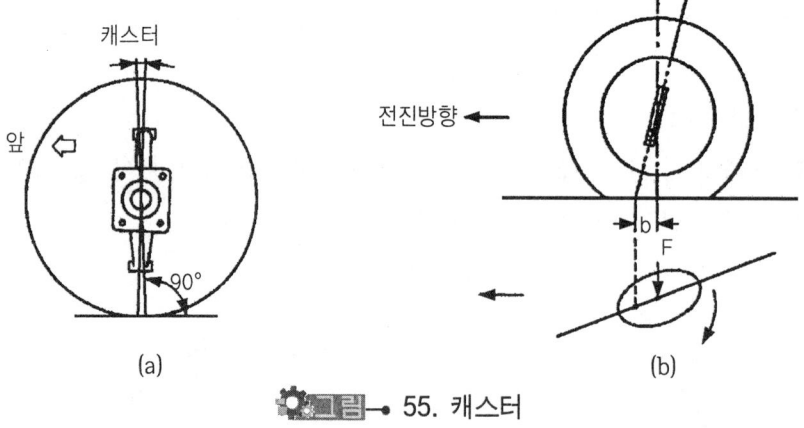

그림 55. 캐스터

3.5.4. 토인

앞바퀴를 위에서 보면 양쪽 바퀴 중심선간의 거리가 그 앞쪽이 뒤쪽보다 작게 되어 있는데 이를 토인이라 하며, 필요성은 다음과 같다.
① 앞바퀴를 평행하게 회전시킨다.
② 바퀴의 사이드슬립의 방지와 타이어 마멸을 방지한다.

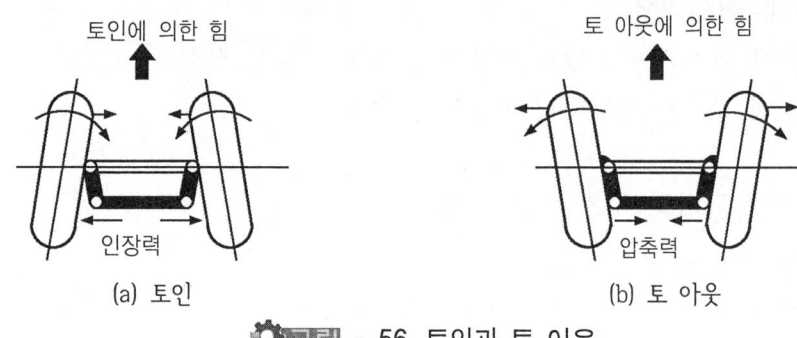

그림 56. 토인과 토 아웃

③ 조향링키지의 마멸에 의해 토 아웃됨(바퀴의 앞쪽이 바깥쪽으로 벌어짐)을 방지한다.
④ 캠버에 의한 토 아웃됨을 방지한다.

4 제동장치

주행중인 자동차를 감속 또는 정지시키고 동시에 주차상태를 유지하기 위해 사용하는 매우 중요한 장치이다. 마찰력을 이용하여 주행 중인 자동차의 운동에너지를 열에너지로 바꾸어 제동작용을 하며 제동장치의 구비조건은 다음과 같다.
① 제동이 확실하고 제동효과가 클 것
② 신뢰성과 내구성이 있을 것
③ 조정과 정비가 용이할 것

4.1. 유압 제동장치

유압 제동장치는 파스칼의 원리를 이용한다. 파스칼의 원리란 밀폐된 용기 내에 액체를 가득 채우고, 그 용기에 힘을 가하면 그 내부의 압력은 용기의 각 면에 작용하여 용기 내의 어느 곳이든지 동일한 압력이 작용된다는 원리이다.

[1] 유압식 브레이크의 장점
① 제동력이 모든 바퀴에 동일하고 빠르게 전달되며 마찰손실이 적다
② 페달을 밟는 힘을 적게 할 수 있다
③ 바퀴의 위치에 관계없이 작동시키므로 설계위치가 자유롭다

[2] 유압식 브레이크의 단점
① 유압회로가 파손되어 오일이 누출되면 제동 기능을 상실
② 유압회로에 공기가 침입하면 제동력이 감소

4.1.1. 유압 제동장치의 구조와 그 작용

[1] 마스터 실린더(master cylinder)

브레이크 페달을 밟는 것에 의하여 유압을 발생시키는 일을 한다. 최근에 2회로(탠덤 마스터실린더)형식을 주로 사용하는 이유는 안전성을 향상시키기 위함이다. 즉 앞·뒷바퀴에 각각 독립적으로 작용하는 2계통의 회로를 둔 것이다. 체크밸브는 마스터 실린더와 휠 실린더로 통하는 오일 토출구(outlet)에 있으며 브레이크 페달을 밟지 않은 상태에서 스프링에 의해 눌려져 있다. 유압라인내의 잔압($0.7\sim1.4 kg/cm^2$)을 유지시키는 중요한 역할과 브레이크 오일의 누설, 공기의 혼입 방지 및 제동시 작동지연을 방지한다.

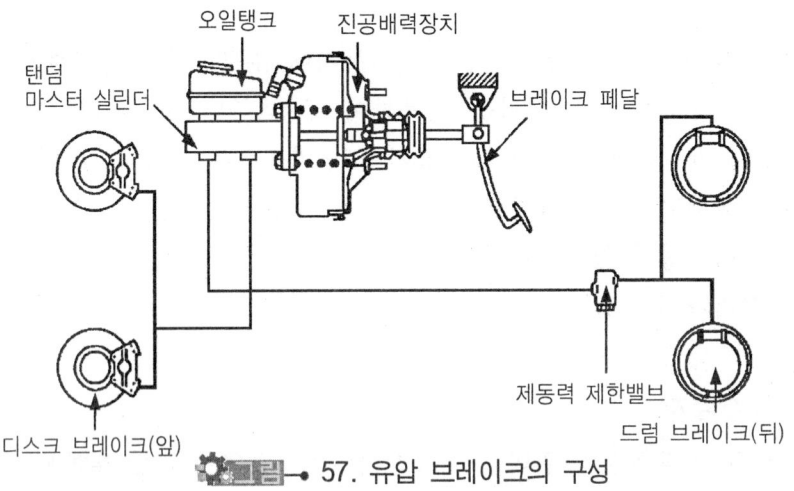

그림 57. 유압 브레이크의 구성

> **알아두기**
>
> ■ 베이퍼록(vapor lock)
> 브레이크 회로 내의 오일이 비등·기화하여 오일의 압력 전달 작용을 방해하는 현상. 즉 브레이크 계통의 오일이 열을 받아 기화 증발하여 오일의 흐름을 방해하는 현상이며, 그 원인은 다음과 같다.
> ① 긴 내리막길에서 과도한 풋 브레이크를 사용할 때
> ② 브레이크 드럼과 라이닝의 끌림에 의한 가열
> ③ 마스터 실린더, 브레이크슈 리턴 스프링 쇠손에 의한 잔압 저하
> ④ 브레이크 오일 변질에 의한 비점의 저하 및 불량한 오일을 사용할 때

> ■ 페이드(fade)
> 브레이크 조작을 반복하여 드럼과 라이닝 사이에 마찰열이 축적되어 라이닝의 마찰계수가 저하하는 현상으로, 방지법은 다음과 같다.
> ① 드럼의 냉각성능을 향상시킨다.
> ② 마찰계수 변화가 적은 라이닝을 사용한다.
> ③ 브레이크 드럼은 열팽창률이 적은 재질을 사용한다.

[2] 브레이크 파이프(pipe)

브레이크 파이프는 강철제 파이프와 플렉시블 호스를 사용한다.

[3] 휠 실린더(wheel cylinder)

마스터 실린더에서 압송된 유압에 의하여 브레이크슈를 드럼에 압착시키는 일을 한다.

[4] 브레이크슈(brake shoe)

휠 실린더의 피스톤에 의해 드럼과 접촉하여 제동력을 발생하는 부분이며, 라이닝이 리벳이나 접착제로 부착되어 있다.

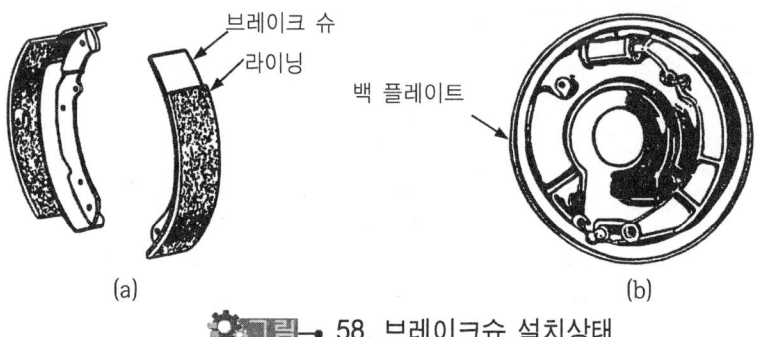

그림 58. 브레이크슈 설치상태

[5] 브레이크 드럼(brake drum)

휠 허브에 볼트로 설치되어 바퀴와 함께 회전하며 슈와의 마찰로 제동을 발생시키는 부분이며, 재질은 주로 주철을 사용한다.

[6] 브레이크 오일

피마자기름에 알코올 등의 용제를 혼합한 식물성 오일이며, 구비조건은 다음과 같다.

① 점도가 알맞고 점도지수가 클 것
② 윤활성이 있고, 빙점은 낮고, 비등점이 높을 것
③ 고무 또는 금속 제품을 부식, 연화, 팽창시키지 않을 것
④ 화학적 안정성이 크고, 침전물 발생이 없을 것

[7] 서보 브레이크
① 유니 서보형 브레이크 : 전진에서 브레이크를 작동할 때만 2개의 브레이크슈가 자기 배력작용을 한다.
② 듀오 서보형 브레이크 : 전·후진 모두 브레이크가 작동할 때 2개의 브레이크슈가 자기 배력작용을 한다.

> **알아두기** 지렛대 원리 이용
> 푸시로드에 발생하는 힘(F')
> 15kg(5cm+25cm)= F' × 5cm
>   F' = (15kg 30cm)/5cm = 90kg
> 지렛대비=(5cm+25cm) : 5cm = 6 : 1
> 푸시로드에 발생하는 힘
> 제렛대비 × 페달을 밟는 힘 6 × 15kg= 90kg
> · 피스톤의 단면적이 $3cm^2$라고 하면 이때 마스터 실린더에서 발생하는 유압
> 유압= 푸시로드 발생한 힘(kg)/피스톤 단면적(cm^2)
>   = $90kg/3cm^2$= $30kg/cm^2$

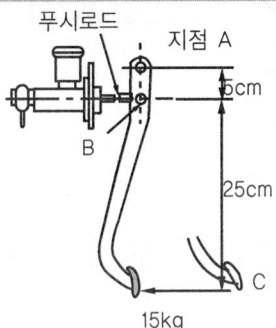

4.1.2. 디스크 브레이크

디스크 브레이크는 마스터 실린더, 디스크, 유압으로 패드를 디스크에 압착하는 캘리퍼로 구성되어 있으며, 특징은 다음과 같다.
① 브레이크 페이드 현상이 가장 적게 발생한다.
② 디스크에 물이 묻어도 제동력의 회복이 빠르다.
③ 디스크가 대기 중에 노출되어 회전하므로 방열성이 좋아 제동안정성이 크다.

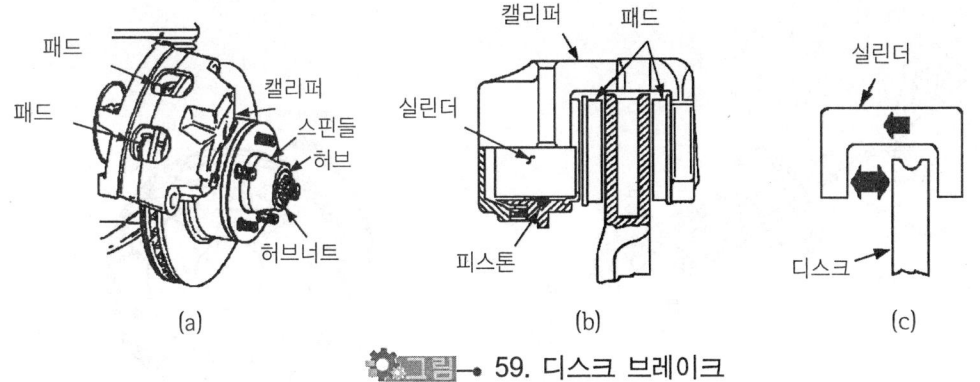

그림 59. 디스크 브레이크

④ 고속에서 반복 사용하여도 제동력의 변화가 적다.
⑤ 부품의 평형이 좋고 편제동 되는 경우가 거의 없다.
⑥ 패드의 누르는 힘을 크게 하여야 한다.
⑦ 자기작동 작용을 하지 못한다.
⑧ 자기작동(배력) 작용이 없기 때문에 페달 조작력이 커진다.

> **알아두기**
> 자동차는 일반적으로 앞쪽이 무겁기 때문에 앞바퀴의 제동력을 뒷바퀴 제동력보다 크게 하며, 노면마찰계수가 동일할 때 고속주행을 하다가 급제동을 하면 관성으로 인해 뒷바퀴가 먼저 고착되는 현상이 발생한다.

4.1.3 드럼브레이크

[1] 개요

휠과 한 몸으로 회전하는 brake 내부에 2개의 브레이크 슈가 설치되어 있다. 브레이크 슈와 제동시 확장력을 발생시키는 부품들은 배킹 플레이트에 설치되며 배킹 플레이트는 axle housing에 고정되며 슈는 확장될 수 있으나 회전할 수 없다. 브레이크 페달을 밟으면 브레이크 슈에 부착된 라이닝을 통해 제동에 필요한 마찰력이 발생한다. 이때 슈를 확장시키는데 필요한 힘은 휠 실린더의 유압에 의하여 발생된다.

[2] 자기작동(자기배력 작용)

브레이크페달을 밟으면 슈는 마찰력에 의해 드럼과 함께 회전하려는 경향이 생겨 확장력이 커져 마찰력 증대되는 자기작동 작용을 한다. 회전방향의 슈는 드럼에서 떨어지려는 경향이 생겨 확장력 감소되고, 마찰력도 감소된다. 이때 자기배력 작용을 하는 슈를 leading shoe, 반대방향의 슈를 trailing shoe라고 한다.

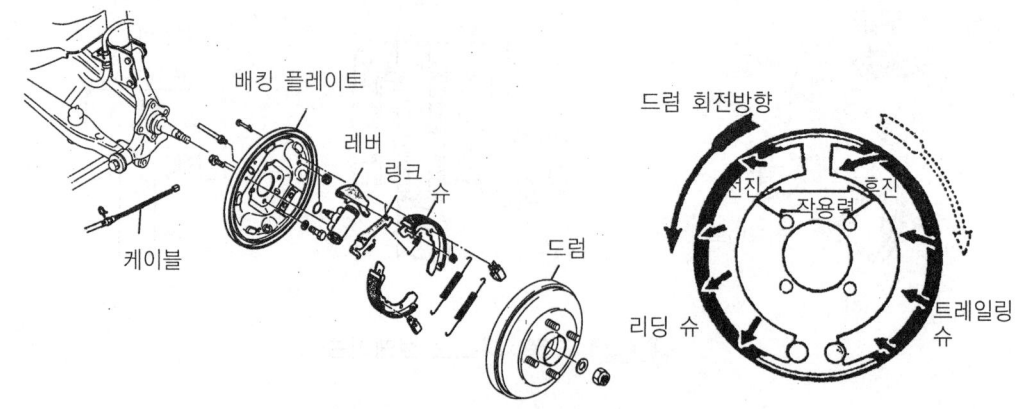

그림 60. 드럼브레이크의 구조

4.1.4. 배력방식 제동장치

배력방식 제동장치는 유압브레이크에서 제동력을 증대시키기 위해 기관의 흡입행정에서 발생하는 진공(부압)과 대기압력차이를 이용하는 진공배력방식(하이드로 백)과 압축공기의 압력과 대기압력차이를 이용하는 공기배력방식(하이드로 에어 팩)이 있다.

[1] 하이드로 마스터의 작동
 ① 릴레이밸브는 브레이크 페달을 밟았을 때 진공과 대기 압력의 압력 차이에 의해 작동한다.
 ② 유압계통의 체크밸브는 브레이크액이 마스터 실린더로부터 휠 실린더로 누설되는 것을 방지한다.

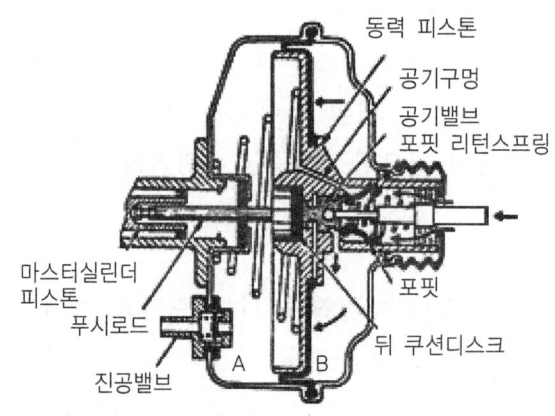

그림 61. 배력방식 제동장치의 구조

③ 진공계통의 체크밸브는 릴레이밸브와 일체로 되어져 있고 운행 중 하이드로백 내부의 진공을 유지시켜준다.

알아두기 — 배력장치 작동원리

■ 배력장치가 없는경우

마스터실린더에서 발생하는 유압
 유압(p)= 피스톤 작용력(F_2)/피스톤 단면적(S)
 피스톤의 작용력(F_2)= P×S= 35×3.8= 133kg
 피스톤의 작용력은 133kg이 필요하게 됨. 여기에 lever ratio가 4:1 인 페달의 레버가 작용하여 실제 답력을 구하면
  답력(F_1)= F_2 레버비 = 133 ÷4= 33kg
 즉, 33kg의 페달 답력이 필요

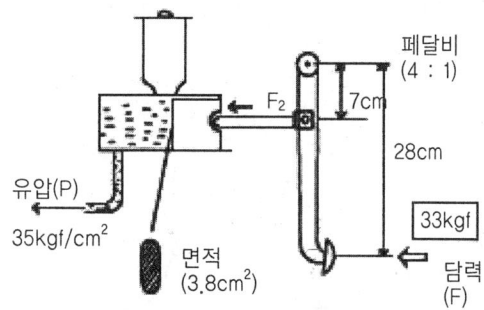

■ 배력장치가 있는 경우

현재 배력장치의 A실에는 500mmHg의 부압이 작용
 부압의 힘 = 0.0014×부압= 0.0014500(mmHg)= 0.7(kg/cm^2)
    (1mmHg= 1.359×10^3= 0.0014(kg/cm^2))
 면적 = π×r^2
   S= 3.14×7^2= 154cm^2
 피스톤에는 F_P= 0.7×154= 108kg의 힘이 발생함.
 마스터 실린더의 피스톤을 누르는 힘 133kg 중 108kg을 배력장치가 담당하므로 직접 가해지는 페달의 힘은 25kg이 필요하다.
 이것을 다시 레버비로 나누면 F_1= 25/4= 6.15kg
 약 6kg의 페달 답력밖에 필요하지 않음.

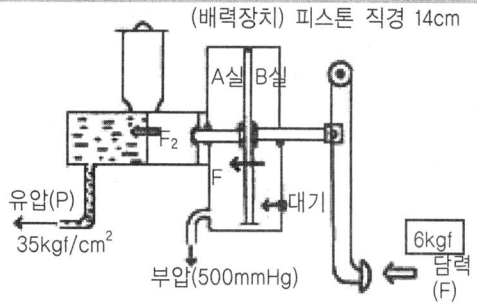

4.2. 기계방식 및 공기 제동장치

4.2.1. 기계방식 제동장치

[1] 외부 수축방식

외부 수축방식은 브레이크 드럼이 변속기 출력축이나 추진축에 설치되어 있으며, 작동은 레버를 당기면 풀 로드(pull-rod)가 당겨지며, 작동 캠의 작용으로 밴드가 수축하여 드럼을 강하게 조여서 제동이 된다.

[2] 내부 확장방식

내부 확장방식은 레버를 당기면 와이어(wire)가 당겨지며, 이때 브레이크슈가 확장되어 제동 작용한다.

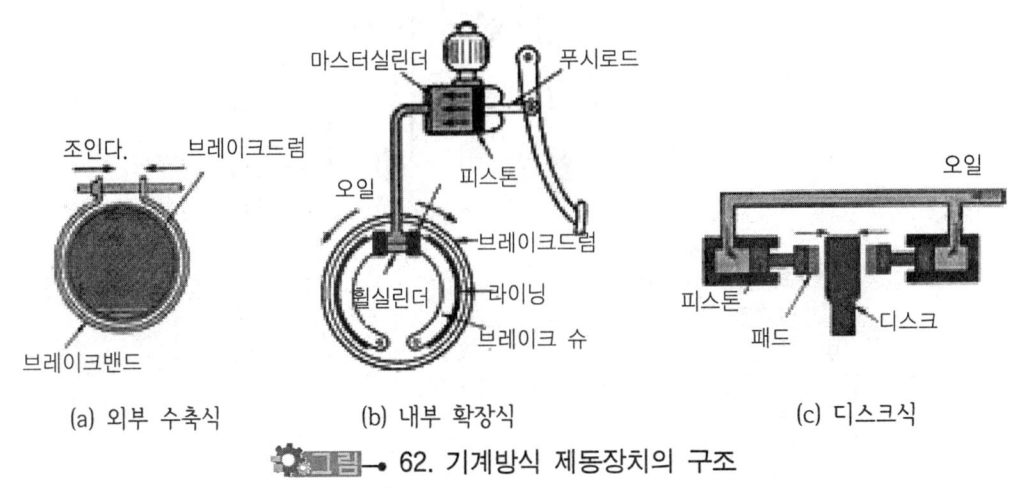

그림 62. 기계방식 제동장치의 구조

[3] 휠 브레이크 방식(wheel brake type)

휠 브레이크 방식은 주차브레이크 레버를 당기면 와이어와 로드의 조합에 의해 뒷바퀴의 브레이크슈를 움직여 드럼에 밀착시키는 것이며, 양쪽 바퀴에 작동하는 제동력을 균일하게 하기 위해 이퀄라이저(equalizer)가 설치되어 있다.

4.2.2. 공기 제동장치

[1] 공기 제동장치의 장점

① 차량의 중량이 커도 사용할 수 있다.
② 공기가 누출되어도 브레이크 성능이 현저하게 저하되지 않아 안전도가 높다.

③ 오일을 사용하지 않기 때문에 베이퍼록이 발생되지 않는다.
④ 페달을 밟는 양에 따라서 제동력이 증가되므로 조작하기 쉽다.

[2] 공기 제동장치의 구조

① 공기압축기(air compressor) : 공기압축기는 기관의 크랭크축에 의해 V벨트로 구동되며, 압축공기를 생산한다.
② 언로더밸브(unloader valve) : 언로더밸브는 공기탱크의 공기압력을 규정 값으로 일정하게 유지하며, 압력이 상한 값을 초과하면 압축기가 공회전하도록 하고, 압력이 하한 값에 도달하면 압축기가 가동되도록 한다.
③ 브레이크밸브(brake valve) : 브레이크밸브는 페달에 의해 개폐되며, 페달을 밟는 양에 따라 공기탱크 내의 압축공기를 도입하여 제동력을 제어한다.
④ 퀵 릴리스밸브(quick release valve) : 퀵 릴리스밸브는 페달을 밟아 브레이크밸브로부터 압축 공기가 입구를 통하여 작동되면 밸브가 열려 앞 브레이크 체임버로 통하는 양쪽 구멍을 연다. 이에 따라 브레이크 체임버에 압축공기가 작동하여 제동된다.
⑤ 릴레이밸브(relay valve) : 릴레이밸브는 페달을 밟아 브레이크밸브로부터 공기 압력이 작동하면 다이어프램이 아래쪽으로 내려가 배출밸브를 닫고 공급밸브를 열어 공기탱크 내의 공기를 직접 뒤 브레이크 체임버로 보내어 제동시킨다.

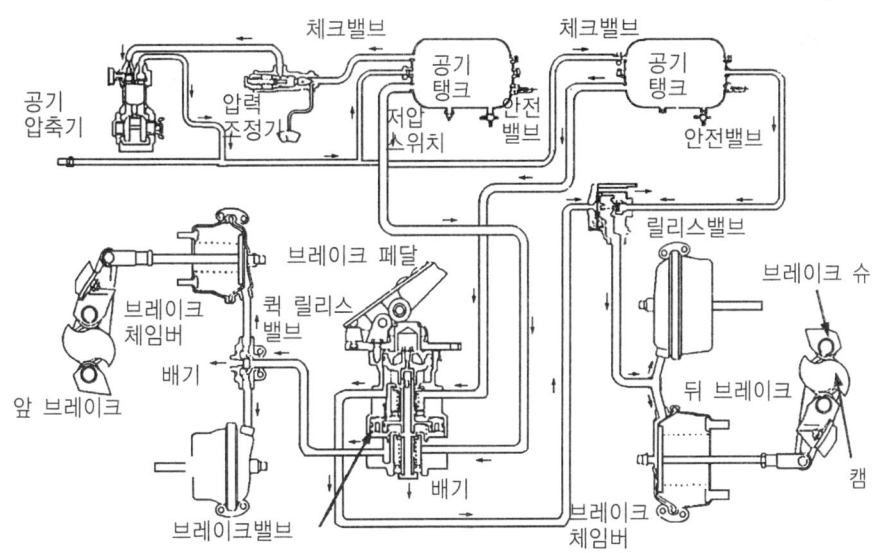

그림 → 63. 공기 제동장치의 구성

⑥ 브레이크 체임버(brake chamber) : 브레이크 체임버는 페달을 밟아 브레이크 밸브에서 제어된 압축공기가 체임버 내로 유입되면 다이어프램은 스프링을 누르고 이동한다. 이에 따라 푸시로드가 슬랙 조정기를 거쳐 캠을 회전시켜 브레이크슈가 확장하여 드럼에 압착되어 제동을 한다.

4.3. 전자제어 제동장치(ABS)

급제동시나 눈길, 빗길과 같이 미끄러지기 쉬운 노면에서 제동시 발생되는 바퀴의 슬립현상을 감지하여 브레이크유압을 조절함으로써, 바퀴의 잠김에 의한 슬립을 방지하고 제동시 방향안정성 및 조종성 확보, 제동거리 단축 등을 수행하는 시스템이다.

4.3.1. 전자제어 제동장치의 장점
① 제동거리를 단축시켜 최대의 제동효과를 얻을 수 있도록 한다.
② 제동할 때 조향성능 및 방향안정성을 유지한다.
③ 어떤 조건에서도 바퀴의 미끄러짐이 없도록 한다.
④ 제동할 때 스핀으로 인한 전복을 방지한다.
⑤ 제동할 때 옆방향 미끄러짐을 방지한다.

4.3.2. 슬립율(미끄럼율)
① 차량의 속도와 바퀴의 속도와의 관계를 나타낸다.
② 일반 주행시 차량의 속도와 바퀴의 속도는 거의 차이가 없다. 하지만 제동시에는 바퀴은 급히 정지하려 하지만 차량의 속도는 서서히 정지하려 한다. 이 관계를 아래의 식에 대입하여 SLIP율을 계산한다.

$$\text{SLIP율} = \frac{V - V_m}{V} \times 100$$

V = 차량속도   Vm = 바퀴의 속도

SLIP율 0% → 차량 정지 상태

SLIP율 100% → 주행중 차륜이 완전히 잠긴 상태

③ Brake 특성에 따라 Slip율이 약 20% 전후에 최대의 마찰계수가 얻어지지만 이후에는 감소되어 진다. 코너링 특성에 따라서는 slip율이 증대하면 마찰계수는 감소되어 Slip율100%에서는 마찰계수가 "0"이 된다.

4.3.3. 전자제어 제동장치의 구성

바퀴의 회전속도를 검출하여 ECU으로 입력하는 휠 스피드 센서, ECU의 신호를 받아 유압을 유지, 감압, 증압으로 제어하는 하이드롤릭 유닛(유압 모듈레이터) 등으로 구성되어 있다.

전자제어 제동장치는 바퀴가 로크(lock, 고착)될 때 브레이크 유압을 제어하여 미끄럼 비율이 최저의 값으로 유지되도록 제동력을 최대한 발휘하여 사고를 미연에 방지한다. 그리고 셀렉트 로(select low)방식이란 좌우 바퀴의 감속도를 비교하여 먼저 미끄러지는 바퀴에 맞추어 유압을 동시에 제어하는 방식을 말한다.

① HECU(하이드로릭 & ECU)
② 마스터 실린더
③ 앞 휠 스피드센서
④ 뒤 휠 스피드센서

그림 64. ABS 구성부품

[1] 휠 스피드 센서

휠 스피드 센서는 전자유도 작용을 이용하며, 각 바퀴에 설치되어 바퀴의 회전속도를 검출하여 ECU로 입력시키는 역할을 한다. 그리고 휠 스피드 센서가 작동하지 않으면 전자제어 제동장치가 작동하지 않으며, 통상 브레이크로 작동된다.

[2] ECU

ECU는 바퀴의 감속·가속을 계산하며, ECU는 미끄럼 비율(슬립율)을 계산하여 로킹(locking)여부를 결정한다.

[3] 하이드롤릭 유닛(HCU)

하이드롤릭 유닛은 모듈레이터라고도 부르며, ECU의 제어신호에 의해 각 휠 실린더에 작용하는 유압을 조절한다.

[4] 경고등

경고등은 전자제어 제동장치에 결함이 있는 경우 점등되어 운전자에게 알린다.

4.3.4. 프로 포셔닝밸브와 LSPV

[1] 프로 포셔닝밸브(proportioning valve)

프로 포셔닝밸브는 뒷바퀴의 압력을 감소시키기 위한 밸브로 마스터 실린더와 휠 실린더 사이에 설치되어 있다. 즉 급제동할 때 바퀴의 하중변화로 인하여 발생되는 뒷바퀴 조기 잠김 현상을 뒷바퀴의 압력을 감소시켜 방지하기 위한 것이다.

[2] LSPV(load sensing proportional valve)

LSPV는 뒷차축의 하중에 따라 뒷바퀴 브레이크 회로의 압력을 조정하여 피시테일(fish tail) 현상을 방지하는 기구이다.

4.4. 친환경 제동장치

4.4.1. 에너지 회생 제동장치

에너지 회생 제동장치란 감속할 때 전동기를 발전기로 변경시켜 자동차의 운동에너지를 전기에너지로 변환시켜 축전지를 충전하는 것이다. 일반 자동차에서는 브레이크 페달을 밟으면 운동에너지가 열에너지로 바뀌어 대기 중으로 방출되는데 하이브리드 전기자동차에서는 회생 제동장치를 사용하여 에너지 손실을 최소화하며, 이로 인한 연료소비율 절감효과는 매우 크다.

회생 제동장치는 주행상태에서 발생하는 감속에너지를 전동기로 회수하는 형식과 전동기를 적극적으로 제동기능에 포함시키는 형식이 있다.

5 주행 및 구동장치

5.1. 휠

림(Rim)과 휠 디스크로 구성되며 림은 타이어를 유지, 휠 디스크는 허브에 장착된다.

① 디스크 휠 : 연강판을 프레스로 성형한 디스크를 리벳이나 용접으로 접합한 것으로 강도가 좋고 구조가 간단, 대량 생산성이 좋아 널리 이용되고 있다.

② 경합금 휠 : 알루미늄 합금이나 마그네슘 합금으로 림과 디스크 부분을 한 몸으로 주조로 성형하거나 단조로 가공한 휠로 가볍고 열전도율이 뛰어나 많이 사용된다.

③ 스포크 휠 : 링과 러브를 강철선의 스포크로 연결한 휠로 자전거의 휠과 같은 구조로 되어 있으며 경량, 탄성이 좋고 냉각성능도 우수하다.

(a) 디스크 휠   (b) 경합금 휠   (c) 스포그 휠

그림 65. 휠의 종류

5.2. 타이어

5.2.1 타이어 분류

[1] 타이어 유무에 따른 분류

① 튜브 타이어 : 튜브에 공기를 주입하는 타이어다.

② 튜브리스 타이어 : 튜브가 없이 타이어와 림과의 밀착으로 기밀이 유지되는 형식으로 최근에 많이 사용되는 타이어다.

[2] 형상에 따른 분류

① 보통 타이어(Bias tire) : 코드층이 타이어 중심선에 약 35도 정도 경사지게 배열되어 있고 대형 트럭이나 버스 등에 주로 이용

② 레이디얼 타이어(Radial tire) : 타이어를 옆에서 보았을 때 카커스 코드가 방사형으로 배열되어 있으며 바이어스 타이어에 비해 편평비를 자유롭게 설정할 수 있다. 고속 주행용으로 적합하여 승용차에 많이 이용
③ 스노우 타이어(Snow tire) : 눈길이나 빙판길 등에서 접지력을 높인 타이어이다.

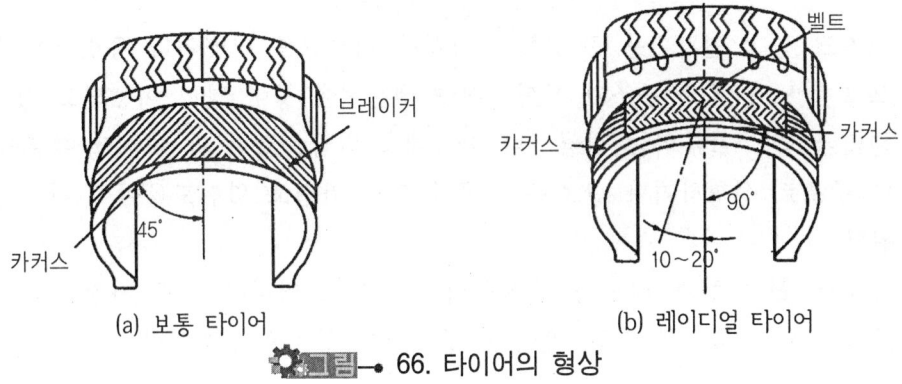

그림 66. 타이어의 형상

5.2.1. 타이어 구조

타이어는 트레드, 브레이커, 카커스(carcass), 비드(bead) 등으로 구성되어 있다.

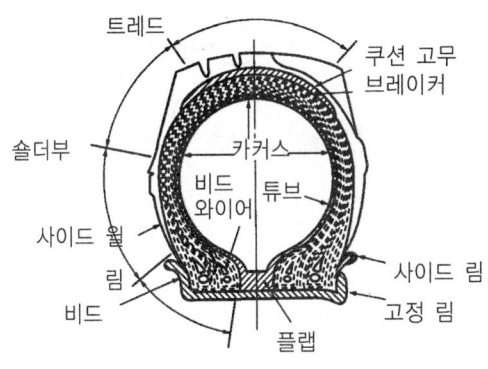

그림 67. 휠과 타이어의 구조

[1] 트레드(tread)

트레드는 타이어에서 직접 노면과 접촉되어 마모에 견디고 적은 슬립으로 견인력을 증대시키는 부분이다.

(1) 타이어의 트레드 패턴의 필요성
  ① 트레드에 생긴 절상 등의 확대를 방지한다.
  ② 구동력이나 견인력을 향상시킨다.
  ③ 타이어의 옆 방향에 대한 저항이 크고 조향성능을 향상시킨다.
  ④ 타이어에서 발생한 열을 발산한다.

(2) 트레드 패턴의 종류
  ① 리브패턴(rib pattern) : 옆 방향 미끄럼에 대하여 저항이 크고 조향성능이 좋으며, 소음도 적기 때문에 포장도로를 주행하는데 적합하다.
  ② 러그 패턴(lug pattern) : 타이어의 회전방향의 직각으로 홈을 둔 것이며, 앞뒤 방향에 대해 강력한 견인력을 준다.
  ③ 블록패턴(block pattern) : 눈 위 또는 모래 위 등과 같이 연한 노면을 다지면서 주행하고, 앞 뒤 또는 옆방향으로 미끄러지는 것을 방지할 수 있다.
  ④ 오프 더 로드 패턴(off the road pattern) : 진흙길에서도 강력한 견인력을 발휘할 수 있도록 러그 패턴의 홈을 깊게 하고 폭을 넓게 한 것이다.

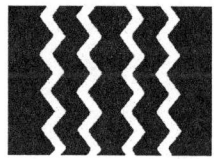 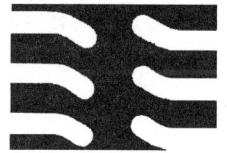

(a) 리브패턴　　　　　　　　　　　(b) 러그패턴

그림 68. 트레드 패턴

[2] 카커스(carcass)
  카커스는 타이어의 골격을 이루는 부분이며, 공기압력에 견디어 일정한 체적을 유지하고, 또한 하중이나 충격에 따라 변형되어 충격 완화작용을 한다.

[3] 비드(bead)부분
  비드부분은 내부에 고탄소강의 강선(피아노선)을 묶음으로 넣고 고무로 피복한 링 상태의 보강부위로 타이어를 림에 견고하게 고정시키는 역할을 하는 부품이다.

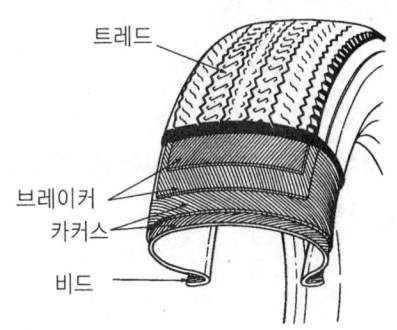

그림 → 69. 타이어의 각부명칭

[4] 사이드 월(side wall)부분

사이드 월 부분은 노면과 직접 접촉은 하지 않으며, 주행 중 가장 많은 완충작용을 하는 부분으로서 타이어 규격과 기타 정보가 표시된 부분이다.

5.2.2. 타이어의 호칭치수

[1] 타이어 규격표시법

185/65 R14에서 185는 타이어 폭 185mm, 65는 편평비 65%, R은 레이디얼 구조, 14는 타이어 내경을 표시한다.

■ P205/65R1491H

- P : 승용차용 표기
- 65 : 시리즈(65시리즈)
- 14 : 림 직경(14인치)
- H : 속도기호(H는 210Km/h)
- 205 : 단면폭(205mm)
- R : 레이디얼 표기
- 91 : 하중치수(91은 615kg)

■ 11.00R20 150/146K

- 11.00 : 단면폭
- R : 레이디얼 표기
- 20 : 림 직경(20인치)
- 150/146 : 하중치수(앞은 단륜, 뒤는 복륜 사용시 지수임. 150은 3,350kg, 146은 3000kg
- K : 속도기호(K는 110km/h)

[2] 편평비(편평율)

(높이/폭)× 100(%)로 표시되며 타이어를 휠에 조립하고 규정의 공기압을 주입하고 하중을 가하지 않은 상태에서 측정한다.

편평비(%) = $\dfrac{H}{W} \times 100$

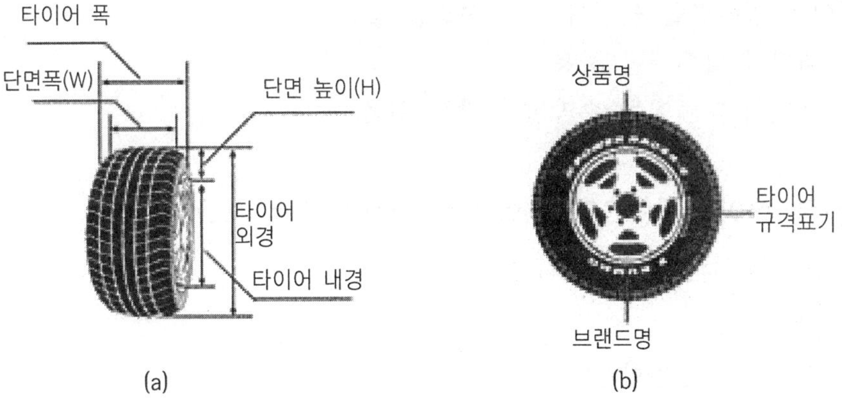

그림 70. 편평비

5.2.3. 타이어에서 발생하는 이상 현상

[1] 스탠딩 웨이브(standing wave) 현상

스탠딩 웨이브 현상이란 타이어 접지면의 변형이 내압에 의하여 원래의 형태로 되돌아오는 속도보다 타이어 회전속도가 빠르면, 타이어의 변형이 원래의 상태로 복원되지 않고 물결모양이 남게 되는 현상을 말한다.

타이어 내부의 고열로 인하여 트레드부가 원심력에 견디지 못하고 분리되어 떨어져 파손될 수 있으며 방지하기 위하여는 고속 주행의 경우 타이어의 공기압을 표준공기압보다 약 20% 정도 높여주어야 한다.

그림 71. 스탠딩 웨이브 현상   **그림 72. 하이드로 플래닝현상**

[2] 하이드로 플래닝(hydro planing)현상

하이드로 플래닝(수막현상)이란 주행 중 물이 고인 도로를 고속으로 주행할 때 타이어 트레드가 물을 완전히 배출시키지 못해 노면과 타이어의 마찰력이 상실되는 현상을 말한다.

타이어 트레드의 마모가 심한 경우 발생하며 방지법은 다음과 같다.
① 트레드의 마모가 적은 타이어를 사용할 것
② 타이어의 공기압을 높인다. 주행속도를 낮춘다
③ 리브 패턴의 타이어를 사용.
④ 러그 패턴의 타이어는 수막현상 발생 쉬움

5.3. 구동력 제어장치(TCS : traction control system)
5.3.1. 구동력 제어장치 주요 기능
① 구동성능 향상
② 선회 앞지르기 성능향상
③ 조향안정 성능향상

5.3.2. 구동력 제어장치의 일반적인 기능
구동력 제어장치는 기관의 여유출력을 제어하는 모든 계통을 말한다.

[1] 슬립제어(slip control)
눈길 등의 미끄러지기 쉬운 노면에서 가속성능 및 선회 안전성을 향상시키는 기능이다.

[2] 트레이스 제어(trace control)
일반적인 도로에서의 주행 중 선회 가속을 할 때 차량의 횡가속도의 과대로 인한 언더 및 오버 스티어링을 방지하여 조향성능을 향상시키는 기능이다. 이 2가지 기능 모두 기관의 회전력을 저하시키는 방식을 채택하고 있다.

기관 회전력 제어방식의 특징은 다음과 같다.
① 미끄러운 노면에서 발진 및 가속할 때 미세한 가속페달 조작이 필요 없으므로 주행성능이 향상된다.
② 일반적인 노면에서 선회 가속시 운전자의 의지대로 가속을 보다 안정되게 하여 선회성능을 향상시킨다.
③ 선회 가속할 때 조향핸들의 조작정도를 검출하여 가속페달의 조작 빈도를 감소시켜 선회성능을 향상시킨다.

④ 미끄러운 노면에서 뒷바퀴 휠 스피드 센서로 계측한 차체속도와 앞바퀴 휠 스피드 센서로 계측한 구동바퀴의 속도를 비교하여 구동바퀴의 슬립비율이 적절하도록 기관 회전력을 저감시켜 주행성능을 향상시킨다.
⑤ 일반적인 노면에서 운전자의 의지로 인한 가속도가 설정값을 초과할 경우 ECU가 운전자의 의지를 판단하여 기관의 회전력을 제어하므로 선회성능을 향상시킨다.
⑥ 운전자의 의지로 트레이스 제어"OFF"또는 트레이스 제어/슬립 제어"OFF"모드로 선택하면 구동력 제어장치를 장착하지 않은 차량과 동일하게 작동한다.

5.3.3. 구동력 제어장치의 종류

[1] 기관 회전력 제어방식
(1) 흡입공기량 제어방식
　① 메인 스로틀밸브 제어　　　② 보조 스로틀밸브 제어

(2) 기관제어 방식(EM : engine management control)
　① 연료분사량 제어　　　② 점화시기 제어

[2] 브레이크 제어
[3] 동력전달장치 제어방식
[4] 통합제어 방식
　① 스로틀밸브 + 브레이크 제어
　② 기관+브레이크 제어
　③ 스로틀밸브 + 브레이크 제어 + 자동제한 차동장치 제어

6 자동차 섀시 진단 및 검사

6.1. 고장분석 및 원인분석

6.1.1. 클러치

[1] 클러치 차단 불량원인
　① 클러치 페달의 유격이 크다.　　② 릴리스 포크가 마모되었다.
　③ 릴리스 실린더 컵이 소손되었다.　④ 유압계통에 공기가 혼입되었다.

[2] 클러치가 미끄러지는 원인
  ① 변속기 입력축 오일 실의 불량으로 클러치판에 오일이 묻었다.
  ② 압력판 및 플라이휠 면이 마모되었다.
  ③ 마찰면의 경화 또는 오일이 부착되었다.
  ④ 클러치 압력스프링의 쇠약 및 손상되었다.
  ⑤ 클러치 페달의 자유간극이 작다.

[3] 클러치를 차단하고 공전시 또는 접속할 때 소음의 원인
  ① 릴리스 베어링이 마모되었다.
  ② 파일럿 베어링이 마모되었다.
  ③ 클러치 허브 스플라인이 마모되었다.

6.1.2. 수동변속기

[1] 기어가 잘 물리지도 않고 빠지지도 않는 원인
  ① 클러치 차단이 불량하다.   ② 인터록이 파손되었다.
  ③ 싱크로나이저 링이 마멸되었다.   ④ 컨트롤 케이블이 불량하다

[2] 기어에서 소음이 발생하는 원인
  ① 불충분한 윤활 때문이다.
  ② 구동기어와 부축기어가 마모 혹은 손상되었다.
  ③ 구동기어 및 부축기어의 베어링이 손상되었다.
  ④ 후진 아이들러 기어 혹은 아이들러 부싱의 마모 혹은 손상 때문이다.

6.1.3. 자동변속기

[1] 자동변속기에서 오일을 점검할 때 주의사항
  ① 자동차를 수평인 지면에 정차시킨다.
  ② 기관을 시동하여 난기 운전시켜 오일의 정상온도(70~80℃)에서 변속레버를 움직여 클러치 및 브레이크 서보에 오일을 충분히 채운 후 오일량을 점검한다.
  ③ 오일레벨 게이지의 MIN선과 MAX선 사이에 있으면 정상이다.
  ④ 오일을 보충할 경우에는 자동변속기용 오일(ATF)을 보충한다.

6.1.4. 추진축에서 소음이 발생하는 원인
① 요크의 방향이 틀린 경우　　② 조인트 볼트 등이 헐거울 경우
③ 스플라인부가 마모된 경우　　④ 평형추(밸런스 웨이트)가 탈락된 경우
⑤ 자재이음 베어링이 마모된 경우　⑥ 센터베어링이 마모된 경우
⑦ 윤활이 불량한 경우

6.1.5. 조향 휠(핸들)이 한쪽으로 쏠리는 원인
① 브레이크 라이닝 간극의 불균일
② 한쪽 허브 베어링의 마모
③ 한쪽 쇽업소버 작동불량
④ 뒷차축이 차량 중심선에 대해 직각이 되지 않음
⑤ 좌우 축거가 다를 때
⑥ 좌우 타이어의 공기압 불평형
⑦ 좌우 스프링 상수가 다를 때

6.1.6. 제동시 자동차가 한쪽으로 쏠리는 원인
① 좌우 라이닝 간극 조정 불량, 간극의 불균일
② 라이닝 마찰계수의 불균일(오일침투, 페이드 현상)
③ 브레이크 드럼의 편마모
④ 한쪽 휠 실린더의 작동 불량, 불균일
⑤ 휠 얼라인먼트가 불량

6.2. 시험장비 사용
6.2.1. 휠 얼라인먼트
[1] 점검항목
　휠 얼라인먼트 시험기로 측정할 수 있는 항목은 토인, 캐스터, 캠버, 킹핀경사각, 셋백 등이 있다.

[2] 점검하기 전에 점검해야 할 사항
① 공차상태로 하고 수평한 장소를 선택한다.
② 타이어의 마모 및 공기압력을 점검한다.

③ 섀시 스프링은 안정 상태로 하고, 전후 및 좌우 바퀴의 흔들림을 점검한다.
④ 조향 링키지 설치상태와 마멸을 점검한다.
⑥ 휠 베어링의 헐거움, 볼 이음 및 타이로드 엔드의 헐거움 등을 점검한다.

6.2.2. 사이드슬립 측정기
[1] 사이드슬립의 개요

사이드슬립(side slip)이란 휠 얼라인먼트(캠버, 캐스터, 조향축 경사각, 토인 등)의 불균형으로 인하여 주행 중 타이어가 옆 방향으로 미끄러지는 현상을 말하며, 토인(toe-in)과 토 아웃(toe-out)으로 표시된다.

그러나 토인을 측정하였을 때 규정 값이 나왔다고 할지라도 캠버 등이 불량하면 사이드슬립이 발생한다. 따라서 토인 값과 사이드슬립 값은 서로 다르다고 본다. 사이드 슬립량은 mm로 나타내는 것이 일반적이나 이것은 1m의 답판을 진행할 때의 사이드 슬립량을 표시하는 것이므로 단위는 mm/m이다.

[2] 사이드슬립 측정 전의 준비사항
(1) 측정 전 준비사항
① 타이어 공기압력(28~32psi)을 확인한다.
② 바퀴를 잭(jack)으로 들고 다음 사항을 점검한다.
  ㉮ 위·아래로 흔들어 휠 허브 유격을 확인한다.
  ㉯ 좌·우로 흔들어 타이로드엔드 볼 조인트 및 링키지 확인한다.
③ 보닛을 위·아래로 눌러보아 현가 스프링의 피로를 점검한다.

(2) 측정조건
① 자동차는 공차상태에 운전자 1인이 승차한 상태로 한다.
② 타이어 공기압력은 표준 값으로 하고, 조향링크의 각부를 점검한다.
③ 사이드슬립 테스터 지시장치의 표시가 0점에 있는가를 확인한다.

[3] 사이드슬립 측정방법
① 자동차를 테스터와 정면으로 대칭시킨다.
② 테스터에 진입속도는 5km/h로 한다.

③ 조향핸들에서 손을 떼고 5km/h로 서행하면서 계기의 눈금을 타이어의 접지 면이 테스터 답판을 통과 완료할 때 읽는다.
④ 자동차가 1m 주행할 때의 사이드 슬립량을 측정하는 것으로 한다.
⑤ 조향바퀴의 사이드슬립이 1m주행에 좌우 방향으로 각각 5mm 이내여야 한다.

[3] 사이드슬립 측정기의 정밀도 검사기준
① 0점 지시 : ±0.2mm/m 이내
② 5mm 지시 : ±0.2mm/m 이내
③ 판정 : ±0.2mm/m 이내

6.2.3. 제동력 시험기

[1] 제동력 시험기 정밀도에 대한 검사기준
① 좌우 제동력 지시 : ±5% 이내(차륜 구동형은 ±2% 이내)
② 좌우 합계 제동력 지시 : ±5% 이내
③ 좌우 차이 제동력 지시 : ±25% 이내
④ 중량 설정 지시 : ±5% 이내
    ※ 제동시험기 롤러는 기준직경의 5% 이상 과고하게 손상 또는 마모된 부분이 없을 것

[2] 운행자동차의 주 제동능력 측정조건
① 공차상태의 자동차에 운전자 1인이 승차한 상태로 한다.
② 바퀴의 흙·먼지 및 물 등의 이물질은 제거한 상태로 한다.
③ 자동차는 적절히 예비운전이 되어있는 상태로 한다.
④ 타이어의 공기압력은 표준 공기압력으로 한다.

[3] 운행자동차의 주 제동능력 측정방법
① 자동차를 제동시험기에 정면으로 대칭되도록 한다.
② 측정 자동차의 차축을 제동시험기에 얹혀 축중을 측정하고 롤러를 회전시켜 당해 차축의 제동능력·좌우 바퀴의 제동력의 차이 및 제동력의 복원상태를 측정한다.
③ ②의 측정방법에 따라 다음 차축에 대하여 반복 측정한다.

[4] 운행 자동차의 주차 제동능력 측정방법
① 자동차를 제동시험기에 정면으로 대칭되도록 한다.
② 측정 자동차의 차축을 제동시험기에 얹혀 축중을 측정하고 롤러를 회전시켜 당해 차축의 주차 제동능력을 측정한다.
③ 2차축 이상에 주차 제동력이 작동되는 구조의 자동차는 ②의 측정방법에 따라 다음 차축에 대하여 반복 측정한다.

6.2.4. 속도계 시험기

[1] 구성부품
① 지시계 : 속도 지시값은 과도한 변동이 없는 상태일 것
② 롤러 : 롤러 등 회전부는 지시계가 지시하는 최고속도에 상당하는 회전수로 작동하는 경우라도 과도한 진동 및 이음이 없을 것
③ 판정장치 : 자동형 기기는 판정장치의 작동에 이상이 없을 것
④ 기록장치 : 자동차 검사에 사용되는 기기는 기록장치의 작동에 이상이 없을 것
⑤ 롤러 고정장치 : 자동차를 롤러에 안전하게 진입 및 퇴출시킬 수 있는 롤러 고정장치의 작동 상태에 이상이 없을 것
⑥ 바퀴 이탈 방지장치 : 손상이 없는 상태에서 이상 없이 작동 할 것
⑦ 리프트 : 자동차의 입·퇴출용 리프트의 작동에 이상이 없을 것
⑧ 형식 등 표시 : 속도계 시험기의 형식, 제작번호, 허용 축중(중량), 제작일자 및 제작 회사가 확실하게 표시되어 있을 것

[2] 속도계 시험기 오차
① 정의 오차 : 측정값×(1+2.5)
② 부의 오차 : 측정값×(1-0.1)

6.2.5. 정밀도 검사를 받아야 하는 기계, 기구
① 제동력 시험기　　　　　　② 전조등 시험기
③ 사이드슬립 측정기　　　　④ 속도계 시험기
⑤ 택시미터 주행검사기　　　⑥ 가스누출 시험기

자동차 섀시 성능

01. 타이어의 반경이 0.3m인 자동차가 회전수 800rpm으로 달릴 때 회전력이 15m·kgf이라면 이 자동차의 구동력은 얼마인가?

① 45kgf   ② 50kgf
③ 60kgf   ④ 70kgf

풀이 $F = \dfrac{T}{R} = \dfrac{15}{0.3} = 50\text{kgf}$

F : 구동력(kgf), T : 구동차축의 회전력(kgf-m)
R : 바퀴의 반경(m)

02. 자동차가 72km/h의 속도로 일정하게 주행한다. 이때 주행저항이 112.5kgf이고, 구동륜의 유효반경이 30cm이면 구동토크는 몇 kgf-m인가?

① 22.5   ② 33.75
③ 45   ④ 56.3

풀이 T = FRT = 112.5kgf × 0.3m = 33.75kgf-m
T : 구동토크, F : 주행저항
R : 구동륜의 유효반경

03. 자동차의 주행속도가 90km/h일 때 구동출력이 130PS라면 이때의 구동력은?

① 390kgf   ② 290kgf
③ 190kgf   ④ 490kgf

풀이 $F = \dfrac{75 \times H_{PS}}{V} = \dfrac{75 \times 130\text{PS} \times 3600}{90 \times 1000}$
　　　= 390kgf
F : 구동력(kgf), H_{PS} : 구동출력(PS)
V : 주행속도(km/h)

04. 어떤 소형버스의 총중량이 1600kgf이다. 이 자동차가 평탄한 도로를 50km/h로 주행할 때 구름저항(kgf)은?(단, 구름저항 계수 0.02, 공기저항은 무시한다)

① 444   ② 1600
③ 32   ④ 6172

풀이 $Rr = \mu r \times W$ = 0.02 × 1600kgf = 32kgf
Rr : 구름저항, μr : 구름저항 계수
W : 차량총중량

05. 차량총중량이 3000kgf인 차량이 오르막길 구배 20°에서 80km/h로 정속 주행할 때 구름저항(kgf)은?(단, 구름저항 계수 0.023)

① 23.59   ② 64.84
③ 69.00   ④ 25.12

풀이 $Rr = \mu r \times W \times \cos a$
　　　= 0.023 × 3000 × cos20° = 64.84kgf

Rr : 구름저항, μr : 구름저항 계수
W : 차량총중량, $\cos a$: 오르막 구배 각도

06. 차량 총중량 4000kgf의 차량이 구배 6%의 자갈길을 30km/h의 속도로 올라갈 때(구름저항/구배저항)의 값은 얼마인가?(단, 구름저항계수 : 0.04이다)

① $\dfrac{1}{2}$ ② $\dfrac{2}{3}$
③ $\dfrac{4}{3}$ ④ 2

풀이 구름저항/구배저항 = $\dfrac{0.04}{0.06} = \dfrac{2}{3}$

Answer ▶▶▶ 1. ② 2. ② 3. ① 4. ③ 5. ② 6. ②

07. 중량이 8,000kgf인 자동차가 36km/h의 속도로 5%의 구배길을 올라가고 있다. 이 때 기관출력이 72PS이면 자동차의 구름저항은 몇 kgf인가 ?(단, 공기저항은 무시하며, 동력전달효율 100%, 노면과 타이어사이의 미끄럼은 없는 것으로 한다)

① 120kgf ② 130kgf
③ 140kgf ④ 150kgf

[풀이] ① 구름저항=총 주행저항-구배저항
② 총 주행저항= $\dfrac{72PS \times 75 \times 3.6}{36}$ = 540kgf
③ 구배저항= 8000kgf× $\dfrac{5}{100}$ = 400kgf
∴ 540-400= 140kgf

08. 25°의 언덕길은 몇 %의 구배인가 ?

① 32% ② 42%
③ 57% ④ 67%

[풀이] sin 25° = 0.422= 42%

09. 다음에서 공기저항(Ra) 공식을 바르게 표시한 것은 ?(단, c : 차체형상 계수, ρ : 공기밀도, g : 중력 가속도, A : 자동차의 전면 투영면적, V : 자동차의 공기에 대한 상대속도)

① $Ra = c\dfrac{\rho}{2g}AV^2$ ② $Ra = \dfrac{1}{c}\dfrac{\rho}{2g}AV^2$
③ $Ra = c\dfrac{\rho}{2g}\dfrac{A}{V^2}$ ④ $Ra = c\dfrac{\rho}{2g}AV$

[풀이] 공기저항(Ra) $Ra = c\dfrac{\rho}{2g}AV^2$으로 나타낸다.

10. 어떤 자동차가 평탄한 아스팔트 포장도로를 80km/h로 주행하고 있을 때 공기저항은 ?(단, 차량 총중량 1600kgf, 전면투영면적 1.8m², 공기저항 계수 0.005이다)

① 4.44kgf ② 8.0kgf
③ 28.8kgf ④ 57.6kgf

[풀이] $Ra = \mu a \times A \times V^2$= 0.005×1.8×80²
= 57.6kgf
Ra : 공기저항, μa : 공기저항 계수
A : 전면투영 면적, V : 주행속도(km/h)

11. 차량 총중량 2TON의 자동차가 10도의 구배 길을 올라갈 때의 등판저항은 ?(단, 노면과의 마찰계수는 0.01이다)

① 약 350kgf ② 약 35kgf
③ 약 200kgf ④ 약 20kgf

[풀이] $Rg = W \times \tan\theta$ = 2000kgf×tan10°= 352kgf
Rg : 등판저항, W : 차량총중량
$\tan\theta$: 구배

12. 차량총중량 2ton인 자동차가 등판저항이 약 350kgf로 언덕길을 올라갈 때 언덕길의 구배는 얼마인가 ?

① 10° ② 11°
③ 12° ④ 13°

[풀이] $Rg = W \times \tan\theta$
Rg : 등판저항, W : 차량총중량
$\tan\theta$: 구배
$\tan\theta = \dfrac{W}{Rg} = \dfrac{2000}{350}$ = 5.7
따라서 tan5.7= 0.100×100= 10°

13. 차량중량 3260kgf의 자동차가 10°의 경사진 도로를 주행할 때의 전주행 저항은 약 얼마인가 ?(단, 구름저항 계수는 0.023이다)

① 586kgf ② 641kgf
③ 712kgf ④ 826kgf

[풀이] ① $Rr = \mu r \times W$= 0.023×3260
= 74.98kgf
Rr : 구름저항, μr : 구름저항 계수
W : 차량중량
② $Rg = W \times \sin\theta$= 3260×sin10°
= 566.09kgf
Rg : 구배저항, W : 차량중량
$\sin\theta$: 구배
③ 전주행저항= Rr(구름저항) + (Rg)구배저항
= 74.98+566.09= 641.07kgf

Answer ▶ 7. ③ 8. ② 9. ① 10. ④ 11. ① 12. ① 13. ②

14. 평탄한 도로를 90km/h로 달리는 승용차의 총 주행저항은 약 얼마인가?(단, 총중량 1145kgf, 투영면적 1.6m², 공기저항계수 0.03kgf/s²/m⁴, 구름저항계수 0.015)

① 57.18kgf ② 47.18kgf
③ 37.18kgf ④ 67.18kgf

[풀이] ① $Rr = \mu r \times W = 0.015 \times 1145 \text{kgf} = 17.18 \text{kgf}$
② $Ra = \mu a \times A \times v^2 = 0.03 \times 1.6 \times 25^2$
$= 30 \text{kgf} [90 \text{km/h} = 25 \text{m/s}]$
③ 총 주행저항 = 17.18 + 30 = 47.18kgf

15. 캐러밴(caravan)을 견인하는 승용차가 60 km/h의 속도로 약간 경사진 언덕길을 주행하고 있다. 이때 구동력에 대항하여 캐러밴에 작용하는 저항은 구름저항 110 N, 공기저항 700N, 그리고 등판 저항이 220N이다. 캐러밴 커플링에 부하된 구동력의 크기는?

① 1030N ② 920N
③ 81N   ④ 330N

[풀이] 구동력의 크기 = 구름저항(110N) + 공기저항(700N) + 등판저항(220N) = 1030N

16. 기관의 최대토크 15kgf·m, 총감속비 28, 차량의 총중량 3500kgf, 구동바퀴의 유효회전반경 0.38m, 동력전달 효율 90%의 조건을 가진 자동차의 구배능력은?

① 0.125 ② 0.269
③ 0.469 ④ 0.284

[풀이] 구배능력 = $\dfrac{0.9 \times E_T \times Tr}{W \times r} - 0.015$
$= \dfrac{0.9 \times 15 \times 28}{3500 \times 0.38} - 0.015 = 0.269$
E_T : 기관토크, Tr : 총감속비
W : 차량 총중량, r : 바퀴 유효 회전반경

17. 자동차가 출발하여 100m에 도달할 때의 속도가 60km/h이다. 이 자동차의 가속도는 약 얼마인가?

① 1.4m/s² ② 5.6m/s²
③ 6.0m/s² ④ 16.7m/s²

[풀이] $a = \dfrac{V_2^2 - V_1^2}{2S} = \dfrac{16.67^2}{2 \times 100} = 1.38 \text{m/s}^2$
[60km/h = 16.67m/s]

18. 공차질량이 300kgf인 경주용 자동차가 8m/s²의 등가속도로 가속중일 때의 가속력은?

① 68.75N   ② 68.75kg
③ 2400N   ④ 2400kg

[풀이] $F = ma$
F: 가속력, m: 공차질량, a: 등가속도

19. 자동차 공차시 또는 적재 상태의 전·후 축중을 구할 때 무엇을 이용하는가?
① 파스칼의 원리   ② 애커먼 장토원리
③ 평형방정식   ④ 쿨롱의 법칙

[풀이] 자동차 공차 또는 적재상태의 전·후 축중을 구할 때에는 평형방정식을 이용한다.

20. 자동차의 최고속도를 증가시키는 일반적인 방법이 아닌 것은?
① 자동차의 중량을 감소시킨다.
② 총감속비를 낮게 한다.
③ 자동차의 구동력을 작게 한다.
④ 자동차 전면의 투영면적을 최소화한다.

[풀이] 자동차의 최고속도를 증가시키는 방법은 ①, ②, ④항 이외에 자동차의 구동력을 크게 한다.

21. 브레이크드럼의 지름은 25cm, 마찰계수가 0.28인 상태에서 브레이크슈가 745N의 힘으로 브레이크 드럼을 밀착시키면 브레이크 토크는?

① 82N·m ② 12N·m
③ 21N·m ④ 26N·m

[풀이] $Tb = \mu P r = \dfrac{0.28 \times 745 \text{N} \times 25 \text{cm}}{2 \times 100}$
$= 26 \text{N·m}$
Tb : 브레이크 토크, μ : 마찰계수
P : 브레이크 드럼에 작용하는 힘
r : 브레이크 드럼의 반지름

Answer ▶ 14. ② 15. ① 16. ② 17. ① 18. ③ 19. ③ 20. ③ 21. ④

22. 지름 30cm인 브레이크 드럼에 작용하는 힘이 600N이다. 마찰계수가 0.3이라 하면 이 드럼에 작용하는 토크는?

① 17N·m   ② 27N·m
③ 32N·m   ④ 36N·m

풀이 $Tb = \mu P r = \dfrac{0.3 \times 600N \times 30cm}{2 \times 100}$
          $= 27N \cdot m$

23. 주행속도가 120km/h인 자동차에 브레이크를 작용시켰을 때 제동거리는 몇 m가 되겠는가?(단, 바퀴와 도로 면의 마찰계수는 0.25이다)

① 22.67   ② 226.7
③ 33.67   ④ 336.7

풀이 $S = \dfrac{v^2}{2\mu g} = \dfrac{33.3^2}{2 \times 0.25 \times 9.8}$
     $= 226.7m$ [120km/h= 33.3m/s]
S : 제동거리, v : 제동초속도(m/s)
μ : 마찰계수, g : 중력 가속도(9.8m/s²)

24. 차량중량(kgf) : 6380(전축중 : 2580, 후축중 : 3800), 승차정원 : 55명, 최고속도 75km/h, 제동초속도 : 30km/h, 회전부분 상당중량 : 5%, 제동력(kgf) : 전좌 1000, 전우 950, 후좌 1400, 후우 1250인 차량의 제동거리는?

① 5.15m   ② 50.25m
③ 38.25m   ④ 3.825m

풀이 $S = \dfrac{V^2}{254} \times \dfrac{W+W'}{F}$
    $= \dfrac{30^2}{254} \times \dfrac{6380 + (6380 \times 0.05)}{1000 + 950 + 1400 + 1250}$
    $= 5.15m$
S : 제동거리(m), V : 제동초속도(km/h)
W : 차량중량(kgf), W' : 회전부분 상당중량(kgf)
F : 제동력(kgf)

25. 차량중량이 2800kgf인 자동차를 제동초속도 50km/h에서 제동시험을 하였더니 19m에서 완전정지 하였다. 이때 작용한 제동력은 얼마인가?(단, 회전부분의 상당중량은 무시한다)

① 1260kgf   ② 1370kgf
③ 1450kgf   ④ 1530kgf

풀이 $S = \dfrac{V^2}{254} \times \dfrac{W+W'}{F}$ 에서
    $19 = \dfrac{50^2}{254} \times \dfrac{2800}{F}$
    $\therefore F = \dfrac{9.84 \times 2800}{19} = 1450kgf$

26. 공주거리에 대한 설명으로 맞는 것은?

① 정지거리에서 제동거리를 뺀 거리
② 제동거리에서 정지거리를 뺀 거리
③ 정지거리에서 제동거리를 더한 거리
④ 제동거리에서 정지거리를 곱한 거리

풀이 공주거리란 정지거리에서 제동거리를 뺀 거리를 말한다.

27. 제동초속도 70km/h인 소형 승용차에 제동을 걸기 위해 공주한 시간이 0.2초라면 공주거리는?

① 2.7m   ② 3.0m
③ 3.2m   ④ 3.9m

풀이 $S_3 = \dfrac{Vt}{3.6} = \dfrac{70 \times 0.2}{3.6} = 3.9m$
V : 제동초속도, t : 공주시간

28. 자동차의 제동정지 거리는 다음 중 어느 것인가?

① 반응시간 + 답체시간 + 과도제동 + 제동시간
② 답체시간 + 답입시간 + 제동시간
③ 공주거리 + 제동거리
④ 답체시간 + 공주거리

풀이 자동차의 제동 정지거리는 공주거리 + 제동거리이다.

Answer ▶ 22. ②   23. ②   24. ①   25. ③   26. ①   27. ④   28. ③

29. 차량중량 1000kgf, 최고속도 140km/h의 자동차를 브레이크 시험한 결과 주제동력이 총 720kgf이었다. 이 자동차가 50km/h에서 급제동하였을 때, 정지거리는 몇 m인가 ?(단, 공주시간은 0.1초, 회전부분 상당중량은 차량중량의 5%이다)

① 1.574　　　② 15.74
③ 7.87　　　　④ 78.7

풀이 $S_2 = \dfrac{V^2}{254} \times \dfrac{W+W'}{F} + \dfrac{Vt}{3.6}$

$= \dfrac{50^2}{254} \times \dfrac{1000+(1000 \times 0.05)}{720} + \dfrac{50 \times 0.1}{3.6}$

$= 15.74m$

S_2 : 정지거리(m), V : 제동초속도(km/h)
W : 차량중량(kgf), W' : 회전부분상당중량(kgf)
F : 제동력(kgf), t : 공주시간(sec)

30. 80km/h로 주행하던 자동차가 브레이크를 작동하기 시작해서 10초 후에 정지하였다면 감속도는 ?

① 3.6m/s²　　② 4.8m/s²
③ 2.2m/s²　　④ 6.4m/s²

풀이 $a = \dfrac{V_2 - V_1}{t} = \dfrac{80 \times 1000}{10 \times 3600} = 2.2m/s^2$

a : 감속도, V_2 : 나중 속도
V_1 : 처음속도, t : 주행한 시간

31. 4륜 자동차 질량이 1500kg, 전륜 1개 제동력이 2500N, 후륜 1개 제동력이 2000N인 자동차에서 제동감속도는 ?

① 5m/s²　　　② 6m/s²
③ 7m/s²　　　④ 8m/s²

풀이 $a = \dfrac{F \times g}{m \times g}$

$= \dfrac{[(2500 \times 2) + (2000 \times 2)] \times 9.8}{1500 \times 9.8} = 6m/s^2$

a : 제동감속도, F : 제동력의 총합
g : 중력가속도, m : 자동차의 질량

32. 자동차의 질량은 1500kg, 1개 차륜 당 전륜 제동력은 3400N, 후륜 제동력은 1100N일 때 제동 감속도는 ?

① 3m/s²　　　② 4m/s²
③ 5m/s²　　　④ 6m/s²

풀이 ① $F = 2(Tf + Tr) = 2 \times (3400N + 1100N)$
　　　$= 900N$
　　　F : 총제동력, Tf : 전륜 제동력
　　　Tr : 후륜 제동력

② $a = \dfrac{F}{m} = \dfrac{9000N}{1500kg} = \dfrac{9000kg \cdot m/s^2}{1500kg}$
　$= 6m/s^2$
　a : 제동감속도, m : 자동차의 질량

33. 중량 1800kgf의 자동차가 120km/h의 속도로 주행 중 0.2분 후 30km/h로 감속하는데 필요한 감속력은 ?

① 약 382kgf　　② 약 764kgf
③ 약 1775kgf　　④ 약 4590kgf

풀이 $F = \dfrac{W \times (V_2 - V_1)}{t \times g}$

$= \dfrac{1800 \times (120-30) \times 1000}{0.2 \times 60 \times 9.8 \times 3600} = 382.6kgf$

F : 감속력, W : 중량, V_1, V_2 : 주행속도
t : 소유시간(sec), g : 중력가속도(m/s²)

34. 총중량 1톤인 자동차가 72km/h로 주행중 급제동을 하였을 때 운동에너지가 모두 브레이크 드럼에 흡수되어 열로 되었다면 그 열량은 ? (단, 노면의 마찰계수는 1이다)

① 47.79kcal　　② 52.30kcal
③ 54.68kcal　　④ 60.25kcal

풀이 ① $E = \dfrac{Gv^2}{2g} = \dfrac{1000 \times 20^2}{2 \times 9.8} = 20408kgf \cdot m$
　　　E : 운동 에너지　G : 차량총중량
　　　v : 주행속도(m/s), g : 중력 가속도

② 1kgf·m = 1/427kcal이므로
　$\dfrac{20408}{427} = 47.79kcal$

Answer ▶ 29. ② 30. ③ 31. ② 32. ④ 33. ① 34. ①

35. 사고 후에 측정한 제동궤적(skid mark)은 48m이었다. 브레이크시스템, 타이어 그리고 노면의 상태를 고려하여 추정할 경우, 사고 당시의 제동 감속도는 $6m/s^2$이다. 이와 같은 조건으로부터 제동시 주행속도는?

① 144km/h ② 43.2km/h
③ 86.4km/h ④ 57.6km/h

풀이 $S = \dfrac{V^2}{2 \times 3.6^2 \times a} = 48 = \dfrac{V^2}{2 \times 3.6^2 \times 6}$

$V = \sqrt{48 \times 2 \times 3.6^2 \times 6} = 86.4 km/h$

S : 제동거리
V : 제동할 때의 주행속도
a : 감속도

동력전달장치

01. FR형식 차량의 동력전달 경로로 맞는 것은?
① 변속기 → 추진축 → 종 감속장치 → 바퀴
② 변속기 → 액슬축 → 종 감속장치 → 바퀴
③ 클러치 → 추진축 → 변속기 → 바퀴
④ 클러치 → 차동장치 → 변속기 → 바퀴

풀이 FR(front engine rear drive, 앞 엔진 뒷바퀴 구동)형식 차량의 동력전달 경로는 클러치 → 변속기 → 추진축 → 종 감속장치(차동장치) → 바퀴 순서이다.

02. 수동변속기에서 클러치의 필요성이 아닌 것은?
① 기관을 무부하 상태로 하기 위해서
② 변속기의 기어 바꿈을 원활하게 하기 위해서
③ 관성운전을 하기 위해서
④ 회전토크를 증가시키기 위해서

03. 클러치판의 비틀림 코일 스프링의 역할로 가장 알맞은 것은?
① 클러치판의 밀착을 더 크게 한다.
② 구동판과 피동판의 마찰을 크게 한다.
③ 클러치판과 압력판의 마찰을 방지한다.
④ 클러치가 접촉될 때 회전충격을 흡수한다.

04. 수동변속기에서 클러치 작동 중 동력을 차단하였을 경우 플라이휠과 같이 회전하는 부품은?
① 클러치판 ② 압력판
③ 변속기 입력축 ④ 릴리스 포크

05. 자동차의 마찰클러치에서 다이어프램(diaphragm)스프링 형식의 부품이 아닌 것은?
① 클러치 커버
② 릴리스레버
③ 릴리스 베어링
④ 압력판

풀이 다이어프램 스프링 형식은 다이어프램이 코일스프링 클러치의 스프링과 릴리스레버의 역할을 하는 방식이다.

06. 클러치 유격을 바르게 설명한 것은?
① 클러치 페달을 밟지 않은 상태에서 릴리스 베어링과 릴리스레버 접촉면 사이의 간극을 말한다.
② 클러치 페달을 밟지 않은 상태에서 릴리스 베어링이 왕복한 거리를 말한다.
③ 클러치 페달을 밟지 않은 상태에서 페달이 올라온 거리를 말한다.
④ 클러치 페달을 밟은 상태에서 릴리스 베어링의 축방향 움직인 거리를 말한다.

Answer 35. ③ 1. ① 2. ④ 3. ④ 4. ② 5. ② 6. ①

07. 클러치 스프링의 장력을 T, 클러치판과 압력판 사이의 마찰계수를 f, 클러치판의 평균반경을 r이라 하고, c를 엔진의 회전력이라 하였을 때 클러치가 미끄러지지 않기 위한 조건식은?
① $Tfr \geqq c$ ② $Tfr \leqq c$
③ $T < \dfrac{c}{fr}$ ④ $T > frc$

08. 마찰클러치에 대한 설명으로 틀린 것은?
① 클러치 릴리스 베어링과 릴리스레버 사이의 유격은 없어야 한다.
② 클러치 디스크의 비틀림 코일스프링은 회전충격을 흡수한다.
③ 다이어프램식은 코일 스프링식에 비해 구조가 간단하고 단속작용이 유연하다.
④ 클러치 조작 기구는 케이블식 외에 유압식을 사용하기도 한다.
풀이 클러치 페달의 유격(자유간극)이란 릴리스 베어링과 릴리스레버사이의 간극이며, 기계식 페달의 경우 20~30mm 정도 둔다.

09. 클러치 정비에 관한 것으로 맞는 것은?
① 압력판을 연마 수정하면 스프링의 장력은 강하게 된다.
② 오번형 릴리스 레버를 분해할 때 정을 사용하여 핀을 뺀다.
③ 릴리스 레버를 점검하여 불량한 것이 있으면 그것만 교환한다.
④ 베어링의 회전상태와 마모 등은 아웃 레이스를 돌려보거나 상하·좌우로 눌러 보아서 점검한다.

10. 변속기의 1단 기어를 선정할 때 우선적으로 고려해야 할 사항은?
① 차량의 최대 등판능력
② 엔진의 최고 회전수
③ 일반적으로 등판능력이 최소 10%이내
④ 차량의 목표 최고속도

11. 수동변속기에서 변속시 서로 다른 기어 속도를 동기화시켜 치합이 부드럽게 이루어지도록 하는 것은?
① 록킹 볼 장치 ② 이퀄라이저
③ 앤티 롤 장치 ④ 싱크로메시 기구
풀이 싱크로메시(동기물림) 기구는 수동변속기에서 기어가 물릴 때 입력 기어와 출력축의 회전속도를 동기시켜 기어의 물림이 부드럽게 이루어지도록 하는 기구이다.

12. 수동변속기에서 동기물림방식에 관한 설명으로 틀린 것은?
① 변속조작 시 소리가 나는 단점이 있다.
② 일정부하형은 완전 동기되지 않아도 변속기어가 물릴 수 있다.
③ 변속 조작시 더블 클러치 조작이 필요 없다.
④ 관성고정형은 완전 동기되지 않으면 변속기어가 물릴 수 없다.

13. 수동변속기에서 기어변속 시 기어가 2중으로 물리는 것을 방지하는 장치는?
① 록킹 볼 ② 인터록 볼
③ 포핏 플러그 ④ 시프트 포크

14. 수동변속기의 동기치합식에서 기어의 콘부와 직접 마찰하여 기어의 회전수와 주축의 회전수를 같게 하는 부품은?
① 클러치 허브 ② 클러치 슬리브
③ 싱크로나이저 링 ④ 싱크로나이저 키
풀이 싱크로나이저 링(synchronizer ring)은 주축기어의 원뿔부분(cone)에 끼워져 있으며, 기어를 변속할 때 시프트포크가 클러치 슬리브를 미끄럼 운동시키면 원뿔부분과 접촉하여 클러치 작용을 한다. 클러치 작용이 유효하게 이루어지도록 안쪽 면에 나사 홈이 파져 있다.

Answer ▶ 7. ① 8. ① 9. ④ 10. ① 11. ④ 12. ① 13. ② 14. ③

15. 유체클러치와 마찰클러치의 차이점에 대한 설명 중 틀린 것은?
① 유체클러치는 마찰클러치에 비해 동력 전달이 매끄럽다.
② 마찰클러치는 기계식 변속기에, 유체클러치는 자동변속기에 적합하다.
③ 유체클러치는 마찰클러치에 비해 동력 전달효율이 낮다.
④ 마찰클러치에는 비틀림 코일스프링이 설치되어, 유체클러치보다 비틀림 진동을 잘 흡수한다.

> 풀이 마찰클러치에는 비틀림 코일스프링이 설치되어 클러치판이 플라이휠에 접속될 때 비틀림 진동을 흡수하지만 유체클러치보다 못하다.

16. 유체클러치 오일의 구비조건이 아닌 것은 어느 것인가?
① 점도가 클 것
② 착화점이 높을 것
③ 내산성이 클 것
④ 비점이 높을 것

> 풀이 유체클러치 오일의 구비조건
> ① 유성이 좋고, 점도가 낮을 것
> ② 비점이 높고, 비중이 클 것
> ③ 융점은 낮고, 착화점이 높을 것
> ④ 윤활성과 내산성이 클 것

17. 유체클러치 내의 가이드 링의 역할은?
① 토크 변환율 증가
② 터빈의 회전속도 증가
③ 유체의 미끄럼을 방지
④ 오일의 와류를 방지하여 전달효율 증가

18. 유체클러치에서 스톨 포인트에 대한 설명으로 가장 거리가 먼 것은?
① 펌프는 회전하나 터빈이 회전하지 않는 점이다.
② 스톨포인트에서 회전력비가 최대가 된다.
③ 속도비가 '0'인 점이다.
④ 스톨 포인트에서 효율이 최대가 된다.

> 풀이 스톨 포인트란 펌프는 회전하나 터빈이 회전하지 않는 점. 즉 속도비가 '0'인 점이며, 회전력 비율이 최대가 된다.

19. 자동변속기 차량에서 유체의 운동에너지를 이용하여 토크를 전달시켜 주는 장치는?
① 유성기어   ② 록업 장치
③ 토크컨버터   ④ 댐퍼 클러치

20. 1단 2상 3요소식 토크컨버터의 주요 구성요소에 해당되는 것은?
① 임펠러, 터빈, 스테이터
② 클러치, 터빈축, 임펠러
③ 임펠러, 스테이터, 클러치
④ 터빈, 유성기어, 클러치

> 풀이 토크컨버터는 엔진 크랭크축과 연결된 펌프(임펠러), 변속기 입력축과 연결된 터빈(러너), 오일의 흐름방향을 바꾸어 주는 스테이터로 되어 있다.

21. 유체클러치와 자동변속기에 사용되는 토크컨버터의 기능 중 구별되는 것은?
① 토크증대 기능
② 동력전달 기능
③ 입력은 펌프 임펠러
④ 출력은 터빈 러너

> 풀이 토크컨버터에는 스테이터가 설치되어 있어 토크를 증대시킬 수 있으나 유체클러치에는 스테이터가 없기 때문에 토크를 증대시킬 수 없다.

22. 엔진 플라이휠과 직결되어 엔진 회전수와 동일한 속도로 회전하는 토크컨버터의 부품은?
① 터빈 러너   ② 펌프 임펠러
③ 스테이터   ④ 원웨이 클러치

Answer ▶ 15. ④ 16. ① 17. ④ 18. ④ 19. ③ 20. ① 21. ① 22. ②

23. 유체클러치와 토크변환기의 설명 중 틀린 것은?
① 유체클러치의 효율은 속도비 증가에 따라 직선적으로 변화되나, 토크변환기는 곡선으로 표시된다.
② 토크변환기는 스테이터가 있고, 유체클러치는 스테이터가 없다.
③ 토크변환기는 자동변속기에 사용된다.
④ 유체클러치에는 원웨이 클러치 및 록업 클러치가 있다.

24. 기관속도가 일정할 때 토크컨버터의 회전력이 가장 큰 경우는?
① 터빈의 속도가 느릴 때
② 임펠러의 속도가 느릴 때
③ 항상 일정함
④ 변환비가 1 : 1일 경우

25. 자동변속기 토크컨버터에서 스테이터의 일방향 클러치가 양방향으로 회전하는 결함이 발생되었을 때 차량에서 발생할 수 있는 현상은?
① 전진이 불가능하다.
② 출발은 어려운데 고속주행은 가능하다.
③ 후진이 불가능하다.
④ 출발은 가능한데 고속 주행이 어렵다.
> [풀이] 자동변속기 토크컨버터에서 스테이터의 일방향 클러치가 양방향으로 회전하는 결함이 발생되면 출발은 어려우나 고속주행은 가능하다.

26. 자동변속기의 토크컨버터에서 클러치 포인트일 때 스테이터, 터빈, 펌프의 속도와 방향은?
① 같은 속도와 반대방향으로 회전
② 펌프와 터빈만 다른 속도 같은 방향 회전
③ 스테이터, 펌프, 터빈이 같은 속도 같은 방향으로 회전
④ 모두 다른 방향 틀린 속도회전
> [풀이] 토크컨버터는 클러치 포인트에서 스테이터, 펌프, 터빈은 같은 속도, 같은 방향으로 회전한다.

27. 댐퍼 클러치의 작동조건이 될 수 있는 것은?
① 제1속 및 후진시
② 공회전시
③ 3→2 시프트 다운시
④ 냉각수 온도가 80℃ 이상일 때
> [풀이] 댐퍼 클러치가 작동되지 않는 조건
> ① 제1속 및 후진 및 엔진 브레이크가 작동될 때
> ② ATF의 유온이 65℃ 이하, 냉각수 온도가 50℃ 이하일 때
> ③ 제3속에서 제2속으로 시프트 다운될 때
> ④ 엔진 회전수가 800rpm 이하일 때
> ⑤ 엔진이 2000rpm 이하에서 스로틀 밸브의 열림이 클 때

28. 자동변속기에서 댐퍼클러치의 작동내용으로 거리가 먼 것은?
① 클러치 점 이후에서 작동을 시작한다.
② 토크비가 1에 가까운 고속구간에서 작동한다.
③ 펌프와 터빈을 직결상태로 하여 미끌림 손실을 최소화 시킨다.
④ 제1속 및 후진 시에 작동한다.
> [풀이] 댐퍼클러치는 클러치 점 이후 즉 토크비가 1에 가까운 고속영역에서 펌프와 터빈을 직결상태로 하여 미끌림 손실을 최소화 시키는 작용을 한다.

29. 자동변속기 차량의 변속과 록-업 작동의 기초신호는 무엇인가?
① 펄스제너레이터와 차속 센서
② 스로틀 센서와 차속 센서
③ 펄스제너레이터와 스로틀 센서
④ 펄스제너레이터와 유온 센서
> [풀이] 자동변속기 차량의 변속과 록-업 작동의 기초신호는 펄스제너레이터와 스로틀 포지션 센서이다.

Answer ▶▶ 23. ④ 24. ① 25. ② 26. ③ 27. ④ 28. ④ 29. ③

30. 전자제어 자동변속기에서 댐퍼클러치가 공회전시에 작동된다면 나타날 수 있는 현상으로 옳은 것은?
① 엔진시동이 꺼진다.
② 1단에서 2단으로 변속이 된다.
③ 기어 변속이 안 된다.
④ 출력이 떨어진다.
> [풀이] 댐퍼클러치가 공회전 상태에서 작동되면 엔진시동이 꺼진다.

31. 다음 중 자동변속기와 관계가 없는 것은?
① 전진클러치
② 역전 및 고속 클러치
③ 유성기어장치
④ 프로펠러 샤프트

32. 자동변속기에 관한 설명으로 옳은 것은?
① 매뉴얼밸브가 전진 레인지에 있을 때 전진클러치는 항상 정지된다.
② 토크변환기에서 유체의 충돌손실 속도비가 0.6~0.7일 때 토크가 가장 적다.
③ 유압 제어회로에 작용되는 유압은 엔진의 오일펌프에서 발생된다.
④ 토크변환기의 토크 변환비는 날개가 작을수록 커진다.

33. 유성 기어식 자동변속기의 특성이 아닌 것은?
① 솔레노이드밸브를 제어하여 변속시점과 과도특성을 제어한다.
② 록업 클러치를 설치하여 연료소비량을 줄일 수 있다.
③ 수동변속기에 비해 구동토크가 적다.
④ 변속 단을 1단 증가시키기 위한 오버드라이브를 둘 수 있다.
> [풀이] 자동변속기의 특성은 ①, ②, ④항 이외에 토크컨버터를 두고 있기 때문에 수동변속기에 비해 구동토크가 크다.

34. 자동변속기의 변속제어 시스템에서 주요변수와 가장 거리가 먼 것은?
① 토크컨버터 유압
② 기관의 부하
③ 자동차 주행속도
④ 선택레버의 위치

35. 전자제어식 자동변속기에서 컴퓨터로 입력되는 요소가 아닌 것은?
① 차속센서
② 스로틀 포지션 센서
③ 유온센서
④ 압력조절 솔레노이드밸브
> [풀이] 자동변속기 TCU의 입력신호에는 스로틀 포지션 센서, 수온센서, 펄스 제너레이터 A & B(입력 및 출력축 속도 센서), 엔진 회전속도 신호, 가속페달 스위치, 킥다운 서보 스위치, 오버드라이브 스위치, 차속센서, 인히비터 스위치 신호 등이 있다.

36. 자동변속기의 전자제어장치 중 T.C.U에 입력되는 신호가 아닌 것은?
① 스로틀 센서 신호
② 엔진회전 신호
③ 액셀러레이터 신호
④ 흡입공기 온도의 신호

37. 전자제어 자동변속기에 사용되는 센서가 아닌 것은?
① 차속센서
② 스로틀 포지션 센서
③ 차고센서
④ 펄스 제너레이터 A, B

38. 자동변속기 차량에서 TPS(throttle position sensor)에 대한 설명으로 옳은 것은?
① 변속시점과 관련 있다.
② 주행 중 선회시 충격흡수와 관련 있다.
③ 킥다운(kick down)과는 관련 없다.
④ 엔진 출력이 달라져도 킥 다운과 관계 없다.

39. 자동변속기 T.C.C(torque converter clutch)접속 및 해제의 제어신호로 필요한 엔진 센서는?
① 흡기온도센서
② 냉각수온도센서
③ 스로틀밸브 위치센서
④ 흡입매니폴드 압력센서

풀이 자동변속기 T.C.C 접속 및 해제의 제어에 필요한 센서는 스로틀 밸브 위치센서이다.

40. 전자제어 자동변속기 차량에서 스로틀 포지션센서의 출력이 80%밖에 나오지 않는다면 다음 중 어느 시스템의 작동이 안 되는가?
① 오버드라이브
② 2속으로 변속불가
③ 3속에서 4속으로 변속불가
④ 킥다운

풀이 전자제어 자동변속기 차량에서 스로틀 포지션 센서의 출력이 80%밖에 나오지 않는다면 킥 다운의 작동이 안 된다.

41. 각 변속위치(shift position)를 TCU로 입력하는 것은?
① 인히비터 스위치
② 오버드라이브 유닛
③ 이그니션 펄스
④ 킥다운 서보

풀이 인히비터 스위치는 각 변속위치(shift position)를 TCU로 입력한다. 즉, 변속패턴의 선택을 위하여 변속레버(시프트 포지션)의 위치를 검출한다.

42. 전자제어 자동변속장치 중 변속시 유압제어를 위해 킥다운 드럼 회전수를 검출하는 구성부품은?
① 인히비터 스위치
② 킥다운 서보 스위치
③ 펄스제너레이터-A
④ 펄스제너레이터-B

풀이 ① 펄스 제너레이터-A : 자기 유도형 발전기로 변속할 때 유압제어의 목적으로 킥다운 드럼의 회전수(입력축 회전수)를 검출한다. 킥다운 드럼의 16개구멍을 통과할 때의 회전수 변화에 의해서 기전력을 발생한다.
② 펄스 제너레이터-B : 자기 유도형 발전기로 주행속도를 검출을 위해 트랜스퍼 드라이브 기어의 회전수를 검출한다. 트랜스퍼 드라이브 기어 이의 높고 낮음에 따른 변화에 의해서 기전력이 발생한다.

43. 전자제어 자동변속기에서 각 시프트 포지션을 TCU로 출력하는 기능을 가진 구성품은?
① 액셀 스위치
② 인히비터 스위치
③ 킥다운 서보 스위치
④ 오버 드라이브 스위치

44. 전자제어 자동변속기에서 컨트롤유닛의 제어기능으로 틀린 것은?
① 거버너 제어
② 변속점 제어
③ 댐퍼클러치 제어
④ 라인압력 가변제어

45. 자동변속기의 자동 변속시점을 결정하는 가장 중요한 요소는?
① 엔진 스로틀 개도와 차속
② 엔진 스로틀 개도와 변속시간
③ 매뉴얼밸브와 차속
④ 변속모드 스위치와 변속시간

Answer ▶▶▶ 38. ① 39. ③ 40. ④ 41. ① 42. ③ 43. ② 44. ① 45. ①

46. 자동변속기에서 시프트 업 또는 시프트 다운이 일어나는 변속 점은 무엇에 의해 결정되는가?
① 매뉴얼밸브와 감압밸브
② 스로틀밸브 개도와 차속
③ 스로틀밸브와 감압밸브
④ 변속레버와 차속

47. 자동변속기 차량에서 변속패턴을 결정하는 가장 중요한 입력신호는?
① 차속센서와 엔진회전수
② 차속센서와 스로틀 포지션센서
③ 엔진회전수와 유온센서
④ 엔진회전수와 스로틀 포지션센서

48. 전자식 자동변속기 차량에서 변속시기와 가장 관련이 있는 신호는?
① 엔진온도 신호
② 스로틀 개도 신호
③ 엔진토크 신호
④ 에어컨 작동신호

49. 자동변속기에서 밸브바디의 구성품이 아닌 것은?
① 스로틀밸브   ② 솔레노이드밸브
③ 압력조정 밸브 ④ 브레이크밸브

50. 자동변속기의 유량 듀티 제어를 위해서 압력조절 솔레노이드밸브(PCSV)가 작동되는 시기는?
① D-1단   ② D-2단
③ D-3단   ④ R(후진)

풀이 자동변속기의 유량 듀티제어를 위한 압력조절 솔레노이드밸브(PCSV)가 작동되는 시기는 D-1단이다.

51. 앞 엔진 뒤 구동 자동차용 자동변속기에 사용되고 있는 어큐뮬레이터의 역할을 바르게 설명한 것은?
① 1단→2단, 2단→1단으로 시프트 한다.
② 브레이크 또는 클러치 작동시 변속충격을 흡수한다.
③ 2단→3단, 3단→2단으로 시프트 한다.
④ P.R.L 레인지에서 No.3 브레이크 작동시 충격을 완화한다.

풀이 어큐뮬레이터는 브레이크 또는 클러치가 작동할 때 변속충격을 흡수한다.

52. 전자제어 자동변속기에서 주행 중 가속페달에서 발을 떼면 나타날 수 있는 현상은?
① 스쿼트   ② 킥다운
③ 노즈 다운   ④ 리프트 풋 업

53. 자동변속기 장착 차량에서 가속페달을 스로틀 밸브가 완전히 열릴 때까지 갑자기 밟았을 때 강제적으로 다운 시프트 되는 현상을 무엇이라고 하는가?
① 킥다운   ② 시프트 아웃
③ 스로틀다운 ④ 블로 다운

54. 자동변속기 관련 장치에서 가속페달을 급격히 밟으면 한 단계 낮은 단으로 변속되는 것과 가장 관계있는 것은?
① 거버너 밸브   ② 매뉴얼 밸브
③ 킥다운 스위치 ④ 프리휠링

55. 복합 유성기어 장치에서 링 기어를 하나만 사용한 유성기어 장치는?
① 2중 유성기어 장치
② 평행 축 기어방식
③ 라비뇨(ravigneauxr)기어장치
④ 심픈슨(simpson)기어장치

풀이 라비뇨 기어장치는 서로 다른 2개의 선 기어를 1개의 유성기어 장치에 조합한 형식이며, 링 기어와 유성기어 캐리어를 각각 1개씩만 사용한다.

Answer ▶▶ 46. ② 47. ② 48. ② 49. ④ 50. ① 51. ② 52. ④ 53. ① 54. ③ 55. ③

56. 단순 유성기어 장치를 2세트 연이어 접속한 라비뇨 기어(ravigneaux gear)의 구조에 대한 설명이다. 맞는 것은?
① 선 기어가 1개뿐이다.
② 선 기어와 링 기어가 각각 2개씩이다.
③ 캐리어가 2개이다.
④ 링 기어가 1개뿐이다.

57. 2세트의 단순 유성기어 장치를 연이어 접속시키되 선 기어를 공동으로 사용하는 기어 형식은?
① 라비뇨식　　② 심프슨식
③ 벤딕스식　　④ 평행축 기어방식

[풀이] 심프슨 형식은 싱글 피니언(single pinion) 유성기어만으로 구성되어 있으며, 선 기어를 공용으로 사용한다. 유성기어 캐리어는 같은 간격으로 3개의 피니언으로 조립되어 있으며, 비분해형이다.

58. 자동변속기 오일의 구비조건이 아닌 것은?
① 기포가 발생하지 않을 것
② 점도지수 변화가 클 것
③ 침전물 발생이 적을 것
④ 저온 유동성이 좋을 것

59. 자동변속기 오일의 구비조건이 아닌 것은?
① 유성이 좋을 것
② 내산성이 작을 것
③ 점도가 적당할 것
④ 비중이 클 것

60. 승용차용으로 적당하지 않는 무단변속기의 형식은?
① 금속 벨트식
② 금속 체인식
③ 트랙션 드라이브식
④ 유압모터, 펌프의 조합식

[풀이] 유압모터, 펌프의 조합형은 농기계나 산업 장비에서 사용한다.

61. 무단변속기의 장점과 가장 거리가 먼 것은?
① 내구성이 향상된다.
② 동력성능이 향상된다.
③ 변속패턴에 따라 운전하여 연비가 향상된다.
④ 파워트레인 통합제어의 기초가 된다.

[풀이] 무단변속기는 벨트를 통하여 변속이 이루어지며, 특징은 변속충격이 적고, 동력성능이 향상되며, 운전 중 용이하게 감속비를 변화시킬 수 있고, 변속패턴에 따라 운전하여 연비가 향상되며, 파워트레인 통합제어의 기초가 되는 장점이 있으나 큰 동력을 절달할 수 없고, 내구성이 적은 단점이 있다.

62. 자동 정속주행 장치에 해당되지 않는 부품은?
① 차속센서　　② 클러치 스위치
③ 복귀 스위치　④ 크랭크앵글센서

63. 일반적인 오토크루즈 컨트롤 시스템(Auto cruise control system)에서 정속주행 모드의 해제조건으로 틀린 것은?
① 주행 중 브레이크를 밟을 때
② 수동변속기 차량에서 클러치를 차단할 때
③ 자동변속기 차량에서 인히비터 스위치를 P나 N위치에 놓았을 때
④ 주행 중 차선변경을 위해 조향하였을 때

[풀이] 정속주행 모드가 해제되는 경우는 ①, ②, ③항 이외에 주행속도가 40km/h 이하일 때

64. 자동차 동력전달장치에서 오버드라이브는 어느 것을 이용하는 것인가?
① 기관의 회전속도
② 기관의 여유출력
③ 차의 주행저항
④ 구동바퀴의 구동력

Answer ▶▶▶ 56. ④ 57. ② 58. ② 59. ② 60. ④ 61. ① 62. ④ 63. ④ 64. ②

65. 오버드라이브장치의 프리휠링 주행(free-wheeling travelling)에 대하여 알맞은 것은?
① 추진축의 회전력을 엔진에 전달한다.
② 프리휠링 주행 중 엔진브레이크를 사용할 수 있다.
③ 프리휠링 주행 중 유성기어는 공전한다.
④ 오버드라이브에 들어가기 전에는 프리휠링 주행이 안 된다.
[풀이] 오버 드라이브 장치의 프리휠링 주행이란 오버 드라이브에 들어가기 전과 오버 드라이브 주행을 끝낸 후 관성 주행하는 상태이며, 이때 유성기어는 공전한다.

66. 기관의 동력을 주행 이외의 용도에 사용할 수 있도록 한 동력인출(power take off)장치가 아닌 것은?
① 윈치 구동장치
② 차동기어 장치
③ 소방차 물 펌프 구동장치
④ 덤프트럭 유압펌프 구동장치

67. 변속기와 차동장치를 연결하며 두 축 간의 충격의 완화와 각도 변화를 융통성 있게 동력 전달하는 기구는?
① 드라이브 샤프트(drive shaft)
② 유니버설 조인트(universal joint)
③ 파워 시프트(power shift)
④ 크로스 멤버(cross member)

68. 가죽을 겹친 가용성 원판을 넣고 볼트로 고정한 축 이음은?
① 플렉시블 조인트
② 등속 조인트
③ 훅 조인트
④ 트러니언 조인트
[풀이] 플렉시블 조인트는 가죽을 겹친 가용성 원판을 넣고 볼트로 고정한 축 이음이다.

69. 다음 중 플렉시블 자재이음의 종류가 아닌 것은?
① 사일런트 블록 조인트
② 다각형레버 조인트
③ 이중 십자형 자재이음
④ 하드디스크
[풀이] 이중 십자형 자재이음은 CV 자재이음의 한 종류이다.

70. 등속 자재이음의 등속원리를 바르게 설명한 것은?
① 구동축과 피동축의 접촉점이 축과 만나는 각의 2등분선상에 있다.
② 횡축과 종축의 접촉점이 축과 만나는 각의 2등분선상에 있다.
③ 구동축과 피동축의 접촉점이 구동축 선 위에 있다.
④ 횡축과 종축의 접촉점이 종축의 선 위에 있다.
[풀이] 등속 자재이음의 등속원리는 구동축과 피동축의 접촉점이 축과 만나는 각의 2등분선상에 있다.

71. 자동차 동력전달계통의 이음 중 구동축과 회전축의 경사각이 30°이상에서 동력전달이 가능한 이음은?
① 버필드 이음
② 플렉시블 이음
③ 슬립 이음
④ 십자형 자재이음
[풀이] 버필드 이음은 앞바퀴 구동방식 차량의 구동축의 바깥쪽 자재이음으로 사용되며, 자재이음 중 구동축과 회전축의 경사각이 30° 이상에서도 동력전달이 가능하다.

72. 추진축의 토션 댐퍼가 하는 일은?
① 완충작용
② 토크전달
③ 회전력 상승
④ 전단력 감소

73. 앞바퀴 구동 승용차에서 드라이브 샤프트가 변속기 측과 차륜 측에 2개의 조인트로 구성되어 있다. 변속기 측에 있는 조인트는?
① 더블오프셋 조인트(double offset joint)
② 버필드 조인트(birfield joint)
③ 유니버설 조인트(universal joint)
④ 플렉시블 조인트(flexible joint)

[풀이] 더블 오프셋 조인트는 앞바퀴 구동 승용차에서 드라이브 샤프트의 변속기 측에 있는 조인트를 말한다.

74. 추진축의 센터 베어링에 관한 설명으로 틀린 것은?
① 볼 베어링을 고무제의 베어링 베드에 설치한다.
② 베어링 베드의 외주를 다시 원형 강판으로 감싼다.
③ 차체에 고정할 수 있는 구조이다.
④ 분할방식 추진축을 사용할 때는 설치되지 않는다.

75. 추진축이 기하학적 중심과 질량적 중심이 일치하지 않을 때 일어나는 현상은?
① 롤링진동   ② 요잉진동
③ 휠링진동   ④ 피칭진동

76. 자동차 종 감속장치에 주로 사용되는 기어 형식은?
① 하이포이드 기어   ② 더블헬리컬 기어
③ 스크루 기어   ④ 스퍼 기어

77. 후륜구동 차량의 종감속 장치에서 구동 피니언과 링 기어 중심선이 편심되어 추진축의 위치를 낮출 수 있는 것은?
① 베벨기어   ② 스퍼기어
③ 웜과 웜기어   ④ 하이포이드 기어

78. 동력전달 장치에 사용되는 종 감속장치의 기능으로 틀린 것은?
① 회전토크를 증가시켜 전달한다.
② 회전속도를 감소시킨다.
③ 필요에 따라 동력전달 방향을 변환시킨다.
④ 축 방향 길이를 변화시킨다.

79. 종 감속기어에 사용되는 하이포이드 기어의 장점에 해당되는 것은?
① 구동 피니언을 크게 할 수 있어 강도가 증가된다.
② 기어 물림율을 적게 하여 회전이 정숙하다.
③ 구동 피니언의 옵셋에 의해 추진축 높이를 높게 한다.
④ 주행성은 향상되나 안전성은 나빠진다.

[풀이] 하이포이드 기어는 동일 감속비, 동일 치수인 링 기어인 경우 구동 피니언을 크게 할 수 있어 강도가 증가된다.

80. 종감속비를 결정하는 요소가 아닌 것은?
① 엔진의 출력   ② 차량중량
③ 가속성능   ④ 제동성능

81. 베벨(bevel)기어식 종감속/차동장치가 장착된 자동차가 급커브를 천천히 선회하고 있을 때 차동 케이스내의 어떤 기어들이 자전하고 있는가?
① 외측 차동 사이드 기어들만
② 차동 피니언들만
③ 차동 피니언과 차동 사이드 기어 모두
④ 외·내측 차동 사이드 기어들만

[풀이] 차동작용은 좌우 구동바퀴의 회전저항 차이에 의해 발생하므로 커브를 돌 때 안쪽 바퀴는 바깥쪽 바퀴보다 저항이 커져 회전속도가 감소하며, 감소한 분량만큼 반대쪽 바퀴를 가속하게 되는데 이때 차동 피니언과 차동 사이드 기어 모두 자전을 한다.

Answer ▶▶ 73. ① 74. ④ 75. ③ 76. ① 77. ④ 78. ④ 79. ① 80. ④ 81. ③

82. 차동 제한장치(differential lock system)에 대한 설명으로 적합하지 않은 것은?
① 수렁을 지날 때 양쪽 바퀴에 구동력을 전달한다.
② 선회시 바깥쪽의 바퀴가 안쪽의 바퀴보다 더 많이 회전하게 한다.
③ 논 슬립(non-slip)장치 또는 논 스핀(non-spin)장치가 있다.
④ 미끄러운 노면에서 출발이 용이하다.

[풀이] 차동 제한장치의 종류에는 논 슬립(non-slip)장치 또는 논 스핀(non-spin)형식이 있으며, 수렁을 지날 때 양쪽 바퀴에 구동력을 전달하므로 미끄러운 노면에서 출발이 용이하다.

83. 자동 차동 제한장치(LSD)의 특징 설명으로 틀린 것은?
① 미끄러지기 쉬운 모래 길이나 습지 등과 같은 노면에서 출발이 용이
② 타이어의 수명을 연장
③ 직진주행 시에는 좌우바퀴의 구동력 오차로 인하여 안정된 주행
④ 요철노면 주행 시 후부의 흔들림을 방지

[풀이] 자동 차동 제한장치(LSD)의 특징
① 미끄러지기 쉬운 모래 길이나 습지 등과 같은 노면에서 출발이 용이하다.
② 타이어 수명을 연장한다.
③ 고속 직진주행 할 때 안전성이 양호하다.
④ 요철노면을 주행할 때 후부의 흔들림을 방지한다.

84. 바퀴를 빼지 않고도 액슬 축을 빼낼 수 있는 차축 지지방식은?
① 1/4부동식
② 전부동식
③ 3/4부동식
④ 반부동식

[풀이] 뒤차축 지지방식에는 전부동식, 반부동식, 3/4부동식 등이 있으며, 전부동식은 안쪽은 차동 사이드기어와 스플라인으로 결합되고, 바깥쪽은 차축허브와 결합되어 차축허브에 브레이크 드럼과 바퀴가 설치된 형식으로 바퀴를 빼지 않고도 차축을 뺄 수 있다.

85. 차동제한장치(limited slip differential)에 대한 설명으로 틀린 것은?
① 차동장치에 차동제한 기구를 추가시킨 것이 LSD이다.
② 눈길 및 빗길 등에서 미끄러지는 것을 최소화하기 위한 장치이다.
③ 직진주행을 더욱 원활하게 하기 위한 장치이다.
④ 토크비례식과 회전속도 감응형식 등이 있다.

86. 4륜 구동방식(4WD)의 장점과 거리가 먼 것은?
① 등판성능 및 견인력 향상
② 부드러운 발진 및 가속성능
③ 고속주행 시 직진안정성 향상
④ 눈길, 빗길 선회시 제동안정성 우수

87. 4WD시스템의 전기식 트랜스퍼(EST : Electric Shift Transfer)의 스피드 센서인 펄스 제너레이터 센서에 대한 설명으로 틀린 것은?
① 마그네틱 센서로서 교류전압이 발생한다.
② 회전속도에 비례하여 주파수가 변한다.
③ 컴퓨터는 주파수를 감지하여 출력축 회전속도를 검출한다.
④ 4L 모드 상태에서의 출력파형은 4H 모드에 비하여 시간 당 주파수가 많다.

Answer ▶▶▶ 82. ② 83. ③ 84. ② 85. ③ 86. ④ 87. ④

88. 어떤 단판클러치의 마찰 면 외경이 30 cm, 내경이 18cm 전 스프링의 힘이 400 kgf이고 압력판 마찰계수가 0.34이다. 전달토크는 얼마인가?

① 3264kgf-cm ② 2856kgf-cm
③ 1428kgf-cm ④ 714kgf-cm

풀이 $Tc = \dfrac{(D+d)P\mu}{2}$

$= \dfrac{(30+18) \times 400 \times 0.34}{2} = 3264$kgf-cm

89. 기관의 회전력이 14.32kgf-m이고 2500rpm으로 회전하고 있다. 이때 클러치에 의해 전달되는 마력은?(단, 클러치의 미끄럼은 없다)

① 40PS ② 50PS
③ 60PS ④ 70PS

풀이 $C_{PS} = \dfrac{TR}{716} = \dfrac{14.23 \times 2500}{716} = 50$PS

C_{PS} : 클러치에 의해 전달되는 마력
T : 기관의 회전력, R : 기관의 회전속도

90. 엔진 회전수 2500rpm에서 회전력이 40 kgf·m이다. 이때 클러치의 출력 회전수가 2100rpm이고, 출력 회전력이 35kgf·m라면 클러치의 전달효율(%)은?

① 52.2 ② 73.5
③ 87.5 ④ 96.0

풀이 $\eta C = \dfrac{Cp}{Ep} \times 100 = \dfrac{2100 \times 35}{2500 \times 40} \times 100 = 73.5\%$

ηC : 클러치의 전달효율, Cp : 클러치의 출력
Ep : 엔진의 출력

91. 변속기 입력축과 물리는 카운터 기어의 잇수가 45개, 출력축 2단 기어의 잇수가 29개, 입력축 기어 잇수가 32개, 출력과 물리는 카운터 기어의 잇수가 25개이다. 이 변속기의 변속비는?

① 1.63 : 1 ② 1.99 : 1
③ 2.77 : 1 ④ 3.05 : 1

풀이 변속비

$= \dfrac{\text{카운터 기어의 잇수}}{\text{출력축 기어의 잇수}} \times \dfrac{\text{출력축 기어의 잇수}}{\text{카운터 기어의 잇수}}$

$= \dfrac{45}{32} \times \dfrac{29}{25} = 1.63$

92. 그림과 같은 기어 변속기에서 감속비율은?

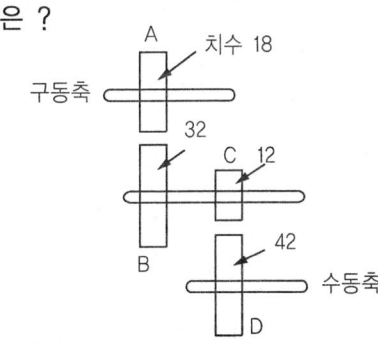

① 6.22 ② 1.78
③ 3.50 ④ 2.33

풀이 변속비

$= \dfrac{\text{부축 기어의 잇수}}{\text{주축 기어의 잇수}} \times \dfrac{\text{주축 기어의 잇수}}{\text{부축 기어의 잇수}}$

$= \dfrac{32}{18} \times \dfrac{42}{12} = 6.22$

93. 속도비가 0.4이고, 토크비가 2인 토크 컨버터에서 펌프가 4000rpm으로 회전할 때, 토크컨버터의 효율은?

① 20% ② 40%
③ 60% ④ 80%

풀이 $\eta t = Sr \times Tr = 0.4 \times 2 = 0.8 = 80\%$

ηt : 토크컨버터 효율, Sr : 속도비
Tr : 토크비

94. 유성기어에서 링 기어 잇수가 50, 선 기어 잇수가 20, 유성기어 잇수가 10이다. 링 기어를 고정하고 선 기어를 구동하면 감속비는 얼마인가?

① 0.14 ② 1.4
③ 2.5 ④ 3.5

풀이 $Rt = \dfrac{Sz + Rz}{Sz} = \dfrac{20 + 50}{20} = 3.5$

Answer ▶ 88.① 89.② 90.② 91.① 92.① 93.④ 94.④

95. 다음 자동변속기의 선 기어 고정, 링 기어 증속, 캐리어 구동조건에서 변속비를 구하면 ?(단, 선 기어 잇수 : 20, 링 기어 잇수 : 80)

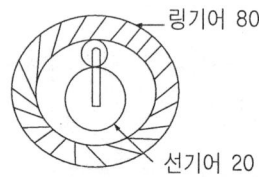

① 1.25 ② 0.2
③ 0.8   ④ 5

풀이 $Rt = \dfrac{Rz}{Sz+Rz} = \dfrac{80}{20+80} = 0.8$

Rt: 변속비, Rz: 링기어 잇수, Sz: 선기어 잇수

96. 유성기어장치를 2조로 사용하고 있는 자동변속기에서 선 기어 잇수 20, 링 기어 잇수 80일 때 총 변속비는 ?(단, 제1유성기어 : 링 기어 구동, 선 기어 고정, 제2유성기어 : 링 기어고정, 선 기어구동)

① 1.25 ② 5
③ 6.25 ④ 16

풀이 $Rt = \dfrac{Sz+Rz}{Sz} + \dfrac{Sz+Rz}{R_z}$

$= \left(\dfrac{20+80}{20}\right) + \left(\dfrac{20+80}{80}\right) = 6.25$

Rt : 총변속비, Sz: 선기어 잇수, Rz: 링기어 잇수

97. 그림에서 A의 잇수는 90, B의 잇수는 30일 때 암 D가 오른쪽으로 3회전, A가 왼쪽으로 2회전 할 때 B의 회전수는 얼마인가 ?

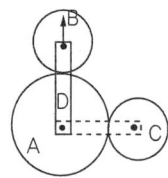

① 왼쪽으로 18회전
② 왼쪽으로 15회전
③ 오른쪽으로 15회전
④ 오른쪽으로 18회전

풀이 $\dfrac{B-D}{A-D} = \dfrac{A'}{B'} = \dfrac{B-3}{-2-3} = \dfrac{90}{30}$

∴ 오른쪽으로 18회전

98. 수동변속기에서 입력축의 회전력이 150 kgf·m이고, 회전수가 1000rpm일 때 출력축에서 1000kgf·m의 토크를 내려면 출력축의 회전수는 ?

① 1670rpm ② 1500rpm
③ 667rpm   ④ 150rpm

풀이 $O_N = \dfrac{I_T \times I_N}{O_T} = \dfrac{150 \text{kgf·m} \times 1000 \text{rpm}}{1000 \text{kgf·m}}$

= 150rpm

O_N : 출력축의 회전수, I_T : 입력축의 회전력
I_N : 입력축의 회전수, O_T : 출력축의 회전력

99. A의 잇수는 90, B의 잇수가 30일 때 A를 고정하고 D를 오른쪽으로 3회전 할 경우 B의 회전수는 ?

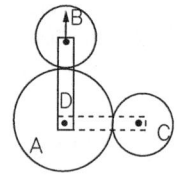

① 왼쪽으로 18회전
② 왼쪽으로 12회전
③ 오른쪽으로 18회전
④ 오른쪽으로 12회전

풀이 $\dfrac{B-D}{D} = \dfrac{A'}{B'} = \dfrac{B-3}{-3} = \dfrac{90}{30}$ ∴ B= 12

100. 어떤 기관의 축출력은 5000min^{-1}에서 75kW이고 구동륜에서 측정한 출력이 64kW 이면 동력전달장치의 총 효율은?

① 약 0.853% ② 약 85.3%
③ 약 15%   ④ 약 58.9%

풀이 $\eta t = \dfrac{E_{kW}}{W_{kW}} \times 100 = \dfrac{64\text{kW}}{75\text{kW}} \times 100 = 85.5\%$

ηt : 동력전달 장치의 총 효율
E_{kW} : 기관의 축 출력
W_{kW} : 구동륜에서 측정한 출력

Answer ▶▶ 95. ③ 96. ③ 97. ④ 98. ④ 99. ④ 100. ②

CHAPTER 03 Automotive Chassis — 자동차 섀시

101. 어떤 엔진을 다이나모미터에 걸고 전부하 상태로 변속기를 제3속(감속비 1.5)에 넣고 운전했는데 추진축의 회전수가 800rpm이었다. 엔진의 발생토크는 ?(단, 엔진의 전부하시의 성능은 다음과 같다)

회전수 (rpm)	1000	1200	1400	1600	1800	2000
출력(ps)	60	67	82	88	102	108
토크 (kgf·m)	42.5	43	42.8	42.3	41.5	40.5

① 40.kgf·m ② 41.5kgf·m
③ 42.5kgf·m ④ 43kgf·m

[풀이] $E_N = Rt \times P_N$ = 1.5×800rpm= 1200rpm
E_N : 엔진 회전수, Rt : 변속비, P_N : 추진축 회전수
따라서 도표 상에서 엔진 회전수 1200rpm일 때의 발생 토크는 43kgf·m이다.

102. 어떤 기관의 해체정비를 완료하였다. 동력계에 설치하여 성능을 조사한 결과 변속기를 제2속에 넣고 운전하였을 때 추진축에 전달되는 토크가 60kgf-m, 추진축의 회전수가 1000rpm이었다. 이 때 엔진의 회전수는 얼마인가 ?(단 변속기의 제2속 변속비는 1.50이다)

① 100rpm ② 1200rpm
③ 1500rpm ④ 1400rpm

[풀이] $E_N = Rt \times P_N$ = 1.5×1000rpm= 1500rpm
E_N : 엔진 회전수, Rt : 변속비
P_N : 추진축 회전수

103. 자동차의 1단 감속비가 3.33 : 1이고, 뒤 차축 기어장치의 감속비가 4.11 : 1일 때 총 감속비는 얼마인가 ?

① 16.39 : 1 ② 7.44 : 1
③ 13.69 : 1 ④ 12 : 1

[풀이] $Tr = Rt \times Rf$ = 3.33×4.11= 13.68
Tr : 총감속비, Rt : 변속비
Rf : 종감속비

104. 변속기에 제3속의 감속비가 1.5이고 종 감속장치의 구동 피니언의 잇수가 7, 링 기어의 잇수가 35일 때 제 3속의 총 감속비는 ?

① 1.5 ② 5.0
③ 7.5 ④ 16.3

[풀이] ① $Rf = \dfrac{Pt}{Rt} = \dfrac{35}{7} = 5$
Rf: 종감속비, Pt: 구동 피니언의 잇수
Rt : 링 기어의 잇수
② $Tr = Rt \times Rf$ = 1.5×5= 7.5
Tr : 총감속비, Rt : 변속비
Rf : 종감속비

105. 종감속 기어의 구동 피니언 잇수가 8, 링 기어의 잇수가 48 인 자동차가 직선으로 달릴 때, 추진축의 회전수가 1800rpm이다. 이 자동차가 회전할 때 안쪽바퀴가 250rpm하면 바깥 바퀴는 몇 회전하는가 ?

① 150rpm ② 250rpm
③ 350rpm ④ 450rpm

[풀이] ① $Rf = \dfrac{Pt}{Rt} = \dfrac{48}{8} = 6$
② $Tn_1 = \dfrac{En}{Rt \times Rf} \times 2 - Tn_2 = \dfrac{1800}{6} \times 2 - 250$
= 350rpm
Tn : 바퀴 회전수, En : 엔진 회전수
Rt : 변속비, Rf : 종감속비

106. 엔진 회전속도가 2,418rpm인 자동차의 변속비 및 종감속비가 각각 2.5, 6.2일 때 오른쪽바퀴의 회전속도가 186rpm이면 왼쪽바퀴의 회전속도는 몇 rpm인가 ?

① 126 ② 156
③ 252 ④ 312

[풀이] $Tn_1 = \dfrac{En}{Rt \times Rf} \times 2 - Tn_2$
$= \dfrac{2418}{2.5 \times 6.2} \times 2 - 186$ = 126rpm
Tn : 바퀴 회전수, En : 엔진 회전수
Rt : 변속비, Rf : 종감속비

Answer ▶ 101. ④ 102. ③ 103. ③ 104. ③ 105. ③ 106. ①

107. 자동차가 300m를 통과하는데 20초 걸렸다면 이 자동차의 속도는?
① 54km/h ② 60km/h
③ 80km/h ④ 108km/h

풀이 자동차의 속도 = $\dfrac{300 \times 3600}{20 \times 1000}$ = 54km/h

108. 어떤 자동차가 60km/h의 속도로 평탄한 도로를 주행하고 있다. 이때 변속비가 3, 종 감속비가 2이고, 구동바퀴가 1회전하는데 2m 진행할 때, 3km주행하는데 소요되는 시간은?
① 1분 ② 2분
③ 3분 ④ 4분

풀이 60km/h를 분속으로 환산하면 1km/min이므로 3km를 주행하는데 3분이 소요된다.

109. 총중량 7.5ton의 차량이 36km/h의 속도로 1/50 구배의 언덕길을 올라갈 때 1초 동안 진행속도(m/s)는?
① 8 ② 10
③ 12 ④ 20

풀이 1초 동안 진행속도(m/s) = $\dfrac{36 \times 1000}{3600}$
= 10m/s

110. 변속비가 2 : 1, 종감속비가 4 : 1, 구동바퀴의 유효 반지름이 250mm인 자동차의 엔진 회전속도가 1500rpm이다. 이때 이 자동차의 시속은?
① 17.7km/h ② 8.8km/h
③ 35.7km/h ④ 187.5km/h

풀이 $V = \pi D \times \dfrac{E_N}{Rt \times Rf} \times \dfrac{60}{1000}$
= $3.14 \times 0.25 \times 2 \times \dfrac{1500}{2 \times 4} \times \dfrac{60}{1000}$ = 17.7km/h
V : 자동차의 시속(km/h), D : 타이어 지름(m)
E_N : 기관 회전수(rpm), Rt : 변속비
Rf : 종감속비

111. 제 3속의 감속비 1.5, 종감속 구동 피니언 기어의 잇수 5, 링 기어의 잇수 22, 구동바퀴 타이어의 유효반경 280mm인 자동차의 엔진 회전속도가 3300rpm으로 직진 주행하고 있을 때 주행속도는 약 얼마인가?
① 약 53km/h ② 약 59km/h
③ 약 63km/h ④ 약 69km/h

풀이 ① $Rf = \dfrac{Pt}{Rt} = \dfrac{22}{5} = 4.4$
Rf : 종감속비, Pt : 구동 피니언의 잇수
Rt : 링 기어의 잇수

② $V = \pi D \times \dfrac{E_N}{Rt \times Rf} \times \dfrac{60}{1000}$
= $3.14 \times 0.28 \times 2 \times \dfrac{3300}{1.5 \times 4.4} \times \dfrac{60}{1000}$
= 52.75km/h

112. 자동차의 변속기에 있어서 3속의 변속비 1.25 : 1이고, 종감속비가 4 : 1인 자동차의 엔진 rpm이 2700일 때 구동륜의 동하중 반경 30cm인 이 차의 차속은?
① 53km/h ② 58km/h
③ 61km/h ④ 65km/h

풀이 $V = \pi D \times \dfrac{En}{Rt \times Rf} \times \dfrac{60}{1000}$
= $3.14 \times 0.3 \times 2 \times \dfrac{2700}{1.24 \times 4} \times \dfrac{60}{1000}$ = 61km/h

113. 엔진 회전속도 3600rpm, 변속(감속)비 2 : 1, 타이어 유효반경이 40cm인 자동차의 시속이 90km/h이다. 이 자동차의 종감속비는?
① 1.5 : 1 ② 2 : 1
③ 3 : 1 ④ 4 : 1

풀이 $V = \pi D \times \dfrac{En}{Rt \times Rf} \times \dfrac{60}{1000}$ 에서
$Rf = \dfrac{\pi D \times E_n \times 60}{Rt \times V \times 1000}$
= $\dfrac{3.14 \times 0.4 \times 2 \times 3600 \times 60}{2 \times 90 \times 100}$ = 3

Answer 107. ① 108. ③ 109. ② 110. ① 111. ① 112. ③ 113. ③

114. 120km/h의 속도로 주행 중인 자동차에서 총 감속비는 4.83, 구동륜 회전속도는 1031rpm, 타이어의 동하중 원주는 1940mm일 때 엔진의 회전속도는 ?(단, 슬립은 없는 것으로 본다)

① 약 1,237rpm ② 약 1,959rpm
③ 약 4,980rpm ④ 약 2,620rpm

풀이 $E_N = \dfrac{V \times Tr \times 1000}{Td \times 60}$

$= \dfrac{120 \times 4.83 \times 1000}{1.94 \times 60} = 4980\text{rpm}$

E_N : 기관 회전수(rpm)
V : 자동차의 시속(km/h)
Tr : 총감속비
Td : 타이어의 동하중 원주

115. 자동차가 72km/h로 주행하기 위한 엔진의 실마력은 ?(단, 전 주행저항은 75kgf이고, 동력전달 효율은 0.8이다)

① 20PS ② 23PS
③ 25PS ④ 30PS

풀이 $R_{PS} = \dfrac{Tdr \times v}{75 \times \eta} = \dfrac{75 \times 20}{75 \times 0.8}$

= 25PS[72km/h= 20m/s]
R_{PS} : 엔진의 실마력, Tdr : 전 주행저항
v : 주행속도(m/s), η : 동력전달 효율

116. 기관의 토크는 1,500rpm에서 20.06kgf·m이다. 2단 변속비는 1.5 : 1이고 종감속 장치의 피니언 잇수는 10개, 링 기어의 잇수는 35개이다. 이 때 구동차축에 전달되는 토크(kgf·m)는 ?

① 30.09 ② 70.21
③ 52.66 ④ 105.32

풀이 $T = E_T \times Rt \times Rf = 20.06 \times 1.5 \times \dfrac{35}{10}$

= 105.32kgf·m

T : 전달토크, E_T : 엔진토크, Rt : 변속비
Rf : 종감속비

현가 및 조향장치

01. 현가장치에서 승차감을 위주로 고려할 때의 방법으로 설명이 틀린 것은 ?

① 스프링 아래 질량은 가벼울수록 좋다.
② 스프링 상수는 낮을수록 좋다.
③ 스프링 위 질량은 가벼울수록 좋다.
④ 스프링 아래의 질량은 클수록 좋다.

풀이 현가장치에서 승차감을 위주로 고려할 때 스프링 아래의 질량이 클수록 승차감은 저하한다.

02. 토션바 스프링에 대한 내용으로 틀린 것은?

① 단위 중량당의 에너지 흡수율이 대단히 크다.
② 스프링의 힘은 바의 길이와 단면적에 의해 결정된다.
③ 진동의 감쇠작용이 커서 쇽업소버를 병용할 필요가 없다.
④ 스프링은 좌·우로 사용되는 것이 구분되어 있다.

03. 좌우 타이어가 동시에 상하운동을 할 때는 작용하지 않으며 차체의 기울기를 감소시키는 역할을 하는 것은 ?

① 토션 바 ② 컨트롤 암
③ 쇽업쇼버 ④ 스태빌라이저

풀이 스태빌라이저는 독립현가장치에서 사용하는 일종의 토션 바 스프링이며, 자동차가 선회할 때 롤링(rolling)을 작게 하고 빠른 평형상태를 유지시키는 작용을 한다.

04. 롤링 또는 선회시 차체의 기울기를 최소로 하는 부품은 ?

① 스태빌라이저 ② 쇽업소버
③ 컨트롤 암 ④ 타이로드

05. 진동을 흡수하고 진동시간을 단축시키며, 스프링의 부담을 감소시키기 위한 장치는?
① 스태빌라이저
② 공기스프링
③ 쇽업소버
④ 비틀림 막대스프링

풀이 쇽업소버는 도로면에서 발생한 스프링의 진동을 신속하게 흡수하여 승차감각을 향상시키고 동시에 스프링의 피로를 감소시키기 위해 설치하는 기구이다.

06. 다음 중 드가르봉식 쇽업쇼버와 관계 없는 것은?
① 유압식의 일종으로 프리피스톤을 설치하고 위쪽에 오일이 내장되어 있다.
② 고압질소 가스의 압력은 약 30kgf/cm²이다.
③ 쇽업소버의 작동이 정지되면 프리 피스톤 아래쪽의 질소가스가 팽창하여 프리 피스톤을 압상시킴으로서 오일실의 오일이 감압한다.
④ 좋지 않은 도로에서 격심한 충격을 받았을 때 캐비테이션에 의한 감쇠력의 차이가 적다.

풀이 드가르봉식 쇽업쇼버의 특징은 ①, ②, ④항 이외에 쇽업소버의 작동이 정지되면 프리피스톤 아래쪽의 질소가스가 팽창하여 프리 피스톤을 압상시키므로 오일실의 오일이 가압(加壓)된다.

07. 자동차용 현가장치에서 드가르봉식 쇽업소버의 특징이 아닌 것은?
① 복동식 쇽업소버보다 구조가 복잡하다.
② 실린더가 하나로 되어 있기 때문에 방열효과가 좋다.
③ 내부에 압력이 걸려있기 때문에 분해하는 것은 위험하다.
④ 장기간 작동되어도 감쇠효과가 저하되지 않는다.

08. 일체차축 현가방식의 특징이 아닌 것은?
① 선회시 차체의 기울기가 적다.
② 승차감이 좋지 못하다.
③ 구조가 간단하다.
④ 로드홀딩(road holding)이 우수하다.

풀이 일체차축 현가장치의 특징은 ①, ②, ③항 이외에 앞바퀴에 시미가 일어나기 쉽고, 로드홀딩이 좋지 못하다.

09. 앞 현가장치의 종류 중에서 일체식 차축 현가장치의 장점을 설명한 것은?
① 차축의 위치를 정하는 링크나 로드가 필요치 않아 부품수가 적고 구조가 간단하다.
② 트램핑 현상이 쉽게 일어날 수 있다.
③ 스프링 질량이 크기 때문에 승차감이 좋지 않다.
④ 앞바퀴에 시미현상이 일어나기 쉽다.

10. 독립 현가장치의 장점이 아닌 것은?
① 스프링 밑 질량이 작아 승차감이 좋다.
② 바퀴의 구조상 시미를 잘 일으키지 않고 도로 노면과 로드홀딩이 우수하다.
③ 선회시 차체의 기울기가 적다.
④ 스프링의 상수가 작은 것을 사용할 수 있다.

11. 앞 현가장치의 분류 중 독립 현가장치의 장점이 아닌 것은?
① 자동차의 높이를 낮게 할 수 있으므로 안전성이 향상된다.
② 바퀴의 시미(shimmy) 현상이 적고 타이어와 노면의 접지성이 좋아진다.
③ 스프링 하부의 무게가 가벼우므로 승차감이 좋다
④ 차축의 구조가 간단하다.

Answer ▶▶▶ 5. ③ 6. ③ 7. ① 8. ④ 9. ① 10. ③ 11. ④

12. 현가장치 중에서 독립 현가식의 분류에 해당되지 않는 것은?
① 위시본형 ② 공기스프링형
③ 맥퍼슨형 ④ 멀티링크형

13. 위시본식 독립 현가장치의 구조 및 작동에 관한 설명으로 틀린 것은?
① 코일스프링과 쇽업소버를 조합시킨 형식이다.
② 스프링 아랫부분의 중량이 크기 때문에 승차감이 좋다.
③ 로어와 어퍼 컨트롤 암의 길이가 같은 것이 평행사변형식이다.
④ SLA형식은 장애물에 의해 바퀴가 들어 올려 지면 캠버가 변한다.

14. 맥퍼슨형 현가장치에 대한 설명 중 틀린 것은?
① 위시본형에 비해 구조가 간단하다.
② 스프링 밑 질량이 작아 노면과 접촉이 우수하다.
③ 스러스트가 조향시 회전한다.
④ 위 컨트롤과 아래 컨트롤 암 있다.

풀이 맥퍼슨형 현가장치는 조향장치와 조향너클이 일체로 되어 있으며, 쇽업소버가 들어 있는 스트럿(strut), 볼 조인트, 컨트롤 암, 스프링으로 구성되어 있고, 스러스트가 조향할 때 자유롭게 회전한다. 특징은 다음과 같다.
① 위시본형에 비해 구조가 간단하고 고장이 적으며, 수리가 쉽다.
② 스프링 밑 질량이 작아 노면과 접촉(로드홀딩)이 우수하다.
③ 기관실의 유효체적을 넓게 할 수 있다.
④ 진동흡수율이 커 승차감이 좋다.

15. 독립 현가장치에서 기관실의 유효면적을 가장 넓게 할 수 있는 형식은?
① 맥퍼슨 형식
② 위시본 형식
③ 트레일링 암 형식
④ 평행 판스프링 형식

16. 하중의 변화에 따라 스프링정수를 자동적으로 조정하며 고유진동수를 일정하게 유지할 수 있는 현가장치의 구성품은?
① 코일스프링 ② 판스프링
③ 공기스프링 ④ 스태빌라이저

풀이 공기스프링은 공기의 탄성을 이용한 것이며, 다른 스프링에 비해 매우 유연한 탄성을 얻을 수 있고, 또 노면으로부터의 아주 작은 진동도 흡수할 수 있어 승차감이 우수하다.

17. 공기스프링의 특징이 아닌 것은?
① 유연성을 비교적 쉽게 얻을 수 있다.
② 약간의 공기누출이 있어도 작동이 간단하며, 구조가 간단하다.
③ 하중이 변해도 자동차 높이를 일정하게 유지할 수 있다.
④ 자동차에 짐을 실을 때나 빈차일 때의 승차감은 별로 달라지지 않는다.

풀이 공기스프링의 특징은 ①, ③, ④항 이외에 고유진동을 낮게 할 수 있다. 즉 스프링 효과를 유연하게 할 수 있으며, 공기스프링 그 자체에 감쇠성이 있어 작은 진동을 흡수하는 효과가 있다.

18. 자동차의 고유진동현상 중에서 현가장치의 스프링 위 무게 진동현상으로 틀린 것은?
① 휠 트램프 ② 바운싱
③ 롤링 ④ 요잉

19. 전자제어 현가장치의 기능과 가장 거리가 먼 것은?
① 킥다운 제어
② 차고조정
③ 스프링 상수와 댐핑력 제어
④ 주행조건 및 노면상태 대응에 따른 제어

Answer 12. ② 13. ② 14. ④ 15. ① 16. ③ 17. ② 18. ① 19. ①

20. 일반적으로 주행 중 멀미를 느끼는 진동수는 약 몇 cycle/min인가?

① 45cycle/min 이하
② 45~90cycle/min
③ 90~135cycle/min
④ 135cycle/min 이상

[풀이] 진동수와 승차감
① 걸어가는 경우 : 60~70cycle/min
② 뛰어가는 경우 : 120~160cycle/min
③ 양호한 승차감 : 60~120cycle/min
④ 멀미를 느끼는 경우 : 45cycle/min 이하
⑤ 딱딱한 느낌의 경우 : 120cycle/min 이상

21. 일반적으로 가장 좋은 승차감을 얻을 수 있는 진동수는?

① 10cycle/min 이하
② 10~60cycle/min
③ 60~120cycle/min
④ 120~200cycle/min

22. 아래 그림은 어떤 자동차의 뒤차축이다. 스프링 아래 질량의 고유진동 중 X축을 중심으로 회전하는 진동은?

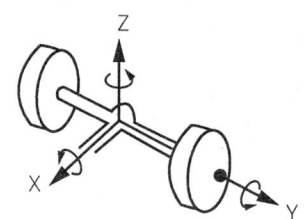

① 트램프   ② 와인드업
③ 죠   ④ 롤링

[풀이] ① 휠 홉(wheel hop) : 뒤차축이 Z방향의 상하 평행 운동을 하는 진동
② 트램프(tramp) : 뒤차축이 X축을 중심으로 회전하는 진동
③ 와인드업(wind up) : 뒤차축이 Y축을 중심으로 회전하는 진동

23. 전자제어 현가장치의 기능에 대한 설명 중 틀린 것은?

① 급제동을 할 때 노스다운을 방지할 수 있다.
② 급선회 할 때 원심력에 대한 차체의 기울어짐을 방지할 수 있다.
③ 노면으로부터의 차량높이를 조절할 수 있다.
④ 변속단 별 승차감을 제어할 수 있다.

[풀이] 전자제어 현가장치의 기능
① 급선회할 때 앤티롤(anti roll)제어
② 급제동할 때 앤티 다이브(anti dive)제어
③ 급가속 할 때 앤티 스쿼트(anti squat)제어
④ 비포장도로에서의 앤티 바운싱(anti bouncing)제어
⑤ 차량의 정지 및 승객의 승하차 할 때 앤티 스쿼트(anti squat)제어
⑥ 고속안정성 제어

24. ECS(Electronic Control Suspension)의 역할이 아닌 것은?

① 도로 노면상태에 따라 승차감을 조절한다.
② 차량의 급제동시 노스다운(nose down)을 방지한다.
③ 급커브 시 원심력에 의한 차량의 기울어짐을 방지한다.
④ 조향 휠의 복원성을 향상시키고 타이어의 마멸을 방지한다.

25. 전자에어 현가장치에 대한 다음 설명 중 틀린 것은?

① 스프링상수를 가변시킬 수 있다.
② 속업소버의 감쇠력 제어가 가능하다.
③ 차체의 자세제어가 가능하다.
④ 고속주행 시 현가특성을 부드럽게 하여 주행안전성이 확보된다.

Answer ▶▶▶ 20. ① 21. ③ 22. ① 23. ④ 24. ④ 25. ④

26. 전자제어 현가장치(ECS)에 대한 설명 중 틀린 것은?
① 안정된 조향성을 준다.
② 차의 승차인원(하중)이 변해도 차는 수평을 유지한다.
③ 차량 정지시 감쇠력을 적게 한다.
④ 고속주행시 차체의 높이를 낮추어 공기저항을 적게 하고 승차감을 향상시킨다.

27. 전자제어 현가장치는 무엇을 변화시켜 주행안정성과 승차감을 향상시키는가?
① 토인
② 쇽업소버 감쇠계수
③ 윤중
④ 타이어의 접지력

28. 전자제어 현가장치(ECS)에 관계되는 구성부품이 아닌 것은?
① 차고센서 ② 중력센서
③ 조향 휠 각속도센서 ④ 수온센서

29. 전자제어식 현가장치 자동차의 컨트롤 유닛(ECU)에 입력되는 신호가 아닌 것은?
① 홀드 스위치 신호
② 조향핸들 조향각도 신호
③ 스로틀 포지션센서 신호
④ 브레이크 압력스위치 신호

풀이 전자제어 현가장치의 컨트롤 유닛으로 입력되는 신호에는 차속센서, 차고센서, 조향핸들 각속도센서, 스로틀 포지션 센서, G센서, 전조등 릴레이 신호, 발전기 L단자 신호, 브레이크 압력 스위치 신호, 도어 스위치 신호, 공기압축기 릴레이 신호 등이 있다.

30. 전자제어 현가장치의 입력센서로서 적절치 못한 것은?
① 차속 센서
② 차고 센서

③ 자기형 노크센서
④ 조향 휠 각속도 센서

31. 전자제어 현가장치에서 롤 제어 전용센서로서 차체의 횡가속도와 그 방향을 검출하는 센서는?
① AFS(air flow sensor)
② TPS(throttle position sensor)
③ W센서(weight sensor)
④ G센서(gravity sensor)

풀이 G센서는 자동차가 선회할 때 롤 제어를 하기 위한 전용의 센서이며, ECU로 차체가 기울어진 방향과 기울어진 정도를 검출하여 앤티 롤을 제어할 때 보정신호로 사용한다.

32. 전자제어 현가장치 부품 중에서 선회시 차체의 기울어짐 방지와 가장 관계있는 것은?
① 도어 스위치
② 조향 휠 각속도 센서
③ 스톱램프 스위치
④ 헤드램프 릴레이

33. 전자제어 현가장치에서 차고는 무엇에 의해 제어되는가?
① 공기압력 ② 코일스프링
③ 진공 ④ 특수고무

34. 전자제어 현가장치에서 스프링상수 및 감쇠력 제어기능과 차고 높이 조절기능을 하는 것은?
① 압축기 릴레이
② 에어 액추에이터
③ 스트럿 유닛(쇽업소버)
④ 배기 솔레노이드밸브

풀이 전자제어 현가장치는 스트럿 유닛(쇽업소버)에서 스프링상수 및 감쇠력 제어기능과 차고 높이 조절을 한다.

Answer ▶▶ 26. ③ 27. ② 28. ④ 29. ① 30. ③ 31. ④ 32. ② 33. ① 34. ③

35. 전자제어 현가장치(E.C.S)의 부품 중 차고조정 및 HARD/SOFT를 선택할 때 밸브개폐에 의하여 공기압력을 조정하는 것은?
① 앞 차고센서
② 앞 스트러트
③ 앞 솔레노이드밸브
④ 컴프레서

[풀이] 전자제어 현가장치에서 차고조정 및 HARD/SOFT를 선택할 때 앞 솔레노이드밸브로 공기압력을 조정한다.

36. 공압식 전자제어 현가장치에서 컴프레서에 장착되어 차고를 낮출 때 작동하며, 공기 체임버 내의 압축공기를 대기 중으로 방출시키는 작용을 하는 것은?
① 배기 솔레노이드밸브
② 압력스위치 제어밸브
③ 컴프레서 압력변환 밸브
④ 에어 액추에이터 밸브

37. 공압식 전자제어 현가장치에서 저압 및 고압스위치에 대한 설명으로 틀린 것은?
① 고압스위치가 ON되면 컴프레서 구동조건에 해당된다.
② 고압스위치가 ON되면 리턴펌프가 구동된다.
③ 고압스위치는 고압탱크에 설치된다.
④ 저압스위치는 리턴펌프를 구동하기 위한 스위치이다.

[풀이] 저압 및 고압스위치에 대한 설명은 ①, ③, ④항 이외에 저압탱크 쪽 압력이 규정 값 이상으로 상승하면 저압스위치가 작동하여 내부의 리턴펌프를 구동한다.

38. 복합식 전자제어 현가장치에서 고압스위치 역할은?
① 공기압이 규정 값 이하이면 컴프레서를 작동시킨다.
② 자세제어 시 공기를 배출시킨다.
③ 쇽업소버 내의 공기압을 배출시킨다.
④ 제동시나 출발시 공기압을 높여준다.

39. 전자제어 현가장치(ECS)의 자세제어 종류가 아닌 것은?
① 다이브 제어(dive)
② 스쿼드 제어(squat)
③ 롤 제어(rolling)
④ 요잉-제어(yawing)

[풀이] 전자제어 현가장치의 자세제어에는 앤티 스쿼트, 앤티 다이브, 앤티 롤링, 앤티 바운싱, 앤티 셰이크 등이 있다.

40. 주행 중에 급제동을 하면 차체의 앞쪽이 낮아지고, 뒤쪽이 높아지는 노스다운 현상이 발생하는데, 이것을 제어하는 것은?
① 앤티 다이브 제어
② 앤티 스쿼트 제어
③ 앤티 피칭 제어
④ 앤티 롤링 제어

[풀이] 앤티 다이브(anti dive)제어 : 급제동을 할 때 자동차의 앞쪽이 내려가고, 뒤쪽이 높아지는 것을 방지하는 기능이다. 즉 노스다운(nose down)을 방지하는 제어이다.

41. 전자제어 현가장치의 제어 중 급 출발 시 노즈 업 현상을 방지하는 것은?
① 앤티 다이브제어
② 앤티 스쿼트제어
③ 앤티 피칭제어
④ 앤티 롤링제어

Answer ▶ 35. ③ 36. ① 37. ② 38. ① 39. ④ 40. ① 41. ②

42. 전자제어 현가장치의 기능에서 앤티 스쿼트 제어(anti squat control)에 대한 설명으로 맞는 것은 ?
① 요철이나 비포장도로 주행시 차량의 상하운동을 제어하는 것이다.
② 급제동시 차량의 앞쪽이 낮아지는 현상을 제어하는 것이다.
③ 차량이 선회할 때 원심력에 의해 바깥쪽 바퀴는 낮아지고 안쪽바퀴는 높아지는 현상을 제어하는 것이다.
④ 급가속시 차량의 앞쪽이 들리는 현상을 제어하는 것이다.

풀이 앤티 스쿼트(Anti-squat control)제어 : 급출발 또는 급가속을 할 때에 차체의 앞쪽은 들리고, 뒤쪽이 낮아지는 노스 업(nose-up)현상을 제어하는 것이다.

43. 전자제어 현가장치에서 앤티-쉐이크(anti-shake)제어를 설명 한 것은 ?
① 고속으로 주행할 때 차체의 안전성을 유지하기 위해 쇽업소버의 감쇠력의 폭을 크게 제어한다.
② 승차자가 승/하차 할 경우 하중의 변화에 의한 차체의 흔들림을 방지하기 위해 감쇠력을 딱딱하게 한다.
③ 주행 중 급제동할 때 차체의 무게중심 변화에 대응하여 제어하는 것이다.
④ 차량의 급출발할 때 무게 중심의 변화에 대응하여 제어하는 것이다.

44. 전자제어 현가장치(ECS)에서 목표 차고(車高)와 실제 차고(車高)가 다르더라도 차고(車高) 조정이 이루어지지 않는 경우는 ?
① 엔진시동 직후
② 주행 중 엔진 정지시
③ 직진 경사로를 주행할 시
④ 커브길 급회전시

풀이 목표 차고와 실제 차고가 다르더라도 커브 길을 급선회할 때, 급가속을 할 때, 급제동을 할 때 등에는 차고 조정이 이루어지지 않는다.

45. 축거를 L(m), 최소 회전반경을 R(m), 킹핀과 바퀴 접지 면과의 거리를 T(m)라 할 때 조향각 α를 구하는 공식은 ?
① $\sin α = \dfrac{L}{R-T}$ ② $\sin α = \dfrac{L-T}{R}$
③ $\sin α = \dfrac{L}{T}$ ④ $\sin α = \dfrac{R}{T}$

풀이 $R = \dfrac{L}{\sin α} + T$ 에서 $\sin α = \dfrac{L}{R-T}$

46. 축거가 3m, 바깥쪽 바퀴의 조향각 30°, 바퀴 접지면 중심과 킹핀과의 거리가 30cm인 자동차의 최소 회전반경은 ?
① 4.3m ② 5.3
③ 6.3 ④ 7.3

풀이 $R = \dfrac{L}{\sin α} + r = \dfrac{3}{\sin 30°} + 0.3 = 6.3$m
R : 최소 회전반경, L : 축거
$\sin α$: 바깥쪽 바퀴의 조향각도
r : 바퀴접지 면 중심과 킹핀 중심과의 거리

47. 축간거리 2.5m인 차량을 우회전할 때 우측바퀴의 조향각은 33°, 좌측바퀴의 조향각은 30°이라면 최소 회전반경은 ?(단, 킹핀 옵셋은 무시한다)
① 4m ② 5m
③ 5.15m ④ 6m

풀이 $R = \dfrac{L}{\sin α} = \dfrac{2.5m}{\sin 30°} = 5$m

48. 조향장치와 관계없는 것은 ?
① 스티어링 기어
② 피트먼 암
③ 타이로드
④ 쇽업쇼버

Answer ▶ 42. ④ 43. ② 44. ④ 45. ① 46. ③ 47. ② 48. ④

49. 조향장치가 갖추어야 할 일반적인 조건으로 틀린 것은?
① 조향핸들에 주행 중의 충격을 운전자에게 원활히 전달할 것
② 조작하기 쉽고 방향변환이 원활할 것
③ 회전반경이 적절하여 좁은 곳에서도 방향변환을 할 수 있을 것
④ 고속주행에서도 조향핸들이 안정될 것

[풀이] 조향장치가 갖추어야 할 일반적인 조건은 ②, ③, ④항 이외에
① 조향조작이 주행 중 충격에 영향을 받지 않을 것
② 조향핸들의 회전과 바퀴선회 차이가 적을 것
③ 새시 및 차체 각 부분에 무리한 힘이 작용되지 않을 것
④ 수명이 길고 다루기나 정비가 쉬울 것

50. 조향 휠의 조작을 가볍게 하는 방법이 아닌 것은?
① 조향 기어비를 크게 한다.
② 타이어 공기압을 높인다.
③ 동력 조향장치를 설치한다.
④ 토인을 규정보다 크게 한다.

51. 조향 축의 설치각도와 길이를 조정할 수 있는 형식은?
① 틸트 타입
② 텔레스코핑 타입
③ 틸트 앤드 텔레스코핑 타입
④ 래크기어 타입

[풀이] 틸트 앤드 텔레스코핑 타입((tilt type & telescoping type) : 조향 축의 설치각도와 길이를 조정할 수 있는 방식이다.

52. 조향기어의 운동전달 방식이 아닌 것은?
① 가역식   ② 비가역식
③ 전부동식   ④ 반가역식

53. 조향핸들을 1바퀴 돌렸을 때 피트먼 암이 33° 움직였다면 조향 기어비는?
① 10.9 : 1   ② 12.3 : 1
③ 14.2 : 1   ④ 16.5 : 1

[풀이] 조향기어비 = $\dfrac{\text{조향핸들이 회전한 각도}}{\text{피트먼 암이 움직인 각도}}$
= $\dfrac{360}{33}$ = 10.9

54. 조향핸들을 2바퀴 돌렸을 때 피트먼 암이 90° 움직였다. 조향기어비는?
① 6 : 1   ② 7 : 1
③ 8 : 1   ④ 9 : 1

[풀이] 조향기어비 = $\dfrac{\text{조향핸들이 움직인 양}}{\text{피트먼암이 움직인 양}}$
= $\dfrac{360 \times 2}{90}$ = 8

55. 조향기어의 종류에 속하지 않는 것은?
① 토르센형   ② 볼 너트형
③ 웜 섹터 롤러형 ④ 랙 피니언형

56. 리지드 액슬(rigid axle)을 킹핀(king pin)으로 조향 너클에 설치하는 방식이 아닌 것은?
① 엘리옷형   ② 역르모앙형
③ 르모앙형   ④ 마몬형

[풀이] 리지드 액슬(rigid axle)을 킹핀(king pin)으로 조향 너클에 설치하는 방식에는 엘리옷형, 역엘리옷형, 르모앙형, 마몬형 등이 있다.

57. 일체식 앞차축의 설명 중 틀린 것은?
① 엘리옷형은 앞차축의 양끝 부분이 요크로 되어있다.
② 역엘리옷형의 킹핀은 차축에 고정된다.
③ 마몬형은 주로 소형차에 사용된다.
④ 르모앙형은 구조상 차축의 높이가 낮아진다.

58. 동력조향장치의 장점으로 틀린 것은?
① 작은 조작력으로 조향조작을 할 수 있다.
② 조향 기어비를 조작력에 관계없이 선정할 수 있다.
③ 굴곡이 있는 노면에서의 충격을 흡수하여 조향핸들에 전달되는 것을 방지할 수 있다.
④ 엔진의 동력에 의해 작동되므로 구조가 간단하다.

[풀이] 동력 조향장치의 장점은 ①, ②, ③항 이외에 앞바퀴의 시미현상을 감쇠하는 효과가 있다.

59. 동력조향장치의 기능을 설명한 것 중 맞는 것은?
① 기구학적 구조를 이용하여 작은 조작력으로 큰 조작력을 얻는다.
② 작은 힘으로 조향조작이 가능하다.
③ 바퀴로부터의 충격을 흡수하기 어렵다.
④ 구조가 간단하고 고장시 기계식으로 환원하여 안전하다.

60. 동력조향장치의 종류 중 파워 실린더를 스티어링 기어박스 내부에 설치한 형식은?
① 링키지형   ② 인티그럴형
③ 콤바인드형   ④ 세퍼레이터형

[풀이] 인티그럴형은 조향기어 박스 내부에 동력실린더와 제어밸브가 설치되어 있는 형식이며, 제어밸브가 조향 축에 의해 직접 작동하기 때문에 응답성이 좋다.

61. 유압제어식 파워스티어링의 3가지 주요 구성장치로서 맞는 것은?
① 동력장치, 작동장치, 제어장치
② 동력장치, 제어장치, 조향장치
③ 동력장치, 조향장치, 작동장치
④ 동력장치, 링키지장치, 작동장치

[풀이] 파워스티어링의 3가지 주요 구성장치는 동력장치(오일펌프), 작동장치(동력실린더), 제어장치(제어밸브)이다.

62. 전자제어 동력조향장치(EPS)의 특성으로 틀린 것은?
① 공전과 저속에서 조향 휠 조작력이 작다.
② 중속 이상에서는 차량속도에 감응하여 조향 휠 조작력을 변화시킨다.
③ 솔레노이드밸브로 스로틀 면적을 변화시켜 오일탱크로 복귀되는 오일량을 제어한다.
④ 동력 조향장치이므로 조향기어는 필요 없다.

[풀이] 전자제어 동력조향장치는 ECU에 의해 제어되며, 공전과 저속에서 조향핸들의 조작력을 가볍게 하고, 고속주행에서는 조향핸들의 조작력이 무거워지도록 솔레노이드 밸브로 스로틀 면적을 변화시켜 오일탱크로 복귀되는 오일량을 제어한다.

63. 전자제어 동력조향장치(electronic power steering system)의 특성에 대한 설명으로 틀린 것은?
① 정지 및 저속시 조작력 경감
② 급 코너 조향시 추종성 향상
③ 노면, 요철 등에 의한 충격흡수 능력의 저하
④ 중·고속에서 향상된 조향력 확보

64. 전자제어 동력조향장치의 기능이 아닌 것은?
① 차속감응 기능
② 주차 및 저속시 조향력 감소기능
③ 롤링 억제기능
④ 차량부하 기능

Answer ▶ 58. ④ 59. ② 60. ② 61. ① 62. ④ 63. ③ 64. ④

65. 전자제어 파워 스티어링 중 차속 감응형에 대한 내용으로 틀린 것은?
① 자동차의 속도에 따라 핸들의 무게를 제어한다.
② 저속에서는 가볍고, 중·고속에서는 좀 더 무거워 진다.
③ 차속이 증가할수록 파워 피스톤의 압력을 저하시킨다.
④ 스로틀 포지션 센서(TPS)로 차속을 감지한다.

66. 차량속도와 기타 조향력에 필요한 정보에 의해 고속과 저속모드에 필요한 유량으로 제어하는 조향장치에 해당되는 것은?
① 전동 펌프식 ② 공기 제어식
③ 속도 감응식 ④ 유압반력 제어식
[풀이] 속도 감응방식은 차량속도와 기타 조향조작력에 필요한 정보에 의해 고속과 저속 모드에 필요한 유량으로 제어하는 조향장치이다.

67. 일반적인 파워스티어링 장치의 기본 구성부품과 가장 거리가 먼 것은?
① 오일냉각기 ② 오일펌프
③ 파워 실린더 ④ 컨트롤밸브

68. 전자제어 동력조향장치에서 조향 휠의 회전에 따라 동력 실린더에 공급되는 유량을 조절하는 구성부품은?
① 분류밸브 ② 컨트롤밸브
③ 동력 피스톤 ④ 조향각 센서
[풀이] 컨트롤밸브는 전자제어 동력조향장치에서 조향 휠의 회전에 따라 동력 실린더에 공급되는 유량을 조절하는 부품이다.

69. 전자제어 동력조향 장치의 오일펌프에서 공급된 오일을 로터리 밸브와 솔레노이드밸브로 나누어 공급하는 것은?
① 오리피스 ② 토션밸브
③ 동력피스톤 ④ 분류밸브

70. 자동차 동력 조향장치의 유압회로 내 유압유의 점도가 높을 때 일어나는 현상이 아닌 것은?
① 회로 내 잔압이 낮아진다.
② 유압라인의 열 발생 원인이 된다.
③ 동력손실이 커진다.
④ 관내 마찰손실이 커진다.

71. 동력 조향장치(Power Steering)가 고장이 났을 때 수동조작을 쉽게 하기 위한 밸브는 어느 것인가?
① 압력조절밸브 ② 안전첵밸브
③ 밸브 스풀 ④ 흐름제어밸브
[풀이] 안전 첵밸브는 동력조향 장치가 고장이 났을 때 수동조작을 쉽게 하기 위한 밸브이다.

72. 전동 모터식 동력 조향장치의 종류가 아닌 것은?
① 칼럼(column) 구동방식
② 인티그럴(integral)구동방식
③ 피니언(pinion)구동방식
④ 래크(rack)구동방식
[풀이] 전동 모터방식 동력조향장치의 종류에는 칼럼 구동방식, 피니언 구동방식, 래크 구동방식이 있다.

73. 차속 감응형 4륜 조향장치가 2륜 조향장치에 비해 성능을 향상시킬 수 있는 항목으로 가장 적절하지 않은 것은?
① 고속 직진 안정성
② 차선변경 용이성
③ 회소회전반경 단축
④ 코너링 포스 저감
[풀이] 4륜 조향장치의 장점은 ①, ②, ③항 이외에
① 경쾌한 고속선회가 가능하다.
② 일렬주차가 용이하다.
③ 미끄러운 도로를 주행할 때 안정성이 향상된다.

Answer ▶ 65. ④ 66. ③ 67. ① 68. ② 69. ④ 70. ① 71. ② 72. ② 73. ④

74. 앞바퀴 얼라인먼트의 작용에 해당되지 않는 것은?
① 조향핸들에 복원성을 준다.
② 타이어의 마멸을 최소화한다.
③ 조종 안전성을 부여하지 않는다.
④ 조향핸들의 조작력을 작게 하여 준다.
   풀이 앞바퀴 얼라인먼트의 작용은 ①, ②, ④항 이외에 조종 안전성을 부여한다.

75. 자동차의 앞차륜 정렬요소가 아닌 것은?
① 캠버(camber)
② 캐스터(caster)
③ 트램프(tramp)
④ 토(toe)
   풀이 앞차륜 정렬요소에는 캠버, 캐스터, 토인, 킹핀 경사각, 선회할 때의 토 아웃 등이 있다.

76. 자동차의 바퀴에 캠버를 두는 이유로 가장 타당한 것은?
① 회전했을 때 직진방향의 직진성을 주기 위해
② 자동차의 하중으로 인한 앞차축의 휨을 방지하기 위해
③ 조향바퀴에 방향성을 주기 위해
④ 앞바퀴를 평행하게 회전시키기 위해
   풀이 캠버는 수직하중에 의한 앞차축의 휨을 방지하고, 조향조작력을 가볍게 하며, 회전 반지름을 작게 한다.

77. 캠버에 대한 설명으로 맞는 것은?
① 자동차를 뒷면에서 보았을 때 수평선에 대하여 바퀴의 중심선이 경사되어 있는 것을 말한다.
② 자동차를 앞면에서 보았을 때 수직선에 대하여 바퀴의 중심선이 경사되어 있는 것을 말한다.
③ 자동차를 옆면에서 보았을 때 수직선에 대하여 바퀴의 중심선이 경사되어 있는 것을 말한다.
④ 자동차를 앞면에서 보았을 때 수평선에 대하여 바퀴의 중심선이 경사되어 있는 것을 말한다.

78. 캠버의 조정방법으로 맞지 않는 것은?
① 타이로드 길이로 조정한다.
② 심으로 조정한다.
③ 편심 캠으로 조정한다.
④ 캠버 볼트로 조정한다.
   풀이 타이로드 길이로 토인을 조정한다.

79. 자동차를 옆에서 보았을 때, 킹핀의 중심선이 노면에 수직인 직선에 대하여 어느 한쪽으로 기울어져 있는 상태는?
① 캐스터   ② 캠버
③ 셋백   ④ 토인
   풀이 캐스터는 자동차를 옆에서 보았을 때, 킹핀의 중심선이 노면에 수직인 직선에 대하여 어느 한쪽으로 기울어져 있는 상태를 말한다.

80. 캐스터에 의한 효과를 설명한 것 중 틀리는 것은?
① 정의 캐스터를 갖는 자동차는 선회할 때 차체운동에 의한 바퀴 복원력 발생
② 캐스터에 의해 바퀴가 추종성(追從性)을 갖게 된다.
③ 부(負)의 캐스터를 갖는 자동차는 주행 중 조향핸들이 급선회하기 쉬운 경향이 있다.
④ 정(正)의 캐스터를 갖는 자동차는 조향핸들을 풀 때 직진위치에서 멎지 않고 지나치게 되어 바퀴가 흔들리게 된다.
   풀이 캐스터 효과는 ①, ②, ③항 이외에 부(負)의 캐스터를 갖는 자동차는 조향핸들을 풀 때 직진위치에서 정지하지 않고 지나치게 되어 바퀴가 흔들리게 된다.

81. 앞바퀴 얼라인먼트 요소에 대한 설명으로 가장 거리가 먼 것은?
① 캠버는 조향핸들의 조작을 가볍게 한다.
② 캠버는 수직 방향의 하중에 의한 앞차축의 휨을 방지한다.
③ 캐스터는 주행 중 조향바퀴에 방향성을 준다.
④ 캐스터는 좌·우 앞바퀴를 평행하게 회전시킨다.
[풀이] 캐스터는 주행 중 조향바퀴에 방향성 및 복원성을 준다.

82. 자동차 앞바퀴 정렬의 요소에 대한 설명 중 틀린 것은?
① 캐스터는 앞바퀴를 평행하게 회전시킨다.
② 캠버는 조향휠의 조작을 가볍게 한다.
③ 킹핀경사각은 조향휠의 복원력을 준다.
④ 토인은 캠버에 의해 토 아웃이 되는 것을 방지한다.
[풀이] 앞바퀴를 평행하게 회전시키는 요소는 토인이다.

83. 차륜 정렬에 관한 내용으로 틀린 것은?
① 킹핀경사각이 커지면 캠버는 작아진다.
② 좌·우 바퀴의 캠버가 다르면 핸들이 한쪽으로 쏠린다.
③ 앞바퀴 베어링이 마모되면 조향핸들의 유격이 커진다.
④ 최대 조향각도는 캐스터 각으로 조정한다.

84. 토인에 대한 설명으로 틀린 것은?
① 차가 달릴 때 캠버로 인해 바퀴가 앞쪽이 안쪽으로 좁혀지는 것을 방지한다.
② 토인의 측정 단위는 mm이다.
③ 앞바퀴를 위에서 보면 양쪽바퀴 중심선간의 거리가 그 앞쪽이 뒤쪽보다 작다.
④ 토인은 일반적으로 2~7mm이다.

85. 앞바퀴 얼라인먼트의 요소 중 토인의 필요성과 가장 거리가 먼 것은?
① 바퀴가 옆 방향으로 미끄러지는 것과 타이어 마멸을 방지한다.
② 앞바퀴를 차량중심선 상으로 평행하게 회전시킨다.
③ 조향 후 직진방향으로 되돌아오는 복원력을 준다.
④ 조향 링키지의 마멸에 의해 토 아웃이 되는 것을 방지한다.

86. 선회할 때 조향각도를 일정하게 유지하여도 선회 반지름이 작아지는 현상은?
① 오버 스티어링   ② 어퍼 스티어링
③ 다운 스티어링   ④ 언더 스티어링
[풀이] 선회할 때 조향각도를 일정하게 유지하여도 선회 반지름이 작아지는 현상을 오버 스티어링(over steering)이라 하고, 선회할 때 조향각도를 일정하게 유지하여 선회 반지름이 커지는 현상을 언더 스티어링(under steering)이라 한다.

87. 다음은 조향이론에 관한 것이다. 틀린 것은?
① 자동차가 선회할 때 구심력은 타이어가 옆으로 미끄러지는 것에 의해 발생한다.
② 조향장치와 현가장치는 각각 독립성을 가지고 있어야 한다.
③ 앞바퀴에 발생되는 코너링 포스가 크면 오버 스티어링 현상이 일어난다.
④ 뒷바퀴에 발생되는 코너링 포스가 크면 오버 스티어링 현상이 일어난다.
[풀이] 조향이론에 관한 설명은 ①, ②, ③항 이외에 뒷바퀴에 발생되는 코너링 포스가 크면 언더 스티어링 현상이 일어난다.

88. 앞바퀴에서 발생하는 코너링 포스가 뒷바퀴보다 크게 되면 나타나는 현상은 ?
① 토크 스티어링 현상
② 언더 스티어링 현상
③ 리버스 스티어링 현상
④ 오버 스티어링 현상

89. 코너링 포스에 영향을 미치는 요소가 아닌 것은 ?
① 타이어 압력 ② 수직하중
③ 제동능력   ④ 주행속도

풀이 코너링 포스에 미치는 요소는 타이어 공기압력, 타이어의 수직하중, 타이어의 크기, 림 폭, 타이어 사이드슬립 각도, 주행속도 등이다.

90. 총 질량 1160kg인 스포츠카가 72km/h 의 속도로 커브를 선회중이다. 그리고 커브의 평균반경은 42m이다. 이때 원심력의 크기는 ?(단, 슬립은 없다)
① 약 14317N   ② 약 27.6kgf
③ 약 16.11kgf ④ 약 11048N

풀이 $F = \dfrac{Mv^2}{r} = \dfrac{1160 \times 20^2}{42} = 11048N$
F : 원심력, M : 총 질량
v : 초속(m/s), r : 커브의 평균 반경

제동장치

01. 자동차의 제동장치에 사용되는 부품이 아닌 것은 ?
① 리액션 챔버
② 모듈레이터
③ 퀵 릴리스 밸브
④ LSPV(Load Sensing Proportioning Valve)

풀이 리액션 챔버는 동력조향장치에서 스풀밸브의 움직임에 대하여 반발력이 발생되어 운전자에게 조향 감각을 느낄 수 있도록 한 장치이다.

02. 유압식 브레이크는 무슨 원리를 이용한 것인가 ?
① 파스칼의 원리
② 아르키메데스의 원리
③ 보일의 법칙
④ 베르누이의 법칙

03. 브레이크 페달의 지렛대 비가 그림과 같을 때 페달을 10kgf의 힘으로 밟았다. 이때 푸시로드에 작용하는 힘은 ?

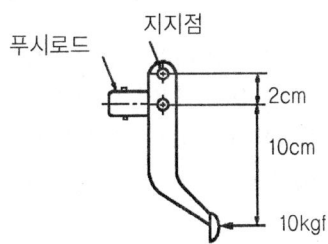

① 20kgf   ② 40kgf
③ 50kgf   ④ 60kgf

풀이 ① 지렛대 비= (10+2) : 2=6 : 1
② 푸시로드에 작용하는 힘 : 페달 밟는 힘× 지렛대 비= 6×10kgf= 60kgf

04. 그림에서 브레이크 페달의 유격은 어느 부위에서 조정하는 것이 가장 올바른가 ?

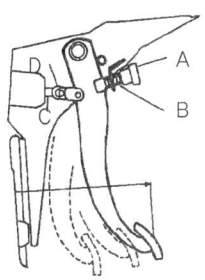

① A와 B   ② D와 C
③ B와 D   ④ C와 B

풀이 브레이크 페달의 유격은 D와 C에서 조정한다.

05. 마스터실린더의 단면적이 10cm²인 자동차의 브레이크에 20N의 힘으로 브레이크 페달을 밟았다. 휠 실린더의 단면적이 20cm²라 하면 이 때의 제동력은?
① 20N ② 30N
③ 40N ④ 50N

풀이 $Bp = \dfrac{Wa}{Ma} \times Wp = \dfrac{20cm^2}{10cm^2} \times 20N = 40N$
Bp : 제동력, Wa : 휠 실린더 피스톤 단면적
Ma : 마스터 실린더 단면적
Wp : 휠 실린더 피스톤에 가하는 힘

06. 브레이크 마스터실린더의 직경이 5cm, 푸시로드가 미는 힘이 100kgf일 때 브레이크 파이프 내(內)의 압력은?
① 0.19kgf/cm² ② 25.47kgf/cm²
③ 4.00kgf/cm² ④ 5.09kgf/cm²

풀이 $P = \dfrac{W}{A} = \dfrac{100kgf}{0.785 \times 5^2} = 5.09kgf/cm^2$
P : 유압, W : 푸시로드가 미는 힘
A : 마스터 실린더 단면적

07. 제동장치 회로에 잔압을 두는 이유 중 적합하지 않은 것은?
① 브레이크 작동지연을 방지한다.
② 베이퍼 록을 방지한다.
③ 휠 실린더의 인터록을 방지한다.
④ 유압회로 내 공기유입을 방지한다.

풀이 잔압을 두는 이유는 ①, ②, ④항 이외에 휠 실린더에서의 오일누출을 방지한다.

08. 드럼브레이크 시스템에서 브레이크 회로의 잔압은 대략 어느 정도인가?
① 0.1~0.2bar ② 0.4~1.7bar
③ 2.5~6.5bar ④ 6.5~10bar

09. 브레이크 오일이 비등하여 제동압력의 전달작용이 불가능하게 되는 현상은?
① 페이드 현상 ② 사이클링 현상
③ 베이퍼록 현상 ④ 브레이크록 현상

풀이 베이퍼록이란 브레이크 오일이 비등하여 제동압력의 전달작용이 불가능하게 되는 현상을 말한다.

10. 브레이크장치에서 베이퍼록(vapor lock)이 생길 때 일어나는 현상으로 가장 옳은 것은?
① 브레이크 성능에는 지장이 없다.
② 브레이크 페달의 유격이 커진다.
③ 브레이크액을 응고시킨다.
④ 브레이크액이 누설된다.

11. 브레이크 파이프에 베이퍼록이 생기는 원인으로 가장 적합한 것은?
① 페달의 유격이 크다.
② 라이닝과 드럼의 틈새가 크다.
③ 브레이크의 과다한 사용 및 품질이 불량하다.
④ 오일점도가 높다.

12. 브레이크 계통의 고무제품은 무엇으로 세척하는 것이 좋은가?
① 휘발유 ② 경유
③ 등유 ④ 알코올

풀이 브레이크 계통의 고무제품은 반드시 알코올로 세척하여야 한다.

13. 현재 대부분의 자동차에서 2회로 유압 브레이크를 사용하는 주된 이유는?
① 더블 브레이크 효과를 얻을 수 있기 때문에
② 리턴 회로를 통해 브레이크가 빠르게 풀리게 할 수 있기 때문에
③ 안전상의 이유 때문에
④ 드럼 브레이크와 디스크 브레이크를 함께 사용할 수 있기 때문에

풀이 2회로(탠덤 마스터실린더) 유압브레이크를 사용하는 이유는 안전성을 향상시키기 위함이다.

Answer ▶▶▶ 5. ③ 6. ④ 7. ③ 8. ② 9. ③ 10. ② 11. ③ 12. ④ 13. ③

14. 드럼 브레이크의 드럼이 갖추어야 할 조건 설명이다. 잘못 설명된 것은?
① 방열성이 좋아야 한다.
② 마찰계수가 낮아야 한다.
③ 고온에서 내마모성이어야 한다.
④ 변형에 대응할 충분한 강성이 있어야 한다.

풀이 브레이크 드럼의 구비조건
① 정적·동적 평형이 잡혀 있을 것
② 충분한 강성이 있을 것
③ 마찰 면에 충분한 내마멸성이 있을 것
④ 방열이 잘되고 가벼울 것
⑤ 고온에서 내마모성이 있을 것

15. 일반적으로 브레이크 드럼 재료는 무엇으로 만드는가?
① 연강   ② 청동
③ 주철   ④ 켈밋 합금

16. 브레이크 라이닝의 표면이 과열되어 마찰계수가 저하되고 브레이크 효과가 나빠지는 현상은?
① 브레이크 페드 현상
② 베이퍼록 현상
③ 하이드로 플레닝 현상
④ 잔압 저하현상

풀이 페이드(fade)현상이란 브레이크 페달의 조작을 반복하면 드럼과 슈에 마찰열이 축적되어 제동력이 감소하는 현상이다. 원인은 드럼과 슈의 열팽창과 라이닝 마찰계수 저하에 있다.

17. 브레이크시스템의 라이닝에 발생하는 페이드현상을 방지하는 조건이 아닌 것은?
① 열팽창이 적은 재질을 사용하고 드럼은 변형이 적은 형상으로 제작한다.
② 마찰계수의 변화가 적으며, 마찰계수가 적은 라이닝을 사용한다.
③ 드럼의 방열성을 향상시킨다.
④ 주 제동장치의 과도한 사용을 금한다 (엔진 브레이크 사용).

18. 브레이크장치의 파이프는 일반적으로 무엇으로 만들어 졌는가?
① 강   ② 플라스틱
③ 주철   ④ 구리

19. 드럼식 유압브레이크 내의 휠 실린더 역할은?
① 브레이크 드럼 축소
② 마스터 실린더 브레이크 액 보충
③ 브레이크슈 확장
④ 바퀴 회전

20. 브레이크액이 갖추어야 할 특징이 아닌 것은?
① 화학적으로 안정되고 침전물이 생기지 않을 것
② 온도에 대한 점도변화가 작을 것
③ 비점이 낮아 베이퍼록을 일으키지 않을 것
④ 빙점이 낮고 인화점은 높을 것

21. 브레이크장치에서 전진시와 후진시에 모두 자기 배력작용이 발생되는 것을 올바르게 표현한 것은?
① 듀오서보 브레이크 ② 리딩슈 브레이크
③ 유니서보 브레이크 ④ 디스크 브레이크

22. 제동장치에서 듀오 서보형 브레이크란?
① 전진시 브레이크를 작동할 때만 2개의 브레이크슈가 자기배력 작용을 한다.
② 후진시 브레이크를 작동할 때만 1개의 브레이크슈가 자기배력 작용을 한다.
③ 전·후진시 브레이크를 작동할 때 2개의 브레이크슈가 자기배력 작용을 한다.
④ 후진시 브레이크를 작동할 때만 2개의 브레이크슈가 자기배력 작용을 한다.

Answer ▶ 14. ② 15. ③ 16. ① 17. ② 18. ① 19. ③ 20. ③ 21. ① 22. ③

23. 유압식 브레이크 계통의 설명으로 옳은 것은?
① 유압계통 내에 잔압을 두어 베이퍼록 현상을 방지한다.
② 유압계통 내에 공기가 혼입되면 페달의 유격이 작아진다.
③ 휠 실린더의 피스톤 컵을 교환한 경우 공기빼기 작업을 하지 않아도 된다.
④ 마스터 실린더의 첵밸브가 불량하면 브레이크 오일이 외부로 누유된다.

[풀이] ① 유압계통 내에 공기가 혼입되면 페달의 유격이 커진다.
② 휠 실린더의 피스톤 컵을 교환한 경우 공기빼기 작업을 하여야 한다.
③ 마스터 실린더의 첵밸브가 불량하면 잔압이 낮아진다.

24. 브레이크 페이드 현상이 가장 적게 나타나는 것은?
① 넌 서보 브레이크
② 서보 브레이크
③ 디스크 브레이크
④ 2리딩 슈 브레이크

25. 디스크 브레이크에 관한 설명으로 틀린 것은?
① 브레이크 페이드 현상이 드럼 브레이크보다 현저하게 높다.
② 회전하는 디스크에 패드를 압착시키게 되어있다.
③ 대개의 경우 자기 작동기구로 되어 있지 않다.
④ 캘리퍼 실린더를 두고 있다.

[풀이] 디스크 브레이크는 회전하는 디스크에 패드를 압착시키게 되어있으며, 휠 실린더 역할을 하는 캘리퍼 실린더를 두고 있다. 자기 작동기구로 되어 있지 않으며, 브레이크 페이드 현상이 드럼브레이크 보다 현저하게 낮다.

26. 디스크 브레이크의 특징으로 적당하지 못한 것은?
① 고속으로 사용하여도 안정된 제동력을 얻을 수 있다.
② 브레이크 평형이 좋지 못하다.
③ 물에 젖어도 회복이 빠르다.
④ 정비가 비교적 간단하다.

[풀이] 디스크 브레이크의 특징은 ①, ③, ④항 이외에 드럼브레이크 형식보다 평형이 좋다.

27. 디스크식 브레이크의 장점이 아닌 것은?
① 자기 배력작용이 없어 제동력이 안정되고 한쪽만 브레이크 되는 경우가 적다.
② 패드 면적이 커서 낮은 유압이 필요하다.
③ 디스크가 대기 중에 노출되어 방열성이 우수하다.
④ 구조가 간단하여 정비가 용이하다.

[풀이] 디스크 브레이크 장점은 ①, ③, ④항 이며, 패드의 면적이 적어 패드를 압착하는 힘이 커야 한다.

28. 드럼 브레이크와 비교하여 디스크 브레이크의 단점이 아닌 것은?
① 패드를 강도가 큰 재료로 제작해야 한다.
② 한쪽만 브레이크 되는 경우가 많다.
③ 마찰면적이 적어 압착력이 커야 한다.
④ 자기작동 작용이 없어 제동력이 커야 한다.

[풀이] 디스크 브레이크의 단점은 ①, ③, ④항 이며, 부품의 평형이 좋고, 한쪽만 제동되는 일이 없다

29. 브레이크 시스템에서 작동기구에 의한 분류에 속하지 않는 것은?
① 진공 배력식   ② 공기 배력식
③ 자기 배력식   ④ 공기식

30. 대기압이 1035hPa일 때, 진공 배력장치에서 진공부스터의 유효압력 차는 2.85N/cm², 다이어프램의 유효면적이 600cm²면 진공배력은?

① 4500N   ② 1710N
③ 9000N   ④ 2250N

풀이 $Vp = Pd \times A =$ 2.85N/cm²×600cm²= 1710N
Vp : 진공 배력, A : 다이어프램의 유효면적
Pd : 진공 부스터의 유효압력 차이

31. 제동력을 더욱 크게 하여 주는 배력장치의 작동 기본원리로 적합한 것은 어느 것인가?
① 동력피스톤 좌·우의 압력차이가 커지면 제동력은 감소한다.
② 동일한 압력조건일 때 동력피스톤의 단면적이 커지면 제동력은 커진다.
③ 일정한 단면적을 가진 진공식 배력장치에서 흡기다기관의 압력이 높아질수록 제동력은 커진다.
④ 일정한 동력피스톤 단면적을 가진 공기식 배력장치에서 압축공기의 압력이 변하여도 제동력은 변하지 않는다.

풀이 배력장치의 기본 작동원리
① 동력피스톤 좌·우의 압력차이가 커지면 제동력이 커진다.
② 동일한 압력조건일 때 동력피스톤의 단면적이 커지면 제동력이 커진다.
③ 일정한 단면적을 가진 진공식 배력장치에서 흡기다기관의 압력이 높아질수록 제동력은 작아진다.
④ 일정한 동력피스톤 단면적을 가진 공기식 배력장치에서 압축공기의 압력이 변하면 제동력이 변화된다.

32. 제동장치의 배력장치 중 하이드로 마스터에 대한 설명으로 옳은 것은?
① 유압계통의 체크밸브는 유압 피스톤의 작동시에 브레이크액의 역류를 막아 휠 실린더 유압을 증가시킨다.
② 릴레이밸브는 브레이크 페달을 밟았을 때 진공과 대기압의 압력차에 의해 작동한다.
③ 유압계통의 체크밸브는 브레이크액이 마스터 실린더로부터 휠 실린더로 누설되는 것을 방지한다.
④ 진공계통의 체크밸브는 릴레이밸브와 일체로 되어져 있고 운행 중 하이드로 백 내부의 진공을 유지시켜준다.

33. 제동장치의 하이드로 마스터(hydro master)에 대한 설명에서 ( )안에 들어갈 내용으로 맞는 것은?

파워 실린더의 내압은 항상 (A)을 유지하고, 작동시에 (B)를 보내어 (C)을 미는 형식이며, 파워 피스톤 대신 (D)을 사용하는 형식도 있다.

① A : 진공, B : 공기, C : 파워피스톤, D : 막판(diaphragm)
② A : 공기, B : 진공, C : 파워 피스톤, D : 막판(diaphragm)
③ A : 파워 피스톤, B : 공기, C : 진공, D : 막판(diaphragm)
④ A : 파워 피스톤, B : 공기, C : 막판(diaphragm), D : 진공

34. 공기브레이크의 장점은?
① 제작비가 유압브레이크보다 싸다.
② 엔진의 흡입다기관 진공에 영향을 준다.
③ 제동력이 페달을 밟는 힘에 비례한다.
④ 공기가 약간 새나가도 제동력이 현저하게 저하되지 않는다.

풀이 공기브레이크의 장점
① 차량의 중량이 커도 사용할 수 있다.
② 공기가 누출되어도 브레이크 성능이 현저하게 저하되지 않아 안전도가 높다.
③ 오일을 사용하지 않기 때문에 베이퍼록이 발생되지 않는다.
④ 페달을 밟는 양에 따라서 제동력이 증가되므로 조작하기 쉽다.

Answer ▶▶ 30. ② 31. ② 32. ① 33. ① 34. ④

35. 다음 중 공기브레이크 구성부품과 관계 없는 것은 ?
① 브레이크 밸브   ② 레벨링 밸브
③ 릴레이 밸브   ④ 언로더 밸브

풀이 레벨링밸브는 공기 현가장치에서 차량의 높이를 일정하게 유지하는 작용을 하는 부품이다.

36. 압축공기 브레이크에서 공기탱크의 공기압력을 규정 값으로 일정하게 유지하며, 압력이 상한 값을 초과하면 압축기가 공회전하도록 하고, 압력이 하한 값에 도달하면 압축기가 가동되도록 하는 밸브는?
① 브레이크밸브   ② 안전밸브
③ 첵밸브   ④ 언드로 밸브

풀이 언드로밸브는 공기탱크의 공기압력을 규정값으로 일정하게 유지하며, 압력이 상한 값을 초과하면 압축기가 공회전하도록 하고, 압력이 하한 값에 도달하면 압축기가 가동되도록 한다.

37. 공기브레이크에서 제동력을 크게 하기 위해서 조정하여야 할 밸브는 ?
① 브레이크 밸브   ② 안전밸브
③ 첵밸브   ④ 언로더 밸브

풀이 공기브레이크에서 제동력을 크게 하기 위해서는 언로더밸브 또는 압력조정기를 조정하여야 한다.

38. 공기브레이크에서 공기압축기의 공기압력을 제어하는 것은 ?
① 언로더 밸브   ② 안전밸브
③ 릴레이 밸브   ④ 체크밸브

39. 기관 정지 중에도 정상 작동이 가능한 제동장치는 ?
① 기계식 주차 브레이크
② 와전류 리타더 브레이크
③ 배력식 주 브레이크
④ 공기식 주 브레이크

풀이 기계식 주차 브레이크는 기관 정지 중에도 정상 작동이 가능하다.

40. 제동이론에서 슬립률에 대한 설명으로 틀린 것은 ?
① 제동시 차량의 속도와 바퀴의 회전속도와의 관계를 나타낸 것이다.
② 슬립률이 0%이라면 바퀴와 노면과의 사이에 미끄럼 없이 완전하게 회전하는 상태이다.
③ 슬립률이 100%라면 바퀴의 회전속도가 0으로 완전히 고착된 상태이다.
④ 슬립률 0%에서 가장 큰 마찰계수를 얻을 수 있다.

풀이 제동이론에서 슬립률이란 제동할 때 차량의 주행속도와 바퀴의 회전속도와의 관계를 나타낸 것으로, 슬립률이 0%이라면 바퀴와 노면과의 사이에 미끄럼 없이 완전하게 회전하는 상태이다. 또 슬립률이 100%라면 바퀴의 회전속도가 0으로 완전히 고착된 상태이다.

41. 전자제어 제동장치(ABS)에 대한 기능으로 틀린 것은 ?
① 제동 시 조향안정성 확보
② 제동 시 직진성 확보
③ 제동 시 동적 마찰유지
④ 제동 시 타이어 고착

42. ABS에 대한 설명으로 가장 적절한 것은?
① 바퀴의 조기고착을 방지하여 제동시 조향력을 확보하는 장치이다.
② 4개의 바퀴를 동시에 제동시켜 제동거리를 짧게 하는 장치이다.
③ 눈길에서만 작동되어 제동안정성을 높여준다.
④ 앞바퀴 2개를 먼저 제동시켜 제동시 차체 자세제어를 한다.

Answer ▶ 35. ② 36. ④ 37. ④ 38. ① 39. ① 40. ④ 41. ④ 42. ①

43. 제동장치에서 ABS의 설치목적을 설명한 것으로 틀린 것은?
① 최대 공주거리 확보를 위한 안전장치이다.
② 제동시 전륜 고착으로 인한 조향능력이 상실되는 것을 방지하기 위한 것이다.
③ 제동시 후륜 고착으로 인한 차체의 전복을 방지하기 위한 장치이다.
④ 제동시 차량의 차체 안정성을 유지하기 위한 장치이다.

> 풀이 ABS의 설치목적은 제동할 때 전륜 고착으로 인한 조향능력이 상실되는 것을 방지, 제동할 때 후륜 고착으로 인한 차체의 전복을 방지하기 위한 장치이다. 즉 제동할 때 차량의 차체 안정성을 유지하기 위한 장치이며, 제동할 때 제동거리를 단축시킬 수 있다.

44. 전자제어 제동장치의 목적이 아닌 것은?
① 미끄러운 노면에서 전자제어에 의해 제동거리를 단축한다.
② 앞바퀴의 고착을 방지하여 조향능력이 상실되는 것을 방지한다.
③ 후륜을 조기에 고착시켜 옆 방향 미끄러짐을 방지한다.
④ 제동시 미끄러짐을 방지하여 차체의 안정성을 유지한다.

45. ABS의 장점이라고 할 수 없는 것은?
① 제동시 차체의 안정성을 확보한다.
② 급제동시 조향성능 유지가 용이하다.
③ 제동압력을 크게 하여 노면과의 동적 마찰효과를 얻는다.
④ 제동거리의 단축 효과를 얻을 수도 있다.

46. 전자제어 제동장치(ABS)의 기능으로 옳은 것은?
① 차속에 따라 핸들의 조작력을 가볍게 한다.
② 구동바퀴의 슬립이 제어되므로 차체의 흔들림이 적다.
③ 미끄러운 노면에서도 방향안정성을 유지할 수 있다.
④ 급선회시 구동력을 제한하여 선회성능을 향상시킨다.

47. ABS의 작동조건으로 틀린 것은?
① 빗길에서 급제동할 때
② 빙판에서 급제동할 때
③ 주행 중 급선회할 때
④ 제동시 좌·우측 회전수가 다를 때

48. 전자제어 제동장치(ABS)에서 셀렉트 로(select low) 제어방식이란?
① 제동시키려는 바퀴만 독립적으로 제어한다.
② 속도가 늦은 바퀴는 유압을 증압하여 제어한다.
③ 속도가 빠른 바퀴 쪽에 가해진 유압으로 감압하여 제어한다.
④ 먼저 슬립되는 바퀴 쪽에 가해진 유압으로 맞추어 동시 제어한다.

> 풀이 셀렉트 로 제어란 제동할 때 좌우 바퀴의 감속비율을 비교하여 먼저 미끄러지는 바퀴에 맞추어 좌우 바퀴의 유압을 동시에 제어하는 방법이다.

49. 전자제어 제동장치에서 차량의 속도와 바퀴의 속도비율을 얼마로 제어하는가?
① 0~5%   ② 15~25%
③ 45~50%   ④ 90~95%

> 풀이 전자제어 제동장치에서 차량의 속도와 바퀴의 속도비율을 15~25%로 제어한다.

50. ABS의 구성품이 아닌 것은?
① 휠 스피드 센서   ② 컨트롤 유닛
③ 하이드로릭 유닛   ④ 조향각 센서

Answer ▶▶ 43. ① 44. ③ 45. ③ 46. ③ 47. ③ 48. ④ 49. ② 50. ④

51. 전자제어 브레이크장치의 컨트롤 유닛에 대한 설명 중 틀린 것은?
① 컨트롤 유닛은 감속·가속을 계산한다.
② 컨트롤 유닛은 각 바퀴의 속도를 비교 분석한다.
③ 컨트롤 유닛이 작동하지 않으면 브레이크가 작동되지 않는다.
④ 컨트롤 유닛은 미끄럼 비를 계산하여 ABS 작동 여부를 결정한다.
풀이 전자제어 브레이크 장치의 컨트롤 유닛의 작용은 ①, ②, ④항 이외에 컨트롤 유닛이 작동하지 않아도 기계작동 방식의 일반 제동장치로 작동하는 페일세이프 기능을 두고 있다.

52. ABS에서 제어를 위한 가장 중요한 요소는?
① 코너링 포스
② 슬립률
③ 노면-타이어간 마찰계수
④ 차륜 속도
풀이 ABS는 바퀴가 로크(lock)되는 현상이 발생될 때 브레이크 유압을 제어하여 슬립률이 최저 값으로 유지되도록 제동력을 최대한 발휘하여 사고를 미연에 방지한다.

53. 전자제어 브레이크 장치의 구성부품 중 휠 스피드센서의 기능으로 가장 적절한 것은?
① 휠의 회전속도를 감지하여 컨트롤 유닛으로 보낸다.
② 하이드로릭 유닛을 제어한다.
③ 휠 실린더의 유압을 제어한다.
④ 페일 세이프 기능을 발휘한다.

54. ABS 차량에서 자동차 스피드센서의 설명으로 적당한 것은?
① 차속센서와 같은 원리이다.
② 스피드 센서는 앞바퀴에만 설치된다.
③ 스피드 센서는 뒷바퀴에만 설치된다.
④ 바퀴의 회전속도를 톤 휠과 센서의 자력선 변화를 감지하여 컴퓨터로 입력하는 역할

55. ABS 장착 차량에서 휠 스피드센서의 설명이다. 틀린 것은?
① 출력신호는 AC 전압이다.
② 일종의 자기유도센서 타입이다.
③ 고장시 ABS 경고등이 점등하게 된다.
④ 앞바퀴는 조향 휠이므로 뒷바퀴에만 장착되어 있다.

56. 전자제어 제동장치(ABS)에서 휠 속도 센서에 대한 내용으로 틀린 것은?
① 마그네틱 방식과 액티브 방식 등이 있다.
② 출력파형은 종류에 따라 아날로그 및 디지털 신호이다.
③ 적재하중에 따라 출력 값이 변한다.
④ 에어 갭의 변화에 따라 출력 값이 변한다.

57. ABS 구성부품 중 휠 스피드센서의 폴 피스부분에 이물질이 끼어 있을 때 나타나는 현상은?
① 센서가 자화되지 않는다.
② 차륜 회전속도 감지능력이 저하한다.
③ 차륜 회전속도 감지능력이 증가한다.
④ 센서 작동과 무관하다.
풀이 휠 스피드센서의 폴 피스부분에 이물질이 끼면 차륜 회전속도 감지능력이 저하한다.

Answer 51. ③ 52. ② 53. ① 54. ④ 55. ④ 56. ③ 57. ②

58. 4센서 4채널 ABS(anti-lock brake system)에서 하나의 휠 스피드센서(wheel speed sensor)가 고장일 경우의 현상 설명으로 옳은 것은?
① 고장 나지 않은 나머지 3바퀴만 ABS가 작동한다.
② 고장 나지 않은 바퀴 중 대각선 위치에 있는 2바퀴만 ABS가 작동한다.
③ 4바퀴 모두 ABS가 작동하지 않는다.
④ 4바퀴 모두 정상적으로 ABS가 작동한다.

59. 자동차용 ABS(Anti-lock Brake System) 작동 중 ECU의 신호를 받아 휠 실린더에 작용하는 유압을 조절하는 기구는?
① 프로포셔닝 밸브
② 마스터 실린더
③ 딜리버리 밸브
④ 하이드롤릭 유닛
[풀이] 하이드로릭 유닛(HCU, 모듈레이터, 유압조절기)은 ECU 출력신호에 의해 각 휠 실린더 유압을 직접 제어하는 부품이다.

60. ABS에서 1개의 휠 실린더에 NO(normal open)타입의 입구밸브(inlet solenoid valve)와 NC(normal closed)타입의 출구밸브(outlet solenoid valve)가 각각 1개씩 있을 때 바퀴가 고착된 경우의 감압제어는?
① inlet S/V : ON - outlet S/V : ON
② inlet S/V : OFF - outlet S/V : ON
③ inlet S/V : ON - outlet S/V : OFF
④ inlet S/V : OFF - outlet S/V : OFF

61. 제동 안전장치 중 안티스키드장치(Antiskid system)에 사용되는 밸브가 아닌 것은?

① 언로더 밸브(unloader valve)
② 프로포셔닝 밸브(proportioning valve)
③ 리미팅 밸브(limiting valve)
④ 이너셔 밸브(inertia valve)
[풀이] 안티 스키드장치에 사용되는 밸브에는 프로포셔닝 밸브, 리미팅 밸브, 이너셔 밸브 등이 있다.

62. 브레이크의 제동력 배분을 앞쪽보다 뒤쪽을 작게 해주는 밸브로 맞는 것은?
① 언로드밸브
② 체크밸브
③ 프로포셔닝밸브
④ 안전밸브
[풀이] 프로포셔닝 밸브는 마스터 실린더와 휠 실린더 사이에 설치되어 있으며, 제동력 배분을 앞바퀴보다 뒷바퀴를 작게 하여(뒷바퀴의 유압을 감소시킴) 바퀴의 고착을 방지하는 작용을 한다.

63. 제동 안전장치 중 프레임과 리어 액슬 사이에 장착되어 적재량에 따라 후륜에 가해지는 유압을 조절하여 차량의 제동력을 최적화하는 밸브는?
① ABS밸브
② G밸브
③ PB밸브
④ LSPV밸브

64. 브레이크 안전장치에 사용되는 이너셔 밸브(inertia valve) 일명 G밸브의 역할을 설명한 것은?
① 조정밸브의 작동 개시 점을 자동차의 감속도에 따라 출력유압을 제어한다.
② 앞·뒷바퀴가 받는 하중의 변동이 클 경우 하중에 따라 유압작동 개시 점을 이동시킨다.
③ 앞바퀴 제동력 증가비율에 대하여 뒷바퀴의 제동력 증가비율이 작아지도록 한다.
④ 브레이크 페달을 강하게 밟았을 때 뒷바퀴가 먼저 고착(lock)되지 않도록 한다.
[풀이] 이너셔 밸브(inertia valve)는 조정밸브의 작동 개시 점을 자동차의 감속도에 따라 출력 유압을 제어한다.

Answer 58. ③ 59. ④ 60. ① 61. ① 62. ③ 63. ④ 64. ①

65. 전자제어식 제동장치(ABS)에서 펌프로부터 토출된 고압의 오일을 일시적으로 저장하고 맥동을 완화시켜주는 것은?

① 모듈레이터
② 솔레노이드밸브
③ 어큐뮬레이터
④ 프로포셔닝밸브

풀이 어큐뮬레이터는 펌프에서 토출된 고압의 오일을 일시적으로 저장하고 맥동을 완화시켜주는 작용을 한다.

66. 브레이크 페달을 강하게 밟을 때 후륜이 먼저 로크되지 않도록 하기 위하여 유압이 어떤 일정 압력이상 상승하면 그 이상 후륜 측에 유압이 상승하지 않도록 제한하는 장치는?

① 리미팅밸브(limiting valve)
② 프로포셔닝밸브(proportioning valve)
③ 이너셔밸브(inertia valve)
④ EGR밸브

풀이 리미팅 밸브(Limiting Valve)는 브레이크 페달을 강하게 밟을 때 후륜이 먼저 로크되지 않도록 하기 위하여 유압이 어떤 일정 압력이상 상승하면 그 이상 후륜 측에 유압이 상승하지 않도록 제한하는 장치이다.

67. ABS(Anti Lock Brake System)장치의 유압제어 모드에서 주행 중 급제동시 고착된 바퀴의 유압제어는?

① 감압제어   ② 분압제어
③ 정압제어   ④ 증압제어

풀이 주행 중 급제동할 때 고착된 바퀴의 유압은 감압제어를 한다.

68. 전자제어 ABS가 정상적으로 작동되고 있을 때 나타나는 현상을 바르게 설명한 것은?

① 급제동 시 브레이크 페달에서 맥동을 느끼거나 조향 휠에 진동이 없다.
② 급제동 시 브레이크 페달에서 맥동을 느끼거나 조향 휠에 진동을 느낀다.
③ 급제동 시 브레이크 페달에서만 맥동을 느낄 수 있다.
④ 급제동 시 조향 휠에서만 진동을 느낄 수 있다.

풀이 ABS가 정상적으로 작동되는 경우에는 급제동할 때 브레이크 페달에서 맥동을 느끼거나 조향 휠에 진동을 느낀다.

69. ABS 장착차량에서 주행을 시작하여 차량속도가 증가하는 도중에 펌프 모터 작동소리가 들렸다면 이 차의 상태는?

① 오작동이므로 불량이다.
② 체크를 하기 위한 작동으로 정상이다.
③ 모터의 고장을 알리는 신호이다.
④ 모듈레이터 커넥터의 접촉 불량이다.

70. ABS 브레이크 장치에 대한 설명이다. 옳은 것은?

① ABS 휠 속도센서의 간극은 약 0.3~0.9mm 정도 된다.
② 휠 속도센서는 앞바퀴가 조향 휠이므로 뒷바퀴에만 각각 장착되어 있다.
③ ABS 작동시 최대 마찰계수는 약 0.1 범위에 있다.
④ ABS의 최대 장착목적은 신속하게 휠을 고정시키기 위함이다.

71. 자동차의 제동성능에서 제동력에 영향을 미치는 요인으로 거리가 먼 것은?

① 차량총중량
② 제동초속도
③ 여유구동력
④ 미끄럼 계수

풀이 제동성능에 영향을 미치는 인자로는 차량총중량, 제동초속도, 바퀴의 미끄럼 계수 등이 있다.

Answer ▶▶▶ 65. ③ 66. ① 67. ① 68. ② 69. ② 70. ① 71. ③

주행 및 구동장치

01. 타이어의 기본구조 명칭으로 틀린 것은?
① 험프(hump) ② 트레드(thread)
③ 브레이커(breaker) ④ 비드(bead)

02. 타이어에서 직접 노면과 접촉되어 마모에 견디고 적은 슬립으로 견인력을 증대시키는 부분의 명칭은 ?
① 트레드(tread)
② 브레이커(breaker)
③ 카카스(carcass)
④ 비드(bead)

03. 타이어의 트레드 패턴(Tread pattern)의 필요성이 아닌 것은 ?
① 타이어의 열을 흡수
② 트레드에 생긴 절상 등의 확대를 방지
③ 구동력이나 견인력의 향상
④ 타이어의 옆 방향에 대한 저항이 크고 조향성 향상

풀이 타이어의 트레드 패턴의 필요성은 ②, ③, ④항 이외에 타이어에서 발생한 열을 발산한다.

04. 옆 방향 미끄럼에 대하여 저항이 크고 조향성이 좋으며 소음도 적기 때문에 포장도로를 주행하는데 적합한 타이어의 패턴은 ?
① 리브 패턴(Rib Pattern)
② 러그 패턴(Lug Pattern)
③ 블록 패턴(Block Pattern)
④ 오프 더 로드 패턴(Off the road Pattern)

풀이 리브 패턴(Rib Pattern)은 옆 방향 미끄럼에 대하여 저항이 크고 조향성이 좋으며 소음도 적기 때문에 포장도로를 주행하는데 적합한 타이어의 패턴이다.

05. 고무로 피복 된 코드를 여러 겹 겹친 층에 해당되며, 타이어에서 타이어 골격을 이루는 부분은 ?
① 카커스(carcass)부
② 트레드(tread)부
③ 숄더(shoulder)부
④ 비드(bead)부

풀이 카커스(carcass)는 타이어의 골격을 이루는 부분이며, 공기압력에 견디어 일정한 체적을 유지하고, 또한 하중이나 충격에 따라 변형되어 충격완화 작용을 한다.

06. 내부에는 고탄소강의 강선(피아노선)을 묶음으로 넣고 고무로 피복한 링 상태의 보강 부위로 타이어를 림에 견고하게 고정시키는 역할을 하는 부품은 ?
① 카커스(carcass)부 ② 트레드(tread)부
③ 숄더(should)부 ④ 비드(bead)부

07. 노면과 직접 접촉은 하지 않으며, 주행 중 가장 많은 완충작용을 하는 부분으로서 타이어 규격과 기타 정보가 표시된 부분은 ?
① 카커스(carcass)부
② 트레드(tread)부
③ 사이드 월(side wall)부
④ 비드(bead)부

08. 형식이 185/65 R14 85H 인 타이어를 사용하는 승용자동차가 있다. 이 타이어의 높이와 내경은 각각 얼마인가 ?
① 65mm, 14cm ② 185mm, 14′
③ 85mm, 65mm ④ 120mm, 14′

풀이 185/65 R14에서 185는 타이어 폭 185mm, 65는 편평비 65%, R은 레이디얼 구조, 14는 타이어 내경을 표시한다. 따라서 타이어 높이는 타이어 폭×편평비이므로 185mm×0.65= 120mm이다.

Answer 1.① 2.① 3.① 4.① 5.① 6.④ 7.③ 8.④

09. 자동차 주행속도가 빠르면 타이어 트레드 부분의 변형이 복원되기 전에 다음의 변형을 맞이하게 되어 타이어의 트레드 부분이 물결모양으로 떠는 현상이 생긴다. 이것을 무엇이라 하는가?
① 타이어 웨이브 현상
② 하이드로 플래닝 현상
③ 타이어 접지변형 현상
④ 스탠딩웨이브 현상

10. 고속주행시 타이어 공기압을 표준 공기압보다 다소 높여주는 이유는?
① 승차감을 좋게 하기 위해서
② 타이어 마모를 방지하기 위해서
③ 제동력을 좋게 하기 위해서
④ 스탠딩 웨이브현상을 방지하기 위해서

11. 주행 중 물이 고인 도로를 고속 주행시 타이어 트레드가 물을 완전히 배출시키지 못해 노면과 타이어의 마찰력이 상실되는 현상은?
① 스탠팅 웨이브
② 하이드로 플래닝
③ 타이어 동적 밸런스
④ 타이어 매치 마운팅

12. 수막현상에 대하여 잘못 설명한 것은?
① 빗길을 고속 주행할 때 발생한다.
② 타이어 폭이 좁을수록 잘 발생한다.
③ ABS를 장착하면 수막현상에도 위험을 줄일 수 있다.
④ 타이어 홈의 깊이가 적을수록 잘 발생한다.

13. 자동차의 바퀴가 정적 불평형일 때 일어나는 현상은?
① tramping(트램핑)
② shimmy(시미)
③ hopping(호핑)
④ standing wave(스탠딩 웨이브)

[풀이] 바퀴가 정적 불평형이면 트램핑이 발생하고, 바퀴가 동적 불평형이면 시미를 일으킨다.

14. 자동차가 주행 중 휠의 동적 불평형으로 인해 바퀴가 좌우로 흔들리는 현상을 무엇이라 하는가?
① 시미현상
② 휠링현상
③ 요잉현상
④ 바운싱 현상

15. 자동차 섀시에 관련된 설명으로 잘못 표현한 것은?
① 스태빌라이저는 자동차의 롤링을 방지하는 역할을 한다.
② 토션바 스프링을 사용하는 독립 현가장치의 차고조정은 일반적으로 앵커 암 조정나사로 조정한다.
③ 휠 밸런스 조정이란 각 휠 사이의 중량차를 적게 하는 것을 말한다.
④ 휠 밸런스 조정은 림에 밸런스 웨이트를 붙여서 조정한다.

16. 93.6km/h로 직진 주행하는 자동차의 양쪽 구동륜은 지금 825 min^{-1}으로 회전하고 있다. 구동륜의 동하중 반경은?(단, 구동륜의 슬립은 무시한다)
① 약 56.7mm
② 약 157.5mm
③ 약 301mm
④ 약 317mm

[풀이] $V = \dfrac{\pi D \times E_N}{Rt \times Rf} \times \dfrac{60}{1000}$
V : 자동차의 주행속도(km/h)
D : 타이어의 지름(m),
E_N : 엔진 회전수(rpm), Rt : 변속비
Rf : 종감속비]에서
$D = \dfrac{V}{\pi \times T_N} \times \dfrac{1000}{60} = \dfrac{93.6}{3.14 \times 2 \times 825} \times \dfrac{1000}{60}$
$= 0.301\text{m} ≒ 301\text{mm}$

Answer ▶▶ 9. ④ 10. ④ 11. ② 12. ② 13. ① 14. ① 15. ③ 16. ③

17. 직경이 600mm인 차륜이 1500rpm으로 회전할 때 이 차륜의 원주속도는?

① 약 37.1m/sec ② 약 47.1m/sec
③ 약 57.1m/sec ④ 약 67.1m/sec

[풀이] $V = \pi DN = \dfrac{3.14 \times 0.6 \times 1500}{60}$
= 47.1m/sec
V : 원주 속도, D : 차륜의 지름, N : 회전속도

18. TCS(traction control system)의 특징이 아닌 것은?

① 슬립(slip) 제어
② 라인압 제어
③ 트레이스(trace) 제어
④ 선회안정성 향상

[풀이] TCS의 제어에는 슬립제어, 트레이스 제어, 선회안정성 향상이 있다.

19. 자동차의 타이어에 온도 15℃, 압력 2kgf/cm²의 공기가 1.25m³ 들어 있다. 이 타이어가 펑크로 바람이 새어나가 온도가 10℃, 압력이 1.5kgf/cm²로 되어 있다. 새어나간 공기량은?(단, 타이어의 팽창은 없으며, 공기의 분자량은 28.97이다)

① 약 0.5kgf ② 약 0.7kgf
③ 약 2.2kgf ④ 약 2.9kgf

[풀이] $G = \dfrac{PV}{RT}$
G : 공기의 무게, P : 공기의 압력
V : 공기의 체적, T : 공기의 온도
R : 공기의 분자량

① $G_1 = \dfrac{2 \times 1.25 \times 10^4}{28.97 \times (273+15)}$ = 2.996kgf

② $G_2 = \dfrac{1.5 \times 1.25 \times 10^4}{28.97 \times (273+10)}$ = 2.287kgf

∴ $G_1 - G_2$ = 2.2996kgf - 2.287kgf = 0.709kgf

20. 트랙션 컨트롤 장치(traction control system)의 제어방법이 아닌 것은?

① 엔진토크 제어 ② 공회전수 제어
③ 제동제어   ④ 트레이스 제어

21. VDC(Vehicle dynamic control)장치에서 고장발생 시 제어에 대한 설명으로 틀린 것은?

① 원칙적으로 ABS의 고장시에는 VDC 제어를 금지한다.
② VDC 고장시에는 해당 시스템만 제어를 금지한다.
③ VDC 고장시 솔레노이드 밸브 릴레이를 OFF시켜야 되는 경우에는 ABS 페일세이프에 준한다.
④ VDC 고장시 자동변속기는 현재 변속단보다 다운 변속된다.

고장분석 및 원인분석

01. 다음 중 클러치 차단 불량의 원인이 될 수 있는 것은?

① 릴리스 베어링 소손
② 자유간극 과소
③ 클러치판 과다 마모
④ 스프링 장력약화

02. 다음 중 수동변속기에서 클러치가 미끄러지는 조건은?

① 클러치 릴리스포크의 마모
② 변속기 입력축 오일 실의 불량
③ 클러치 자유유격의 과대
④ 클러치 릴리스 베어링의 과도한 마모

03. 일반적으로 클러치판의 런 아웃 한계는 얼마인가?

① 0.5mm ② 1mm
③ 1.5mm ④ 2mm

[풀이] 클러치판의 런 아웃(run out) 한계는 0.5mm이다.

Answer ▶ 17. ② 18. ② 19. ② 20. ② 21. ④ 1. ① 2. ② 3. ①

04. 수동변속기 차량에서 주행 중 급가속 하였을 때 엔진의 회전이 상승해도 차속이 증속되지 않는다. 그 원인은?
① 릴리스 포크가 마모되었다.
② 파일럿 베어링이 파손되었다.
③ 클러치 릴리스 베어링이 마모되었다.
④ 클러치 압력판 스프링의 장력이 감소되었다.

05. 클러치 페달을 밟았을 때 페달이 심하게 떨리는 이유가 아닌 것은?
① 클러치 조정불량이 원인이다.
② 클러치 디스크 페이싱의 두께 차가 있다.
③ 플라이휠이 변형되었다.
④ 플라이휠의 링 기어가 마모되었다.

06. 자동차가 주행하면서 클러치가 미끄러지는 원인으로 틀린 것은?
① 클러치 페달의 자유간극이 많다.
② 압력판 및 플라이휠 면이 마모되었다.
③ 마찰면의 경화 또는 오일이 부착되었다.
④ 클러치 압력스프링의 쇠약 및 손상되었다.
[풀이] 클러치 페달의 자유간극이 크면 페달을 밟았을 때 엔진의 동력 차단이 잘 안 된다.

07. 클러치 스프링에서 점검하여야 할 사항이 아닌 것은?
① 직각도   ② 자유길이
③ 인장강도   ④ 스프링의 장력
[풀이] 코일스프링의 점검사항에는 직각도, 자유길이, 스프링 장력 등이 있다.

08. 수동변속기에서 기어 변속을 할 때 마찰음이 심한 원인으로 가장 적절한 것은?
① 기관 크랭크축의 정렬 불량
② 드라이브키의 전단
③ 싱크로나이저의 고장
④ 변속기 입력축의 정렬 불량
[풀이] 싱크로나이저가 고장나면 기어변속을 할 때 마찰음이 심하게 발생한다.

09. 기어가 잘 물리지도 않고 빠지지도 않는 이유는?
① 싱크로나이저 링 마멸
② 록킹볼 마멸
③ 기어의 과도한 마멸
④ 록킹볼 스프링 장력 감소

10. 수동변속기 자동차에서 기어 변속이 잘 안 되는 원인과 관련이 없는 것은?
① 클러치 차단이 불량하다.
② 기어오일이 응고되어 있다.
③ 기어변속 링키지의 조정이 불량하다.
④ 클러치가 미끄러진다.
[풀이] 클러치가 미끄러지면 기관의 동력이 변속기로 잘 전달되지 못한다.

11. 자동변속기의 압력조절밸브(PCSV)의 듀티제어 파형에서 니들밸브가 작동하는 전체구간은?

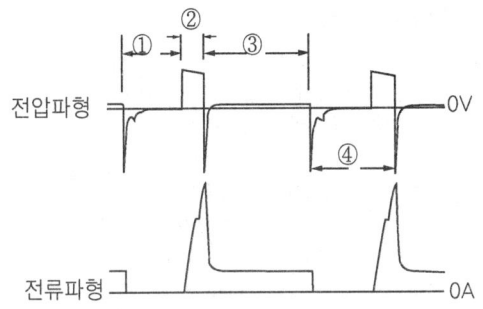

① ①   ② ②~③
③ ③   ④ ③~④

12. 앞바퀴 구동 수동변속기 설치 차량에서 변속시 기어가 잘 물리지 않을 경우의 고장 원인이다. 부적절한 것은?
① 컨트롤 레버의 불량
② 싱크로나이저 링의 마모
③ 싱크로나이저 링 스프링의 약화
④ 오일 실 O링 및 개스킷 파손

풀이 변속할 때 기어가 잘 물리지 않는 원인은 ①, ②, ③항 이외에 클러치 차단이 불량하다.

13. 자동변속기에서 오일을 점검할 때 주의사항이다. 잘못 된 것은?
① 엔진을 수평상태에서 시동을 끄고 점검한다.
② 엔진을 정상온도로 유지시킨다.
③ 엔진시동을 걸고 점검한다.
④ 오일레벨 게이지의 MIN선과 MAX선 사이에 있으면 정상이다.

14. 자동변속기 차량의 자동 변속기를 D와 R위치에서 기관 회전수를 최대로 하여 자동변속기와 기관의 상태를 종합적으로 시험하는 것을 무엇이라 하는가?
① 로드테스트
② 킥다운 테스트
③ 스톨 테스트
④ 유압 테스트

풀이 스톨 테스트란 자동변속기 차량에서 변속레버 D와 R위치에서 기관 회전속도를 최대로 하여 자동변속기와 기관의 상태를 종합적으로 시험하는 것이다.

15. 자동변속기에서 스톨테스터로 확인할 수 없는 것은?
① 엔진의 출력부족
② 댐퍼클러치의 미끄러짐
③ 전진클러치의 미끄러짐
④ 후진클러치의 미끄러짐

풀이 스톨 테스트(stall test)로 점검하는 사항은 엔진의 출력부족 여부(성능), 토크컨버터 스테이터의 원웨이 클러치의 작동상태, 전·후진 클러치의 작동상태, 브레이크 밴드의 작동상태 등이다.

16. 자동변속기의 스톨 테스터에 대한 설명으로 틀린 것은?
① 스톨 테스터를 연속적으로 행할 경우 일정시간 냉각 후 실시한다.
② 스톨 회전수는 공전속도와 일치하면 정상이다.
③ 스톨 테스터로 디스크나 밴드의 마모 여부를 추정할 수 있다.
④ 규정 스톨 회전수보다 높을 경우 라인 압을 재확인할 필요가 있다.

풀이 자동변속기 스톨 테스트에 관한 설명은 ①, ③, ④항 이외에 스톨 회전수는 차종에 따라서 다르나 2200~2500rpm 범위면 정상이다.

17. 자동변속기의 스톨 시험결과 규정 스톨 회전수보다 낮은 때의 원인은?
① 엔진이 규정출력을 발휘하지 못한다.
② 라인압력이 낮다.
③ 리어 클러치나 엔드 클러치가 슬립 한다.
④ 프런트 클러치가 슬립 한다.

풀이 엔진의 출력성능이 저하되면 규정 스톨 회전수보다 낮아진다.

18. 자동변속기의 타임래그 시험을 통해 알 수 있는 것은?
① 변속시점
② 엔진 출력
③ 오일 변속속도
④ 입·출력 센서 작동 여부

풀이 자동변속기의 타임래그 시험을 통해 알 수 있는 것은 변속시점이다.

Answer》 12. ④ 13. ① 14. ③ 15. ② 16. ② 17. ① 18. ①

19. 자동변속기 차량의 점검방법 중 틀린 것은?
① 자동변속기 오일량은 온간시에 측정한다.
② 인히비터 스위치 조정은 N 위치에서 한다.
③ 자동변속기 오일량을 측정할 때는 시동을 OFF시키고 점검한다.
④ 스로틀 케이블 조정은 스로틀 레버를 전폐시킨 상태에서 실시한다.

20. 자동변속기를 고장진단하기 위한 준비과정이 아닌 것은 ?
① 자동변속기 오일량 점검
② 스로틀 케이블의 점검 및 조정
③ 자동변속기 오일의 정상온도 도달여부
④ 자동변속기 오일의 압력측정

풀이 자동변속기를 고장진단하기 위한 준비과정
① 자동변속기 오일량 점검
② 스로틀 케이블의 점검 및 조정
③ 자동변속기 오일의 정상온도 도달여부

21. 자동변속기에서 기어비율 부적절 결함코드가 입력될 때 관련 없는 것은 ?
① 입력속도 센서
② 출력속도 센서
③ 변속 솔레노이드밸브
④ 로크 업 솔레노이드 밸브

풀이 자동변속기에서 기어비율 부적절 결함코드가 입력될 때 관련되는 요소는 입력속도 센서, 출력속도 센서, 변속 솔레노이드 밸브 등이다.

22. 자동변속기를 주행상태에서 시험할 때 점검해야 할 사항에 해당되지 않는 것은?
① 오일의 양과 상태
② 킥다운 작동여부
③ 엔진 브레이크 효과
④ 쇼크 및 슬립 여부

23. 자동변속기에서 운행 중 오일온도가 상승 할 수 있는 경우가 아닌 것은 ?
① 산악지역 운행
② 시내주행
③ 윈터 기능 과다사용
④ 록크업 클러치 작동

풀이 자동변속기의 오일이 과열하는 원인은 굴곡이 심한 산악도로를 주행할 때, 저속으로 주행할 때, 윈터 기능을 과다하게 사용하였을 때, 오일냉각기가 오염 및 손상되었을 때 등이다.

24. 자동변속기에서 고장코드의 기억소거를 위한 조건으로 거리가 먼 것은 ?
① 이그니션 키는 ON상태여야 한다.
② 엔진의 회전수 검출이 있어야만 한다.
③ 출력축 속도센서의 단선이 없어야 한다.
④ 인히비터 스위치 커넥터가 연결되어져야만 한다.

풀이 자동변속기에서 고장코드의 기억소거를 위한 조건
① 이그니션 키는 ON상태여야 한다.
② 출력축 속도센서의 단선이 없어야 한다.
③ 인히비터 스위치 커넥터가 연결되어져야만 한다.

25. 주행 중인 자동차의 추진축에서 소음이 발생하였을 때 원인이 아닌 것은?
① 요크의 방향이 틀린 경우
② 조인트 볼트 등이 헐거울 경우
③ 좌우 타이어 Size의 불균형
④ 스플라인부가 마모된 경우

26. 추진축의 주행 중 소음발생 원인이 아닌 것은 ?
① 자재이음 베어링의 마모
② 센터베어링의 마모
③ 윤활 불량
④ 변속 선택레버의 휨

Answer ≫ 19. ③ 20. ④ 21. ④ 22. ① 23. ④ 24. ② 25. ③ 26. ④

27. FR방식의 자동차가 주행 중 디퍼런셜 장치에서 많은 열이 발생한다면 고장원인으로 거리가 먼 것은?
① 추진축의 밸런스 웨이트 이탈
② 기어의 백래시 과소
③ 프리로드 과소
④ 오일량 부족

28. 자동차 주행 중 핸들이 한쪽으로 쏠리는 이유로 적합하지 않은 것은?
① 좌우 타이어의 공기압 불평형
② 쇽업소버의 불량
③ 좌우 스프링 상수가 같을 때
④ 뒤 차축이 차의 중심선에 대하여 직각이 아닐 때

29. 주행 중 조향 휠이 한쪽으로 치우칠 경우 예상되는 원인이 아닌 것은?
① 타이어 편마모
② 휠 얼라인먼트에 오일부착
③ 안쪽 앞 코일스프링 약화
④ 휠 얼라인먼트 조정불량

30. 스티어링 휠의 유격 과다시 가능한 원인이 아닌 것은?
① 요크 플러그가 풀림
② 스티어링 기어 장착볼트의 풀림
③ 타이로드 엔드의 스터드 마모, 풀림
④ 로워 암 부싱 손상

풀이 스티어링 휠의 유격이 과다한 원인
① 요크 플러그가 풀림
② 스티어링 기어(steering gear) 장착볼트의 풀림
③ 타이로드 엔드의 스터드 마모 또는 풀림

31. 조향 휠의 복원성이 나쁘다. 가능한 원인이 아닌 것은?
① 타이어 공기압이 불량할 때
② 기어박스 내의 오일 점도가 낮을 때
③ 조향 휠 웜 샤프트의 프리로드 조정 불량일 때
④ 조향계통의 각 조인트가 고착, 손상되었을 때

32. 속도 감응식 조향장치(SSPS)에서 액추에이터 코일회로가 단선되었을 경우 나타날 수 있는 현상은?
① 일반 파워 스티어링 전환
② 고속에서만 핸들 무거움
③ 저속에서만 핸들 무거움
④ 요철도로 주행시 이음

풀이 속도 감응식 조향장치(SSPS)에서 액추에이터 코일회로가 단선되면 일반 파워 스티어링 전환된다.

33. 동력조향장치의 조향핸들이 무거운 원인이 아닌 것은?
① 조향 바퀴의 타이어 공기압력이 낮다.
② 휠 얼라인먼트 조정이 불량하다.
③ 조향 바퀴의 타이어 공기압력이 높다.
④ 파워 오일펌프 구동벨트가 슬립 된다.

34. 동력조향장치를 장착한 차량이 운행 중 핸들이 한쪽으로 쏠릴 경우의 고장 원인이다. 아닌 것은?
① 파워 오일펌프 불량
② 브레이크슈 리턴 스프링의 불량
③ 타이어의 편마모
④ 토인 조정불량

35. 동력조향 휠의 복원성이 불량한 원인이 아닌 것은?
① 제어밸브가 손상되었다.
② 부의 캐스터로 되었다.
③ 동력 피스톤 로드가 과대하게 휘었다.
④ 조향 휠이 마멸되었다.

Answer ▶ 27. ① 28. ③ 29. ② 30. ④ 31. ② 32. ① 33. ③ 34. ① 35. ④

36. 파워 스티어링 장착 차량이 급커브 길에서 시동이 자꾸 꺼지는 현상이 발생하는 원인으로 옳은 것은?
① 엔진오일 부족
② 파워펌프 오일압력 스위치 단선
③ 파워 스티어링 오일과다
④ 파워 스티어링 오일 누유

[풀이] 파워펌프 오일압력 스위치가 단선되면 급커브 길에서 엔진시동이 자주 꺼지는 현상이 발생한다.

37. 자동차 동력조향장치의 유압회로 내 유압유의 점도가 높을 때 일어나는 현상이 아닌 것은?
① 회로 내 잔압이 낮아진다.
② 유압라인의 열 발생 원인이 된다.
③ 동력손실이 커진다.
④ 관내 마찰손실이 커진다.

38. 제동시 핸들을 빼앗길 정도로 브레이크가 한쪽만 듣는다. 원인으로 틀린 것은?
① 양쪽 바퀴의 공기압력이 다르다.
② 허브 베어링의 풀림
③ 백 플레이트의 풀림
④ 마스터 실린더의 리턴 포트가 막힘

[풀이] 마스터 실린더의 리턴 포트가 막히면 브레이크가 해제되지 않는다.

39. 제동장치의 편제동 원인이 아닌 것은?
① 타이어 공기압력이 불균일하다.
② 브레이크 페달 유격이 크다.
③ 휠 얼라인먼트가 불량하다.
④ 휠 실린더 1개가 고착되어 있었다.

40. 자동차의 브레이크 페달이 점점 딱딱해져서 제동성능이 저하되었다면 그 고장원인으로 적당한 것은?
① 마스터 실린더 바이패스 포트가 막혀있는 경우
② 브레이크슈 리턴스프링 장력이 강한 경우
③ 마스터실린더 피스톤 캡이 고장 난 경우
④ 브레이크 오일이 부족한 경우

[풀이] 마스터실린더 바이패스 포트가 막혀 있으면 브레이크페달이 점점 딱딱해져서 제동성능이 저하된다.

41. 브레이크 페달을 밟았을 때 소음이 나거나 떨리는 현상의 원인이 아닌 것은?
① 디스크의 불균일한 마모 및 균열
② 패드나 라이닝의 경화
③ 백킹플레이트나 캘리퍼의 설치볼트 이완
④ 프로포셔닝 밸브의 작동 불량

[풀이] 브레이크 페달을 밟았을 때 소음이 나거나 떨리는 현상의 원인은 디스크의 불균일한 마모 및 균열, 패드나 라이닝의 경화, 백킹 플레이트나 캘리퍼의 설치 볼트 이완 등이다.

42. 자동차의 유압식 브레이크에서 브레이크 페달을 밟지 않았는데도 일부 바퀴에서 제동력이 잔류한다. 그 원인에 해당되지 않는 것은?
① 브레이크슈 리턴 스프링의 불량
② 휠 실린더 피스톤 컵의 탄력저하
③ 브레이크슈의 조정불량
④ 브레이크 캘리퍼의 유동불량

[풀이] 유압식 브레이크에서 브레이크페달을 밟지 않았는데도 일부 바퀴에서 제동력이 잔류하는 원인은 브레이크슈 리턴스프링의 불량, 휠 실린더 피스톤 컵의 탄력저하, 브레이크슈의 조정불량 등이다.

43. 브레이크에서 배력 장치의 기밀유지가 불량할 때 점검해야할 부분은?
① 패드 및 라이닝 마모상태
② 페달의 자유간격
③ 라이닝 리턴스프링 장력
④ 첵밸브 및 진공호스

[풀이] 브레이크 배력장치의 기밀유지가 불량하면 첵밸브 및 진공호스를 점검한다.

Answer ▶▶ 36. ② 37. ① 38. ④ 39. ② 40. ① 41. ④ 42. ④ 43. ④

44. 가솔린 승용차에서 내리막길 주행 중 시동이 꺼질 때 제동력이 저하되는 이유는?
  ① 진공 배력장치 작동불량
  ② 베이퍼록 현상
  ③ 엔진출력 부족
  ④ 페이드 현상

  풀이 내리막길 주행 중 시동이 꺼질 때 제동력이 저하하는 원인은 진공 배력장치의 작동이 불량한 경우이다.

45. 자동차 주행시 브레이크를 작동시켰을 때 어느 한쪽 방향으로 쏠리는 원인이 아닌 것은?
  ① 좌우 브레이크 드럼 간극이 풀릴 때
  ② 좌우 타이어 공기압이 불균일할 때
  ③ 쇽업소버의 작동이 불량할 때
  ④ 브레이크 페달의 유격이 클 때

  풀이 브레이크 페달의 유격이 크면 제동이 잘 안되고 늦어진다.

46. 타이어 트레드 한쪽 면만 편 마멸되는 원인에 해당되지 않는 것은?
  ① 각 바퀴의 균일한 타이어 최고압력을 주입했을 때
  ② 휠이 런 아웃되었을 때
  ③ 허브의 너클이 런 아웃되었을 때
  ④ 베어링이 마멸되었거나 킹핀의 유격이 큰 경우

  풀이 트레드 한쪽 면만이 편 마멸되는 원인은 ②, ③, ④항 이외에 휠 얼라인먼트가 불량할 때

시험장비 사용

01. 휠 얼라인먼트 시험기의 측정항목이 아닌 것은?
  ① 토인   ② 캐스터
  ③ 킹핀 경사각   ④ 휠 밸런스

  풀이 휠 얼라인먼트 시험기로 측정할 수 있는 항목은 토인, 캐스터, 캠버, 킹핀 경사각, 셋백 등이 있다.

02. 앞바퀴 얼라인먼트를 점검하기 전에 점검해야 할 사항중 거리가 먼 것은?
  ① 전후 및 좌우 바퀴의 흔들림
  ② 타이어의 마모 및 공기압
  ③ 뒤 스프링의 모양 및 형식
  ④ 조향 링키지 설치상태와 마멸

  풀이 앞바퀴 얼라인먼트를 점검하기 전에 점검해야 할 사항
  ① 자동차는 공차상태로 하고 수평한 장소를 선택한다.
  ② 타이어의 마모 및 공기압력을 점검한다.
  ③ 섀시 스프링은 안정 상태로 하고, 전후 및 좌우 바퀴의 흔들림을 점검한다.
  ④ 조향 링키지 설치상태와 마멸을 점검한다.
  ⑤ 휠 베어링의 헐거움, 볼 이음 및 타이로드 엔드의 헐거움 등을 점검한다.

03. 앞바퀴 얼라인먼트 검사를 할 때 예비점검 사항과 가장 거리가 먼 것은?
  ① 타이어의 공기압, 마모상태, 흔들림 상태
  ② 평면 마모상태
  ③ 휠 베어링의 헐거움, 볼 이음의 마모상태
  ④ 조향핸들 유격 및 차축 또는 프레임의 휨 상태

04. 자동차 검사용으로 사용하는 사이드슬립 측정기에 관한 설명으로 가장 적절한 것은?
  ① 제동력의 좌·우 차 및 끌림 등을 시험
  ② 제동시의 사이드슬립 값을 측정
  ③ 자동차의 조향륜의 옆미끄럼량을 측정
  ④ 캐스터 및 킹핀각을 측정

  풀이 사이드슬립 테스터는 조향륜의 옆미끄럼량을 측정하여 전차륜 정렬의 합성력을 시험하는 기구이다.

Answer ▶▶ 44. ① 45. ④ 46. ① 1. ④ 2. ③ 3. ② 4. ③

05. 다음 중 사이드슬립 테스터가 어떤 것을 시험하는 지 가장 적합한 것은?
① 타이어 이상 마모
② 캐스터와 토인의 균형
③ 전차륜 정렬의 합성력
④ 캠버와 킹핀 경사의 균형

06. 사이드슬립 시험기에서 지시 값이 6이라면 주행 1km에 대해 앞바퀴가 옆 방향으로 얼마나 미끄러지는가?
① 6mm   ② 6cm
③ 6m   ④ 6km

[풀이] 사이드슬립 시험기에서 지시 값이 6이라면 주행 1km에 대해 앞바퀴가 옆 방향으로 6m를 미끄러진다.

07. 사이드슬립을 시험한 결과 오른쪽 바퀴가 안쪽으로 6mm, 왼쪽 바퀴는 바깥쪽으로 4mm 움직일 때 전체 미끄럼 양은?
① 안쪽으로 1mm
② 안쪽으로 2mm
③ 바깥쪽으로 2mm
④ 바깥쪽으로 1mm

[풀이] $\frac{6-4}{2}$ = 1mm 따라서 전체 미끄럼 양은 안쪽으로 1mm

08. 사이드슬립 시험기로 미끄럼 량을 측정한 결과 왼쪽바퀴가 in-8, 오른쪽바퀴가 out-2를 표시했다, 슬립량은?
① 2(out)   ② 3(in)
③ 5(in)   ④ 6(in)

[풀이] 사이드 슬립량= $\frac{8-2}{2}$ = 3(in)

09. 제동시험기에 검사차량을 올려놓지 않고 롤러를 회전시켰을 때 시험기의 지침이 떨리고 있다. 그 원인으로 가장 적합한 것은?
① 지침의 0점이 순간적으로 잘못되었다.
② 모터의 전압에 변동이 생겼다.
③ 롤러의 베어링과 체인 등의 마찰력이 지시된 것이다.
④ 로드 셀의 0점 조정이 틀렸기 때문이다.

[풀이] 제동시험기에 검사차량을 올려놓지 않고 롤러를 회전시켰을 때 시험기의 지침이 떨리는 원인은 롤러의 베어링과 체인 등의 마찰력이 지시된 것이다.

10. 디지털식 타이어 휠 밸런스 시험기를 사용할 때 시험기에 입력해야할 요소가 아닌 것은?
① 림의 폭
② 림의 직경
③ 림의 간격
④ 림의 두께

[풀이] 휠 밸런스 시험기에 입력할 사항은 림의 폭, 림의 직경, 림의 간격이다.

Answer ▶▶▶ 5. ③ 6. ③ 7. ① 8. ② 9. ③ 10. ④

일반기계공학

1 기계재료

1.1. 기계재료의 개요
기계를 구성하는 기계요소에 사용하는 재료를 기계재료라 말한다.

1.1.1. 금속의 기계적 성질
① 강도 : 재료가 외력에 저항하는 세기의 정도로 재료가 파괴되기까지의 변형저항을 그 재료의 강도라고 한다. 인장강도, 압축강도, 굽힘강도 등이 있다.
② 소성 : 재료에 가한 힘이 크면 변형을 일으키며 이때 힘을 제거하여도 원래의 상태로 완전히 복귀되지 않고 변형이 남게 되는 성질이다.
③ 전성 : 재료를 압축하여 눌렀을 때 부서지거나 구부러짐이 일어나지 않고 얇고 넓게 펴지는 성질이다.
④ 취성(메짐) : 주철과 같이 외력을 가했을 때 부서지고 깨지는 여린 성질을 말한다.
⑤ 인성 : 연성과 강도가 큰 성질 즉 파괴에 대한 재료의 저항력으로 질긴 성질이다.
⑥ 탄성 : 재료에 외력을 가했을때는 변형이 되나 외력을 제거하면 원래의 상태로 되돌아오는 성질을 말한다.
⑦ 연성 : 재료를 잡아당길 때 가늘고 길게 늘어나는 성질이다.
⑧ 가소성 : 재료에 탄성한계를 넘어서 외력을 가하면 외력을 제거하여도 복원되지 않는 소성변형을 일으키는 성질로 소성가공에 이용되는 성질이다.

⑨ 크리프 : 금속재료를 고온에서 장시간 하중을 가하면 기간이 경과함에 따라 변형이 증가하는 현상을 말한다.

1.1.2. 금속재료의 물리적 성질
① 비중 : 4℃에서 물 1cc의 무게와 동일 체적의 다른 물질의 무게와의 비율을 말한다.
② 열전도율 : 물체 내에서 서로 온도의 차이가 있으면 열은 높은 부분에서 낮은 부분으로 전달되는데 이것을 열전도라 하고 이 비례정수를 열전도율이라고 한다.
③ 용융점 : 금속을 가열하면 고체의 금속이 액체로 변할 때의 최저온도를 말한다.
④ 선팽창계수 : 금속에 열을 가할 때 온도 1℃ 상승하였을 때 늘어난 길이와 늘어나기 전의 길이와의 비율이다.
⑤ 자성 : 금속이 자석의 힘을 지니는 성질로서 상자성체, 강자성체, 반자성체가 있다.
⑥ 전기전도율 : 전기가 금속 내에 전달되는 비율을 말한다.

1.1.3. 금속의 조직과 변태
[1] 금속의 조직

금속의 원자가 규칙 있게 배열된 상태를 결정체라 하며, 그 1개의 결정체를 결정입자라 말한다. 1개의 결정격자를 X선으로 보게 되면 원자들이 규칙적으로 배열되어 있는 것을 볼수 있는데 이것을 결정격자라 말한다. 결정격자에는 면심입방격자, 체심입방격자, 조밀육방격자 등이 있다.

[2] 금속의 변태
① 자기변태는 원자의 배열에는 변화가 없으나 원자 자체의 내부에 변화가 일어나는 경우가 있고 특히 768℃ 부근에서는 급격히 자기(磁氣)의 크기에 변화를 일으킨다.
② 동소변태는 어느 온도를 경계로 하여 동소끼리의 변태를 말한다. 즉 고체 내에서 결정격자의 형상 즉, 원자의 배열이 변화되는 것이다.

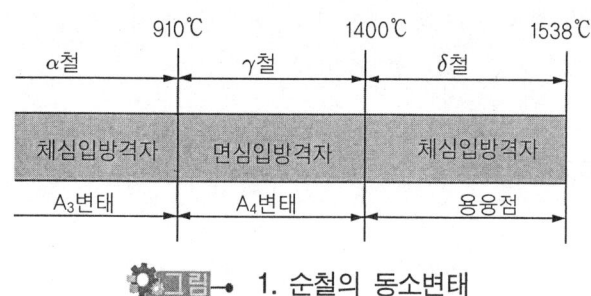

그림 1. 순철의 동소변태

1.2. 철과 강(cast iron & steel)

1.2.1. 주철(cast iron)

주철은 Fe과 C, 그리고 Si를 주성분으로 하고 이밖에도 Mn, P, S을 함유한 합금으로 강보다 용융온도가 낮아 대형이거나 복잡한 형상의 부품이라도 주조할 수 있고 값도 싸게 대량으로 생산할 수 있다. 탄소함유량이 2.0~6.68%(일반적으로 2.5~4.5%)이며, 용융점이 낮아 복잡한 형상의 제품도 주조하기 쉬워 일반기계 재료로 널리 사용된다.

[1] 주철의 특징
 ① 마찰저항이 크고 값이 싸다.
 ② 용융점이 낮고 유동성이 양호하다.
 ③ 절삭성이 좋아 가공은 가능하나 용접성이 불량하다.
 ④ 충격값이 작고 소성가공이 안된다.
 ⑤ 취성이 커 소성변형이 어렵다.

[2] 주철의 종류
(1) 보통주철

보통주철은 회주철을 대표하는 주철이며, 주철의 강도는 성분만으로 정할 수 없다. 또한 강도나 불순물의 양을 엄밀하게 제한하지 않는다.

(2) 고급주철

고급주철은 강력주철·고력주철이라고도 한다. 기존의 주철보다 인장강도가 향상된 주철이며, 일반적으로 인장강도 30kgf/mm^2 이상의 것을 말한다. 펄라이트 주철, 구상 흑연주철, 미하나이트 주철 등이 있다.

(3) 특수주철

합금주철, 칠드주철, 가단주철 등이 있다.

1.2.2. 탄소강(carbon steel)

[1] 탄소강의 특징

실용되는 탄소강의 탄소함유량은 0.03~2.0%까지이며, 저탄소강은 연질이므로 가공이 용이하나, 담금질효과가 거의 없다. 고탄소강은 경질이므로 가공이 어려우나, 담금질효과가 매우 좋다. 그리고 탄소강에 탄소함유량이 많아질수록 연신율이 감소하며, 경도 증가, 항복점 증가, 충격 값 감소 등이 일어난다.

[2] 탄소강에 함유된 성분과 영향

(1) 황(S)

황은 적열(고온)취성을 가지고 있으며 고온 가공성을 불량하게 만든다. 또한 인장강도, 연신율, 충격값이 저하된다. 그러나 망간과 화합하여 절삭성능을 개선한다.

(2) 인(P)

인은 편석을 일으키기 쉬워 가공할 때 균열이 일어나기 쉬우며 냉간취성을 일으킨다. 기공이 없는 주물을 만들 수 있으며, 경도와 강도를 증가시키지만 가공할 때 균열을 일으킨다.

(3) 망간(Mn)

망간은 황과 결합하여 황(S)의 피해를 방지하며, 고온가공을 쉽게 한다. 강도, 경도, 인성을 증가하나, 연성은 약간 감소한다. 고온에서 결정입자의 성장을 방해하여 거칠어지는 것을 감소시킨다.

(4) 규소(Si)

규소는 강의 경도, 탄성한계, 인장강도가 증가시키나 연신율 및 충격값을 감소한다. 그러나 상온에서 가단성, 전성을 감소시키며, 결정입자가 거칠어진다.

(5) 수소(H)

헤어 클랙의 원인이 된다.

[3] 탄소함유량에 따른 분류
　① 아공석강 : 아공석강은 0.85%C 이하인 페라이트와 펄라이트의 공석강이다.
　② 공석강 : 공석강은 0.85%C인 펄라이트 조직이다.
　③ 과공석강 : 과공석강은 0.85%C 이상의 시멘타이트와 펄라이트의 공석강이다.

[4] 제강방법에 따른 분류
　정련 또는 용해가 완료된 용강을 탈산제를 첨가하여 탈산한 다음 주형에 부어 응고시켜 강괴로 만든다. 강괴는 탈산한 정도에 따라 완전 탈산한 킬드강, 거의 탈산한 세미 킬드강, 가볍게 탈산한 림드강 등이 있다.

(1) 킬드강(killed steel)
　킬드강은 페로 실리콘 알루미늄을 탈산제로 사용하여 완전히 탈산시킨 강이며, 진정강이라고도 부른다.

(2) 림드강(rimmed steel)
　림드강은 평로나 전로에서 망간을 탈산제로 사용하여 불완전 탈산시킨 0.3%C 이하인 일반적인 탄소강이다.

(3) 세미킬드강
　세미킬드강은 킬드강과 림드강의 중간에 속하며 알루미늄을 탈산제로 사용하여 거의 탈산시킨 저탄소강이다.

1.2.3. 합금강(특수강)
　철-탄소 합금에 특수한 성질을 갖도록 하기 위하여 다른 원소를 1가지 또는 2가지 이상을 넣은 것이다.

[1] 합금의 특성
　① 용융점이 낮아지고, 담금질 효과와 주조성이 향상된다.
　② 내부식성, 내열성 및 내산성이 증가한다.
　③ 인장강도, 경도 및 전기저항이 증가한다.
　④ 연신율, 단면수축률, 열전도율, 전성과 연성이 감소한다.

⑤ 색깔이 아름다워진다.

[2] 합금강(특수강)의 종류

(1) 니켈강
강성 및 인성과 열처리성, 내마멸성, 내부식성을 향상시키기 위해 탄소강에 니켈을 첨가시킨 것이다. 크랭크축, 스핀들, 기어, 추진축 등에서 사용된다.

(2) 크롬강
강에 크롬(Cr)을 첨가하면 경도, 인장강도, 항복점 등이 증가하고 내마멸성, 내부식성, 내열성 등이 증가하지만 연신율과 충격값은 감소한다. 조향기어, 킹핀, 차동기어 등에서 사용된다.

(3) 니켈-크롬 강
강성과 인성이 크고, 탄성한계가 높고 담금질 효과가 크다. 또 내마멸성, 내열성이 크며, 구조용 탄소강에 비해 인장강도와 충격강도가 크다. 동력 전달용 축, 크랭크축, 커넥팅로드, 터빈의 베인 등에서 사용된다.

(4) 크롬-몰리브덴강
크롬-몰리브덴강의 특징은 고온강도가 크고, 가공결과가 깨끗하며, 용접성이 좋고, 내열성이 좋다. 크랭크축, 조향너클, 차축, 볼트 및 기어 등에서 사용된다.

(5) 스테인리스강
크롬을 12% 이상 함유한 것을 스테인리스강이라고 하며, 12% 이하인 것을 내식강이라 한다.
① 13크롬(마르텐사이트계) : 강에 크롬을 12~18% 첨가한 것이며, 담금질에 의해 경화되는 특성이 있다.
② 18크롬(페라이트계) : 강에 크롬을 16~18% 첨가한 것이며, 내부식성이 우수하여 해수용(海水用) 펌프 및 밸브재료로 사용된다.
③ 18-8 크롬-니켈(오스테나이트계) : 강에 크롬 18%, 니켈 7~10%를 첨가한 것이며, 비자성이며, 질이 질기기 때문에 전성이 크며, 가공경화가 잘된다.

(6) 텅스텐 강
경도가 크고, 내마멸성, 고온 강도가 크기 때문에 공구, 내열용 재료로 사용된다.

(7) 스프링 강
스프링 강은 탄성한계를 높이는 규소-망간강과 규소-크롬강을 사용한다.

(8) 인바(invar)강
불변강으로서 온도가 상승하더라도 길이의 변화가 적은 성질을 가지고 있으며 철에 니켈 35~36%, 망간 0.4%가 함유된 것으로서 최근에는 니켈 32%, 코발트 5%, 철 63%의 초 인바강도 사용된다. 용도는 줄자, 표준자, 경합금 피스톤의 보강재료, 시계의 진자, 바이메탈 등의 재료로 사용된다.

1.2.4. 공구강 및 공구재료

[1] 탄소공구강
탄소공구강은 고 탄소강을 사용하며 탄소함유량이 0.6~1.5% 이상인 강으로 면도날, 도끼 등에 사용된다.

[2] 합금공구강
합금공구강은 담금질성과 내마모성을 증가할 목적으로 탄소공구강에 크롬, 텅스텐 등을 첨가한 것으로 펀치, 끌, 쇠톱, 줄 등에 사용된다.

[3] 고속도강
고속도강은 절삭공구강의 일종으로 500~600℃까지 가열하여도 뜨임에 의해서 연화되지 않고 또 고온에서도 경도 감소가 적다. 텅스텐(W) 18%, 크롬(Cr) 4%, 바나듐(V) 1%형과 텅스텐(W) 14%, 크롬(Cr) 4%, 바나듐(V) 1%형이 있으며, 바이트, 탭, 다이스, 니들밸브, 밸브시트 등에 사용된다.

[4] 스텔라이트(stellite, 주조합금 공구재료)
스텔라이트는 경질 주조 합금 공구재료로서 주조한 상태 그대로를 연삭하여 사용하는 비철 합금이다. 스텔라이트의 주성분은 코발트, 크롬, 텅스텐(몰리브덴), 철이다.

[5] 초경합금

초경합금은 코발트(Co), 텅스텐(W), 크롬(Cr) 등의 분말형의 탄화물을 프레스로 성형하여 소결시킨 것으로 열처리가 안되며, 내마모성이 매우 크고, 코발트가 많은 것은 강인해지나 경도가 저하된다.

[6] 세라믹(ceramic)

세라믹은 알루미나(Al_2O_3)를 주성분으로 결합제를 사용하지 아니하고 소결시킨 공구이다.

1.3. 비철금속 및 합금
1.3.1. 구리

[1] 구리의 특성
① 전기 및 열전도성이 반자성이다.
② 유연하고 전성과 연성이 커 가공이 쉽다.
③ 수축률이 크고 주조가 어려우며 절삭성이 나쁘다.
④ 표면에 녹색의 염기성 탄산구리의 녹이 생겨 보호피막의 역할로 내부식성이 크다.
⑤ 아름다운 광택과 귀금속적인 성질이 우수하다.

[2] 구리합금의 종류
(1) 황동

1) 황동의 특징

황동은 구리와 아연의 합금이며 놋쇠라고도 한다. 아연(Zn)이 5% 함유된 황동은 예로부터 화폐, 메달 등에 사용되었기 때문에 도금금속(gilding metal)이라 부르고, 아연(Zn)이 10% 정도의 황동은 색이 청동과 비슷하므로 청동 대용으로도 사용되며, 아연(Zn) 20%의 황동은 황금색의 아름다운 색을 띠게 되므로 순금의 모조품, 장식용 제품, 악기 등에 사용된다.

2) 황동의 종류
① 7-3황동 : 구리 70%, 아연 30%이며, 냉간 가공성이 좋다.
② 6-4황동 : 구리 60%, 아연 40%이며, 주조성, 열간 가공성이 좋다.

③ 톰백(tam back) : 구리 85%, 아연 15%인 황동이다.
④ 네이벌 황동 : 6-4황동에 주석 1%를 첨가한 황동이며 선박용 축, 플랜지, 볼트, 너트, 수동용 밸브 등에서 사용한다.

(2) 청동

청동은 구리와 주석의 합금이며 아연, 납, 인 등을 소량 첨가한 것이다. 청동의 특징은 주조성과 내부식성이 크고, 기계적 성질이 우수하며, 내마모성이 크고 주조나 단조용으로 사용된다. 그 종류는 다음과 같다.
① 인청동 : 청동에 인(P)을 첨가한 것이며 내부식성, 내마모성, 인성, 내피로성이 크기 때문에 베어링, 기어, 펌프부품, 선박용 부품 등에 사용된다.
② 포금(gun metal) : 구리(88%), 주석(10%), 아연(2%)의 합금이다. 아연은 주조성을 향상시키고 기계적 성질을 강하게 하기 위해 첨가한다.

1.3.2. 알루미늄과 알루미늄합금

[1] 알루미늄과 알루미늄합금의 특징
① 비중이 2.7로 마그네슘 다음으로 가볍다.
② 전기와 열 전도성이 구리(Cu) 다음으로 좋다.
③ 주조성이 좋으며, 전성과 연성도 좋다.
④ 공기중이나 물속에서 표면에 얇은 산화 피막이 형성되어 있어 내부식성이 우수하다.
⑤ 바닷물, 산, 알카리에 침해되지 않는다.

[2] 알루미늄합금의 종류
① 하이드로날륨 : 알루미늄에 마그네슘을 4~7%를 첨가한 것이다.
② 두랄루민 : 알루미늄, 구리, 마그네슘의 합금이며, 시효경화를 일으키며 열처리를 하면 강도가 증가한다..
③ 초두랄루민 : 알루미늄, 구리, 망간에 마그네슘을 0.5~1.5% 정도 첨가한 것이다
④ 로 엑스(LO-EX) : 알루미늄, 규소, 니켈, 구리의 합금이며 내열성이 크고 열팽창 계수가 적어 피스톤의 재료로 사용된다.
⑤ 실루민 : 알루미늄에 규소를 첨가시킨 것이며 주조성, 내부식성, 기계적 성질이 우수하다.

용도는 브레이크 드럼, 변속기 케이스, 기어박스, 수냉식 실린더블록 등으로 사용한다.
⑥ Y합금 : 알루미늄, 구리, 마그네슘, 니켈의 합금이며 내열성이 커 피스톤, 실린더 헤드의 재료로 사용한다. 주조는 약간 어려우나 시효 경화성이 있다.
⑦ 라우탈 : 알루미늄, 구리, 규소의 합금이며, 주조성, 기계적 성질, 열처리 효과가 우수하다.

1.3.3. 니켈합금의 종류

[1] 모넬메탈(monel metal)

모넬메탈은 내산(耐酸) 합금의 일종으로서 니켈(Ni) 50~75%, 구리(Cu) 26~32%를 주성분으로 하고, 철(Fe), 망간(Mn)을 미량씩 함유한다. 주로 화학기계, 염색기계, 터빈날개 등에 사용되며, 미국인 모넬(ambrose monel)의 발명품이다.

[2] 양은(german silver)

양은은 구리(Cu)+니켈(Ni)+아연(Zn)의 합금으로 양백(洋白)이라고도 한다. 은백색 비슷한 색으로, 기계적 성질, 내부식성, 내열성이 우수하며, 전기저항의 온도계수도 작으므로 전류조정용 저항체, 온도 조정용의 바이메탈로도 사용된다.

[3] 콘스탄탄(constantan)

니켈에 구리 46%를 첨가한 구리-니켈 합금으로 전기저항·열기전력이 온도에 의해서 아주 조금만 변하므로, 표준 전기저항선·온도측정용 열전대로 사용된다.

1.3.4. 베어링합금

[1] 베어링 합금의 구비조건

① 축면과 길들임성이 좋을 것
② 내마모성이 크고 마찰계수가 작을 것
③ 피로강도와 내식성이 클 것
④ 열전도성이 클 것
⑤ 강도와 강성 및 충격하중에 강할 것

1.3.5. 기타 비철금속재료

[1] 합성수지

(1) 합성수지의 특징

① 가공성이 크기 때문에 성형이 간단하여 대량 생산이 가능하다.
② 산, 알칼리, 오일, 화학약품에 강하다.
③ 가볍고 튼튼하며, 비중과 강도의 비율인 비강도가 비교적 높다.
④ 전기 절연성이 우수하지만 열에는 약하다.
⑤ 투명하여 채색이 자유롭고 내구성이 크다.

(2) 합성수지의 종류와 용도

1) 열경화성 수지의 종류와 그 특성

 열경화성 수지는 가열을 하면 경화되고 재용융하여도 다른 모양으로는 다시 성형할 수 없다. 따라서 이 수지는 재생할 수 없다. 이와 같이 다시 가열하여도 원래의 성질로 돌아오지 않는 성질을 가진 것이다.

① 페놀수지 : 기계적 성질이 우수하고 비교적 값이 싸며, 전기절연성이 좋다. 착색은 자유롭지 않으며, 성형한 후 선반가공이나 드릴가공 등도 쉽지 않다. 용도는 전기절연물, 전화기, 핸들, 기어, 가재도구, 프로펠러, 광고간판 등이며, 액체 상태의 것은 페인트 또는 접착제로도 사용된다.

② 요소수지(urea resin) : 우레아 수지라고도 하며, 강도, 내수성, 내열성, 전기 절연성 등에서는 다소 떨어지나, 가공성 및 착색이 쉽고 아름다운 상품을 제작하는데 적당하다.

③ 멜라민수지(melamine resin) : 석회질소로 만드는 백색 결정질 화합물이며, 무색의 가벼운 침상(針狀)결정이다. 요소수지보다 강도, 내수성, 내열성이 우수하다. 사용목적에 따라 멜라민과 포르말린, 석탄산, 요소 등을 합성하여 각종 성형부품, 접착제, 페인트 섬유조제에 사용된다.

④ 실리콘수지(silicon resin) : 내열성과 내수성이 우수하고, 전기절연성이 좋다. 일반적인 합성수지보다 내열성이 100℃ 이상 우수하며, 기계 가공성도 좋다.

2) 열가소성 수지의 종류와 그 특성

 열가소성 수지는 가열하여 성형 한 후 가열하면 연해지고, 냉각하면 다시 본래의 상태로 굳어진다.

또 가열하면 작은 힘으로도 유동하고 화학적 변화가 발생하지 않으며, 가열과 냉각을 반복하여도 이 재료의 성질변화는 거의 없다.

① 염화비닐(vinyl chloride) : PVC라고도 하며, 내산성, 내알칼리성이 풍부하며, 황산·염산·수산화나트륨 등의 약품이나 바닷물에 녹거나 부식되는 경우가 없으며, 오일이나 흙에 파묻혀도 침식되지 않는다. 제품은 내·외부의 면이 모두 매끈하다.

② 스티렌수지(styrene resin) : 성형이 쉽고, 화학약품에 대하여 안정하므로 전기재료, 장식품 등으로 사용되는 대표적인 열가소성 수지이다. 일반적으로 폴리스티렌(polystrene)은 150℃에서 연화하고, 250℃ 이상에서는 분해 중합되어 단일체의 스티렌으로 된다.

③ 폴리에틸렌(polyethylene) : 120~180℃로 가열하면 끈끈한 액체가 되기 때문에 사출성형이 쉽다.

    비중이 0.92~0.96으로 연화비닐보다 가볍고, 유연성이 있으며 -60℃에서도 경화되지 않는다. 무색, 투명하며, 내수성과 전기절연성이 크고, 산과 알칼리에도 강하다. 또 충격에도 강하여 해머로 때려도 파손되지 않고 내화성도 고무나 염화비닐보다 좋다.

④ 아크릴수지(acrylic resin) : 이 수지는 무색 투명하며 미려한 광택을 낸다. 내산, 내알칼리성이 우수하다.

[2] 섬유강화 플라스틱

(1) 섬유강화 플라스틱의 장점

① 비중은 강의 약 1/3~1/4 정도로 경량이다.
② 비탄성 에너지가 크다.
③ 내부식성이 우수하다.
④ 설계 자유도가 크다.

(2) 섬유강화 플라스틱의 단점

① 섬유로 강화되기 때문에 섬유방향만 강화되는 이방성이다.
② 피로강도가 낮다.
③ 층간 전단강도가 낮다.
④ 가로 탄성계수가 낮다.
⑤ 내열강도가 낮다.
⑥ 내마모성이 적고, 판스프링의 경우 구멍부분의 강도가 떨어진다.

1.4. 표면처리 및 열처리
1.4.1. 탄소강의 조직
[1] 표준조직
(1) 페라이트(ferrite)

 페라이트는 900℃ 이하에서 안정한 체심입방격자의 철에 합금원소 또는 불순물이 녹아서 된 고용체이다. 탄소를 고용한 α철을 바탕으로 한 고용체이므로, 외관은 순철과 같으나, 고용된 원소의 이름을 붙여 실리콘 페라이트 또는 규소철이라고도 한다. 상온에서는 강자성체이나 768℃에서 자기변태를 일으킨다.

(2) 펄라이트(pearlite)

 펄라이트는 탄소함유량 0.76%의 강을 약 750℃ 이상의 고온에서 서서히 냉각하면, 650~600℃에서 변태를 일으켜(이 변태를 A_1변태라 함) 펄라이트 조직이 나타난다. 탄소함유량이 0.76% 이하 강의 상온 조직은 펄라이트와 페라이트, 탄소함유량 0.76% 이상의 강 또는 주철에서는 펄라이트와 시멘타이트로 된다.

(3) 시멘타이트(cementite)

 시멘타이트는 철과 탄소의 화합물이며, 고용(금속의 결정격자 사이에 다른 금속의 원자가 침투하는 현상)한계 이상으로 탄소가 고용되면 탄소와 철이 화합하여 탄화철(Fe_3C)이 된다. 결정구조가 복잡하며 딱딱하고 무르다. 210℃(Ao변태점)에서 자기 변태하며, 이 온도이상에서는 상자성체이다.

[2] 담금질 조직
(1) 오스테나이트(Austenite)

 오스테나이트는 γ철에 1.7% 이하의 탄소를 고용(금속의 결정 격자 사이에 다른 금속의 원자가 침투하는 현상)한 γ고용체의 조직이다. 결정구조는 면심입방격자이다. 탄소강을 가열하여 A_3점 또는 Acm점 이상에서 급랭하면 상온에서도 볼 수 있다. 마르텐사이트보다 경도는 낮지만 인성이 크다.

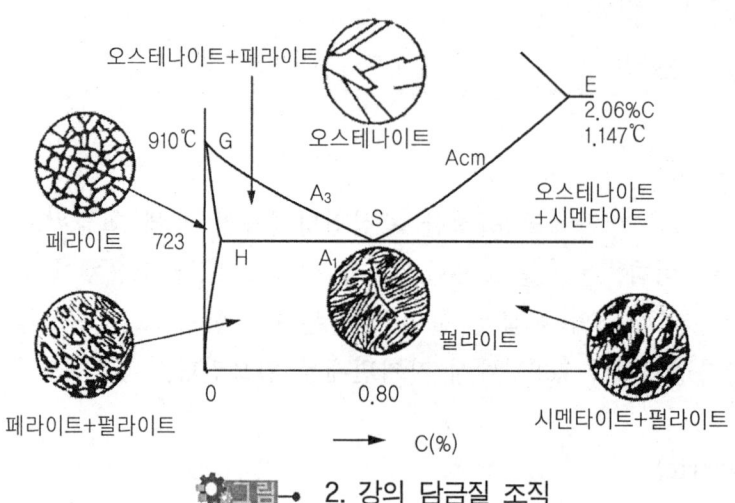

그림 2. 강의 담금질 조직

(2) 마르텐사이트(martensite)

마르텐사이트는 탄소강을 수중에서 급랭시켰을 때 금속의 중앙에 발생하는 조직이며 강을 담금질하면 고온에서 안정된 오스테나이트로부터 실온에서 안정한 α철과 시멘타이트로 구성되는 조직으로 변화하는 변태가 일부 저지되어 단단한 조직으로 되는데, 이것이 마르텐사이트이다.

(3) 트루스타이트(troostite)

트루스타이트는 기름 또는 온수 속에서 담금질하였을 때 금속의 중앙에 발생하며 철과 탄소의 화합물인 시멘타이트와 α철이 혼재된 조직이다.

(4) 솔바이트(sorbite)

솔바이트는 기름 속에서 담금질의 냉각속도가 트루스타이트 조직보다 느릴 때 얻어지는 조직이며, 트루스타이트 조직보다 유연하고 점성이 강하다.

1.4.2. 표면경화 방법

[1] 침탄법

침탄법은 저탄소강의 표면에 탄소를 침투시켜 고탄소강으로 만든 후 담금질하는 것이다. 즉 표면은 경강이 되고 내부는 연강이 된다.

[2] 질화법

질화법은 암모니아 가스 속에 강을 넣고 장시간 가열하여 철과 질소가 작용하여 질화철이 되게 하는 방법이다. 침탄법보다 경화층이 얇고 조작시간이 길다.

[3] 청화법

청화법은 NaCN, KCN 등의 청화물질이 철과 작용하여 금속표면에 질소와 탄소가 동시에 침투되게 하는 방법이다.

[4] 화염 경화법

화염 경화법은 산소-아세틸렌 불꽃으로 강의 표면만 가열하여 열이 중심부분에 전달하기 전에 급랭시키는 방법이다.

[5] 고주파 경화법

고주파 경화법은 금속표면에 코일을 감고 고주파 전류로 표면만 고온으로 가열 후 급랭시키는 방법이다.

1.4.3. 담금질, 풀림, 뜨임, 불림

열처리란 금속을 적당한 온도에서 가열과 냉각 등의 각종 조작을 하여 특별한 성질을 부여하는 방법을 말한다.

[1] 담금질(quenching)

담금질은 강을 A_1변태점 이상으로 가열하여 기름이나 물속에서 급랭시켜 강도와 경도를 증가시키는 열처리이다.

[2] 풀림(annealing)

풀림의 목적은 열처리로 가공된 재료의 연화, 가공경화 된 재료의 연화, 가공 중의 내부응력 제거 등이다. 또한 풀림 중 재결정 풀림이란 냉간 가공한 재료를 가열하면 600℃ 정도에서 응력이 감소하고 재결정이 발생하는 것을 말한다. 재결정은 결정 입자의 크기, 가공정도, 석출물, 순도 등에 큰 영향을 받는다.

[3] 뜨임(tempering)

뜨임은 담금질한 강에 인성을 주기 위하여 A_1변태점 이하의 적당한 온도로 가열한 후 서서히 냉각시키는 열처리이다.

[4] 불림(normalizing)

불림은 금속을 A_3변태점 이상에서 30~60℃의 온도로 가열한 후 대기 중에서 서서히 냉각시켜 조직을 미세화하고 내부응력을 제거하는 열처리이다.

1.5. 금속재료 시험방법

1.5.1. 인장시험

인장시험은 시험편을 만들어 만능 재료시험기로 절단될 때까지의 저항력을 측정하며 목적은 인장강도, 항복점, 연신율, 단면수축률 등을 측정하는 것이다.

1.5.2. 경도시험

[1] 브리넬 경도시험기

브리넬 경도시험기는 고탄소강 볼(ball)에 일정한 하중을 주어 시험면에 30초 동안 눌러 주어 이때 시험면을 눌러 생긴 오목부분의 표면적으로 나누어 경도를 나타낸다.

[2] 비커스 경도시험기

비커스 경도시험기는 다이아몬드 사각뿔을 가진 피라미드형 압입자를 사용하여 시험편에 눌러 생긴 피라미드모양의 오목부분의 대각선을 측정하여 표로서 경도를 측정한다. 피라미드의 꼭지각은 136°이며 단단한 강이나 정밀가공의 부품 등에 사용된다.

[3] 로크웰 경도시험기

로크웰 경도시험기는 단단한 재료에는 다이아몬드 원뿔, 연한재료에는 강구를 일정한 하중으로 누르고 압입된 깊이로 경도를 구한다.

[4] 쇼어 경도시험기

쇼어 경도시험기는 하중을 충격적으로 가하였을 때 얼마나 반발되어 튀어 올라오는가의 높이로 경도를 나타내는 것이다. 이 시험은 롤러, 다이스, 기어 등 눈에 잘 띄지 않는 자국이 남는 재료의 시험에 사용된다.

1.5.3. 충격시험

충격시험은 금속재료의 인성과 취성을 알아보는 시험이며, 샤르피식(단순보 시험용)과 아이조이드식(외팔보 시험용)이 있다.

2 기계요소

2.1. 결합용 기계요소
2.1.1. 나사(screw)
[1] 리드와 피치

나사를 1회전 했을 때 나사산의 한점이 축방향으로 진행한 거리를 리드(lead)라 한다. 서로 인접한 나사산의 축방향 거리 즉 산과 산사이의 거리, 골과 골사이의 거리를 피치(pitch)라 한다. 즉 $l = nP$ 여기서 n은 나사의 줄 수이다.

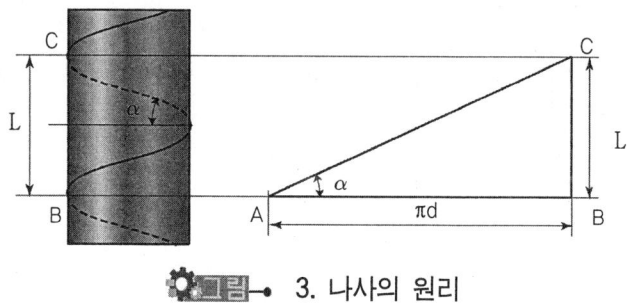

3. 나사의 원리

[2] 나사의 분류
(1) 체결용 나사

체결용 나사는 나사산의 단면이 삼각형인 삼각나사이며, 기계의 접합, 위치조정을 목적으로 주로 사용된다. 종류에는 미터나사(나사산의 각도 60°), 유니 파이 나사(나사산의 각도 60°), 휘트워드 나사(나사산의 각도 55°) 등이 있다.

(2) 동력전달용 나사
① 사각나사 : 잭(jack), 나사 프레스, 선반의 이송나사 등의 동력전달용으로 사용된다.

② 사다리꼴나사 : 애크미 나사라고도 하며 공작기계의 이송용, 선반의 리드, 나사 프레스, 바이스 등에 사용된다. 나사산의 각도는 미터계열이 30°, 인치계열은 29°이다.
③ 톱니나사 : 힘이 한쪽 방향으로 작용하는 곳에 사용하며 압착기, 바이스 등에 사용되며 나사산의 각도는 30°와 45°가 있다.
④ 둥근나사(너클 나사) : 나사산과 골 부분이 둥글게 되어 있어 먼지나 모래 등이 나사산에 들어갈 염려가 있는 곳이나 격동하는 힘이 작용되는 부분이나 전구의 이음부분과 같은 곳에 사용된다.

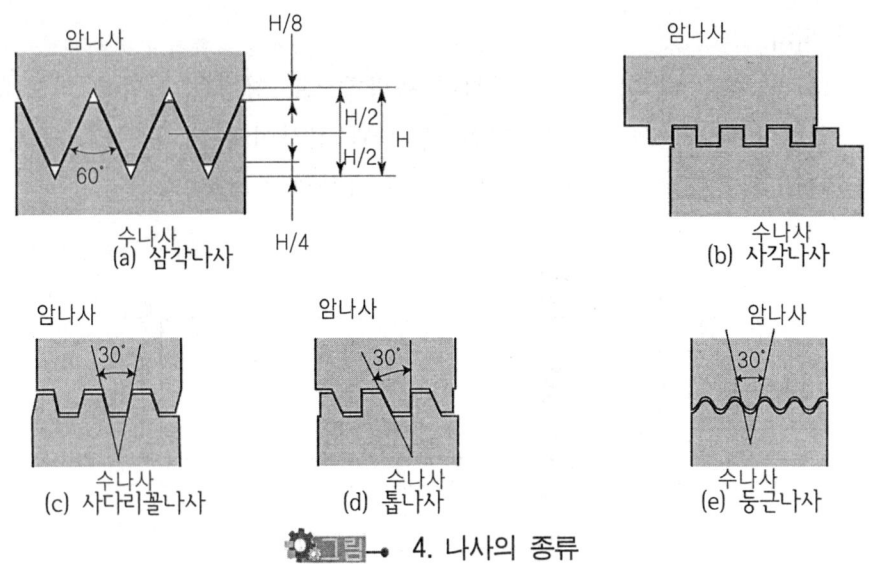

그림 4. 나사의 종류

[3] 나사의 자립조건

나사의 자립조건이란 나사가 스스로 풀리지 않는 한계 즉 자립상태를 유지하고 있는 한계는 p= α이어야 한다. 나사가 자립상태를 유지하는 나사의 효율은 50% 이하여야 한다.

[4] 볼트와 너트

볼트는 일반적으로 둥근 봉의 한쪽 끝에 나사를 깎고 다른 끝에는 걸리는 작용을 하는 머리 또는 나사를 깎는 것으로 주로 결합하는데 사용한다. 너트는 구멍에 암나사를 깎는 것으로 볼트와 함께 사용한다. 그 형상으로는 볼트의 머리와 같은 6각형 또는 4각형으로 된 것이 많다.

(1) 볼트(bolt)

  1) 일반볼트

  ① 관통볼트(through bolt) : 관통볼트는 연결할 두 부분에 구멍을 뚫고 볼트를 끼운 후 반대쪽에 너트로 조이는 것이다.

  ② 탭 볼트(tap bolt) : 탭 볼트는 관통을 할 수 없는 경우 한쪽에만 구멍을 뚫고 다른 한쪽에는 중간까지만 구멍을 뚫은 후 탭으로 나사를 내고 볼트를 끼우는 것이다.

  ③ 스터드 볼트(stud bolt) : 스터트 볼트는 자주 분해, 결합하는 부분에서 사용하며, 양끝에 나사산을 내고 나사 구멍에 끼우고 연결할 부품을 관통시켜서 합친 후 너트로 조인 것이다.

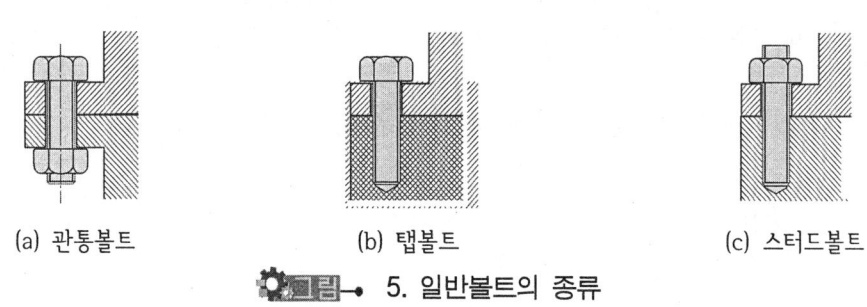

(a) 관통볼트　　　(b) 탭볼트　　　(c) 스터드볼트

그림 5. 일반볼트의 종류

  2) 특수볼트

  ① 기초볼트(foundation bolt) : 기계나 구조물의 토대 고정용이이며 콘크리트 등의 바닥에 설치할 때 사용하는 볼트이다.

  ② 스테이 볼트(stay bolt) : 기계의 부품을 일정한 간격을 두고 고정할 때 사용하는 볼트이다.

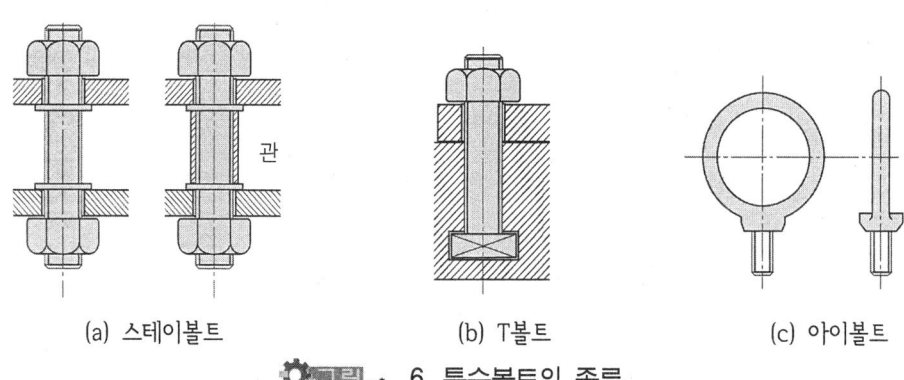

(a) 스테이볼트　　　(b) T볼트　　　(c) 아이볼트

그림 6. 특수볼트의 종류

③ 아이(eye)볼트 : 머리부분에 고리가 달린 볼트이며 물건을 들어 올릴 때 사용하는 볼트이다.
④ T볼트 : T형의 홈에 볼트 머리를 끼우고 위치를 이동하면서 임의의 위치에 물체를 고정할 수 있는 볼트이다.

3) 볼트의 설계
① 축 하중(인장하중)만 받는 경우의 볼트지름 : 아이볼트

$$d = \sqrt{\frac{2W}{\sigma_t}}$$

d : 볼트의 지름(mm) W : 하중(W kgf)
σ_t : 볼트재료의 인장강도(kgf/mm²)

② 인장하중과 수평하중을 동시에 받는 경우의 볼트지름

$$d = \sqrt[2]{\frac{W_s}{\pi \tau}}$$

W_s : 수평하중(kgf), τ : 전단응력(kgf/mm²)

③ 축 하중과 비틀림 모멘트를 동시에 받는 경우의 볼트지름

$$d = \sqrt{\frac{8W}{3\sigma_t}}$$

(2) 너트(nut)
너트는 볼트와 함께 물체를 고정하는데 사용하는 것이다.

1) 너트의 종류
① 육각 너트 : 일반적으로 가장 많이 사용되며 관통볼트의 머리와 같은 정육각형의 너트이다.
② 둥근 너트 : 6각 너트를 사용하기 곤란한 곳에 사용되고 외형이 둥근 것이며, 바깥둘레나 윗면에 홈이나 구멍을 뚫고 여기에 쥠 공구가 걸리도록 되어 있다.
③ 사각너트 : 건축용, 목공용으로 사용되며 모양이 사각이다.

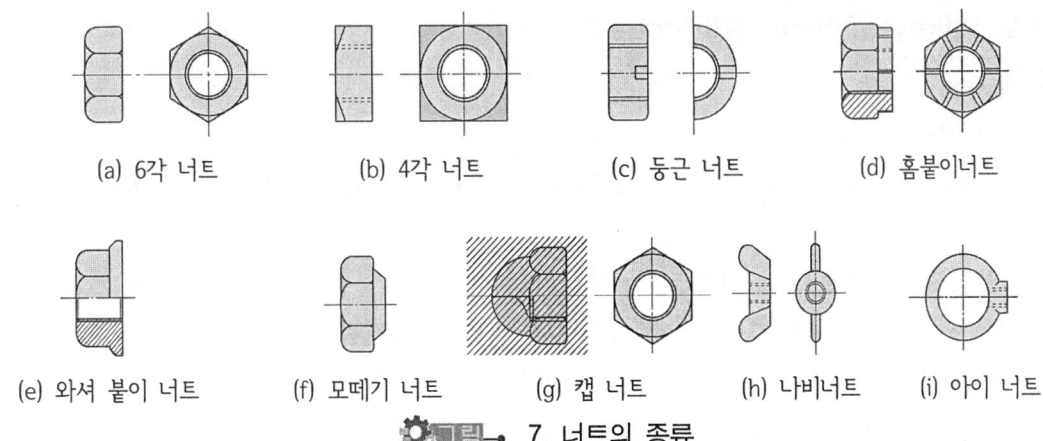

(a) 6각 너트   (b) 4각 너트   (c) 둥근 너트   (d) 홈붙이너트

(e) 와셔 붙이 너트   (f) 모떼기 너트   (g) 캡 너트   (h) 나비너트   (i) 아이 너트

그림 7. 너트의 종류

④ 플랜지 너트 : 육각 너트의 대각선보다 큰 자리 면이 부착된 너트이며, 볼트의 구멍이 클 때, 접촉면이 거칠 때, 큰 면압을 피하려고 할 때 사용된다.
⑤ 캡 너트(cap nut) : 유체가 누출되는 것을 방지하기 위한 것으로 너트의 한 끝이 막힌 것이다.
⑥ 홈붙이너트 : 너트에 분할 핀을 꽂아 너트의 풀림 방지에 사용된다.
⑦ 아이너트(eye nut) : 머리에 링(ring)이 달린 것이며, 아이볼트와 같은 목적으로 사용된다.
⑧ 나비너트 : 공구가 필요치 않고 손으로 조일 수 있도록 나비 모양의 손잡이가 달린 것이다.

2) 너트의 풀림 방지방법
① 로크너트를 사용한다.
② 분할 핀을 사용한다.
③ 세트스크루를 사용한다.
④ 특수 와셔(스프링 와셔, 혀붙이 와셔)를 사용한다.
⑤ 철사를 사용한다.

[5] 와셔
 와셔는 너트 또는 볼트 머리와 접촉하는 결합 면사이에 끼워 넣기 위해 볼트구멍을 뚫은 판을 말한다.

2.1.2. 키(key), 핀(pin), 코터(cotter)

[1] 키(key)

(1) 키의 종류

① 평키(flat key) : 평키는 키가 닿는 축을 편평하게 깎아내고 보스에 홈을 판 키이다.

② 안장키(saddle key, 새들키) : 안장키는 축에는 키 홈을 파지 않고 보스(boss)에만 키 홈을 판 후 키를 박아 마찰력에 의하여 회전력 전달하는 키이다.

③ 묻힘 키(sunk key, 성크 키) : 묻힘키는 축과 보스에 모두 키 홈을 판 키이다.

④ 접선키(tangential key) : 접선키는 역회전이 가능하도록 하기 위해 120° 각도를 두고 2개소에 키를 둔 키이다.

⑤ 페더키(feather key, 미끄럼 키) : 페더키는 회전력 전달과 동시에 보스를 축 방향으로 미끄럼 시킬 필요성이 있을 때 사용하는 키이다.

⑥ 반달키(woodruff key, 우드러프 키) : 반달키는 축에 홈을 깊게 파서 강도가 약해지는 결점이 있으나 키와 키 홈의 가공이 쉽고 키가 자동적으로 자리를 쉽게 잡을 수 있어 테이퍼 축에서 많이 사용하는 키이다.

⑦ 스플라인(spline) : 스플라인은 축과 보스의 원 둘레에 4~20개의 요철을 두고 회전력을 전달함과 동시에 보스를 축 방향으로 이동시키고자 할 때 사용하는 키이다.

⑧ 원뿔키(con key) : 원뿔키는 축과 보스에 키 홈을 파지 않고 축 구멍을 테이퍼 구멍으로 하여 속이 빈 원뿔을 박아서 마찰만으로 밀착시키는 키이며, 바퀴가 편심 되지 않고 축의 어느 위치에서나 설치할 수 있다.

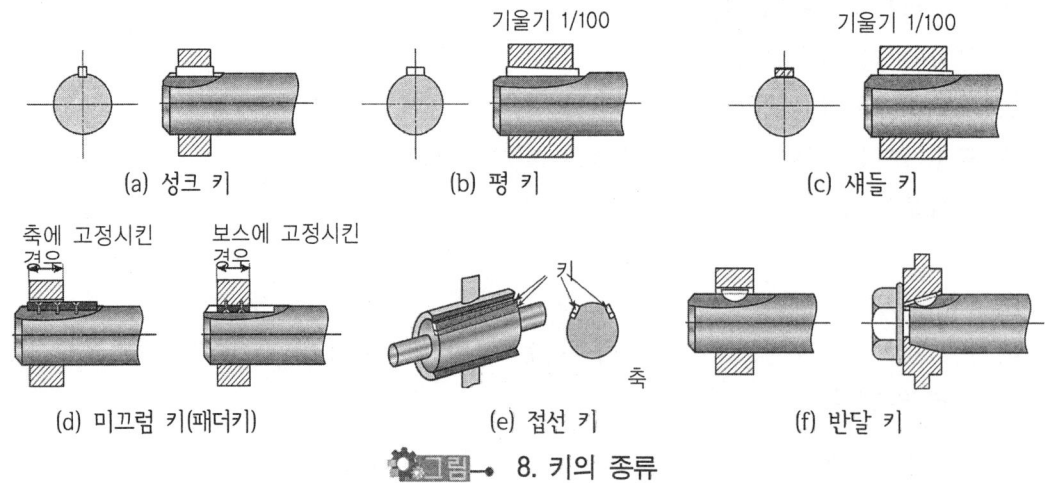

그림 8. 키의 종류

(2) 키의 전단응력

$$\tau = \frac{2T}{bld}$$

τ : 전단응력(kgf/cm^2), T : 전달 회전력(kgf·cm)
b : 키의 폭(cm), l : 키의 길이(cm)
d : 축의 지름(cm)

[2] 핀(pin)

핀은 하중이 작은 부분의 부품 설치 및 분해·조립을 하는 부품의 위치 결정에 주로 사용되며 2개 이상의 기계 부품 결합용이나 보조용으로 사용된다.

① 평행 핀(dowel pin) : 굵기가 고른 핀이며, 축에 보스를 고정시킬 때 사용된다.
② 테이퍼 핀(taper pin) : 1/50의 테이퍼를 지닌 핀이며, 작은 쪽의 지름을 호칭지름으로 나타낸다.
③ 분할 핀(split pin) : 두 가닥을 접어서 만든 핀으로 끼운 후 펼쳐서 너트의 풀림 방지에 사용된다.
④ 스프링 핀(spring pin) : 세로방향으로 갈라져 있어 구멍의 크기가 정확하다.

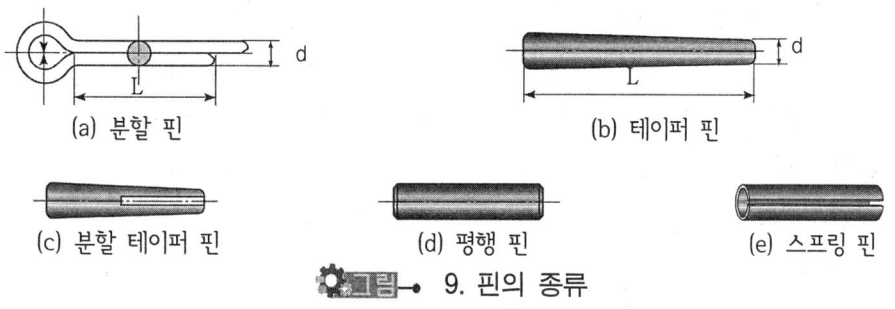

(a) 분할 핀   (b) 테이퍼 핀
(c) 분할 테이퍼 핀   (d) 평행 핀   (e) 스프링 핀

그림 9. 핀의 종류

[3] 코터(cotter)

코터는 두께가 일정하고 테이퍼가 있는 일종의 쐐기이며 축과 축을 결합하는 경우와 축방향으로 함께 작용하는 압축력이나 인장력에 대하여 풀리지 않도록 부품을 결합하는데 사용한다.

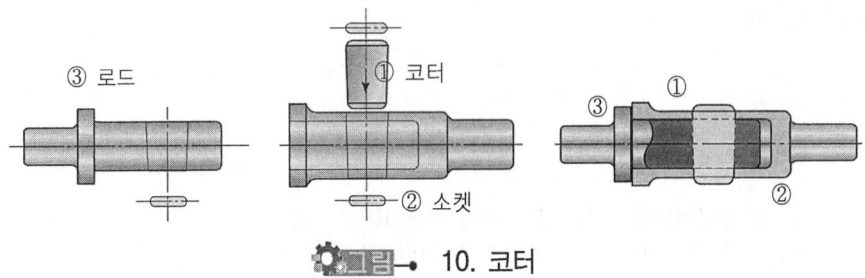

그림 10. 코터

2.1.3. 리벳(rivet)

[1] 리벳의 개요

용기나 압력탱크, 건축물 교량 등의 강판이나 형강을 반영구적으로 연결 및 접합하는 이음을 리벳이음이라 한다.

[2] 리벳작업순서

① 드릴링(drilling) : 펀치나 드릴을 사용하여 강판이나 형강에 리벳이 들어갈 구멍을 뚫는다.
② 리밍(reaming) : 뚫린 구멍을 리머로 정밀하게 다듬질한다.
③ 리벳팅(riveting) : 리벳을 구멍에 넣고 양쪽에 스냅을 대고 때려서 머리 부분을 만든다(지름이 10mm 이상인 것은 열간 리베팅 그 이하는 냉간 리베팅 한다).
④ 코킹(cauking) : 보일러 등의 압력용기를 리벳 이음으로 제작한 후 강판의 가장자리를 끌과 같은 공구로 기밀을 유지하기 위하여 행하는 작업이다. 주로 기밀, 수밀이 필요한 경우에 사용된다.
⑤ 플러링(fullering) : 플러링은 코킹보다 더 기밀을 완벽하게 하기 위해서 판 두께와 같은 두께의 판으로 때리는 작업을 말한다.

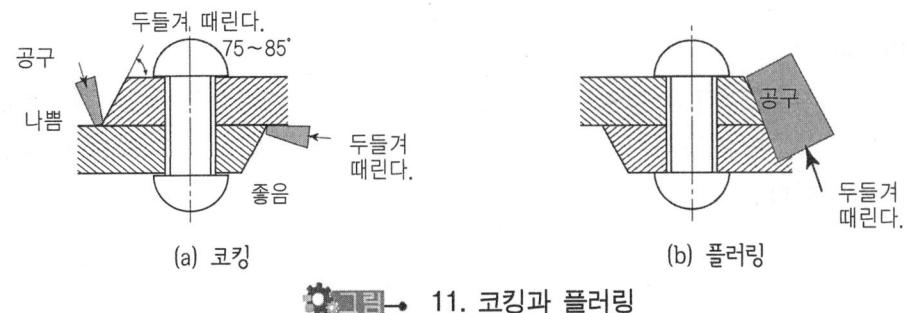

그림 11. 코킹과 플러링

[3] 리벳효율

리벳의 전단강도와 구멍을 뚫기 전의 판 강도와의 비율을 리벳효율이라 말한다.

$$\eta_r = \frac{n\pi d^2 \tau}{4Pt\sigma}$$

η_r : 리벳효율　　　　　　n : 1피치 내의 리벳의 전단면수
d : 리벳의 지름(mm)　　　τ : 리벳의 허용 전단응력(kgf/mm^2)
P : 피치(mm)　　　　　　t : 강판의 두께(mm)
σ : 강판 재료의 허용 인장응력(kgf/mm^2)

2.2. 축(shaft)관계 기계요소
2.2.1. 축 및 축이음
[1] 축(軸, shaft)
(1) 작용하는 힘에 의한 분류

① 차축(axle) : 차축은 기차나 자동차의 두 바퀴를 연결한 것이며 주로 휨을 받는 회전축 또는 정지축이다.
② 스핀들(spindle) : 스핀들은 전동축 중에서도 특별한 것이며 동력을 전달하면서 실제 작동을 하는 비교적 짧은 축이며 기계부품의 하나이다. 주로 비틀림 작용을 받으며, 모양이나 치수가 정밀하고 변형량이 짧은 회전축이다.
③ 전동축 : 전동축은 동력을 전달하는 것을 목적으로 하는 축으로 비틀림과 휨을 받으며, 주축(main shaft), 선축(line shaft), 중간축(counter shaft)으로 분류된다.

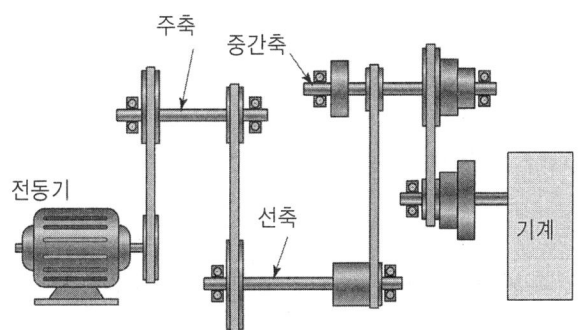

12. 전동축의 구조

(2) 모양에 따른 분류
① 직선축 : 일반적으로 사용하는 곧은 축으로 대부분이 이에 속한다.
② 크랭크축 : 내연기관이나 공기 압축기에 사용하는 축으로 왕복운동 기관의 직선운동을 회전운동으로 바꾸는데 사용된다.
③ 플렉시블축(flexible shaft) : 축의 방향이 자유롭게 변화할 수 있는 축으로 철사를 코일모양으로 감아서 만든 것이다. 주로 작은 동력 전달용으로 사용된다.

(3) 축에 관련된 공식
① 비틀림 모멘트만을 받는 축의 지름

$$d = 1.72 \sqrt[3]{\frac{T}{\tau a}}$$

T : 비틀림 모멘트(kgf·mm)
τa : 축의 허용 비틀림 응력(kgf/mm^2)

② 축의 전달동력

$$H_{kW} = \frac{TR}{974}$$

H_{kW} : 전달동력, T : 회전력(토크), R : 회전속도

③ 축의 비틀림 모멘트

$$T = \frac{974 \times H_{kW}}{R}, \qquad T = \frac{\pi d^3 \tau}{16}$$

T : 축의 비틀림 모멘트, d : 축의 지름 τ : 축 재료에 걸리는 전단응력

[2] 축 이음(Coupling)
구동축의 끝부분과 피동축의 끝부분을 연결하는 기계부품을 말한다.

(1) 슬리브 커플링(sleeve coupling)
슬리브 커플링은 주철제 원통 속에 2개의 축을 양쪽에서 각각 밀어 넣고 키로 고정시킨 방식이다. 일반적으로 축의 지름이 적을 때 사용된다.

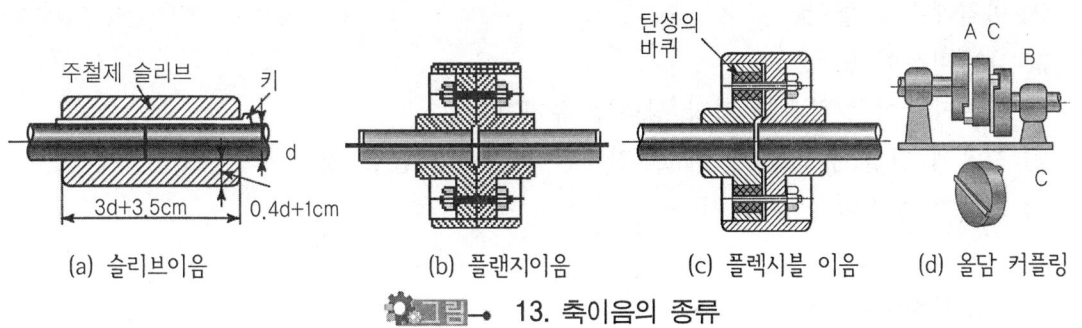

그림 13. 축이음의 종류

(2) 플랜지 커플링(flange coupling)

플랜지 커플링은 양쪽 위축 끝에 주철이나 강으로 만든 플랜지를 고정하고 볼트로 조인 것이다.

(3) 플렉시블 커플링(flexible coupling)

플렉시블 커플링은 2축의 중심선이 어느 정도 어긋났거나 경사가 있을 때 사용하며, 결합 부에 합성고무, 가죽, 스프링 등의 탄성 재료를 사용하여 양축 사이의 회전력을 이들을 통하여 전달하도록 한다.

(4) 올덤 커플링(oldham's coupling)

올덤 커플링은 두 축이 평행하고 축의 중심이 어긋나 있을 때 사용하며, 양 축 끝에 설치한 플랜지사이에 90°의 각도로 키 모양의 돌출부가 양쪽에 있는 원판이 있으며, 이 돌출부가 플랜지의 홈에 끼워져 전동할 수 있도록 한다.

[3] 유니버설 조인트(universal joint)

유니버설 조인트(자재이음)는 두 축이 비교적 떨어진 위치에 있는 경우나 두 축의 각도(편각)가 큰 경우(30° 미만)에 이 두 축을 연결하기 위하여 사용되는 축이음(커플링)이다. 공작기계, 자동차의 추진축이나 드라이브 샤프트 등의 연결부분, 자동차의 조향기구, 압연롤러의 추진축 등에서 쓰인다.

[4] 클러치(clutch)

클러치는 운전 중 회전력을 단속 할 수 있는 축 이음이다. 자동차에서는 기관 플라이휠 뒷면에 설치되어 있다. 클러치 마찰재료의 구비조건은 다음과 같다.

① 마찰계수가 클 것.
② 내마멸성이 클 것.
③ 단속작용이 원활하고 평형 상태를 유지할 것.
④ 고온에 견딜 수 있어야 하고, 장시간 변질되지 않을 것.
⑤ 기계적 성질이 우수할 것.

2.2.2. 베어링(bearing)

내연기관에서의 베어링은 회전축에 하중이 가해질 때 마찰저항을 적게하여 회전축을 떠받치는 부분이다. 그리고 베어링과 접촉하고 있는 회전축 부분을 저널이라고 한다.

[1] 베어링의 종류
(1) 하중작용 방향에 의한 분류
   ① 레이디얼 베어링(radial bearing) : 축에 직각방향으로 하중을 받는 베어링
   ② 스러스트 베어링(thrust bearing) : 축방향으로 하중을 받는 베어링
   ③ 원뿔 베어링(conical bearing) : 축방향과 축 직각방향으로 하중을 동시에 받는 베어링

(2) 접촉방법에 의한 분류
   ① 미끄럼베어링(sliding bearing) : 축과 베어링 면이 직접 접촉하며, 미끄럼 운동을 하는 베어링
   ② 구름베어링(rolling bearing) : 축과 베어링 면사이에 전동체인 롤러나 볼을 끼워 구름운동을 하는 베어링

(a) 분할형   (b) 부시형(부싱)

 14. 미끄럼 베어링

[2] 미끄럼 베어링의 특징
(1) 미끄럼 베어링 장점
① 베어링 수리가 쉽다.
② 구조가 간단하고 값이 싸다.
③ 충격에 강하다.
④ 베어링에 작용하는 하중이 클 때 사용한다.

(2) 미끄럼 베어링의 단점
① 시동할 때 마찰저항이 크다.
② 급유에 조심하여야 한다.

[3] 구름 베어링의 특징
(1) 구름 베어링의 장점
① 윤활방법이 편리하고 밀봉장치의 교정이 쉽다.
② 마찰저항이 적어 동력 손실이 적다.
③ 축의 중심을 정확히 유지할 수 있다.
④ 과열의 위험이 적고, 기계를 소형화 할 수 있다.
⑤ 저널의 길이를 짧게 할 수 있다.

(a) 복렬 자동 조심형   (b) 단식 스러스트 베어링   (c) 니들 베어링   (d) 원통 베어링

(e) 원뿔베어링   (f) 구면 롤러베어링   (g) 단열 깊은 홈 고정형 베어링

그림 15. 구름베어링의 구조

(2) 구름 베어링의 단점
　① 값이 비싸고 충격에 약하다.
　② 축 사이가 아주 짧은 곳에서는 사용할 수 없다.

[4] 구름베어링의 수명시간
(1) 볼 베어링의 수명시간

$$L_h = 500 \times \left(\frac{C}{P}\right)^3 \times \frac{33.3}{N} = \frac{16650}{N} \times \left(\frac{C}{P}\right)^3$$

　　L_h : 베어링의 수명시간, C : 기본 동적 부하용량
　　P : 베어링의 하중

(2) 롤러 베어링의 수명시간

$$L_h = 500 \times \left(\frac{C}{P}\right)^{\frac{10}{3}} \times \frac{33.3}{N} = \frac{16650}{N} \times \left(\frac{C}{P}\right)^{\frac{10}{3}}$$

[5] 구름베어링의 호칭번호

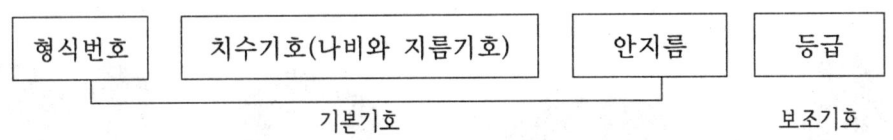

(1) 형식번호(첫 번째 숫자)
　　1 : 복렬 자동 조심형　　　2, 3 : 복렬 자동 조심형(큰 너비)
　　6 : 단열 홈형　　　　　　　7 : 단열 앵귤러 접촉형
　　N : 원통 롤러형

(2) 치수기호(두 번째 숫자)
　　0, 1 : 특별 경하중형　　　2 : 경 하중형
　　3 : 중간 하중형

(3) 안지름 번호(세 번째, 네 번째 숫자)

　　　　00 : 안지름 10mm　　　　01 : 안지름 12mm
　　　　02 : 안지름 15mm　　　　03 : 안지름 17mm

안지름 20mm 이상 500mm 미만은 안지름을 5로 나눈 수가 안지름 번호(2자리)이다.

　[예]

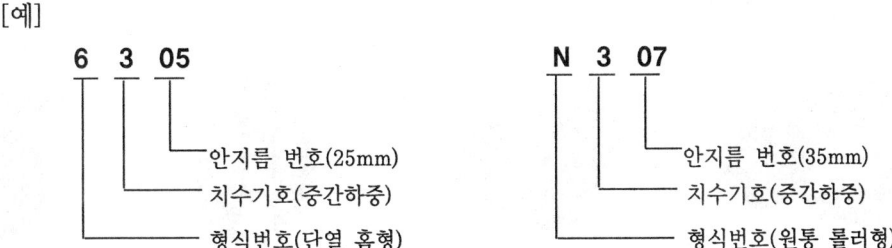

(4) 등급기호(다섯째 이후의 기호)

　　　　무 기호 : 보통급　　　　H : 상급
　　　　P : 정밀급　　　　　　　SP : 초정밀급

2.3. 전동용 기계요소
2.3.1. 기어(gear)

[1] 기어의 특징
　① 전동이 확실하고, 큰 동력을 전달할 수 있다.
　② 축 압력이 작으며, 전동효율이 높다.
　③ 회전비가 정확하고 큰 감속비를 얻을 수 있다.
　④ 충격음을 흡수하는 성질이 약하므로 소음과 진동이 발생한다.

[2] 기어의 종류
(1) 두 축이 서로 평행한 기어
　① 스퍼기어(spur gear) : 이가 축에 평행한 일반적인 기어이다.
　② 내접기어(internal gear) : 회전방향이 같고, 큰 감속비를 필요로 할 때 사용한다.
　③ 헬리컬 기어(helical gear) : 이가 축에 경사진 것이며, 여러 개의 이를 물릴 수 있어 충격, 소음, 진동이 적으며 큰 회전력을 전달할 수 있으나 축이 측압을 받는다.

(a) 스퍼 기어　(b) 헬리컬 기어　(c) 더블 헬리컬 기어　(d) 직선 베벨 기어　(e) 스큐 베벨 기어

(f) 하이포이드 기어　(h) 스파이럴 베벨 기어　(i) 스크루 기어　(g) 웜 기어

그림 16. 기어의 종류

④ 더블 헬리컬 기어(double helical gear) : 방향이 서로 반대인 헬리컬 기어를 같은 축에 일체로 한 것이며 축 방향의 압력을 제거할 수 있다.

⑤ 래크와 피니언(rack & pinion) : 래크와 피니언의 래크는 직선운동을 하고, 피니언은 회전운동을 하는 것이며, 래크는 기어의 지름이 무한대(∞)이다. 래크와 피니언의 공작기계는 래크는 밀링머신, 특수 기어 세이퍼 등을 사용한다.

(2) 두축이 만나는 기어

① 직선 베벨기어 : 기어 면이 원뿔형이며, 회전력을 직각으로 전달하고자 할 때 사용한다. 즉 두 축이 직각으로 교차하여 맞물려 회전한다.

② 헬리컬 베벨기어 : 헬리컬 기어는 이가 원뿔면의 모선과 경사진 기어이다.

③ 스파이럴 베벨기어 : 스파이럴 베벨기어는 이가 선회하는 형태로 되어 전동이 조용하다.

(3) 두 축이 만나지도 평행하지도 않는 기어

① 하이포이드 기어(hypoid gear) : 하이포이드 기어는 기어의 이가 쌍곡선으로 되어 있으며, 피니언이 중심선 상 아래쪽에 설치된 것이다.

② 스크루(screw) 기어 : 스크루 기어는 헬리컬 기어의 축을 엇갈리게 한 것이다.

③ 웜과 웜 기어(worm & worm gear) : 웜과 웜 기어의 웜은 1~2줄 이상의 줄 수를 가진 나사 모양의 것이며, 이것과 물리는 것이 웜 기어이다. 특징은 소형이고 큰 감속비를 얻을 수 있으며, 물림이 조용하고, 원활하며, 역회전이 불가능하다. 그러나 전동효율이 낮다.

[3] 기어의 각 부분 명칭
① 피치원(pitch circle) : 기어는 마찰차에 요철을 붙인 것이므로 원통 마찰차로 가상할 때 마찰차가 접촉하고 있는 원에 상당하는 부분 즉, 기어의 중심이 되는 원이다.
② 원주피치(circular pitch) : 피치원 상의 이에서 이 사이의 거리를 말한다.
③ 기초 원(base circle) : 이 모양의 곡선을 만드는 원이다.
④ 이끝원(addendum circle) : 기어의 이 끝을 연결하는 원이다.
⑤ 이뿌리 원(tooth circle) : 기어의 이뿌리를 연결하는 원이다.
⑥ 이 끝 높이(addendum) : 피치원에서 이끝원까지의 거리이다.
⑦ 이뿌리 높이(dedendum) : 피치원에서 이뿌리 높이까지의 거리이다.
⑧ 총 이높이(height of tooth) : 이 끝 높이와 이 뿌리 높이의 합한 크기이다.

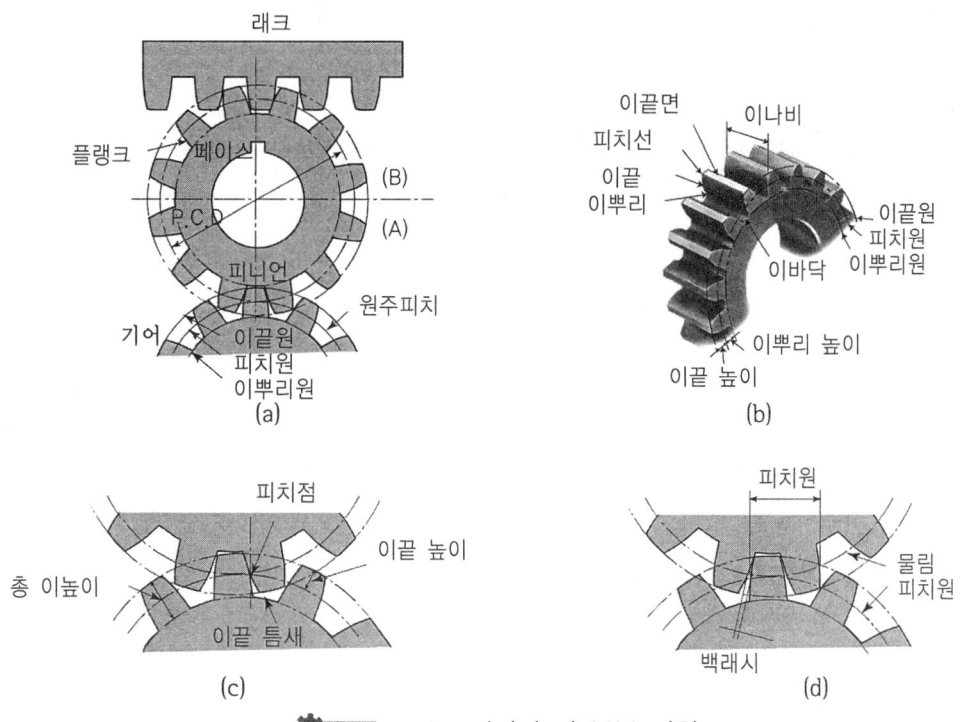

17. 기어의 각 부분 명칭

⑨ 이두께(tooth thickness) : 피치원에서 측정한 이의 두께이다.
⑩ 유효 이 높이(working depth) : 서로 물린 한 쌍의 기어에서 두 기어의 이 끝 높이의 합이다.
⑪ 백래시(back lash): 한 쌍의 기어가 물렸을 때 이의 뒷면에 생기는 간극이다.

[4] 기어의 이 크기를 표시하는 방법
(1) 모듈(module, M)

피치원의 지름(D)을 잇수(Z)로 나눈 값이며, 같은 기어에서 모듈이 클수록 잇수는 적어지고, 이는 커진다.

$$M = \frac{D}{Z}$$

(2) 지름피치(diameter pitch, $D.P$)

지름피치는 모듈과 반대되는 것으로 피치원의 지름을 잇수로 나눈 값이다.

$$D.P = \frac{25.4}{M} = \frac{25.4Z}{D}$$

(3) 원주피치(circular pitch, $C.P$)

피치원 상에서 이에서 서로 인접하고 있는 이까지의 거리를 말한다. 같은 기어에서 원주피치가 클수록 잇수는 적어지고 이는 커진다.

$$C.P = \frac{\pi D}{Z}$$

[5] 치형의 간섭
(1) 이의 간섭

이의 간섭이란 서로 맞물리고 있는 기어의 한쪽 끝이 상대 기어의 이 뿌리 부분에 닿아 정상적인 회전을 방해하는 것이며 방지방법은 이의 높이(어덴덤)를 낮추고 압력각도를 20° 이상으로 크게 하며 치형의 이 끝 면을 깎아내야 하며 피니언의 반지름 방향의 이뿌리 면을 파낸다.

(2) 언더 컷(under cut)

언더컷은 이의 간섭으로 이 끝부분이 이뿌리 부분에 파고 들어갈 때 깎여지는 현상이며, 언더컷을 방지하기 위한 한계 잇수는 압력 각도를 크게 하거나 이 끝 높이를 표준 보다 낮게 하여야 한다.

(3) 전위기어

전위기어란 큰기어의 이뿌리 높이를 길게하고 이와 반대로 작은 기어의 이뿌리 높이는 짧게 하고 이 끝 높이를 길게 절삭하면 언더컷을 방지할 수 있다. 즉 잇수가 적은 기어를 제작할 때 언더컷을 방지하기 위해 래크공구의 표준 피치 선과 절삭기어의 피치 선을 일치시키지 아니하고 약간 어긋나게 절삭하는 기어이다. 사용 목적은 다음과 같다.

① 언더컷을 방지하고 할 때
② 중심거리를 자유롭게 변화시키고자 할 때
③ 이의 강도를 개선하고자 할 때

[6] 기어의 바깥지름과 중심거리

(1) 바깥지름(D_o)

바깥지름은 표준 기어에서 이 끝 높이의 2배를 피치원의 지름에 합한 것이다.

$$D_o = M(2+Z) = \frac{(2+Z)}{D.P}$$

$$\therefore M = \frac{D_o}{Z+2}$$

(2) 기어의 중심거리(C)

$$C = \frac{D_1 + D_2}{2} = \frac{M(Z_1 + Z_2)}{2}$$

D_1, D_2 : 기어의 지름
Z_1, Z_2 : 기어의 잇수

2.3.2. 감아걸기 전동장치

[1] 벨트

벨트전동은 풀리와 풀리 사이에 벨트를 걸어 마찰에 의하여 동력을 전달하는 전동장치를 말한다. 벨트 전동장치의 특징은 다음과 같다.

① 벨트와 벨트 풀리 사이의 마찰력에 의해 동력을 전달한다.
② 비교적 정숙한 운전이 가능하다.
③ 작은 크기의 토크를 전달하는 데 쓰인다.
④ 정확하고 일정한 속도비율을 얻을 수 없다.

(1) 벨트 거는 방법

① 평행 걸기(바로 걸기)의 경우

$$L ≒ 2C + \frac{\pi}{2}(D_1 + D_2) + \frac{(D_2 - D_1)^2}{4C}$$

② 십자 걸기(엇걸기)의 경우

$$L ≒ 2C + \frac{\pi}{2}(D_1 + D_2) + \frac{(D_1 + D_2)^2}{4C}$$

C : 벨트의 중심거리, D_1, D_2 : 두 풀리의 지름

(2) 벨트의 전달동력

$$H_{kW} = \frac{(T_1 - T_2) \times v}{102}$$

H_{kW} : 전달동력, T_1 : 긴장측의 장력
T_2 : 이완측의 장력, v : 속도

(3) V-벨트의 특징

V-벨트의 크기는 단면의 크기와 전체 길이로 나타내는데 벨트의 굵기는 단면 각 부분의 치수로 나타낸다.

① 미끄럼이 적고 속도비가 크다.

② 고속운전을 시킬 수 있다.
③ 장력이 작아 베어링에 걸리는 부담하중이 적다.
④ V 홈이 있어 벨트가 벗겨질 염려가 없다.
⑤ 이음부분이 없어 전체가 균일한 강도를 지닌다.
⑥ 운전이 정숙하다.

[2] 체인 및 로프
(1) 체인전동의 특징
① 미끄럼이 없어 일정한 속도비를 얻을 수 있다.
② V벨트 길이보다는 체인길이를 쉽게 조절할 수 있다.
③ 큰 동력을 전달할 수 있으며, 전동 효율(95% 이상)이 높다.
④ 초기 장력을 줄 필요가 없다.
⑤ 유지 및 수리가 쉽다.
⑥ 내유성, 내열성, 내습성이 크다.
⑦ 어느 정도 충격을 흡수할 수 있다.

(2) 로프전동의 특징
① 축간거리가 비교적 먼 곳에서 사용한다.
② 벨트에 비해 미끄럼이 많고, 수명이 짧다.
③ 전동효율은 80~90% 정도이다.

2.3.3. 마찰차(friction wheel)

[1] 마찰차의 개요

2개의 바퀴를 직접 접촉시켜 이것을 서로 밀어붙여 그 사이에서 생기는 마찰력을 이용하여 두 축사이에 동력을 전달하는 장치이다. 종류에는 원통마찰차, 원뿔 마찰차, 홈붙이 마찰차, 변속 마찰차(에번스 마찰차)등이 있으며, 마찰차의 사용범위는 전달할 회전력 비교적 적은 곳, 일정한 속도비율이 요구되지 않는 곳, 회전속도가 큰 곳, 기어를 사용하기가 곤란한 곳, 양축사이를 자주 단속할 필요성이 있는 곳 등이다.

[2] 마찰차의 특징
① 어느 정도의 정확한 속도비로 동력을 전달할 수 있다.
② 필요 이상의 과부하가 걸리면 미끄러져 기계에 부하를 주지 않는다.

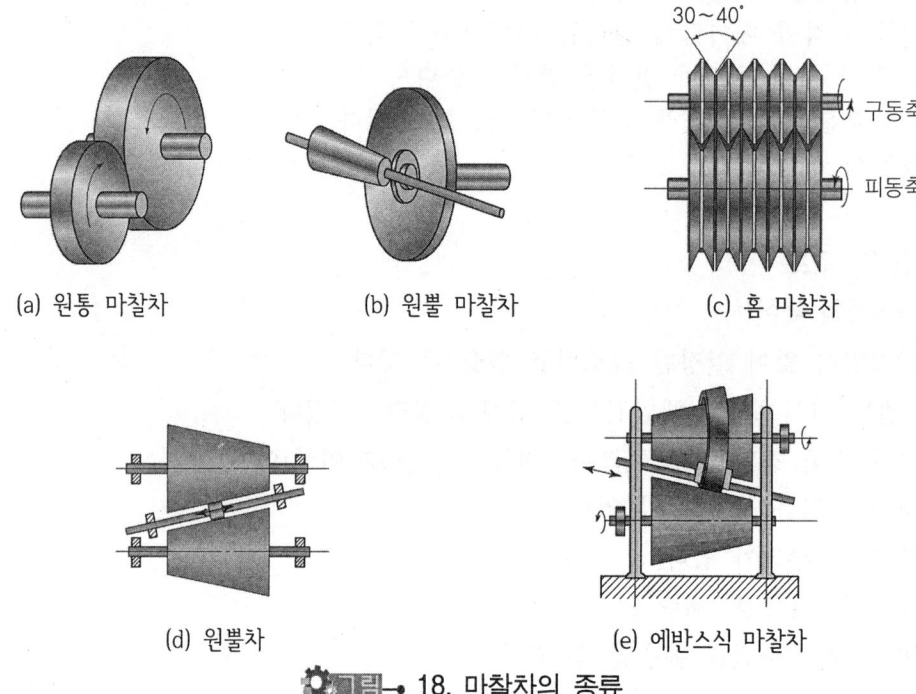

(a) 원통 마찰차   (b) 원뿔 마찰차   (c) 홈 마찰차

(d) 원뿔차   (e) 에반스식 마찰차

그림 18. 마찰차의 종류

③ 큰 동력 전달에는 부적합하다.

2.4. 제어용 기계요소

2.4.1. 스프링(spring)

[1] 스프링의 휨과 하중

(1) 스프링의 기능

① 하중의 측정 및 조정　　② 에너지의 축척
③ 복원성 이용　　　　　　④ 진동완화
⑤ 충격 에너지의 흡수

(2) 스프링 상수 k_1, k_2의 2개를 접속할 때 스프링 상수 k는

　●병렬일 경우 : $k = k_1 + k_2$

　●직렬일 경우 : $\dfrac{1}{k} = \dfrac{1}{k_1} + \dfrac{1}{k_2}$

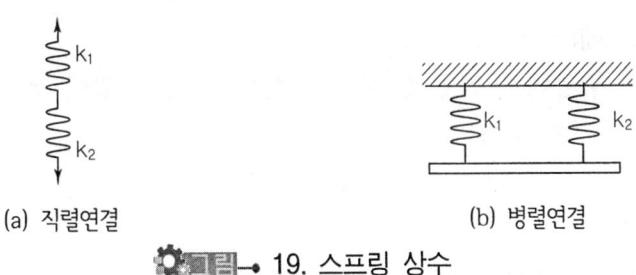

(a) 직렬연결　　　　　　　　(b) 병렬연결

그림 19. 스프링 상수

3 기계공작법

3.1. 주조

주조란 쇳물을 주형에 부어 응고시켜 제품을 만드는 작업이다. 이렇게 만든 제품을 주물이라 한다.

3.1.1. 주조공정

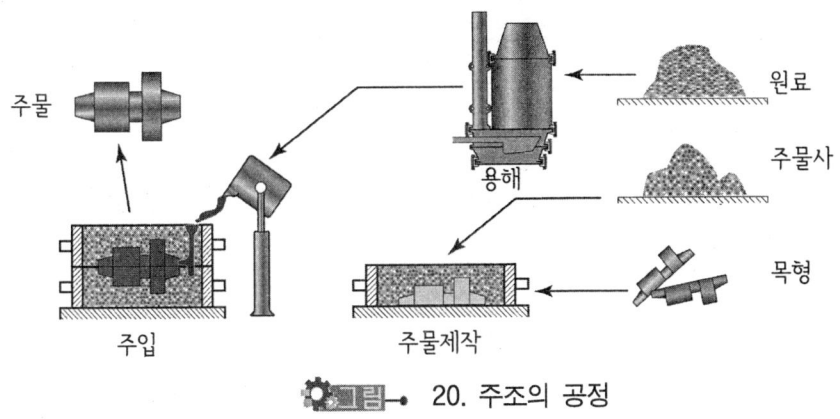

그림 20. 주조의 공정

[1] 수축여유

수축여유는 용융된 금속이 냉각, 응고할 때 수축이 생기게 되므로 목형을 제작할 때 이 수축에 해당되는 수축여유 값을 두어야 하는데 이 여유를 주물자에 나타내게 된다. 주물자는 금속의 수축을 고려하여 그 수축 양만큼 크게 만든 자를 말한다.

[2] 목형 기울기(구배)

목형 기울기는 주형에서 목형을 빼내기 쉽도록 하기 위해 목형의 수직면에 다소의 기울기(1/4~1° 정도)를 둔다.

[3] 라운딩(rounding)

라운딩이란 금속이 응고할 때 모서리가 있으면 주조조직의 경계가 생겨서 약해지므로 이를 피하기 위하여 모서리에 살 붙임을 하여 둥글게 만드는 것이다. 그 목적은 다음과 같다.
① 주물 모서리 부분의 쇳물 유동을 좋게 하기 위함이다.
② 모서리 부분에 불순물이 석출되어서 약해지는 것을 방지하기 위함이다.
③ 균열을 방지하기 위함이다.

[4] 코어 받침대

코어 받침대는 코어의 자중, 쇳물의 압력이나 부력으로 코어가 주형 내의 일정 위치 있기 곤란한 때, 코어의 양단을 주형 내에 고정시키기 위해 받침대를 붙이는데, 받침대는 쇳물에 녹아버리도록 주물과 같은 재질의 금속으로 만든다.

3.1.2. 목형의 종류

[1] 현형

현형은 제작할 제품과 거의 같은 모양의 원형에 다듬질 여유 및 수축여유를 첨가한 목형이다.

[2] 판형

주조제품이 회전단면을 지니거나 단면일 같을 경우에는 그 단면의 모양에 따라 필요한 윤곽을 지닌 판을 만들고 이것을 모래 위에서 돌리면서 움직여 주형을 만드는 것이다.

[3] 골조목형

골조목형은 대형이고 수량이 적을 때 중요부분의 골격만을 만들어 이것으로 주형을 만드는 목형이다.

[4] 코어목형

코어목형은 주물에 중공부분을 만들 때 그 주형에 코어형으로 만든 코어를 넣는다. 또한 코어를 지지하기 위해 목형에 코어 프린트를 붙인다.

3.1.3. 용해로의 종류

[1] 큐폴라(용선로)

큐폴라는 주철을 용해할 때 사용되는 노이며, 용량은 1시간당 용해 능력으로 표시한다.

[2] 전기로

전기로는 전극사이의 아크열을 이용하여 선철, 파쇠 등을 용해하여 강이나 합금강을 제조하는 것이며, 크기는 1회 용해할 수 있는 무게(ton)로 표시한다.

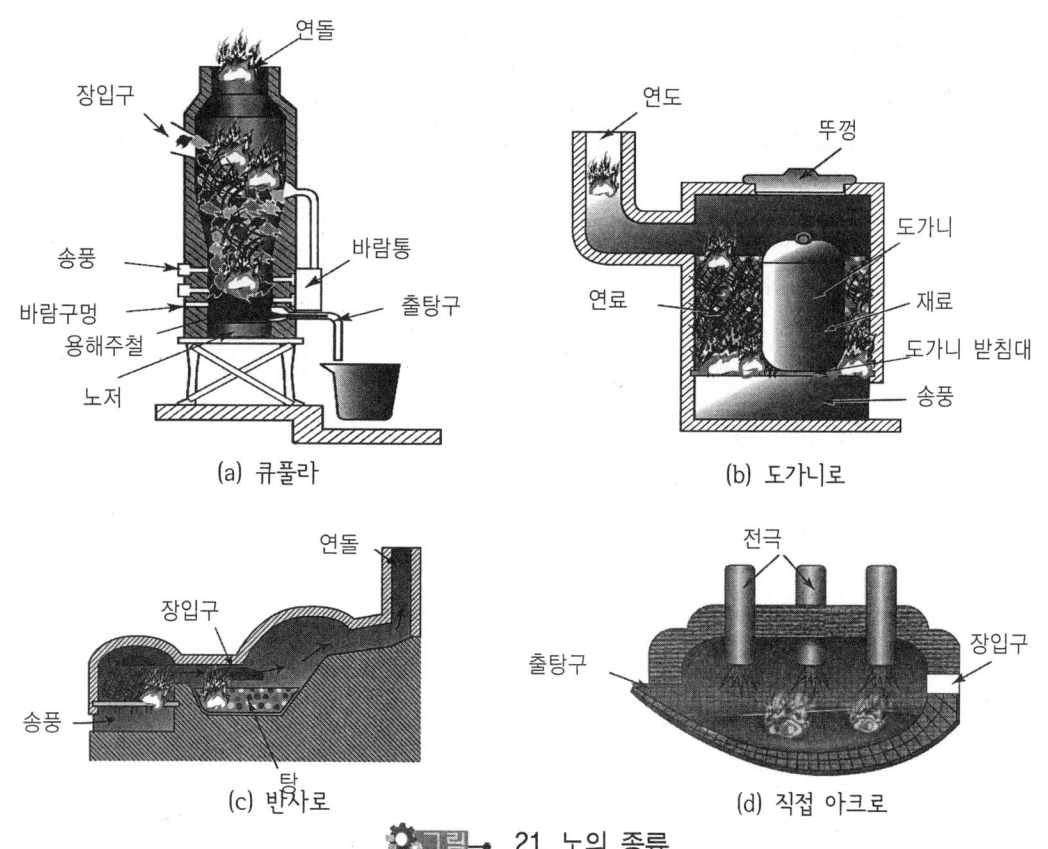

그림 21. 노의 종류

[3] 반사로

반사로는 노의 천장과 옆벽으로부터 반사열을 이용하여 금속을 용해하여 정련하는 노이며, 용해 온도가 낮은 구리, 황동, 청동 등 비철금속을 용해시키는데 주로 사용된다.

[4] 도가니로

도가니로는 흑연과 내화점토로 만든 도가니를 노속에 넣고 도가니 안에 원료 금속을 넣어 외부의 코크스, 중유, 가스등의 열원에 의해 용해하는 노를 말한다.

3.1.4. 특수 주조방법

[1] 원심주조

원심 주조는 고속 회전하는 주형에 쇳물을 주입하여 만드는 방법으로 실린더 라이너, 피스톤 링 등에 사용한다.

[2] 칠드주조

칠드 주조는 주철의 표면을 급랭시켜 단단한 칠드 층을 형성하는 주조법이다.

[3] 셀 몰드법(shell mould process)

셀 몰드법은 짧은 시간에 대량생산을 위한 마치 붕어빵 굽는 기계 같은 주조법이다.

[4] 다이캐스팅(die casting)

다이캐스팅은 금속을 용융시켜 금형에 넣고 고압으로 주입하는 방법으로 연한 재료를 사용하며 주로 자동차 기화기, 연료펌프 등에 사용한다.

[5] 인베스트먼트 법(investment casting)

인베스트먼트 법은 모형을 왁스(wax), 합성수지와 같은 용융점이 낮은 것으로 만들고 그 주위를 내화성 재료로 피복 한 후 모형을 용해 유출시켜서 주형으로 하고 주탕하여 주물을 만드는 방법이다.

3.2. 측정 및 손 다듬질
3.2.1. 측정기구
[1] 버니어캘리퍼스(vernier calipers)

버니어캘리퍼스는 내경, 외경, 길이, 깊이 등을 측정하는 기구로서 어미자의 한 눈금 미만의 작은 치수는 아들자를 이용하여 읽을 수 있는 측정기구이다.

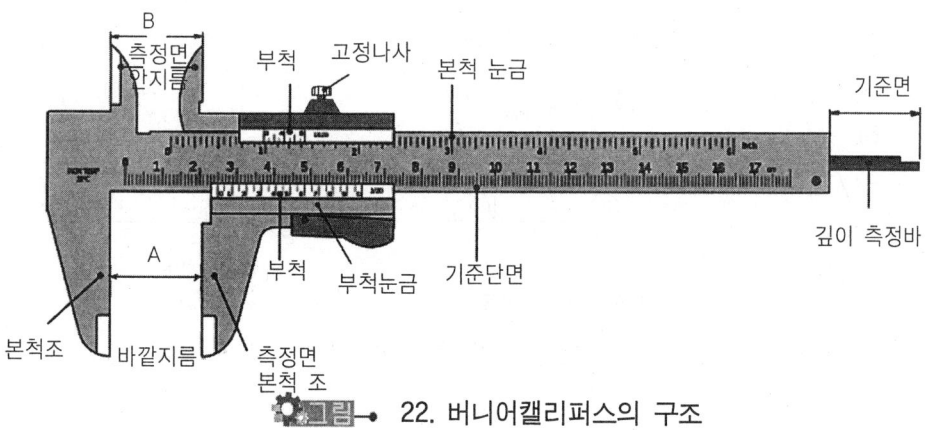

그림 22. 버니어캘리퍼스의 구조

[2] 마이크로미터(micrometer)

마이크로미터는 외경, 내경을 측정하는 기구로서 피치가 정확한 나사의 끼워 맞춤을 이용하여 치수를 측정하는 측정기구이다.

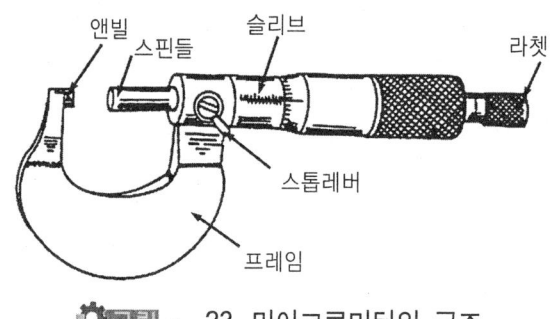

그림 23. 마이크로미터의 구조

[3] 다이얼 게이지(dial gauge)

다이얼게이지는 비교측정기로서 회전축의 흔들림, 기어의 백래시, 축방향 흔들림, 평면도 검사 가공면(원통면, 평면)검사 등에 사용된다.

[4] 블록게이지(block gauge)

블록게이지는 여러개의 블록을 1조로하며 비교측정기의 대표적인 게이지이다. 횡단면이 직사각형으로 각 면이 매우 정밀하게 다듬질되어 있으며, 비교측정의 표준이 된다.

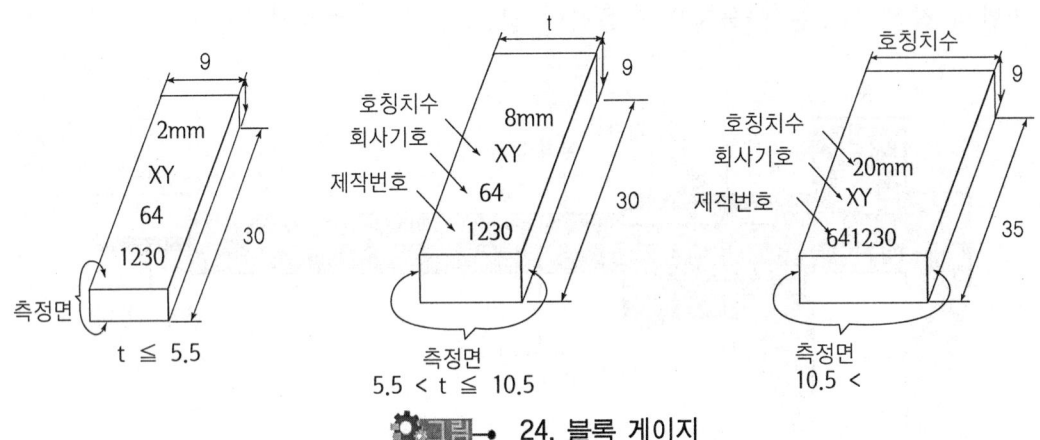

그림 24. 블록 게이지

[5] 사인바(sine bar)

직각 삼각형 2변의 길이로 삼각함수에 의하여 각도를 구하는 게이지로서 롤러의 중심사이의 거리를 L, 블록게이지의 높이를 h, H라 하면 각도 θ는 다음 공식으로 구한다.

$$\sin\theta = \frac{H-h}{L}$$

사인 바로 각도를 측정할 때 45° 이상 되면 오차가 커지기 쉽다.

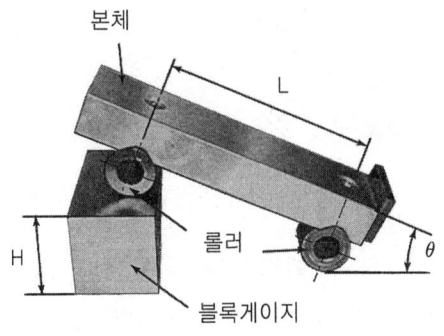

그림 25. 사인 바의 구조와 원리

3.2.2. 손 다듬질 공구 및 특징

정, 줄, 스크레이퍼 등의 수공구를 이용하여 절삭작업을 행하는 것을 손 다듬질이라 하며, 손 다듬질에는 금긋기, 정, 줄, 스크레이퍼, 탭 작업 등이 있다.

[1] 금긋기 작업

금긋기 작업에 사용되는 공구는 V블록(V-block), 금긋기용 바늘(scriber), 서피스 게이지(surface gauge), 금긋기 평형대, 컴퍼스, 트램멜, 펀치, 직각자, 각도기, 스크루 잭 등이 있다.

[2] 손 다듬질 공구의 용도

(1) 정 작업

정은 패널을 절단하거나 용접 패널을 떼어낼 때 사용하는 도구이며, 장방형(長方形)으로 한쪽에 날이 서 있어서 반대편을 두드려 사용하며 정의 종류에는 평정, 캡정, 홈정이 있다.

(2) 스크레이퍼

스크레이퍼는 기계가공이나 줄 작업 후 더욱 정밀하게 다듬는 공구로서 평면 절삭에 사용하는 평면 스크레이퍼와 큰 절삭력으로 곡면을 절삭하는 곡면 스크레이퍼로 분류한다.

(3) 탭 작업

탭은 암나사를 가공할 때 사용하는 공구이며, 다이스는 수나사를 가공할 때 사용하는 공구이다.

(4) 리머

리머는 드릴로 뚫은 구멍을 다듬질하는 공구이다.

(5) 줄

줄의 호칭은 자루를 제외한 길이로 나타낸다.

3.3. 소성가공법
3.3.1. 소성가공의 개요, 종류 및 특징
[1] 소성가공의 개요

　재료에 힘을 가하면 변형이 일어나고 힘을 제거해도 원형으로 완전히 복귀되지 않고 다소의 변형이 남는 성질을 소성이라 하며, 이런 상태의 변형을 소성변형이라 한다. 소성가공에 이용되는 성질인 가단성, 연성, 가소성, 전성 등을 이용하여 제품을 만드는 것을 소성가공이라 한다. 그리고 소성가공을 할 때 열간가공과 냉간가공을 구분하는 온도를 재결정 온도라 한다.

[2] 소성가공의 특징 및 종류
(1) 소성가공 방법

　소성가공 방법에는 냉간가공과 열간가공이 있고, 재결정 온도 이하의 낮은 온도에서의 가공을 냉간가공, 재결정 온도이상의 높은 온도에서의 가공을 열간가공이라 말한다.

　1) 냉간가공의 특징
　　① 가공 면이 아름답다.　　　　　② 연신율이 감소한다.
　　③ 가공경화로 한층 경도가 증가된다.　④ 정밀한 형상의 가공 면을 얻는다.

　2) 열간가공의 특징
　　① 가공이 쉽다.　　　　　　　　② 거친 가공에 적합하다.
　　③ 표면이 가열되어 있으므로 산화로 인하여 정밀 가공이 어렵다.

(2) 소성가공의 종류
　① 인발가공 : 재료를 다이 구멍에 통과시킨 후 잡아당기면 단면적이 감소되어 다이 구멍의 형상과 같은 형상의 제품을 가공하는 방법이다.
　② 압출가공 : 컨테이너 속에 있는 재료를 램(ram)으로 눌러 빼내는 가공방법이다.
　③ 압연가공 : 회전하는 롤러 사이에 재료를 통과시켜 판재, 형재 등을 성형하는 가공방법이며, 롤러가 연속적으로 타격을 가하는 것과 같이 움직인다.
　④ 전조가공 : 다이 또는 롤러를 사용하여 소재를 회전시켜서 부분적으로 압력을 가하여 변형 시켜서 제품을 만드는 가공방법이다.

⑤ 단조가공 : 소재를 적당한 온도로 가열하고 힘을 가해 소요의 형상으로 변형시키며, 조직이나 성질을 개선하는 가공방법이다.
⑥ 프레스 가공 : 회전에 의한 운동에너지를 직선적인 운동에너지로 변화시켜 펀치와 다이 사이에서 압축 가공하는 가공방법이다.

3.3.2. 판금가공의 종류 및 특징

[1] 판금가공의 특징
판금가공은 소재로 여러 가지 형상을 만드는 가공이며, 특징은 다음과 같다.
① 복잡한 형상을 쉽게 가공할 수 있다.
② 제품이 가볍고 튼튼하며 제품의 표면이 아름답고, 표면처리가 쉽다.
③ 수리가 쉽고 대량생산에 적합하며, 제품의 원가가 싸다.

[2] 전단가공의 종류
(1) 블랭킹(blanking)
판재를 다이와 펀치를 사용하여 필요한 형상을 뽑아내고 남는 것이 제품이 된다.

(2) 펀칭 또는 피어싱(punching or piercing)
재료에 필요한 치수와 모양의 구멍을 뚫는 작업이다.

(3) 전단(shearing)
판재를 공구와 펀치, 다이 또는 전단기를 사용하여 잘라내는 작업이다.

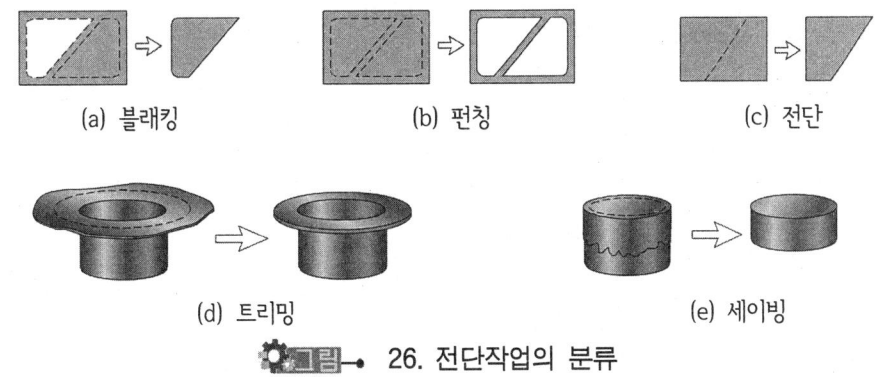

(a) 블래킹　(b) 펀칭　(c) 전단
(d) 트리밍　(e) 세이빙

그림. 26. 전단작업의 분류

(4) 트리밍(trimming)

판재를 드로잉 가공으로 만든 후 둥글게 절단하는 작업이다.

(5) 세이빙(shaving)

뽑기나 구멍 뚫기를 한 제품의 가장자리가 편평하지 못하므로 제품의 끝을 약간 깎아 다듬질하는 작업이다.

(6) 분단(parting)

재료를 양쪽으로 잘라내는 작업이다.

(7) 노칭(notching, 슬리팅)

노칭은 측면 따내기 작업이다.

[3] 스프링 백(spring back)

스프링 백이란 판금가공을 할 때 굽힘 힘을 제거하면 판의 탄성 때문에 탄성변형 부분이 원래의 상태로 되돌아가 굽힘 각도나 굽힘 반지름이 열려 커지는데 이것을 스프링 백이라 한다. 스프링 백의 양은 다음과 같이 변화한다.

① 경도가 높을수록 커진다.
② 같은 판재에서 구부림 반지름이 같을 때에는 두께가 얇을수록 커진다.
③ 같은 두께의 판재에서는 구부림 반지름이 작을수록 크다.
④ 같은 두께의 판재에서는 구부림 각도가 작을수록 크다.

3.4. 공작기계의 종류 및 특성

3.4.1. 절삭이론

[1] 칩의 형태

(1) 유동형 칩

유동형 칩은 칩이 경사면 위를 유동하여 칩의 미끄럼운동이 연속적으로 진동되어 절삭작업이 원활하며 연성재료의 고속 절삭할 때 절삭량이 적을 때 바이트의 경사각이 클 때 절삭제를 사용할 때 등에 발생한다.

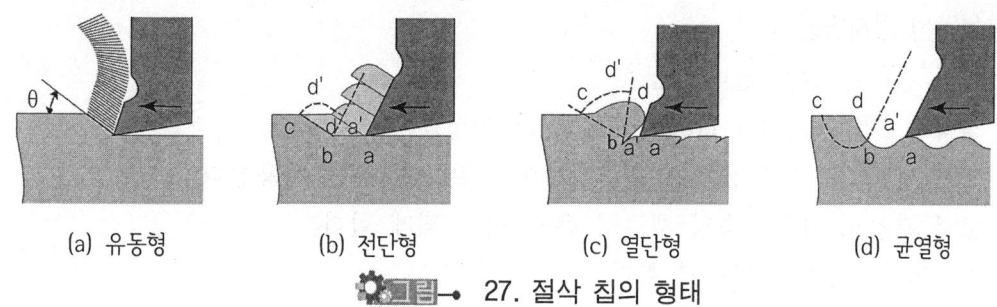

(a) 유동형 (b) 전단형 (c) 열단형 (d) 균열형

27. 절삭 칩의 형태

(2) 전단형 칩

전단형 칩은 칩이 공구 경사면 위에서 압축을 받아 어느 면에 가서 전단을 일으키므로 칩은 연속적으로 나오지만 미끄럼운동 간격이 유동형보다 크며 진동이 발생한다.

(3) 열단형(경작형) 칩

열단형 칩은 공구의 선단보다도 전방 하부에 균열이 발생하면서 절삭되는 칩이다.

(4) 균열형 칩

균열형 칩은 공구선단에서 균열이 열 단형칩에 비해 전방 하부보다는 전방으로 균열이 순간적으로 발생하는 칩이다.

[2] 구성인선(built up edge)

금속을 절삭할 때 칩과 공구 경사면이 고압과 큰 마찰저항 및 절삭 열에 의하여 칩의 일부가 가공 경화되어 절삭 날 끝에 부착되어 절삭 날과 함께 절삭하므로 절삭 날의 경사면과 여유 면의 마모를 촉진시키고 가공을 거칠게 하는 현상이다.

구성인선의 발생 주기는 1/10~1/200(sec)의 주기로 발생 → 성장 → 분열 → 탈락의 과정을 반복하면서 정밀가공을 어렵게 한다.

(1) 구성인선이 발생하는 원인

① 절삭각이 적을 때 ② 절삭속도가 30~50m/min 이하일 때
③ 절삭 깊이가 깊을 때 ④ 절삭 날 끝 경사각도가 거칠 때
⑤ 절삭 날 끝의 온도가 상승하여 융착 온도가 되었을 때
⑥ 이송량이 너무 적을 때 ⑦ 절삭유가 부적당할 때

(2) 구성인선 방지방법
   ① 절삭 깊이를 적게 한다.
   ② 절삭속도를 크게 한다(102~150m/min 이상).
   ③ 절삭 날 끝을 냉각시키고, 윤활성능이 좋은 절삭유를 사용한다.
   ④ 날끝 부분이 가공금속의 재결정 온도 이상 되게 한다.
   ⑤ 공구의 날 끝을 예리하게 한다.
   ⑥ 경사 각도를 크게(30° 이상) 한다.

[3] 절삭저항의 3분력
  공구가 공작물을 절삭하는 것은 공작물에 소성변형을 주어 칩을 공작물 표면으로부터 분리시키는 형태이며 이때 공구는 공작물로부터 큰 저항을 받는데 이것을 절삭저항이라 한다. 절삭저항의 3분력의 크기는 주분력 〉 배분력 〉 이송분력(횡분력)이다.

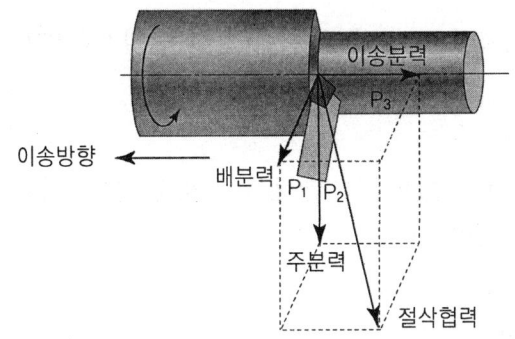

28. 절삭저항의 3분력

[4] 절삭속도

$$V = \frac{\pi DN}{1000}(m/min), \quad N = \frac{1000V}{\pi D}$$

   D : 공작물의 지름[mm],   N : 회전속도[rpm]

[5] 절삭유의 작용과 구비조건
(1) 절삭유의 작용
   ① 냉각작용을 한다.   ② 마찰 감소작용을 한다.
   ③ 칩 제거작용을 한다.   ④ 방청작용을 한다.

(2) 절삭유의 구비조건
   ① 마찰계수가 적을 것
   ② 유막의 내압 면적이 클 것
   ③ 절삭유의 표면장력이 적을 것
   ④ 칩의 생성부분까지 침투가 잘 될 것
   ⑤ 냉각성능과 윤활 성능이 좋을 것

3.4.2. 선반(lathe)

선반은 공작물이 회전운동을 하고, 바이트에는 직선 이송을 주어 절삭가공을 하는 기계이며, 외경절삭, 끝 면 절삭, 정면절삭, 절단, 테이퍼 절삭, 곡면절삭, 구멍 뚫기, 보링작업, 너링 작업, 나사절삭 등을 가공할 수 있으나 기어절삭은 하지 못한다.

[1] 선반의 종류
(1) 수직선반(vertical lathe)
  수직형으로 만든 것으로 척 부분이 수평이 되며 공구대는 크로스 레일이나 컬럼상을 이송한다. 보링 가공이 가능하므로 수직 보링머신이라고도 한다.

(2) 터릿선반(turret lathe)
  여러 개의 공구를 방사상으로 설치하여 공정순서 대로 공구를 차례로 사용할 수 있도록 되어 있는 터릿은 모양에 따라 6각과 드럼 형이 있으나 6각형을 주로 사용한다.

(3) 정면선반(face lathe)
  정면 절삭가공을 하기 위해 큰 면판을 설치하고 공구대가 주축에 직각방향으로 광범위하게 움직이는 것이다.

(4) 모방선반(copying lathe)
  모형이나 형판을 따라 공구대가 자동으로 바이트를 안내하여 형판과 같은 윤곽을 절삭하는 것이다.

[2] 선반(engine lathe)의 구조와 주요부분
(1) 주축대(head stock)
  주축대는 공작물을 고정하여 회전시키는 부분이며 베드 윗면의 왼쪽 끝에 고정되어 있으며, 공작물의 지지, 회전 및 변경 또는 동력전달을 하는 일련의 기어장치로 구성되어 있다.

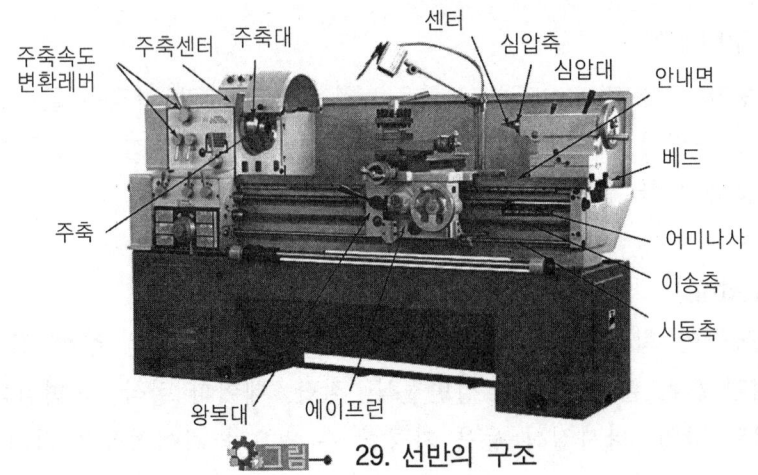

29. 선반의 구조

(1) 주축대(head stock)

주축대는 공작물을 고정하여 회전시키는 부분이며 베드 윗면의 왼쪽 끝에 고정되어 있으며, 공작물의 지지, 회전 및 변경 또는 동력전달을 하는 일련의 기어장치로 구성되어 있다.

(2) 왕복대(carriage)

왕복대는 베드 위에 설치되어 있으며 세로방향으로 이동하는 왕복대가 있고 가로방향으로 이동하는 가로 이송대가 있다. 또 그 위에는 선회대가 설치된 공구 이송대가 있다.

(3) 심압대(tail stock)

심압대는 주축대의 반대쪽에 붙어 있으며 공작물의 한 쪽 끝을 센터로 지지하거나 드릴 등의 절삭공구로 고정하여 실행하는 작업에 사용된다.

(4) 베드(bad)

베드는 주축대, 왕복대, 심압대 등 선반의 중요한 부분을 지지하고 있는 부분이다.

[3] 선반의 부속부품
(1) 면판(face plate)

면판은 척으로 고정하기 어려운 공작물을 직접 또는 볼트와 앵글 판을 이용하여 간접적으로 고정시킬 때 사용한다.

(2) 회전판과 돌리개

회전판은 양 센터작업을 할 때 사용하는 것으로 공작물을 돌리 개에 고정하고 회전판에 끼워 작업하고 돌리 개는 주축의 회전을 돌림판이 받아서 공작물을 고정시키며, 양 센터작업을 할 때 사용한다.

(3) 센터(center)

센터는 양 센터작업을 할 때 또는 주축 쪽은 척으로 고정하고, 심압대 쪽은 센터로 지지할 때 사용하며 60°의 선단 각도를 지니고 있으나 무거운 것을 지지할 때는 75° 또는 90°를 사용하기도 한다.

(4) 맨드릴(심봉, mandrel)

맨드릴은 기어나 벨트 풀리 등을 다듬질 가공할 때 뚫린 구멍에 맨드릴을 끼우고 센터작업을 한다.

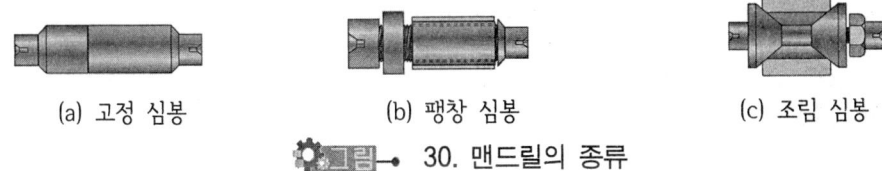

(a) 고정 심봉   (b) 팽창 심봉   (c) 조립 심봉

그림 30. 맨드릴의 종류

(5) 척(chuck)

척은 주축 끝에 있는 나사에 끼워 공작물을 고정시켜 절삭할 때 사용한다.

(a) 연동척의 구조   (b) 단동척의 구조

그림 31. 척의 종류

(6) 방진구(work rest)

방진구는 긴 공작물을 절삭할 때, 진동이나 굽힘을 방지하기 위하여 사용하는 부품이다.

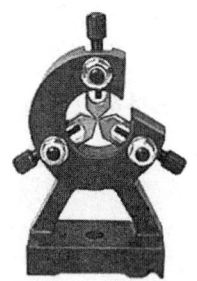 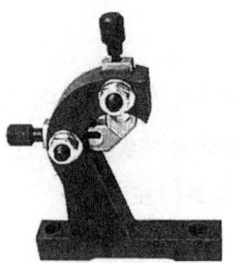

(a) 고정 방진구   (b) 이동 방진구

그림 32. 방진구의 종류

(7) 바이트(bite)

선반작업에서 사용하는 절삭공구를 바이트라 한다.

3.4.3. 밀링머신

밀링머신은 원판이나 원통의 둘레에 돌기가 많은 날을 가진 밀링커터를 회전시켜 공작물을 이송시키면서 절삭하는 기계이다. 밀링 절삭방법에는 밀링커터의 회전방향과 공작물의 이송방향이 반대인 상향절삭과, 밀링커터의 절삭방향과 공작물의 이송방향이 같은 하향 절삭이 있다.

그림 33. 밀링머신의 구조

[1] 상향절삭(올려깍기)의 특징
① 밀링커터의 회전방향과 공작물의 이송방향이 서로 반대인 때의 절삭이다.
② 테이블의 이송나사에 다소 여유가 있어도 절삭할 수 있다.
③ 칩이 절삭을 방해하지 않는다.
④ 커터가 공작물을 들어 올리는 것과 같은 작용을 하기 때문에 공작물의 설치를 확실히 하여야 한다.
⑤ 커터의 수명이 짧고 동력의 손실이 크다.

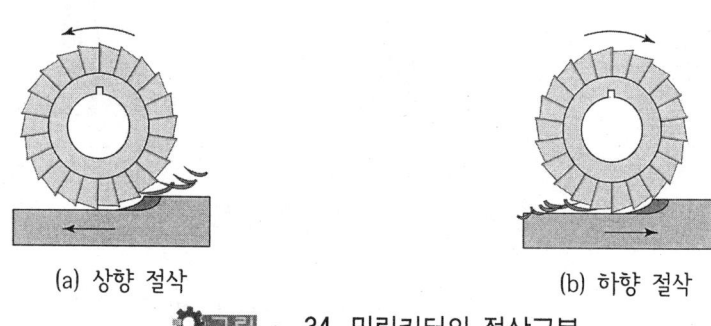

(a) 상향 절삭   (b) 하향 절삭
그림 34. 밀링커터의 절삭구분

[2] 하향절삭(내려깍기)의 특징
① 커터의 회전방향과 공작물의 이송방향이 동일한 방향으로 이송을 주는 절삭이다.
② 칩이 절삭을 방해한다.
③ 백래시가 커지고 공작물이 날에 끌려오기 때문에 떨림이 나타나 공작물과 커터를 손상시킨다.
④ 공작물의 설치가 간단하다.
⑤ 커터의 마멸이 적다

3.4.4. 드릴링 머신의 기본 작업
① 드릴링 : 드릴링이란 드릴로 구멍을 뚫는 작업이다.
② 스폿 페이싱 : 스폿페이싱이란 너트가 닿는 부분을 절삭하여 자리를 만드는 작업이다.
③ 카운터 보링 : 카운터 보링이란 작은 나사, 둥근 머리 볼트의 머리를 공작물에 묻히게 하기 위해 턱 있는 구멍을 뚫는 가공이다.

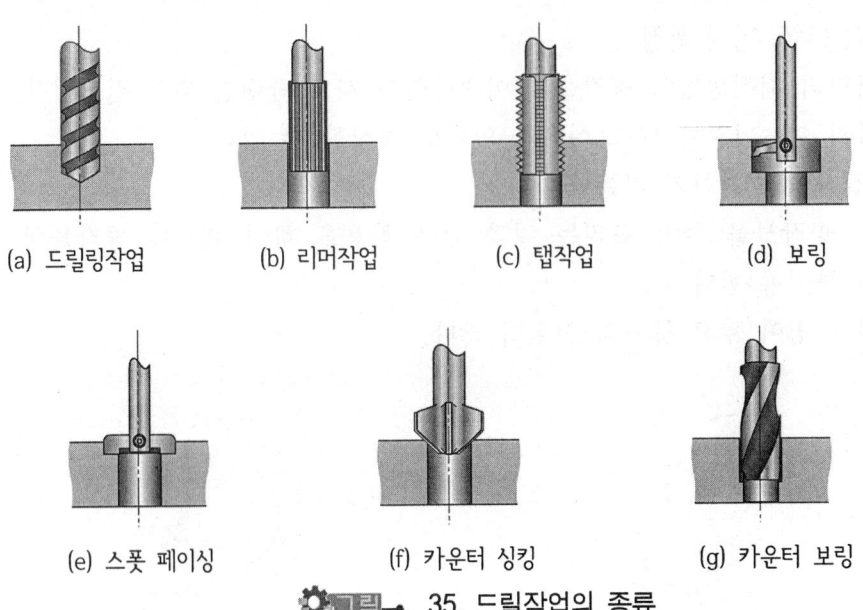

(a) 드릴링작업　(b) 리머작업　(c) 탭작업　(d) 보링

(e) 스폿 페이싱　(f) 카운터 싱킹　(g) 카운터 보링

그림 35. 드릴작업의 종류

④ 카운터 싱킹 : 카운터 싱킹이란 접시 머리 볼트의 머리 부분이 묻히도록 원뿔자리를 파는 작업이다.
⑤ 보링 : 보링이란 뚫린 구멍이나 주조한 구멍을 넓히는 작업이다.
⑥ 리밍 : 리밍이란 뚫린 구멍을 리머로 다듬는 작업이다.

3.4.5. 연삭숫돌

[1] 연삭숫돌의 자생작용

연삭숫돌이 연삭과정 중에 입자가 마멸 → 파쇄 → 탈락 → 생성의 과정을 반복하여 새로운 입자가 생성되어 커터와 바이트 같이 연삭하지 않아도 되는 현상을 말한다.

[2] 연삭숫돌의 수정

(1) 글레이징(glazing)

글레이징은 숫돌바퀴의 입자가 탈락하지 않고 마모에 의해 납작하게 된 상태

(2) 로딩(loading)

로딩은 연삭작업 중 숫돌입자의 표면이나 기공에 칩이 차있는 상태

(3) 드레싱(dressing)
드레싱은 숫돌 면에 새로이 입자가 발생되는 현상

(4) 트루잉(truing)
트루잉은 숫돌차를 원래의 모양으로 만들어 주는 방법

3.5. 용접(welding)
접합하고자 하는 두 개 이상의 물체의 접합부분에 존재하는 방해물질을 제거하여 결합시키는 과정으로 주로 열로 두 금속을 용융시켜 이 작업을 수행한다.

3.5.1. 용접의 특징
① 기밀유지성이 좋다.
② 재료와 경비를 절감시킬 수 있다.
③ 가공모양을 자유롭게 할 수 있다.
④ 공정수가 감소된다.
⑤ 성능과 수명이 향상된다.
⑥ 열로 인한 잔류응력으로 균열이 발생하기 쉽다.
⑦ 열로 인해 재질이 변화할 염려가 있다.

3.5.2. 전기용접(아크용접)
전기회로에 2개의 금속 또는 탄소단자를 전극으로 하여 서로 접촉시켜 아크(arc)를 발생시키며, 이때 고온의 열이 발생되어 전극단자에서 적은 양의 분자가 기화하게 되어 전기회로가 형성되면 전류가 계속 흐르게 되므로 이 열(약 3,000~5,000℃)로 금속을 용융시켜 접합하는 방법이다.

[1] 피복제의 역할 및 종류
(1) 피복제의 역할
① 중성 또는 환원성 분위기로 대기 중의 산소나 질소의 침입을 방지하고 용착금속을 보호한다.
② 아크를 안정시킨다.
③ 용착금속의 탈산, 정련 작용을 한다.

④ 용착금속에 적당한 합금 원소를 첨가한다.
⑤ 용적을 미세화하여 용착효율을 높인다.
⑥ 용착금속의 응고와 냉각속도를 지연시킨다.
⑦ 모든 자세의 용접을 가능하게 한다.
⑧ 슬래그 제거가 쉽고, 파형이 고운 비드(bead)를 만든다.
⑨ 모재 표면의 산화를 제거하고, 용접을 완전히 한다.
⑩ 전기절연 작용을 한다.

[3] 아크용접 부분의 결함

(1) 오버랩(over lap)

오버랩이란 용융된 금속이 잘 융합되지 않고 표면에 덮여 있는 상태이며, 용접봉이 굵을 때, 용접전류가 약할 때, 용접속도가 늦을 때 발생한다.

(2) 스패터(spatter)

스패터란 용접 중에 비산되는 슬래그 및 금속입자가 모재에 부착된 것으로, 고 전압, 용융속도가 빠를 때, 아크의 길이가 길 때 발생한다.

(3) 용입불량

용입불량이란 모재의 용융속도가 용접봉의 용융 속도보다 느릴 때, 낮은 전압, 낮은 속도일 때 발생한다.

(4) 언더컷(under cut)

언더컷이란 용접경계 부분에 생기는 홈으로, 용접전류가 크고, 용접속도가 빠를 때 발생한다. 언더컷을 방지하는 방법은 다음과 같다.
① 용접속도를 낮춘다.
② 모재의 두께 및 폭에 대하여 적합한 용접봉을 선택한다.
③ 아크길이가 적당하게 한다.
④ 용접전류를 낮춘다.
⑤ 정확한 용접각도를 유지한다.

[4] 전기저항 용접

전기저항 용접은 용접하려는 재료를 서로 접촉시켜 놓고 전류를 통하면 접촉 저항과 금속자체의 고유저항으로 인하여 열이 발생하며 이 열로서 접촉부분이 가열되어 접합된다. 이 경우 저항열은 줄의 법칙에 의하여 다음 공식으로 계산된다.

$$Q = 0.24 I^2 R t$$

Q : 발생열량[cal]   I : 전류[A]
R : 저항[Ω]   t : 시간[sec]

(1) 전기저항 용접의 종류

1) 점용접(spot welding)

점용접(스폿 용접)은 2개의 모재를 겹쳐서 2개의 전극사이에 끼워 놓고 전류를 통하면 전기저항에 의해 열이 집중 발생하며 용접 온도에 도달하였을 때 전극으로 압력을 가해 접합하는 것이다.

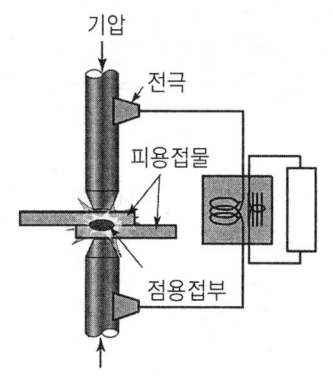

그림 36. 점용접의 구조

2) 심 용접(seam welding)

심 용접은 원판 모양의 전극에 재료를 끼워 압력을 가하면서 전류를 통하게 하여 접합하는 방법이다.

3) 맞대기 용접

맞대기 용접은 접합할 2개의 모재를 축 방향으로 세게 누르면서 통전하여 접합부분이 적당한 온도에 도달하였을 때 강한 힘으로 압력을 가하면서 접합하는 것이다.

4) 프로젝션 용접

프로젝션 용접은 점용접의 일종으로 용접부분에 돌기를 설치하고 돌기에 전류를 집중시켜 압력을 가하여 접합시키는 용접방법이다.

3.5.3. 가스용접(gas welding), 절단 및 가공

[1] 가스용접

가스용접은 가연성 가스와 산소를 혼합 연소시켜 고온의 불꽃을 용접부분에 대어 용접부분을 용융시켜 접합하는 방법이다.

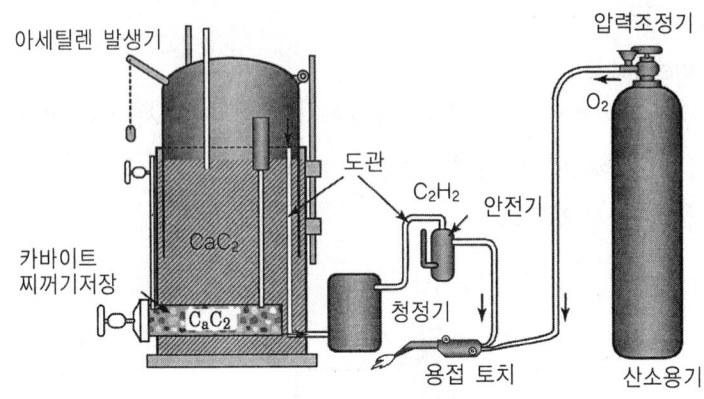

그림 37. 가스용접 장치

4 유·공압기계

4.1. 유체기계 기초이론

유체기계란 액체 및 기체를 작동물질로 하여 위치 에너지를 압력 및 속도 에너지로 만들어 동력을 얻는 기계를 말하며, 그 종류에는 수력기계, 유압기계, 공기기계 등이 있다.

4.1.1. 수력기계

[1] 펌프의 분류

(1) 터보형(turbo type)

① 원심형 : 볼류트 펌프와 터빈펌프가 있다.

② 사류형(diagonal flow type)　　　③ 축류형(axial flow type)

(2) 용적형
① 왕복형 : 피스톤펌프와 플런저펌프가 있다.
② 회전형 : 기어펌프와 베인펌프가 있다.

(3) 특수형
① 분사펌프(분류펌프)　　　　　　② 공기 양수펌프
③ 수격펌프　　　　　　　　　　　④ 점성펌프

[2] 수차(水車)의 분류
① 충격수차 : 송풍기와 풍차가 있다.
② 반동수차 : 프란시스 수차, 프로펠러 수차, 카플란 수차 등이 있다.

4.1.2. 유압기기

유압기기는 파스칼의 원리를 이용한 기기이며, 유압펌프, 액추에이터, 제어밸브 등으로 구성되어 있다.

4.1.3. 공기기계

[1] 고압형
고압형 공기기계에는 압축기, 진공펌프, 압축공기 기계 등이 있다.

[2] 저압형
저압형 공기기계에는 송풍기와 풍차가 있다.

4.2. 수력기계

4.2.1. 원심펌프(centrifugal pump)

[1] 원심펌프의 특징
이 펌프는 1개 또는 여러 개의 임펠러(impeller)에 의하여 유체의 이송작용을 하거나 압력을 발생시키는 형식이며, 양정이 크고 양수 량이 많을 때 적합하며 그 특징은 다음과 같다.

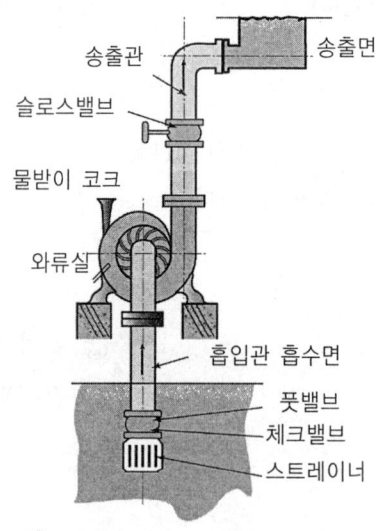

그림 38. 원심펌프의 구조

① 소형 경량이며, 구조가 간단하여 다루기가 쉽다.
② 고속회전이 가능하고, 펌프의 효율이 높다.
③ 맥동(脈動)발생이 적다.

[2] 원심펌프의 종류
(1) 안내깃(guide vane) 유무
 1) 볼류트펌프(volute pump)
　　회전차의 바깥둘레(外周)에 안내 날개가 없어, 물을 날개 차에서 직접 와류실로 유도하는 형식이다.

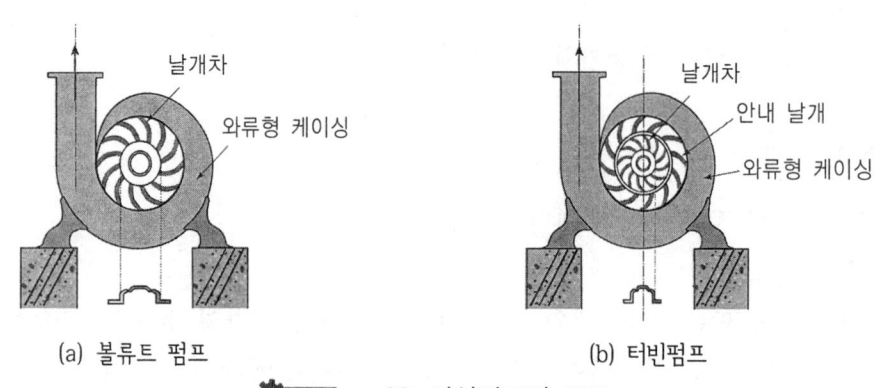

(a) 볼류트 펌프　　　　　　　(b) 터빈펌프

그림 39. 원심펌프의 종류

이 펌프는 날개 1단이 발생하는 양정이 낮은 곳에서 사용되는 것으로서 구조가 간단하고 고장도 적다. 또한, 효율도 좋은 편이며 양수량의 변화에 따른 효율 감소율이 적다.

2) 터빈펌프(디퓨저펌프; turbine or diffuser pump)

회전차의 바깥둘레에 안내 날개를 가진 원심 펌프로서 안내 날개에 의해서 날개차 출구에서의 물의 흐름을 감속시켜 속도 에너지를 압력 에너지로 변환시키는 역할을 한다. 안내 날개는 고정되어 있어 회전하지는 않는다.

터빈펌프는 볼류트 펌프에 비해 기계효율이 좋으며 더 높은 양정을 얻을 수 있다. 특히 높은 양정과 높은 압력이 필요할 경우에는 1축에 여러 개의 날개차를 배열하여 설치한 다단 터빈펌프를 사용한다.

> **알아두기** 안내깃의 작용
> 안내 깃의 작용은 배출 양정을 향상시키기 위해 임펠러에서 얻은 속도 에너지를 배출에 보다 적합한 에너지로 변환시키는 작용을 한다.

(2) 임펠러의 형상
① 반경류형(radial flow pump) : 유체가 임펠러를 통과할 때 유체의 경로가 축에 수직인 평면 내를 반지름 방향으로 유출되는 형식이다.
② 혼류형(mixed flow pump) : 깃(날개)입구에서 출구에 이르는 사이에 반지름 방향과 축방향과의 유동이 조합된 형식이다.

[3] 펌프의 크기와 양정
(1) 펌프의 크기 표시방법
   펌프의 크기는 펌프의 흡입구경과 배출구경으로 표시한다.

(2) 흡입, 배출구의 속도

$$V_S = K_S\sqrt{2gH}$$

K_S : 흡입, 배출구의 유속계수, g : 중력가속도
H : 전 양정

(3) 흡입, 배출구의 지름

$$Q = A_S \cdot V_S \ (\text{m}^3/\text{sec})\text{에서}$$

$$Q = \frac{\pi}{4} D_S^2 \cdot V_S \ (\text{m}^3/\text{sec})$$

$$D_S = \sqrt{\frac{4Q}{\pi \cdot V_S}}$$

Q : 양수량(m^3/sec)

[4] 원심펌프의 양정

양정(head)이란 펌프의 입구와 출구에 있어서 유체의 단위 중량이 갖는 에너지와의 차이를 말한다.

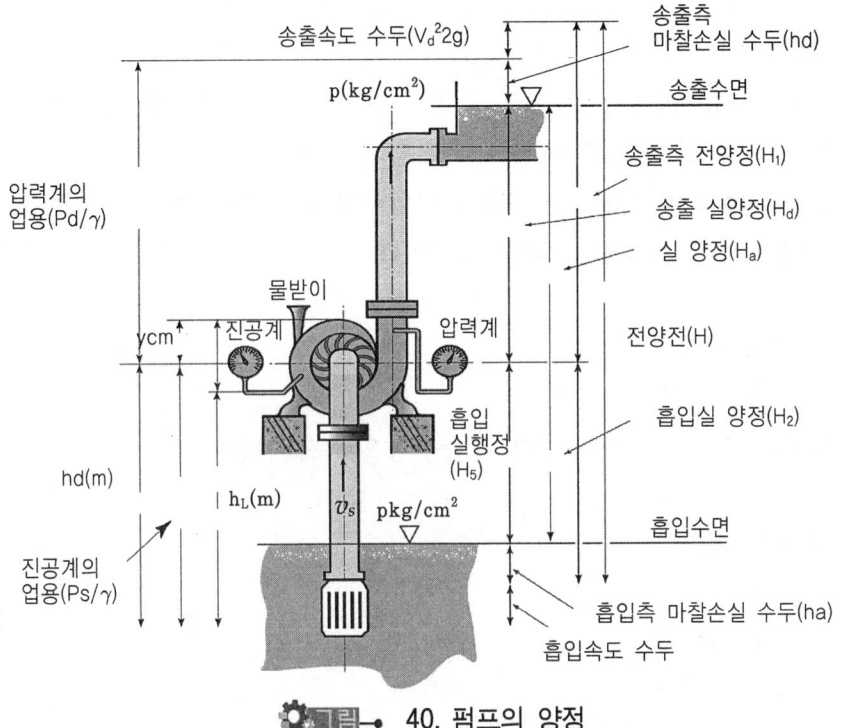

그림 40. 펌프의 양정

(1) 실 양정(actual head)

실 양정이란 흡입 수면과 송출 수면과의 수직거리이다.

$$H_a = H_s + H_d$$

H_a : 실양정(흡입 수면과 송출 수면 사이의 수직 높이)
H_s : 흡입 실양정(펌프의 중심선으로부터 흡입 수면까지의 수직거리)
H_d : 송출 실양정(펌프의 중심선으로부터 송출 수면까지의 수직거리)

(2) 전 양정(total head)

$$H = \frac{P_d - P_s}{\gamma} + \frac{v_d^2 - v_s^2}{2g} + y$$

P_d, P_s : 각각 송출측 압력계와 흡입측 진공계에서의 계기 압력
v_d, v_s : 각각 송출측의 흐름속도(流速)와 흡입측의 흐름속도
y : 송출측 압력계기와 흡입측 압력계기(일반적으로 흡입측은 펌프의 중심선과 일치)와의 수직거리

(3) 펌프의 회전수

$$N = n\left(1 - \frac{S}{100}\right)$$

$$n = \frac{120f}{P}$$

$$N = n\left(1 - \frac{S}{100}\right) = \frac{120f}{P}\left(\frac{1-S}{100}\right)$$

n : 전동기의 동기 회전수 P : 전동기의 극수
f : 전원(電源)의 주파수
S : 펌프를 작동할 때 부하 때문에 발생한 미끄럼율(%)

(4) 원심펌프의 동력과 효율

1) 수동력(water horse power)

펌프에 의해서 펌프를 지나는 액체에 준 동력을 의미한다.

$$\text{PS(HP)} = \frac{\gamma QH}{75 \times 60}$$

※ 1HP= 75kgf m/sec
　1PS= 76.1kgf m/sec

$$kw = \frac{\gamma QH}{102 \times 60}$$

　γ : 유체의 비중량(kgf/m³)
　Q : 송출량(m³/min)　　　H : 전양정(m)

2) 축동력과 효율
축동력은 원동기에 의해서 펌프를 운전하는 데 필요한 동력을 의미한다.

① 전효율(total efficiency, η_t)

$$\eta_t = \frac{L_w}{L}$$

　L_w : 수동력(water horse power)
　L : 축동력(shaft horse power) 혹은 제동동력(brake horse power)

② 체적효율(volumetric efficiency, η_v) : 펌프의 회전부분과 고정부분 사이의 간극을 통해서 유량 손실이 발생한다. 즉, 펌프 출구에서 유효한 유량은 회전차를 통과한 유량보다 누설된 양만큼 적다. 이 두 양의 비율을 체적효율이라 한다.
일반적으로 체적효율은 0.90~0.95이다.

$$\eta_v = \frac{Q}{Q + \triangle Q}$$

　Q : 펌프의 송출유량(펌프가 실제로 송출관 쪽으로 압송하는 유량)
　$Q + \triangle Q$: 회전차 속을 지나는 유량
　$\triangle Q$: 누설된 유량

③ 기계효율(mechanical efficiency, η_m) : 회전차에 의하여 실제로 흡수되고 수두로 변환된 동력의 펌프측에 공급된 동력에 대한 비를 기계효율이라 한다. 일반적으로 기계 효율의 범위는 0.90~0.97이다.

$$\eta_m = \frac{L-L_m}{L} = \frac{\gamma H_{th}(Q+\triangle Q)}{(75\times 60)L}$$

L : 축 동력, L_m : 기계손실 동력

④ 수력효율(hydraulic efficiency, η_h) : 펌프가 실제로 내는 양정의 "깃수 유한"인 경우의 이론 양정에 대한 비로 표시한다. 일반적으로 수력효율의 범위는 0.80~0.96이다.

$$\eta_h = \frac{H}{H_{th}} = \frac{H_{th}-h_l}{H_{th}}$$

h_l : 펌프 내에서 생기는 수력 손실, H : 펌프의 실제 양정
H_{th} : 이론 양정(깃수 유한)

3) 펌프의 전 효율(η)

η = (기계효율)×(수력효율)×(체적효율) = $\eta_m \times \eta_h \times \eta_v$

$$\eta = \frac{L_w}{L} = \frac{Q}{Q+\triangle Q} \times \frac{\gamma H_{th}(Q+\triangle Q)}{(75\times 60)L} \times \frac{H}{H_{th}}$$

(5) 원심펌프에서 발생하는 손실

1) 수력손실
① 마찰손실 : 펌프의 흡입 노즐에서 송출 노즐까지 이르는 유로(流路) 전체에서 발생하는 손실이다.
② 부차적 손실(minor loss) : 회전차, 안내깃, 와류실, 송출 노즐을 유체가 흐를 때 와류에 의해서 발생하는 손실이다.
③ 충돌손실 : 회전차의 깃 입구와 출구에 있어서 발생하는 충돌에 의한 손실이다.

2) 누설손실
펌프에서는 펌프의 회전부분과 고정되어 있는 케이싱 부분사이에 반드시 틈(간극)이 존재한다. 이 틈을 통해서 압력이 높은 부분에서 낮은 부분으로 누설되는 유량을 말한다. 누설되는 곳은 아래와 같다.

① 회전차 입구부분의 웨어링 링(wearing ring) 부분
② 축 추력 평형장치 부위
③ 패킹 박스
④ 봉수용에 쓰이는 압력수

3) 원판 마찰손실

회전차의 회전에 의하여 그 바깥쪽(케이싱에 접하는 면)에 액체에 의한 마찰 손실이 생기는데 이것을 원판 마찰 손실이라 한다.

(6) 비교 회전도

1개의 임펠러를 형상과 운전상태를 상사(相似)하게 유지하면서 그 크기를 바꾸어 단위 유량에서 단위 양정을 발생시킬 때 그 임펠러에 주어져야 할 매분 회전수(rpm)를 처음(기준이 되는) 임펠러의 비교 회전도라고 한다. 비교 회전도가 같은 임펠러는 상사형이며, 비교 회전속도는 임펠러의 형상을 표시하는 척도가 되며 펌프의 성능을 표시하거나 가장 적합한 회전수를 정하는데 이용된다.

1) 비교 회전도와 펌프형식

회전수를 일정하게 하면 고 양정 소 유량의 펌프인 경우에는 비교 회전속도의 값이 작고 출구지름에 대하여 폭이 좁다. 반대로 저 양정 대 유량의 펌프일수록 비교 회전속도의 값은 커지고 출구지름에 대한 폭이 커진다.

비교 회전도가 커질수록 출구지름에 대한 출구폭과 입구지름이 점차 커진다. 비교 회전도의 값은 각종 펌프의 구조를 대표하는 기준이 된다.
① 고압펌프(다단형) : 고 양정, 저 유량의 보일러 급수 펌프로 사용
② 중압펌프 : 양수 발전용 펌프로 사용
③ 저압펌프 : 중간 양정, 중 유량형
④ 혼류형펌프 : 작은 양정, 대 유량형.
⑤ 사류펌프 : 중간 양정, 매우 큰 유량형
⑥ 축류펌프 : 매우 작은 양정, 큰 유량형

[각종 펌프의 비속도와 특징]

번호	1	2	3	4	5	6	7
회전차의 형식							
ns의 범위	80~120	120~150	250~450	450~750	700~1000	800~1200	1200~2300
ns가 잘 사용되는 값	100	150	350	550	800	1100	1500
흐름에 의한 분류	반경류형	반경류형	혼류형	혼류형	사류형	사류형	축류형
전양정 m	30	20	12	10	8	5	3
양수량 m³/min	8 이하	10 이하	10~100	100~300	8~200	8~400	8 이상
펌프의 명칭	고양정 원심펌프 / 터빈	고양정 원심펌프 / 터빈 볼류트	중양정 원심펌프 / 볼류트	저양정 원심펌프 / 양흡입 볼류트	사류펌프	축류펌프	축류펌프

(7) 펌프에서 발생하는 이상 현상

1) 캐비테이션(공동현상)

물이 관(pipe)속을 유동하고 있을 때 물 속의 어느 부분의 정압(static pressure)이 그 때의 물의 온도에 해당하는 증기압력 이하로 되면 부분적으로 증기가 발생하는 현상을 말한다.

① 발생조건
　㉮ 펌프와 흡수면(吸水面)사이의 수직 거리가 너무 멀 때
　㉯ 펌프의 물이 고속으로 인하여 유량이 증가할 때 펌프입구에서 발생한다.
　㉰ 관속을 유동하고 있는 물 속의 어느 부분이 고온일수록 포화 증기압에 비례하여 상승할 때

② 발생할 때의 영향
　㉮ 소음과 진동이 생긴다.
　㉯ 양정곡선과 효율 곡선의 저하가 생긴다.
　㉰ 날개(깃)에 침식이 발생한다.

③ 방지책
   ㉮ 펌프의 설치 위치를 가능한 한 낮추어 흡입 양정을 짧게 한다.
   ㉯ 입축(立軸)펌프를 사용하고, 임펠러가 물 속에 완전히 잠기도록 한다.
   ㉰ 펌프의 회전속도를 낮추어 흡입 비교 회전속도를 적게 한다.
   ㉱ 양흡입(兩吸入) 펌프를 사용한다.
   ㉲ 2대 이상의 펌프를 사용한다.

2) 수격현상(water hammering)
관속을 가득 차서 흐르는 액체의 속도를 급격히 변화시키면 액체에 심한 압력의 변화가 발생하는 현상이며, 방지책은 다음과 같다.
① 관내의 흐름속도를 낮춘다(단, 관의 지름을 크게 한다).
② 펌프에 플라이휠을 설치하여 펌프의 속도가 급격히 변화하는 것을 방지한다.
③ 서지탱크(surge tank)를 관선에 설치한다.
④ 밸브를 펌프 송출구 가까이 설치하고, 밸브를 적당히 조정한다.

3) 서징(surging)현상
   펌프나 송풍기(blower) 등이 작동 중에 한숨을 쉬는 것과 같은 상태로 되어, 펌프인 경우에는 입구와 출구의 진공계와 압력계 바늘이 흔들리고 동시에 송출유량이 변화하는 현상이다. 즉, 송출압력과 유량사이에서 주기적인 변화가 발생하는 현상이며, 발생원인은 다음과 같다.
① 펌프의 양정곡선이 산고 곡선(山高 曲線)이고, 산고 상승부분에서 운전하였을 때
② 유량 제어밸브가 탱크 뒤쪽에 있을 때

4) 축 추력방지 방법
   편흡입 회전차에 있어서 전면 측벽과 후면 측벽에 작용하는 정압에 차가 있기 때문에 축방향으로 작용하는 힘을 축 추력이라 한다.
① 스러스트 베어링(thrust bearing)을 사용한다.
② 양쪽 흡입형의 회전차를 사용한다.
③ 평형구멍(balance hole)을 설치한다.
④ 뒷면 시라우드(back shroud)에 방사상(放射狀)의 리브(rib)를 설치한다.

5) 누설방지 장치
① 축봉장치(shaft seal)
㉮ 패킹 박스(packing box, stuffing box)
㉯ 메커니컬 실(mechanical seal) : 화학공업에서 사용될 때와 같이 여러 종류의 액체를 취급하는 펌프에서 누출을 완전히 방지하기 위해 사용한다.
② 수봉장치(water sealing) : 이 장치는 주로 흡입쪽에 설치하는 랜턴 링(lantern ring)을 설치하여 외기의 흡입을 방지하는 것이다.

(8) 원심펌프의 운전
1) 운전순서
① 가동을 하기 전에 송출밸브를 완전히 닫고 펌프 케이싱 속에 물을 가득 채운다.
② 전동기(motor)인 경우에는 회전방향을 확인하고 가동 조작을 한다.
③ 펌프가 소정의 압력을 내는 것을 확인한 다음 서서히 송출밸브를 적당히 열면 일반적인 운전상태로 된다.
④ 펌프를 정지할 경우에는 송출밸브를 완전히 닫은 후 전동기를 정지한다.

2) 연합 운전방법
① 직렬운전 : 직렬운전은 양정(揚程)의 변화가 커 1대의 펌프로서는 양정이 부족할 때 2대 이상의 펌프를 직렬로 연결하여 사용한다. 즉 직렬운전을 하면 양정은 늘어나고 유량은 일정하게 된다.
② 병렬운전 : 병렬운전은 유량(流量)의 변화가 크고, 1대의 펌프로서는 유량이 부족할 때 2대 이상의 펌프를 병렬로 운전하여 사용한다.

(9) 원심펌프의 특성곡선
원심펌프와 축류 펌프에서 회전수와 흡입양정을 일정하게 할 때, 동력(L), 양정(H), 효율(η) 등의 관계를 표시한 것을 특성곡선이라고 한다.

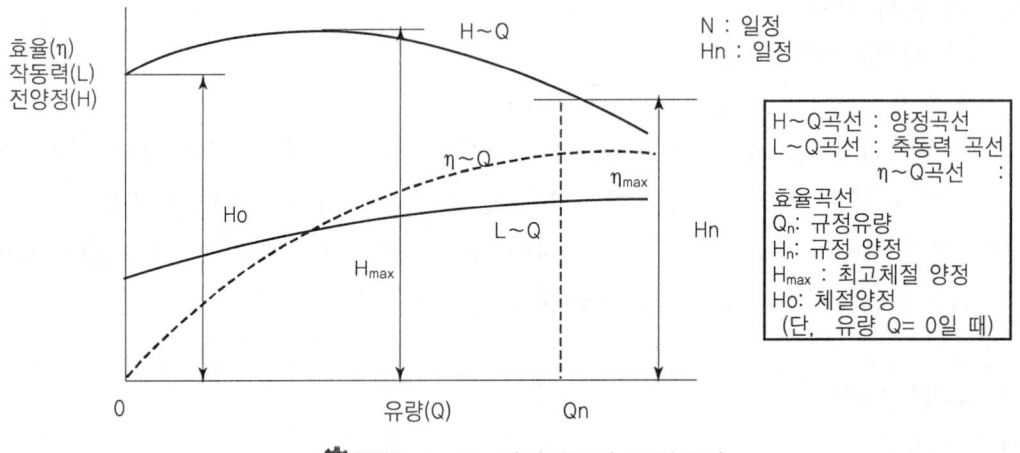

그림 41. 원심펌프의 특성곡선

4.2.2. 축류펌프(axial flow pump)

[1] 축류펌프의 개요

대 유량, 저 양정(10m 이하)에서 사용하며 임펠러가 회전하므로 발생하는 양정에 의해 유체의 압력 및 속도 에너지를 공급하고, 유체를 로터(회전차)속을 축방향으로 유입하여 로터를 통하여 축방향으로 유출시킨다.

그림 42. 횡축고정의 축류 펌프

[2] 축류펌프의 특징

① 고속운전에 적합하다.
② 구조가 간단해 취급이 쉽다.
③ foot valve나 배출밸브를 생략할 수 있다.
④ 형체가 작아 가격이 싸고, 설치 면적을 적게 차지하며, 그 기초공사가 쉽다.
⑤ 양정의 변화에 대해 유량의 변화가 적으며, 효율 저하도 적다.

> **알아두기** foot valve
> 흡입관의 아래 끝에 설치되어 물속에 담겨 있고, 이 속에 체크밸브(check valve)가 설치되어 있어서 펌프의 운전이 정지되었을 때 흡입 관내의 역류를 방지하는 일을 한다. 또한 밸브의 아래 부분에는 스트레이너(strainer)를 부착하여 불순물이 관속으로 유입되는 것을 방지한다.

4.2.3. 사류펌프(diagonal flow pump)

원심펌프와 축류펌프의 중간적인 형상을 하고 있으며 소형 경량으로 할 수 있으며 양정의 변화가 심한 경우에도 유량의 변화가 적다.

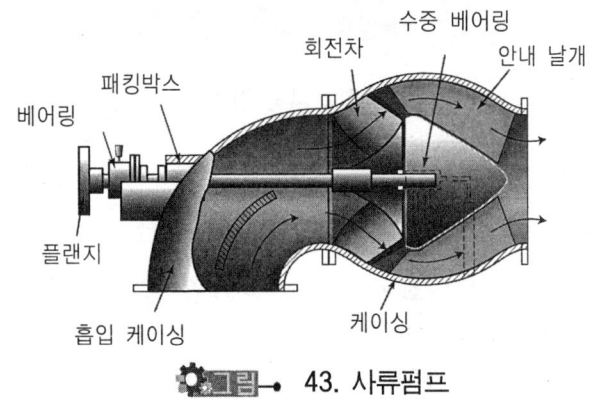

▶ 43. 사류펌프

4.2.4. 왕복펌프

[1] 왕복펌프의 개요

피스톤이나 플런저의 왕복에 의하여 액체를 흡입하며 소요의 압력으로 압축하여 보내며 송출 유량은 적으나 고압에서 사용된다.

[2] 왕복펌프의 특징
① 고압에 적합하며, 송출 압력이 $350 kg_f/cm^2$ 정도에서는 플런저 펌프를 사용한다.
② 저속이며, 대형이다.
③ 송출압력은 회전속도에 제한을 받지 않는다.

[3] 왕복펌프의 밸브 구비조건
① 밸브 개폐가 정확할 것
② 물이 밸브를 통과할 때 저항을 최소한으로 할 것
③ 누출을 완벽하게 방지할 것

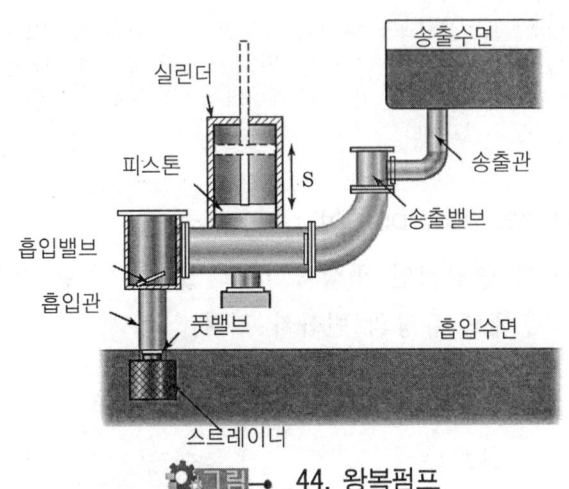

그림 44. 왕복펌프

④ 개폐작용이 신속하고, 고장이 적을 것
⑤ 내구성이 클 것

이와 같이 송출관 내의 흐름변화가 크므로 이것을 방지하기 위해서는 복동단식, 복동연식으로 실린더 수를 늘여나가면 된다.

알아두기 왕복펌프의 송출곡선

아래 그림에서 표시한 것과 같이 단일 실린더의 경우에는 $\theta = 0 \sim \pi$ 사이에는 액체를 배출하지만 $\theta = 0 \sim 2\pi$ 사이에서는 액체를 흡입하고 배수는 정지된다.

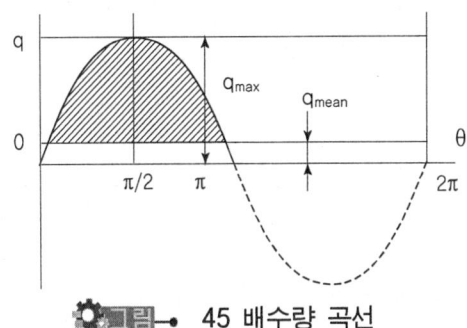

그림 45 배수량 곡선

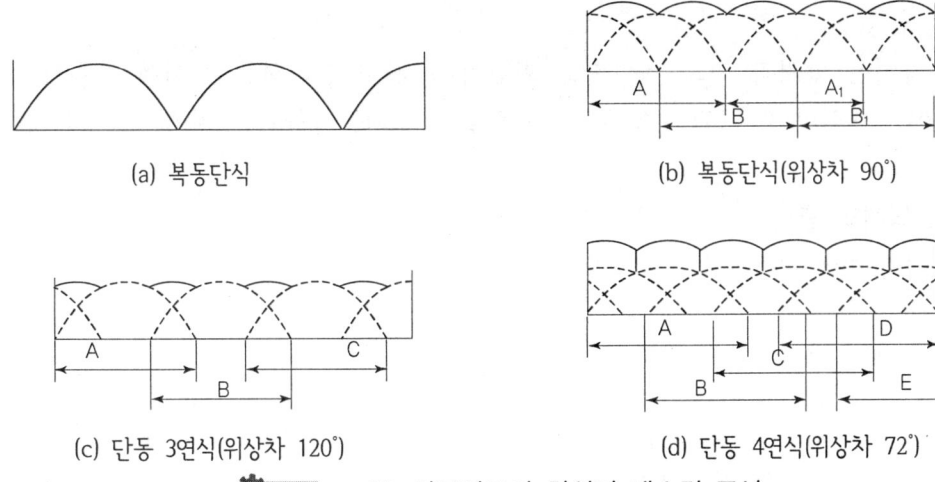

(a) 복동단식
(b) 복동단식(위상차 90°)
(c) 단동 3연식(위상차 120°)
(d) 단동 4연식(위상차 72°)

그림 46. 왕복펌프의 형식과 배수량 곡선

4.2.5. 회전펌프(rotary pump)

피스톤, 기어, 나사 등을 이용하여 흡입 및 배출밸브 없이 액체를 밀어내는 방식의 펌프를 총칭하는 것이며 특징은 다음과 같다.
① 저 유량, 고압의 양정에 적합하다.
② 고 점도의 액체에 적합하다.
③ 액체를 연속적으로 배출하므로 맥동이 없다.
④ 역회전이 가능하다.
⑤ 구조가 간단하여 취급이 쉽다.

4.2.6. 수차(water turbine)

수차란 물이 지니고 있는 위치에너지를 기계적에너지로 전환시키는 장치를 말한다.

[1] 수차의 분류
(1) 중력 수차
물이 낙하할 때의 중력으로 작동하는 형식이며, 물레방아가 여기에 속한다.

(2) 충격 수차
물이 가지는 속도 에너지에 의하여 물의 충격으로 수차를 회전시키는 것이며, 펠톤 수차가 여기에 속한다.

(3) 반동 수차

물이 가지는 압력과 속도 에너지를 회전차(로터)를 통과하는 사이에 수차에 주어서 회전시키는 형식이며, 프란시스 수차, 프로펠러 수차, 카플란 수차가 여기에 속한다.

[2] 유효 낙차와 출력
(1) 유효낙차(effective head)

$$H = H_g - (h_1 + h_2 + h_3)$$

H_g : 총 낙차(취수 댐 수면과 방수면의 수직 높이, m)
h_1 : 도수로의 손실 수두(m)　　　h_2 : 수압관 내의 손실 수도(m)
h_3 : 방수로의 손실 수두(m)

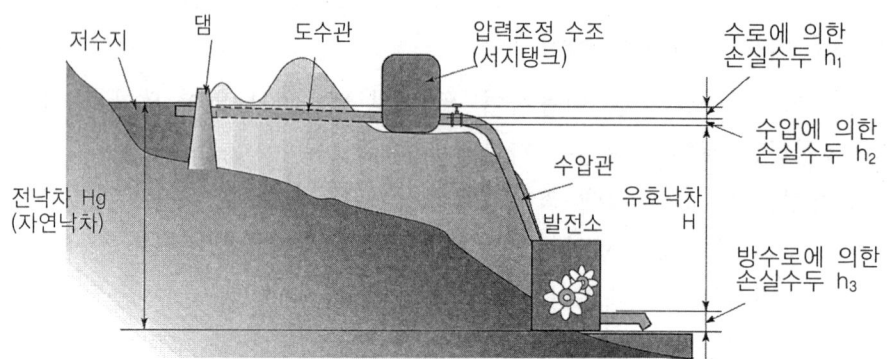

Ha : 실 양정(흡입수면과 송출수면 사이의 수직 높이)
Hs : 흡입 실 양정(펌프의 중심선으로부터 흡입수면까지의 수직거리)
Hd : 송출 실 양정(펌프의 중심선으로부터 송출수면까지의 수직거리)

그림 47. 수차

(2) 동력(출력)

$$PS = \frac{\gamma HQ}{75}, \quad kw = \frac{\gamma HQ}{102}$$

[3] 각종 수차의 특징
(1) 펠톤(pelton) 수차

1개의 회전차에 여러 개의 분사 노즐을 둘 수 있으며, 에너지의 대부분을 회전차로 전달하는 형식이다.

① 비교 회전속도가 적고, 높은 낙차에 적합하다.

② 부하가 급감소하였을 때 수압관 내의 수격현상을 방지하는 디플렉터를 두고 있다.
③ 유량을 조정하는 니들밸브(needle valve)를 사용한다.

그림 48. 펠톤 수차의 구조

(2) 프란시스(francis) 수차

프란시스 수차는 낙차 및 수량에 대하여 적용범위가 넓어 25~550m의 중 낙차에서 사용하고 있다. 특징은 다음과 같다.
① 배출손실이 적고, 적용 낙차범위가 넓다.
② 동일 용량일 때 펠톤 수차보다 소형이다.

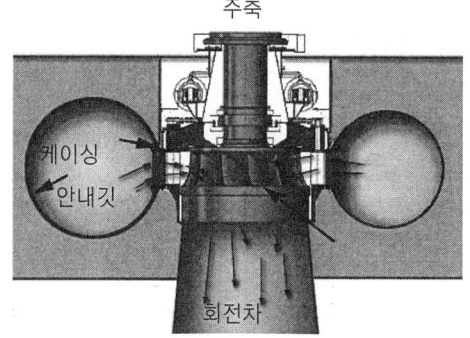 

그림 49. 프란시스 수차

(3) 프로펠러(propeller) 수차

이 수차는 90m 이하의 저 낙차이며 대 유량인 곳에서 사용한다. 축류형에서는 깃을 회전차의 보스에 고정한 프로펠러 수차와 부하와 낙차의 변화 등에 따라 경사각을 조정하는 카플란 수차 등이 있다.

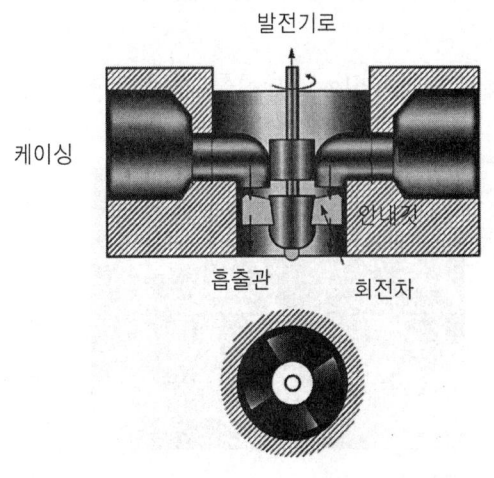

그림 50. 프로펠러 수차

4.3. 유압기계

유압기계는 윤활성이 있는 적당한 점도의 작동유체를 사용하여, 유압펌프에 의하여 작동유체에 압력에너지를 부여하며 관로, 각종 제어밸브 등을 거쳐서 유압모터, 유압실린더에 유도되어 제어된 유압동력에 의하여 소요작동을 하도록 하는 일련의 기계요소 및 그 결합체를 말한다.

4.3.1. 유압기계의 장·단점

[1] 유압기계의 장점
　① 작은 동력으로 큰 힘을 얻을 수 있으며, 동력의 분배와 집중이 쉽다.
　② 과부하 방지 및 원격 조작이 가능하다.
　③ 넓은 범위의 무단(無斷)변속이 가능하고, 회전운동 및 직선운동이 가능하다.
　④ 작동 속도 조정이 가능하며, 진동이 작고 작동이 원활하다.
　⑤ 동력 전달이 원활하다.

[2] 유압기계의 단점
　① 작동 유의 온도 변화에 따라 액추에이터의 속도가 변한다.
　② 배관이 까다로우며 작동유의 누출이 많다.
　③ 에너지 손실이 크고, 작동 유가 연소할 염려가 있다.
　④ 작동유의 흐름속도에 제한을 받으므로 액추에이터의 작동속도에 한계가 있다.

4.3.2. 구성요소

유압기계의 구성요소는 유압펌프, 액추에이터, 제어밸브, 어큐뮬레이터(축압기) 등으로 구성되어 있다.

[1] 유압펌프(hydraulic pump)

유압펌프는 기관으로부터 공급되는 기계적 에너지를 유압에너지로 변환시키는 기구이다.

[2] 액추에이터(actuator)

유압펌프에서 공급된 유압 에너지를 직선 운동이나 회전운동과 같은 기계적인 일을 하는 기기이며 직선운동하는 것을 실린더, 회전운동을 하는 것을 모터라고 한다.

[3] 제어밸브(control valve)

(1) 압력 제어밸브

일의 크기를 결정한다.

① 릴리프밸브(relief valve) : 회로 내의 최고 압력을 낮추어 압력을 일정하게 유지하는 밸브이며, 유압펌프와 제어밸브 사이에 병렬로 설치되어 있다.
② 시퀀스밸브(sequence valve) : 2개 이상의 분기회로를 가진 회로 내에서 액추에이터의 작동순서를 제어한다.
③ 언로더밸브(unloader valve ; 무부하밸브) : 회로 내의 유압이 규정값에 도달하면 이것을 유압펌프로 복귀시켜 펌프를 무부하로 작동하도록 해준다.

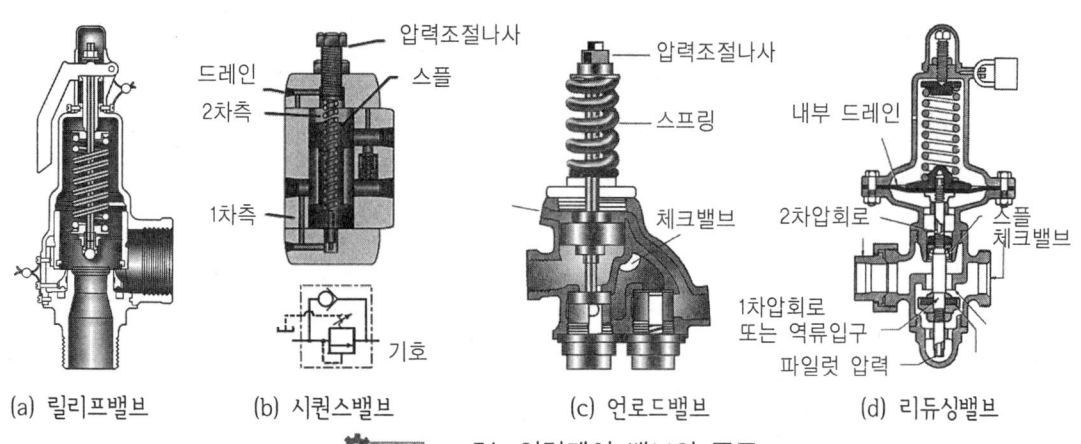

(a) 릴리프밸브   (b) 시퀀스밸브   (c) 언로드밸브   (d) 리듀싱밸브

그림 51. 압력제어 밸브의 종류

④ 리듀싱밸브(reducing valve ; 감압밸브) : 유량이나 입구 측의 유압과는 관계없이 미리 설정한 2차측 압력을 일정하게 유지하는 밸브이다.
⑤ 카운터 밸런스밸브(counter balance valve) : 한 방향의 흐름은 규제된 방향에 의한 흐름이며, 반대쪽 방향의 흐름은 자유인 밸브이며, 유압 실린더 등에서 하중이 하강할 때 그 자체 중량으로 인한 자유 낙하를 방지하는 밸브이다.

(2) 유량 제어밸브

일의 속도를 결정한다.
① 교축밸브(throttle valve) : 작동유의 통로 단면적을 변화시켜 유량을 조절한다.
② 압력 보상부 유량 제어밸브 : 액추에이터의 부하 압력원에 압력 변동이 있어도 밸브로 흐르는 유량을 설정된 값으로 유지한다.
③ 분류밸브 : 유압원으로부터 2개 이상의 유압 관로로 분류할 때 각각의 유로의 압력에 관계없이 일정 비율로 유량을 분할하여 흐르게 하는 밸브이다.

(3) 방향 제어밸브

① 체크밸브(check valve) : 역류를 방지하는데 사용한다.
② 디셀러레이션밸브 : 유압 실린더를 행정 최종단에서 실린더의 속도를 감속하여 서서히 정지시키고자할 때 사용한다.
③ 스풀밸브와 셔틀밸브 : 1개의 회로에 여러 개의 밸브면을 두고 직선운동이나 회전운동으로 유압회로를 구성하여 오일의 흐름방향을 변환시킬 때 사용한다.

[4] 어큐뮬레이터(accumulator ; 축압기)

① 유압회로 내에서 발생하는 맥동적인 압력이나 충격파를 저장하거나 회로 내의 압력이 부족 되는 순간 압력을 보상해준다.
② 온도변화에 따른 오일의 체적변화에 대한 보상을 한다.
③ 어큐뮬레이터는 질소가스가 봉입된 형식을 주로 사용한다.

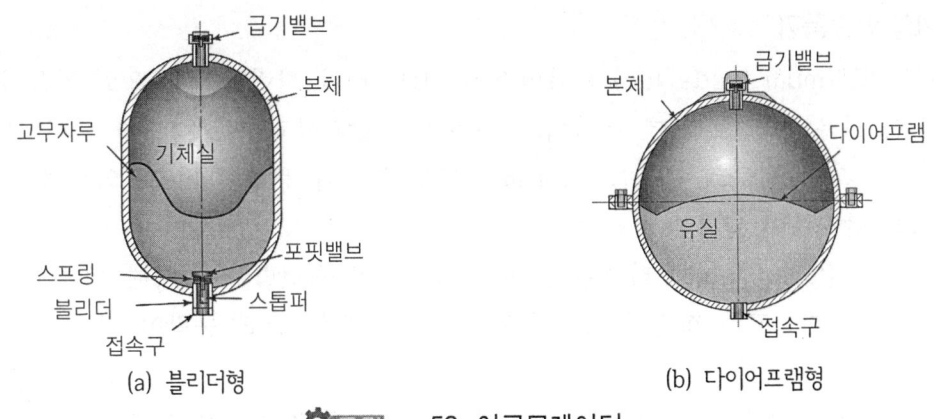

그림 52. 어큐뮬레이터

4.3.3. 작동유의 구비조건
① 강인한 유막을 형성할 수 있는 점성과 유동성이 있을 것
② 비중이 적당할 것
③ 인화점 및 발화점이 높을 것
④ 비압축성이어야 하며, 윤활성이 좋을 것
⑤ 점도와 온도와의 관계가 좋을 것
⑥ 물리적, 화학적으로 변화가 없고 안정될 것

4.4. 공압기계

공압기계는 크게 저압식 공기기계와 고압식 공기기계로 구분할 수 있다. 저압식 공기기계에는 송풍기, 풍차 등이 있고, 고압식 공기기계에는 압축기, 진공펌프, 압축공기 기계 등이 있다.

4.4.1. 저압공기 기계
저압공기 기계에는 송풍기와 풍차가 있다.

[1] 송풍기

송풍기는 기계적 에너지를 기체에 공급하여 기체의 압력과 속도에너지로 변환시키며, 압력의 높음과 낮음에 따라 팬($0 \sim 0.1 \text{kg}_f/\text{cm}^2$[1,000mmAq])과 블로워($0.1 \sim 1.0$ kg_f/cm^2[1~10mAq])로 분류한다. 일반적으로 압축기는 압력이 $1\text{kg}_f/\text{cm}^2$ 이상인 것을 말한다.

(1) 원심식 송풍기

① 다익팬(multi blade fan) : 다익팬은 깃(날개)이 회전방향 쪽으로 기울어져 있으며, 같은 풍량(風量)에 대하여 회전차의 바깥지름과 회전속도가 다른 팬에 비해 가장 크며 시로코 팬(sirocco fan)이라고 부르며 풍량이 많고, 익현의 길이가 짧고, 날개폭이 넓다.

② 터보팬(turbo fan) : 터보팬은 회전차의 깃이 회전방향에 대해 뒤쪽으로 기울어져 있으며, 고속 회전이 가능하고 효율이 높으며 소요 동력이 적으나 공기의 배출 온도가 높다.

③ 한계 부하팬(limit loaded fan) : 한계 부하팬은 흡입구에 프로펠러 형상의 안내 깃이 있으며, 풍량이 설계점 이상으로 증가하여도 축동력이 증가하지 않는다.

④ 익형팬(airfoil fan) : 익형팬은 풍량이 설계점 이상으로 증가하여도 축동력이 증가하지 않으며, 효율이 높고 소음이 적다.

⑤ 레이디얼팬(radial fan) : 레이디얼팬은 반지름 방향의 깃을 지니며 다익팬에 비하여 익현 길이가 길고 깃 폭이 짧다. 다익팬보다 효율이 높다.

(a) 다익팬　　　　　　　　(b) 레이디얼팬　　　　　　　　(c) 터보팬

그림 53. 원심식 송풍기의 종류

(2) 축류형 송풍기

축류 송풍기는 저압, 대 풍량, 고속형이며 날개가 두꺼워지더라도 풍압(風壓), 풍량(風量) 및 효율에 미치는 영향이 거의 없으며 원심식보다 소음이 크고 설계점 이외의 풍량에서는 효율이 급격히 저하한다. 특징은 다음과 같다.

① 날개수를 증가시키면 풍압, 풍량 및 효율은 상승하나 어느 값에서는 일정해 진다.

② 날개의 설치 각을 증가시키면 풍량이 증가한다.

③ 비교 회전속도가 가장 크다.

④ 축방향에서 흡입 및 배출이 가능하므로 관로 도중에 간단히 설치할 수 있다.

(a) 프로펠러팬　　　　(b) 도풍관이 있는 축류팬　　　　(c) 정익이 있는 축류팬

그림 54. 축류형 송풍기

[2] 송풍기의 출력

• 송풍기 전압$(P_t) = \left(P_{S2} + \dfrac{\gamma}{2g}v_2^2\right) - \left(P_{S1} + \dfrac{\gamma}{2g}v_1^2\right) = P_{t2} - P_{t1}$

　　P_{S2} : 송풍기 출구에서의 정압,　　P_{S1} : 송풍기 입구에서의 정압
　　P_{t2} : 송풍기 출구에서의 전압,　　P_{t1} : 송풍기 입구에서의 전압

• 송풍기 정압$(P_s) = P_t - P_{d2}(\text{kg/m}^2, \text{mmAg})$

　　P_{d2} : 송풍기 출구의 동압

• 전압 공기 동력$(L_{at}) = \dfrac{P_t \cdot Q}{102 \times 60}(\text{kw}) = \dfrac{P_t \cdot Q}{75 \times 60}(\text{PS})$

　　Q : 풍량(m³/min)

• 정압 공기 동력$(L_{as}) = \dfrac{P_S \cdot Q}{102 \times 60}(\text{kw}) = \dfrac{P_S \cdot Q}{75 \times 60}(\text{PS})$

• 축동력(L) : 회전차가 회전할 때 회전차 축 끝에 걸리는 동력

• 전압효율$(\eta_t) = \dfrac{\text{전압공기 동력}}{\text{축동력}} = \dfrac{L_{at}}{L}$

• 정압효율$(\eta_s) = \dfrac{\text{정압공기 동력}}{\text{축동력}} = \dfrac{L_{as}}{L}$

4.4.2. 고압공기 기계

고압공기 기계에는 압축기, 진공펌프, 압축공기 기계 등이 있다.

[1] 압축기

압축기는 송풍기와 원리가 비슷하며, 기체에 압력을 주어 저압쪽에서 고압쪽으로 고압의 공기를 배출하는 기구이다.

[2] 진공펌프

진공펌프는 용기 내의 압력을 대기압력 이하의 저압으로 유지하기 위해 대기 압력쪽으로 기체를 배출하는 펌프이다. 진공펌프의 진공도를 표시하는 방법에는 절대 진공을 100%로 한 %로서 표시하는 방법과 절대 진공을 760mmHg로 한 수은주로 표시하는 방법이 있다. 진공도 V_c%와 절대압력 $P(\text{kg}/\text{cm}^2)$와의 관계는 다음과 같다.

$$P = P_a\left(1 - \frac{H_g}{760}\right) = P_a\left(1 - \frac{V_c}{100}\right)$$

P_a : 대기압(kg/cm^2) H_g : 진공도(mmHg)

4.4.3. 압축공기 기계

압축기에서 얻은 압축공기를 동력원으로 하여 일을 하는 기기이다.

5 재료역학

5.1. 응력과 변형 및 안전율

5.1.1. 응력과 변형 및 안전율, 탄성계수

[1] 하중(load)

어떤 물체가 외부로부터 힘의 작용을 받았을 때 그 힘을 외력이라 하며 이때 가해진 외력을 하중이라 한다. 하중은 작용하는 방법이나 속도에 따라 다음과 같이 분류한다.

(1) 하중이 작용하는 방향에 따른 분류
　① 인장하중(tensile load) : 재료의 축 방향으로 늘어나게 하는 하중
　③ 전단하중(shearing load) : 물체 내의 접근한 평행 2면에 크기가 같고 방향이 반대로 작용하는 하중
　④ 굽힘하중(bending load) : 재료의 축선에 수직으로 작용하여 굽힘을 일으키는 하중
　⑤ 비틀림하중(twisting load) : 축에 비틀림을 일으키는 하중

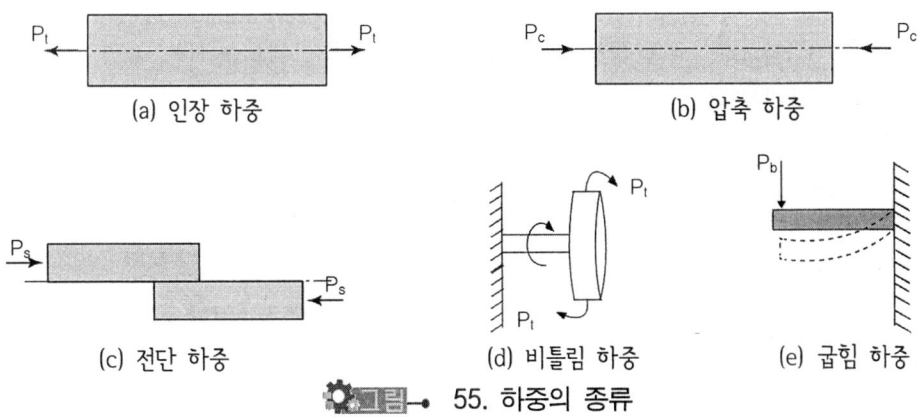

55. 하중의 종류

(2) 하중이 걸리는 속도에 따른 분류
　① 정하중(static load) : 하중의 크기와 방향이 시간에 따라 변화하지 않고 하중의 크기 및 방향이 일정한 하중
　② 동하중(dynamic load) : 하중의 크기와 방향이 시간에 따라 변화하는 하중
　　㉮ 교번하중 : 하중의 크기와 방향이 주기적으로 변화하는 하중
　　㉯ 반복하중 : 하중의 크기는 끊임없이 변화하나 같은 방향으로 반복하여 작용하는 하중
　　㉰ 충격하중 : 시간에 대한 하중의 크기의 변화가 극단적으로 큰 하중
　　㉱ 이동하중 : 물체위를 이동하면서 작용하는 하중

[2] 응력(stress)
　어떠한 재료에 외력을 가하면 변형과 동시에 물체 내부에 저항이 발생하는데 이 저항력을 내력이라 하고 작용한 외력과 평형을 이룬다. 이 저항력을 단위면적으로 나눈 것을 응력이라고 한다.

단면에 수직으로 작용하는 응력을 수직응력(normal stress), 이것에는 인장하중에 따라 발생하는 인장응력(tensile stress)과 압축하중에 따라 발생하는 압축응력(compressive stress)이 있다. 또 리벳이 전단 하중을 받을 때 발생하는 응력과 같이 단면에 따라 발생하는 응력을 전단응력(shearing stress)이라 한다. 인장과 압축의 경우 하중을 $W[\text{kgf}]$, 단면적을 $A[\text{mm}^2]$라 하면 수직응력 σ는 다음 공식으로 나타낸다.

$$\sigma = \frac{W}{A}[\text{kgf/mm}^2]$$

전단하중을 $W_s[\text{kgf}]$, 전단응력이 발생한 단면적을 $A[\text{mm}^2]$라 하면 전단응력 τ는 다음 공식으로 나타낸다.

$$\tau = \frac{W_s}{A}[\text{kgf/mm}^2]$$

그리고 봉에 비틀림 모멘트가 작용할 경우 봉에 발생하는 전단응력 τa은 다음 공식으로 나타낸다.

$$\tau a = \frac{16T}{\pi d^3}$$

T : 비틀림 모멘트[kgf-cm]
d : 봉의 지름[cm]

[3] 변형률

물체에 외력을 작용하면 그 내부에 응력의 발생과 더불어 변형이 발생하며 단위 길이에 대한 변형량을 변형률이라 한다. 인장 또는 압축에서 λ만큼 늘어나거나 또는 줄어들었다고 하면 λ를 본래의 길이 l로 나눈 것을 세로 변형률이라 하며 ε로 나타낸다.

$$\varepsilon = \frac{\lambda}{l} \text{ 또는 } \varepsilon = \frac{l'-l}{l}$$

l' : 변형 후 길이 l : 본래의 길이

[4] 후크의 법칙(Hook's law)

대부분의 재료에서 그 재료에 따라 정해진 일정한 응력의 범위 안에서 응력과 변형률이 서로 비례한다. 이것을 후크의 법칙이라 한다.

인장과 압축에서는

$$E = \frac{\sigma}{\varepsilon} \text{ 또는 } \sigma = E\varepsilon$$

이고, 전단에서는

$$G = \frac{\tau}{\gamma} \text{ 또는 } \tau = G\gamma$$

이다. 여기서, E, G는 비례상수이며, E를 세로탄성계수, G를 가로 탄성계수라 한다. 그리고 하중을 $W[\text{kgf}]$, 단면적을 $A[\text{mm}^2]$, 길이를 $l[\text{mm}]$라 할 때 변형량(신장량) λ은 다음 공식으로 나타낸다.

$$\lambda = \frac{Wl}{AE}$$

[5] 포와송 비(poisson's ratio)

포와송 비란 재료에 축방향으로 하중을 가하면 세로변형과 가로변형이 발생한다. 이 때 탄성한도 내에서는 세로 변형률과 가로 변형율과의 비율은 일정한 관계를 갖고 있다. 이 비율을 포와송 비라 한다.

$$\text{포와송 비} = \frac{\text{가로변형률}}{\text{세로변형률}}$$

[6] 재료의 강도와 허용응력
(1) 응력-변형률 선도

재료의 응력과 변형률의 관계를 알아보기 위하여 KS규격에 맞는 시편을 제작하여 인장 시험기에 설치하고 인장 하중을 가하면 이에 비례하여 변형이 발생한다. 이러한 하중과 변형을 선도로 표시한 것이 하중-변형량 선도이고 하중 대신 응력으로, 변형량 대신 변형률로 표시한 것이 응력-변형률 선도라고 한다.

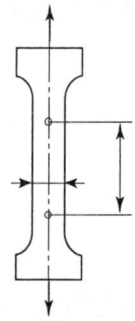

A : 비례한도(proportional limit)　　B : 탄성한도(elastic limit)
C : 상 항복점(upper yield point)　　D : 하 항복점(lower yield point)
E : 극한강도(ultimate strength)　　F' : 실제 파괴강도(actual rupture strength)
F : 파괴강도(rupture strength)　　NM : 탄성변형(elastic strain)
ON : 잔류변형(residual strain)

그림. 56. 응력 변형률 선도

(2) 안전율

재료의 인장강도(극한강도)와 허용응력과의 비율을 안전율이라고 한다.

$$안전율 = \frac{극한강도}{허용응력}$$

5.2. 보의 응력과 처짐

5.2.1. 보(beam)의 종류 및 반력

[1] 보의 종류

(1) 정정보

정 역학적 평형조건을 이용하여 미지수의 반력을 구할 수 있는 보를 말한다.

① 외팔보 : 보의 한쪽 끝만을 고정한 것이며, 고정된 끝을 고정단, 다른 쪽을 자유단이라 한다.
② 단순보 : 양끝에서 받치고 있는 보이며, 양단 지지보라고도 한다.
③ 돌출보 또는 내다지보 : 지점의 바깥쪽에 하중이 걸리는 보이다.

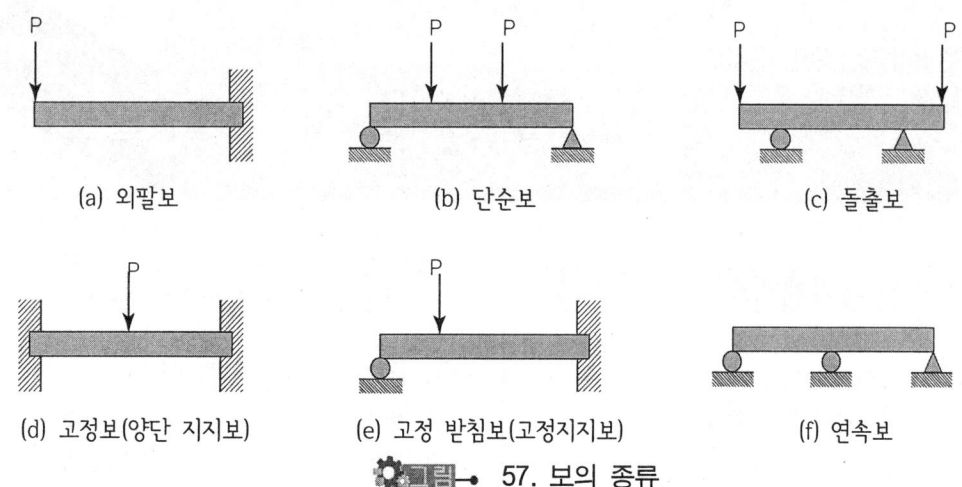

(a) 외팔보   (b) 단순보   (c) 돌출보
(d) 고정보(양단 지지보)   (e) 고정 받침보(고정지지보)   (f) 연속보

57. 보의 종류

(2) 부정정보

정 역학적 평형 조건만으로 미지수의 반력을 구할 수 없는 보를 말한다.

① 고정보 : 양끝을 모두 고정한 보이며, 가장 튼튼하다.

② 고정 받침보 : 한쪽 끝은 고정이 되고, 다른 쪽 끝은 받쳐져 있는 보이다.

③ 연속보 : 3개 이상의 지점, 즉 2개 이상의 스팬을 가진 보이다.

기계재료

01. 다음 중 질긴 성질, 즉 충격에 대한 재료의 저항을 나타내는 성질은?
① 인성　② 전성
③ 연성　④ 탄성

풀이 인성이란 금속재료의 질긴 성질, 즉 충격에 대한 재료의 저항을 나타내는 성질을 말한다.

02. 재료에 탄성한계를 넘어서 외력을 가하면 외력을 제거하여도 복원되지 않는 소성변형을 일으키는 성질로 소성가공에 이용되는 성질은?
① 가소성　② 취성
③ 역극성　④ 절삭성

풀이 가소성이란 재료에 탄성한계 이상의 외력을 가하면 외력을 제거하여도 복원되지 않고 소성변형을 일으키는 성질이다.

03. 금속재료를 특정온도에서 장시간 하중을 가하면 변형이 증가하는 현상을 무엇이라 하는가?
① 탄성변형　② 피로(fatigue)
③ 크리프(creep)　④ 관성변형

풀이 크리프란 금속재료를 특정온도에서 장시간 하중을 가하면 변형이 증가하는 현상을 말한다.

04. 다음 금속 중 열전도성이 가장 우수한 것은?
① 주철　② 알루미늄
③ 구리　④ 연강

풀이 열전도성 : 은(Ag) → 구리(Cu) → 금(Au) → 알루미늄(Al) → 니켈(Ni) → 철(Fe)순서이다

05. 금속재료의 물리적 성질이 아닌 것은?
① 비중　② 열전도율
③ 취성　④ 선팽창계수

06. 철(Fe)이 상온에서 나타나는 결정격자는?
① 조밀육방격자
② 체심입방격자
③ 면심입방격자
④ 사방입방격자

풀이 철(Fe)이 상온에서 나타나는 결정격자는 체심입방격자이다.

07. 온도변화에 의해 금속의 결정격자가 다른 결정격자로 변하는 현상은?
① 동형변태
② 동소변태
③ 자기변태
④ 소성변형

풀이 동소변태란 고체 상태에서 원자배열의 변화와 서로 다른 공간격자 구조를 지니며, 일정 온도에서 불연속적인 성질변화를 일으킨다.

08. 다음 중 Fe-C 평형상태도에서 일어나는 3개의 반응에 속하지 않는 것은?
① 포정반응　② 공정반응
③ 공석반응　④ 편석반응

풀이 Fe-C 평형상태도에서 일어나는 반응에는 포정반응, 공정반응, 공석반응 등 3가지가 있다.

Answer ▶▶ 1.① 2.① 3.③ 4.③ 5.③ 6.② 7.② 8.④

09. 탄소강의 A_1변태점은 몇 도인가?
① 684℃　② 723℃
③ 768℃　④ 941℃

풀이 순철의 변태점
① A_0변태점 : 210℃　② A_1변태점 : 723℃
③ A_2변태점(자기 변태점) : 768℃
④ A_3변태점(동소 변태점) : 910℃
⑤ A_4변태점 : 1400℃

10. 주철의 성질에 대한 설명으로 틀린 것은?
① 압축강도가 크다.
② 절삭성이 우수하다.
③ 융점이 낮고 유성성이 양호하다.
④ 단련, 담금질, 뜨임이 가능하다.

풀이 주철은 탄소함유량이 1.7% 이상 6.67% 이하인 철을 말하며, 탄소함유량이 높아 취성이 크므로 단조, 담금질 등을 할 수 없다.

11. 주철조직에 유리탄소(free carbon)와 Fe_3C가 혼재하고 있으며, 주조와 절삭이 쉬워 일반 공작기계의 베드용으로 사용되는 보통주철은?
① 반주철　② 백주철
③ 회주철　④ 페라이트 주철

풀이 회주철은 주철조직에 유리탄소(free carbon)와 Fe_3C가 혼재하고 있으며, 주조와 절삭이 쉬워 일반 공작기계의 베드용으로 사용되는 보통주철이다.

12. 주철의 결점인 여리고 약한 인성을 개선하기 위하여 먼저 백주철을 만들고 이것을 장시간 열처리하여 탄소상태를 분해 또는 소실시켜 인성 또는 연성을 증가시킨 주철은?
① 회주철　② 칠드주철
③ 합금주철　④ 가단주철

풀이 가단주철은 탄소가 흑연으로까지 분해되지 않고 철과의 화합물인 시멘타이트가 되도록 주물(백선)을 만들고 이것을 철광석과 같은 철산화물과 함께 900℃ 정도로 가열하여 시멘타이트를 분해시킨 후 그 이상 나오는 탄소는 산화시켜 제거하여 인성이나 연성을 증가시킨 주철이다.

13. 다음 중 인장강도가 가장 높은 주철은?
① 합금주철　② 가단주철
③ 고급주철　④ 구상흑연주철

풀이 구상흑연주철은 황이 적은 선철을 녹여 Ce(0.02% 이상)나 Mg(0.04% 이상)을 첨가하고, 다시 페로실리콘을 0.4~0.8% 가해 흑연을 구슬모양으로 만든다. 인장강도가 70kgf/mm² 정도이며, 연신율이나 내열성이 보통주철보다 훨씬 우수하고, 용접성·절삭성은 거의 같다.

14. 주조할 때 주형에 접한 표면을 급랭시켜 표면은 시멘타이트가 되게 하고, 내부는 서서히 냉각시켜 펄라이트가 되게 한 주철은?
① 백주철　② 회주철
③ 칠드주철　④ 가단주철

풀이 칠드주철은 주조할 때 주형에 접한 표면을 급랭시켜 표면은 시멘타이트가 되게 하고, 내부는 천천히 냉각시켜 펄라이트가 되게 한 것이다.

15. 강철 재료를 순철, 강 및 주철의 3종류로 분류할 때 순철로 구분되는 재료의 탄소 함유량으로 적합한 것은?
① 0.01% 이하　② 0.1% 이하
③ 0.02% 이하　④ 0.2% 이하

풀이 순철의 탄소함유량은 0~0.02% 이하이며, 전성과 연성이 풍부하여 기계재료로는 적당하지 못하나 전기재료로는 적합하다.

16. 탄소강에서 적열취성을 일으키는 원소는?
① 탄소(C)　② 실리콘(Si)
③ 인(P)　④ 황(S)

17. 탄소강에서 인(P)이 증가하면 충격치는 급격히 저하되고 가공시 균열을 발생시키는 약하고 여린 취성재료가 된다. 이때 취성을 무엇이라고 하는가?
① 고온취성　② 청열 취성
③ 상온취성　④ 적열취성

Answer 9. ②　10. ④　11. ③　12. ④　13. ④　14. ③　15. ③　16. ④　17. ③

18. 탄소강에 어떤 성분을 결합하면 연신율을 그다지 감소시키지 않고 강도 및 소성을 증가시키고, 황에 의한 취성을 방지하는가?
① P　　　② Mn
③ Si　　　④ S

19. 탄소강에 첨가되어 있는 원소 중에서 탈산제에 첨가되며 강의 경도, 탄성한계, 인장력을 높여주고 전자기적 성질을 개선시키는 원소는?
① 망간　　② 규소
③ 인　　　④ 황

풀이 규소(Si)의 성질
① 강의 경도, 탄성한도, 강도, 경도를 증대시킨다.
② 연신율과 충격값을 감소시킨다.
③ 결정립을 조대화시켜 가단성이나 전성을 감소시킨다.
④ 규소함유량이 0.3% 이하일 경우에는 큰 영향은 없다.

20. 탄소강 중 규소(Si)는 선철과 탈산제로부터 잔류하게 되는데 탄소강에 미치는 영향으로 맞는 것은?
① 인장강도, 탄성한계, 경도를 감소시킨다.
② 연신율과 충격값을 증가시킨다.
③ 결정립을 조대화시킨다.
④ 용접성을 향상시킨다.

21. 탄소량 0.85%에서 생기는 펄라이트 조직만의 탄소강을 무엇이라 부르는가?
① 공석강　　② 아공석강
③ 과공석강　④ 시멘타이트

풀이 ① 아공석강 : 탄소함유량 0.85% 이하인 페라이트와 펄라이트의 공석강이다.
② 과공석강 : 탄소함유량 0.85% 이상의 시멘타이트와 펄라이트의 공석강이다.

22. 절삭, 단조, 주조 및 용접 등이 용이하며, 열처리로 재질을 개선시킬 수 있어 볼트, 너트, 축계 및 치차류의 용도로 다양하게 사용할 수 있는 강으로 가장 적합한 것은?
① 연강　　　② 반연강
③ 경강　　　④ 고탄소강

풀이 반연강은 절삭, 단조, 주조 및 용접 등이 용이하며 열처리로 재질을 개선시킬 수 있어 볼트, 너트, 축 계통 및 기어(치차)의 용도로 다양하게 사용할 수 있다.

23. 정련된 용강에 규소강, 망간강 또는 알루미늄 분말 등의 강한 탈산제를 충분히 첨가하여 완전히 탈산한 강은?
① 선철(pig iron)
② 킬드강(killed)강
③ 림드(rimmed)강
④ 세미킬드(semi killed)강

24. 기계구조용으로 많이 사용되는 KS 재료기호 SM35C의 설명으로 가장 적합한 것은?
① 최저 인장강도 35kgf/mm^{2}인 기계 구조용 탄소강
② 최저 인장강도 35kgf/cm^{2}인 기계 구조용 탄소강
③ 탄소함유량이 약 35% 정도인 기계 구조용 탄소강
④ 탄소함유량이 약 0.35% 정도인 기계 구조용 탄소강

풀이 SM35C은 탄소함유량이 약 0.35% 정도인 기계 구조용 탄소강을 말한다.

25. 탄소강에 하나 또는 여러 종류의 합금원소를 첨가하여 여러 가지의 목적에 적합하도록 성질을 개선한 강을 무엇이라 하는가?
① 과공석강　② 고탄소강
③ 합금강　　④ 중금속

Answer ▶ 18. ②　19. ②　20. ③　21. ①　22. ②　23. ②　24. ④　25. ③

26. 다음 재료 중 수중에서의 내식성이 가장 좋은 것은?
① 일반구조용 압연 강재
② 열간압연 강판
③ 기계구조용 압연 강재
④ 스테인리스강

풀이 스테인리스강은 크롬강의 일종이며, 강에 크롬을 첨가하여 내식성을 증대시킨 것이다. 수중(水中)에서 내식성이 가장 우수하다.

27. 18-8 스테인리스강에서 18-8의 표준성분은?
① 규소 18%, 니켈 8%
② 니켈 18%, 크롬 8%
③ 규소 18%, 크롬 8%
④ 크롬 18%, 니켈 8%

28. 다음 중 일반구조용 압연강재의 특성 대한 설명으로 옳은 것은?
① 열간압연으로 만들어진 강판, 강대, 평강, 형강, 봉강 등의 강재이다.
② P와 S가 비교적 많이 함유되어 있기 때문에 인성, 특히 저온 인성이 높다.
③ 기계가공성과 용접성이 뛰어나서 용접 구조용 압연제와 혼용하여 사용할 수 있다.
④ 고장력강으로 분류되며, 인장강도는 대략 100 MPa 이며, 연성은 25% 정도이다.

풀이 일반구조용 압연 강재는 탄소함유량이 적어 열처리가 되지 않아 열간 압연으로 만들어진 강판, 강대, 평강, 형강, 봉강 등의 강재이다.

29. 절삭공구용 특수강에 속하는 것은?
① 강인강   ② 침탄강
③ 고속도강   ④ 스테인레스강

풀이 절삭공구용 특수강에는 탄소공구강, 합금공구강(STS), 고속도강(SKH), 스텔라이트(stellite, 주조합금 공구재료), 초경합금(WC, TiC, TaC), 세라믹(ceramic) 등이 있다.

30. 18-4-1형이라고 약칭하는 W계 고속도강의 표준조성은?
① W(18%)-Cr(4%)-V(1%)
② W(18%)-V(4%)-Co(1%)
③ W(18%)-Cr(4%)-Mo(1%)
④ Mo(18%)-Cr(4%)-V(1%)

31. 고온에서 소결처리 하여 만든 비금속 무기질 고체재료 즉, 유리, 도자기, 시멘트, 내화물 등과 같은 고체재료의 통칭인 용어는?
① 알런덤(alundun)
② 멜라닌(melanin)
③ 몰타르(mortar)
④ 세라믹(ceramics)

풀이 세라믹(ceramics)은 도자기 전체를 말하지만 공구 재료로도 사용되며, 알루미나(Al_2O_3)를 주성분으로 결합제를 이용, 소결하여 만든 것이다.

32. 구리의 일반적인 성질로 맞는 것은?
① 열의 전도성이 나쁘다.
② 전·연성이 좋아 가공이 용이하다.
③ 화학적 저항력이 작아서 잘 부식된다.
④ 강도가 철보다 강하므로 구조물 재료로 적당하다.

33. 구리의 일반적인 성질 설명으로 틀린 것은?
① 용융점 이외는 변태점이 없다.
② 전기 및 열전도도가 높다.
③ 연하고 전·연성이 커서 가공하기 어렵다.
④ 철강 재료에 비하여 내식성이 커서 공기 중에서는 거의 부식되지 않는다.

Answer ▶ 26. ④ 27. ④ 28. ① 29. ③ 30. ① 31. ④ 32. ② 33. ③

34. 동 및 동 합금에 대한 다음 설명 중 올바른 것은?
① 황동은 구리와 주석의 합금이다.
② 전기전도율이 은(Ag)다음으로 크다.
③ 청동은 구리와 아연의 합금이다.
④ 인 청동은 내마모성이 나쁘며, 베어링으로 사용할 수 없다.

35. 동과 동합금에 관한 설명 중 틀린 것은?
① 황동은 구리와 아연의 합금이다.
② 인청동은 내식성, 내마모성을 필요로 하는 펌프 부품, 캠축, 베어링 등에 사용된다.
③ 청동은 구리와 주석의 합금이다.
④ 전기전도율이 알루미늄 다음으로 크다.

36. 황동에는 7:3 황동과 6:4 황동이 있다. 황동의 주성분으로 가장 적당한 것은?
① 구리(Cu)+망간(Mn)
② 구리(Cu)+아연(Zn)
③ 구리(Cu)+니켈(Ni)
④ 구리(Cu)+규소(Si)

37. 6·4 황동에 1~2%의 철을 첨가한 것으로 강도가 크고 내식성이 좋아 광산, 선박, 화학기계에 쓰이는 것은?
① 7·3황동   ② 톰백
③ 델타메탈   ④ 인청동

풀이 델타메탈: 6·4 황동에 1~2%의 철을 첨가한 것으로 강도가 크고 내식성이 좋다.

38. 일반적으로 양백 또는 양은이라 부르는 동합금의 성분은?
① Cu+Sn+Zn   ② Cu+Zn
③ Cu+Ni+Zn   ④ Cu+Ni

풀이 양은은 구리(Cu)+니켈(Ni)+아연(Zn)의 합금이다.

39. 강과 비교한 알루미늄의 성질 설명으로 틀린 것은?
① 비중이 작다.
② 용융점이 낮다.
③ 유동성이 양호하고, 수축율이 적다.
④ 표면에 산화 막이 형성되어 내식성이 우수하다.

풀이 알루미늄의 특징은 비중이 작고, 용융점이 낮으며, 표면에 산화 막이 형성되어 내식성이 우수하다.

40. 비중이 2.7인 이 금속은 합금원소를 첨가하여 높은 강도, 가벼운 무게와 내부식성이 강한 합금으로 개선하여 자동차 트랜스미션 케이스, 피스톤, 엔진블록 등으로 사용되는 것은?
① 납   ② 아연
③ 마그네슘   ④ 알루미늄

41. 다음 중 알루미늄 합금인 것은?
① 포금(건 메탈) ② 다우메탈
③ 델타메탈   ④ 두랄루민

풀이 ① 포금(건 메탈): 구리(88%), 주석(10%), 아연(2%)의 합금이다.
② 다우메탈: Mg-Al합금. Al 18~11%, Mn 0.5~0.1%, 나머지 Mg이다.
③ 델타메탈: 6·4 황동에 1~2%의 철을 첨가한 것이다.
④ 두랄루민: Al-Cu-Mg 합금이다.

42. 독일에서 발명된 고강도 Al합금으로 $CuAl_2$ 및 Mg_2Si 등의 석출에 의한 시효경화성 Al합금은?
① 건메탈(포금)   ② 다우메탈
③ 델타메탈   ④ 두랄루민

풀이 알루미늄합금 중 두랄루민(Al+Cu4%+Mg 0.5~1%의 합금)은 강력, 단련용으로 가볍고 강하며, 내식성이 별로 좋지 못하나 500~520℃에서 담금질을 하면 시효경화 하는 특징이 있다.

Answer ▶▶▶ 34. ② 35. ④ 36. ② 37. ③ 38. ③ 39. ③ 40. ④ 41. ④ 42. ④

43. Al, Cu 및 Mg로 구성된 합금으로 인장강도가 크고 시효경화를 일으키는 고력(고강도) 알루미늄합금은 ?
① 두랄루민 ② 로우엑스
③ 실루민 ④ Y합금

44. 다음 중 Al합금으로 자동차나 항공기의 실린더에 많이 사용되는 합금은 ?
① 고속도강 ② KS강
③ 실루민 ④ Y합금

풀이 Y합금은 알루미늄+구리+마그네슘+니켈의 합금이며, 내열성이 커 실린더헤드나 피스톤의 재료로 사용된다.

45. Y합금의 구성성분이 아닌 것은 ?
① 알루미늄 ② 니켈
③ 주석 ④ 구리

46. 피스톤용 알루미늄합금의 구비조건으로 틀린 것은 ?
① 열전도도가 클 것
② 고온에서 강도가 클 것
③ 팽창계수와 마찰계수가 작을 것
④ 비중이 크고 내식성이 있을 것

풀이 피스톤용 알루미늄 합금의 구비조건은 ①, ②, ③ 항 이외에 비중이 작고 내식성이 있을 것

47. 내열용 Al합금에 해당되지 않는 것은 ?
① Y합금(Y alloy)
② 두랄루민(duralumin)
③ 로우엑스(Lo-Ex)
④ 코비탈륨(cobitalium)

48. 마그네슘-알루미늄계 합금이며, 7% 이상의 알루미늄을 함유하여 인장강도, 연신율이 매우 큰 것은 ?
① 포금 ② 실루민
③ 다우메탈 ④ 두랄루민

풀이 다우메탈은 마그네슘-알루미늄계열의 합금이며, 알루미늄을 7% 이상의 함유하므로 인장강도와 연신율이 매우 크다.

49. 비중이 7.1, 용융온도는 420℃로 주조성 및 기계적 성질이 우수하여 자동차용 및 건축용 부품에 많이 쓰이는 다이캐스팅용 합금으로 이용되는 금속은 ?
① Zn ② Sn
③ Pb ④ Ni

풀이 아연(Zn)은 비중이 7.1이고, 청색을 띠는 백색금속으로 결정구조는 조밀육방격자이다.

50. 티탄에 대한 내용으로 틀린 것은 ?
① 로켓, 차량, 기계기구 등에서 구조용 재료로 이용된다.
② 스테인리스강이나 모넬 메탈처럼 내식성이 강하다.
③ 비중이 강보다 가벼우나 알루미늄보다는 무겁다.
④ 용융점이 강보다 낮고 주조성이 우수하다.

풀이 티탄은 비중에 비하여 강도가 크므로 항공기, 로켓 재료로 점차 중요성이 높게 평가되고 있으며, 용융점이 강보다 높고, 고온에서의 강도와 내식성이 좋다.

51. 베어링용 합금이 축의 회전속도, 사용장소, 하중의 크기에 따라서 갖추어야 할 구비조건으로 올바른 설명은 ?
① 열 변형이 적고 열전도율이 클 것
② 강도와 강성은 작고 충격하중에 약할 것
③ 마찰계수가 크고 저항력이 클 것
④ 피로 강도는 작고 내식성이 클 것

52. 다음의 비철금속 중 베어링 합금재료로 부적당한 것은 ?
① 화이트메탈 ② 서멧
③ 켈밋합금 ④ 배빗메탈

Answer ▶ 43. ① 44. ④ 45. ③ 46. ④ 47. ② 48. ③ 49. ① 50. ④ 51. ① 52. ②

53. 주석계 화이트메탈 설명으로 틀린 것은?
① 베어링용 합금이다.
② 배빗메탈이라고도 한다.
③ Sn-Sb-Cu계 합금이다.
④ 고속·고하중용 베어링용으로는 사용할 수 있다.

54. 화이트메탈에 대한 설명 중 틀린 것은?
① 주석계 화이트메탈과 납계 화이트메탈로 구분한다.
② 주석계 화이트메탈을 배빗메탈(Babbit metal)이라고도 한다.
③ 철도차량용 베어링 재료로 이용된다.
④ 다공질 재료에 윤활유를 흡수시켜 제조한다.
[풀이] 다공질 재료에 윤활유를 흡수시켜 제조하는 것은 오일리스 베어링이다.

55. Kelmet 메탈을 옳게 설명한 것은?
① 동에 주석을 30~40% 가한 것이다.
② 동에 철을 30~40% 가한 것이다.
③ 동에 인을 30~40% 가한 것이다.
④ 동에 납을 30~40% 가한 것이다.
[풀이] Kelmet 메탈은 동(구리)에 납을 30~40% 첨가한 것이다.

56. 합성수지의 일반적인 특성 설명으로 틀린 것은?
① 가공성이 좋고 성형이 간단하다.
② 전기절연성이 우수하다.
③ 산, 알칼리, 유류, 약품 등에 강하다.
④ 단단하고 열에 강하다.
[풀이] 합성수지의 성질
① 가볍고 튼튼하다.
② 내식성 및 전기절연성이 좋다.
③ 가공성이 크고, 성형이 간단하다.
④ 산, 알칼리, 유류, 약품 등에 강하다.
⑤ 열에 약하며, 표면경도가 낮기 때문에 내마모성이나 내구성이 떨어진다.

57. 일반적으로 합성수지의 공통된 성질 중 틀린 것은?
① 열에 약하다.
② 내식성·절기절연성이 나쁘다.
③ 성형·가공이 용이하다.
④ 표면경도가 낮기 때문에 내마모성이나 내구성이 떨어진다.

58. 합성수지의 일반적인 성형가공 방법이 아닌 것은?
① 압축성형 ② 사출성형
③ 단조성형 ④ 주조성형
[풀이] 합성수지의 일반적인 성형가공 방법에는 압축성형, 사출성형, 주조성형 등이 있다.

59. 열경화성 수지(성형하여 굳어지면 다시 가열하여도 연화되거나 용융되지 않고 연소하는 성질을 가진 수지)가 아닌 것은?
① 페놀수지 ② 아크릴수지
③ 요소수지 ④ 멜라민 수지
[풀이] 열경화성 수지의 종류에는 페놀수지, 멜라민수지, 에폭시수지, 요소수지 등이 있다.

60. 플라스틱으로 경화된 수지로서 수축이 적고, 양호한 화학적 저항, 우수한 전기적 특성, 강한 물리적 성질을 가지고 있으며, 관재제작, 용기성형, 페인트, 접착제 등으로 사용되는 열경화성 수지는?
① 에폭시수지 ② 페놀수지
③ 비닐수지   ④ 아크릴수지
[풀이] 에폭시수지는 플라스틱으로 경화된 수지로서 수축이 적고, 양호한 화학적 저항, 우수한 전기적 특성, 강한 물리적 성질을 가지고 있으며, 판재제작, 용기성형, 페인트, 접착제 등으로 사용되는 열경화성 수지이다.

Answer ▶▶▶ 53. ④ 54. ④ 55. ④ 56. ④ 57. ② 58. ③ 59. ② 60. ①

61. 다음 내용은 어떤 합성수지의 설명인가?

> 무색의 가벼운 침상결정체이며, 요소수지보다 강도, 내수성, 내열성이 우수하고, 포르말린, 석탄산, 요소 등과 합성하여 각종 성형품, 접착제, 페인트, 섬유제조 등에 사용되며 150℃에도 잘 견딘다.

① 페놀 수지　　② 에폭시 수지
③ 멜라민 수지　④ 실리콘 수지

62. 자동차 스프링 등에 응용되는 섬유강화 플라스틱의 특징이 아닌 것은?
① 비중은 강의 약 1/3~1/4 정도이다.
② 비탄성 에너지가 크다.
③ 내식성이 우수하다.
④ 충간 전단강도가 높다.

63. 플라스틱계 복합재료로 섬유강화 플라스틱의 약어인 것은?
① FRM　　② FRP
③ FRC　　④ SAP

> 풀이 ① FRM(fiber reinforced metal; 섬유강화금속)
> ② FRC(fiber reinforced ceramic; 섬유강화 세라믹)

64. 복합재료(composite materials)에 대한 설명으로 틀린 것은?
① 복합재료는 2개 이상의 단일재를 결합시켜 보다 성능이 우수하고 경제성이 좋은 재료이다.
② 강화재료의 형태에 따라 분산강화, 입자강화, 섬유강화 복합재료로 분류된다.
③ 유리섬유 강화 플라스틱은 GFRP라고 하며, 폴리에스테르, 에폭시, 페놀수지 등에 지름 5~8μm 유리섬유를 첨가하여 성형한 것이다.
④ 섬유강화 플라스틱은 피로강도가 높고, 내열성이 우수하며, 내마모성의 성질을 가지고 있어 금속대체 재료로 사용되는 첨단재료이다.

> 풀이 섬유강화 플라스틱은 금속에 비해 가볍고 내식성이 우수하나 구조용 재료로서는 강도와 탄성계수가 작고 열팽창 계수가 큰 결점이 있다.

65. 강화유리란 보통 판유리를 600℃ 정도의 가열온도로 열처리한 것인데 다음 중 그 특징이라고 볼 수 없는 것은?
① 유리파편의 결정질이 크다.
② 유리의 강도가 크다.
③ 곡선유리의 자유화가 쉽다.
④ 안전성이 높다.

66. 천연고무와 비슷한 성질을 가진 합성고무로 천연고무보다 내유성, 내산성, 내열성이 더 우수하여 개스킷 재료로 많이 사용되는 것은?
① 모넬메탈　　② 글라스 울
③ 네오프렌　　④ 세크라 울

> 풀이 네오프렌(Neoprene)은 클로로프렌의 상품명으로 내유성을 가진 합성고무이다. 특히 화학약품에는 니트릴 고무보다 강하며 내후성, 내오존성이 좋고, 내굴곡성도 우수하며, 다이어프램에는 매우 적합한 재료이다. 옥외에서 사용하는 패킹, 개스킷의 재료로 널리 사용되기도 한다.

67. 고용한계 이상으로 탄소가 고용되면 탄소와 철이 화합하여 탄화철(Fe_3C)이 되며, 특징은 백색이고 매우 단단하며 여린 결정이고, 210℃에서 자기변태를 일으키는 탄소강의 조직은?
① 페라이트　　② 펄라이트
③ 시멘타이트　④ 오스테나이트

> 풀이 시멘타이트 조직의 특징
> ① 고용한계 이상으로 탄소가 고용되면 탄소와 철이 화합하여 탄화철(Fe_3C)이 된다.
> ② 백색이고 매우 단단하며 여린 결정이다.
> ③ 210℃에서 자기변태를 일으킨다.
> ④ Fe-C상태도에서 탄소가 약 6.67% 함유되었을 때 나타나는 조직이다.
> ⑤ 강(鋼)조직 중에서 경도가 가장 크다.

Answer 61. ③　62. ④　63. ②　64. ④　65. ①　66. ③　67. ③

68. 철강의 기본조직의 Fe-C계 평형상태도에서 탄소가 약 6.67% 함유되었을 때 나타나는 조직의 명칭은?
① 시멘타이트(cementite)
② 오스테나이트(austenite)
③ 펄라이트(pearlite)
④ 페라이트(ferrite)

69. 담금질 강의 냉각조건에 따른 변화조직이 아닌 것은?
① 마텐자이트 ② 트루스타이트
③ 소르바이트 ④ 시멘타이트

[풀이] 담금질 조직에는 오스테나이트, 마텐자이트, 트루스타이트, 소르바이트 등이 있다.

70. 강을 가열했을 때 나타나는 조직으로 910~1,400℃사이 γ철에 탄소를 잘 고용하는 γ고용체는?
① 오스테나이트 ② 페라이트
③ 펄라이트 ④ 시멘타이트

71. 오스테나이트(austenite)를 상온 가공하였을 때 얻어지며 강의 담금질 조직 중 가장 경하며 자성이 강하고 상온에서 불안정한 조직인 것은?
① 베나이트(banite)
② 펄라이트(pearlite)
③ 트루스타이트(troostite)
④ 마르텐사이트(martensite)

72. 탄소강을 오스테나이트조직으로 한 후 물속에 급랭하여 나타나는 침상조직으로 열처리 조직 중 경도가 최대이며, 부식에 대한 저항이 크고 강자성체이며, 경도와 강도는 크나 취성이 있고 연성이 작은 조직은?
① 마텐자이트 ② 소르바이트
③ 트루스타이트 ④ 오스테나이트

73. 탄소강의 조직 중에서 경도가 가장 큰 조직은?
① 페라이트 ② 마텐자이트
③ 오스테나이트 ④ 펄라이트

[풀이] 각 조직의 경도순서 : 시멘타이트 > 마르텐사이트 > 트루스타이트 > 솔바이트 > 펄라이트 > 오스테나이트 > 페라이트

74. 강의 조직 중 경도가 가장 낮은 것은?
① 오스테나이트 ② 시멘타이트
③ 마르텐자이트 ④ 펄라이트

75. 기어나 피스톤 핀 등과 같이 마모작용에 강하고 동시에 충격에도 강해야 할 때 강의 표면을 경화하기 위하여 열처리하는 방법이 아닌 것은?
① 침탄법 ② 침탄질화법
③ 저온 소둔법 ④ 고주파법

[풀이] 강의 표면경화란 표면만 경화시키고 금속 내부는 원재료의 재질대로 있도록 하는 열처리 방법이며, 그 종류에는 침탄법(탄소침투), 질화법(질소침투), 청화법(탄소와 질소를 동시에 침투), 화염 경화법, 고주파 경화법 등이 있다.

76. 일반적인 표면 경화법의 종류가 아닌 것은?
① 노멀라이징 ② 청화법
③ 고체 침탄법 ④ 질화법

77. 표면경화법에 관한 설명 중 틀린 것은?
① 표면경화의 대표적인 것은 기어, 캠, 캠 샤프트 등이 있다.
② 강제품은 내마모성 및 인성이 요구된다.
③ 기계적인 성질을 내부까지 변형시킬 때 사용된다.
④ 표면경화 방법으로 침탄법, 질화법, 고주파 담금질, 화염 담금질 등이 있다.

Answer » 68. ① 69. ④ 70. ① 71. ④ 72. ① 73. ② 74. ① 75. ③ 76. ① 77. ③

78. 강의 표면 경화하는 침탄법과 질화법의 특징 설명으로 틀린 것은?
① 질화법은 담금질할 필요가 없다.
② 경화 층이 얇으나 경도는 침탄 한 것보다 크다.
③ 질화법은 마모 및 부식에 대한 저항이 작다.
④ 질화법은 변형이 적으나 경화시간이 많이 걸린다.

79. 강의 열처리 종류 중 담금질의 주목적으로 옳은 것은?
① 잔류응력 제거　② 재질의 경화
③ 인성 증가　　　④ 균열 방지
풀이 담금질은 강의 경화(경도) 또는 강도를 증가시키기 위하여 A_1 또는 A_3변태점 보다 30~50℃ (730~800℃) 높게 가열한 후 급랭하여 재료를 경화시키는 열처리이다.

80. 다음 열처리의 담금질 액 중 냉각속도가 가장 빠른 것은?
① 소금물　　② 공기
③ 물　　　　④ 기름

81. 경도가 큰 재료에 인성만 부여 할 목적으로 A_1변태점 이하로 가열하여 서냉하는 열 처리법은?
① 담금질　　② 고온 풀림
③ 뜨임　　　④ 저온 풀림
풀이 뜨임은 경도가 큰 재료에 인성만 부여 할 목적으로 A_1변태점 이하로 가열하여 서서히 냉각하는 열처리 방법이다.

82. 뜨임이란 열처리의 용어 설명으로 가장 적합한 것은?
① 담금질한 것을 풀림 하기 위해 가열하여 서냉한 것을 뜻한다.
② 경도를 높게 하기 위하여 가열 냉각하는 조작을 말한다.
③ 담금질한 강철에 인성이 필요할 때 A_1점 이하의 적당한 온도로 가열하여 인성을 증가시키는 것이다.
④ 경도는 약간 후퇴시키더라도 취성을 주기 위하여 가열 처리한 것이다.

83. 강을 열처리하는 방법 중에서 풀림의 일반적인 목적이 아닌 것은?
① 가공에서 생긴 내부 응력을 저하시킨다.
② 조직을 균일화, 미세화 한다.
③ 담금질한 강을 강화시킨다.
④ 열처리로 인하여 경화된 재료를 연화시킨다.
풀이 풀림의 목적
① 가공에서 생긴 내부응력을 저하시킨다.
② 조직을 균일화, 미세화 한다.
③ 열처리로 인하여 경화된 재료를 연화시킨다.

84. 강의 열처리 방법인 풀림의 효과가 아닌 것은?
① 불균일한 조직이 균일화된다.
② 소성가공에 의한 잔류응력이 제거된다.
③ 절삭성을 향상시키고 냉간 가공성이 개선된다.
④ 경도가 증가하고 탄성계수가 높아진다.

85. α황동을 냉간 가공하여 재결정온도 이하의 낮은 온도로 풀림하면 가공 상태보다 오히려 경화되는 현상이 생긴다. 이것을 무엇이라고 하는가?
① 저온탈아연　　② 경년변화
③ 가공경화　　　④ 저온풀림경화
풀이 α황동을 냉간 가공하여 재결정온도 이하의 낮은 온도로 풀림하면 가공 상태보다 오히려 경화되는데 이것을 저온풀림경화라 한다.

86. 금속재료의 시험에서 인장시험에 의해서 산출하는 것이 아닌 것은?
① 항복강도 ② 연신율
③ 단면수축률 ④ 피로강도

풀이 금속재료의 시험에서 인장시험에 의해서 산출하는 것은 항복강도, 연신율, 단면수축률 등이다.

87. 인장시험 편에서 변형량에 관한 설명으로 올바른 것은?
① 하중에 반비례한다.
② 단면적에 비례한다.
③ 길이의 제곱에 반비례한다.
④ 탄성계수에 반비례한다.

88. 재료의 경도시험에서 압입자를 이용한 경도시험 방법이 아닌 것은?
① 마이어 경도시험 ② 브리넬 경도시험
③ 비커스 경도시험 ④ 쇼어 경도시험

풀이 쇼어 경도시험은 작은 다이아몬드를 끝에 고정시킨 낙하체를 일정한 높이에서 시험편 위에 낙하시켰을 때 반발하여 올라오는 높이로 경도를 측정하는 시험이다. 이 시험은 롤러, 다이스, 기어 등 눈에 잘 띄지 않는 자국이 남는 재료의 시험에 이용된다.

기계요소

01. 피치 3mm인 2줄 나사의 리드는?
① 1.5mm ② 2mm
③ 3mm ④ 6mm

풀이 $L = nP =$ 2×3mm = 6mm

02. 두줄나사의 피치가 0.75mm일 때 5회전 시키면 축방향으로 몇 mm 이동하는가?
① 1.5 ② 7.5
③ 3.75 ④ 37.5

풀이 $L = nPR =$ 2×0.75mm×5= 7.5mm
R: 회전수

03. 리드가 36mm인 3줄 나사가 있다. 이 나사의 피치는 몇 mm인가?
① 3 ② 12
③ 24 ④ 108

풀이 $P = \dfrac{L}{n} = \dfrac{36}{3} =$ 12mm

04. 다음은 나사에 대한 설명이다. 틀린 것은?
① 나사를 1회전시켰을 때 축 방향으로 진행한 거리를 리드라고 한다.
② 오른나사는 시계방향으로 회전할 때 전진하는 나사이다.
③ 유효지름은 수나사의 최대 지름이며, 나사의 크기를 나타낸다.
④ 사각나사는 힘이 작용하는 방향이 축선과 평행하며, 나사효율이 좋다.

풀이 유효지름이란 수나사와 암나사가 접촉하고 있는 부분의 평균지름, 즉 나사산의 두께와 골의 틈새가 같은 가상 원통의 지름을 말한다.

05. 나사(screw thread)에 대해서 기술한 것으로 틀린 것은?
① 미터나사에서 나사산의 각도는 60°이다.
② 리드라는 것은 나사가 한 바퀴 돌 때 축방향으로 이동한 거리이다.
③ 나사 외경이 같다면 피치가 달라도 유효경은 같다.
④ 피치라는 것은 서로 이웃하는 나사산과 나사산 사이의 축방향 거리이다.

06. 다음 중 나사산 단면이 3각형 형태가 아닌 것은?
① 미터나사 ② 휘트워드 나사
③ 유니 파이 나사 ④ 애크미 나사

Answer ▶ 86. ④ 87. ④ 88. ④ 1. ④ 2. ② 3. ② 4. ③ 5. ③ 6. ④

07. 나사 중 기계부품의 결합 등 주로 체결용으로 사용되는 것은 어떤 것인가?

① 사각나사　　② 관용나사
③ 사다리꼴나사　④ 볼나사

08. 좌 2줄 M50×2-6H로 표시된 나사의 호칭 설명으로 올바른 것은?

① 오른나사, 2줄
② 미터보통나사, 수나사
③ 호칭지름 50mm, 피치 2mm
④ 바깥지름 25mm, 공차 등급 6급

풀이 M50×2-6H로 표시된 나사는 호칭지름 50 mm, 피치 2mm이다.

09. 나사를 사용목적에 따라 결합용 나사와 운동용 나사로 분류할 때 운동용 나사가 아닌 것은?

① 사각나사　　② 사다리꼴나사
③ 톱니나사　　④ 유니파이 나사

10. 체결용 나사와 운동용 나사로 분류할 때, 운동용 나사로 분류되는 것은?

① 사다리꼴나사　② 미터나사
③ 유니파이 나사　④ 관용나사

11. 추력이 한 방향으로만 작용할 때 사용되는 것으로 주로 바이스, 압착기 등에 사용되는 나사로 가장 적합한 것은?

① 톱니나사　　② 너클 나사
③ 볼나사　　　④ 삼각나사

12. 시멘트 기계와 같이 모래·먼지 등이 들어가기 쉬운 부분에 주로 사용되는 나사는?

① 유니파이 나사　② 톱니나사
③ 둥근나사　　　④ 관용나사

13. 바깥지름 24mm인 4각 나사의 피치 6mm, 유효지름 22.051mm, 마찰계수가 0.1이라면 나사의 효율은 몇 %인가?

① 30　　② 45
③ 60　　④ 75

풀이 ① $\tan\alpha = \dfrac{p}{\pi d_e} = \dfrac{6}{3.14 \times 22.051}$
$= 0.0866 = \tan^{-1} 0.0866 = 4.95°$
② $\tan\rho = \mu = \tan^{-1} 0.1 = 5.7°$
③ $\eta = \dfrac{\tan\alpha}{\tan\alpha + \rho}$에서
$\eta = \dfrac{4.95}{4.95 + 5.7} \times 100 = 45\%$

14. 결합용 나사의 리드 각(λ)과 마찰 각(ρ)의 관계에서 자립(self locking) 상태를 바르게 표현한 것은?

① λ≤ρ　　② λ=0.5ρ
③ λ＞ρ　　④ λ=2ρ

풀이 마찰 각(ρ)이 리드(경사) 각(λ)보다 커야 하는데 이것을 나사의 자립조건이라 한다.

15. 나사의 마찰각을 ρ, 경사각을 α라고 할 때 나사의 자립조건을 표시하고 있는 것은 어느 것인가?

① α≥ρ　　② α≤ρ
③ α=ρ　　④ α≥2ρ

16. 허용 인장응력이 10kgf/mm²인 아이볼트에 축 방향으로 1ton의 하중이 작용하는 경우, 허용 인장응력을 고려한 아이볼트로 다음 중 가장 적합한 것은?

① M12　　② M16
③ M24　　④ M28

풀이 $d = \sqrt{\dfrac{2W}{\sigma_a}} = \sqrt{\dfrac{2 \times 1000}{10}} = 14.14$
따라서 M16을 선택한다.
d : 볼트의 지름, W : 하중, σ_a : 허용 인장응력

Answer ▶ 7. ② 8. ③ 9. ④ 10. ① 11. ① 12. ③ 13. ② 14. ① 15. ② 16. ②

17. 허용응력이 5kgf/mm²인 훅 볼트가 하중 4톤을 지지하고 있을 때 볼트 나사부의 호칭지름은 몇 mm인가?

① 20 ② 35
③ 40 ④ 55

풀이 $d = \sqrt{\dfrac{2W}{\sigma a}} = \sqrt{\dfrac{2 \times 4000}{5}} = 40\text{mm}$

18. 안지름이 1m인 압력용기에 5kgf/cm²의 내압이 작용하고 있다. 압력용기의 뚜껑을 18개의 볼트로 체결할 경우 볼트의 지름은 얼마로 설정해야 하는가? (단, 볼트지름 방향의 허용 인장응력은 1000kgf/cm²이고, 볼트에는 인장하중만 작용한다)

① 16.7mm, M18 ② 21.7mm, M22
③ 26.7mm, M27 ④ 31.7mm, M33

풀이 ① 뚜껑에 작용하는 전체하중
$P = 0.785 D^2 p = 0.785 \times 100^2 \times 5 = 39250\text{kgf}$
D : 안지름, p : 내압
② 볼트 1개에 작용하는 하중
$W = \dfrac{P}{n} = \dfrac{39250\text{kgf}}{18} = 2181\text{kgf}$
n : 볼트의 개수
③ 볼트 지름
$d = \sqrt{\dfrac{4W}{\pi \times \sigma a}} = \sqrt{\dfrac{4 \times 2181}{3.14 \times 1000}}$
$= 1.67\text{cm} = 16.7\text{mm}$

19. 15ton의 인장하중을 받는 볼트 호칭지름으로 다음 중 가장 적합한 것은? (단, 안전율 3, 재료 인장강도는 5400kgf/cm²이며, 골 지름/바깥지름(d_1/d) = 0.62로 가정한다)

① M30 ② M36
③ M42 ④ M48

풀이 ① 인장응력 $\sigma a = \dfrac{\sigma t}{S} = \dfrac{5400}{3} = 1800\text{kgf/cm}^2$
σt : 인장강도, S : 안전율
② 호칭지름(d_0) = $\sqrt{\dfrac{W}{\dfrac{\pi}{4} \times \left(\dfrac{d_1}{d}\right) \times \sigma a}}$

$= \sqrt{\dfrac{15000}{0.785 \times 0.62 \times 1800}} = 4.14\text{cm} = 41.4\text{mm}$
∴ M42를 선택한다.

20. 나사의 접촉면 사이의 틈이나 나사면을 따라 증기나 기름 등이 누출되는 것을 방지하는데 주로 사용하는 너트는?

① 홈붙이너트 ② 캡 너트
③ 플랜지 너트 ④ 원형 너트

풀이 캡 너트는 나사의 접촉면 사이의 틈이나 나사면을 따라 증기나 기름 등이 누출되는 것을 방지하는데 주로 사용한다.

21. 사용목적이 마모된 암나사를 재생하거나 강도가 불충분한 재료의 나사 체결력을 강화시키는데 사용되는 기계요소인 것은?

① 로크너트(Lock nut)
② 분할 핀(Split pin)
③ 세트 스크루(Set screw)
④ 헬리 서트(Heli sert)

풀이 헬리서트(Heli sert)는 마모된 암나사를 재생하거나 강도가 불충분한 재료의 나사 체결력을 강화시키는데 사용되는 기계요소이다.

22. 너트의 이완방지 방법 중 잘못된 것은?

① 이중너트를 사용
② 고정나사(set screw)를 사용
③ 스프링 와셔를 사용
④ 개스킷을 사용

23. 2개의 너트를 사용하여 충분히 죈 다음 2개의 스패너를 사용하여 바깥쪽 너트를 스패너로 고정한 후 너트를 다른 스패너로 풀리는 방향으로 돌려 조여 너트의 풀림을 방지하는 것은?

① 자동 죔 너트에 의한 방법
② 로크너트에 의한 방법
③ 멈춤나사에 의한 방법
④ 톱니붙이 와셔에 의한 방법

Answer 17. ③ 18. ① 19. ③ 20. ② 21. ④ 22. ④ 23. ②

24. 와셔의 사용목적으로 적합하지 못한 것은?
① 볼트의 구멍의 지름이 볼트보다 너무 클 때
② 볼트가 받는 전단응력을 감소시키려 할 때
③ 볼트 시트 면의 재료가 약해서 넓은 면으로 지지하여야 할 때
④ 진동이나 회전이 있는 곳의 볼트나 너트의 풀림 방지

25. 자동차나 소형 전자부품 조립시 많이 사용하고 있으며 스프링작용을 할 수 있는 톱니에 의하여 체결볼트와 너트의 풀림을 방지할 수 있고, 여러 번 사용할 수 있는 이점이 있는 와셔는?
① 혀달린 와셔 ② 평 와셔
③ 고무 와셔   ④ 톱니 와셔

풀이 톱니 와셔는 자동차나 소형 전자부품을 조립할 때 많이 사용하며 스프링 작용을 할 수 있는 톱니에 의하여 체결볼트와 너트의 풀림을 방지할 수 있고, 여러 번 사용할 수 있는 이점이 있다.

26. 축에는 키 홈이 없고, 축의 원호에 접할 수 있도록 하며, 보스에 만 키 홈을 파는 경하중용에 사용하는 키는?
① 안장키   ② 접선키
③ 평키   ④ 반달 키

풀이 안장키(새들 키)는 축에는 키 홈이 없고, 축의 원호에 접할 수 있도록 하고 보스에 만 키 홈을 파는 경하중용에 사용하는 키이다.

27. 아주 큰 회전력을 전달하거나 양방향으로 회전하는 축에 120° 또는 180°의 각도로 두 곳에 설치하는 키는?
① 접선키   ② 원뿔 키
③ 미끄럼 키 ④ 안장키

풀이 접선키는 큰 회전력을 전달하거나 양방향으로 회전하는 축에 120° 또는 180° 각도로 두 곳에 키를 설치하여 축의 접선방향으로 높은 압축력을 전달하기 위해 사용한다.

28. 접선 키(key)는 2개의 키를 동시에 끼우는 것으로 축 동력을 전달하는 목적이 옳은 것은?
① 축의 접선방향으로 낮은 회전력을 전달하기 위해서
② 축의 반지름방향으로 낮은 인장력을 전달하기 위해서
③ 축의 접선방향으로 높은 압축력을 전달하기 위해서
④ 축의 반지름방향으로 낮은 굽힘력을 전달하기 위해서

29. 일명 미끄럼 키라고도 하며, 회전토크를 전달함과 동시에 보스가 축 방향으로 이동할 수 있는 키는?
① 새들 키   ② 평 키
③ 페더 키   ④ 반달 키

30. 큰 토크를 축에서 보스로 전달시키려면 1개의 키(key)만으로 전달시키는 것은 불가능하므로 4개~수십 개의 키를 같은 간격으로 축과 일체로 만든 것은?
① 스플라인 축 ② 미끄럼키
③ 접선키   ④ 성크키

풀이 스플라인 축은 큰 토크를 축에서 보스로 전달시키려면 1개의 키(key)만으로 전달시키는 것은 불가능하므로 4개~수십 개의 키를 같은 간격으로 축과 일체로 만든 것이다.

31. 보스와 축 사이의 윗면과 아랫면을 죄고 측면에 틈새를 둔 끼워 맞춤으로 키의 상단과 하단 면에 압축응력이 발생하는 키의 종류가 아닌 것은?
① 경사키   ② 평키
③ 평행키   ④ 성크키

풀이 보스와 축 사이의 윗면과 아래 면을 죄고 측면에 틈새를 둔 끼워 맞춤으로 키의 상단과 하단 면에 압축응력이 발생하는 키의 종류에는 경사키, 평키, 성크키 등이 있다.

Answer 24. ② 25. ④ 26. ① 27. ① 28. ③ 29. ③ 30. ① 31. ③

32. 키가 전달할 수 있는 토크의 크기가 큰 대서 작은 순으로 된 것은?
① 성크키, 스플라인, 새들키, 펑키
② 스플라인, 성크키, 펑키, 새들키
③ 펑키, 새들키, 성크키, 스플라인
④ 세레이션, 성크키, 스플라인, 펑키.
[풀이] 토크의 크기가 큰대서 작은 순서는 스플라인 → 성크키 → 펑키 → 새들키이다.

33. 축에 끼운 링이 빠지는 것을 방지하기 위하여 사용하여 끝 부분을 두 갈래로 벌려 굽혀 빠지지 않도록 하는 기계요소인 것은?
① 테이퍼 핀   ② 코터
③ 분할 핀   ④ 코킹

34. 세로방향으로 쪼개져 있어 구멍의 크기가 핀보다 작아도 망치로 때려 박을 수 있는 핀으로 충격이나 진동을 받는 곳에 사용하며 지지력이 매우 큰 장점이 있는 핀은?
① 스냅(snap)핀   ② 스프링(spring)핀
③ 평행(parallel)핀   ④ 테이퍼(taper)핀

35. 한쪽 또는 양쪽에 기울기를 갖는 평판 모양의 쐐기로서 인장력이나 압축력을 받는 2개의 축을 연결하는 기계요소를 무엇이라 하는가?
① 소켓   ② 너클 핀
③ 코터   ④ 커플링
[풀이] 코터는 한쪽 또는 양쪽에 기울기를 갖는 평판 모양의 쐐기이며, 축의 토크를 전달하기 보다는 인장력이나 압축력을 받는 2개의 축을 연결하는 기계요소이다.

36. 기계요소 중에서 축의 토크를 전달하기 보다는 주로 인장력이나 압축력을 받는데 사용하는 것은?
① 코터   ② 키
③ 스플라인   ④ 커플링

37. 코터이음(Cotter joint)을 하기에 가장 적합한 곳은?
① 리벳연결을 해야 할 부분
② 배관이음을 설치할 부분
③ 인장이나 압축력이 축에 수직방향으로 작용하면서 회전하는 부분
④ 축방향의 인장이나 압축을 받는 2개의 봉을 연결하는 것으로 분해 가능한 부분

38. 리벳이음을 용접이음과 비교한 설명으로 틀린 것은?
① 용접이음과는 달리 초기응력에 의한 잔류변형이 생기지 않으므로 취약파괴가 일어나지 않는다.
② 구조물 등에서 현장 조립할 때에는 용접이음보다 쉽다.
③ 경합금을 이용할 때에는 용접이음보다 신뢰성이 떨어진다.
④ 용접이음과 같이 강판 등을 영구적으로 접합할 때 사용한다.

39. 리벳팅이 끝난 뒤에 리벳머리 주위나 강판의 가장자리를 정으로 때려 그 부분을 밀착시켜서 틈을 없애는 작업은?
① 코킹   ② 호닝
③ 랩핑   ④ 클러칭

40. 리벳이음에서 1피치 내의 리벳 전단면의 수가 증가함에 따라 리벳의 효율은?
① 증가한다.   ② 감소한다.
③ 관계없다.   ④ 반비례한다.
[풀이] 리벳이음에서 1피치 내의 리벳 전단면의 수가 증가함에 따라 리벳의 효율은 증가한다.

Answer ▶▶ 32. ② 33. ③ 34. ② 35. ③ 36. ① 37. ④ 38. ③ 39. ① 40. ①

41. 리벳이음에서 리벳효율을 나타낸 공식으로 옳은 것은?(단, 리벳효율은 전단파괴에 의하여 구하며, n : 1피치 내의 리벳의 전단면수, P 피치(mm), σ : 강판 재료의 허용 인장 응력(kgf/cm²), t : 강판의 두께(mm), d : 리벳의 지름(mm), τ : 리벳의 허용 전단응력(kgf/cm²)이다)

① $\eta = 1 - \dfrac{d}{P}$ ② $\eta = \dfrac{4Pt\sigma}{\pi d^2 \tau}$

③ $\eta = 1 - \dfrac{P}{d}$ ④ $\eta = \dfrac{n\pi d^2 \tau}{4Pt\sigma}$

풀이 리벳 이음에서 리벳효율을 나타내는 공식은 $\eta = \dfrac{n\pi d^2 \tau}{4Pt\sigma}$ 이다.

42. 판의 두께 15mm, 리벳의 지름 16mm, 리벳구멍의 지름 17mm, 피치 65mm인 1줄 리벳 겹치기이음에서 1피치마다 1500 kgf의 하중이 작용할 때 판의 효율은?

① 73.8% ② 75.4%
③ 76.9% ④ 77.5%

풀이 $\eta = \dfrac{p-d}{p} \times 100 = \dfrac{65-17}{65} \times 100 = 73.8\%$,
η : 판의 효율, p : 피치(mm)
d : 리벳의 지름(mm)

43. 강판의 두께 12mm, 리벳의 지름 20mm, 피치 50mm의 1줄 겹치기 리벳이음에서 1피치 당 하중이 1,200kgf일 경우, 강판의 인장응력은 몇 kgf/mm²인가?

① 3.33 ② 6.42
③ 7.53 ④ 8.61

풀이 인장응력 $\sigma a = \dfrac{W}{(p-d)t}$
$= \dfrac{1200}{(50-20) \times 12} = 3.3 \text{kgf/mm}^2$
W : 하중, p : 피치
d : 리벳지름, t : 강판 두께

44. 직선 왕복운동을 회전운동으로 변화시키는 축의 명칭은?

① 플렉시블 축 ② 직선축
③ 크랭크축 ④ 중간축

45. 주로 굽힘작용을 받으면서 회전력은 거의 전달하지 않는 축으로 가장 적당한 것은?

① 차축 ② 프로펠러 샤프트
③ 기어 축 ④ 공작기계의 주축

풀이 차축은 주로 굽힘작용을 받으면서 회전력은 거의 전달하지 않는 축이다.

46. 축의 설계와 관련되는 용어에서 임계속도란 무엇인가?

① 축이 회전 가능한 최대의 회전속도
② 축의 회전속도가 축의 공진 진동수와 일치할 때의 속도
③ 축의 이음부분이 마모되기 시작하는 때의 회전수
④ 진동축에서 안전율이 10일 때의 회전수

풀이 축의 임계속도(위험속도)란 회전속도가 축의 공진 진동수와 일치할 때의 회전속도이다.

47. 회전수 2000rpm에서 최대토크가 35 kgf·m로 계측된 축의 축마력은 약 몇 PS 인가?

① 97.76 ② 71.87
③ 116.0 ④ 118.0

풀이 $H_{PS} = \dfrac{TR}{716} = \dfrac{35 \times 2000}{716} = 97.76 \text{PS}$
H_{PS} : 축마력, T : 토크(회전력), R : 회전수

48. 회전수 2000rpm에서 최대 토크가 35N·m로 계측된 축의 전달마력은 약 몇 kW인가?

① 7.3 ② 10.3
③ 15.3 ④ 20.3

풀이 $H_{kW} = \dfrac{TR}{974} = \dfrac{35 \times 2000}{974 \times 10} = 7.187 \text{kW}$

Answer 41. ④ 42. ① 43. ① 44. ③ 45. ① 46. ② 47. ① 48. ①

49. 100rpm으로 5kW를 전달하는 축에 작용하는 토크는 몇 N·m인가?

① 478　　② 578
③ 678　　④ 778

풀이　$T = \dfrac{974 \times H_{kW} \times 9.8}{R} = \dfrac{974 \times 5 \times 9.8}{100}$
　　　　$= 477.26 \text{N·m}$
　　　　T: 축의 전달토크, H_{Kw}: 전달마력
　　　　R: 회전수

50. 속이 찬 회전축의 전달마력이 7kW인 축에 350rpm으로 작동한다면 축의 전달 토크는 약 몇 N·m인가?

① 101　　② 151
③ 191　　④ 231

풀이　$T = \dfrac{974 \times H_{Kw} \times 9.8}{R} = \dfrac{974 \times 7 \times 9.8}{350}$
　　　　$= 191 \text{N·m}$

51. 300rpm으로 2.5kW를 전달시키고 있는 축의 비틀림 모멘트는 몇 kgf·mm인가?

① 5240　　② 7120
③ 8120　　④ 2420

풀이　$T = \dfrac{974000 \times H_{kW}}{R} = \dfrac{974000 \times 2.5}{300}$
　　　　$= 8120 \text{kgf·mm}$

52. 2500rpm으로 회전하면서 25kW를 전달하는 전동축이 있다. 이 전동축의 비틀림 모멘트는 몇 N·m인가?

① 7.5　　② 9.6
③ 70.2　　④ 95.5

풀이　$T = \dfrac{974 \times H_{kW} \times 9.8}{R} = \dfrac{974 \times 25kW \times 9.8}{2500}$
　　　　$= 95.5 \text{N·m}$

53. 축의 지름 d, 축 재료에 걸리는 전단응력이 τ일 때 비틀림 모멘트 T는?

① $\dfrac{\pi}{32}d^4\tau$　　② $\dfrac{\pi}{32}d^3\tau$
③ $\dfrac{\pi}{16}d^4\tau$　　④ $\dfrac{\pi}{16}d^3\tau$

풀이　비틀림 모멘트 $T = \dfrac{\pi}{16}d^3\tau$

54. 비틀림 만 받는 축에서 다른 조건은 같게 하고 축 지름을 2배로 늘리면 허용토크는 몇 배 증가하는가?

① 4　　② 6
③ 8　　④ 10

풀이　비틀림 만 받는 축에서 다른 조건은 같게 하고 축 지름을 2배로 늘리면 허용토크는 8배 증가한다.

55. 중공단면축의 바깥지름 $d_0 = 5$cm, 안지름 $d_1 = 3$cm, 허용 전단응력 $W = 300$ kgf/cm²일 때 비틀림 모멘트는?

① 4528kgf·cm²　　② 5510kgf·cm²
③ 6406kgf·cm²　　④ 7405kgf·cm²

풀이　$T = \tau a \times \dfrac{\pi}{16} \times \dfrac{d_0^4 - d_1^4}{d_0}$
　　　　$= 300 \times \dfrac{3.14}{16} \times \dfrac{5^4 - 3^4}{5} = 6405.6 \text{kgf/cm}^2$
　　　　τa: 허용전단 응력

56. 휨만을 받는 속이 찬 차축에서 축에 작용하는 굽힘 모멘트가 3000kgf-mm이고, 축의 허용 굽힘응력이 10kgf/mm²일 때 필요한 축 외경의 최소값은?

① 55.3mm　　② 7.4mm
③ 14.5mm　　④ 13.2mm

풀이　$d = \sqrt[3]{\dfrac{10.2 Me}{\sigma b}} = \sqrt[3]{\dfrac{10.2 \times 3000}{10}}$
　　　　$= 14.5 \text{mm}$
　　　　d: 축의 외경 최솟값, Me: 굽힘 모멘트
　　　　σb: 허용 굽힘 응력

57. 축의 허용전단 응력이 3N/mm²이고, 축의 비틀림 모멘트가 3.0×10⁵N·mm일 때 축의 지름은?

① 63.4mm ② 72.6mm
③ 79.9mm ④ 83.4mm

풀이 $d = \sqrt[3]{\dfrac{5.1 \times Te}{\tau a}} = \sqrt[3]{\dfrac{5.1 \times 3.0 \times 10^5}{3}} = 79.9mm$

d : 축의 지름, Te : 축의 비틀림 모멘트
τa : 축의 허용전단 응력

58. 두 축의 중심선이 어느 정도 어긋났거나 경사졌을 때 사용하며, 결합부분에 합성고무, 가죽, 스프링 등의 탄성재료를 사용하여 회전력을 전달하는 축이음은?

① 슬리브(sleeve)이음
② 플랜지(flange)이음
③ 플렉시블(flexible)이음
④ 올덤 커플링(oldham's coupling)

59. 그림과 같이 하중이 작용하는 차축의 지름은 몇 mm인가?(단, 축에 작용하는 하중은 3000kgf, 축 길이는 800mm, 허용 휨 응력은 5kgf/mm²이다)

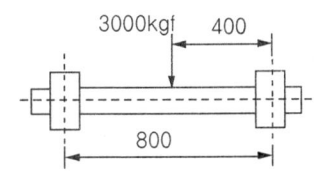

① 86   ② 98
③ 101 ④ 107

풀이 ① $M = \dfrac{Wl}{4} = \dfrac{3000 \times 800}{4} = 600000kgf \cdot mm$

M : 휨 모멘트, W: 축에 작용하는 하중
l : 축 길이

② $d = \sqrt[3]{\dfrac{10.2M}{\sigma a}} = \sqrt[3]{\dfrac{10.2 \times 600000}{5}} = 107mm$

d: 축의 지름, σa: 허용 휨 응력

60. 내면이 원추형인 원통에 2개의 원추키 모양의 슬릿을 가진 원추를 넣고 3개의 볼트로 죄어 두 축을 연결하는 것은?

① 슬리브 커플링   ② 분할 머프커플링
③ 셀러 커플링   ④ 플랜지 커플링

61. 두 축이 평행하고, 두 축의 중심선이 약간 어긋났을 경우에 각속도의 변화 없이 토크를 전달시키려고 할 때 사용하는 커플링은?

① 머프 커플링   ② 플랜지 커플링
③ 올덤 커플링   ④ 유니버설 커플링

62. 일명 자재이음이라고도 하고 두축이 같은 평면상에 있으며, 그 중심선이 어느 각도로 교차하고 있을 때 사용되는 축 이음은?

① 마찰 클러치   ② 올드햄 커플링
③ 유니버설 조인트 ④ 유체 커플링

풀이 유니버설 커플링(자재이음)은 훅 조인트라고도 하며, 두축이 같은 평면 내에 있으면서 그 중심선이 30° 이하의 각도로 교차한 상태로 토크를 전달한다.

63. 동력전달용 커플링에서 두 축의 중심선이 보통 30°이하로 교차하고 있을 때 가장 적합한 축 이음은?

① 고정 커플링   ② 올덤 커플링
③ 유니버설 커플링 ④ 플렉시블 커플링

64. 유니버설 이음(Universal joint) 설명으로 올바른 것은?

① 2축이 평행하고 있을 때에 사용하는 클러치이다.
② 2축이 직교할 때에 사용되고 운전 중 단속할 수 있다.
③ 2축이 교차하고 있을 때에 사용하는 크랭크축이다.
④ 2축이 교차하는 경우에 사용되는 커플링의 일종이다.

65. 필요에 따라 한 축에서 다른 축으로 운전을 단속을 할 필요가 있을 때 사용되는 축 이음은?
① 유니버설 조인트 ② 올덤 커플링
③ 맞물림 클러치   ④ 플렉시블 커플링

66. 다음 중 마찰클러치의 장점이 아닌 것은?
① 주동축의 운전 중에도 단속이 가능하다.
② 무단 변속에도 적은 충격으로 단속시킬 수 있다.
③ 토크가 걸리면 미끄럼이 일어나 안전장치의 작용을 한다.
④ 클러치의 재료는 온도상승에 의한 마찰계수 변화가 커야한다.

67. 단판 마찰클러치의 접촉면 평균지름이 80mm, 전달토크 494kgf·mm, 마찰계수 0.2인 경우에 토크를 전달시키려면 몇 kgf의 힘이 필요한가?
① 44.8   ② 51.8
③ 61.8   ④ 73.8

[풀이] $P = \dfrac{T}{r\mu} = \dfrac{494}{40 \times 0.2} = 61.8$kgf
P : 전달하는 힘, T : 토크
r : 반지름, μ : 마찰계수

68. 바깥지름 300mm, 안지름 250mm, 클러치를 미는 힘 500kgf, 마찰계수가 0.2라고 할 경우 클러치 전달토크(torque)는 몇 kgf·mm인가?
① 11390   ② 27500
③ 17530   ④ 18275

[풀이] $T = \left(\dfrac{D_1 + D_2}{2}\right) P\mu = \left(\dfrac{300 + 250}{2}\right) \times 500 \times 0.2$
$= 27500$
T : 전달토크, D_1 : 바깥지름
D_2 : 안지름, P : 클러치를 미는 힘
μ : 마찰계수

69. 전동축이 회전할 때 축에 직각방향으로만 힘이 작용하는 축에 사용하는 베어링으로 가장 적합한 것은?
① 레이디얼 볼 베어링
② 원추 롤러 베어링
③ 스러스트 볼 베어링
④ 피봇 저널 베어링

[풀이] 레이디얼 볼 베어링은 전동축이 회전할 때 축에 직각방향으로 만 힘이 작용하는 축에 사용하는 베어링으로 가장 적합하다.

70. 반지름 방향과 축방향의 하중이 동시에 작용할 때 가장 적당한 베어링은?
① 니들 베어링   ② 스러스트 베어링
③ 테이퍼 베어링   ④ 레이디얼 베어링

[풀이] 테이퍼 베어링은 반지름 방향과 축방향의 하중이 동시에 작용할 때 적합하다.

71. 미끄럼 베어링 재료가 구비하여야 할 성질이 아닌 것은?
① 열에 녹아 붙음이 일어나기 어려울 것
② 마멸이 적고 면압 강도가 클 것
③ 피로한도가 작을 것
④ 내식성이 높을 것

72. 구름 베어링과 비교한 미끄럼 베어링의 장점이 아닌 것은?
① 내충격성이 크다.
② 유막에 의한 감쇠력이 우수하다.
③ 일반적으로 구조가 간단하다.
④ 표준형 양산품으로 호환성이 높다.

73. 미끄럼 베어링과 비교한 구름베어링의 특징이 아닌 것은?
① 폭은 작으나 지름이 크게 된다.
② 충격흡수력이 우수하다.
③ 기동토크가 적다.
④ 표준형 양산품으로 호환성이 높다.

Answer ▶▶ 65. ③ 66. ④ 67. ③ 68. ② 69. ① 70. ③ 71. ③ 72. ④ 73. ②

CHAPTER 04 General Mechanical Engineering — 일반기계공학

74. 구름 베어링을 미끄럼 베어링과 비교한 특징을 설명한 것이다. 다음 중 틀린 것은?
① 마찰계수가 적다.
② 시동저항이 크다.
③ 충격흡수력이 적다.
④ 일반적으로 소음이 크다.

75. 다음은 베어링의 규격을 나타낸다. 규격표시가 틀린 것은?

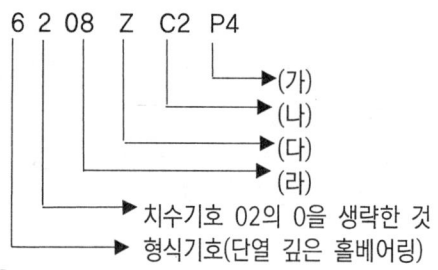

① P4 : 등급기호
② C2 : 틈새기호
③ Z : 실드기호
④ 08 : 테이퍼구멍 번호
풀이 08 : 안지름 번호이다.

76. 볼 베어링의 번호가 6008일 때 베어링의 안지름은 몇 mm인가?
① 8   ② 20
③ 30 ④ 40
풀이 볼 베어링의 호칭치수 6008의 경우 6 : 형식번호(단열), 0 : 지름번호(특별 경하중용), 08 : 안지름 번호, 안지름 20mm 이상 500mm 미만은 안지름을 5로 나눈 수가 안지름 번호이다.
따라서 08×5= 40mm

77. #6306 레이디얼 볼베어링의 안지름은?
① 6mm   ② 30mm
③ 12mm ④ 36mm

78. 베어링에 오일 실을 사용하는 가장 중요한 이유는?
① 접촉이 잘 되도록 하기 위하여
② 마찰 면이 적고 열 발산을 위하여
③ 유막이 끊기지 않도록 하기 위하여
④ 기름이 새는 것과 먼지 등의 침입을 막기 위하여

79. 기본부하 용량이 2400kgf인 볼베어링이 베어링 하중 200kgf을 받고, 500rpm으로 회전할 때, 이 베어링의 수명은 약 몇 시간이 되는가?
① 57540시간 ② 78830시간
③ 87420시간 ④ 98230시간
풀이 $L_h = 500 \times \left(\dfrac{C}{P}\right)^3 \times \dfrac{33.3}{N}$
$= 500 \times \left(\dfrac{2400}{200}\right)^3 \times \dfrac{33.3}{500} = 57542.4$ 시간
L_h : 베어링의 수명, C : 기본부하 용량
P : 베어링 하중, N : 회전속도

80. 500rpm으로 회전하고 있는 볼베어링에 500kgf의 레이디얼 하중이 작용하고 있다. 이 베어링의 기본 동적 부하용량이 3000 kgf일 때, 베어링의 정격수명은? (단, 하중계수는 1로 한다)
① 6400시간 ② 7200시간
③ 8400시간 ④ 9600시간
풀이 $L_h = 500 \times \left(\dfrac{3000}{500}\right)^3 \times \dfrac{33.3}{500} = 7200$ 시간

81. 크랭크축의 회전수가 200rpm, 축지름 40 mm, 저널길이 80mm, 수직하중이 800N일 때 발생하는 베어링 압력은 몇 N/mm²인가?
① 0.10 ② 0.15
③ 0.20 ④ 0.25
풀이 $P_b = \dfrac{W}{d \times l} = \dfrac{800}{40 \times 80} = 0.25$
P_b : 베어링 압력, W : 하중
l : 저널길이, d : 축지름

Answer ▶ 74. ② 75. ④ 76. ④ 77. ② 78. ④ 79. ① 80. ② 81. ④

82. 평행한 두 축 사이에 회전운동을 전달하고 기어 이(톱니)의 줄이 축에 평행한 기어(gear)는?
① 스퍼기어 ② 헬리컬 기어
③ 베벨기어 ④ 웜기어

풀이 스퍼기어(spur gear)는 평행한 두축사이에 회전운동을 전달하고 기어 이(톱니)의 줄이 축에 평행한 기어이다.

83. 기어의 종류를 분류할 때 두 축의 상태 위치가 평행이 아닌 것은?
① 스퍼기어 ② 베벨기어
③ 랙 ④ 헬리컬기어

풀이 두축이 서로 평행한 기어의 종류에는 스퍼기어, 내접기어, 헬리컬 기어, 더블 헬리컬 기어, 랙과 피니언 등이 있으며, 베벨기어는 두 축이 직각으로 교차하여 맞물려 회전한다.

84. 회전운동을 직선운동으로 변환시키는 기어는?
① 스큐기어 ② 랙과 피니언
③ 인터널 기어 ④ 크라운 기어

풀이 랙과 피니언은 랙의 직선운동을 피니언의 회전운동으로 바꾸거나 그 반대로 작용한다.

85. 평행한 두 축 사이에 회전을 전달하는 기어는?
① 원통 웜기어
② 헬리컬 기어
③ 직선 베벨기어
④ 하이포이드 기어

풀이 헬리컬 기어는 이가 축에 경사진 것이며, 여러 개의 이를 물릴 수 있어 충격, 소음, 진동이 적고, 큰 회전력을 전달할 수 있으나 축이 측압을 받는 결점이 있다.

86. 두 축이 만나지도 평행하지도 않는 경우 사용하는 것으로 자동차의 뒤 차축용 등에 사용되는 기어는?
① 하이포이드 기어
② 헬리컬 베벨기어
③ 랙과 피니언 기어
④ 더블 헬리컬기어

87. 기어의 각 부 명칭에 대한 설명 중 틀린 것은?
① 피니언 : 서로 물리는 2개의 기어 중 작은 것
② 원주 피치 : 피치 원주에서 측정한 하나의 이에서 다음 이까지의 거리
③ 모듈 : 피치원 지름을 잇수로 나눈 값
④ 지름 피치 : 기어의 잇수를 이뿌리원으로 나눈 값

풀이 지름피치는 피치원의 지름(지름피치의 경우는 피치원의 지름은 inch 단위로 나타냄)으로 잇수를 나눈 값

88. 기어의 각부명칭 중 피치원의 둘레를 잇수로 나눈 값을 무엇이라 하는가?
① 원주피치 ② 모듈
③ 지름피치 ④ 물림 길이

89. 표준 스퍼기어에서 모듈이 3일 때, 기어의 원주피치는 약 몇 mm 인가?
① 3 ② 3.14
③ 6.28 ④ 9.42

풀이 $CP = \pi M = 3.14 \times 3 = 9.42$
CP : 원주피치, M : 모듈

90. 표준 평기어의 잇수가 100개이고 피치원의 지름이 400mm인 경우 이 기어의 모듈은?
① 2 ② 3
③ 4 ④ 5

풀이 $M = \dfrac{D}{Z} = \dfrac{400}{100} = 4$
M : 기어의 모듈, D : 피치원의 지름
Z : 기어의 잇수

Answer ▶ 82.① 83.② 84.② 85.② 86.① 87.④ 88.① 89.④ 90.③

91. 표준 스퍼기어에서 기어의 잇수가 25개, 피치원의 지름이 75mm일 때 모듈은 얼마인가?
 ① 3   ② 9.42
 ③ 0.33 ④ 6

풀이 $M = \dfrac{D}{Z} = \dfrac{75}{25} = 3$

M : 기어의 모듈, D : 피치원의 지름, Z : 기어의 잇수

92. 기어에서 언더컷현상이 일어나는 원인은?
 ① 잇수비가 아주 클 때
 ② 잇수가 많을 때
 ③ 이 끝이 둥글 때
 ④ 이 끝 높이가 낮을 때

93. 전위기어를 사용하는 이유 설명으로 틀린 것은?
 ① 언더컷을 피하려고 할 때
 ② 이의 강도를 개선하려고 할 때
 ③ 중심거리를 변화시키려고 할 때
 ④ 축 방향의 하중을 제거하려고 할 때

94. 회전수 1500rpm인 3줄 웜이 잇수 30개인 웜휠(웜 기어)에 물려 돌고 있다면 이 때 웜휠의 회전수는?
 ① 50rpm   ② 150rpm
 ③ 180rpm ④ 280rpm

풀이 $W_n = \dfrac{R \times n}{Z} = \dfrac{1500 \times 3}{30} = 150$

W_n : 웜휠의 회전수, R : 회전수
n : 웜의 줄 수, Z : 웜의 잇수

95. 외접한 한 쌍의 표준평치차의 중심거리가 100mm이고, 한쪽 기어의 피치원지름이 80mm일 때 상대기어의 피치원지름은?
 ① 40mm   ② 90mm
 ③ 120mm ④ 160mm

풀이 $D_2 = (2 \times C) - D_1 = (2 \times 100) - 80 = 120$mm
D_2 : 상대기어의 피치원 지름, C : 중심거리
D_1 : 한쪽 기어의 피치원 지름

96. 기어 Ⅰ이 500rpm으로 회전하고 있다. 기어 잇수 $Z_A = 60$, $Z_B = 90$, $Z_C = 30$, $Z_D = 50$일 때 기어 Ⅲ의 회전수는 몇 rpm인가?

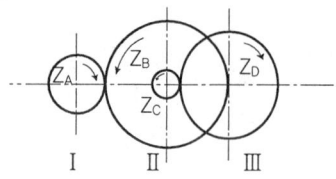

 ① 100   ② 150
 ③ 200   ④ 250

풀이 $N_3 = N_1 \times \dfrac{Z_A}{Z_B} \times \dfrac{Z_C}{Z_D} = 500 \times \dfrac{60}{90} \times \dfrac{30}{50}$
 $= 200$rpm

97. 스퍼기어의 원동축 피니언이 3000rpm으로 잇수가 20개 일 때, 1000rpm으로 감속하려면 종동축 기어의 잇수는?
 ① 30개   ② 60개
 ③ 90개   ④ 120개

풀이 $Z_2 = \dfrac{R_2 \times Z_1}{R_1} = \dfrac{3000 \times 20}{1000} = 60$

98. 그림과 같은 기어 열에서 각 기어의 잇수가 $Z_1 = 40$, $Z_2 = 20$, $Z_3 = 40$일 때 O_1기어를 시계방향으로 1회전시켰다면 O_3기어는 어느 방향으로 몇 회전하는가?

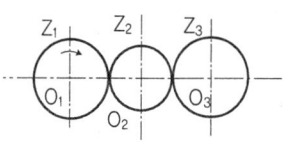

 ① 시계방향으로 1회전
 ② 시계방향으로 2회전
 ③ 시계 반대방향으로 1회전
 ④ 시계 반대방향으로 2회전

풀이 $O_3 = O_1 \times \dfrac{Z_1}{Z_3} = 1 \times \dfrac{40}{40} = 1$

O_1의 회전방향과 같기 때문에 시계방향으로 1회전이다.

Answer ▶▶ 91. ① 92. ① 93. ④ 94. ② 95. ③ 96. ③ 97. ② 98. ①

99. 그림과 같이 4개의 기어로 1200rpm을 100rpm으로 감속하려한다. 이 감속기의 잇수가 $Z_1= 20$, $Z_2= 80$, $Z_3= 20$일 경우에 Z_4의 잇수는 몇 개인가?

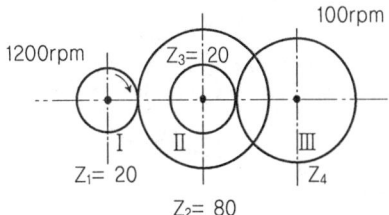

① 20개　　　② 40개
③ 60개　　　④ 80개

풀이　$N_1 \times \dfrac{Z_1}{Z_2} \times \dfrac{Z_3}{Z_4} = 1200 \times \dfrac{20}{80} \times \dfrac{20}{Z_4} = 100$

∴ $Z_4 = \dfrac{6000}{100} = 60$

100. 잇수가 40개, 모듈 4인 표준기어를 깎고자 할 때 기어 바깥지름은 몇 mm인가?

① 84　　　② 120
③ 160　　　④ 168

풀이　OD= M(Z+2)= 4×(40+2)= 168mm
　　OD : 기어 바깥지름, M : 기어의 모듈
　　Z : 기어의 잇수

101. 잇수 Z= 24, 모듈 M= 2의 표준 평기어의 바깥지름은?

① 52　　　② 48
③ 42　　　④ 26

풀이　OD= 2×(24+2)= 52

102. 모듈 6, 기어의 이가 22개, 97개인 한 쌍의 표준평기어가 외접하여 물려있을 때 중심거리는 얼마인가?

① 132mm　　　② 357mm
③ 450mm　　　④ 714mm

풀이　$C = \dfrac{M(Z_1 + Z_2)}{2} = \dfrac{6(22+97)}{2} = 357mm$

C : 중심거리, M : 모듈
Z_1, Z_2 : 기어의 잇수

103. 그림과 같은 기어전동 장치에서 기어수가 $Z_1= 30$, $Z_2= 40$, $Z_3= 20$, $Z_4= 30$인 경우 Ⅰ축이 300rpm으로 우회전하면 Ⅲ축은 어느 방향으로 몇 회전하는가?(단, Z_2는 Ⅰ축의 기어와 맞물린 기어이고, Z_3는 Ⅲ축 기어와 맞물린 기어 잇수이다)

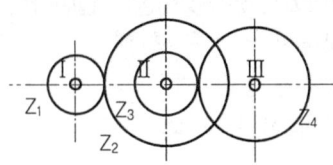

① 300 우회전　　　② 300 좌회전
③ 150 우회전　　　④ 150 좌회전

풀이　$N_3 = N_1 \times \dfrac{Z_1}{Z_2} \times \dfrac{Z_3}{Z_4} = 300 \times \dfrac{30}{40} \times \dfrac{20}{30} = 150$

따라서 Ⅰ축의 방향과 같기 때문에 우회전 150rpm이다.

104. 모듈이 8인 외접한 한 쌍의 표준 스퍼기어의 잇수가 각각 21, 73일 때 중심거리는 몇 mm인가?

① 188　　　② 376
③ 752　　　④ 1504

풀이　$C = \dfrac{8 \times (21+73)}{2} = 376$

105. 표준 스퍼기어에서 모듈이 3, 잇수가 40개이고, 압력각이 14.5°일 때 기어의 피치원 지름은 몇 mm 인가?

① 60　　　② 120
③ 180　　　④ 360

풀이　$D = \dfrac{ZM}{\cos\beta} = \dfrac{40 \times 3}{\cos 14.5°} = \dfrac{120}{0.968} = 123.9$

D : 피치원 지름, Z : 잇수
$\cos\beta$: 압력각도

CHAPTER 04 General Mechanical Engineering · 일반기계공학

106. 피치원 지름이 40mm, 잇수가 20인 표준 스퍼기어의 이 끝 높이는 약 몇 mm 인가?

① 0.64 ② 2
③ 3.14 ④ 6.28

[풀이] $H = \dfrac{D}{Z} = \dfrac{40}{20} = 2\text{mm}$

H : 이 끝 높이, D : 피치원 지름, Z : 잇수

107. 잇수 $Z=24$, 모듈 $M=2$의 표준기어가 있다. 피치원의 반지름 R은 얼마인가?

① 52 ② 12
③ 48 ④ 24

[풀이] $R = \dfrac{MZ}{2} = \dfrac{2 \times 24}{2} = 24\text{mm}$

108. 중심거리가 900mm인 한 쌍의 표준 스퍼기어의 회전비가 1 : 3일 때 피니언의 피치원 지름은 몇 mm인가?

① 450 ② 750
③ 1050 ④ 1350

[풀이]
① $C = \dfrac{D_1 + D_2}{2}$, $i = \dfrac{D_1}{D_2} = \dfrac{N_2}{N_1} = \dfrac{1}{3}$

② $D_1 + D_2 = 2C = 2 \times 900 = 1800\text{mm}$

③ $\dfrac{1}{3}D_2 + D_2 = 1800 = \dfrac{1}{3}D_2 + \dfrac{3}{3}D_2 = 1800$

   $= \dfrac{4}{3}D_2 = 1800$

   $\therefore D_2 = \dfrac{5400}{4} = 1350\text{mm}$

④ $D_1 = \dfrac{1}{3}D_2 = \dfrac{1}{3} \times 1350 = 450\text{mm}$

109. 잇수가 60개와 23개인 헬리컬 기어의 치직각 모듈이 3, 압력 각 20°, 비틀림 각 30°일 때 중심거리(mm)는?

① 124.50 ② 143.76
③ 150.99 ④ 166.00

[풀이] $C = \dfrac{(Z_1 + Z_2)M}{2 \times \cos\beta} = \dfrac{(60+23) \times 3}{2 \times \cos 30°} = 143.76$

C : 중심거리, Z_1, Z_2 : 잇수

M : 치직각 모듈, $\cos\beta$: 비틀림 각

110. 평벨트 풀리를 벨트와의 접촉면 중앙을 약간 높게 하는 이유는?

① 강도를 크게 하기 위하여
② 외관 상 보기 좋게 하기 위하여
③ 축간 거리를 맞추기 위하여
④ 벨트의 벗겨짐을 방지하기 위하여

111. 평벨트에서 십자걸기(엇걸기)를 할 때의 벨트의 길이 계산공식으로 가장 적합한 것은?(단, C는 벨트의 중심거리, D₁, D₂는 두 풀리의 지름)

① $L \fallingdotseq 2C + \dfrac{\pi}{2}(D_2 + D_1) + \dfrac{(D_2 - D_1)^2}{4C}$

② $L \fallingdotseq 2C + \dfrac{\pi}{2}(D_2 + D_1) + \dfrac{(D_2 + D_1)^2}{4C}$

③ $L \fallingdotseq 2C + \dfrac{\pi}{2}(D_2 - D_1) + \dfrac{(D_2 + D_1)^2}{4C}$

④ $L \fallingdotseq 2C + \dfrac{\pi}{2}(D_2 - D_1) + \dfrac{(D_2 - D_1)^2}{4C}$

[풀이] ① 평행(바로)걸기의 벨트길이

$L \fallingdotseq 2C + \dfrac{\pi}{2}(D_2 + D_1) + \dfrac{(D_2 - D_1)^2}{4C}$

② 십자걸기의 벨트길이

$L \fallingdotseq 2C + \dfrac{\pi}{2}(D_2 + D_1) + \dfrac{(D_2 + D_1)^2}{4C}$

112. 평벨트 바로걸기의 경우 축의 중심거리가 1000mm, 원동차의 지름 D₁= 250 mm, 종동차의 지름 D₂= 500mm일 때 평벨트의 길이는?

① 2193.7mm ② 2318.7mm
③ 3193.7mm ④ 3318.7mm

[풀이] $L \fallingdotseq 2C + \dfrac{\pi}{2}(D_2 + D_1) + \dfrac{(D_2 - D_1)^2}{4C}$

$= 2 \times 1000 + \dfrac{3.14}{2} \times (500 + 250) + \dfrac{(500 - 250)^2}{4 \times 1000}$

$= 3193.1\text{mm}$

Answer ▶ 106. ② 107. ④ 108. ① 109. ② 110. ④ 111. ② 112. ③

113. 벨트 풀리의 지름이 D_1= 100mm, D_2= 200mm이고, 축간거리가 400mm일 때 십자걸이의 벨트의 길이는 약 몇 mm인가?

① 877.5 ② 927.5
③ 1277.5 ④ 1327.2

풀이 십자걸이의 벨트길이
$$L ≒ 2C + \frac{\pi}{2}(D_2 + D_1) + \frac{(D_2 + D_1)^2}{4C}$$
$$= 2×400 + \frac{3.14}{2}×(200+100) + \frac{(200+100)^2}{4×400}$$
$$= 1327.25mm$$

114. 평벨트 전동장치에서 벨트의 원주 속도 V= 10m/sec, 긴장측의 장력이 T_1= 150kgf, 이완측의 장력은 T_2= 30kgf일 때 유효장력은?

① 30kgf ② 120kgf
③ 150kgf ④ 180kgf

풀이 유효장력 $T_e = T_1 - T_2$ = 150kgf-30kgf
= 120kgf

115. 평벨트 전동장치에서 긴장측의 장력이 T_1이 이완측의 장력 T_2의 2배인 경우, 긴장측의 장력을 150kgf이라 할 때 유효장력은 몇 kgf 인가?

① 75 ② 80
③ 150 ④ 300

풀이 $T_e = \frac{(T_1 × 2) - T_1}{2} = \frac{(150×2) - 150}{2}$ = 75kgf

116. 벨트 전동장치에서 유효장력을 P라 할 때 벨트에 작동하는 초기장력은 대략 P의 몇 배로 하면 되는가?(단, 장력비 $e^{\mu\theta}$= 2이고 초기장력은 긴장측 장력에 이완측 장력을 합산한 값의 반으로 한다)

① 1.25P ② 1.5P
③ 1.75P ④ 2P

풀이 벨트 전동장치에서 유효장력을 P라 할 때 벨트에 작동하는 초기장력은 대략 P의 1.5배로 하면 된다.

117. 4m/sec의 속도로 회전하는 평벨트의 긴장측의 장력을 114kgf, 이완측 장력을 45 kgf이라 하면 전달동력은 약 몇 마력(PS)인가?

① 2.7 ② 3.7
③ 4.5 ④ 6.1

풀이 $H_{PS} = \frac{(T_1 - T_2) × V}{75} = \frac{(114 - 45) × 4}{75}$ = 3.7PS
H_{PS} : 마력(PS), T_1 : 긴장측 장력
T_2 : 이완측 장력, V : 속도

118. 4m/s의 속도로 전동하고 있는 벨트의 긴장측의 장력이 125N, 이완측의 장력이 50N이라고 하면 전동하고 있는 동력(kW)은?

① 0.3 ② 0.5
③ 300 ④ 500

풀이 $H_{kW} = \frac{(T_1 - T_2) × V}{102} = \frac{(125 - 50) × 4}{102 × 10}$ = 0.29kW

119. 직경 300mm의 V벨트 풀리가 300 rpm으로 회전하고 있을 때 V벨트의 속도는 약 몇 m/s인가?

① 3.5 ② 4.7
③ 2.1 ④ 5.5

풀이 $V = \frac{\pi DN}{1000} = \frac{3.14 × 300 × 300}{1000 × 60}$ = 4.7m/s
V : V벨트의 속도(m/s), D : 풀리의 직경
N : 풀리의 회전속도(rpm)]

120. 감아 걸기 전동장치인 V벨트에 관한 내용으로 옳지 않은 것은?

① 형식은 M, A, B, C, D, E의 6가지가 있다.
② 크기는 단면의 크기와 전체 길이로 나타낸다.
③ 풀리의 호칭지름은 피치원 지름으로 나타낸다.
④ 길이는 단면의 바깥을 지나는 둘레의 호칭번호이다.

Answer 113. ④ 114. ② 115. ① 116. ② 117. ② 118. ① 119. ② 120. ④

121. 벨트전동에서 평벨트 전동과 비교했을 때 V벨트 전동의 특징이 아닌 것은?
① 속도비를 크게 할 수 있다.
② 벨트가 끊어졌을 때 쉽게 접합할 수 있다.
③ 미끄럼이 적고 효율이 좋다.
④ 주행상태가 원활하고 정숙하다.

122. 동일한 동력을 전달하는 평 벨트 전동과 비교한 V벨트 전동의 특징이 아닌 것은?
① 미끄럼이 적고 속도비가 크다.
② 벨트 이음부 없이 운전이 가능하여 정숙하다.
③ V홈이 있어 벨트가 벗겨질 염려가 없다.
④ 장력이 크므로 베어링에 걸리는 부하가 크다.

123. 평벨트와 비교한 V벨트 전동의 특징에 대한 설명으로 틀린 것은?
① 미끄럼이 작다.
② 운전이 정숙하다.
③ 끊어지면 접합이 불가능하다.
④ 십자걸기로도 사용이 가능하다.

124. 일반용 고무벨트의 종류가 A이고 호칭번호가 30인 V벨트가 있다. 여기에서 A와 30의 설명으로 옳은 것은?
① 단면이 A형이고, 유효둘레가 30인치이다.
② 단면이 A형이고, 유효둘레가 30mm이다.
③ 직경이 30cm이고, 재료가 A호이다.
④ 단면의 두께가 30mm이고, A는 제작번호이다.

125. V벨트의 속도를 5m/s로 하여 20kW를 전달하려면 인장측의 장력은 몇 kgf인가?(단, 인장측의 장력은 이완측의 장력의 2배이다)
① 408　　② 816
③ 1124　　④ 1632

풀이 ① 유효장력 $T_e = \dfrac{102 \times H_{kW}}{V}$

$= \dfrac{102 \times 20}{5} = 408\text{kgf}$

H_{kW} : 전달동력, V : V 벨트의 속도

② 인장측의 장력 $T_1 = T_e \times \dfrac{e^{\mu\theta}}{e^{\mu\theta}-1}$

$= 408 \times \dfrac{2}{2-1} = 816\text{kgf}$

126. 구동축과 피동축 간의 거리가 멀 경우 동력을 전달하는 간접 전동장치인 것은?
① 원통 마찰차에 의한 전동
② 원추 마찰차에 의한 구동
③ 기어에 의한 전동
④ 체인에 의한 전동

127. V벨트 전동과 비교한 체인전동의 특성 설명으로 틀린 것은?
① V벨트 길이보다는 체인길이를 쉽게 조절할 수 있다.
② 미끄럼이 없어 속도비가 일정하다.
③ 고속회전에 적합하다.
④ 전동효율이 높다.

128. 체인의 특성이 아닌 것은?
① 미끄럼을 일으키지 않고 정확한 속도비를 얻을 수 있다.
② 전동효율은 롤러 체인이 95%이상이다.
③ 2축이 평행하지 않아도 전동이 가능하다.
④ 유지 및 수리가 쉽다.

Answer ▶ 121. ②　122. ④　123. ④　124. ①　125. ②　126. ④　127. ③　128. ③

129. 체인의 원동차 잇수(Z_1)가 20개, 회전수(N_1) 300rpm이고, 종동차 잇수(Z_2)가 30개일 때 종동차의 회전수(N_2)와 종동차의 속도(V_2)는 각각 얼마인가? (단, 종동차의 피치는 15mm 이다)

① N_2= 200rpm, V_2= 1.5m/s
② N_2= 200rpm, V_2= 2.5m/s
③ N_2= 400rpm, V_2= 1.5m/s
④ N_2= 450rpm, V_2= 2.25m/s

[풀이] ① 종동차의 회전수(N_2)= $\dfrac{Z_1 \times N_1}{Z_2}$

= $\dfrac{20 \times 300}{30}$ = 200rpm

② 종동차의 속도(V_2) = $\dfrac{N_2 \times P \times Z_2}{60 \times 1000}$

= $\dfrac{200 \times 15 \times 30}{60 \times 1000}$ = 1.5m/s

P : 종동차의 피치]

130. 체인의 평균속도가 3m/s, 전달동력이 6kW일 때 체인에 걸리는 하중은 몇 kgf인가?

① 18   ② 54
③ 108 ④ 204

[풀이] $W = \dfrac{102 \times H_{kW}}{V} = \dfrac{102 \times 6}{3}$ = 204kgf

W : 체인에 걸리는 하중, H_{kW} : 전달동력
V : 체인의 평균속도

131. 3kW, 1800rpm인 전동기로 300rpm인 펌프를 회전시킬 경우 두 축간거리가 600 mm인 V벨트 전동장치에서 원동풀리의 지름이 120mm일 때 펌프에 설치하는 종동풀리의 지름은?

① 360mm   ② 480mm
③ 720mm   ④ 900mm

[풀이] $D_2 = \dfrac{Mn \times D_1}{Pn} = \dfrac{1800 \times 120}{300}$ = 720mm

D_2 : 종동풀리의 지름, Mn : 전동기의 회전속도

D_1 : 원동풀리의 지름, Pn : 펌프의 회전속도

132. 원통 마찰차 전동장치에서 원동차 지름이 180mm이고 속도비가 1/3일 때 두 축의 중심거리는? (단, 미끄럼이 없는 것으로 가정한다)

① 120mm   ② 100mm
③ 360mm   ④ 420mm

[풀이] 원동차 지름이 180mm이고, 속도비가 1/3이므로 종동차 지름은 540mm이다.

$C = \dfrac{D_1 + D_2}{2} = \dfrac{180 + 540}{2}$ = 360mm

C : 중심거리, D_1, D_2 : 마찰차의 지름

133. 원동차 지름이 200mm, 종동차 지름이 350mm인 원통 마찰차에서 원동차가 12분 동안 630회전을 할 때 종동차는 20분 동안 몇 회전을 하는가?

① 300   ② 400
③ 500   ④ 600

[풀이] ① $N_1 = \dfrac{630}{12}$ = 52.6rpm

② $N_2 = N_1 \times \dfrac{D_1}{D_2} = 52.5 \times \dfrac{200}{350}$ = 30rpm

③ 20분 동안에는 20분×30rpm = 600rpm

134. 두 축간거리가 200mm, 속도비 3인 외접 원뿔 마찰차에서 지름이 작은 마찰차의 지름을 몇 mm로 하면 되겠는가?

① 100   ② 155
③ 200   ④ 300

[풀이] ① $\dfrac{N_B}{N_A} = \dfrac{D_A}{D_B} = 3 \quad \therefore \quad D_A = 3D_B$

② $2C = D_A + D_B = 3D_B + D_B$
   = $4D_B$ = 2×200 = 400

③ $D_B = \dfrac{400}{4}$ = 100

135. 축간거리가 600mm이고, 회전수가 N_1= 200rpm, N_2= 100rpm인 외접 원통 마찰차의 지름 D_1, D_2는 각각 몇 mm인가?

① D_1= 400mm, D_2= 600mm
② D_1= 400mm, D_2= 800mm
③ D_1= 600mm, D_2= 600mm
④ D_1= 600mm, D_2= 400mm

풀이 $C = \dfrac{D_1 + D_2}{2}$ 와 $\dfrac{N_2}{N_1} = \dfrac{D_1}{D_2}$ 에서

① $\dfrac{D_1}{D_2} = \dfrac{100}{200} = \dfrac{1}{2} = 0.5$

② $D_1 = 0.5 D_2$

③ $C = \dfrac{0.5 D_2 + D_2}{2}$, $1.5 D_2 = 2C$

$1.5 D_2 = 2 \times 600$ ∴ $D_2 = \dfrac{2 \times 600}{1.5} = 800$

④ $D_1 = 0.5 D_2 = 0.5 \times 800 = 400$

136. 원동차의 지름이 125mm이고, 종동차의 지름은 350mm인 원통마찰 전동장치에서 접촉면의 마찰계수가 0.2일 때 200 kgf의 힘으로 서로 밀어붙일 경우 최대 전달토크는 몇 kgf-mm인가?

① 3500 ② 7000
③ 14000 ④ 28000

풀이 $T = \dfrac{\mu P D_2}{2} = \dfrac{0.2 \times 200 \times 350}{2}$
$= 7000$ kgf-mm
T : 전달토크, μ : 마찰계수
P : 미는 힘, D_2 : 종동차의 지름

137. 원통마찰 전동장치에서 원동차의 지름이 125mm이고, 종동차의 지름은 350mm이고, 접촉면의 마찰계수가 0.2일 때, 200N의 힘으로 서로 밀어 붙일 경우 최대 전달토크는 몇 N·cm인가?

① 350   ② 700
③ 1400 ④ 2800

풀이 $T = \dfrac{\mu P D_2}{2} = \dfrac{0.2 \times 200 \times 350}{2 \times 10} = 700$

T : 전달토크, μ : 마찰계수
P : 미는 힘, D_2 : 종동차의 지름

138. 원통 마찰차에서 원동차의 지름이 130mm이고, 종동차의 지름은 400mm이다. 이때 마찰차의 마찰계수가 0.2이고 서로밀어 붙이는 힘은 2kN일 때 최대 전달토크는 몇 N·m인가?

① 50   ② 60
③ 80   ④ 120

풀이 $T = \dfrac{\mu P D_2}{2} = \dfrac{2 \times 2000\text{N} \times 0.04\text{m}}{2} = 80$

139. 스프링 재료로서 갖추어야 할 가장 중요한 성질은?

① 소성   ② 탄성
③ 가단성   ④ 전성

풀이 스프링 재료로서 갖추어야 할 가장 중요한 성질은 탄성이다.

140. 스프링의 평균지름(D)을 소선의 지름(d)으로 나눈 비는?

① 스프링 상수
② 스프링 지수
③ 스프링의 종횡비
④ 코일의 유효 감김수

풀이 스프링 지수란 스프링의 평균지름(D)을 소선의 지름(d)으로 나눈 비율을 말한다.

141. 스프링에 작용하는 진동수가 스프링의 고유 진동수와 같거나 공진하는 현상을 무엇이라 하는가?

① 스프링의 완화현상
② 스프링의 지수현상
③ 스프링의 피로현상
④ 스프링의 서징현상

풀이 스프링에 작용하는 진동수가 스프링의 고유진동수와 같거나 공진하는 현상을 스프링의 서징현상이라 한다.

Answer ▶ 135. ② 136. ② 137. ② 138. ③ 139. ② 140. ② 141. ④

142. 그림과 같은 스프링에 무게 W 의 추를 달았더니 δ만큼 늘어났다. 이 계의 스프링상수(k)는 얼마인가? (단, g는 중력가속도이다)

① $\dfrac{W}{g}$

② $\dfrac{W}{\delta}$

③ $\dfrac{g}{W}$

④ $\dfrac{\delta}{W}$

143. 스프링 상수가 5N/cm인 코일스프링에 30N의 하중을 작용시키면 처짐은 몇 mm인가?

① 10　　② 30

③ 60　　④ 90

풀이 $\delta = \dfrac{W}{k} = \dfrac{30\text{N}}{5\text{N/cm}} = 6\text{cm} = 60\text{mm}$

δ: 스프링의 처짐량, W: 하중, k: 스프링상수

144. 아래와 같은 코일스프링 장치에서 W는 작용하는 하중이고, 스프링상수를 k_1, k_2라 할 경우 합성 스프링상수 k를 나타내는 식은?

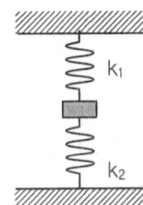

① $k = \dfrac{1}{k_1 + k_2}$　　② $k = k_1 + k_2$

③ $k = \dfrac{1}{\dfrac{1}{k_1} + \dfrac{1}{k_2}}$　　④ $k = \dfrac{k_1 + k_2}{k_1 \cdot k_2}$

풀이 ① 직렬연결의 합성 스프링 상수

$k = \dfrac{1}{k_1 + k_2}$

② 병렬연결의 합성 스프링 상수: $k = k_1 + k_2$

145. 압축 코일스프링에서 유효 감김수 만을 2배로 하면 축하중에 대하여 처짐은 몇 배가 되는가?

① 2　　② 4

③ 8　　④ 16

146. 그림에서 스프링상수가 k_1= 0.4kgf/mm, k_2= 0.2kgf/mm일 때 전체 스프링상수는 몇 kgf/mm인가?

① 0.16

② 0.4

③ 0.6

④ 0.13

풀이 병렬연결이므로 전체 스프링상수

$k = k_1 + k_2 = $ 0.4kgf/mm+0.2kgf/mm
= 0.6kgf/mm이다.

147. 그림과 같은 스프링장치에서 스프링상수가 k_1= 10N/cm, k_2= 20N/cm일 때, 무게 W에 의하여 스프링이 길이가 위쪽 스프링은 2cm 늘어나고, 아래쪽의 스프링은 2cm 압축되었다면 추의 무게 W는 몇 N인가?

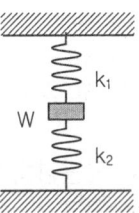

① 13.3　　② 33.3

③ 40　　④ 60

풀이 ① 병렬연결이므로 합성 스프링상수

$k = k_1 + k_2 = $ 10N/cm+20N/cm
= 30N/cm

② 위쪽 스프링은 2cm늘어났으므로 추의 무게는 30N/cm×2cm= 60N

Answer ▶ 142. ② 143. ③ 144. ② 145. ① 146. ③ 147. ④

148. 그림과 같은 스프링장치에 인장하중 $P=$ 100kgf일 때 이 스프링장치의 하중 방향의 처짐은 얼마인가?(단, 각 스프링의 스프링상수는 $k_1=$ 20kgf/cm이고, $k_2=$ 10kgf/cm이다)

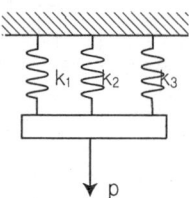

① 1.67cm ② 2cm
③ 2.5cm ④ 20cm

풀이 ① 병렬연결이므로 $k = k_1 + k_2 + k_1$
= 20kgf/cm+10kgf/cm+20kgf/cm
= 50kgf/cm
② $\delta = \dfrac{W}{k} = \dfrac{100 \text{kgf}}{50 \text{kgf/cm}} = 2\text{cm}$

149. 그림과 같이 3개의 스프링을 조합하여 연결하였을 때 조합된 스프링상수는 몇 N/mm인가?(단, 스프링상수 $k_1=$ 20N/mm, $k_2=$ 30N/mm, $k_3=$ 40N/mm이다)

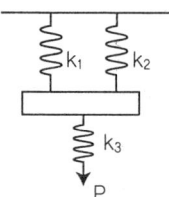

① 22.22 ② 44.44
③ 66.67 ④ 266.67

풀이 ① 병렬연결 합성 스프링상수 $k = k_1 + k_2$
= 20N/mm+30N/mm= 50N/mm
② 직렬연결 합성 스프링상수 $k = \dfrac{1}{\dfrac{1}{k_1} + k_2}$
$= \dfrac{1}{50} + \dfrac{1}{40} = \dfrac{40}{2000} + \dfrac{50}{2000} = \dfrac{90}{2000}$
$\therefore k = \dfrac{2000}{90} = 22.22$

150. 코일스프링에서 코일의 평균지름 $D=$ 50mm이고, 유효권수가 10, 소선지름이 $d=$ 6mm이면 축방향 하중 10N이 작용할 때 비틀림에 의한 전단응력은 약 몇 MPa인가?

① 1.5 ② 3.0
③ 5.9 ④ 58.9

풀이 $\tau b = \dfrac{8WD}{\pi d^3} = \dfrac{8 \times 10 \times 50}{3.14 \times 6^3} = 5.89$MPa
τb : 비틀림 응력, W : 축방향 하중
D : 코일의 평균지름, d : 소선지름

151. 마찰 면을 축 방향으로 눌러 제동하는 브레이크는?
① 밴드 브레이크(band brake)
② 원심 브레이크(centrifugal brake)
③ 원판 브레이크(disk brake)
④ 블록 브레이크(block brake)

152. 그림과 같은 단식블록 브레이크에서 브레이크에 가해지는 힘 F를 나타내는 식으로 옳은 것은?(단, W는 브레이크 드럼과 브레이크 블록사이에 작용하는 힘, μ는 마찰계수, f는 마찰력이다)

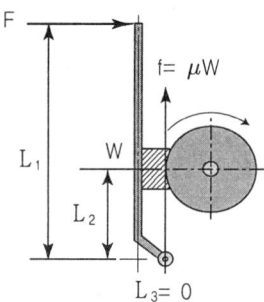

① $F = \dfrac{\mu W \ell_1}{\ell_1}$ ② $F = \dfrac{W \ell_1}{\ell_1}$
③ $F = \dfrac{W \ell_2}{\ell_1}$ ④ $F = \dfrac{\mu W \ell_1}{\ell_2}$

153. 브레이크 드럼의 지름이 450mm, 브레이크 드럼에 작용하는 수직방향 힘이 250N인 경우 드럼에 작용하는 토크는 몇 N·m인가?(단, 브레이크 블록과 드럼의 마찰계수 μ는 0.3이다)
① 8.43　　　② 12.6
③ 16.8　　　④ 17.5

풀이 $T = \mu P r = \dfrac{0.3 \times 250 \times 450}{2 \times 1000} = 16.8$

T : 드럼에 작용하는 토크, μ : 마찰계수
P : 드럼에 작용하는 힘, r : 드럼의 반지름

154. 드럼의 지름이 40mm인 브레이크 드럼에 브레이크 블록을 미는 힘 280N이 작용하고 있을 때 브레이크의 제동력은 얼마인가?(단, 마찰계수는 0.15이다)
① 42N　　　② 60N
③ 8400N　　④ 16800N

풀이 $f = \mu W = 0.15 \times 280N = 42N$
f : 제동력, μ : 마찰계수
W : 브레이크 블록을 미는 힘

155. 브레이크 드럼에 5000N·cm의 토크가 작용하고 있는 축을 정지시키는데 필요한 최소 제동력은 몇 N인가?(단, 브레이크 드럼의 지름은 50cm이고, 마찰계수는 0.1이다)
① 10　　　② 20
③ 100　　　④ 200

풀이 $f = \dfrac{2T}{D} = \dfrac{2 \times 5000}{50} = 200N$
f : 제동력
T : 드럼에 작용하는 토크
D : 드럼의 지름

156. 베어링과 축, 피스톤과 실린더 등과 같이 서로 접촉하면서 운동하는 접촉면에 마찰을 적게 하기 위해 사용되는 것으로 가장 적합한 것은?
① 냉매　　　② 절삭유
③ 윤활유　　④ 냉각수

157. 윤활유의 사용 목적이 아닌 것은?
① 밀폐작용　　② 밀봉작용
③ 청정작용　　④ 보온작용

풀이 윤활유의 작용에는 마찰감소 및 마멸방지작용, 충격완화(응력방지)작용, 냉각작용, 부식방지작용, 청정(세척)작용 등이 있다.

158. 그림과 같은 브레이크 드럼에 25000N·mm의 토크가 우회전으로 작용할 때 브레이크 레버에 가해지는 힘은?(단, c < 0, D= 700mm, a= 1700mm, b= 500mm, C= 80mm, μ= 0.2로 한다)

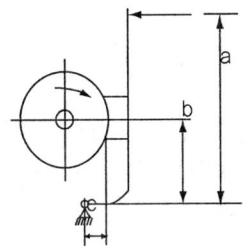

① 408.5N　　② 308.4N
③ 208.6N　　④ 101.7N

풀이 ① $T = \dfrac{\mu W D}{2} = \dfrac{2 \times 25000}{0.2 \times 700} = 357N$
T : 브레이크 드럼에 작용하는 토크
μ : 마찰계수
W : 브레이크 드럼과 브레이크 블록사이에 작용하는 힘
D : 브레이크 드럼의 지름]에서 $W = \dfrac{2T}{\mu D}$

② $F = \dfrac{W}{a}(b - \mu c) = \dfrac{357}{1700} \times (500 - 0.2 \times 80)$
  $= 101.64N$

159. 기계의 작동유가 갖추어야 할 일반적인 특성이 아닌 것은?
① 윤활성　　② 유동성
③ 기화성　　④ 내산성

Answer ▶ 153. ③ 154. ① 155. ④ 156. ③ 157. ④ 158. ④ 159. ③

기계공작법

01. 주조형 목형(원형)을 실물치수보다 크게 만드는 이유로 다음 중 가장 중요한 것은?
① 수축여유와 가공여유를 고려하기 때문이다.
② 잔형을 덧붙임 하여야 하기 때문이다.
③ 코어를 넣어야 하기 때문이다.
④ 주형의 치수가 크기 때문이다.

풀이 주조형 목형(원형)을 실물치수보다 크게 만드는 이유는 용융된 금속이 응고할 때 수축이 발생하게 되므로 수축여유와 가공여유를 고려하기 때문이다.

02. 속이 빈 모양의 목형을 주형 내부에서 지지할 수 있도록 목형에 덧붙여 만든 돌출부를 무엇이라고 하는가?
① 라운딩(rounding)
② 덧붙임(stop off)
③ 코어 프린트(core print)
④ 목형 기울기(draft taper)

풀이 코어 프린트는 속이 빈 모양의 목형을 주형 내부에서 지지할 수 있도록 목형에 덧붙여 만든 돌출부를 말한다.

03. 주형에서 코어(core)받침대가 사용되는 주요 이유가 아닌 것은?
① 코어의 자중
② 주형의 자중
③ 쇳물의 부력
④ 쇳물의 압상력(押上力)

풀이 주형에서 코어(core)받침대를 사용하는 목적은 코어의 자중, 쇳물의 부력, 쇳물의 압상력 때문이다.

04. 목형의 종류에서 현형에 속하는 것이 아닌 것은?

① 단체형(one piece pattern)
② 분할형(split pattern)
③ 조합형(built up pattern)
④ 회전형(sweeping pattern)

05. 목형이 대단히 크고, 대칭 형상을 갖는 주조부품의 목형으로 다음 중 가장 적합한 것은?
① 현형　　　② 부분목형
③ 골조목형　④ 코어목형

풀이 목형이 매우 크고, 대칭형상이며, 동일한 형상이 연속적으로 이루어질 때 부분목형이 적합하다.

06. 목형의 중량이 15kgf일 때 주물의 중량은 몇 kgf인가?(단, 주물의 비중은 7.2이고, 목형의 비중은 0.5이다)
① 7.5　　　② 108
③ 180　　　④ 216

풀이 $W_m = \dfrac{S_m}{S_p} W_p = \dfrac{7.2 \times 15}{0.5} = 216$kgf
W_m : 주물의 중량, S_m : 주물의 비중
S_p : 목형의 비중, W_p : 목형의 중량

07. 목형의 중량이 3.0kgf일 때 6·4 황동 주물의 중량은 몇 kgf인가?(단, 목형의 비중은 0.4, Cu의 비중은 8.9, Zn의 비중은 7.0이다)
① 54.13　　② 58.22
③ 61.05　　④ 67.05

풀이 $W_m = \dfrac{S_m}{S_p} W_p = \dfrac{(8.9 \times 0.6) + (7.0 \times 0.4)}{0.4} \times 3.0$
　　= 61.05kgf

08. 다음 중 주물사의 시험항목에 들지 않는 것은?
① 강도　　　② 건조도
③ 경도　　　④ 통기도

풀이 주물사의 시험 항목에는 강도, 경도, 통기도 등이 있다.

Answer ▶ 1.① 2.③ 3.② 4.④ 5.② 6.④ 7.③ 8.②

09. 축열실과 반사로를 사용하여 장입물을 용해 정련하는 방법으로 우수한 강을 얻을 수 있고 다량생산에 적합한 용해로는?
① 도가니로 ② 전로
③ 평로 ④ 전기로

풀이 평로(open-hearth furnace)는 노에서 나오는 가스를 이용하여 공기를 가열하는 축열실(蓄熱室)을 노 밑에 갖추고 1,800℃의 고온을 얻어, 선철을 강으로 만들 수 있다.

10. 용해온도가 낮은 동, 황동, 청동 등 비철금속을 용해시키는데 주로 사용하는 용해로는?
① 큐폴라(cupola)
② 전기로(electronic furnace)
③ 반사로(reservatory furnace)
④ 평로(open heat furnace)

풀이 반사로(reservatory furnace)는 많은 금속을 값싸게 용해할 수 있으며, 대형주물 및 고급 주물을 용해할 때나 특수배합의 주물을 사용할 때 이용된다. 구리, 청동, 황동 등 비철금속을 용해할 때 주로 사용한다.

11. 도가니로의 규격은 어떻게 표시하는가?
① 시간당 용해 가능한 구리의 중량(kgf)
② 시간당 용해 가능한 구리의 부피(m^3)
③ 한 번에 용해 가능한 구리의 중량(kgf)
④ 한 번에 용해 가능한 구리의 부피(m^3)

풀이 도가니로의 규격은 한 번에 용해 가능한 구리의 중량(kgf)으로 표시한다.

12. 주물에서 기공(blow hole)의 유무를 검사하기 위한 비파괴시험 방법에 속하지 않는 것은?
① 자기 탐상법 ② 현미경 탐상법
③ 초음파 탐상법 ④ 방사선 탐상법

풀이 주물에 기공(blow hole)의 유무를 검사하는 방법에는 자기 탐상법, 방사선 탐상법, 초음파 탐상법 등이 있다.

13. 용융금속을 금속주형에 고속, 고압으로 주입하여 정밀도가 높은 알루미늄 합금 주물을 다량 생산하고자 할 때 가장 적합한 주조방법은?
① 칠드주조 ② 원심주조법
③ 다이캐스팅 ④ 셸 주조

14. 정밀금속 주형에 Al합금, Cu합금, Zn합금, Mg합금 등의 용융금속을 고속, 고압으로 주입하여 주물을 얻는 방법의 주조법은?
① 원심주조법 ② 셸몰드법
③ 다이캐스팅 ④ 인베스트먼트법

15. 시험주조에 비교한 다이캐스팅의 장점 설명으로 틀린 것은?
① 주물의 형상이 정확하고 끝손질할 필요가 거의 없다.
② 아연, 알루미늄합금의 대량 생산용으로 사용한다.
③ 대형주물의 주조에 적합하다.
④ 단면이 얇은 주물의 주조가 가능하다.

16. 다음 측정기 중 아들자와 어미자로 되어 있지 않은 것은?
① 버니어캘리퍼스 ② 마이크로미터
③ 하이트 게이지 ④ 다이얼 게이지

17. 어미자 1눈금이 0.5mm일 때, 12mm를 25등분하여 아들자의 눈금으로 사용하는 버니어 캘리퍼스는 몇 mm까지 읽을 수 있는가?
① 12.5mm ② 6mm
③ 0.2mm ④ 0.02mm

풀이 버니어 캘리퍼스의 눈금
$0.5mm - \frac{12}{25} = 0.02mm$

Answer ▶ 9. ③ 10. ③ 11. ③ 12. ② 13. ③ 14. ③ 15. ③ 16. ④ 17. ④

18. 버니어캘리퍼스의 어미자에 새겨진 1mm의 19눈금(19mm)을 아들자에서 20등분할 때 어미자와 아들자의 1눈금 크기의 차이는?

① 1/50mm　② 1/20mm
③ 1/24mm　④ 1/25mm

[풀이] 어미자와 아들자의 1눈금 크기의 차이
$= 1 - \frac{19}{20} = \frac{20}{20} - \frac{19}{20} = \frac{1}{20}$

19. 어미자의 최소눈금이 1mm이고, 어미자 49mm를 50등분한 아들자 버니어캘리퍼스의 최소 측정값은?

① 0.01mm　② 0.02mm
③ 0.025mm　④ 0.05mm

[풀이] 최소 측정값: $1 - \frac{49}{50} = 0.02$mm

20. 다음 그림과 같이 측정 된 버니어 캘리퍼스의 측정값은?(단, 아들자의 최소 눈금은 1/50mm 이다)

① 5.01mm　② 5.05mm
③ 5.10mm　④ 5.15mm

21. 사용하는 측정기의 최소 측정단위가 1μm이면 몇 mm까지 측정이 가능한가?

① $\frac{1}{100}$　② $\frac{1}{1000}$
③ $\frac{1}{10000}$　④ $\frac{1}{100000}$

[풀이] 사용하는 측정기의 최소 측정단위가 1μm이면 $\frac{1}{1000}$mm까지 측정이 가능하다.

22. 마이크로미터 스핀들 나사의 피치가 0.5mm이고, 딤블의 원주눈금이 50등분 되어 있으면 최소 측정값은 몇 mm인가?

① 0.01　② 0.05
③ 0.001　④ 0.005

[풀이] 마이크로미터에서 나사의 피치와 딤블의 눈금은 피치가 0.5mm이고, 딤블은 50등분이 되어 있으면 $\frac{0.5\text{mm}}{50} = 0.01$mm이다.

23. 마이크로미터에서 스핀들 나사의 피치가 0.5mm이고, 딤블을 100등분하였다면 측정가능한 정밀도는 몇 mm인가?

① 0.01mm　② 0.05mm
③ 0.001mm　④ 0.005mm

[풀이] 마이크로미터에서 나사의 피치와 딤블의 눈금은 피치가 0.5mm이고, 딤블은 100등분이 되어 있으면 $\frac{0.5\text{mm}}{100} = 0.005$mm이다.

24. 0.01mm를 측정할 수 있는 마이크로미터의 딤블을 2눈금 회전시켰을 때 스핀들의 움직인 양은 몇 mm인가?(단, 마이크로미터 딤블의 원주는 50등분 되어 있고, 피치는 0.5mm이다)

① 0.02　② 0.025
③ 0.5　④ 0.1

[풀이] 마이크로미터에서 나사의 피치와 딤블의 눈금은 피치가 0.5mm이고, 딤블은 50등분이 되어 있으면 $\frac{0.5\text{mm}}{50} = 0.01$mm이며, 이때 딤블을 2회전시켰으므로 0.02mm이다.

25. 나사 마이크로미터는 나사의 무엇을 측정하는가?

① 암나사의 안지름
② 수나사의 골지름
③ 수나사의 유효지름
④ 암나사의 골지름

[풀이] 나사 마이크로미터는 수나사의 유효지름을 측정한다.

Answer ▶▶ 18. ②　19. ②　20. ③　21. ②　22. ①　23. ④　24. ①　25. ③

26. 외측 마이크로미터에서 측정력을 일정하게 하는 것은?
① 딤블   ② 앤빌
③ 래칫 스톱   ④ 클램프

27. 나사에서 3침법의 측정이 가장 적합한 것은?
① 유효지름   ② 피치
③ 골지름   ④ 외경

  [풀이] 나사의 유효지름은 3침법으로 측정하는 것이 가장 적합하다.

28. 비교 측정의 표준이 되는 게이지는?
① 한계 게이지   ② 마이크로미터
③ 블록 게이지   ④ 센터 게이지

29. 마이크로미터의 측정 면이나 블록 게이지의 측정 면과 같이 비교적 작고, 정밀도가 높은 측정물의 평면도검사에 사용하는 측정기로 다음 중 가장 적합한 것은?
① 윤곽 투영기(profile projector)
② 오토 콜리메타(auto-collimator)
③ 컴비네이션 세트(combination set)
④ 옵티컬 플랫(optical flat)

  [풀이] 옵티컬 플랫(optical flat)은 마이크로미터의 측정면이나 블록 게이지의 측정 면과 같이 비교적 작고, 정밀도가 높은 측정물의 평면도검사에 사용하는 측정기구이다.

30. 회전축의 흔들림 검사에 가장 적합한 측정기는?
① 게이지 블록
② 버니어 캘리퍼스
③ 마이크로미터
④ 다이얼 게이지

31. 다음 중 다이얼 게이지로 측정하는 것이 가장 적합한 것은?

① 캠축의 휨
② 피스톤의 외경
③ 나사의 피치
④ 피스톤과 실린더의 간극

32. L = 50mm의 사인바(sine bar)에 의하여 경사각 θ= 20°를 만드는 데 필요한 게이지 블록의 높이 차이(h)는 약 몇 mm로 조합하여야 하는가?

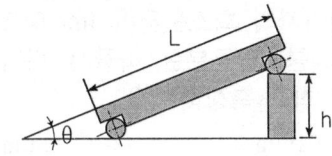

① 16.40   ② 17.10
③ 18.20   ④ 19.30

  [풀이] $H = L \times \sin\theta$ = 50mm×sin20° = 17.10mm
  H : 게이지 블록의 높이차이
  L : 사인 바의 길이, $\sin\theta$: 경사각도

33. 길이 측정기가 아닌 것은?
① 사인 바   ② 마이크로미터
③ 하이트 게이지   ④ 버니어 캘리퍼스

34. 암나사를 수기가공으로 작업을 할 때 사용되는 공구는?
① 탭(tap)
② 리머(reamer)
③ 다이스(dies)
④ 스크레이퍼(scraper)

  [풀이] 탭(tap)은 암나사를 손으로 가공작업을 할 때 사용되는 공구이며, 다이스는 수나사 가공에 사용된다.

35. 선삭가공이나 드릴로 뚫어진 구멍의 형상과 치수를 정밀하게 다듬질하는 작업을 하는 것은?
① 탭핑   ② 다이스 작업
③ 리밍   ④ 스크레이퍼작업

Answer ▶ 26. ③ 27. ① 28. ③ 29. ④ 30. ④ 31. ① 32. ② 33. ① 34. ① 35. ③

36. 기계의 분진이나 쇠 부스러기를 청소하기 위해서 사용하는 공구로 다음 중 가장 적당한 것은?
① 줄　　　② 스크레이퍼
③ 정　　　④ 브러시

37. 다음 중 소성가공에 해당되지 않는 것은?
① 압연가공　　　② 단조가공
③ 주조가공　　　④ 인발가공

38. 철, 구리, 황동 등의 금속 소성가공에서 냉간가공 중에 나타날 수 있는 현상은?
① 풀림　　　② 변태
③ 재결정　　　④ 가공경화

> 풀이 가공경화란 금속의 소성가공에서 냉간가공 중에 나타날 수 있는 현상이며, 금속을 가공·변형시켜 금속의 경도를 증가시키는 방법으로 변형경화(變形硬化)라고도 한다.

39. 소성가공할 때 열간가공과 냉간가공을 구분하는 온도와 가장 관계가 있는 것은?
① 재결정온도　　　② 용융온도
③ 등소변태 온도　　　④ 임계온도

40. 다음 중 재결정온도가 가장 낮은 금속은?
① Fe　　　② Ni
③ W　　　④ Al

> 풀이 금속의 재결정온도
> Fe : 450℃, Ni : 600℃, W : 1200℃
> Al : 150℃

41. 냉간가공의 특징이 아닌 것은?
① 가공 면이 매끄럽고 곱다.
② 가공도가 크다.
③ 연신율이 작아진다.
④ 제품의 치수가 정확하다.

42. 냉간가공에 대한 설명으로 틀린 것은?
① 가공 면이 깨끗하고 정확한 치수가공이 가능하다.
② 열간가공에 비해 짧은 시간 내에 강력한 가공이 가능하다.
③ 재료의 변형저항이 크므로 동력소모가 많다.
④ 재료내부에 응력이 잔류하게 되어 자연균열(season crack)이 발생할 수 있다.

43. 소성가공법 중 냉간가공과 비교한 열간가공의 특징이 아닌 것은?
① 가공 면이 아름답고 정밀한 형상의 가공 면을 얻는다.
② 재결정온도 이상으로 가열하므로 가공이 쉽다.
③ 거친 가공에 적합하다.
④ 표면이 가열되어 있어 산화로 인해 정밀가공이 어렵다.

44. 상온(냉간)가공에 비교되는 고온(열간)가공에 관련된 설명으로 올바른 것은?
① 미세결정의 형성이 끝나는 재결정온도보다 다소 높은 온도에서 작업한다.
② 강에서는 임계범위보다 높은 온도에서 작업한다.
③ 가공경화를 일으켜 강도와 경도가 증가한다.
④ 강의 경우 보통 1040℃이며, 재결정 온도보다 낮아야 한다.

45. 일명 드로잉이라고도 하며 소재를 테이퍼 다이스(taper dies)를 통과시켜 봉재, 선재, 관재를 가공하는 방법은?
① 단조　　　② 압연
③ 인발　　　④ 전단

Answer ▶ 36. ④ 37. ③ 38. ④ 39. ① 40. ④ 41. ② 42. ② 43. ① 44. ① 45. ③

46. 다음 중 소성가공에서 인발(drawing)을 바르게 설명한 것은?

① 회전하는 2~3개의 롤러 사이에 넣고 가공하는 방법
② 일정한 틈을 통과시켜 잡아당겨 늘리는 가공방법
③ 재료를 통속에 넣고 압축하며 뽑아내는 가공방법
④ 판재를 형틀에 의하여 변형시켜 가공하는 방법

풀이 인발(drawing)은 드로잉이라고도 하며 다이(die) 구멍에 재료를 통과시켜 잡아당기면 단면적이 감소되어 다이 구멍의 형상과 같은 단면의 봉(捧), 선(線), 파이프 등을 만드는 가공 방법이다. 인발의 가공도는 단면감소율로 나타낸다.

47. 인발에 영향을 미치는 조건과 거리가 먼 것은?

① 단면감소율
② 다이(die)의 각도
③ 윤활방법
④ 펀치의 각도

48. 시험 전 시험편 지름이 Φ40이었고, 시험 후의 시험편 지름이 Φ30이었다. 이 경우의 단면수축률(%)은?

① 25.0
② 43.75
③ 65.0
④ 75.25

풀이 $\Phi = \dfrac{A_0 - A_1}{A_0} \times 100 = \dfrac{(0.785 \times 4^2) - (0.785 \times 3^2)}{0.785 \times 4^2}$
$\times 100 = 43.75\%$
Φ : 단면수축률(%)
A_0 : 시험 전 단면적(cm²)
A_1 : 시험 후 단면적(cm²)

49. 압출가공에 대한 설명이다. 거리가 먼 것은?

① 속이 빈 용기를 만드는 데는 충격압출이 적합하다.
② 압출에 의한 표면결함은 소재온도가 가공속도를 늦춤으로써 방지할 수 있다.
③ 단면의 형태가 다양한 직선, 곡선 제품의 생산이 가능하다.
④ 납 파이프나 건전지 케이스를 생산하는 데 적합하다.

풀이 압출가공은 컨테이너 속에 있는 재료를 램으로 눌러 빼는 가공방법으로 봉, 선, 파이프 등의 제작에서 사용된다.

50. 2개의 회전하고 있는 롤러사이에 소재를 통과시켜 단면적을 감소시켜 길이를 늘이는 소성가공 방법은?

① 압출
② 인발
③ 압연
④ 단조

풀이 압연은 상온 또는 고온에서 회전하는 2개의 롤러 사이에 소재를 통과시켜 단면적을 감소시켜 길이를 늘이는 소성가공 방법이다.

51. 다음 중 다이나 롤러를 사용하여 재료를 회전시키면서 압력을 가하여 제품을 만드는 가공방법으로 나사 등의 가공에 가장 적합한 가공방법은?

① 압연가공(rolling)
② 압출가공(extruding)
③ 프레스가공(press working)
④ 전조가공(form rolling)

풀이 전조가공(form rolling)은 다이나 롤러를 사용하여 소재를 회전시키면서 부분적으로 압력을 가하여 변형시켜 제품을 만든 가공 방법이다. 전조가공에서는 주로 나사, 기어, 볼 등을 만든다.

52. 소성 가공법에서 판금가공의 종류가 아닌 것은?

① 굽힘 가공
② 타출가공
③ 압출가공
④ 전단가공

풀이 판금가공의 종류에는 블랭킹, 펀칭, 전단, 굽힘, 트리밍, 세이빙 등이 있다.

Answer ≫ 46. ② 47. ④ 48. ② 49. ③ 50. ③ 51. ④ 52. ③

53. 다음은 전단가공의 종류에 대한 설명이다. 틀린 것은?
① 블랭킹(blanking) : 펀치로 판재를 필요한 치수의 모양으로 따내는 작업
② 전단(shearing) : 판재를 필요한 길이의 치수로 절단하는 작업
③ 셰이빙(shaving) : 드로잉을 한 제품의 귀 또는 단조부품의 거스러미를 제거하는 작업
④ 피어싱(piercing) : 필요한 치수 모양으로 구멍을 만드는 작업

> 풀이 셰이빙(shaving)은 뽑기나 구멍 뚫기를 한 제품의 가장자리에 붙어 있는 파단면 등이 편평하지 못하므로 제품의 끝을 약간 깎아 다듬질하는 작업을 말한다.

54. 프레스 가공을 분류할 때 전단가공의 종류에 속하지 않는 것은?
① 엠보싱(embossing)
② 블랭킹(blanking)
③ 트리밍(trimming)
④ 셰이빙(shaving)

> 풀이 엠보싱은 압축가공에 속하며, 얇은 재료를 한 쌍의 펀치로 다이의 요철이 서로 반대가 될 수 있게 하여 성형하는 가공방법

55. 두께 2mm의 탄소 강판에 지름 20mm의 구멍을 펀칭할 때 펀칭력은 약 몇 kgf 이상이 필요한가? (단, 판의 전단응력은 30kgf/mm²이다)
① 1800
② 3770
③ 5655
④ 18850

> 풀이 $P = \pi d t \tau = 3.14 \times 20 \times 2 \times 30 = 3768$kg
> P : 펀칭력, d : 구멍의 지름, t : 판의 두께
> τ : 연강 판의 전단 파괴강도

56. 액압 프레스의 용량을 Q, 단조물의 유효 단면적을 A, 단조시 프레스 효율을 σ_e라 할 때 재료의 변형저항 σ_e를 나타내는 식은?
① $\sigma_e = \dfrac{Q\eta}{A}$
② $\sigma_e = \dfrac{A\eta}{Q}$
③ $\sigma_e = \dfrac{AQ}{\eta}$
④ $\sigma_e = \dfrac{\eta}{AQ}$

57. 유압프레스에서 용량이 5kN이고, 프레스 효율이 80%, 단조물의 유효단면적이 300mm²일 때, 단조재료의 변형저항은 약 몇 N/mm²인가?
① 10.3
② 13.3
③ 15.3
④ 16.7

> 풀이 $R = \dfrac{Q}{A} \times \eta = \dfrac{5 \times 1000N}{300mm^2} \times 0.8 = 13.3$N/mm²
> R : 변형저항, Q : 프레스 용량
> A : 유효단면적, η : 프레스 효율

58. 스프링 백 현상은 다음 어느 작업할 때 가장 많이 발생하는가?
① 용접
② 프레스
③ 절삭
④ 열처리

> 풀이 스프링 백(spring back)이란 소성재료를 굽힘 가공을 할 때 재료를 굽힌 후 힘을 제거하면 판재의 탄성으로 인하여 탄성변형 부분이 원래의 상태로 복귀하여 그 굽힘 각도나 굽힘 반지름이 열려커지는 현상이며, 프레스 작업이나 판금가공에서 주로 발생한다.

59. 동전제작 시 사용되는 방법으로 다이에 요철을 만들어 압축하는 가공은?
① 사이징(sizing)
② 압인가공(coining)
③ 컬링(curling)
④ 엠보싱(embossing)

> 풀이 압인가공(coining)은 소재 표면에 필요한 모양이나 무늬가 있는 형 공구(型工具)로 눌러서, 비교적 얕은 요철이 생기게 하는 것인데 동전이외에 메달·스푼·나이프·포크·장식품·금속부품 등의 가공에 이용된다.

Answer ▶ 53. ③ 54. ① 55. ② 56. ① 57. ② 58. ② 59. ②

60. 연강재료의 절삭가공 시 절삭저항이 가장 적고 절삭가공 면이 매끈한 칩의 형식은?
① 전단형   ② 유동형
③ 균열형   ④ 열단형

풀이 유동형 칩은 칩이 계속 길게 연결되어 흘러가듯 나오는 것으로, 절삭작용이 원활하고 다듬질 면이 양호할 때 발생한다. 즉 연성재료를 절삭가공 할 때 절삭저항이 가장 적고, 절삭가공 면이 매끈한 칩의 형식이다.

61. 절삭가공에서 발생하는 칩의 일반적인 형태가 절삭력으로 가공된 면이 뜯어낸 것과 같은 형태의 표면이나 땅을 파는 것과 같이 불규칙한 면으로 가공되는 일명 열단형 칩이라고도 하는 칩은?
① 유동형 칩   ② 경작형 칩
③ 전단형 칩   ④ 균열형 칩

62. 점성이 큰 가공물을 경사각이 적은 절삭 공구로 가공할 때 칩이 경사면에 점착되어 원활하게 흘러나가지 못하고 절삭공구의 전진에 따라 압축되어 가공재료 일부에 터짐 현상이 발생하는 칩의 형태는?
① 유동형 칩   ② 경작형 칩
③ 전단형 칩   ④ 균열형 칩

63. 선반작업에서 발생하는 구성인선(Built up edge)의 감소대책으로 옳은 것은?
① 절삭 깊이를 깊게 한다.
② 상면 경사각을 작게 한다.
③ 절삭속도를 고속으로 한다.
④ 마찰저항이 큰 공구를 사용한다.

64. 공작기계로 공작물을 절삭할 때는 절삭저항이 발생하는데 절삭저항에 해당되지 않는 것은?
① 주분력   ② 배분력
③ 횡분력(이송분력)   ④ 치핑(chipping)

65. 선반의 3분력의 크기가 순서대로 된 것은?
① 주분력 > 배분력 > 이송분력
② 주분력 > 이송분력 > 배분력
③ 배분력 > 주분력 > 이송분력
④ 배분력 > 이송분력 > 주분력

66. 선반작업에서 공작물의 지름을 D (mm), 1분간의 회전수를 N(rpm)이라 할 때, 절삭속도 V는 몇 m/min 인가?
① $V = \pi DN$ ② $V = \dfrac{\pi DN}{1000}$
③ $V = \dfrac{\pi D}{1000N}$ ④ $V = \dfrac{\pi N}{1000D}$

67. 선반에서 지름 5cm인 연강의 둥근 막대를 절삭할 때 주축의 회전수가 120rpm 이라고 하면 절삭속도는 몇 m/min인가?
① 9.4   ② 18.8
③ 19.6   ④ 37.6

풀이 $V = \dfrac{\pi DN}{100} = \dfrac{3.14 \times 5 \times 120}{100} = 18.84$ m/min
V : 절삭속도, D : 공작물의 지름
N : 공작물의 회전속도

68. 지름이 100mm인 탄소강재를 선반가공할 때 1회 가공 소요시간은 약 몇 초인가?(단, 회전수는 400rpm이고, 이송은 0.3 mm/rev이며, 탄소강재의 길이는 50mm 이다)
① 20초   ② 25초
③ 30초   ④ 40초

풀이 ① $V = \dfrac{\pi DN}{1000} = \dfrac{3.14 \times 100 \times 400}{1000}$
$= 125.6$ m/min
② $t = \dfrac{\pi D \ell}{V \times f \times 1000} = \dfrac{3.14 \times 100 \times 50}{125.6 \times 0.3 \times 1000}$
$= 0.417$ min $= 25$ sec
t : 절삭시간, D : 지름, f : 이송속도
ℓ : 탄소강재의 길이, V : 절삭속도

Answer ▶ 60. ② 61. ② 62. ② 63. ③ 64. ④ 65. ① 66. ② 67. ② 68. ②

CHAPTER 04 General Mechanical Engineering — 일반기계공학

69. 절삭공구 재료가 갖추어야 할 성질이 아닌 것은?
① 취성
② 강인성
③ 내마모성
④ 피삭재에 비하여 충분한 고온경도

풀이 공구재료의 필요한 성질
① 강성과 인성이 커야 한다.
② 내마멸성이 커야 한다.
③ 피삭재에 비하여 충분한 고온경도가 있어야 한다.

70. 절삭공구의 수명이 종료되어 공구를 다시 연삭하거나 새로운 절삭공구로 바꾸기 위한 공구수명 판정방법이 아닌 것은?
① 가공 면에 광택이 있는 색조나 반점이 생길 때
② 공구인선의 마모가 일정량에 도달하였을 때
③ 완성치수의 변화량이 일정량에 도달했을 때
④ 절삭저항의 이송분력과 배분력이 급격히 감소할 때

71. 절삭공구 인선의 파손 중에서 공구 인선의 일부가 미세하게 탈락되는 현상을 무엇이라고 하는가?
① 크레이터 마모
② 플랭크 마모
③ 치핑
④ 구성인선

풀이 치핑(chipping): 절삭공구 인선의 파손 중에서 공구 인선의 일부가 미세하게 탈락되는 현상, 즉 절삭 날의 강도가 절삭저항에 견딜 수 없어 절삭 날 끝이 떨어지는 현상이며, 절삭속도가 낮을 때 일어나기 쉽다.

72. 선반에서 일반적으로 할 수 있는 작업은?
① 나사 절삭
② 사각 추 가공
③ 기어 절삭
④ 묻힘 키 홈 가공

풀이 선반에서 가공할 수 있는 작업은 바깥지름(외경) 절삭, 끝 면 절삭, 정면절삭, 절단, 테이퍼 절삭, 곡면절삭, 구멍 뚫기, 보링 작업, 너링 작업, 나사절삭 등이 있다.

73. 대형의 가공물이나 불규칙한 가공물을 편리하게 가공할 수 있는 가장 적당한 선반은?
① 공구선반(tool lathe)
② 탁상선반(bench lathe)
③ 보통선반(engine lathe)
④ 수직선반(vertical lathe)

풀이 수직선반(vertical lathe)은 주축이 수직으로 되어 있으며, 대형의 가공물이나 불규칙한 가공물 가공에 사용된다. 공작물은 수평면에서 회전하는 테이블 위에 설치하고, 공구대는 크로스 레일(cross rail) 또는 칼럼을 이송 운동한다. 지름이 크고, 너비가 짧은 공작물을 가공하는데 적합하다. 보링가공이 가능하므로 수직 보링머신이라고도 한다.

74. 선반의 베드를 가능한 한 짧게 하여 주로 공작물의 면(面) 절삭에 쓰이는 것으로 직경이 큰 공작물의 가공에 주로 쓰이는 것은?
① 수직선반
② 터릿선반
③ 정면선반
④ 모방선반

풀이 정면선반(face lathe)은 선반의 베드를 가능한 한 짧게 하여 주로 공작물의 면(面) 절삭에 쓰이는 것으로 직경이 큰 공작물의 가공에 주로 쓰인다. 즉 바깥지름은 크고, 길이가 짧은 공작물의 정면을 깎는다. 면판이 크고, 공구대가 주축에 직각으로 광범위하게 이동하는 선반이다. 일반적으로 공구대가 2개이며, 리드 스크루가 없다.

75. 보통선반을 구성하고 있는 주요 구성부분에 해당되지 않는 것은?
① 주축대
② 테이블
③ 베드
④ 심압대

76. 다음 중 선반의 4대 주요 구성부분에 속하지 않는 것은?
① 심압대
② 주축대
③ 바이트
④ 왕복대

Answer 69. ① 70. ④ 71. ③ 72. ① 73. ④ 74. ③ 75. ② 76. ③

77. 다음 공작기계 중 부속장치로 척, 센터, 돌림판, 돌리개, 심봉, 방진구 등이 있는 것은?
① 선반   ② 플레이너
③ 보링머신   ④ 밀링머신

풀이 선반의 부속장치에는 척, 센터, 돌림판, 돌리개, 심봉, 방진구 등이 있다.

78. 선반의 부속장치로 심압대에 꽂아서 사용하는 것으로 선단이 원뿔형이고, 대형 가공물에 사용되며, 자루부는 테이퍼 되어 있는 것은?
① 척(chuck)
② 센터(center)
③ 심봉(mandrel)
④ 돌림판(driving plate)

79. 선반의 부속장치 중 구멍이 있는 공작물에서 그 구멍을 기준으로 하여 가공할 때 사용하는 부속품은?
① 돌리개(dog)
② 심봉(mandrel)
③ 방진구(work rest)
④ 면판(face plate)

80. 지름 75mm의 앤드 밀 커터가 매분 60회전하며 절삭할 때 절삭속도는 약 몇 m/min인가?
① 14   ② 20
③ 26   ④ 32

풀이 $V = \dfrac{\pi DN}{1000} = \dfrac{3.14 \times 75 \times 60}{1000} = 14.13\text{mm}$
V : 절삭속도, D : 공작물의 지름
N : 공작물의 회전속도

81. 정육면체의 외형 평면가공에 다음 중 가장 적합한 공작기계는?
① 선반   ② 드릴링머신
③ 밀링머신   ④ 보링머신

82. 다음은 공작기계의 특성을 나열한 것이다. 이 중에서 잘못 설명한 것은?
① 공작물의 회전과 그 회전축을 포함하는 평면 내에서 공구의 선 운동에 의해서 공작물을 원하는 형태로 절삭하는 것을 선삭 가공이라 한다.
② 밀링머신은 회전하는 공작물에 절삭공구를 이송하여 원하는 형상으로 가공하는 공작기계이다.
③ 드릴작업은 일반적으로 드릴 주축을 회전시켜 작업하지만 정확을 요하는 깊은 구멍작업에는 가공물을 회전시킨다.
④ 연삭숫돌을 공구로 사용하고 가공물에 상대운동을 시켜 정밀하게 가공하는 작업을 연삭이라 한다.

83. 다음 공작기계 중 평면절삭을 하려고 할 때 가장 적합한 기계는?
① 보링 머신   ② 선반
③ 드릴링 머신   ④ 세이퍼

풀이 세이퍼는 비교적 소형 공작물을 평면 절삭하는데 적합하며, 프레임, 램, 공구대, 테이블 구동 및 변속장치 등으로 되어 있다.

84. 드릴가공에 대한 일반적인 설명 중 틀린 것은?
① 재료에 기공이 있으면 가공이 용이하다.
② 드릴의 날 끝 각은 공작물의 재질에 따라 다르다.
③ 겹쳐진 구멍을 뚫을 때는 먼저 뚫은 구멍에 같은 종류의 재료를 메우고 구멍을 뚫는다.
④ 탭이 파손될 경우에는 나사 뽑기 기구를 사용한다.

85. 다음 중 드릴링 머신 작업의 종류에 속하지 않는 것은 ?
① 보링　　　　　② 리밍
③ 카운터보링　　④ 브로우칭

86. 가공방법 중에서 6각 구멍붙이 볼트의 머리를 표면에 보이지 않게 묻기 위한 가공법은?
① 카운터 보링　　② 보링
③ 카운터 싱킹　　④ 리밍

87. 다음 중 일반적으로 황동에 구멍 뚫기 작업에 사용하는 드릴의 날끝 각으로 가장 알맞은 것은 ?
① 90~120°　　② 118°
③ 100°　　　　④ 60°
  풀이 황동에 구멍뚫기 작업에 사용하는 드릴의 날끝 각은 118°가 알맞다.

88. 드릴자루가 테이퍼인 드릴의 끝 부분을 납작하게 한 부분으로 드릴이 미끄러져 헛돌지 않고, 테이퍼 부분이 상하지 않도록하면서 회전력을 주는 부분의 명칭은?
① 탱(tang)
② 몸체(body)
③ 마진(margin)
④ 사심(dead center)
  풀이 드릴 자루가 테이퍼인 드릴의 끝 부분을 납작하게 한 부분으로 드릴이 미끄러져 헛돌지 않고, 테이퍼 부분이 상하지 않도록 하면서 회전력을 주는 부분을 탱(tang)라 한다.

89. 드릴이 용이하게 재료를 파고 들어갈 수 있도록 드릴의 절삭 날에 주어진 각의 명칭은 ?
① 날 여유각　　　② 보링 각
③ 평면가공 각　　④ 홈 절삭각
  풀이 드릴이 용이하게 재료를 파고 들어갈 수 있도록 드릴의 절삭날에 주어진 각을 날 여유각이라 한다.

90. 한꺼번에 여러 개의 구멍을 뚫거나 공정수가 많은 구멍을 가공할 때 가장 적합한 드릴링 머신은 ?
① 탁상 드릴링 머신
② 레이디얼 드릴링 머신
③ 다축 드릴링 머신
④ 직립 드릴링 머신
  풀이 다축 드릴링 머신은 한꺼번에 여러 개의 구멍을 뚫거나 공정수가 많은 구멍을 가공할 때 가장 적합하다.

91. 지름 20mm의 드릴로 연강 판에 구멍을 뚫을 때, 회전수가 200rpm 이면 절삭속도는 약 몇 m/min 인가 ?
① 12.6　　② 15.5
③ 17.6　　④ 75.3
  풀이 $V = \dfrac{\pi DN}{1000} = \dfrac{3.14 \times 20 \times 200}{1000} = 12.6 m/min$
  V : 절삭속도, D : 공작물의 지름
  N : 공작물의 회전속도

92. 고속도강으로 만든 지름 16mm인 드릴로 연강재인 일감에 구멍을 뚫을 때, 드릴링 머신의 스핀들의 회전수(rpm)는 ? (단, 절삭속도는 20m/min로 한다.)
① 199　　② 398
③ 769　　④ 1250
  풀이 $N = \dfrac{1000 V}{\pi D} = \dfrac{1000 \times 20}{3.14 \times 16} = 398 rpm$

93. 연삭숫돌은 연삭이 계속 진행되면 자동적으로 입자가 탈락되면서 새로운 예리한 입자에 의해서 연삭이 진행하게 되는데 이 현상을 무엇이하 하는가 ?
① 자생작용　　② 트루잉
③ 글레이징　　④ 드레싱
  풀이 자생작용이란 연삭숫돌이 자동적으로 닳아 떨어져 나가서 새로운 날을 형성하므로 커터와 바이트처럼 연삭하지 않아도 되는 현상이다. 즉 연삭과정에서 입자가 마멸 → 파쇄 → 탈락 → 생성을 반복하여 새로운 입자가 생성되는 현상이다.

94. 연삭숫돌의 작업과 관련된 용어 설명 중 맞는 것은 ?
① glazing이란 숫돌차를 정형하는 작업이다.
② truing이란 숫돌입자의 자생작용이 잘 안되어 입자가 마모되는 현상이다.
③ loading이란 숫돌입자의 표면이나 기공에 칩이 끼어 연삭성이 나빠지는 현상이다.
④ dressing이란 연삭 휠에서 결합제가 숫돌입자를 지지하고 있는 힘이다.

풀이 ① 트루잉(truing)이란 숫돌의 연삭 면을 숫돌과 축에 대하여 평행 또는 일정한 형태로 성형시키는 것이다.
② 드레싱(dressing)이란 연삭숫돌 표면에 무디어진 입자나 기공을 메우고 있는 칩을 제거하여 본래의 형태로 숫돌을 수정하는 방법이다.

95. 연삭숫돌의 결함에서 숫돌 입자의 표면이나 기공에 칩(chip)이 끼어 연삭성이 나빠지는 현상은 ?
① 트루잉　　② 로딩
③ 글레이징　④ 드레싱

96. 연삭숫돌 표면에 무디어진 입자나 기공을 메우고 있는 칩을 제거하여 본래의 형태로 숫돌을 수정하는 방법은 ?
① 로딩(loading)
② 글레이징(glazing)
③ 웨이팅(weighting)
④ 드레싱(dressing)

97. 원통의 내면을 보링, 리밍, 연삭 등의 가공을 한 후에 공구를 회전 및 직선왕복 운동시켜 진원도, 진직도, 표면 거칠기 등을 더욱 향상시키기 위한 가공방법은?
① 래핑　　　② 초음파 가공
③ 숏피닝　　④ 호닝

풀이 호닝은 원통의 내면을 보링, 리밍, 연삭 등의 가공을 한 후에 공구를 회전 및 직선왕복 운동시켜 진원도, 진직도, 표면 거칠기 등을 더욱 향상시키기 위한 가공방법이다.

98. 절삭 및 비절삭 가공 중에서 절삭가공에 속하는 것은 ?
① 주조　　② 단조
③ 판금　　④ 호닝

99. 매우 작은 입자의 숫돌표면에 극히 작은 압력으로 가압하면서 가공물의 표면을 따라 축방향으로 진동을 주면서 원통의 내면, 외면 및 평면을 가공하는 방법은 ?
① 래핑　　　② 호닝
③ 브로칭　　④ 수퍼피니싱

풀이 수퍼피니싱은 연삭숫돌에 비해 매우 입도가 작은 다듬질용 숫돌을 사용하여 행정에 진동을 주고 동시에 공작물에 회전운동을 준다. 숫돌은 가압장치에 의해 공작물에 밀착됨과 동시에 이동하면서 공작물의 표면에서 미세한 칩을 깎아내어 매끈한 면과 높은 치수정밀도를 얻는 다듬질 법이다.

100. 수퍼피니싱에 사용하는 숫돌입자의 재질은?
① Si　　　② MgO
③ $NaCl$　　④ Al_2O_3

풀이 수퍼피니싱에 사용하는 숫돌입자의 재질은 Al_2O_3이다.

101. 나사모양의 커터를 회전시키면서 각종 기어를 절삭하는 기계는 ?
① 보링머신　② 셰이퍼
③ 호닝　　　④ 호빙머신

풀이 호빙머신(hobbing machine)은 창성으로 평 기어·헬리컬기어 및 웜기어 등의 기어를 절삭할 수 있는 가장 일반적인 기어 절삭용 공작기계이다.

102. 창성법으로 기어의 이를 절삭하는 기어 절삭용 전용 공작기계는 ?
① 셰이퍼　　② 보링머신
③ 브로우치　④ 호빙 머신

103. 쇼트 피닝(shot peening)에 관한 설명으로 틀린 것은?
① 쇼트라는 작은 덩어리를 가공품에 분사한다.
② 피닝 효과는 열응력을 향상시킨다.
③ 자동차용 코일 또는 판스프링 가공에 쓰인다.
④ 두께가 큰 재료는 효과가 적고 균열의 원인이 될 수 있다.

풀이 쇼트 피닝은 작은 볼(ball)의 쇼트를 40~50m/sec의 고속으로 공작물 표면에 분사하여 표면을 매끈하게 하는 동시에 0.2mm의 경화 층을 얻게 되며, 쇼트가 해머와 같은 작용을 하며, 피로강도나 기계적 성질을 향상시킨다.

104. 가공제품을 숏 피닝(short peening)하는 가장 중요한 이유는?
① 취성을 높이기 위해
② 담금질 효과를 얻기 위해
③ 피로강도를 높이기 위해
④ 절삭성을 향상시키기 위해

105. 아크용접에서 용접 입열이란 무엇을 말하는가?
① 용접봉에서 모재로 용융금속이 옮겨가는 상태
② 단위시간 당 소비되는 용접봉의 중량
③ 용접봉이 녹기 시작하는 온도
④ 용접부에 외부에서 주어지는 열량

풀이 용접 입열이란 용접부분에 외부에서 주어지는 열량을 말한다.

106. 용접봉에서 피복제의 역할이 아닌 것은?
① 아크를 안정시킨다.
② 용착금속의 급냉을 방지한다.
③ 용착금속의 탈산·정련작용을 한다.
④ 용융점이 높은 무거운 슬래그를 만든다.

107. 피복 금속아크 용접봉에서 피복제의 역할이 아닌 것은 어느 것인가?
① 용융금속의 용적을 미세화하여 용착효율을 높인다.
② 용착금속의 냉각속도를 빠르게 하고 탈산을 방지한다.
③ 산화, 질화 등의 해를 방지하여 용착금속을 보호한다.
④ 슬래그 제거를 쉽게 하고, 파형이 고운 비드를 만든다.

108. 다음 전기 용접 봉의 피복제 중 내균열성이 가장 좋은 것은?
① 철분산화철계 ② 저수소계
③ 일미나이트계 ④ 고산화티탄계

풀이 저수소계는 수소량이 적어 내균열성이 우수한 용접부분을 얻을 수 있다. 또, 강력한 탈산효과가 있어 기공발생도 적고 인성이 우수한 용접금속이 생성되므로, 피복아크용접봉 중에서는 가장 신뢰성이 우수한 용접부분이 얻어진다.

109. 다음은 피복금속 아크 용접봉에 대한 설명이다. 설명 내용이 틀린 것은?
① 피복제가 연소한 후 생성된 물질이 용접부를 보호하는 방법에는 가스 발생식과 슬래그 생성식이 있다.
② 심선은 모재와 동일한 재질을 사용하고 불순물이 적어야 한다.
③ 피복제는 아크를 안정시키고 융착 금속을 공기로부터 보호하여 산화와 질화 현상을 억제한다.
④ 피복 배합제의 아크 안정제로는 탄산바륨($BaCO_3$), 셀룰로스가 사용된다.

풀이 피복금속 아크 용접봉에 대한 설명은 ①, ②, ③ 항 이외에 아크 안정제에는 산화티탄, 규산나트륨, 석회석, 규산칼륨 등이 사용된다.

Answer ▶▶▶ 103. ② 104. ③ 105. ④ 106. ④ 107. ② 108. ② 109. ④

110. 용접봉은 사용 전 건조기에 넣어 건조시켜 사용해야 한다. 저수소계 용접봉의 적합한 건조온도는 ?
① 120~150℃ ② 200~230℃
③ 300~350℃ ④ 400~430℃

[풀이] 저수소계 용접봉의 건조온도는 300~350℃ 정도가 적당하다.

111. 두께가 같은 10mm인 강판의 겹치기이음의 전면 필렛용접에서 작용하중이 5000N이면, 용접부의 허용응력이 6N/mm²일 때 용접부 유효길이는 약 몇 mm 이상이어야 하는가?
① 50 ② 59
③ 64 ④ 72

[풀이] $\ell = \dfrac{0.707\,W}{t \times \sigma} = \dfrac{0.707 \times 5000}{10 \times 6} = 58.9\text{mm}$

ℓ : 용접부 유효길이, W : 작용하중
t : 두께, σ : 용접부의 허용응력

112. 아크용접에서 언더컷의 발생 원인으로 틀린 것은 ?
① 아크길이가 너무 길 때
② 부적당한 용접봉을 사용했을 때
③ 용접전류가 너무 낮을 때
④ 용접봉 선택이 불량했을 때

113. 아크용접에서 언더컷(under cut)은 다음 어느 조건에서 가장 많이 나타나는가?
① 고 전압, 고 용접속도
② 전류부족, 저 용접속도
③ 고 용접속도, 전류과대
④ 저 용접속도, 전류과대

114. 다음 용접부분의 검사 중 비파괴 검사법에 해당하는 것은 ?
① 인장시험 ② 피로시험
③ 화학분석 ④ 침투검사

[풀이] 용접부분의 비파괴 검사방법에는 침투검사, 외관검사, 내압 검사, 자기검사, X선 검사, 초음파 탐상법 등이 있으며, 파괴검사에는 금속 조직검사, 분석검사 등이 있다.

115. 용접부의 결함이 생기는 그 원인을 설명한 것으로 틀린 것은 ?
① 기공 : 용접봉에 습기가 있다.
② 언더 컷 : 운봉속도가 불량하다.
③ 오버랩 : 전류가 과대했다.
④ 슬래그 섞임 : 슬래그 유동성이 좋았다.

116. 화염온도가 가장 높고 발열량에 비하여 가격도 저렴하여 가스용접에 많이 사용하는 가스는 ?
① 수소 ② 프로판
③ 일산화탄소 ④ 아세틸렌

117. 가스용접에서 용제(Flux)를 사용하지 않아도 되는 것은 ?
① 주철 ② 연강
③ 반경강 ④ 구리합금

[풀이] 연강은 가스용접을 할 때 용제(Flux)를 사용하지 않아도 된다.

118. 다음 중에서 가스절단이 가장 쉬운 금속은?
① 구리 ② 알루미늄
③ 주철 ④ 연강

[풀이] 가스절단이 되는 정도
① 절단이 잘되는 금속 : 연강, 순철, 주강
② 절단이 조금 어려운 금속 : 경강, 합금강, 고속도강
③ 절단이 어느 정도 곤란한 금속 : 주철
④ 절단이 되지 않는 금속 : 구리, 황동, 청동, 알루미늄, 납, 주석, 아연, 스테인리스강

Answer 110. ③ 111. ② 112. ③ 113. ③ 114. ④ 115. ③ 116. ④ 117. ② 118. ④

119. 일명 가스 따내기라고 하며 가공물의 일부를 용융시켜 불어내어 홈을 만드는 가공방법은?
① 수중 절단법   ② 가스 가우징
③ 분말혼합 절단법   ④ 아크 절단법

풀이 가스 가우징(가스 따내기)은 가스 불꽃과 산소분출로 하는 홈파기 가공이다.

120. 잠호 용접이라고도 하며 전자동 용접으로 용접부에 용제를 쌓아두고 그 속에 전극 와이어를 넣어 모재와의 사이에 아크를 발생시켜 용제와 모재를 용융시켜 용접하는 방식의 용접은?
① 불활성가스 아크용접
② 탄산가스 아크용접
③ 서브머지드 아크용접
④ 일렉트로 슬래그 용접

풀이 서브머지드 아크용접(submerged arc welding)은 이음의 표면에 쌓아올린 미세한 입상의 용제 속에 비피복 전극와이어를 넣고, 모재와의 사이에서 발생하는 아크열로 용접하는 방법을 말한다.

121. 서브머지드 아크용접의 특징 설명으로 틀린 것은?
① 용접 홈의 가공 정밀도가 좋아야 한다.
② 일정 조건하에서 용접이 시공되므로 강도가 크고 신뢰도가 높다.
③ 열에너지의 손실이 적고 용접속도가 수동용접과 비교하여 10배정도 이상이다.
④ 비드가 불규칙할 경우와 하양용접 이외의 경우에도 매우 적합한 자동용접이다.

122. 알루미늄 분말, 산화철 분말과 점화제의 혼합반응으로 열을 발생시켜 용접하는 방법은?
① 테르밋 용접
② 일렉트로 슬랙 용접
③ 피복 아크용접
④ 불활성가스 아크용접

풀이 테르밋 반응이란 산화금속과 알루미늄 사이의 탈산반응의 총칭이며, 이들의 반응은 다 같이 강렬한 발열반응이며 용융상태의 환원금속이 얻어져 슬래그로서 산화알루미늄을 만든다.

123. 전기 저항용접의 종류가 아닌 것은?
① 점(spot)용접
② 심(seam)용접
③ 프로젝션(projection)용접
④ 플라즈마(plasma)용접

풀이 전기 저항용접의 종류에는 점용접, 심용접, 프로젝션(projection) 용접, 맞대기 용접 등이 있다.

124. 다음 중 용접의 종류 중 압접(Pressure welding)에 해당하는 것은?
① 미그용접   ② 스폿용접
③ 레이저용접 ④ 원자수소용접

125. 자동차 제작시 자동화가 용이해서 자동차 차체 용접에 가장 많이 사용되는 용접은?
① 산소용접   ② 아크용접
③ 레이저 용접 ④ 스폿 용접

126. 자동차 산업 등에 널리 이용되고 있는 점용접(Spot welding)의 특징이 아닌 것은?
① 표면이 평평하고 외관이 아름답다.
② 재료가 절약된다.
③ 구멍을 가공할 필요가 없다.
④ 변형발생이 크다.

풀이 점용접의 특징
① 표면이 평평하고 외관이 아름답다.
② 재료가 절약된다. ③ 변형발생이 작다.
④ 구멍을 가공할 필요가 없다.
⑤ 로봇을 이용한 자동화가 용이하다.

Answer ▶▶▶ 119. ② 120. ③ 121. ④ 122. ① 123. ④ 124. ② 125. ④ 126. ④

127. 다음 중 스폿(spot)용접에 관한 설명으로 맞는 것은?
① 알루미늄 용접이 불가능하다.
② 가스용접의 일종이다.
③ 가압력이 필요 없다.
④ 로봇을 이용한 자동화가 용이하다.

128. 점용접(spot welding)의 3대 요소가 아닌 것은?
① 가압력 ② 통전시간
③ 전도율 ④ 용접전류

[풀이] 점용접의 3대 요소는 용접전류 통전시간, 가압력이다.

129. 전기저항 용접으로 원판상의 전극에 재료를 끼워 가압하면서 전류를 통하게 하여 접합하는 용접방법은?
① 프로젝션 용접 ② 심 용접
③ 맞대기 용접 ④ 테르밋 용접

[풀이] 심(seam)용접은 전기저항 용접의 한가지이며, 원판상의 전극에 재료를 끼워 가압하면서 전류를 통하게 하여 접합하는 용접방법이다. 이 용접방법은 수밀(水密)이나 기밀(氣密)을 필요로 하는 용기의 이음에서 많이 사용되며, 점용접의 연속이라 할 수 있어 용접조건도 점용접과 같다.

130. 두 재료를 천천히 가까이 접촉시키면 접촉점에 단락 대전류가 흘러 접촉저항과 대전류 밀도에 의하여 국부적으로 발열하여 잠시 과열 용융되어 불꽃이 비산하면서 용접되는 방법은?
① 플래시 용접 ② 아크용접
③ 프로젝션 용접 ④ 시임 용접

[풀이] 플래시 용접(flash welding)은 맞대기 저항용접의 일종으로 전류를 처음 통할 때에는 큰 압력을 가하지 않고 접촉부분을 불꽃으로 용융 비산시키도록 하여 그동안 접합부분 전체를 충분히 가열한 후에 큰 압력을 가하여 맞댄 면을 접합시키는 용접방법이다.

131. 심 용접법에서 모재를 맞대어 놓고 이음부에 동일재질의 얇은 박판을 대고 가압하는 용접은 무엇인가?
① 맞대기 심 용접 ② 매시 심 용접
③ 포일 심 용접 ④ 인터랙 심 용접

[풀이] 포일 심 용접(foil seam welding)은 피용접재의 단면을 서로 마주보게 한 상태에서 맞대기 면의 표면에 두께 0.1~0.5mm, 폭 3~5mm의 포일을 깔고 심용접하는 방법이다. 이때 포일은 접합부분에 전류를 집중 공급하고 용접부분으로부터 전극으로의 열전도를 감소시키며, 스패터 발생을 방지한다. 또 용접부분의 발열을 증가시키고 용접부분의 오목자국을 작게 한다. 이 용접방법은 맞대기 이음을 얻을 수 있고 전극과 피용접재가 간접적으로 접촉하는 특징이 있다.

132. 저항 점용접 법은 사용이 간편하고 용접 자동화가 용이하므로 자동차 산업현장에서 널리 이용되고 있다. 이러한 점용접의 품질을 평가하는 방법이 아닌 것은?
① 피로시험 ② 마멸시험
③ 비틀림 시험 ④ 인장시험

유공압기계

01. 다음 중에서 터보형(Turbo type) 펌프에 속하지 않는 것은?
① 왕복식 펌프 ② 원심식 펌프
③ 축류식 펌프 ④ 사류식 펌프

[풀이] 터보형 펌프의 종류에는 원심펌프(centrifugal pump), 사류펌프(diagonal type pump), 축류펌프(axial type pump)가 있다.

02. 볼류트 펌프(volute pump)나 디퓨저 펌프(diffuser pump)는 어떤 펌프형식에 속하는가?
① 원심펌프 ② 축류펌프
③ 왕복펌프 ④ 회전펌프

[풀이] 원심펌프의 종류에는 볼류트 펌프와 디퓨저 펌프(터빈펌프)가 있다.

Answer ▶▶▶ 127. ④ 128. ③ 129. ② 130. ① 131. ③ 132. ② 1. ① 2. ①

03. 터보형 원심식 펌프의 한 종류로서 회전자의 바깥둘레에 안내 깃이 없는 펌프는?
① 플런저펌프　　② 볼류트 펌프
③ 베인펌프　　　④ 터빈펌프

[풀이] 볼류트 펌프는 안내 깃이 없는 와류형 펌프 중에서 가장 간단한 것으로 스크루형으로 되어 있는 방과 프로펠러로 되어 있다. 프로펠러를 고속도로 회전시켜 그 원심력을 이용하여 물을 송출하는 것으로 소형으로 되어 있기 때문에, 양수 고도가 30m 이하의 경우에 가장 널리 사용된다.

04. 원심펌프에서 케이싱(casing)을 스파이럴(spiral)로 만드는 가장 중요한 이유는?
① 손실을 적게 하기 위하여
② 축 추력을 방지하기 위하여
③ 축을 모터와 직결하기 위하여
④ 공동현상(cavitation)을 적게 하기 위하여

[풀이] 원심펌프의 케이싱을 스파이럴로 만드는 이유는 손실을 적게 하기 위함이다.

05. 축류펌프의 구성요소가 아닌 것은?
① 회전차　　　② 안내 깃
③ 축　　　　　④ 피스톤

[풀이] 축류펌프(axial flow pump)는 회전차, 축, 안내 깃, 몸체, 베어링으로 되어있다.

06. 펌프 중에서 왕복운동으로 압력을 활용하는 펌프는?
① 제트펌프　　　② 원심펌프
③ 피스톤펌프　　④ 기어펌프

07. 용적형 펌프에 해당하는 피스톤 펌프는 어느 형식에 속하는 펌프인가?
① 왕복식 펌프　　② 원심식 펌프
③ 사류펌프　　　　④ 회전식 펌프

08. 왕복펌프에서 공기실의 가장 주된 역할은?
① 밸브의 개폐를 쉽게 한다.
② 밸브의 닫혀있을 때 누설이 없게 한다.
③ 송출되는 유량의 변동을 적게 한다.
④ 피스톤(또는 플런저)의 운동을 원활하게 한다.

09. 다음 중 왕복펌프의 밸브 구비요건이 아닌 것은?
① 밸브의 개폐가 정확해야 한다.
② 물이 밸브를 지날 때의 저항이 최대한 커야 한다.
③ 누설이 정확하게 방지되어야 한다.
④ 내구성이 양호해야 한다.

10. 분사펌프(jet pump)는 다음 중 어느 분류에 해당하는가?
① 사류형 펌프　　② 용적식형 펌프
③ 특수형 펌프　　④ 베인형 펌프

11. 다음 특수펌프 중 고속 분류로서 액체 또는 기체를 수송하는 것으로 분류펌프 또는 분사펌프라고도 하는 것은?
① 재생펌프　　　② 기포펌프
③ 수격펌프　　　④ 제트펌프

[풀이] 제트펌프는 특수펌프 중 고속 분류로서 액체 또는 기체를 수송하는 것으로 분류펌프 또는 분사펌프라고도 한다.

12. 양수관의 하단에 압축공기를 보내서 이때 물보다 가벼운 물과 공기의 혼합체를 만들어 이 혼합체의 비중량이 물의 비중량보다 가벼워지는 것을 이용하여 양수하는 펌프는?
① 기포펌프　　　② 제트펌프
③ 수격펌프　　　④ 점성펌프

[풀이] 기포펌프는 양수관의 하단에 압축공기를 보내서 이때 물보다 가벼운 물과 공기의 혼합체를 만들어 이 혼합체의 비중량이 물의 비중량보다 가벼워지는 것을 이용하여 양수한다.

Answer ▶ 3. ② 4. ① 5. ④ 6. ③ 7. ① 8. ③ 9. ② 10. ③ 11. ④ 12. ①

13. 일정 유량으로 유체가 흐를 때, 관의 지름을 두 배로 하면 유속은 몇 배인가 ?
① 1/4　　② 1/2
③ 2　　　④ 4

14. 50℃의 물을 30m 높은 곳으로 양수하자면 펌프의 전양정을 몇 m 로 하면 되는가 ?(단, 흡수 면에는 대기압이 작용하고 송수면 출구에서는 39.2N/cm² 의 압력이 작용한다. 전 손실수두는 6m이며, 흡입관과 송출관의 지름은 같고 50℃ 물의 비중량은 γ= 9800N/m³ 이다.)
① 36　　　② 40
③ 76　　　④ 84

[풀이] $H = \dfrac{P_2 - P_1}{\gamma} + Ha = Hi + \dfrac{v_2^2 - v_1^2}{2g}$

$= \dfrac{39.2 \times 10^4}{9800} + 30 + 6 + 0 = 76m$

H : 전양정, P_2 : 출구압력, P_1 : 입구압력,
Ha : 양수하고자 하는 높이, γ : 물의 비중량,
Hi : 전손실수두, v_1, v_2 : 유속, g : 중력가속도

15. 어떤 펌프가 매분 3000회전으로 전양정 150m에 대하여 0.3m³/s인 수량(水量)을 방출한다. 이것과 상사(相似)인 것으로 치수가 2배인펌프가 매분 2000회전이고 다른 것은 동일한 상태로 운전될 때 전양정은 약 몇 m인가 ?
① 201　　② 224
③ 243　　④ 267

[풀이] $H_2 = H_1 \left(\dfrac{N_2}{N_1}\right)^2 \times \left(\dfrac{D_2}{D_1}\right)^2$

$= 150 \times \left(\dfrac{2000}{3000}\right)^2 \times \left(\dfrac{2}{1}\right)^2 = 267m$

16. 직관 내의 유체유동에서 마찰에 의한 손실수두와 다른 요인과의 관계를 바르게 설명한 것은 ?
① 중력가속도에 비례한다.
② 관의 지름에 반비례한다.
③ 관의 길이에 반비례한다.
④ 유속의 제곱에 반비례한다.

17. 안지름 50cm의 파이프로 1.7m/sec의 물을 흘러가게 할 때 파이프의 길이가 50m 일 때의 마찰 손실수두는 ?(단, 관 마찰계수 λ= 0.03이다.)
① 0.442m　　② 0.523m
③ 0.785m　　④ 0.973m

[풀이] $Hf = \lambda \dfrac{\ell}{d} \times \dfrac{V^2}{2g} = 0.03 \times \dfrac{50}{0.5} \times \dfrac{1.7^2}{2 \times 9.8}$
$= 0.44m$

λ : 관의 마찰계수, ℓ : 파이프 길이
d : 파이프 안지름, V : 흐름속도
g : 중력 가속도(9.8m/s²)

18. 펌프에서 관의 길이 ℓ [m], 마찰계수 f, 유체의 평균유속 V[m/sec]일 때 관의 마찰 손실수두 hf를 구하는 공식은 ?(단, 관은 한 변이 b[m]인 정사각형이며, Rh는 수력 반지름이고, 원관의 지름 d[m]이다.)

① $hf = f \dfrac{\ell}{d} \dfrac{V^2}{2g}$　　② $hf = f \dfrac{d}{\ell} \dfrac{V}{2g}$

③ $hf = f \dfrac{4\ell}{Rh} \dfrac{V^2}{2g}$　　④ $hf = \dfrac{f}{4} \dfrac{\ell}{Rh} \dfrac{V^2}{2g}$

[풀이] 관의 마찰손실 수두 $hf = \dfrac{f}{4} \dfrac{\ell}{Rh} \dfrac{V^2}{2g}$

19. 유효낙차 100m이고, 유량 200m³/sec 인 수력 발전소의 수차에서 이론출력을 계산하면 몇 kW 인가 ?
① 412×10³　　② 326×10³
③ 196×10³　　④ 116×10³

[풀이] $H_{kW} = \dfrac{QH}{102} = \dfrac{100 \times 200 \times 10^3}{102}$
$= 196 \times 10^3 kW$

H_{kW} : 출력, Q : 유량, H : 양정

Answer ▶ 13. ① 14. ③ 15. ④ 16. ② 17. ① 18. ④ 19. ③

20. 펌프의 송출압력이 90N/cm², 송출량이 60L/min인 유압펌프의 펌프동력은 몇 W인가?
① 700   ② 800
③ 900   ④ 1000

풀이 $H_{kW} = \dfrac{PQ}{102 \times 60} = \dfrac{90 \times 60 \times 1000}{102 \times 60 \times 100 \times 9.8}$
= 0.9kW = 900W
H_{kW}: 출력, P: 펌프의 송출압력, Q: 유량

21. 수면에서 5m 높이에 설치된 펌프가 펌프로부터 높이 30m인 곳에 매초 1m³의 물을 보내려면 이론상 동력은 약 몇 kW가 필요한가?
① 245   ② 294
③ 343   ④ 400

풀이 ① $H = H_a + H_1 + H_2$ = 5m + 30m = 35m
② $H_{kW} = \dfrac{\gamma QH}{102} = \dfrac{1000 \times 1 \times 35}{102}$ = 343kW
H_{kW}: 출력, γ: 유체의 비중, Q: 유량, H: 총 양정

22. 총 양정이 3m, 공급유량 2.5m³/min인 펌프의 동력은 약 몇 kW가 필요한가? (단, 유체의 비중은 0.82이고, 펌프효율은 0.90이다.)
① 0.56   ② 1.12
③ 2.24   ④ 4.48

풀이 $H_{kW} = \dfrac{\gamma QH}{102 \times 60 \times \eta} = \dfrac{0.82 \times 1000 \times 2.5 \times 3}{102 \times 60 \times 0.9}$
= 1.12kW
H_{kW}: 출력, γ: 유체의 비중, Q: 유량, H: 양정, η: 펌프효율

23. 유량이 20m³/sec인 사류펌프의 양정이 5m이면 이 펌프의 동력은 얼마인가? (단, 이 유체의 비중량은 9800N/m³으로 한다.)
① 98kW   ② 980kW
③ 9800kW   ④ 98000kW

풀이 $H_{kW} = \dfrac{\gamma QH}{102} = \dfrac{9800 \times 20 \times 5}{102 \times 9.8}$ = 980kW

H_{kW}: 출력, γ: 유체의 비중, Q: 유량, H: 양정

24. 급수펌프의 전 양정이 30m이고, 유량이 5m³/min, 효율은 82%이다. 이 펌프를 구동시키는데 필요한 전동기의 축 동력은 약 몇 kW인가? (단, 물의 비중량은 9800N/m³ 이다.)
① 25   ② 30
③ 35   ④ 50

풀이 $H_{kW} = \dfrac{\gamma QH}{102 \times 60 \times \eta}$
$= \dfrac{9800 \times 5 \times 30}{102 \times 0.82 \times 60 \times 10}$ = 30kW

25. 펌프의 양수량이 0.6m³/min이고, 관로의 전 수두손실이 5m인 펌프가 펌프중심으로부터 1m 아래에 있는 물을 20m의 송출액면에 양수하는 펌프의 축 동력은 약 몇 kW인가?(단, 펌프의 효율은 85%이다.)
① 2.54   ② 3.0
③ 5.85   ④ 8.4

풀이 ① $H = H_a + H_1 + H_2$ = 5+1+20 = 26m
② $H_{kW} = \dfrac{\gamma QH}{102 \times 60 \times \eta}$
$= \dfrac{1000 \times 0.6 \times 26}{102 \times 60 \times 0.85}$ = 3kW

26. 원심펌프 송출유량이 0.3m³/min이고, 관로의 손실수두가 8m이다. 펌프 중심에서 1.5m 아래 있는 저수지에서 물을 흡입하여 펌프 중심에서 15m의 높이의 탱크로 양수할 때, 펌프의 동력은 몇 kW인가?
① 1   ② 1.2
③ 2   ④ 2.2

풀이 ① $H = H_a + H_1 + H_2$
= 8m+1.5m+15m = 24.5m
② $H_{kW} = \dfrac{\gamma QH}{102 \times 60 \times \eta} = \dfrac{1000 \times 0.3 \times 24.5}{102 \times 60}$
= 1.2kW

27. 유량이 6m³/min, 손실양정 6m, 실양정 30m인 급수펌프를 1750rpm으로 운전할 때 소요 동력은 약 몇 kW인가 ?(단, 펌프효율은 0.88이다.)

① 20 ② 30
③ 35 ④ 40

풀이 $H_{kW} = \dfrac{\gamma QH}{102 \times 60 \times \eta} = \dfrac{1000 \times 6 \times (6+30)}{102 \times 0.88 \times 60}$
       $= 40 kW$
       γ : 유체의 비중, Q : 공급유량
       H : 총양정, η : 펌프효율

28. 펌프의 전 효율(η)을 구하는 식은 ? (단, ηm : 기계효율, ηv : 체적효율, ηh : 수력효율 이다.)

① $\eta = \eta m \cdot \eta v \cdot \eta h$
② $\eta = \dfrac{\eta m \cdot \eta v}{\eta h}$
③ $\eta = \eta m + \eta v + \eta h$
④ $\eta = \dfrac{1}{\eta m \cdot \eta v \cdot \eta h}$

29. 원심펌프에서 전 효율이 80%, 송출유량이 2m³/min이다. 이 펌프의 수력효율이 90%, 기계효율이 90%일 때 체적효율은 약 몇 %인가 ?

① 92 ② 95
③ 97 ④ 99

풀이 전효율(η)= 기계효율(η_m)×체적효율(η_v)×수력효율(η_h)에서
$\eta_v = \dfrac{\eta}{\eta_m \times \eta_h} = \dfrac{0.8}{0.9 \times 0.9} \times 100 = 98.765\%$

30. 수력기계에서 공동현상(Cavitation)이 발생하는 근본 원인은 ?

① 특정 공간에서 유체의 저속 흐름이 원인이다.
② 낮은 대기압이 원인이다.
③ 특정 공간에서 발생하는 고압이 원인이다.
④ 특정 공간에서 발생하는 저압이 원인이다.

풀이 수력기계에서 공동현상이 발생하는 주원인은 특정 공간에서 발생하는 저압 때문이다.

31. 펌프에서 캐비테이션이 발생하였을 때 나타나는 현상이 아닌 것은 ?

① 소음이 발생한다.
② 양정과 유량이 감소한다.
③ 침식 및 부식현상이 발생한다.
④ 기포가 발생하여 마모를 방지한다.

풀이 캐비테이션 현상은 공동현상이라고도 부르며, 유압이 진공에 가까워짐으로서 기포가 발생하며 이로 인해 국부적인 고압이나 소음과 진동이 발생하고, 양정과 유량 및 효율이 저하되며, 침식 및 부식현상이 발생한다.

32. 펌프에서 공동현상(cavitation)의 방지책이 아닌 것은 ?

① 펌프의 설치위치를 낮춘다.
② 흡입관의 직경을 크게 한다.
③ 단 흡입이면 양 흡입으로 한다.
④ 펌프의 회전수를 증가시킨다.

풀이 펌프의 공동현상(캐비테이션)방지방법
  ① 펌프의 설치높이와 회전속도를 낮게 한다.
  ② 단 흡입펌프이면 양 흡입펌프를 사용한다.
  ③ 흡입 비속도와 흡입양정을 낮게 한다.
  ④ 2대 이상의 펌프를 사용한다.
  ⑤ 임펠러(회전차)가 물속에 완전히 잠기도록 한다.

33. 펌프를 운전할 때 출구와 입구의 압력 변동이 생기고 유량이 변하는 현상을 무엇이라고 하는가 ?

① 수격현상 ② 공동현상
③ 서징현상 ④ 유체고착 현상

풀이 서징(surging)현상이란 펌프를 운전할 때 출구와 입구의 압력 변동이 생기고 유량이 변하는 현상이다.

Answer ▶ 27. ④ 28. ① 29. ④ 30. ④ 31. ④ 32. ④ 33. ③

CHAPTER 04 General Mechanical Engineering

34. 유압펌프의 입구와 출구에서 진공계 또는 압력계의 지침이 크게 흔들리고 송출량이 급변하는 현상은?
① 수격현상　② 언로더 현상
③ 서징현상　④ 캐비테이션

35. 관로 내의 흐름을 급격히 정지시키면 유체속도의 급격한 변화에 따라 유체압력이 크게 상승하는 현상을 무엇이라 하는가?
① 퍼컬레이션　② 캐비테이션
③ 수격현상　④ 서징현상

풀이 수격현상(water hammering)이란 관로 내의 흐름을 급격히 정지시키면 유체속도의 급격한 변화에 따라 유체압력이 크게 상승하는 현상이다.

36. 다음 중 반동수차가 아닌 것은?
① 프란시스 수차　② 펠톤 수차
③ 프로펠러 수차　④ 카플란수차

37. 1N의 힘은 몇 kg중 인가?
① 1/9.8　② 1/980
③ 980　④ 9.8

풀이 1N의 힘은 1/9.8kg중 이다.

38. 표준 대기압을 나타낸 것 중 틀린 것은?
① 1atm　② 760mmHg
③ 14.7PSI　④ 10.0332kgf/cm²

풀이 표준 대기압 = 760torr(토리첼리) = 760mmHg
= 10,332mmH₂O = 1.0332(kgf/cm²)
= 14.5PSI=101,332N/m²=1,013.25hPa
= 1,013mbar

39. 70m의 물속의 수압은 수은주의 높이로 약 몇 m인가?
② 0.68　② 36.4
③ 3.68　④ 5.15

풀이 수은의 비중이 13.6이므로 $\frac{70m}{13.6}$ = 5.15m

40. 공작물을 단면적 100cm²인 유압실린더로 1분에 2m의 속도로 이송시키기 위해 필요한 유량은 몇 L/min인가?
① 10　② 20
③ 30　④ 40

풀이 $Q = AV = \frac{100cm^2 \times 200cm/min}{1000}$ = 20L/min
Q : 유량, A : 단면적, V : 흐름속도(유속)

41. 내경이 40mm인 관을 통하여 40m/s의 속도로 유압유가 흘렀다면 이때의 유량(L/min)은?
① 201.4　② 251.7
③ 301.1　④ 351.7

풀이 $Q = AV = \frac{0.785 \times 4^2 \times 400 \times 60}{1000}$
= 301.4ℓ/min

42. 관로 내를 흐르는 유체의 평균유속이 3 m/sec이고, 유량이 9.9m³/sec일 때 관의 단면적은?
① 3.3m²　② 29.7m²
③ 0.3m²　④ 1.65m²

풀이 $Q = AV$에서
$A = \frac{Q}{V} = \frac{9.9m^3/sec}{3m/sec}$ = 3.3m²

43. 실린더 피스톤의 단면적이 100cm²이고, 로드의 단면적이 50cm²인 유압실린더에 분당 20L의 유압유가 공급될 때 공작물의 후진속도는 몇 m/min인가?
① 0.4　② 4
③ 40　④ 4000

풀이 $V = \frac{Q}{A_1 - A_2} = \frac{20L}{(100cm^2 - 50cm^2) \times 10}$
= 4m/min

V : 공작물의 후진속도, Q : 유압유의 공급유량
A_1 : 피스톤의 단면적, A_2 : 피스톤 로드의 단면적

Answer 34. ③　35. ③　36. ②　37. ①　38. ④　39. ④　40. ②　41. ③　42. ①　43. ②

44. 다음 중 유압의 기초적인 원리라 할 수 있는 파스칼의 원리에 대한 설명이 아닌 것은?
① 유체의 압력은 면에 직각으로 작용한다.
② 각 점에서의 압력은 모든 방향으로 같다.
③ 가한 압력은 유체 각부에 같은 세기로 전달된다.
④ 유체의 압력은 압력을 직접 받는 면이 가장 크다.
  [풀이] 파스칼의 원리는 "유압기기의 압력은 밀폐된 공간이어서 유체의 일부에 압력을 가하면, 그 압력은 유체 내의 모든 곳에 같은 크기로 전달된다."
  ① 유체의 압력은 면에 직각으로 작용한다.
  ② 각 점에서의 압력은 모든 방향으로 같다.
  ③ 가한 압력은 유체 각부에 같은 세기로 전달된다.

45. 밀폐된 용기에 넣은 정지 유체의 일부에 가해지는 압력은 유체의 모든 부분에 동일한 힘으로 전달된다는 유압장치의 기초가 되는 것은?
① 뉴턴의 제1법칙
② 보일·샤를의 법칙
③ 파스칼의 원리
④ 아르키메데스 원리

46. 유압의 장점에 대한 설명이 잘못된 것은?
① 힘과 속도를 자유롭게 변속시킬 수 있다.
② 열의 냉각장치를 취할 필요가 없다.
③ 과부하에 대한 안전장치가 필요하다.
④ 적은 장치로 큰 출력을 얻을 수 있다.

47. 기계의 작동유가 갖추어야 할 일반적인 특성으로 옳지 않은 것은?
① 윤활성 ② 유동성
③ 기화성 ④ 내산성
  [풀이] 작동유가 갖추어야 할 성질은 윤활성, 유동성, 내산성, 부식방지성, 내마모성, 소포성 등이다.

48. 유압유의 구비조건이 아닌 것은?
① 비압축성일 것
② 적당한 점도가 있을 것
③ 열을 흡수·기화할 수 있을 것
④ 녹이나 부식을 방지할 수 있을 것
  [풀이] 유압유(작동유)의 구비조건
  ① 열전달율이 높고, 열팽창 계수가 작을 것
  ② 점도지수가 크고, 화학적으로 안정될 것
  ③ 비압축률(비압축성)이 높을 것
  ④ 증기압이 낮고, 비점이 높을 것
  ⑤ 마찰 면에 윤활성이 좋을 것
  ⑥ 이물질을 신속히 분리할 수 있을 것
  ⑦ 적정한 점도가 있을 것
  ⑧ 산화에 대하여 안정성이 있을 것
  ⑨ 유압장치에 사용되는 재료에 대하여 불활성일 것

49. 유압작동유가 구비하여야 할 조건으로 옳지 않은 것은?
① 접동부의 마모가 적을 것
② 운전조건 범위에서 휘발성이 적을 것
③ 넓은 온도범위에서 점도변화가 적을 것
④ 유압장치에 사용되는 재료에 대하여 활성일 것

50. 유압유의 점도가 너무 높을 때 발생되는 현상으로 거리가 먼 것은?
① 캐비테이션 발생
② 장치의 관내저항에 의한 압력증대
③ 작동유의 비활성으로 응답성 저하
④ 내부 및 외부 누설증대
  [풀이] 유압유의 점도가 낮으면 누설이 증대된다.

51. 유압펌프의 종류 중 회전식이 아닌 것은?
① 피스톤 펌프 ② 기어펌프
③ 베인 펌프   ④ 나사 펌프
  [풀이] 회전펌프의 종류에는 기어펌프, 베인 펌프, 나사 펌프 등이 있다.

Answer ▶ 44. ④ 45. ③ 46. ② 47. ③ 48. ③ 49. ④ 50. ④ 51. ①

52. 구동 회전수에 의해 결정되는 토출량이 부하압력에 관계없이 거의 일정한 용적형 펌프는?
① 기어펌프　② 터빈펌프
③ 축류펌프　④ 볼류트 펌프

풀이 기어펌프는 구동 회전수에 의해 결정되는 토출량이 부하압력에 관계없이 거의 일정한 용적형 펌프이다.

53. 베인펌프(vane pump)의 형식은?
① 원심식　② 왕복식
③ 회전식　④ 축류식

54. 유압펌프는 크게 용적형 펌프와 비용적형 펌프로 분류할 수 있고, 또 용적형 펌프에는 회전펌프와 피스톤 펌프로 분류할 수 있다. 이때 회전펌프에 속하는 것은?
① 터빈펌프　② 벌류트펌프
③ 축류펌프　④ 베인 펌프

55. 원통형 케이싱 안에 편심회전자가 있고 그 회전자의 홈 속에 판 모양의 깃이 원심력 또는 스프링장력에 의하여 벽에 밀착하면서 회전하여 액체를 압송하는 펌프는?
① 피스톤펌프　② 나사펌프
③ 베인 펌프　④ 기어펌프

풀이 베인펌프는 둥근 케이싱 속에 편심 된 로터(회전자)가 설치되어 있으며, 로터의 홈 속에 베인(깃, 날개)을 설치하고 베인이 케이싱 벽에 밀착하면서 회전하여 액체를 압송하는 형식이다.

56. 베인펌프의 특징에 관한 설명으로 틀린 것은?
① 작동유의 점도에 제한이 있다.
② 비교적 고장이 적고 수리 및 관리가 용이하다.
③ 베인의 마모에 의한 압력저하가 발생되지 않는다.
④ 기어펌프나 피스톤 펌프에 비해 토출압력의 맥동현상이 적다.

57. 유압펌프를 처음 시동할 경우 작동방법에 관한 설명으로 옳지 않은 것은?
① 시동 시 펌프가 차가울 경우 뜨거운 작동유를 사용하여 펌프온도를 상승시킨다.
② 신품인 베인 펌프는 압력을 걸어 시동하고 최초 5분 정도는 간헐적으로 작동시켜 길들이는 것이 좋다.
③ 시동 전에 회전상태를 검사하여 플렉시블 캠링의 회전방향과 설치위치를 정확히 해둔다.
④ 작동유는 적절한 정도로 맑고 깨끗하게 사용해야 한다.

58. 단동 피스톤펌프에서 실린더 직경 20cm, 행정 20cm, 회전수 80rpm, 체적효율 90%이면 토출유량(m^3/min)은?
① 0.261　② 0.271
③ 0.452　④ 0.502

풀이 $Q = \eta_v ALN = 0.9 \times 0.785 \times 0.2^2 \times 0.2 \times 80$
$= 0.452 m^3/min$
Q: 토출유량, η_v: 체적효율,
A: 실린더 단면적, L: 행정, N: 회전속도

59. 유압제어 밸브를 기능상 크게 3가지로 분류할 때 여기에 속하지 않는 것은?
① 압력제어 밸브　② 온도제어 밸브
③ 유량제어 밸브　④ 방향제어 밸브

60. 다음 밸브 중 압력제어 밸브가 아닌 것은?
① 릴리프밸브(relief valve)
② 감압밸브(reducing valve)
③ 시퀀스밸브(sequence valve)
④ 체크밸브(check valve)

Answer ▶ 52. ① 53. ③ 54. ④ 55. ③ 56. ① 57. ① 58. ③ 59. ② 60. ④

61. 압력제어밸브 중에서 릴리프밸브(relief valve)의 설명으로 맞는 것은?
① 회로의 일부에 배압을 발생시키고자 할 때 사용하는 밸브
② 회로내의 최고 압력을 낮추어 압력을 일정하게 하는 밸브
③ 두 개 이상의 분기회로를 가진 회로 내에서 작동순서를 제어하는 밸브
④ 유량이나 입구 측의 압력크기와는 관계없이 미리 설정한 2차측 압력을 일정하게 해주는 밸브

62. 회로 내의 압력상승을 제한하여 설정된 압력의 오일을 공급하는 것은?
① 릴리프 밸브 ② 방향제어 밸브
③ 유량제어 밸브 ④ 유압 구동기

63. 방향제어밸브를 분류하는 방법이 아닌 것은?
① 밸브의 기능에 의한 분류
② 포트의 크기에 의한 분류
③ 밸브의 구조에 의한 분류
④ 밸브의 설계방식에 의한 분류

64. 유체를 한쪽 방향으로만 흐르게 하여 역류를 방지하는 밸브는?
① 슬루스 밸브 ② 스톱밸브
③ 볼 밸브 ④ 체크밸브

65. 유압제어밸브의 기능에 따른 분류 중 유량제어밸브는?
① 스로틀밸브
② 릴리프밸브
③ 시퀀스밸브
④ 카운터밸런스밸브
[풀이] 유량제어밸브의 종류에는 스로틀밸브(throttle valve, 교축밸브), 분류밸브(dividing valve), 니들밸브(needle valve), 오리피스 밸브(orifice valve), 속도제어밸브, 급속배기밸브 등이 있다.

66. 유량제어 밸브가 아닌 것은?
① 교축(throttle)밸브 ② 체크밸브
③ 속도제어 밸브 ④ 급속 배기밸브

67. 다음 유압기기의 구성요소 중 유압 액추에이터인 것은?
① 유압펌프 ② 유압실린더
③ 제어밸브 ④ 유압 조절밸브
[풀이] 유압펌프에서 보내준 유압에너지를 기계적 에너지로 변환하는 것을 액추에이터라 하며, 종류에는 회전운동을 하는 유압모터와 직선왕복 운동을 하는 유압실린더가 있다.

68. 안지름이 16cm, 추력 F= 5ton, 피스톤의 속도 V= 40m/min인 유압실린더에서 필요로 하는 유압은 몇 kgf/cm² 인가?
① 14.3 ② 24.9
③ 31.2 ④ 46.7
[풀이] $P = \dfrac{F}{A} = \dfrac{5000}{0.785 \times 16^2} = 24.88 \text{kgf/cm}^2$
P : 유압, F : 추력, A : 유압실린더의 단면적

69. 그림의 실린더 A부분 단면적이 4000 mm², 축 d부분을 뺀 B부분 단면적 3000 mm²일 때 압력 P_1= 30kgf/cm², P_2= 5kgf/cm²이면 추력 F는 몇 kgf인가?

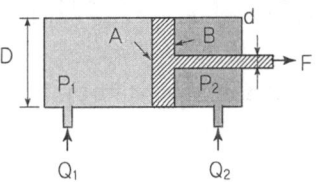

① 850 ② 1050
③ 1200 ④ 1350
[풀이] $F = 0.785 \times D^2 \times P_1 - 0.785 \times (D^2-d^2) \times P_2$
= (40cm² × 30kgf/cm²) − (30cm² × 6kgf/cm²)
= 1050kgf

70. 유압모터로 어떤 물체를 300N·m의 토크로 분당 1000회전시키려고 한다. 이때 모터에 필요한 동력은 몇 kW인가? (단, 효율은 100%이다.)
① 31.4
② 41.9
③ 314
④ 419

풀이 $H_{kW} = \dfrac{TR}{974 \times 9.8} = \dfrac{300 \times 1000}{974 \times 9.8} = 31.4 \text{kW}$
H_{kW} : 동력, T : 토크, R : 회전속도

71. 흡입관 하부에 스트레이너(strainer)를 설치하는 이유로 다음 중 가장 적합한 것은?
① 불순물 침투방지
② 유량조절
③ 양정을 높이기 위해
④ 역류 방지

풀이 스트레이너는 오일탱크에 설치되어 있으며, 펌프가 유압유를 흡입할 때 불순물이 침투되는 것을 방지한다.

72. 유압장치에 사용되는 유압유 저장용의 용기로 어큐뮬레이터라고도 하는 유압 부속기기는?
① 축압기
② 유압 필터
③ 증압기
④ 유압 유닛

73. 유압기기의 부속장치 중 유압에너지 압력에 대해 맥동제거, 압력보상, 충격완화 등의 역할을 하는 것은?
① 스트레이너
② 패킹
③ 어큐뮬레이터
④ 필터 엘리먼트

풀이 어큐뮬레이터(축압기)는 유압유 저장용의 용기이며, 그 기능은 유압에너지 압력의 맥동제거, 압력보상, 충격완화, 에너지 저장 등이다.

74. 유압회로 중 속도제어 회로인 것은?
① 무부하 회로
② 미터 인 회로(meter-in circuit)
③ 로킹 회로
④ 일정 모터 구동회로

75. 유압회로 중 속도제어를 위한 것으로 유량제어 밸브를 실린더 입구 측에 설치한 회로는?
① 무부하 회로
② 미터 인 회로
③ 로킹 회로
④ 일정 토크구동 회로

76. 4포트 3위치 방향전환밸브의 중간위치 형식 중 센터 바이패스형 이라고도 하며, 중립위치에서 펌프를 무부하 시킬 수 있고 실린더를 임의의 위치에 고정시킬 수 있는 것은?
① ABR 접속형
② 오픈 센터형
③ 탠덤 센터형
④ 클로즈 센터형

77. 다음 유압 회로도에서 품번 ①은 무엇을 나타내는가?

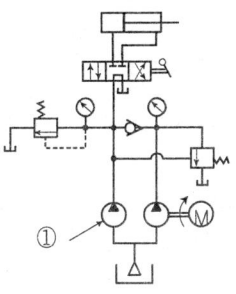

① 유압모터
② 공압 모터
③ 유압펌프
④ 공압 펌프

78. 일반적으로 공기압축기의 사용압력이 1N/cm² 이상부터 10N/cm² 미만인 경우에 사용되는 공기압 발생장치는?
① 컴프레서(compressor)
② 펌프(pump)
③ 블로어(blower)
④ 팬(fan)

Answer ▶ 70. ① 71. ① 72. ① 73. ③ 74. ② 75. ② 76. ③ 77. ③ 78. ③

79. 공압 기기에서 일반적인 압력에 의한 압축기(compressor)의 분류기준이 되는 토출 공기압으로 다음 중 가장 적합한 것은?
① 0.1N/cm² 이상   ② 1.0N/cm² 이상
③ 10N/cm² 이상   ④ 100N/cm² 이상

80. 공기기계를 압력에 따라 분류할 때 배출압력 10kPa 미만의 공기기계에 대한 일반적인 호칭으로 가장 적합한 것은?
① 송풍기   ② 블로어
③ 펌프   ④ 압축기

81. 기계에 작동하는 기체를 저압식과 고압식으로 나눌 때 고압식에 포함되는 것으로만 이루어져 있는 것은?
① 진공펌프, 회전형 압축기
② 원심 압축기, 팬
③ 축류 송풍기, 왕복형 압축기
④ 압축공기 기계, 송풍기

풀이 ① 저압형 공기기계에는 송풍기(blower), 풍차(wind mill)가 있다.
② 고압형 공기기계에는 압축기(compressor), 진공펌프(vacuum pump), 압축 공기기계가 있다.

82. 유압장치에 비교한 공기압 장치의 특징에 대한 설명으로 틀린 것은?
① 사용 에너지 매체를 쉽게 구할 수 있다.
② 에너지로서 저장성이 있다.
③ 방청과 윤활이 자동적으로 이루어진다.
④ 폭발과 인화의 위험이 없다.

83. 공기압의 조정유닛 구성요소에 속하지 않는 것은?
① 필터(filter)
② 압력조절밸브(pressure regulation valve)
③ 윤활기(lubricator)
④ 어큐뮬레이터(accumulator)

84. 공기(空氣)기계는 작동유체가 액체가 아닌 기체이기 때문에 다음과 같은 점에 주의할 필요가 있다. 틀린 것은?
① 기체는 압축성이 있다는 것
② 팽창할 때에는 온도 변화가 따른다는 것
③ 기체는 단위 체적 당 중량이 액체에 비하여 대단히 작다는 것
④ 유로 및 관로에서의 경제 유속을 물에 비하여 1/10배 정도로 낮게 해야 한다는 것

풀이 공기기계를 사용할 때 고려할 사항
① 기체는 압축성이 있다는 것
② 팽창할 때에는 온도변화가 따른다는 것
③ 기체는 단위체적 당 중량이 액체에 비하여 대단히 작다는 것

85. 압력비를 가장 높게 할 수 있는 압축기는?
① 송풍기   ② 축류압축기
③ 왕복압축기   ④ 회전압축기

풀이 왕복압축기는 대표적인 용적형 압축기이며, 실린더 내에서 피스톤을 왕복 운동시켜 비교적 소량의 기체를 높은 압력비로 압축하는 압축기이다.

86. 공압기계에서 왕복 압축기의 특징에 관한 설명으로 옳지 않은 것은?
① 대풍량에 적합하지 않다.
② 압력비가 원심식보다 높다.
③ 기계적 접촉부분이 적고, 회전속도가 높다.
④ 풍량이 압력변화에 따라 거의 변화하지 않는다.

풀이 왕복 압축기의 특징
① 압력비가 높다.
② 풍량이 압력변화에 따라 거의 변화하지 않는다.
③ 기계적 접촉부분이 많고, 회전속도가 낮다.
④ 송출량이 맥동적이므로 공기탱크가 필요하다.
⑤ 대풍량에는 부적합하다.

87. 공기압 발생장치인 압축기의 일반적인 설치 조건으로 가장 적합하지 않은 것은?

① 습기제거를 위해 직사광선이 있는 곳에 설치한다.
② 저온·저습 장소에 설치하여 드레인 발생을 적게 한다.
③ 지반이 견고한 장소에 설치하여 소음·진동을 예방한다.
④ 빗물·바람 등에 보호될 수 있도록 지붕이나 보호벽을 설치한다.

[풀이] 압축기의 일반적인 설치조건은 ②, ③, ④항 이외에 직사광선이 없는 곳에 설치한다.

88. 공기압축기에서 생산된 압축공기를 탱크에 저장하는 경우에 공기탱크의 압력이 설정압력에 도달하면 압축공기를 토출하지 않는 무부하운전이 되게 하는 것은?

① 언로드 밸브(unload valve)
② 릴리프 밸브(relief valve)
③ 시퀀스 밸브(sequence valve)
④ 카운터밸런스밸브(counter balance valve)

89. 공기압 회로에서 다수의 에어 실린더나 액추에이터를 사용할 때, 각 작동순서를 미리 정해두고 그 순서에 따라 움직이고 싶은 경우 사용하는 밸브로 가장 적합한 것은?

① 언로딩 밸브   ② 공기밸브
③ 공기 리베터   ④ 시퀀스 밸브

[풀이] 시퀀스밸브는 2개 이상의 분기회로를 가지는 회로 중에서 그 작동순서를 회로의 압력에 의하여 제어하는 밸브이다.

90. 유압회로에서 어떤 부분회로의 압력을 주회로의 압력보다 저압으로 해서 사용하고자 할 때 사용하는 밸브는?

① 릴리프밸브
② 리듀싱밸브
③ 체크밸브
④ 카운터밸런스 밸브

[풀이] 리듀싱(감압)밸브는 회로일부의 압력을 릴리프 밸브의 설정압력(메인 유압) 이하로 하고 싶을 때 사용하며 입구(1차 쪽)의 주 회로에서 출구(2차 쪽)의 감압회로로 유압유가 흐른다. 상시 개방상태로 되어 있다가 출구(2차 쪽)의 압력이 감압밸브의 설정압력보다 높아지면 밸브가 작용하여 유로를 닫는다.

91. 공압실린더와 연결되어 스로틀밸브를 조정하여 정밀한 속도제어를 위해 사용되는 것은?

① 어큐뮬레이터
② 루브리케이터
③ 속도제어 밸브
④ 하이드로 체크유닛

[풀이] 하이드로 체크유닛은 공압실린더와 연결되어 스로틀밸브를 조정하여 정밀한 속도제어를 위해 사용된다.

92. 공기탱크와 압축기사이에 설치한 클램프 상태에 있는 회로에서 압력저하에 따른 위험방지 목적으로 압축기 정지시 역류방지용 등에 사용되는 밸브는?

① 스톱(stop)밸브
② 체크(check)밸브
③ 셔틀(shuttle)밸브
④ 스로틀(throttle) 밸브

[풀이] ① 스톱밸브 : 밸브시트에 밀착할 수 있는 밸브 본체를 나사 봉에 설치하고, 이것에 핸들을 설치하고 밸브본체의 상·하 움직임이 가능하도록 하여 유체의 흐름을 개폐한다. 입구와 출구가 일직선상에 있어 유체의 흐름이 같은 방향인 글러브 밸브와 유체의 흐름 방향이 90°로 바뀌는 앵글밸브가 있다.
② 셔틀밸브 : 두 개 이상의 입구와 한 개의 출구가 설치되어 있으며, 출구가 최고 압력의 입구를 선택하는 기능을 한다.
③ 스로틀밸브 : 원판을 회전시켜 관로를 개폐시켜 유체와의 마찰에 의하여 유체의 압력을 낮추는 데 사용한다.

Answer ▶ 87. ① 88. ① 89. ④ 90. ② 91. ④ 92. ②

93. 공압모터의 일반적인 장점에 관한 설명으로 틀린 것은?
① 폭발성이 없다.
② 속도조절이 자유롭다.
③ 역전 시 충격발생이 적다.
④ 공기의 압축성 때문에 제어성이 좋고, 배출소음이 적다.

94. 전동기나 유압모터와 공기압 모터를 비교했을 때 일반적으로 공기압 모터의 특징에 대한 설명으로 거리가 먼 것은?
① 과부하시의 위험성이 낮다.
② 폭발의 위험성이 있는 환경에서 사용할 수 있다.
③ 기동, 정지, 역전시에 쇼크의 발생 없이 자연스럽다.
④ 부하에 따른 회전수 변동이 적어 일정한 회전수를 유지할 수 있다.
  풀이 공기압 모터의 특징
  ① 마모 등에 의한 주기적 부품 교환이 필요 없다.
  ② 내구성이 좋고 유지보수가 편리하다.
  ③ 회전방향의 전환이 용이하고 설치가 간단하다.
  ④ 다양한 회전수와 토크 범위로 인해 별도의 감속기 등이 필요 없다.
  ⑤ 성능의 저하가 적다.
  ⑥ 과부하시의 위험성이 낮다.
  ⑦ 폭발의 위험성이 있는 환경에서 사용할 수 있다.
  ⑧ 기동, 정지, 역전 등에서 충격발생 없이 자연스럽다.

95. 공압모터의 종류에 속하지 않은 것은?
① 회전 날개형   ② 피스톤형
③ 기어형   ④ 분권형
  풀이 공압모터의 종류에는 회전 날개형, 피스톤형, 기어형, 터빈형이 있다.

96. 다음 중 압축기 뒤에 설치되어 압축공기를 저장하는 공기탱크에 관한 설명으로 옳지 않은 것은?

① 맥동을 방지하거나 평준화한다.
② 압력용기이므로 법적 규제를 받는다.
③ 비상시에도 일정시간 운전을 가능하게 한다.
④ 다량의 공기소비 시 급격한 압력상승을 방지한다.
  풀이 공기탱크의 기능은 맥동을 방지하가 평준화하고, 비상시에도 일정시간 운전을 가능하게 하며, 압력용기이므로 법적 규제를 받는다.

97. 공기압 회로 중 압축공기 필터에 대한 설명으로 틀린 것은?
① 수분·먼지가 침입하는 것을 방지하기 위해 설치한다.
② 필터는 공기 배출구에 설치한다.
③ 드레인 여과방식으로 수동식과 자동식이 있다.
④ 오염의 정도에 따라 필터의 엘리먼트를 선정할 필요가 있다.
  풀이 압축공기 필터에 대한 설명은 ①, ③, ④항 이외에 필터는 공기 흡입구에 설치한다.

98. 공압에서 속도조절 방식 중 공급공기 조절방식(meter in system)의 특징으로 적합하지 것은?
① 실린더의 초기운동에 안정감이 있다.
② 피스톤의 진행방향으로의 부하에 대해 적용할 수 없다.
③ 체적이 작은 실린더에서 제한적으로 사용된다.
④ 부하의 방향에 큰 영향을 받지 않으므로 복동 실린더의 속도조절에 주로 사용된다.
  풀이 공급공기 조절방식의 특징
  ① 실린더의 초기운동에 안정감이 있다.
  ② 피스톤의 진행방향으로의 부하에 대해 적용할 수 없다.
  ③ 체적이 작은 실린더에서 제한적으로 사용된다.

Answer ▶ 93. ④ 94. ④ 95. ④ 96. ④ 97. ② 98. ④

99. 공기가 흐르는 통로의 크기를 가감시켜서 공기의 흐르는 양을 조절하는 것으로 니들형, 격판형 등이 있는 밸브를 무엇이라고 하는가?
① 셔틀밸브 ② 체크밸브
③ 차단밸브 ④ 유량제어 밸브

풀이 유량제어 밸브는 공기가 흐르는 통로의 크기를 가감시켜서 공기의 흐르는 양을 조절하는 것으로 니들형, 격판형 등이 있다.

100. 공압에서 속도조절방식 중 배기 조절 방식(meter out system)의 특징이 아닌 것은?
① 부하의 방향에 큰 영향을 받지 않으므로 복동 실린더의 속도조절에 주로 사용된다.
② 실린더의 초기운동에 안정감이 있다.
③ 실린더의 초기운동에 약간의 동요가 있다.
④ 초기상태를 제외하고는 안정감이 있다.

풀이 배기 조절방식(meter out system)의 특징
① 부하의 방향에 큰 영향을 받지 않으므로 복동 실린더의 속도조절에 주로 사용된다.
② 초기상태를 제외하고는 안정감이 있다.
③ 실린더의 초기운동에 약간의 동요가 있다.

101. FLIP-FLOP 회로에 대한 설명으로 옳은 것은?
① 입력 A가 ON되면 출력이 전환되고, 입력 A가 OFF되어도 입력 B가 ON 될 때까지 출력이 그대로 유지되는 회로이다.
② 입력 A가 OFF되면 출력이 전환되고, 입력 A가 OFF되어도 입력 B가 ON 될 때까지 출력이 그대로 유지되는 회로이다.
③ 입력 A가 ON되면 출력이 전환되고, 입력 A가 ON되어도 입력 B가 OFF 될 때까지 출력이 그대로 유지되는 회로이다.
④ 입력 A가 OFF 되면 출력이 전환되고, 입력 A가 ON되어도 입력 B가 OFF 될 때까지 출력이 그대로 유지되는 회로이다.

풀이 FLIP-FLOP 회로는 메모리(memory)회로라고도 부르며, 입력 A가 ON되면 출력이 전환되고, 입력 A가 OFF되어도 입력 B가 ON될 때까지 출력이 그대로 유지되는 회로이다.

102. 공압기계에서 이슬점 온도란 무엇을 말하는가?
① 공기 또는 가스 등에 포함된 수증기가 압축되기 시작하는 온도를 말한다.
② 공기 또는 가스 등에 포함된 수증기가 팽창하기 시작하는 온도를 말한다.
③ 공기 또는 가스 등에 포함된 수증기가 응축되기 시작하는 온도를 말한다.
④ 공기 또는 가스 등에 포함된 수증기가 폭발되기 시작하는 온도를 말한다.

풀이 이슬점 온도란 공기 또는 가스 등에 포함된 수증기가 응축되기 시작하는 온도를 말한다.

103. 원심 송풍기의 전압이 250mmAq, 회전수 960rpm, 풍량이 16m³/min일 때 이 송풍기의 회전수를 1400rpm으로 증가시키면 풍량은 몇 m³/min인가?
① 19.32 ② 23.33
③ 34.03 ④ 49.62

풀이 $Q_2 = \dfrac{Q_1 \times N_2}{N_1} = \dfrac{16 \times 1400}{960}$

= 23.33m³

Q_2 : 회전수를 증가시킨 후의 풍량
N_2 : 증가시킨 회전수
N_1 : 송풍기의 처음 회전수

Answer 99. ④ 100. ② 101. ① 102. ③ 103. ②

재료역학

01. 같은 재료에서도 하중의 상태에 따라 안전율을 정해야 하는데, 다음 중 안전율을 가장 크게 정해야 하는 하중은?
① 충격하중　② 반복하중
③ 교하중　　④ 정하중
[풀이] 충격하중의 안전율을 가장 크게 하여야 한다.

02. 엘리베이터(elevator)의 로프와 같이 하중의 크기와 방향이 일정하게 되풀이 작용하는 하중은?
① 집중하중　② 분포하중
③ 반복하중　④ 충격하중
[풀이] 하중의 크기와 방향이 일정하게 되풀이 작용하는 하중을 반복하중이라 한다.

03. 노치, 구멍, 필렛, 키 홈 등과 같이 단면의 형상이 급변하는 부분에 하중이 작용할 때 국부적으로 대단히 큰 응력이 발생하는 현상은?
① 잔류응력　② 공칭응력
③ 응력집중　④ 국부응력
[풀이] 단면의 형상이 급변하는 부분에 하중이 작용할 때 국부적으로 대단히 큰 응력이 발생하는 현상을 응력집중이라 한다.

04. 단면적 5cm²인 막대에 수직으로 20 kgf의 압축하중이 작용한다면 이때의 압축응력은 몇 kgf/cm²인가?
① 1　② 2
③ 4　④ 8
[풀이] $\sigma = \dfrac{W}{A} = \dfrac{20\text{kgf}}{5\text{cm}^2} = 4\text{kgf/cm}^2$
σ : 응력, W : 하중, A : 단면적

05. 지름이 50[mm]인 원형 단면 봉에 축하중 P= 1000[kgf]의 압축 하중이 작용할 때 이 봉에 발생하는 압축응력은 몇 kgf/cm²인가?

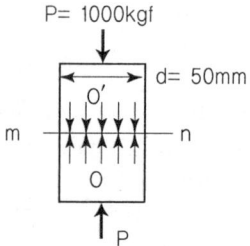

① 51.0　② 59.0
③ 65.0　④ 70.0
[풀이] $\sigma = \dfrac{W}{A} = \dfrac{1000}{0.785 \times 5^2} = 51\text{kgf/cm}^2$

06. 단면적이 25cm²인 원형기둥에 10kN의 압축하중을 받을 때 기둥 내부에 생기는 압축응력은 몇 MPa인가?
① 0.4　② 4
③ 40　④ 400
[풀이] $\sigma = \dfrac{W}{A} = \dfrac{10\text{kN}}{25\text{cm}^2} \times 10 = 4\text{MPa}$
σ : 응력, W : 하중, A : 단면적

07. 지름 10mm, 길이 1m인 연강 환봉이 하중 1ton을 받아 0.6mm 신장했다고 한다. 이 봉에 발생하는 응력은 약 몇 MPa인가?
① 1.25　② 12.5
③ 125　④ 1250
[풀이] $\sigma = \dfrac{W}{A} = \dfrac{1000}{0.785 \times 10^2} \times 9.8 = 124.84\text{MPa}$

08. 가로 a, 세로 b인 직사각형의 단면을 갖는 봉이 하중 P를 받아 인장되었다. 이 봉에 작용한 인장응력은 얼마인가?
① (a·b²)/P
② P/(a·b²)
③ (a·b)/P
④ P/(a·b)

Answer ▶ 1.① 2.③ 3.③ 4.③ 5.① 6.② 7.③ 8.④

09. 그림과 같이 로프로 고정하여 A점에 1000N의 무게를 매달 때 AC로프에 생기는 응력은 약 몇 N/cm²인가 ?(단, 로프 지름은 3cm이다)

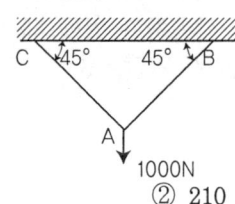

① 100　　　　　② 210
③ 431　　　　　④ 640

풀이 $\sigma = \dfrac{W}{A} \times \cos\alpha = \dfrac{1000}{0.785 \times 3^2} \times \cos 45°$
　　　$= 100\text{N/cm}^2$

10. 지름이 구간에 따라 일정하지 않은 봉의 최대지름이 50mm이고, 최소지름이 25mm이다. 5000kgf의 인장하중이 작용할 때 봉에 작용하는 최대 인장응력은 약 몇 kgf/mm²인가 ?

① 2.55　　　　　② 10.2
③ 20.4　　　　　④ 40.8

풀이 $\sigma = \dfrac{W}{A} = \dfrac{5000}{0.785 \times (50-25)^2}$
　　　$= 10.19\text{kgf/mm}^2$

11. 압축하중 2400kgf를 받고 있는 연강 축에 발생하는 압축응력이 960kgf/cm²일 경우 축의 지름은 약 몇 mm인가 ?

① 9.28　　　　　② 10.24
③ 17.85　　　　　④ 30.36

풀이 $\sigma = \dfrac{W}{A}$에서
　　　$d = \sqrt{\dfrac{W}{0.785 \times \sigma}} = \sqrt{\dfrac{2400}{0.785 \times 960}}$
　　　$= 1.785\text{cm} = 17.85\text{mm}$

12. 두께 5mm, 안지름 300mm인 관에 3MPa의 원주방향 압력이 작용할 때 관 벽에 발생하는 응력은 몇 MPa인가 ?

① 45　　　　　② 90
③ 125　　　　　④ 250

풀이 $\sigma t = \dfrac{PD}{2t} = \dfrac{3 \times 300}{200 \times 5} = 90\text{MPa}$
　　σt : 관 벽에 작용하는 응력
　　P : 원주방향 압력, D : 안지름, t : 두께

13. 동일한 크기의 전단응력이 작용하는 원형 단면보의 지름을 2배로 하면 전단응력은 얼마로 감소하는가 ?

① 1/16　　　　　② 1/8
③ 1/4　　　　　④ 1/2

풀이 동일한 크기의 전단응력이 작용하는 원형 단면보의 지름을 2배로 하면 전단응력은 1/4로 감소한다.

14. 같은 전단응력이 작용하는 보에서 원형 단면의 지름을 2배로 하면 전단응력(τ)은 얼마인가 ?

① $\dfrac{\tau}{2}$　　　　　② $\dfrac{\tau}{4}$
③ $\dfrac{\tau}{8}$　　　　　④ $\dfrac{\tau}{16}$

15. 지름이 4cm인 봉에 20kgf-m의 비틀림 모멘트가 작용하고 있다. 봉에 발생되는 최대 전단응력은 몇 kgf/cm²인가 ?

① 185　　　　　② 163
③ 159　　　　　④ 127

풀이 $\tau a = \dfrac{16T}{\pi d^3} = \dfrac{16 \times 20}{3.14 \times 4^3} = 159\text{kgf/cm}^2$
　　τa : 전단응력, T : 비틀림 모멘트
　　d : 지름

16. 3000N·m의 비틀림 모멘트가 작용하는 지름 10mm 환봉 축의 최대 전단응력은 약 몇 N/mm²인가 ?

① 13.42　　　　　② 15.28
③ 17.59　　　　　④ 21.28

풀이 $\tau a = \dfrac{16T}{\pi d^3} = \dfrac{16 \times 3000}{3.14 \times 10^3}$
　　　$= 15.28\text{N/mm}^2$

Answer ▶ 9. ① 10. ② 11. ③ 12. ② 13. ③ 14. ② 15. ③ 16. ②

17. 길이 1000mm, 지름 6mm인 둥근 축에 2000N·mm의 비틀림 모멘트가 작용할 때 축에 생기는 최대 전단응력은 몇 N/mm² 인가?

① 23.6 ② 47.2
③ 141.6 ④ 283.2

풀이 $\tau_a = \dfrac{16T}{\pi d^3} = \dfrac{16 \times 2000}{3.14 \times 6^3} = 47.2 \text{N/mm}^2$

18. 단면계수가 10m³인 원형 봉의 최대 굽힘 모멘트가 2000N·m일 때 최대 굽힘 응력은 몇 N/m³인가?

① 20000 ② 2000
③ 200 ④ 20

풀이 $\sigma_a = \dfrac{M_e}{A_e} = \dfrac{2000 \text{N·m}}{10 \text{m}^3} = 200 \text{N/m}^3$

σ_a : 굽힘 응력, M_e : 굽힘 모멘트
A_e : 단면계수

19. 50000N·cm의 굽힘모멘트를 받는 단순보의 단면계수가 100cm³이면 이 보에 발생되는 굽힘 응력은 몇 N/cm²인가?

① 250 ② 500
③ 750 ④ 1000

풀이 $\sigma_a = \dfrac{M_e}{A_e} = \dfrac{50000}{100} = 500 \text{N/mm}^2$

20. 100N·m의 굽힘모멘트를 받는 단순보가 있다. 이 단순보의 단면이 직사각형이며 폭이 20mm, 높이가 40mm일 때 최대 굽힘 응력은 약 몇 N/mm²인가?

① 12.4 ② 15.6
③ 18.8 ④ 20.2

풀이 $\sigma_a = \dfrac{6M}{bh^2} = \dfrac{6 \times 100 \times 1000}{20 \times 40^2} = 18.75 \text{N/mm}^2$

σ_a : 굽힘 응력, M : 굽힘 모멘트,
b : 폭, h : 높이

21. 다음 중 변형률(ε)의 단위로 맞는 것은?

① kgf ② kgf/cm
③ kgf/cm² ④ 단위 없음

풀이 변형률은 단위가 없다.

22. 단면적 20cm²의 재료에 6000kgf의 전단하중이 작용하고 있을 때 이 재료의 전단 변형률은 ?(단, G= 0.8×10⁶kgf/cm² 이다)

① 2.81×10⁻⁴ ② 3.75×10⁻⁴
③ 2.81×10⁻³ ④ 3.75×10⁻³

풀이 ① 전단응력 $\tau_a = \dfrac{W}{A} = \dfrac{6000}{20} = 300 \text{kgf/cm}^2$

② 전단변형률 $\tau_\varepsilon = \dfrac{\tau_a}{G} = \dfrac{300}{0.8 \times 10^6} = 3.75 \times 10^{-4}$

G : 횡탄성계수

23. 길이가 300mm의 봉이 인장력을 받아 1.5mm 늘어났을 때 길이 방향 변형률은?

① 5.0×10⁻³ ② 5.0×10⁻²
③ 1.33×10⁻³ ④ 1.33×10⁻²

풀이 $\varepsilon = \dfrac{l'}{l} = \dfrac{1.5}{300} = 0.005 = 5 \times 10^{-3}$

ε : 변형률, l' : 늘어난 길이, l : 본래의 길이

24. 지름 30mm, 길이 200mm 둥근 봉에 인장하중이 작용하여 길이가 200.12mm 로 늘어났다. 세로 변형률은 얼마인가?

① 15×10⁻² ② 15×10⁻³
③ 6×10⁻³ ④ 6×10⁻⁴

풀이 $\varepsilon = \dfrac{l' - l}{l} = \dfrac{200.12 - 200}{200} = 0.0006$
$= 6 \times 10^{-4}$

ε : 변형률, l' : 늘어난 길이, l : 본래의 길이

25. 길이가 1.5m인 봉에 인장하중을 작용시켜 변형 후 길이가 1.5009m로 되었다면 세로변형률은 ?

① 0.0003 ② 0.0006
③ 0.003 ④ 0.006

풀이 $\varepsilon = \dfrac{l' - l}{l} = \dfrac{1.5009 - 1.5}{1.5} = 0.0006$

Answer ▶▶▶ 17. ② 18. ③ 19. ② 20. ③ 21. ④ 22. ② 23. ① 24. ④ 25. ②

26. 시편 지름이 D= 14mm, 평행부가 60mm, 표점거리는 50mm, 인장하중이 P= 9930N일 때 인장응력 σ(N/mm²) 및 연신율 ε(%)는 약 얼마인가 ?(단, 절단 후의 표점거리 L = 64.3mm이다)

① σ=64.5, ε=28.6
② σ=64.5, ε=38.6
③ σ=54.5, ε=38.6
④ σ=54.5, ε=28.6

풀이 ① $\sigma = \dfrac{W}{A} = \dfrac{9930}{0.785 \times 14^2} = 64.5 \text{N/mm}^2$

② $\varepsilon = \dfrac{l'-l}{l} = \dfrac{64.3-50}{50} \times 100 = 28.6\%$

27. 포와송 비(poisson's ratio)에 대하여 옳게 설명한 것은 ?

① 종 변형률과 횡 변형률의 곱이다.
② 수직응력과 종탄성계수를 곱한 값이다.
③ 횡 변형률을 종 변형률로 나눈 값이다.
④ 전단응력과 횡 탄성계수의 곱이다.

풀이 포와송 비(poisson's ratio)란 횡(가로)변형률을 종(세로)변형률로 나눈 값이다.

28. 재료의 성질 중에서 포아송 비(poisson's ratio)를 바르게 표시한 것은?

① $\dfrac{세로변형율}{가로변형율}$ ② $\dfrac{가로변형율}{세로변형율}$

③ $\dfrac{세로변형율}{전단변형율}$ ④ $\dfrac{전단변형율}{세로변형율}$

29. 지름 2cm, 길이 4m인 봉이 축 인장력 400kg을 받아 지름이 0.001mm 줄어들고 길이는 1.05mm늘어났다. 이 재료의 포아송 수 m은 얼마인가 ?

① 3.25   ② 4.25
③ 5.25   ④ 6.25

풀이 ① 포아송 비(μ)= $\dfrac{1}{m} = \dfrac{\varepsilon'}{\varepsilon} = \dfrac{\delta/d}{\lambda/l} = \dfrac{\delta l}{\delta \lambda}$

$= \dfrac{0.001 \times 4000}{20 \times 1.05} = \dfrac{4}{21}$

② 포아송 수 $m = \dfrac{21}{4} = 5.25$

30. 탄소강의 응력 변형곡선에서 항복점을 나타내는 점은 ?

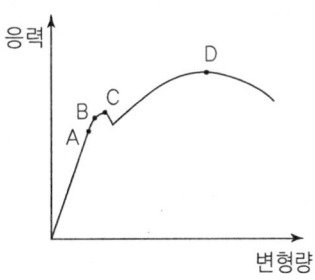

① A   ② B
③ C   ④ D

풀이 A : 비례한계, B : 탄성한계, C : 항복점
D : 인장강도

31. 응력과 변형률에 관한 설명 중 바른 것은 ?

① 탄성한계 내에서 변형률과 응력은 반비례한다.
② 포와송 비는 세로변형률과 가로변형률의 곱으로 나타낸다.
③ 응력은 단위 부피당 내력의 크기를 말한다.
④ 변형률은 응력이 작용하여 발행한 변형량과 변형 전 상태량과의 비를 말한다.

32. 조립된 기계 부품의 세부항목에 대한 안전율을 결정하는 데는 여러 가지 변수가 있다. 안전율을 결정하는 요소가 아닌 것은 ?

① 재료의 품질
② 하중과 응력계산의 정확성
③ 공작기계의 정도
④ 하중의 종류에 따른 응력의 성질

33. 탄성한도 내에서 인장하중을 받는 봉의 허용응력이 2배가되면 안전율은 처음에 비해 몇 배가 되는가?

① 1/2배 ② 2배
③ 1/4배 ④ 4배

풀이 탄성한도 내에서 인장하중을 받는 봉의 허용응력이 2배가되면 안전율은 처음에 비해 1/2배가된다.

34. 강 구조물 재료에서 인장강도(σu), 허용응력(σa), 사용응력(σw)과의 관계로 다음 중 적합한 것은?

① $\sigma u > \sigma a \geqq \sigma w$
② $\sigma u > \sigma w \geqq \sigma a$
③ $\sigma w > \sigma u \geqq \sigma a$
④ $\sigma w > \sigma a \geqq \sigma u$

풀이 인장강도, 허용응력, 사용응력의 관계는 $\sigma u > \sigma a \geqq \sigma w$이다.

35. 인장강도가 4200kgf/mm²인 연강 봉이 있다. 안전율이 10이면 허용응력은 몇 kgf/mm²인가?

① 42000 ② 42
③ 280   ④ 420

풀이 $\sigma a = \dfrac{\sigma u}{S} = \dfrac{4200}{10} = 420 kgf/mm^2$
σa : 허용응력, σu : 인장강도
S : 안전율

36. 인장강도가 430N/mm²인 주철의 안전율이 10이면 허용응력은 몇 N/mm²인가?

① 4300   ② 21.5
③ 2150   ④ 43.0

풀이 $\sigma a = \dfrac{\sigma u}{S} = \dfrac{430}{10} = 43.0N/mm^2$

37. 그림과 같이 주어진 구조물에 인장하중이 작용할 때 구조물의 자중을 고려해서 최대응력이 발생하는 지점은?

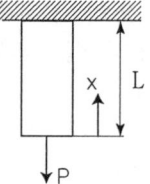

① $x = 0$
② $x = \ell/2$
③ $x = \ell$
④ 모든 위치에서 동일

38. 열응력에 관한 설명으로 가장 적합한 것은?

① 열을 가해 온도가 올라갈 때 늘어나면서 생기는 내부응력
② 온도가 내려가면 재료가 수축하여 생기는 외부응력
③ 높은 온도에서 급냉 할 때만 발생하는 잔류응력
④ 온도 변화에 의한 신축이 방해되었기 때문에 생기는 응력

풀이 열응력이란 온도변화에 의한 신축이 방해되었기 때문에 발생하는 응력이다.

39. 재료의 성질에서 열응력과 가장 관계 깊은 인자는?

① 경도   ② 전단강도
③ 피로한도   ④ 선팽창계수

풀이 열응력과 가장 깊은 관계가 있는 인자는 선팽창계수이다.

40. 열응력에 대한 다음 설명 중 틀린 것은?

① 세로탄성계수와 관계있다.
② 재료의 단면치수에 관계있다.
③ 온도 차이에 관계있다.
④ 재료의 선팽창계수에 관계있다.

풀이 열응력은 세로탄성계수, 온도차이, 재료의 선팽창계수에 관계있다.

Answer ▶▶▶ 33. ① 34. ① 35. ④ 36. ④ 37. ③ 38. ④ 39. ④ 40. ②

CHAPTER 04 General Mechanical Engineering · 일반기계공학 · 543

41. 10℃에서 양 끝을 고정한 연강봉이 온도 30℃로 되었을 때 재료내부에 생기는 열응력은 약 몇 N/cm²인가?(단, 연강봉의 세로탄성계수 $E= 2.1×10^6$ N/cm², 선팽창계수 $a= 0.000012$/℃로 한다)

① 252　　② 353
③ 454　　④ 504

풀이) $\sigma h = E × a × (t_2 - t_1)$
= 2.1×10⁶×0.000012×(30-10)= 504N/cm²

42. 15℃에서 양끝을 고정한 봉이 35℃가 되었다면 이 봉의 내부에 생기는 열응력은 어떤 응력이고 몇 kgf/cm²인가? (단, 봉의 세로 탄성계수는 $E= 2.0×10^6$ kgf/cm²이고 선 팽창계수는 $a= 12×10^{-6}$/℃이다)

① 인장응력 : 480　　② 인장응력 : 240
③ 압축응력 : 480　　④ 압축응력 : 240

풀이) 열응력 $Ea = (t_2 - t_1)$ = 2.0×10⁶×12× 10⁻⁶ (35-15)= 480kgf/cm² 따라서 압축응력 : 480kgf/cm² 이다.

43. 한 변의 길이가 8cm인 정4각 단면의 봉에 온도를 20℃ 상승시켜도 길이가 늘어나지 않도록 하는데 28000N이 필요하다면 이 봉의 선팽창 계수는?(단, 탄성계수 (E)는 2.1× 10⁶N/cm²이다)

① 1.14×10⁻⁵/℃　　② 1.04×10⁻⁵/℃
③ 1.14×10⁻⁶/℃　　④ 1.04×10⁻⁴/℃

풀이) $a = \dfrac{W}{E × A × t} = \dfrac{28000N}{2.1×10^6 × 8 × 8 × 20}$
= 1.04×10⁻⁵/℃
a : 선팽창 계수 E : 탄성계수, t : 온도
W : 길이가 늘어나지 않도록 하는데 필요한 힘

44. 재료의 성질을 나타내는 세로 탄성계수(영률 E)의 단위가 맞는 것은?

① N　　② N/cm²
③ N·m　　④ N/cm

풀이) 재료의 성질을 나타내는 세로 탄성계수(영률 E)의 단위는 N/cm²이다.

45. 길이가 2m이고, 직경이 1cm인 강선에 작용하는 인장하중 1600kgf/cm²일 때 강선의 늘어난 길이는?(단, 탄성계수(E)= $2.1×10^5$ kgf/cm²이다)

① 0.1941cm　　② 0.1814cm
③ 0.1579cm　　④ 0.1327cm

풀이) $\delta = \dfrac{P\ell}{AE} = \dfrac{1600 × 200}{0.785 × 1^2 × 2.1 × 10^6}$
= 0.1941cm
δ : 늘어난 길이, P: 하중, ℓ: 길이
A: 단면적, E: 세로탄성 계수

46. 부정정보는 어느 것인가?

① 연속보　　② 단순보
③ 돌출보　　④ 외팔보

풀이) ① 정정보의 종류에는 외팔보, 단순보, 돌출보 등이 있다.
② 부정정보의 종류에는 고정보, 고정 받침보, 연속보 등이 있다.

47. 받침점의 반력을 힘의 평형과 모멘트의 평형으로 구할 수 있는 보는?

① 고정보　　② 내다지보
③ 연속보　　④ 고정지지보

풀이) 내다지보는 받침점의 반력을 힘의 평형과 모멘트의 평형으로 구할 수 있는 보이다.

48. 재료역학에서의 보에 대한 설명이다. 틀린 것은?

① 정정보는 보의 지점반력을 정역학적 평형조건을 이용하여 구할 수 있는 보이다.
② 외팔보는 보의 한쪽 끝만 고정한 것이며, 단순보라고도 한다.
③ 돌출보는 보가 지점 밖으로 돌출한 보이다.
④ 양단고정보는 양끝이 고정된 보를 말한다.

Answer ▶ 41. ④　42. ③　43. ②　44. ②　45. ①　46. ①　47. ②　48. ②

49. 일반적으로 보를 설계할 때 주로 고려하는 응력은?
① 인장응력 ② 굽힘 응력
③ 전단응력 ④ 압축응력

50. 50,000kgf-cm의 굽힘 모멘트를 받는 단순보의 단면계수가 100cm³이면 이 보에 발생되는 굽힘 응력(kgf/cm²)은?
① 250 ② 500
③ 750 ④ 1000

풀이 $\sigma b = \dfrac{W}{A} = \dfrac{50000}{100} = 500 kgf/cm^2$

51. 폭 8cm, 높이 15cm의 사각형단면 보에 굽힘모멘트 M= 15,000kgf·cm가 작용했을 때 생기는 굽힘응력 σb는 몇 kgf/cm²인가?
① 50 ② 100
③ 150 ④ 200

풀이 $\sigma b = \dfrac{6M}{bh^2} = \dfrac{6 \times 15000}{8 \times 15^2} = 50 kgf/cm^2$

M : 굽힘 모멘트, b : 보의 폭, h : 보의 높이

52. 그림과 같은 외팔보에서 단면의 폭×높이= b×h일 때, 최대 굽힘 응력(Q_{max})을 구하는 식은?

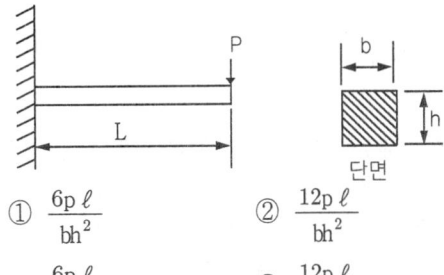

① $\dfrac{6p\ell}{bh^2}$ ② $\dfrac{12p\ell}{bh^2}$
③ $\dfrac{6p\ell}{b^2h}$ ④ $\dfrac{12p\ell}{b^2h}$

53. 폭이 5cm, 높이가 10cm의 단면을 갖는 보에 굽힘 모멘트 10000kgf·cm가 작용할 때 보에 생기는 굽힘 응력 σb은 약 몇 kgf /cm²인가?

① 120 ② 240
③ 340 ④ 480

풀이 $\sigma b = \dfrac{6M}{bh^2} = \dfrac{6 \times 10000}{5 \times 10^2} = 120 kgf/cm^2$

54. 그림과 같은 단면을 가진 외팔보에 등분포 하중이 작용할 때 보에 발생하는 최대 굽힘 응력은 약 몇 N/cm² 인가?

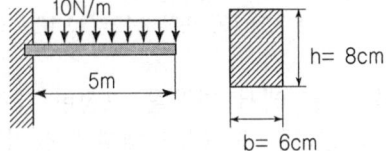

① 95 ② 145
③ 195 ④ 245

풀이 ① $M_{max} = \dfrac{W^2}{2} = \dfrac{10 \times 5^2}{2} = 125 N/m$
= 12500N/cm

M_{max} : 최대 굽힘 모멘트(N·cm)
W : 등분포 하중(N), l : 보의 길이(m)

② $\sigma_{max} = \dfrac{M_{max} \times 6}{b \times h^2} = \dfrac{12500 \times 6}{6 \times 8^2} = 195.3 N/cm^2$

σ_{max} : 최대 굽힘 응력(N/cm²)
b : 폭(cm), h : 높이(cm)

55. 그림과 같이 균일분포 하중을 받는 단순보에서 최대 굽힘 응력은?

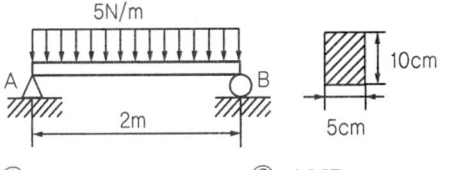

① 3 MPa ② 4 MPa
③ 6 MPa ④ 8 MPa

풀이 $\sigma_{max} = \dfrac{M_{max}}{Z} = \dfrac{\frac{Pl}{4}}{\frac{bh^2}{6}} = \dfrac{6Pl}{4bh^2} = \dfrac{6 \times 5 \times 2}{4 \times 0.05 \times 0.1^2}$
= 30000N/m² = 3MPa

σ_{max} : 최대 굽힘 응력(N/m²)
M_{max} : 최대 굽힘 모멘트(N·m)
P : 하중(N), l : 스팬의 길이(m)
b : 너비(m), h : 높이(m), $1Pa = 1N/m^2$

Answer 49. ② 50. ② 51. ① 52. ① 53. ① 54. ③ 55. ①

56. 100N·m의 굽힘모멘트를 받는 단순보가 있다. 이 단순보의 단면이 직사각형이며, 폭이 20mm, 높이가 40mm일 때 최대 굽힘 응력은 약 몇 N/mm² 인가?

① 12.4 ② 15.6
③ 18.8 ④ 20.2

풀이 $\sigma_{max} = \dfrac{6Pl}{bh^2} = \dfrac{6M}{bh^2} = \dfrac{6 \times 100 \times 1000}{20 \times 40^2}$
= 18.8N/mm²
σ_{max} : 최대 굽힘 응력(N/mm²)
P : 하중(N), l : 스팬의 길이(m)
b : 너비(m), h : 높이(m)
M : 최대 굽힘 모멘트(N·m)

57. 그림과 같은 균일 분포하중 ω(kgf/m)가 받는 외팔보의 자유단에 반력 P(kgf)를 작동시켜 처짐이 0이 되도록 하려면 이때의 하중은?

① $P = \dfrac{8\omega l}{3}$
② $P = \dfrac{3\omega l}{8}$
③ $P = \dfrac{3\omega l}{48}$
④ $P = \dfrac{48\omega l}{3}$

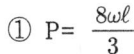

58. 다음과 같은 외팔보에서 A지점의 반력 R_A는?

① 0
② P
③ L
④ P/L

59. 그림과 같은 보에서 지점 B가 5N까지의 반력을 지지할 수 있다. 하중 12N은 A점에서 몇 m까지 이동할 수 있는가?

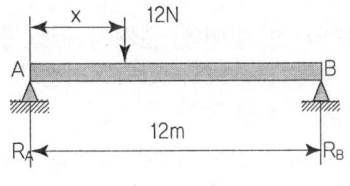

① 2 ② 3
③ 4 ④ 5

풀이 $P = 12N, R_B = 5N$
$\sum M_A = 0$에 의해
$R_B \times l + Px = 0$ $x = \dfrac{R_B \times l}{P}$
$= \dfrac{5N \times 12m}{12N} = 5m$

60. 그림과 같은 단순보의 R_A, R_B의 값으로 적당한 것은?

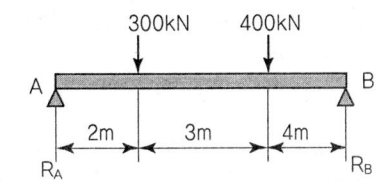

① R_A = 467.4kN, R_B = 232.6kN
② R_A = 432.3kN, R_B = 267.7kN
③ R_A = 411.1kN, R_B = 288.9kN
④ R_A = 396.8kN, R_B = 303.2kN

풀이
① $R_A = \dfrac{300kN \times (3m + 4m) + 400kN \times 4m}{9m}$
= 411.1kN
② R_B = 300kN + 400kN − R_A = 288.9kN

61. 단순보의 전 길이(L)에 걸쳐 균일분포 하중이 작용할 때 최대 굽힘 모멘트는 보의 어느 지점에서 일어나는가?

① 중앙($\dfrac{1}{2}L$)지점
② 양끝에서 $\dfrac{1}{3}L$ 되는 지점
③ 양끝 지점
④ 양끝에서 $\dfrac{1}{4}L$ 되는 지점

Answer ▶▶▶ 56. ③ 57. ② 58. ② 59. ④ 60. ③ 61. ①

62. 보의 전 길이에 걸쳐서 균일분포 하중을 받는 단순보가 있다. 처짐에 관한 설명 중 잘못된 것은?

① 처짐량은 보의 길이의 4제곱에 비례한다.
② 처짐량은 단면 2차 모멘트에 반비례한다.
③ 처짐량은 종탄성계수에 반비례한다.
④ 처짐 각은 보의 길이의 4제곱에 비례한다.

풀이 균일분포 하중을 받는 단순보의 처짐
① 처짐량은 보의 길이의 4제곱에 비례한다.
② 처짐량은 단면 2차 모멘트에 반비례한다.
③ 처짐량은 종탄성계수에 반비례한다.

63. 단면이 사각형인 단순보의 중앙에 집중하중이 작용할 때 최대 처짐에 대한 설명 중 틀린 것은?(단, 지지점 사이의 거리를 L이라 한다)

① 보의 높이의 제곱에 반비례한다.
② L의 3승에 비례한다.
③ 하중에 정비례한다.
④ 보의 폭에 반비례한다.

풀이 단면이 사각형인 단순보의 중앙에 집중하중이 작용할 때 최대 처짐
① L(지지점 사이의 거리)의 3승에 비례한다.
② 하중에 정비례한다.
③ 보의 폭에 반비례한다.

64. 단순보의 한 지지 점으로부터 스팬 길이의 1/3되는 점에 한 개의 집중 하중이 작용할 때 최대 처짐이 생기는 위치는?

① 지지점과 하중이 작용하는 점의 중간점
② 하중이 작용하는 지점
③ 중앙점 부근
④ 양단 지지점

풀이 단순 보의 한 지지 점으로부터 스팬 길이의 1/3 되는 점에 한 개의 집중 하중이 작용할 때 최대 처짐이 생기는 위치는 중앙점 부근이다.

65. 중앙에 집중하중 P를 받는 길이 L의 단순보에 대한 설명 중 틀린 것은?(단, 보의 자중은 무시하고 굽힘 강성은 EI로 한다)

① 보의 최대 처짐은 중앙에서 일어난다.
② 보의 양 끝단에서의 굽힘 모멘트는 0(zero)이다.
③ 보의 최대 처짐을 나타내는 값은 $\frac{Pl^3}{3EI}$이다.
④ 보의 한 지점에서의 반력은 P/2이다.

풀이 중앙에 집중하중 P를 받는 길이 L의 단순보
① 보의 최대 처짐은 중앙에서 일어난다.
② 보의 양 끝단에서의 굽힘 모멘트는 0(zero)이다.
③ 보의 한 지점에서의 반력은 P/2 이다.

66. 그림과 같이 길이 L인 단순보의 중앙에 집중하중 W를 받는 때 최대 굽힘 모멘트(M_{max} 점)는 얼마인가?

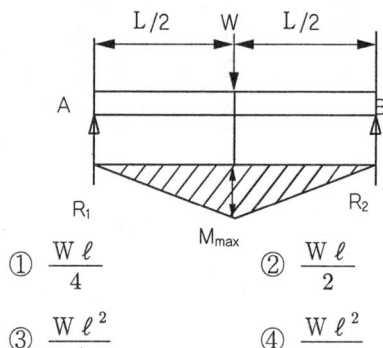

① $\frac{Wl}{4}$ ② $\frac{Wl}{2}$
③ $\frac{Wl^2}{4}$ ④ $\frac{Wl^2}{2}$

67. 스팬 L인 양단지지 보의 중앙에 집중하중 P가 작용하는 경우 최대 굽힘 모멘트 M_{max}는?

① $\frac{Pl}{4}$ ② $\frac{Pl^2}{4}$
③ $\frac{Pl^2}{2}$ ④ $\frac{Pl}{2}$

풀이 스팬 l인 양단지지 보의 중앙에 집중 하중 P가 작용하는 경우 최대 굽힘 모멘트 $M_{max} = \frac{Pl}{4}$이다.

Answer 62. ④ 63. ① 64. ③ 65. ③ 66. ① 67. ①

68. 한 변의 길이가 9cm인 정사각형 외팔보의 최대 굽힘 응력이 120kgf/cm²일 때 최대 몇 kgf·cm까지의 굽힘 모멘트에 견디는가?

① 12540　　② 14580
③ 16720　　④ 18420

[풀이] $M = \sigma Z = \sigma \cdot \dfrac{bh^2}{6} = \dfrac{120 \times 9^3}{6}$
　　　$= 14580 \text{kgf/m}$

69. 도면과 같이 자유단에 집중하중을 받고 있는 외팔보의 굽힘 모멘트 선도로 가장 적합한 것은?

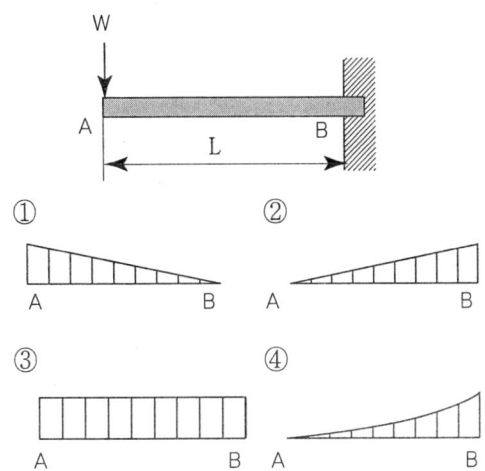

70. 굽힘 모멘트 M : 4000kgf·cm이고, 굽힘 강성계수 $E_1 = 2.0 \times 10^5 \text{kgf/cm}^2$일 때 곡률반경은 몇 m인가?

① 3　　② 4
③ 5　　④ 6

[풀이] $R = \dfrac{E_1}{M} = \dfrac{2.0 \times 10^6}{4000 \times 100} = 5\text{m}$
　　　R : 곡률반경

71. 최대 전단응력설에 의한 상당 비틀림 모멘트(Te)는? (단, M : 굽힘 모멘트, T : 비틀림 모멘트이다)

① $\sqrt{M^2 + T^2}$
② $\sqrt{M + T}$
③ $\dfrac{1}{2}(M + \sqrt{M^2 + T^2})$
④ $\dfrac{1}{2}(M + T)$

72. 10kN·m의 비틀림 모멘트와 20kN·m의 굽힘 모멘트를 동시에 받는 축의 상당 굽힘 모멘트는 약 몇 kN·m인가?

① 2.18　　② 21.18
③ 211.8　　④ 230

[풀이] $Me = \dfrac{M + \sqrt{M^2 + T^2}}{2}$
　　　$= \dfrac{20 + \sqrt{20^2 + 10^2}}{2} = 21.18 \text{kN/m}$
　　　Me : 축의 상당 굽힘 모멘트
　　　M : 굽힘 모멘트, T : 비틀림 모멘트

73. 비틀림이 작용할 때 재료의 단면에 생기는 응력은?

① 인장　　② 압축
③ 전단　　④ 굽힘

[풀이] 비틀림이 작용할 때 재료의 단면에 생기는 응력은 전단응력이다.

74. 비틀림을 받는 원형 봉에서의 최대 전단응력을 구하는 식은?

① (비틀림모멘트×봉의 지름)/극관성 모멘트
② (비틀림모멘트×봉의 반지름)/극관성 모멘트
③ (비틀림모멘트×봉의 지름)/극단면계수
④ (비틀림모멘트×봉의 반지름)/극단면계수

[풀이] 비틀림을 받는 원형 봉에서의 최대 전단 응력을 구하는 공식
$= \dfrac{(\text{비틀림모멘트} \times \text{봉의반지름})}{\text{극관성모멘트}}$

Answer ▶▶▶ 68. ② 69. ② 70. ③ 71. ① 72. ② 73. ③ 74. ②

75. 비틀림 모멘트를 받는 원형단면 축에 발생되는 최대 전단응력에 대한 설명으로 옳은 것은?
① 축 지름이 증가하면 최대 전단응력은 감소한다.
② 단면계수가 감소하면 최대 전단응력은 감소한다.
③ 축의 단면적이 감소하면 최대 전단응력은 증가한다.
④ 가해지는 토크가 증가하면 최대 전단응력은 감소한다.

76. 비틀림 모멘트 T와 극관성 모멘트 Ip가 일정할 때, 길이 L을 갖는 축의 단위길이 당 비틀림 각(φL)은?(단, φ는 길이 L의 축에 발생하는 전체 비틀림 각이고, G는 축의 전단 탄성계수이다)
① $\dfrac{T^2}{GIp}$
② $\dfrac{GIp}{T}$
③ $\dfrac{T}{GIp}$
④ $\dfrac{GIp}{T^2}$

77. 축의 비틀림 강도를 고려하여 원형축에 비틀림 모멘트(T)를 가했을 때 비틀림 각(θ)를 구할 수 있다. 비틀림 각(θ)에 관한 설명 중 틀린 것은?
① 비틀림 각은 극관성모멘트에 비례한다.
② 축의 길이가 증가할수록 비틀림 각은 증가한다.
③ 횡탄성계수가 작을수록 비틀림 각은 증가한다.
④ 비틀림 모멘트와 비틀림 각은 비례한다.

78. 그림과 같이 한 변이 20cm인 정사각형에 직경 Φ8cm의 구멍이 뚫린 단면의 도심 축에 대한 단면 2차 모멘트는 몇 cm⁴ 인가?

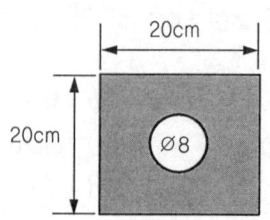

① 13132
② 14132
③ 151321
④ 161321

풀이 $M = \dfrac{bh^3}{12} - \dfrac{\pi d^4}{64} = \dfrac{20 \times 20^3}{12} - \dfrac{3.14 \times 8^4}{64}$

= 13132.34cm⁴

Answer ▶▶▶ 75. ① 76. ③ 77. ① 78. ①

과년도출제문제

2018. 03. 04 자동차 정비 산업기사

일반기계공학

01. 기계구조용으로 많이 사용되는 KS재료 기호 SM35C의 설명으로 가장 적합한 것은?
① 최저 인장강도 35kgf/mm²인 기계 구조용 탄소강
② 최저 인장강도 35kgf/cm²인 기계 구조용 탄소강
③ 탄소 함유량이 약 35% 정도인 기계 구조용 탄소강
④ 탄소 함유량이 약 0.35% 정도인 기계 구조용 탄소강

02. 소성가공 방법이 아닌 것은?
① 롤링(rolling)
② 호닝(honing)
③ 벌징(bulging)
④ 드로잉(drawing)

03. 용접 이음부에 입상의 용재를 공급하고, 이 용제 속에서 전극과 모재사이에 아크를 발생시켜 연속적으로 용접하는 방법은?

① TIG용접
② MIG용접
③ 서브머지드 아크용접
④ 이산화탄소 아크용접

04. 다음 중 비중이 2.7이며 내부식성, 강도, 연성이 좋은 합금원소는?
① 알루미늄   ② 아연
③ 니켈   ④ 납

05. 재료의 인장강도 σ_u = 7200MPa, 허용응력 σ_a = 900MPa일 때, 안전율(S)은?
① 4   ② 6
③ 8   ④ 10

풀이 안전율 = $\dfrac{인장강도}{허용응력}$ = $\dfrac{7200}{900}$ = 8

06. 금긋기용 공구 중 가공물의 중심을 잡거나 가공물을 이동시켜 평행선을 그을 때 사용되는 공구는?
① 서피스 게이지
② 스크레이퍼
③ 리머
④ 펀치

07. 롤러 체인전동의 특징으로 틀린 것은?
① 유지 보수가 용이하다.
② 고속회전에 부적당하다.
③ 진동과 소음이 발생하기 쉽다.
④ 일정한 속도비로 전동이 불가능하다.

08. M5×0.8로 표기되는 나사에 관한 설명으로 옳지 않은 것은?
① 미터나사이다.
② 나사의 피치는 0.8mm이다.
③ 암나사는 지름 5mm의 드릴로 가공한다.
④ 나사를 180°회전시키면 축방향으로 0.4mm 이동한다.

09. 정육면체의 외형 평면가공에 가장 적합한 공작기계는?
① 밀링 머신   ② 태핑 머신
③ 선반   ④ 슬로터

10. 성능이 같은 2대의 펌프를 직렬로 연결하는 경우 양정과 유량의 관계는?
① 유량 및 양정 모두 변함없다.
② 유량 및 양정 모두 2배로 된다.
③ 유량은 변화가 없고 양정이 2배로 된다.
④ 양정은 변화가 없고 유량이 2배로 된다.

11. 동일한 크기의 전단응력이 작용하는 볼트 A와 볼트 B가 있다. A볼트에 작용하는 전단하중이 B볼트에 작용하는 전단하중의 4배라고 하면, A볼트의 지름은 B볼트의 몇 배인가?
① 0.5   ② 2

③ 4   ④ 8

12. 보의 중간지점(L/2)에서의 처짐값은? (단, 여기서 EI는 굽힘강성이다)

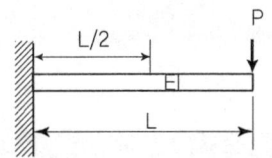

① $\dfrac{7}{96}\dfrac{PL^3}{EI}$ ② $\dfrac{5}{48}\dfrac{PL^3}{EI}$

③ $\dfrac{7}{24}\dfrac{PL^3}{EI}$ ④ $\dfrac{3}{8}\dfrac{PL^3}{EI}$

13. 유체에너지를 기계적 에너지로 변화시키는 장치는?
① 여과기   ② 액추에이터
③ 컨트롤 밸브   ④ 압력제어 밸브

14. 10m/s의 속도로 흐르는 물의 속도수두는 약 몇 m인가?(단, 중력가속도는 9.8m/s²이다)
① 2.8   ② 3.2
③ 3.8   ④ 5.1

풀이 $h_v = \dfrac{v_a^2}{2g} = \dfrac{10^2}{2 \times 9.8} = \dfrac{100}{19.6} = 5.1m$
h_v : 속도수두, v_a : 유속(m/s)
g : 중력가속도(9.8m/s²)

15. 동력 H(W)를 구하는 식으로 옳은 것은?(단, T는 회전토크(N·m), N은 회전수(rpm)이다)
① $H = \dfrac{T}{2\pi N}$

② $H = \dfrac{T \times 60}{2\pi N}$

③ $H = T \times 2\pi N$

④ $H = T \times \dfrac{2\pi N}{60}$

16. 다음 중 주물사의 시험 항목이 아닌 것은?
① 압도　　② 유분도
③ 점토분　　④ 동기도

17. 직경 4cm의 원형 단면봉에 200kN의 인장하중이 작용할 때 봉에 발생하는 인장응력은 약 몇 N/mm²인가?
① 159.15　　② 169.42
③ 179.56　　④ 189.85

풀이 $\sigma = \dfrac{W}{A} = \dfrac{200}{3.14 \times 4} = 159.15 N/mm^2$

18. 베어링에 오일 실(oil seal)을 사용하는 목적은?
① 열 발산을 높이기 위하여
② 축 하중을 지지하기 위하여
③ 유막이 끊어지지 않도록 하기 위하여
④ 기름이 새는 것과 먼지 등의 침입을 막기 위하여

19. 자동차 현가장치 중 코일스프링의 코일 자체에 작용하는 가장 큰 응력은?
① 열에 의한 열응력
② 스프링 자중에 의한 응력
③ 굽힘 모멘트에 의한 굽힘응력
④ 비틀림 모멘트에 의한 전단응력

20. 다음 패킹재료의 구비조건으로 가장 적절하지 않은 것은?
① 강인하고 내구력이 클 것
② 사용 온도 범위가 넓을 것
③ 유연하고 탄력성이 있을 것
④ 내열 및 화학적 변화가 클 것

자동차 엔진

21. 엔진의 지시마력이 105PS, 마찰마력이 21PS일 때 기계효율은 약 몇 %인가?
① 70　　② 80
③ 84　　④ 90

풀이 기계효율 = $\dfrac{제동마력}{지시마력} \times 100$
= $\dfrac{105 - 21}{105} \times 100 = 80$

22. 실린더 내에 흡입되는 흡기량이 감소하는 이유가 아닌 것은?
① 배기가스의 배압을 이용하는 과급기를 설치하였을 때
② 흡입 및 배기밸브의 개폐시기 조정이 불량할 때
③ 흡입 및 배기의 관성이 피스톤 운동을 따르지 못할 때
④ 피스톤 링, 밸브 등의 마모에 의하여 가스누설이 발생할 때

23. 가솔린엔진에서 공기과잉률(λ)에 대한 설명으로 틀린 것은?
① λ값이 1일 때가 이론 혼합비 상태이다.
② λ값이 1보다 크면 공기과잉상태이고, 1보다 작으면 공기부족상태이다.
③ λ값이 1에 가까울 때 질소산화물(NOx)의 발생량이 최소가 된다.
④ 엔진에 공급된 연료를 완전 연소시키는 데 필요한 이론 공기량과 실제로 흡입한 공기량과의 비이다.

24. 지르코니아방식의 산소센서에 대한 설명으로 틀린 것은?
    ① 지르코니아 소자는 백금으로 코팅되어있다.
    ② 배기가스 중의 산소농도에 따라 출력 전압이 변화한다.
    ③ 산소센서의 출력 전압은 연료분사량 보정제어에 사용된다.
    ④ 산소센서의 온도가 100℃ 정도가 되어야 정상적으로 작동하기 시작한다.

25. 전자제어 디젤 연료분사장치에서 예비분사에 대한 설명으로 옳은 것은?
    ① 예비분사는 디젤엔진의 시동성을 향상시키기 위한 분사를 말한다.
    ② 예비분사는 연소실의 연소압력 상승을 부드럽게 하여 소음과 진동을 줄여준다.
    ③ 예비분사는 주분사 이후에 미연가스의 완전연소와 후처리장치의 재연소를 위해 이루어지는 분사이다.
    ④ 예비분사는 인젝터의 노후화에 따른 보정분사를 실시하여 엔진의 출력저하 및 엔진부조를 방지하는 분사이다.

26. CNG(compressed natural gas)엔진에서 가스의 역류를 방지하기 위한 장치는?
    ① 체크밸브
    ② 에어조절기
    ③ 저압 연료차단밸브
    ④ 고압 연료차단밸브

27. 엔진에서 디지털 신호를 출력하는 센서는?
    ① 압전 세라믹을 이용한 노크센서
    ② 가변저항을 이용한 스로틀포지션센서
    ③ 칼만 와류방식을 이용한 공기유량센서
    ④ 전자유도방식을 이용한 크랭크축 각도센서

28. 총 배기량이 2000cc인 4행정 사이클 엔진이 2000rpm으로 회전할 때, 회전력이 15kgf·m라면 제동 평균유효압력은 약 몇 kgf/cm^2인가?
    ① 7.8
    ② 8.5
    ③ 9.4
    ④ 10.2

    [풀이] · 제동마력 = $\dfrac{TR}{716} = \dfrac{15 \times 2000}{716} = 41.8$

    · 제동평균 유효압력 = $\dfrac{450 \times BHP}{총배기량 \times RPM \times \dfrac{1}{2}}$

    $= \dfrac{450 \times 41.8}{2 \times 2000 \times \dfrac{1}{2}} = 9.4$

29. 다음은 운행차 정기검사의 배기소음도 측정을 위한 검사방법에 대한 설명이다. ( )안에 알맞은 것은?

    자동차의 변속장치를 중립위치로 하고 정지가동상태에서 원동기의 최고 출력 시의 75% 회전속도로 ( )초 동안 운전하여 최대 소음도를 측정한다.

    ① 3
    ② 4
    ③ 5
    ④ 6

30. 전자제어 엔진에서 분사량은 인젝터 솔레노이드 코일의 어떤 인자에 의해 결정되는가?
    ① 전압치
    ② 저항치
    ③ 통전시간
    ④ 코일권수

31. 전자제어 연료분사장치에서 연료분사량 제어에 대한 설명 중 틀린 것은?
① 기본 분사량은 흡입공기량과 엔진 회전수에 의해 결정된다.
② 기본 분사시간은 흡입 공기량과 엔진 회전수를 곱한 값이다.
③ 스로틀밸브의 개도 변화율이 크면 클수록 비동기 분사시간은 길어진다.
④ 비동기분사는 급가속시 엔진의 회전수에 관계없이 순차모드에 추가로 분사하여 가속 응답성을 향상시킨다.

32. 엔진 플라이휠의 기능과 관계없는 것은?
① 엔진의 동력을 전달한다.
② 엔진을 무부하 상태로 만든다.
③ 엔진의 회전력을 균일하게 한다.
④ 링기어를 설치하여 엔진의 시동을 걸 수 있게 한다.

33. 디젤노크에 대한 설명으로 가장 적합한 것은?
① 착화 지연기간이 길어지면 발생한다.
② 노크예방을 위해 냉각수온도를 낮춘다.
③ 고온 고압의 연소실에서 주로 발생한다.
④ 노크가 발생되면 엔진 회전수를 낮추면 된다.

34. 제동 열효율에 대한 설명으로 틀린 것은?
① 정미 열효율이라고도 한다.
② 작동가스가 피스톤에 한 일이다.
③ 지시 열효율에 기계효율을 곱한 값이다.
④ 제동 일로 변환된 열량과 총 공급된 열량의 비이다.

35. 엔진에서 윤활유 소비증대에 영향을 주는 원인으로 가장 적절한 것은?
① 신품 여과기의 사용
② 실린더 내벽의 마멸
③ 플라이휠 링기어 마모
④ 타이밍 체인 텐셔너의 마모

36. 연료필터에서 오버플로우 밸브의 역할이 아닌 것은?
① 필터 각부의 보호작용
② 운전 중에 공기빼기 작용
③ 분사펌프의 압력상승 작용
④ 연료공급 펌프의 소음발생 방지

37. 엔진의 실린더 지름이 55mm, 피스톤 행정이 50mm, 압축비가 7.4라면 연소실체적은 약 몇 cm^3인가?
① 9.6   ② 12.6
③ 15.6   ④ 18.6

풀이 $Vc = \dfrac{Vs}{(\varepsilon - 1)} = \dfrac{0.785 \times 5.5^2 \times 5}{(7.4 - 1)}$
$= \dfrac{118.7}{6.4} = 18.6$

38. 산소센서를 설치하는 목적으로 옳은 것은?
① 연료펌프의 작동을 위해서
② 정확한 공연비 제어를 위해서
③ 컨트롤 릴레이를 제어하기 위해서
④ 인젝터의 작동을 정확히 조절하기 위해서

39. 운행차의 배출가스 정기검사의 배출가스 및 공기과잉률(λ) 검사에서 측정기의 최종 측정치를 읽는 방법에 대한 설명으로 틀린 것은 ?(단, 저속 공회전 검사모드이다)
   ① 측정치가 불안정할 경우에는 5초간의 평균치로 읽는다.
   ② 공기과잉률은 소수점 셋째자리에서 0.001 단위로 읽는다.
   ③ 탄화수소는 소수점 첫째자리 이하는 버리고 1ppm 단위로 읽는다.
   ④ 일산화탄소는 소수점 둘째자리 이하는 버리고 0.1% 단위로 읽는다.

40. 액상 LPG의 압력을 낮추어 기체상태로 변환시킨 후 엔진에 연료를 공급하는 장치는?
   ① 믹서
   ② 봄베
   ③ 대시포트
   ④ 베이퍼라이저

자동차 섀시

41. 우측 앞 타이어의 바깥쪽이 심하게 마모되었을 때의 조치방법으로 옳은 것은 ?
   ① 토인으로 수정한다.
   ② 앞 뒤 현가스프링을 교환한다.
   ③ 우측 차륜의 캠버를 부(-)의 방향으로 조절한다.
   ④ 우측 차륜의 캐스터를 정(+)의 방향으로 조절한다.

42. 공압식 전자제어 현가장치에서 컴프레셔에 장착되어 차고를 낮출 때 작동하며, 공기 챔버 내의 압축공기를 대기 중으로 방출시키는 작용을 하는 것은 ?
   ① 에어 액추에이터 밸브
   ② 배기 솔레노이드밸브
   ③ 압력스위치 제어밸브
   ④ 컴프레셔 압력 변환밸브

43. 조향장치가 기본적으로 갖추어야 할 조건이 아닌 것은 ?
   ① 선회시 좌·우 차륜의 조향각이 달라야 한다.
   ② 조향장치의 기계적 강성이 충분하여야 한다.
   ③ 노면의 충격을 감쇄시켜 조향핸들에 가능한 적게 전달되어야 한다.
   ④ 선회 주행시 조향핸들에서 손을 떼도 선회방향성이 유지되어야 한다.

44. 유압식 브레이크의 마스터실린더 단면적이 4cm²이고, 마스터실린더 내 푸시로드에 작용하는 힘이 80kgf라면, 단면적이 3cm²인 휠 실린더의 피스톤에서 발생하는 유압은 몇 kgf/cm²인가 ?
   ① 40   ② 60
   ③ 80   ④ 120
   풀이 휠 실린더 발생 유압
   $= \dfrac{\text{마스터실린더 푸시로드에 작용하는 힘}}{\text{마스터실린더 단면적}}$
   × 휠 실린더 단면적 = $\dfrac{80}{4}$ × 3 = 60

45. 자동차 바퀴가 정적 불평형일 때 일어나는 현상은 ?
   ① 시미현상
   ② 롤링현상
   ③ 트램핑현상
   ④ 스탠딩웨이브현상

46. 전자제어 현가장치와 관련된 센서가 아닌 것은?
① 차속센서
② 조향각 센서
③ 스로틀 개도 센서
④ 파워 오일압력센서

47. 자동변속기의 6포지션형 변속레버 위치(select pattern)를 올바르게 나열한 것은?(단, D : 전진위치, N : 중립위치, R : 후진위치, 2, 1 : 저속 전진위치, P : 주차위치)
① P － R － N － D － 2 － 1
② P － N － R － D － 2 － 1
③ R － N － D － P － 2 － 1
④ R － N － P － D － 2 － 1

48. 일반적으로 브레이크 드럼의 재료로 사용되는 것은?
① 연강　　　② 청동
③ 주철　　　④ 켈밋 합금

49. 자동차의 변속기에서 제3속의 감속비 1.5, 종감속 구동 피니언 기어의 잇수 5, 링 기어의 잇수 22, 구동바퀴의 타이어 유효반경 280mm, 엔진회전수 3300rpm으로 직진주행하고 있다. 이때 자동차의 주행속도는 약 몇 km/h인가?(단, 타이어의 미끄러짐은 무시한다)
① 26.4　　　② 52.8
③ 116.2　　　④ 128.4

풀이 · $Rf = \dfrac{링기어\ 잇수}{구동\ 피니언기어\ 잇수} = \dfrac{22}{5}$
　　$= 4.4$

· $V = \pi D \times \dfrac{E_N}{Rt \times Rf} \times \dfrac{60}{1000}$
　$= 3.14 \times 0.28 \times 2 \times \dfrac{3300}{1.5 \times 4.4} \times \dfrac{60}{1000} = 52.8$

E_N : 엔진회전수, Rt : 변속비
Rf : 종감속비, D : 타이어 반경

50. 타이어에 195/70R 13 82S라고 적혀있다면 S는 무엇을 의미하는가?
① 편평 타이어
② 타이어의 전폭
③ 허용 최고속도
④ 스틸 레이디얼 타이어

51. 제동 초속도가 105km/h, 차륜과 노면의 마찰계수가 0.4인 차량의 제동거리는 약 몇 m인가?
① 91.5　　　② 100.5
③ 108.5　　　④ 120.5

풀이 $S = \dfrac{V^2}{2\mu g} = \dfrac{21.9^2}{2 \times 0.4 \times 9.8} = \dfrac{850.69}{7.84}$
　　$= 108.5m$

52. 선회시 차체가 조향각도에 비해 지나치게 많이 돌아가는 것을 말하며, 뒷바퀴에 원심력이 작용하는 현상은?
① 하이드로 플래닝
② 오버 스티어링
③ 드라이브 휠 스핀
④ 코너링 포스

53. 변속기에서 싱크로메시 기구가 작동하는 시기는?
① 변속기어가 물릴 때
② 변속기어가 풀릴 때
③ 클러치 페달을 놓을 때
④ 클러치 페달을 밟을 때

54. 차량의 여유 구동력을 크게 하기 위한 방법이 아닌 것은 ?
   ① 주행저항을 적게 한다.
   ② 총 감속비를 크게 한다.
   ③ 엔진 회전력을 크게 한다.
   ④ 구동바퀴의 유효반지름을 크게 한다.

55. 차륜정렬에서 캐스터에 대한 설명으로 틀린 것은 ?
   ① 캐스터에 의해 바퀴가 추종성을 가지게 된다.
   ② 선회시 차체운동에 위한 바퀴 복원력이 발생한다.
   ③ 수직방향의 하중에 의해 조향륜이 아래로 벌어지는 것을 방지한다.
   ④ 바퀴를 차축에 설치하는 킹핀이 바퀴의 수직선과 이루는 각도를 말한다.

56. 타이어가 편마모되는 원인이 아닌 것은?
   ① 쇽업소버가 불량하다.
   ② 앞바퀴 정렬이 불량하다.
   ③ 타이어의 공기압이 낮다.
   ④ 자동차의 중량이 증가하였다.

57. ABS장치에서 펌프로부터 토출된 고압의 오일을 일시적으로 저장하고 맥동을 완화시켜주는 구성품은 ?
   ① 어큐뮬레이터
   ② 솔레노이드밸브
   ③ 모듈레이터
   ④ 프로포셔닝밸브

58. 전자제어 제동장치(ABS)의 구성요소가 아닌 것은 ?
   ① 휠 스피드센서
   ② 차고센서
   ③ 하이드로릭 유닛
   ④ 어큐뮬레이터

59. 자동차의 동력전달계통에 사용되는 클러치의 종류가 아닌 것은 ?
   ① 마찰 클러치
   ② 유체 클러치
   ③ 전자 클러치
   ④ 슬립 클러치

60. 동력전달장치인 추진축이 기하학적인 중심과 질량중심이 일치하지 않을 때 일어나는 진동은 ?
   ① 요잉   ② 피칭
   ③ 롤링   ④ 휠링

61. 교류발전기에서 유도전압이 발생되는 구성품은 ?
   ① 로터   ② 회전자
   ③ 계자코일   ④ 스테이터

62. 공기조화장치에서 저압과 고압스위치로 구성되어 있으며, 리시버 드라이어에 주로 장착되어 있는데 컴프레셔의 과열을 방지하는 역할을 하는 스위치는 ?
   ① 듀얼 압력스위치
   ② 콘덴서 압력스위치
   ③ 어큐뮬레이터 스위치
   ④ 리시버드라이어 스위치

63. 일반적인 오실로스코프에 대한 설명으로 옳은 것은 ?
① X축은 전압을 표시한다.
② Y축은 시간을 표시한다.
③ 멀티미터의 데이터보다 값이 정밀하다.
④ 전압, 온도, 습도 등을 기본으로 표시한다.

64. 점화코일에 관한 설명으로 틀린 것은 ?
① 점화플러그에 불꽃방전을 일으킬 수 있는 높은 전압을 발생한다.
② 점화코일의 입력측이 1차 코일이고, 출력측이 2차 코일이다.
③ 1차 코일에 전류 차단시 플레이밍의 왼손법칙에 의해 전압이 상승된다.
④ 2차 코일에서는 상호유도작용으로 2차코일의 권수비에 비례하여 높은 전압이 발생한다.

65. 오토라이트(Auto light) 제어회로의 구성부품으로 가장 거리가 먼 것은 ?
① 압력센서
② 조도감지 센서
③ 오토라이트 스위치
④ 램프 제어용 휴즈 및 릴레이

66. 전자동 에어컨시스템에서 제어모듈의 출력요소로 틀린 것은 ?
① 블로워 모터
② 냉각수밸브
③ 내·외기 도어 액추에이터
④ 에어믹스 도어 액추에이터

67. 에어백장치에서 승객의 안전벨트 착용 여부를 판단하는 것은 ?
① 시트부하 스위치
② 충돌센서
③ 버클스위치
④ 안전센서

68. 다이오드를 이용한 자동차용 전구회로에 대한 설명 중 옳은 것은 ?

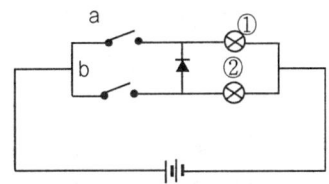

① 스위치 b가 ON일 때 전구 ②만 점등된다.
② 스위치 b가 ON일 때 전구 ①만 점등된다.
③ 스위치 a가 ON일 때 전구 ①만 점등된다.
④ 스위치 a가 ON일 때 전구 ①과 전구 ② 모두 점등된다.

69. 회로가 그림과 같이 연결되었을 때 멀티미터가 지시하는 전류 값은 몇 A인가?

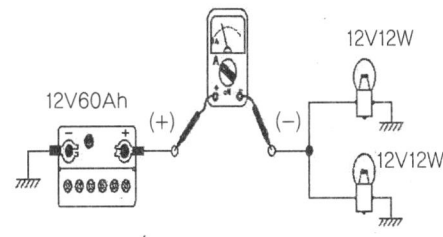

① 1
② 2
③ 4
④ 12

풀이 $I = \dfrac{P}{E} = \dfrac{12 \times 2}{12} = \dfrac{24}{12} = 2$

70. 점화파형에 대한 설명으로 틀린 것은?
   ① 압축압력이 높을수록 점화요구전압이 높아진다.
   ② 점화플러그의 간극이 클수록 점화요구전압이 높아진다.
   ③ 점화플러그의 간극이 좁을수록 불꽃 방전시간이 길어진다.
   ④ 점화 1차 코일에 흐르는 전류가 클수록 자기 유도전압이 낮아진다.

71. 서로 다른 종류의 두 도체(또는 반도체)의 접점에서 전류가 흐를 때 접점에서 줄열(Joule's heat) 외에 발열 또는 흡열이 일어나는 현상은?
   ① 홀 효과   ② 피에조 효과
   ③ 자계 효과   ④ 펠티에 효과

72. 직권식 기동전동기의 전기자 코일과 계자코일의 연결방식은?
   ① 직렬로 연결되었다.
   ② 병렬로 연결되었다.
   ③ 직·병렬 혼합 연결되었다.
   ④ 델타방식으로 연결되었다.

73. 하이브리드자동차에서 모터의 회전자와 고정자의 위치를 감지하는 것은?
   ① 레졸버
   ② 인버터
   ③ 경사각 센서
   ④ 저전압 직류 변환장치

74. 가솔린엔진에서 크랭크축의 회전수와 점화시기의 관계에 대한 설명으로 옳은 것은?
   ① 회전수와 점화시기는 무관하다.
   ② 회전수의 증가와 더불어 점화시기는 진각된다.
   ③ 회전수의 감소와 더불어 점화시기는 진각 후 지각된다.
   ④ 회전수의 증가와 더불어 점화시기는 지각 후 진각된다.

75. 하이브리드 차량에서 감속 시 전기모터를 발전기로 전환하여 차량의 운동에너지를 전기에너지로 변환시켜 배터리로 회수하는 시스템은?
   ① 회생 제동시스템
   ② 파워 릴레이시스템
   ③ 아이들링 스톱시스템
   ④ 고전압 배터리시스템

76. 배터리 극판의 영구 황산납(유화, 셀페이션)현상의 원인으로 틀린 것은?
   ① 전해액의 비중이 너무 낮다.
   ② 전해액이 부족하여 극판이 노출되었다.
   ③ 배터리의 극판이 충분하게 충전되었다.
   ④ 배터리를 방전된 상태로 장기간 방치하였다.

77. [보기]가 설명하고 있는 법칙으로 옳은 것은?

   [보기]
   유도 기전력의 방향은 코일 내 자속의 변화를 방해하는 방향으로 발생한다.

   ① 렌츠의 법칙
   ② 자기유도법칙
   ③ 플레밍의 왼손법칙
   ④ 플레밍의 오른손법칙

78. 자동차 정기검사의 등화장치 검사기준에서 ( )에 알맞은 것은?(주광축의 진폭은 10m 위치에서 다음수치 이내일 때)

진폭 전조등	상	하	좌	우
좌측	10cm	30cm	( )	30cm
우측	10cm	30cm	30cm	30cm

① 10 ② 15
③ 20 ④ 25

79. 점화순서가 1-5-3-6-2-4인 직렬 6기통 기관에서 2번 실린더가 흡입 초 행정일 경우 1번 실린더의 상태는?

① 흡입 말   ② 동력 초
③ 동력 말   ④ 배기 중

80. 제동등과 후미등에 관한 설명으로 틀린 것은?

① 제동등과 후미등은 직렬로 연결되어 있다.
② LED방식의 제동등은 점등속도가 빠르다.
③ 제동등은 브레이크 스위치에 의해 점등된다.
④ 퓨즈 단선시 전체 후미등이 점등되지 않는다.

Answer

1. ④ 2. ② 3. ③ 4. ① 5. ③ 6. ① 7. ④ 8. ③ 9. ① 10. ③ 11. ② 12. ② 13. ②
14. ④ 15. ④ 16. ② 17. ① 18. ④ 19. ④ 20. ④ 21. ② 22. ① 23. ③ 24. ④ 25. ②
26. ① 27. ③ 28. ③ 29. ② 30. ③ 31. ② 32. ② 33. ① 34. ③ 35. ② 36. ③
37. ④ 38. ② 39. ② 40. ④ 41. ③ 42. ② 43. ④ 44. ③ 45. ② 46. ④ 47. ①
48. ④ 49. ② 50. ③ 51. ③ 52. ② 53. ① 54. ④ 55. ③ 56. ④ 57. ① 58. ②
59. ④ 60. ④ 61. ④ 62. ① 63. ④ 64. ③ 65. ① 66. ② 67. ③ 68. ② 69. ②
70. ④ 71. ① 72. ④ 73. ① 74. ① 75. ② 76. ③ 77. ① 78. ③ 79. ③ 80. ①

자동차 정비 산업기사

2018. 04. 28

일반기계공학

01. 지름 42mm, 표점거리 200mm의 연강제 둥근 막대를 인장 시험한 결과, 표점거리가 250mm로 되었다면 연신율은 얼마인가?
① 20% ② 25%
③ 35% ④ 40%

풀이 $\psi = \dfrac{L_1 - L}{L} \times 100\% = \dfrac{250 - 200}{200} \times 100$
$= 25\%$
ψ : 연신율, L_1 : 늘어난 길이
L : 원래길이

02. 두 축의 중심선이 어느 정도 어긋났거나 경사시켰을 때 사용하며 결합부분에 합성고무, 가죽, 스프링 등의 탄성재료를 사용하여 회전력을 전달하는 것은?
① 플렉시블 커플링(flexible coupling)
② 클램프 커플링(clamp coupling)
③ 플랜지 커플링(flange coupling)
④ 머프 커플링(muff coupling)

03. 유압제어밸브를 기능상 크게 3가지로 분류할 때 여기에 속하지 않는 것은?
① 압력제어밸브 ② 온도제어밸브
③ 유량제어밸브 ④ 방향제어밸브

04. 자동차, 내연기관, 항공기, 펌프 등의 구성부품의 접합부 및 접촉면의 기밀을 유지하고 유체가 새는 것을 방지하기 위해 사용하는 패킹 재료로서 적합하지 않은 것은?
① 가죽 ② 고무
③ 네오프렌 ④ 세라믹

05. 모듈이 8, 잇수가 45개인 표준 평기어의 피치원 지름은 몇 mm인가?
① 180 ② 260
③ 360 ④ 440

풀이 피치원 지름 = 모듈 × 잇수 = 8×45 = 360

06. 다음 중 일반적으로 벨트 풀리(belt pulley)와 같은 원형모양의 주형 제작에 편리한 주형법은?
① 혼성 주형법
② 회전 주형법
③ 조립 주형법
④ 고르게 주형법

07. 용접 이음부에 입상의 용제를 공급하고, 이 용제 속에서 전극과 모재 사이에 아크를 발생시켜 연속적으로 용접하는 방법은?
① TIG용접
② MIG용접
③ 테르밋 용접
④ 서브머지드 아크용접

08. 재료의 인장강도가 400MPa, 안전율이 10이라면 허용응력은 몇 MPa인가?
① 200 ② 300
③ 400 ④ 500

풀이 $\sigma a = \dfrac{\sigma u}{S} = \dfrac{400}{10} = 40$
σa : 허용응력, σu : 인장강도, S : 안전율

09. 다음 중 가장 일반적으로 사용하면서 묻힘 키라고도 하며 축과 보스 양쪽에 키 홈을 파는 키는?
① 성크 키　　② 반달 키
③ 접선 키　　④ 미끄럼 키

10. 그림과 같은 단순보에서 R_A와 R_B의 값으로 적절한 것은?

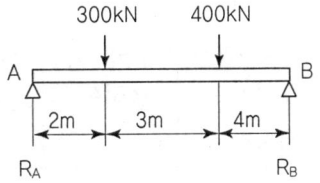

① R_A = 396.8kN, R_B = 303.2kN
② R_A = 411.1kN, R_B = 288.9kN
③ R_A = 432.3kN, R_B = 267.7kN
④ R_A = 467.4kN, R_B = 232.6kN

풀이
- $R_A = \dfrac{300kN \times (3m+4m) + 400kN \times 4m}{9m}$
    = 411.1kN
- $R_B = 300kN + 400kN - R_A$ = 288.9kN

11. 나사산의 각도는 60도이고 인치계 나사이며, 보통나사와 가는 나사가 있다. 미국, 영국, 캐나다 등 세 나라의 협정나사로서 ABC나사라고도 하는 것은?
① 관용나사
② 톱니나사
③ 사다리꼴나사
④ 유니파이 나사

12. 다음 중 암나사를 수기가공으로 작업을 할 때 사용되는 공구는?
① 탭　　　　② 리머
③ 다이스　　④ 스크레이퍼

13. 다음 중 베인 펌프(vane pump)의 형식으로 가장 적절한 것은?
① 원심식　　② 왕복식
③ 회전식　　④ 축류식

14. 비틀림을 받는 원형 단면 축의 관성 모멘트는?(단, d는 원형 단면의 지름이다)
① $\dfrac{\pi d^3}{16}$　　② $\dfrac{\pi d^3}{32}$
③ $\dfrac{\pi d^4}{16}$　　④ $\dfrac{\pi d^4}{32}$

15. 관로의 도중에 단면적이 좁은 목(throat)을 설치하여 이 부분에서 발생하는 압력차를 측정하여 유량을 구하는 것은?
① 초크　　　② 위어
③ 오리피스　④ 벤투리미터

16. 일명 드로잉(drawing)이라고도 하며 소재를 다이 구멍에 통과시켜 봉재, 선재, 관재 등을 가공하는 방법은?
① 단조　　② 압연
③ 인발　　④ 전단

17. 선반작업용 부속장치 중 가늘고 긴 공작물을 가공할 때, 발생하는 미세한 떨림을 방지하기 위하여 사용하는 것은?
① 방진구　　② 돌림판
③ 돌리개　　④ 연동척

18. 탄소강에 함유되어 있는 원소 중 연신율을 감소시키지 않고 강도를 증가시키며, 고온에서 소성을 증가시켜 주조성을 좋게 하는 원소는?
① 망간(Mn)　② 규소(Si)
③ 인(P)　　　④ 황(S)

19. 다음 중 마그네슘의 일반적인 성질로 가장 거리가 먼 것은?
① 고온에서 발화하기 쉽다.
② 상온에서 압연과 단조가 쉽다.
③ 비중은 1.74이다.
④ 대기 중에서 내식성이 양호하나 물이나 바닷물에 침식되기 쉽다.

20. 코일스프링에서 코일의 평균지름이 50 mm, 유효권수가 10, 소선지름이 6mm, 축방향의 하중이 10N 작용할 때 비틀림에 의한 전단응력은 약 몇 MPa인가?
① 1.5   ② 3.0
③ 5.9   ④ 11.8

풀이 $\tau b = \dfrac{8WD}{\pi d^3} = \dfrac{8 \times 10 \times 50}{3.14 \times 6^3}$
= 5.89MPa
tb : 비틀림 응력, W : 축방향 하중
D : 코일의 평균지름, d : 소선지름

자동차 엔진

21. 기관의 도시 평균유효압력에 대한 설명으로 옳은 것은?
① 이론 PV선도로부터 구한 평균유효압력
② 기관의 기계적 손실로부터 구한 평균유효압력
③ 기관의 실제 지압선도로부터 구한 평균유효압력
④ 기관의 크랭크축 출력으로부터 계산한 평균유효압력

22. 전자제어 디젤 연료분사방식 중 다단분사의 종류에 해당하지 않는 것은?
① 주분사   ② 예비분사
③ 사후분사   ④ 예열분사

23. 디젤엔진의 기계식 연료분사장치에서 연료의 분사량을 조절하는 것은?
① 컷오프밸브   ② 조속기
③ 연료여과기   ④ 타이머

24. 자동차 정기검사의 소음도 측정에서 운행자동차의 소음허용기준 중 ( )에 알맞은 것은?(단, 2006년 1월 1일 이후에 제작되는 자동차)

자동차 종류 \ 소음항목	배기소음 (dB(A))	경적소음 (dB(C))
경자동차	( )이하	110 이하

① 100   ② 105
③ 110   ④ 115

25. 자동차 디젤엔진의 분사펌프에서 분사 초기에는 분사시기를 변경시키고 분사 말기는 분사시기를 일정하게 하는 리드 형식은?
① 역 리드   ② 양 리드
③ 정 리드   ④ 각 리드

26. 전자제어 가솔린엔진에 사용되는 센서 중 흡기온도 센서에 대한 내용으로 틀린 것은?
① 흡기온도가 낮을수록 공연비는 증가된다.
② 온도에 따라 저항값이 변화되는 NTC형 서미스터를 주로 사용한다.
③ 엔진 시동과 직접 관련되며 흡입공기량과 함께 기본 분사량을 결정한다.
④ 온도에 따라 달라지는 흡입 공기밀도 차이를 보정하여 최적의 공연비가 되도록 한다.

27. 캐니스터에서 포집한 연료 증발가스를 흡기다기관으로 보내주는 장치는?
① PCV ② EGR밸브
③ PCSV ④ 서모밸브

28. 전자제어 가솔린 분사장치의 흡입공기량 센서 중에서 흡입하는 공기의 질량에 비례하여 전압을 출력하는 방식은?
① 핫 필름식 ② 칼만 와류식
③ 맵 센서식 ④ 베인식

29. 운행차 정밀검사의 관능 및 기능검사에서 배출가스 재순환장치의 정상적 작동상태를 확인하는 검사방법으로 틀린 것은?
① 정화용 촉매의 정상부착 여부 확인
② 재순환 밸브의 수정 또는 파손 여부를 확인
③ 진공호스 및 라인 설치 여부, 호스 폐쇄여부 확인
④ 진공밸브 등 부속장치의 유·무, 우회로 설치 및 변경 여부를 확인

30. 기관에서 밸브 스템의 구비조건이 아닌 것은?
① 관성력이 증대되지 않도록 가벼워야 한다.
② 열전달 면적을 크게 하기 위하여 지름을 크게 한다.
③ 스템과 헤드의 연결부는 응력집중을 방지하도록 곡률반경이 작아야 한다.
④ 밸브 스템의 윤활이 불충분하기 때문에 마멸을 고려하여 경도가 커야 한다.

31. LPG를 사용하는 자동차의 봄베에 부착되지 않는 것은?
① 충전밸브
② 송출밸브
③ 안전밸브
④ 메인 듀티 솔레노이드밸브

32. LPG엔진의 특징에 대한 설명으로 옳은 것은?
① 연료 관 내에 베이퍼록이 발생하기 쉽다.
② 연료의 증발잠열로 인해 겨울철 시동성이 좋지 않다.
③ 옥탄가가 낮은 연료를 사용하여 노크가 빈번히 발생한다.
④ 연소가 불안정하여 다른 엔진에 비해 대기오염물질을 많이 발생한다.

33. 전자제어 엔진에서 연료의 기본 분사량 결정요소는?
① 배기 산소농도
② 대기압
③ 흡입공기량
④ 배기량

34. 엔진이 압축행정일 때 연소실 내의 열과 내부에너지의 변화의 관계로 옳은 것은?(단, 연소실 내부 벽면온도가 일정하고, 혼합가스가 이상기체이다)
① 열 = 방열, 내부에너지 = 증가
② 열 = 흡열, 내부에너지 = 불변
③ 열 = 흡열, 내부에너지 = 증가
④ 열 = 방열, 내부에너지 = 불변

35. 배기량 40cc, 연소실 체적 50cc인 가솔린엔진이 3000rpm일 때, 축 토크가 8.95kgf·m이라면 축출력은 약 몇 PS 인가?
   ① 15.5   ② 35.1
   ③ 37.5   ④ 38.1

   풀이 축마력 = $\dfrac{TR}{716}$ = $\dfrac{8.95 \times 3000}{716}$ = 37.5PS
   T : 축 토크, R : 엔진회전수

36. 전자제어 엔진의 연료분사장치 특징에 대한 설명으로 가장 적절한 것은?
   ① 연료과다 분사로 연료소비가 크다.
   ② 진단장비 이용으로 고장수리가 용이하지 않다.
   ③ 연료분사 처리속도가 빨라서 가속 응답성이 좋아진다.
   ④ 연료 분사장치 단품의 제조원가가 저렴하여 엔진가격이 저렴하다.

37. 엔진의 오일 여과기 및 오일팬에 쌓이는 이물질이 아닌 것은?
   ① 오일의 열화 및 노화로 발생한 산화물
   ② 토크컨버터의 열화로 인한 퇴적물(슬러지)
   ③ 기관 섭동부분의 마모로 발생한 금속 분말
   ④ 연료 및 윤활유의 불완전 연소로 생긴 카본

38. 연료장치에서 연료가 고온상태일 때 체적 팽창을 일으켜 연료 공급이 과다해 지는 현상은?
   ① 베이퍼록 현상
   ② 퍼컬레이션 현상
   ③ 캐비테이션 현상
   ④ 스텀블 현상

39. 가솔린엔진에서 노크발생을 억제하기 위한 방법으로 틀린 것은?
   ① 연소실벽 온도를 낮춘다.
   ② 압축비, 흡기온도를 낮춘다.
   ③ 자연 발화온도가 낮은 연료를 사용한다.
   ④ 연소실 내 공기와 연료의 혼합을 원활하게 한다.

40. 피스톤의 단면적 40cm^2, 행정 10cm, 연소실 체적 50cm^{3}인 기관의 압축비는 얼마인가?
   ① 3 : 1   ② 9 : 1
   ③ 12 : 1   ④ 18 : 1

   풀이 $\epsilon = 1 + \dfrac{Vs}{Vc} = 1 + \dfrac{40 \times 10}{50}$ = 9
   ε : 압축비, Vs : 배기량(행정체적)
   Vc : 간극체적

자동차 섀시

41. 중량이 2000kgf인 자동차가 20°의 경사로를 등반시 구배(등판) 저항은 약 몇 kgf인가?
   ① 522   ② 584
   ③ 622   ④ 684

   풀이 Rg = W×sinθ = 2000×sin20° = 684kgf

42. 무단변속기(CVT)를 제어하는 유압제어 구성부품에 해당하지 않는 것은?
   ① 오일펌프
   ② 유압제어밸브
   ③ 레귤레이터밸브
   ④ 싱크로메시기구

43. 축거를 L(m), 최소 회전반경을 R(m), 킹핀과 바퀴 접지면과의 거리를 r(m)이라 할 때 조향각 α를 구하는 식은?

① $\sin\alpha = \dfrac{L}{R-r}$ ② $\sin\alpha = \dfrac{L-r}{R}$

③ $\sin\alpha = \dfrac{R-r}{L}$ ④ $\sin\alpha = \dfrac{L-R}{r}$

풀이 $R = \dfrac{L}{\sin\alpha} + r$ 에서 $\sin\alpha = L/(R-r)$

44. TCS(Traction Control System)가 제어하는 항목에 해당하는 것은?
① 슬립제어
② 킥 업 제어
③ 킥 다운 제어
④ 히스테리시스 제어

45. TCS(Traction Control System)에서 트레이스 제어를 위해 컴퓨터(TCU)로 입력되는 항목이 아닌 것은?
① 차고센서
② 휠스피드 센서
③ 조향 각속도 센서
④ 액셀러레이터 페달 위치 센서

46. 선회 주행시 앞바퀴에서 발생하는 코너링 포스가 뒷바퀴보다 크게 되면 나타나는 현상은?
① 토크 스티어링 현상
② 언더 스티어링 현상
③ 오버 스티어링 현상
④ 리버스 스티어링 현상

47. 사이드슬립 테스터로 측정한 결과 왼쪽 바퀴가 안쪽으로 6mm, 오른쪽 바퀴가 바깥쪽으로 8mm 움직였다면 전체 미끄럼량은?
① in 1mm
② out 1mm
③ in 7mm
④ out 7mm

풀이 사이드슬립량 = $\dfrac{\text{out } 8 - \text{in } 6}{2}$ = out 1mm

48. 클러치페달을 밟았다가 천천히 놓을 때 페달이 심하게 떨리는 이유가 아닌 것은?
① 플라이휠이 변형되었다.
② 클러치 압력판이 변형되었다.
③ 플라이휠의 링기어가 마모되었다.
④ 클러치 디스크 페이싱의 두께차가 있다.

49. 2세트의 유성기어 장치를 연이어 접속시키고 일체식 선기어를 공용으로 사용하는 방식은?
① 라비뇨식   ② 심프슨식
③ 밴딕스식   ④ 평행축 기어방식

50. 저속 시미(shimmy)현상이 일어나는 원인으로 틀린 것은?
① 앞 스프링이 절손되었다.
② 조향핸들의 유격이 작다.
③ 로어암의 볼조인트가 마모되었다.
④ 타이로드 엔드의 볼조인트가 마모되었다.

51. 병렬형 하이브리드 자동차의 특징 설명으로 틀린 것은?
① 모터는 동력 보조만 하므로 에너지 변환 손실이 적다.
② 기존 내연기관 차량을 구동장치의 변경없이 활용 가능하다.
③ 소프트방식은 일반 주행 시에는 모터 구동만을 이용한다.
④ 하드방식은 EV 주행 중 엔진 시동을 위해 별도의 장치가 필요하다.

52. 드럼식 브레이크와 비교한 디스크식 브레이크의 특징이 아닌 것은?
① 자기작동작용이 발생하지 않는다.
② 냉각성능이 작아 제동성능이 향상된다.
③ 마찰 면적이 적어 패드의 압착력이 커야 한다.
④ 주행시 반복 사용하여도 제동력 변화가 적다.

53. 전자제어 현가장치의 기능에 대한 설명 중 틀린 것은?
① 급제동시 노스다운을 방지할 수 있다.
② 변속 단에 따라 변속비를 제어할 수 있다.
③ 노면으로부터의 차량 높이를 조절할 수 있다.
④ 급선회시 원심력에 의한 차체의 기울어짐을 방지할 수 있다.

54. 다음 그림은 자동차의 뒤차축이다. 스프링 아래 질량의 진동 중에서 X축을 중심으로 회전하는 진동은?

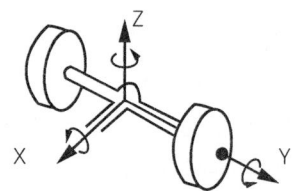

① 휠 트램프 ② 휠 홉
③ 와인드 업 ④ 롤링

55. 무단변속기(CVT)의 특징에 대한 설명으로 틀린 것은?

① 토크 컨버터가 없다.
② 가속 성능이 우수하다.
③ A/T 대비 연비가 우수하다.
④ 변속단이 없어서 변속 충격이 거의 없다.

56. 공기 브레이크의 특징으로 틀린 것은?
① 베이퍼록이 발생되지 않는다.
② 유압으로 제동력을 조절한다.
③ 기관의 출력이 일부 사용된다.
④ 압축공기의 압력을 높이면 더 큰 제동력을 얻을 수 있다.

57. ABS(Anti-lock Brake System)에 대한 두 정비사의 의견 중 옳은 것은?

▶정비사 KIM : 발전기의 전압이 일정 전압 이하로 하강하면 ABS 경고등이 점등된다.
▶정비사 LEE : ABS시스템의 고장으로 경고등 점등시 일반 유압 제동시스템은 작동할 수 없다.

① 정비사 KIM만 옳다.
② 정비사 LEE만 옳다.
③ 두 정비사 모두 옳다.
④ 두 정비사 모두 틀리다.

58. 기관의 축출력은 5000rpm에서 75kW이고, 구동륜에서 측정한 구동출력이 64kW이면 동력전달장치의 총 효율은 약 몇 %인가?
① 15.3 ② 58.8
③ 85.3 ④ 117.8

풀이 총효율 = $\frac{구동출력}{축출력} \times 100 = \frac{64}{75} \times 100$
= 85.3

59. 다음은 종감속기어에서 종감속비를 구하는 공식이다. ( )안에 알맞은 것은?

$$종감속비 = \frac{(\ \ \ )의\ 잇수}{구동피니언의\ 잇수}$$

① 링기어　　② 스크루기어
③ 스퍼기어　④ 래크기어

60. 휴대용 진공펌프 시험기로 점검할 수 있는 항목과 관계없는 것은?
① 서모밸브 점검
② EGR밸브 점검
③ 라디에이터 캡 점검
④ 브레이크 하이드로 백 점검

자동차 전기

61. 에어백시스템을 설명한 것으로 옳은 것은?
① 충돌이 생기면 무조건 전개되어야 한다.
② 프리텐셔너는 운전석 에어백이 전개된 후에 작동한다.
③ 에어백 경고등이 계기판에 들어와도 조수석 에어백은 작동된다.
④ 에어백이 전개 되려면 충돌감지 센서의 신호가 입력되어야 한다.

62. 기동전동기의 풀인(pull-in)시험을 시행할 때 필요한 단자의 연결로 옳은 것은?
① 배터리 (+)는 ST단자에 배터리 (-)는 M단자에 연결한다.
② 배터리 (+)는 ST단자에 배터리 (-)는 B단자에 연결한다.
③ 배터리 (+)는 B단자에 배터리 (-)는 M단자에 연결한다.
④ 배터리 (+)는 B단자에 배터리 (-)는 ST단자에 연결한다.

63. 기전력이 2V이고 0.2Ω의 저항 5개가 병렬로 접속되었을 때 각 저항에 흐르는 전류는 몇 A인가?
① 10　　② 20
③ 30　　④ 40

풀이 $I = \dfrac{E}{R} = \dfrac{2}{0.2} = 10$

64. 다음은 자동차 정기검사의 등화장치 검사기준에서 전조등의 광도측정 기준이다. ( )안에 알맞은?

> 광도(최고속도가 매시 ( )킬로미터 이하인 자동차를 제외한다)는 다음 기준에 적합할 것
> (1) 2등식 : 1만 5천칸델라 이상
> (2) 4드식 : 1만 2천칸델라 이상

① 25　　② 35
③ 45　　④ 60

65. 0.2μF와 0.3μF의 축전기를 병렬로 하여 12V의 전압을 가하면 축전기에 저장되는 전하량은?
① 1.2μC　　② 6μC
③ 7.2μC　　④ 14.4μC

풀이 Q = C × V = (0.2 + 0.3) × 12 = 6μC
C : 정전용량, Q : 전하량, V : 전압

66. 점화플러그의 방전전압에 영향을 미치는 요인이 아닌 것은?
① 전극의 틈새모양, 극성
② 혼합가스의 온도, 압력
③ 흡입공기의 습도와 온도
④ 파워 트랜지스터의 위치

67. 그림과 같은 회로에서 전구의 용량이 정상일 때 전원 내부로 흐르는 전류는 몇 A인가?

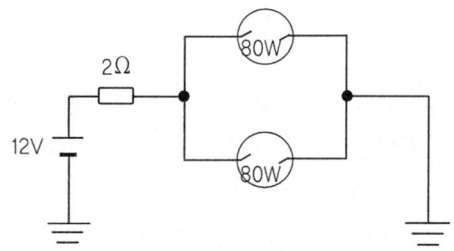

① 2.14 ② 4.13
③ 6.65 ④ 13.32

풀이
- $R = \dfrac{E^2}{P} = \dfrac{12^2}{80 \times 2} = \dfrac{144}{160} = 0.9$
- 합성저항= 0.9 + 2= 2.9
- $I = \dfrac{E}{R} = \dfrac{12}{2.9} = 4.13$

68. 다음은 자동차 정기검사의 계기장치 검사기준이다. ( ) 안의 내용으로 알맞은 것은?

> 속도계의 지시오차는 정 (㉠)퍼센트, 부 (㉡)퍼센트 이내일 것

① ㉠ 15, ㉡ 5   ② ㉠ 15, ㉡ 10
③ ㉠ 25, ㉡ 5   ④ ㉠ 25, ㉡ 10

69. 자계와 자력선에 대한 설명으로 틀린 것은?
① 자계란 자력선이 존재하는 영역이다.
② 자속은 자력선 다발을 의미하며 단위로는 Wb/m²를 사용한다.
③ 자계강도는 단위 자기량을 가지는 물체에 작용하는 자기력의 크기를 나타낸다.
④ 자기유도는 자석이 아닌 물체가 자계 내에서 자기력의 영향을 받아 자석을 띠는 현상을 말한다.

70. MF(Maintenance Free) 배터리의 특징에 대한 설명으로 틀린 것은?
① 자기방전률이 높다.
② 전해액의 증발량이 감소되었다.
③ 무보수(무정비) 배터리라고도 한다.
④ 산소와 수소가스를 증류수로 환원시킬 수 있는 촉매 마개를 사용한다.

71. 전자제어 점화장치의 작동순서로 옳은 것은?
① 각종 센서 → ECU → 파워 트랜지스터 → 점화코일
② ECU → 각종 센서 → 파워 트랜지스터 → 점화코일
③ 파워 트랜지스터 → 각종 센서 → ECU → 점화코일
④ 각종 센서 → 파워 트랜지스터 → ECU → 점화코일

72. 점화 2차 파형에서 감쇠 진동구간이 없을 경우 고장 원인으로 옳은 것은?
① 점화코일 불량
② 점화코일의 극성 불량
③ 점화 케이블의 절연 상태 불량
④ 스파크 플러그의 에어 갭 불량

73. 교류발전기 불량시 점검해야 할 항목으로 틀린 것은?
① 다이오드 불량 점검
② 로터 코일 절연 점검
③ 홀드인 코일 단선 점검
④ 스테이터 코일 단선 점검

74. 릴레이 내부에 다이오드 또는 저항이 장착된 목적으로 옳은 것은?
① 역방향 전류차단으로 릴레이 점검보호
② 역방향 전류차단으로 릴레이 코일보호
③ 릴레이 접속시 발생하는 스파크로부터 전장품 보호
④ 릴레이 차단시 코일에서 발생하는 서지전압으로부터 제어모듈 보호

75. 자동차의 전조등에 사용되는 전조등 전구에 대한 설명 중 (   ) 안에 알맞은 것은?

> (   ) 전구는 전구 안에 (   ) 화합물과 불활성가스가 함께 봉입되어 있으며, 백열전구에 비해 필라멘트와 전구의 온도가 높고 광효율이 좋다.

① 네온　　　　② 할로겐
③ 필라멘트　　④ LED

76. 자동차의 에어컨 중 냉방효과가 저하되는 원인으로 틀린 것은?
① 압축기 작동시간이 짧을 때
② 냉매량이 규정보다 부족할 때
③ 냉매주입 시 공기가 유입되었을 때
④ 실내 공기순환이 내기로 되어 있을 때

77. 배터리의 과충전 현상이 발생되는 주된 원인은?
① 배터리 단자의 부식
② 전압 조정기의 작동 불량
③ 발전기 구동벨트 장력의 느슨함
④ 발전기 커넥터의 단선 및 접촉불량

78. 차량으로부터 탈거된 에어백 모듈이 외부 전원으로 인해 폭발(전개)되는 것을 방지하는 구성품은?
① 클럭 스프링　　② 단락 바
③ 방폭 콘덴서　　④ 인플레이터

79. 자동차에 적용된 이모빌라이저 시스템의 구성품이 아닌 것은?
① 외부 수신기
② 안테나 코일
③ 트랜스 폰더 키
④ 이모빌라이저 컨트롤 유닛

80. 배터리 전해액의 온도(1℃) 변화에 따른 비중의 변화량은?(단, 표준온도는 20℃이다)
① 0.0003　　② 0.0005
③ 0.0007　　④ 0.0009

Answer

1. ② 2. ① 3. ② 4. ④ 5. ③ 6. ② 7. ④ 8. ③ 9. ① 10. ② 11. ② 12. ① 13. ③
14. ④ 15. ④ 16. ② 17. ① 18. ② 19. ② 20. ④ 21. ② 22. ④ 23. ② 24. ① 25. ①
26. ③ 27. ② 28. ① 29. ① 30. ③ 31. ④ 32. ② 33. ② 34. ④ 35. ② 36. ③
37. ② 38. ② 39. ③ 40. ② 41. ④ 42. ④ 43. ① 44. ② 45. ① 46. ③ 47. ②
48. ② 49. ② 50. ② 51. ② 52. ② 53. ② 54. ① 55. ① 56. ② 57. ① 58. ②
59. ① 60. ③ 61. ④ 62. ② 63. ① 64. ① 65. ② 66. ② 67. ② 68. ④ 69. ②
70. ① 71. ① 72. ① 73. ② 74. ④ 75. ② 76. ④ 77. ② 78. ② 79. ① 80. ③

자동차 정비 산업기사

2018. 08. 19

일반기계공학

01. 밀폐된 용기의 정지 유체에 가해진 압력이 모든 방향으로 균일하게 전달되는 원리는?
① 벤투리의 원리
② 파스칼의 원리
③ 베르누이의 원리
④ 토리첼리의 원리

02. 토크를 전달함과 동시에 보스를 축 방향으로 이동시킬 때 사용하는 키(key)는?
① 평키   ② 안장키
③ 페더키 ④ 접선키

03. 다음 중 일반적인 플라스틱의 성질과 가장 거리가 먼 것은?
① 전기 절연성이 좋다.
② 단단하나 열에는 약하다.
③ 무겁고 기계적 강도가 크다.
④ 가공 및 성형성이 용이하다.

04. 그림과 같이 길이가 l 인 보에 집중하중 P가 작용할 때, 최대 굽힘 모멘트는?

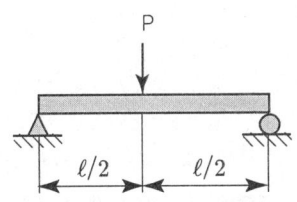

① $\dfrac{Pl}{4}$ ② Pl^2
③ $\dfrac{Pl^2}{2}$ ④ $\dfrac{Pl}{2}$

05. 주조할 때 주형에 접한 표면을 급랭시켜 표면은 시멘타이트가 되게 하고, 내부는 서서히 냉각시켜 펄라이트가 되게 한 주철은?
① 백주철   ② 회주철
③ 칠드주철 ④ 가단주철

06. 다음 중 플렉시블 커플링의 특징으로 가장 거리가 먼 것은?
① 약간의 굽힘은 허용한다.
② 어느 정도의 진동에 견딜 수 있다.
③ 축 중심이 일치하지 않을 때 사용한다.
④ 마찰력으로 동력을 전달 할 때 사용한다.

07. 다음 중 원의 중심 위치를 표시하는데 사용하는 공구로 적절한 것은?
① 톱   ② 줄
③ 리머 ④ 펀치

08. 6개가 합성된 겹판 스프링으로 각각의 폭 50mm, 두께 9mm, 스프링의 길이 600mm, 하중이 70N이면 최대응력은 약 몇 MPa인가?
① 13.25   ② 10.37
③ 7.89   ④ 5.75

09. 스폿용접(spot welding)의 3대 요소가 아닌 것은?
① 가압력 ② 열전도율
③ 용접전류 ④ 통전시간

10. 유압밸브 중 방향제어밸브로 옳은 것은?
① 감압밸브 ② 체크밸브
③ 릴리프밸브 ④ 언로딩밸브

11. 전동축에 전달하고자 하는 동력(H)을 2배로 증가시키면 이 축에 작용하는 비틀림 모멘트(T)의 크기는? (단, 회전수는 일정하다.)
① T ② 1/2T
③ 2T ④ 4T

[풀이] $T = \dfrac{H}{N}$
T : 비틀림 모멘트(kgf·mm)
H : 전달동력(kw)
N : 축의 회전수(rpm)

12. 다음 중 와셔의 사용 용도가 아닌 것은?
① 내압력이 낮은 고무면일 때 사용
② 너트에 맞지 않는 볼트일 때 사용
③ 볼트구멍이 볼트의 호칭용 규격보다 클 때 사용
④ 너트와 볼트의 머리 접촉면이 고르지 않을 때 사용

13. 마찰판의 수가 4인 다판 클러치에서 접촉면의 안지름 50mm, 바깥지름 90mm, 스러스트 하중 600N을 작용시킬 때, 토크는 몇 kN·mm인가? (단, 마찰계수는 μ= 0.3이다.)
① 25.2 ② 252
③ 2520 ④ 25200

[풀이] $T = \mu \dfrac{\dfrac{D_1+D_2}{2}}{2} Z$
$= 0.3 \times 600 \dfrac{\dfrac{50+90}{2}}{2} \times 4$
$= 25200 = 25.2 \text{kN} \cdot \text{mm}$

14. 비틀림이 발생하는 원형 단면봉의 직경을 2배로 증가시킬 때 비틀림 각은 어떻게 되는가?
① $\dfrac{1}{2}\theta$ ② $\dfrac{1}{4}\theta$
③ $\dfrac{1}{8}\theta$ ④ $\dfrac{1}{16}\theta$

15. 구조물의 AB 부재에 작용하는 인장력은 약 몇 N인가?

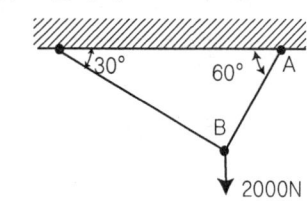

① 1232 ② 1309
③ 1732 ④ 2309

[풀이] 인장력 = cos30° × 2000N = 1732N

16. 주형 주물사의 구비조건으로 옳지 않은 것은?
① 주물 표면에서 이탈이 용이할 것
② 가스 및 공기가 잘 빠지지 않을 것
③ 내열성이 크고 화학적인 변화가 없을 것
④ 반복 사용에 따른 형상 변화가 거의 없을 것

17. 연삭숫돌의 구성 3요소가 아닌 것은?
① 조직 ② 입자
③ 기공 ④ 결합제

18. 원통형 케이싱 안에 편심 회전자가 있고 그 회전자의 홈 속에 판 모양의 깃이 원심력 또는 스프링 장력에 의하여 벽에 밀착되면서 회전하여 액체를 압송하는 펌프는 ?
    ① 베인펌프　　② 기어펌프
    ③ 나사펌프　　④ 피스톤펌프

19. 비철합금의 설명으로 틀린 것은 ?
    ① 7 : 3 황동은 연신율이 크고 인장강도가 높다.
    ② 6 : 4 활동은 가공이 쉽고, 볼트, 너트, 밸브 등에 사용된다.
    ③ 델타 메탈은 해수 등에 대한 내식성이 우수하다.
    ④ 네이벌 황동은 6 : 4 황동에 1%의 Mn을 첨가한 것이다.

20. 탄소강의 열간가공과 냉간가공을 구분하는 온도는 ?
    ① 연성 온도　　② 취성 온도
    ③ 재결정 온도　④ A_1변태 온도

자동차 엔진

21. 4행정 사이클 자동차엔진의 열역학적 사이클 분류로 틀린 것은 ?
    ① 클러크 사이클　② 디젤 사이클
    ③ 사바테 사이클　④ 오토 사이클

22. 전자제어 가솔린엔진에서 (-)duty 제어 타입의 액추에이터 작동 사이클 중 (-)duty가 40%일 경우의 설명으로 옳은 것은 ?
    ① 전류 통전시간 비율이 40%이다.
    ② 전압 비통전시간 비율이 40%이다.
    ③ 한 사이클 중 분사시간의 비율이 60%이다.
    ④ 한 사이클 중 작동하는 시간의 비율이 60%이다.

23. LPG 자동차 봄베의 액상연료 최대 충전량은 내용적의 몇 %를 넘지 않아야 하는가 ?
    ① 75%　　② 80%
    ③ 85%　　④ 90%

24. 점화 1차 전압 파형으로 확인 할 수 없는 사항은 ?
    ① 드웰시간
    ② 방전 전류
    ③ 점화코일 공급 전압
    ④ 점화플러그 방전 시간

25. 무부하 검사방법으로 휘발유사용 운행 자동차의 배출가스검사시 측정 전에 확인해야 하는 자동차의 상태로 틀린 것은 ?
    ① 냉·난방장치를 정지시킨다.
    ② 변속기를 중립 위치에 놓는다.
    ③ 원동기를 정지시켜 충분히 냉각한다.
    ④ 측정에 장애를 줄 수 있는 부속장치들의 가동을 정지한다.

26. 전자제어 디젤엔진의 연료분사장치에서 예비(파일럿)분사가 중단될 수 있는 경우로 틀린 것은 ?
    ① 연료분사량이 너무 작은 경우
    ② 연료압력이 최소압 보다 높을 경우
    ③ 규정된 엔진회전수를 초과하였을 경우
    ④ 예비(파일럿)분사가 주 분사를 너무 앞지르는 경우

27. 전자제어 가솔린엔진에 대한 설명으로 틀린 것은?
① 흡기온도센서는 공기밀도 보정 시 사용된다.
② 공회전속도 제어에 스텝모터를 사용하기도 한다.
③ 산소센서의 신호는 이론공연비 제어에 사용된다.
④ 점화시기는 크랭크각 센서가 점화 2차 코일의 저항으로 제어한다.

28. 전자제어 가솔린엔진에서 인젝터의 연료 분사량을 결정하는 주요 인자로 옳은 것은?
① 분사각도
② 솔레노이드 코일수
③ 연료펌프 복귀 전류
④ 니들밸브의 열림시간

29. 엔진의 밸브 스프링이 진동을 일으켜 밸브 개폐시기가 불량해지는 현상은?
① 스텀블 ② 서징
③ 스털링 ④ 스트레치

30. 차량에서 발생되는 배출가스 중 지구 온난화에 가장 큰 영향을 미치는 것은?
① H_2 ② CO_2
③ O_2 ④ HC

31. 엔진의 부하 및 회전속도의 변화에 따라 형성되는 흡입다기관의 압력변화를 측정하여 흡입공기량을 계측하는 센서는?
① MAP 센서
② 베인식 센서
③ 핫 와이어식 센서
④ 칼만 와류식 센서

32. 가솔린엔진의 연소실체적이 행정체적의 20%일 때 압축비는 얼마인가?
① 6 : 1 ② 7 : 1
③ 8 : 1 ④ 9 : 1

풀이 $\epsilon = 1 + \dfrac{V_2}{V_1} = 1 + \dfrac{100}{20} = 6$
ϵ : 압축비, V_1 : 연소실 체적
V_2 : 행정체적

33. 엔진오일을 점검하는 방법으로 틀린 것은?
① 엔진 정지상태에서 오일량을 점검한다.
② 오일의 변색과 수분의 유입 여부를 점검한다.
③ 엔진오일의 색상과 점도가 불량한 경우
④ 오일량 게이지 F와 L사이에 위치하는지 확인한다.

34. 산소센서의 피드백 작용이 이루어지고 있는 운전 조건으로 옳은 것은?
① 시동 시 ② 연료 차단 시
③ 급 감속 시 ④ 통상 운전 시

35. 수냉식 엔진의 과열 원인으로 틀린 것은?
① 라디에이터 코어가 30% 막힌 경우
② 워터펌프 구동벨트의 장력이 큰 경우
③ 수온조절기가 닫힌 상태로 고장난 경우
④ 워터재킷 내에 스케일이 많이 있는 경우

36. 전자제어 가솔린엔진에서 인젝터 연료 분사압력을 항상 일정하게 조절하는 다이어프램 방식의 연료압력조절기 작동과 직접적인 관련이 있는 것은?
   ① 바퀴의 회전속도
   ② 흡입 매니폴드의 압력
   ③ 실린더 내의 압축압력
   ④ 배기가스 중의 산소농도

37. 가솔린 전자제어 연료분사장치에서 ECU로 입력되는 요소가 아닌 것은?
   ① 연료분사 신호
   ② 대기압력 신호
   ③ 냉각수 온도 신호
   ④ 흡입공기 온도 신호

38. 엔진의 회전수가 4000rpm이고, 연소지연시간이 1/600초일 때 연소 지연시간 동안 크랭크축의 회전각도로 옳은 것은?
   ① 28°   ② 37°
   ③ 40°   ④ 46°

   풀이 크랭크축 회전각도= 6Rt= $6 \times 400 \times \dfrac{1}{600}$
   = 40°
   R : 엔진회전수, r : 착화지연 시간

39. 엔진의 연소실 체적이 행정체적의 20%일 때 오토 사이클의 열효율은 약 몇 %인가? (단, 비열비 k = 1.4)
   ① 51.2   ② 56.4
   ③ 60.3   ④ 65.9

   풀이 · $\epsilon = 1 + \dfrac{V_2}{V_1} = 1 + \dfrac{100}{20} = 6$
   ε : 압축비, V_1 : 연소실 체적, V_2 : 행정체적
   · $\eta o = 1 - \left(\dfrac{V_2}{V_1}\right)^{k-1} = 1 - \left(\dfrac{1}{6}\right)^{0.4}$
   = 51.2

40. 운행차 정기검사에서 가솔린 승용자동차의 배출가스검사 결과 CO 측정값이 2.2%로 나온 경우, 검사 결과에 대한 판정으로 옳은 것은? (단, 2007년 11월 제작된 차량이며, 무부하 검사방법으로 측정하였다.)
   ① 허용기준인 1.0%를 초과하였으므로 부적합
   ② 허용기준인 1.5%를 초과하였으므로 부적합
   ③ 허용기준인 2.5%를 이하이므로 적합
   ④ 허용기준인 3.2%를 이하이므로 적합

자동차 새시

41. 4륜 조향장치(4 wheel steering system)의 장점으로 틀린 것은?
   ① 선회 안정성이 좋다.
   ② 최소 회전 반경이 크다.
   ③ 견인력(휠 구동력)이 크다.
   ④ 미끄러운 노면에서의 주행 안정성이 좋다.

42. 6속 더블 클러치 변속기(DCT)의 주요 구성품이 아닌 것은?
   ① 토크 컨버터
   ② 더블 클러치
   ③ 기어 액추에이터
   ④ 클러치 액추에이터

43. 96km/h로 주행 중인 자동차의 제동을 위한 공주시간이 0.3초일 때 공주거리는 몇 m인가?
   ① 2   ② 4
   ③ 8   ④ 12

   풀이 $S_3 = \dfrac{Vt}{3.6} = \dfrac{96 \times 0.3}{3.6} = 8$

44. 브레이크액의 구비조건이 아닌 것은?
① 압축성일 것
② 비등점이 높을 것
③ 온도에 의한 변화가 적을 것
④ 고온에서의 안정성이 높을 것

45. ABS장치에서 펌프로부터 발생된 유압을 일시적으로 저장하고 맥동을 안정시켜 주는 부품은?
① 모듈레이터
② 아웃-렛 밸브
③ 어큐뮬레이터
④ 솔레노이드밸브

46. 전동식 동력조향장치의 자기진단이 안 될 경우 점검사항으로 틀린 것은?
① CAN통신 파형점검
② 컨트롤유닛 측 배터리 전원측정
③ 컨트롤유닛 측 배터리 접지여부점검
④ KEY ON상태에서 CAN 종단저항 측정

47. 전자제어 현가장치(ECS)의 감쇠력 제어 모드에 해당되지 않는 것은?
① Hard
② Soft
③ Super Soft
④ Height Control

48. 차량의 주행 성능 및 안정성을 높이기 위한 방법에 관한 설명 중 틀린 것은?
① 유선형 차체형상으로 공기저항을 줄인다.
② 고속주행 시 언더 스티어링 차량이 유리하다.
③ 액티브 요잉 제어장치로 안정성을 높일 수 있다.
④ 리어 스포일러를 부착하여 횡력의 영향을 줄인다.

49. 엔진이 2000rpm일 때 발생한 토크 60kgf·m가 클러치를 거쳐, 변속기로 입력된 회전수와 토크가 1900rpm, 56kgf·m이다. 이때 클러치의 전달효율은 약 몇 %인가?
① 47.28
② 62.34
③ 88.67
④ 93.84

풀이 $\eta C = \dfrac{Cp}{Ep} \times 100 = \dfrac{1900 \times 56}{2000 \times 60} \times 100$
$= 88.67$
ηC : 클러치의 전달효율
Cp : 클러치의 출력, Ep : 엔진의 출력

50. 자동변속기 차량의 셀렉트 레버 조작 시 브레이크 페달을 밟아야만 레버 위치를 변경할 수 있도록 제한하는 구성품으로 나열된 것은?
① 파킹 리버스 블록 밸브, 시프트록 케이블
② 시프트록 케이블, 시프트록 솔레노이드 밸브
③ 시프트록 솔레노이드밸브, 스타트록 아웃
④ 스타트 록 아웃 스위치, 파킹 리버스 블록 밸브

51. 레이디얼 타이어의 특징에 대한 설명으로 틀린 것은?
① 하중에 의한 트레드변형이 큰 편이다.
② 타이어 단면의 편평율을 크게 할 수 있다.
③ 로드 홀딩이 우수하며 스탠딩 웨이브가 잘 일어나지 않는다.
④ 선회 시에 트레드의 변형이 적어 접지 면적이 감소되는 경향이 적다.

52. 유체클러치와 토크컨버터에 대한 설명 중 틀린 것은 ?
① 토크컨버터에는 스테이터가 있다.
② 토크컨버터는 토크를 증가시킬 수 있다.
③ 유체클러치는 펌프, 터빈, 가이드링으로 구성되어 있다.
④ 가이드링은 유체클러치 내부의 압력을 증가시키는 역할을 한다.

53. 자동변속기에서 급히 가속페달을 밟았을 때, 일정속도 범위 내에서 한단 낮은 단으로 강제 변속이 되도록 하는 것은 ?
① 킥 업   ② 킥 다운
③ 업 시프트   ④ 리프트 풋 업

54. 조향장치에 관한 설명으로 틀린 것은 ?
① 방향 전환을 원활하게 한다.
② 선회 후 복원성을 좋게 한다.
③ 조향핸들의 회전과 바퀴의 선회차이가 크지 않아야 한다.
④ 조향핸들의 조작력을 저속에서는 무겁게, 고속에서는 가볍게 한다.

55. 동력 조향장치에서 3가지 주요부의 구성으로 옳은 것은 ?
① 작동부-오일펌프, 동력부-동력실린더, 제어부-제어밸브
② 작동부-제어밸브, 동력부-오일펌프, 제어부-동력실린더
③ 작동부-동력실린더, 동력부-제어밸브, 제어부-오일펌프
④ 작동부-동력실린더, 동력부-오일펌프, 제어부-제어밸브

56. 구동륜 제어 장치(TCS)에 대한 설명으로 틀린 것은 ?
① 차체 높이 제어를 위한 성능 유지
② 눈길, 빙판길에서 미끄러짐을 방지
③ 커브 길 선회 시 주행 안정성 유지
④ 노면과 차륜간의 마찰 상태에 따라 엔진 출력 제어

57. 수동변속기에서 기어변속이 불량한 원인이 아닌 것은 ?
① 릴리스 실린더가 파손된 경우
② 컨트롤 케이블이 단선된 경우
③ 싱크로나이저 링의 내부가 마모된 경우
④ 싱크로나이저 슬리브와 링의 회전속도가 동일한 경우

58. 종감속 장치에서 구동피니언의 잇수가 8, 링기어의 잇수가 40이다. 추진축이 1200rpm일 때 왼쪽 바퀴가 180rpm으로 회전하고 있다. 이 때 오른쪽 바퀴의 회전수는 몇 rpm인가 ?
① 200   ② 300
③ 600   ④ 800

풀이
• 종감속비 = $\dfrac{링기어 잇수}{구동피니언 잇수} = \dfrac{40}{8} = 5$

• 바퀴회전수 = $\dfrac{추진축 회전수}{종감속비} \times 2$
= $\dfrac{1200}{5} \times 2 = 480$

• 오른쪽 바퀴 회전수 = 480 - 180 = 300

59. 브레이크회로 내의 오일이 비등·기화하여 제동압력의 전달작용을 방해하는 현상은?
① 페이드 현상   ② 사이클링 현상
③ 베이퍼록 현상   ④ 브레이크록 현상

60. 휠 얼라인먼트를 점검하여 바르게 유지해야 하는 이유로 틀린 것은?
① 직진성의 개선
② 축간 거리의 감소
③ 사이드슬립의 방지
④ 타이어 이상 마모의 최소화

자동차 전기

61. 점화플러그에 대한 설명으로 틀린 것은?
① 열형플러그는 열 방산이 나쁘며 온도가 상승하기 쉽다.
② 열가는 점화플러그의 열방산 정도를 수치로 나타내는 것이다.
③ 고부하 및 고속회전의 엔진은 열형플러그를 사용하는 것이 좋다.
④ 전극 부분의 작동온도가 자기청정온도보다 낮을 때 실화가 발생할 수 있다.

62. 그림과 같은 회로에서 스위치가 OFF되어 있는 상태로 커넥터가 단선되었다. 이 회로를 테스트 램프로 점검하였을 때 테스트 램프의 점등상태로 옳은 것은?

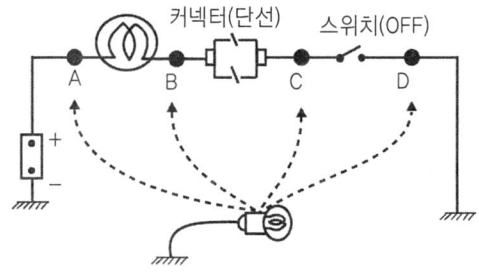

① A : OFF, B : ON, C : OFF, D : OFF
② A : ON, B : OFF, C : OFF, D : OFF
③ A : ON, B : ON, C : OFF, D : OFF
④ A : ON, B : ON, C : ON, D : OFF

63. 물체의 전기저항 특성에 대한 설명 중 틀린 것은?
① 단면적이 증가하면 저항은 감소한다.
② 도체의 저항은 온도에 따라서 변한다.
③ 보통의 금속은 온도상승에 따라 저항이 감소된다.
④ 온도가 상승하면 전기저항이 감소하는 소자를 부특성 서미스터(NTC)라 한다.

64. 점화장치에서 파워 TR(트랜지스터)의 B(베이스)전류가 단속될 때 점화코일에서는 어떤 현상이 발생 하는가?
① 1차 코일에 전류가 단속된다.
② 2차 코일에 전류가 단속된다.
③ 2차 코일에 역기전력이 형성된다.
④ 1차 코일에 상호유도작용이 발생한다.

65. 기동전동기에 흐르는 전류가 160A이고, 전압이 12V일 때 기동전동기의 출력은 약 몇 PS인가?
① 1.3　　② 2.6
③ 3.9　　④ 5.2

풀이　• P= EI= 12 × 160A= 1920W= 1.92kW
　　　• 1PS는 0.735kW이므로 $\dfrac{1.92}{0.735}$ = 2.6

67. 논리회로 중 NOR회로에 대한 설명으로 틀린 것은?
① 논리합회로에 부정회로를 연결한 것이다.
② 입력 A와 입력 B가 모두 0이면 출력이 1이다.
③ 입력 A와 입력 B가 모두 1이면 출력이 0이다.
④ 입력 A 또는 입력 B 중에서 1개가 1이면 출력이 1이다.

67. 하이브리드자동차의 고전압 배터리관리 시스템에서 셀 밸런싱 제어의 목적은?
① 배터리의 적정 온도 유지
② 상황별 입출력 에너지 제한
③ 배터리 수명 및 에너지 효율증대
④ 고전압계통 고장에 의한 안전사고 예방

68. 단위로 cd(칸델라)를 사용하는 것은?
① 광원 ② 광속
③ 광도 ④ 조도

69. 4행정 사이클 가솔린엔진에서 점화 후 최고 압력에 도달할 때까지 1/400초가 소요된다. 2100rpm으로 운전될 때의 점화시기는?(단, 최고 폭발압력에 도달하는 시기는 ATDC 10°이다.)
① BTDC 19.5° ② BTDC 21.5°
③ BTDC 23.5° ④ BTDC 25.5°

풀이 $6Rt = 6 \times 2100 \times \dfrac{1}{400} = 31.5°$ 이므로
31.5 - 10 = BTDC 21.5°

70. 자동차 정기검사에서의 전조등 광도측정 기준이다. ( ) 안에 알맞은 것은?

주광측의 진폭은 10m 위치에서 다음 수치 이내일 것

구분	상	하	좌	우
좌측	10cm	30cm	15cm	30cm
유측	10cm	30cm	( )	30cm

① 10 ② 15
③ 30 ④ 45

71. 조수석 전방 미등은 작동되나 후방만 작동되지 않는 경우의 고장원인으로 옳은 것은?
① 미등 퓨즈 단선
② 후방 미등 전구 단선
③ 미등 스위치 접촉 불량
④ 미등 릴레이 코일 단선

72. 전류의 3대 작용으로 옳은 것은?
① 발열작용, 화학작용, 자기작용
② 물리작용, 화학작용, 자기작용
③ 저장작용, 유도작용, 자기작용
④ 발열작용, 유도작용, 증폭작용

73. 자동 전조등에서 외부 빛의 밝기를 감지하여 자동으로 미등 및 전조등을 점등시키기 위해 적용된 센서는?
① 조도 센서
② 초음파 센서
③ 중력(G) 센서
④ 조향 각속도 센서

74. 발전기 B단자의 접촉불량 및 배선저항 과다로 발생할 수 있는 현상은?
① 엔진 과열
② 충전 시 소음
③ B단자 배선 발열
④ 과충전으로 인한 배터리 손상

75. 자동차 전자제어 에어컨시스템에서 제어모듈의 입력요소가 아닌 것은?
① 산소센서
② 외기온도센서
③ 일사량센서
④ 증발기온도센서

76. 발광 다이오드에 대한 설명으로 틀린 것은?
① 응답속도가 느리다.
② 백열전구에 비해 수명이 길다.
③ 전기적 에너지를 빛으로 변환시킨다.
④ 자동차의 차속센서, 차고센서 등에 적용되어 있다.

77. 주행 중인 하이브리드 자동차에서 제동 및 감속 시 충전 불량 현상이 발생하였을 때 점검이 필요한 곳은?
① 회생제동 장치
② LDC 제어 장치
③ 발전 제어 장치
④ 12V용 충전 장치

78. 하이브리드 차량 정비 시 고전압 차단을 위해 안전 플러그(세이프티 플러그)를 제거한 후 고전압 부품을 취급하기 전 일정시간 이상 대기시간을 갖는 이유로 가장 적절한 것은?
① 고전압 배터리 내의 셀의 안정화
② 제어모듈 내부의 메모리공간의 확보
③ 저전압(12V) 배터리에 서지전압 차단
④ 인버터 내 콘덴서에 충전되어 있는 고전압 방전

79. 바디 컨트롤 모듈(BCM)에서 타이머 제어를 하지 않는 것은?
① 파워 윈도우   ② 후진등
③ 감광 룸램프   ④ 뒤 유리 열선

80. 자동차에 직류 발전기보다 교류발전기를 많이 사용하는 이유로 틀린 것은?
① 크기가 작고 가볍다.
② 정류자에서 불꽃 발생이 크다.
③ 내구성이 뛰어나고 공회전이나 저속에도 충전이 가능하다.
④ 출력 전류의 제어작용을 하고 조정기 구조가 간단하다.

Answer

1. ② 2. ③ 3. ③ 4. ① 5. ② 6. ④ 7. ④ 8. ② 9. ② 10. ② 11. ③ 12. ② 13. ①
14. ④ 15. ③ 16. ② 17. ① 18. ① 19. ④ 20. ③ 21. ① 22. ① 23. ③ 24. ② 25. ③
26. ② 27. ④ 28. ④ 29. ② 30. ④ 31. ② 32. ① 33. ③ 34. ① 35. ② 36. ②
37. ① 38. ② 39. ① 40. ① 41. ② 42. ① 43. ③ 44. ① 45. ② 46. ④ 47. ④
48. ④ 49. ② 50. ② 51. ① 52. ④ 53. ② 54. ④ 55. ④ 56. ① 57. ④ 58. ②
59. ② 60. ④ 61. ② 62. ③ 63. ④ 64. ① 65. ② 66. ④ 67. ③ 68. ③ 69. ②
70. ③ 71. ② 72. ① 73. ① 74. ③ 75. ① 76. ① 77. ① 78. ④ 79. ② 80. ②

자동차 정비 산업기사

2019. 03. 03

일반기계공학

01. 언더컷에 대한 설명으로 옳은 것은?
① 아크길이가 짧을 때 생긴다.
② 용접 전류가 너무 작을 때 생긴다.
③ 운봉 속도가 너무 느릴 때 생긴다.
④ 용접시 경계부분이 오목하게 생기는 홈을 말한다.

02. 유체기계의 펌프에서 터보형에 속하지 않는 것은?
① 왕복식   ② 원심식
③ 사류식   ④ 축류식

03. 밴드 브레이크 제동장치에서 밴드의 최소 두께 t(mm)를 구하는 식은?(단, 밴드의 허용 인장응력은 σ(N/mm²), 밴드의 폭은 b(mm), 밴드의 최대 긴장측 장력은 F_1(N)이다)
① $t = \dfrac{\sigma \cdot b}{F_1}$ ② $t = \dfrac{F_1}{\sigma \cdot b}$
③ $t = \dfrac{\sigma}{b \cdot F_1}$ ④ $t = \dfrac{b \cdot F_1}{\sigma}$

04. 유압펌프 중 피스톤펌프에 대한 설명으로 옳지 않은 것은?
① 베인펌프라고도 한다.
② 누설이 작아 체적효율이 좋다.
③ 피스톤의 왕복운동을 이용하여 유압 작동유를 흡입하고 토출한다.
④ 작은 크기로 토출압력을 높게 할 수 있고 토출량을 크게 할 수 있다.

05. 재료의 인장강도 3200N/mm²인 재료를 안전율 4로 설계할 때 허용응력은 약 몇 N/mm²인가?
① 400   ② 600
③ 800   ④ 1600

풀이 허용응력 = $\dfrac{\text{인장강도}}{\text{안전율}} = \dfrac{3200}{4}$
= 800N/mm²

06. 원판 클러치에서 마찰면의 마모가 균일하다고 가정할 때 바깥지름 300mm, 안지름 250mm, 클러치를 미는 힘 500N, 마찰계수가 0.2라고 할 경우 클러치의 전달토크는 몇 N·mm인가?
① 11390   ② 13750
③ 17530   ④ 18275

풀이 $T = P\mu \dfrac{\dfrac{D_1 + D_2}{2}}{2}$
$= 500 \times 0.2 \dfrac{\dfrac{300 + 250}{2}}{2} = 13750$N·mm

P : 클러치를 미는 힘(N), μ : 마찰계수
D_1 : 바깥지름(mm), D_2 : 안지름(mm)

07. 그림과 같이 판, 원통 도는 원통용기의 끝부분에 원형단면의 테두리를 만드는 가공법은?

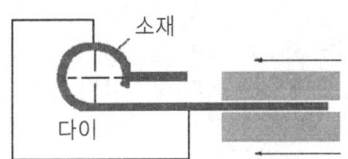

① 버링(burring)   ② 비딩(beading)
③ 컬링(curling)   ④ 시밍(seaming)

08. 숫돌이나 연삭입자를 사용하지 않는 것은?
① 호닝 ② 래핑
③ 브로칭 ④ 슈퍼피니싱

09. 유압기계에 사용하는 작동유가 갖추어야 할 특성으로 틀린 것은?
① 윤활성 ② 유동성
③ 기화성 ④ 내산성

10. 그림과 같은 기어 열에서 각 기어의 잇수가 Z_1= 40, Z_2= 20, Z_3= 40일 때 O_1 기어를 시계방향으로 1회전시켰다면 O_3 기어는 어느 방향으로 몇 회전하는가?

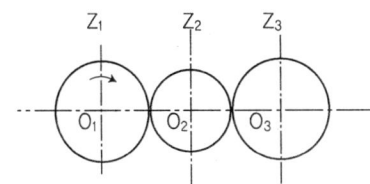

① 시계방향으로 1회전
② 시계방향으로 2회전
③ 시계 반대방향으로 1회전
④ 시계 반대방향으로 2회전

풀이 $O_3 = O_1 \times \dfrac{Z_1}{Z_3} = 1 \times \dfrac{40}{40} = 1$, O_1기어가 시계 방향으로 1회전하면 O_2기어는 시계반대방향으로 2회전하고 O_3는 시계방향으로 1회전하게 된다.

11. 다음 중 손다듬질 작업에서 일반적으로 쓰지 않는 측정기는?
① 암페어미터
② 마이크로미터
③ 하이트 게이지
④ 버니어 캘리퍼스

12. 비중이 1.74이고, 실용 금속 중 가장 가벼우나 고온에서는 발화하는 성질을 가진 금속은?
① Cu ② Ni
③ Al ④ Mg

13. 제품이 대형이고 제작수량이 적은 경우 제품 형태의 중요 부분만을 골격으로 만들어 사용하는 목형은?
① 골격형 ② 긁기형
③ 회전형 ④ 코어형

14. 공구강의 한 종류로 텅스텐(W) 85~95%, 코발트(CO) 5~6%의 소결합금이며, 상품명은 비디아, 탕갈로이, 카볼로이 등으로 불리는 것은?
① 스텔라이트 ② 고속도강
③ 초경합금 ④ 다이아몬드

15. 그림과 같은 탄소강의 응력(σ) – 변형율(ε)선도에서 각 점에 대한 내용으로 적절하지 않은 것은?

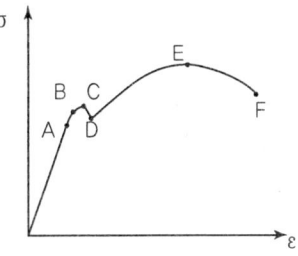

① A: 비례한도 ② B: 탄성한도
③ C: 극한강도 ④ F: 항복점

16. 미끄럼 키와 같이 회전토크를 전달시키는 동시에 축방향의 이동도 할 수 있는 것은?
① 묻힘 키 ② 스플라인
③ 반달키 ④ 안장키

17. 철강의 표면 경화법 중 강재를 가열하여 그 표면에 Al를 고온에서 확산 침투시켜 표면을 경화하는 것은 ?
① 실리콘나이징(siliconizing)
② 크로마이징(chromizing)
③ 세라다이징(sheradizing)
④ 칼로라이징(calorizing)

18. 체결용 요소인 나사의 풀림방지용으로 사용되지 않는 것은 ?
① 이중너트　② 캡나사
③ 분할 핀　④ 스프링 와셔

19. 중앙에 집중하중 W를 받는 양단지지 단순보에서 최대 처짐을 나타내는 식은 ?(단, E= 세로 탄성계수, I= 단면 2차 모멘트, ι= 보의 길이이다)
① $\dfrac{Wι^2}{48EI}$　② $\dfrac{Wι^3}{48EI}$
③ $\dfrac{Wι^3}{24EI}$　④ $\dfrac{Wι^4}{48EI}$

20. 강재 원형봉을 토션바(torsion bar)로 사용하고자 할 때 원형봉에 발생하는 최대 전단응력에 대한 설명으로 틀린 것은 ?
① 최대 전단응력은 비틀림각에 비례한다.
② 최대 전단응력은 원형봉의 길이에 반비례한다.
③ 최대 전단응력은 전단 탄성계수에 반비례한다.
④ 최대 전단응력은 원형봉 반지름에 비례한다.

자동차 엔진

21. 엔진의 기계효율을 구하는 공식은 ?
① $\dfrac{마찰마력}{제동마력} \times 100\%$
② $\dfrac{도시마력}{이론마력} \times 100\%$
③ $\dfrac{제동마력}{도시마력} \times 100\%$
④ $\dfrac{마찰마력}{도시마력} \times 100\%$

22. 디젤 사이클의 P-V선도에 대한 설명으로 틀린 것은 ?

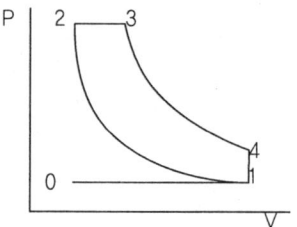

① 1 → 2 : 단열 압축과정
② 2 → 3 : 정적 팽창과정
③ 3 → 4 : 단열 팽창과정
④ 4 → 1 : 정적 방열과정

23. 옥탄가에 대한 설명으로 옳은 것은 ?
① 탄화수소 종류에 따라 옥탄가가 변화한다.
② 옥탄가 90 이하의 가솔린은 4에틸납을 혼합한다.
③ 옥탄가의 수치가 높은 연료일수록 노크를 일으키기 쉽다.
④ 노크를 일으키지 않는 기준 연료를 이소옥탄으로 하고 그 옥탄가를 0으로 한다.

24. 엔진의 윤활장치 구성부품이 아닌 것은?
① 오일펌프 ② 유압스위치
③ 릴리프밸브 ④ 킥다운 스위치

25. 전자제어 엔진에서 흡입되는 공기량 측정방법으로 가장 거리가 먼 것은?
① 피스톤 직경
② 흡기다기관 부압
③ 핫 와이어 전류량
④ 칼만와류 발생 주파수

26. 운행차 배출가스 정기검사의 매연 검사방법에 관한 설명에서 ( )에 알맞은 것은?

> 측정기의 시료채취관을 배기관의 벽면으로부터 5mm 이상 떨어지도록 설치하고 ( )cm 정도의 깊이로 삽입한다.

① 5 ② 10
③ 15 ④ 30

풀이 광투과식 매연측정기의 시료채취관은 배기관의 벽면으로부터 5mm 이상 떨어지도록 설치하고, 5cm 정도의 깊이로 삽입한다.

27. 산소센서 내측의 고체 전해질로 사용되는 것은?
① 은 ② 구리
③ 코발트 ④ 지르코니아

28. 전자제어 가솔린엔진에서 연료분사량 제어를 위한 기본 입력신호가 아닌 것은?
① 냉각수온센서
② MAP센서
③ 크랭크각 센서
④ 공기유량 센서

29. 윤활유의 유압계통에서 유압이 저하되는 원인으로 틀린 것은?
① 윤활유 누설
② 윤활유 부족
③ 윤활유 공급펌프 손상
④ 윤활유 점도가 너무 높을 때

30. 전자제어 가솔린엔진(MPI)에서 급가속 시 연료를 분사하는 방법으로 옳은 것은?
① 동기분사 ② 순차분사
③ 간헐분사 ④ 비동기분사

31. 커먼레일 디젤엔진에서 연료압력 조절밸브의 장착 위치는?(단, 입구 제어방식)
① 고압펌프와 인젝터사이
② 저압펌프와 인젝터사이
③ 저압펌프와 고압펌프사이
④ 연료필터와 저압펌프사이

풀이 연료압력 조절밸브의 장착 위치
① 입구제어방식 : 저압펌프 → 조절밸브 → 고압펌프 → 커먼레일
② 출구제어방식 : 저압펌프 → 고압펌프 → 커먼레일 → 조절밸브

32. 가솔린엔진에서 사용되는 연료의 구비조건이 아닌 것은?
① 옥탄가가 높을 것
② 착화온도가 낮을 것
③ 체적 및 무게가 적고 발열량이 클 것
④ 연소 후 유해 화합물을 남기지 말 것

33. 전자제어 가솔린엔진(MPI)에서 동기분사가 이루어지는 시기는 언제인가?
① 흡입행정 말 ② 압축행정 말
③ 폭발행정 말 ④ 배기행정 말

34. 라디에이터 캡의 작용에 대한 설명으로 틀린 것은?
   ① 라디에이터 내의 냉각수 비등점을 높여준다.
   ② 라디에이터 내의 압력이 낮을 때 압력밸브가 열린다.
   ③ 냉각장치의 압력이 규정값 이상이 되면 수증기가 배출되게 한다.
   ④ 냉각수가 냉각되면 보조 물탱크의 냉각수가 라디에이터로 들어가게 된다.

35. 디젤엔진 후처리장치의 재생을 위한 연료 분사는?
   ① 주분사   ② 점화분사
   ③ 사후분사   ④ 직접분사

36. 자동차 엔진에서 인터쿨러 장치의 작동에 대한 설명으로 옳은 것은?
   ① 차량의 속도변화
   ② 흡입공기의 와류형성
   ③ 배기가스의 압력변화
   ④ 온도변화에 따른 공기의 밀도 변화

37. 배출가스 중 질소산화물을 저감시키기 위해 사용하는 장치가 아닌 것은?
   ① 매연 필터(DPF)
   ② 삼원 촉매장치(TWC)
   ③ 선택적 환원 촉매(SCR)
   ④ 배기가스 재순환장치(EGR)

38. 6기통 4행정 사이클 엔진이 10kgf·m의 토크로 1000rpm으로 회전할 때 축 출력은 약 몇 kW인가?
   ① 9.2   ② 10.3
   ③ 13.9   ④ 20

풀이 $BHP = \dfrac{TR}{716} = \dfrac{10 \times 1000}{716} = 13.9PS$
PS를 kw로 단위 환산 해야하므로, 1PS = 0.736kw 따라서 13.96PS × 0.736= 10.27kw 이므로 10.3PS이다.

39. 실린더 내경 80mm, 행정 90mm인 4행정 사이클 엔진이 2000rpm으로 운전할 때 피스톤의 평균속도는 몇 m/sec인가?(단, 실린더가 4개이다)
   ① 6   ② 7
   ③ 8   ④ 9

풀이 피스톤 평균속도= $\dfrac{NL}{30} = \dfrac{0.09 \times 2000}{30}$
N : 엔진회전수(rpm), L : 행정(m)

40. 연료 10.4kg을 연소시키는데 152kg의 공기를 소비하였다면 공기와 연료의 비는?(단, 공기의 밀도는 1.25kg/m³이다)
   ① 공기(14.6kg) : 연료(1kg)
   ② 공기(14.6m³) : 연료(1m³)
   ③ 공기(12.6kg) : 연료(1kg)
   ④ 공기(12.6m³) : 연료(1m³)

풀이 공기와 연료의 비
= $\dfrac{공기량(kgf)}{연료량(kgf)} = \dfrac{152}{10.4} = 14.6$

자동차 섀시

41. 차륜정렬시 사전 점검사항과 가장 거리가 먼 것은?
   ① 계측기를 설치한다.
   ② 운전자의 상황 설명이나 고충을 청취한다.
   ③ 조향 핸들의 위치가 바른지의 여부를 확인한다.
   ④ 허브 베어링 및 액슬 베어링의 유격을 점검한다.

42. 선회 시 안쪽 차륜과 바깥쪽 차륜의 조향각 차이를 무엇이라 하는가?
   ① 애커먼 각
   ② 토우인 각
   ③ 최소 회전반경
   ④ 타이어 슬립각

43. 수동변속기의 마찰 클러치에 대한 설명으로 틀린 것은?
   ① 클러치 조작기구는 케이블식 외에 유압식을 사용하기도 한다.
   ② 클러치 디스크의 비틀림 코일 스프링은 회전 충격을 흡수한다.
   ③ 클러치 릴리스 베어링과 릴리스 레버 사이의 유격은 없어야 한다.
   ④ 다이어프램 스프링식은 코일 스프링식에 비해 구조가 간단하고 단속작용이 유연하다.

44. 자동차가 주행시 발생하는 저항 중 타이어 접지부의 변형에 의한 저항은?
   ① 구름저항   ② 공기저항
   ③ 등판저항   ④ 가속저항

45. 주행 중 차량에 노면으로부터 전달되는 충격이나 진동을 완화하여 바퀴와 노면과의 밀착을 양호하게 하고 승차감을 향상시키는 완충기구로 짝지어진 것은?
   ① 코일스프링, 토션바, 타이로드
   ② 코일스프링, 겹판스프링, 토션바
   ③ 코일스프링, 겹판스프링, 프레임
   ④ 코일스프링, 너클 스핀들, 스테이빌라이저

46. 평탄한 도로를 90km/h로 달리는 승용차의 총 주행저항은 약 몇 kgf인가? (단, 공기저항계수 0.03, 총중량 1145 kgf, 투영면적 1.6m^2, 구름저항계수 0.015)
   ① 37.18   ② 47.18
   ③ 57.18   ④ 67.18

   풀이 · $Rr = \mu r \times W$ = 0.015×1145kgf
           = 17.18kgf
   · $Ra = \mu a \times A \times v^2$ = 0.03×1.6×25^2
           = 30kgf[90km/h= 25m/s]
   · 총 주행저항 = 17.18+30 = 47.18kgf

47. 자동변속기에서 변속레버를 조작할 때 밸브바디의 유압회로를 변환시켜 라인압력을 공급하거나 배출시키는 밸브로 옳은 것은?
   ① 매뉴얼 밸브
   ② 리듀싱 밸브
   ③ 변속제어 밸브
   ④ 레귤레이터 밸브

48. 자동변속기에서 변속시점을 결정하는 가장 중요한 요소는?
   ① 매뉴얼 밸브와 차속
   ② 엔진 스로틀밸브 개도와 차속
   ③ 변속모드 스위치와 변속시간
   ④ 엔진 스로틀밸브 개도와 변속시간

49. 브레이크작동시 조향 휠이 한쪽으로 쏠리는 원인이 아닌 것은?
   ① 브레이크 간극 조정불량
   ② 휠 허브 베어링의 헐거움
   ③ 한쪽 브레이크 디스크의 변형
   ④ 마스터 실린더의 체크밸브 작동이 불량

50. ABS와 TCS(Traction Control System)에 대한 설명으로 틀린 것은?
① TCS는 구동륜이 슬립하는 현상을 방지한다.
② ABS는 주행 중 제동시 타이어의 록(LOCK)을 방지한다.
③ ABS는 제동시 조향 안정성 확보를 위한 시스템이다.
④ TCS는 급제동시 제동력 제어를 통해 차량 스핀현상을 방지한다.

51. 추진축의 회전시 발생되는 휠링(whirling)에 대한 설명으로 옳은 것은?
① 기하학적 중심과 질량적 중심이 일치하지 않을 때 일어나는 현상
② 일정한 조향각으로 선회하며 속도를 높일 때 선회반경이 작아지는 현상
③ 물체가 원운동을 하고 있을 때 그 원의 중심에서 멀어지려고 하는 현상
④ 선회하거나 횡풍을 받을 때 중심을 통과하는 차체의 전후 방향축 둘레의 회전운동 현상

52. 다음 승용차용 타이어의 표기에 대한 설명이 틀린 것은?

205 / 65 / R 14

① 205 : 단면폭 205mm
② 65 : 편평비 65%
③ R : 레이디얼 타이어
④ 14 : 림 외경 14mm

53. 캐스터에 대한 설명으로 틀린 것은?
① 앞바퀴에 방향성을 준다.
② 캐스터 효과란 추종성과 복원성을 말한다.
③ (+)캐스터가 크면 직진성이 향상되지 않는다.
④ (+)캐스터는 선회할 때 차체의 높이가 선회하는 바깥쪽보다 안쪽이 높아지게 된다.

54. 조향장치에서 조향휠의 유격이 커지고 소음이 발생할 수 있는 원인과 가장 거리가 먼 것은?
① 요크플러그의 풀림
② 등속조인트의 불량
③ 스티어링 기어박스 장착볼트의 풀림
④ 타이로드 엔디 조임부분의 마모 및 풀림

55. 제동장치에서 발생되는 베이퍼 록 현상을 방지하기 위한 방법이 아닌 것은?
① 벤틸레이티드 디스크를 적용한다.
② 브레이크회로 내에 잔압을 유지한다.
③ 라이닝의 마찰표면에 윤활제를 도포한다.
④ 비등점이 높은 브레이크 오일을 사용한다.

56. 휠 얼라인먼트 요소 중 토인의 필요성과 가장 거리가 먼 것은?
① 앞바퀴를 차량 중심선상으로 평행하게 회전시킨다.
② 조향 후 직전방향으로 되돌아오는 복원력을 준다.
③ 조향 링키지의 마멸에 의해 토아웃이 되는 것을 방지한다.
④ 바퀴가 옆방향으로 미끄러지는 것과 타이어 마멸을 방지한다.

57. 무단변속기(CVT)의 제어밸브 기능 중 라인압력을 주행조건에 맞도록 적절한 압력으로 조정하는 밸브로 옳은 것은?
① 변속제어 밸브
② 레귤레이터 밸브
③ 클러치 압력 제어밸브
④ 댐퍼 클러치제어 밸브

58. 전자제어 현가장치(ECS)의 제어기능이 아닌 것은?
① 안티 피칭제어
② 안티 다이브제어
③ 차속 감응제어
④ 감속제어

59. 자동차의 엔진 토크 14kgf·m, 총 감속비 3.0, 전달효율 0.9, 구동바퀴의 유효반경 0.3m일 때 구동력은 몇 kgf인가?
① 68   ② 116
③ 126 ④ 228

풀이 $F = \dfrac{T}{R} = \dfrac{14 \times 3 \times 0.9}{0.3} = 126\text{kgf}$
F : 구동력(kgf)
T : 구동차축의 회전력(kgf·m)
R : 바퀴의 반경(m)

60. 자동차 수동변속기의 단판 클러치 마찰면의 외경이 22cm, 내경이 14cm, 마찰계수 0.3, 클러치 스프링 9개, 1개의 스프링에 각각 300N의 장력이 작용한다면 클러치가 전달 가능한 토크는 몇 N·m인가?(단, 안전계수는 무시한다)
① 74.8   ② 145.8
③ 210.4 ④ 281.2

풀이 $T = P\mu\dfrac{D_1 + D_2}{2} = 9 \times 300 \times 0.3 \dfrac{0.22 + 0.14}{2}$
$= 145.8\text{N}\cdot\text{m}$
P : 클러치를 미는 힘(N), μ : 마찰계수
D_1 : 바깥지름(m), D_2 : 안지름(m)

자동차 전기

61. 리튬이온 배터리와 비교한 리튬폴리머 배리의 장점이 아닌 것은?
① 폭발 가능성 적어 안전성이 좋다.
② 패키지 설계에서 기계적 강성이 좋다.
③ 발열 특성이 우수하여 내구 수명이 좋다.
④ 대용량 설계가 유리하여 기술 확장성이 좋다.

62. 교류발전기에서 정류작용이 이루어지는 소로 옳은 것은?
① 계자코일   ② 트랜지스터
③ 다이오드   ④ 아마추어

63. 자동차용 냉방장치에서 냉매사이클의 순서로 옳은 것은?
① 증발기 → 압축기 → 응축기 → 팽창밸브
② 증발기 → 응축기 → 팽창밸브 → 압축기
③ 응축기 → 압축기 → 팽창밸브 → 증발기
④ 응축기 → 증발기 → 압축기 → 팽창밸브

64. 자동차 에어컨(FATC) 작동시 바람은 배출되나 차갑지 않고, 컴프레서 동작음이 들리지 않는다. 다음 중 고장원인과 가장 거리가 먼 것은?
① 블로우 모터 불량
② 핀 서모센서 불량
③ 트리플 스위치 불량
④ 컴프레서 릴레이 불량

65. 직류 직권식 기동전동기의 계자코일과 전기자 코일에 흐르는 전류에 대한 설명으로 옳은 것은?
    ① 계자코일 전류와 전기자 코일 전류가 같다.
    ② 계자코일 전류가 전기자 코일 전류보다 크다.
    ③ 전기자 코일 전류가 계자코일 전류보다 크다.
    ④ 계자코일 전류와 전기자 코일 전류가 같을 때도 있고, 다를 때도 있다.

66. 자동차 정기검사 시 전조등의 전방 10m 위치에서 좌·우측 주광축의 하향 진폭은 몇 cm 이내이어야 하는가?
    ① 10   ② 15
    ③ 20   ④ 30

67. 전자배전 점화장치(DLI)의 구성부품으로 틀린 것은?
    ① 배전기   ② 점화플러그
    ③ 파워 TR   ④ 점화코일

68. 라이트를 벽에 비추어 보면 차량의 광축을 중심으로 좌측 라이트는 수평으로, 우측 라이트는 약 15도 정도의 상향 기울기를 가지게 된다. 이를 무엇이라 하는가?
    ① 컷 오프라인
    ② 실드빔 라인
    ③ 루미네슨스 라인
    ④ 주광축 경계라인

69. 리모콘으로 록(LOCK) 버튼을 눌렀을 때 문은 잠기지만 경계상태에 진입하지 못하는 현상이 발생하는 원인과 가장 거리가 먼 것은?
    ① 후드 스위치 불량
    ② 트렁크 스위치 불량
    ③ 파워 윈도우 스위치 불량
    ④ 운전석 도어 스위치 불량

70. 자동차 에어백 구성품 중 인플레이터 역할에 대한 설명으로 옳은 것은?
    ① 충돌시 충격을 감지한다.
    ② 에어백시스템 고장발생시 감지하여 경고등을 점등한다.
    ③ 질소가스, 점화회로 등이 내장되어 에어백이 작동될 수 있도록 점화장치 역할을 한다.
    ④ 에어백작동을 위한 전기적인 충전을 하여 배터리 전원이 차단되어도 에어백을 전개시킨다.

71. 하이브리드 자동차는 감속시 전기에너지를 고전압 배터리로 회수(충전)한다. 이러한 발전기 역할을 하는 부품은?
    ① AC발전기
    ② 스타팅 모터
    ③ 하이브리드 모터
    ④ 모터 컨트롤 유닛

72. 12V를 사용하는 자동차의 점화코일에 흐르는 전류가 0.01초 동안에 50A 변화하였다. 자기인덕턴스가 0.5H일 때 코일에 유도되는 기전력은 몇 V인가?
    ① 6   ② 104
    ③ 2500   ④ 60000

    풀이 $V = H\dfrac{I}{t} = 0.5\dfrac{50}{0.01} = 2500V$

73. 다음 직렬회로에서 저항 R_1에 5mA의 전류가 흐를 때 R_1의 저항값은?

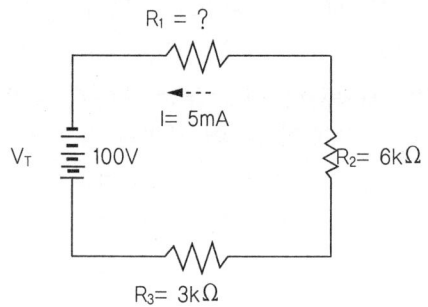

① 7kΩ ② 9kΩ
③ 11kΩ ④ 13kΩ

풀이 $R = \dfrac{E}{I} = \dfrac{100}{0.005} = 20k\Omega$

$R_1 = 20-(6+3) = 11k\Omega$

74. 운행자동차 정기검사에서 등화장치 점검 시 광도 및 광축을 측정하는 방법으로 틀린 것은?
① 타이어 공기압을 표준 공기압으로 한다.
② 광축 측정시 엔진 공회전 상태로 한다.
③ 적차 상태로 서서히 진입하면서 측정한다.
④ 4등식 전조등의 경우 측정하지 않는 등화는 발산하는 빛을 차단한 상태로 한다.

75. 반도체의 장점으로 틀린 것은?
① 수명이 길다.
② 매우 소형이고 가볍다.
③ 일정시간 예열이 필요하다.
④ 내부 전력손실이 매우 적다.

76. 다음 회로에서 전압계 V_1과 V_2를 연결하여 스위치를 ON, OFF하면서 측정한 결과로 옳은 것은?(단, 접촉저항은 없음)

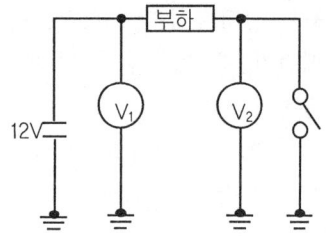

① ON : V_1 - 12V, V_2 - 12V
  OFF : V_1 - 12V, V_2 - 12V
② ON : V_1 - 12V, V_2 - 12V
  OFF : V_1 - 0V, V_2 - 12V
③ ON : V_1 - 12V, V_2 - 0V
  OFF : V_1 - 12V, V_2 - 12V
④ ON : V_1 - 12V, V_2 - 0V
  OFF : V_1 - 0V, V_2 - 0V

77. 가솔린엔진에서 기동전동기의 소모전류가 90A이고, 배터리 전압이 12V일 때 기동전동기의 마력은 약 몇 PS인가?
① 0.75 ② 1.26
③ 1.47 ④ 1.78

풀이 P= IE= 90×12= 1080. 1PS= 736W이므로
PS= $\dfrac{1080}{736}$ = 1.47PS

78. 발전기 구조에서 기전력 발생요소에 대한 설명으로 틀린 것은?
① 자극의 수가 많은 경우 자력은 크다.
② 코일의 권수가 적을수록 자력은 커진다.
③ 로터코일의 회전이 빠를수록 기전력은 많이 발생한다.
④ 로터 코일에 흐르는 전류가 클수록 기전력이 커진다.

79. 1개의 코일로 2개 실린더를 점화하는 시스템의 특징에 대한 설명으로 틀린 것은?
① 동시 점화방식이라 한다.
② 배전기 캡 내로부터 발생하는 전파 잡음이 없다.
③ 배전기로 고전압을 배전하지 않기 때문에 누전이 발생하지 않는다.
④ 배전기 캡이 없어 로터와 세그먼트(고압단자)사이의 전압에너지 손실이 크다.

80. 자동차의 회로 부품 중에서 일반적으로 "ACC회로"에 포함된 것은?
① 카 오디오   ② 히터
③ 와이퍼 모터 ④ 전조등

Answer

1. ④ 2. ① 3. ② 4. ① 5. ③ 6. ② 7. ③ 8. ③ 9. ③ 10. ① 11. ① 12. ④ 13. ①
14. ① 15. ④ 16. ② 17. ④ 18. ④ 19. ② 20. ② 21. ① 22. ② 23. ① 24. ④ 25. ①
26. ① 27. ④ 28. ② 29. ④ 30. ④ 31. ③ 32. ② 33. ① 34. ② 35. ③ 36. ④
37. ① 38. ② 39. ① 40. ① 41. ① 42. ① 43. ② 44. ① 45. ② 46. ② 47. ①
48. ② 49. ② 50. ① 51. ② 52. ④ 53. ② 54. ① 55. ② 56. ① 57. ② 58. ④
59. ③ 60. ② 61. ② 62. ④ 63. ① 64. ① 65. ① 66. ② 67. ② 68. ① 69. ③
70. ③ 71. ③ 72. ② 73. ② 74. ③ 75. ② 76. ② 77. ② 78. ② 79. ④ 80. ①

2019. 04. 27 자동차 정비 산업기사

일반기계공학

01. 펌프의 캐비테이션 방지책으로 틀린 것은?
① 펌프의 설치 위치를 높인다.
② 회전수를 낮추어 흡입 비교 회전도를 낮게 한다.
③ 단흡입 펌프 대신 양 흡입펌프를 사용한다.
④ 펌프의 흡입관 손실을 작게 한다.

02. 알루미늄 분말, 산화철 분말과 점화제의 혼합반응으로 열을 발생시켜 용접하는 방법은?
① 테르밋 용접
② 피복 아크용접
③ 일렉트로 슬래그 용접
④ 불활성가스 아크용접

03. 구멍형 한계게이지에 포함되지 않는 것은?
① C형 스냅게이지
② 원통형 플러그 게이지
③ 봉 게이지
④ 판 플러그 게이지

04. 그림과 같이 자유단에 집중하중을 받고 있는 외팔보의 굽힘 모멘트 선도로 가장 적합한 것은 ?

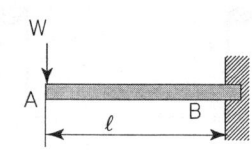

① 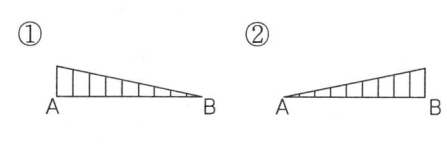 ②

③ 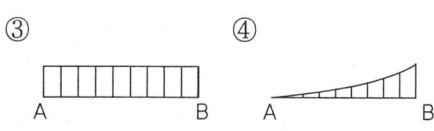 ④

05. 다음 중 새들 키라고도 하며 축에는 키 홈이 없고, 축의 원호에 접할 수 있도록하며 보스에만 키 홈을 파는 것은 ?
① 안장 키   ② 접선 키
③ 평 키   ④ 반달 키

06. 속이 찬 회전축의 전달마력이 7kW이고, 회전수가 350rpm일 때 축의 전달 토크는 약 몇 N·m인가 ?
① 101   ② 151
③ 191   ④ 231

풀이 $T = \dfrac{974 \times Hkw \times 9.8}{R} = \dfrac{974 \times 7 \times 9.8}{350}$
    $= 191 N \cdot m$
T : 축의 전달토크, HkW : 전달마력, R : 회전수

07. 강과 주철은 어떤 원소의 함유량에 의해 구분하는 가 ?
① C   ② Mn
③ Ni   ④ S

08. 용기 내의 압력을 대기압력 이하의 저압으로 유지하기 위해 대기압력 쪽으로 기체를 배출하는 장치는 ?
① 공기압축기   ② 진공펌프
③ 송풍기   ④ 축압기

09. 연성재료의 잘삭가공 시 발생하는 칩의 형태로 절삭저항이 가장 적고, 매끈한 가공면을 얻을 수 있는 칩의 형태는 ?
① 전단형   ② 유동형
③ 균열형   ④ 열단형

10. 도가니로의 규격은 어떻게 표시하는가?
① 시간당 용해 가능한 구리의 중량
② 시간당 용해 가능한 구리의 부피
③ 한 번에 용해 가능한 구리의 중량
④ 한 번에 용해 가능한 구리의 부피

11. 평벨트와 비교하여 V벨트의 전동특성에 해당하지 않는 것은 ?
① 미끄럼이 적다.
② 운전이 정숙하다.
③ 평벨트와 같이 벗겨지는 일이 없다.
④ 지름이 작은 풀리에는 사용이 어렵다.

12. 원형 단면의 축에 발생한 비틀림에 대한 설명으로 옳지 않은 것은 ?(단, 재질은 동일하다)
① 비틀림각이 클수록 전단 변형률은 크다.
② 축의 지름이 클수록 전단 변형률은 크다.
③ 축의 길이가 길수록 전단 변형률은 크다.
④ 축의 지름이 클수록 전단응력은 크다.

13. 다음 중 체결용으로 가장 많이 쓰이는 나사는?
① 사각나사 ② 삼각나사
③ 톱니나사 ④ 사다리꼴나사

14. 판 두께 10mm, 인장강도 3500N/cm², 안전계수 4인 연강판으로 5N/cm²의 내압을 받는 원통을 만들고자 한다. 이때 원통의 안지름은 몇 cm인가?
① 87.5 ② 175
③ 350   ④ 700

풀이 $\delta = \dfrac{\text{Pr}N}{t}$, $r = \dfrac{\delta t}{PN} = \dfrac{3500 \times 1}{5 \times 4} = 175\text{cm}$
$d = 2r = 2 \times 175 = 350\text{cm}$

15. 기어나 피스톤 핀 등과 같이 마모작용에 강하고 동시에 충격에도 강해야 할 때, 강의 표면을 경화하기 위하여 열처리하는 방법이 아닌 것은?
① 침탄법   ② 고주파법
③ 침탄질화법 ④ 저온풀림법

16. Al, Cu, Mg으로 구성된 합금에서 인장강도가 크고 시효경화를 일으키는 고력(고강도) 알루미늄합금은?
① Y합금   ② 실루민
③ 로우엑스 ④ 두랄루민

17. 프와송의 비로 옳은 것은?
① $\dfrac{\text{세로 변형률}}{\text{가로 변형률}}$ ② $\dfrac{\text{부피 변형률}}{\text{세로 변형률}}$
③ $\dfrac{\text{세로 변형률}}{\text{부피 변형률}}$ ④ $\dfrac{\text{가로 변형률}}{\text{세로 변형률}}$

18. 그림의 유압장치에서 A부분 실린더 면적이 200cm², B부분 실린더 면적이 50cm²일 때 F2에 작용하는 힘이 1000N이면 F1에는 몇 N의 힘이 작용하는가?

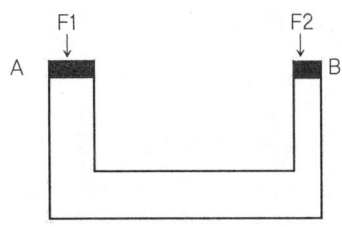

① 3000 ② 4000
③ 5000 ④ 6000

풀이 F1에 작용하는 힘 = $\dfrac{A\text{단면적}}{B\text{단면적}} \times$ F2에 작용하는 힘 = $\dfrac{200}{50} \times 1000 = 4000\text{N}$

19. 인발에 영향을 미치는 요인이 아닌 것은?
① 윤활방법
② 단면 감소율
③ 펀치의 각도
④ 다이(die)의 각도

20. 그림과 같은 코일 스프링 장치에서 작용하는 하중을 W, 스프링 상수를 K_1, K_2라 할 경우, 합성 스프링 상수를 바르게 표현한 것은?

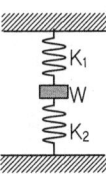

① $K_1 + K_2$ ② $\dfrac{1}{K_1 + K_2}$
③ $\dfrac{K_1 K_2}{K_1 + K_2}$ ④ $\dfrac{K_1 + K_2}{K_1 K_2}$

자동차 엔진

21. 출력이 A= 120PS, B= 90kW, C= 110HP인 3개의 엔진을 출력이 큰 순서대로 나열한 것은?
① B 〉 C 〉 A　② A 〉 C 〉 B
③ C 〉 A 〉 B　④ B 〉 A 〉 C

22. 전자제어 가솔린엔진에서 고속운전 중 스로틀밸브를 급격히 닫을 때 연료분사량을 제어하는 방법은?
① 변함없음　② 분사량 증가
③ 분사량 감소　④ 분사 일시중단

23. 점화파형에서 파워 TR(트랜지스터)의 통전시간을 의미하는 것은?
① 전원전압
② 피크(peak) 전압
③ 드웰(dwell) 시간
④ 점화시간

24. 자동차에 사용되는 센서 중 원리가 다른 것은?
① 맵(MAP)센서
② 노크센서
③ 가속페달센서
④ 연료탱크 압력센서

25. 라디에이터 캡의 점검방법으로 틀린 것은?
① 압력이 하강하는 경우 캡을 교환한다.
② $0.95 \sim 1.25 kgf/cm^2$ 정도로 압력을 가한다.
③ 압력유지 후 약 10~20초 사이에 압력이 상승하면 정상이다.
④ 라디에이터 캡을 분리한 뒤 씰 부분에 냉각수를 도포하고 압력 테스터를 설치한다.

26. 디젤엔진의 배출가스 특성에 대한 설명으로 틀린 것은?
① NOx 저감 대책으로 연소온도를 높인다.
② 가솔린 기관에 비해 CO, HC 배출량이 적다.
③ 입자상 물질(PM)을 저감하기 위해 필터(DPF)를 사용한다.
④ NOx 배출을 줄이기 위해 배기가스 재순환장치를 사용한다.

27. LPG를 사용하는 자동차에서 봄베의 설명으로 틀린 것은?
① 용기의 도색은 회색으로 한다.
② 안전밸브에 주 밸브를 설치할 수는 없다.
③ 안전밸브는 충전밸브와 일체로 조립된다.
④ 안전밸브에서 분출된 가스는 대기 중으로 방출되는 구조이다.

28. 도시마력(지시마력, indicated horse power) 계산에 필요한 항목으로 틀린 것은?
① 총 배기량
② 엔진 회전수
③ 크랭크축 중량
④ 도시 평균 유효압력

풀이 $IHP = \dfrac{PALNR}{75 \times 60 \times 100}$

P : 평균유효압력(kgf/cm^2)
A : 실린더 단면적(cm^2), L : 피스톤 행정(cm)
N : 실린더수, R : 엔진회전수(rpm)

29. 다음 설명에 해당하는 커먼레일 인젝터는?

> 운전 전영역에서 분사된 연료량을 측정하여 이것을 데이터베이스화한 것으로, 생산 계통에서 데이터베이스 정보를 ECU에 저장하여 인젝터별 분사시간 보정 및 실린더 간 연료분사량의 오차를 감소시킬 수 있도록 문자와 숫자로 구성된 7자리 코드를 사용한다.

① 일반 인젝터　② IQA 인젝터
③ 클래스 인젝터　④ 그레이드 인젝터

30. 전자제어 MPI 가솔린엔진과 비교한 GDI엔진의 특징에 대한 설명으로 틀린 것은?
① 내부 냉각효과를 이용하여 출력이 증가된다.
② 층상 급기모드를 통해 EGR비율을 많이 높일 수 있다.
③ 연료분사 압력이 높고, 연료 소비율이 향상된다.
④ 층상 급기모드 연소에 의하여 NOx 배출이 현저히 감소한다.

31. 디젤엔진에서 단실식 연료분사방식을 사용하는 연소실의 형식은?
① 와류실식　② 공기실식
③ 예연소실식　④ 직접분사실식

32. 4행정 가솔린엔진이 1분당 2500rpm에서 9.23kgf·m의 회전토크일 때 축 마력은 몇 PS인가?
① 28.1　② 32.2
③ 35.3　④ 37.5

33. 다음 그림은 스로틀 포지션센서(TPS)의 내부회로도이다. 스로틀밸브가 그림에서 B와 같이 닫혀 있는 현재상태의 출력전압은 약 몇 V인가?(단, 공회전 상태이다)

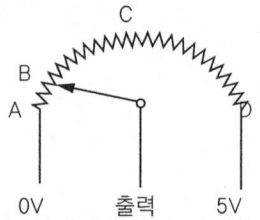

① 0V　② 약 0.5V
③ 약 2.5V　④ 약 5V

34. 전자제어 엔진에서 연료 차단(fuel cut)에 대한 설명으로 틀린 것은?
① 배출가스 저감을 위함이다.
② 연비를 개선하기 위함이다.
③ 인젝터 분사신호를 정지한다.
④ 엔진의 고속회전을 위한 준비단계이다.

35. 윤활유의 주요 기능이 아닌 것은?
① 방청작용　② 산화작용
③ 밀봉작용　④ 응력분산작용

36. 엔진 크랭크축의 휨을 측정할 때 필요한 기기가 아닌 것은?
① 블록 게이지　② 정반
③ 다이얼게이지　④ V블럭

37. 배출가스 측정시 HC(탄화수소)의 농도 단위인 ppm을 설명한 것으로 적당한 것은?
① 백분의 1을 나타내는 농도단위
② 천분의 1을 나타내는 농도단위
③ 만분의 1을 나타내는 농도단위
④ 백만분의 1을 나타내는 농도단위

38. 피스톤의 재질로서 가장 거리가 먼 것은?
① Y-합금
② 특수 주철
③ 켈밋합금
④ 로엑스(Lo-Ex)합금

39. 4실린더 4행정 사이클 엔진을 65PS로 30분간 운전시켰더니 연료가 10L 소모되었다. 연료의 비중이 0.73, 저위발열량이 11000 kcal/kg이라면 이 엔진의 열효율은 몇 %인가?(단, 1마력당 일량은 632.5kcal/h이다)
① 23.6　　② 24.6
③ 25.6　　④ 51.2

풀이 $\eta_B = \dfrac{632.5 \times PS}{Hl \times F} \times 100$

$= \dfrac{632.5 \times 65}{11000 \times 20 \times 0.73} \times 100 = 25.6$

η_B : 제동 열효율.　Hl : 가솔린 저위발열량
PS : 엔진출력.　F : 연료소비량

40. 전자제어 가솔린 분사장치(MPI)에서 폐회로 공연비 제어를 목적으로 사용하는 센서는?
① 노크센서　　② 산소센서
③ 차압센서　　④ EGR 위치센서

자동차 섀시

41. 제동장치에서 공기 브레이크의 구성요소가 아닌 것은?
① 언로더 밸브　② 릴레이 밸브
③ 브레이크 챔버　④ 하이드로 에어백

42. 클러치의 구비조건에 대한 설명으로 틀린 것은?

① 단속 작용이 확실해야 한다.
② 회전부분의 평형이 좋아야 한다.
③ 과열되지 않도록 냉각이 잘 되어야 한다.
④ 전달효율이 높도록 회전관성이 커야 한다.

43. 자동차 타이어의 수명에 영향을 미치는 요인과 가장 거리가 먼 것은?
① 엔진의 출력
② 주행 노면의 상태
③ 타이어와 노면 온도
④ 주행시 타이어 적정 공기압 유무

44. 자동변속기에서 사용되고 있는 오일(ATF)의 기능이 아닌 것은?
① 충격을 흡수한다.
② 동력을 발생시킨다.
③ 작동 유압을 전달한다.
④ 윤활 및 냉각작용을 한다.

45. 하이드로 플래닝에 관한 설명으로 옳은 것은?
① 저속으로 주행할 때 하이드로 플래닝이 쉽게 발생한다.
② 트레드가 과하게 마모된 타이어에서는 하이드로 플래닝이 쉽게 발생한다.
③ 하이드로 플래닝이 발생할 때 조향은 불안정 하지만 효율적인 제동은 가능하다.
④ 타이어의 공기압이 감소할 때 접촉영역이 증가하여 하이드로 플래닝이 방지된다.

46. 자동차 정속주행(크루즈 컨트롤)장치에 적용되어 있는 스위치와 가장 거리가 먼 것은?
① 세트(set) 스위치
② 리드(reed) 스위치
③ 해제(cancel) 스위치
④ 리줌(resume) 스위치

47. 정지상태의 자동차가 출발하여 100m에 도달했을 때의 속도가 60km/h이다. 이 자동차의 가속도는 약 m/s² 인가?
① 1.4   ② 5.6
③ 6.0   ④ 8.7

[풀이] 가속도 = $\dfrac{V_2^2 - V_1^2}{2S}$ = $\dfrac{16.67^2}{2 \times 100}$
= 1.38m/s²

60km/h= 16.67m/s
V_1 : 처음속도, V_2 : 나중속도

48. 자동차의 축간거리가 2.5m, 킹핀의 연장선과 캠버의 연장선이 지면 위에서 만나는 거리가 30cm인 자동차를 좌측으로 회전하였을 때 바깥쪽 바퀴의 조향각도가 30°라면 최소 회전반경은 약 몇 m인가?
① 4.3   ② 5.3
③ 6.2   ④ 7.2

[풀이] $R = \dfrac{L}{\sin\alpha} + r = \dfrac{2.5}{\sin 30} + 0.3 = 5.3m$

R : 최소 회전반경   L : 축거(m)
sinα : 바깥쪽 바퀴 조향각
r : 바퀴접지면 중심과 킹핀 중심과의 거리(m)

49. 자동차 정기검사에서 조향장치의 검사기준 및 방법으로 틀린 것은?
① 조향계통의 변형, 느슨함 및 누유가 없어야 한다.
② 조향바퀴 옆 미끄럼양은 1m 주행에 5mm 이내이어야 한다.
③ 기어박스, 로드암, 파워 실린더, 너클 등의 설치상태 및 누유 여부를 확인한다.
④ 조향핸들을 고정한 채 사이드슬립 측정기의 답판 위로 직진하여 측정한다.

50. 자동차 검사를 위한 기준 및 방법으로 틀린 것은?
① 자동차의 검사항목 중 제원측정은 공차상태에서 시행한다.
② 긴급자동차는 승차인원 없는 공차상태에서만 검사를 시행해야 한다.
③ 제원측정 이외의 검사항목은 공차상태에서 운전자 1인이 승차하여 측정한다.
④ 자동차 검사기준 및 방법에 따라 검사기기·관능 또는 서류확인 등을 시행한다.

51. 듀얼 클러치 변속기(DCT)에 대한 설명으로 틀린 것은?
① 연료소비율이 좋다.
② 가속력이 뛰어나다.
③ 동력 손실이 적은 편이다.
④ 변속단이 없으므로 변속충격이 없다.

52. 차체 자세제어장치(VDC, ESP)에서 선회 주행시 자동차의 비틀림을 검출하는 센서는?
① 차속센서
② 휠 스피드센서
③ 요 레이트 센서
④ 조향핸들 각속도 센서

53. 차체 자세제어장치(VDC, ESC)에 관한 설명으로 틀린 것은?
   ① 요 레이트 센서, G센서 등이 적용되어 있다.
   ② ABS제어, TCS제어 등의 기능이 포함되어 있다.
   ③ 자동차의 주행자세를 제어하여 안전성을 확보한다.
   ④ 뒷바퀴가 원심력에 의해 바깥쪽으로 미끄러질 때 오버 스티어링으로 제어를 한다.

54. 사이드슬립 점검시 왼쪽 바퀴가 안쪽으로 8mm, 오른쪽 바퀴가 바깥쪽으로 4mm 슬립되는 것으로 측정되었다면 전체 미끄럼값 및 방향은?
   ① 안쪽으로 2mm 미끄러진다.
   ② 안쪽으로 4mm 미끄러진다.
   ③ 바깥쪽으로 2mm 미끄러진다.
   ④ 바깥쪽으로 4mm 미끄러진다.

55. 동력전달장치에 사용되는 종감속장치의 기능으로 틀린 것은?
   ① 회전속도를 감소시킨다.
   ② 축방향 길이를 변화시킨다.
   ③ 동력전달 방향을 변환시킨다.
   ④ 구동 토크를 증가시켜 전달한다.

56. 디스크 브레이크의 특징에 대한 설명으로 틀린 것은?
   ① 마찰면적이 적어 패드의 압착력이 커야 한다.
   ② 반복적으로 사용하여도 제동력의 변화가 적다.
   ③ 디스크가 대기 중에 노출되어 냉각 성능이 좋다.
   ④ 자기 작동 작용으로 인해 페달 조작력이 작아도 제동효과가 좋다.

57. 토크컨버터의 클러치 점(clutch point)에 대한 설명과 관계없는 것은?
   ① 토크 증대가 최대인 상태이다.
   ② 오일이 스테이터 후면에 부딪친다.
   ③ 일방향 클러치가 회전하기 시작한다.
   ④ 클러치 점 이상에서 토크컨버터는 유체 클러치로 작동한다.

58. 자동차 ABS에서 제어모듈(ECU)의 신호를 받아 밸브와 모터가 작동되면서 유압의 증가, 감소, 유지 등을 제어하는 것은?
   ① 마스터실린더
   ② 딜리버리밸브
   ③ 프로포셔닝 밸브
   ④ 하이드롤릭 유닛

59. 전자제어 현가장치에서 자동차가 선회할 때 원심력에 의한 차체의 흔들림을 최소로 제어하는 기능은?
   ① 안티 롤 제어
   ② 안티 다이브 제어
   ③ 안티 스쿼트 제어
   ④ 안티 드라이브 제어

60. ABS시스템의 구성품이 아닌 것은?
   ① 차고센서
   ② 휠 스피드 센서
   ③ 하이드롤릭 유닛
   ④ ABS 컨트롤 유닛

자동차 전기

61. 자동 공조장치에 대한 설명으로 틀린 것은?
① 파워 트랜지스터의 베이스 전류를 가변하여 송풍량을 제어한다.
② 온도 설정에 따라 믹스 액추에이터 도어의 개방 정도를 조절한다.
③ 실내 및 외기온도 센서 신호에 따라 에어컨시스템의 제어를 최적화한다.
④ 핀서모 센서는 에어컨 라인의 빙결을 막기 위해 콘덴서에 장착되어 있다.

62. 5A의 일정한 전류로 방전되어 20시간이 지났을 때 방전 종지전압에 이르는 배터리의 용량은?
① 60AH ② 80AH
③ 100AH ④ 120AH

풀이 배터리 용량(AH) = 방전전류(A)×방전시간(H)
= 5 × 20 =100AH

63. 기동전동기의 피니언기어 잇수가 9, 플라이휠의 링기어 잇수가 113, 배기량 1500cc인 엔진의 회전저항이 8kgf·m일 때 기동전동기의 최소 회전토크는 약 몇 kgf·m인가?
① 0.38 ② 0.48
③ 0.55 ④ 0.64

풀이 $Tm = \dfrac{Pt \times Te}{Rt} = \dfrac{9 \times 8}{113} = 0.64 kgf \cdot m$
Tm : 기동전동기의 필요한 최소 회전력
Pt : 피니언 잇수
Te : 엔진 회전 저항
Rt : 링기어 잇수

64. 자동차용 납산 배터리의 구성요소로 틀린 것은?

① 양극판 ② 격리판
③ 코어 플러그 ④ 벤트 플러그

65. 그림과 같이 캔(CAN) 통신회로가 접지 단락되었을 때 고장진단 커넥터에서 6번과 14번 단자의 저항을 측정하면 몇 Ω인가?

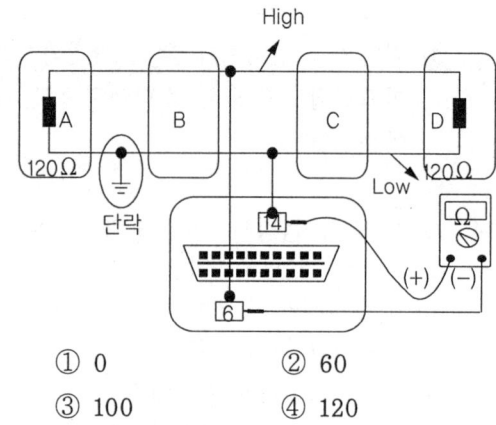

① 0 ② 60
③ 100 ④ 120

66. 에어컨 자동 온도조절장치(FATC)에서 제어 모듈의 출력요소로 틀린 것은?
① 블로어 모터
② 에어컨 릴레이
③ 엔진 회전수 보상
④ 믹스 도어 액추에이터

67. BMS(Battery Management System)에서 제어하는 항목과 제어내용에 대한 설명으로 틀린 것은?
① 고장진단 : 배터리시스템 고장진단
② 컨트롤 릴레이 제어 : 배터리 과열 시 컨트롤 릴레이 차단
③ 셀 밸런싱 : 전압 편차가 생긴 셀을 동일한 전압으로 매칭
④ SoC(state of charge)관리 : 배터리의 전압, 전류, 온도를 측정하여 적정 SoC 영역관리

68. 12V 5W의 번호판 등이 사용되는 승용차량에 24V 3W가 잘못 장착되었을 때, 전류값과 밝기의 변화는 어떻게 되는가?
① 0.125A, 밝아진다.
② 0.125A, 어두워진다.
③ 0.0625A, 밝아진다.
④ 0.0625A, 어두워진다.

풀이 $R = \dfrac{E^2}{P} = \dfrac{24^2}{3} = 192 \, \Omega$

$I = \dfrac{E}{R} = \dfrac{12}{192} = 0.0625A$. 어두워진다.

69. 자동차 정기검사에서 전기장치의 검사기준 및 방법에 해당되지 않는 것은?
① 축전지의 설치상태를 확인한다.
② 전기배선의 손상여부를 확인한다.
③ 전기선의 허용 전류량을 측정한다.
④ 축전지의 접속·절연상태를 확인한다.

70. 납산배터리 양(+)극판에 대한 설명으로 틀린 것은?
① 음극판보다 1장 더 많다.
② 방전 시 황산납으로 변환된다.
③ 충전 후 갈색의 과산화납으로 변환된다.
④ 충전 시 전자를 방출하면서 이산화납으로 변환된다.

71. LAN(Local Area Network) 통신장치의 특징이 아닌 것은?
① 전장부품의 설치장소 확보가 용이하다.
② 설계변경에 대하여 변경하기 어렵다.
③ 배선의 경량화가 가능하다.
④ 장치의 신뢰성 및 정비성을 향상시킬 수 있다.

72. 점화플러그의 열가(heat range)를 좌우하는 요인으로 거리가 먼 것은?
① 엔진 냉각수의 온도
② 연소실의 형상과 체적
③ 절연체 및 전극의 열전도율
④ 화염이 접촉되는 부분의 표면적

73. 에어백시스템에서 화약 점화제, 가스 발생제, 필터 등을 알루미늄 용기에 넣은 것으로, 에어백 모듈 하우징 안쪽에 조립되어 있는 것은?
① 인플레이터
② 에어백 모듈
③ 디퓨저 스크린
④ 클럭 스프링 하우징

74. 방향지시등의 점멸속도가 빠르다. 그 원인에 대한 설명으로 틀린 것은?
① 플래셔 유닛이 불량이다.
② 비상등 스위치가 단선되었다.
③ 전방 우측 방향지시등이 단선되었다.
④ 후방 우측 방향지시등이 단선되었다.

75. 점화장치 고장시 발생될 수 있는 현상으로 틀린 것은?
① 노킹현상이 발생할 수 있다.
② 공회전 속도가 상승할 수 있다.
③ 배기가스가 과다 발생할 수 있다.
④ 출력 및 연비에 영향을 미칠 수 있다.

76. 리튬-이온 축전지의 일반적인 특징에 대한 설명으로 틀린 것은?
   ① 셀당 전압이 낮다.
   ② 높은 출력밀도를 가진다.
   ③ 과충전 및 과방전에 민감하다.
   ④ 열관리 및 전압관리가 필요하다.

77. 자동차 정기검사에서 4등식 전조등의 광도 검사기준으로 맞는 것은?
   ① 11500칸델라 이상
   ② 12000칸델라 이상
   ③ 15000칸델라 이상
   ④ 112500칸델라 이상

78. 점화장치에서 드웰시간에 대한 설명으로 옳은 것은?
   ① 점화 1차 코일에 전류가 흐르는 시간
   ② 점화 2차 코일에 전류가 흐르는 시간
   ③ 점화 1차 코일에 아크가 방전되는 시간
   ④ 점화 2차 코일에 아크가 방전되는 시간

79. 다음에 설명하고 있는 법칙은?

   회로에 유입되는 전류의 총합과 회로를 빠져나가는 전류의 총합이 같다.

   ① 옴의 법칙
   ② 줄의 법칙
   ③ 키르히호프의 제1법칙
   ④ 키르히호프의 제2법칙

80. 기동전동기의 오버러닝 클러치에 대한 설명으로 옳은 것은?
   ① 작동원리는 플레밍의 왼손법칙을 따른다.
   ② 실리콘 다이오드에 의해 정류된 전류로 구동된다.
   ③ 변속기로 전달되는 동력을 차단하는 역할도 한다.
   ④ 시동직후, 엔진 회전에 의한 기동전동기의 파손을 방지한다.

Answer

1. ① 2. ① 3. ① 4. ② 5. ① 6. ③ 7. ① 8. ② 9. ② 10. ③ 11. ④ 12. ③ 13. ②
14. ③ 15. ④ 16. ④ 17. ④ 18. ② 19. ③ 20. ① 21. ④ 22. ② 23. ③ 24. ③ 25. ③
26. ① 27. ② 28. ③ 29. ② 30. ④ 31. ④ 32. ② 33. ② 34. ④ 35. ② 36. ①
37. ④ 38. ③ 39. ① 40. ② 41. ② 42. ④ 43. ④ 44. ① 45. ② 46. ② 47. ①
48. ② 49. ④ 50. ② 51. ④ 52. ③ 53. ④ 54. ① 55. ④ 56. ④ 57. ① 58. ④
59. ① 60. ① 61. ④ 62. ③ 63. ④ 64. ① 65. ② 66. ③ 67. ② 68. ④ 69. ③
70. ① 71. ② 72. ① 73. ① 74. ② 75. ② 76. ① 77. ② 78. ① 79. ③ 80. ④

2019. 08. 04 자동차 정비 산업기사

일반기계공학

01. 다음 중 금긋기에 적당하고 0점 조정이 불가능한 하이트 게이지는?
① HM형 하이트 게이지
② HB형 하이트 게이지
③ HT형 하이트 게이지
④ 다이얼 하이트 게이지

02. 허용 굽힘응력 60N/mm²인 단순지지보가 1×10⁶N·mm의 최대 굽힘모멘트를 받을 때 필요한 단면계수의 최소값은 몇 mm³인가?
① 1667   ② 16667
③ 17660   ④ 26667

풀이 $Z = \dfrac{M}{\sigma} = \dfrac{1000000}{60} = 16667$

Z : 단면계수, M : 굽힘모멘
σ : 굽힘응력

03. 열응력에 대한 설명으로 옳지 않은 것은?
① 재료의 온도차에 비례한다.
② 재료의 단면적에 비례한다.
③ 재료의 세로탄성계수에 비례한다.
④ 재료의 선팽창계수에 비례한다.

04. 축과 보스에 모두 키 홈을 판 것으로 고정된 상태로 사용되는 키(key)는?
① 코터   ② 원뿔 키
③ 묻힘 키   ④ 안장 키

05. 일정한 방향의 회전으로 발생한 원심력에 의해 자동으로 작동되는 브레이크는?
① 캠 브레이크
② 블록 브레이크
③ 내확 브레이크
④ 원판 브레이크

06. 기어전동에서 원동 축과 종동축이 서로 평행하지 않은 경우에 사용되는 기어는?
① 스퍼 기어
② 내접기어
③ 헬리컬 기어
④ 하이포이드 기어

07. 탄소강을 담금질 했을 때 나타나는 다음 조직 중 경도가 가장 낮은 것은?
① 오스테나이트   ② 트루스타이트
③ 마텐자이트   ④ 소르바이트

08. 축열실과 반사로를 사용하여 장입물을 용해 정련하는 방법으로 우수한 강을 얻을 수 있고 다량생산에 적합한 용해로는?
① 전로   ② 평로
③ 전기로   ④ 도가니로

09. 판금가공(sheet metal working)의 종류에 해당되지 않는 것은?
① 접합 가공   ② 단조 가공
③ 성형 가공   ④ 전단 가공

10. 외부로부터 윤활유 또는 윤활제의 공급 없이 특수한 조건에서도 사용 가능한 베어링은?
    ① 블루메탈 베어링
    ② 화이트메탈 베어링
    ③ 오일리스 베어링
    ④ 주석베어링메탈 베어링

11. 2개의 입구와 1개의 공통 출구를 가지고, 출구는 입구 압력의 작용에 의하여 입구의 한쪽 방향에 자동적으로 접속되는 밸브는?
    ① 리밋밸브 ② 셔틀밸브
    ③ 2압 밸브 ④ 금속 배기밸브

12. 공작물을 단면적 100cm²인 유압실린더로 1분에 2m의 속도로 이송시키기 위해 필요한 유량은 몇 L/min인가?
    ① 10   ② 20
    ③ 30   ④ 40

    풀이 $Q = AV = \dfrac{100\text{cm}^2 \times 200\text{cm/min}}{1000}$
    $= 20\text{L/min}$
    Q : 유량, A : 단면적, V : 흐름속도(유속)

13. 보의 지지방법에 따른 분류 중 부정정보의 종류인 것은?
    ① 단순지지보 ② 외팔보
    ③ 내다지보   ④ 양단고정보

    풀이 보는 지지방법에 따라 분류한다. 보를 크게 두 가지, 정정보와 부정정보로 분류한다. 정정보는 평형방정식만으로 미지의 반력을 구할 수 있는 것이고 반대로는 부정정보가 있다. 정정보에는 단순보, 외팔보, 돌출보(내다지보), 게르버보가 있다. 반대로 부정정보에는 고정지지보, 양단고정보, 연속보가 있다.

14. 피복 아크용접봉의 구비조건이 아닌 것은?
    ① 슬래그 제거가 쉬울 것
    ② 용착금속의 성질이 우수할 것
    ③ 용접시 유해가스가 발생하지 않을 것
    ④ 심선보다 피복제가 약간 빨리 녹을 것

    풀이 용융점이 낮은 슬래그를 만든다. 그러므로 용접봉 심선이 피복제보다 빨리 녹아서 아크 기둥을 대기 중의 산소 및 질소의 영향에서 보호하며 아크를 용접부에 집중시킨다.

15. FRP라고도 하며 우수한 경량성 재료로 폴리에스테르와 에폭시 수지가 기지재료인 복합재료는?
    ① 섬유강화 금속
    ② 섬유강화 콘크리트
    ③ 섬유강화 세라믹
    ④ 섬유강화 플라스틱

16. 유압회로에서 액추에이터를 작동시키지 않는 시간에는 펌프에서 송출되어 온 작동유체를 저압으로 탱크에 복귀시키는 회로는?
    ① 감압 회로   ② 동기회로
    ③ 무부하 회로 ④ 미터 인 회로

17. 다음 중 삼각나사에 대한 일반적인 설설으로 옳은 것은?
    ① 동력전달용으로 적합하다.
    ② 나사효율이 좋다.
    ③ 마찰계수가 크다.
    ④ 자립(self lock)작용이 없다.

18. 작은 입자의 숫돌로 작은 압력으로 일감을 누르면서 가공물에 이송을 주고, 동시에 숫돌에 진동을 주어 단시간에 원통의 내면이나 외면 및 평면을 다듬질 가공하는 것은?
    ① 슈퍼 퍼니싱 ② 브로칭
    ③ 호닝   ④ 래핑

19. 프와송 비(Poisson's ratio)에 대한 설명으로 옳은 것은?
① 종 변형률과 횡 변형률의 곱이다.
② 수직응력과 종탄성계수를 곱한 값이다.
③ 횡 변형률을 종 변형률로 나눈 값이다.
④ 전단응력과 횡 탄성계수의 곱이다.

20. 다음 중 내식용 알루미늄 합금에 속하지 않는 것은?
① Al-Mn계의 알민
② Al-Mg-Si계의 알드리
③ Al-Mg계의 하이드로날륨
④ Al-Cu-Ni-Mg계의 Y합금

풀이 내식용 AL합금
① 하이드로날륨(Al-Mg계) : 해수, 알칼리성에 대한 내식성이 강하며, 용접성 양호.
② 알민(Al-Mn 1~1.5%) : 내식성 우수, 용접성 우수 ex) 저장탱크, 기름 탱크 등
③ 알드리(Al-Mg-Si계) : 강도와 인성이 있고 큰 가공변형에도 잘 견딤. ex)송전선
④ 알클래드 : 강력 AL 합금 표면에 순수 AL 또는 내식 AL합금을 피복 한 것. 내식성과 강도 증가의 목적.

자동차 엔진

21. 라디에이터 캡 시험기로 점검할 수 없는 것은?
① 라디에이터 캡의 불량
② 라디에이터 코어 막힘 정도
③ 라디에이터 코어 손상으로 인한 누수
④ 냉각수 호스 및 파이프와 연결부에서의 누수

22. 다음은 운행차 정기검사에서 배기소음 측정을 위한 검사방법에 대한 설명이다. ( )안에 알맞은 것은?

자동차의 변속장치를 중립 위치로 하고 정지가동 상태에서 원동기의 최고출력 시의 75% 회전속도로 ( )초 동안 운전하여 최대 소음도를 측정한다.

① 3   ② 4
③ 6   ④ 8

23. 전자제어 엔진에서 수온센서 단선으로 컴퓨터(ECU)에 정상적인 냉각수온 값이 입력되지 않으면 어떻게 연료분사 되는가?
① 연료 분사를 중단
② 흡기온도를 기준으로 분사
③ 엔진 오일온도를 기준으로 분사
④ ECU에 의한 페일 세이프 값을 근거로 분사

24. 엔진의 냉각장치에 사용되는 서모스탯에 대한 설명으로 거리가 먼 것은?
① 과열을 방지한다.
② 엔진의 온도를 일정하게 유지한다.
③ 과냉을 통해 차내 난방효과를 낮춘다.
④ 냉각수 통로를 개폐하여 온도를 조절한다.

25. 디젤엔진에서 냉간 시 시동성 향상을 위해 예열장치를 두어 흡기를 예열하는 방식 중 가열 플랜지 방법을 주로 사용하는 연소실 형식은?
① 직접분사식   ② 와류실식
③ 예연소실식   ④ 공기실식

26. 배기가스 후처리장치(DPF)의 필터에 포집된 PM을 연소시키기 위한 연료분사 방법으로 옳은 것은 ?
    ① 주 분사　　② 점화분사
    ③ 사후분사　　④ 파일럿분사

27. 가솔린엔진의 연료 구비조건으로 틀린 것은 ?
    ① 발열량이 클 것
    ② 옥탄가가 높을 것
    ③ 연소속도가 빠를 것
    ④ 온도와 유동성이 비례할 것

28. 실린더헤드의 변형점검 시 사용되는 측정도구는 ?
    ① 보어 게이지
    ② 마이크로미터
    ③ 간극 게이지
    ④ 텔리스코핑 게이지

29. 전자제어 연료분사장치에서 차량의 가·감속판단에 사용되는 센서는 ?
    ① 스로틀포지션센서
    ② 수온센서
    ③ 노크센서
    ④ 산소센서

30. 가솔린엔진에서 인젝터의 연료 분사량 제어와 직접적으로 관계있는 것은 ?
    ① 인젝터의 니들밸브 지름
    ② 인젝터의 니들밸브 유효 행정
    ③ 인젝터의 솔레노이드 코일 통전시간
    ④ 인젝터의 솔레노이드 코일 차단 전류 크기

31. 단행정 엔진의 특징에 대한 설명으로 틀린 것은 ?
    ① 직렬형 엔진인 경우 엔진의 길이가 짧아진다.
    ② 직렬형 엔진인 경우 엔진의 높이를 낮게 할 수 있다.
    ③ 피스톤의 평균속도를 올리지 않고 회전속도를 높일 수 있다.
    ④ 흡·배기밸브의 지름을 크게 할 수 있어 흡입효율을 높일 수 있다.

32. 압축상사점에서 연소실체적(Vc)은 0.1L이고 압력(Pc)은 30bar이다. 체적이 1.1L로 증가하면 압력은 약 몇 bar가 되는가 ?(단, 동작유체는 이상기체이며 등온과정이다.)
    ① 2.73　　② 3.3
    ③ 27.3　　④ 33

    풀이 이상기체 등온변화이다. 이때 압력과 체적은 반비례 관계가 있다.
    $$\frac{P_2}{P_1} = \frac{V_1}{V_2}, \quad \frac{P_2}{30} = \frac{0.1}{1.1}$$
    $$P_2 = \frac{0.1}{1.1} \times 30 = 2.73$$

33. 운행차 정기검사에서 자동차 배기소음 허용기준 으로 옳은 것은 ?(단, 2006년 1월 1일 이후 제작되어 운행하고 있는 소형 승용자동차이다.)
    ① 95dB 이하　　② 100dB 이하
    ③ 110dB 이하　　④ 112dB 이하

34. 엔진이 과열되는 원이 아닌 것은 ?
    ① 워터펌프 작동 불량
    ② 라디에이터의 코어 손상
    ③ 워터재킷 내 스케일 과다
    ④ 수온조절기가 열린 상태로 고장

35. 가솔린 300cc를 연소시키기 위해 필요한 공기는 약 몇 kg인가 ?(단, 혼합비는 15 : 1이고 가솔린의 비중은 0.75이다.)
① 1.19　　② 2.42
③ 3.38　　④ 4.92

풀이 Ag= Gv×P×AFr= 0.3×0.75×15= 3.38kg

Ag : 필요한 공기량, Gv : 가솔린의 체적
P : 가솔린 비중, AFr : 혼합비

36. 실린더의 라이너에 대한 설명으로 틀린 것은 ?
① 도금하기가 쉽다.
② 건식과 습식이 있다.
③ 라이너가 마모되면 보링작업을 해야 한다.
④ 특수주철을 사용하여 원심 주조할 수 있다.

37. 오토사이클의 압축비가 8.5일 경우 이론 열효율 은 약 몇 %인가 ?(단, 공기의 비열비는 1.4이다.)
① 49.6　　② 52.4
③ 54.6　　④ 57.5

풀이 $\eta o = 1-(\frac{1}{\epsilon})^{k-1} = 1-(\frac{1}{8.5})^{1.4-1}$ = 57.5

ηo : 열효율, ε : 압축비
k : 공기의 비열비

38. DOHC엔진의 특징이 아닌 것은 ?
① 구조가 간단하다.
② 연소효율이 좋다.
③ 최고회전속도를 높일 수 있다.
④ 흡입효율의 향상으로 응답성이 좋다.

39. GDI엔진에 대한 설명으로 틀린 것은 ?
① 흡입과정에서 공기의 온도를 높인다.
② 엔진 운전조건에 따라 레일압력이 변동된다.
③ 고부하 운전영역에서 흡입공기 밀도가 높아진다.
④ 분사시간은 흡입공기량의 정보에 의해 보정된다.

40. 전자제어 엔진에서 연료분사 피드백에 사용되는 센서는 ?
① 수온센서
② 스로틀포지션센서
③ 산소센서
④ 에어플로어센서

자동차 섀시

41. 클러치의 차단 불량 원인으로 틀린 것은?
① 클러치 페달 자유간극 과소
② 클러치 유압계통에 공기 유입
③ 릴리스 포크의 소손 또는 파손
④ 릴리스 베어링의 소손 또는 파손

42. 전륜 6속 자동변속기 전자제어장치에서 변속기 컨트롤 모듈(TCM)의 입력신호로 틀린 것은 ?
① 공기량 센서
② 오일 온도센서
③ 입력축 속도센서
④ 인히비터 스위치 신호

43. 조향핸들을 2바퀴 돌렸을 때 피트먼 암이 90°움직였다면 조향 기어비는?
① 1 : 6 ② 1 : 7
③ 8 : 1 ④ 9 : 1

풀이 조향기어비= $\dfrac{\text{조향핸들이 움직인 각}}{\text{피트먼암이 움직인 각}}$

$= \dfrac{360 \times 2}{90} = 8$

44. 자동변속기에서 유성기어 장치의 3요소가 아닌 것은?
① 선 기어 ② 캐리어
③ 링 기어 ④ 베벨 기어

45. 자동차 앞바퀴 정렬 중 "캐스터"에 관한 설명으로 옳은 것은?
① 자동차의 전륜을 위에서 보았을 때 바퀴의 앞부분이 뒷부분보다 좁은 상태를 말한다.
② 자동차의 전륜을 앞에서 보았을 때 바퀴중심 선의 윗부분이 약간 벌어져 있는 상태를 말 한다.
③ 자동차의 전륜을 옆에서 보면 킹핀의 중심선 이 수직선에 대하여 어느 한쪽으로 기울어져 있는 상태를 말 한다.
④ 자동차의 전륜을 앞에서 보면 킹핀의 중심선 이 수직선에 대하여 약간 안쪽으로 설치된 상태를 말한다.

46. 록업(lock-up) 클러치가 작동할 때 동력전달순서로 옳은 것은?
① 엔진 → 드라이브 플레이트 → 컨버터 케이스 → 펌프 임펠러 → 록 업 클러치 → 터빈 러너 허브 → 입력 샤프트
② 엔진 → 드라이브 플레이트 → 터빈 러너 → 터빈 러너 허브 → 록 업 클러치 → 입력 샤프트
③ 엔진 → 드라이브 플레이트 → 컨버터 케이스 → 록 업 클러치 → 터빈 러너 허브 → 입력 샤프트
④ 엔진 → 드라이브 플레이트 → 터빈 러너 → 펌프 임펠러 → 일방향 클러치 → 입력 샤프트

47. 총 중량 1톤인 자동차가 72km/h로 주행 중 급제동하였을 때 운동에너지가 모두 브레이크 드럼에 흡수되어 열이 되었다. 흡수된 열량(kcal)은 얼마인가?(단, 노면의 마찰계수는 1이다.)
① 47.79 ② 52.30
③ 54.68 ④ 60.25

풀이 ▶ $E = \dfrac{GV^2}{2g} = \dfrac{1000 \times 20^2}{2 \times 9.8} = 20408 \text{kgf} \cdot \text{m}$

E : 운동에너지, G : 차량총중량
V : 주행속도(m/s), g : 중력가속도

▶ 1kgf · m=1/427kcal이므로
$\dfrac{20408}{427} = 47.79 \text{kcal}$

48. 수동변속기의 클러치에서 디스크의 마모가 너무 빠르게 발생하는 경우로 틀린 것은?
① 지나친 반 클러치의 사용
② 디스크 페이싱의 재질 불량
③ 다이어프램 스프링의 장력이 과도할 때
④ 디스크 교환 시 페이싱 단면적이 규정보다 작은 제품을 사용하였을 경우

49. 유압식과 비교한 전동식 동력조향장치(MDPS) 의 장점으로 틀린 것은 ?
 ① 부품수가 적다.
 ② 연비가 향상된다.
 ③ 구조가 단순하다.
 ④ 조향 휠 조작력이 증가한다.

50. 전자제어 제동장치(ABS)의 유압제어 모드에서 주행 중 급제동 시 고착된 바퀴의 유압제어는 ?
 ① 감압제어   ② 정압제어
 ③ 분압제어   ④ 증압제어

51. 전자제어 제동장치(ABS)에서 하이드로릭 유닛의 내부 구성부품으로 틀린 것은 ?
 ① 어큐뮬레이터
 ② 인렛 미터링 밸브
 ③ 상시열림 솔레노이드밸브
 ④ 상시닫힘 솔레노이드밸브

52. 브레이크페달을 강하게 밟을 때 후륜이 먼저 록(lock) 되지 않도록 하기 위하여 유압이 일정 압력으로 상승하면 그 이상 후륜 측에 유압이 가해 지지 않도록 제한하는 장치는 ?
 ① 프로포셔닝 밸브
 ② 압력 체크 밸브
 ③ 이너셔 밸브
 ④ EGR 밸브

53. 동기물림식 수동변속기의 주요 구성품이 아닌 것은 ?
 ① 도그 클러치   ② 클러치 허브
 ③ 클러치 슬리브 ④ 싱크로나이저링

54. TCS(Traction Control System)의 제어 장치에 관련이 없는 센서는 ?
 ① 냉각수온 센서
 ② 아이들 신호
 ③ 후 차륜 속도센서
 ④ 가속페달 포지션센서

55. 브레이크슈의 길이와 폭이 85mm×35mm, 브레이크슈를 미는 힘이 50kgf일 때 브레이크 압력은 약 몇 kgf/cm²인가 ?
 ① 1.68   ② 4.57
 ③ 16.8   ④ 45.7

 풀이 브레이크 압력 = $\dfrac{\text{브레이크슈를 미는 힘}}{\text{브레이크슈 단면적}}$

 = $\dfrac{50}{8.5 \times 3.5}$ = 1.68kgf/cm²

56. 전자제어 현가장치(ECS)에 대한 입력 신호에 해 당되지 않는 것은 ?
 ① 도어 스위치
 ② 조향 휠 각도
 ③ 차속 센서
 ④ 파워 윈도우 스위치

57. 금속분말을 소결시킨 브레이크 라이닝으로 열전도성이 크며 몇 개의 조각으로 나누어 슈에 설치된 것은 ?
 ① 몰드 라이닝
 ② 위븐 라이닝
 ③ 메탈릭 라이닝
 ④ 세미 메탈릭 라이닝

58. 자동차의 바퀴가 동적 불균형 상태일 경우 발생 할 수 있는 현상은 ?
 ① 시미   ② 요잉
 ③ 트램핑   ④ 스탠딩 웨이브

59. 유체 클러치의 스톨 포인트에 대한 설명으로 틀린 것은?
① 속도비가 "0"일 때를 의미한다.
② 스톨포인트에서 효율이 최대가 된다.
③ 스톨포인트에서 토크비가 최대가 된다.
④ 펌프는 회전하나 터빈이 회전하지 않는 상태이다.

60. 브레이크 내의 잔압을 두는 이유로 틀림 것은?
① 제동의 늦음을 방지하기 위해
② 베이퍼 록 현상을 방지하기 위해
③ 브레이크오일의 오염을 방지하기 위해
④ 휠 실린더 내의 오일 누설을 방지하기 위해

자동차 전기

61. 주행 중인 하이브리드 자동차에서 제동 시에 발생된 에너지를 회수(충전)하는 모드는?
① 가속 모드 ② 발진 모드
③ 시동 모드 ④ 회생제동 모드

62. 다이오드 종류 중 역방향으로 일정 이상의 전압을 가하면 전류가 급격히 흐르는 특성을 가지고 회로보호 및 전압 조정용으로 사용되는 다이오드는?
① 스위치 다이오드
② 정류 다이오드
③ 제너 다이오드
④ 트리오 다이오드

63. 두 개의 영구자석 사이에 도체를 직각으로 설치하고 도체에 전류를 흘리면 도체의 한 면에는 전자가 과잉되고 다른 면에는 전자가 부족해 도체 양면을 가로 질러 전압이 발생되는 현상을 무엇이라고 하는가?
① 홀 효과 ② 렌츠의 현상
③ 칼만 볼텍스 ④ 자기유도

64. 할로겐전구를 백열전구와 비교했을 때 작동 특성이 아닌 것은?
① 필라멘트 코일과 전구의 온도가 아주 높다.
② 전구 내부에 봉입된 가스압력이 약 40bar까지 높다.
③ 유리구 내의 가스로는 불소, 염소, 브롬 등을 봉입한다.
④ 필라멘트의 가열 온도가 높기 때문에 광효율이 낮다.

65. 그림과 같은 회로에서 스위치가 OFF되너 있는 상태로 커넥터가 단선되었다. 테스트램프를 사용하여 점검하였을 경우 테스트램프 점등상태로 옳은 것은?

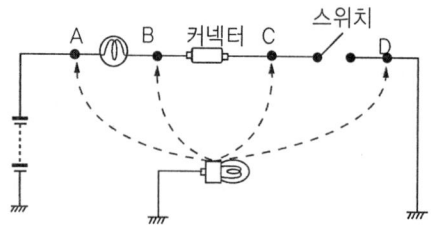

① A : OFF, B : OFF, C : OFF, D : OFF
② A : ON, B : OFF, C : OFF, D : OFF
③ A : ON, B : ON, C : OFF, D : OFF
④ A : ON, B : ON, C : ON, D : OFF

66. 20시간율 45Ah, 12V의 완전충전된 배터리를 20시간율의 전류로 방전시키기 위해 몇 와트(W)가 필요한 가 ?
① 21W ② 25W
③ 27W ④ 30W

풀이 ▶ $\dfrac{배터리용량}{방전시간율} = \dfrac{45}{20} = 2.25$

▶ P = IE = 2.25×12 = 27W

67. 자동차의 오토라이트 장치에 사용되는 광전도 셀에 대한 설명 중 틀린 것은 ?
① 빛이 약할 경우 저항값이 증가한다.
② 빛이 강할 경우 저항값이 감소한다.
③ 황화카드뮴을 주성분으로 한 소자이다.
④ 광전소자의 저항값은 빛의 조사량에 비례한다.

68. 에어컨 구성부품 중 응축기에서 들어온 냉매를 저장하여 액체상태의 냉매를 팽창밸브로 보내는 역 할을 하는 것은 ?
① 온도조절기
② 증발기
③ 리시버 드라이어
④ 압축기

69. 자동차 에어컨시스템에서 고온·고압의 기체 냉매를 냉각 및 액화시키는 역할을 하는 것은 ?
① 압축기 ② 응축기
③ 팽창밸브 ④ 증발기

70. 전압 24V, 출력전류 60A인 자동차용 발전기의 출력은 ?
① 0.36kW ② 0.72kW
③ 1.44kW ④ 1.88kW

풀이 P = IE = 60×24 = 1440W = 1.4kW

71. 점화플러그의 착화성을 향상 시키는 방법으로 틀린 것은 ?
① 점화플러그의 소염작용을 크게 한다.
② 점화플러그의 간극을 넓게 한다.
③ 중심 전극을 가늘게 한다.
④ 접지 전극에 U자의 홈을 설치한다.

72. 다음 중 유압계의 형식으로 틀린 것은?
① 서모스탯 바이메탈식
② 밸런싱 코일 타입
③ 바이메탈식
④ 부든 튜브식

73. 에어컨 냉매(R-134a)의 구비조건으로 옳은 것은 ?
① 비등점이 적당히 높을 것
② 냉매의 증발 잠열이 작을 것
③ 응축 압력이 적당히 높을 것
④ 임계 온도가 충분히 높을 것

74. 하이브리드 고전압장치 중 프리차저 릴레이 & 프리차저 저항의 기능이 아닌 것은 ?
① 메인릴레이 보호
② 타 고전압 부품 보호
③ 메인퓨즈, 버스바, 와이어 하네스 보호
④ 배터리 관리시스템 입력 노이즈저감

75. 기본 점화시기에 영향을 미치는 요소는?
① 산소센서
② 모터포지션센서
③ 공기유량센서
④ 오일온도센서

76. 에어백시스템에서 모듈 탈거 시 각종 에어백 점화회로가 외부전원과 단락되어 에어백이 전개될 수 있다. 이러한 사고를 방지하는 안전장치는?
① 단락 바 ② 프리 텐셔너
③ 클럭 스프링 ④ 인플레이터

77. 전자제어식 가솔린엔진의 점화시기 제어에 대한 설명으로 옳은 것은?
① 점화시기와 노킹 발생은 무관하다.
② 연소에 의한 최대 연소압력 발생점은 하사점과 일치하도록 제어한다.
③ 연소에 의한 최대 연소압력 발생점이 상사점 직후에 있도록 제어한다.
④ 연소에 의한 최대 연소압력 발생점이 상사점 직전에 있도록 제어한다.

78. 전조등 장치에 관한 설명으로 옳은 것은?
① 전조등회로는 좌우로 직렬 연결되어 있다.
② 실드 빔 전조등은 렌즈를 교환할 수 있는 구조로 되어 있다.
③ 실드 빔 전조등 형식은 내부에 불활성 가스가 봉입되어 있다.
④ 전조등을 측정할 때 전조등과 시험기의 거리는 반드시 10m를 유지해야 한다.

79. 자동차 기동전동기 종류에서 전기자코일과 계자코일의 접속방법으로 틀린 것은?
① 직권전동기 ② 복권전동기
③ 분권전동기 ④ 파권전동기

80. 자동차 축전지의 기능으로 옳지 않은 것은?
① 시동장치의 전기적 부하를 담당한다.
② 발전기가 고장일 때 주행을 확보하기 위한 전원으로 작동한다.
③ 주행상태에 따른 발전기의 출력과 부하와의 불균형을 조정한다.
④ 전류의 화학작용을 이용한 장치이며, 양극판, 음극판 및 전해액이 가지는 화학적 에너지를 기계적 에너지로 변환하는 기구이다.

Answer

1. ① 2. ② 3. ② 4. ③ 5. ① 6. ④ 7. ① 8. ② 9. ② 10. ③ 11. ② 12. ② 13. ④
14. ④ 15. ④ 16. ③ 17. ③ 18. ① 19. ③ 20. ④ 21. ② 22. ② 23. ④ 24. ③ 25. ①
26. ③ 27. ④ 28. ③ 29. ① 30. ③ 31. ① 32. ① 33. ③ 34. ④ 35. ③ 36. ③
37. ④ 38. ③ 39. ① 40. ③ 41. ① 42. ① 43. ③ 44. ③ 45. ③ 46. ③ 47. ①
48. ③ 49. ④ 50. ① 51. ② 52. ① 53. ① 54. ① 55. ③ 56. ④ 57. ③ 58. ①
59. ② 60. ③ 61. ④ 62. ① 63. ① 64. ② 65. ① 66. ③ 67. ④ 68. ③ 69. ②
70. ③ 71. ① 72. ① 73. ④ 74. ④ 75. ③ 76. ① 77. ③ 78. ③ 79. ④ 80. ④

2020. 06. 21 자동차 정비 산업기사

일반기계공학

01. 두랄루민의 주요 성분원소로 옳은 것은?
 ① 알루미늄-구리-니켈-철
 ② 알루미늄-니켈-규소-망간
 ③ 알루미늄-마그네슘-아연-주석
 ④ 알루미늄-구리-마그네슘-망간

02. 압력 제어밸브의 종류가 아닌 것은?
 ① 시퀀스밸브   ② 감압밸브
 ③ 릴리프밸브   ④ 스풀밸브

03. Fe-C 평형상태도에서 공정점의 탄소 함유량은 몇 %인가?
 ① 0.86%   ② 1.7%
 ③ 4.3%   ④ 6.67%

04. 양끝을 고정한 연강봉이 온도 20℃에서 가열되어 40℃가 되었다면 재료 내부에 발생하는 열응력은 몇 N/cm²인가?(단, 세로 탄성계수는 2100000N/cm², 선팽창계수는 0.000012/℃이다.)
 ① 50.4N/cm²   ② 504N/cm²
 ③ 544N/cm²   ④ 5444N/cm²

 풀이 $\sigma = E \times \alpha \times \Delta t = E \times \alpha \times (t_2 - t_1)$
  $= 2100000 \times 0.000012 \times 20 = 504 N/cm^2$
  σ : 열응력   E : 탄성계수
  α : 선팽창계수 Δt : 온도차

05. 무기재료의 특징으로 틀린 것은?
 ① 취성파괴의 특성을 가진다.
 ② 전기 절연체이며 열전도율이 낮다.
 ③ 일반적으로 밀도와 선팽창계수가 크다.
 ④ 강도와 경도가 크고 내열성과 내식성이 높다.

06. 다음 중 지름 10mm인 원형단면에서 가장 큰 값은?
 ① 단면적   ② 극관성 모멘트
 ③ 단면계수   ④ 단면 2차 모멘트

07. 비틀림 모멘트(T)와 굽힘모멘트(M)를 동시에 받는 재료의 상당 비틀린 모멘트(Te)를 나타내는 식은?
 ① $M\sqrt{1+\left(\dfrac{T}{M}\right)^2}$
 ② $T\sqrt{1+\left(\dfrac{T}{M}\right)^2}$
 ③ $\sqrt{M^2+2T^2}$
 ④ $\dfrac{1}{2}\sqrt{M+(M^2+T^2)}$

08. 피복아크 용접봉에서 피복제 역할이 아닌 것은?
 ① 용융 금속을 보호한다.
 ② 아크를 안정되게 한다.
 ③ 아크의 세기를 조절한다.
 ④ 용착금속에 필요한 합금원소를 첨가한다.

09. 작동유의 점도와 관계없이 유량을 조정할 수 있는 밸브는?
① 셔틀밸브 ② 체크밸브
③ 교축밸브 ④ 릴리프밸브

10. 너트의 종류 중 한쪽 끝부분이 관통되지 않아 나사면을 따라 증기나 기름 등의 누출을 방지하기 위해 주로 사용되는 너트는?
① 캡 너트 ② 나비너트
③ 홈붙이너트 ④ 원형너트

11. 축열식 반사로를 사용하여 선철을 용해, 정련하는 제강법은?
① 평로 ② 전기로
③ 전로 ④ 도가니로

12. 미끄럼 베어링과 비교한 구름베어링의 특징이 아닌 것은?
① 기동 토크가 작다.
② 충격 흡수력이 우수하다.
③ 폭은 작으나 지름이 크게 된다.
④ 표준형 양산품으로 호환성이 높다.

13. 다음 중 차동 분할장치를 갖고 있는 밀링머신 부속품은?
① 분할대 ② 회전 테이블
③ 슬로팅장치 ④ 밀링 바이스

14. 내경 600mm의 파이프를 통하여 물이 3m/s의 속도로 흐를 때 유량은 약 몇 m^3/sec인가?
① 0.85 ② 1.7
③ 3.4 ④ 6.8

풀이 $Q = A \times V = \dfrac{\pi \times d^2}{4} \times V = \dfrac{\pi \times (0.6)^2}{4} \times 3$
    $= 0.85$

Q : 유량(m^3/s)
A : 관의 유체통과 단면적(cm^2)
V : 관내 유속(m/s)

15. 속도가 4m/s로 전동하고 있는 벨트의 인장측 장력이 1250N, 이완측 장력이 515N일 때 전달동력(kW)은 약 얼마인가?
① 2.94 ② 28.82
③ 34.61 ④ 69.22

풀이 $H = (T_t - T_s)V = (1250 - 515) \times 4$
    $= 2940W = 2.94kW$

16. 스프링 백 현상과 가장 관련 있는 작업은?
① 용접 ② 절삭
③ 열처리 ④ 프레스

17. 다음 중 변형률(strain)의 종류가 아닌 것은?
① 세로 변형률
② 가로 변형률
③ 전단 변형률
④ 비틀림 변형률

18. 측정치의 통계적 용어에 관한 설명으로 옳은 것은?
① 치우침(bias) - 참값과 모평균과의 차이
② 오차(error) - 측정치와 시료평균과의 차이
③ 편차(deviation) - 측정치와 참값과의 차이
④ 잔차(residual) - 측정치와 모평균과의 차이

19. 한쪽 또는 양쪽에 기울기를 갖는 평균 모양의 쐐기로서 인장력이나 압축력을 받는 2개의 축을 연결하는데 주로 사용되는 결합용 기계요소는 ?
   ① 키   ② 핀
   ③ 코터   ④ 나사

20. 테이퍼구멍을 가진 다이에 재료를 잡아 당겨서 가공제품이 다이 구멍의 최소단면 형상치수를 갖게 하는 가공법은 ?
   ① 전조가공   ② 절단가공
   ③ 인발가공   ④ 프레스가공

자동차 엔진

21. 배출가스 정밀검사의 기준 및 방법, 검사항목 등 필요한 사항은 무엇으로 정하는가 ?
   ① 대통령령   ② 환경부령
   ③ 행정안전부령   ④ 국토교통부령

22. 베이퍼라이저 1차실 압력측정에 대한 설명으로 틀린 것은 ?
   ① 1차실 압력은 약 $0.3 kgf/cm^2$ 정도이다.
   ② 압력측정시에는 반드시 시동을 끈다.
   ③ 압력조정 스크루를 돌려 압력을 조정한다.
   ④ 압력게이지를 설치하여 압력이 규정치가 되는지 측정한다.

23. 가솔린 연료분사장치에서 공기량 계측센서 형식 중 직접계측방식으로 틀린 것은 ?
   ① 베인식   ② MAP센서
   ③ 칼만와류식   ④ 핫 와이어식

24. 동력행정 말기에 배기밸브를 미리 열어 연소압력을 이용하여 배기가스를 조기에 배출시켜 충전효율을 좋게 하는 현상은 ?
   ① 블로바이(blow by)
   ② 블로다운(blow down)
   ③ 블로 아웃(blow out)
   ④ 블로 백(blow back)

25. 가변 밸브타이밍시스템에 대한 설명으로 틀린 것은 ?
   ① 공전시 밸브 오버랩을 최소화하여 연소 안정화를 이룬다.
   ② 펌핑손실을 줄여 연료소비율을 향상시킨다.
   ③ 공전시 흡입 관성효과를 향상시키기 위해 밸브 오버랩을 크게 한다.
   ④ 중부하 영역에서 밸브 오버랩을 크게 하여 연소실 내의 배기가스 재순환 양을 높인다.

26. 자동차 연료의 특성 중 연소시 발생한 H_2O가 기체일 때의 발열량은 ?
   ① 저 발열량   ② 중 발열량
   ③ 고 발열량   ④ 노크 발열량

27. 흡·배기밸브의 냉각효과를 증대하기 위해 밸브 스템 중공에 채우는 물질로 옳은 것은 ?
   ① 리튬   ② 바륨
   ③ 알루미늄   ④ 나트륨

28. 고온 327℃, 저온 27℃의 온도범위에서 작동되는 카르노 사이클의 열효율은 몇 %인가?
① 30% ② 40%
③ 50% ④ 60%

풀이 $\eta = 1 - \dfrac{T_1}{T_2} = 1 - \dfrac{Q_1}{Q_2}$

$= 1 - \dfrac{27+273}{327+273} = 1 - \dfrac{300}{600} = 0.5 = 50\%$

29. LPI엔진에서 사용하는 가스온도센서(GTS)의 소자로 옳은 것은?
① 서미스터   ② 다이오드
③ 트랜지스터 ④ 사이리스터

30. 가변 흡입장치에 대한 설명으로 틀린 것은?
① 고속시 매니폴드의 길이를 길게 조절한다.
② 흡입효율을 향상시켜 엔진 출력을 증가시킨다.
③ 엔진 회전속도에 따라 매니폴드의 길이를 조절한다.
④ 저속시 흡입관성의 효과를 향상시켜 회전력을 증대한다.

31. 디젤엔진의 직접 분사실식의 장점으로 옳은 것은?
① 노크의 발생이 쉽다.
② 사용 연료의 변화에 둔감하다.
③ 실린더헤드의 구조가 간단하다.
④ 타 형식과 비교하여 엔진의 유연성이 있다.

32. CNG(compressed natural gas)엔진에서 스로틀 압력센서의 기능으로 옳은 것은?

① 대기압력을 검출하는 센서
② 스로틀의 위치를 감지하는 센서
③ 흡기다기관의 압력을 검출하는 센서
④ 배기다기관 내의 압력을 측정하는 센서

33. 공회전속도 조절장치(ISA)에서 열림(open)측 파형을 측정한 결과 ON시간이 1ms이고, OFF시간이 3ms일 때, 열림 듀티값은 몇 %인가?
① 25% ② 35%
③ 50% ④ 60%

풀이 열림 듀티값 $= \dfrac{\text{ON시간}}{\text{ON시간}+\text{OFF시간}} \times 100$

$= \dfrac{1}{1+3} \times 100 = 25\%$

34. 내연기관의 열역학적 사이클에 대한 설명으로 틀린 것은?
① 정적 사이클을 오토사이클이라고도 한다.
② 정압 사이클을 디젤사이클이라고도 한다.
③ 복합 사이클을 사바테 사이클이라고도 한다.
④ 오토, 디젤, 사바테 사이클 이외의 사이클은 자동차용 엔진에 적용하지 못한다.

35. 전자제어 모듈 내부에서 각종 고정 데이터나 차량제원 등을 장기적으로 저장하는 것은?
① IFB(inter face box)
② ROM(read only memory)
③ RAM(random access memory)
④ TTL(transistor transistor logic)

36. 4행정 사이클 기관의 총배기량 1000cc, 축마력 50PS, 회전수 3000rpm일 때 제동평균 유효압력은 몇 kgf/cm² 인가?

① 11　　② 15
③ 17　　④ 18

풀이 $BHP = \dfrac{Pmb \times V \times n}{2 \times 75 \times 60}$

Pmb $= \dfrac{2 \times 75 \times 60 \times BHP}{V \times n}$

$= \dfrac{2 \times 75 \times 60 \times 50 \times 100}{1000 \times 3000} = \dfrac{45000000}{3000000} = 15$

37. 최적의 점화시기를 의미하는 MBT (minimum spark advance for best torque)에 대한 설명으로 가장 적절한 것은?

① BTDC 약 10°~15° 부근에서 최대 폭발압력이 발생되는 점화시기
② ATDC 약 10°~15° 부근에서 최대 폭발압력이 발생되는 점화시기
③ BBDC 약 10°~15° 부근에서 최대 폭발압력이 발생되는 점화시기
④ ABDC 약 10°~15° 부근에서 최대 폭발압력이 발생되는 점화시기

38. 전자제어 가솔린엔진에서 티타니아 산소센서의 경우 전원은 어디에서 공급되는가?

① ECU　　② 축전지
③ 컨트롤 릴레이　　④ 파워 TR

39. 전자제어 가솔린 연료분사장치에서 흡입공기량과 엔진회전수의 입력으로만 결정되는 분사량으로 옳은 것은?

① 기본 분사량
② 엔진시동 분사량
③ 연료차단 분사량
④ 부분부하 운전분사량

40. 디젤엔진에서 최대 분사량이 40cc, 최소 분사량이 32cc일 때 각 실린더의 평균분사량이 34cc라면 (+)불균율은 몇 %인가?

① 5.9　　② 17.6
③ 20.2　　④ 23.5

풀이 (+)불균율 $= \dfrac{\text{최대분사량} - \text{평균분사량}}{\text{평균분사량}} \times 100$

$= \dfrac{40 - 34}{34} \times 100 = 17.6\%$

자동차 섀시

41. 휠 얼라인먼트의 주요 요소가 아닌 것은?

① 캠버　　② 캠 옵셋
③ 셋백　　④ 캐스터

42. ECS제어에 필요한 센서와 그 역할로 틀린 것은?

① G센서 : 차체의 각속도를 검출
② 차속센서 : 차량의 주행에 따른 차량속도 검출
③ 차고센서 : 차량의 거동에 따른 차체 높이를 검출
④ 조향휠 각도센서 : 조향휠의 현재 조향방향과 각도를 검출

43. 브레이크 파이프라인에 잔압을 두는 이유로 틀린 것은?

① 베이퍼 록을 방지한다.
② 브레이크의 작동 지연을 방지한다.
③ 피스톤이 제자리로 복귀하도록 도와준다.
④ 휠 실린더에서 브레이크액이 누출되는 것을 방지한다.

44. 최고 출력이 90PS로 운전되는 기관에서 기계효율이 0.9인 변속장치를 통하여 전달된다면 추진축에서 발생되는 회전수와 회전력은 약 얼마인가? (단, 기관회전수 5000rpm, 변속비는 2.5이다.)
① 회전수 : 2456rpm, 회전력 : 32kgf·m
② 회전수 : 2456rpm, 회전력 : 29kgf·m
③ 회전수 : 2000rpm, 회전력 : 29kgf·m
④ 회전수 : 2000rpm, 회전력 : 32kgf·m

풀이 ① 추진축 회전수
$$\frac{엔진회전수}{변속비} = \frac{5000}{2.5} = 2000 rpm$$
② 추진축 회전력
$$P = T \times w = T \times (2 \times \pi \times \frac{n}{60})$$
$$= 0.1047 \times T \times n$$
$$T = \frac{9.55 \times 6750}{2000} \times 0.9 = 29$$

45. 무단변속기(CVT)의 장점으로 틀린 것은?
① 변속충격이 적다.
② 가속성능이 우수하다.
③ 연료소비량이 증가한다.
④ 연료소비율이 향상된다.

46. 노면과 직접 접촉은 하지 않고 충격에 완충작용을 하며 타이어 규격과 기타 정보가 표시된 부분은?
① 비드   ② 트레드
③ 카커스   ④ 사이드 월

47. 제동시 뒷바퀴의 록(lock)으로 인한 스핀을 방지하기 위해 사용되는 것은?
① 딜레이밸브
② 어큐뮬레이터
③ 바이패스 밸브
④ 프로포셔닝 밸브

48. 엔진 회전수가 2000rpm으로 주행 중인 자동차에서 수동변속기의 감속비가 0.8이고, 차동장치 구동피니언의 잇수가 6, 링기어의 잇수가 30일 때, 왼쪽바퀴가 600rpm으로 회전한다면 오른쪽 바퀴는 몇 rpm인가?
① 400   ② 600
③ 1000   ④ 2000

풀이 바퀴 회전수 = $\frac{엔진회전수}{총감속비} \times 2$
$= \frac{2000}{0.8 \times 5} \times = 1000$
오른쪽 바퀴 회전수 = 바퀴회전수 - 왼쪽바퀴 회전수
$= 1000 - 600 = 400$

49. 후륜 구동차량의 종감속장치에서 구동피니언과 링기어 중심선이 편심되어 추진축의 위치를 낮출 수 있는 것은?
① 베벨기어   ② 스퍼기어
③ 웜과 웜기어   ④ 하이포이드기어

50. 전동식 동력 조향장치(MDPS)의 장점으로 틀린 것은?
① 전동모터 구동시 큰 전류가 흐른다.
② 엔진의 출력향상과 연비를 절감할 수 있다.
③ 오일펌프 유압을 이용하지 않아 연결호스가 필요없다.
④ 시스템 고장시 경고등을 점등 또는 점멸시켜 운전자에게 알려준다.

51. 공기식 제동장치의 특성으로 틀린 것은?
① 베이퍼 록이 발생하지 않는다.
② 차량 중량에 제한을 받지 않는다.
③ 공기가 누출되어도 제동성능이 현저히 저하되지 않는다.
④ 브레이크 페달을 밟는 양에 따라서 제동력이 감소되므로 조작하기 쉽다.

52. 자동차에 사용하는 휠 스피드센서의 파형을 오실로스코프로 측정하였다. 파형의 정보를 통해 확인할 수 없는 것은?
① 최저 전압　② 평균 저항
③ 최고 전압　④ 평균 전압

53. 대부분의 자동차에서 2회로 유압 브레이크를 사용하는 주된 이유는?
① 안전상의 이유 때문에
② 더블 브레이크 효과를 얻을 수 있기 때문에
③ 리턴회로를 통해 브레이크가 빠르게 풀리게 할 수 있기 때문에
④ 드럼 브레이크와 디스크 브레이크를 함께 사용할 수 있기 때문에

54. 현재 실용화된 무단변속기에 사용되는 벨트 종류 중 가장 널리 사용되는 것은
① 고무벨트　② 금속벨트
③ 금속체인　④ 가변체인

55. 선회시 자동차의 조향특성 중 전륜 구동보다는 후륜 구동차량에 주로 나타나는 현상으로 옳은 것은?
① 오버 스티어
② 언더 스티어
③ 토크 스티어
④ 뉴트럴 스티어

56. 중량 1350kgf의 자동차의 구름저항계수가 0.02이면 구름저항은 몇 kgf인가? (단, 공기저항은 무시하고, 회전 상당부분 중량은 0으로 한다.)
① 13.5　　② 27
③ 54　　　④ 67.5

풀이 구름저항 $R_1 = f_1 \times W = 0.02 \times 1350 = 27kgf$
　　R_1 : 구름저항(kgf), f_1 : 구름저항 계수
　　W : 차량 총 중량(kgf)

57. 자동변속기 컨트롤유닛과 연결된 각 센서의 설명으로 틀린 것은?
① VSS(vehicle speed sensor) - 차속 검출
② MAF(mass airflow sensor) - 엔진 회전속도 검출
③ TPS(throttle position sensor) - 스로틀밸브 개도 검출
④ OTS(oil temperature sensor) - 오일온도 검출

58. CAN통신이 적용된 전동식 동력 조향장치(MDPS)에서 EPS경고등이 점등(점멸)될 수 있는 조건으로 틀린 것은?
① 자기진단시
② 토크센서 불량
③ 컨트롤 모듈측 전원공급 불량
④ 핸들위치가 정위치에서 ±2° 틀어짐

59. 수동변속기의 클러치 차단 불량원인은?
① 자유간극 과소
② 릴리스 실린더 소손
③ 클러치판 과다마모
④ 쿠션스프링 장력 약화

60. 전자제어 에어 서스펜션의 기본 구성품으로 틀린 것은?
① 공기압축기　② 컨트롤 유닛
③ 마스터 실린더　④ 공기 저장탱크

자동차 전기

61. 용량이 90Ah인 배터리는 3A의 전류로 몇 시간 동안 방전시킬 수 있는가?
① 15　② 30
③ 45　④ 60

풀이 배터리 방전시간 = $\dfrac{\text{배터리 용량}}{\text{소모전류}}$
= $\dfrac{90}{3}$ = 30

62. 점화 1차 파형에 대한 설명으로 옳은 것은?
① 최고 점화전압은 15~20kV의 전압이 발생한다.
② 드웰구간은 점화 1차 전류가 통전되는 구간이다.
③ 드웰구간이 짧을수록 1차 점화 전압이 높게 발생한다.
④ 스파크 소멸 후 감쇄 진동구간이 나타나면 점화 1차코일의 단선이다.

63. 전자제어 구동력 조절장치(TCS)의 컴퓨터는 구동바퀴가 헛돌지 않도록 최적의 구동력을 얻기 위해 구동 슬립율이 몇 %가 되도록 제어하는가?
① 약 5~10%　② 약 15~20%
③ 약 25~30%　④ 약 35~40%

64. 그림과 같은 논리(logic)게이트 회로에서 출력상태로 옳은 것은?

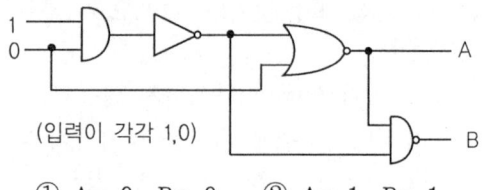
(입력이 각각 1,0)

① A= 0, B= 0　② A= 1, B= 1
③ A= 1, B= 0　④ A= 0, B= 1

65. 저항의 도체에 전류가 흐를 때 주행 중에 소비되는 에너지는 전부 열로 되고, 이때의 열을 줄열(H)이라고 한다. 이 줄열(H)을 구하는 공식으로 틀린 것은? (단, E는 전압, I는 전류, R은 저항, t는 시간이다)
① $H= 0.24EIt$　② $H= 0.24IE^2t$
③ $H= 0.24\dfrac{E^2}{R}t$　④ $H= 0.24I^2Rt$

66. 병렬형 하드타입의 하이브리드자동차에서 HEV모터에 의한 엔진시동 금지조건인 경우, 엔진의 시동은 무엇으로 하는가?
① HEV모터
② 블로워 모터
③ 기동 발전기(HSG)
④ 모터 컨트롤 유닛(MCU)

67. 냉방장치의 구성품으로 압축기로부터 들어온 고온·고압의 기체 냉매를 냉각시켜 액체로 변화시키는 장치는?
① 증발기　② 응축기
③ 건조기　④ 팽창밸브

68. 할로겐 전조등에 비하여 고휘도 방전(HID) 전조등의 특징으로 틀린 것은?
① 광도가 향상된다.
② 전력소비가 크다.
③ 조사거리가 향상된다.
④ 전구의 수명이 향상된다.

69. 다음 중 배터리 용량시험시 주의사항으로 가장 거리가 먼 것은?
① 기름 묻은 손으로 테스터 조작은 피한다.
② 시험은 약 10~15초 이내에 하도록 한다.
③ 전해액이 옷이나 피부에 묻지 않도록 한다.
④ 부하전류는 축전지 용량의 5배 이상으로 조정하지 않는다.

70. 점화순서가 1-5-3-6-2-4인 직렬 6기통 가솔린엔진에서 점화장치가 1코일 2실린더(DLI)일 경우 1번 실린더와 동시에 불꽃이 발생되는 실린더는?
① 3번　　② 4번
③ 5번　　④ 6번

71. 빛과 조명에 관한 단위와 용어의 설명으로 틀린 것은?
① 광속(luminous flux)이란 빛의 근원 즉, 광원으로부터 공간으로 발산되는 빛의 다발을 말하는데, 단위는 루멘(lm : lumen)을 사용한다.
② 광밀도(luminance)란 어느 한 방향의 단위 입체각에 대한 광속의 방향을 말하며, 단위는 칸델라(cd : candela)이다.
③ 조도(illuminance)란 피조면에 입사되는 광속을 피조면 단면적으로 나눈 값으로서, 단위는 룩스(lx)이다.
④ 광효율(luminous efficiency)이란 방사된 광속과 사용된 전기 에너지의 비로서, 100W 전구의 광속이 1380lm이라면 광효율은 1380lm/100W= 13.8lm/W가 된다.

72. 하드타입의 하이브리드 차량이 주행 중 감속 및 제동할 경우 차량의 운동에너지를 전기에너지로 변환하여 고전압배터리를 충전하는 것은?
① 가속제동　　② 감속제동
③ 재생제동　　④ 회생제동

73. 기동전동기의 작동원리는?
① 렌츠의 법칙
② 앙페르 법칙
③ 플레밍의 왼손법칙
④ 플레밍의 오른손 법칙

74. 윈드 실드 와이퍼가 작동하지 않는 원인으로 틀린 것은?
① 퓨즈 단선
② 전동기 브러시 마모
③ 와이퍼 블레이드 노화
④ 전동기 전기자 코일의 단선

75. 계기판의 유압 경고등 회로에 대한 설명으로 틀린 것은?
① 시동 후 유압스위치 접점은 ON된다.
② 점화스위치 ON시 유압 경고등이 점등된다.
③ 시동 후 경고등이 점등되면 오일양 점검이 필요하다.
④ 압력스위치는 유압에 따라 ON/OFF 된다.

76. 점화 2차 파형의 점화전압에 대한 설명으로 틀린 것은?
① 혼합기가 희박할수록 점화전압이 높아진다.
② 실린더 간 점화전압의 차이는 약 10kV 이내이어야 한다.
③ 점화플러그 간극이 넓으면 점화전압이 높아진다.
④ 점화전압의 크기는 점화 2차 회로의 저항과 비례한다.

77. 디지털 오실로스코프에 대한 설명으로 틀린 것은?
① AC전압과 DC전압 모두 측정이 가능하다.
② X축에서는 시간, Y축에서는 전압을 표시한다.
③ 빠르게 변화하는 신호를 판독이 편하도록 트리거링 할 수 있다.
④ UNI(unipolar)모드에서 Y축은 (+), (-)영역을 대칭으로 표시한다.

78. 점화코일에 대한 설명으로 틀린 것은?
① 1차 코일보다 2차 코일의 권수가 많다.
② 1차 코일의 저항이 2차 코일의 저항보다 작다.
③ 1차 코일의 배선 굵기가 2차 코일보다 가늘다.
④ 1차 코일에서 발생되는 전압보다 2차 코일에서 발생되는 전압이 높다.

79. 에어컨시스템이 정상작동 중일 때 냉매의 온도가 가장 높은 곳은?
① 압축기와 응축기사이
② 응축기와 팽창밸브사이
③ 팽창밸브와 증발기사이
④ 증발기와 압축기사이

80. 지름 2mm, 길이 100cm인 구리선의 저항은?(단, 구리선의 고유저항은 1.69μΩ·m이다)
① 약 0.54Ω   ② 약 0.72Ω
③ 약 0.9Ω   ④ 약 2.8Ω

풀이 ① 단면적
$A = π ÷ 4 × D^2 = 0.785 × 2^2 = 3.14mm$
② 저항
$R = \dfrac{ρ × L}{A} = \dfrac{0.00169}{0.00314}$ = 약 0.54Ω

Answer

1.④ 2.④ 3.③ 4.② 5.③ 6.② 7.① 8.③ 9.② 10.① 11.① 12.② 13.①
14.① 15.① 16.④ 17.④ 18.① 19.③ 20.③ 21.② 22.② 23.② 24.② 25.③
26.① 27.④ 28.② 29.① 30.① 31.② 32.④ 33.① 34.② 35.② 36.① 37.②
38.① 39.① 40.② 41.② 42.① 43.③ 44.② 45.① 46.① 47.④ 48.① 49.②
50.① 51.④ 52.② 53.① 54.② 55.① 56.① 57.② 58.④ 59.② 60.③ 61.②
62.② 63.② 64.① 65.② 66.② 67.② 68.② 69.④ 70.④ 71.② 72.④ 73.③
74.③ 75.① 76.② 77.④ 78.③ 79.① 80.①

2020. 08. 22 자동차 정비 산업기사

일반기계공학

01. 주철의 특징으로 틀린 것은?
① 주조성이 양호하다.
② 기계가공이 어렵다
③ 내마멸성이 우수하다.
④ 압축강도가 크다.

02. 마찰차의 종류가 아닌 것은?
① 원통 마찰차
② 에반스식 마찰차
③ 트리플식 마찰차
④ 원뿔 마찰차

03. 외부로부터 힘을 받지 않아도 물체가 진동을 일으키는 것은?
① 고유진동 ② 공진
③ 좌굴   ④ 극관성 모멘트

04. 단동 피스톤 펌프에서 실린더 직경 20cm, 행정 20cm, 회전수 80rpm, 체적 효율 90%이면 토출유량(m³/min)은?
① 0.261   ② 0.271
③ 0.452   ④ 0.502

풀이 $Q_{th} = \dfrac{\pi D^2 \times L \times N}{4} \times 0.9$

$= \dfrac{3.14 \times 0.2^2 \times 0.2 \times 80}{4} \times 0.9$

$= 0.452 \, m^3/min$

D : 실린더 직경(m), L : 행정(m)
N : 분당 회전수(rpm)

05. 비틀린 모멘트 T(kgf·cm), 회전수 N(rpm), 전달마력 H(kW)일 때 비틀림 모멘트를 구하는 식은?
① $T = 974 \times \dfrac{H}{N}$
② $T = 716.2 \times \dfrac{H}{N}$
③ $T = 716200 \times \dfrac{H}{N}$
④ $T = 97400 \times \dfrac{H}{N}$

06. 줄(file) 작업에서 줄눈의 크기에 의한 분류가 아닌 것은?
① 중목   ② 단목
③ 세목   ④ 황목

07. 재료가 반복하중을 받는 경우 안전율을 구하는 식은?
① $\dfrac{허용응력}{크리프 한도}$
② $\dfrac{피로한도}{허용응력}$
③ $\dfrac{허용응력}{최대응력}$
④ $\dfrac{최대응력}{허용응력}$

08. 축방향의 압축력이나 인장력을 받을 때 사용하거나 2개의 축을 연결하는 것은?
① 키(key)   ② 코터(cotter)
③ 핀(pin)   ④ 리벳(river)

09. 원심펌프에서 양정이 20m, 송출량은 $3m^3/min$일 때, 축동력 1000kW를 필요로 하는 펌프의 효율(%)은 ?(단, 유체의 비중량은 $920N/m^3$이다)
① 65   ② 75
③ 82   ④ 92

풀이 $\eta = \dfrac{\gamma \times Q \times H}{P_m \times 60} \times 100$
$= \dfrac{920 \times 3 \times 20}{1000 \times 60} \times 100 = 92\%$

η : 펌프의 효율(%), γ : 비중량,
Q : 유량(m^3/s), H : 양정(m)
P_m : 축동력(kW)

10. 금속의 소성가공에서 열간가공과 냉간가공을 구분하는 기준은 ?
① 변태온도   ② 재결정 온도
③ 불림 온도   ④ 담금질 온도

11. 재료단면에 대한 단면 2차 모멘트를 I, 단면 1차 모멘트를 Q, 전단력을 F, 폭을 B라할 때 임의의 위치에서의 수평 전단응력을 구하는 식은 ?
① $\tau = \dfrac{Q}{B \times I}$ ② $\tau = \dfrac{F}{B \times I}$
③ $\tau = \dfrac{F \times Q}{B \times I}$ ④ $\tau = \dfrac{B \times F}{Q \times I}$

12. 주물형상이 크고, 소량의 주조품을 요구할 때 사용하며 중요부분의 골격만을 만드는 목형은 ?
① 코어형
② 부분형
③ 매치 플레이트형
④ 골격형

13. 식물 탄닌-태닝 처리한 가죽에 대한 설명으로 틀린 것은 ?

① 부드러운 가죽을 얻을 수 있다.
② 단단하고 쉽게 펴지지 않는다.
③ 색상은 주로 다갈색이다.
④ 공업용으로 많이 이용된다.

14. 비중 약 2.7에 가볍고 전연성이 우수하며 전기 및 열의 양도체로 내식성이 우수한 것은 ?
① 구리   ② 망간
③ 니켈   ④ 알루미늄

15. 어느 위치에서나 유입 질량과 유출 질량이 같으므로 일정한 관내에 축적된 질량은 유속에 관계없이 일정하다는 원리는 ?
① 연속의 원리
② 파스칼의 원리
③ 베르누이의 원리
④ 아르키메데스의 원리

16. 체결용 기계요소인 코터의 전단응력을 구하는 식은 ?(단, W : 인장하중(kgf), b : 코터의 너비(mm), h : 코터의 높이(mm), d : 코터의 직경(mm)이다)
① $\dfrac{3W}{2bh}$ ② $\dfrac{W}{2bh}$
③ $\dfrac{3W}{2bd}$ ④ $\dfrac{W}{2bd}$

17. 양단지지 겹판 스프링에서 처짐을 구하는 식은 ?(단, W : 하중, n : 판수, h : 판 두께, b : 판의 폭, E : 세로탄성계수, ℓ : 스팬이다)
① $\dfrac{3W\ell}{2nbh^2}$ ② $\dfrac{3W\ell^3}{2nbh^3E}$
③ $\dfrac{3W\ell^3}{8nbh^3E}$ ④ $\dfrac{3W\ell}{2nbh^2E}$

18. 다음 중 축의 강도를 가장 약화시키는 키(key)는?
① 성크 키 ② 새들 키
③ 플랫 키 ④ 원뿔 키

19. 선반작업시 지름 60mm의 환봉을 절삭하는 데 필요한 회전수(rpm)는? (단, 절삭속도는 50m/min이다)
① 1065 ② 830
③ 530   ④ 265

풀이 $V = \dfrac{\pi D N}{1000}$

$N = \dfrac{1000V}{\pi D} = \dfrac{1000 \times 50}{3.14 \times 60} = 265 \text{rpm}$

V : 절삭속도(m/min), π : 원주율
D : 공작물의 지름(mm)
N : 공구의 회전수(rpm)

20. 피복아크 용접에서 용입불량의 원인으로 틀린 것은?
① 용접속도가 느릴 때
② 용접 전류가 약할 때
③ 용접봉 선택이 불량할 때
④ 이음 설계에 결함이 있을 때

자동차 엔진

21. 디젤엔진에서 경유의 착화성과 관련하여 세탄 60cc, α-메틸나프탈린 40cc를 혼합하면 세탄가(%)는?
① 70 ② 60
③ 50 ④ 40

풀이 세탄가 = $\dfrac{\text{세탄}}{\text{세탄} + \alpha - \text{메틸나프탈린}} \times 100$

$= \dfrac{60}{60 + 40} \times 100 = 60$

22. 엔진이 과냉되었을 때의 영향이 아닌 것은?
① 연료의 응결로 연소가 불량
② 연료가 쉽게 기화하지 못함
③ 조기점화 또는 노크가 발생
④ 엔진오일의 점도가 높아져 시동할 때 회전저항이 커짐

23. 디젤기관에서 착화 지연기간이 1/1000초, 착화 후 최고 압력에 도달할 때까지의 시간이 1/1000초일 때, 2000rpm으로 운전되는 기관의 착화 시기는? (단, 최고 폭발압력은 상사점 후 12°이다)
① 상사점 전 32°
② 상사점 전 36°
③ 상사점 전 12°
④ 상사점 전 24°

풀이 $It = 6RT = 6 \times 2000 \times \dfrac{1}{1000} = 12°$

It : 크랭크축 회전각도, R : 기관 회전속도
T : 착화지연 시간

24. 운행차 배출가스 정기검사 및 정밀검사의 검사항목으로 틀린 것은?
① 휘발유 자동차 운행차 배출가스 정기검사 : 일산화탄소, 탄화수소, 공기과잉률
② 휘발유 자동차 운행차 배출가스 정밀검사 : 일산화탄소, 탄화수소, 질소산화물
③ 경유 자동차 운행차 배출가스 정기검사 : 매연
④ 경유 자동차 운행차 배출가스 정밀검사 : 매연, 엔진 최대 출력검사, 공기과잉률

25. 전자제어 가솔린엔진에서 기본적인 연료분사시기와 점화시기를 결정하는 주요 센서는?
   ① 크랭크축 위치센서(Crankshaft Position Sensor)
   ② 냉각 수온센서(Water Temperature Sensor)
   ③ 공전스위치 센서(Idle Switch Sensor)
   ④ 산소센서(O_2 Sensor)

26. 일반적으로 자동차용 크랭크축 재질로 사용하지 않는 것은?
   ① 마그네슘-구리강
   ② 크롬-몰리브덴강
   ③ 니켈-크롬강
   ④ 고탄소강

27. 밸브 오버랩에 대한 설명으로 틀린 것은?
   ① 흡·배기밸브가 동시에 열려 있는 상태이다.
   ② 공회전 운전 영역에서는 밸브 오버랩을 최소화 한다.
   ③ 밸브 오버랩을 통한 내부 EGR제어가 가능하다.
   ④ 밸브 오버랩은 상사점과 하사점 부근에서 발생한다.

28. 냉각계통의 수온조잘기에 대한 설명으로 틀린 것은?
   ① 펠릿형은 냉각수 온도가 60℃ 이하에서 최대로 열려 냉각수 순환을 잘 되게 한다.
   ② 수온조절기는 엔진의 온도를 알맞게 유지한다.
   ③ 펠릿형은 왁스와 합성고무를 봉입한 형식이다.
   ④ 수온조절기는 벨로즈형과 펠릿형이 있다.

29. 커먼레일 디젤엔진의 솔레노이드 인젝터 열림(분사 개시)에 대한 설명으로 틀린 것은?
   ① 솔레노이드 코일에 전류를 지속적으로 가한 상태이다.
   ② 공급된 연료는 계속 인젝터 내부로 유입된다.
   ③ 노즐 니들을 위에서 누르는 압력은 점차 낮아진다.
   ④ 인젝터 아랫부분의 제어 플런저가 내려가면서 분사가 개시된다.

30. LPG연료의 장점에 대한 설명으로 틀린 것은?
   ① 대기오염이 적고 위생적이다.
   ② 노킹이 일어나지 않아 기관이 정숙하다.
   ③ 퍼컬레이션으로 인해 연소 효율이 증가한다.
   ④ 기관 오일을 더럽히지 않으며 기관의 수명이 길다.

31. 전자제어 연료분사장치에서 제어방식에 의한 분류 중 흡기압력 검출방식을 의미하는 것은?
   ① K-Jetronic
   ② L-Jetronic
   ③ D-Jetronic
   ④ Mono-Jetronic

32. 내연기관의 열손실을 측정한 결과 냉각수에 의한 손실이 30%, 배기 및 복사에 의한 손실이 30%였다. 기계효율이 85%라면 정미 열효율(%)은?
① 28   ② 30
③ 32   ④ 34

풀이 정미 열효율 = 도시열효율×기계효율
= 40×0.85 = 34%
도시 열효율 = 전체 발생열-손실열
= 100-(30+30) = 40%

33. 전자제어 가솔린 엔진에서 흡입 공기량 계측방식으로 틀린 것은?
① 베인식
② 열막식
③ 칼만 와류식
④ 피드백 제어식

34. 다음 중 전자제어 엔진에서 스로틀 포지션센서와 기본 구조 및 출력 특성이 가장 유사한 것은?
① 크랭크 각 센서
② 모터 포지션센서
③ 액셀러레이터 포지션센서
④ 흡입다기관 절대압력센서

35. 기관의 점화순서가 1-6-2-5-8-3-7-4인 8기통 기관에서 5번 기통이 압축 초에 있을 때 8번 기통은 무슨 행정과 가장 가까운가?
① 폭발 초   ② 흡입 중
③ 배기 말   ④ 압축 중

36. 자동차관리법상 저속 전기자동차의 최고속도(km/h) 기준은?(단, 차량 총중량이 1361kg을 초과하지 않는다.)
① 20   ② 40
③ 60   ④ 80

37. 연료여과기의 오버플로 밸브의 역할로 틀린 것은?
① 공급펌프의 소음발생을 억제한다.
② 운전 중 연료에 공기를 투입한다.
③ 분사펌프의 엘리먼트 각 부분을 보호한다.
④ 공급펌프와 분사펌프 내의 연료 균형을 유지한다.

38. 윤활장치에서 오일 여과기의 여과방식이 아닌 것은?
① 비산식   ② 전류식
③ 분류식   ④ 샨트식

39. 가솔린 연료 200cc를 완전 연소시키기 위한 공기량(kg)은 약 얼마인가?(단, 공기와 연료의 혼합비는 15 : 1, 가솔린의 비중은 0.73이다.)
① 2.19   ② 5.19
③ 8.19   ④ 11.19

풀이 Ag = Gv × ρ × AFr = 0.2 × 0.73 × 15
= 2.19kg

Ag : 필요한 공기량, Gv : 가솔린 체적(ℓ)
ρ : 가솔린 비중, AFr : 혼합비

40. 전자제어 가솔린엔진에서 연료분사장치의 특징으로 틀린 것은?
① 응답성 향상
② 냉간 시동성 저하
③ 연료소비율 향상
④ 유해 배출가스 감소

자동차 섀시

41. 제동시 슬립률(λ)을 구하는 공식은 ?
(단, 자동차의 주행속도는 V, 바퀴의 회전속도는 V_ω이다.)

① $\lambda = \dfrac{V - V_\omega}{V} \times 100(\%)$

② $\lambda = \dfrac{V}{V - V_\omega} \times 100(\%)$

③ $\lambda = \dfrac{V_\omega - V}{V_\omega} \times 100(\%)$

④ $\lambda = \dfrac{V_\omega}{V_\omega - V} \times 100(\%)$

42. 브레이크장치의 프로포셔닝밸브에 대한 설명으로 옳은 것은 ?
① 바퀴의 회전속도에 따라 제동시간을 조절한다.
② 바깥 바퀴의 제동력을 높여서 코너링 포스를 줄인다.
③ 급제동 시 앞바퀴보다 뒷바퀴가 먼제 제동되는 것을 방지한다.
④ 선회시 조향 안정성 확보를 위해 앞 바퀴의 제동력을 높여준다.

43. ABS 컨트롤 유닛(제어모듈)에 대한 설명으로 틀린 것은 ?
① 휠의 회전속도 및 가·감속을 계산한다.
② 각 바퀴의 속도를 비교·분석한다.
③ 미끄럼 비를 계산하여 ABS 작동여부를 결정한다.
④ 컨트롤 유닛이 작동하지 않으면 브레이크가 전혀 작동하지 않는다.

44. 클러치의 구성부품 중 릴리스 베어링 (Release bearing)의 종류에 해당하지 않는 것은 ?
① 카본형
② 볼 베어링형
③ 니들 베어링형
④ 앵귤러 접촉형

45. 오버 드라이브(Over Drive)장치에 대한 설명으로 틀린 것은 ?
① 기관의 수명이 향상되고 운전이 정숙하게 되어 승차감도 향상된다.
② 속도가 증가하기 때문에 윤활유의 소비가 많고 연료 소비가 증가한다.
③ 기관의 여유출력을 이용하였기 때문에 기관의 회전속도를 약 30% 정도 낮추어도 그 주행속도를 유지할 수 있다.
④ 자동변속기에서도 오버 드라이버가 있어 운전자의 의지(주행속도, TPS 개도량)에 따라 그 기능을 발휘하게 된다.

46. 기관의 최대토크 20kgf·m, 변속기의 제1변속비 3.5, 종감속비 5.2, 구동바퀴의 유효반지름이 0.35m일 때 자동차의 구동력(kgf)은 ?(단, 엔진과 구동바퀴 사이의 동력전달효율은 0.45이다.)
① 468   ② 368
③ 328   ④ 268

풀이 구동력 = $\dfrac{\text{기관토크} \times \text{변속비} \times \text{종감속비}}{\text{타이어 유효반지름}} \times \text{동력전달효율}$

$= \dfrac{20 \times 3.5 \times 5.2}{0.35} \times 0.45 = 468$

47. 자동차 제동장치가 갖추어야 할 조건으로 틀린 것은?
① 최고속도와 차량의 중량에 대하여 항상 충분한 제동력을 발휘할 것
② 신뢰성과 내구성이 우수할 것
③ 조작이 간단하고 운전자에게 피로감을 주지 않을 것
④ 고속주행 상태에서 급제동시 모든 바퀴에 제동력이 동일하게 작용할 것

48. 전동식 동력조향장치의 입력요소 중 조향핸들의 조작력 제어를 위한 신호가 아닌 것은?
① 토크센서 신호
② 차속센서 신호
③ G센서 신호
④ 조향각 센서 신호

49. 다음 중 구동륜의 동적 휠 밸런스가 맞지 않을 경우 나타나는 현상은?
① 피칭 현상   ② 시미 현상
③ 캐치업 현상 ④ 링클링 현상

50. 다음 중 댐퍼 클러치 제어와 가장 관련이 없는 것은?
① 스로틀 포지션센서
② 에어컨 릴레이 스위치
③ 오일 온도센서
④ 노크센서

51. 전자제어 동력 조향장치에서 다음 주행조건 중 운전자에 의한 조향 휠의 조작력이 가장 작은 것은?
① 40km/h 주행시
② 80km/h 주행시
③ 120km/h 주행시
④ 160km/h 주행시

52. 무단변속기(CVT)의 구동 풀리와 피동 풀리에 대한 설명으로 옳은 것은?
① 구동 풀리 반지름이 크고 피동 풀리의 반지름이 작을 경우 증속된다.
② 구동 풀리 반지름이 작고 피동 풀리의 반지름이 클 경우 증속된다.
③ 구동 풀리 반지름이 크고 피동 풀리의 반지름이 작을 경우 역전 감속된다.
④ 구동 풀리 반지름이 작고 피동 풀리의 반지름이 클 경우 역전 증속된다.

53. 전동식 동력 조향장치(Motor Driven Power Steering)시스템에서 정차 중 핸들 무거움 현상의 발생원인이 아닌 것은?
① MDPS CAN통신선의 단선
② MDPS 컨트롤 유닛측의 통신 불량
③ MDPS 타이어 공기압 과다주입
④ MDPS 컨트롤 유닛측 배터리 전원 공급 불량

54. 기관의 토크가 14.32kgf·m이고, 2500 rpm으로 회전하고 있다. 이때 클러치에 의해 전달되는 마력(PS)은?(단, 클러치의 미끄럼은 없는 것으로 가정한다.)
① 40   ② 50
③ 60   ④ 70

풀이 $C_{ps} = \dfrac{TR}{716} = \dfrac{14.23 \times 2500}{716} = 50 PS$

Cps : 클러치에 의해 전달되는 마력
T : 기관의 회전력, R : 기관의 회전속도

55. 전자제어 현가장치에 대한 설명으로 틀린 것은?
   ① 조향각 센서는 조향 휠의 조향각도를 감지하여 제어모듈에 신호를 보낸다.
   ② 일반적으로 차량의 주행상태를 감지하기 위해서는 최소 3점의 G센서가 필요하며 차량의 상·하 움직임을 판단한다.
   ③ 차속센서는 차량의 주행속도를 감지하며 앤티 다이브, 앤티 롤, 고속안정성 등을 제어할 때 입력신호로 사용된다.
   ④ 스로틀 포지션센서는 가속페달의 위치를 감지하여 고속 안정성을 제어할 때 입력신호로 사용된다.

56. 센터 디퍼렌셜 기어장치가 없는 4WD 차량에서 4륜 구동상태로 선회 시 브레이크가 걸리는 듯한 현상은?
   ① 타이트 코너 트레이킹
   ② 코너링 언더 스티어
   ③ 코너링 요 모멘트
   ④ 코너링 포스

57. 전자제어 현가장치에서 안티 스쿼트(Anti-squat) 제어의 기준신호로 사용되는 것은?
   ① G센서 신호
   ② 프리뷰 센서 신호
   ③ 스로틀 포지션센서 신호
   ④ 브레이크스위치 신호

58. 자동차를 옆에서 보았을 때 킹핀의 중심선이 노면에 수직인 직선에 대하여 어느 한쪽으로 기울어져 있는 상태는?
   ① 캐스터
   ② 캠버
   ③ 셋백
   ④ 토인

59. 구동력이 108kgf인 자동차가 100km/h로 주행하기 위한 엔진의 소요마력(PS)은?
   ① 20
   ② 40
   ③ 80
   ④ 100

   풀이 $Hps = \dfrac{FV}{75} = \dfrac{108 \times 100 \times 1000}{75 \times 3600} = 40PS$

   Hps : 엔진의 소요마력, F : 구동력
   V : 주행속도(m/s)

60. 공기브레이크의 주요 구성부품이 아닌 것은?
   ① 브레이크밸브
   ② 레벨링 밸브
   ③ 릴레이밸브
   ④ 언로더 밸브

자동차 전기

61. 자동차 냉방시스템에서 CCOT(Clutch Cycling Orifice Tube)형식의 오리피스 튜브와 동일한 역할을 수행하는 TXV(Thermal Expansion Valve)형식의 구성부품은?
   ① 컨덴서
   ② 팽창밸브
   ③ 핀센서
   ④ 리시버 드라이어

62. 차량에서 12V 배터리를 탈거한 후 절연체의 저항을 측정하였더니 1MΩ이라면 누설전류(mA)는?
   ① 0.006
   ② 0.008
   ③ 0.010
   ④ 0.012

   풀이 $I = \dfrac{E}{R} = \dfrac{12}{1000000}$
   $= 0.000012A = 0.012mA$

63. 자동차에서 저항 플러그 및 고압케이블을 사용하는 가장 적합한 이유는?
① 배기가스 저감
② 잡음발생 방지
③ 연소 효율증대
④ 강력한 불꽃발생

64. 하이브리드자동차에서 고전압 배터리관리시스템(BMS)의 주요 제어기능으로 틀린 것은?
① 모터제어
② 출력제한
③ 냉각제어
④ SOC제어

65. 점화플러그에 대한 설명으로 옳은 것은?
① 에어갭(간극)이 규정보다 클수록 불꽃방전시간이 짧아진다.
② 에어갭(간극)이 규정보다 작을수록 불꽃방전 전압이 높아진다.
③ 전극의 온도가 낮을수록 조기점화 현상이 발생된다.
④ 전극의 온도가 높을수록 카본퇴적 현상이 발생된다.

66. 메모리 효과가 발생하는 배터리는?
① 납산 배터리
② 니켈 배터리
③ 리튬-이온 배터리
④ 리튬-폴리머 배터리

67. 경음기 소음측정시 암소음 보정을 하지 않아도 되는 경우는?
① 경음기 소음: 84dB, 암소음: 75dB
② 경음기 소음: 90dB, 암소음: 85dB
③ 경음기 소음: 100dB, 암소음: 92dB
④ 경음기 소음: 100dB, 암소음: 85dB

68. 어린이운송용 승합자동차에 설치되어 있는 적색 표시등과 황색 표시등의 작동조건에 대한 설명으로 옳은 것은?
① 정지하려고 할 때에는 적색 표시등이 점멸
② 출발하려고 할 때는 적색 표시등이 점등
③ 정차 후 승강구가 열릴 때는 적색 표시등 점멸
④ 출발하려고 할 때는 적색 및 황색 표시등이 동시에 점등

69. 기동전동기 작동시 소모전류가 규정치보다 낮은 이유는?
① 압축압력 증가
② 엔진 회전저항 증대
③ 점도가 높은 엔진오일 사용
④ 정류자와 브러시 접촉저항이 큼

70. 충전장치의 고장 진단방법으로 틀린 것은?
① 발전기 B단자의 저항을 점검한다.
② 배터리 (+)단자의 접촉상태를 점검한다.
③ 배터리 (−)단자의 접촉상태를 점검한다.
④ 발전기 몸체와 차체의 접촉상태를 점검한다.

71. 방향지시등을 작동시켰을 때 앞 우측 방향지시등은 정상적인 점멸을 하는데, 뒤 좌측 방향지시등은 점멸속도가 빨라졌다면 고장원인으로 볼 수 있는 것은?
① 비상등 스위치 불량
② 방향지시등 스위치 불량
③ 앞 우측 방향지시등 단선
④ 앞 좌측 방향지시등 단선

72. 트랜지스터식 점화장치에서 파워 트랜지스터에 대한 설명으로 틀린 것은?
① 점화장치의 파워 트랜지스터는 주로 PNP형 트랜지스터를 사용한다.
② 점화 1차 코일의 (-)단자는 파워 트랜지스터의 컬렉터(C) 단자에 연결된다.
③ 베이스(B) 단자는 ECU로부터 신호를 받아 점화코일의 스위칭 작용을 한다.
④ 이미터(E) 단자는 파워 트랜지스터의 접지단으로 코일의 전류가 접지로 흐르게 한다.

73. 단면적 0.002cm², 길이 10m인 니켈-크롬선의 전기저항(Ω)은? (단, 니켈-크롬선의 고유저항은 110μΩ이다.)
① 45   ② 50
③ 55   ④ 60

풀이 $R = \rho \dfrac{\ell}{A} = 110 \times 10^{-6} \times \dfrac{10 \times 100}{0.002} = 55\Omega$

R : 저항, ρ : 도체의 고유 저항
ℓ : 도체의 길이, A : 도체의 단면적

74. 다음 회로에서 스위치를 ON하였으나 전구가 점등되지 않아 테스트램프(LED)를 사용하여 점검한 결과 i점과 j점이 모드 점등되었을 때 고장원인으로 옳은 것은?

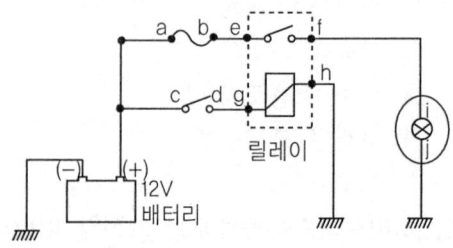

① 퓨즈 단선
② 릴레이 고장
③ h와 접지선 단선
④ j와 접지선 단선

75. 광도가 25000cd의 전조등으로부터 5m 떨어진 위치에서의 조도(lx)는?
① 100   ② 500
③ 1000 ④ 5000

풀이 $Lux = \dfrac{cd}{r^2} = \dfrac{25000}{5^2} = 1000$

Lux : 조도, cd : 피조면의 밝기
r : 광원과 피조면 사이의 수직거리

76. 냉·난방장치에서 블로워 모터 및 레지스터에 대한 설명으로 옳은 것은?
① 최고 속도에서 모터와 레지스터는 병렬 연결된다.
② 블로워 모터 회전속도는 레지스터의 저항값에 반비례한다.
③ 블로워 모터 레지스터는 라디에이터 팬 앞쪽에 장착되어 있다.
④ 블로워 모터가 최고속도로 작동하면 블로워 모터 퓨즈가 단선될 수도 있다.

77. 전기회로의 점검방법으로 틀린 것은?
① 전류측정시 회로와 병렬로 연결한다.
② 회로가 접촉불량일 경우 전압강하를 점검한다.
③ 회로의 단선 시 회로의 저항측정을 통해서 점검할 수 있다.
④ 제어모듈 회로점검시 디지털 멀티미터를 사용해서 점검할 수 있다.

78. 점화장치의 파워 트랜지스터 불량시 발생하는 고장현상이 아닌 것은?
① 주행 중 엔진이 정지한다.
② 공전시 엔진이 정지한다.
③ 엔진 크랭킹이 되지 않는다.
④ 점화불량으로 시동이 안 걸린다.

79. 자동차 PIC시스템의 주요기능으로 가장 거리가 먼 것은?
① 스마트 키 인증에 의한 도어 록
② 스마트 키 인증에 의한 엔진 정지
③ 스마트 키 인증에 의한 도어 언록
④ 스마트 키 인증에 의한 트렁크 언록

80. 반도체 접합 중 이중접합의 적용으로 틀린 것은?
① 서미스터
② 발광다이오드
③ PNP 트랜지스터
④ NPN 트랜지스터

Answer

1. ② 2. ③ 3. ① 4. ③ 5. ④ 6. ② 7. ② 8. ② 9. ④ 10. ② 11. ③ 12. ④ 13. ①
14. ④ 15. ① 16. ② 17. ③ 18. ① 19. ④ 20. ① 21. ② 22. ③ 23. ③ 24. ④ 25. ①
26. ① 27. ④ 28. ① 29. ④ 30. ③ 31. ① 32. ① 33. ① 34. ③ 35. ② 36. ③ 37. ②
38. ① 39. ① 40. ② 41. ④ 42. ③ 43. ④ 44. ③ 45. ② 46. ① 47. ④ 48. ③ 49. ②
50. ④ 51. ① 52. ① 53. ③ 54. ② 55. ④ 56. ① 57. ③ 58. ① 59. ② 60. ② 61. ②
62. ④ 63. ② 64. ① 65. ① 66. ② 67. ④ 68. ③ 69. ④ 70. ① 71. ④ 72. ① 73. ③
74. ④ 75. ③ 76. ② 77. ① 78. ③ 79. ② 80. ①

◎ 저자 소개
- 이철승 現 국제대학교 자동차기계계열 교수
- 장창현 現 국제대학교 자동차기계계열 교수
- 조성철 現 국제대학교 자동차기계계열 교수
- 한성철 現 국제대학교 자동차기계계열 교수

자동차 정비 산업기사

초판 인쇄	2016년 2월 15일
재판 발행	2020년 10월 10일
저 자	이철승 장창현 조성철 한성철
발 행 인	박 필 만
발 행 처	도서출판 미전사이언스
	(08338) 서울시 구로구 개봉로 17라길 34, 1층(개봉동)
	TEL: 02) 2611-3846, 2618-8742 FAX: 02) 2611-3847
E-mail	mjsbook@hanmail.net
등 록	제12-318호(2001.10.10)
ISBN	978-89-6345-214-2-13550

정가 26,000원

ⓒ 미전사이언스
- 잘못 만들어진 책은 출판사나 구입하신 서점에서 바꿔 드립니다.
- 어떠한 경우든 본 책 내용과 편집 체재의 일부 혹은 전부의 무단복제 및 표절을 불허함. 무단 복제와 표절은 범법 행위입니다.

자동차 기관

도 서 명	저 자	면수	정 가	비고(ISBN)
[친환경] 그린카 정비공학	이원청 外 5	550	25,000	978-89-6345-184-8-93550
[신기술수록] 新編·자동차공학개론	오영택 外 3	540	22,000	978-89-89920-31-1-93550
자 동 차 공 학	오영택 外 3	592	24,000	978-89-6345-144-2-93550
오 토 엔 진	김보한 外 2	382	20,000	978-89-6345-186-2-93550
자 동 차 공 학 기 초	박종상 外 3	410	20,000	978-89-6345-160-2-93550
자 동 차 엔 진 공 학	이병학 外 3	474	22,000	978-89-6345-153-4-93550
[基礎] 자 동 차 해 석	엄소연 外 1	240	18,000	978-89-6345-175-6-93550
자 동 차 가 솔 린 기 관 공 학	이철승 外 3	398	20,000	978-89-6345-215-9-93550
자 동 차 디 젤 엔 진	이승재 外 2	436	20,000	978-89-6345-143-5-93550
[종합] 자 동 차 기 관 이 론 실 습	김태한 外 1	514	24,000	978-89-6345-158-9-93550
[NCS를 활용한] 자 동 차 기 관 실 습	이철승 外 3	564	24,000	978-89-6345-208-1-93550
[NCS를 활용한] 자동차 디젤기관 이론실습	조일영 外 1	434	22,000	978-89-6345-234-0-93550
[NCS교육과정에 준한] 자동차 기관 공학	정찬문	416	20,000	978-89-6345-236-4-93550
[NCS국가직무능력표준에 따른] 자 동 차 기 관	김광희 外 1	596	23,000	978-89-6345-237-1-93550
자 동 차 전 자 제 어 엔 진 이 론 실 무	이상문 外 3	524	22,000	978-89-6345-106-0-93550
[하이테크] 자동차 전자 제어 현장 실무	유환신 外 3	600	24,000	978-89-6345-052-0-93550
[자동차 전자제어] 스 마 트 자 동 차	김병우 外 1	344	18,000	978-89-6345-088-9-93550
자 동 차 엔 진 구 조	박재림 外 1	390	22,000	978-89-6345-277-7-93550
자 동 차 가 솔 린 엔 진	박우영 外 1	446	24,000	978-89-6345-279-1-93550
자 동 차 구 조 학	정찬문	242	16,000	978-89-6345-023-0-93550
자 동 차 엔 진 튠 업	박재림	360	20,000	978-89-6345-027-8-93550
자 동 차 기 초 실 습 [공 구 사 용 법]	손병래 外 3	352	20,000	978-89-6345-246-3-93550
자 동 차 기 관 개 론	최두석	420	22,000	978-89-6345-272-3-93550
[지능형] 스 마 트 자 동 차 개 론	이용주 外 2	410	22,000	978-89-6345-274-6-93550
자 동 차 전 자 제 어 엔 진 구 조	김영일 外 2	426	22,000	978-89-6345-286-9-93550
자 동 차 엔 진 이 론 실 습	이종호 外 1	480	25,000	978-89-6345-287-6-93550
[전자제어] 커 먼 레 일 Euro-6	조성철 外 1	436	24,000	978-89-6345-292-0-93550

자동차 전기·전자

도 서 명	저 자	면수	정 가	비고(ISBN)
자 동 차 전 기 · 전 자	김광열 外 1	310	19,000	978-89-6345-238-8-93550
자 동 차 전 기 시 스 템	김병지 外 3	490	20,000	978-89-6345-050-6-93550
친 환 경 전 기 자 동 차	정용욱 外 2	420	22,000	978-89-6345-148-0-93550
자 동 차 전 기 · 전 자 공 학	정용욱 外 3	382	20,000	978-89-6345-210-4-93550
자 동 차 전 기 장 치 실 습	지명석 外 2	390	20,000	978-89-6345-152-7-93550
[新] 자 동 차 전 기 실 습	김규성 外 2	440	20,000	978-89-6345-091-9-93550
[알기 쉬운] 기 초 전 기·전 자 개 론	김상영 外 3	328	18,000	978-89-89920-00-7-93550
자 동 차 회 로 판 독 실 습	이용주 外 3	268	17,000	978-89-6345-048-3-93550
하 이 브 리 드 전 기 자 동 차	김영일 外 2	312	19,000	978-89-6345-188-6-93550
[NCS기반] 자 동 차 충 전·시 동 장 치	김재욱 外 1	402	20,000	978-89-6345-223-4-93550
[NCS를 활용한] 자동차 전기 · 전자 실습	윤재곤 外 1	540	23,000	978-89-6345-225-8-93550
[最新] 자 동 차 전 기·전 자 공 학	송용식 外 1	400	22,000	978-89-6345-233-3-93550
하 이 테 크 진 단 정 비	이용주 外 3	266	18,000	978-89-6345-264-7-93550
[새로운 시스템] 전 기 자 동 차	정용욱 外 1	394	20,000	978-89-6345-265-4-93550
자 동 차 전 기·전 자 시 스 템	김재욱 外 3	470	24,000	978-89-6345-278-4-93550
자 동 차 전 기·전 자 공 학 개 론	송용식 外 1	450	23,000	978-89-6345-285-2-93550

자동차 섀시

도 서 명	저 자	면수	정 가	비고(ISBN)
자 동 차 섀 시	이성만 外 3	426	22,000	978-89-6345-212-8-93550
차 량 동 력 전 달 장 치	오태일 外 2	420	20,000	978-89-6345-190-9-93550
차 량 현 가 장 치[조향·제동]	손일선 外 2	504	24,000	978-89-6345-206-8-93550
자 동 차 섀 시 공 학	이상훈 外 4	450	22,000	978-89-6345-176-3-93550
[NCS를 활용한] 종 합 자 동 차 섀 시	민규식 外 3	518	22,000	978-89-6345-247-0-93550
전 자 제 어 자 동 차 섀 시	이철승 外 2	410	22,000	978-89-6345-253-1-93550
자 동·무 단 변 속 기(이론·실습응용)	장성규 外 3	380	18,000	978-89-89920-24-3-93550
자 동 차 섀 시 정 비 실 습	김홍성 外 3	470	22,000	978-89-6345-174-9-93550
자 동 차 섀 시 실 습	오재건 外 3	470	20,000	978-89-6345-086-5-93550
자 동 차 전 자 제 어 섀 시 실 습	최병희 外 2	380	20,000	978-89-6345-125-1-93550
[NCS 교육과정에 의한] 자 동 차 섀 시 실 습 지 침 서	이 형 복	394	20,000	978-89-6345-207-4-93550
[NCS를 활용한] 자동차 전자제어 섀시실습	오태일 外 2	396	20,000	978-89-6345-229-6-93550
CAR 에 어 컨 시 스 템	김찬원 外 3	400	20,000	978-89-6345-130-5-93550
커 먼 레 일 이 론 실 무	장명원 外 3	464	22,000	978-89-89920-72-4-93550
자 동 차 보 수 도 장	이 강 복	230	18,000	978-89-6345-113-8-93550
자 동 차 차 체 수 리 실 무	김 태 원	420	20,000	978-89-89920-86-1-93550
자 동 차 수 리 견 적 실 무	권순익 外 2	450	20,000	978-89-6345-136-7-93550
휠 얼 라 인 먼 트	최 국 식	260	19,000	978-89-6345-227-2-93550
[最新] 자 동 차 섀 시 실 습	조성철 外 3	450	23,000	978-89-6345-273-9-93550
자 동 차 섀 시 일 반	임대성 外 2	506	24,000	978-89-6345-281-4-93550

기 계

도 서 명	저 자	면수	정가	비 고(ISBN)
[쉽게 풀이한] 재 료 역 학	남정환 外 2	340	18,000	978-89-89920-53-3-93550
[AutoCAD활용] 전 산 응 용 기 계 제 도	신동명 外 2	508	22,000	978-89-6345-085-8-13550
[따라하며 익히는] AutoCAD 기계제도실습	이상현	334	18,000	978-89-6345-231-9-93550
CATIA V5 모 델 링 예 제 가 이 드	최홍태	616	26,000	978-89-6345-068-1-93550
[新] 일 반 기 계 공 학	조성철 外 3	480	20,000	978-89-6345-024-7-93550
유 체 역 학	박정우 外 2	320	19,000	978-89-6345-151-0-93550
유 · 공 압 제 어 기 술	김근묵 外 3	412	18,000	978-89-89920-70-0-93530
[新編] 기 계 재 료	신동명 外 1	440	22,000	978-89-6345-156-5-93550
공 업 열 역 학	박상규	440	20,000	978-89-6345-149-7-93550
기 계 열 역 학	배태열 外 2	350	20,000	978-89-6345-150-3-93550
연 소 공 학	오영택 外 3	412	22,000	978-89-6345-070-4-93570
공 압 제 어	정태현 外 2	312	19,000	978-89-6345-099-5-93560
[最新] 전 산 유 체 역 학	서용권 外 5	370	20,000	978-89-6345-101-5-93560
P L C 제 어	정태현 外 1	328	19,000	978-89-6345-107-7-93560
C N C 공 작 법	황석렬 外 1	200	17,000	978-89-6345-142-8-93550
[알기 쉬운] 유 압 공 학	배태열 外 1	292	17,000	978-89-6345-109-1-93550
[수정판] 공 업 열 역 학	윤준규	612	28,000	978-89-6345-018-6-93550
공 업 기 초 수 학	이용주 外 1	310	19,000	978-89-6345-057-5-93410
공 업 수 학	이용주 外 1	238	18,000	978-89-6345-241-8-93410
기 초 역 학	한성철	300	18,000	978-89-6345-284-5-93550
[쉽게 배우는] 자 동 차 차 체 용 접 실 무	박상윤	314	22,000	978-89-6345-291-3-93550

법규 및 기타·수험서

도서명	저자	면수	정가	비고(ISBN)
[2020 개정] 자동차 보험 보상 실무	목진영 外 1	564	26,000	978-89-6345-280-7-93550
[2020 개정] 자동차관리법규	박재림 外 1	790	28,000	978-89-6345-283-8-13550
[NCS를 활용한] 자동차 검사 실무	신동명 外 3	654	23,000	978-89-6345-203-6-93550
[NCS를 활용한] 자동차 검사 기준 실무	신동명 外 2	570	25,000	978-89-6345-288-3-93550
스마트 팩토리 현장 개선 관리	이승호 外 2	350	19,000	978-89-6345-115-2-13320
[공학도를 위한] 창의적공학설계	이태근 外 1	296	18,000	978-89-6345-129-9-93550
냉동실무	배태열	280	17,000	978-89-6345-134-3-93550
[最新] 선박기관	양현수	334	18,000	978-89-6345-114-5-93550
[산업기사시험대비] 자동차 정비 실무	최국식 外 3	516	25,000	978-89-6345-226-5-13550
자동차 정비 산업 기사	이철승 外 3	620	26,000	978-89-6345-214-2-13550
[컬러판] 자동차 정비 기능사 실기	최인배 外 3	504	25,000	978-89-6345-217-3-13550
[신개념] 자동차 정비 기능사 총정리	김선양 外 3	584	21,000	978-89-6345-093-3-93550
[개정판] 건설기계 [중장비] 공학	김세광 外 2	508	20,000	978-89-89920-56-4-93550
건설기계 운전 기능사	김희찬 外 4	588	20,000	978-89-6345-230-2-13550
[단기완성] 건설기계 운전 기능사	이원청 外 5	438	18,000	978-89-6345-211-1-13550
[상시검정대비] 굴삭기운전기능사	이영환 外 2	440	20,000	978-89-6345-257-9-13550
[상시검정대비] 지게차운전기능사	이영환 外 3	400	20,000	978-89-6345-258-6-13550
[핵심] 지게차운전기능사	김성식	466	20,000	978-89-6345-293-7-13550

도서출간안내

도서출판 미광

주소: (152-092) 서울시 구로구 개봉로 17나길 33, 1층(개봉동)
TEL: 02) 2611-3846, 2618-8742 FAX: 02) 2611-3847

도 서 명	저 자	면수	정가	비 고(ISBN)
자 동 차 공 학	이철승 外 3	466	20,000	978-89-98497-14-9-93550
내 연 기 관 공 학	최낙정 外 2	486	22,000	978-89-98497-04-0-93550
[통신회로를 이용한] 자 동 차 전 기 회 로	이 용 주	330	18,000	978-89-98497-07-1-93550
공 업 기 초 수 학	박정우 外 3	324	19,000	978-89-98497-00-2-93410
열 역 학	이찬규 外 3	400	20,000	978-89-98497-03-3-93550
열 · 유 체 공 학	이원섭 外 1	484	20,000	978-89-98497-06-4-93550
Project를 통한 Surface실무	김 태 규	340	18,000	978-89-98497-11-8-93550
[最新版] 기계 제도 & 도면 해독	신동명 外 2	454	22,000	978-89-98497-21-7-93550
[자가운전을 위한] 내 차 는 내 가 고 친 다.	박 광 희	246	15,000	978-89-98497-19-4-13550